世界標準MIT教科書

ストラング：線形代数イントロダクション

原書 第4版

ギルバート・ストラング［著］
松崎 公紀・新妻 弘［共訳］

Introduction to LINEAR ALGEBRA
FOURTH EDITION
GILBERT STRANG

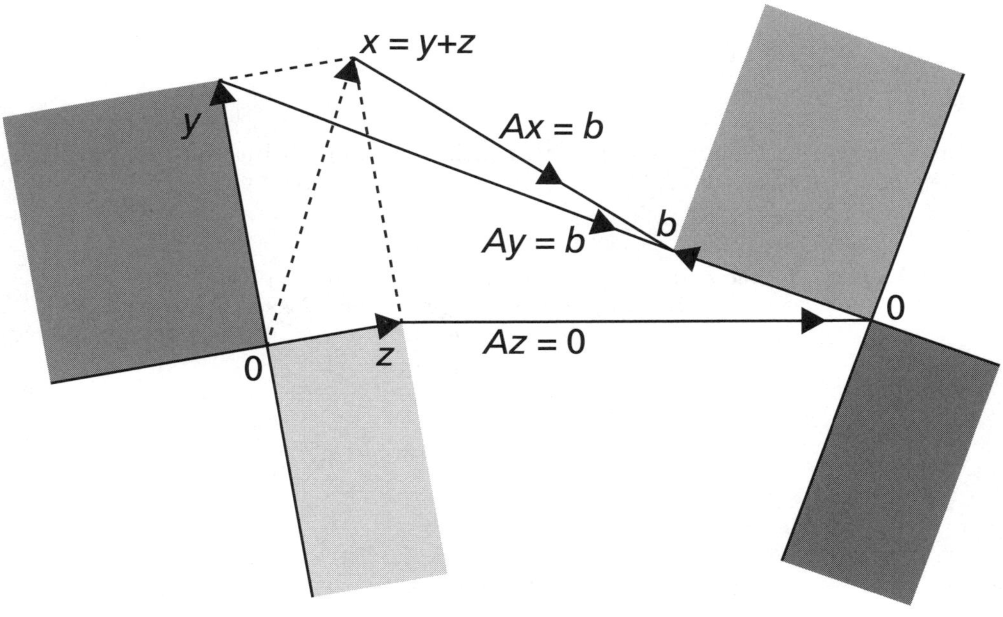

近代科学社

◆ 読者の皆さまへ ◆

平素より，小社の出版物をご愛読くださいまして，まことに有り難うございます．

(株)近代科学社は 1959 年の創立以来，微力ながら出版の立場から科学・工学の発展に寄与すべく尽力してきております．それも，ひとえに皆さまの温かいご支援があってのものと存じ，ここに衷心より御礼申し上げます．

なお，小社では，全出版物に対して HCD（人間中心設計）のコンセプトに基づき，そのユーザビリティを追求しております．本書を通じまして何かお気づきの事柄がございましたら，ぜひ以下の「お問合せ先」までご一報くださいますよう，お願いいたします．

お問合せ先：reader@kindaikagaku.co.jp

なお，本書の制作には，以下が各プロセスに関与いたしました：

・企画：小山　透
・編集：小山　透，高山哲司
・組版 (TeX)・印刷・製本・資材管理：藤原印刷
・カバー・表紙デザイン：藤原印刷
・広報宣伝・営業：山口幸治，東條風太

序文

この序文では次の3つの重要なことを伝えたい：

1. 線形代数は美しくて多様性があり，とても実用的であること，
2. 本書の目指すところと本書第4版で新しくなった点，
3. 線形代数に関するウェブサイトとビデオ教材による支援.

まず，これまでも常に使われてきた2つのウェブサイトともう1つの新しいウェブサイトについて言及しよう.

ocw.mit.edu　数千の学生と教員による線形代数に関する意見・コメントがこのOpenCourseWareサイトに寄せられている．講義コース18.06には，まるまる1学期（半年）分のビデオ講義がある．その講義を利用すれば，本書の内容全体について独学で学習することができる．教え手をわずらわせることなく，学生は深夜でも勉強することができる（読者はまったく授業に出なくてもよいのだ）．驚くことに，世界中で百万もの人がこれらのビデオ講義を視聴している．有効に利用してほしい.

web.mit.edu/18.06　このウェブサイトには，1996年から現在に至るまでの，宿題と（解答付きの）試験問題が置かれている．また，復習問題，Javaによるデモ，教育用プログラムコード，短いエッセー（**およびビデオ講義**）もある．提供できるすべての教材を提供することで，本書をできる限り役立つものとすることを目指している.

math.mit.edu/linearalgebra　この最新のウェブサイトは，特にこの第4版に向けたものであり，アイデア，プログラムコード，良問とその解答を永続的に記録するものとなるだろう．本書のいくつもの節は直接オンラインで利用でき，線形代数を教えるにあたってのメモも付いている．いろいろな人からの貢献によってその内容は急速に充実しているが，さらなる読者からの貢献を期待している.

第4版

本書の第3版までを数千人が読んでいる．新版の表紙は**4つの基本部分空間**を表している．左側に行空間と零空間を表し，右側に列空間とA^{T}の零空間を表している．通常，線形代数の中心的アイデアをこのように表すことはないだろう．第3章でそれらの4つの空間を勉強すれば，この表紙の絵が線形代数において核心の概念であることが理解できるだろう.

本書の第1版において，Aから作られる4つの空間を，4つの基本部分空間と名づけた．Aの各行は，n次元空間におけるベクトルである．行列がm個の行からなるとき，各列はm次

元空間におけるベクトルである．線形代数における重要な操作は，**ベクトルの線形結合**をとることである（このことは，本書で首尾一貫している）．列空間とは，列ベクトルのすべての線形結合をとったものである．その空間にベクトル $\boldsymbol{b}$ が含まれているならば，方程式 $A\boldsymbol{x} = \boldsymbol{b}$ を解くことができる．

これ以上説明すると本文を読まなくなってしまうだろうから，ここで止めておこう．新しい第 1.3 節では，2 つの例を用いてこれらの概念をより早い段階で説明することにした．ベクトル空間の詳細をすぐに理解できるとは思っていないが，行列，その列空間のイメージ，さらに逆行列がそこで登場する．線形代数を，最も適切にかつ最も効率良く手を動かしながら学習することができる．

第 7 章までの基礎コースの各節の終りには**挑戦問題**がある．たくさんの復習問題の後で，その節で学んだこと，列空間の次元，列空間の基底，行列の階数，逆行列，行列式，固有値を使ってみよう．多くの問題では，小さな行列に対して手で計算しないといけないが，ぜひ手を動かしてほしい．新しい挑戦問題では，より先へ，そしてときにはより深く学習することができる．4 つの例を挙げよう：

第 2.1 節：数独の行列において，どの行の交換で別の数独の行列が得られるか？

第 2.4 節：行列 A，B，C の形が与えられたとき，$AB \times C$ を計算するのと，$A \times BC$ を計算するのとどちらがより速いか？

> **背景**：行列の積における重要な事実として，$AB \times C$ と $A \times BC$ **は同じ結果となる**．この単純な命題が，行列の積の規則の根拠なのだ．AB が正方行列で C がベクトルであるならば，BC を先に計算しそれに A を掛けて ABC を計算するほうが速い．A，B，および C が別の形であった場合はどうだろうか，というのがこの問題である．

第 3.4 節：$A\boldsymbol{x} = \boldsymbol{b}$ と $C\boldsymbol{x} = \boldsymbol{b}$ が任意の $\boldsymbol{b}$ に対して同じ解を持つならば，$A = C$ か？

第 4.1 節：4 つのベクトル $\boldsymbol{r}$，$\boldsymbol{n}$，$\boldsymbol{c}$，$\boldsymbol{\ell}$ が，2×2 行列の行空間，零空間，列空間，左零空間の基底となるには，どのような条件が必要か？

コースの始めにあたって

線形結合の概念は，方程式 $A\boldsymbol{x} = \boldsymbol{b}$ ですぐに使う．ベクトル $A\boldsymbol{x}$ は **A の列を線形結合したものであり**，**$\boldsymbol{b}$ を生成するような線形結合**が方程式の解である．解となるベクトル $\boldsymbol{x}$ は，

1. **直接解法による解**：$\boldsymbol{x}$ を前進消去と後退代入によって求める．
2. **行列による解**：A の逆行列を使って $x = A^{-1}b$ となる（ただし，A が逆行列を持つとき）．
3. **ベクトル空間による解**：本書の表紙にあるとおり，（$Ay = b$ に対する）**特殊解**と（$Az = 0$ に対する）**零空間の解**を足した $x = y + z$ となる．

という 3 つのレベルでとらえることができ，それらはすべて重要である．消去法による直接解法は，科学計算において最も頻繁に用いられるアルゴリズムであり，その考え方は難しく

ない．素早くすべての解を求めることができるよう，行列 A を三角行列に単純化する．いずれ身に付くので，消去法の話はこのくらいでやめよう．

新しいスーパーコンピュータの性能は，線形代数の式 $A\boldsymbol{x}=\boldsymbol{b}$ の計算で試される．IBM とロスアラモス研究所は 2008 年に 1 秒間に 10^{15} 回の計算を行うという世界記録を発表した．そのペタフロップスの速度は，多くの方程式を並列に解くことにより達成される．高性能計算機では，1 つの数に対して計算することは避け，部分行列全体に対して計算を行う．

Roadrunner のプロセッサは，PlayStation 3 で用いられている Cell Engine に基づいている．こう言い切ってよいのかわからないが，今やゲーム機が最速の計算を担っているのだ．

スーパーコンピュータであっても，逆行列を求めることはしない．あまりに遅いからだ．逆行列を使うと $\boldsymbol{x}=A^{-1}\boldsymbol{b}$ という最も単純な式で書けるが，それは最速の計算方法ではない．また，知っておくべきことは，行列式はさらに遅いということである．$n\times n$ 行列の行列式から始めるような講義コースはありえない．行列式についてどこかで学ぶことになるが，それは最初ではない．

本書の構成

ここまでで，本書のスタイルと目標がもうわかっただろう．美しくて実用的な数学の 1 分野である線形代数を説明するという目標は容易なものではない．線形代数の応用例により重要な概念の理解が深まるだろう．見慣れた概念を別の角度から見ることができるので，先生たちにも何か新しいことを学んでもらいたい．本書は，**数**から**ベクトル**，**部分空間**へと，徐々に着実に進んでいく．各段階へは自然な形で進むので，誰でも身に付けることができる．

本書の構成について以下に 10 項目挙げる：

1. 第 1 章はベクトルと内積から始める．もしそれらについてすでに勉強していれば，すぐに線形結合に進もう．第 4 版で新しく導入された第 1.3 節には，3 つのベクトルの例が出てくる．1 例目の線形独立な 3 つのベクトルは，線形結合によって 3 次元空間全体を張る．2 例目の線形従属な 3 つのベクトルは，平面しか作れない．**これらの 2 つの例が線形代数の幕開けである．**

2. 第 2 章では，$A\boldsymbol{x}=\boldsymbol{b}$ を行ベクトルから見た絵と列ベクトルから見た絵を示す．線形代数の核心は，A の行と列の間を繋ぐところにある．1 つの A に対して，まったく異なる絵となる．その後，行列の代数に進む．まず，A に掛けて零を作り出す消去における基本変形の行列 E について扱う．ここでは，A から始めて**上三角行列** U に至る過程全体を捉えることを目標とする．消去法は $A=LU$ という美しい形になる．**下三角行列** L は前進消去のすべての過程を表しており，U は後退代入のための行列である．

3. 第 3 章では，線形代数で最も大切な部分空間を扱う．列空間は列のすべての線形結合を含んでいる．ここで，**いくつの列が必要か**が重要な問題である．その答は，列空間の次元を与え，A についての非常に重要な情報となる．この章で，線形代数の基本定理まで扱う．

4. 第4章では，m 個の等式があるが n 個の変数しかない場合を扱う．$A\boldsymbol{x} = \boldsymbol{b}$ が解なしとなることはほぼ確かである．ほとんど同じであるが完全には同じではない等式を捨てることはできない．方程式を**最小 2 乗法**によって解くとき，行列 $A^{\mathrm{T}}A$ が重要である．応用数学において行列 A の行と列の個数が異なることがあるが，行列 $A^{\mathrm{T}}A$ は，そのような場合に頻繁に登場する有益な行列である．

5. 第5章で学ぶ**行列式**を使うと，それまでに出てきた逆行列，ピボット選択，n 次元空間における体積，その他すべてに対して公式が得られる．計算しようとすると大変なので，それらの公式を計算する必要はない．しかし，$\det A = 0$ によって行列が非可逆行列であることがわかり，また，固有値を求めることができるのである．

6. **第 6.1 節では，$\mathbf{2 \times 2}$ 行列に対する固有値を導入する．** より早い段階で固有値について扱いたいコースも多いだろう．その場合には，2×2 行列に対する行列式は簡単なので，第3章からここに飛んでもよい．**方程式 $A\boldsymbol{x} = \lambda\boldsymbol{x}$ が固有値の核心になる．**

固有値と固有ベクトルにより，正方行列の特性を知ることができる．固有値と固有ベクトルにより，$A\boldsymbol{x} = \boldsymbol{b}$ の特性がわかるのではなく，$d\boldsymbol{u}/dt = A\boldsymbol{u}$ のような運動方程式の特性がわかる．考え方は常に同じで，**固有ベクトルを調べること**である．固有ベクトルの方向では，A は単なる数である固有値 λ のように振る舞い，問題が1次元になる．

第6章では応用をたくさん示す．1つのハイライトは，**対称行列を対角化する**ことである．もう1つのハイライトは，あまりよく知られていないが実用上重要な**任意の行列**の対角化である．これには固有値の集合が2つ必要であり，それらは（もちろん）$A^{\mathrm{T}}A$ と AA^{T} から得られるものである．本書を2つの講義コースに分けるのなら，基礎コースの最後を特異値分解とし，また，続くコースでは特異値分解から始めることが多い．

7. 第7章では，**線形変換**というアプローチを説明する．それは，座標を用いない線形代数であり，計算を用いない概念である．第9章はその逆で，$A\boldsymbol{x} = \boldsymbol{b}$ および $A\boldsymbol{x} = \lambda\boldsymbol{x}$ の解が実際どのように計算されるのかについて扱う．その後，第10章では，実数と実ベクトルから複素ベクトルと複素行列へと進む．フーリエ行列 F は最も重要な複素行列であり，（F と F^{-1} で高速に掛け算を行う）**高速フーリエ変換**は革新的なアルゴリズムである．

8. 第8章には，1つの講義コースでは扱えないほど多くの応用がある：

- **8.1 工学における行列**：微分方程式を表す行列の方程式
- **8.2 グラフとネットワーク**：キルヒホッフの法則を表現するエッジ–ノード行列まで
- **8.3 マルコフ連鎖の推移確率行列**：Google の PageRank アルゴリズムに使われる行列
- **8.4 線形計画法**：$\boldsymbol{x} \geq 0$ という条件を導入してコストを最小化
- **8.5 フーリエ級数**：関数とディジタル信号処理を表現する線形代数
- **8.6 統計・確率での行列**：平均誤差で重みづけされた $A\boldsymbol{x} = \boldsymbol{b}$
- **8.7 コンピュータグラフィックス**：画像を平行移動，回転，拡大縮小する行列

9. 基礎コース（第1章～第7章）の各節の終りには，**要点の復習**がある．

10. 線形代数のコースにおいてどのように計算を取り入れるべきか？ 計算によって行列に対して理解が深まるが，どのくらい計算させるかはそれぞれの講義コースで考える必要が

ある．著者は，線形代数を直接的に記述することができる MATLAB を言語に選んだ．例えば，eig(ones(4)) は，すべての値が 1 である 4×4 行列に対する固有値 $4, 0, 0, 0$ を生成する．**コードについては，netlib.org を参照せよ**．オープンソースのソフトウェアも増えているので，別のシステムを自由に選んでよい．

新しいウェブサイト **math.mit.edu/linearalgebra** には，教える上での，また，学習する上でのさらなるアイデアを提供している．良い問題があれば，ぜひとも **gs@math.mit.edu** にメールを送ってほしい．新たな応用も探している．協力を求む．

線形代数の多様性

微積分は，1 つの特別な操作（微分）とその逆操作（積分）を主に扱うものである．微積分が重要であることは当然認める．しかし，数学の多くの応用は，連続的なものではなくむしろ離散的なものであり，アナログではなくディジタルである．データの時代になったのだ．私のウェブサイトに『微積分が多すぎる』（“Too Much Calculus”）という題の気軽なエッセイがある．**ベクトルと行列が知るべき言語になったというのが真実だ．**

線形代数には，素晴らしい多様性を持つ行列が登場する．3 つの例を挙げよう：

対称行列	直交行列	三角行列
$\begin{bmatrix} 2 & -1 & 0 & 0 \\ -1 & 2 & -1 & 0 \\ 0 & -1 & 2 & -1 \\ 0 & 0 & -1 & 2 \end{bmatrix}$	$\frac{1}{2}\begin{bmatrix} 1 & 1 & 1 & 1 \\ 1 & -1 & 1 & -1 \\ 1 & 1 & -1 & -1 \\ 1 & -1 & -1 & 1 \end{bmatrix}$	$\begin{bmatrix} 1 & 1 & 1 & 1 \\ 0 & 1 & 1 & 1 \\ 0 & 0 & 1 & 1 \\ 0 & 0 & 0 & 1 \end{bmatrix}$

重要な目標は，行列が表すその意味が理解できるようになることである．パターンとその意味を捉えること，それがまさに数学の本質である．

教え手に対する意見をもって序文を締めよう．進む方向は正しいと感じつつも，学生がついて来られるかどうか不安かもしれない．**とにかく学生にチャンスを与えよう！** 文字どおり数千の学生がメールを送ってくれた．提案付きのメールは多かったし，感謝の言葉の入ったメールは驚くほど頻繁にあった．彼らはこのコースに目的があることを知っている．なぜなら，教え手も本書も学生の立場に立っているからだ．線形代数は素晴らしい科目なので，楽しんでほしい．

本書を支援してくれた人々

私を手助けしてくれた友人の誰よりもまず，MIT の Brett Coonley，ムンバイの Valutone，フィラデルフィアの SIAM が何年にも渡って継続的かつ献身的に支援してくれたことに感謝したい．また，役立つことを学んでいると読者に感じてもらえることが，何よりも大きな励みになっている．本書に登場するアイデアや例，間違いの指摘（さらに好きな行列まで）を数百人の読者から惜しみなくいただいた．**皆に感謝する．**

著者について

本書は私にとって8冊目の線形代数の教科書であるが，これまで私自身のことについては書いたことがなかった．今でも，自分自身のことを書くことをためらっている．大事なことは，数学であり，また読者であるからだ．以下の2段落にて，8冊の教科書が人々の支援に支えられて作られたことを伝えるために，私個人に関することを補足する．

私はシカゴに生まれ，ワシントン，シンシナティ，セントルイスで学校に行った．大学はMITである（私が受けた線形代数のコースは**極めて抽象的であった**）．卒業後，オックスフォードとUCLAに行き，その後MITに戻ってからは長い．講義コース18.06を受けた学生が何千人いるかわからない（**ocw.mit.edu** にあるビデオを含めれば，百万人を超える）．この素晴らしい科目は数学を専攻する学生にしか開かれておらず，新たな取組みを行うのにタイミングがよかった．**線形代数を広く公開することが必要だったのだ．**

何年にもわたる教育により，アメリカ数学会よりHaimo賞を受賞した．世界的な教育振興に対し，国際工業・応用数学会議より最初のSu Buchin賞の表彰を受けた．言葉で言い表せないほど，とても感謝している．何より私が望むことは，あなたが線形代数を好きになってくれることだ．

目　次

第1章

ベクトル入門

線形代数の核心は，ベクトルに対する2つの操作にある．ベクトルを足すと $\boldsymbol{v}+\boldsymbol{w}$ が得られる．ベクトルに数 c と d を掛けると $c\boldsymbol{v}$ と $d\boldsymbol{w}$ が得られる．これらの2つの操作を組み合わせる（$c\boldsymbol{v}$ に $d\boldsymbol{w}$ を足す）と，**線形結合** $c\boldsymbol{v}+d\boldsymbol{w}$ となる．

線形結合 $$c\boldsymbol{v}+d\boldsymbol{w}=c\begin{bmatrix}1\\1\end{bmatrix}+d\begin{bmatrix}2\\3\end{bmatrix}=\begin{bmatrix}c+2d\\c+3d\end{bmatrix}$$

例 $\boldsymbol{v}+\boldsymbol{w}=\begin{bmatrix}1\\1\end{bmatrix}+\begin{bmatrix}2\\3\end{bmatrix}=\begin{bmatrix}3\\4\end{bmatrix}$ は，$c=d=1$ とした線形結合である．

線形結合は，線形代数において極めて重要である．$c=2$ と $d=1$ を選んで $c\boldsymbol{v}+d\boldsymbol{w}=(4,5)$ を作るというように，個々の線形結合を必要とするときもあれば，（すべての c と d から生成される）$\boldsymbol{v}$ と $\boldsymbol{w}$ の**すべての線形結合**を必要とするときもある．

ベクトル $c\boldsymbol{v}$ はある直線上にある．$\boldsymbol{w}$ がその直線上にないとき，**線形結合** $c\boldsymbol{v}+d\boldsymbol{w}$ **は2次元平面を張る**（「2次元」と明示的に言ったのは，線形代数では高次の平面も考えるからである）．4次元空間の4つのベクトル $\boldsymbol{u},\boldsymbol{v},\boldsymbol{w},\boldsymbol{z}$ に対して，その線形結合 $c\boldsymbol{u}+d\boldsymbol{v}+e\boldsymbol{w}+f\boldsymbol{z}$ が4次元空間を張ることは起こりうる．しかし，常にそうとは限らない．それらのベクトルとその線形結合が，1つの直線上にあることも起こりうる．

第1章では，後のすべての基礎となるこれらの項目を説明する．まず，図として描ける2次元ベクトルと3次元ベクトルから始め，その後より高次のものへと進む．とても自然に n 次元空間へと進めることは，線形代数の素晴らしい特徴である．10次元ベクトルを描くことが不可能であっても，頭の中にある絵は完全に正しいままなのだ．

n 次元空間へと進むのが本書の目標である．まず初めに，第1.1節と第1.2節でいくつかの操作を学ぶ．その後，第1.3節で3つの基本的アイデアの要点を述べる．

第1.1節 ベクトルの和 $\boldsymbol{v}+\boldsymbol{w}$ と線形結合 $c\boldsymbol{v}+d\boldsymbol{w}$．
第1.2節 2つのベクトルの内積 $\boldsymbol{v}\cdot\boldsymbol{w}$ と長さ $\|\boldsymbol{v}\|=\sqrt{\boldsymbol{v}\cdot\boldsymbol{v}}$．
第1.3節 行列 A，線形方程式 $A\boldsymbol{x}=\boldsymbol{b}$ とその解 $\boldsymbol{x}=A^{-1}\boldsymbol{b}$．

1.1　ベクトルと線形結合

「りんごとみかんを足すことはできない.」奇妙かもしれないが，これがベクトルを考える動機だ．区別される 2 つの数 v_1 と v_2 に対し，その組は **2 次元ベクトル** $\boldsymbol{v}$ となる：

$$\textbf{列ベクトル}\qquad \boldsymbol{v}=\begin{bmatrix} v_1 \\ v_2 \end{bmatrix}\qquad \begin{matrix} v_1 = \text{第 1 要素} \\ v_2 = \text{第 2 要素} \end{matrix}$$

$\boldsymbol{v}$ の要素は**縦に並べて**書き，横には書かない．ここまでで重要な点は，2 つの数 v_1 と v_2（細字・斜体）の組を 1 つの文字 $\boldsymbol{v}$（太字・斜体）で表すことである．

v_1 と v_2 を足すことはしないが，**ベクトルを足す**ことはできる．$\boldsymbol{v}$ と $\boldsymbol{w}$ の第 1 要素は，第 2 要素と区別されたままである：

$$\textbf{ベクトル和}\quad \boldsymbol{v}=\begin{bmatrix} v_1 \\ v_2 \end{bmatrix}\quad \text{と}\quad \boldsymbol{w}=\begin{bmatrix} w_1 \\ w_2 \end{bmatrix}\quad \text{の和は}\quad \boldsymbol{v}+\boldsymbol{w}=\begin{bmatrix} v_1+w_1 \\ v_2+w_2 \end{bmatrix}.$$

りんごにはりんごを足す．ベクトルの引き算も同じ考え方に基づく．$\boldsymbol{v}-\boldsymbol{w}$ **の要素は** v_1-w_1 **と** v_2-w_2 **になる**.

もう 1 つの基本操作は，**スカラー積**である．ベクトルに 2 や -1，さらに任意の数 c を掛けることができる．ベクトルを 2 倍するには 2 つの方法がある．1 つは和 $\boldsymbol{v}+\boldsymbol{v}$ を求める方法であり，もう 1 つは各要素に 2 を掛ける方法である（こちらが通常の方法である）：

$$\textbf{スカラー積}\qquad 2\boldsymbol{v}=\begin{bmatrix} 2v_1 \\ 2v_2 \end{bmatrix}\quad \text{および}\quad -\boldsymbol{v}=\begin{bmatrix} -v_1 \\ -v_2 \end{bmatrix}.$$

$c\boldsymbol{v}$ の要素は cv_1 と cv_2 である．数 c は「スカラー」と呼ばれる．

$-\boldsymbol{v}$ と $\boldsymbol{v}$ の和が零ベクトルであることに注目せよ．これは $\mathbf{0}$ であり，数の零とは異なる．ベクトル $\mathbf{0}$ は，0 と 0 をその要素に持つ．繰り返しになるが，ベクトルとその要素は異なるものである．線形代数は，ベクトル和 $\boldsymbol{v}+\boldsymbol{w}$ とスカラー積 $c\boldsymbol{v}$ によって成り立っている．

和は，その順序によらない．すなわち，$\boldsymbol{v}+\boldsymbol{w}$ は $\boldsymbol{w}+\boldsymbol{v}$ に等しい．このことを，代数的に確認しよう．第 1 要素は v_1+w_1 であり，それは w_1+v_1 に等しい．さらに，例を用いて確認しよう：

$$\boldsymbol{v}+\boldsymbol{w}=\begin{bmatrix} 1 \\ 5 \end{bmatrix}+\begin{bmatrix} 3 \\ 3 \end{bmatrix}=\begin{bmatrix} \mathbf{4} \\ \mathbf{8} \end{bmatrix}\qquad \boldsymbol{w}+\boldsymbol{v}=\begin{bmatrix} 3 \\ 3 \end{bmatrix}+\begin{bmatrix} 1 \\ 5 \end{bmatrix}=\begin{bmatrix} \mathbf{4} \\ \mathbf{8} \end{bmatrix}.$$

線形結合

ベクトル和とスカラー積を組み合わせることで，$\boldsymbol{v}$ と $\boldsymbol{w}$ の「**線形結合**」をつくることができる．$\boldsymbol{v}$ に c を掛け，$\boldsymbol{w}$ に d を掛け，さらに和 $c\boldsymbol{v}+d\boldsymbol{w}$ を求める．

定義　$c\boldsymbol{v}$ と $d\boldsymbol{w}$ の和は，$\boldsymbol{v}$ と $\boldsymbol{w}$ の **線形結合** である．

和，差，零，スカラー積 $c\boldsymbol{v}$ は，4 つの特別な線形結合である．

$$
\begin{aligned}
1\boldsymbol{v}+1\boldsymbol{w} &= \text{図 1.1 の左に示すベクトルの和}\\
1\boldsymbol{v}-1\boldsymbol{w} &= \text{図 1.1 の右に示すベクトルの差}\\
0\boldsymbol{v}+0\boldsymbol{w} &= \textbf{零ベクトル}\\
c\boldsymbol{v}+0\boldsymbol{w} &= \boldsymbol{v}\ \text{の向きにあるベクトル}\ c\boldsymbol{v}
\end{aligned}
$$

（係数を零とする）線形結合によって必ず零ベクトルを作ることができる．ベクトルの「空間」を考えるとき，必ず零ベクトルが含まれる．$\boldsymbol{v}$ と $\boldsymbol{w}$ との**すべての**線形結合を考えるこの大局的考え方が，まさに線形代数である．

ベクトルを視覚化する方法を図に示す．代数の観点では，（4 や 2 などの）要素があれば十分であった．ベクトル $\boldsymbol{v}$ は矢印で表現することもできる．その矢印は，$v_1=4$ 単位右に，$v_2=2$ 単位上に進み，x, y 座標が 4, 2 となる点が終点となる．この終点は，ベクトルのもう 1 つの表現である．したがって，$\boldsymbol{v}$ を表現するには 3 つの方法がある：

ベクトル $\boldsymbol{v}$ の表現	2 つの数	$(0,0)$ からの矢印	平面における点

和を求める際には数を使い，$\boldsymbol{v}+\boldsymbol{w}$ を視覚化する際には矢印を使う：

ベクトル和　（頭を尾に付ける）　**$\boldsymbol{v}$ の終点を $\boldsymbol{w}$ の始点とする．**

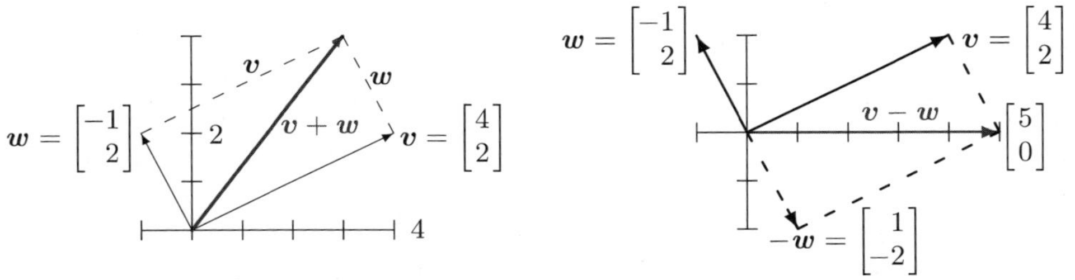

$$\boldsymbol{v}+\boldsymbol{w}=\begin{bmatrix}4\\2\end{bmatrix}+\begin{bmatrix}-1\\2\end{bmatrix}=\begin{bmatrix}3\\4\end{bmatrix}\qquad \boldsymbol{v}-\boldsymbol{w}=\begin{bmatrix}4\\2\end{bmatrix}-\begin{bmatrix}-1\\2\end{bmatrix}=\begin{bmatrix}5\\0\end{bmatrix}$$

図 1.1　ベクトル和 $\boldsymbol{v}+\boldsymbol{w}=(3,\ 4)$ は平行四辺形の対角線となる．右の線形結合は $\boldsymbol{v}-\boldsymbol{w}=(5,\ 0)$ である．

$\boldsymbol{v}$ に沿って移動した後で $\boldsymbol{w}$ に沿って移動することもできるし，$\boldsymbol{v}+\boldsymbol{w}$ に沿って対角線の近道を移動することもできる．$\boldsymbol{w}$ に沿って移動した後で $\boldsymbol{v}$ に沿って移動することもできる．言い換えると，$\boldsymbol{w}+\boldsymbol{v}$ と $\boldsymbol{v}+\boldsymbol{w}$ は同じ結果となる．これらは平行四辺形（例では長方形）の辺に沿って異なる方法で移動したものであり，和は対角線を表すベクトル $\boldsymbol{v}+\boldsymbol{w}$ である．

零ベクトル $\mathbf{0}=(0,0)$ はあまりに短いので矢印として書くことはできないが，$\boldsymbol{v}+\mathbf{0}=\boldsymbol{v}$ であることはわかるだろう．$2\boldsymbol{v}$ を得るには，矢印の長さを 2 倍すればよい．$\boldsymbol{w}$ を逆向きにすることで，$-\boldsymbol{w}$ が得られる．この逆転によって，図 1.1 の右に示す引き算を行える．

3次元のベクトル

2つの要素を持つベクトルは，xy 平面における点に相当する．$\boldsymbol{v}$ の要素は点の座標であり，$x = v_1$ と $y = v_2$ である．ベクトルの矢印の始点が $(0,0)$ であるとき，その終点はその点 (v_1, v_2) である．ここからは，ベクトルが3つの要素 (v_1, v_2, v_3) を持つとしよう．

すると，xy 平面は3次元空間に変わる．ベクトルの具体例を挙げよう（依然として列ベクトルであるが，3つの要素からなる）．

$$\boldsymbol{v} = \begin{bmatrix} 1 \\ 1 \\ -1 \end{bmatrix} \quad と \quad \boldsymbol{w} = \begin{bmatrix} 2 \\ 3 \\ 4 \end{bmatrix} \quad および \quad \boldsymbol{v} + \boldsymbol{w} = \begin{bmatrix} 3 \\ 4 \\ 3 \end{bmatrix}.$$

ベクトル $\boldsymbol{v}$ は3次元空間における矢印に相当する．通常，矢印の始点は「原点」（xyz 軸が交わり，座標が $(0,0,0)$ であるところ）とする．矢印の終点は，座標が v_1，v_2，v_3 となる点である．**列ベクトル**と**原点からの矢印**と**矢印の終点**との間には，完全な対応関係がある．

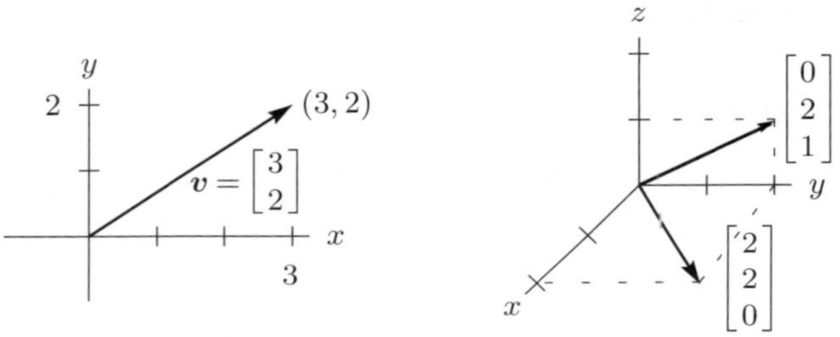

図 1.2 ベクトル $\begin{bmatrix} x \\ y \end{bmatrix}$ と $\begin{bmatrix} x \\ y \\ z \end{bmatrix}$ は，点 (x, y) と (x, y, z) に対応する．

> **これ以降** $\boldsymbol{v} = \begin{bmatrix} 1 \\ 1 \\ -1 \end{bmatrix}$ **を，** $\boldsymbol{v} = (1, 1, -1)$ **とも書く．**

（丸括弧を用いた）行による表現を使う理由は，場所を節約するためである．$\boldsymbol{v} = (1, 1, -1)$ は行ベクトルではなく，列ベクトルを一時的に横に寝かしたものである．同じ3つの要素からなる行ベクトル $[1 \;\; 1 \;\; -1]$ は，完全に異なるものであり，列ベクトル $\boldsymbol{v}$ を「転置」したものである．

3次元でも $\boldsymbol{v} + \boldsymbol{w}$ は要素ごとの計算で求めることができ，その要素は $v_1 + w_1$ と $v_2 + w_2$ と $v_3 + w_3$ になる．4，5，n 次元であってもベクトルの足し方はわかるだろう．$\boldsymbol{v}$ の終点を $\boldsymbol{w}$ の始点としたとき，それを2辺とする三角形のもう1辺は $\boldsymbol{v} + \boldsymbol{w}$ である．平行四辺形においてもう一方の経路をたどると $\boldsymbol{w} + \boldsymbol{v}$ である．問：4つの辺はすべて同じ平面内にあるか？答：「ある」．和 $\boldsymbol{v} + \boldsymbol{w} - \boldsymbol{v} - \boldsymbol{w}$ は完全に一周し，______ ベクトルとなる[訳注]．

[訳注] 本書ではこのような下線部に適切な言葉や式を入れさせる問が多くある．

3 次元における 3 つのベクトルの線形結合の具体例は $\boldsymbol{u}+4\boldsymbol{v}-2\boldsymbol{w}$ である：

線形結合
$1, 4, -2$ を掛け
それらの和を求める

$$\begin{bmatrix}1\\0\\3\end{bmatrix}+4\begin{bmatrix}1\\2\\1\end{bmatrix}-2\begin{bmatrix}2\\3\\-1\end{bmatrix}=\begin{bmatrix}1\\2\\9\end{bmatrix}.$$

重要な質問

1 つのベクトル $\boldsymbol{u}$ に対して，線形結合はスカラー積 $c\boldsymbol{u}$ のみである．2 つのベクトルに対して，線形結合は $c\boldsymbol{u}+d\boldsymbol{v}$ である．3 つのベクトルに対して，線形結合は $c\boldsymbol{u}+d\boldsymbol{v}+e\boldsymbol{w}$ である．これまでの **1 つの**線形結合から大きく進んで，**すべての**線形結合を考えるようにしよう．すべての c と d と e を考慮する．ベクトル $\boldsymbol{u}, \boldsymbol{v}, \boldsymbol{w}$ が 3 次元空間にあるとしよう：

1. $c\boldsymbol{u}$ の**すべての**線形結合はどのような絵となるか？
2. $c\boldsymbol{u}+d\boldsymbol{v}$ の**すべての**線形結合はどのような絵となるか？
3. $c\boldsymbol{u}+d\boldsymbol{v}+e\boldsymbol{w}$ の**すべての**線形結合はどのような絵となるか？

答は，$\boldsymbol{u}$ と $\boldsymbol{v}$ と $\boldsymbol{w}$ がどのようなベクトルであるかに依存する．（極端な場合だが）それらが零ベクトルであるとき，すべての線形結合は零となる．それらが（要素をランダムに選んだ）典型的な非零ベクトルであるならば，3 つの答は次のようになる．これが線形代数の核心である：

1. 線形結合 $c\boldsymbol{u}$ は**直線**を張る．
2. 線形結合 $c\boldsymbol{u}+d\boldsymbol{v}$ は**平面**を張る．
3. 線形結合 $c\boldsymbol{u}+d\boldsymbol{v}+e\boldsymbol{w}$ は **3 次元空間**を張る．

c が零になりうるので，零ベクトル $(0,0,0)$ は直線上にある．c と d が零になりうるので，零ベクトルは平面上にある．ベクトル $c\boldsymbol{u}$ からなる直線は（前方にも後方にも）無限に長い．考えてもらいたいのは，すべての $c\boldsymbol{u}+d\boldsymbol{v}$（3 次元空間内の 2 つのベクトルの結合）からなる平面についてである．

直線上のすべての $c\boldsymbol{u}$ を別の直線上のすべての $d\boldsymbol{v}$ に足すと，図 1.3 に示すように平面を張る．

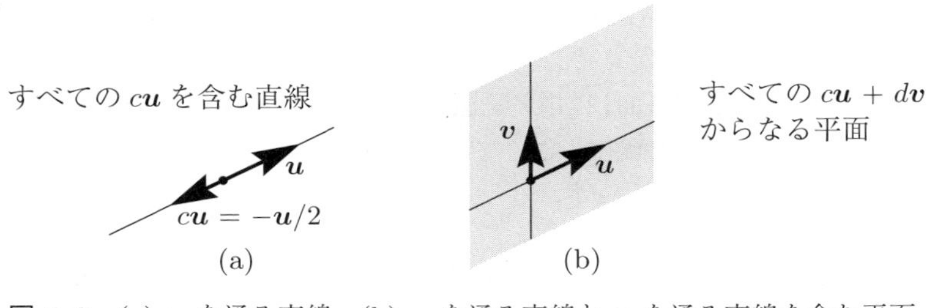

図 1.3　(a) $\boldsymbol{u}$ を通る直線．(b) $\boldsymbol{u}$ を通る直線と $\boldsymbol{v}$ を通る直線を含む平面．

3 つ目のベクトル $\boldsymbol{w}$ を含めて考える場合，そのスカラー積 $e\boldsymbol{w}$ は 3 つ目の直線となる．3 つ目の直線が $\boldsymbol{u}$ と $\boldsymbol{v}$ からなる平面内にないとすると，すべての $e\boldsymbol{w}$ をすべての $c\boldsymbol{u}+d\boldsymbol{v}$ に結合すると 3 次元空間全体を張る．

一般的な場合には，**線**，**平面**，**空間**となる．しかし，そうならない場合もある．$\boldsymbol{w}$ が $c\boldsymbol{u}+d\boldsymbol{v}$ である場合には，3 つ目のベクトルは最初の 2 つのベクトルの平面内にある．そのとき，$\boldsymbol{u},\boldsymbol{v},\boldsymbol{w}$ の線形結合は，$\boldsymbol{uv}$ 平面の外には出ず，3 次元空間全体の値をとることができない．練習問題の問題 1 に示す特別な場合について考えてみてほしい．

■　要点の復習　■

1. 2 次元空間にあるベクトル $\boldsymbol{v}$ は 2 つの要素 v_1 と v_2 からなる．

2. $\boldsymbol{v}+\boldsymbol{w}=(v_1+w_1,\,v_2+w_2)$ と $c\boldsymbol{v}=(cv_1,cv_2)$ は要素ごとの計算で求まる．

3. 3 つのベクトル $\boldsymbol{u}$ と $\boldsymbol{v}$ と $\boldsymbol{w}$ の線形結合は $c\boldsymbol{u}+d\boldsymbol{v}+e\boldsymbol{w}$ である．

4. $\boldsymbol{u}$，または，$\boldsymbol{u}$ と $\boldsymbol{v}$，または，$\boldsymbol{u},\boldsymbol{v},\boldsymbol{w}$ のすべての線形結合をとる．3 次元空間において，それらの線形結合は一般に線，平面，3 次元空間 $\mathbf{R}^3$ 全体となる．

■　例題　■

1.1 A　$\boldsymbol{v}=(1,1,0)$ と $\boldsymbol{w}=(0,1,1)$ の線形結合は平面を張る．**その平面を描け**．$\boldsymbol{v}$ と $\boldsymbol{w}$ の線形結合**ではない**ベクトルを 1 つ見つけよ．

解　**線形結合** $c\boldsymbol{v}+d\boldsymbol{w}$ **は，**$\mathbf{R}^3$ **内のある平面を張る**．その平面内にあるベクトルは任意の c と d の値をとる．図 1.3 の平面は,「$\boldsymbol{u}$ の直線」と「$\boldsymbol{v}$ の直線」の間を張ったものである．

$$\text{線形結合}\quad c\boldsymbol{v}+d\boldsymbol{w}=c\begin{bmatrix}1\\1\\0\end{bmatrix}+d\begin{bmatrix}0\\1\\1\end{bmatrix}=\begin{bmatrix}c\\c+d\\d\end{bmatrix}\text{は平面を張る．}$$

その平面内の 4 つの典型的なベクトルは $(0,0,0)$ と $(2,3,1)$ と $(5,7,2)$ と $(\pi,2\pi,\pi)$ である．第 2 要素 $c+d$ は常に第 1 要素と第 3 要素の和である．**ベクトル** $(1,2,3)$ **はその平面内にない．なぜなら** $2\neq 1+3$ **だからだ**．

$(0,0,0)$ を通るこの平面を，平面に対して**垂直**なベクトル $\boldsymbol{n}=(1,-1,1)$ で表現することもできる．第 1.2 節では，内積を調べることで角が 90° であることを確認する：$\boldsymbol{v}\cdot\boldsymbol{n}=0$ と $\boldsymbol{w}\cdot\boldsymbol{n}=0$.

1.1 B　$\boldsymbol{v}=(1,0)$ と $\boldsymbol{w}=(0,1)$ とする．**(1) 整数** c，または，**(2) 非負の数** $c\geq 0$ に対して，$c\boldsymbol{v}$ の全体はどうなるか？ 次に，そのそれぞれに対して，ベクトル $d\boldsymbol{w}$ のすべてを足すと $c\boldsymbol{v}+d\boldsymbol{w}$ の全体はどうなるか？

解

(**1**) c を整数とするとき，ベクトル $c\boldsymbol{v}=(c,0)$ は x 軸に沿って（$\boldsymbol{v}$ 方向に）**等間隔に並んだ点**となる．点 $(-2,0),(-1,0),(0,0),(1,0),(2,0)$ が含まれる．

(**2**) $c\geq 0$ とするとき，ベクトル $c\boldsymbol{v}$ は**半直線**となり，x 軸の**正の部分**となる．この半直線は，$c=0$ のときの $(0,0)$ から始まり，$(\pi,0)$ を含むが，$(-\pi,0)$ は含まない．

(**1′**) ベクトル $d\boldsymbol{w}=(0,d)$ すべてを足すと，$c\boldsymbol{v}$ の点を通る鉛直な直線となる．(**整数** c，**任意の数** d）からは無数の平行な直線が得られる．

(**2′**) ベクトル $d\boldsymbol{w}=(0,d)$ すべてを足すと，半直線上のすべての点 $c\boldsymbol{v}$ を通る鉛直な直線となる．したがって，それは半平面となり，xy 平面の右半分（任意の $x\geq 0$，任意の高さ y）となる．

1.1 C 線形結合 $c\boldsymbol{v}+d\boldsymbol{w}$ がベクトル $\boldsymbol{b}$ に等しくなるように，変数 c と d について 2 つの方程式を求めよ．

$$\boldsymbol{v}=\begin{bmatrix}2\\-1\end{bmatrix}\qquad \boldsymbol{w}=\begin{bmatrix}-1\\2\end{bmatrix}\qquad \boldsymbol{b}=\begin{bmatrix}1\\0\end{bmatrix}.$$

解　数学を応用する上で，多くの問題は 2 つの部分からなる：

1 モデル化　問題を方程式の集合で表現する．

2 計算　速くて正確なアルゴリズムで，それらの方程式を解く．

ここでは，第 1 の部分（方程式）が問題である．第 2 の部分（アルゴリズム）は第 2 章で扱う．この例は，線形代数の基本モデルに適合する：

$$c_1\boldsymbol{v}_1+\cdots+c_n\boldsymbol{v}_n=\boldsymbol{b}\quad \text{となる}\quad c_1,\ldots,c_n\quad \text{を求めよ．}$$

$n=2$ の場合，$\boldsymbol{c}$ を求める公式を作れる．第 2 章で学ぶ消去法を使うと，$n=100$ を超えても計算できる．100 万を超えるような n に対しては，第 9 章を見よ．ここでは，$n=2$ である：

ベクトルの方程式
$$c\begin{bmatrix}2\\-1\end{bmatrix}+d\begin{bmatrix}-1\\2\end{bmatrix}=\begin{bmatrix}1\\0\end{bmatrix}.$$

求める c と d に対する方程式は，2 つの要素から独立に得られる：

2 つのスカラー値の方程式
$$\begin{aligned}2c-\ d&=1\\-c+2d&=0\end{aligned}$$

これらの等式を 2 本の直線と考えると，それは解 $c=\dfrac{2}{3},d=\dfrac{1}{3}$ で交わる．

練習問題 1.1

問題 1〜9 は，ベクトルの和と線形結合に関するものである．

1　以下のそれぞれについて，線形結合の全体は線，平面，$\mathbf{R}^3$ の全体，のいずれになるか？

(a) $\begin{bmatrix}1\\2\\3\end{bmatrix}$ と $\begin{bmatrix}3\\6\\9\end{bmatrix}$　　(b) $\begin{bmatrix}1\\0\\0\end{bmatrix}$ と $\begin{bmatrix}0\\2\\3\end{bmatrix}$　　(c) $\begin{bmatrix}2\\0\\0\end{bmatrix}$ と $\begin{bmatrix}0\\2\\2\end{bmatrix}$ と $\begin{bmatrix}2\\2\\3\end{bmatrix}$

2　$\boldsymbol{v}=\begin{bmatrix}4\\1\end{bmatrix}$ と $\boldsymbol{w}=\begin{bmatrix}-2\\2\end{bmatrix}$ と $\boldsymbol{v}+\boldsymbol{w}$ と $\boldsymbol{v}-\boldsymbol{w}$ を 1 つの xy 平面に描け．

3　$\boldsymbol{v}+\boldsymbol{w}=\begin{bmatrix}5\\1\end{bmatrix}$ かつ $\boldsymbol{v}-\boldsymbol{w}=\begin{bmatrix}1\\5\end{bmatrix}$ であるとき，$\boldsymbol{v}$ と $\boldsymbol{w}$ を計算し描け．

4　$\boldsymbol{v}=\begin{bmatrix}2\\1\end{bmatrix}$ と $\boldsymbol{w}=\begin{bmatrix}1\\2\end{bmatrix}$ に対し，$3\boldsymbol{v}+\boldsymbol{w}$ と $c\boldsymbol{v}+d\boldsymbol{w}$ の要素を求めよ．

5　$\boldsymbol{u}+\boldsymbol{v}+\boldsymbol{w}$ と $2\boldsymbol{u}+2\boldsymbol{v}+\boldsymbol{w}$ を計算せよ．$\boldsymbol{u},\boldsymbol{v},\boldsymbol{w}$ がある平面内にあるかはどうやって判定できるか？

平面内にある　　$\boldsymbol{u}=\begin{bmatrix}1\\2\\3\end{bmatrix},\quad \boldsymbol{v}=\begin{bmatrix}-3\\1\\-2\end{bmatrix},\quad \boldsymbol{w}=\begin{bmatrix}2\\-3\\-1\end{bmatrix}.$

6　$\boldsymbol{v}=(1,-2,1)$ と $\boldsymbol{w}=(0,1,-1)$ のすべての線形結合は，その要素の和が ＿＿＿ となる．$c\boldsymbol{v}+d\boldsymbol{w}=(3,3,-6)$ となる c と d を求めよ．

7　以下の 9 つの線形結合を xy 平面に示せ：

$$c\begin{bmatrix}2\\1\end{bmatrix}+d\begin{bmatrix}0\\1\end{bmatrix}\quad \text{ただし}\quad c=0,1,2\quad \text{および}\quad d=0,1,2.$$

8　図 1.1 の平行四辺形の対角線の 1 つは $\boldsymbol{v}+\boldsymbol{w}$ である．もう 1 つの対角線は何か？これらの 2 つの対角線の合計を求めよ．そのベクトルの和を描け．

9　平行四辺形の 3 つの頂点が $(1,1)$ と $(4,2)$ と $(1,3)$ であるとき，4 つ目の頂点となりうる 3 つの点をすべて求めよ．その 2 つを描け．

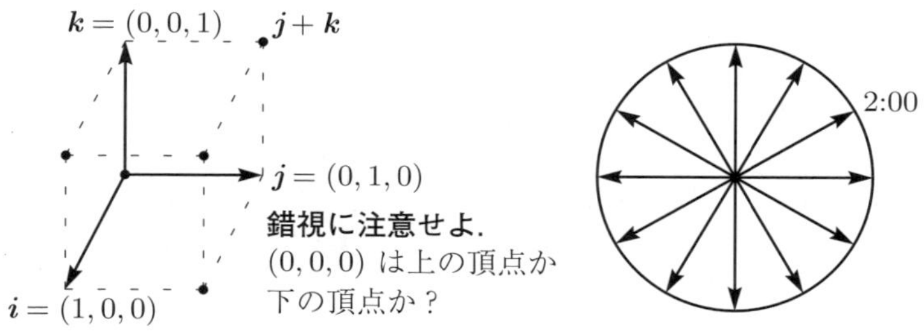

図 **1.4**　$\boldsymbol{i}$, $\boldsymbol{j}$, $\boldsymbol{k}$ から作られる単位立方体と時計の 12 のベクトル.

問題 10〜14 は，図 1.4 に示す立方体上のベクトルと時計上のベクトルに関するものである.

10　立方体のどの点が $\boldsymbol{i}+\boldsymbol{j}$ であるか？ どの点が，$\boldsymbol{i}=(1,0,0)$ と $\boldsymbol{j}=(0,1,0)$ と $\boldsymbol{k}=(0,0,1)$ の和であるか？ 立方体のすべての点 (x,y,z) を求めよ.

11　立方体の 4 つの頂点が $(0,0,0)$，$(1,0,0)$，$(0,1,0)$，$(0,0,1)$ であるとする．残りの 4 つの頂点を求めよ．立方体の中心の座標を求めよ．6 つの面の中心は ＿＿＿ である.

12　4 次元の超立方体の頂点数を求めよ．3 次元面の数を求めよ．辺の数を求めよ．典型的な頂点は $(0,0,1,0)$ であり，典型的な辺はそれから $(0,1,1,0)$ へと伸びる.

13　(a) 時計の中心から各時間 1:00, 2:00, ..., 12:00 を指す 12 個のベクトルの和 $\boldsymbol{V}$ を求めよ.
(b) 2:00 を指すベクトルを除く残りの 11 個のベクトルの和が 8:00 を指すベクトルとなるのはなぜか？
(c) 2:00 を指すベクトル $\boldsymbol{v}=(\cos\theta,\sin\theta)$ の要素を求めよ.

14　$(0,0)$ の位置に中心を置くのではなく，6:00 を指すベクトルの先が $(0,0)$ となるようにして，12 個のベクトルを配置する．12:00 を指すベクトルは 2 倍になり $(0,2)$ となる．この新しい 12 個のベクトルの和を求めよ.

問題 15〜19 は，図 1.5(a) の $\boldsymbol{v}$ と $\boldsymbol{w}$ の線形結合についてさらに踏み込んだものである.

15　図 1.5(a) に $\frac{1}{2}\boldsymbol{v}+\frac{1}{2}\boldsymbol{w}$ が示されている．$\frac{3}{4}\boldsymbol{v}+\frac{1}{4}\boldsymbol{w}$ と $\frac{1}{4}\boldsymbol{v}+\frac{1}{4}\boldsymbol{w}$ と $\boldsymbol{v}+\boldsymbol{w}$ の位置を示せ.

16　$-\boldsymbol{v}+2\boldsymbol{w}$ の点と，$c+d=1$ を満たすもう 1 つの線形結合 $c\boldsymbol{v}+d\boldsymbol{w}$ の位置を示せ．$c+d=1$ を満たすすべての線形結合からなる直線を引け.

17　$\frac{1}{3}\boldsymbol{v}+\frac{1}{3}\boldsymbol{w}$ と $\frac{2}{3}\boldsymbol{v}+\frac{2}{3}\boldsymbol{w}$ の位置を示せ．$c\boldsymbol{v}+c\boldsymbol{w}$ の形の線形結合はどのような直線となるか？

18　$0\le c\le 1$ と $0\le d\le 1$ である場合，すべての線形結合 $c\boldsymbol{v}+d\boldsymbol{w}$ がとる領域に影をつけよ.

19　$c\ge 0$ と $d\ge 0$ である場合，すべての線形結合 $c\boldsymbol{v}+d\boldsymbol{w}$ がとる「錐形」を描け.

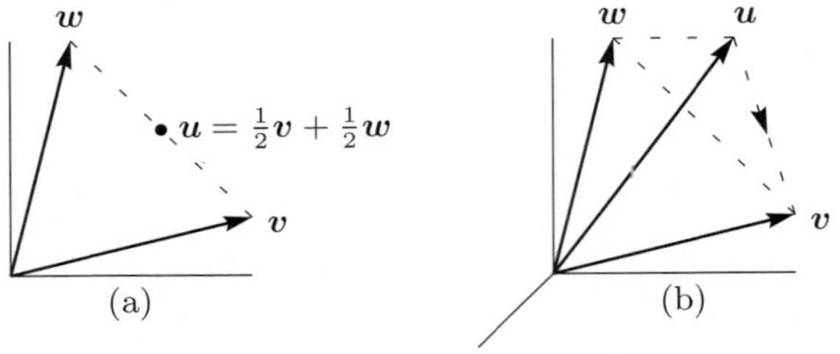

図 **1.5**　平面における問題 **15〜19**　　3 次元空間における問題 **20〜25**

問題 20〜25 は 3 次元空間における $\boldsymbol{u}, \boldsymbol{v}, \boldsymbol{w}$ を扱うものである.（図 1.5(b) を見よ）

20 $\frac{1}{3}\boldsymbol{u} + \frac{1}{3}\boldsymbol{v} + \frac{1}{3}\boldsymbol{w}$ と $\frac{1}{2}\boldsymbol{u} + \frac{1}{2}\boldsymbol{w}$ の位置を図 1.5(b) に示せ．挑戦問題：c, d, e に対してどのような条件が成り立つとき，線形結合 $c\boldsymbol{u} + d\boldsymbol{v} + e\boldsymbol{w}$ が破線の三角形（とその内部）となるか？三角形の中にあるためには，その条件として $c \geq 0, d \geq 0, e \geq 0$ が必要である.

21 破線の三角形の 3 辺は $\boldsymbol{v} - \boldsymbol{u}$ と $\boldsymbol{w} - \boldsymbol{v}$ と $\boldsymbol{u} - \boldsymbol{w}$ である．それらの和は ＿＿＿ である．平面三角形を 1 周する，頭と尾をつなぐ足し算 $(3,1) + (-1,1) + (-2,-2)$ を描け.

22 $c \geq 0$，$d \geq 0$，$e \geq 0$，および $c + d + e \leq 1$ であるとき，線形結合 $c\boldsymbol{u} + d\boldsymbol{v} + e\boldsymbol{w}$ がとる錐形の領域に影をつけよ．ベクトル $\frac{1}{2}(\boldsymbol{u} + \boldsymbol{v} + \boldsymbol{w})$ は，その錐形の内側にあるか外側にあるか？

23 $\boldsymbol{u}$ と $\boldsymbol{v}$ と $\boldsymbol{w}$ からなる**すべての**線形結合を考えるとき，$c\boldsymbol{u} + d\boldsymbol{v} + e\boldsymbol{w}$ によって作られないベクトルはあるか？$\boldsymbol{u}, \boldsymbol{v}, \boldsymbol{w}$ がすべて ＿＿＿ にある場合には，これと異なる答となる.

24 $\boldsymbol{u}$ と $\boldsymbol{v}$ の線形結合であり，**さらに**，$\boldsymbol{v}$ と $\boldsymbol{w}$ の線形結合であるようなベクトルはどのようなものか？

25 線形結合 $c\boldsymbol{u}+d\boldsymbol{v}+e\boldsymbol{w}$ がある直線だけを張るような $\boldsymbol{u}, \boldsymbol{v}, \boldsymbol{w}$ を描け．線形結合 $c\boldsymbol{u}+d\boldsymbol{v}+e\boldsymbol{w}$ がある平面だけを張るような $\boldsymbol{u}, \boldsymbol{v}, \boldsymbol{w}$ を求めよ.

26 どのような線形結合 $c\begin{bmatrix}\mathbf{1}\\\mathbf{2}\end{bmatrix} + d\begin{bmatrix}\mathbf{3}\\\mathbf{1}\end{bmatrix}$ によって $\begin{bmatrix}\mathbf{14}\\\mathbf{8}\end{bmatrix}$ が得られるか？この問を，線形結合の係数 c と d についての 2 つの等式として表現せよ.

27 **復習問題**．xyz 空間において，$\boldsymbol{i} = (1,0,0)$ と $\boldsymbol{i} + \boldsymbol{j} = (1,1,0)$ の線形結合からなる平面を求めよ.

挑戦問題

28 $\boldsymbol{v} + \boldsymbol{w} = (4,5,6)$ かつ $\boldsymbol{v} - \boldsymbol{w} = (2,5,8)$ となるようなベクトル $\boldsymbol{v}$ と $\boldsymbol{w}$ を求めよ．これは，＿＿＿ 個の変数と，同数の方程式からなる問題である.

29　3 つのベクトル $\boldsymbol{u} = (1,3)$ と $\boldsymbol{v} = (2,7)$ と $\boldsymbol{w} = (1,5)$ の線形結合で，$\boldsymbol{b} = (0,1)$ となるものを 2 つ求めよ．より注意を要する問：平面内の任意のベクトル $\boldsymbol{u}$，$\boldsymbol{v}$，$\boldsymbol{w}$ について，$\boldsymbol{b} = (0,1)$ となるような線形結合が 2 つ存在するか？

30　$\boldsymbol{v} = (a,b)$ と $\boldsymbol{w} = (c,d)$ の線形結合は，＿＿＿ でない限り平面を張る．線形結合 $c\boldsymbol{u} + d\boldsymbol{v} + e\boldsymbol{w} + f\boldsymbol{z}$ が 4 次元空間のすべてのベクトル (b_1, b_2, b_3, b_4) をとるような，4 つの 4 要素からなるベクトル $\boldsymbol{u}$，$\boldsymbol{v}$，$\boldsymbol{w}$，$\boldsymbol{z}$ を求めよ．

31　$c\boldsymbol{u} + d\boldsymbol{v} + e\boldsymbol{w} = \boldsymbol{b}$ となるように，c, d, e についての方程式を 3 つ立てよ．c と d と e を求めることができるか？

$$\boldsymbol{u} = \begin{bmatrix} 2 \\ -1 \\ 0 \end{bmatrix} \quad \boldsymbol{v} = \begin{bmatrix} -1 \\ 2 \\ -1 \end{bmatrix} \quad \boldsymbol{w} = \begin{bmatrix} 0 \\ -1 \\ 2 \end{bmatrix} \quad \boldsymbol{b} = \begin{bmatrix} 1 \\ 0 \\ 0 \end{bmatrix}.$$

1.2　長さと内積

最初の節では，ベクトルの積を求めないでいた．これから，$\boldsymbol{v}$ と $\boldsymbol{w}$ の「**内積**」を定義しよう．内積では，それぞれの積 v_1w_1 と v_2w_2 を求めて終わりではない．それらの 2 つの数を足して，1 つの数 $\boldsymbol{v}\cdot\boldsymbol{w}$ を求める．本節では，幾何（長さと角度）を扱う．

定義　$\boldsymbol{v} = (v_1, v_2)$ と $\boldsymbol{w} = (w_1, w_2)$ の**内積**または**ドット積**は，数 $\boldsymbol{v}\cdot\boldsymbol{w}$ である：

$$\boldsymbol{v}\cdot\boldsymbol{w} = v_1w_1 + v_2w_2. \tag{1}$$

例 1　ベクトル $\boldsymbol{v} = (4,2)$ と $\boldsymbol{w} = (-1,2)$ の内積は零である．

内積が 0
直交するベクトル

$$\begin{bmatrix} 4 \\ 2 \end{bmatrix} \cdot \begin{bmatrix} -1 \\ 2 \end{bmatrix} = -4 + 4 = 0.$$

数学では，0 はいつも特別な数である．内積が 0 であることは，**2 つのベクトルが直交する**ことを意味する．それらの間の角度が 90° である．図 1.1 で見たのは，(単なる平行四辺形ではなく）長方形であった．x 軸に沿う $\boldsymbol{i} = (1,0)$ と y 軸に沿う $\boldsymbol{j} = (0,1)$ は，直交するベクトルの最も明らかな例であり，その内積は $\boldsymbol{i}\cdot\boldsymbol{j} = 0 + 0 = 0$ である．ベクトル $\boldsymbol{i}$ と $\boldsymbol{j}$ は直角をなす．

$\boldsymbol{v} = (1,2)$ と $\boldsymbol{w} = (3,1)$ の内積は 5 である．この後すぐに，$\boldsymbol{v}\cdot\boldsymbol{w}$ が（90° ではない）$\boldsymbol{v}$ と $\boldsymbol{w}$ の間の角を表すことを学ぶ．$\boldsymbol{w}\cdot\boldsymbol{v}$ もまた 5 であることを確かめよう．

内積 $\boldsymbol{w}\cdot\boldsymbol{v}$ は $\boldsymbol{v}\cdot\boldsymbol{w}$ と等しい．$\boldsymbol{v}$ と $\boldsymbol{w}$ の順番によらない．

例 2　点 $x=-1$（原点の左）に重さ4のおもりを置き，点 $x=2$（原点の右）に重さ2のおもりを置く．x 軸は原点を中心に（シーソーのように）バランスをとる．バランスをとる理由は，その内積が $4\times(-1)+2\times 2=0$ だからだ．

これは，工学や理学の典型例だ．重さのベクトルは $(w_1,w_2)=(4,2)$ である．中心からの距離のベクトルは $(v_1,v_2)=(-1,2)$ である．重さと距離の積，w_1v_1 と w_2v_2，は「モーメント」である．シーソーがバランスをとることを示す等式は $w_1v_1+w_2v_2=0$ である．

例 3　内積は，経済学やビジネスにも応用される．売買する品物が3種類あるとする．それらの価格は，それぞれ1単位あたり (p_1,p_2,p_3) であるとする．これは「価格ベクトル」$\boldsymbol{p}$ である．売買する量を (q_1,q_2,q_3) とする．売るときには正の値，買うときには負の値とする．**価格 p_1 で q_1 単位売ると q_1p_1 だけ収益がある**．収益（量 q と価格 p の積）は，**3次元の内積 $\boldsymbol{q}\cdot\boldsymbol{p}$** となる：

$$\text{収益}=(q_1,q_2,q_3)\cdot(p_1,p_2,p_3)=q_1p_1+q_2p_2+q_3p_3=\text{内積}.$$

内積が0であることは，「帳尻が合う」ことを意味する．$\boldsymbol{q}\cdot\boldsymbol{p}=0$ のとき，販売額の総和は購入額の総和と等しい．そのとき，$\boldsymbol{p}$ は $\boldsymbol{q}$ に（3次元空間で）直交する．数千の品物を扱うスーパーマーケットでは，すぐに次元が高くなる．

注記：経営において，スプレッドシートが必要不可欠となってきている．スプレッドシートでは線形結合と内積を計算できる．画面で見ているものは行列なのである．

要点　$\boldsymbol{v}\cdot\boldsymbol{w}$ を計算するには，それぞれの v_i と w_i を掛け，和 $\boldsymbol{\Sigma}v_iw_i$ を求める．

長さと単位ベクトル

ベクトルと**自分自身**との内積は重要である．このとき，$\boldsymbol{v}$ と $\boldsymbol{w}$ は同一である．ベクトルが $\boldsymbol{v}=(1,2,3)$ であるとき，それ自身との内積は $\boldsymbol{v}\cdot\boldsymbol{v}=\|\boldsymbol{v}\|^2=14$ となる：

内積 $\boldsymbol{v}\cdot\boldsymbol{v}$
長さの2乗

$$\|\boldsymbol{v}\|^2=\begin{bmatrix}1\\2\\3\end{bmatrix}\cdot\begin{bmatrix}1\\2\\3\end{bmatrix}=1+4+9=\mathbf{14}.$$

ベクトルの間の角は，90° ではなく，0° である．$\boldsymbol{v}$ は自分自身と直交しないので，内積は0ではない．内積 $\boldsymbol{v}\cdot\boldsymbol{v}$ は $\boldsymbol{v}$ **の長さの2乗**となる．

定義　ベクトル $\boldsymbol{v}$ の長さ $\|\boldsymbol{v}\|$ は，$\boldsymbol{v}\cdot\boldsymbol{v}$ の平方根である：

長さ $=\text{norm}(\boldsymbol{v})$　　　長さ $=\|\boldsymbol{v}\|=\sqrt{\boldsymbol{v}\cdot\boldsymbol{v}}.$

2次元において，長さは $\sqrt{v_1^2+v_2^2}$ である．3次元では $\sqrt{v_1^2+v_2^2+v_3^2}$ である．上の計算より，$\boldsymbol{v}=(1,2,3)$ の長さは $\|\boldsymbol{v}\|=\sqrt{14}$ となる．

ここで，$\|\boldsymbol{v}\| = \sqrt{\boldsymbol{v}\cdot\boldsymbol{v}}$ はベクトルの表す矢印の通常の長さである．2 次元では，矢印は平面内にある．要素が 1 と 2 であるとき，矢印は直角三角形の斜辺となる（図 1.6）．3 辺の関係を表すピタゴラスの定理 $a^2+b^2=c^2$ より，$1^2+2^2=\|\boldsymbol{v}\|^2$ を得る．

$\boldsymbol{v}=(1,2,3)$ の長さを求めるには，直角三角形の定理を 2 回用いる．底面の $(1,2,0)$ の長さは $\sqrt{5}$ となる．この底面のベクトルは，真上に伸びる $(0,0,3)$ と直交するので，直方体の対角線の長さは $\|\boldsymbol{v}\| = \sqrt{5+9} = \sqrt{14}$ となる．

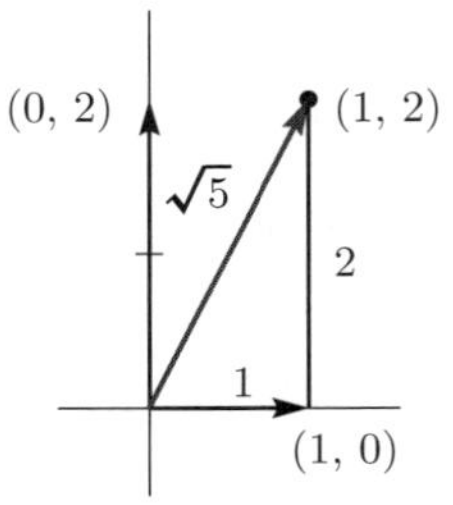

$$\begin{aligned} \boldsymbol{v}\cdot\boldsymbol{v} &= v_1^2 + v_2^2 + v_3^2 \\ 5 &= 1^2 + 2^2 \\ 14 &= 1^2 + 2^2 + 3^2 \end{aligned}$$

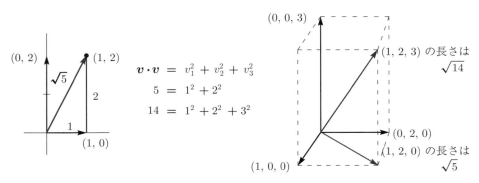

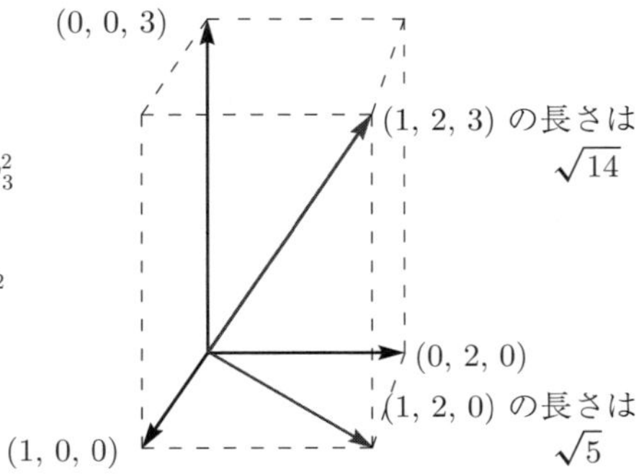

図 1.6 2 次元および 3 次元ベクトルの長さ $\sqrt{\boldsymbol{v}\cdot\boldsymbol{v}}$.

4 次元ベクトルの長さは，$\sqrt{v_1^2+v_2^2+v_3^2+v_4^2}$ である．したがって，ベクトル $(1,1,1,1)$ の長さは $\sqrt{1^2+1^2+1^2+1^2}=2$ となる．これは，4 次元の単位超立方体の対角線の長さである．n 次元では，対角線の長さは $\sqrt{n}$ となる．

「**単位**」という言葉は,「1」に等しい大きさを意味する．単価（単位価格）は 1 品目の価格である．単位立方体は，辺の長さが 1 である立方体である．単位円は，半径が 1 である円である．ここで,「単位ベクトル」を定義しよう．

定義　単位ベクトル $\boldsymbol{u}$ は，長さが 1 であるベクトルである．つまり，$\boldsymbol{u}\cdot\boldsymbol{u}=\mathbf{1}$.

$\boldsymbol{u}=(\frac{1}{2},\frac{1}{2},\frac{1}{2},\frac{1}{2})$ は 4 次元の単位ベクトルの例である．$\boldsymbol{u}\cdot\boldsymbol{u}$ は $\frac{1}{4}+\frac{1}{4}+\frac{1}{4}+\frac{1}{4}=1$ である．$\boldsymbol{v}=(1,1,1,1)$ をその長さ $\|\boldsymbol{v}\|=2$ で割ることで，この単位ベクトルを求めることができる．

例 4　x 軸および y 軸に沿った標準単位ベクトルを，$\boldsymbol{i}$ および $\boldsymbol{j}$ と書く．xy 平面において，x 軸と角度 θ をなす単位ベクトルは $(\cos\theta,\sin\theta)$ である：

$$\textbf{単位ベクトル}\quad \boldsymbol{i}=\begin{bmatrix}1\\0\end{bmatrix} \quad と \quad \boldsymbol{j}=\begin{bmatrix}0\\1\end{bmatrix} \quad と \quad \boldsymbol{u}=\begin{bmatrix}\cos\theta\\\sin\theta\end{bmatrix}.$$

$\theta=0$ のとき，ベクトル $\boldsymbol{u}$ は横向きであり，$\boldsymbol{i}$ である．$\theta=90°$（または $\frac{\pi}{2}$ ラジアン）のとき，ベクトル $\boldsymbol{u}$ は縦向きであり，$\boldsymbol{j}$ である．$\cos^2\theta+\sin^2\theta=1$ であるので，任意の角度について $\boldsymbol{u}\cdot\boldsymbol{u}=1$ である．図 1.7 に示すように，これらのベクトルは単位円の円周上を指す．ゆえに，$\cos\theta$ と $\sin\theta$ は，単位円の円周上で角度 θ をなす点の座標である．

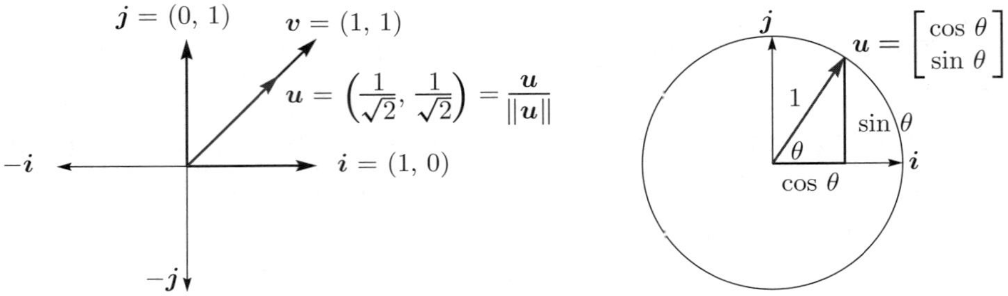

図 1.7　座標ベクトル $\boldsymbol{i}$ と $\boldsymbol{j}$．角度 45° の単位ベクトル $\boldsymbol{u}$ (左) は，$\boldsymbol{v} = (1,1)$ をその長さ $\|\boldsymbol{v}\| = \sqrt{2}$ で割ったものである．単位ベクトル $\boldsymbol{u} = (\cos\theta, \sin\theta)$ は角度 θ をなす．

$(2,2,1)$ の長さは 3 であるので，ベクトル $(\frac{2}{3}, \frac{2}{3}, \frac{1}{3})$ は長さが 1 である．$\boldsymbol{u}\cdot\boldsymbol{u} = \frac{4}{9}+\frac{4}{9}+\frac{1}{9} = 1$ であることを確かめよ．**任意の非零ベクトル $\boldsymbol{v}$ をその長さ $\|\boldsymbol{v}\|$ で割る**と，単位ベクトルを求めることができる．

単位ベクトル　　$\boldsymbol{u} = \boldsymbol{v}/\|\boldsymbol{v}\|$　は，$\boldsymbol{v}$ と同じ方向の単位ベクトルである．

2 つのベクトルの間の角度

直交するベクトルが $\boldsymbol{v}\cdot\boldsymbol{w} = 0$ であることはすでに述べた．角度が 90° であるとき，内積は 0 である．これを説明するために，角度と内積を関連づけよう．任意の非零ベクトル $\boldsymbol{v}$ と $\boldsymbol{w}$ の間の角度が $\boldsymbol{v}\cdot\boldsymbol{w}$ からどのように求められるかを示す．

直角　　$\boldsymbol{v}$ が $\boldsymbol{w}$ に直交するとき，それらの内積は $\boldsymbol{v}\cdot\boldsymbol{w} = 0$ である．

証明　$\boldsymbol{v}$ と $\boldsymbol{w}$ が直交するとき，それらは直角三角形の 2 辺を構成する．3 つ目の辺は，$\boldsymbol{v} - \boldsymbol{w}$ である（図 1.8 で横向きの斜辺）．これらの直角三角形の辺に**ピタゴラスの定理** $a^2 + b^2 = c^2$ を適用する：

$$\text{直交するベクトル}\quad \|\boldsymbol{v}\|^2 + \|\boldsymbol{w}\|^2 = \|\boldsymbol{v} - \boldsymbol{w}\|^2 \tag{2}$$

2 次元において，それらの長さを書き下すと，この等式は以下のようになる

$$\text{ピタゴラスの定理}\quad \left(v_1^2 + v_2^2\right) + \left(w_1^2 + w_2^2\right) = (v_1 - w_1)^2 + (v_2 - w_2)^2. \tag{3}$$

右辺の第 1 項は $v_1^2 - 2v_1w_1 + w_1^2$ となる．v_1^2 と w_1^2 が両辺にあるのでそれらは相殺され，$-2v_1w_1$ が残る．また，v_2^2 と w_2^2 も相殺され，$-2v_2w_2$ が残る（3 次元の場合では，$-2v_3w_3$ も残る）．ここで -2 で割ることで以下を得る：

$$0 = -2v_1w_1 - 2v_2w_2 \quad \text{より} \quad \boldsymbol{v_1w_1 + v_2w_2 = 0}. \tag{4}$$

結論 直角の場合 $\boldsymbol{v}\cdot\boldsymbol{w}=0$．角度が $\theta=90^\circ$ であるとき，内積は 0 となり，$\cos\theta=0$ である．零ベクトル $\boldsymbol{v}=\boldsymbol{0}$ について，$\boldsymbol{0}\cdot\boldsymbol{w}$ は常に 0 であるので，零ベクトルは任意のベクトル $\boldsymbol{w}$ に直交する．

これから，$\boldsymbol{v}\cdot\boldsymbol{w}$ が $\boldsymbol{0}$ でないとしよう．正かもしれないし，負かもしれない．$\boldsymbol{v}\cdot\boldsymbol{w}$ の符号から，直角より小さいか大きいかがすぐにわかる．$\boldsymbol{v}\cdot\boldsymbol{w}$ が正であるとき，その角度は 90° より小さい．$\boldsymbol{v}\cdot\boldsymbol{w}$ が負であるとき，その角度は 90° より大きい．図 1.8 の右は，ベクトル $\boldsymbol{v}=(3,1)$ を示している．$\boldsymbol{w}=(1,3)$ について，$\boldsymbol{v}\cdot\boldsymbol{w}=6$ であるので，$\boldsymbol{v}$ と $\boldsymbol{w}$ の間の角は 90° より小さい．

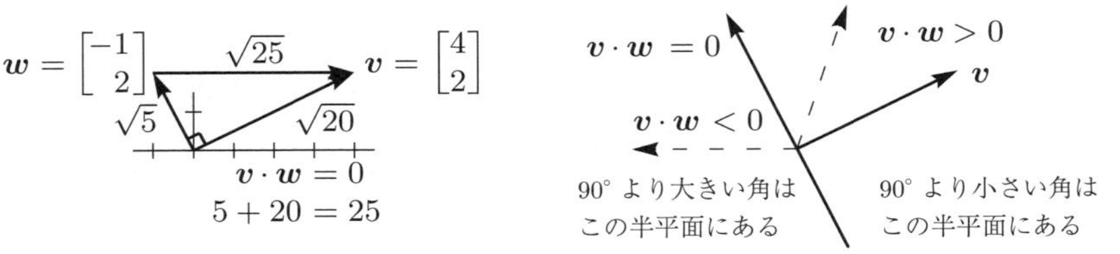

図 1.8 直交するベクトルは $\boldsymbol{v}\cdot\boldsymbol{w}=0$ を満たす．そして，$\|\boldsymbol{v}\|^2+\|\boldsymbol{w}\|^2=\|\boldsymbol{v}-\boldsymbol{w}\|^2$ である．

境界線は，ベクトルが $\boldsymbol{v}$ と直交するところである．正と負を分ける境界線上のベクトル $(1,-3)$ は $(3,1)$ と直交する．その内積は 0 である．

内積から角度 θ の正確な値がわかる．これは線形代数に必須ではないので，これ以上深入りしなくてもよい．行列を扱うようになると，この θ の話に戻ってくることはない．しかし，角度を扱っている間は，その公式の出番がある．

単位ベクトル $\boldsymbol{u}$ と $\boldsymbol{U}$ があるとする．$\boldsymbol{u}\cdot\boldsymbol{U}$ の符号から，$\theta<90^\circ$ であるか $\theta>90^\circ$ であるかがわかる．ベクトルの長さが 1 のとき，それ以上のことがわかる．**内積 $\boldsymbol{u}\cdot\boldsymbol{U}$ は，θ の余弦である．** これは，任意の次元で成り立つ．

角度 θ をなす単位ベクトル $\boldsymbol{u}$ と $\boldsymbol{U}$ について $\boldsymbol{u}\cdot\boldsymbol{U}=\cos\theta$ である．必ず $|\boldsymbol{u}\cdot\boldsymbol{U}|\leq\boldsymbol{1}$．

$\cos\theta$ が 1 より大きくなることはない．また，-1 より小さくなることもない．**単位ベクトルの内積は -1 と 1 の間の値をとる．**

図 1.9 は，ベクトルが $\boldsymbol{u}=(\cos\theta,\sin\theta)$ と $\boldsymbol{i}=(1,0)$ である場合を表している．その内積は，$\boldsymbol{u}\cdot\boldsymbol{i}=\cos\theta$ である．これは，その間の角の余弦である．

任意の角度 α だけ回転しても，それらが単位ベクトルであることは変わらない．ベクトル $\boldsymbol{i}=(1,0)$ は回転して，$(\cos\alpha,\sin\alpha)$ となる．ベクトル $\boldsymbol{u}$ は回転して，$(\cos\beta,\sin\beta)$ となる．ただし，$\beta=\alpha+\theta$ である．その内積は，$\cos\alpha\cos\beta+\sin\alpha\sin\beta$ である．加法定理より，この値は $\cos(\beta-\alpha)$ に等しい．ここで，$\beta-\alpha$ は角度 θ であるので，内積は $\cos\theta$ である．

問題 24 では，角度について言及せずに，$|\boldsymbol{u}\cdot\boldsymbol{U}|\leq 1$ を直接証明する．この不等式と，余弦の式 $\boldsymbol{u}\cdot\boldsymbol{U}=\cos\theta$ は単位ベクトルに対して常に成り立つ．

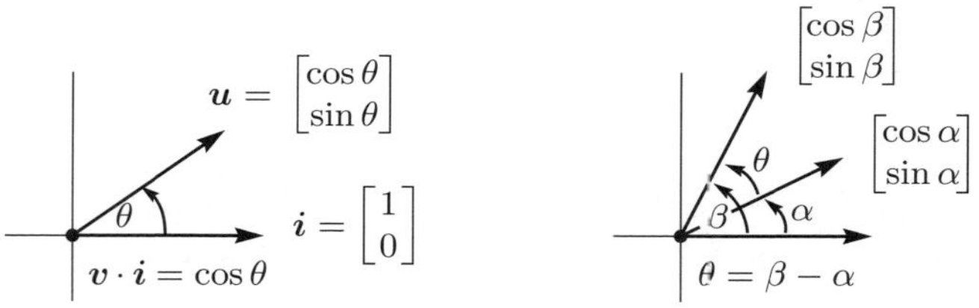

図 1.9　単位ベクトルの内積は，角度 θ の余弦に等しい．

$\boldsymbol{v}$ と $\boldsymbol{w}$ が単位ベクトルでないときはどうか？長さで割ると，$\boldsymbol{u}=\boldsymbol{v}/\|\boldsymbol{v}\|$ と $\boldsymbol{U}=\boldsymbol{w}/\|\boldsymbol{w}\|$ を得る．すると，これらの単位ベクトル $\boldsymbol{u}$ と $\boldsymbol{U}$ の内積は $\cos\theta$ となる．

余弦の式　$\boldsymbol{v}$ と $\boldsymbol{w}$ が零ベクトルでないとき，$\dfrac{\boldsymbol{v}\cdot\boldsymbol{w}}{\|\boldsymbol{v}\|\,\|\boldsymbol{w}\|}=\cos\theta.$

その角度によらず，$\boldsymbol{v}/\|\boldsymbol{v}\|$ と $\boldsymbol{w}/\|\boldsymbol{w}\|$ の内積は 1 を超えることがない．これが内積に対する**「シュワルツの不等式」** $|\boldsymbol{v}\cdot\boldsymbol{w}|\le\|\boldsymbol{v}\|\,\|\boldsymbol{w}\|$ である．より正確には，コーシー–シュワルツ–Buniakowsky の不等式である．この不等式は，フランスとドイツとロシアで発見された（他の場所でも発見されているかもしれない．数学における最も重要な不等式である）．

$|\cos\theta|$ は 1 を超えることがないので，余弦の式から 2 つの重要な不等式が得られる：

シュワルツの不等式　$|\boldsymbol{v}\cdot\boldsymbol{w}|\le\|\boldsymbol{v}\|\,\|\boldsymbol{w}\|$

三角不等式　$\|\boldsymbol{v}+\boldsymbol{w}\|\le\|\boldsymbol{v}\|+\|\boldsymbol{w}\|$

例 5　$\boldsymbol{v}=\begin{bmatrix}2\\1\end{bmatrix}$ と $\boldsymbol{w}=\begin{bmatrix}1\\2\end{bmatrix}$ に対して $\cos\theta$ を求めよ．また 2 つの不等式が成り立つことを確かめよ．

解　内積は $\boldsymbol{v}\cdot\boldsymbol{w}=4$ である．$\boldsymbol{v}$ と $\boldsymbol{w}$ の長さはいずれも $\sqrt{5}$ である．余弦は 4/5 である．

$$\cos\theta=\frac{\boldsymbol{v}\cdot\boldsymbol{w}}{\|\boldsymbol{v}\|\,\|\boldsymbol{w}\|}=\frac{4}{\sqrt{5}\sqrt{5}}=\frac{4}{5}.$$

$\boldsymbol{v}\cdot\boldsymbol{w}=4$ は正であるので，角度は 90° より小さい．シュワルツの不等式より，$\boldsymbol{v}\cdot\boldsymbol{w}=4$ は $\|\boldsymbol{v}\|\,\|\boldsymbol{w}\|=5$ より小さい．三角不等式より，3 つ目の辺 $\|\boldsymbol{v}+\boldsymbol{w}\|$ は，1 つ目の辺と 2 つ目の辺の和より小さい．$\boldsymbol{v}+\boldsymbol{w}=(3,3)$ に対して，三角不等式は $\sqrt{18}<\sqrt{5}+\sqrt{5}$ である．これを 2 乗すると，$18<20$ を得る．

例 6　$\boldsymbol{v}=(a,b)$ と $\boldsymbol{w}=(b,a)$ の内積は $2ab$ である．いずれも，その長さは $\sqrt{a^2+b^2}$ である．これらに対するシュワルツ不等式は，$2ab\le a^2+b^2$ となる．

$x=a^2$ と $y=b^2$ とおくと，より有名な式となる.「幾何平均」$\boldsymbol{\sqrt{xy}}$ は「算術平均」$\boldsymbol{\frac{1}{2}(x+y)}$ 以下である．

$$\textbf{幾何平均} \quad \leq \quad \textbf{算術平均} \qquad ab \leq \frac{a^2+b^2}{2} \quad \text{より} \quad \sqrt{xy} \leq \frac{x+y}{2}.$$

例 5 では，$a=2$ と $b=1$ であり，$x=4$ と $y=1$ であった．幾何平均 $\sqrt{xy}=2$ は，算術平均 $\frac{1}{2}(1+4)=2.5$ より小さい．

計算のため補足

$\boldsymbol{v}$ の要素を $v(1),\ldots,v(N)$ と書く．$\boldsymbol{w}$ についても同様とする．FORTRAN では，和 $\boldsymbol{v}+\boldsymbol{w}$ を計算するのに，要素をそれぞれ足すための繰返しが必要である．内積を計算するにも，$v(j)w(j)$ をそれぞれ足すための繰返しが必要である．VPLUSW と VDOTW を示そう：

FORTRAN

```
   DO 10 J = 1,N                      DO 10 J = 1,N
10 VPLUSW(J) = v(J) + w(J)         10 VDOTW = VDOTW + V(J) * W(J)
```

MATLAB と PYTHON では，**要素ごとではなく，ベクトル全体の処理を直接書ける**．繰返しは必要ない．$\boldsymbol{v}$ と $\boldsymbol{w}$ が定義されているとき，$\boldsymbol{v}+\boldsymbol{w}$ という書き方が使える．$\boldsymbol{v}$ と $\boldsymbol{w}$ を行の形で入力し，プライム $'$ で列に転置する．$2\boldsymbol{v}+3\boldsymbol{w}$ を表すには，2 と 3 による積を表すのに $*$ を使う．セミコロンで行を終えなければ，結果が表示される．

MATLAB　$\boldsymbol{v}=[2\quad 3\quad 4]'\ ;\quad \boldsymbol{w}=[1\quad 1\quad 1]'\ ;\quad \boldsymbol{u}=2*\boldsymbol{v}+3*\boldsymbol{w}$

内積 $\boldsymbol{v}\cdot\boldsymbol{w}$ は，通常，**（点なしで）行と列の積** として表される：

$$\begin{bmatrix}1\\2\end{bmatrix}\cdot\begin{bmatrix}3\\4\end{bmatrix} \quad \text{よりも} \quad [1\ 2]\begin{bmatrix}3\\4\end{bmatrix} \quad \text{や} \quad \boldsymbol{v}'*\boldsymbol{w} \quad \text{の書き方が多い．}$$

MATLAB では，$\boldsymbol{v}$ の長さは norm $(\boldsymbol{v})$ とする．平方根を求める関数を使って，長さを sqrt $(\boldsymbol{v}'*\boldsymbol{v})$ と定義することもできる．余弦については，定義しなければならない．（ラジアン単位の）角度は，逆余弦関数 (acos) により求めることができる：

余弦の式	cosine $=\boldsymbol{v}'*\boldsymbol{w}/(\text{norm}\,(\boldsymbol{v})*\text{norm}\,(\boldsymbol{w}))$
角度の式	angle $=$ acos (cosine)

M-ファイル [訳注] 中に新しい関数 cosine $(\boldsymbol{v},\boldsymbol{w})$ を定義して，それを利用することもできる．本書向けに作られた M-ファイルの内容が本書の最後に示されている．R と PYTHON は，オープンソースソフトウェアである．

[訳注] MATLAB のプログラムは拡張子が m なので，M-ファイルと呼ばれる．

■ 要点の復習 ■

1. 内積 $\boldsymbol{v}\cdot\boldsymbol{w}$ は各要素 v_i と w_i を掛け，すべての v_iw_i の和を求めたものである．
2. ベクトルの長さ $\|\boldsymbol{v}\|$ は，$\boldsymbol{v}\cdot\boldsymbol{v}$ の平方根である．
3. $\boldsymbol{u}=\boldsymbol{v}/\|\boldsymbol{v}\|$ は**単位ベクトル**である．その長さは 1 である．
4. ベクトル $\boldsymbol{v}$ と $\boldsymbol{w}$ が直交するとき，その内積は $\boldsymbol{v}\cdot\boldsymbol{w}=0$ である．
5. θ（任意の非零ベクトル $\boldsymbol{v}$ と $\boldsymbol{w}$ の間の角）の余弦は 1 を超えない：

$$\cos\theta=\frac{\boldsymbol{v}\cdot\boldsymbol{w}}{\|\boldsymbol{v}\|\|\boldsymbol{w}\|}\qquad \text{シュワルツの不等式}\quad |\boldsymbol{v}\cdot\boldsymbol{w}|\le\|\boldsymbol{v}\|\,\|\boldsymbol{w}\|.$$

問題 21 では，**三角不等式** $\|\boldsymbol{v}+\boldsymbol{w}\|\le\|\boldsymbol{v}\|+\|\boldsymbol{w}\|$ を導出する．

■ 例題 ■

1.2 A ベクトル $\boldsymbol{v}=(\boldsymbol{3},\boldsymbol{4})$ と $\boldsymbol{w}=(\boldsymbol{4},\boldsymbol{3})$ について，$\boldsymbol{v}\cdot\boldsymbol{w}$ に対するシュワルツの不等式と $\|\boldsymbol{v}+\boldsymbol{w}\|$ に対する三角不等式を確かめよ．$\boldsymbol{v}$ と $\boldsymbol{w}$ の間の角に対する $\cos\theta$ を求めよ．**等式** $|\boldsymbol{v}\cdot\boldsymbol{w}|=\|\boldsymbol{v}\|\,\|\boldsymbol{w}\|$，および，$\|\boldsymbol{v}+\boldsymbol{w}\|=\|\boldsymbol{v}\|+\|\boldsymbol{w}\|$ が成り立つのはどのような場合か？

解 内積は $\boldsymbol{v}\cdot\boldsymbol{w}=(3)(4)+(4)(3)=24$ である．$\boldsymbol{v}$ の長さは $\|\boldsymbol{v}\|=\sqrt{9+16}=5$ であり，また，$\|\boldsymbol{w}\|=5$ である．和 $\boldsymbol{v}+\boldsymbol{w}=(7,7)$ の長さは，$7\sqrt{2}<10$ である．

シュワルツの不等式	$\|\boldsymbol{v}\cdot\boldsymbol{w}\|\le\|\boldsymbol{v}\|\,\|\boldsymbol{w}\|$ は $24<25$ より成り立つ．
三角不等式	$\|\boldsymbol{v}+\boldsymbol{w}\|\le\|\boldsymbol{v}\|+\|\boldsymbol{w}\|$ は $7\sqrt{2}<5+5$ より成り立つ．
角の余弦	$\cos\theta=\frac{24}{25}$ $\boldsymbol{v}=(3,4)$ から $\boldsymbol{w}=(4,3)$ への角の小さい方

あるベクトルがもう一方のスカラー倍，すなわち $\boldsymbol{w}=c\boldsymbol{v}$，であるとする．そのとき，角度は 0° または 180° となる．このとき，$|\cos\theta|=1$ であり，$|\boldsymbol{v}\cdot\boldsymbol{w}|$ は $\|\boldsymbol{v}\|\,\|\boldsymbol{w}\|$ に**等しくなる**．$\boldsymbol{w}=2\boldsymbol{v}$ のように角度が 0° であれば，$\|\boldsymbol{v}+\boldsymbol{w}\|=\|\boldsymbol{v}\|+\|\boldsymbol{w}\|$ となる．このとき，三角形は完全に平坦になっている．

1.2 B $\boldsymbol{v}=(3,4)$ と同じ方向の単位ベクトル $\boldsymbol{u}$ を求めよ．$\boldsymbol{u}$ と直交する単位ベクトル $\boldsymbol{U}$ を求めよ．$\boldsymbol{U}$ になりうるものはいくつあるか？

解 単位ベクトル $\boldsymbol{u}$ を求めるには，$\boldsymbol{v}$ をその長さ $\|\boldsymbol{v}\|=5$ で割る．直交するベクトル $\boldsymbol{V}$ として，$(-4,3)$ を選ぶことができる．なぜなら，内積 $\boldsymbol{v}\cdot\boldsymbol{V}$ が，$3\times(-4)+4\times3=0$ だからである．**単位**ベクトル $\boldsymbol{U}$ を求めるには，$\boldsymbol{V}$ をその長さ $\|\boldsymbol{V}|$ で割る：

$$\boldsymbol{u}=\frac{\boldsymbol{v}}{\|\boldsymbol{v}\|}=\left(\frac{3}{5},\frac{4}{5}\right)\qquad \boldsymbol{U}=\frac{\boldsymbol{V}}{\|\boldsymbol{V}\|}=\left(-\frac{4}{5},\frac{3}{5}\right)\qquad \boldsymbol{u}\cdot\boldsymbol{U}=0$$

直交する単位ベクトルは他に $-\boldsymbol{U}=(\frac{4}{5},-\frac{3}{5})$ しかない．

1.2 C　与えられた $\boldsymbol{r}=(2,-1)$ と $\boldsymbol{s}=(-1,2)$ に対して，内積が $\boldsymbol{x}\cdot\boldsymbol{r}=1$ と $\boldsymbol{x}\cdot\boldsymbol{s}=0$ であるようなベクトル $\boldsymbol{x}=(c,d)$ を求めよ．

この問題は，$c\boldsymbol{v}+d\boldsymbol{w}=\boldsymbol{b}=(1,0)$ を解いた例題 **1.1 C** とどのような関係があるか？

解　2 つの内積から c と d に対する線形方程式が得られる．$\boldsymbol{x}=(c,d)$ とする．

$$\begin{array}{lll} \boldsymbol{x}\cdot\boldsymbol{r}=1 & \mathbf{2c-\ \ d=1} & \text{例題 1.1 C と} \\ \boldsymbol{x}\cdot\boldsymbol{s}=0 & -\ c+2d=0 & \text{同じ方程式である} \end{array}$$

2 つ目の等式は，$\boldsymbol{x}$ を $\boldsymbol{s}=(-1,2)$ と直交させる．そこで，幾何的に見てみよう：垂直な方向 $(2,1)$ に進む．$\boldsymbol{x}=\frac{1}{3}(2,1)$ まで来たとき，$\boldsymbol{r}=(2,-1)$ との内積は $\boldsymbol{x}\cdot\boldsymbol{r}=1$ となる．

n 次元空間における $\boldsymbol{x}=(x_1,\dots,x_n)$ に対する n 個の等式についての解説

第 1.1 節では，列ベクトル $\boldsymbol{v}_1,\dots,\boldsymbol{v}_n$ があるとして，あるベクトルを生成する線形結合 $x_1\boldsymbol{v}_1+\cdots+x_n\boldsymbol{v}_n=\boldsymbol{b}$ を求めることが問題であった．本節では，ベクトル $\boldsymbol{r}_1,\dots,\boldsymbol{r}_n$ があるとして，内積 $\boldsymbol{x}\cdot\boldsymbol{r}_i=b_i$ を得るような $\boldsymbol{x}$ を求めることが問題である．

この後すぐに，$\boldsymbol{v}_i$ を行列 A の列に，$\boldsymbol{r}_i$ を A の行にする．すると，2 つの問題は $A\boldsymbol{x}=\boldsymbol{b}$ を解くという同一のものになる．

練習問題 1.2

1　内積 $\boldsymbol{u}\cdot\boldsymbol{v}$ と $\boldsymbol{u}\cdot\boldsymbol{w}$ と $\boldsymbol{u}\cdot(\boldsymbol{v}+\boldsymbol{w})$ と $\boldsymbol{w}\cdot\boldsymbol{v}$ を計算せよ：

$$\boldsymbol{u}=\begin{bmatrix}-0.6\\0.8\end{bmatrix}\qquad\boldsymbol{v}=\begin{bmatrix}3\\4\end{bmatrix}\qquad\boldsymbol{w}=\begin{bmatrix}8\\6\end{bmatrix}.$$

2　これらのベクトルの長さ $\|\boldsymbol{u}\|$ と $\|\boldsymbol{v}\|$ と $\|\boldsymbol{w}\|$ を計算せよ．シュワルツの不等式 $|\boldsymbol{u}\cdot\boldsymbol{v}|\le\|\boldsymbol{u}\|\,\|\boldsymbol{v}\|$ と $|\boldsymbol{v}\cdot\boldsymbol{w}|\le\|\boldsymbol{v}\|\,\|\boldsymbol{w}\|$ を確かめよ．

3　問題 1 の $\boldsymbol{v}$ と $\boldsymbol{w}$ の方向の単位ベクトル，角度 θ の余弦を求めよ．$\boldsymbol{w}$ と $0°$，$90°$，$180°$ の角をなすベクトルを求めよ．

4　任意の**単位**ベクトル $\boldsymbol{v}$ と $\boldsymbol{w}$ について，次の内積（の具体的な値）を求めよ．

(a)　$\boldsymbol{v}$ と $-\boldsymbol{v}$　　(b)　$\boldsymbol{v}+\boldsymbol{w}$ と $\boldsymbol{v}-\boldsymbol{w}$　　(c)　$\boldsymbol{v}-2\boldsymbol{w}$ と $\boldsymbol{v}+2\boldsymbol{w}$

5　$\boldsymbol{v}=(3,1)$ と $\boldsymbol{w}=(2,1,2)$ の方向の単位ベクトル $\boldsymbol{u}_1$ と $\boldsymbol{u}_2$ を求めよ．$\boldsymbol{u}_1$ と $\boldsymbol{u}_2$ にそれぞれ直交する単位ベクトル $\boldsymbol{U}_1$ と $\boldsymbol{U}_2$ を求めよ．

6　(a)　$\boldsymbol{v}=(2,-1)$ に直交するベクトル $\boldsymbol{w}=(w_1,w_2)$ をすべて求めよ．

(b)　$\boldsymbol{V}=(1,1,1)$ に直交するベクトルは，_____ 上にある．

(c)　$(1,1,1)$ と $(1,2,3)$ に直交するベクトルは，_____ 上にある．

7 以下のベクトルの間の角度 θ を（その余弦の値から）求めよ：

(a) $\boldsymbol{v} = \begin{bmatrix} 1 \\ \sqrt{3} \end{bmatrix}$ と $\boldsymbol{w} = \begin{bmatrix} 1 \\ 0 \end{bmatrix}$ (b) $\boldsymbol{v} = \begin{bmatrix} 2 \\ 2 \\ -1 \end{bmatrix}$ と $\boldsymbol{w} = \begin{bmatrix} 2 \\ -1 \\ 2 \end{bmatrix}$

(c) $\boldsymbol{v} = \begin{bmatrix} 1 \\ \sqrt{3} \end{bmatrix}$ と $\boldsymbol{w} = \begin{bmatrix} -1 \\ \sqrt{3} \end{bmatrix}$ (d) $\boldsymbol{v} = \begin{bmatrix} 3 \\ 1 \end{bmatrix}$ と $\boldsymbol{w} = \begin{bmatrix} -1 \\ -2 \end{bmatrix}$.

8 以下の命題は真か偽か（真ならば理由を述べ，偽ならば反例を挙げよ）：

(a) （3次元において）$\boldsymbol{u}$ が $\boldsymbol{v}$ と $\boldsymbol{w}$ に直交するならば，これらのベクトル $\boldsymbol{v}$ と $\boldsymbol{w}$ は平行である．

(b) $\boldsymbol{u}$ が $\boldsymbol{v}$ と $\boldsymbol{w}$ に直交するとき，$\boldsymbol{u}$ は $\boldsymbol{v} + 2\boldsymbol{w}$ に直交する．

(c) $\boldsymbol{u}$ と $\boldsymbol{v}$ が直交する単位ベクトルのとき，$\|\boldsymbol{u} - \boldsymbol{v}\| = \sqrt{2}$ である．

9 $(0,0)$ から (v_1, v_2) と (w_1, w_2) への矢印の傾きは，v_2/v_1 と w_2/w_1 である．**これらの傾きの積** v_2w_2/v_1w_1 **が** -1 **であるとする．** $\boldsymbol{v} \cdot \boldsymbol{w} = 0$ であり，これらのベクトルが直交することを示せ．

10 $(0,0)$ から 点 $\boldsymbol{v} = (1,2)$ および $\boldsymbol{w} = (-2,1)$ への矢印を描け．それらの傾きの積を求めよ．その答えから，$\boldsymbol{v} \cdot \boldsymbol{w} = 0$ であることがわかり，矢印は ＿＿＿.

11 $\boldsymbol{v} \cdot \boldsymbol{w}$ が負であるとき，$\boldsymbol{v}$ と $\boldsymbol{w}$ の間の角について何が言えるか？ある3次元ベクトル $\boldsymbol{v}$（矢印）を描き，$\boldsymbol{v} \cdot \boldsymbol{w} < 0$ を満たす $\boldsymbol{w}$ がとりうる領域を示せ．

12 $\boldsymbol{v} = (1,1)$ と $\boldsymbol{w} = (1,5)$ について，$\boldsymbol{w} - c\boldsymbol{v}$ が $\boldsymbol{v}$ に直交するように数 c を定めよ．任意の非零ベクトル $\boldsymbol{v}$ と $\boldsymbol{w}$ に対して，この数 c を与える式を求めよ．**註**：$c\boldsymbol{v}$ は，$\boldsymbol{w}$ の $\boldsymbol{v}$ への「射影」である．

13 $(1,0,1)$ に直交し，また互いに直交するような2つのベクトル $\boldsymbol{v}$ と $\boldsymbol{w}$ を求めよ．

14 $(1,1,1,1)$ に直交し，また互いに直交するような非零ベクトル $\boldsymbol{u}, \boldsymbol{v}, \boldsymbol{w}$ を求めよ．

15 $x = 2$ と $y = 8$ の幾何平均は $\sqrt{xy} = 4$ である．算術平均 $\frac{1}{2}(x+y) =$ ＿＿＿ はそれよりも大きい．例6では，これは，$\boldsymbol{v} = (\sqrt{2}, \sqrt{8})$ と $\boldsymbol{w} = (\sqrt{8}, \sqrt{2})$ に対するシュワルツの不等式から示された．この $\boldsymbol{v}$ と $\boldsymbol{w}$ に対する $\cos\theta$ を求めよ．

16 **ベクトル** $\boldsymbol{v} = (1, 1, \ldots, 1)$ **の 9 次元での長さを求めよ．** $\boldsymbol{v}$ と同じ方向の単位ベクトル $\boldsymbol{u}$ と，$\boldsymbol{v}$ に直交する単位ベクトル $\boldsymbol{w}$ を1つ求めよ．

17 ベクトル $(1,0,-1)$ と 軸に沿った単位ベクトル $\boldsymbol{i}$，$\boldsymbol{j}$，$\boldsymbol{k}$ との間の角 α, β, θ の余弦を求めよ．式 $\cos^2\alpha + \cos^2\beta + \cos^2\theta = 1$ が成り立つことを確かめよ．

問題 18〜31 は，三角形の長さと角に関する主要な事実を導くものである．

18　辺が $\boldsymbol{v} = (4, 2)$ と $\boldsymbol{w} = (-1, 2)$ である平行四辺形は長方形である．**直角三角形に対してのみ成り立つ**ピタゴラスの定理 $a^2 + b^2 = c^2$ が成り立つことを確かめよ：

$$(\boldsymbol{v}\ \text{の長さ})^2 + (\boldsymbol{w}\ \text{の長さ})^2 = (\boldsymbol{v} + \boldsymbol{w}\ \text{の長さ})^2.$$

19　（内積の規則）以下の等式は単純であるが役に立つ：

(1) $\boldsymbol{v} \cdot \boldsymbol{w} = \boldsymbol{w} \cdot \boldsymbol{v}$　(2) $\boldsymbol{u} \cdot (\boldsymbol{v} + \boldsymbol{w}) = \boldsymbol{u} \cdot \boldsymbol{v} + \boldsymbol{u} \cdot \boldsymbol{w}$　(3) $(c\boldsymbol{v}) \cdot \boldsymbol{w} = c(\boldsymbol{v} \cdot \boldsymbol{w})$

$\boldsymbol{u} = \boldsymbol{v} + \boldsymbol{w}$ として (2) を使い，$\|\boldsymbol{v} + \boldsymbol{w}\|^2 = \boldsymbol{v} \cdot \boldsymbol{v} + 2\boldsymbol{v} \cdot \boldsymbol{w} + \boldsymbol{w} \cdot \boldsymbol{w}$ を証明せよ．

20　「余弦定理」は，$(\boldsymbol{v} - \boldsymbol{w}) \cdot (\boldsymbol{v} - \boldsymbol{w}) = \boldsymbol{v} \cdot \boldsymbol{v} - 2\boldsymbol{v} \cdot \boldsymbol{w} + \boldsymbol{w} \cdot \boldsymbol{w}$ より導かれる：

余弦定理　$$\|\boldsymbol{v} - \boldsymbol{w}\|^2 = \|\boldsymbol{v}\|^2 - 2\|\boldsymbol{v}\|\,\|\boldsymbol{w}\| \cos\theta + \|\boldsymbol{w}\|^2.$$

$\theta < 90°$ であるとき，$\|\boldsymbol{v}\|^2 + \|\boldsymbol{w}\|^2$ が $\|\boldsymbol{v} - \boldsymbol{w}\|^2$（3 つ目の辺）より大きいことを示せ．

21　**三角不等式**は，$(\boldsymbol{v} + \boldsymbol{w}$ の長さ$) \le (\boldsymbol{v}$ の長さ$) + (\boldsymbol{w}$ の長さ$)$ である．

問題 19 で，$\|\boldsymbol{v} + \boldsymbol{w}\|^2 = \|\boldsymbol{v}\|^2 + 2\boldsymbol{v} \cdot \boldsymbol{w} + \|\boldsymbol{w}\|^2$ であることがわかった．シュワルツの不等式 $\boldsymbol{v} \cdot \boldsymbol{w} \le \|\boldsymbol{v}\|\,\|\boldsymbol{w}\|$ を使い，$\|$ **辺 3**$\|$ が，$\|$ **辺 1**$\| + \|$ **辺 2**$\|$ 以下であることを示せ：

三角不等式　$\|\boldsymbol{v} + \boldsymbol{w}\|^2 \le (\|\boldsymbol{v}\| + \|\boldsymbol{w}\|)^2$　**つまり**　$\|\boldsymbol{v} + \boldsymbol{w}\| \le \|\boldsymbol{v}\| + \|\boldsymbol{w}\|$.

22　シュワルツの不等式 $|\boldsymbol{v} \cdot \boldsymbol{w}| \le \|\boldsymbol{v}\|\,\|\boldsymbol{w}\|$ を，幾何ではなく代数で示す：

(a) $(v_1 w_1 + v_2 w_2)^2 \le (v_1^2 + v_2^2)(w_1^2 + w_2^2)$ の両辺を展開せよ．
(b) これらの両辺の差が $(v_1 w_2 - v_2 w_1)^2$ であることを示せ．これは平方数なので負にはなりえない．したがって，不等式が成り立つ．

23　図は $\cos\alpha = v_1/\|\boldsymbol{v}\|$ と $\sin\alpha = v_2/\|\boldsymbol{v}\|$ を示している．同様に，$\cos\beta$ は ＿＿＿ であり，$\sin\beta$ は ＿＿＿ である．角度 θ は $\beta - \alpha$ である．$\cos(\beta - \alpha)$ に対する加法定理 $\cos\beta\cos\alpha + \sin\beta\sin\alpha$ に代入し，$\cos\theta = \boldsymbol{v} \cdot \boldsymbol{w}/\|\boldsymbol{v}\|\,\|\boldsymbol{w}\|$ を求めよ．

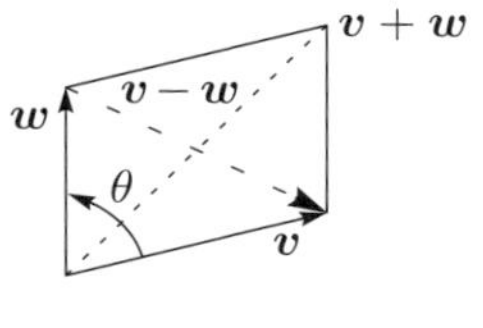

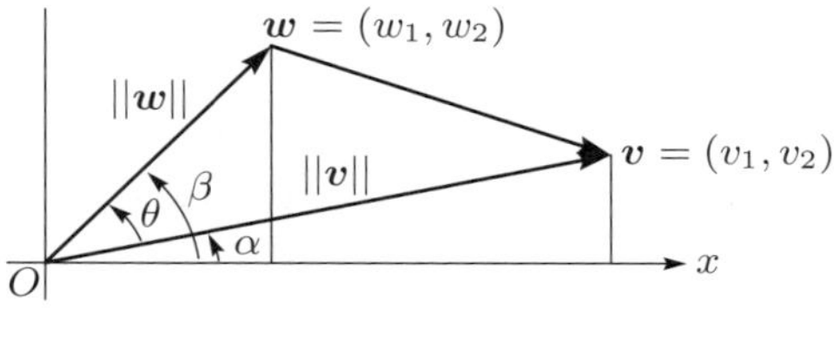

24　単位ベクトルに対するシュワルツの不等式 $|\boldsymbol{u} \cdot \boldsymbol{U}| \le 1$ を 1 行で証明する：

$$|\boldsymbol{u} \cdot \boldsymbol{U}| \le |u_1|\,|U_1| + |u_2|\,|U_2| \le \frac{u_1^2 + U_1^2}{2} + \frac{u_2^2 + U_2^2}{2} = \frac{1+1}{2} = 1.$$

$(u_1, u_2) = (0.6, 0.8)$ と $(U_1, U_2) = (0.8, 0.6)$ を全体に代入し，$\cos\theta$ を探せ．

25 そもそも，$|\cos\theta|$ が 1 を超えないのはなぜか？

26 $\boldsymbol{v}=(1,2)$ として，$\boldsymbol{v}\cdot\boldsymbol{w}=x+2y=5$ を満たすすべてのベクトル $\boldsymbol{w}=(x,y)$ を xy 平面に描け．最短の $\boldsymbol{w}$ はどれか？

27 （**推奨**）$||\boldsymbol{v}||=5$ と $||\boldsymbol{w}||=3$ であるとする．$||\boldsymbol{v}-\boldsymbol{w}||$ の最小値と最大値を求めよ．$\boldsymbol{v}\cdot\boldsymbol{w}$ の最小値と最大値を求めよ．

挑戦問題

28 xy 平面において，3 つのベクトルが $\boldsymbol{u}\cdot\boldsymbol{v}<0$ と $\boldsymbol{v}\cdot\boldsymbol{w}<0$ と $\boldsymbol{u}\cdot\boldsymbol{w}<0$ を満たすことはありうるか？xyz 空間において内積がすべて負となるようなベクトルがいくつありうるかという問いに対する答は持ち合わせていない（平面において，4 つのベクトルが不可能であることは確かだが ...）．

29 和が $x+y+z=0$ となるよう数を任意に選ぶ．ベクトル $\boldsymbol{v}=(x,y,z)$ と $\boldsymbol{w}=(z,x,y)$ の間の角を求めよ．挑戦問題：$\boldsymbol{v}\cdot\boldsymbol{w}/\|\boldsymbol{v}\|\|\boldsymbol{w}\|$ が必ず $-\frac{1}{2}$ となる理由を述べよ．

30 $\sqrt[3]{xyz}\leq\frac{1}{3}(x+y+z)$（幾何平均 $\leq$ 算術平均）はどうすれば証明できるか？

31 すべての要素が $\frac{1}{2}$ か $-\frac{1}{2}$ であるような，互いに直交する単位ベクトルを 4 つ求めよ．

32 MATLAB で $\boldsymbol{v}=\mathrm{randn}(3,1)$ として，単位ベクトル $\boldsymbol{u}=\boldsymbol{v}/\|\boldsymbol{v}\|$ をランダムに生成せよ．$V=\mathrm{randn}(3,30)$ として，さらに 30 個の単位ベクトル $\boldsymbol{U}_j$ をランダムに作成せよ．内積 $|\boldsymbol{u}\cdot\boldsymbol{U}_j|$ の平均を求めよ．解析を使うと，その平均は $\int_0^\pi|\cos\theta|d\theta/\pi=2/\pi$ となる．

1.3　行列

本節では，じっくり考えて選んだ 2 つの例を使う．それらはともに 3 つのベクトルが与えられ，**行列**を使ってその線形結合をとる．1 つ目の例の 3 つのベクトルは $\boldsymbol{u}$ と $\boldsymbol{v}$ と $\boldsymbol{w}$ である：

$$\textbf{1 つ目の例}\qquad \boldsymbol{u}=\begin{bmatrix}1\\-1\\0\end{bmatrix}\qquad \boldsymbol{v}=\begin{bmatrix}0\\1\\-1\end{bmatrix}\qquad \boldsymbol{w}=\begin{bmatrix}0\\0\\1\end{bmatrix}.$$

3 次元空間において，それらの線形結合は $c\boldsymbol{u}+d\boldsymbol{v}+e\boldsymbol{w}$ である：

$$\textbf{線形結合}\qquad c\begin{bmatrix}1\\-1\\0\end{bmatrix}+d\begin{bmatrix}0\\1\\-1\end{bmatrix}+e\begin{bmatrix}0\\0\\1\end{bmatrix}=\begin{bmatrix}c\\d-c\\e-d\end{bmatrix}. \qquad (1)$$

ここで，**行列を使ってこの線形結合を書き換える**ことが大事なところだ．ベクトル $\boldsymbol{u},\boldsymbol{v},\boldsymbol{w}$ は，行列 A の列になる．その行列にベクトルを「掛ける」：

$\boldsymbol{A}$ と $\boldsymbol{x}$ の積が同じ線形結合となる

$$\begin{bmatrix} 1 & 0 & 0 \\ -1 & 1 & 0 \\ 0 & -1 & 1 \end{bmatrix}\begin{bmatrix} c \\ d \\ e \end{bmatrix} = \begin{bmatrix} c \\ d-c \\ e-d \end{bmatrix}. \tag{2}$$

数 c, d, e はベクトル $\boldsymbol{x}$ の要素である．行列 A と $\boldsymbol{x}$ の積は，3 つの列の線形結合 $c\boldsymbol{u}+d\boldsymbol{v}+e\boldsymbol{w}$ と同じである：

行列とベクトルの積

$$A\boldsymbol{x} = \begin{bmatrix} \boldsymbol{u} & \boldsymbol{v} & \boldsymbol{w} \end{bmatrix}\begin{bmatrix} c \\ d \\ e \end{bmatrix} = c\boldsymbol{u} + d\boldsymbol{v} + e\boldsymbol{w}. \tag{3}$$

これは単に $A\boldsymbol{x}$ の定義にとどまらない．なぜなら，書換えによって極めて重要な別の見方ができるからだ．最初は，ベクトルに数 c, d, e を掛けていた．今では，これらの数に行列を掛けている．**行列 A はベクトル $\boldsymbol{x}$ に作用する**．その結果 $A\boldsymbol{x}$ は，A の列の線形結合 $\boldsymbol{b}$ となる．

その作用を見るため，c, d, e の代わりに x_1, x_2, x_3 と書くことにする．$A\boldsymbol{x}$ の要素を b_1, b_2, b_3 と書く．これらの文字を使うと，次のようになる．

$$A\boldsymbol{x} = \begin{bmatrix} 1 & 0 & 0 \\ -1 & 1 & 0 \\ 0 & -1 & 1 \end{bmatrix}\begin{bmatrix} x_1 \\ x_2 \\ x_3 \end{bmatrix} = \begin{bmatrix} \boldsymbol{x_1} \\ \boldsymbol{x_2} - \boldsymbol{x_1} \\ \boldsymbol{x_3} - \boldsymbol{x_2} \end{bmatrix} = \begin{bmatrix} b_1 \\ b_2 \\ b_3 \end{bmatrix} = \boldsymbol{b}. \tag{4}$$

入力は $\boldsymbol{x}$ であり，出力は $\boldsymbol{b} = A\boldsymbol{x}$ である．$\boldsymbol{b}$ は入力のベクトル $\boldsymbol{x}$ の要素の差からなるので，この A は「**差分行列**」である．第 1 要素は，$x_1 - x_0 = x_1 - 0$ という差である．

数の差の例を示そう（$\boldsymbol{x}$ には平方数が含まれ，$\boldsymbol{b}$ には奇数が含まれる）：

$$\boldsymbol{x} = \begin{bmatrix} 1 \\ 4 \\ 9 \end{bmatrix} = \text{平方数} \qquad A\boldsymbol{x} = \begin{bmatrix} 1-0 \\ 4-1 \\ 9-4 \end{bmatrix} = \begin{bmatrix} 1 \\ 3 \\ 5 \end{bmatrix} = \boldsymbol{b}. \tag{5}$$

同じパターンを 4×4 の差分行列に拡張することもできる．次の平方数は $x_4 = 16$ であり，次の差は $x_4 - x_3 = 16 - 9 = 7$ である（これは次の奇数である）．行列を使うと，差を一度に求めることができる．

重要な補足　行列とベクトルの積 $A\boldsymbol{x}$ についてすでに学んでいるかもしれない．おそらく，列ではなく行を用いた違う説明だっただろう．各行と $\boldsymbol{x}$ の内積をとるのがよくある方法である：

行との内積

$$A\boldsymbol{x} = \begin{bmatrix} 1 & 0 & 0 \\ -1 & 1 & 0 \\ 0 & -1 & 1 \end{bmatrix}\begin{bmatrix} x_1 \\ x_2 \\ x_3 \end{bmatrix} = \begin{bmatrix} (1,0,0) \cdot (x_1, x_2, x_3) \\ (-1,1,0) \cdot (x_1, x_2, x_3) \\ (0,-1,1) \cdot (x_1, x_2, x_3) \end{bmatrix}.$$

内積は，式 (4) と同じ x_1 と $x_2 - x_1$ と $x_3 - x_2$ である．本書では，$A\boldsymbol{x}$ を**列ごとに**扱う新しい方法を示す．線形結合は線形代数の核心であり，出力 $A\boldsymbol{x}$ は A の**列**の線形結合である．

具体的な数の場合は，どちらの方法を使っても $A\boldsymbol{x}$ を計算できる（行の方法を使ってよい）．文字の場合には，列を使う方法がよい．第 2 章で行列の積についてこれらの規則を再度示し，その根底にある考え方を説明する．そこでは，両方の方法で行列の積を求める．

線形方程式

さらに，非常に重要な別の見方がもう 1 つある．これまで，数 x_1, x_2, x_3（当初は c, d, e であった）は既知であり，右辺 $\boldsymbol{b}$ が未知であった．差のベクトルを積 $A\boldsymbol{x}$ によって求めた．**これから，$\boldsymbol{b}$ が既知として，$\boldsymbol{x}$ を求めることを考える**．

古い問題：線形結合 $x_1\boldsymbol{u} + x_2\boldsymbol{v} + x_3\boldsymbol{w}$ を計算して，$\boldsymbol{b}$ を求めよ．
新しい問題：特定のベクトル $\boldsymbol{b}$ を生成するような $\boldsymbol{u}, \boldsymbol{v}, \boldsymbol{w}$ の線形結合を求めよ．

これは逆問題である．すなわち，目的の出力 $\boldsymbol{b} = A\boldsymbol{x}$ を生成する入力 $\boldsymbol{x}$ を求めるものである．すでに x_1, x_2, x_3 に対する線形方程式として見てきた．方程式の右辺は b_1, b_2, b_3 であり，それを解いて x_1, x_2, x_3 を求める：

$$A\boldsymbol{x} = \boldsymbol{b} \qquad \begin{aligned} x_1 \qquad\quad &= b_1 \\ -x_1 + x_2 \quad\; &= b_2 \\ -x_2 + x_3 &= b_3 \end{aligned} \qquad \text{解} \quad \begin{aligned} x_1 &= b_1 \\ x_2 &= b_1 + b_2 \\ x_3 &= b_1 + b_2 + b_3. \end{aligned} \tag{6}$$

ほとんどの線形方程式はそれほど簡単には解けない．この例では，1 つ目の方程式から $x_1 = b_1$ が決まる．次に，2 つ目の方程式から $x_2 = b_1 + b_2$ を得る．**下三角行列を A に選んだので，方程式を**（上から下へ）**順に解くことができる**．

右辺 b_1, b_2, b_3 を具体的に 0,0,0 と 1,3,5 にした例を見てみよう：

$$\boldsymbol{b} = \begin{bmatrix} 0 \\ 0 \\ 0 \end{bmatrix} \text{ より } \boldsymbol{x} = \begin{bmatrix} 0 \\ 0 \\ 0 \end{bmatrix} \qquad \boldsymbol{b} = \begin{bmatrix} 1 \\ 3 \\ 5 \end{bmatrix} \text{ より } \boldsymbol{x} = \begin{bmatrix} 1 \\ 1+3 \\ 1+3+5 \end{bmatrix} = \begin{bmatrix} 1 \\ 4 \\ 9 \end{bmatrix}.$$

最初の（すべて 0 である）解は，その見た目以上に重要である．言葉で書くと，**出力が $\boldsymbol{b} = \boldsymbol{0}$ であるとき，その入力は $\boldsymbol{x} = \boldsymbol{0}$ でなければならない**，となる．これは，この行列 A に対しては正しい．しかし，すべての行列に対して正しいとは限らない．（別の行列 C による）2 つ目の例で，$C \neq 0$ かつ $\boldsymbol{x} \neq \boldsymbol{0}$ のときに，$C\boldsymbol{x} = \boldsymbol{0}$ となりうることを見る．

この行列 A は「**可逆**」（または「**正則**」）である．$\boldsymbol{b}$ から $\boldsymbol{x}$ を復元できるということだ．

逆行列

式 (6) の解 $\boldsymbol{x}$ をもう一度見てみよう．和の行列が現れる．

$$A\boldsymbol{x} = \boldsymbol{b} \text{ は次のように解ける } \begin{bmatrix} x_1 \\ x_2 \\ x_3 \end{bmatrix} = \begin{bmatrix} b_1 \\ b_1 + b_2 \\ b_1 + b_2 + b_3 \end{bmatrix} = \begin{bmatrix} 1 & 0 & 0 \\ 1 & 1 & 0 \\ 1 & 1 & 1 \end{bmatrix} \begin{bmatrix} b_1 \\ b_2 \\ b_3 \end{bmatrix}. \tag{7}$$

x_i の差が b_i であるとき，b_i の和は x_i である．奇数 $\boldsymbol{b}=(1,3,5)$ と平方数 $\boldsymbol{x}=(1,4,9)$ だけでなく，すべてのベクトルについて正しい．**式 (7) の和の行列 S は，差の行列 A の逆元（逆行列）となっている．**

例：$\boldsymbol{x}=(1,2,3)$ の差は $\boldsymbol{b}=(1,1,1)$ である．したがって，$\boldsymbol{b}=A\boldsymbol{x}$ と $\boldsymbol{x}=S\boldsymbol{b}$ が成り立つ：

$$A\boldsymbol{x}=\begin{bmatrix}1&0&0\\-1&1&0\\0&-1&1\end{bmatrix}\begin{bmatrix}\mathbf{1}\\\mathbf{2}\\\mathbf{3}\end{bmatrix}=\begin{bmatrix}\mathbf{1}\\\mathbf{1}\\\mathbf{1}\end{bmatrix}\quad\text{および}\quad S\boldsymbol{b}=\begin{bmatrix}1&0&0\\1&1&0\\1&1&1\end{bmatrix}\begin{bmatrix}\mathbf{1}\\\mathbf{1}\\\mathbf{1}\end{bmatrix}=\begin{bmatrix}\mathbf{1}\\\mathbf{2}\\\mathbf{3}\end{bmatrix}$$

解ベクトル $\boldsymbol{x}=(x_1,x_2,x_3)$ についての式 (7) から 2 つの重要な事実がわかる：

1. 各 $\boldsymbol{b}$ について，$A\boldsymbol{x}=\boldsymbol{b}$ には 1 つの解がある．　**2.** 行列 S により $\boldsymbol{x}=S\boldsymbol{b}$ が求まる．

次章では，方程式 $A\boldsymbol{x}=\boldsymbol{b}$ について問う．解は存在するか？それはどのようにして計算できるか？線形代数では,「逆行列」を A^{-1} と書く：

$$A\boldsymbol{x}=\boldsymbol{b}\quad\text{は，}\quad \boldsymbol{x}=A^{-1}\boldsymbol{b}=S\boldsymbol{b}\ \text{によって解ける．}$$

解析に関する補足　これらの特別な行列 A と S を解析に結びつけよう．ベクトル $\boldsymbol{x}$ が関数 $x(t)$ になり，差 $A\boldsymbol{x}$ が **導関数** $dx/dt=b(t)$ になる．逆向きには，和 $S\boldsymbol{b}$ が $b(t)$ の**積分**となる．解析の基本定理は，**積分 S が微分 A の逆であること**を主張する．

$$\boldsymbol{Ax=b}\ \text{と}\ \boldsymbol{x=Sb}\qquad \frac{dx}{dt}=b\ \text{と}\ x(t)=\int_0^t b. \tag{8}$$

移動した距離 (x) の微分は速度 (b) である．$b(t)$ の積分は距離 $x(t)$ である．積分定数 $+C$ を足す代わりに，距離を $x(0)=0$ となるようにした．同様に，差についても $x_0=0$ で始まるようにした．このように零から始めることで,（x_1 とだけ書いた）$A\boldsymbol{x}$ の第 1 要素についても x_1-x_0 と書け，全体が 1 つのパターンからなる．

解析についてもう 1 つ例を補足しよう．平方数 $0,1,4,9$ の差は奇数 $1,3,5$ である．$x(t)=t^2$ の導関数は $2t$ である．そのまま類推すると，時間 $t=1,2,3$ において偶数 $b=2,4,6$ を得る．しかし，差は導関数と完全に同じではなく，行列 A は $2t$ ではなく $2t-1$ を作る（これらの片側「後退差分」は，その中心が $t-\frac{1}{2}$ にある）：

$$x(t)-x(t-1)=t^2-(t-1)^2=t^2-(t^2-2t+1)=2t-1. \tag{9}$$

練習問題において,「前進差分」によって $2t+1$ が作られることを見る.（解析の講義コースで扱うとは限らないが）差分を作るより良い方法は，$x(t+1)-x(t-1)$ による**中心差分**である．$t-1$ から $t+1$ までについて，Δx を Δt で割る：

$$\boldsymbol{x(t)=t^2}\ \textbf{の中心差分}\qquad \text{ちょうど}\quad \frac{(t+1)^2-(t-1)^2}{2}=2t. \tag{10}$$

差分行列は素晴らしい．中心差分が最良である．2 つ目の例は，**可逆ではない**．

巡回する差

次の例では，$\boldsymbol{u}$ と $\boldsymbol{v}$ については同じであるが，$\boldsymbol{w}$ を新しいベクトル $\boldsymbol{w}^*$ に替える：

$$\textbf{2 つ目の例} \qquad \boldsymbol{u} = \begin{bmatrix} 1 \\ -1 \\ 0 \end{bmatrix} \quad \boldsymbol{v} = \begin{bmatrix} 0 \\ 1 \\ -1 \end{bmatrix} \quad \boldsymbol{w}^* = \begin{bmatrix} -\mathbf{1} \\ 0 \\ 1 \end{bmatrix}.$$

すると，$\boldsymbol{u}$，$\boldsymbol{v}$，$\boldsymbol{w}^*$ の線形結合は，**巡回する差分行列** C になる：

$$\textbf{巡回} \qquad C\boldsymbol{x} = \begin{bmatrix} 1 & 0 & -\mathbf{1} \\ -1 & 1 & 0 \\ 0 & -1 & 1 \end{bmatrix} \begin{bmatrix} x_1 \\ x_2 \\ x_3 \end{bmatrix} = \begin{bmatrix} x_1 - x_3 \\ x_2 - x_1 \\ x_3 - x_2 \end{bmatrix} = \boldsymbol{b}. \tag{11}$$

この行列 C は三角行列ではない．$\boldsymbol{b}$ が与えられたとき，解 $\boldsymbol{x}$ を求めるのはそれほど単純ではない．実際，$C\boldsymbol{x} = \boldsymbol{b}$ の**唯一**解を求めることは不可能である．なぜなら，3 つの方程式は**無限個の解を持つ** か **解なし** かのいずれかだからである：

$$\begin{matrix} C\boldsymbol{x} = \mathbf{0} \\ \textbf{無限個の } \boldsymbol{x} \end{matrix} \qquad \begin{bmatrix} x_1 - x_3 \\ x_2 - x_1 \\ x_3 - x_2 \end{bmatrix} = \begin{bmatrix} 0 \\ 0 \\ 0 \end{bmatrix} \text{ の解は，} \begin{bmatrix} x_1 \\ x_2 \\ x_3 \end{bmatrix} = \begin{bmatrix} c \\ c \\ c \end{bmatrix} \text{ となるすべて．} \tag{12}$$

要素の値が等しいすべてのベクトル (c, c, c) では，巡回する差は 0 となる．この不確定な定数 c は積分に $+C$ を加えるのに似ている．$x_0 = 0$ から始まるのではなく，巡回する差の第 1 要素は $x_1 - x_3$ である．

$C\boldsymbol{x} = \boldsymbol{b}$ について，**解なし**となることも起こりやすい：

$$C\boldsymbol{x} = \boldsymbol{b} \qquad \begin{bmatrix} x_1 - x_3 \\ x_2 - x_1 \\ x_3 - x_2 \end{bmatrix} = \begin{bmatrix} 1 \\ 3 \\ 5 \end{bmatrix} \qquad \begin{matrix} \text{左辺は足して } 0 \\ \text{右辺は足して } 9 \\ x_1, x_2, x_3 \textbf{ の解はない} \end{matrix} \tag{13}$$

この例を幾何的に見てみよう．ベクトル $\boldsymbol{b} = (1, 3, 5)$ を作るような $\boldsymbol{u}$ と $\boldsymbol{v}$ と $\boldsymbol{w}^*$ の線形結合はない．線形結合は，3 次元空間全体を張らない．$C\boldsymbol{x} = \boldsymbol{b}$ が解を持つためには，右辺について $b_1 + b_2 + b_3 = 0$ である必要がある．なぜならば，左辺の $x_1 - x_3$ と $x_2 - x_1$ と $x_3 - x_2$ の和は常に 0 であるからである．

別の言い方をしよう．**線形結合** $x_1\boldsymbol{u} + x_2\boldsymbol{v} + x_3\boldsymbol{w}^* = \boldsymbol{b}$ **の全体は，**$b_1 + b_2 + b_3 = 0$ **を満たす平面上にある**．線形代数は，代数と幾何とを突然結びつける．線形結合は空間のすべてを張ることもあるし，平面だけを張ることもある．$\boldsymbol{u}, \boldsymbol{v}, \boldsymbol{w}$（1 つ目の例）と $\boldsymbol{u}, \boldsymbol{v}, \boldsymbol{w}^*$ の重要な違いを表すには絵が必要である．

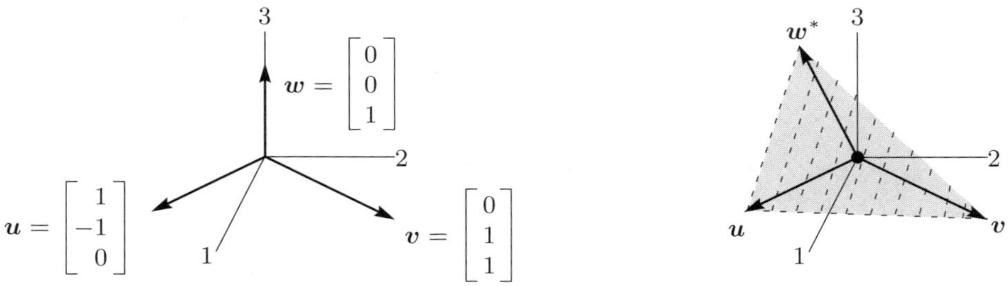

図 1.10 線形独立なベクトル $\boldsymbol{u}, \boldsymbol{v}, \boldsymbol{w}$．平面内にあり，線形従属なベクトル $\boldsymbol{u}, \boldsymbol{v}, \boldsymbol{w}^*$．

線形独立と線形従属

図 1.10 は，行列 A の列のベクトルと，行列 C の列のベクトルを表している．両方の図において，2 つのベクトル $\boldsymbol{u}$ と $\boldsymbol{v}$ は同じである．これらの 2 つのベクトルの線形結合を考えると，2 次元平面を得る．**核心は，3 つ目のベクトルがその平面の中にあるかどうかだ**：

線形独立　$\boldsymbol{w}$ は $\boldsymbol{u}$ と $\boldsymbol{v}$ からなる平面内にない．
線形従属　$\boldsymbol{w}^*$ は $\boldsymbol{u}$ と $\boldsymbol{v}$ からなる平面内に**ある**．

重要なことは，ベクトル $\boldsymbol{w}^*$ が $\boldsymbol{u}$ と $\boldsymbol{v}$ の線形結合であるということだ：

$$\boldsymbol{u} + \boldsymbol{v} + \boldsymbol{w}^* = 0 \qquad \boldsymbol{w}^* = \begin{bmatrix} -1 \\ 0 \\ 1 \end{bmatrix} = -\boldsymbol{u} - \boldsymbol{v}. \tag{14}$$

3 つのベクトル $\boldsymbol{u}, \boldsymbol{v}, \boldsymbol{w}^*$ はいずれも，その要素の和が 0 である．したがって，その線形結合も（上で見たように，3 つの等式を足すことで）すべて $b_1 + b_2 + b_3 = 0$ となる．これは，$\boldsymbol{u}$ と $\boldsymbol{v}$ のすべての線形結合からなる平面の方程式である．$\boldsymbol{w}^*$ はすでにその平面上にあるので，$\boldsymbol{w}^*$ を線形結合に含めてもとれるベクトルは増えない．

1 つ目の例の $\boldsymbol{w} = (0, 0, 1)$ は，$0 + 0 + 1 \neq 0$ であるので，その平面上にはない．$\boldsymbol{u}, \boldsymbol{v}, \boldsymbol{w}$ の線形結合は，3 次元空間全体を張る．これについてはすでにわかっている．なぜならば，式 (6) の解 $\boldsymbol{x} = S\boldsymbol{b}$ より，任意の $\boldsymbol{b}$ を作る線形結合が得られるからである．

3 つ目の列 $\boldsymbol{w}$ と $\boldsymbol{w}^*$ を持つ 2 つの行列 A と C から，線形代数における 2 つのキーワード，線形独立と線形従属，に言及しよう．講義コースの前半分では，これらの考え方を深めていく．これらの考え方を本節の 2 つの例，

$\boldsymbol{u}, \boldsymbol{v}, \boldsymbol{w}$ は**線形独立**である．$\boldsymbol{b} = \boldsymbol{0}$ となる線形結合は $0\boldsymbol{u} + 0\boldsymbol{v} + 0\boldsymbol{w} = \boldsymbol{0}$ 以外にない，
$\boldsymbol{u}, \boldsymbol{v}, \boldsymbol{w}^*$ は**線形従属**である．$\boldsymbol{b} = \boldsymbol{0}$ となる線形結合が他にある（具体的には $\boldsymbol{u} + \boldsymbol{v} + \boldsymbol{w}^*$）

に見出してくれたなら満足だ．これは 3 次元の絵にすることができる．3 つのベクトルがある平面内にあるか，そうでないかだ．第 2 章では，n 次元空間における n 個のベクトルを扱う．そのとき，ベクトルは $n \times n$ 行列の列となる．**線形独立か線形従属かが核心だ**：

線形独立な列ベクトル：$A\boldsymbol{x} = \boldsymbol{0}$ は 1 つの解を持つ．A は**可逆行列**である．

線形従属な列ベクトル：$A\boldsymbol{x} = \boldsymbol{0}$ は多数の解を持つ．A は**非可逆行列**である．

最終的には，m 次元空間において n 個のベクトルを考える．そのような n 列からなる（$m \times n$ の）行列 A は**矩形行列**である．第 3 章では $A\boldsymbol{x} = \boldsymbol{b}$ を理解する．

■ 要点の復習 ■

1. **行列とベクトルの積**：$A\boldsymbol{x}$ は A の列の線形結合である．
2. A が可逆行列であるとき，$A\boldsymbol{x} = \boldsymbol{b}$ の解は $\boldsymbol{x} = A^{-1}\boldsymbol{b}$ である．
3. 差分行列 A の逆行列は和の行列 $S = A^{-1}$ である．
4. 巡回する行列 C は逆行列を持たない．その 3 つの列のベクトルは同じ平面内にある．それらの線形従属なベクトルは，足すと零ベクトルになる．$C\boldsymbol{x} = \boldsymbol{0}$ は多くの解を持つ．
5. 本節は核心となる考え方を先取りするためにあり，まだ完全に説明してはいない．

■ 例題 ■

1.3 A A の左下の要素 a_{31}（第 3 行，第 1 列）を $a_{31} = \mathbf{1}$ に変える：

$$A\boldsymbol{x} = \boldsymbol{b} \qquad \begin{bmatrix} 1 & 0 & 0 \\ -1 & 1 & 0 \\ \mathbf{1} & -1 & 1 \end{bmatrix} \begin{bmatrix} x_1 \\ x_2 \\ x_3 \end{bmatrix} = \begin{bmatrix} x_1 \\ -x_1 + x_2 \\ \boldsymbol{x_1} - x_2 + x_3 \end{bmatrix} = \begin{bmatrix} b_1 \\ b_2 \\ b_3 \end{bmatrix}.$$

任意の $\boldsymbol{b}$ に対して，解 $\boldsymbol{x}$ を求めよ．$\boldsymbol{x} = A^{-1}\boldsymbol{b}$ から，逆行列 A^{-1} を読み取れ．

解 線形三角方程式 $A\boldsymbol{x} = \boldsymbol{b}$ を上から下へと解く：

$$\begin{array}{ll} \text{まず} & x_1 = b_1 \\ \text{次に} & x_2 = b_1 + b_2 \\ \text{さらに} & x_3 = \qquad b_2 + b_3 \end{array} \qquad \text{これより } \boldsymbol{x} = A^{-1}\boldsymbol{b} = \begin{bmatrix} 1 & 0 & 0 \\ 1 & 1 & 0 \\ 0 & 1 & 1 \end{bmatrix} \begin{bmatrix} b_1 \\ b_2 \\ b_3 \end{bmatrix}$$

これは，b_1 と b_2 と b_3 に掛ける逆行列の列のベクトルを見るよい練習になる．A^{-1} の第 1 列は，$\boldsymbol{b} = (1, 0, 0)$ に対する解である．第 2 列は，$\boldsymbol{b} = (0, 1, 0)$ に対する解である．A^{-1} の第 3 列 $\boldsymbol{x}$ は，$A\boldsymbol{x} = \boldsymbol{b} = (0, 0, 1)$ に対する解である．

A の 3 つの列のベクトルは，線形独立のままである．ある平面内にはない．適切な重み x_1, x_2, x_3 でこれらの 3 つのベクトルの線形結合をとると，任意の 3 次元ベクトル $\boldsymbol{b} = (b_1, b_2, b_3)$ が得られる．その重みは，$\boldsymbol{x} = A^{-1}\boldsymbol{b}$ より得られる．

1.3 B 以下の E は**基本変形の行列**である．E は引き算を含み，E^{-1} は足し算を含む．

$$E\boldsymbol{x} = \boldsymbol{b} \quad \begin{bmatrix} \mathbf{1} & 0 \\ -\boldsymbol{\ell} & \mathbf{1} \end{bmatrix} \begin{bmatrix} x_1 \\ x_2 \end{bmatrix} = \begin{bmatrix} b_1 \\ b_2 \end{bmatrix} \qquad E = \begin{bmatrix} \mathbf{1} & 0 \\ -\boldsymbol{\ell} & \mathbf{1} \end{bmatrix}$$

1 つ目の等式は $x_1 = b_1$ である．2 つ目の等式は $x_2 - \ell x_1 = b_2$ である．基本変形の行列は ℓx_1 を**引く**ので，その逆行列は $\ell x_1 = \ell b_1$ を**足す**ことになる．

$$\boldsymbol{x} = E^{-1}\boldsymbol{b} \quad \begin{bmatrix} x_1 \\ x_2 \end{bmatrix} = \begin{bmatrix} b_1 \\ \ell b_1 + b_2 \end{bmatrix} = \begin{bmatrix} \mathbf{1} & 0 \\ \boldsymbol{\ell} & \mathbf{1} \end{bmatrix} \begin{bmatrix} b_1 \\ b_2 \end{bmatrix} \qquad E^{-1} = \begin{bmatrix} \mathbf{1} & 0 \\ \boldsymbol{\ell} & \mathbf{1} \end{bmatrix}$$

1.3 C　巡回する差分行列 C を，$x_3 - x_1$ を作る**中心差分**行列に替える：

$$C\boldsymbol{x} = \boldsymbol{b} \quad \begin{bmatrix} 0 & 1 & 0 \\ -1 & 0 & 1 \\ 0 & -1 & 0 \end{bmatrix} \begin{bmatrix} x_1 \\ x_2 \\ x_3 \end{bmatrix} = \begin{bmatrix} x_2 - 0 \\ x_3 - x_1 \\ 0 - x_2 \end{bmatrix} = \begin{bmatrix} b_1 \\ b_2 \\ b_3 \end{bmatrix}. \tag{15}$$

$C\boldsymbol{x} = \boldsymbol{b}$ が解けるのは，$b_1 + b_3 = 0$ のときのみであることを示せ．この式は，ベクトル $\boldsymbol{b}$ からなる 3 次元空間内の平面である．C の各列のベクトルはその平面内にあり，行列は逆行列を持たない．したがって，列のベクトルの線形結合のすべて（$C\boldsymbol{x}$ となるベクトルすべて）がこの平面内にある．

解　$\boldsymbol{b} = C\boldsymbol{x}$ の第 1 要素は x_2 であり，$\boldsymbol{b}$ の第 3 要素は $-x_2$ である．したがって，$\boldsymbol{x}$ をどのように選んでも必ず $b_1 + b_3 = 0$ となる．

C の列のベクトルを描くと，第 1 列と第 3 列は同じ直線上にある．実際，（第 1 列）$=$ $-$（第 3 列）である．したがって，3 つのベクトルはある平面内にあり，C は可逆行列**ではない**．$b_1 + b_3 = 0$ でなければ，$C\boldsymbol{x} = \boldsymbol{b}$ を解くことができない．

行列を書く際に 0 を含めていたので，この行列から「中心差分」が得られることに気づいただろう．$C\boldsymbol{x}$ の第 i 行は，x_{i+1}（**中心の右**）から x_{i-1}（**中心の左**）を引いたものである．4×4 の中心差分の行列を示そう．

$$C\boldsymbol{x} = \boldsymbol{b} \quad \begin{bmatrix} 0 & 1 & 0 & 0 \\ -1 & 0 & 1 & 0 \\ 0 & -1 & 0 & 1 \\ 0 & 0 & -1 & 0 \end{bmatrix} \begin{bmatrix} x_1 \\ x_2 \\ x_3 \\ x_4 \end{bmatrix} = \begin{bmatrix} x_2 - 0 \\ x_3 - x_1 \\ x_4 - x_2 \\ 0 - x_3 \end{bmatrix} = \begin{bmatrix} b_1 \\ b_2 \\ b_3 \\ b_4 \end{bmatrix} \tag{16}$$

驚くことに，この行列は可逆である．第 1 行と第 4 行より x_2 と x_3 が求まる．そして，間の行から x_1 と x_4 が求まる．逆行列 C^{-1} を書き下すことができるのだ．しかし，5×5 の行列は再び非可逆行列となる（**可逆行列でない**）．

練習問題 1.3

1　線形結合 $2\boldsymbol{s}_1 + 3\boldsymbol{s}_2 + 4\boldsymbol{s}_3 = \boldsymbol{b}$ を求めよ．そして，$\boldsymbol{b}$ を行列とベクトルの積 $S\boldsymbol{x}$ として書け．内積（S の行）$\cdot\,\boldsymbol{x}$ を計算せよ：

$$\boldsymbol{s}_1 = \begin{bmatrix} 1 \\ 1 \\ 1 \end{bmatrix} \quad \boldsymbol{s}_2 = \begin{bmatrix} 0 \\ 1 \\ 1 \end{bmatrix} \quad \boldsymbol{s}_3 = \begin{bmatrix} 0 \\ 0 \\ 1 \end{bmatrix} \text{ が } S \text{ の列となる．}$$

2 $\boldsymbol{s}_1, \boldsymbol{s}_2, \boldsymbol{s}_3$ を S の列として，以下の方程式 $S\boldsymbol{y} = \boldsymbol{b}$ を解け：

$$\begin{bmatrix} 1 & 0 & 0 \\ 1 & 1 & 0 \\ 1 & 1 & 1 \end{bmatrix} \begin{bmatrix} y_1 \\ y_2 \\ y_3 \end{bmatrix} = \begin{bmatrix} 1 \\ 1 \\ 1 \end{bmatrix} \quad と \quad \begin{bmatrix} 1 & 0 & 0 \\ 1 & 1 & 0 \\ 1 & 1 & 1 \end{bmatrix} \begin{bmatrix} y_1 \\ y_2 \\ y_3 \end{bmatrix} = \begin{bmatrix} 1 \\ 4 \\ 9 \end{bmatrix}.$$

先頭から n 個の奇数の和は ＿＿＿ である．

3 以下の y_1, y_2, y_3 についての方程式を解き，B_1, B_2, B_3 を用いた式を導け：

$$S\boldsymbol{y} = \boldsymbol{B} \qquad \begin{bmatrix} 1 & 0 & 0 \\ 1 & 1 & 0 \\ 1 & 1 & 1 \end{bmatrix} \begin{bmatrix} y_1 \\ y_2 \\ y_3 \end{bmatrix} = \begin{bmatrix} B_1 \\ B_2 \\ B_3 \end{bmatrix}.$$

解 $\boldsymbol{y}$ を行列 $A = S^{-1}$ とベクトル $\boldsymbol{B}$ の積として書け．S の列のベクトルは線形独立か線形従属か？

4 線形結合 $x_1\boldsymbol{w}_1 + x_2\boldsymbol{w}_2 + x_3\boldsymbol{w}_3$ のうち，零ベクトルとなるものを求めよ：

$$\boldsymbol{w}_1 = \begin{bmatrix} 1 \\ 2 \\ 3 \end{bmatrix} \qquad \boldsymbol{w}_2 = \begin{bmatrix} 4 \\ 5 \\ 6 \end{bmatrix} \qquad \boldsymbol{w}_3 = \begin{bmatrix} 7 \\ 8 \\ 9 \end{bmatrix}.$$

これのベクトルは（線形独立・線形従属）である．3つのベクトルは，＿＿＿ にある．これらを列とする行列 W は**可逆ではない**．

5 行列 W の行から3つのベクトルが得られる（それらを列ベクトルとして書く）：

$$\boldsymbol{r}_1 = \begin{bmatrix} 1 \\ 4 \\ 7 \end{bmatrix} \qquad \boldsymbol{r}_2 = \begin{bmatrix} 2 \\ 5 \\ 8 \end{bmatrix} \qquad \boldsymbol{r}_3 = \begin{bmatrix} 3 \\ 6 \\ 9 \end{bmatrix}.$$

線形代数を使うと，これらのベクトルも必ずある平面内にあることが言える．$y_1\boldsymbol{r}_1 + y_2\boldsymbol{r}_2 + y_3\boldsymbol{r}_3 = \boldsymbol{0}$ となる線形結合は多数ある．そのような y_i を2組求めよ．

6 列のベクトルが線形従属となる c の値を求めよ（線形結合が零ベクトルになりうる）．

$$\begin{bmatrix} 1 & 3 & 5 \\ 1 & 2 & 4 \\ 1 & 1 & c \end{bmatrix} \qquad \begin{bmatrix} 1 & 0 & c \\ 1 & 1 & 0 \\ 0 & 1 & 1 \end{bmatrix} \qquad \begin{bmatrix} c & c & c \\ 2 & 1 & 5 \\ 3 & 3 & 6 \end{bmatrix}$$

7 列のベクトルの線形結合が $A\boldsymbol{x} = \boldsymbol{0}$ となるとき，各行について $\boldsymbol{r} \cdot \boldsymbol{x} = 0$ が成り立つ：

$$\begin{bmatrix} \boldsymbol{a}_1 & \boldsymbol{a}_2 & \boldsymbol{a}_3 \end{bmatrix} \begin{bmatrix} x_1 \\ x_2 \\ x_3 \end{bmatrix} = \begin{bmatrix} 0 \\ 0 \\ 0 \end{bmatrix} \qquad 行について \begin{bmatrix} \boldsymbol{r}_1 \cdot \boldsymbol{x} \\ \boldsymbol{r}_2 \cdot \boldsymbol{x} \\ \boldsymbol{r}_3 \cdot \boldsymbol{x} \end{bmatrix} = \begin{bmatrix} 0 \\ 0 \\ 0 \end{bmatrix}.$$

3 つの行のベクトルも，ある平面内にある．その平面が $\boldsymbol{x}$ に直交するのはなぜか？

8 4×4 の差分方程式 $A\boldsymbol{x}=\boldsymbol{b}$ について，4 つの要素 x_1,x_2,x_3,x_4 を求めよ．そして，その解を $\boldsymbol{x}=S\boldsymbol{b}$ という形で書き，逆行列 $S=A^{-1}$ を求めよ：

$$A\boldsymbol{x}=\begin{bmatrix}1&0&0&0\\-1&1&0&0\\0&-1&1&0\\0&0&-1&1\end{bmatrix}\begin{bmatrix}x_1\\x_2\\x_3\\x_4\end{bmatrix}=\begin{bmatrix}b_1\\b_2\\b_3\\b_4\end{bmatrix}=\boldsymbol{b}.$$

9 4×4 の**巡回する**差分行列 C はどのような行列か？その各列には 1 と -1 が含まれる．$C\boldsymbol{x}=\boldsymbol{0}$ のすべての解 $\boldsymbol{x}=(x_1,x_2,x_3,x_4)$ を求めよ．C の 4 つの列は，4 次元空間における「3 次元超平面」内にある．

10 **前進**差分行列 Δ は**上**三角行列である：

$$\Delta\boldsymbol{z}=\begin{bmatrix}-1&1&0\\0&-1&1\\0&0&-1\end{bmatrix}\begin{bmatrix}z_1\\z_2\\z_3\end{bmatrix}=\begin{bmatrix}z_2-z_1\\z_3-z_2\\0-z_3\end{bmatrix}=\begin{bmatrix}b_1\\b_2\\b_3\end{bmatrix}=\boldsymbol{b}.$$

b_1,b_2,b_3 から z_1,z_2,z_3 を求めよ．$\boldsymbol{z}=\Delta^{-1}\boldsymbol{b}$ に現れる逆行列を求めよ．

11 前進差分 $(t+1)^2-t^2$ が $2t+1=$ **奇数** であることを示せ．解析で習うように，差 $(t+1)^n-t^n$ の第 1 項は t^n の導関数であり，それは _____ である．

12 例題の最後の段落で，式 (16) の 4×4 の中心差分行列が可逆**である**と述べた．$C\boldsymbol{x}=(b_1,b_2,b_3,b_4)$ を解き，$\boldsymbol{x}=C^{-1}\boldsymbol{b}$ に現れる逆行列を求めよ．

挑戦問題

13 例題の最後の文で，5×5 の中心差分行列が可逆**でない**と述べた．$C\boldsymbol{x}=\boldsymbol{b}$ の 5 つの等式を書き下せ．左辺の線形結合のうち，零ベクトルとなるものを求めよ．b_1,b_2,b_3,b_4,b_5 のどのような線形結合が 0 でなければならないか（5 個の列のベクトルは，5 次元空間における「4 次元超平面」内にある）？

14 (a,b) が (c,d) のスカラー倍であり，かつ，$abcd\neq0$ であるとする．このとき，(a,c) **が** (b,d) **のスカラー倍であることを示せ**．これは意外にも重要なことである．2 つの列のベクトルがある直線上に位置するからだ．はじめは数を使って a, b, c, d がどのように関連しているかを確認するとよい．この問題から次の事実が導かれる：

行列 $A=\begin{bmatrix}a&b\\c&d\end{bmatrix}$ の行のベクトルが線形従属であるとき，その列のベクトルも線形従属である．

第2章

線形方程式の求解

2.1　ベクトルと線形方程式

線形代数の主要な問題は，線形方程式を解くことである．線形というのは，変数には数しか掛けられず，x と y の積のようなものがないことを意味する．最初の方程式は大きくはないが，それから多くのことが導かれる：

$$\begin{array}{llcrcrcr} \textbf{2 つの等式} & \quad & x & - & 2y & = & 1 \\ \textbf{2 つの変数} & \quad & 3x & + & 2y & = & 11 \end{array} \qquad (1)$$

まずは，**1 行ずつ見る**ことから始めよう．最初の等式 $\boldsymbol{x-2y=1}$ は，xy 平面内の直線となる．点 $x=1, y=0$ はこの直線上にある．なぜならば，それが等式の解の 1 つであるからだ．$3-2=1$ であるので，点 $x=3, y=1$ も直線上にある．$x=101$ とすると，$y=50$ が求まる．

x が 2 増えるとき y は 1 増えるので，この直線の傾きは $\frac{1}{2}$ である．解析では傾きは重要であるが，今学んでいるのは線形代数だ．

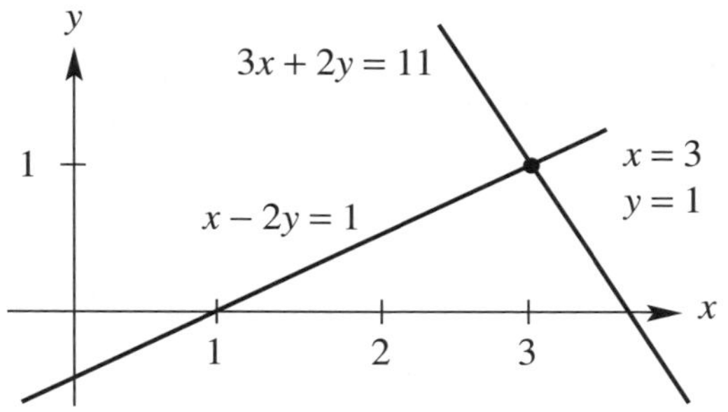

図 2.1　**行ベクトルの絵**：直線が交わる点 $(3,1)$ が解である．

図 2.1 にその直線 $x-2y=1$ を示す．この「行ベクトルの絵」における 2 つ目の直線は，2 つ目の等式 $3x+2y=11$ から得られる．2 つの直線の交点を見逃してはならない．**その点** $x=3, y=1$ **は，両方の直線上にあり**，両方の等式を同時に解くものである．よって，これが線形方程式の解である．

行ベクトルの絵　1 点（それが解である）で交わる 2 つの直線が示される.

さて，列ベクトルの絵に移ろう．同じ線形方程式を,「ベクトルの方程式」として認識したい．数ではなく，**ベクトル**を見る必要がある．もとの方程式をその行ではなく列で分解すると，ベクトルの方程式が得られる：

$$\textbf{\textit{b}} \text{ に等しい線形結合} \qquad x\begin{bmatrix}1\\3\end{bmatrix}+y\begin{bmatrix}-2\\2\end{bmatrix}=\begin{bmatrix}1\\11\end{bmatrix}=\boldsymbol{b}. \tag{2}$$

左辺に 2 つの列ベクトルがある．問題は，**それらベクトルの線形結合のうち右辺のベクトルと等しいものを求める**ことである．第 1 列に x を掛け，第 2 列に y を掛け，それらの和を求めている．(前と同じ数である）$x = 3$ と $y = 1$ を正しく選択すると，この線形結合は 3 (**第 1 列**) + 1 (**第 2 列**) = $\boldsymbol{b}$ となる．

列ベクトルの絵　左辺の列ベクトルの線形結合をとり，右辺のベクトル $\boldsymbol{b}$ を作る.

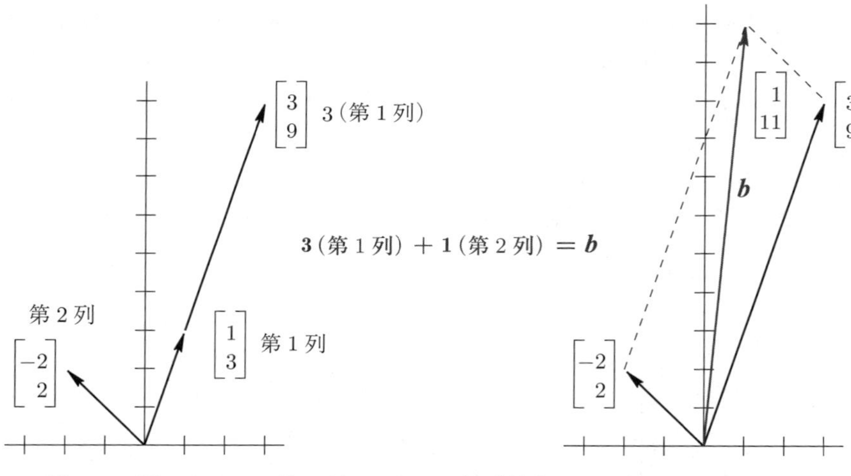

図 2.2　列ベクトルの絵：列ベクトルの線形結合により右辺 (1,11) を得る．

図 2.2 は，2 つの変数を含む 2 つの等式の「列ベクトルの絵」である．図の左側では，2 つの列ベクトルが表されており，第 1 列のベクトルは 3 倍されている．この**スカラー**（数）を掛けることは，線形代数の 2 つの基本操作のうちの 1 つである：

$$\text{スカラー積} \qquad 3\begin{bmatrix}1\\3\end{bmatrix}=\begin{bmatrix}3\\9\end{bmatrix}.$$

ベクトル $\boldsymbol{v}$ の要素が v_1 と v_2 であるとき，$c\boldsymbol{v}$ の要素は cv_1 と cv_2 になる．

もう 1 つの基本操作は**ベクトル和**である．第 1 要素と第 2 要素をそれぞれ足し合わせる．ベクトル和は求める $(1, 11)$ となる：

$$\textbf{ベクトル和} \qquad \begin{bmatrix} 3 \\ 9 \end{bmatrix} + \begin{bmatrix} -2 \\ 2 \end{bmatrix} = \begin{bmatrix} 1 \\ 11 \end{bmatrix}.$$

図 2.2 の右側に，このベクトル和が表されている．対角線に沿った和が，線形方程式の右辺のベクトル $\boldsymbol{b} = (1, 11)$ である．

繰返しになるが，ベクトル方程式の左辺は列ベクトルの**線形結合**である．問題は，その正しい係数 $x = 3$ と $y = 1$ を求めることである．スカラー積とベクトル和を線形結合という 1 つの手順にまとめている．基本操作の両方を含む線形結合は非常に重要である：

$$\textbf{線形結合} \qquad 3\begin{bmatrix} 1 \\ 3 \end{bmatrix} + \begin{bmatrix} -2 \\ 2 \end{bmatrix} = \begin{bmatrix} 1 \\ 11 \end{bmatrix}.$$

もちろん，解 $x = 3, y = 1$ は行ベクトルの絵の場合と同じである．あなたがどちらの絵を好むかはわからない．最初は，交わる 2 つの直線のほうが親しみやすいかもしれない．行ベクトルの絵のほうが好きかもしれないが，それは今日だけだ．私の好みは，列ベクトルの線形結合をとるほうだ．4 次元空間における 4 つのベクトルの線形結合を考えるほうが，おそらく 1 点で交わるであろう 4 つの超平面を考えるよりもずっと簡単だ（**1 つの超平面でさえ十分難しい** $\cdots$）．

方程式の左辺の係数を並べた**係数行列**は，2×2 の行列 A である：

$$\textbf{係数行列} \qquad A = \begin{bmatrix} 1 & -2 \\ 3 & 2 \end{bmatrix}.$$

1 つの行列を行の観点と列の観点で見ることは，線形代数の基本である．行列の行から行ベクトルの絵が得られ，行列の列から列ベクトルの絵が得られる．同じ数に対して異なる絵になるが，同じ方程式である．方程式を，行列の問題 $A\boldsymbol{x} = \boldsymbol{b}$ として書く：

$$\textbf{行列の方程式} \qquad \begin{bmatrix} 1 & -2 \\ 3 & 2 \end{bmatrix}\begin{bmatrix} x \\ y \end{bmatrix} = \begin{bmatrix} 1 \\ 11 \end{bmatrix}.$$

行ベクトルの絵では，A の 2 つの行を扱う．列ベクトルの絵では，列ベクトルの線形結合をとる．数 $x = 3$ と $y = 1$ は $\boldsymbol{x}$ にまとめられている．これは行列ベクトル積である：

行との内積
列の線形結合

$$A\boldsymbol{x} = \boldsymbol{b} \ \text{は} \qquad \begin{bmatrix} 1 & -2 \\ 3 & 2 \end{bmatrix}\begin{bmatrix} 3 \\ 1 \end{bmatrix} = \begin{bmatrix} 1 \\ 11 \end{bmatrix}.$$

先の見通し　本章では，（任意の n について）n 個の変数からなる n 個の等式を解く．ゆっくりと進み，小さな問題の例と絵を用いて完全に理解できるようにする．**行列積と逆行列**をはっきりと理解しているならば，速く進んでもよい．それらの考え方は，可逆行列の要点である．

行列を用いた消去法を理解するための 4 つのステップを挙げる．

1. 消去法は，行列 E_{ij} を順次適用することで，A から三角行列 U を作る．
2. 逆行列 E_{ij}^{-1} を逆順に適用することで，U からもとの A に戻すことができる．
3. 行列の言葉では，その逆順に適用することは $A = LU =$ (下三角) (上三角) と表される．
4. A が可逆行列のとき消去は成功する（行の交換が必要かもしれない）．

計算科学において最もよく使われているアルゴリズムは，これらの手順をとる（MATLAB では **lu** と呼ばれる）．しかし，線形代数で扱うのは正方行列だけではない．$m \times n$ 行列では，$A\boldsymbol{x} = \boldsymbol{0}$ は多数の解を持つかもしれない．それらの解は，**ベクトル空間**の考え方につながる．A の**階数**は，そのベクトル空間の**次元**を導く．

これらについては第 3 章で扱う．急がなくてよいが，そこまで到達しよう．

3 つの変数からなる 3 つの等式

3 つの変数 x, y, z があり，等式が 3 つある：

$$A\boldsymbol{x} = \boldsymbol{b} \qquad \begin{array}{rcrcrcr} x & + & 2y & + & 3z & = & 6 \\ 2x & + & 5y & + & 2z & = & 4 \\ 6x & - & 3y & + & z & = & 2 \end{array} \tag{3}$$

同時にこれら 3 つの等式の解となるような数 x, y, z を求める．そのような数は存在するかもしれないし，存在しないかもしれない．この等式では存在する．変数の数が等式の数と同じであれば，**通常**解が 1 つある．この問題を解く前に，2 つの方法で視覚化しよう．

行ベクトルの絵　3 つの平面が 1 つの点で交わる．

列ベクトルの絵　3 つの列ベクトルの線形結合によって $(6, 4, 2)$ を作る．

行ベクトルの絵では，各等式が 3 次元空間における**平面**を作る．図 2.3 の 1 つ目の平面は，1 つ目の等式 $x + 2y + 3z = 6$ に対応する．その平面は，x 軸と y 軸と z 軸とそれぞれ点 $(6, 0, 0)$ と $(0, 3, 0)$ と $(0, 0, 2)$ で交わる．これらの 3 点はその等式の解であり，それら 3 点で平面が決まる．

ベクトル $(x, y, z) = (0, 0, 0)$ は $x + 2y + 3z = 6$ の解ではない．したがって，この平面は原点を通らない．平面 $x + 2y + 3z = 0$ は，原点を通る $x + 2y + 3z = 6$ に平行な平面である．右辺が 6 に増えると，その平行な平面は原点から離れる．

2 つ目の平面は，2 つ目の等式 $2x + 5y + 2z = 4$ から得られる．**その平面は，1 つ目の平面と直線 $\boldsymbol{L}$ で交わる**．3 つの変数からなる 2 つの等式の解は，通常，直線 $\boldsymbol{L}$ となる（等式が $x + 2y + 3z = 6$ と $x + 2y + 3z = 0$ のときにはそうはならない）．

3 つ目の等式から 3 つ目の平面が得られる．その平面はある 1 点で直線 $\boldsymbol{L}$ を分断する．その点は 3 つの平面すべての上にあり，3 つの等式すべてを解く点である．この 3 重に交差する点を描くのは想像するより難しい．3 つの平面は，（まだ求めてはいない）解のところで交わる．**列ベクトルの絵を使うと，** $z = 2$ **であることがすぐにわかる．**

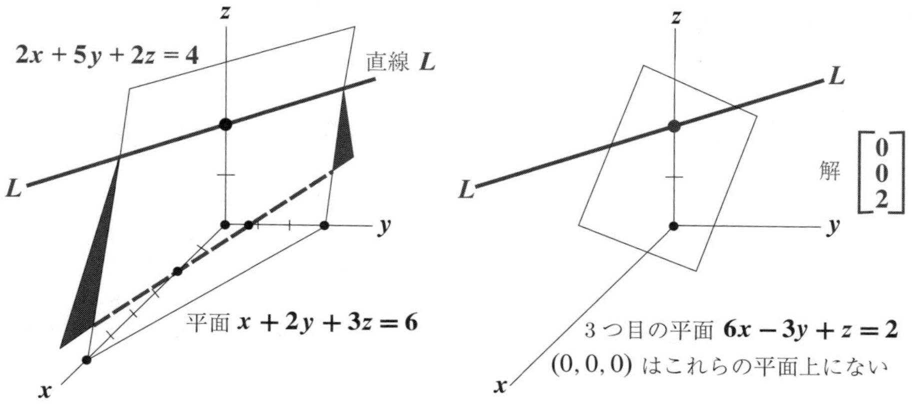

図 **2.3**　行ベクトルの絵：2 つの平面は直線で交わり，3 つの平面は 1 点で交わる．

列ベクトルの絵は，方程式 $A\boldsymbol{x} = \boldsymbol{b}$ をベクトルを用いて表したものから作る：

列ベクトルの線形結合
$$x\begin{bmatrix}1\\2\\6\end{bmatrix}+y\begin{bmatrix}2\\5\\-3\end{bmatrix}+z\begin{bmatrix}3\\2\\1\end{bmatrix}=\begin{bmatrix}6\\4\\2\end{bmatrix}. \qquad (4)$$

変数は，その係数 x, y, z である．3 つの列ベクトルに正しい数 x, y, z を掛けて，$\boldsymbol{b} = (6, 4, 2)$ を作りたい．

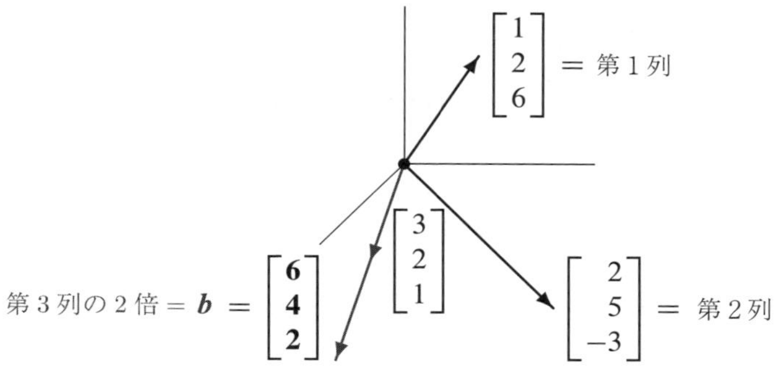

図 **2.4**　列ベクトルの絵：$2(3, 2, 1) = (6, 4, 2) = \boldsymbol{b}$ であるから $(x, y, z) = (0, 0, 2)$ である．

図 2.4 に列ベクトルの絵を示す．列ベクトルの線形結合によって任意のベクトル $\boldsymbol{b}$ を作ることができる．$\boldsymbol{b} = (6, 4, 2)$ を作る線形結合は，第 3 列を 2 倍したものである．**求める係数は，$x = 0$，$y = 0$，$z = 2$ である．**

行ベクトルの絵における 3 つの平面は同じ点 (0, 0, 2) で交わる：

正しい線形結合
$(x, y, z) = (\mathbf{0}, \mathbf{0}, \mathbf{2})$
$$\mathbf{0}\begin{bmatrix}1\\2\\6\end{bmatrix}+\mathbf{0}\begin{bmatrix}2\\5\\-3\end{bmatrix}+\mathbf{2}\begin{bmatrix}3\\2\\1\end{bmatrix}=\begin{bmatrix}6\\4\\2\end{bmatrix}.$$

行列による方程式

行ベクトルの絵において 3 つの行があり，列ベクトルの絵では 3 つの列（と右辺）がある．3 つの行と 3 つの列には数が 9 つある．**これらの 9 つの数は 3×3 行列 A に入る**：

$$\boldsymbol{A\boldsymbol{x} = \boldsymbol{b}} \text{ となる「係数行列」は} \quad A = \begin{bmatrix} 1 & 2 & 3 \\ 2 & 5 & 2 \\ 6 & -3 & 1 \end{bmatrix}.$$

大文字 A で（正方形に配列された）9 つの係数すべてを表す．文字 $\boldsymbol{b}$ は要素が $6, 4, 2$ である列ベクトルを表す．変数 $\boldsymbol{x}$ も列ベクトルであり，その要素は x, y, z である（ベクトルなのでボールド体で書き，変数なので $\boldsymbol{x}$ としている）．方程式はそれぞれ，行の形では (3)，列の形では (4)，行列では (5) となる．

$$\textbf{行列方程式 } A\boldsymbol{x} = \boldsymbol{b} \quad \begin{bmatrix} 1 & 2 & 3 \\ 2 & 5 & 2 \\ 6 & -3 & 1 \end{bmatrix} \begin{bmatrix} x \\ y \\ z \end{bmatrix} = \begin{bmatrix} 6 \\ 4 \\ 2 \end{bmatrix}. \tag{5}$$

基本的な質問：「A に $\boldsymbol{x}$ を掛ける」とはどういう意味か？行列の行を使っても列を使ってもその掛け算を行うことができる．どちらの方法でも，$A\boldsymbol{x} = \boldsymbol{b}$ は 3 つの等式を正しく表現しなければならない．実際，どちらの方法でも同じ 9 つの掛け算を行う．

行による積　**内積**により $A\boldsymbol{x}$ を求める．各行ベクトルに列ベクトル $\boldsymbol{x}$ を掛ける：

$$A\boldsymbol{x} = \begin{bmatrix} (\text{第 } \mathbf{1} \text{ 行}) \cdot \boldsymbol{x} \\ (\text{第 } \mathbf{2} \text{ 行}) \cdot \boldsymbol{x} \\ (\text{第 } \mathbf{3} \text{ 行}) \cdot \boldsymbol{x} \end{bmatrix}. \tag{6}$$

列による積　$A\boldsymbol{x}$ **は列ベクトルの線形結合である**：

$$A\boldsymbol{x} = x\,(\text{第 } \mathbf{1} \text{ 列}) + y\,(\text{第 } \mathbf{2} \text{ 列}) + z\,(\text{第 } \mathbf{3} \text{ 列}). \tag{7}$$

解 $\boldsymbol{x} = (0, 0, 2)$ を代入すると，積 $A\boldsymbol{x}$ は $\boldsymbol{b}$ となる：

$$\begin{bmatrix} 1 & 2 & 3 \\ 2 & 5 & 2 \\ 6 & -3 & 1 \end{bmatrix} \begin{bmatrix} 0 \\ 0 \\ 2 \end{bmatrix} = \textbf{第 3 列の 2 倍} = \begin{bmatrix} 6 \\ 4 \\ 2 \end{bmatrix}.$$

第 1 行に対する内積は $(1, 2, 3) \cdot (0, 0, 2) = 6$ である．第 2 行と第 3 行に対する内積から 4 と 2 が得られる．**本書では，$A\boldsymbol{x}$ は A の列ベクトルの線形結合だと考える．**

例 1 以下は，3 つの 1 と 6 つの 0 からなる 3×3 行列 A と単位行列 I である：

$$A\boldsymbol{x} = \begin{bmatrix} 1 & 0 & 0 \\ 1 & 0 & 0 \\ 1 & 0 & 0 \end{bmatrix} \begin{bmatrix} 4 \\ 5 \\ 6 \end{bmatrix} = \begin{bmatrix} 4 \\ 4 \\ 4 \end{bmatrix} \qquad I\boldsymbol{x} = \begin{bmatrix} 1 & 0 & 0 \\ 0 & 1 & 0 \\ 0 & 0 & 1 \end{bmatrix} \begin{bmatrix} 4 \\ 5 \\ 6 \end{bmatrix} = \begin{bmatrix} 4 \\ 5 \\ 6 \end{bmatrix}$$

行で考えると，$(1,0,0)$ と $(4,5,6)$ の内積は 4 である．列で考えると，線形結合 $A\boldsymbol{x}$ は第 1 列 $(1,1,1)$ の 4 倍となる．行列 A の第 2 列と第 3 列は零ベクトルである．

もう 1 つの行列 I は特別なものである．1 は「主対角要素」にある．**この行列をどんなベクトルに掛けても，ベクトルは変わらない**．これは 1 による掛け算と似ており，その行列とベクトルの場合である．例で出てきたこの特別な行列は 3×3 の**単位行列**である：

$$I = \begin{bmatrix} 1 & 0 & 0 \\ 0 & 1 & 0 \\ 0 & 0 & 1 \end{bmatrix} \quad \text{を掛けると必ず } I\boldsymbol{x} = \boldsymbol{x} \text{ となる．}$$

行列の記法

2×2 行列の第 1 行は，a_{11} と a_{12} からなる．第 2 行は，a_{21} と a_{22} である．下付き文字の 1 文字目は行番号を表し，a_{ij} は第 i 行にある．下付き文字の 2 文字目は列番号を表す．そのような下付き文字はキーボードで入力するのに不便である．そこで，a_{ij} の代わりに $A(i,j)$ と入力する．**要素 $a_{57} = A(5,7)$ は，第 5 行第 7 列にある**．

$$A = \begin{bmatrix} a_{11} & a_{12} \\ a_{21} & a_{22} \end{bmatrix} = \begin{bmatrix} A(1,1) & A(1,2) \\ A(2,1) & A(2,2) \end{bmatrix}.$$

$m \times n$ 行列の場合，行番号 i は 1 から m まで，列番号 j は n までで，mn 個の要素 $a_{ij} = A(i,j)$ からなる．大きさ n の正方行列は，n^2 個の要素からなる．

MATLAB における積

A と $\boldsymbol{x}$ とその積 $A\boldsymbol{x}$ を MATLAB のコマンドで表現しよう．MATLAB のプログラミング言語を学ぶはじめの一歩だ．行列 A とベクトル $\boldsymbol{x}$ を定義することから始める．次のベクトルは 3 つの行と 1 つの列からなる 3×1 の行列である．行の終りを表すセミコロンを使って，これらの行列を行ごとに入力する：

$$A = [1 \quad 2 \quad 3; \quad 2 \quad 5 \quad 2; \quad 6 \ -3 \quad 1]$$
$$\boldsymbol{x} = [0\,;\,0\,;\,2]$$

MATLAB で積 $A\boldsymbol{x}$ を計算する 3 つの方法を示す．実際のところ $A * \boldsymbol{x}$ とするのがよい．MATLAB は高水準言語であるので，行列をそのまま扱える：

行列積 $\boldsymbol{b} = A * \boldsymbol{x}$

A の第 1 行を（より小さな行列として）取り出すこともできる．そのような 1×3 の部分行列を表すには $A(1,:)$ と書く．**コロン記号により第 1 行のすべての列が取り出される**：

$$\textbf{行ごとの積} \quad \boldsymbol{b} = [\,A(1,:) * \boldsymbol{x}\,;\; A(2,:) * \boldsymbol{x}\,;\; A(3,:) * \boldsymbol{x}\,]$$

各要素は，行ベクトルと列ベクトルの内積，すなわち，1×3 行列と 3×1 行列の積である．

もう 1 つの方法は，A の列を使って積を計算するものである．第 1 列は，3×1 の部分行列であり，$A(:,1)$ と書く．コロン記号 : により第 1 列のすべての行が取り出される．この列に $x(1)$ を掛け，また他の列に $x(2)$ と $x(3)$ を掛ける：

$$\textbf{列ごとの積} \quad \boldsymbol{b} = A(:,1) * x(1) + A(:,2) * x(2) + A(:,3) * x(3)$$

行列は列ごとに格納されているのだろう．列ごとに積を計算するほうが少しだけ速い．したがって，$A * \boldsymbol{x}$ も実際は列を用いて計算されている．

同様のことが FORTRAN などで用いられる構造でも見られる．FORTRAN では，A と $\boldsymbol{x}$ の要素を 1 つずつ操作する．この低水準言語では，外側と内側の「DO ループ」が必要である．外側のループでは行番号 I を使い，行ごとに積を計算する．内側のループでは，各第 I 行について $J = 1, 3$ とする．

外側のループで J を使うと，行列積は列ごとに計算される．それを MATLAB で書くと次のようになる（本当は,「for i」と「for j」を閉じる 2 行の「end」と「end」がさらに必要だ）．

FORTRAN 行ごと	MATLAB 列ごと
DO 10　$I = 1, 3$	for $j = 1:3$
DO 10　$J = 1, 3$	for $i = 1:3$
10　$B(I) = B(I) + A(I, J) * X(J)$	$b(i) = b(i) + A(i, j) * x(j)$

MATLAB では大文字と小文字を区別することに注意せよ．行列 A の要素は $a(i, j)$ ではない．それでは認識されない．

高水準な記述である $A * \boldsymbol{x}$ のほうを好むだろう．FORTRAN は本書ではもう出てこない．*Maple* と *Mathematica* は，高水準な扱いも可能なグラフ計算ソフトウェアだ．*Mathematica* では，行列積は $A.\ x$ と書く．*Maple* では，multiply(A, x); または evalm$(A\& * x)$; と書く．これらの言語では，数だけでなく文字変数 $a, b, x, \ldots$ も扱うことができ，MATLAB のシンボリック計算ツールボックスのように変数を用いた解を出す．

■　要点の復習　■

1. ベクトルの基本操作はスカラー積 $c\boldsymbol{v}$ とベクトル和 $\boldsymbol{v} + \boldsymbol{w}$ である．

2. これらの操作を組み合わせると，線形結合 $c\boldsymbol{v} + d\boldsymbol{w}$ になる．

3. 行列ベクトル積 $A\boldsymbol{x}$ は行ごとの内積によって計算できる．しかし，$A\boldsymbol{x}$ は A の列ベクトルの線形結合であると把握すべきだ．

4. 列ベクトルの絵：$A\boldsymbol{x}=\boldsymbol{b}$ はその結果が $\boldsymbol{b}$ となるような線形結合を求める．

5. 行ベクトルの絵：$A\boldsymbol{x}=\boldsymbol{b}$ の各等式は，直線 $(n=2)$ や平面 $(n=3)$ や超平面 $(n>3)$ となる．もし解が存在するならば，それらは 1 つ（もしくは複数）の解のところで交わる．

■ 例題 ■

2.1 A　以下の 3 つの等式 $A\boldsymbol{x}=\boldsymbol{b}$ の列ベクトルの絵を描け．（消去法ではなく）列ベクトルを注意深く調べることでそれを解け．

$$\begin{aligned} x+3y+2z&=-3\\ 2x+2y+2z&=-2\\ 3x+5y+6z&=-5 \end{aligned} \quad \text{は次と同値} \quad \begin{bmatrix}1&\mathbf{3}&2\\2&\mathbf{2}&2\\3&\mathbf{5}&6\end{bmatrix}\begin{bmatrix}x\\y\\z\end{bmatrix}=\begin{bmatrix}-3\\-2\\-5\end{bmatrix}.$$

解　列ベクトルの絵は，その結果が $\boldsymbol{b}$ となるような A の 3 つの列ベクトルの線形結合を求めるというものだ．この例では，**$\boldsymbol{b}$ は第 2 列を正負反転したものだ**．したがって，その解は $x=0, y=-1, z=0$ である．$(0,-1,0)$ が**唯一**解であることを示すには,「A が可逆である」,「A の列ベクトルが線形独立である」,「A の行列式が 0 ではない」ことを知る必要がある．

これらの言葉はまだ定義されていないが，それらの判定は消去から導かれ，3 つの非零なピボットが存在する必要がある（この行列に対しては存在する）．

右辺の $\boldsymbol{b}$ が第 1 列と第 2 列の和 $(4,4,8)$ であるとしよう．すると，$x=1, y=1, z=0$ による線形結合が求めるものであり，解は $\boldsymbol{x}=(1,1,0)$ となる．

2.1 B　次の方程式は**解を持たない**．行ベクトルの絵において，平面は 1 点で交わらない．
3 つの列ベクトルの線形結合が $\boldsymbol{b}$ となることはない．それをどうやって示すか？

$$\begin{aligned} x+3y+5z&=4\\ x+2y-3z&=5\\ 2x+5y+2z&=8 \end{aligned} \qquad \begin{bmatrix}1&3&5\\1&2&-3\\2&5&2\end{bmatrix}\begin{bmatrix}x\\y\\z\end{bmatrix}=\begin{bmatrix}4\\5\\8\end{bmatrix}=\boldsymbol{b}$$

(1) 等式に $1,1,-1$ を掛けて足すと $0=1$ となる．**解なし**．平行な 2 つの平面があるか？ $x+3y+5z=4$ と平行な平面の等式はどのようなものか？

(2) A の各列（および $\boldsymbol{b}$）と $\boldsymbol{y}=(1,1,-1)$ の内積をとる．これらの内積から方程式 $A\boldsymbol{x}=\boldsymbol{b}$ が解を持たないことがどのように示されるか？

(3) 方程式が解を持つような右辺のベクトルを 3 つ求めよ．

解

(1) 等式に $1,1,-1$ を掛けて足すと $0=1$ となる：

$$\begin{array}{r} x+3y+5z=4 \\ x+2y-3z=5 \\ -[2x+5y+2z=8] \\ \hline 0x+0y+0z=1 \quad \text{解なし} \end{array}$$

どの 2 つの平面も平行ではないが，それらの平面は 1 点で交わらない．$x+3y+5z=4$ に平行な平面を求めるには,「4」を変えればよい．平面 $x+3y+5z=0$ は $x+3y+5z=4$ に平行で，原点 $(0,0,0)$ を通る．$2x+6y+10z=8$ のように，任意の 0 以外の定数を掛けて得られる等式は同じ平面となる．

(2) A の各列と $\boldsymbol{y}=(1,1,-1)$ との内積は零である．右辺 $\boldsymbol{y}\cdot\boldsymbol{b}=(1,1,-1)\cdot(4,5,8)=1$ は非零である．したがって，解を持つことはない．

(3) $\boldsymbol{b}$ が列ベクトルの線形結合であるとき解が存在する．次の 3 つの $\boldsymbol{b}^*$，$\boldsymbol{b}^{**}$，$\boldsymbol{b}^{***}$ を $\boldsymbol{b}$ とすると，その解は $\boldsymbol{x}^*=(1,0,0)$，$\boldsymbol{x}^{**}=(1,1,1)$，$\boldsymbol{x}^{***}=(0,0,0)$ となる：

$$\boldsymbol{b}^*=\begin{bmatrix}1\\1\\2\end{bmatrix}=\text{第 1 列},\quad \boldsymbol{b}^{**}=\begin{bmatrix}9\\0\\9\end{bmatrix}=\text{列の和},\quad \boldsymbol{b}^{***}=\begin{bmatrix}0\\0\\0\end{bmatrix}.$$

練習問題 2.1

問題 1〜8 は $\boldsymbol{Ax}=\boldsymbol{b}$ の行ベクトルの絵と列ベクトルの絵に関するものである．

1　$A=I$（単位行列）として，行ベクトルの絵の平面を描け．直方体の 3 つの面は解 $\boldsymbol{x}=(x,y,z)=(2,3,4)$ で交わる：

$$\begin{array}{l}1x+0y+0z=2\\0x+1y+0z=3\\0x+0y+1z=4\end{array}\qquad\text{もしくは}\qquad\begin{bmatrix}1&0&0\\0&1&0\\0&0&1\end{bmatrix}\begin{bmatrix}x\\y\\z\end{bmatrix}=\begin{bmatrix}2\\3\\4\end{bmatrix}.$$

列ベクトルの絵におけるベクトルを描け．第 1 列に 2 を掛け，第 2 列に 3 を掛け，第 3 列に 4 を掛け，それらの和を求めると右辺 $\boldsymbol{b}$ と等しい．

2　問題 1 の 3 つの等式に $2,3,4$ を掛けて，$D\boldsymbol{X}=\boldsymbol{B}$ とする：

$$\begin{array}{l}2x+0y+0z=4\\0x+3y+0z=9\\0x+0y+4z=16\end{array}\qquad\text{もしくは}\qquad D\boldsymbol{X}=\begin{bmatrix}2&0&0\\0&3&0\\0&0&4\end{bmatrix}\begin{bmatrix}x\\y\\z\end{bmatrix}=\begin{bmatrix}4\\9\\16\end{bmatrix}=\boldsymbol{B}$$

行ベクトルの絵が同じであるのはなぜか？解 $\boldsymbol{X}$ は $\boldsymbol{x}$ と同じか？ 列ベクトルの絵では何が変わるか？列ベクトルか，それとも $\boldsymbol{B}$ を生成する線形結合か？

3　2 つ目の等式に 1 つ目の等式を足し合わせたとする．このとき，以下のうちどれが変わるか：行の絵における平面，列の絵におけるベクトル，係数行列，解．問題 1 を例にとると，新しい方程式は $x=2,\ x+y=5,\ z=4$ である．

4　2 つの平面 $x+y+3z=6$ と $x-y+z=4$ の交線上で $z=2$ となる点を求めよ．$z=0$ となる点を求めよ．それらの中点を求めよ．

5　次の方程式において，1 つ目の等式と 2 つ目の等式の和が 3 つ目の等式に等しい：

$$\begin{aligned} x+\ y+\ z&=2\\ x+2y+\ z&=3\\ 2x+3y+2z&=5. \end{aligned}$$

1 つ目の平面と 2 つ目の平面はある直線で交わる．3 つ目の平面はその直線を含んでいる．なぜならば，x,y,z が 1 つ目の等式と 2 つ目の等式を満たすとき，それらは ＿＿＿ からだ．方程式は無限個の解（直線 $\mathbf{L}$ 全体）を持つ．$\mathbf{L}$ 上の 3 つの解を求めよ．

6　問題 5 の 3 つ目の平面を，平面 $2x+3y+2z=9$ へ平行移動する．すると，当然 3 つの等式は解を持たない．最初の 2 つの平面は直線 $\mathbf{L}$ で交わるが，3 つ目の平面はその直線と ＿＿＿ ない．

7　問題 5 で列ベクトルは $(1,1,2)$ と $(1,2,3)$ と $(1,1,2)$ である．これは「特異な事例」だ．なぜなら，3 つ目の列が ＿＿＿ からだ．$\boldsymbol{b}=(2,3,5)$ となる列ベクトルの線形結合を 2 つ求めよ．$\boldsymbol{b}=(4,6,c)$ に対して，線形結合が求まるのは $c=$ ＿＿＿ の場合だけである．

8　4 次元空間における 4 つの「平面」は，通常ある ＿＿＿ で交わる．通常，4 次元空間における 4 つの列ベクトルの線形結合をとると $\boldsymbol{b}$ を生成することができる．$\boldsymbol{b}=(3,3,3,2)$ を生成するような，$(1,0,0,0),(1,1,0,0),(1,1,1,0),(1,1,1,1)$ の線形結合を求めよ．それは，x,y,z,t についてのどのような 4 つの等式を解いたものか？

問題 9〜14 は，行列とベクトルの積に関するものである．

9　各 $A\boldsymbol{x}$ を，行と列ベクトルの内積によって計算せよ：

(a) $\begin{bmatrix} 1 & 2 & 4\\ -2 & 3 & 1\\ -4 & 1 & 2 \end{bmatrix}\begin{bmatrix} 2\\ 2\\ 3 \end{bmatrix}$　　(b) $\begin{bmatrix} 2 & 1 & 0 & 0\\ 1 & 2 & 1 & 0\\ 0 & 1 & 2 & 1\\ 0 & 0 & 1 & 2 \end{bmatrix}\begin{bmatrix} 1\\ 1\\ 1\\ 2 \end{bmatrix}$

10　問題 9 の各 $A\boldsymbol{x}$ を，列ベクトルの線形結合によって求めよ：

9(a) は次のようになる　$A\boldsymbol{x}=2\begin{bmatrix} 1\\ -2\\ -4 \end{bmatrix}+2\begin{bmatrix} 2\\ 3\\ 1 \end{bmatrix}+3\begin{bmatrix} 4\\ 1\\ 2 \end{bmatrix}=\begin{bmatrix} \\ \\ \\ \end{bmatrix}.$

行列が「3×3」のとき，$A\boldsymbol{x}$ には何個の積があるか？

11 以下の $A\boldsymbol{x}$ の2つの要素を，行と列それぞれの方法で求めよ．

$$\begin{bmatrix}2&3\\5&1\end{bmatrix}\begin{bmatrix}4\\2\end{bmatrix} \quad と \quad \begin{bmatrix}3&6\\6&12\end{bmatrix}\begin{bmatrix}2\\-1\end{bmatrix} \quad と \quad \begin{bmatrix}1&2&4\\2&0&1\end{bmatrix}\begin{bmatrix}3\\1\\1\end{bmatrix}.$$

12 A と $\boldsymbol{x}$ を掛けて，$A\boldsymbol{x}$ の3つの要素を求めよ：

$$\begin{bmatrix}0&0&1\\0&1&0\\1&0&0\end{bmatrix}\begin{bmatrix}x\\y\\z\end{bmatrix} \quad と \quad \begin{bmatrix}2&1&3\\1&2&3\\3&3&6\end{bmatrix}\begin{bmatrix}1\\1\\-1\end{bmatrix} \quad と \quad \begin{bmatrix}2&1\\1&2\\3&3\end{bmatrix}\begin{bmatrix}1\\1\end{bmatrix}.$$

13 (a) $m \times n$ の行列に _____ 要素のベクトルを掛けると，_____ 要素のベクトルができる．
(b) 行列 A が $m \times n$ であるとき，$A\boldsymbol{x} = \boldsymbol{b}$ の m 個の等式の表す平面は _____ 次元空間にある．A の列ベクトルの線形結合は _____ 次元空間にある．

14 等式 $2x + 3y + z + 5t = 8$ を，行列 A （何行からなるか）と列ベクトル $\boldsymbol{x} = (x, y, z, t)$ の積によって $\boldsymbol{b}$ ができるという形で書け．解 $\boldsymbol{x}$ は4次元空間における平面である「超平面」を張る．**この平面は，3次元であるが，4次元における体積を持たない．**

問題 15～22 は，ベクトルに対して特別な振舞いをする行列について問うものである．

15 (a) 2×2 の単位行列を示せ．I と $\begin{bmatrix}\mathbf{x}\\\mathbf{y}\end{bmatrix}$ の積は $\begin{bmatrix}\mathbf{x}\\\mathbf{y}\end{bmatrix}$ に等しい．
(b) 2×2 の交換行列を示せ．P と $\begin{bmatrix}\mathbf{x}\\\mathbf{y}\end{bmatrix}$ の積は $\begin{bmatrix}\mathbf{y}\\\mathbf{x}\end{bmatrix}$ に等しい．

16 (a) 任意のベクトルを $90°$ 回転する 2×2 の行列 R を示せ．R と $\begin{bmatrix}\mathbf{x}\\\mathbf{y}\end{bmatrix}$ の積は $\begin{bmatrix}\mathbf{y}\\-\mathbf{x}\end{bmatrix}$ に等しい．
(b) 任意のベクトルを $180°$ 回転する 2×2 の行列 R^2 を示せ．

17 (x, y, z) に掛けると (y, z, x) となる行列 P を求めよ．(y, z, x) に掛けると (x, y, z) へ戻す行列 Q を求めよ．

18 第2要素から第1要素を引く 2×2 の行列 E を求めよ．同じことを行う 3×3 の行列を求めよ．

$$E\begin{bmatrix}3\\5\end{bmatrix} = \begin{bmatrix}3\\2\end{bmatrix} \qquad および \qquad E\begin{bmatrix}3\\5\\7\end{bmatrix} = \begin{bmatrix}3\\2\\7\end{bmatrix}.$$

19 (x, y, z) に掛けると $(x, y, z+x)$ となる行列 E を求めよ．(x, y, z) に掛けると $(x, y, z-x)$ となる行列 E^{-1} を求めよ．$(3, 4, 5)$ に E を掛け，さらに E^{-1} を掛けると，その2つの結果は (_____) と (_____) である．

20　(x, y) を x 軸に射影して $(x, 0)$ とする 2×2 の行列 P_1 を示せ．y 軸に射影して $(0, y)$ とする行列 P_2 を示せ．$(5, 7)$ に P_1 を掛け，さらに P_2 を掛けると，その 2 つの結果は (_____) と (_____) である．

21　任意のベクトルを 45° 回転する 2×2 行列 R を求めよ．ベクトル $(1, 0)$ は $(\sqrt{2}/2, \sqrt{2}/2)$ に移る．ベクトル $(0, 1)$ は $(-\sqrt{2}/2, \sqrt{2}/2)$ に移る．これら 2 つによって行列が決まる．これらのベクトルを xy 平面に描き，R を求めよ．

22　$(1, 4, 5)$ と (x, y, z) の内積を行列の積 $A\boldsymbol{x}$ として書け．行列 A は 1 つの行からなる．$A\boldsymbol{x} = \boldsymbol{0}$ の解は，ベクトル _____ に垂直な _____ 上にある．A の列ベクトルは，_____ 次元空間にある．

23　MATLAB の記法で，行列 A，列ベクトル $\boldsymbol{x}$ と $\boldsymbol{b}$ を定義するコマンドを書け．$A\boldsymbol{x} = \boldsymbol{b}$ であるかどうかを判定するコマンドは何か？

$$A = \begin{bmatrix} 1 & 2 \\ 3 & 4 \end{bmatrix} \qquad \boldsymbol{x} = \begin{bmatrix} 5 \\ -2 \end{bmatrix} \qquad \boldsymbol{b} = \begin{bmatrix} 1 \\ 7 \end{bmatrix}$$

24　MATLAB のコマンド A = eye(3) と v = [3:5]′ によって，3×3 の単位行列と列ベクトル $(3, 4, 5)$ を生成できる．A∗v と v′∗v の出力は何か（計算機は必要ない）？ v∗A を計算しようとすると何が起こるか？

25　全要素が 1 である 4×4 の行列 A = ones(4) と列ベクトル v = ones(4,1) の積 A∗v の出力は何か（計算機は必要ない）? B = eye(4) + ones(4) と w = zeros(4,1) + 2∗ones(4,1) の積 B∗w の出力は何か？

問題 26〜28 では，2，3，4 次元の行ベクトルの絵と列ベクトルの絵を復習する．

26　方程式 $x - 2y = 0$, $x + y = 6$ に対して，行ベクトルの絵と列ベクトルの絵を描け．

27　3 つの変数を持つ 2 つの等式に対して，行ベクトルの絵は，(2・3) 次元空間における (2・3) 個の（直線・平面）となる．列ベクトルの絵は，(2・3) 次元空間に描かれる．その解は，通常 _____ の上にある．

28　2 つの変数 x と y を持つ 4 つの等式に対して，行ベクトルの絵は 4 つの _____ となる．列ベクトルの絵は _____ 次元空間に描かれる．右辺が _____ の線形結合でなければ，方程式は解を持たない．

29　ベクトル $\boldsymbol{u}_0 = (1, 0)$ から始めて，同じ「マルコフ行列」$A = [0.8\ 0.3;\ 0.2\ 0.7]$ を何度も掛ける．続く 3 つのベクトルは，$\boldsymbol{u}_1$，$\boldsymbol{u}_2$，$\boldsymbol{u}_3$ である：

$$\boldsymbol{u}_1 = \begin{bmatrix} 0.8 & 0.3 \\ 0.2 & 0.7 \end{bmatrix} \begin{bmatrix} 1 \\ 0 \end{bmatrix} = \begin{bmatrix} 0.8 \\ 0.2 \end{bmatrix} \qquad \boldsymbol{u}_2 = A\boldsymbol{u}_1 = \_\_\_\_\_ \qquad \boldsymbol{u}_3 = A\boldsymbol{u}_2 = \_\_\_\_\_ .$$

4 つのベクトル $\boldsymbol{u}_0$，$\boldsymbol{u}_1$，$\boldsymbol{u}_2$，$\boldsymbol{u}_3$ すべてに共通する性質は何か？

挑戦問題

30 問題 29 を，$\boldsymbol{u}_0 = (1,0)$ から $\boldsymbol{u}_7$ まで，また，$\boldsymbol{v}_0 = (0,1)$ から $\boldsymbol{v}_7$ まで続けよ．$\boldsymbol{u}_7$ と $\boldsymbol{v}_7$ について，気づいたことはあるか？以下に，while と for を使った 2 つの MATLAB プログラムを示す．それらのプログラムは，$\boldsymbol{u}_0$ から $\boldsymbol{u}_7$ と $\boldsymbol{v}_0$ から $\boldsymbol{v}_7$ までをプロットする．別の言語を使ってもよい：

```
u = [1 ; 0]; A = [.8 .3 ; .2 .7];
x = u; k = [0 : 7];
while size(x,2) <= 7
   u = A*u; x = [x u];
end
plot(k, x)
```

```
v = [0 ; 1]; A = [.8 .3 ; .2 .7];
x = v; k = [0 : 7];
for j = 1 : 7
   v = A*v; x = [x v];
end
plot(k, x)
```

$\boldsymbol{u}$ と $\boldsymbol{v}$ は，定常状態ベクトル $\boldsymbol{s}$ へ近づいている．そのベクトルを予想し，$A\boldsymbol{s} = \boldsymbol{s}$ であることを確認せよ．ベクトル $\boldsymbol{s}$ から始めたとすると，ずっと $\boldsymbol{s}$ にとどまることになる．

31 要素が $1, 2, \ldots, 9$ である 3×3 の**魔方陣行列** M_3 を考案せよ．すべての行，列，対角線の和が 15 となる．第 1 行は 8,3,4 となる．M_3 と $(1,1,1)$ の積を求めよ．4×4 の魔方陣行列がその要素に $1, \ldots, 16$ を持つとき，M_4 と $(1,1,1,1)$ の積を求めよ．

32 $\boldsymbol{u}$ と $\boldsymbol{v}$ が 3×3 の行列 A の第 1 列と第 2 列であるとする．第 3 列 $\boldsymbol{w}$ がどのような場合に，この行列が非可逆行列となるか？その場合に対し，$A\boldsymbol{x} = \boldsymbol{b}$ の典型的な列ベクトルの絵と，行ベクトルの絵を説明せよ（$\boldsymbol{b}$ はランダムにとる）．

33 **$\boldsymbol{A}$ を掛けることは「線形変換」である．**この重要な言葉は次を意味する：

$\boldsymbol{w}$ が $\boldsymbol{u}$ と $\boldsymbol{v}$ の線形結合であるとき，$A\boldsymbol{w}$ は $A\boldsymbol{u}$ と $A\boldsymbol{v}$ の同じ線形結合である．

線形代数という名前は，この「線形性」$A\boldsymbol{w} = cA\boldsymbol{u} + dA\boldsymbol{v}$ から来たものである．

問題：$\boldsymbol{u} = \begin{bmatrix} 1 \\ 0 \end{bmatrix}$ と $\boldsymbol{v} = \begin{bmatrix} 0 \\ 1 \end{bmatrix}$ のとき，$A\boldsymbol{u}$ と $A\boldsymbol{v}$ は A の 2 つの列である．線形結合 $\boldsymbol{w} = c\boldsymbol{u} + d\boldsymbol{v}$ を考える．$\boldsymbol{w} = \begin{bmatrix} \mathbf{5} \\ \mathbf{7} \end{bmatrix}$ **のとき，$A\boldsymbol{w}$ は $A\boldsymbol{u}$ と $A\boldsymbol{v}$ にどのように結びつけられるか？**

34 4 つの等式 $-x_{i+1} + 2x_i - x_{i-1} = i$ （$i = 1, 2, 3, 4$，$x_0 = x_5 = 0$ とする）があるとする．それらの等式を行列の形 $A\boldsymbol{x} = \boldsymbol{b}$ で書け．x_1, x_2, x_3, x_4 について解けるか？

35 9×9 の**数独行列** S は，その行，列，および各 3×3 のブロックに $1, \ldots, 9$ が現れるものである．要素がすべて 1 であるベクトル $\boldsymbol{x} = (1, \ldots, 1)$ に対し，$S\boldsymbol{x}$ を求めよ．

より踏み込んだ質問は次のものだ：**行をどのように置換すると別の数独行列が得られるか？**また，ブロック行をどのように置換すると別の数独行列が得られるか？

第 2.7 節で，行の置換（並べ換え）について扱う．最初の 3 行に対して 6 つの置換を考えることができ，それらはすべて数独行列を生成する．同様に，次の 3 行に対する 6 つの置換，最後の 3 行に対する置換がある．さらに，ブロック行にも 6 つの置換がある．

2.2 消去の考え方

本章では，線形方程式を解く系統的な方法を説明する．その方法は**「消去」**と呼ばれ，2×2 行列の例ですぐに登場する．消去を行う前では，x と y が両方の等式に含まれている．消去を行うと，2 つ目の等式 $8y = 8$ では 1 つ目の変数の x が消えている：

消去前 $\begin{aligned} x - 2y &= 1 \\ 3x + 2y &= 11 \end{aligned}$　　**消去後** $\begin{aligned} x - 2y &= 1 \\ 8y &= 8 \end{aligned}$　　$\left(\begin{array}{l} \textbf{等式 1 を 3 倍して} \\ \textbf{引くと } 3x \textbf{ が消える} \end{array}\right)$

新しい等式 $8y = 8$ からすぐに $y = 1$ を得る．$y = 1$ を 1 つ目の等式に代入することで $x - 2 = 1$ となる．これより $x = 3$ となり，解 $(x, y) = (3, 1)$ が求まる．

消去の目標は，**上三角行列**を作ることだ．零でない係数 $1, -2, 8$ は三角形を作っている．そのような方程式は，一番下から上に向かって解くことができる．まず $y = 1$ が求まり，次に $x = 3$ が求まる．このように素早く解を求める方法は，後退代入と呼ばれる．後退代入は任意の大きさの上三角の方程式に適用でき，消去を行うことでその上三角行列が得られる．

重要事項：もともとの方程式の解は同じ $x = 3$ と $y = 1$ である．図 2.5 に，それぞれの系について解となる点 $(3, 1)$ で交わる直線の対を表す．消去を行っても直線は同じ点で交わる．消去の過程のどの段階でも方程式は正しい．

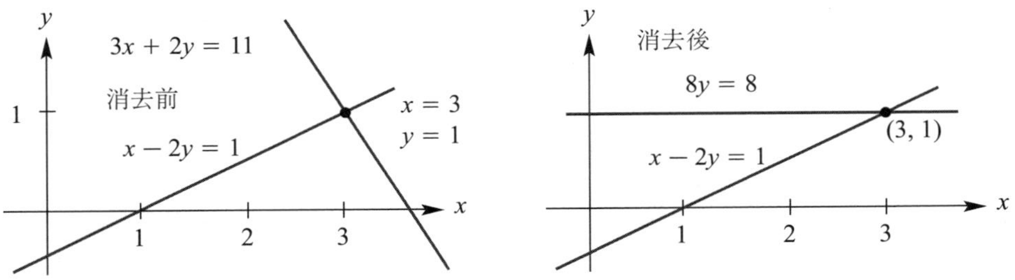

図 2.5　x を消去すると 2 つ目の直線が水平になる．すると $8y = 8$ から $y = 1$ が得られる．

消去前の直線の対から，消去後の直線の対をどうやって得るか？ 2 つ目の等式から，1 つ目の等式の 3 倍を引く．等式 2 から x を消去したこの手順が，本章の基本操作である．非常によく使うので，詳しく見てみよう：

x **を消去する：　等式 1 の何倍かを等式 2 から引く．**

$x-2y=1$ の 3 倍は $3x-6y=3$ である．これを $3x+2y=11$ から引くと，右辺は 8 となる．$3x$ と $3x$ が打ち消し合うことが大事だ．左辺には，$2y-(-6y)$ すなわち $8y$ が残り，x が消去される．**これで三角行列になった．**

乗数 $\ell=3$ をどのようにして決めたか自問せよ．1 つ目の等式には $\mathbf{1}x$ が含まれている．**よって，1 つ目のピボットは 1**（x の係数）である．2 つ目の等式には $\mathbf{3}x$ が含まれている．**よって，乗数は 3** となる．引き算 $3x-3x$ によって零ができ，三角行列になる．

1 つ目の等式を $4x-8y=4$（同じ直線であるが，1 つ目のピボットが 4 になる）に変えると，乗数の求め方を理解できるだろう．この場合の正しい乗数は $\ell=\frac{3}{4}$ である．**乗数を求めるには，消去したい係数「3」をピボット「4」で割る：**

$\mathbf{4}x-8y=4$	等式 **1** を $\frac{\mathbf{3}}{\mathbf{4}}$ 倍する	$4x-8y=4$
$\mathbf{3}x+2y=11$	等式 **2** から引く	$8y=8.$

最終的に得られた方程式は三角であり，その 2 つ目の等式から得られるのは同じ $y=1$ である．後退代入によって $4x-8=4$，$4x=12$，$x=3$ となる．数を変えたが，直線は変わっておらず，解も変わらない．**ピボットで割ることで乗数を求める $\boldsymbol{\ell}=\frac{\mathbf{3}}{\mathbf{4}}$：**

ピボット	=	**消去に使われる行のうちの最初の零でない係数**
乗数	=	**（消去する項目）÷（ピボット）** $=\frac{3}{4}.$

得られた 2 つ目の等式は 2 つ目のピボットである 8 から始まっている．もし 3 つ目の等式があれば，そのピボットを使って 3 つ目の等式から y を消去できる．**n 個の方程式を解くためには，n 個のピボットが必要である．消去を行った後，ピボットは三角行列の対角要素となる．**

上記の方程式は，本書を読まずに解くことができたかもしれない．大したことのない問題かもしれないが，もうしばらくそれに関連した話をする．2×2 の方程式であっても，消去が破綻する可能性がある．そのような破綻（ピボットを求められないとき）について理解することで，消去の過程全体を理解できるだろう．

消去の破綻

通常，消去の過程でピボットが求まり，それを使うと解を求めることができる．しかし，消去が破綻することもある．あるところで **0 で割る**必要があるかもしれない．0 で割ることはできないので，消去はそこで止まってしまう．その問題を修復して続けることができるかもしれないし，破綻が避けられないかもしれない．

例 1 は，消去に失敗して**解なし** $0y=8$ となる例である．例 2 は，消去に失敗して**多数の解** $0y=0$ となる例である．例 3 は，方程式を入れ替えることで消去に成功する例である．

例 1　**解なしとなる回復不能な破綻**．消去によって明らかになる：

$x - 2y = 1$	等式 1 の 3 倍を	$x - 2y = 1$
$3x - 6y = 11$	等式 2 から引く	$\mathbf{0}y = 8.$

$0y = 8$ には解が存在しない．通常だと右辺 8 を 2 つ目のピボットで割るが，この方程式では 2 つ目のピボットがない(**零はピボットにはなりえない**)．図 2.6 に示す行ベクトルの絵と列ベクトルの絵を見ると，なぜこの破綻が避けられないかがわかる．消去によって $0y = 8$ のような等式を得ると，解がないという事実を発見できる．

破綻した場合の行ベクトルの絵では，交わることのない平行な直線が描かれる．解は両方の直線上になければならない．交点がなければ，方程式は解を持たない．

列ベクトルの絵では，2 つの列ベクトル $(1, 3)$ と $(-2, -6)$ が同じ方向にある．**それらの列ベクトルの線形結合はすべて，1 つの直線上にある**．しかし，右辺の列は別の方向 $(1, 11)$ にあり，列ベクトルの線形結合によりそれを作ることはできない．したがって，解なしである．

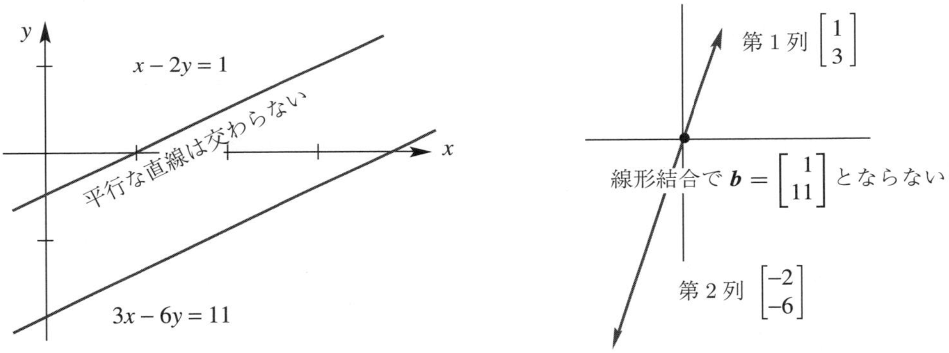

図 2.6　例 1（解なし）に対する行ベクトルの絵と列ベクトルの絵．

右辺を $(1, 3)$ に変えると，消去が破綻して，解が直線全体となる．例 2 では，解なしではなく，無限個の解が存在する．

例 2　**無限個の解を持つような破綻**．$\boldsymbol{b} = (1, 11)$ **を** $(1, 3)$ **に変える**．

$x - 2y = 1$	等式 1 の 3 倍を	$x - 2y = 1$	ここでも **1** つの
$3x - 6y = 3$	等式 2 から引く	$\mathbf{0}y = \mathbf{0}.$	ピボットしかない

すべての y **が** $0y = 0$ を満たす．実際には，1 つの等式 $x - 2y = 1$ しかない．変数 y は**「自由変数」**である．y を自由に選ぶと，x は $x = 1 + 2y$ によって決まる．

行ベクトルの絵では，平行な直線が同じ直線になる．その直線上のすべての点が両方の等式を満たす．図 2.7 に示すように，直線全体が解となる．

列ベクトルの絵では，$\boldsymbol{b} = (1, 3)$ は第 1 列と同じであるので，$x = 1$ と $y = 0$ とすることができる．第 2 列の $-\frac{1}{2}$ 倍も $\boldsymbol{b}$ と等しいので，$x = 0$ と $y = -\frac{1}{2}$ とすることもできる．行

ベクトルの絵として見たときに解となるすべての (x, y) は，列ベクトルの絵として見たときの解でもある．

破綻　n 個の等式に対して，n 個のピボットが得られない．

消去によって，$\mathbf{0} \neq \mathbf{0}$（解なし），または，$\mathbf{0} = \mathbf{0}$（多数の解）という等式を得る．

n 個のピボットが得られれば消去は成功である．しかし，n 個の等式を入れ替える必要があるかもしれない．

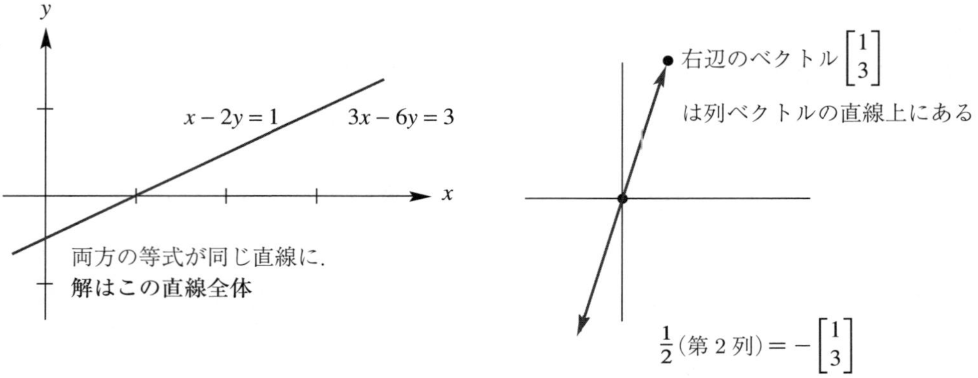

図 2.7　例 2（無限個の解）に対する行ベクトルの絵と列ベクトルの絵．

消去がうまくいかない場合がもう 1 つある．ただし，この場合にはそれを修復することができる．**1 つ目のピボットの場所に 0 があるとしよう．** 0 をピボットとすることはできない．1 つ目の等式に x を含む項がなかったとき，下のもう 1 つの等式と入れ替える．

例 3　**一時的な破綻（ピボットの位置の 0）．行を入れ替えることで 2 つのピボットができる：**

置換	$0x + 2y = 4$ $3x - 2y = 5$	2 つの等式を 入れ替える	$3x - 2y = 5$ $2y = 4.$

新しい方程式はすでに三角になっており，後退代入ができる形になっている．最後の等式から $y = 2$ となり，1 つ目の等式から $x = 3$ となる．行ベクトルの絵は普通のものである（2 つの交わる直線）．列ベクトルの絵もまた普通のものである（列ベクトルが同じ方向でない）．3 と 2 の 2 つのピボットは普通であるが，**行の交換**が必要であった．

例 1 と 例 2 は，2 つ目のピボットがなく，**非可逆**である．例 3 は，ピボットが揃っており，解を持ち，**可逆**である．非可逆行列の方程式は，解を持たないか，無限個の解を持つ．ピボットで割ることが必要なので，ピボットは非零でなければならない．

3 つの変数からなる 3 つの等式

ガウスの消去法を理解するには，2×2 の方程式では不十分だが，3×3 で十分そのやり方がわかる．差し当たり，行列は行の数と列の数が同じ正方行列とする．3×3 の方程式の例を示そう．次の方程式は，過程全体で分数が出てこないように特別に作られたものである：

$$\begin{aligned} \mathbf{2}x + 4y - 2z &= 2 \\ 4x + 9y - 3z &= 8 \\ -2x - 3y + 7z &= 10 \end{aligned} \tag{1}$$

消去はどのように進むか？ 1 つ目のピボットは，ボールド体の **2**（左上）である．ピボットの下の 4 を消去したい．**最初の乗数は，比 $4/2 = 2$ である**．ピボットを含む等式に $\ell_{21} = 2$ を掛けて引く．引き算により，2 つ目の等式から $4x$ が消去される：

手順 1　　等式 1 の 2 倍を等式 2 から引く．これにより，$y + z = 4$ が残る．

さらに 1 つ目のピボットを使って，等式 3 から $-2x$ も消去する．等式 1 を等式 3 に足すのが手っ取り早い．すると $2x$ と $-2x$ が相殺される．まさにそれを行うのであるが，本書でのルールは**足すのではなく引く**だ．系統的な方法を適用すると，乗数 $\ell_{31} = -2/2 = -1$ が得られる．ある等式の -1 倍を引くということは，それを足すことと同じである：

手順 2　　等式 1 の -1 倍を等式 3 から引く．これにより，$y + 5z = 12$ が残る．

新しい 2 つの等式は，y と z しか含まない．2 つ目のピボット（ボールド体）は 1 である：

x は消去されている

$$\begin{aligned} \mathbf{1}y + 1z &= 4 \\ 1y + 5z &= 12 \end{aligned}$$

これで 2×2 の方程式になった．最後に，y を消去して 1×1 にする：

手順 3　　新しい等式 2 を新しい等式 3 から引く．乗数は $1/1 = 1$ であり，$4z = 8$ となる．

$A\boldsymbol{x} = \boldsymbol{b}$ が，上三角行列による $U\boldsymbol{x} = \boldsymbol{c}$ に変換された：

$$\begin{aligned} 2x + 4y - 2z &= 2 \\ 4x + 9y - 3z &= 8 \\ -2x - 3y + 7z &= 10 \end{aligned} \quad \begin{matrix} A\boldsymbol{x} = \boldsymbol{b} \\ \text{変換} \\ U\boldsymbol{x} = \boldsymbol{c} \end{matrix} \quad \begin{aligned} \mathbf{2}x + 4y - 2z &= 2 \\ \mathbf{1}y + 1z &= 4 \\ \mathbf{4}z &= 8. \end{aligned} \tag{2}$$

目的は達成された．A から U へ前進消去が完了した．**ピボット $\mathbf{2}, \mathbf{1}, \mathbf{4}$ が U の対角要素にあることに注意せよ**．ピボット 1 と 4 はもとの方程式では隠れている．消去によってそれらが表に出たのである．$U\boldsymbol{x} = \boldsymbol{c}$ に対してすばやく**後退代入**ができる：

$$(4z = 8 \quad \text{より} \quad z = 2) \qquad (y + z = 4 \quad \text{より} \quad y = 2) \qquad (\text{等式 1 より} \quad x = -1)$$

解は $(x, y, z) = (-1, 2, 2)$ である．行ベクトルの絵では，3 つの等式から 3 つの平面ができる．すべての平面がこの解を通る．もとの平面は傾いているが，消去後の最後の平面 $4z = 8$ は水平になっている．

列ベクトルの絵では，列ベクトルの線形結合 $A\boldsymbol{x}$ が右辺 $\boldsymbol{b}$ を生成することを表す．その線

形結合の係数は $-1, 2, 2$（解）である：

$$Ax = (-\mathbf{1})\begin{bmatrix} 2 \\ 4 \\ -2 \end{bmatrix} + \mathbf{2}\begin{bmatrix} 4 \\ 9 \\ -3 \end{bmatrix} + \mathbf{2}\begin{bmatrix} -2 \\ -3 \\ 7 \end{bmatrix} = \begin{bmatrix} 2 \\ 8 \\ 10 \end{bmatrix} = \boldsymbol{b}. \tag{3}$$

数 x, y, z は，$A\boldsymbol{x} = \boldsymbol{b}$ において A の第 1 列，第 2 列，第 3 列に掛けられ，また，三角行列の方程式 $U\boldsymbol{x} = \boldsymbol{c}$ においても U の第 1 列，第 2 列，第 3 列に掛けられる．

4×4 の問題や一般の $n \times n$ の問題に対しても，同じようにして消去ができる．消去が成功する場合について，列ごとに計算して A から U へ至る考え方全体を以下に示す．

第 1 列　等式 1 を使って，1 つ目のピボットの下に零を作る．
第 2 列　新しい等式 2 を使って，2 つ目のピボットの下に零を作る．
第 3 列から第 $\boldsymbol{n}$ 列　すべての n 個のピボットを見つけ，三角行列 U となるまで続ける．

第 2 列までで $\begin{bmatrix} \boldsymbol{x} & x & x & x \\ 0 & \boldsymbol{x} & x & x \\ 0 & 0 & x & x \\ 0 & 0 & x & x \end{bmatrix}$ となる．求めるのは $\begin{bmatrix} \boldsymbol{x} & x & x & x \\ & \boldsymbol{x} & x & x \\ & & \boldsymbol{x} & x \\ & & & \boldsymbol{x} \end{bmatrix}$ である．　(4)

前進消去の結果は上三角行列の方程式である．n 個の（零でない）ピボットがすべて揃えば，それは可逆である．**問**：左の x のうち，ピボットがわかることで太字 $\boldsymbol{x}$ になりうるのはどれか？ もとの $A\boldsymbol{x} = \boldsymbol{b}$，三角行列の方程式 $U\boldsymbol{x} = \boldsymbol{c}$，後退代入によって得られる解 (x, y, z) について，最後の例を示そう：

$x + y + z = 6$		$x + y + z = 6$	$\begin{bmatrix} x \\ y \\ z \end{bmatrix} = \begin{bmatrix} 3 \\ 2 \\ 1 \end{bmatrix}$	**後退代入**
$x + 2y + 2z = 9$	**前進消去**	$y + z = 3$		**後退代入**
$x + 2y + 3z = 10$	**前進消去**	$z = 1$		

すべての乗数は 1 である．すべてのピボットは 1 である．すべての平面は解 $(3, 2, 1)$ で交わる．A の列ベクトルを係数 $3, 2, 1$ で線形結合すると $\boldsymbol{b} = (6, 9, 10)$ となる．三角行列の方程式でも $U\boldsymbol{x} = \boldsymbol{c} = (6, 3, 1)$ となる．

■　要点の復習　■

1. 線形方程式 $(A\boldsymbol{x} = \boldsymbol{b})$ は，消去によって上三角行列の方程式 $(U\boldsymbol{x} = \boldsymbol{c})$ になる．
2. 等式 j の ℓ_{ij} 倍を等式 i から引くことで，(i, j) 要素を零にする．
3. 乗数は $\ell_{ij} = \dfrac{\text{行 } i \text{ の消去する要素}}{\text{行 } j \text{ のピボット}}$ である．ピボットは零であってはならない．
4. ピボットの位置に零がある場合，その下に零でないものがあれば修復できる．
5. 上三角行列の方程式は（底から始める）後退代入によって解くことができる．
6. 永久的に破綻する場合，その方程式は解を持たないか，無限個の解を持つ．

■ 例題 ■

2.2 A 以下の行列 A に消去を適用したとき，1 つ目と 2 つ目のピボットは何か？手順 1 における乗数 ℓ_{21} は何か（第 1 行の ℓ_{21} 倍を第 2 行から引く）？

A の第 1 行は **1 次差分**であり，第 2 行は **2 次差分** $-1, 2, -1$ である．

$$A = \begin{bmatrix} 1 & -1 & 0 \\ -1 & 2 & -1 \\ 0 & -1 & 2 \end{bmatrix} \longrightarrow \begin{bmatrix} 1 & -1 & 0 \\ 0 & 1 & -1 \\ 0 & -1 & 2 \end{bmatrix} \longrightarrow U = \begin{bmatrix} 1 & -1 & 0 \\ 0 & 1 & -1 \\ 0 & 0 & 1 \end{bmatrix}.$$

第 2 行と第 3 行を入れ替えなければならないのは，2, 2 要素が（2 ではなく）いくつのときか？左下の乗数が $\ell_{31} = 0$ である，すなわち，第 1 行の 0 倍を第 3 行から引くのはなぜか？**右下の要素を $a_{33} = 2$ から $a_{33} = 1$ に変えると消去が失敗するが，それはなぜか？**

解 1 つ目のピボットは 1 である．乗数 ℓ_{21} は，$-1/1 = -1$ である．第 1 行の -1 倍を引く（すなわち，第 1 行を第 2 行に足す）と，2 つ目のピボットが 1 とわかる．

中央の要素を "2" から "1" に減らすと，行の入替えが必要になる（2 つ目のピボットの位置に零が現れる）．乗数 ℓ_{31} が 0 であるのは，$a_{31} = 0$ であるからだ．行の最初が 0 であれば，消去は必要ない．この A は「**帯行列**」である．

最後のピボットは 1 である．したがって，もともとの右下の要素 a_{33} が 1 少なかったならば（$a_{33} = 1$），消去によって 0 が生じる．**3 つ目のピボットがなく，消去が失敗する．**

2.2 B A がすでに**三角行列**（上三角または下三角）であるとする．**ピボットはどこにあるか？** すべての $\boldsymbol{b}$ に対して，唯一解を持つのは $A\boldsymbol{x} = \boldsymbol{b}$ がどのようなときか？

解 三角行列のピボットは，すでにその主対角要素にある．**これらの数がすべて非零であれば，消去が成功する．** A が上三角行列のときには後退代入を使い，A が下三角行列であるときには前進代入する．

2.2 C 上三角行列 U になるまで消去せよ．後退代入により解を求めるか，それが不可能であれば理由を説明せよ．（非零の）ピボットを求めよ．必要があれば等式を交換せよ．違いは最後の等式の $-x$ だけである．

成功と失敗

$$\begin{aligned} x + y + z &= 7 \\ x + y - z &= 5 \\ x - y + z &= 3 \end{aligned} \qquad \begin{aligned} x + y + z &= 7 \\ x + y - z &= 5 \\ -x - y + z &= 3 \end{aligned}$$

解 1 つ目の方程式について，等式 2 と等式 3 から等式 1 を引く（乗数は，$\ell_{21} = 1$ と $\ell_{31} = 1$ である）．2, 2 要素が 0 となるので，等式を交換する：

成功

$$\begin{aligned} x + y + z &= 7 \\ \mathbf{0}y - 2z &= -2 \\ -2y + 0z &= -4 \end{aligned} \qquad \text{交換して} \qquad \begin{aligned} x + y + z &= 7 \\ -\mathbf{2}y + 0z &= -4 \\ -2z &= -2 \end{aligned}$$

後退代入することで $z=1$ と $y=2$ と $x=4$ を得る．ピボットは $1,-2,-2$ である．

2 つ目の方程式について，前と同様，等式 1 を等式 2 から引く．等式 1 を等式 3 に足す．これにより，2, 2 要素**とその下にも** 0 ができる：

	$x+y+z=\ \ 7$	第 2 列に**ピボットがない**（第 1 列にはあった）
失敗	$\mathbf{0}y-2z=-2$	さらに消去をすると，$0z=8$ となる
	$\mathbf{0}y+2z=\ 10$	3 つの平面は交わらない

平面 1 と平面 2 は直線で交わる．平面 1 と平面 3 はそれと平行な直線で交わる．**解なし．**

3 つ目の等式の "3" を "−5" に変えると，消去によって $0=0$ が導かれる．これは無限個の解を持つ．**このとき，3 つの平面は直線全体で交わる．**

3 を −5 に変えると，3 つ目の平面が残り 2 つと交わるように動く．等式 2 から $z=1$ が得られる．すると 1 つ目の等式から $x+y=6$ を得る．**第 2 列にピボットがないので** y **は自由変数となる**（任意の値をとれる）．$x=6-y$ である．

練習問題 2.2

問題 1〜10 は 2×2 の方程式における消去に関するものである．

1　等式 1 の何倍 ℓ_{21} を等式 2 から引くべきか？

$$2x+3y=1$$
$$10x+9y=11.$$

消去によって得られる上三角行列の方程式を書き下し，2 つのピボットに丸をつけよ．数 1 と 11 は，これらのピボットに何の影響も及ぼさない．

2　問題 1 の三角行列の方程式を後退代入によって解け．y を求めた後に x を求めよ．$(2,10)$ の x 倍と $(3,9)$ の y 倍の和が $(1,11)$ に等しいことを確かめよ．右辺を $(4,44)$ に変えると，解はどうなるか？

3　等式 1 の何倍を等式 2 から引くべきか？

$$2x-4y=6$$
$$-x+5y=0.$$

消去によって得られる三角行列の方程式を解け．右辺を $(-6,0)$ に変えると，解はどうなるか？

4　c を消すためには，等式 1 の何倍 ℓ を等式 2 から引くべきか？

$$ax+by=f$$
$$cx+dy=g.$$

1 つ目のピボットは a である（非零と仮定する）．消去によって得られる 2 つ目のピボットの式を求めよ．y を求めよ．$ad = bc$ のとき 2 つ目のピボットがない：非可逆である．

5 解なしとなるように右辺を選べ．また，無限個の解を持つように右辺を選べ．その解を 2 つ挙げよ．

非可逆な方程式
$$\begin{aligned} 3x + 2y &= 10 \\ 6x + 4y &= \end{aligned}$$

6 次の方程式を非可逆にするように，係数 b を選べ．その後，解を持つように右辺 g を選べ．この非可逆な場合における解を 2 つ求めよ．

$$\begin{aligned} 2x + by &= 16 \\ 4x + 8y &= g. \end{aligned}$$

7 a がどのような数のとき，(1) 永久的に，(2) 一時的に，消去が破綻するか？

$$\begin{aligned} ax + 3y &= -3 \\ 4x + 6y &= \quad 6. \end{aligned}$$

一時的な破綻を行の交換によって修復して，x と y について解け．

8 消去が破綻するような k を 3 つ答えよ．そのうち，行の交換で修復できるのはどれか？それぞれの場合について，解の個数は 0，1，∞ のどれになるか？

$$\begin{aligned} kx + 3y &= \quad 6 \\ 3x + ky &= -6. \end{aligned}$$

9 以下の 2 つの等式が解を持つような b_1 と b_2 の条件式を求めよ．いくつの解を持つか？$\boldsymbol{b} = (1, 2)$ および $(1, 0)$ に対して，列ベクトルの絵を描け．

$$\begin{aligned} 3x - 2y &= b_1 \\ 6x - 4y &= b_2. \end{aligned}$$

10 直線 $x + y = 5$ と $x + 2y = 6$，および，消去によって得られる等式 $y =$ ＿＿＿ を xy 平面に描け．$c =$ ＿＿＿ のとき，直線 $5x - 4y = c$ はこれらの等式の解を通る．

問題 11〜20 では，3 × 3 の方程式における消去（破綻するかもしれない）を学習する．

11 （推奨）線形方程式がちょうど 2 つの解を持つことはありえない．なぜか？

(a) (x, y, z) と (X, Y, Z) が 2 つの解であるとき，解をもう 1 つ求めよ．

(b) 25 の平面が 2 つの点で交わっているとすると，それ以外のどの点でそれらの平面は交わるか？

12 行の操作を 2 回行って，次の方程式を上三角の形にせよ：

$$\begin{aligned} 2x + 3y + z &= 8 \\ 4x + 7y + 5z &= 20 \\ -2y + 2z &= 0. \end{aligned}$$

ピボットに丸をつけよ．後退代入によって z, y, x について解け．

13 消去を適用し（ピボットに丸をつけ）後退代入によって解け：

$$\begin{aligned} 2x - 3y &= 3 \\ 4x - 5y + z &= 7 \\ 2x - y - 3z &= 5. \end{aligned}$$

3 つの行の操作を列挙せよ：第 _____ 行の _____ 倍を第 _____ 行から引く．

14 d がいくつのとき行の交換が必要か，またそのときの可逆な三角行列の方程式を求めよ．d がいくつのとき，この方程式は非可逆（3 つ目のピボットがない）となるか？

$$\begin{aligned} 2x + 5y + z &= 0 \\ 4x + dy + z &= 2 \\ y - z &= 3. \end{aligned}$$

15 後に行の交換が必要となる数 b を求めよ．ピボットが不足するような b を求めよ．そのような非可逆な場合に，非零の解 x, y, z を求めよ．

$$\begin{aligned} x + by &= 0 \\ x - 2y - z &= 0 \\ y + z &= 0. \end{aligned}$$

16 (a) 三角行列の方程式になり解が求まるまでに，2 回の行の交換が必要な 3×3 の方程式を作れ．

(b) 続けるには行の交換が必要だが，その後破綻するような 3×3 の方程式を作れ．

17 第 1 行と第 2 行が同じとき，（行の交換をして）どこまで消去を行うことができるか？第 1 列と第 2 列が同じとき，どのピボットがないか？

同じ行	$2x - y + z = 0$	$2x + 2y + z = 0$	同じ列
	$2x - y + z = 0$	$4x + 4y + z = 0$	
	$4x + y + z = 2$	$6x + 6y + z = 2.$	

18 左辺の 9 つの係数がすべて異なるが，消去を行うと第 2 行と第 3 行が零行となる 3×3 行列を作れ．$\boldsymbol{b}=(1,10,100)$ と $\boldsymbol{b}=(0,0,0)$ に対して，その方程式はそれぞれいくつの解を持つか？

19 q がいくつのとき，次の方程式は非可逆となるか？さらに，右辺の t がいくつのとき無限個の解を持つか？そのとき，$z=1$ を含むような解を求めよ．

$$\begin{aligned} x+4y-2z&=1\\ x+7y-6z&=6\\ 3y+qz&=t. \end{aligned}$$

20 どの平面も平行ではないが，3 つの平面が交点を持たないことはありうる．A の第 3 行が，第 1 行と第 2 行の ＿＿＿ であるとき，その方程式は非可逆である．$x+y+z=0$ と $x-2y-z=1$ と合わせて解けないような 3 つ目の等式を求めよ．

21 両方の系（$A\boldsymbol{x}=\boldsymbol{b}$ および $K\boldsymbol{x}=\boldsymbol{b}$）について，ピボットをすべて見つけ解を求めよ：

$$\begin{aligned} 2x+y\quad&=0\\ x+2y+z\quad&=0\\ y+2z+t&=0\\ z+2t&=5 \end{aligned}\qquad\qquad \begin{aligned} 2x-y\quad&=0\\ -x+2y-z\quad&=0\\ -y+2z-t&=0\\ -z+2t&=5. \end{aligned}$$

22 問題 21 を $1,2,1$ のパターンもしくは $-1,2,-1$ のパターンで拡張する．5 つ目のピボットは何か？n 個目のピボットは何か？K は私が好きな行列である．

23 消去を行うと $x+y=1$ と $2y=3$ になるようなもとの方程式を 3 つ求めよ．

24 $A=\left[\begin{smallmatrix}\mathbf{a}&\mathbf{2}\\ \mathbf{a}&\mathbf{a}\end{smallmatrix}\right]$ に対して，消去が失敗する a の値を 2 つ求めよ．

25 消去によって 3 つのピボットが得られない a の値を 3 つ求めよ．

$$A=\begin{bmatrix} a&2&3\\ a&a&4\\ a&a&a \end{bmatrix}\ \text{は 3 種類の } a \text{ について非可逆となる．}$$

26 行の和が 4 と 8 になり，列の和が 2 と s になるような行列を求めよ：

$$\text{行列}=\begin{bmatrix} a&b\\ c&d \end{bmatrix}\qquad\qquad \begin{matrix} a+b=4 & a+c=2\\ c+d=8 & b+d=s \end{matrix}$$

4 つの方程式は $s=$ ＿＿＿ のときのみ解ける．そのとき，条件を満たす 2 つの行列を求めよ．追加：$\boldsymbol{x}=(a,b,c,d)$ として，4×4 の方程式 $A\boldsymbol{x}=\boldsymbol{b}$ を書き下し，A を消去によって三角化せよ．

27 以下の「下三角」行列の方程式に対して通常の方法で消去を行うと，どのような行列 U と解が得られるか？実際には**前進代入**によって解くのと同じことを行っている．

$$\begin{aligned} 3x \qquad\quad &= 3 \\ 6x + 2y \quad &= 8 \\ 9x - 2y + z &= 9. \end{aligned}$$

28 行列 A が既知として，第 1 行の 3 倍を第 2 行から引いて新しい第 2 行を作る MATLAB コマンド A(2, :) = . . . を作れ．

挑戦問題

29 MATLAB コマンド $[L, U] = \mathbf{lu}(\mathbf{rand}(3))$ によって，1 つ目，2 つ目，3 つ目のピボットの大きさの平均を実験的に求めよ．平均値 $\mathbf{abs}(U(1,1))$ は $\frac{1}{2}$ より大きい．なぜならば，**lu** は第 1 列においてとりうる最大のピボットを選択するからである．ここで，$A = \mathbf{rand}(3)$ によって作られる行列の要素は 0 と 1 の間の乱数となる．

30 右下端の要素が $A(5,5) = 11$ であり，A の最後のピボットが $U(5,5) = 4$ であるとき，要素 $A(5,5)$ をいくつに変えると A が非可逆になるか？

31 消去において，行の交換なしに A を U にできたとする．そのとき，U の第 j 行は，A のどの行の線形結合か？$A\boldsymbol{x} = \mathbf{0}$ のとき，$U\boldsymbol{x} = \mathbf{0}$ であるか？$A\boldsymbol{x} = \boldsymbol{b}$ のとき，$U\boldsymbol{x} = \boldsymbol{b}$ であるか？もとの A が下三角行列であるとき，上三角行列 U はどうなるか？

32 100 個の変数からなる 100 個の等式 $A\boldsymbol{x} = \mathbf{0}$，$\boldsymbol{x} = (x_1, \ldots, x_{100})$ があるとする．消去によって 100 個目の等式が $0 = 0$ になったならば，その方程式は「非可逆」である．

(a) 消去では，行ベクトルの線形結合をとる．したがって，この非可逆な方程式は特別な性質を持つ：100 個の**行ベクトル**の線形結合が _____ となることがある．

(b) 非可逆な方程式 $A\boldsymbol{x} = \mathbf{0}$ は，無限個の解を持つ．このことから，100 個の**列ベクトル**の線形結合が _____ となることがある．

(c) 要素がすべて 0 でない 100×100 の非可逆行列を作れ．

(d) その行列に対して，$A\boldsymbol{x} = \mathbf{0}$ の行ベクトルの絵と列ベクトルの絵を言葉で説明せよ．100 次元空間を描く必要はない．

2.3　行列を使った消去

これから，消去と行列という 2 つの考え方を組み合わせよう．目標は，消去の過程全体（とその結果）をできるだけ明瞭に表現することである．3×3 の例では，消去を言葉で表現することもできた．より大きな方程式ではその過程は長くなり，言葉で表現するのは不可能だ．第 j 行の何倍かを第 i 行から引くことを，行列 E を使ってどう行うか見ていく．

前節の 3×3 の例は，美しく短い表現 $A\boldsymbol{x}=\boldsymbol{b}$ で書ける：

$$\begin{aligned} 2x_1+4x_2-2x_3&=\ 2\\ 4x_1+9x_2-3x_3&=\ 8\\ -2x_1-3x_2+7x_3&=10 \end{aligned} \quad \text{は次と同じ} \quad \begin{bmatrix} 2 & 4 & -2\\ 4 & 9 & -3\\ -2 & -3 & 7 \end{bmatrix}\begin{bmatrix} x_1\\ x_2\\ x_3 \end{bmatrix}=\begin{bmatrix} 2\\ 8\\ 10 \end{bmatrix}. \tag{1}$$

左辺の 9 つの数は，行列 A になった．その行列は，$\boldsymbol{x}$ の横にあるだけではない．それは $\boldsymbol{x}$ に**掛けられている**.「A と $\boldsymbol{x}$ の積」の規則により，3 つの等式が生成される．

A と $\boldsymbol{x}$ の積の復習　行列とベクトルの積によりベクトルが作られる．等式の数 (3) と変数の数 (3) が等しいとき，行列は正方行列となる．ここでの行列は 3×3 である．一般的な正方行列は $n\times n$ である．そのとき，ベクトル $\boldsymbol{x}$ は n 次元空間にある．

$$\mathbf{R}^3 \text{ における変数は} \quad \boldsymbol{x}=\begin{bmatrix} x_1\\ x_2\\ x_3 \end{bmatrix} \quad \text{であり，解は} \quad \boldsymbol{x}=\begin{bmatrix} -1\\ 2\\ 2 \end{bmatrix} \text{である．}$$

要点：$A\boldsymbol{x}=\boldsymbol{b}$ は，等式による行ごとの形式だけでなく，列ベクトルによる列ごとの形式も表す．

$$\text{列ごとの形式} \qquad A\boldsymbol{x}=(-1)\begin{bmatrix} 2\\ 4\\ -2 \end{bmatrix}+2\begin{bmatrix} 4\\ 9\\ -3 \end{bmatrix}+2\begin{bmatrix} -2\\ -3\\ 7 \end{bmatrix}=\begin{bmatrix} 2\\ 8\\ 10 \end{bmatrix}=\boldsymbol{b}.$$

$A\boldsymbol{x}$ のこの規則はとてもよく使うので，強調のためもう一度述べる．

> **$A\boldsymbol{x}$ は A の列ベクトルの線形結合である．$\boldsymbol{x}$ の要素が列ベクトルに掛けられる：**
>
> $$A\boldsymbol{x}=(\text{第 1 列の } x_1 \text{ 倍})+\cdots+(\text{第 } n \text{ 列の } x_n \text{ 倍}).$$

$A\boldsymbol{x}$ の要素を計算するときには行列積の行ごとの形式を使う．第 i 要素は A の第 i 行 $[a_{i1}\ a_{i2}\ \ldots\ a_{in}]$ との内積である.「シグマ記法」を使って，$\boldsymbol{x}$ との内積を短い式で書くこともできる．

$A\boldsymbol{x}$ の要素は A の行との内積である．

> $A\boldsymbol{x}$ の第 i 要素は，$a_{i1}x_1+a_{i2}x_2+\cdots+a_{in}x_n$ である．$\displaystyle\sum_{j=1}^{n}a_{ij}x_j$ とも書ける．

シグマ記号 $\sum$ は和の命令である[1]．$j=1$ から始めて $j=n$ で終わる．$a_{i1}x_1$ から $a_{in}x_n$ までの和を求める．それにより (第 i 行) $\cdot\,\boldsymbol{x}$ が求まる．

---

[1] アインシュタインは $\sum$ を省略してさらに縮めた．$a_{ij}x_j$ における j の繰返しが自動的に和を意味することとした．彼は，和を $a_i^jx_j$ とも書いた．我々はアインシュタインではないので $\sum$ を省略しない．

行列の記法について，もう一度説明する．1 行 1 列の要素（左上の角）は a_{11} である．1 行 3 列の要素は a_{13} である．3 行 1 列の要素は a_{31} である（行番号が列番号の前にくる）．一般的な規則： $a_{ij} = A(i, j)$ **は** i **行** j **列にある**．

例 1　次の行列はその要素が $a_{ij} = 2i + j$ である．$a_{11} = 3$，$a_{12} = 4$，$a_{21} = 5$ である．数と文字を使って $A\boldsymbol{x}$ を示そう：

$$\begin{bmatrix}3 & 4\\5 & 6\end{bmatrix}\begin{bmatrix}2\\1\end{bmatrix} = \begin{bmatrix}3\cdot 2 + 4\cdot 1\\5\cdot 2 + 6\cdot 1\end{bmatrix} \qquad \begin{bmatrix}a_{11} & a_{12}\\a_{21} & a_{22}\end{bmatrix}\begin{bmatrix}x_1\\x_2\end{bmatrix} = \begin{bmatrix}a_{11}x_1 + a_{12}x_2\\a_{21}x_1 + a_{22}x_2\end{bmatrix}.$$

$A\boldsymbol{x}$ の第 1 要素は $6 + 4 = 10$ である．**行ベクトルと列ベクトルの積は内積だ**．

消去の 1 手順を表す行列

$A\boldsymbol{x} = \boldsymbol{b}$ はもとの方程式を使いやすく表現したものだ．消去の手順についてはどうだろうか？以下の例の手順 1 では，等式 1 の 2 倍を等式 2 から引く．右辺では，$\boldsymbol{b}$ の第 1 要素の 2 倍が第 2 要素から引かれる：

$$\textbf{手順 1} \qquad \boldsymbol{b} = \begin{bmatrix}2\\8\\10\end{bmatrix} \quad \text{が} \quad \boldsymbol{b}_{\text{new}} = \begin{bmatrix}2\\4\\10\end{bmatrix} \quad \text{に変わる．}$$

この引き算を行列を使って行いたい．「基本変形の行列」 E を $\boldsymbol{b}$ に掛けると，同じ結果 $\boldsymbol{b}_{\text{new}} = E\boldsymbol{b}$ を得ることができる．b_2 から $2b_1$ を引くものである：

$$\textbf{基本変形の行列} \qquad E = \begin{bmatrix}1 & 0 & 0\\-2 & 1 & 0\\0 & 0 & 1\end{bmatrix}.$$

E **を掛けると，第 1 行の 2 倍を第 2 行から引く**．第 1 行と第 3 行は変わらない：

$$\begin{bmatrix}1 & 0 & 0\\-2 & 1 & 0\\0 & 0 & 1\end{bmatrix}\begin{bmatrix}2\\8\\10\end{bmatrix} = \begin{bmatrix}2\\4\\10\end{bmatrix} \qquad \begin{bmatrix}1 & 0 & 0\\-2 & 1 & 0\\0 & 0 & 1\end{bmatrix}\begin{bmatrix}b_1\\b_2\\b_3\end{bmatrix} = \begin{bmatrix}b_1\\b_2 - 2b_1\\b_3\end{bmatrix}$$

E の第 1 行と第 3 行は，単位行列 I のそれと同じものである．新しい第 2 要素は 4 であり，消去の手順 1 の後に出てくる数と同じである．それは $b_2 - 2b_1$ だ．

この E のような「基本行列」もしくは「基本変形の行列」を表現するのは簡単だ．単位行列 I において，**その零の 1 つを乗数** $-\ell$ **に変える**：

単位行列は，対角要素が 1 でそれ以外の要素が 0 である行列である．そして，任意の $\boldsymbol{b}$ について，$I\boldsymbol{b} = \boldsymbol{b}$ が成り立つ．第 j 行の ℓ 倍を第 i 行から引く**基本行列もしくは基本変形の行列** E_{ij} は，非零の要素 $-\ell$ を i, j の位置に持つ（対角要素は 1 のままである）．

例 2 行列 E_{31} は $3,1$ の位置に $-\ell$ を持つ：

$$\textbf{単位行列}\quad I=\begin{bmatrix}1&0&0\\0&1&0\\0&0&1\end{bmatrix}\qquad \textbf{基本変形の行列}\quad E_{31}=\begin{bmatrix}1&0&0\\0&1&0\\-\boldsymbol{\ell}&0&1\end{bmatrix}.$$

I を $\boldsymbol{b}$ に掛けるとその結果は $\boldsymbol{b}$ である．しかし E_{31} は，第 1 要素の ℓ 倍を第 3 要素から引く．$\ell=4$ とすると，この例では $9-4=5$ となる：

$$I\boldsymbol{b}=\begin{bmatrix}1&0&0\\0&1&0\\0&0&1\end{bmatrix}\begin{bmatrix}1\\3\\9\end{bmatrix}=\begin{bmatrix}1\\3\\9\end{bmatrix}\quad と\quad E\boldsymbol{b}=\begin{bmatrix}1&0&0\\0&1&0\\\mathbf{-4}&0&1\end{bmatrix}\begin{bmatrix}\mathbf{1}\\3\\\mathbf{9}\end{bmatrix}=\begin{bmatrix}1\\3\\\mathbf{5}\end{bmatrix}.$$

$A\boldsymbol{x}=\boldsymbol{b}$ の左辺についてはどうだろうか？両辺に E_{31} を掛ける．**$\boldsymbol{E_{31}}$ を掛ける目的は，行列の $\mathbf{(3,1)}$ の位置に零を作り出すことだ．**

この目的に，その記法は適している．A があるとする．E を適用して，ピボットの下に零を作り出す（最初の E は E_{21} である）．最終的に三角行列 U になる．これらの過程を詳しく見ていこう．

まずは些細なことから．ベクトル $\boldsymbol{x}$ は変わらない．解は消去によって変化しない（これは些細なことではないかもしれない）．変化するのは係数行列である．$A\boldsymbol{x}=\boldsymbol{b}$ に E を掛けると，その結果は $EA\boldsymbol{x}=E\boldsymbol{b}$ である．新しい行列 EA は，E **と** A **の積**の結果である．

告白 **基本変形の行列** E_{ij} は素晴らしい例であるが，以降で見ることはない．それは行列が行に対してどのように作用するかを示す．消去の手順をいくつも適用することで，**行列を掛ける**方法を理解する（そこで E の順番が重要になる）．**積と逆行列**は，E については特に明らかである．本書でこれから使うのは，これらの 2 つの考え方だ．

行列積

重要な問：**2 つの行列の積はどのように行うか？** 1 つ目の行列が E のとき，EA がどうなるかはすでに知っている．以下の E は，行列 A および任意の行列について，第 1 行の 2 倍を第 2 行から引く．乗数は $\ell=2$ である：

$$EA=\begin{bmatrix}1&0&0\\-2&1&0\\0&0&1\end{bmatrix}\begin{bmatrix}2&4&-2\\4&9&-3\\-2&-3&7\end{bmatrix}=\begin{bmatrix}2&4&-2\\\mathbf{0}&\mathbf{1}&\mathbf{1}\\-2&-3&7\end{bmatrix}\quad\textbf{（零を作る）}.\tag{2}$$

この手順では A の第 1 行と第 3 行は変わらない．これらの行は EA で変わらず，第 2 行だけが異なる．**第 1 行の 2 倍が第 2 行から引かれている**．行列積は消去と一致しており，新しい方程式は $EA\boldsymbol{x}=E\boldsymbol{b}$ である．

$EA\boldsymbol{x}$ は単純であるが，巧妙な考え方を含んでいる．$A\boldsymbol{x}=\boldsymbol{b}$ の両辺に E を掛けると $E(A\boldsymbol{x})=E\boldsymbol{b}$ を得る．これは，行列積を用いて $(EA)\boldsymbol{x}=E\boldsymbol{b}$ でもある．**1 つ目は** E **と** $A\boldsymbol{x}$ **の積であり，2 つ目は** EA **と** $\boldsymbol{x}$ **の積である．これらは等しい．** 括弧は必要なく，単に $EA\boldsymbol{x}$ と書ける．

この規則は，$C = [\boldsymbol{c}_1\ \boldsymbol{c}_2\ \boldsymbol{c}_3]$ のように複数の列ベクトルからなる行列 C に拡張できる．積 EAC を求めるとき，AC を先に計算しても EA を先に計算してもよい．$3\times(4\times5) = (3\times4)\times5$ と同様の「結合法則」である．3×20 を計算しても，12×5 を計算しても，ともに答は 60 である．この法則はとても明らかに思われ，それが成り立たないことがあると想像しがたい．

「可換法則」$3 \times 4 = 4 \times 3$ はより明らかに思われる．しかし，EA は通常 AE とは異なる．E を右から掛けるとき，それは A の**列**に作用する．

結合法則は成り立つ	$A(BC) = (AB)C$
可換法則は成り立たない	多くの場合 $AB \neq BA$

行列積の要件は他にもある．B がただ 1 つの列（この列ベクトルを $\boldsymbol{b}$ とする）からなるとする．EB に対する行列–行列積の法則は，$E\boldsymbol{b}$ に対する行列–ベクトル積の法則に一致しなければならない．さらに，**行列積 EB を列ごとに行えなければならない**：

B が複数の列 $\boldsymbol{b_1}, \boldsymbol{b_2}, \boldsymbol{b_3}$ からなるとき，$\boldsymbol{EB}$ の列は $\boldsymbol{Eb_1}, \boldsymbol{Eb_2}, \boldsymbol{Eb_3}$ である．

行列積 $$AB = A\,[\boldsymbol{b}_1\ \boldsymbol{b}_2\ \boldsymbol{b}_3] = [A\boldsymbol{b}_1\ A\boldsymbol{b}_2\ A\boldsymbol{b}_3]. \tag{3}$$

これは (2) の行列積でも成り立つ．A の第 3 列に E を掛けると，EA の第 3 列を得る：

$$\begin{bmatrix} 1 & 0 & 0 \\ -2 & 1 & 0 \\ 0 & 0 & 1 \end{bmatrix} \begin{bmatrix} -2 \\ -3 \\ 7 \end{bmatrix} = \begin{bmatrix} -2 \\ 1 \\ 7 \end{bmatrix} \qquad E(A \text{ の第 } j \text{ 列}) = EA \text{ の第 } j \text{ 列}.$$

消去は行に適用されるが，この要求は列に関係するものである．**次節では，任意の積 AB の各要素について説明する**．行列積の美しさは，3 つのアプローチ（**行**，**列**，**行列全体**）すべてが一致することである．

行の交換のための行列 $\boldsymbol{P_{ij}}$

第 j 行を第 i 行から引くのに E_{ij} を使った．行を入れ替えるには，別の行列 P_{ij}（**置換行列**）を使う．行の入れ替えは，ピボットの位置に 0 があるときに必要である．その列において，ピボットの下に非零の要素があるかもしれない．2 つの行を入れ替えることで，ピボットを取り出すことができ，消去をさらに進めることができる．

第 2 行と第 3 行を入れ替えるのはどのような行列 P_{23} だろうか？単位行列 I の行を入れ替えることで，その行列が得られる：

置換行列 $$P_{23} = \begin{bmatrix} 1 & 0 & 0 \\ 0 & 0 & 1 \\ 0 & 1 & 0 \end{bmatrix}.$$

これが**行交換を行う行列**である．P_{23} を掛けると，任意の列ベクトルの第 2 要素と第 3 要素が入れ替わる．したがって，P_{23} を行列に掛けると，任意の行列の第 2 行と第 3 行が入れ替わる．

$$\begin{bmatrix}1&0&0\\0&0&1\\0&1&0\end{bmatrix}\begin{bmatrix}1\\\mathbf{3}\\\mathbf{5}\end{bmatrix}=\begin{bmatrix}1\\\mathbf{5}\\\mathbf{3}\end{bmatrix}\quad と \quad \begin{bmatrix}1&0&0\\0&0&1\\0&1&0\end{bmatrix}\begin{bmatrix}2&4&1\\\mathbf{0}&\mathbf{0}&\mathbf{3}\\0&6&5\end{bmatrix}=\begin{bmatrix}2&4&1\\0&6&5\\\mathbf{0}&\mathbf{0}&\mathbf{3}\end{bmatrix}.$$

右の式では，P_{23} はまさに求めていた行の交換を行っている．2 つ目のピボットの位置に 0 がありその下に「6」があったが，交換により 6 がピボットになる．

行列は**作用する**ものである．それらは，ただそこにあるだけではない．複数の行の順番を変えることができる置換行列がすぐに登場する．行 1，2，3 を，3，1，2 へと変えることができる．P_{23} は典型的な置換行列であり，第 2 行と第 3 行を入れ替えるものだ．

行交換の行列　P_{ij} は，単位行列の第 i 行と第 j 行を入れ替えたものである．この「**置換行列**」P_{ij} を行列に掛けると，第 i 行と第 j 行が入れ替わる．

等式 1 と等式 3 を交換するには，　$P_{13}=\begin{bmatrix}\mathbf{0}&\mathbf{0}&\mathbf{1}\\\mathbf{0}&\mathbf{1}&\mathbf{0}\\\mathbf{1}&\mathbf{0}&\mathbf{0}\end{bmatrix}$ **を掛ける．**

通常，行の交換は必要ない．E_{ij} だけで消去ができる確率のほうが高い．しかし，必要があればピボットを対角要素へ上げるのに P_{ij} を使うことができる．

拡大行列

本書では，ゆくゆくは消去以上のことを扱う．行列にはさまざまな種類の実用的な応用があり，そこでは行列の積が扱われる．正方行列 E と正方行列 A の積から始めるのが最も適切であった．なぜなら，消去の結果から，EA の答を知っていたからだ．次に，**矩形行列**を考慮に入れる．その行列も方程式から導かれる，右辺 $\boldsymbol{b}$ を含めたものである．

重要な考え方：消去は A と $\boldsymbol{b}$ に対して同じ行の操作を行う．**$\boldsymbol{b}$ を追加の列として含めると，消却を通じて同じ操作を行える．**行列 A は列ベクトル $\boldsymbol{b}$ によって拡大される：

拡大行列　$$\begin{bmatrix}A & \boldsymbol{b}\end{bmatrix}=\begin{bmatrix}2&4&-2&\mathbf{2}\\4&9&-3&\mathbf{8}\\-2&-3&7&\mathbf{10}\end{bmatrix}.$$

消去はこの行列の行全体に作用する．左辺と右辺の両方に E を掛けると，等式 1 の 2 倍が等式 2 から引かれる．$\begin{bmatrix}A & \boldsymbol{b}\end{bmatrix}$ によって，両辺に対する手順が同時に起こる：

$$\begin{bmatrix}1&0&0\\-2&1&0\\0&0&1\end{bmatrix}\begin{bmatrix}2&4&-2&\mathbf{2}\\4&9&-3&\mathbf{8}\\-2&-3&7&\mathbf{10}\end{bmatrix}=\begin{bmatrix}2&4&-2&\mathbf{2}\\0&1&1&\mathbf{4}\\-2&-3&7&\mathbf{10}\end{bmatrix}.$$

新しい第 2 行は $0, 1, 1, 4$ である．新しい等式 2 は $x_2 + x_3 = 4$ である．行列積は，行に対するのと同時に列に対しても働く：

行　E の各行が $[A \;\; \boldsymbol{b}]$ に作用して，$[EA \;\; E\boldsymbol{b}]$ の行が得られる．
列　E が $[A \;\; \boldsymbol{b}]$ の各列に作用して，$[EA \;\; E\boldsymbol{b}]$ の列が得られる．

「作用する」という言葉に再び注意せよ．これは本質的なことだ．行列は何かをしているのだ．行列 A は $\boldsymbol{x}$ に作用して $\boldsymbol{b}$ を生成する．行列 E は A に作用して EA を生成する．消去は行の操作の並びであり，言い換えると，行列積の並びである．A が $E_{21}A$ になり，さらに $E_{31}E_{21}A$ となる．最終的に得られる $E_{32}E_{31}E_{21}A$ は三角行列となる．

拡大行列では右辺が含まれている．最終的な結果は，三角行列の方程式である．(ブロック積を含む）任意の行列積に関する規則を書き下すのはやめておいて，E を用いて積の演習をしよう．

■　要点の復習　■

1. $A\boldsymbol{x} =$ 第 1 列の x_1 倍 $+ \cdots +$ 第 n 列の x_n 倍．また，$(A\boldsymbol{x})_i = \sum_{j=1}^{n} a_{ij}x_j$.
2. 単位行列 $= I$，ℓ_{ij} を持つ基本変形の行列 $= E_{ij}$，置換行列 $= P_{ij}$.
3. $A\boldsymbol{x} = \boldsymbol{b}$ に E_{21} を掛けると，等式 1 の ℓ_{21} 倍が等式 2 から引かれる．基本変形の行列 E_{21} の $(2,1)$ 要素 は $-\ell_{21}$ である．
4. 拡大行列 $\begin{bmatrix} A & \boldsymbol{b} \end{bmatrix}$ に対して消去の手順を進めると $\begin{bmatrix} E_{21}A & E_{21}\boldsymbol{b} \end{bmatrix}$ が得られる．
5. A を任意の行列 B に掛けるとき，A は B の各列ベクトルに対して独立して掛けられる．

■　例題　■

2.3 A　第 1 行の 4 倍を第 2 行から引く 3×3 行列 E_{21} を求めよ．第 2 行と第 3 行を交換する行列 P_{32} を求めよ．A の左からではなく**右**から掛けると，AE_{21} と AP_{32} の結果はどうなるか？

解　操作を単位行列 I に行うことで，次のように求められる．

$$E_{21} = \begin{bmatrix} 1 & 0 & 0 \\ -4 & 1 & 0 \\ 0 & 0 & 1 \end{bmatrix} \qquad \text{と} \qquad P_{32} = \begin{bmatrix} 1 & 0 & 0 \\ 0 & 0 & 1 \\ 0 & 1 & 0 \end{bmatrix}.$$

E_{21} を行列の右から掛けると，**第 2 列**の 4 倍を**第 1 列**から引く．P_{32} を行列の右から掛けると，**第 2 列**と**第 3 列**を交換する．

2.3 B　列ベクトルが 1 つ追加された拡大行列 $[A \;\; \boldsymbol{b}]$ を書き下せ：

$$\begin{aligned} x + 2y + 2z &= 1 \\ 4x + 8y + 9z &= 3 \\ 3y + 2z &= 1 \end{aligned}$$

E_{21} を適用し，さらに P_{32} を適用して，三角行列の方程式にせよ．後退代入によってそれを解け．両方の操作を一度に行うような，結合された行列 $P_{32}E_{21}$ を求めよ．

解 E_{21} によって第 1 列にある 4 が消去される．しかし，第 2 列に 0 が現れる：

$$[A \quad \boldsymbol{b}] = \begin{bmatrix} 1 & 2 & 2 & 1 \\ \mathbf{4} & 8 & 9 & 3 \\ 0 & 3 & 2 & 1 \end{bmatrix} \quad \text{より} \quad E_{21}[A \quad \boldsymbol{b}] = \begin{bmatrix} 1 & 2 & 2 & 1 \\ \mathbf{0} & \mathbf{0} & 1 & -1 \\ 0 & 3 & 2 & 1 \end{bmatrix}$$

そこで，P_{32} によって第 2 行と第 3 行を交換する．後退代入により，z，y，x の順に求まる．

$$P_{32}E_{21}[A \quad \boldsymbol{b}] = \begin{bmatrix} 1 & 2 & 2 & 1 \\ 0 & 3 & 2 & 1 \\ 0 & 0 & 1 & -1 \end{bmatrix} \quad \text{より} \quad \begin{bmatrix} x \\ y \\ z \end{bmatrix} = \begin{bmatrix} 1 \\ 1 \\ -1 \end{bmatrix}$$

これらの手順を一度に行う行列 $P_{32}E_{21}$ を求めるには，P_{32} を E_{21} **に適用する**．

2 つの手順を行う
1 つの行列
$$P_{32}E_{21} = E_{21} \text{ の行を交換} = \begin{bmatrix} 1 & 0 & 0 \\ 0 & 0 & 1 \\ -4 & 1 & 0 \end{bmatrix}.$$

2.3 C 次の行列の積を 2 つの方法で求めよ．1 つ目は A の行と B の列の積を計算する方法である．2 つ目は **A の列と B の行の積を計算する方法である**．この通常とは異なる方法では，足すと AB となる 2 つの行列が生成される．数の積は何回必要か？

2 つの方法で
$$AB = \begin{bmatrix} 3 & 4 \\ 1 & 5 \\ 2 & 0 \end{bmatrix} \begin{bmatrix} 2 & 4 \\ 1 & 1 \end{bmatrix} = \begin{bmatrix} \mathbf{10} & \mathbf{16} \\ \mathbf{7} & \mathbf{9} \\ \mathbf{4} & \mathbf{8} \end{bmatrix}$$

解 A の行と B の列の積はベクトルの内積である：

$$(\text{第 1 行}) \cdot (\text{第 1 列}) = [3 \quad 4] \begin{bmatrix} 2 \\ 1 \end{bmatrix} = \mathbf{10} \quad \text{は } AB \text{ の } (1,1) \text{ 要素}$$

$$(\text{第 2 行}) \cdot (\text{第 1 列}) = [1 \quad 5] \begin{bmatrix} 2 \\ 1 \end{bmatrix} = \mathbf{7} \quad \text{は } AB \text{ の } (2,1) \text{ 要素}$$

6 つの内積があり，それぞれ 2 回の積があるので，全体で $(3 \cdot 2 \cdot 2)$ の 12 回となる．同じ AB は，**A の列と B の行の積を計算する**ことでも得られる．列と行の積の結果は行列である．

$$AB = \begin{bmatrix} 3 \\ 1 \\ 2 \end{bmatrix} \begin{bmatrix} 2 & 4 \end{bmatrix} + \begin{bmatrix} 4 \\ 5 \\ 0 \end{bmatrix} \begin{bmatrix} 1 & 1 \end{bmatrix} = \begin{bmatrix} \mathbf{6} & \mathbf{12} \\ \mathbf{2} & \mathbf{4} \\ \mathbf{4} & \mathbf{8} \end{bmatrix} + \begin{bmatrix} \mathbf{4} & \mathbf{4} \\ \mathbf{5} & \mathbf{5} \\ \mathbf{0} & \mathbf{0} \end{bmatrix}$$

練習問題 2.3

問題 1〜15 は，基本変形の行列に関するものである．

1　これらの消去の手順を行う 3×3 の行列を書き下せ：

(a) 第 1 行の 5 倍を第 2 行から引く E_{21}.
(b) 第 2 行の -7 倍を第 3 行から引く E_{32}.
(c) 第 1 行と第 2 行を交換し，その後，第 2 行と第 3 行を交換する P.

2　問題 1 において，$\boldsymbol{b} = (1, 0, 0)$ に E_{21} を適用し，さらに E_{32} を適用すると $E_{32}E_{21}\boldsymbol{b} =$ _____ が得られる．E_{32} を E_{21} の前に適用すると，$E_{21}E_{32}\boldsymbol{b} =$ _____ が得られる．E_{32} を先に適用するとき，第 _____ 行は第 _____ 行の影響を受けない．

3　A を三角行列 U にする 3 つの行列 E_{21}, E_{31}, E_{32} を求めよ．

$$A = \begin{bmatrix} 1 & 1 & 0 \\ 4 & 6 & 1 \\ -2 & 2 & 0 \end{bmatrix} \quad と \quad E_{32}E_{31}E_{21}A = U.$$

それらの E の積を求めて，消去 $MA = U$ を行う行列 M を求めよ．

4　問題 3 において，第 4 列に $\boldsymbol{b} = (1, 0, 0)$ を追加して $[A \;\; \boldsymbol{b}]$ を作る．この拡大行列に対し消去を行い，$A\boldsymbol{x} = \boldsymbol{b}$ を解け．

5　$a_{33} = 7$ であり，3 つ目のピボットが 5 であるとする．a_{33} を 11 に変えると，3 つ目のピボットは _____ となる．a_{33} を _____ に変えると，3 つ目のピボットがなくなる．

6　A の各列ベクトルが $(1, 1, 1)$ のスカラー倍であるとすると，$A\boldsymbol{x}$ は常に $(1, 1, 1)$ のスカラー倍となる．3×3 の例について試せ．消去で得られるピボットはいくつあるか？

7　E が，第 1 行の 7 倍を第 3 行から引くものとする．

(a) その手順を逆にするには，第 _____ 行の 7 倍を第 _____ 行に _____.
(b) その逆の手順を行う「逆行列」E^{-1} は何か（すなわち，$E^{-1}E = I$）.
(c) 逆の手順を先に適用（そして E を適用）したとき，$EE^{-1} = I$ であることを示せ．

8　$M = \left[\begin{smallmatrix} \mathbf{a} & \mathbf{b} \\ \mathbf{c} & \mathbf{d} \end{smallmatrix}\right]$ の行列式は $\det\, M = ad - bc$ である．第 1 行の ℓ 倍を第 2 行から引いて新しい M^* を作る．任意の ℓ に対して $\det M^* = \det M$ であることを示せ．$\ell = c/a$ のとき，ピボットの積は行列式と等しい：$(a)(d - \ell b)$ は $ad - bc$ に等しい．

9 (a) E_{21} によって第 1 行を第 2 行から引く．そして，P_{23} によって第 2 行と第 3 行を交換する．両方の手順を一度に行う $M = P_{23}E_{21}$ を求めよ．

(b) P_{23} によって第 2 行と第 3 行を交換する．そして，E_{31} によって第 1 行を第 3 行から引く．両方の手順を一度に行う $M = E_{31}P_{23}$ を求めよ．E が異っているにも関わらず M が同じである理由を説明せよ．

10 (a) 第 3 行を第 1 行に足す 3×3 の行列 E_{13} を求めよ．

(b) 第 3 行を第 1 行に足す**のと同時に** 第 1 行を第 3 行に足す行列を求めよ．

(c) 第 1 行を第 3 行に足した**後**，第 3 行を第 1 行に足す行列を求めよ．

11 $a_{11} = a_{22} = a_{33} = 1$ であり，消去によって行の交換なしに 2 つの負のピボットが生成される行列を作れ（1 つ目のピボットは 1 である）．

12 以下の行列積を求めよ：

$$\begin{bmatrix} 0 & 0 & 1 \\ 0 & 1 & 0 \\ 1 & 0 & 0 \end{bmatrix} \begin{bmatrix} 1 & 2 & 3 \\ 4 & 5 & 6 \\ 7 & 8 & 9 \end{bmatrix} \begin{bmatrix} 0 & 0 & 1 \\ 0 & 1 & 0 \\ 1 & 0 & 0 \end{bmatrix} \qquad \begin{bmatrix} 1 & 0 & 0 \\ -1 & 1 & 0 \\ -1 & 0 & 1 \end{bmatrix} \begin{bmatrix} 1 & 2 & 3 \\ 1 & 3 & 1 \\ 1 & 4 & 0 \end{bmatrix}.$$

13 次の事実を説明せよ．B の第 3 列がすべて 0 であるとき，（任意の E について）EB の第 3 列はすべて 0 である．B の第 3 **行**がすべて 0 であっても，EB の第 3 行は 0 とはならないことがある．

14 この 4×4 の行列では，基本変形の行列 E_{21}，E_{32}，E_{43} が必要となる．それらの行列を求めよ．

$$A = \begin{bmatrix} 2 & -1 & 0 & 0 \\ -1 & 2 & -1 & 0 \\ 0 & -1 & 2 & -1 \\ 0 & 0 & -1 & 2 \end{bmatrix}.$$

15 要素が $a_{ij} = 2i - 3j$ である 3×3 の行列を書き下せ．その行列はもともと $a_{32} = 0$ であるが，消去において 3, 2 の位置に 0 を作るため E_{32} が必要である．どの手順で，もとの 0 が 0 でなくなるか？ また，E_{32} を求めよ．

問題 16〜23 は，行列の生成と積に関するものである．

16 以下の古典的な問題を 2×2 の行列の形式 $A\boldsymbol{x} = \boldsymbol{b}$ で書き下し，それを解け：

(a) X は Y の 2 倍の年齢であり，彼らの年齢を足すと 33 となる．

(b) $(x, y) = (2, 5)$ と $(3, 7)$ が直線 $y = mx + c$ 上にある．m と c を求めよ．

17 放物線 $y = a + bx + cx^2$ が点 $(x, y) = (1, 4)$，$(2, 8)$，$(3, 14)$ を通る．変数 (a, b, c) について行列の方程式を求め，それを解け．

18 以下の行列について，2 通りの順序での積 EF と FE を求めよ：

$$E = \begin{bmatrix} 1 & 0 & 0 \\ a & 1 & 0 \\ b & 0 & 1 \end{bmatrix} \qquad F = \begin{bmatrix} 1 & 0 & 0 \\ 0 & 1 & 0 \\ 0 & c & 1 \end{bmatrix}.$$

$E^2 = EE$ と $F^3 = FFF$ も計算せよ．F^{100} を推測できるだろう．

19 以下の行交換を行う行列について，積 PQ，QP，および P^2 を求めよ：

$$P = \begin{bmatrix} 0 & 1 & 0 \\ 1 & 0 & 0 \\ 0 & 0 & 1 \end{bmatrix} \quad と \quad Q = \begin{bmatrix} 0 & 0 & 1 \\ 0 & 1 & 0 \\ 1 & 0 & 0 \end{bmatrix}.$$

積が $M^2 = I$ となる行列のうち，対角行列でないものをもう 1 つ見つけよ．

20 (a) B のすべての列が等しいとする．EB のすべての列は E と ＿＿＿ の積となるので，それらも等しい．

(b) B のすべての行が $[1 \;\; 2 \;\; 4]$ であるとする．EB のすべての行が $[1 \;\; 2 \;\; 4]$ とはならないことを例を用いて示せ．すべての行が ＿＿＿ であるとき，それは成り立つ．

21 E によって第 1 行が第 2 行に足され，F によって第 2 行が第 1 行に足されるとき，EF と FE は等しいか？

22 A と $\boldsymbol{x}$ の要素は a_{ij} と x_j である．$A\boldsymbol{x}$ の第 1 要素は $\sum a_{1j}x_j = a_{11}x_1 + \cdots + a_{1n}x_n$ である．E_{21} は第 1 行を第 2 行から引く．以下のそれぞれについて，その式を書け．

(a) $A\boldsymbol{x}$ の第 3 要素．
(b) $E_{21}A$ の $(2,1)$ 要素．
(c) $E_{21}(E_{21}A)$ の $(2,1)$ 要素．
(d) $EA\boldsymbol{x}$ の第 1 要素．

23 基本変形の行列 $E = \begin{bmatrix} \mathbf{1} & \mathbf{0} \\ \mathbf{-2} & \mathbf{1} \end{bmatrix}$ は，A の第 1 行の 2 倍を A の第 2 行から引く．その結果は EA である．$E(EA)$ はどうなるか？ 逆方向の AE では，A の ＿＿＿ の 2 倍を ＿＿＿ から引く（例を用いよ）．

問題 24〜27 では，列ベクトル $\boldsymbol{b}$ を追加して拡大行列 $[\boldsymbol{A} \;\; \boldsymbol{b}]$ とする．

24 2×3 の拡大行列 $[A \;\; \boldsymbol{b}]$ に対して消去を行え．三角行列の方程式 $U\boldsymbol{x} = \boldsymbol{c}$ を求めよ．解 $\boldsymbol{x}$ を求めよ．

$$A\boldsymbol{x} = \begin{bmatrix} 2 & 3 \\ 4 & 1 \end{bmatrix} \begin{bmatrix} x_1 \\ x_2 \end{bmatrix} = \begin{bmatrix} 1 \\ 17 \end{bmatrix}.$$

25 3×4 の拡大行列 $[A \;\; \boldsymbol{b}]$ に対して消去を行え．この方程式が解を持たないことはどこからわかるか？最後の数 6 を変えて解を持つようにせよ．

$$A\boldsymbol{x} = \begin{bmatrix} 1 & 2 & 3 \\ 2 & 3 & 4 \\ 3 & 5 & 7 \end{bmatrix} \begin{bmatrix} x \\ y \\ z \end{bmatrix} = \begin{bmatrix} 1 \\ 2 \\ 6 \end{bmatrix}.$$

26 方程式 $A\boldsymbol{x} = \boldsymbol{b}$ と $A\boldsymbol{x}^* = \boldsymbol{b}^*$ は同じ行列 A を含んでいる．両方の方程式を同時に解くために消去を行うには，どのような 2 重に拡大された行列を使うか？ 2×4 の行列を用いることで，以下の両方の方程式を解け：

$$\begin{bmatrix} 1 & 4 \\ 2 & 7 \end{bmatrix} \begin{bmatrix} x \\ y \end{bmatrix} = \begin{bmatrix} 1 \\ 0 \end{bmatrix} \quad \text{と} \quad \begin{bmatrix} 1 & 4 \\ 2 & 7 \end{bmatrix} \begin{bmatrix} u \\ v \end{bmatrix} = \begin{bmatrix} 0 \\ 1 \end{bmatrix}.$$

27 以下の拡大行列において，(a) 解なし，(b) 無限個の解，となるように数 a, b, c, d を選べ．

$$\begin{bmatrix} A & \boldsymbol{b} \end{bmatrix} = \begin{bmatrix} 1 & 2 & 3 & a \\ 0 & 4 & 5 & b \\ 0 & 0 & d & c \end{bmatrix}$$

数 a，b，c，d のうち，解を持つかどうかに影響がないのはどれか？

28 $AB = I$ と $BC = I$ であるとき，結合法則を使って $A = C$ であることを証明せよ．

挑戦問題

29 「**パスカル行列**」をより小さなパスカル行列にする三角行列 E を求めよ：

$$\textbf{第 1 列の消去} \qquad E \begin{bmatrix} 1 & 0 & 0 & 0 \\ 1 & 1 & 0 & 0 \\ 1 & 2 & 1 & 0 \\ 1 & 3 & 3 & 1 \end{bmatrix} = \begin{bmatrix} 1 & 0 & 0 & 0 \\ 0 & 1 & 0 & 0 \\ 0 & 1 & 1 & 0 \\ 0 & 1 & 2 & 1 \end{bmatrix}.$$

パスカル行列を I にするような（複数の E の積である）行列 M を求めよ．パスカルの三角形の行列は例外的なものである．なぜなら，乗数がすべて $\ell_{ij} = 1$ だからだ．

30 $M = \left[\begin{smallmatrix} \mathbf{3} & \mathbf{4} \\ \mathbf{5} & \mathbf{7} \end{smallmatrix}\right]$ を複数の $A = \left[\begin{smallmatrix} \mathbf{1} & \mathbf{0} \\ \mathbf{1} & \mathbf{1} \end{smallmatrix}\right]$ と $B = \left[\begin{smallmatrix} \mathbf{1} & \mathbf{1} \\ \mathbf{0} & \mathbf{1} \end{smallmatrix}\right]$ の積として書きたい．

(a) 第 1 行を第 2 行から引く行列 E を求めよ．これにより，第 2 行がより小さい EM を得る．

(b) 第 2 行を第 1 行から引く行列 F を求めよ．これを EM に適用すると，第 1 行がより小さい FEM を得る．

(c) E と F を掛け続け，多数の E と F を M に掛けた積が A か B となるようにせよ．

(d) E と F は A と B の逆行列である．すべての E と F を右辺に移動させると，求める結果である $\boldsymbol{M} =$ **複数の** $\boldsymbol{A}$ **と** $\boldsymbol{B}$ **の積**を得る．

$ad - bc = 1$ を満たす行列 $M = \left[\begin{smallmatrix} \mathbf{a} & \mathbf{b} \\ \mathbf{c} & \mathbf{d} \end{smallmatrix}\right] > 0$ すべてに対して，同じことが可能である．

31 K を U に変える基本変形の行列 E_{21}，E_{32}，E_{43} を順に求めよ：

$$E_{43}\ E_{32}\ E_{21}\begin{bmatrix}2 & -1 & 0 & 0\\ -1 & 2 & -1 & 0\\ 0 & -1 & 2 & -1\\ 0 & 0 & -1 & 2\end{bmatrix}=\begin{bmatrix}2 & -1 & 0 & 0\\ 0 & 3/2 & -1 & 0\\ 0 & 0 & 4/3 & -1\\ 0 & 0 & 0 & 5/4\end{bmatrix}.$$

これらの 3 段階を単位行列に適用して，積 $\boldsymbol{E}_{43}\boldsymbol{E}_{32}\boldsymbol{E}_{21}$ を求めよ．

2.4 行列操作の規則

基本的な事実から始めよう．行列は「要素」と呼ばれる数の長方形の配列である．A が m 行と n 列からなるとき，それは「$m \times n$」の行列である．行列の形が同じであれば，それらを足すことができる．任意の定数 c を行列に掛けることができる．3×2 の行列における $A+B$ と $2A$ の例を示そう：

$$\begin{bmatrix}1 & 2\\ 3 & 4\\ 0 & 0\end{bmatrix}+\begin{bmatrix}2 & 2\\ 4 & 4\\ 9 & 9\end{bmatrix}=\begin{bmatrix}3 & 4\\ 7 & 8\\ 9 & 9\end{bmatrix} \quad と \quad 2\begin{bmatrix}1 & 2\\ 3 & 4\\ 0 & 0\end{bmatrix}=\begin{bmatrix}2 & 4\\ 6 & 8\\ 0 & 0\end{bmatrix}.$$

行列の足し算は，ベクトルの足し算とまさに同じように，要素ごとに行う．列ベクトルは，ただ 1 つの列からなる（すなわち $n=1$ の）行列とみなすこともできる．行列 $-A$ は，$c=-1$ を掛ける（すべての符号を反転する）ことによって得られる．A を $-A$ に足すと，すべての要素が 0 である**零行列**となる．これらはすべて常識だろう．

i 行 j 列にある要素は a_{ij} また $A(i,j)$ と呼ばれる． 第 1 行の n 個の要素は $a_{11}, a_{12}, \ldots, a_{1n}$ である．行列の左下の要素は a_{m1} であり，右下の要素は a_{mn} である．行番号 i は 1 から m の値をとり，列番号 j は 1 から n の値をとる．

行列の足し算は簡単だ．本格的な問題は**行列積**だ．どのような場合に A を B に掛けることができ，その積 AB はどうなるか．A と B が 3×2 の行列であるとき，それらの積は計算できない．次の判定に失敗するからだ：

積 $\boldsymbol{AB}$ のためには： $\boldsymbol{A}$ が $\boldsymbol{n}$ 列からなるとき，$\boldsymbol{B}$ は $\boldsymbol{n}$ 行からなる必要がある．

A が 3×2 の行列のとき，行列 B は 2×1（ベクトル），2×2（正方），もしくは 2×20 であればよい．**$\boldsymbol{B}$ の各列に $\boldsymbol{A}$ が掛けられる．** まず，**内積による**行列の積から始め，その後，この A と B の列との積という**列による方法**に戻る．最も重要な規則は，**$\boldsymbol{AB}$ と $\boldsymbol{C}$ の積と $\boldsymbol{A}$ と $\boldsymbol{BC}$ の積が等しいことだ．** 挑戦課題でこれを証明する．

A が $m \times n$ であり，B が $n \times p$ であるとする．それらの積を計算することができ，積 AB は $m \times p$ である．

$$(m \times n)(n \times p) = (m \times p) \quad \begin{bmatrix} m \text{ 行} \\ n \text{ 列} \end{bmatrix} \begin{bmatrix} n \text{ 行} \\ p \text{ 列} \end{bmatrix} = \begin{bmatrix} m \text{ 行} \\ p \text{ 列} \end{bmatrix}.$$

1 行からなる行列と 1 列からなる行列の積，すなわち，$1 \times n$ の行列と $n \times 1$ の行列の積は極端な場合だ．その結果は 1×1 の行列であり，この 1 つの数は「内積」である．

いかなる場合でも，AB の要素は内積である．AB の左上角の $(1, 1)$ 要素は，(A の第 1 行)・(B の第 1 列) である．行列の積を計算するには A の各行と B の各列の内積をとる．

AB の i 行 j 列の要素は (A の第 i 行)・(B の第 j 列) である．

図 2.8 では，4×5 の行列 A から第 2 行 $(i = 2)$ を，5×6 の行列 B から第 3 列 $(j = 3)$ を選んでいる．その内積は AB の 2 行 3 列要素となる．行列 AB は，A と同じ行数からなり（4 行），B と同じ列数からなる．

$$\begin{bmatrix} * & & & & \\ a_{i1} & a_{i2} & \cdots & a_{i5} \\ * & & & & \\ * & & & & \end{bmatrix} \begin{bmatrix} * & * & b_{1j} & * & * & * \\ & & b_{2j} & & & \\ & & \vdots & & & \\ & & b_{5j} & & & \end{bmatrix} = \begin{bmatrix} & & * & & & \\ * & * & (AB)_{ij} & * & * & * \\ & & * & & & \\ & & * & & & \end{bmatrix}$$

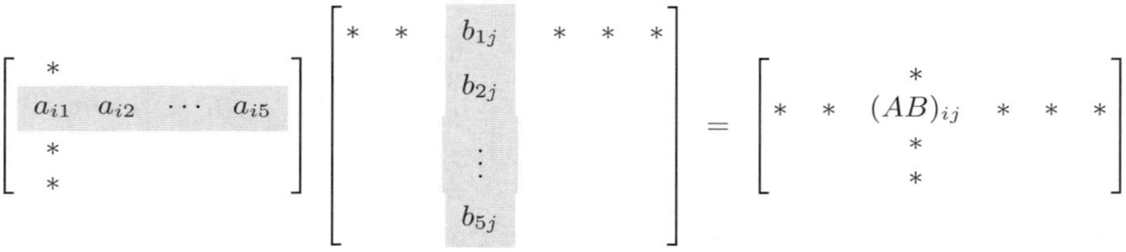

A は 4×5 B は 5×6 AB は 4×6

図 2.8 $i = 2$ および $j = 3$ とする．すると，$(AB)_{23}$ は (第 2 行)・(第 3 列) $= \Sigma a_{2k} b_{k3}$ となる．

例 1 正方行列は，同じ大きさであるとき，またそのときに限り，積の計算ができる：

$$\begin{bmatrix} 1 & 1 \\ 2 & -1 \end{bmatrix} \begin{bmatrix} 2 & 2 \\ 3 & 4 \end{bmatrix} = \begin{bmatrix} 5 & 6 \\ 1 & 0 \end{bmatrix}.$$

最初の内積は $1 \cdot 2 + 1 \cdot 3 = 5$ である．他の 3 つの内積から $6, 1, 0$ が得られる．各内積では 2 回の掛け算が必要であり，したがって全体で 8 回の掛け算が必要である．

A と B が $n \times n$ 行列であるとき，AB もまた $n \times n$ 行列となる．AB は n^2 個の内積（A の行と B の列の積）からなる．各内積には n 回の掛け算が必要であり，**AB の計算には n^3 回の掛け算を行う**．$n = 2$ のとき $n^3 = 8$ 回，$n = 100$ のとき 100 万回の掛け算を行う．

数学者は最近まで AB の計算に絶対的に $2^3 = 8$ 回の掛け算が必要であると考えていた．そんな中，ある人が 7 回の掛け算（と追加の足し算）により行う方法を見つけた．$n \times n$ の行列を，行と列をそれぞれ半分ずつブロックに分割することにより，大きな行列においても掛け算の回数を減らすことができる．n^3 から $n^{2.8}$ へ減り，さらに指数は減っている[1]．現時点で最も小さなものは $n^{2.376}$ である．しかし，そのアルゴリズムはかなり複雑であり，科学計算では n^2 個の内積をそれぞれ n 個の積によって計算する通常の方法をとる．

---
[1] 2.376 は 2 まで減るかもしれない．特別に見える数は他にないが，10 年間この数は変わっていない．

例 2 A が行ベクトル（1×3）であるとし，B が列ベクトル（3×1）であるとする．すると，AB は 1×1 の行列（要素がただ 1 つ，内積）となる．一方，B と A の積（**列と行の積**）は，3×3 行列となる．この積も計算できるのだ．

列と行の積
$(\boldsymbol{n}\times\mathbf{1})(\mathbf{1}\times\boldsymbol{n})=(\boldsymbol{n}\times\boldsymbol{n})$

$$\begin{bmatrix}0\\1\\2\end{bmatrix}\begin{bmatrix}1 & 2 & 3\end{bmatrix}=\begin{bmatrix}0&0&0\\1&2&3\\2&4&6\end{bmatrix}.$$

行と列の積は「**内**」積であるが，列と行の積は「**外**」積である．これらは，行列積の極端な場合である．

AB の行と列

大きな見方をすると，A は B の各列に掛けられ，その結果は AB の列となる．その列は A の列ベクトルの線形結合からなる．**$\boldsymbol{AB}$ の各列は，$\boldsymbol{A}$ の列ベクトルの線形結合である．**それが行列積における列ベクトルの絵である：

$$\textbf{行列 } \boldsymbol{A} \textbf{ と } \boldsymbol{B} \textbf{ の列の積} \quad A\begin{bmatrix}\boldsymbol{b}_1\cdots\boldsymbol{b}_p\end{bmatrix}=\begin{bmatrix}A\boldsymbol{b}_1\cdots A\boldsymbol{b}_p\end{bmatrix}.$$

行ベクトルの絵はそれを反転したものである．A の各行が行列 B 全体に掛けられ，その結果は AB の行となる．それは，B の行の線形結合である：

$$\textbf{行と行列の積} \qquad \begin{bmatrix}A \text{ の第 } i \text{ 行}\end{bmatrix}\begin{bmatrix}1&2&3\\4&5&6\\7&8&9\end{bmatrix}=\begin{bmatrix}AB \text{ の第 } i \text{ 行}\end{bmatrix}.$$

行の操作は消去において見た（E と A の積）．列の操作は A と $\boldsymbol{x}$ の積において見た.「行–列の絵」では，行と列の内積が現われる．まさかと思うだろうが，**列–行の絵もある．**A の第 1 列, ..., 第 n 列を B の第 1 行, ..., 第 n 行に掛けて足し合わせると同じ答 AB が得られる．このことを知らない人もいるだろう．例題 **2.3 C** は $n=2$ の場合の具体例である．**例 3 では，列と行の積を使ってどのように積** AB **を計算するかを示す．**

行列操作の法則

行列が従う 6 つの法則を明記し，さらに行列が従わない 1 つの法則を強調しよう．正方行列でも矩形行列でも，$A+B$ を含む法則は単純ですべて成り立つ．加法に関する法則を 3 つ示す：

$$\begin{aligned} A+B&=B+A && \text{（可換法則）}\\ c(A+B)&=cA+cB && \text{（分配法則）}\\ A+(B+C)&=(A+B)+C && \text{（結合法則）}. \end{aligned}$$

さらに 3 つの法則が積について成り立つ．しかし，$AB = BA$ は成り立たない：

$$AB \neq BA \qquad \text{（可換「法則」は通常成立しない）}$$
$$C(A+B) = CA + CB \qquad \text{（左からの分配法則）}$$
$$(A+B)C = AC + BC \qquad \text{（右からの分配法則）}$$
$$A(BC) = (AB)C \qquad \text{（}ABC\text{ の結合法則）（括弧は必要ない）．}$$

A と B が正方行列でないとき，AB のサイズと BA のサイズは異なる．両方の積が可能であったとしても，これらの行列が等しくなることはない．正方行列については，ほとんどすべての例で AB が BA と異なることが示される：

$$AB = \begin{bmatrix} 0 & 0 \\ 1 & 0 \end{bmatrix} \begin{bmatrix} 0 & 1 \\ 0 & 0 \end{bmatrix} = \begin{bmatrix} 0 & 0 \\ 0 & \mathbf{1} \end{bmatrix} \quad \text{しかし} \quad BA = \begin{bmatrix} 0 & 1 \\ 0 & 0 \end{bmatrix} \begin{bmatrix} 0 & 0 \\ 1 & 0 \end{bmatrix} = \begin{bmatrix} \mathbf{1} & 0 \\ 0 & 0 \end{bmatrix}.$$

$AI = IA$ は正しい．すべての正方行列は I と可換であり，また cI とも可換である．任意の行列と可換であるのは，これらの行列 cI だけである．

法則 $A(B+C) = AB + AC$ は列ごとに証明できる．証明するには，第 1 列についての式 $A(\boldsymbol{b}+\boldsymbol{c}) = A\boldsymbol{b} + A\boldsymbol{c}$ から始める．**線形性**がすべてに通ずる鍵だ．これ以上言わなくても十分だろう．

法則 $A(BC) = (AB)C$ は，BC を先に計算しても AB を先に計算してもよいことを意味する．その直接的な証明はいくぶん厄介である（問題 37）が，この法則は非常に便利だ．上で強調したが，これが行列積の鍵である．

$A = B = C =$ 正方行列であるような特別な場合について見てみよう．すると，**A と A^2 の積と A^2 と A の積**は等しい．どちらの順序で掛けても，その積は A^3 である．行列のベキは A^p は，数のベキと同じ規則に従う：

$$A^p = AAA \cdots A\ (p\ \text{乗}) \qquad (A^p)(A^q) = A^{p+q} \qquad (A^p)^q = A^{pq}.$$

これらは指数についてよく目にする法則である．A^3 と A^4 の積は A^7（7 乗）である．A^3 の 4 乗は A^{12}（A の 12 乗）である．A の「-1 乗」が存在すれば（それが**逆行列** A^{-1} である），p と q が零または負である場合でもこれらの規則は成り立つ．そのとき，$A^0 = I$ は単位行列（0 乗）である．

数の場合，a^{-1} は $1/a$ である．行列の場合，逆行列を A^{-1} と書く（決して I/A ではない．MATLAB ではそのように書いてもよいが）．$a = 0$ を除くすべての数は，逆元を持つ．どのような場合に A が逆行列を持つかは，線形代数の中心的な問題である．その答えは第 2.5 節から始まる．本節は，行列の権利章典ともいうべきもので，A と B の積を計算するための条件とその方法について述べる．

ブロック行列とブロック積

行列について，もう 1 点述べておくことがある．行列を**ブロック**（より小さな行列）に切ることができる．自然とそうすることが多い．4×6 の行列が 2×2 のブロックに分けられる例を示そう．この例では，それぞれのブロックは I となっている：

4 × 6 の行列
2 × 2 のブロック

$$A = \left[\begin{array}{cc|cc|cc} 1 & 0 & 1 & 0 & 1 & 0 \\ 0 & 1 & 0 & 1 & 0 & 1 \\ \hline 1 & 0 & 1 & 0 & 1 & 0 \\ 0 & 1 & 0 & 1 & 0 & 1 \end{array}\right] = \begin{bmatrix} I & I & I \\ I & I & I \end{bmatrix}.$$

B も 4×6 の行列でブロックの大きさが同じであれば，和 $A + B$ を**ブロックごとに**計算することができる．

ブロック行列はすでに現われている.「拡大行列」において，右辺のベクトル $\boldsymbol{b}$ は A の隣に置かれた．そのとき，$[\,A\ \ \boldsymbol{b}\,]$ は異なる大きさの 2 つのブロックからなる．基本変形の行列を掛けて $[\,EA\ \ E\boldsymbol{b}\,]$ が得られた．ブロックの形が合えば，ブロックとブロックの積も問題なくできる．

ブロック積　A の列の切り方と B の行の切り方が合えば，ブロック積 AB が可能である：

$$\begin{bmatrix} A_{11} & A_{12} \\ A_{21} & A_{22} \end{bmatrix} \begin{bmatrix} B_{11} & \cdots \\ B_{21} & \cdots \end{bmatrix} = \begin{bmatrix} A_{11}B_{11} + A_{12}B_{21} & \cdots \\ A_{21}B_{11} + A_{22}B_{21} & \cdots \end{bmatrix}. \tag{1}$$

この式はブロックが数（1×1 のブロック）のときと同じである．A が B の前にあることに注意しないといけない．BA は違ったものになりうるからだ．

要点　行列をブロックに分けると，行列がどのように作用するか見えやすくなることが多い．上の I からなるブロック行列は，もとの 4×6 の行列 A よりもわかりやすい．

例 3　**（重要な特例）**　A のブロックがその n 個の列であり，B のブロックがその n 個の行であるとする．そのとき，ブロック積 AB は**列と行の積**の結果を足し合わせたものとなる：

列と行の積

$$\begin{bmatrix} | & & | \\ \boldsymbol{a}_1 & \cdots & \boldsymbol{a}_n \\ | & & | \end{bmatrix} \begin{bmatrix} — & \boldsymbol{b}_1 & — \\ & \vdots & \\ — & \boldsymbol{b}_n & — \end{bmatrix} = \begin{bmatrix} \boldsymbol{a}_1\boldsymbol{b}_1 + \cdots + \boldsymbol{a}_n\boldsymbol{b}_n \end{bmatrix}. \tag{2}$$

これが行列積を計算するもう 1 つの方法である．通常の行と列の積による方法と比較せよ．A の第 1 行と B の第 1 列の積は AB の $(1,1)$ 要素となる．A の第 1 **列**と B の第 1 **行**の積は，1 つの数ではなく行列全体となる．次の例を見よ：

$$\begin{bmatrix} 1 & 4 \\ 1 & 5 \end{bmatrix} \begin{bmatrix} 3 & 2 \\ 1 & 0 \end{bmatrix} = \begin{bmatrix} 1 \\ 1 \end{bmatrix} \begin{bmatrix} 3 & 2 \end{bmatrix} + \begin{bmatrix} 4 \\ 5 \end{bmatrix} \begin{bmatrix} 1 & 0 \end{bmatrix}$$

第 1 列と第 1 行の積
+ 第 2 列と第 2 行の積

$$= \begin{bmatrix} 3 & 2 \\ 3 & 2 \end{bmatrix} + \begin{bmatrix} 4 & 0 \\ 5 & 0 \end{bmatrix}. \tag{3}$$

列と行の積のことを理解できるよう，これ以上先には進まない．2×1 の行列（列）と 1×2 の行列（行）の積は 2×2 の行列となる．上で見たとおりだ．行と列の積が**内積**であるのに対し，これらの列と行の積は**外積**である．左上要素の答は $3+4=7$ である．これは，$(1,4)$ と $(3,1)$ の行–列の内積と一致する．

要約　行と列の積による通常の方法では，4 つの内積ができる（8 つの積が必要）．列と行の積による新しい方法では，行列全体が 2 つできる（同じく 8 つの積が必要）．8 つの積と 4 つの和が異なる順序で行われたにすぎない．

例 4　**（ブロックによる消去）**　A の第 1 列が $1,3,4$ であるとする．3 と 4 を 0 と 0 に変えるには，ピボットの行を 3 倍と 4 倍してそれぞれ引く．それらの行の操作は，基本変形の行列 E_{21} と E_{31} を掛けることでもある：

$$\textbf{1 つずつ}\qquad E_{21}=\begin{bmatrix}1&0&0\\-3&1&0\\0&0&1\end{bmatrix}\quad \text{と}\quad E_{31}=\begin{bmatrix}1&0&0\\0&1&0\\-4&0&1\end{bmatrix}.$$

「ブロックを使う考え方」では，両方の消去を 1 つの行列 E で行う．その行列は A の第 1 列のピボット $a=1$ の下全体を消す．

$$E=\begin{bmatrix}1&0&0\\-3&1&0\\-4&0&1\end{bmatrix}\quad \text{と}\quad \begin{bmatrix}\mathbf{1}&x&x\\\mathbf{3}&x&x\\\mathbf{4}&x&x\end{bmatrix}\quad \text{の積}\quad EA=\begin{bmatrix}\mathbf{1}&x&x\\\mathbf{0}&x&x\\\mathbf{0}&x&x\end{bmatrix}.$$

第 2.5 節の逆行列を用いると，ブロック行列 E により A の（ブロック）列全体を消去できる．A が 4 つのブロック A,B,C,D からなるとする．ブロックを用いてどのように E と A の積を計算するか観察せよ：

$$\textbf{ブロックによる消去}\qquad \left[\begin{array}{c|c}I&\mathbf{0}\\\hline -CA^{-1}&I\end{array}\right]\left[\begin{array}{c|c}A&B\\\hline C&D\end{array}\right]=\left[\begin{array}{c|c}A&B\\\hline \mathbf{0}&\boldsymbol{D-CA^{-1}B}\end{array}\right].\qquad (4)$$

消去を行うには，最初の行 $[\,A\quad B\,]$ に CA^{-1}（以前は c/a であった）を掛ける．それを C から引くことで，最初の列に零ブロックができる．D から引くことで，$S=D-CA^{-1}B$ となる．これは列ごとに行う通常の消去を，ブロックを用いて書いたものだ．その最後のブロック S は $D-CA^{-1}B$ であり，$d-cb/a$ と同様のものだ．これは**シューア（シュール）の補行列と呼ばれる**．

■　要点の復習　■

1. AB の (i,j) 要素は（A の第 i 行）$\cdot$（B の第 j 列）である．
2. $m\times n$ の行列と $n\times p$ の行列の積において，mnp 回の積が必要である．
3. A と BC の積と AB と C の積は等しい（驚くほど重要だ）．
4. AB は A の第 j 列と B の第 j 行の積によって得られる行列の和でもある．
5. ブロックの形が正確に合うとき，ブロック積が可能である．
6. ブロック消去により**シューアの補行列** $D-CA^{-1}B$ が作られる．

■ 例題 ■

2.4 A 著者と同じ位置に立とう．特別な行列積を見せたいと思っているが，ほとんどの場合小さな行列で行き詰まってしまう．**パスカル行列**という素晴らしい行列族がある．パスカル行列には任意の大きさのものがあり，何よりそれらには現実的な意味がある．パスカル行列の驚くべきパターンを示すには，4×4 がちょうどよい大きさであろう．

下三角型のパスカル行列 L を示す．その要素は「**パスカルの三角形**」に由来する．L に **1 からなる**ベクトルと**ベキ**からなるベクトルを掛けよう：

$$\text{パスカル行列}\quad \begin{bmatrix} 1 & & & \\ 1 & 1 & & \\ 1 & 2 & 1 & \\ 1 & 3 & 3 & 1 \end{bmatrix} \begin{bmatrix} \mathbf{1} \\ \mathbf{1} \\ \mathbf{1} \\ \mathbf{1} \end{bmatrix} = \begin{bmatrix} \mathbf{1} \\ \mathbf{2} \\ \mathbf{4} \\ \mathbf{8} \end{bmatrix} \qquad \begin{bmatrix} 1 & & & \\ 1 & 1 & & \\ 1 & 2 & 1 & \\ 1 & 3 & 3 & 1 \end{bmatrix} \begin{bmatrix} \mathbf{1} \\ \mathbf{x} \\ \mathbf{x^2} \\ \mathbf{x^3} \end{bmatrix} = \begin{bmatrix} \mathbf{1} \\ \mathbf{1+x} \\ (\mathbf{1+x})^\mathbf{2} \\ (\mathbf{1+x})^\mathbf{3} \end{bmatrix}.$$

L の各行から次の行が作られる：**ある要素をその左の要素に足すとその下の要素が得られる**．記号で書くと，$\ell_{i\,j} + \ell_{i\,j-1} = \ell_{i+1\,j}$ となる．$1, 3, 3, 1$ の次の行は $1, 4, 6, 4, 1$ となる．パスカルは，行列が使われるようになるよりずっと前の 1600 年代の人であるが，パスカルの三角形は行列 L にぴったりと合う．

1 からなるベクトルを掛けることは，各行の和を求めることと同じであり，この場合 2 のベキが求まる．L と $\boldsymbol{x}$ **のベキからなるベクトル**との積を書き下すと，L の要素がギャンブラーにとって大事な「二項係数」であることがわかる：

$$\mathbf{1} + \mathbf{2}x + \mathbf{1}x^2 = (1+x)^2 \qquad \mathbf{1} + \mathbf{3}x + \mathbf{3}x^2 + \mathbf{1}x^3 = (1+x)^3$$

数「3」は，3 回コインを投げて表が 1 回と裏が 2 回出る場合の数である：表裏裏，裏表裏，裏裏表．もう 1 つの「3」は表が 2 回出る場合の数である：表表裏，表裏表，裏表表．これらは「i から j を選ぶ組合せ」$= i$ 回コインを投げて表が j 回出る場合の数である．$i = 0$ と $j = 0$ から始めて L の行と列に沿って計算すると，その数はまさに ℓ_{ij} である（$0! = 1$ である）：

$$\ell_{ij} = \binom{i}{j} = \boldsymbol{i}\ \textbf{から}\ \boldsymbol{j}\ \textbf{を選ぶ組合せ} = \frac{i!}{j!\,(i-j)!} \qquad \binom{4}{2} = \frac{4!}{2!2!} = \frac{24}{(2)(2)} = 6$$

4 枚から 2 枚を選ぶ組合せの数は 6 通りである．パスカルの三角形とその行列をもう一度見よう．以下が問題である：

1. $H = L^2$ はどうなるか？ これは「超立方体行列」である．

2. H に **1 からなる列ベクトル**と**ベキからなる列ベクトル**を掛けてみよ．

3. H の最後の行は $8, 12, 6, 1$ である．立方体は 8 の頂点，12 の辺，6 の面，1 の立体を持つ．H **の次の行から 4 次元超立方体について何が言えるか**？

解 L と L の積を計算して超立方体行列 $H = L^2$ を求める：

$$\begin{bmatrix}1&&&\\1&1&&\\1&2&1&\\1&3&3&1\end{bmatrix}\begin{bmatrix}1&&&\\1&1&&\\1&2&1&\\1&3&3&1\end{bmatrix}=\begin{bmatrix}\mathbf{1}&&&\\\mathbf{2}&\mathbf{1}&&\\\mathbf{4}&\mathbf{4}&\mathbf{1}&\\\mathbf{8}&\mathbf{12}&\mathbf{6}&\mathbf{1}\end{bmatrix}=H.$$

H に $\mathbf{1}$ からなる列ベクトルとベキからなる列ベクトルを掛ける：

$$\begin{bmatrix}1&&&\\2&1&&\\4&4&1&\\8&12&6&1\end{bmatrix}\begin{bmatrix}1\\1\\1\\1\end{bmatrix}=\begin{bmatrix}\mathbf{1}\\\mathbf{3}\\\mathbf{9}\\\mathbf{27}\end{bmatrix}\qquad\begin{bmatrix}1&&&\\2&1&&\\4&4&1&\\8&12&6&1\end{bmatrix}\begin{bmatrix}1\\x\\x^2\\x^3\end{bmatrix}=\begin{bmatrix}\mathbf{1}\\\mathbf{2+x}\\\mathbf{(2+x)^2}\\\mathbf{(2+x)^3}\end{bmatrix}$$

$x=1$ のとき，3 のベキが得られる．$x=0$ のとき，2 のベキが得られる．L が $1+x$ のベキを生成するとき，L をもう一度適用すると $2+x$ のベキが得られる．

***H* の行より，どのように立方体の頂点・辺・面を数えることができるか？2 次元**の正方形は 4 の頂点，4 の辺，1 の面を持つ．1 次元ずつ上げていく：

2 つの正方形をつなぎ 3 次元立方体を得る．2 つの立方体をつなぎ 4 次元超立方体を得る．

立方体は 8 の頂点と 12 の辺を持つ：それぞれの正方形に 4 の辺と正方形の間に 4 の辺がある．立方体は 6 の面を持つ：それぞれの正方形に 1 の面と正方形の間に 4 の面がある．この行 $8, 12, 6, 1$ から次の行 **16, 32, 24, 8, 1** が導かれる．その規則は $\mathbf{2}h_{i\,j}+h_{i\,j-1}=h_{i+1\,j}$ である．

4 次元の超立方体をイメージできるだろうか？超立方体は 16 の頂点を持ち，これは問題ない．超立方体は 1 つの立方体から 12 の辺，もう 1 つの立方体から 12 の辺，それらの立方体の頂点をつなぐ 8 の辺を持ち，合計 32 の辺を持つ．それぞれの立方体から 6 の面があり，さらに辺の対をつなぐ 12 の面ができ，合計 $2\times 6+12=24$ の面を持つ．各立方体に 1 つの立体があり，さらに面の対をつなぐ 6 の立体ができ，合計 8 の立体を持つ．最後に超立方体が 1 つある．

2.4 B　以下の行列について，$AB=BA$ となるのはどのようなときか？$BC=CB$ となるのはどのようなときか？A と BC の積と，AB と C の積が等しくなるのはどのようなときか？それらの要素 p, q, r, z に対する条件を与えよ：

$$A=\begin{bmatrix}p&0\\q&r\end{bmatrix}\qquad B=\begin{bmatrix}1&1\\0&1\end{bmatrix}\qquad C=\begin{bmatrix}0&z\\0&0\end{bmatrix}$$

$p, q, r, 1, z$ が数ではなく 4×4 のブロックであったとして，答は変わるか？

解　まずはじめに，A と BC の積は**常に** AB と C の積と等しい．括弧は必要なく $A(BC)=(AB)C=ABC$ である．ただし，行列の順序を変えてはならない：

通常 $\boldsymbol{AB \neq BA}$ $\quad AB = \begin{bmatrix} p & p \\ q & q+r \end{bmatrix} \qquad BA = \begin{bmatrix} p+q & r \\ q & r \end{bmatrix}.$

偶然 $\boldsymbol{BC = CB}$ $\quad BC = \begin{bmatrix} 0 & z \\ 0 & 0 \end{bmatrix} \qquad CB = \begin{bmatrix} 0 & z \\ 0 & 0 \end{bmatrix}.$

B と C はたまたま可換である．少し説明をすると，B の対角要素は I であり，I はすべての 2×2 の行列と可換である．p, q, r, z が 4×4 のブロックとなり，1 が I に変わったとしても，これらの積は正しい．したがって，答は変わらない．

2.4 C　n 個のノードからなる**有効グラフ**がある．$n \times n$ の**隣接行列**は，ノード i から出てノード j に入るエッジが存在するときに行列の要素が $a_{ij} = 1$ となり，そのようなエッジがなければ $a_{ij} = 0$ となるものである．

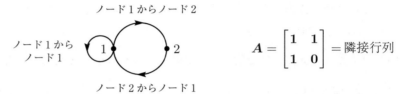

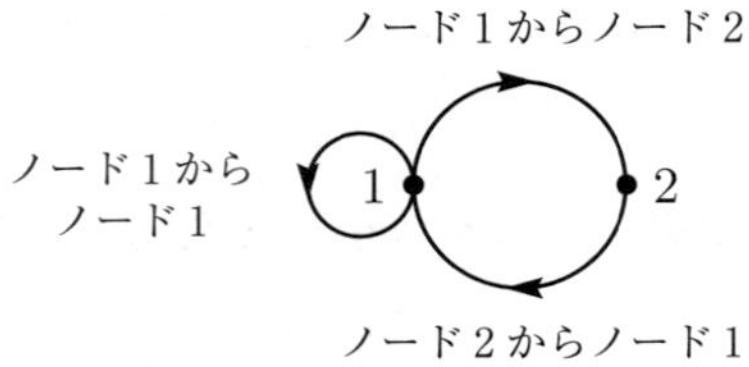

$\boldsymbol{A} = \begin{bmatrix} \mathbf{1} & \mathbf{1} \\ \mathbf{1} & \mathbf{0} \end{bmatrix}$ = 隣接行列

A^2 の $\boldsymbol{i, j}$ 要素は $\sum a_{ik}a_{kj}$ である．これは $\boldsymbol{a_{i1}a_{1j} + \cdots + a_{in}a_{nj}}$ である．この合計が，i から任意のノードを通って j に至る **2 つのエッジからなるパス**数となるのはなぜか？A^k の i, j 要素は k 個のエッジからなるパス数となる：

$$\begin{bmatrix} 1 & 1 \\ 1 & 0 \end{bmatrix}^2 = \begin{bmatrix} 2 & 1 \\ 1 & 1 \end{bmatrix} \quad \textbf{2 つのエッジからなるパスを数える} \quad \begin{bmatrix} 1 \to 2 \to 1,\ 1 \to 1 \to 1 & 1 \to 1 \to 2 \\ 2 \to 1 \to 1 & 2 \to 1 \to 2 \end{bmatrix}$$

各ノード対について，3 つのエッジからなるパスをすべて列挙し，A^3 と比較せよ．

解　ノード i からノード k へのエッジがあり，かつ，k から j へのエッジがあるとき，数 $a_{ik}a_{kj}$ は「1」となる．これは 2 つのエッジからなるパスである．どちらかのエッジ（i から k，k から j）がなければ数 $a_{ik}a_{kj}$ は「0」となる．したがって，$a_{ik}a_{kj}$ の合計は，i から出て j へ入る 2 つのエッジからなるパスの数となる．行列積は，ちょうどこのパス数を数える．

3 つのエッジからなるパス数は A^3 によって数えられる．ノード 2 へのパスを見てみよう：

$$A^3 = \begin{bmatrix} 3 & \mathbf{2} \\ 2 & \mathbf{1} \end{bmatrix} \quad \text{3 つのエッジからなるパスを数える} \quad \begin{bmatrix} \cdots & 1 \to 1 \to 1 \to 2,\ 1 \to 2 \to 1 \to 2 \\ \cdots & 2 \to 1 \to 1 \to 2 \end{bmatrix}$$

これらの A^k には，第 6.2 節で見るフィボナッチ数 $0, 1, 1, 2, 3, 5, 8, 13, \ldots$ が含まれている．A と A^k の積に，フィボナッチ数列の規則 $F_{k+2} = F_{k+1} + F_k$（例えば $13 = 8 + 5$）が含まれているからだ：

$$(A)(A^k) = \begin{bmatrix} 1 & 1 \\ 1 & 0 \end{bmatrix} \begin{bmatrix} F_{k+1} & F_k \\ F_k & F_{k-1} \end{bmatrix} = \begin{bmatrix} F_{k+2} & F_{k+1} \\ F_{k+1} & F_k \end{bmatrix} = A^{k+1}.$$

ノード 1 からノード 1 への 6 つのエッジからなるパスは 13 あるはずだが，それらすべてを見つけるのは難しい．

A^k **は単語も数えることができる**．1，1，2，1 とたどるパスは **aaba** という単語に対応づけられる．2 から 2 へのエッジがないので，文字 **b** は繰り返さない．A^k の i,j 要素は，i 番目の文字から始まり j 番目の文字で終わる文字数が $k+1$ の単語の数となる．

練習問題 2.4

問題 1〜16 は行列積の法則に関するものである．

1 A は 3×5 の行列，B は 5×3 の行列，C は 5×1 の行列，D は 3×1 の行列である．**要素はすべて 1 とする**．これらの行列の操作のうち可能なのはどれか？また，その結果を求めよ．

$$BA \qquad AB \qquad ABD \qquad DBA \qquad A(B+C).$$

2 次を求めるには，どの行，列，または，行列の積を計算するか？

(a) AB の第 3 列．
(b) AB の第 1 行．
(c) AB の 3 行 4 列の要素．
(d) CDE の 1 行 1 列の要素．

3 AB と AC を足して，それを $A(B+C)$ と比較せよ：

$$A=\begin{bmatrix}1 & 5\\ 2 & 3\end{bmatrix} \quad と \quad B=\begin{bmatrix}0 & 2\\ 0 & 1\end{bmatrix} \quad と \quad C=\begin{bmatrix}3 & 1\\ 0 & 0\end{bmatrix}.$$

4 問題 3 において，A と BC の積を計算せよ．AB と C の積を計算せよ．

5 A^2 と A^3 を計算せよ．A^5 と A^n を予想せよ：

$$A=\begin{bmatrix}1 & b\\ 0 & 1\end{bmatrix} \quad と \quad A=\begin{bmatrix}2 & 2\\ 0 & 0\end{bmatrix}.$$

6 次のとき，$(A+B)^2$ と $A^2+2AB+B^2$ が異なることを示せ．

$$A=\begin{bmatrix}1 & 2\\ 0 & 0\end{bmatrix} \quad と \quad B=\begin{bmatrix}1 & 0\\ 3 & 0\end{bmatrix}.$$

正しい規則 $(A+B)(A+B)=A^2+\underline{\qquad}+B^2$ を書き下せ．

7　以下の命題は，真か偽か？偽の場合には反例を挙げよ：

(a) B の第 1 列と第 3 列が同じであれば，AB の第 1 列と第 3 列も同じである．
(b) B の第 1 行と第 3 行が同じであれば，AB の第 1 行と第 3 行も同じである．
(c) A の第 1 行と第 3 行が同じであれば，ABC の第 1 行と第 3 行も同じである．
(d) $(AB)^2 = A^2B^2$ である．

8　以下のとき，DA と EA の各行は A の行とどのような関係があるか？

$$D = \begin{bmatrix} 3 & 0 \\ 0 & 5 \end{bmatrix} \quad \text{と} \quad E = \begin{bmatrix} 0 & 1 \\ 0 & 1 \end{bmatrix} \quad \text{と} \quad A = \begin{bmatrix} a & b \\ c & d \end{bmatrix}.$$

AD と AE の各列は A の列とどのような関係があるか？

9　A の第 1 行を第 2 行に足す．これにより，下の EA を得る．その後，EA の第 1 列を第 2 列に足し，$(EA)F$ を生成する：

$$EA = \begin{bmatrix} 1 & 0 \\ 1 & 1 \end{bmatrix} \begin{bmatrix} a & b \\ c & d \end{bmatrix} = \begin{bmatrix} a & b \\ a+c & b+d \end{bmatrix}$$
$$\text{そして} \quad (EA)F = (EA) \begin{bmatrix} 1 & 1 \\ 0 & 1 \end{bmatrix} = \begin{bmatrix} a & a+b \\ a+c & a+c+b+d \end{bmatrix}.$$

(a) これらのステップを逆順に実行せよ．まず AF により A の第 1 列を第 2 列に足し，次に $E(AF)$ により AF の第 1 行を第 2 行に足せ．
(b) $E(AF)$ と $(EA)F$ を比較せよ．行列積はどのような法則に従っているか？

10　A の第 1 行を第 2 行に足し，EA を生成する．次に，F によって EA の第 2 行を第 1 行に足す．その結果は $F(EA)$ である：

$$F(EA) = \begin{bmatrix} 1 & 1 \\ 0 & 1 \end{bmatrix} \begin{bmatrix} a & b \\ a+c & b+d \end{bmatrix} = \begin{bmatrix} 2a+c & 2b+d \\ a+c & b+d \end{bmatrix}.$$

(a) これらのステップを逆順に実行せよ：まず FA により第 2 行を第 1 行に足し，次に FA の第 1 行を第 2 行に足せ．
(b) 行列積はどのような法則に従っているか，もしくは従っていないか？

11　（3×3 の行列）すべての行列 A について次が成り立つように，B を選べ：

(a) $BA = 4A$
(b) $BA = 4B$
(c) BA の第 1 行と第 3 行は A のそれらを入れ替えたものであり，その第 2 行は A そのままである．
(d) BA のすべての行は A の第 1 行と等しい．

12　以下の行列 B と C に対して，$AB=BA$ と $AC=CA$ であるとする：

$$A=\begin{bmatrix} a & b \\ c & d \end{bmatrix} \quad \text{は} \quad B=\begin{bmatrix} 1 & 0 \\ 0 & 0 \end{bmatrix} \quad \text{と} \quad C=\begin{bmatrix} 0 & 1 \\ 0 & 0 \end{bmatrix} \quad \text{と可換である．}$$

$a=d$ と $b=c=0$ を証明せよ．すると A は I のスカラー倍である．B と C および他のすべての 2×2 の行列と可換である行列は，$A=I$ のスカラー倍だけである．

13　次の行列のうち，$(A-B)^2$ と同じになることが保証できるのはどれか：
A^2-B^2，$(B-A)^2$，$A^2-2AB+B^2$，$A(A-B)-B(A-B)$，$A^2-AB-BA+B^2$.

14　以下の命題は，真か偽か？

(a) A^2 が定義できるならば，A は正方行列である必要がある．
(b) AB と BA が定義できるならば，A と B は正方行列である．
(c) AB と BA が定義できるならば，AB と BA は正方行列である．
(d) $AB=B$ であるならば，$A=I$ である．

15　A が $m\times n$ の行列であるとき，次の場合に積は何回行われるか？

(a) A と n 要素からなるベクトル $\boldsymbol{x}$ との積を計算するとき．
(b) A と $n\times p$ の行列 B との積を計算するとき．
(c) A とそれ自身との積により A^2 を計算するとき．ただし，$m=n$ とする．

16　$A=\left[\begin{smallmatrix} \mathbf{2} & \mathbf{-1} \\ \mathbf{3} & \mathbf{-2} \end{smallmatrix}\right]$ と $B=\left[\begin{smallmatrix} \mathbf{1} & \mathbf{0} & \mathbf{4} \\ \mathbf{1} & \mathbf{0} & \mathbf{6} \end{smallmatrix}\right]$ について，以下の答を計算し，さらにわかることを述べよ：

(a) AB の第 2 列
(b) AB の第 2 行
(c) $AA=A^2$ の第 2 行
(d) $AAA=A^3$ の第 2 行.

問題 17～19 では，$\boldsymbol{A}$ の $\boldsymbol{i}$ 行 $\boldsymbol{j}$ 列要素を $\boldsymbol{a_{ij}}$ とする．

17　要素が以下の式で表される 3×3 の行列 A を書き下せ．

(a) $a_{ij}=i$ と j の最小値
(b) $a_{ij}=(-1)^{i+j}$
(c) $a_{ij}=i/j$.

18　以下の行列の性質を言い表すのにどのような言葉を使うか？それぞれの性質を持つ 3×3 の行列の例を示せ．4 つの性質すべてを持つ行列を求めよ．

(a) $i\neq j$ のとき $a_{ij}=0$
(b) $i<j$ のとき $a_{ij}=0$

(c) $a_{ij} = a_{ji}$
(d) $a_{ij} = a_{1j}$.

19 A の要素を a_{ij} とし，0 が含まれないと仮定する．次のものを求めよ．

(a) 最初のピボット．
(b) 第 3 行から引かれる第 1 行に対する乗数 ℓ_{31}.
(c) その引き算の後に，a_{32} を置き換える新しい要素．
(d) 2 つ目のピボット．

問題 20〜24 は $\boldsymbol{A}$ のベキに関するものである．

20 以下の A と $\boldsymbol{v}$ について，A^2, A^3, A^4 および $\boldsymbol{v}, A^2\boldsymbol{v}, A^3\boldsymbol{v}, A^4\boldsymbol{v}$ を計算せよ．

$$A = \begin{bmatrix} 0 & 2 & 0 & 0 \\ 0 & 0 & 2 & 0 \\ 0 & 0 & 0 & 2 \\ 0 & 0 & 0 & 0 \end{bmatrix} \quad \text{と} \quad \boldsymbol{v} = \begin{bmatrix} x \\ y \\ z \\ t \end{bmatrix}.$$

21 以下の A と B について，すべてのベキ $A^2, A^3, \ldots$ と $AB, (AB)^2, \ldots$ を求めよ．

$$A = \begin{bmatrix} 0.5 & 0.5 \\ 0.5 & 0.5 \end{bmatrix} \quad \text{と} \quad B = \begin{bmatrix} 1 & 0 \\ 0 & -1 \end{bmatrix}.$$

22 試行錯誤により，以下の条件を満たす 2×2 の実非零行列を見つけよ．

$$A^2 = -I \qquad BC = 0 \qquad DE = -ED \text{（ただし } DE = 0 \text{ ではない）}.$$

23 (a) $A^2 = 0$ であるような非零行列 A を見つけよ．
(b) $A^2 \neq 0$ であるが $A^3 = 0$ であるような行列を見つけよ．

24 $n = 2$ と $n = 3$ を試すことにより，以下の行列について A^n を予想せよ：

$$A_1 = \begin{bmatrix} 2 & 1 \\ 0 & 1 \end{bmatrix} \quad \text{と} \quad A_2 = \begin{bmatrix} 1 & 1 \\ 1 & 1 \end{bmatrix} \quad \text{と} \quad A_3 = \begin{bmatrix} a & b \\ 0 & 0 \end{bmatrix}.$$

問題 25〜31 では，列–行の積とブロック積を使う．

25 A と I の積を，$A\ (3 \times 3)$ の列と I の行の積を用いて計算せよ．

26 次の AB を列と行の積を使って計算せよ：

$$AB = \begin{bmatrix} 1 & 0 \\ 2 & 4 \\ 2 & 1 \end{bmatrix} \begin{bmatrix} 3 & 3 & 0 \\ 1 & 2 & 1 \end{bmatrix} = \begin{bmatrix} 1 \\ 2 \\ 2 \end{bmatrix} \begin{bmatrix} 3 & 3 & 0 \end{bmatrix} + \underline{\qquad} = \underline{\qquad}.$$

27 上三角行列の積が常に上三角行列であることを示せ：

$$AB = \begin{bmatrix} x & x & x \\ 0 & x & x \\ 0 & 0 & x \end{bmatrix} \begin{bmatrix} x & x & x \\ 0 & x & x \\ 0 & 0 & x \end{bmatrix} = \begin{bmatrix} & & \\ 0 & & \\ 0 & 0 & \end{bmatrix}.$$

内積を使った証明（行と列の積）　(A の第 2 行)・(B の第 1 列) $= 0$．他のどの内積が 0 となるか？

行列全体を使った証明（列と行の積）　A の第 2 列と B の第 2 行の積を x と 0 で表せ．同様に，A の第 3 列と B の第 3 行の積を示せ．

28 以下の 4 つの積の規則について，それぞれブロック積となるように $A\,(2\times 3)$，$B\,(3\times 4)$，および AB の区切りを描け：

(1) 行列 A と B の列の積.　　**AB の列**
(2) A の行と行列 B の積.　　**AB の行**
(3) A の行と B の列の積.　　**内積**（AB の要素）
(4) A の列と B の行の積.　　**外積**（足して AB となる行列）

29 $E_{21}A$ と $E_{31}A$ の $(2,1)$ と $(3,1)$ の位置に 0 を作り出す行列 E_{21} と E_{31} を求めよ．

$$A = \begin{bmatrix} 2 & 1 & 0 \\ -2 & 0 & 1 \\ 8 & 5 & 3 \end{bmatrix}.$$

両方の 0 を同時に作り出す 1 つの行列 $E = E_{31}E_{21}$ を求めよ．積 EA を計算せよ．

30 次の式のブロック積から，第 1 列が消去されることが言える

$$EA = \begin{bmatrix} 1 & \mathbf{0} \\ -\boldsymbol{c}/a & I \end{bmatrix} \begin{bmatrix} a & \boldsymbol{b} \\ \boldsymbol{c} & D \end{bmatrix} = \begin{bmatrix} a & \boldsymbol{b} \\ \mathbf{0} & D - \boldsymbol{cb}/a \end{bmatrix}.$$

問題 29 において，$\boldsymbol{c}$ と D は何か？ また $D - \boldsymbol{cb}/a$ を求めよ．

31 $i^2 = -1$ より，$(A + iB)$ と $(\boldsymbol{x} + i\boldsymbol{y})$ の積は，$A\boldsymbol{x} + iB\boldsymbol{x} + iA\boldsymbol{y} - B\boldsymbol{y}$ である．ブロックを使って，i を含まない実数部分と i を掛けた虚数部分とに分けよ：

$$\begin{bmatrix} A & -B \\ ? & ? \end{bmatrix} \begin{bmatrix} \boldsymbol{x} \\ \boldsymbol{y} \end{bmatrix} = \begin{bmatrix} A\boldsymbol{x} - B\boldsymbol{y} \\ ? \end{bmatrix} \begin{matrix} \text{実数部分} \\ \text{虚数部分} \end{matrix}$$

32　（**非常に重要**）$A\boldsymbol{x}=\boldsymbol{b}$ を次の 3 つの特別な右辺 $\boldsymbol{b}$ について解くとする：

$$A\boldsymbol{x}_1=\begin{bmatrix}1\\0\\0\end{bmatrix}\quad と\quad A\boldsymbol{x}_2=\begin{bmatrix}0\\1\\0\end{bmatrix}\quad と\quad A\boldsymbol{x}_3=\begin{bmatrix}0\\0\\1\end{bmatrix}.$$

3 つの解 $\boldsymbol{x}_1$，$\boldsymbol{x}_2$，$\boldsymbol{x}_3$ が行列 X の列であるとすると，A と X の積を求めよ．

33　問題 32 の 3 つの解が $\boldsymbol{x}_1=(1,1,1)$，$\boldsymbol{x}_2=(0,1,1)$，$\boldsymbol{x}_3=(0,0,1)$ であるとする．$\boldsymbol{b}=(3,5,8)$ のとき $A\boldsymbol{x}=\boldsymbol{b}$ を解け．挑戦問題：A を求めよ．

34　$A\left[\begin{smallmatrix}1&1\\1&1\end{smallmatrix}\right]=\left[\begin{smallmatrix}1&1\\1&1\end{smallmatrix}\right]A$ を満たす行列 $A=\left[\begin{smallmatrix}\mathbf{a}&\mathbf{b}\\\mathbf{c}&\mathbf{d}\end{smallmatrix}\right]$ をすべて求めよ．

35　円に沿って（両方向に）接続されている，4 ノードからなる「巡回グラフ」を考える．例題 **2.4 C** より，その隣接行列を求めよ．A^2 を求めよ．A^2 に示される 2 つのエッジからなるパス（または，3 文字の単語）をすべて見つけよ．

挑戦問題

36　**実用的な質問**　A を $m\times n$ の行列，B を $n\times p$ の行列，C を $p\times q$ の行列とする．そのとき，$(AB)C$ における積の回数は $mnp+mpq$ である．同じ答を求めるのに，$A(BC)$ とすると $mnq+npq$ 回の積で求まる．npq 回の積で BC が求まることに注意せよ．

(a) A が 2×4 の行列，B が 4×7 の行列，C が 7×10 の行列であるとき，$(AB)C$ と $A(BC)$ のどちらが好ましいか？
(b) N 要素からなるベクトルに対して，$(\boldsymbol{u}^{\mathrm{T}}\boldsymbol{v})\boldsymbol{w}^{\mathrm{T}}$ と $\boldsymbol{u}^{\mathrm{T}}(\boldsymbol{v}\boldsymbol{w}^{\mathrm{T}})$ のどちらを選ぶか？
(c) $mnpq$ で割り，$n^{-1}+q^{-1}<m^{-1}+p^{-1}$ のとき $(AB)C$ のほうが速いことを示せ．

37　B の列ベクトル $\boldsymbol{b}_1,\ldots,\boldsymbol{b}_n$ を使って，$\boldsymbol{(AB)C=A(BC)}$ を証明する．まず，C が要素 $c_1,\ldots,c_n$ からなる 1 つの列 $\boldsymbol{c}$ であるとする：

AB は列 $A\boldsymbol{b}_1,\ldots,A\boldsymbol{b}_n$ からなり，$(AB)\boldsymbol{c}$ は $c_1A\boldsymbol{b}_1+\cdots+c_nA\boldsymbol{b}_n$ と等しい．

$B\boldsymbol{c}$ は 1 つの列 $c_1\boldsymbol{b}_1+\cdots+c_n\boldsymbol{b}_n$ からなり，$A(B\boldsymbol{c})$ は $A(c_1\boldsymbol{b}_1+\cdots+c_n\boldsymbol{b}_n)$ と等しい．

線形性よりこれらの 2 つの和が等しくなり，したがって $(AB)\boldsymbol{c}=A(B\boldsymbol{c})$ が証明される．同じことが，C の他の ＿＿＿ についても成り立つ．以上より，$(AB)C=A(BC)$ である．逆元についても適用せよ：$BA=I$ と $AC=I$ が成り立つとき，左逆行列 B と右逆行列 C が等しいことを証明せよ．

2.5　逆行列

A が正方行列であるとする．A^{-1} と A の**積が** I **となる**ような，同じ大きさの「**逆行列**」

A^{-1} を探そう．A がどんな作用をしても，A^{-1} はそれを元に戻す．それらの積は，ベクトルに対して何もしない単位行列である．よって，$A^{-1}A\boldsymbol{x} = \boldsymbol{x}$ である．**しかし A^{-1} は存在しないかもしれない．**

行列の作用のほとんどは，行列をベクトル $\boldsymbol{x}$ に掛けることである．$A\boldsymbol{x} = \boldsymbol{b}$ に A^{-1} を掛けると $A^{-1}A\boldsymbol{x} = A^{-1}\boldsymbol{b}$ を得る．**これは $\boldsymbol{x} = A^{-1}\boldsymbol{b}$ である．**積 $A^{-1}A$ は，数を掛けてその数で割るようなものだ．0 でない数はその逆元を持つが，行列の場合はより複雑でより面白い．行列 A^{-1} は「A の逆行列」と呼ばれる．

定義　次式を満たす行列 A^{-1} が存在するとき，行列 A は**可逆である**

$$A^{-1}A = I \quad \text{および} \quad AA^{-1} = I. \tag{1}$$

すべての行列が逆行列を持つわけではない．正方行列に対する最初の問は，A が可逆かどうかだ．といってもすぐには A^{-1} を計算しない．ほとんどの問題では，逆行列の計算は必要ない．A^{-1} に関する 6 つの「注」を示そう．

注 1　**消去によって n 個のピボットができるとき（行の交換を許す），またそのときに限り，逆行列が存在する．**消去を用いると，行列 A^{-1} を明示的に用いることなく $A\boldsymbol{x} = \boldsymbol{b}$ を解くことができる．

注 2　行列 A が 2 つの異なる逆行列を持つことはない．$BA = I$ かつ $AC = I$ であるとする．そのとき，結合法則により，$B = C$ である：

$$B(AC) = (BA)C \quad \text{より} \quad BI = IC \quad \text{が得られる．したがって} \quad B = C. \tag{2}$$

（左から掛ける）**左逆行列** B と（A の右から掛けて $AC = I$ となる）**右逆行列** C **は同じ行列でなければならない．**

注 3　A が可逆ならば，$A\boldsymbol{x} = \boldsymbol{b}$ の唯一解は $\boldsymbol{x} = A^{-1}\boldsymbol{b}$ である：

$$A\boldsymbol{x} = \boldsymbol{b} \text{ に } A^{-1} \text{ を掛ける．すると } \boldsymbol{x} = A^{-1}A\boldsymbol{x} = A^{-1}\boldsymbol{b}.$$

注 4　（重要）$A\boldsymbol{x} = \boldsymbol{0}$ **を満たす非零ベクトル $\boldsymbol{x}$ があるとする．そのとき A は逆行列を持たない．** $\boldsymbol{0}$ を $\boldsymbol{x}$ に戻す行列はない．

A が可逆であるならば，$A\boldsymbol{x} = \boldsymbol{0}$ の唯一解は零からなる $\boldsymbol{x} = A^{-1}\boldsymbol{0} = \boldsymbol{0}$ である．

注 5　2×2 の行列は，$ad - bc$ が 0 でないとき，またそのときに限り，可逆である：

$$\textbf{2×2 の行列の逆行列：}\quad \begin{bmatrix} a & b \\ c & d \end{bmatrix}^{-1} = \frac{1}{ad - bc}\begin{bmatrix} d & -b \\ -c & a \end{bmatrix}. \tag{3}$$

この数 $ad - bc$ は A の**行列式**である．行列はその行列式が 0 でないとき可逆である（第 5 章）．n 個のピボットを持つかどうかの判定は，その行列式を求める前に決定できる．

注 6 対角行列は，対角要素に 0 がなければ逆行列を持つ：

$$A = \begin{bmatrix} d_1 & & \\ & \ddots & \\ & & d_n \end{bmatrix} \quad \text{ならば} \quad A^{-1} = \begin{bmatrix} 1/d_1 & & \\ & \ddots & \\ & & 1/d_n \end{bmatrix}.$$

例 1 2×2 の行列 $A = \left[\begin{smallmatrix} \mathbf{1} & \mathbf{2} \\ \mathbf{1} & \mathbf{2} \end{smallmatrix}\right]$ は可逆ではない．$ad - bc$ が $2 - 2 = 0$ であるので，注 5 の判定に失敗する．$\boldsymbol{x} = (2, -1)$ のとき $A\boldsymbol{x} = \mathbf{0}$ であるので，注 3 の判定にも失敗する．注 1 より，2 つのピボットを持たない．消去を行うと，この行列 A の第 2 行が零行となる．

積 AB の逆行列

非零の 2 つの数 a と b について，その和 $a+b$ は逆元を持つかもしれないし持たないかもしれない．数 $a = 3$ と $b = -3$ は逆元 $\frac{1}{3}$ と $-\frac{1}{3}$ を持つが，その和 $a + b = 0$ は逆元を持たない．しかしながら，その積 $ab = -9$ は逆元を持ち，それは $\frac{1}{3}$ と $-\frac{1}{3}$ の積である．

2 つの行列 A と B も，同じような状況にある．$A + B$ が可逆であるかについてほぼ言及できない．しかし，その**積** AB は，2 つの因子 A と B がそれぞれ可逆である（かつ，同じ大きさである）とき，またそのときに限り，可逆である．重要な点は A^{-1} と B^{-1} が**逆順**になることである：

A と B が可逆であるとき，AB も可逆である．積 AB の逆行列は，

$$(AB)^{-1} = B^{-1}A^{-1} \tag{4}$$

である．

なぜ順序が逆転するのかを理解するために，AB と $B^{-1}A^{-1}$ を掛けてみよ．内側がまず $BB^{-1} = I$ となる：

$$AB \text{ の逆行列} \quad (AB)(B^{-1}A^{-1}) = AIA^{-1} = AA^{-1} = I.$$

括弧の位置を変更して，BB^{-1} を先に掛けるようにした．同様に，$B^{-1}A^{-1}$ と AB の積も I と等しい．これは，逆元は逆順になるという，数学の基本的な規則を説明する良い例である．常識でもある．なぜなら，靴下を履いた後で靴を履いたとすると，最初に脱ぐのは _____ だからだ．3 つ以上の行列に対しても，同様に逆順となる：

$$\textbf{逆順} \quad (ABC)^{-1} = C^{-1}B^{-1}A^{-1}. \tag{5}$$

例 2 **基本変形行列の逆行列．** E が第 1 行の 5 倍を第 2 行から引くとき，E^{-1} は第 1 行の 5 倍を第 2 行に **足す**：

$$E = \begin{bmatrix} 1 & 0 & 0 \\ -5 & 1 & 0 \\ 0 & 0 & 1 \end{bmatrix} \quad \text{と} \quad E^{-1} = \begin{bmatrix} 1 & 0 & 0 \\ 5 & 1 & 0 \\ 0 & 0 & 1 \end{bmatrix}.$$

積 EE^{-1} を計算すると単位行列 I となる．同様に，積 $E^{-1}E$ を計算すると I となる．同じ第 1 行の 5 倍を足したり引いたりしている．足した後で引いても（これは EE^{-1} である），引いた後で足しても（これは $E^{-1}E$ である），最初に戻る．

正方行列に対して，ある側の逆行列は自動的に反対側の逆行列である． $AB = I$ であれば，自動的に $BA = I$ である．その場合，B は A^{-1} である．これを知っているととても便利だが，それを証明する準備はまだ整っていない．

例 3　F が第 2 行の 4 倍を第 3 行から引くとすると，F^{-1} はそれを足し戻す：

$$F = \begin{bmatrix} 1 & 0 & 0 \\ 0 & 1 & 0 \\ 0 & -4 & 1 \end{bmatrix} \quad と \quad F^{-1} = \begin{bmatrix} 1 & 0 & 0 \\ 0 & 1 & 0 \\ 0 & 4 & 1 \end{bmatrix}.$$

例 2 の E に対して，F を E に掛けて FE を求める．同様に E^{-1} を F^{-1} に掛けて $(FE)^{-1}$ を求める．FE と $E^{-1}F^{-1}$ の順序に注意せよ．

$$FE = \begin{bmatrix} 1 & 0 & 0 \\ -5 & 1 & 0 \\ 20 & -4 & 1 \end{bmatrix} \quad を逆行列にすると \quad E^{-1}F^{-1} = \begin{bmatrix} 1 & 0 & 0 \\ \mathbf{5} & 1 & 0 \\ 0 & \mathbf{4} & 1 \end{bmatrix}. \tag{6}$$

この結果は美しく，かつ正しい．積 FE には「20」が含まれているが，その逆行列には含まれていない．E は第 1 行の 5 倍を第 2 行から引く．その後，F は（第 1 行によって変えられた）新しい第 2 行の 4 倍を第 3 行から引く．**この FE という順序では，第 3 行は第 1 行の影響を受ける．**

$E^{-1}F^{-1}$ の順序においては，そのような影響が起こらない．まず，F^{-1} は第 2 行の 4 倍を第 3 行に足す．その後，E^{-1} は第 1 行の 5 倍を第 2 行に足す．第 3 行は 1 度しか変化しないので，20 という数が存在しない．**この $E^{-1}F^{-1}$ という順序では，第 3 行は第 1 行の影響を受けない．**

> 消去では，E の後に F が来る．逆順では，F^{-1} の後に E^{-1} が来る．
> **$E^{-1}F^{-1}$ は素早く計算できる．乗数 5，4 が対角の 1 の下の場所へ入る．**

このような特別な積 $E^{-1}F^{-1}$ や $E^{-1}F^{-1}G^{-1}$ は，次節で役立つ．より完全な説明を次節でもう 1 度行う．本節での対象は A^{-1} であるが，それを計算することは大変そうだと感じているだろう．その計算を体系化する方法をこれから示す．

ガウス–ジョルダンの消去法による A^{-1} の計算

A^{-1} を明示的に計算する必要がないことは，すでに述べたとおりだ．方程式 $A\boldsymbol{x} = \boldsymbol{b}$ は，$\boldsymbol{x} = A^{-1}\boldsymbol{b}$ によって解けるが，A^{-1} を計算して $\boldsymbol{b}$ に掛ける必要はないし，それは効率も良くない．**消去によって，直接 $\boldsymbol{x}$ を求めることができる．** これから示すように，消去は A^{-1} を計算する方法でもある．ガウス–ジョルダン法は，**A^{-1} の各列を求めて，** $AA^{-1} = I$ を解く．

A と A^{-1} の第 1 列（$\boldsymbol{x}_1$ と呼ぶ）の積により I の第 1 列（$\boldsymbol{e}_1$ と呼ぶ）を得る．$A\boldsymbol{x}_1 = \boldsymbol{e}_1 = (1,0,0)$ がその方程式である．もう 2 列について，2 つの方程式ができる．A と A^{-1} の各列 $\boldsymbol{x}_1, \boldsymbol{x}_2, \boldsymbol{x}_3$ の積が I の列となる．

$$A^{-1} \text{ の 3 列} \qquad AA^{-1} = A\begin{bmatrix} \boldsymbol{x}_1 & \boldsymbol{x}_2 & \boldsymbol{x}_3 \end{bmatrix} = \begin{bmatrix} \boldsymbol{e}_1 & \boldsymbol{e}_2 & \boldsymbol{e}_3 \end{bmatrix} = I. \tag{7}$$

3×3 の行列 A の逆行列を求めるには，3 つの方程式を解く必要がある：それらは $A\boldsymbol{x}_1 = \boldsymbol{e}_1$，$A\boldsymbol{x}_2 = \boldsymbol{e}_2 = (0,1,0)$，および，$A\boldsymbol{x}_3 = \boldsymbol{e}_3 = (0,0,1)$ である．ガウス–ジョルダン法では，この方法により A^{-1} を求める．

ガウス–ジョルダンでは，$\boldsymbol{n}$ 個の方程式すべてを同時に解くことで A^{-1} を求める．通常，「拡大行列」$[A \ \ \boldsymbol{b}]$ では，1 つの列ベクトル $\boldsymbol{b}$ が追加される．（A が 3×3 である）今回は，右辺 $\boldsymbol{e}_1, \boldsymbol{e}_2, \boldsymbol{e}_3$ は 3 つある．それらは I の列であるので，拡大行列は実際にはブロック行列 $[A \ \ I]$ である．この機会に，私の好きな行列 K の逆行列を求めよう．その行列 K は，主対角要素が 2 であり，その隣が -1 である：

$$\begin{bmatrix} K & \boldsymbol{e}_1 & \boldsymbol{e}_2 & \boldsymbol{e}_3 \end{bmatrix} = \begin{bmatrix} 2 & -1 & 0 & 1 & 0 & 0 \\ -1 & 2 & -1 & 0 & 1 & 0 \\ 0 & -1 & 2 & 0 & 0 & 1 \end{bmatrix} \quad \begin{matrix} K \text{ に対する} \\ \text{ガウス–ジョルダン法の開始} \end{matrix}$$

$$\to \begin{bmatrix} 2 & -1 & 0 & 1 & 0 & 0 \\ \mathbf{0} & \mathbf{\frac{3}{2}} & \mathbf{-1} & \mathbf{\frac{1}{2}} & \mathbf{1} & \mathbf{0} \\ 0 & -1 & 2 & 0 & 0 & 1 \end{bmatrix} \qquad (\tfrac{1}{2} \text{ 第 1 行 } + \text{第 2 行})$$

$$\to \begin{bmatrix} 2 & -1 & 0 & 1 & 0 & 0 \\ 0 & \frac{3}{2} & -1 & \frac{1}{2} & 1 & 0 \\ \mathbf{0} & \mathbf{0} & \mathbf{\frac{4}{3}} & \mathbf{\frac{1}{3}} & \mathbf{\frac{2}{3}} & \mathbf{1} \end{bmatrix} \qquad (\tfrac{2}{3} \text{ 第 2 行 } + \text{第 3 行})$$

K^{-1} に至る道のりの中間地点まできた．最初の 3 列からなる行列は U（上三角行列）である．ピボット $2, \frac{3}{2}, \frac{4}{3}$ はその対角要素である．ガウスは後退代入によって残りを計算した．ジョルダンの貢献は，さらに**消去を続けたことである**．彼は行けるところまで消去を行い，**「行簡約階段行列（行既約階段行列）」**に到達した．行をその上の行に足し，**ピボットの上に 0 を作り出す**：

$$\begin{pmatrix} \text{3 つ目のピボット} \\ \text{の上に 0} \end{pmatrix} \to \begin{bmatrix} 2 & -1 & 0 & 1 & 0 & 0 \\ \mathbf{0} & \mathbf{\frac{3}{2}} & \mathbf{0} & \mathbf{\frac{3}{4}} & \mathbf{\frac{3}{2}} & \mathbf{\frac{3}{4}} \\ 0 & 0 & \frac{4}{3} & \frac{1}{3} & \frac{2}{3} & 1 \end{bmatrix} \qquad (\tfrac{3}{4} \text{ 第 3 行} + \text{第 2 行})$$

$$\begin{pmatrix} \text{2 つ目のピボット} \\ \text{の上に 0} \end{pmatrix} \to \begin{bmatrix} \mathbf{2} & \mathbf{0} & \mathbf{0} & \mathbf{\frac{3}{2}} & \mathbf{1} & \mathbf{\frac{1}{2}} \\ 0 & \frac{3}{2} & 0 & \frac{3}{4} & \frac{3}{2} & \frac{3}{4} \\ 0 & 0 & \frac{4}{3} & \frac{1}{3} & \frac{2}{3} & 1 \end{bmatrix} \qquad (\tfrac{2}{3} \text{ 第 2 行} + \text{第 1 行})$$

ガウス–ジョルダン法の最後の手順は，各行をそのピボットで割ることである．それにより，ピボットは 1 となる．K が可逆なので，左半分の行列が I となるまで計算できた．K^{-1} の **3 つの列は，**$[I\ K^{-1}]$ **の右半分にある：**

$$\begin{matrix}(2\ \text{で割る})\\(\frac{3}{2}\ \text{で割る})\\(\frac{4}{3}\ \text{で割る})\end{matrix}\quad \begin{bmatrix}\mathbf{1} & 0 & 0 & \frac{\mathbf{3}}{\mathbf{4}} & \frac{\mathbf{1}}{\mathbf{2}} & \frac{\mathbf{1}}{\mathbf{4}}\\ 0 & \mathbf{1} & 0 & \frac{\mathbf{1}}{\mathbf{2}} & \mathbf{1} & \frac{\mathbf{1}}{\mathbf{2}}\\ 0 & 0 & \mathbf{1} & \frac{\mathbf{1}}{\mathbf{4}} & \frac{\mathbf{1}}{\mathbf{2}} & \frac{\mathbf{3}}{\mathbf{4}}\end{bmatrix} = \begin{bmatrix}I & \boldsymbol{x}_1 & \boldsymbol{x}_2 & \boldsymbol{x}_3\end{bmatrix} = \begin{bmatrix}I & \boldsymbol{K^{-1}}\end{bmatrix}.$$

3×6 の行列 $[K\ \ I]$ から始めて，$[I\ \ K^{-1}]$ で終わる．任意の可逆行列 A に対するガウス–ジョルダン法を 1 行で書くと次のようになる：

ガウス–ジョルダン　　$[\boldsymbol{A}\ \ \boldsymbol{I}]$ **に** $\boldsymbol{A}^{-1}$ **を掛けて** $[\boldsymbol{I}\ \ \boldsymbol{A}^{-1}]$ **を得る．**

消去を用いて A を I に変える間に逆行列ができる．大きな行列に対しては，A^{-1} が必要となることはまずないだろう．しかし，小さな行列についてその逆行列を知ることは非常に有益である．この K^{-1} は重要な例であり，K^{-1} から観察されることを 3 つ補足する．ここで 3 つの用語，**対称行列**，**三重対角行列**，**行列式**，を導入する：

1. K はその主対角要素に対して対称な**対称行列**である．K^{-1} も同様である．
2. K は**三重対角行列**である（非零要素が対角要素とその上下の 3 つのみである）．しかし，K^{-1} は 0 を含まない密行列である．逆行列をあまり求めないもう 1 つの理由がこれだ．帯行列の逆行列は一般に密行列となる．
3. **ピボットの積** は $2 \times \frac{3}{2} \times \frac{4}{3} = 4$ である．この数 4 は K の**行列式**である．

$$\boldsymbol{K^{-1}}\ \text{には行列式による除算を伴う}\qquad K^{-1} = \frac{1}{4}\begin{bmatrix}3 & 2 & 1\\ 2 & 4 & 2\\ 1 & 2 & 3\end{bmatrix}. \tag{8}$$

これが，可逆行列の行列式が 0 とならない理由である．

例 4　$A = \left[\begin{smallmatrix}\mathbf{2} & \mathbf{3}\\ \mathbf{4} & \mathbf{7}\end{smallmatrix}\right]$ から始めて，ガウス–ジョルダン消去法により A^{-1} を求めよ．2 つの行の操作を行った後で，ピボットを 1 にするため除算を行う：

$$[\boldsymbol{A}\ \ I] = \begin{bmatrix}\mathbf{2} & \mathbf{3} & 1 & 0\\ \mathbf{4} & \mathbf{7} & 0 & 1\end{bmatrix} \to \begin{bmatrix}2 & 3 & 1 & 0\\ \mathbf{0} & \mathbf{1} & \mathbf{-2} & \mathbf{1}\end{bmatrix}\quad (\text{これは}\ [U\ \ L^{-1}])$$

$$\to \begin{bmatrix}\mathbf{2} & \mathbf{0} & \mathbf{7} & \mathbf{-3}\\ 0 & 1 & -2 & 1\end{bmatrix} \to \begin{bmatrix}1 & 0 & \frac{\mathbf{7}}{\mathbf{2}} & -\frac{\mathbf{3}}{\mathbf{2}}\\ 0 & 1 & \mathbf{-2} & \mathbf{1}\end{bmatrix}\quad (\text{これは}\ [I\ \ \boldsymbol{A^{-1}}]).$$

A^{-1} を求めるのに行列式 $ad - bc = 2 \cdot 7 - 3 \cdot 4 = 2$ での除算を伴う．第 3 章で示す「行簡約階段行列」を求める rref を用いると，$X =$ inverse(A) を求めるプログラムコードが書ける：

```
I = eye (n);                 % n × n の単位行列を定義する
R = rref ([A I]);            % 拡大行列 [A I] の消去
X = R(:, n+1 : n+n)          % R の右 n 行から A^-1 を取り出す
```

A は可逆でなければならない．そうでなければ，消去によって（R の左半分の）A を I にすることができない．

ガウス–ジョルダン法から，A^{-1} を求めるのに手間がかかる理由がわかる．n 個の列についての n 個の方程式を解かなければならないからだ．

> **$A\boldsymbol{x} = \boldsymbol{b}$ を A^{-1} を用いずに解くとき，1 つの列ベクトル $\boldsymbol{b}$ から 1 つの列ベクトル $\boldsymbol{x}$ を求める．**

A^{-1} を擁護すると，その計算コストは，1 つの方程式 $A\boldsymbol{x} = \boldsymbol{b}$ を解く計算コストの n 倍にはならない．驚くかもしれないが，n 列を求める計算コストは 3 倍でしかない．計算コストが少なくて済む理由は，n 個の方程式 $A\boldsymbol{x}_i = \boldsymbol{e}_i$ がすべて同じ行列 A を含んでいるからだ．消去は A に対して一度だけ行えばよく，右辺に対する計算は比較的計算コストが少ない．

A^{-1} を計算するには消去の過程で n^3 の計算が必要であり，1 つの $\boldsymbol{x}$ を計算するには $n^3/3$ の計算が必要である．次節でこれらの計算コストを算出する．

非可逆と可逆の対比

中心的質問に戻ろう．逆行列を持つのはどのような行列か？本節の最初でピボットによる判定法を提案した：**A^{-1} が存在するのは，A に n 個のピボットがそろっているときだけである**（行の交換はしてもよい）．ガウス–ジョルダン消去法によって，それを証明できる：

1. n 個のピボットがあれば，消去によってすべての方程式 $A\boldsymbol{x}_i = \boldsymbol{e}_i$ が解ける．列ベクトル $\boldsymbol{x}_i$ は A^{-1} の一部となる．$AA^{-1} = I$ より，A^{-1} は少なくとも**右逆行列**である．

2. 消去は，E と P と D^{-1} を繰り返し掛けることである：

左逆行列　$$(D^{-1} \cdots E \cdots P \cdots E)A = I. \tag{9}$$

D^{-1} はピボットによる除算である．行列 E はピボットの下と上に 0 を作る．必要があれば，P により行を交換する（第 2.7 節を見よ）．式 (9) における行列の積は，確かに**左逆行列**である．n 個のピボットがあれば，$A^{-1}A = I$ とすることができる．

右逆行列と左逆行列は等しい．これは，本節の最初の注 2 である．したがって，ピボットがそろっている正方行列は常に両側の逆行列を持つ．

逆向きの推論を行うと，**$AC = I$ であるならば A は n 個のピボットを持たなければならない**ことを示せる（さらに，C が左逆行列であり $CA = I$ であることを演繹できる）．この結論を導く方法を 1 つ示そう：

1. もし A が n 個のピボットを持たなければ，消去によって**零行** ができる．

2. それらの消去の過程は，可逆行列 M によって行われる．**よって，MA は零行を持つ．**

3. $AC = I$ となりうるならば，$MAC = M$ である．MA の零行に C を掛けると，M にも零行ができる．

4. 可逆行列 M は零行を持ちえない．$AC = I$ のとき，A は n 個のピボットを**必ず持つ**．

4 段階で証明を行ったが，その結論は重要である．

> 消去によって，正方行列が可逆であるかどうかを完全に判定できる．**A が n 個のピボットを持つとき，かつそのときに限り，A^{-1} が存在する（そして，ガウス–ジョルダン法でそれを求めることができる）**．上記の証明では，より多くのことが示される：
>
> $$AC = I \quad \text{ならば} \quad CA = I \quad \text{かつ} \quad C = A^{-1} \quad \text{である}$$

例 5　下三角行列 L の対角要素が 1 であるとき，L^{-1} の対角要素も 1 である．

三角行列は，その対角要素がすべて非零であるとき，かつそのときに限り，可逆である．

L の対角要素が 1 であるとき，L^{-1} の対角要素も 1 である．ガウス–ジョルダン法を使って，L^{-1} を構築しよう．はじめに，ピボットを含む行の何倍かを**その下**にある行から引く．通常は逆行列を求める過程の半分までしか到達しないが，L に対してはこれで逆行列が求まる．I が左に現れたとき，L^{-1} が右に現れる．L^{-1} の中の 11 がどのようにしてできたかに注目しよう．それは，$3 \times 5 - 4$ である．

三角行列 L に対するガウス–ジョルダン法

$$\begin{bmatrix} \mathbf{1} & \mathbf{0} & \mathbf{0} & 1 & 0 & 0 \\ \mathbf{3} & \mathbf{1} & \mathbf{0} & 0 & 1 & 0 \\ \mathbf{4} & \mathbf{5} & \mathbf{1} & 0 & 0 & 1 \end{bmatrix} = \begin{bmatrix} L & I \end{bmatrix}$$

$$\begin{matrix} \\ \to \\ \to \end{matrix} \begin{bmatrix} 1 & 0 & 0 & 1 & 0 & 0 \\ 0 & 1 & 0 & -3 & 1 & 0 \\ 0 & 5 & 1 & -4 & 0 & 1 \end{bmatrix} \quad \begin{matrix} \text{（第 1 行の 3 倍を第 2 行から引く）} \\ \text{（第 1 行の 4 倍を第 3 行から引く）} \\ \text{（その後，第 2 行の 5 倍を第 3 行から引く）} \end{matrix}$$

$$\to \begin{bmatrix} 1 & 0 & 0 & \mathbf{1} & \mathbf{0} & \mathbf{0} \\ 0 & 1 & 0 & \mathbf{-3} & \mathbf{1} & \mathbf{0} \\ 0 & 0 & 1 & \mathbf{11} & \mathbf{-5} & \mathbf{1} \end{bmatrix} = \begin{bmatrix} I & \boldsymbol{L^{-1}} \end{bmatrix}.$$

基本変形の行列 $E_{32}E_{31}E_{21}$ を掛けることにより，L は I になる．基本変形の行列の積は L^{-1} である．すべてのピボットは 1 である（ピボットがそろっている）．L^{-1} は下三角行列であるが，その中に「11」という不思議な要素が現れる．

適切な順序である $E_{21}^{-1}E_{31}^{-1}E_{32}^{-1} = L$ では，$3, 4, 5$ を壊す 11 という数は現れない．

■　要点の復習　■

1. 逆行列により $AA^{-1} = I$ および $A^{-1}A = I$ となる．
2. A が（行の交換を許して）n 個のピボットを持つとき，またそのときに限り，A は可逆である．
3. ある非零ベクトル $\boldsymbol{x}$ に対して $A\boldsymbol{x} = \mathbf{0}$ となるとき，A は逆行列を持たない．
4. AB の逆行列は，逆順の積 $B^{-1}A^{-1}$ である．同様に，$(ABC)^{-1} = C^{-1}B^{-1}A^{-1}$ である．
5. ガウス–ジョルダン法では $AA^{-1} = I$ を解くことにより A^{-1} の n 列を求める．拡大行列 $\begin{bmatrix} A & I \end{bmatrix}$ は行簡約されて $\begin{bmatrix} I & A^{-1} \end{bmatrix}$ となる．

■ 例題 ■

2.5 A　三角**差**行列 A の逆行列は，三角**和**行列 S である：

$$[\,A\ \ I\,] = \left[\begin{array}{rrr|rrr} 1 & 0 & 0 & 1 & 0 & 0 \\ -1 & 1 & 0 & 0 & 1 & 0 \\ 0 & -1 & 1 & 0 & 0 & 1 \end{array}\right] \to \left[\begin{array}{rrr|rrr} 1 & 0 & 0 & 1 & 0 & 0 \\ 0 & 1 & 0 & 1 & 1 & 0 \\ 0 & -1 & 1 & 0 & 0 & 1 \end{array}\right]$$

$$\to \left[\begin{array}{rrr|rrr} 1 & 0 & 0 & 1 & 0 & 0 \\ 0 & 1 & 0 & 1 & 1 & 0 \\ 0 & 0 & 1 & 1 & 1 & 1 \end{array}\right] = [\,I\ \ A^{-1}\,] = [\,I\ \ \text{和行列}\,].$$

a_{13} を -1 に変えたとき，A のすべての行の和が零行となる．すると，方程式 $A\boldsymbol{x} = \boldsymbol{0}$ が非零の解 $\boldsymbol{x} = (1, 1, 1)$ を持つ．**この新しい $\boldsymbol{A}$ が可逆ではないことは明らか**である．

2.5 B　以下の行列のうち，3 つは可逆行列であり，3 つは非可逆行列である．逆行列が存在するならば，それを求めよ．それ以外の 3 つに対しては，可逆行列でない理由を挙げよ（行列式が 0，ピボットが少ない，$A\boldsymbol{x} = \boldsymbol{0}$ の非零解）．行列は順に，A, B, C, D, S, E とする：

$$\begin{bmatrix} 4 & 3 \\ 8 & 6 \end{bmatrix} \quad \begin{bmatrix} 4 & 3 \\ 8 & 7 \end{bmatrix} \quad \begin{bmatrix} 6 & 6 \\ 6 & 0 \end{bmatrix} \quad \begin{bmatrix} 6 & 6 \\ 6 & 6 \end{bmatrix} \quad \begin{bmatrix} 1 & 0 & 0 \\ 1 & 1 & 0 \\ 1 & 1 & 1 \end{bmatrix} \quad \begin{bmatrix} 1 & 1 & 1 \\ 1 & 1 & 0 \\ 1 & 1 & 1 \end{bmatrix}$$

解

$$B^{-1} = \frac{1}{4}\begin{bmatrix} 7 & -3 \\ -8 & 4 \end{bmatrix} \quad C^{-1} = \frac{1}{36}\begin{bmatrix} 0 & 6 \\ 6 & -6 \end{bmatrix} \quad S^{-1} = \begin{bmatrix} 1 & 0 & 0 \\ -1 & 1 & 0 \\ 0 & -1 & 1 \end{bmatrix}$$

A はその行列式が $4 \cdot 6 - 3 \cdot 8 = 24 - 24 = 0$ であるので可逆ではない．D について，第 2 行から第 1 行を引くと第 2 行は零行となり，ピボットが 1 つだけになるので，D は可逆ではない．E について，その列のある線形結合（第 2 列 − 第 1 列）が零である，言い換えると $E\boldsymbol{x} = \boldsymbol{0}$ が解 $\boldsymbol{x} = (-1, 1, 0)$ を持つ．したがって，E は可逆ではない．

当然ながら，可逆行列とならない 3 つの理由はすべて A, D, E のいずれにもあてはまる．

2.5 C　ガウス–ジョルダン法を適用して，以下の三角行列である「パスカル行列」L の逆行列を求めよ．**パスカルの三角形**では，各要素と左の要素の和がその下の要素となる．L の要素は「二項係数」である．次の行は 1, 4, 6, 4, 1 となる．

$$\text{三角パスカル行列}\quad L = \begin{bmatrix} \mathbf{1} & 0 & 0 & 0 \\ \mathbf{1} & \mathbf{1} & 0 & 0 \\ \mathbf{1} & \mathbf{2} & \mathbf{1} & 0 \\ \mathbf{1} & \mathbf{3} & \mathbf{3} & \mathbf{1} \end{bmatrix} = \mathsf{abs(pascal\ (4,1))}$$

解　ガウス–ジョルダン法では，$[L\ I]$ から始めて，第 1 行を引いて零を作り出す：

$$[L\ I] = \left[\begin{array}{cccc|cccc} \mathbf{1} & 0 & 0 & 0 & 1 & 0 & 0 & 0 \\ \mathbf{1} & \mathbf{1} & 0 & 0 & 0 & 1 & 0 & 0 \\ \mathbf{1} & \mathbf{2} & \mathbf{1} & 0 & 0 & 0 & 1 & 0 \\ \mathbf{1} & \mathbf{3} & \mathbf{3} & \mathbf{1} & 0 & 0 & 0 & 1 \end{array}\right] \to \left[\begin{array}{cccc|cccc} 1 & 0 & 0 & 0 & 1 & 0 & 0 & 0 \\ \mathbf{0} & 1 & 0 & 0 & \mathbf{-1} & 1 & 0 & 0 \\ \mathbf{0} & 2 & 1 & 0 & \mathbf{-1} & 0 & 1 & 0 \\ \mathbf{0} & 3 & 3 & 1 & \mathbf{-1} & 0 & 0 & 1 \end{array}\right].$$

次に，乗数 2 と 3 を使って，2 つ目のピボットの下に零を作る．そして，最後に新しくできた第 3 行の 3 倍を新しくできた第 4 行から引く：

$$\to \left[\begin{array}{cccc|cccc} 1 & 0 & 0 & 0 & 1 & 0 & 0 & 0 \\ 0 & 1 & 0 & 0 & -1 & 1 & 0 & 0 \\ 0 & \mathbf{0} & 1 & 0 & \mathbf{1} & \mathbf{-2} & 1 & 0 \\ 0 & \mathbf{0} & 3 & 1 & \mathbf{2} & \mathbf{-3} & 0 & 1 \end{array}\right] \to \left[\begin{array}{cccc|cccc} 1 & 0 & 0 & 0 & \mathbf{1} & 0 & 0 & 0 \\ 0 & 1 & 0 & 0 & \mathbf{-1} & \mathbf{1} & 0 & 0 \\ 0 & 0 & 1 & 0 & \mathbf{1} & \mathbf{-2} & \mathbf{1} & 0 \\ 0 & 0 & 0 & 1 & \mathbf{-1} & \mathbf{3} & \mathbf{-3} & \mathbf{1} \end{array}\right] = [I\ L^{-1}].$$

すべてのピボットが 1 だったので，I を得るために行をピボットで割る必要はない．逆行列 L^{-1} は L と同じように見えるが，主対角要素から奇数列離れた要素に負符号がついている．

同様のパターンが $n \times n$ のパスカル行列で成り立つ．L^{-1} では，対角要素から離れる方向に正負が交互に変わる．

練習問題 2.5

1　A, B, C の逆行列を（直接もしくは 2×2 の公式で）求めよ：

$$A = \begin{bmatrix} 0 & 3 \\ 4 & 0 \end{bmatrix} \quad と \quad B = \begin{bmatrix} 2 & 0 \\ 4 & 2 \end{bmatrix} \quad と \quad C = \begin{bmatrix} 3 & 4 \\ 5 & 7 \end{bmatrix}.$$

2　これらの「置換行列」について，（1 と 0 の並びからなる）P^{-1} を求めよ．

$$P = \begin{bmatrix} 0 & 0 & 1 \\ 0 & 1 & 0 \\ 1 & 0 & 0 \end{bmatrix} \quad と \quad P = \begin{bmatrix} 0 & 1 & 0 \\ 0 & 0 & 1 \\ 1 & 0 & 0 \end{bmatrix}.$$

3　以下の方程式を解いて，A^{-1} の第 1 列 (x, y) と第 2 列 (t, z) を求めよ：

$$\begin{bmatrix} 10 & 20 \\ 20 & 50 \end{bmatrix} \begin{bmatrix} x \\ y \end{bmatrix} = \begin{bmatrix} 1 \\ 0 \end{bmatrix} \quad と \quad \begin{bmatrix} 10 & 20 \\ 20 & 50 \end{bmatrix} \begin{bmatrix} t \\ z \end{bmatrix} = \begin{bmatrix} 0 \\ 1 \end{bmatrix}.$$

4 $\left[\begin{smallmatrix}1&2\\3&6\end{smallmatrix}\right]$ が可逆でないことを，$AA^{-1}=I$ より A^{-1} の第 1 列を求める試みから示せ：

$$\begin{bmatrix}1&2\\3&6\end{bmatrix}\begin{bmatrix}x\\y\end{bmatrix}=\begin{bmatrix}1\\0\end{bmatrix}$$

（A^{-1} の第 1 列が求まるが第 2 列が求まらないような A は存在するか？）

5 （対角行列ではない）上三角行列 U で $U^2=I$ を満たすものを求めよ．そのとき $U=U^{-1}$ となる．

6 (a) A が可逆でありかつ $AB=AC$ であるとき，$B=C$ であることを手早く示せ．
(b) $A=\left[\begin{smallmatrix}1&1\\1&1\end{smallmatrix}\right]$ であるとき，$AB=AC$ となるような異なる行列 B と C を求めよ．

7 （重要）A において，第 1 行 + 第 2 行 = 第 3 行であるとき，A が可逆でないことを示せ：

(a) $A\boldsymbol{x}=(1,0,0)$ が解を持たない理由を説明せよ．
(b) 右辺 (b_1,b_2,b_3) がどのようなとき，$A\boldsymbol{x}=\boldsymbol{b}$ が解を持つか？
(c) 消去において第 3 行に何が起こるか？

8 A において，第 1 列 + 第 2 列 = 第 3 列であるとき，A が可逆でないことを示せ：

(a) $A\boldsymbol{x}=\boldsymbol{0}$ の非零解 $\boldsymbol{x}$ を求めよ．なお，行列は 3×3 とする．
(b) 消去を通じて，第 1 列 + 第 2 列 = 第 3 列の性質は保たれる．3 つ目のピボットがない理由を説明せよ．

9 A が可逆であり，A の第 1 行と第 2 行を入れ替えると B になるとする．この行列 B は可逆であるか？ また，A^{-1} から B^{-1} をどのようにして求めることができるか？

10 以下の行列について，（任意のやり方で）逆行列を求めよ．

$$A=\begin{bmatrix}0&0&0&2\\0&0&3&0\\0&4&0&0\\5&0&0&0\end{bmatrix}\quad と\quad B=\begin{bmatrix}3&2&0&0\\4&3&0&0\\0&0&6&5\\0&0&7&6\end{bmatrix}.$$

11 (a) 行列 A と B が可逆であるが，$A+B$ が可逆でないようなものを求めよ．
(b) 行列 A と B が非可逆行列であるが，$A+B$ が可逆であるようなものを求めよ．

12 積 $C=AB$ が可逆である（A と B は正方行列とする）ならば，A も可逆である．A^{-1} を求める式を，C^{-1} と B を用いて書け．

13 3 つの正方行列の積 $M=ABC$ が可逆であるとき，B は可逆である（A も C も可逆である）．B^{-1} を求める式を，M^{-1} と A と C を用いて書け．

14　A の第 1 行を第 2 行に足すと B となるとき，B^{-1} を A^{-1} より求める方法を示せ．

$$\text{順序に注意せよ．}\quad B = \begin{bmatrix} 1 & 0 \\ 1 & 1 \end{bmatrix} \begin{bmatrix} \; A \; \end{bmatrix} \quad \text{の逆行列は}\quad \underline{\qquad}.$$

15　零列を持つ行列が逆行列を持たないことを証明せよ．

16　$\left[\begin{smallmatrix} \mathbf{a} & \mathbf{b} \\ \mathbf{c} & \mathbf{d} \end{smallmatrix}\right]$ と $\left[\begin{smallmatrix} \mathbf{d} & -\mathbf{b} \\ -\mathbf{c} & \mathbf{a} \end{smallmatrix}\right]$ の積を計算せよ．$ad \neq bc$ のとき，それぞれの行列の逆行列を求めよ．

17 (a) 次の 3 つの手順と同じ効果となる行列 E を求めよ．第 1 行を第 2 行から引き，第 1 行を第 3 行から引き，最後に第 2 行を第 3 行から引く．

(b) 次の 3 つの逆手順と同じ効果となる行列 L を求めよ．第 2 行を第 3 行に足し，第 1 行を第 3 行に足し，最後に第 1 行を第 2 行に足す．

18　B が A^2 の逆行列であるとき，AB が A の逆行列であることを示せ．

19　5 ∗ eye(4) − ones(4,4) の逆行列となるように数 a と b 定めよ．

$$\begin{bmatrix} 4 & -1 & -1 & -1 \\ -1 & 4 & -1 & -1 \\ -1 & -1 & 4 & -1 \\ -1 & -1 & -1 & 4 \end{bmatrix}^{-1} = \begin{bmatrix} a & b & b & b \\ b & a & b & b \\ b & b & a & b \\ b & b & b & a \end{bmatrix}.$$

6 ∗ eye(5) − ones(5,5) の逆行列において，a と b を求めよ．

20　A = 4 ∗ eye(4) − ones(4,4) が可逆でないことを示せ．A ∗ ones(4,1) を計算してみよ．

21　要素が 1 と 0 からなる 2×2 の行列は 16 ある．そのうち可逆なものは何個あるか？

問題 22〜28 は A^{-1} を計算するガウス–ジョルダン法に関するものである．

22　（行操作によって）A を I にすることで，I を A^{-1} に変えよ：

$$\begin{bmatrix} A & I \end{bmatrix} = \begin{bmatrix} 1 & 3 & 1 & 0 \\ 2 & 7 & 0 & 1 \end{bmatrix} \quad \text{と} \quad \begin{bmatrix} A & I \end{bmatrix} = \begin{bmatrix} 1 & 4 & 1 & 0 \\ 3 & 9 & 0 & 1 \end{bmatrix}$$

23　本文中の 3×3 の例と同様のことを行え．ただし，A の要素の符号が正になっている．ピボットの上下を消去して，$[A \;\; I]$ を $[I \;\; A^{-1}]$ に変形せよ：

$$\begin{bmatrix} A & I \end{bmatrix} = \begin{bmatrix} 2 & 1 & 0 & 1 & 0 & 0 \\ 1 & 2 & 1 & 0 & 1 & 0 \\ 0 & 1 & 2 & 0 & 0 & 1 \end{bmatrix}.$$

24 $[U \;\; I]$ に対してガウス–ジョルダンの消去を行い，上三角行列 U^{-1} を求めよ：

$$\boldsymbol{U}\boldsymbol{U}^{-1} = \boldsymbol{I} \qquad \begin{bmatrix} 1 & a & b \\ 0 & 1 & c \\ 0 & 0 & 1 \end{bmatrix} \begin{bmatrix} \boldsymbol{x}_1 & \boldsymbol{x}_2 & \boldsymbol{x}_3 \end{bmatrix} = \begin{bmatrix} 1 & 0 & 0 \\ 0 & 1 & 0 \\ 0 & 0 & 1 \end{bmatrix}.$$

25 $[A \;\; I]$ と $[B \;\; I]$ に対して消去を行い，A^{-1} と B^{-1} を（存在するならば）求めよ：

$$A = \begin{bmatrix} 2 & 1 & 1 \\ 1 & 2 & 1 \\ 1 & 1 & 2 \end{bmatrix} \quad と \quad B = \begin{bmatrix} 2 & -1 & -1 \\ -1 & 2 & -1 \\ -1 & -1 & 2 \end{bmatrix}.$$

26 どのような 3 つの行列 E_{21} と E_{12} と D^{-1} によって，$A = \left[\begin{smallmatrix} 1 & 2 \\ 2 & 6 \end{smallmatrix}\right]$ が単位行列になるか？積 $D^{-1}E_{12}E_{21}$ を計算して A^{-1} を求めよ．

27 次の行列 A に対して，（$[A \;\; I]$ から始める）ガウス–ジョルダン法で逆行列を求めよ：

$$A = \begin{bmatrix} 1 & 0 & 0 \\ 2 & 1 & 3 \\ 0 & 0 & 1 \end{bmatrix} \quad と \quad A = \begin{bmatrix} 1 & 1 & 1 \\ 1 & 2 & 2 \\ 1 & 2 & 3 \end{bmatrix}.$$

28 行を交換してからガウス–ジョルダン法を行い，A^{-1} を求めよ：

$$[A \;\; I] = \begin{bmatrix} 0 & 2 & 1 & 0 \\ 2 & 2 & 0 & 1 \end{bmatrix}.$$

29 以下の命題は，真か偽か（偽のときには反例を挙げ，真のときには理由を説明せよ）？

(a) ある行が零行である 4×4 行列は可逆ではない．
(b) 主対角要素の下が 1 であるようなすべての行列は可逆である．
(c) A が可逆であるとき，A^{-1} と A^2 は可逆である．

30 次の行列が非可逆となる数 c の値を 3 つ求めよ．また，可逆とならない理由を述べよ．

$$A = \begin{bmatrix} 2 & c & c \\ c & c & c \\ 8 & 7 & c \end{bmatrix}.$$

31 $a \neq 0$ かつ $a \neq b$ であるとき，A が可逆であることを証明せよ（ピボットもしくは A^{-1} を求めよ）：

$$A = \begin{bmatrix} a & b & b \\ a & a & b \\ a & a & a \end{bmatrix}.$$

32 次の行列の逆行列は注目すべきだ．$[A \;\; I]$ に対して消去を行い A^{-1} を求めよ．行列を 5×5 の符号が交互に変わる行列へと拡大し，その逆行列を予想せよ．積を計算してその逆行列が正しいことを確かめよ．

$$A = \begin{bmatrix} 1 & -1 & 1 & -1 \\ 0 & 1 & -1 & 1 \\ 0 & 0 & 1 & -1 \\ 0 & 0 & 0 & 1 \end{bmatrix} \text{ の逆行列を求め，} \quad A\boldsymbol{x} = (1,1,1,1) \text{ を解け．}$$

33 行列 P と Q を，I の行を任意の順序に並べ換えた行列とする．これらは「置換行列」である．$P-Q$ が非可逆であることを，$(P-Q)\boldsymbol{x} = \boldsymbol{0}$ を解くことで示せ．

34 以下のブロック行列の逆行列を求め，その逆行列が正しいことを確かめよ（逆行列が存在すると仮定せよ）：

$$\begin{bmatrix} I & 0 \\ C & I \end{bmatrix} \quad \begin{bmatrix} A & 0 \\ C & D \end{bmatrix} \quad \begin{bmatrix} 0 & I \\ I & D \end{bmatrix}.$$

35 すべての行が数 $0,1,2,3$ の並べ換えとなっている 4×4 行列を A とする．A は可逆となりうるか？ すべての行が $0,1,2,-3$ の並び換えとなっている行列 B ではどうか？

36 例題 **2.5 C** において，三角パスカル行列 L の逆行列は，その対角方向の要素の符号が交互に変わる．交互に符号の変わる $1,-1,1,-1$ を要素とする対角行列を D とする．L^{-1} が DLD であることを確かめよ．すると $LDLD = I$ である．$LD =$ pascal(4,1) の逆行列を求めよ．

37 ヒルベルト行列は，要素 $H_{ij} = 1/(i+j-1)$ からなる．MATLAB を用いて 6×6 のヒルベルト行列の逆行列 invhilb(6) を計算せよ．次に，inv(hilb(6)) を計算せよ．計算機は間違うことがないとして，これらはどのように異なりうるか？

38 (a) inv(P) によって，4×4 の対称行列 $P =$ pascal(4) の逆行列を求めよ．
(b) パスカルの下三角行列 $L =$ abs(pascal(4,1)) を作り，$P = LL^{\mathrm{T}}$ であるか判定せよ．

39 $A =$ ones(4) と $\boldsymbol{b} =$ rand(4,1) であるとき，$A\boldsymbol{x} = \boldsymbol{b}$ が解を持たないことを MATLAB で調べるにはどうするか？ 特別な $\boldsymbol{b} =$ ones(4,1) の場合に，$A \backslash \boldsymbol{b}$ によって求まるものは，$A\boldsymbol{x} = \boldsymbol{b}$ の解のうちのどれか？

挑戦問題

40 （推奨）4×4 の行列 A は，その対角要素が 1 であり，対角要素の上の要素が $-a, -b, -c$ である．この 2 重対角行列に対して A^{-1} を求めよ．

41 E_1, E_2, E_3 は 4×4 の単位行列を次のように変えた行列である．E_1 は，第 1 列の 1 の下に a, b, c を持つ．E_2 は，第 2 列の 1 の下に d, e を持つ．E_3 は，第 3 列の 1 の下に

f を持つ．積 $L = E_1E_2E_3$ を計算して，E_1，E_2，E_3 の非零値がすべて L にコピーされることを示せ．

$E_1E_2E_3$ は，消去とは**逆**の順序である（E_3 が最初に作用している）が，消去の逆を行って A に戻すときには**正しい**順序となる．

42 **1**〜**4** について，積を直接計算すると $MM^{-1} = I$ となる．**3** を計算してみるとよい．M^{-1} の式より，A からある行列を引いたときに A^{-1} がどのように変わるかがわかる：

1	$M = I - \boldsymbol{uv}$	と	$M^{-1} = I + \boldsymbol{uv}/(1 - \boldsymbol{vu})$	(階数 1 の行列だけ変化)
2	$M = A - \boldsymbol{uv}$	と	$M^{-1} = A^{-1} + A^{-1}\boldsymbol{uv}A^{-1}/(1 - \boldsymbol{v}A^{-1}\boldsymbol{u})$	
3	$M = I - UV$	と	$M^{-1} = I_n + U(I_m - VU)^{-1}V$	
4	$M = A - UW^{-1}V$	と	$M^{-1} = A^{-1} + A^{-1}U(W - VA^{-1}U)^{-1}VA^{-1}$	

4 の Woodbury-Morrison の公式は，工学における「逆行列補題」である．ブロック三重対角方程式系を解く**カルマンフィルタ**では，その各ステップで公式 **4** を利用する．以下のブロック行列の逆行列を求めるとき，4 つの行列 M^{-1} が対角ブロックに現れる（$\boldsymbol{v}$ は $1 \times n$ 行列，$\boldsymbol{u}$ は $n \times 1$ 行列，V は $m \times n$ 行列，U は $n \times m$ 行列である）．

$$\begin{bmatrix} I & \boldsymbol{u} \\ \boldsymbol{v} & 1 \end{bmatrix} \qquad \begin{bmatrix} A & \boldsymbol{u} \\ \boldsymbol{v} & 1 \end{bmatrix} \qquad \begin{bmatrix} I_n & U \\ V & I_m \end{bmatrix} \qquad \begin{bmatrix} A & U \\ V & W \end{bmatrix}$$

43 2 次差分行列は,（$K_{11} = 2$ ではなく）$T_{11} = 1$ から始めると美しい逆行列を持つ．3×3 の三重対角行列 T とその逆行列を示す：

$$\boldsymbol{T_{11} = 1} \qquad T = \begin{bmatrix} 1 & -1 & 0 \\ -1 & 2 & -1 \\ 0 & -1 & 2 \end{bmatrix} \qquad T^{-1} = \begin{bmatrix} 3 & 2 & 1 \\ 2 & 2 & 1 \\ 1 & 1 & 1 \end{bmatrix}$$

逆行列を求める 1 つの方法は，$[T \ \ I]$ に対するガウス–ジョルダン消去であるが，それはあまりに機械的だ．T を 1 次差分行列 L と U の積として書く．例題 **2.5 A** から L と U の逆行列は**和行列**であり，T と T^{-1} は次のようになる：

$$LU = \underset{\textbf{差}}{\begin{bmatrix} 1 & & \\ -1 & 1 & \\ 0 & -1 & 1 \end{bmatrix}} \underset{\textbf{差}}{\begin{bmatrix} 1 & -1 & 0 \\ & 1 & -1 \\ & & 1 \end{bmatrix}} \qquad U^{-1}L^{-1} = \underset{\textbf{和}}{\begin{bmatrix} 1 & 1 & 1 \\ & 1 & 1 \\ & & 1 \end{bmatrix}} \underset{\textbf{和}}{\begin{bmatrix} 1 & & \\ 1 & 1 & \\ 1 & 1 & 1 \end{bmatrix}}$$

問　（**4** × **4** の）T のピボットを求めよ．4×4 の逆行列はどうなるか？逆順の積 UL はどのような行列 T^* となるか？T^* の逆行列はどうなるか？

44 差分行列をもう 2 つ示そう．以下の 2 つはどちらも重要だが，**可逆だろうか？**

$$\textbf{巡回}\ C = \begin{bmatrix} 2 & -1 & 0 & -1 \\ -1 & 2 & -1 & 0 \\ 0 & -1 & 2 & -1 \\ -1 & 0 & -1 & 2 \end{bmatrix} \qquad \textbf{自由端}\ F = \begin{bmatrix} 1 & -1 & 0 & 0 \\ -1 & 2 & -1 & 0 \\ 0 & -1 & 2 & -1 \\ 0 & 0 & -1 & 1 \end{bmatrix}.$$

可逆かどうかの判定方法の 1 つは消去によるものである．消去を行うと 4 つ目のピボットで失敗する．もう 1 つの判定方法は行列式によるものであるが，それは望ましくない．以下の最善の方法はずっと速く計算でき，行列の大きさによらない：

$C\boldsymbol{x} = \boldsymbol{0}$ である $\boldsymbol{x} \neq \boldsymbol{0}$ を作る． $F\boldsymbol{x} = \boldsymbol{0}$ にも同じことを行う．可逆ではない．

$C\boldsymbol{x} = \boldsymbol{b}$ と $F\boldsymbol{x} = \boldsymbol{b}$ の両方の式から $0 = b_1 + b_2 + \cdots + b_n$ が導かれることを示せ．それ以外の $\boldsymbol{b}$ に対して解は存在しない．

45 2×2 **ブロック行列に対する消去**：第 1 ブロック行に CA^{-1} を掛けて，第 2 ブロック行から引くと「シューアの補行列」 S が現れる：

$$\begin{bmatrix} I & 0 \\ -CA^{-1} & I \end{bmatrix} \begin{bmatrix} A & B \\ C & D \end{bmatrix} = \begin{bmatrix} A & B \\ 0 & S \end{bmatrix} \qquad \begin{array}{l} A \text{ と } D \text{ は正方行列} \\ S = D - CA^{-1}B. \end{array}$$

右から行列を掛けて，第 1 ブロック列の $A^{-1}B$ 倍を第 2 ブロック列から引く．

$$\begin{bmatrix} A & B \\ 0 & S \end{bmatrix} \begin{bmatrix} I & -A^{-1}B \\ 0 & I \end{bmatrix} = ? \qquad \begin{bmatrix} A & B \\ C & I \end{bmatrix} = \begin{bmatrix} 2 & 3 & 3 \\ 4 & 1 & 0 \\ 4 & 0 & 1 \end{bmatrix} \text{ に対して } S \text{ を求めよ．}$$

ブロックのピボットは A と S である．それらが可逆であれば，$[A \ \ B; \ C \ \ D]$ も可逆である．

46 恒等式 $A(I + BA) = (I + AB)A$ により，$I + BA$ の逆行列と $I + AB$ の逆行列がどのように関連づけられるか？それらは，両方とも可逆となるか，もしくは，両方とも非可逆となる：これは自明ではない．

2.6 消去 = 分解：$\boldsymbol{A} = \boldsymbol{LU}$

学生はよく数学の授業が理論的すぎると言う．本節は違って，まさに実用的なものである．目標は，ガウスの消去法を最も便利な形で表現することである．線形代数の重要な考え方の多くは，詳しく見ると行列の**分解**である．もとの行列 A が，2 つないし 3 つの特別な行列の積になる．実用的に最も重要な最初の分解は，消去に由来するものである．**消去に由来する分解は $\boldsymbol{A} = \boldsymbol{LU}$ であり，因子 $\boldsymbol{L}$ と $\boldsymbol{U}$ は三角行列である．**

すでに U については知っている．U は，その対角要素にピボットを持つ上三角行列である．消去の手順によって，A が U となる．下三角行列 L によって，消去の手順を逆にする（U を A に戻す）ことを示す．**L の要素は，乗数 ℓ_{ij} そのものである．** 乗数 ℓ_{ij} は，ピボットのある第 j 行を第 i 行から引くときに掛けた数だ．

2×2 の例から始める．行列 A は要素 $2, 1, 6, 8$ からなる．消去する数は 6 である．**第 1 行の 3 倍を第 2 行から引く．** この前進の手順は E_{21} であり，その乗数は $\ell_{21} = 3$ である．U

から A への後退の手順は $L = E_{21}^{-1}$ である（+3 による和）.

$$A \text{ から } U \text{ へ前進}: \quad E_{21}A = \begin{bmatrix} 1 & 0 \\ -3 & 1 \end{bmatrix} \begin{bmatrix} 2 & 1 \\ 6 & 8 \end{bmatrix} = \begin{bmatrix} 2 & 1 \\ 0 & 5 \end{bmatrix} = U$$

$$U \text{ から } A \text{ へ後退}: \quad E_{21}^{-1}U = \begin{bmatrix} 1 & 0 \\ 3 & 1 \end{bmatrix} \begin{bmatrix} 2 & 1 \\ 0 & 5 \end{bmatrix} = \begin{bmatrix} 2 & 1 \\ 6 & 8 \end{bmatrix} = A.$$

2 行目が分解 $LU = A$ となっている．E_{21}^{-1} の代わりに L と書く．多くの E からなる，より大きな行列に移ろう．**すると，L はそれらすべての逆行列を含む．**

A から U への各手順で，(i, j) の位置に零を作り出すために行列 E_{ij} が掛けられる．これがはっきりわかるように，**行の交換**がない場合を考える．A が 3×3 の行列のとき，E_{21} と E_{31} と E_{32} を掛ける．乗数 ℓ_{ij} により，$(2, 1)$ と $(3, 1)$ と $(3, 2)$ の位置に零が作られる．これらはすべて対角要素の下である．上三角行列 U が求まり，消去が終わる．

ここで，それらの E を右辺へ移項しよう．**E の逆行列が U に掛けられる：**

$$(E_{32}E_{31}E_{21})A = U \text{ が } \boxed{A = (E_{21}^{-1}E_{31}^{-1}E_{32}^{-1})U} \text{ となり，それは } \boxed{A = LU.} \tag{1}$$

逆行列は必ず逆の順番にならなければならない．その 3 つの逆行列の積が L である．**これにより $\boldsymbol{A = LU}$ が得られる．**理解を深めるために，ここで一度立ち止まろう．

説明と例

要点その 1： 各逆行列 E^{-1} は**下三角行列**である．その非対角要素は ℓ_{ij} であり，$-\ell_{ij}$ による減算を取り消す．E と E^{-1} の対角要素は 1 からなる．上の例では $\ell_{21} = 3$ であり，$E = \begin{bmatrix} \mathbf{1} & \mathbf{0} \\ \mathbf{-3} & \mathbf{1} \end{bmatrix}$ と $L = E^{-1} = \begin{bmatrix} \mathbf{1} & \mathbf{0} \\ \mathbf{3} & \mathbf{1} \end{bmatrix}$ であった．

要点その 2： 式 (1) は，A に掛ける下三角行列（E_{ij} の積）を示す．また，すべての E_{ij}^{-1} を U に掛けると A に戻ることも示す．**これらの下三角行列である逆行列の積が $\boldsymbol{L}$ である．**

ここで逆行列が出てくる 1 つの理由は，U ではなく A を分解しようとするからである．その「逆行列の形式」により $A = LU$ が得られる．もう 1 つの理由は，他にも重要な利点があるからだ．これが 3 つ目の要点であり，L がとても適切であることを示す．

要点その 3： 各乗数 ℓ_{ij} は，逆行列の積 L において，i, j の位置に**そのまま入る**．通常，行列積を行うとすべての数が混ぜ合わされるが，ここではそれが起きない．逆行列にとって適切な順番であり，ℓ が変わらず保たれる．後に出てくる式 (3) がその理由だ．

各 E^{-1} の対角要素が 1 であるので，L の対角要素も 1 である．これが最後の要点である．

($\boldsymbol{A = LU}$) これは行の交換を伴わない消去である．上三角行列 U の対角要素はピボットである．下三角行列 L の対角要素はすべて 1 である．**乗数 ℓ_{ij} は L の対角要素の下にある．**

例 1　消去によって，第 1 行の $\frac{1}{2}$ 倍を第 2 行から引く．最後の手順で，第 2 行の $\frac{2}{3}$ 倍を第 3 行から引く．下三角行列 L は $\ell_{21} = \frac{1}{2}$ と $\ell_{32} = \frac{2}{3}$ を持つ．積 LU を計算すると A となる：

$$A = \begin{bmatrix} 2 & 1 & 0 \\ 1 & 2 & 1 \\ 0 & 1 & 2 \end{bmatrix} = \begin{bmatrix} 1 & 0 & 0 \\ \frac{1}{2} & 1 & 0 \\ 0 & \frac{2}{3} & 1 \end{bmatrix} \begin{bmatrix} 2 & 1 & 0 \\ 0 & \frac{3}{2} & 1 \\ 0 & 0 & \frac{4}{3} \end{bmatrix} = LU.$$

A の $(3,1)$ 要素が零であるため，$(3,1)$ の位置の乗数は零である．操作は必要ない．

例 2　左上の要素を 2 から 1 に変えよ．ピボットはすべて 1 となり，乗数もすべて 1 となる．そのパターンは A が 4×4 となっても成り立つ：

$$\textbf{特別なパターン} \qquad A = \begin{bmatrix} \mathbf{1} & 1 & 0 & 0 \\ 1 & 2 & 1 & 0 \\ 0 & 1 & 2 & 1 \\ 0 & 0 & 1 & 2 \end{bmatrix} = \begin{bmatrix} 1 & & & \\ 1 & 1 & & \\ 0 & 1 & 1 & \\ 0 & 0 & 1 & 1 \end{bmatrix} \begin{bmatrix} 1 & 1 & 0 & 0 \\ & 1 & 1 & 0 \\ & & 1 & 1 \\ & & & 1 \end{bmatrix}.$$

これらの LU の例は，実用的にとても重要なことを他にも示している．行の交換がないとする．L と U の中の**零**を予測できるのはどのようなときか？

A のある行が零から始まっていれば，L のその行も零から始まる．

A のある列が零から始まっていれば，U のその列も零から始まる．

ある行が零から始まっていれば，消去の手順を行う必要がない．よって，L の要素が零となり，計算時間を節約できる．同様に，ある列の**先頭**の零は，U でも残る．行列の**内側**の零は，消去が進む間に零でなくなりうるので注意してほしい．L において混ぜ合せが起きず，乗数 ℓ_{ij} が適切な位置にある理由をこれから説明する．

A と LU が等しい理由：下の行から引かれるピボット行について自問せよ．ピボット行は A の行か？ 消去によって変わってしまっているかもしれないので，答は「いいえ」だ．ピボット行は U の行か？ ピボットの行はそれ以後変わることはないので，答は「はい」だ．U の第 3 行を計算するとき，U のそれより上の行の何倍かを引く（**A の行ではない**）．

$$U \text{ の第 3 行} = (A \text{ の第 3 行}) - \ell_{31}(U \text{ の第 1 行}) - \ell_{32}(U \text{ の第 2 行}). \tag{2}$$

この式を書き換えて，行 $[\ell_{31} \quad \ell_{32} \quad 1]$ が U に掛けられることを確認しよう．

$$(A \text{ の第 3 行}) = \ell_{31}(U \text{ の第 1 行}) + \ell_{32}(U \text{ の第 2 行}) + 1\,(U \text{ の第 3 行}). \tag{3}$$

これはまさに $A = LU$ の第 3 行だ．L の第 3 行は ℓ_{31}，ℓ_{32}，1 を持つ．A の大きさによらず，すべての行はこのようになる．行の交換がなければ，$A = LU$ が得られる．

バランスの向上　U の対角要素がピボットである一方で，L の対角要素は 1 であるので，LU 分解は「非対称的」である．これを対称的にするのは簡単である．**U を，ピボットからなる対角行列 D で割る**．すると，対角要素が 1 である新しい行列となる：

$$U \text{ を } \begin{bmatrix} d_1 & & & \\ & d_2 & & \\ & & \ddots & \\ & & & d_n \end{bmatrix} \begin{bmatrix} 1 & u_{12}/d_1 & u_{13}/d_1 & \cdot \\ & 1 & u_{23}/d_2 & \cdot \\ & & \ddots & \vdots \\ & & & 1 \end{bmatrix} \text{に分解する.}$$

同じ文字 U をこの新しい上三角行列にも用いると便利である（が，少し紛らわしい）．新しい U の対角要素は（L 同様）1 である．通常の LU とは異なり，新しい形では中間に D がある．すなわち，**下三角行列 L と対角行列 D と上三角行列 U の積**となる．

三角行列への分解は，$A = LU$ または $A = LDU$ と書ける．

LDU と書かれた場合は常に，U の対角要素は 1 とする．**各行は，最初の非零要素であるピボットで割られる**．すると，LDU において L と U は対等に扱われる：

$$\begin{bmatrix} 1 & 0 \\ 3 & 1 \end{bmatrix} \begin{bmatrix} 2 & 8 \\ 0 & 5 \end{bmatrix} \quad \text{をさらに分解して} \quad \begin{bmatrix} 1 & 0 \\ 3 & 1 \end{bmatrix} \begin{bmatrix} 2 & \\ & 5 \end{bmatrix} \begin{bmatrix} 1 & 4 \\ 0 & 1 \end{bmatrix}. \tag{4}$$

ピボットの 2 と 5 が D に入った．行を 2 と 5 で割ることで，対角要素が 1 である新しい U の行 $[1 \ \ 4]$ と $[0 \ \ 1]$ が得られる．乗数 3 は L にそのままある．

私自身による講義では，ここで終わることがある．本節の後ろに，消去を行うプログラムをどのように作るか，そして，そのプログラムはどのくらい時間がかかるかについて示す．MATLAB（もしくは他のソフトウェア）が利用可能であれば，単純に何秒かかるか数えることで計算時間を測ることができる．

1 つの正方行列の系 = 2 つの三角行列の系

行列 L はガウスの消去の過程を記憶している．L に含まれているものは，より下の行から引く前にピボットの行に掛ける数である．これが必要になるのはいつか，また，$A\boldsymbol{x} = \boldsymbol{b}$ を解くのにどのように利用できるか？

右辺 $\boldsymbol{b}$ に対してまず必要となるのは L である．行列 L と U は，左辺（行列 A）だけで決定されるものであった．$A\boldsymbol{x} = \boldsymbol{b}$ の右辺に対して，L^{-1} と U^{-1} を順に使う．**求解の手順において 2 つの三角行列が使われる**．

1 分解（左辺の行列 A に対して消去を行い，L と U にする）
2 求解（L を用いて $\boldsymbol{b}$ に対して前進消去し，U を用いて後退代入して $\boldsymbol{x}$ を求める）

以前は，A と $\boldsymbol{b}$ に対して同時に計算した．$[A \ \ \boldsymbol{b}]$ へと拡大しただけであり，問題ない．しかし，今のほとんどの計算機のプログラムでは，両辺を別々に扱う．消去の過程を L と U に記憶すれば，いつでも計算したいときに $\boldsymbol{b}$ を処理できる．LAPACK のユーザガイドでは，「この状況はとてもよくあり，計算コストの節約はとても重要なので，1 つの方程式を 1 つのサブルーチンで解くようなものは準備されていない」と書かれている．

求解は，$\boldsymbol{b}$ に対してどのように行われるか？まず，右辺に対して前進消去を適用する（乗数は L に格納されているので，ここでそれを使う）．これにより，$\boldsymbol{b}$ が新しい右辺 $\boldsymbol{c}$ に変わる．これは，**実は** $L\boldsymbol{c} = \boldsymbol{b}$ **を解くことに等しい**．その後，後退代入により，$U\boldsymbol{x} = \boldsymbol{c}$ を通常どおりに解く．もとの系 $A\boldsymbol{x} = \boldsymbol{b}$ は **2 つの三角行列の系**に分解される：

前進と後退　$L\boldsymbol{c} = \boldsymbol{b}$　を解き，その後　$U\boldsymbol{x} = \boldsymbol{c}$　を解く．　(5)

$\boldsymbol{x}$ が正しいことを確認するため，$U\boldsymbol{x} = \boldsymbol{c}$ に L を掛けよう．すると，$LU\boldsymbol{x} = L\boldsymbol{c}$ はまさに $A\boldsymbol{x} = \boldsymbol{b}$ となる．

強調しておく：それらの過程に**何も新しいことはない**．最初から行ってきたこととまったく同じである．前進消去では，まさに三角行列の系 $L\boldsymbol{c} = \boldsymbol{b}$ を解いていたのである．その後，後退代入によって $\boldsymbol{x}$ を作っていた．実際に行っていたことを例で示そう．

例 3　$A\boldsymbol{x} = \boldsymbol{b}$ に対して前進消去（下方向）を行い，$U\boldsymbol{x} = \boldsymbol{c}$ を得る：

$$A\boldsymbol{x} = \boldsymbol{b} \quad \begin{aligned} u + 2v &= 5 \\ 4u + 9v &= 21 \end{aligned} \quad \text{が} \quad \begin{aligned} u + 2v &= 5 \\ v &= 1 \end{aligned} \quad U\boldsymbol{x} = \boldsymbol{c} \quad \text{になる．}$$

乗数は 4 であり，それは L に格納される．右辺では，その乗数を使って 21 が 1 に変わる：

$$L\boldsymbol{c} = \boldsymbol{b} \quad \text{下三角行列の系} \quad \begin{bmatrix} 1 & 0 \\ 4 & 1 \end{bmatrix} \begin{bmatrix} \boldsymbol{c} \end{bmatrix} = \begin{bmatrix} 5 \\ 21 \end{bmatrix} \quad \text{より} \quad \boldsymbol{c} = \begin{bmatrix} 5 \\ 1 \end{bmatrix}.$$

$$U\boldsymbol{x} = \boldsymbol{c} \quad \text{上三角行列の系} \quad \begin{bmatrix} 1 & 2 \\ 0 & 1 \end{bmatrix} \begin{bmatrix} \boldsymbol{x} \end{bmatrix} = \begin{bmatrix} 5 \\ 1 \end{bmatrix} \quad \text{より} \quad \boldsymbol{x} = \begin{bmatrix} 3 \\ 1 \end{bmatrix}.$$

L と U は，A を格納していた n^2 の記憶領域に格納できる（A は覚えておかなくてよい）．

消去の計算コスト

計算コストもしくは計算時間に関する問は，実務に強く関係する．1000 個の変数の方程式はパソコン上で解くことができる．$n = 100,000$ だとどうか（A **が密ならありえない**）．科学計算においてはいつでも大規模な系が現れ，3 次元の問題では容易に 100 万変数となることがある．一晩計算を走らせることはできるが，100 年も待つことはできない．

第 1 列では，消去によって最初のピボットの下に零を作り出す．ピボット行の下の要素を求めるには，掛け算 1 回と引き算 1 回が必要である．**この最初の段階では，**n^2 **の掛け算と** n^2 **の引き算が行われる**．第 1 行は変わらないので，正確にはより少ない $n^2 - n$ である．

次の段階では，第 2 列の 2 つ目のピボットの下を消去する．ここで計算の対象となる行列は，その大きさが $n - 1$ である．この段階では，$(n-1)^2$ の掛け算と引き算が行われると見積もれる．消去が進むにつれて，行列は小さくなっていく．U に至るまでの計算回数を粗く数えると，平方数の和 $n^2 + (n-1)^2 + \cdots + 2^2 + 1^2$ となる．

この平方数の和を正確に求めると $\frac{1}{3}n(n+\frac{1}{2})(n+1)$ となる．n が大きいとき，$\frac{1}{2}$ と 1 は重要ではない．**重要な数は** $\frac{1}{3}n^3$ **である**．平方数の和は x^2 の積分のようなものであり，0 から n までの積分は $\frac{1}{3}n^3$ である：

> **A に対する消去では，およそ　$\frac{1}{3}n^3$ の掛け算　と $\frac{1}{3}n^3$ の引き算が必要である．**

右辺 $\boldsymbol{b}$ についてはどうか？前進消去では，まず，b_1 の倍数をその下の要素 $b_2,\ldots,b_n$ から引く．これは $n-1$ 回である．2 番目の段階では，b_1 は関与しないので，$n-2$ 回だけかかる．前進消去の最後の段階では，1 回の計算が行われる．

次に，後退代入を行う．x_n を求めるには 1 回計算する（最後のピボットによる割り算）．次の変数には 2 回計算する．x_1 に至ったときには，n 回計算する（他の変数の引き算 $n-1$ 回の後，最初のピボットによる割り算）．右辺に対する計算を合計すると，$\boldsymbol{b}$ から $\boldsymbol{c}$，そして $\boldsymbol{x}$ まで，すなわち，**下までの前進と上までの後退**に，ちょうど n^2 回の計算を行う：

$$[(n-1)+(n-2)+\cdots+1] \;+\; [1+2+\cdots+(n-1)+n]=n^2. \tag{6}$$

この和は，$(n-1)$ と 1，$(n-2)$ と 2 を対にするとわかる．すると n に等しい項が n 個でき，それにより n^2 となる．右辺の計算コストは左辺の計算コストよりもずっと小さい．

> **求解では，各右辺に対し，　n^2 の掛け算　と n^2 の引き算が必要である．**

帯行列 B は，その主対角要素の上下に幅 w の非零要素を持つものである．帯の外にある零の要素は，消去を行っても零のままである（L と U で零となる）．第 1 列を消去するのに，w^2 回の掛け算と引き算が必要である（ピボットの下に w 個の零が作られ，それぞれ長さ w のピボット行を用いて計算する）．すべての n 列を消去して U を求めるのに，nw^2 回以下の計算ででき，計算時間を大幅に節約できる：

> **帯行列**　　分解　$\dfrac{1}{3}n^3$ が $\boldsymbol{nw^2}$ になる　　求解　n^2 が $\boldsymbol{2nw}$ になる

A を LU に分解するプログラムと $A\boldsymbol{x}=\boldsymbol{b}$ を解くプログラムを次ページに示す．教育用プログラムコード slu は，許容値「tol」未満の数がピボットの位置に現れると止まるようになっている．教育用プログラムコードは **web.mit.edu/18.06/www** にある．専門家向けのプログラムでは，各列の下を見てピボットになりうる最大の値を探し，行を交換して計算を続ける．

MATLAB のバックスラッシュコマンド $\boldsymbol{x}=A\backslash\boldsymbol{b}$ は**分解**と**求解**を組み合わせて $\boldsymbol{x}$ を求める．

$A\boldsymbol{x}=\boldsymbol{b}$ を解くのにどれだけ時間がかかるか？ 大きさ $n=1000$ のランダム行列に対して，標準的な時間は 1 秒である．MATLAB，*Maple*，*Mathematica*，*SciLab*，*Python*，および，R での計算時間は **web.mit.edu/18.06** と **math.mit.edu/linearalgebra** にある．n が 2 倍の大きさとなるとき，計算時間はおよそ 8 倍となる．専門家向けのプログラムは **netlib.org** にある．

```
function [L, U] = slu(A)
%    行交換のない正方行列の LU 分解.
[n, n] = size(A);  tol = 1.e − 6;
for k = 1 : n
  if abs(A(k, k)) < tol
  end     % 続けるには行交換が必要：停止
  L(k, k) = 1;
  for i = k + 1 : n
    L(i, k) = A(i, k)/A(k, k);  % 第 k 列に対する乗数は L に置かれる
    for j = k + 1 : n  % 第 k 行および第 k 列より先の消去
      A(i, j) = A(i, j) − L(i, k) ∗ A(k, j);  % 行列の名前は A のまま
    end
  end
  for j = k : n
    U(k, j) = A(k, j);     % 第 k 行が確定したので，それを U と呼ぶ
  end
end
```

```
function x = slv(A, b)
%    slu(A) で求めた L と U により Ax = b を解く.
[L, U] = slu(A); s = 0;  % 行交換はない
for k = 1 : n  % 前進消去 Lc = b を解く
  for j = 1 : k − 1
    s = s + L(k, j) ∗ c(j);  % c(k) より前の c(j) の L の和を求める
  end
  c(k) = b(k) − s; s = 0;  % c(k) を求め，次の k のため s を初期化する
end
for k = n : −1 : 1  % x(n) から x(1) へ後退する
  for j = k + 1 : n  % 後退代入
    t = t + U(k, j) ∗ x(j);  % 後ろの x(j) の U 倍
  end
  x(k) = (c(k) − t)/U(k, k);  % ピボットで割る
end
x = x′;  % 置換して列ベクトルにする
```

この n^3 規則に従うと，10 倍の大きさの行列（大きさ 10,000）では 1000 秒かかる．大きさ 100,000 の行列では，100 万秒かかる．これはスーパーコンピュータでなければ計算時間が長すぎる．ただし，これらはすべての要素が入った密行列の場合である．実用に使われるほとんどの行列は疎行列（多くの零の要素からなる行列）である．その場合，$A = LU$ はずっと高速に計算できる．

非零要素だけを格納した，大きさ 10,000 の三重対角行列に対して，$A\boldsymbol{x} = \boldsymbol{b}$ はとても簡単に解くことができる．ただし，これは A が三重対角行列であることをプログラムが認識している場合の話である．

■ 要点の復習 ■

1. ガウスの消去法（行の交換なし）は，A を L と U の積に分解する．

2. 下三角行列 L には，A を U にする際にピボット行に掛ける乗数 ℓ_{ij} が含まれる．積 LU は，それらの行を足して A に戻す．

3. 右辺について，$L\boldsymbol{c} = \boldsymbol{b}$（前進）を解いた後，$U\boldsymbol{x} = \boldsymbol{c}$（後退）を解く．

4. **分解**：左辺に対して，$\frac{1}{3}(n^3 - n)$ 回の掛け算と引き算を行う．

5. **求解**：右辺に対して，n^2 回の掛け算と引き算を行う．

6. 帯行列では，$\frac{1}{3}n^3$ が nw^2 に，n^2 が $2wn$ になる．

■ 例題 ■

2.6 A　下三角パスカル行列 L は，有名な「**パスカルの三角形**」からなり，例題 **2.5 C** でその逆行列をガウス–ジョルダン法で求めた．この問題では，L を**対称**パスカル行列 P と上三角行列 U に関連づける．対称パスカル行列 P はパスカルの三角形を傾けたものであり，各要素は上の要素と左の要素の和である．MATLAB では pascal(n) により，$n \times n$ の対称パスカル行列 P ができる．

問題：驚くべき LU 分解 $P = LU$ を達成せよ．

$$\text{pascal}(4) = \begin{bmatrix} 1 & 1 & 1 & 1 \\ 1 & 2 & 3 & 4 \\ 1 & 3 & 6 & 10 \\ 1 & 4 & 10 & 20 \end{bmatrix} = \begin{bmatrix} \mathbf{1} & 0 & 0 & 0 \\ \mathbf{1} & \mathbf{1} & 0 & 0 \\ \mathbf{1} & \mathbf{2} & \mathbf{1} & 0 \\ \mathbf{1} & \mathbf{3} & \mathbf{3} & \mathbf{1} \end{bmatrix} \begin{bmatrix} \mathbf{1} & \mathbf{1} & \mathbf{1} & \mathbf{1} \\ 0 & \mathbf{1} & \mathbf{2} & \mathbf{3} \\ 0 & 0 & \mathbf{1} & \mathbf{3} \\ 0 & 0 & 0 & \mathbf{1} \end{bmatrix} = LU.$$

5×5 パスカル行列について，次の行と列を予測し，それを確かめよ．

解　LU の積が P にならなければいけない．対称パスカル行列 P から始めて，消去によって上三角行列 U を得るのがよい：

$$P = \begin{bmatrix} 1 & 1 & 1 & 1 \\ 1 & 2 & 3 & 4 \\ 1 & 3 & 6 & 10 \\ 1 & 4 & 10 & 20 \end{bmatrix} \rightarrow \begin{bmatrix} 1 & 1 & 1 & 1 \\ 0 & 1 & 2 & 3 \\ 0 & 2 & 5 & 9 \\ 0 & 3 & 9 & 19 \end{bmatrix} \rightarrow \begin{bmatrix} 1 & 1 & 1 & 1 \\ 0 & 1 & 2 & 3 \\ 0 & 0 & 1 & 3 \\ 0 & 0 & 3 & 10 \end{bmatrix} \rightarrow \begin{bmatrix} 1 & 1 & 1 & 1 \\ 0 & 1 & 2 & 3 \\ 0 & 0 & 1 & 3 \\ 0 & 0 & 0 & 1 \end{bmatrix} = U.$$

この過程で用いた乗数 ℓ_{ij} はそのまま L に入る．すると，$P = LU$ は特に整ったものとなる．U の対角の位置にある**すべてのピボットが** 1 であることに注意せよ．

次節では，対称性が三角行列 L と U の間にどのような特別な関係をもたらすかを示す．対称パスカル行列の場合，U は L の「**転置**」になっている．

MATLAB のコマンド lu(pascal(4)) によって，これらの L と U が求まると思うかもしれない．しかし，サブルーチン lu は各列の中で最大の値をピボットに選ぶため，そうはならない．2 つ目のピボットは 1 から 3 に変わる．しかし,「コレスキー分解」 U =chol(pascal(4)) は行の交換を行わない．

すべての大きさに対する $P = LU$ の完全な証明は，とても魅惑的だ.「**パスカル行列**（*Pascal Matrices*）」 という題の論文が，講義コースのウェブページ **web.mit.edu/18.06** にある．MIT の *OpenCourseWare* **ocw.mit.edu** からも利用可能である．これらのパスカル行列には注目すべき性質がとても多い．それらについては，また後で見る．

2.6 B $P\boldsymbol{x} = \boldsymbol{b} = (1, 0, 0, 0)$ を**解け**．この右辺は I の第 1 列と等しいので，$\boldsymbol{x}$ は P^{-1} の第 1 列である．これはすなわち，$PP^{-1} = I$ の列を対応づけるガウス–ジョルダン法である．すでに，P を分解するとパスカル行列 L と U となることを知っている：

$$\textbf{2 つの三角行列の系} \qquad L\boldsymbol{c} = \boldsymbol{b}\ (\text{前進}) \qquad U\boldsymbol{x} = \boldsymbol{c}\ (\text{後退}).$$

解 下三角行列の系 $L\boldsymbol{c} = \boldsymbol{b}$ を，**上から下へ**解く：

$$\begin{aligned} c_1 &= 1 \\ c_1 + c_2 &= 0 \\ c_1 + 2c_2 + c_3 &= 0 \\ c_1 + 3c_2 + 3c_3 + c_4 &= 0 \end{aligned} \quad \text{より} \quad \begin{aligned} c_1 &= +1 \\ c_2 &= -1 \\ c_3 &= +1 \\ c_4 &= -1 \end{aligned}$$

前進消去は，L^{-1} による積である．それにより，上三角行列の系 $U\boldsymbol{x} = \boldsymbol{c}$ が作り出される．解 $\boldsymbol{x}$ は，いつもどおり**下から上への**後退代入により求められる：

$$\begin{aligned} x_1 + x_2 + x_3 + x_4 &= 1 \\ x_2 + 2x_3 + 3x_4 &= -1 \\ x_3 + 3x_4 &= 1 \\ x_4 &= -1 \end{aligned} \quad \text{より} \quad \begin{aligned} x_1 &= +4 \\ x_2 &= -6 \\ x_3 &= +4 \\ x_4 &= -1 \end{aligned}$$

$\boldsymbol{x}$ に見られるパターンが生じた理由はこれだけではわからない．**inv(pascal**(4)) を試せ．

練習問題 2.6

問題 1〜14 では，分解 $A = LU$ （または $A = LDU$） を計算する．

1 （重要） 前進消去は，$\left[\begin{smallmatrix}\mathbf{1}&\mathbf{1}\\\mathbf{1}&\mathbf{2}\end{smallmatrix}\right]\boldsymbol{x} = \boldsymbol{b}$ を三角行列の系 $\left[\begin{smallmatrix}\mathbf{1}&\mathbf{1}\\\mathbf{0}&\mathbf{1}\end{smallmatrix}\right]\boldsymbol{x} = \boldsymbol{c}$ に変える：

$$\begin{aligned} x + \ \ y &= 5 \\ x + 2y &= 7 \end{aligned} \quad \longrightarrow \quad \begin{aligned} x + \ \ y &= 5 \\ y &= 2 \end{aligned} \qquad \begin{bmatrix} 1 & 1 & \mathbf{5} \\ 1 & 2 & \mathbf{7} \end{bmatrix} \longrightarrow \begin{bmatrix} 1 & 1 & \mathbf{5} \\ 0 & 1 & \mathbf{2} \end{bmatrix}$$

ここで，第 1 行の $\ell_{21} =$ _____ 倍を第 2 行から引いた．逆向きには，第 1 行の ℓ_{21} 倍を第 2 行に**足す**．その逆向きの計算を行う行列は $L =$ _____ である．この L を三角行列の系 $\left[\begin{smallmatrix}\mathbf{1}&\mathbf{1}\\\mathbf{0}&\mathbf{1}\end{smallmatrix}\right]\boldsymbol{x}_1 = \left[\begin{smallmatrix}\mathbf{5}\\\mathbf{2}\end{smallmatrix}\right]$ に掛けると，_____ $=$ _____ を得る．文字を使って書くと，L を $U\boldsymbol{x} = \boldsymbol{c}$ に掛けて _____ を得る．

2 問題 1 において，2×2 の三角行列の系 $L\boldsymbol{c} = \boldsymbol{b}$ と $U\boldsymbol{x} = \boldsymbol{c}$ を書き下せ．$\boldsymbol{c} = (5, 2)$ であることを確かめよ．1 つ目の方程式を解け．2 つ目の方程式の解 $\boldsymbol{x}$ を求めよ．

3 （3×3 へ進む）前進消去によって $A\boldsymbol{x} = \boldsymbol{b}$ を三角行列の系 $U\boldsymbol{x} = \boldsymbol{c}$ へ変える：

$$\begin{aligned} x + \ \ y + \ \ z &= 5 \\ x + 2y + 3z &= 7 \\ x + 3y + 6z &= 11 \end{aligned} \qquad \begin{aligned} x + \ \ y + \ \ z &= 5 \\ y + 2z &= 2 \\ 2y + 5z &= 6 \end{aligned} \qquad \begin{aligned} x + \ \ y + \ \ z &= 5 \\ y + 2z &= 2 \\ z &= 2 \end{aligned}$$

$U\boldsymbol{x} = \boldsymbol{c}$ における等式 $z = 2$ は，もともとの $A\boldsymbol{x} = \boldsymbol{b}$ における等式 $x + 3y + 6z = 11$ から式 1 の $\ell_{31} =$ _____ 倍と**最終的な**式 2 の $\ell_{32} =$ _____ 倍を引くことで得られる．これを逆向きにして，A と $\boldsymbol{b}$ の第 3 行 からなる $[1 \ \ 3 \ \ 6 \ \ 11]$ を，最終的な U と $\boldsymbol{c}$ の $[1 \ \ 1 \ \ 1 \ \ 5]$ と $[0 \ \ 1 \ \ 2 \ \ 2]$ と $[0 \ \ 0 \ \ 1 \ \ 2]$ から復元せよ：

$$\begin{bmatrix} A & \boldsymbol{b} \end{bmatrix} \text{の第 3 行} = \begin{bmatrix} U & \boldsymbol{c} \end{bmatrix} \text{の} \left(\ell_{31} \text{ 第 1 行} + \ell_{32} \text{ 第 2 行} + 1 \text{ 第 3 行}\right).$$

行列の記法を用いると，これは L による積であり，$A = LU$ と $\boldsymbol{b} = L\boldsymbol{c}$ である．

4 問題 3 において，3×3 の三角行列の系 $L\boldsymbol{c} = \boldsymbol{b}$ と $U\boldsymbol{x} = \boldsymbol{c}$ はどのようなものか？ $\boldsymbol{c} = (5, 2, 2)$ がその 1 つ目の方程式の解であることを確かめよ．2 つ目の方程式の解 $\boldsymbol{x}$ を求めよ．

5 次の A を三角行列 $EA = U$ にする行列 E を求めよ．$E^{-1} = L$ を掛けて，A を LU に分解せよ：

$$A = \begin{bmatrix} 2 & 1 & 0 \\ 0 & 4 & 2 \\ 6 & 3 & 5 \end{bmatrix}.$$

6 次の A を上三角行列 $E_{32}E_{21}A = U$ にする 2 つの基本変形行列 E_{21} と E_{32} を求めよ．E_{32}^{-1} と E_{21}^{-1} を掛けて，A を $LU = E_{21}^{-1}E_{32}^{-1}U$ に分解せよ：

$$A = \begin{bmatrix} 1 & 1 & 1 \\ 2 & 4 & 5 \\ 0 & 4 & 0 \end{bmatrix}.$$

7 次の A を上三角行列 $E_{32}E_{31}E_{21}A = U$ にする 3 つの基本変形行列 E_{21}, E_{31}, E_{32} を求めよ．E_{32}^{-1} と E_{31}^{-1} と E_{21}^{-1} を掛けて，A を L と U の積に分解せよ：

$$A = \begin{bmatrix} 1 & 0 & 1 \\ 2 & 2 & 2 \\ 3 & 4 & 5 \end{bmatrix} \qquad L = E_{21}^{-1}E_{31}^{-1}E_{32}^{-1}.$$

8 A が，対角要素に 1 を持つ下三角行列であるとする．そのとき，$U = I$ である．

$$A = L = \begin{bmatrix} 1 & 0 & 0 \\ a & 1 & 0 \\ b & c & 1 \end{bmatrix}.$$

基本変形行列 E_{21}, E_{31}, E_{32} は，$-a$，$-b$，$-c$ を含む．

(a) 積 $E_{32}E_{31}E_{21}$ を計算して，$EA = I$ となる 1 つの行列 E を求めよ．

(b) 積 $E_{21}^{-1}E_{31}^{-1}E_{32}^{-1}$ を計算して，L を求めよ（E よりもよい形を持つ）．

9 **ピボットの位置に零が現れると，$A = LU$ とすることは不可能である**（U には非零のピボットが必要である）．以下の両方が不可能であることを直接的に示せ：

$$\begin{bmatrix} 0 & 1 \\ 2 & 3 \end{bmatrix} = \begin{bmatrix} 1 & 0 \\ \ell & 1 \end{bmatrix} \begin{bmatrix} d & e \\ 0 & f \end{bmatrix} \qquad \begin{bmatrix} 1 & 1 & 0 \\ 1 & 1 & 2 \\ 1 & 2 & 1 \end{bmatrix} = \begin{bmatrix} 1 & & \\ \ell & 1 & \\ m & n & 1 \end{bmatrix} \begin{bmatrix} d & e & g \\ & f & h \\ & & i \end{bmatrix}.$$

この問題は，行の交換により対処できる．それには，「置換行列」 P が必要となる．

10 2 つ目のピボットの位置に零が生じるような c を求めよ．そのとき，行の交換が必要となり，$A = LU$ とすることは不可能となる．3 つ目のピボットの位置に零を生じるような c の値を求めよ．そのとき，行の交換では対処することができず，消去は失敗する：

$$A = \begin{bmatrix} 1 & c & 0 \\ 2 & 4 & 1 \\ 3 & 5 & 1 \end{bmatrix}.$$

11 次の行列 A に対して，L と D（対角**ピボット**行列）を求めよ．$A = LU$ における U と $A = LDU$ における U を求めよ．

すでに三角行列となっている $\qquad A = \begin{bmatrix} 2 & 4 & 8 \\ 0 & 3 & 9 \\ 0 & 0 & 7 \end{bmatrix}.$

12 次の A と B は対角要素に対して対称となっている（なぜなら $4=4$ であるから）．これらの行列に対して 3 つの行列からなる分解 LDU を求め，対称行列において U と L にどのような関係があるかを述べよ：

$$\textbf{対称行列} \qquad A=\begin{bmatrix}2 & 4\\ 4 & 11\end{bmatrix} \quad \text{と} \quad B=\begin{bmatrix}1 & 4 & 0\\ 4 & 12 & 4\\ 0 & 4 & 0\end{bmatrix}.$$

13 **（推奨）** 次の対称行列 A に対して，L と U を計算せよ：

$$A=\begin{bmatrix}a & a & a & a\\ a & b & b & b\\ a & b & c & c\\ a & b & c & d\end{bmatrix}.$$

4 つのピボットがあり $A=LU$ とするのに必要な，a,b,c,d の 4 つの条件を求めよ．

14 次の非対称行列は，問題 **13** の場合と同じ行列 L を持つ：

$$A=\begin{bmatrix}a & r & r & r\\ a & b & s & s\\ a & b & c & t\\ a & b & c & d\end{bmatrix} \qquad \textbf{に対して } L \textbf{ と } U \textbf{ を求めよ．}$$

ピボットが 4 つあり $A=LU$ とできるための a,b,c,d,r,s,t の条件 4 つを求めよ．

問題 15～16 では，L と U（A は必要としない）を用いて，$A\boldsymbol{x}=\boldsymbol{b}$ を解く．

15 三角行列の系 $L\boldsymbol{c}=\boldsymbol{b}$ を解いて $\boldsymbol{c}$ を求めよ．その後，$U\boldsymbol{x}=\boldsymbol{c}$ を解いて $\boldsymbol{x}$ を求めよ：

$$L=\begin{bmatrix}1 & 0\\ 4 & 1\end{bmatrix} \quad \text{と} \quad U=\begin{bmatrix}2 & 4\\ 0 & 1\end{bmatrix} \quad \text{と} \quad \boldsymbol{b}=\begin{bmatrix}2\\ 11\end{bmatrix}.$$

安全のため，LU の積を計算し，通常の方法で $A\boldsymbol{x}=\boldsymbol{b}$ を解け．その途中で $\boldsymbol{c}$ を見つけたならば，それに丸をつけよ．

16 $L\boldsymbol{c}=\boldsymbol{b}$ を解いて $\boldsymbol{c}$ を求めよ．その後，$U\boldsymbol{x}=\boldsymbol{c}$ を解いて $\boldsymbol{x}$ を求めよ．A **はどのような**行列であったか？

$$L=\begin{bmatrix}1 & 0 & 0\\ 1 & 1 & 0\\ 1 & 1 & 1\end{bmatrix} \quad \text{と} \quad U=\begin{bmatrix}1 & 1 & 1\\ 0 & 1 & 1\\ 0 & 0 & 1\end{bmatrix} \quad \text{と} \quad \boldsymbol{b}=\begin{bmatrix}4\\ 5\\ 6\end{bmatrix}.$$

17 (a) 次の L に対して通常の消去を行うと，どのような行列が得られるか？

$$L = \begin{bmatrix} 1 & 0 & 0 \\ \ell_{21} & 1 & 0 \\ \ell_{31} & \ell_{32} & 1 \end{bmatrix}.$$

(b) I に対して同じ手順を適用して得られる行列を求めよ．

(c) LU に対して同じ手順を適用して得られる行列を求めよ．

18 $A = LDU$ であり，また $A = L_1D_1U_1$ であるとし，それらのすべての行列が可逆であるとする．そのとき，$L = L_1$，$D = D_1$ および $U = U_1$ が成り立つ．**「3 つの行列への分解は一意に定まる」**．

等式 $L_1^{-1}LD = D_1U_1U^{-1}$ を導け．その両辺は，三角行列か，それとも対角行列か？ $L = L_1$ と $U = U_1$（これらは対角要素が 1 である）を示せ．その後，$D = D_1$ を示せ．

19 **三重対角行列**は，主対角要素とその隣接する要素以外は零であるような行列である．以下の行列を，$A = LU$ と $A = LDL^{\mathrm{T}}$ へ分解せよ：

$$A = \begin{bmatrix} 1 & 1 & 0 \\ 1 & 2 & 1 \\ 0 & 1 & 2 \end{bmatrix} \quad と \quad A = \begin{bmatrix} a & a & 0 \\ a & a+b & b \\ 0 & b & b+c \end{bmatrix}.$$

20 T が三重対角行列であるとき，L と U は非零の対角要素を 2 列分だけ持つ．T に含まれる零の知識を，ガウスの消去法のプログラムにどう利用できるか？L と U を求めよ．

三重対角行列 $$T = \begin{bmatrix} 1 & 2 & 0 & 0 \\ 2 & 3 & 1 & 0 \\ 0 & 1 & 2 & 3 \\ 0 & 0 & 3 & 4 \end{bmatrix}.$$

21 A と B が x で示された位置に非零要素を持つとする．そのとき，0 で示された位置の零のうち L と U においても **0** のままであるのはどれか？

$$A = \begin{bmatrix} x & x & x & x \\ x & x & x & 0 \\ 0 & x & x & x \\ 0 & 0 & x & x \end{bmatrix} \qquad B = \begin{bmatrix} x & x & x & 0 \\ x & x & 0 & x \\ x & 0 & x & x \\ 0 & x & x & x \end{bmatrix}.$$

22 消去を上向きに行うとする（聞いたことがないだろう）．第 3 行を用いて，第 3 列に零を作り出す（ピボットは 1 である）．そして，第 2 行を用いて，2 つ目のピボットの上に零を作り出す．通常とは異なる順序となる $A = UL$ の 2 つの行列を求めよ．

上三角行列と下三角行列の積 $$A = \begin{bmatrix} 5 & 3 & 1 \\ 3 & 3 & 1 \\ 1 & 1 & 1 \end{bmatrix}.$$

23 **簡単であるが重要．** 行の交換をせずに消去を行い，A のピボットが $5, 9, 3$ になるとする．左上の 2×2 の部分行列 A_2（第 3 行と第 3 列を除いたもの）のピボットを求めよ．

挑戦問題

24 どのような可逆行列が $A = LU$ とできるか（行の交換なしに消去ができるか）．これは良い問だ．A の左上に位置するすべての正方行列について考えよ．

（大きさ $k = 1, \ldots, n$ の）左上の $k \times k$ 部分行列 A_k がすべて可逆であることが必要．

この答を説明せよ．$LU = \begin{bmatrix} L_k & 0 \\ * & * \end{bmatrix} \begin{bmatrix} U_k & * \\ 0 & * \end{bmatrix}$ より A_k の分解は ＿＿＿ となる．

25 対角要素が定数である 6×6 の 2 次差分行列 K について，ピボットと乗数を求めて $K = LU$ とせよ（K が三重対角行列なので L と U は対角線に沿って非零要素を 2 列だけ持つ）．MATLAB などのソフトウェアを用いて inv(L) とするか，素晴らしいパターンを発見して，L^{-1} の i, j 要素を与える式を求めよ．

$$\mathbf{-1, 2, -1} \text{ 行列} \quad K = \begin{bmatrix} 2 & -1 & & & & \\ -1 & \cdot & \cdot & & & \\ & \cdot & \cdot & \cdot & & \\ & & \cdot & \cdot & \cdot & \\ & & & \cdot & \cdot & -1 \\ & & & & -1 & 2 \end{bmatrix} = \text{toeplitz}([2 \ \ -1 \ \ 0 \ \ 0 \ \ 0 \ \ 0])$$

26 K^{-1} を表示してもあまり美しくない．しかし，（K が 6×6 のとき）$7K^{-1}$ を表示すると非常に素晴らしい．以下のパターンに従って，$7K^{-1}$ を手で書き下せ：

1 第 1 行と第 1 列は $(6, 5, 4, 3, 2, 1)$ である．
2 主対角要素とその上について，第 i 行は第 1 行の i 倍である．
3 主対角要素とその下について，第 j 列は第 1 列の j 倍である．

K と $7K^{-1}$ の積を計算すると $7I$ となる．$n = 3$ の場合のパターンを示す．

3×3 の場合
K の行列式は
4 である

$$(K)(4K^{-1}) = \begin{bmatrix} 2 & -1 & 0 \\ -1 & 2 & -1 \\ 0 & -1 & 2 \end{bmatrix} \begin{bmatrix} 3 & 2 & 1 \\ 2 & 4 & 2 \\ 1 & 2 & 3 \end{bmatrix} = \begin{bmatrix} 4 & & \\ & 4 & \\ & & 4 \end{bmatrix}$$

2.7　転置と置換

必要な行列がもう 1 つあるが，それは逆行列よりもずっと簡単である．それは，A の「転置」であり，A^{T} と書かれる．A^{T} の列は A の行である．

A が $m \times n$ 行列のとき，その転置は $n \times m$ 行列である：

$$\textbf{転置}\qquad A=\begin{bmatrix}1&2&3\\0&0&4\end{bmatrix}\quad \text{のとき}\quad A^{\mathrm{T}}=\begin{bmatrix}1&0\\2&0\\3&4\end{bmatrix}.$$

行列をその主対角要素を軸として「反転」する．A の行は A^{T} の列となり，また，A の列は A^{T} の行となる．A^{T} の i 行 j 列の要素は，もともとの A の j 行 i 列にあったものである：

$$\textbf{行と列の交換}\qquad (A^{\mathrm{T}})_{ij}=A_{ji}.$$

下三角行列の転置は上三角行列である（一方，下三角行列の逆行列は下三角行列のままである）．A^{T} の転置は A である．

注 A の転置を表す MATLAB の記号は A' である．$[1\ \ 2\ \ 3]$ とタイプすると行ベクトルとなり，列ベクトルは $\boldsymbol{v}=[1\ \ 2\ \ 3]'$ である．第 2 列が $\boldsymbol{w}\ =[\ 4\ 5\ 6\ ]'$ である行列 M を入力するには，$M\ =[\ \boldsymbol{v}\ \boldsymbol{w}\ ]$ と定義することができる．列を行として手早く入力して，その後で行列全体を転置するとよい．すなわち，$M=[1\ \ 2\ \ 3;\ \ 4\ \ 5\ \ 6]'$ とする．

転置に関する規則はとても直接的である．$A+B$ を転置することで $(A+B)^{\mathrm{T}}$ を得る．または，A と B をそれぞれ転置した後で和 $A^{\mathrm{T}}+B^{\mathrm{T}}$ を計算して同じ結果を得ることもできる．積 AB と逆行列 A^{-1} の転置は重要である：

$$\textbf{和}\qquad A+B\quad \text{の転置は}\quad A^{\mathrm{T}}+B^{\mathrm{T}}\quad \text{である．} \tag{1}$$

$$\textbf{積}\qquad AB\ \text{の転置は}\ (AB)^{\mathrm{T}}=B^{\mathrm{T}}A^{\mathrm{T}}\ \text{である．} \tag{2}$$

$$\textbf{逆行列}\qquad A^{-1}\quad \text{の転置は}\quad (A^{-1})^{\mathrm{T}}=(A^{\mathrm{T}})^{-1}\text{である．} \tag{3}$$

特に，$B^{\mathrm{T}}A^{\mathrm{T}}$ が逆順になっていることに注意せよ．逆行列の場合には，$B^{-1}A^{-1}$ と AB の積が I となることを利用して，この逆の順番を素早く確かめることができた．$(AB)^{\mathrm{T}}=B^{\mathrm{T}}A^{\mathrm{T}}$ であることを理解するため，$(A\boldsymbol{x})^{\mathrm{T}}=\boldsymbol{x}^{\mathrm{T}}A^{\mathrm{T}}$ から始めよう：

$$A\boldsymbol{x}\ \text{は}\ A\ \text{の列を線形結合する．一方，}\quad \boldsymbol{x}^{\mathrm{T}}A^{\mathrm{T}}\ \text{は}\ A^{\mathrm{T}}\ \text{の行を線形結合する．}$$

これは同じベクトルの同じ線形結合になっている．それらのベクトルは，A の列であり，A^{T} の行である．したがって，列ベクトル $A\boldsymbol{x}$ の転置は行ベクトル $\boldsymbol{x}^{\mathrm{T}}A^{\mathrm{T}}$ となる．これは，式 $(A\boldsymbol{x})^{\mathrm{T}}=\boldsymbol{x}^{\mathrm{T}}A^{\mathrm{T}}$ にあてはまる．次に，B が複数の列からなる場合の式 $(AB)^{\mathrm{T}}=B^{\mathrm{T}}A^{\mathrm{T}}$ を証明する．

$B=[\boldsymbol{x}_1\ \ \boldsymbol{x}_2]$ が 2 つの列からなるとき，各列に対して同じ考え方を適用する．AB の列は，$A\boldsymbol{x}_1$ と $A\boldsymbol{x}_2$ である．それらの転置は，$B^{\mathrm{T}}A^{\mathrm{T}}$ の行である：

$$AB=\begin{bmatrix} \\ A\boldsymbol{x}_1 & A\boldsymbol{x}_2 & \cdots \\ \\ \end{bmatrix}\quad \text{を転置すると}\quad \begin{bmatrix}\boldsymbol{x}_1^{\mathrm{T}}A^{\mathrm{T}}\\ \boldsymbol{x}_2^{\mathrm{T}}A^{\mathrm{T}}\\ \vdots\end{bmatrix}\quad \text{となり，これは}\ \ B^{\mathrm{T}}A^{\mathrm{T}}\ \ \text{である．} \tag{4}$$

正しい答 $B^{\mathrm{T}}A^{\mathrm{T}}$ が行ごとに得られる．数を用いて $(AB)^{\mathrm{T}} = B^{\mathrm{T}}A^{\mathrm{T}}$ を示そう：

$$AB = \begin{bmatrix} 1 & 0 \\ 1 & 1 \end{bmatrix}\begin{bmatrix} 5 & 0 \\ 4 & 1 \end{bmatrix} = \begin{bmatrix} \mathbf{5} & \mathbf{0} \\ \mathbf{9} & \mathbf{1} \end{bmatrix} \quad \text{と} \quad B^{\mathrm{T}}A^{\mathrm{T}} = \begin{bmatrix} 5 & 4 \\ 0 & 1 \end{bmatrix}\begin{bmatrix} 1 & 1 \\ 0 & 1 \end{bmatrix} = \begin{bmatrix} \mathbf{5} & \mathbf{9} \\ \mathbf{0} & \mathbf{1} \end{bmatrix}.$$

逆順の規則は，3 つ以上の行列でも成り立つ．すなわち，$(ABC)^{\mathrm{T}}$ は $C^{\mathrm{T}}B^{\mathrm{T}}A^{\mathrm{T}}$ に等しい．

$\boldsymbol{A = LDU}$ のとき，$\boldsymbol{A^{\mathrm{T}} = U^{\mathrm{T}}D^{\mathrm{T}}L^{\mathrm{T}}}$ である．ピボット行列は，$\boldsymbol{D = D^{\mathrm{T}}}$ となる．

ここで，この積の規則を $A^{-1}A = I$ の両辺に適用する．右辺について，I^{T} は I である．$(A^{-1})^{\mathrm{T}}$ と A^{T} の積が I なので，$(A^{-1})^{\mathrm{T}}$ **が** A^{T} **の逆行列であること**を確かめられる：

$$\textbf{逆行列の転置} \qquad A^{-1}A = I \quad \text{を転置すると，} \quad A^{\mathrm{T}}(A^{-1})^{\mathrm{T}} = I \text{ となる．} \tag{5}$$

同様に，$AA^{-1} = I$ から $(A^{-1})^{\mathrm{T}}A^{\mathrm{T}} = I$ が導かれる．転置の逆行列を計算することもできるし，逆行列の転置を計算することもできる．特に，A **が可逆であるとき，かつそのときに限り，**A^{T} **が可逆であること**に注意せよ．

例 1　$A = \left[\begin{smallmatrix} \mathbf{1} & \mathbf{0} \\ \mathbf{6} & \mathbf{1} \end{smallmatrix}\right]$ の逆行列は $A^{-1} = \left[\begin{smallmatrix} \mathbf{1} & \mathbf{0} \\ \mathbf{-6} & \mathbf{1} \end{smallmatrix}\right]$ であり，A の転置は $A^{\mathrm{T}} = \left[\begin{smallmatrix} \mathbf{1} & \mathbf{6} \\ \mathbf{0} & \mathbf{1} \end{smallmatrix}\right]$ である．

$$(A^{-1})^{\mathrm{T}} \quad \text{と} \quad (A^{\mathrm{T}})^{-1} \quad \textbf{はともに} \quad \begin{bmatrix} \mathbf{1} & \mathbf{-6} \\ \mathbf{0} & \mathbf{1} \end{bmatrix} \quad \textbf{に等しい．}$$

内積の意味

$\boldsymbol{x}$ と $\boldsymbol{y}$ の内積（ドット積）について，それが数 x_iy_i の和であることは知っている．これから，$\boldsymbol{x \cdot y}$ をより良い方法で書き表す．素人的な中黒・の代わりに，行列の記法を使う：

T が内側にある　内積（またはドット積）は $\boldsymbol{x^{\mathrm{T}}y}$ である　$(1 \times n)(n \times 1)$

T が外側にある　階数が 1 である積（または外積）は $\boldsymbol{xy^{\mathrm{T}}}$ である　$(n \times 1)(1 \times n)$

$\boldsymbol{x}^{\mathrm{T}}\boldsymbol{y}$ は数であり，$\boldsymbol{x}\boldsymbol{y}^{\mathrm{T}}$ は行列である．量子力学では，それらを $<\boldsymbol{x}|\boldsymbol{y}>$（内積）と $|\boldsymbol{x}><\boldsymbol{y}|$（外積）と書く．この世界は線形代数によって成り立っていると私は考えているが，物理学はそれをうまく隠している．内積の持つ意味の例を示そう：

力学より	仕事量 ＝（移動量）（力）$= \boldsymbol{x}^{\mathrm{T}}\boldsymbol{f}$
回路より	熱損失 ＝（電圧降下）（電流）$= \boldsymbol{e}^{\mathrm{T}}\boldsymbol{y}$
経済学より	収入 ＝（量）（価格）$= \boldsymbol{q}^{\mathrm{T}}\boldsymbol{p}$

応用数学の核心にまさに近いところまできた．もう 1 つ説明することがある．それは，内積と A の転置のより深い関係である．

A^{T} を行列の主対角要素を軸とする反転と定義した．それは数学ではない．転置を捉えるより良い方法がある．

A^{T} **とは，任意の** $\boldsymbol{x}$ **と** $\boldsymbol{y}$ **に対して，以下の 2 つの内積を等しくする行列である：**

$$(A\boldsymbol{x})^{\mathrm{T}}\boldsymbol{y} = \boldsymbol{x}^{\mathrm{T}}(A^{\mathrm{T}}\boldsymbol{y}) \qquad A\boldsymbol{x} \text{ と } \boldsymbol{y} \text{ の内積} = \boldsymbol{x} \text{ と } A^{\mathrm{T}}\boldsymbol{y} \text{ の内積}$$

例 2 $A = \begin{bmatrix} -1 & 1 & 0 \\ 0 & -1 & 1 \end{bmatrix}$ $\boldsymbol{x} = \begin{bmatrix} x_1 \\ x_2 \\ x_3 \end{bmatrix}$ $\boldsymbol{y} = \begin{bmatrix} y_1 \\ y_2 \end{bmatrix}$ とする．

左辺は，$A\boldsymbol{x}$ に $\boldsymbol{y}$ を掛けて，$(x_2-x_1)y_1+(x_3-x_2)y_2$ となる．これは，$x_1(-y_1)+x_2(y_1-y_2)+x_3(y_2)$ と等しい．さて，$\boldsymbol{x}$ を $A^{\mathrm{T}}\boldsymbol{y}$ に掛けよう．

$A^{\mathrm{T}}\boldsymbol{y}$ は $\begin{bmatrix} -y_1 \\ y_1-y_2 \\ y_2 \end{bmatrix}$ でなければならないので，期待どおり $A^{\mathrm{T}} = \begin{bmatrix} -1 & 0 \\ 1 & -1 \\ 0 & 1 \end{bmatrix}$ を得る．

例 3 少し解析について扱ってもよいだろうか？線形代数の話題から脱線するが，それほどこの例は重要なのだ（実は，関数 $x(t)$ に対する線形代数である）．**差分行列を導関数 $A = d/dt$ に変える**．すると，その転置は $(dx/dt, y) = (x, -dy/dt)$ となる．

内積は，$x_k y_k$ の有限和から $x(t)y(t)$ の積分に変わる．

関数の内積 定義より $x^{\mathrm{T}}y = (x,y) = \int_{-\infty}^{\infty} x(t)\,y(t)\,dt$

転置の規則
$(A\boldsymbol{x})^{\mathrm{T}}\boldsymbol{y} = \boldsymbol{x}^{\mathrm{T}}(A^{\mathrm{T}}\boldsymbol{y})$ $\int_{-\infty}^{\infty} \frac{dx}{dt} y(t)\,dt = \int_{-\infty}^{\infty} x(t)\left(-\frac{dy}{dt}\right)dt$ より A^{T} を得る (6)

「**部分積分**」を覚えているだろう．1 つ目の関数 $x(t)$ の導関数が，2 つ目の関数 $y(t)$ の導関数に変わった．そのとき，負符号が現れている．このことから，**導関数の「転置」は導関数を正負反転したものである**ことがわかる．

導関数は**歪対称的**である．すなわち，$\boldsymbol{A = d/dt}$ と $\boldsymbol{A^{\mathrm{T}} = -d/dt}$ となる．対称行列では $A^{\mathrm{T}} = A$ となるが，この歪対称行列では $A^{\mathrm{T}} = -A$ となる．ある意味では，上の 2×3 の差分行列はこのパターンに従っている．3×2 行列 A^{T} は，差分行列を**正負反転**したものである．$A^{\mathrm{T}}\boldsymbol{y}$ の第 2 要素は，差分 y_2-y_1 ではなく y_1-y_2 である．

対称行列

対称行列では，A を A^{T} に転置しても何も変わらず，$A^{\mathrm{T}} = A$ である．その (j,i) 要素は，主対角要素をまたいだ (i,j) 要素と等しい．私見を述べると，対称行列は最も重要な行列である．

定義 対称行列は $A^{\mathrm{T}} = A$ となる．すなわち，$a_{ji} = a_{ij}$ である．

対称行列 $A = \begin{bmatrix} 1 & 2 \\ 2 & 5 \end{bmatrix} = A^{\mathrm{T}}$ と $D = \begin{bmatrix} 1 & 0 \\ 0 & 10 \end{bmatrix} = D^{\mathrm{T}}$.

対称行列の逆行列も対称行列である．A^{-1} の転置が $(A^{-1})^{\mathrm{T}} = (A^{\mathrm{T}})^{-1} = A^{-1}$ となる．これより，（A が逆行列を持つとき）A^{-1} は対称行列となる：

$$\text{対称行列の逆行列}\qquad A^{-1}=\begin{bmatrix}5&-2\\-2&1\end{bmatrix}\quad \text{と}\quad D^{-1}=\begin{bmatrix}1&0\\0&0.1\end{bmatrix}.$$

以降では，**任意の行列 $\boldsymbol{R}$ とその転置 $\boldsymbol{R}^{\mathrm{T}}$ の積により**対称行列を作る．

対称行列となる積 $\boldsymbol{R}^{\mathrm{T}}\boldsymbol{R}$ と $\boldsymbol{R}\boldsymbol{R}^{\mathrm{T}}$ と $\boldsymbol{L}\boldsymbol{D}\boldsymbol{L}^{\mathrm{T}}$

任意の行列 R を選ぶ．それは矩形行列であってもよい．R^{T} と R の積を計算する．その積 $R^{\mathrm{T}}R$ は自動的に正方対称行列となる：

$$\boldsymbol{R}^{\mathrm{T}}\boldsymbol{R}\ \text{の転置は，}\quad \boldsymbol{R}^{\mathrm{T}}(\boldsymbol{R}^{\mathrm{T}})^{\mathrm{T}}\quad\text{であり，それは}\ \boldsymbol{R}^{\mathrm{T}}\boldsymbol{R}\ \text{である．}\tag{7}$$

これが，$R^{\mathrm{T}}R$ が対称行列となることの簡単な証明だ．$R^{\mathrm{T}}R$ の (i,j) 要素について確認しよう．$R^{\mathrm{T}}R$ の (i,j) 要素は，R^{T} の第 i 行（R の第 i 列）と R の第 j 列との内積である．(j,i) 要素は，第 j 列と第 i 列の内積で同じになる．したがって，$R^{\mathrm{T}}R$ は対称行列である．

行列 RR^{T} も対称行列である（R と R^{T} の形から掛け算を行うことができる）．しかし，RR^{T} は $R^{\mathrm{T}}R$ とは異なる行列である．経験則では，ほとんどの科学的な問題は矩形行列 R に始まり，$R^{\mathrm{T}}R$ か RR^{T} もしくはその両方に行き着く．最小 2 乗法がその代表例だ．

例 4　$R=\begin{bmatrix}-1&1&0\\0&-1&1\end{bmatrix}$ と $R^{\mathrm{T}}=\begin{bmatrix}-1&0\\1&-1\\0&1\end{bmatrix}$ を両方の順序で掛ける．

$RR^{\mathrm{T}}=\begin{bmatrix}2&-1\\-1&2\end{bmatrix}$ と $R^{\mathrm{T}}R=\begin{bmatrix}1&-1&0\\-1&2&-1\\0&-1&1\end{bmatrix}$ はどちらも対称行列である．積 $R^{\mathrm{T}}R$ は $n\times n$ 行列である．逆の順番で掛けた RR^{T} は $m\times m$ 行列である．いずれも対称行列であり，その対角要素は正である（**なぜか**）．しかし，$m=n$ だとしても，$R^{\mathrm{T}}R=RR^{\mathrm{T}}$ となることは稀である．等しくなることはあるが，それは特別な場合である．

消去における対称行列　$A^{\mathrm{T}}=A$ であれば，消去をより速く行うことができる．なぜならば，行列の半分（と対角要素）についてのみ計算すればよいからだ．上三角行列 U は対称行列ではない．**対称性は 3 つの行列の積 $A=LDU$ にある**．ピボットからなる対称行列 D をくくり出すと，L と U の両方の対角要素が 1 となることを思い出せ：

$$\begin{bmatrix}1&2\\2&7\end{bmatrix}=\begin{bmatrix}1&0\\2&1\end{bmatrix}\begin{bmatrix}1&2\\0&3\end{bmatrix}\qquad LU\ \text{は}\ A\ \text{の対称性を損なう}$$

$$=\begin{bmatrix}\mathbf{1}&0\\\mathbf{2}&\mathbf{1}\end{bmatrix}\begin{bmatrix}1&0\\0&3\end{bmatrix}\begin{bmatrix}\mathbf{1}&\mathbf{2}\\0&\mathbf{1}\end{bmatrix}\qquad \begin{matrix}LDU\ \text{は}\ A\ \text{の対称性を捉える}\\ \textbf{ここで}\boldsymbol{U}\ \textbf{は}\boldsymbol{L}\ \textbf{の転置である．}\end{matrix}$$

A が対称行列であるとき，$A=LDU$ は $\boldsymbol{A}=\boldsymbol{L}\boldsymbol{D}\boldsymbol{L}^{\mathrm{T}}$ となる．（対角要素が 1 である）U は，（同様に対角要素が 1 である） L の転置である．ピボットからなる対角行列 D はそれ自身が対称行列である．

$A = A^{\mathrm{T}}$ が行の交換なしに LDU へと分解されたとすると，U は L^{T} に等しい．

対称行列の対称的な分解は，$A = LDL^{\mathrm{T}}$ である．

LDL^{T} の転置は $(L^{\mathrm{T}})^{\mathrm{T}}D^{\mathrm{T}}L^{\mathrm{T}}$ であり，それが再び LDL^{T} となることに注意せよ．消去に必要な計算コストは半分になり，積の回数が $n^3/3$ から $n^3/6$ になる．格納領域の大きさも，本質的に半分になる．L と D だけを覚えておけばよく，L^{T} である U は覚えなくてよい．

置換行列

転置は**置換行列**に対して特別なはたらきをする．置換行列 P は，各行，各列に「1」を1つ持つ．P^{T} もまた置換行列となるが，それは P と同じ行列になるかもしれないし違う行列になるかもしれない．任意の置換行列の積 P_1P_2 もまた置換行列である．これから，単位行列 I の行を入れ替えることによってすべての P を作る．

最も単純な置換行列は $P = I$ である（**交換なし**）．次に単純なものは，行の交換を行う行列 P_{ij} である．それらは，I の2つの行，第 i 行と第 j 行を交換することによって作られる．その他の置換行列では，より多くの行を並べ換えたものである．I に対して可能なすべての行の交換を行うと，すべての置換行列を得ることができる：

定義　**置換行列 P は，単位行列 I の行を任意の順番で並べたものである．**

例 5　3×3 の置換行列は6つある．それらを零を書かずに示す：

$$I = \begin{bmatrix} 1 & & \\ & 1 & \\ & & 1 \end{bmatrix} \quad P_{21} = \begin{bmatrix} & 1 & \\ 1 & & \\ & & 1 \end{bmatrix} \quad P_{32}P_{21} = \begin{bmatrix} & 1 & \\ & & 1 \\ 1 & & \end{bmatrix}$$

$$P_{31} = \begin{bmatrix} & & 1 \\ & 1 & \\ 1 & & \end{bmatrix} \quad P_{32} = \begin{bmatrix} 1 & & \\ & & 1 \\ & 1 & \end{bmatrix} \quad P_{21}P_{32} = \begin{bmatrix} & & 1 \\ 1 & & \\ & 1 & \end{bmatrix}.$$

大きさ n の置換行列は $n!$ 個ある． $n!$ は「n の階乗」であり，積 $1 \times 2 \times \cdots \times n$ である．したがって，$3! = 1 \times 2 \times 3$ であり，これは6である．大きさ $n = 4$ の置換行列は24個あり，大きさ5の置換行列は120個ある．

大きさ2の置換行列は2つだけである．すなわち，$\left[\begin{smallmatrix} 1 & 0 \\ 0 & 1 \end{smallmatrix}\right]$ と $\left[\begin{smallmatrix} 0 & 1 \\ 1 & 0 \end{smallmatrix}\right]$ だけである．

重要： P^{-1} **も置換行列である．** 上に示した6つの 3×3 の P のうち，左にある4つの行列はそれ自身の逆行列である．右にある2つの行列は互いに逆行列の関係にある．いかなる場合でも，1対の行を交換する行列は，それ自身の逆行列である．行の交換を繰り返すと I に戻る．$P_{32}P_{21}$ では，逆行列はいつものように逆の順番となり，$P_{21}P_{32}$ となる．

より重要：P^{-1} は常に P^{T} と等しい． 右にある2つの行列は互いの転置行列であり逆行列でもある．積 PP^{T} を計算すると，P の第1行にある「1」は，P^{T} の第1列にある「1」

に当たる（なぜなら，P の第 1 行は P^{T} の第 1 列であるからだ）．その「1」は，他のすべての列にある 1 には当たらない．したがって，$PP^{\mathrm{T}} = I$ である．

$P^{\mathrm{T}} = P^{-1}$ の別の証明では，P を行の交換の積と捉える．それぞれの行の交換はそれ自身の転置であり逆行列である．P^{T} と P^{-1} はいずれも行の交換を**逆順**に掛けたものである．したがって，P^{T} と P^{-1} は等しい．

対称行列では $\boldsymbol{A} = \boldsymbol{LDL}^{\mathrm{T}}$ となる．これから，置換行列を用いて $\boldsymbol{PA} = \boldsymbol{LU}$ を導く．

行の交換を含む $\boldsymbol{PA} = \boldsymbol{LU}$ 分解

きっと $A = LU$ のことを覚えているだろう．その議論は，$A = (E_{21}^{-1} \cdots E_{ij}^{-1} \cdots)U$ から始めた．消去の各ステップは E_{ij} によって行われ，そのステップは E_{ij}^{-1} によって戻すことができる．それらの逆行列を 1 つの行列 L にまとめると，L は U を A に戻す．下三角行列 L は対角要素に 1 を持ち，結果として $A = LU$ となる．

これは素晴らしい分解であるが，必ずしもいつもうまくいくわけではない．ピボットを作り出すために，行の交換が必要なときがある．そのとき，$A = (E^{-1} \cdots P^{-1} \cdots E^{-1} \cdots P^{-1} \cdots)U$ となる．行の交換は P_{ij} によって行われ，またその P_{ij} によって戻される．ここで，それらの行の交換を **1 つの置換行列** P にまとめる．すると，我々が望んでいたすべての可逆行列 A に適用できる分解が得られる．

一番大きな問題は，その P_{ij} をどこに集めるかである．すべての交換を消去の前に行うか，E_{ij} の後で行うかの 2 つの可能性がある．最初の方法では，$PA = LU$ が得られる．2 つ目の方法では，置換行列 P_1 が中間に置かれる．

1. 行の交換を**前もって**行う．それらの行の交換の積 P によって A の行を適切な順番に並べ，PA では行の交換が必要ないようにする．**すると $\boldsymbol{PA} = \boldsymbol{LU}$ となる．**
2. **消去の後**まで行の交換をしないでおくと，ピボットの行は順番どおりには並ばない．P_1 によってそれらを正しい三角行列 U の順番にする．**すると $\boldsymbol{A} = \boldsymbol{L_1 P_1 U_1}$ となる．**

計算（MATLAB も同様）で用いられるのは，すべて $PA = LU$ である．**この形のみを扱うことにする**．数値解析を行う人のほとんどは，もう一方の形を見たことがないはずだ．

分解 $A = L_1 P_1 U_1$ はより洗練されたものになりうるが，両方の分解ついて言及すると，その違いがよくわからなくなるだろう．どちらに対してもそれほど長い時間をかける必要はないし，時間をかけないでほしい．最も重要な場合は $P = I$ のときであり，行の交換なしに A が LU になるときである．

以下の行列 A について，第 1 行と第 2 行を交換して 1 つ目のピボットを通常の場所に置く．そして，PA に対して消去を行う：

$$\begin{bmatrix}0&1&1\\1&2&1\\2&7&9\end{bmatrix}\rightarrow\begin{bmatrix}1&2&1\\0&1&1\\2&7&9\end{bmatrix}\rightarrow\begin{bmatrix}1&2&1\\0&1&1\\0&3&7\end{bmatrix}\rightarrow\begin{bmatrix}1&2&1\\0&1&1\\0&0&4\end{bmatrix}.$$
$$A \qquad\qquad PA \qquad\qquad \ell_{31}=2 \qquad\qquad \ell_{32}=3$$

行列 PA はその行が適切な順番になっているので，いつもどおり LU に分解される：

$$\boldsymbol{P}=\begin{bmatrix}0&\mathbf{1}&0\\\mathbf{1}&0&0\\0&0&\mathbf{1}\end{bmatrix}\quad PA=\begin{bmatrix}1&0&0\\0&1&0\\2&3&1\end{bmatrix}\begin{bmatrix}1&2&1\\0&1&1\\0&0&4\end{bmatrix}=LU. \tag{8}$$

A から始めて，U が求まった．**唯一の必要条件は** A **が可逆であることである**．

> A が可逆であるとき，置換行列 P によって行を適切な順序にすると $\boldsymbol{PA}=\boldsymbol{LU}$ と分解できる．A が可逆であるためには，行の交換を行った後でピボットがそろっている必要がある．

MATLAB では，$A([r\ k],:)=A([k\ r],:)$ によって第 k 行とその下の第 r 行を交換する（第 r 行に k 番目のピボットが見つかったとする）．プログラム lu では L と P と P の符号を更新する：

これは $[L,U,P]=\mathrm{lu}(A)$ **の一部である**

$$\begin{aligned}&A([r\ k],:)=A([k\ r],:);\\&L([r\ k],1:k-1)=L([k\ r],1:k-1);\\&P([r\ k],:)=P([k\ r],:);\\&\mathrm{sign}\ =-\mathrm{sign}\end{aligned}$$

P の「**符号**」は，行の交換回数が偶数（符号 $=+1$）かどうかを示す．行の交換回数が奇数であれば，符号 $=-1$ となる．はじめは，P は I であり，符号は $=+1$ である．行の交換があると符号が反転する．最終的な符号の値は P **の行列式**であり，それは行の交換の順序には依存しない値である．

PA とすれば，すでに慣れている LU になり，これは通常の分解である．実際には，lu(A) は一番最初に使えるピボットを用いずに計算を進めることが多い．数学的には 0 でなければどんな小さな値のピボットであってもよい．計算機の場合は，その列の下にある値のうち最大のピボットを見つけるほうがよい（第 9.1 節で，なぜこの「**部分ピボット選択**」により丸め誤差が減るのかを説明する）．すると，代数的には必要のない行の交換が P に含まれる．それでも，$PA=LU$ であるのは変わらない．

置換行列を含む分解は理解すべきだが，そのような計算は計算機にさせておけばよい．手で行う計算は，P を含まない $A=LU$ で十分である．教育用プログラム splu(A) は $PA=LU$ と分解し，splv(A,b) は任意の可逆行列 A に対して $A\boldsymbol{x}=\boldsymbol{b}$ を解く．プログラム splu は，第 k 列にピボットが 1 つも見つからないと停止する．そのとき，A は可逆ではない．

■　要点の復習　■

1. 転置は A の行を A^{T} の列にし，$(A^{\mathrm{T}})_{ij} = A_{ji}$ である．
2. AB の転置は $B^{\mathrm{T}}A^{\mathrm{T}}$ である．A^{-1} の転置は A^{T} の逆行列である．
3. 内積は $\boldsymbol{x} \cdot \boldsymbol{y} = \boldsymbol{x}^{\mathrm{T}}\boldsymbol{y}$ である．内積 $(A\boldsymbol{x})^{\mathrm{T}}\boldsymbol{y}$ は内積 $\boldsymbol{x}^{\mathrm{T}}(A^{\mathrm{T}}\boldsymbol{y})$ に等しい．
4. A が対称行列 $(A^{\mathrm{T}} = A)$ のとき，その LDU 分解は $A = LDL^{\mathrm{T}}$ と対称的になる．
5. 置換行列 P は各行および各列に 1 を 1 つだけ持つ行列であり，$\boldsymbol{P}^{\mathrm{T}} = \boldsymbol{P}^{-1}$ である．
6. 大きさ n の置換行列は $n!$ 個ある．**その半分は偶置換であり，半分は奇置換である．**
7. A が可逆であるとき，P によってその行を入れ替えて $PA = LU$ とすることができる．

■　例題　■

2.7 A　置換行列 P を A の行に適用してその対称性を壊す：

$$P = \begin{bmatrix} 0 & 1 & 0 \\ 0 & 0 & 1 \\ 1 & 0 & 0 \end{bmatrix} \qquad A = \begin{bmatrix} 1 & 4 & 5 \\ 4 & \mathbf{2} & 6 \\ 5 & 6 & \mathbf{3} \end{bmatrix} \qquad PA = \begin{bmatrix} 4 & \mathbf{2} & 6 \\ 5 & 6 & \mathbf{3} \\ 1 & 4 & 5 \end{bmatrix}$$

置換行列 Q を PA の**列**に適用して PAQ が対称行列となるのは，Q がどのようなときか？数 $1, 2, 3$ は，主対角要素に戻らなければならない（順番は変わってもよい）．Q が P^{T} であることを示せ．すると，$PAQ = PAP^{\mathrm{T}}$ により対称行列に戻る．

解　対称性を取り戻すには,「2」を対角要素に戻すため，PA の第 2 列は第 1 列に移らなければならない．PA の第 3 列（3 を含む列）は，第 2 列へ移らなければならない．そして,「1」は $3, 3$ の位置に移動する．そのように列の置換を行う行列が Q である：

$$PA = \begin{bmatrix} 4 & \mathbf{2} & 6 \\ 5 & 6 & \mathbf{3} \\ 1 & 4 & 5 \end{bmatrix} \qquad Q = \begin{bmatrix} 0 & 0 & 1 \\ 1 & 0 & 0 \\ 0 & 1 & 0 \end{bmatrix} \qquad PAQ = \begin{bmatrix} \mathbf{2} & 6 & 4 \\ 6 & \mathbf{3} & 5 \\ 4 & 5 & 1 \end{bmatrix}$$ は対称行列である．

この行列 Q は P^{T} である．このように行列を選ぶと，常に対称性を取り戻せる．なぜなら，PAP^{T} は対称行列となることが保証されているからだ（その転置は再び PAP^{T} となる）．**行列 Q は P^{-1} でもある．なぜなら，置換行列の逆行列と置換行列の転置が等しいからだ．**

D が対角行列であるとき，PDP^{T} もまた対角行列であることがわかった．P が第 1 行を第 3 行に移すとき，右から掛けた P^{T} は第 1 列を第 3 列に移す．$(1, 1)$ 要素は，$(3, 1)$ に移動し，さらに $(3, 3)$ へと移動する．

2.7 B　上記の A に対して，対称的な分解 $A = LDL^{\mathrm{T}}$ を求めよ．この行列 A は可逆か？また，Q に対して行の交換が必要な分解 $PQ = LU$ を求めよ．

解 A を LDL^{T} へと分解するため，ピボットの下を消去する：

$$A=\begin{bmatrix}1&4&5\\4&2&6\\5&6&3\end{bmatrix}\longrightarrow\begin{bmatrix}1&4&5\\0&-14&-14\\0&-14&-22\end{bmatrix}\longrightarrow\begin{bmatrix}1&4&5\\0&-14&-14\\0&0&-8\end{bmatrix}=U.$$

乗数は $\ell_{21}=4$ と $\ell_{31}=5$ と $\ell_{32}=1$ であった．ピボット $1,-14,-8$ が D に入る．U の行をこれらのピボットで割ると，L^{T} が現れるはずである：

$A=A^{\mathrm{T}}$ のときの対称的な分解

$$A=\boldsymbol{LDL}^{\mathrm{T}}=\begin{bmatrix}1&0&0\\4&1&0\\5&1&1\end{bmatrix}\begin{bmatrix}1&&\\&-14&\\&&-8\end{bmatrix}\begin{bmatrix}1&4&5\\0&1&1\\0&0&1\end{bmatrix}.$$

3 つのピボットがあるので，この行列 A は可逆である．その逆行列は，$(L^{\mathrm{T}})^{-1}D^{-1}L^{-1}$ であり，A^{-1} もまた対称行列である．数 14 と 8 は，A^{-1} の分母に現れる．A の「行列式」は，ピボットの積 $1\times(-14)\times(-8)=112$ である．

任意の置換行列 Q は可逆である．ここでは，消去を行うのに行の交換が 2 回必要である：

$$Q=\begin{bmatrix}0&0&1\\1&0&0\\0&1&0\end{bmatrix}\underset{1\leftrightarrow 2}{\overset{\text{行}}{\longrightarrow}}\begin{bmatrix}1&0&0\\0&0&1\\0&1&0\end{bmatrix}\underset{2\leftrightarrow 3}{\overset{\text{行}}{\longrightarrow}}\begin{bmatrix}1&0&0\\0&1&0\\0&0&1\end{bmatrix}=I.$$

$A=Q$ としたとき，分解 $PQ=(L)(U)$ は $Q^{-1}Q=(I)(I)$ に等しい．

2.7 C 矩形行列 A に対して，次の**鞍点行列** S は重要な対称行列である：

最小 2 乗法で用いるブロック行列

$$S=\begin{bmatrix}\boldsymbol{I}&\boldsymbol{A}\\\boldsymbol{A}^{\mathrm{T}}&\boldsymbol{0}\end{bmatrix}=S^{\mathrm{T}}\text{ の大きさは } m+n \text{ である．}$$

ブロックによる消去を適用して，**ブロックによる分解** $S=LDL^{\mathrm{T}}$ を求めよ．そして，可逆かどうかを判定せよ：

$$\boldsymbol{S}\text{ が可逆である}\iff\boldsymbol{A}^{\mathrm{T}}\boldsymbol{A}\text{ が可逆である}\iff\boldsymbol{x}\neq\boldsymbol{0}\text{ であるとき }\boldsymbol{Ax}\neq\boldsymbol{0}$$

解 最初のブロックのピボットは I である．第 1 行に掛けられる行列は A^{T} である：

ブロック消去 $S=\begin{bmatrix}I&A\\A^{\mathrm{T}}&0\end{bmatrix}$ が $\begin{bmatrix}I&A\\0&-\boldsymbol{A}^{\mathrm{T}}\boldsymbol{A}\end{bmatrix}$ となる．これが U である．

ブロックによるピボット行列 D は I と $-A^{\mathrm{T}}A$ からなる．このとき，L と L^{T} は A^{T} と A を含む：

ブロック分解

$$S=LDL^{\mathrm{T}}=\begin{bmatrix}I&0\\A^{\mathrm{T}}&I\end{bmatrix}\begin{bmatrix}I&0\\0&-A^{\mathrm{T}}A\end{bmatrix}\begin{bmatrix}I&A\\0&I\end{bmatrix}.$$

L は確かに可逆であり，その対角要素は I に含まれる 1 である．中央の行列の逆行列には，$(A^{\mathrm{T}}A)^{-1}$ が含まれる．第 4.2 節で，この行列 $A^{\mathrm{T}}A$ についての重要な問に答える．

問：$\boldsymbol{A^{\mathrm{T}}A}$ が可逆となるのはどのようなときか？

答: A は線形独立な列から構成される必要がある．$A\boldsymbol{x}=\boldsymbol{0}$ となるのは $\boldsymbol{x}=\boldsymbol{0}$ のときのみである．そうでなければ，$A\boldsymbol{x}=\boldsymbol{0}$ のとき $A^{\mathrm{T}}A\boldsymbol{x}=\boldsymbol{0}$ となる．

練習問題 2.7

問題 1〜7 は転置行列の規則に関するものである．

1　以下の A について，A^{T} と A^{-1} と $(A^{-1})^{\mathrm{T}}$ と $(A^{\mathrm{T}})^{-1}$ を求めよ：

$$A=\begin{bmatrix}1&0\\9&3\end{bmatrix} \quad と \quad A=\begin{bmatrix}1&c\\c&0\end{bmatrix}.$$

2　$(AB)^{\mathrm{T}}$ が，$B^{\mathrm{T}}A^{\mathrm{T}}$ と等しいが $A^{\mathrm{T}}B^{\mathrm{T}}$ とは異なることを確かめよ：

$$A=\begin{bmatrix}1&0\\2&1\end{bmatrix} \qquad B=\begin{bmatrix}1&3\\0&1\end{bmatrix} \qquad AB=\begin{bmatrix}1&3\\2&7\end{bmatrix}.$$

$AB=BA$ となるとき（一般にはそうならない），$B^{\mathrm{T}}A^{\mathrm{T}}=A^{\mathrm{T}}B^{\mathrm{T}}$ であることはどのようにして証明できるか？

3　(a) 行列 $((AB)^{-1})^{\mathrm{T}}$ は，$(A^{-1})^{\mathrm{T}}$ と $(B^{-1})^{\mathrm{T}}$ から作られる．**その順番はどうなるか？**
(b) U が上三角行列であるとき，$(U^{-1})^{\mathrm{T}}$ は _____ 三角行列である．

4　（$A=$ 零行列 でないとき）$A^2=0$ となりうるが，$A^{\mathrm{T}}A=0$ とはならないことを示せ．

5　(a) 行ベクトル $\boldsymbol{x}^{\mathrm{T}}$ と A と列ベクトル $\boldsymbol{y}$ の積を求めよ．

$$\boldsymbol{x}^{\mathrm{T}}A\boldsymbol{y}=\begin{bmatrix}0&1\end{bmatrix}\begin{bmatrix}1&2&3\\4&5&6\end{bmatrix}\begin{bmatrix}0\\1\\0\end{bmatrix}=\_\_\_\_\_.$$

(b) これは行ベクトル $\boldsymbol{x}^{\mathrm{T}}A=$ _____ と列ベクトル $\boldsymbol{y}=(0,1,0)$ の積である．
(c) これは行ベクトル $\boldsymbol{x}^{\mathrm{T}}=[0\ \ 1]$ と列ベクトル $A\boldsymbol{y}=$ _____ の積である．

6　ブロック行列 $M=\left[\begin{smallmatrix}\mathbf{A}&\mathbf{B}\\\mathbf{C}&\mathbf{D}\end{smallmatrix}\right]$ の転置は $M^{\mathrm{T}}=$ _____ である．例を用いて確かめよ．A, B, C, D にどのような条件が成り立つとき，そのブロック行列は対称行列となるか？

7　以下の命題は，真か偽か？

(a) ブロック行列 $\left[\begin{smallmatrix}\mathbf{0}&\mathbf{A}\\\mathbf{A}&\mathbf{0}\end{smallmatrix}\right]$ は自動的に対称行列となる．

(b) A と B が対称行列であるとき，その積 AB も対称行列である．
(c) A が対称行列でないとき，A^{-1} も対称行列ではない．
(d) A, B, C が対称行列であるとき，ABC の転置は CBA である．

問題 8〜15 は置換行列に関するものである．

8 大きさ n の置換行列の個数が $n!$ である理由を述べよ．

9 P_1 と P_2 が置換行列であるとき，P_1P_2 もまた置換行列であり，I の行をある順番に並べたものである．$P_1P_2 \neq P_2P_1$ および $P_3P_4 = P_4P_3$ となる例を挙げよ．

10 $(1,2,3,4)$ に対して**偶数回の交換によってできる「偶」置換** は 12 個ある．そのうちの 2 つは，交換のない $(1,2,3,4)$ と 2 回の交換でできる $(4,3,2,1)$ である．残りの 10 個を列挙せよ．それぞれ 4×4 行列ではなく，数の順番として書け．

11 どのような置換行列によって PA が上三角行列となるか？ どのような置換行列によって P_1AP_2 が下三角行列となるか？A **の右から** P_2 **を掛けると，**A **の** ＿＿＿ **が入れ替わる．**

$$A = \begin{bmatrix} 0 & 0 & 6 \\ 1 & 2 & 3 \\ 0 & 4 & 5 \end{bmatrix}.$$

12 $\boldsymbol{x}$ と $\boldsymbol{y}$ の内積が $P\boldsymbol{x}$ と $P\boldsymbol{y}$ の内積に等しい理由を説明せよ．次に，$(P\boldsymbol{x})^{\mathrm{T}}(P\boldsymbol{y}) = \boldsymbol{x}^{\mathrm{T}}\boldsymbol{y}$ より，任意の置換行列について $P^{\mathrm{T}}P = I$ であることを演繹せよ．$\boldsymbol{x} = (1,2,3)$ と $\boldsymbol{y} = (1,4,2)$ に対して P を選び，$P\boldsymbol{x} \cdot \boldsymbol{y}$ と $\boldsymbol{x} \cdot P\boldsymbol{y}$ が常に等しいわけではないことを示せ．

13 (a) $P^3 = I$ である（が，$P = I$ ではない）3×3 の置換行列を求めよ．
(b) $\widehat{P}^4 \neq I$ であるような 4×4 の置換行列 $\widehat{P}$ を求めよ．

14 P が $(1,n)$ から $(n,1)$ への対角線上に 1 を持つとき，PAP はどのような行列か？$P = P^{\mathrm{T}}$ であることに注意せよ．

15 行を交換する行列はすべて対称行列である：$P^{\mathrm{T}} = P$．そのとき，$P^{\mathrm{T}}P = I$ は $P^2 = I$ となる．他の置換行列は，対称行列となるかもしれないし，ならないかもしれない．

(a) P が第 1 行を第 4 行にするとき，P^{T} は第 ＿＿＿ 行を第 ＿＿＿ 行にする．$P^{\mathrm{T}} = P$ であるとき，重複のない行の交換の対からなる．
(b) $P^{\mathrm{T}} = P$ であり，すべての行を別の行に移すような 4×4 行列の例を求めよ．

問題 16〜21 は，対称行列とその分解に関するものである．

16 $A = A^{\mathrm{T}}$ かつ $B = B^{\mathrm{T}}$ のとき，以下の行列のうち必ず対称行列となるのはどれか？

(a) $A^2 - B^2$　　(b) $(A+B)(A-B)$　　(c) ABA　　(d) $ABAB$.

17 以下の性質を持つ 2×2 の対称行列 $A = A^{\mathrm{T}}$ を求めよ：

(a) A は可逆ではない．
(b) A は可逆であるが，LU と分解することができない（行の交換が必要）．
(c) A は LDL^{T} と分解できるが，LL^{T} とは分解できない（D に負の数が含まれる）．

18 (a) $A = A^{\mathrm{T}}$ が 5×5 行列のとき，A のいくつの要素を独立に選べるか？
(b) LDL^{T} において，L と D（これらも 5×5 行列）にて選べる要素数と同じか？
(c) A が **歪対称行列** ($A^{\mathrm{T}} = -A$) であるとき，いくつの要素を選べるか？

19 R が矩形行列 ($m \times n$) であり，A が対称行列 ($m \times m$) であるとする．

(a) $R^{\mathrm{T}}AR$ を転置し，それが対称行列であることを示せ．この行列の形を答えよ．
(b) $R^{\mathrm{T}}R$ の対角要素に負数がない理由を示せ．

20 以下の対称行列を $A = LDL^{\mathrm{T}}$ に分解せよ．ピボット行列 D は対角行列である：

$$A = \begin{bmatrix} 1 & 3 \\ 3 & 2 \end{bmatrix} \quad \text{と} \quad A = \begin{bmatrix} 1 & b \\ b & c \end{bmatrix} \quad \text{と} \quad A = \begin{bmatrix} 2 & -1 & 0 \\ -1 & 2 & -1 \\ 0 & -1 & 2 \end{bmatrix}.$$

21 第 1 列の 1 つ目のピボットの下を消去して，右下に現れる 2×2 の対称行列を求めよ：

$$A = \begin{bmatrix} 2 & 4 & 8 \\ 4 & 3 & 9 \\ 8 & 9 & 0 \end{bmatrix} \quad \text{と} \quad A = \begin{bmatrix} 1 & b & c \\ b & d & e \\ c & e & f \end{bmatrix}.$$

問題 22〜24 は，$\boldsymbol{PA = LU}$ と $\boldsymbol{A = L_1P_1U_1}$ の分解に関するものである．

22 以下の行列について，$PA = LU$ の分解を求めよ（答が正しいことを確かめよ）：

$$A = \begin{bmatrix} 0 & 1 & 1 \\ 1 & 0 & 1 \\ 2 & 3 & 4 \end{bmatrix} \quad \text{と} \quad A = \begin{bmatrix} 1 & 2 & 0 \\ 2 & 4 & 1 \\ 1 & 1 & 1 \end{bmatrix}.$$

23 消去が完了するまでに 3 回の行の交換が必要となる 4×4 置換行列（これを A とする）を求めよ．この行列に対して，P と L と U を求めよ．

24 以下の行列について $PA = LU$ へと分解せよ．また，$A = L_1P_1U_1$ へと分解せよ（第 1 行の 3 倍を第 2 行から引いた後で，第 3 行の交換を行え）：

$$A = \begin{bmatrix} 0 & 1 & 2 \\ 0 & 3 & 8 \\ 2 & 1 & 1 \end{bmatrix}.$$

25　第 2.6 節の slu プログラムを拡張し，PA を LU に分解する splu プログラムにせよ．

26　単位行列が，3 つ（もしくは 5 つ）の行交換行列の積とはならないことを証明せよ．2 つ（もしくは 4 つ）の行交換行列の積にはなりうる．

27　(a) 1 つ目のピボットの下の 3 を消去する E_{21} を選べ．積 $E_{21}AE_{21}^{\mathrm{T}}$ を計算して，両方の 3 を消去せよ．

$$A=\begin{bmatrix}1&3&0\\3&11&4\\0&4&9\end{bmatrix}\quad \text{を次のようにしたい}\quad D=\begin{bmatrix}1&0&0\\0&2&0\\0&0&1\end{bmatrix}.$$

(b) 2 つ目のピボットの下の 4 を消去する E_{32} を選べ．すると $E_{32}E_{21}AE_{21}^{\mathrm{T}}E_{32}^{\mathrm{T}}=D$ によって，A は D に簡約される．E の逆行列を計算し，$A=LDL^{\mathrm{T}}$ における L を求めよ．

28　4×4 の行列の各行が，数 $0,1,2,3$ をある順序で並べたものであるとき，そのような行列は対称行列となりうるか？

29　行の並べ換えと列の並べ換えによって行列を転置することができないことを証明せよ（対角要素を見よ）．

次の 3 つの問題は，恒等式 $(A\boldsymbol{x})^{\mathrm{T}}\boldsymbol{y}=\boldsymbol{x}^{\mathrm{T}}(A^{\mathrm{T}}\boldsymbol{y})$ の応用である．

30　ボストン，シカゴ，シアトル間に電線を張る．それらの都市の電位は，x_B, x_C, x_S である．都市間の抵抗が 1 単位であるとすると，都市間の電流は $\boldsymbol{y}$ となる：

$$\boldsymbol{y}=A\boldsymbol{x}\quad \text{は}\quad \begin{bmatrix}y_{BC}\\y_{CS}\\y_{BS}\end{bmatrix}=\begin{bmatrix}1&-1&0\\0&1&-1\\1&0&-1\end{bmatrix}\begin{bmatrix}x_B\\x_C\\x_S\end{bmatrix}\quad \text{となる．}$$

(a) 3 つの都市から出る電流の総和 $A^{\mathrm{T}}\boldsymbol{y}$ を求めよ．
(b) $(A\boldsymbol{x})^{\mathrm{T}}\boldsymbol{y}$ が $\boldsymbol{x}^{\mathrm{T}}(A^{\mathrm{T}}\boldsymbol{y})$ に一致することを確かめよ．両方とも 6 項からなる．

31　x_1 台のトラックと x_2 機の飛行機を製造するのに，鉄 x_1+50x_2 トン，ゴム $40x_1+1000x_2$ ポンド，労働力 $2x_1+50x_2$ カ月分が必要であるとする．それらの単位コスト y_1,y_2,y_3 が，1 トン当り \$700，1 ポンド当り \$3，1 カ月当り \$3000 であるとき，トラック 1 台および飛行機 1 機のコストはいくらか？それらは $A^{\mathrm{T}}\boldsymbol{y}$ の要素である．

32　問題 31 において，$\boldsymbol{x}$ を製造するのに必要な鉄，ゴム，労働力の量は $A\boldsymbol{x}$ となる．A を求めよ．すると，$A\boldsymbol{x}\cdot\boldsymbol{y}$ は入力の ＿＿＿ であり，$\boldsymbol{x}\cdot A^{\mathrm{T}}\boldsymbol{y}$ は ＿＿＿ のコストとなる．

33　(x,y,z) との積が (z,x,y) となる行列 P は回転行列でもある．P と P^3 を求めよ．回転の軸 $\boldsymbol{a}=(1,1,1)$ は動かず，$P\boldsymbol{a}$ は a と等しい．$\boldsymbol{v}=(2,3,-5)$ から $P\boldsymbol{v}=(-5,2,3)$ への回転角を求めよ．

34 $A = \left[\begin{smallmatrix}\mathbf{1} & \mathbf{2}\\ \mathbf{4} & \mathbf{9}\end{smallmatrix}\right]$ を，基本変形行列 E と対称行列 H の積 EH として書け.

35 A を,（1 からなる）**三角行列と対称行列の積**へと分解する新しい分解を示す：

$$A = LDU \text{ を，} A = L(U^{\mathrm{T}})^{-1} \text{ と } U^{\mathrm{T}}DU \text{ の積とする.}$$

$L(U^{\mathrm{T}})^{-1}$ が三角行列である理由を示せ．その対角要素はすべて 1 である．$U^{\mathrm{T}}DU$ が対称行列である理由を示せ.

36 行列の**群**に A と B が含まれるとき，AB と A^{-1} もその群に含まれる.「積と逆行列は群に含まれる」．次の集合のうち群となっているのはどれか？

対角要素が 1 である下三角行列　　対称行列 S　　正行列 M
可逆な対角行列 D　　置換行列 P　　$Q^{\mathrm{T}} = Q^{-1}$ である行列.

行列の群をもう 2 つ考案せよ.

挑戦問題

37 正方**北西行列** B は，$(1,n)$ と $(n,1)$ を結ぶ対角線の下の南東要素が零である．B^{T} と B^2 は北西行列となるか？B^{-1} は北西行列か，それとも南東行列か？$BC =$ **北西行列と南東行列の積**はどのような形となるか？

38 置換行列のベキを計算すると，いずれは P^k が I となる理由を述べよ.

I となる最小次数の累乗が P^6 である 5×5 の置換行列 P を求めよ.

39 (a) 任意の 3×3 の行列 A を書き下せ．$B = B^{\mathrm{T}}$ を対称行列，$C = -C^{\mathrm{T}}$ を歪対称行列として，A を $B + C$ に分解せよ.

(b) $B = B^{\mathrm{T}}$ と $C = -C^{\mathrm{T}}$ である行列によって $A = B + C$ であるとする．A と A^{T} を用いて，B と C を与える式を求めよ.

40 Q^{T} が Q^{-1} **と等しいとする**（転置行列が逆行列と等しく，$Q^{\mathrm{T}}Q = I$ である）.

(a) 列 $q_1, \ldots, q_n$ が単位ベクトルである，すなわち，$\|\boldsymbol{q}_i\|^2 = 1$ を示せ.
(b) Q の任意の 2 つの列が直交する，すなわち，$\boldsymbol{q}_1^{\mathrm{T}}\boldsymbol{q}_2 = 0$ を示せ.
(c) 2×2 行列のうち，最初の要素が $q_{11} = \cos\theta$ であるものを求めよ.

第3章

ベクトル空間と部分空間

3.1 ベクトルの空間

線形代数の初学者の場合，行列の計算に具体的な数を用いることが多い．本書の読者の場合には，ベクトルを用いる．$A\boldsymbol{x}$ と AB の列は，A の n 個の列ベクトルの線形結合である．本章では，数やベクトルから進んで，3 レベル目（最高レベル）を理解する．個々の列を見るのでなく，ベクトルの「空間」を見る．**ベクトル空間**と特にその**部分空間**について理解しなければ，$A\boldsymbol{x} = \boldsymbol{b}$ について完全に理解したことにはならない．

本章では少し深い内容まで進むので，やや難しく感じるかもしれないが，それは自然なことだ．計算の奥にある数学を発見しよう．著者がやるべきことはそれを明らかにすることだ．本章は「**線形代数の基本定理**」にて締めくくられる．

$\mathbf{R}^1$，$\mathbf{R}^2$，$\mathbf{R}^3$，$\mathbf{R}^4$，... と記述される最も重要なベクトル空間から始める．各空間 $\mathbf{R}^n$ は，ベクトルの集合からなる．$\mathbf{R}^5$ は，5 要素からなる列ベクトルのすべてからなり，「5 次元空間」と呼ばれる．

定義　空間 $\mathbf{R}^n$ は，$\boldsymbol{n}$ 個の要素からなる列ベクトル $\boldsymbol{v}$ のすべてからなる．

$\boldsymbol{v}$ の要素は実数であり，それが文字 $\mathbf{R}$ を使う理由である．n 個の複素数を要素として持つベクトルは，空間 $\mathbf{C}^n$ にある．

ベクトル空間 $\mathbf{R}^2$ は，通常の xy 平面で表される．$\mathbf{R}^2$ に含まれる各ベクトル $\boldsymbol{v}$ は 2 つの要素を持つ．「空間」という言葉は，ベクトル全体，すなわち平面全体を考えることを意味する．各ベクトルは，平面内の点の x 座標と y 座標を与え，$\boldsymbol{v} = (x, y)$ である．

同様に，$\mathbf{R}^3$ に含まれるベクトルは，3 次元空間における点 (x, y, z) に対応する．1 次元空間 $\mathbf{R}^1$ は（x 軸のような）直線である．これまでと同様にベクトルは，角括弧で囲まれた列，もしくは，丸括弧とカンマを用いて横一列に書く：

$$\begin{bmatrix} 4 \\ \pi \end{bmatrix} \text{ は } \mathbf{R}^2 \text{ に含まれる，} \quad (1,1,0,1,1) \text{ は } \mathbf{R}^5 \text{ に含まれる，} \quad \begin{bmatrix} 1+i \\ 1-i \end{bmatrix} \text{ は } \mathbf{C}^2 \text{ に含まれる．}$$

線形代数の優れたところは，5 次元空間を簡単に扱えることである．ベクトルを絵として書くことはせず，ただ 5 つの数（さらには n 個の数）だけが必要である．

$\boldsymbol{v}$ に 7 を掛けるには，すべての要素に 7 を掛ける．ここで，7 は「スカラー」である．$\mathbf{R}^5$ に含まれるベクトルを足すには，要素ごとに足せばよい．これらの本質的な 2 つのベクトル操作は**ベクトル空間について閉じており**，それらによって**線形結合**ができる：

$\mathbf{R}^n$ の任意のベクトルの和と，任意のベクトル $\boldsymbol{v}$ と任意のスカラー c の積を計算できる．

「ベクトル空間について閉じている」ということは，**結果がその空間内にある**ということだ．$\boldsymbol{v}$ が $\mathbf{R}^4$ のベクトルでその要素が $1,0,0,1$ であるとき，$2\boldsymbol{v}$ の要素は $2,0,0,2$ であり，$\mathbf{R}^4$ のベクトルである（この場合，2 がスカラーである）．$\mathbf{R}^n$ においても，一連の性質が確かめられる．可換法則 $\boldsymbol{v}+\boldsymbol{w}=\boldsymbol{w}+\boldsymbol{v}$．分配法則 $c(\boldsymbol{v}+\boldsymbol{w})=c\boldsymbol{v}+c\boldsymbol{w}$．$\mathbf{0}+\boldsymbol{v}=\boldsymbol{v}$ を満たすような「零ベクトル」が一意に存在する．これらは練習問題 3.1 の先頭で列挙する 8 つの条件のうちの 3 つである．

それら 8 つの条件は，すべてのベクトル空間に要求されるものである．列ベクトル以外のベクトルもあり，$\mathbf{R}^n$ 以外のベクトル空間もあるが，すべてのベクトル空間はその 8 つの妥当な規則に従わなければならない．

実数のベクトル空間は「ベクトル」の集合に，ベクトル和と実数との積についての規則が合わさったものである． 和と積の結果はその空間内のベクトルにならなければならない．さらに，8 つの条件が満たされなければならない（通常は問題にはならない）．$\mathbf{R}^n$ 以外のベクトル空間を 3 つ示す：

M	2×2 行列のすべてからなるベクトル空間．
F	実数関数 $f(x)$ のすべてからなるベクトル空間．
Z	零ベクトルのみからなるベクトル空間．

M では,「ベクトル」は実際には行列である．**F** では，ベクトルは関数である．**Z** では，和として $\mathbf{0}+\mathbf{0}=\mathbf{0}$ だけが可能である．どの場合でも和を計算できる．すなわち，行列と行列の和，関数と関数の和，零ベクトルと零ベクトルの和を計算できる．行列と 4 の積，関数と 4 の積，零ベクトルと 4 の積を計算できる．それらの結果もやはり，**M**，**F**，または **Z** に含まれる．8 つの条件はすべて簡単に確かめられる．

関数空間 **F** は無限の次元を持つ．それより小さな関数空間は，次数 n の多項式 $a_0+a_1x+\cdots+a_nx^n$ のすべてからなる $\mathbf{P}_n$ である．

ベクトル空間 **Z** は（任意の妥当な次元の定義において）0 次元であり，最も小さなベクトル空間である．それを $\mathbf{R}^0$ とは呼ばない．なぜならば，$\mathbf{R}^0$ はベクトルの要素がないことを意味し，1 つもベクトルがないと考えるかもしれないからだ．ベクトル空間 **Z** は，ただ **1 つのベクトル**（零ベクトル）からなる．ベクトル空間は，零ベクトルがないと成り立たない．各ベクトル空間は零ベクトルを持つ．零行列，零関数，$\mathbf{R}^3$ におけるベクトル $(0,0,0)$ などが零ベクトルである．

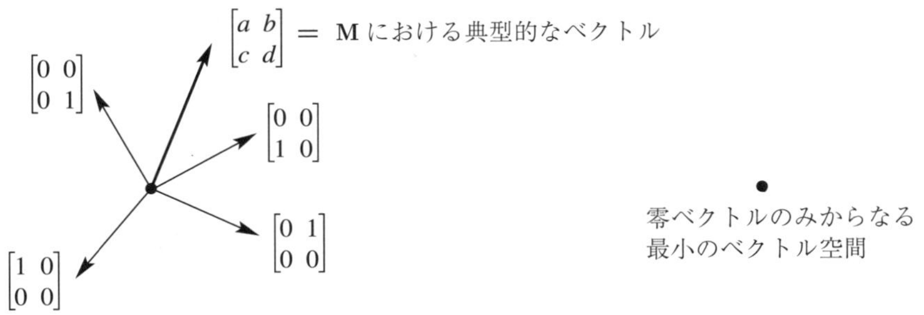

図 3.1　「4 次元」の行列空間 **M**.「0 次元」のベクトル空間 **Z**.

部分空間

行列や関数をベクトルとして考えてもらうことがたびたびある．しかし，最もよく使うベクトルは通常の列ベクトルである．それらは，n 個の要素からなるベクトルであるが，n 個の要素からなるベクトルのすべてではないかもしれない．$\mathbf{R}^n$ の中に重要なベクトル空間がある．それらは，$\mathbf{R}^n$ の**部分空間**である．

通常の 3 次元空間 $\mathbf{R}^3$ を考え，原点 $(0,0,0)$ を通る平面を選ぶ．**その平面は，それ自身でベクトル空間となっている**．平面内にある 2 つのベクトルを足すと，その和も平面内にある．平面内にあるベクトルに 2 や -5 を掛けても，その積は平面内にある．3 次元空間にある平面は $\mathbf{R}^2$ ではない（$\mathbf{R}^2$ のように見えるとしてもだ）．ベクトルは 3 つの要素を持ち，それらは $\mathbf{R}^3$ に属する．その平面は，$\mathbf{R}^3$ の内部にあるベクトル空間である．

これは，線形代数の最も基本となる考え方の好例である．$(0,0,0)$ を通る平面は，ベクトル空間 $\mathbf{R}^3$ の**部分空間**である．

定義　ベクトル空間の**部分空間**とは，（$\mathbf{0}$ を含む）ベクトルの集合であり，次の 2 つの要求を満たすものである：**部分空間のベクトル $\boldsymbol{v}$ と $\boldsymbol{w}$，任意のスカラー c について，**

(i)　$\boldsymbol{v}+\boldsymbol{w}$ が部分空間に含まれる．

(ii)　$c\boldsymbol{v}$ が部分空間に含まれる．

言い換えると，ベクトルの集合が和 $\boldsymbol{v}+\boldsymbol{w}$ と積 $c\boldsymbol{v}$（および $c\boldsymbol{w}$）について「閉じている」．これらの操作を行っても部分空間内にある．引き算を行うこともできる．なぜならば，$-\boldsymbol{w}$ が部分空間に含まれ，それと $\boldsymbol{v}$ との和が $\boldsymbol{v}-\boldsymbol{w}$ であるからだ．要するに，**すべての線形結合が部分空間内にある**．

これらの操作はすべてもとのベクトル空間の規則に従い，8 つの要求条件は自動的に成り立つ．よって，線形結合をとれるかという，部分空間についての条件を確認すればよい．

事実その 1：**すべての部分空間は零ベクトルを含む**．$\mathbf{R}^3$ における平面は $(0,0,0)$ を通らなければならない．規則 **(ii)** よりすぐに導けるが，このことを強く強調して言及しておく．すなわち，$c=0$ とすると，この規則より $0\boldsymbol{v}$ が部分空間に含まれなければならない．

原点を含まない平面は，この検査に失敗する．$\boldsymbol{v}$ が平面に含まれているとき，$-\boldsymbol{v}$ や $0\boldsymbol{v}$ が平面上にないからだ．原点を通らない平面は部分空間ではない．

原点を通る直線も部分空間である．直線上のベクトルに 5 を掛けたり，直線上のベクトルを足したりしても，それらは直線上にあるからだ．ただし，直線は $(0,0,0)$ を通らなければならない．

もう 1 つの部分空間は，$\mathbf{R}^3$ 全体である．ベクトル空間全体は，(**それ自身の**) 部分空間である．$\mathbf{R}^3$ の部分空間になりうるものは次のとおりである：

(**L**) $(0,0,0)$ を通る任意の直線　　(**R**^{3}) 空間全体
(**P**) $(0,0,0)$ を通る任意の平面　　(**Z**)　ベクトル $(0,0,0)$ のみ

もし，平面や直線の**一部分**だけを取ろうとすると，部分空間の条件が成り立たなくなる．$\mathbf{R}^2$ における例を見てみよう．

例 1　ベクトル (x,y) でその座標が正もしくは零であるものだけをとる（これは四半平面となる）．ベクトル $(2,3)$ は含まれるが，$(-2,-3)$ は含まれない．したがって，$c=-1$ を掛けたときに，規則 (**ii**) に違反する．**四半平面は部分空間ではない**．

例 2　その要素がともに負であるようなベクトルも含めるようにする．すると，2 つの四半空間になる．条件 (**ii**) は成り立つ．なぜなら，任意の数 c を掛けることができるからだ．しかし今度は，規則 (**i**) が成り立たない．$\boldsymbol{v}=(2,3)$ と $\boldsymbol{w}=(-3,-2)$ の和は $(-1,1)$ であり，2 つの四半平面の外になる．**2 つの四半平面は部分空間ではない**．

規則 (**i**) と (**ii**) は，ベクトルの和 $\boldsymbol{v}+\boldsymbol{w}$ と c や d のようなスカラーによる積についての規則である．これらの規則をまとめて，部分空間に関する 1 つの条件にすることができる：

$\boldsymbol{v}$ と $\boldsymbol{w}$ を含む部分空間は，すべての線形結合 $c\boldsymbol{v}+d\boldsymbol{w}$ を含まなければならない．

例 3　2×2 の行列からなるベクトル空間 $\mathbf{M}$ の中にある 2 つの部分空間を示す：

$$(\mathbf{U})\ \text{すべての上三角行列}\ \begin{bmatrix} a & b \\ 0 & d \end{bmatrix} \quad (\mathbf{D})\ \text{すべての対角行列}\ \begin{bmatrix} a & 0 \\ 0 & d \end{bmatrix}.$$

$\mathbf{U}$ に含まれる任意の 2 つの行列を足すと，その和も $\mathbf{U}$ に含まれる．対角行列を足すと，その和も対角行列である．ここで，$\mathbf{D}$ は $\mathbf{U}$ の部分空間でもある．もちろん，これらの部分空間は零行列を含む．それは，a，b，d がすべて零であるときだ．

対角行列からなる部分空間よりも小さな部分空間を見つけるため，$a=d$ という条件を加えることもできる．そのときの行列は単位行列 I の倍数であり，和 $2I+3I$ や積 $3\times 4I$ はその部分空間に含まれる．行列 cI は，「行列の直線」を作り，それは $\mathbf{M}$，$\mathbf{U}$，$\mathbf{D}$ の内部にある．

行列 I はそれ単体で部分空間になるか？ そうはならない．零行列のみが，単体で部分空間になる．2×2 の行列からなる部分空間を他にも考えつくだろう．問題 5 でそれらを書き下してもらう．

A の列空間

最も重要な部分空間は，行列 A に直接的に関連したものである．$A\boldsymbol{x}=\boldsymbol{b}$ を解こうとする．

A が可逆でなければ，その方程式はある $\boldsymbol{b}$ については解け，他の $\boldsymbol{b}$ については解けない．その方程式が解を持つような $\boldsymbol{b}$ を表現したい．それは，A とベクトル $\boldsymbol{x}$ の積として**書ける**ベクトルである．そのような $\boldsymbol{b}$ から A の「**列空間**」ができる．

$A\boldsymbol{x}$ が A の列ベクトルの線形結合であることを思い出せ．すべての $\boldsymbol{b}$ を求めるには，すべての $\boldsymbol{x}$ を用いる．したがって，A の列ベクトルに対して，**そのすべての線形結合をとる．これにより，A の列空間が作られる．列空間は，列ベクトルから作られるベクトル空間である．**

列空間 $\boldsymbol{C}(A)$ は，A の n 個の列ベクトルに加え，それらの線形結合 $A\boldsymbol{x}$ すべてを含む．

定義　**列空間は，列ベクトルの線形結合のすべてからなる**．その線形結合は，$A\boldsymbol{x}$ としてとりうるものすべてであり，列空間 $\boldsymbol{C}(A)$ を張る．

この列空間は本書全体で極めて重要である．その理由を以下に示す．$A\boldsymbol{x}=\boldsymbol{b}$ **を解くことは，$\boldsymbol{b}$ を A の列ベクトルの線形結合として表現することである**．右辺 $\boldsymbol{b}$ は，左辺の A によって作られる **列空間に含まれ**なければならない．そうでなければ，解なしとなる．

$A\boldsymbol{x}=\boldsymbol{b}$ が解を持つのは，$\boldsymbol{b}$ が A の列空間に含まれるときであり，そのときに限る．

$\boldsymbol{b}$ が列空間に含まれるとき，それは A の列ベクトルのある線形結合である．その線形結合の係数が，方程式 $A\boldsymbol{x}=\boldsymbol{b}$ の解 $\boldsymbol{x}$ となる．

A が $m\times n$ 行列であるとする．その列ベクトルは m 要素からなる（n ではない）．したがって，列ベクトルは $\mathbf{R}^m$ に属する．**A の列空間は，$\mathbf{R}^m$ の部分空間である（$\mathbf{R}^n$ のではない）**．列ベクトルの線形結合 $A\boldsymbol{x}$ のすべてからなる集合は，部分空間の規則 **(i)** と **(ii)** を満たす．すなわち，線形結合の和やスカラー積も列ベクトルの線形結合となる．**すべての線形結合をとることから，**「部分空間」という言葉は理にかなっている．

3×2 の行列 A を示す．その列空間は $\mathbf{R}^3$ の部分空間である．A の列空間は，図 3.2 に示す平面である．

例 4

$$A\boldsymbol{x}\quad \text{は}\quad \begin{bmatrix}1&0\\4&3\\2&3\end{bmatrix}\begin{bmatrix}x_1\\x_2\end{bmatrix}\quad \text{であり，それは}\quad x_1\begin{bmatrix}1\\4\\2\end{bmatrix}+x_2\begin{bmatrix}0\\3\\3\end{bmatrix}\quad \text{である．}$$

2 つの列ベクトルの線形結合すべてからなる列空間は，$\mathbf{R}^3$ 内で**平面を張る**．典型的なベクトル $\boldsymbol{b}$（列ベクトルのある線形結合）を描いた．この $\boldsymbol{b}=A\boldsymbol{x}$ は平面上にある．$\mathbf{R}^3$ における平面はその厚さが零であるので，ほとんどの右辺 $\boldsymbol{b}$ はその列空間に**ない**．ほとんどの $\boldsymbol{b}$ に対して，この 2 変数からなる 3 つの等式は解を持たない．

もちろん $(0,0,0)$ は列空間にある．その平面は原点を通る．確かに $A\boldsymbol{x}=\boldsymbol{0}$ は解を持つ．常に存在するその解は，$\boldsymbol{x}=$ ＿＿＿ である．

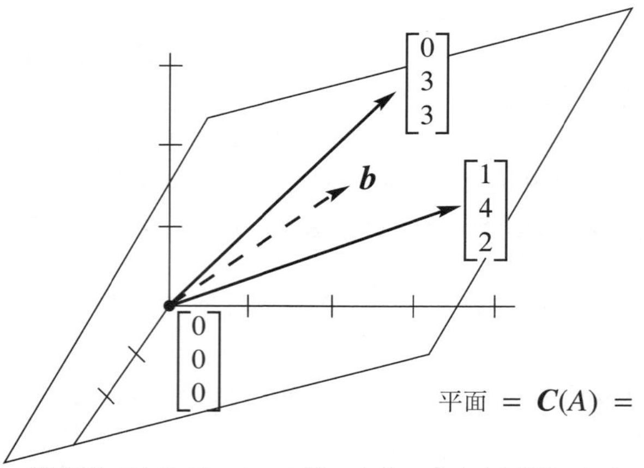

$$A = \begin{bmatrix}1 & 0\\4 & 3\\2 & 3\end{bmatrix}$$

$$\boldsymbol{b} = x_1\begin{bmatrix}1\\4\\2\end{bmatrix} + x_2\begin{bmatrix}0\\3\\3\end{bmatrix}$$

図 3.2　列空間 $\boldsymbol{C}(A)$ は，2 つの列ベクトルを含む平面である．$\boldsymbol{b}$ がその平面上にあるとき $A\boldsymbol{x} = \boldsymbol{b}$ は解を持つ．そのとき，$\boldsymbol{b}$ は列ベクトルの線形結合である．

繰り返すと，解を持つような右辺 $\boldsymbol{b}$ は，まさに列空間のベクトルである．1 つの可能性は 1 つ目の列ベクトル，すなわち $x_1 = 1$ と $x_2 = 0$ である．もう 1 つの可能性は 2 つ目の列ベクトル，すなわち $x_1 = 0$ と $x_2 = 1$ である．新しいレベルで理解すると，**すべての**線形結合を見るようになる．それは，それら 2 つの列ベクトルによって作られる部分空間である．

表記法　A の列空間を $\boldsymbol{C}(A)$ と記述する．列ベクトルに対して，それらの線形結合のすべてをとる．すると，$\mathbf{R}^m$ 全体となるかもしれないし，ある部分空間になるかもしれない．

重要　$\mathbf{R}^m$ に含まれる列ベクトルではなく，ベクトル空間 $\mathbf{V}$ に含まれる任意のベクトルの集合 $\mathbf{S}$ から始めることもできる．$\mathbf{V}$ の部分空間 $\mathbf{SS}$ を得るには，集合 $\mathbf{S}$ に含まれるベクトルの**線形結合のすべて**をとる：

$$\begin{aligned}\mathbf{S} &= \mathbf{V}\text{ に含まれるベクトルの集合（部分空間でないかもしれない）}\\ \mathbf{SS} &= \mathbf{S}\text{ に含まれるベクトルの線形結合のすべて}\end{aligned}$$

$$\mathbf{SS} = \boxed{c_1\boldsymbol{v}_1 + \cdots + c_N\boldsymbol{v}_N\text{ のすべて}} = \boxed{\mathbf{S}\text{ によって「張られる」}\mathbf{V}\text{ の部分空間}}$$

$\mathbf{S}$ が列ベクトルの集合であるとき，$\mathbf{SS}$ は列空間である．$\mathbf{S}$ に非零ベクトル $\boldsymbol{v}$ がただ 1 つ含まれるとき，部分空間 $\mathbf{SS}$ は $\boldsymbol{v}$ を通る直線である．**常に $\mathbf{SS}$ は $\mathbf{S}$ を含む最小の部分空間である．**これが部分空間を作る基本的な方法である．いずれまた戻ってくる．

部分空間 $\mathbf{SS}$　$\mathbf{S}$ によって張られ，$\mathbf{S}$ に含まれるベクトルの線形結合のすべてからなる．

例 5　以下の行列に対して，列空間を求めよ（それらは $\mathbf{R}^2$ の部分空間である）

$$I = \begin{bmatrix}1 & 0\\0 & 1\end{bmatrix} \quad と \quad A = \begin{bmatrix}1 & 2\\2 & 4\end{bmatrix} \quad と \quad B = \begin{bmatrix}1 & 2 & 3\\0 & 0 & 4\end{bmatrix}.$$

解　I の列空間は $\mathbf{R}^2$ 全体である．すべてのベクトルは I の列ベクトルの線形結合である．ベクトル空間の言葉を使うと，$\boldsymbol{C}(I)$ は $\mathbf{R}^2$ である．

A の列空間は直線である．第 2 列 $(2,4)$ が第 1 列 $(1,2)$ の倍数となっている．ベクトルは異なるが，我々はベクトル**空間**を見る．その列空間は，$(1,2)$ と $(2,4)$ の他，直線上のベクトル $(c,2c)$ すべてからなる．方程式 $A\boldsymbol{x}=\boldsymbol{b}$ は，$\boldsymbol{b}$ がその直線上にあるときのみ解を持つ．

（3 つの列からなる）3 つ目の行列に対し，その列空間 $\boldsymbol{C}(B)$ は $\mathbf{R}^2$ 全体である．どのような $\boldsymbol{b}$ であっても作ることができる．ベクトル $\boldsymbol{b}=(5,4)$ は第 2 列と第 3 列の和であり，$\boldsymbol{x}$ を $(0,1,1)$ とできる．同じベクトル $(5,4)$ は，2（第 1 列）+ 第 3 列でもあり，$\boldsymbol{x}$ は $(2,0,1)$ とすることもできる．この行列は，I と同じ列空間を持つ．すなわち，任意の $\boldsymbol{b}$ に対し解がある．しかし，今 $\boldsymbol{x}$ は余分な要素を持っているので，$\boldsymbol{b}$ となる線形結合，すなわち，解は多くある．

次節では，ベクトル空間 $\boldsymbol{N}(A)$ を作り，$A\boldsymbol{x}=\boldsymbol{0}$ のすべての解を表す．本節では，列空間 $\boldsymbol{C}(A)$ を作り，解が存在するような右辺 $\boldsymbol{b}$ のすべてを表した．

■　要点の復習　■

1. $\mathbf{R}^n$ は，n 個の実数要素からなる列ベクトルのすべてからなる．

2. $\mathbf{M}$ （2×2 行列） と $\mathbf{F}$ （関数） と $\mathbf{Z}$（零ベクトルのみ）はベクトル空間である．

3. $\boldsymbol{v}$ と $\boldsymbol{w}$ を含む部分空間は，それらの線形結合 $c\boldsymbol{v}+d\boldsymbol{w}$ のすべてを含む必要がある．

4. A の列ベクトルの線形結合により **列空間** $\boldsymbol{C}(A)$ が作られる．そのとき，列空間は列ベクトルによって「張られる」．

5. $A\boldsymbol{x}=\boldsymbol{b}$ が解を持つのは，$\boldsymbol{b}$ が A の列空間の中にあるときだけである．

■　例題　■

3.1 A　異なる 3 つのベクトル $\boldsymbol{b}_1,\boldsymbol{b}_2,\boldsymbol{b}_3$ が与えられる．$A\boldsymbol{x}=\boldsymbol{b}_1$ と $A\boldsymbol{x}=\boldsymbol{b}_2$ が解を持つが，$A\boldsymbol{x}=\boldsymbol{b}_3$ が解を持たないような行列を作れ．それが可能かどうかを判定するにはどうすればよいか？ どのようにして A を作ることができるか？

解　$\boldsymbol{b}_1$ と $\boldsymbol{b}_2$ が A の列空間の中にあるようにしたい．そうすれば，$A\boldsymbol{x}=\boldsymbol{b}_1$ と $A\boldsymbol{x}=\boldsymbol{b}_2$ は解を持つ．**その最も手早い方法は，$\boldsymbol{b}_1$ と $\boldsymbol{b}_2$ を A の 2 つの列とすることである**．そうすれば，解は $\boldsymbol{x}=(1,0)$ と $\boldsymbol{x}=(0,1)$ になる．

また，$A\boldsymbol{x}=\boldsymbol{b}_3$ が解を持たないようにしたい．したがって，列空間をそれ以上大きくしてはならない．列を $\boldsymbol{b}_1$ と $\boldsymbol{b}_2$ だけにしたとき，次の問を考える：

$$Ax = \begin{bmatrix} \boldsymbol{b}_1 & \boldsymbol{b}_2 \end{bmatrix} \begin{bmatrix} x_1 \\ x_2 \end{bmatrix} = \boldsymbol{b}_3 \text{ は解を持つか？} \qquad \boldsymbol{b}_3 \text{ は } \boldsymbol{b}_1 \text{ と } \boldsymbol{b}_2 \text{ の線形結合か？}$$

その答が「いいえ」であるならば，求める行列 A を得る．答が「はい」であるならば，そのような行列 A を作ることは**不可能**である．列空間が $\boldsymbol{b}_1$ と $\boldsymbol{b}_2$ を含むとき，その列空間は必ずそれらの線形結合のすべてを含む．$\boldsymbol{b}_3$ がその列空間内にあると，$A\boldsymbol{x} = \boldsymbol{b}_3$ が解を持ってしまう．

3.1 B　各ベクトル空間 **V** の部分空間 **S** を示し，**S** の部分空間 **SS** を示せ．

$\mathbf{V}_1 = (1,1,0,0)$ と $(1,1,1,0)$ と $(1,1,1,1)$ の線形結合すべて
$\mathbf{V}_2 = \boldsymbol{u} = (1,2,1)$ に直交するすべてのベクトル，つまり $\boldsymbol{u} \cdot \boldsymbol{v} = 0$
$\mathbf{V}_3 =$ すべての 2×2 の対称行列（**M** の部分空間）
$\mathbf{V}_4 =$ 方程式 $d^4y/dx^4 = 0$ のすべての解（**F** の部分空間）

各 **V** を「....**の線形結合すべて**」と「**方程式**....**の解すべて**」の 2 つの方法で表せ．

解　$\mathbf{V}_1$ は，3 つのベクトルから作られる．その部分空間の 1 つ **S** は，はじめの 2 つのベクトル $(1,1,0,0)$ と $(1,1,1,0)$ の線形結合すべてからなる．**S** の部分空間 **SS** は，1 つ目のベクトルの倍数 $(c,c,0,0)$ すべてからなる．いくつもの答がある．

$\mathbf{V}_2$ の部分空間の 1 つ **S** は，$(1,-1,1)$ を通る直線である．この直線は $\boldsymbol{u}$ に直交する．ベクトル $\boldsymbol{x} = (0,0,0)$ は **S** に含まれ，その倍数 $c\boldsymbol{x}$ すべてによって最小の部分空間 $\mathbf{SS} = \mathbf{Z}$ ができる．

対称行列の部分空間 **S** の 1 つは対角行列である．対角行列の部分空間 **SS** の 1 つは，cI によるものである．

$d^4y/dx^4 = 0$ より，$\mathbf{V}_4$ は 3 次多項式 $y = a + bx + cx^2 + dx^3$ のすべてを含む．2 次多項式は，部分空間 **S** の 1 つとなる．線形多項式は，**SS** の 1 つの選択肢となる．定数式は，**SSS** になりうる．

4 つのいずれにおいても，**S** を **V** とでき，また，**SS** を零ベクトル空間 **Z** とできる．

各 **V** は「....**の線形結合すべて**」もしくは「....**の解すべて**」と表すことができる：

$\mathbf{V}_1 = 3$ つのベクトルの線形結合すべて　　$\mathbf{V}_1 =\ v_1 - v_2 = 0$ の解すべて
$\mathbf{V}_2 = (1,0,-1)$ と $(1,-1,1)$ のすべての線形結合は，$\boldsymbol{u} \cdot \boldsymbol{v} = 0$ の解のすべてである
$\mathbf{V}_3 = \left[\begin{smallmatrix} 1 & 0 \\ 0 & 0 \end{smallmatrix}\right], \left[\begin{smallmatrix} 0 & 1 \\ 1 & 0 \end{smallmatrix}\right], \left[\begin{smallmatrix} 0 & 0 \\ 0 & 1 \end{smallmatrix}\right]$ の線形結合すべて　$\mathbf{V}_3 = \left[\begin{smallmatrix} a & b \\ c & d \end{smallmatrix}\right]$ の $b = c$ となる解すべて
$\mathbf{V}_4 = 1, x, x^2, x^3$ の線形結合すべて　　$\mathbf{V}_4 = d^4y/dx^4 = 0$ の解すべて．

練習問題 3.1

はじめの問題 1〜8 は，ベクトル空間一般に関するものである．それらの空間におけるベクトルは，列ベクトルに限らない．ベクトル空間の定義において，ベクトルの和 $\boldsymbol{x} + \boldsymbol{y}$ とスカラー積 $c\boldsymbol{x}$ は次の 8 つの規則に従わなければならない：

(1) $\boldsymbol{x}+\boldsymbol{y}=\boldsymbol{y}+\boldsymbol{x}$

(2) $\boldsymbol{x}+(\boldsymbol{y}+\boldsymbol{z})=(\boldsymbol{x}+\boldsymbol{y})+\boldsymbol{z}$

(3) 「零ベクトル」が唯一存在し，任意の $\boldsymbol{x}$ について $\boldsymbol{x}+\boldsymbol{0}=\boldsymbol{x}$ となる

(4) 各 $\boldsymbol{x}$ について，ベクトル $-\boldsymbol{x}$ が唯一存在し，$\boldsymbol{x}+(-\boldsymbol{x})=\boldsymbol{0}$ となる

(5) 1 と $\boldsymbol{x}$ の積は $\boldsymbol{x}$ に等しい

(6) $(c_1c_2)\boldsymbol{x}=c_1(c_2\boldsymbol{x})$

(7) $c(\boldsymbol{x}+\boldsymbol{y})=c\boldsymbol{x}+c\boldsymbol{y}$

(8) $(c_1+c_2)\boldsymbol{x}=c_1\boldsymbol{x}+c_2\boldsymbol{x}$.

1　$(x_1,x_2)+(y_1,y_2)$ が (x_1+y_2,x_2+y_1) によって定義されるとする．スカラー積は通常のもの $c\boldsymbol{x}=(cx_1,cx_2)$ であるとして，8 つの条件のうちどれが成り立たないか？

2　スカラー積 $c\boldsymbol{x}$ が，(cx_1,cx_2) ではなく $(cx_1,0)$ によって定義されるとする．ベクトル和が $\mathbf{R}^2$ における通常の和であるとして，8 つの条件は成り立つか？

3　(a) $\mathbf{R}^1$ における正の数 $x>0$ のみをとるとき，どの規則が成り立たないか？c はすべての値をとる．半直線は部分空間ではない．

(b) $\boldsymbol{x}+\boldsymbol{y}$ と $c\boldsymbol{x}$ を通常の xy と x^c として定義すると，正の数は 8 つの規則を満たす．$c=3,x=2,y=1$ のとき規則 7 を確かめよ（そのとき，$\boldsymbol{x}+\boldsymbol{y}=2$ と $c\boldsymbol{x}=8$ である）．「零ベクトル」として振る舞う数は何か？

4　行列 $A=\begin{bmatrix}\mathbf{2}&\mathbf{-2}\\\mathbf{2}&\mathbf{-2}\end{bmatrix}$ は，2×2 の行列すべてからなる空間 $\mathbf{M}$ におけるベクトルである．この空間における零ベクトル，ベクトル $\frac{1}{2}A$，ベクトル $-A$ を書き下せ．A を含む最小の部分空間に含まれる行列はどのようなものか？

5　(a) $\mathbf{M}$ の部分空間のうち，$A=\begin{bmatrix}\mathbf{1}&\mathbf{0}\\\mathbf{0}&\mathbf{0}\end{bmatrix}$ を含むが $B=\begin{bmatrix}\mathbf{0}&\mathbf{0}\\\mathbf{0}&\mathbf{-1}\end{bmatrix}$ は含まないものを示せ．

(b) $\mathbf{M}$ の部分空間が A と B を含むとき，その部分空間は I を必ず含むか？

(c) $\mathbf{M}$ の部分空間のうち，非零の対角行列を含まないものを示せ．

6　関数 $\boldsymbol{f}(x)=x^2$ と $\boldsymbol{g}(x)=5x$ は $\mathbf{F}$ における「ベクトル」である．$\mathbf{F}$ は，実数関数のすべてからなるベクトル空間である（関数は，$-\infty<x<\infty$ に対して定義される）．線形結合 $3\boldsymbol{f}(x)-4\boldsymbol{g}(x)$ は関数 $\boldsymbol{h}(x)=$ _____ である．

7　$\boldsymbol{f}(x)$ と c の積が関数 $f(cx)$ であるとすると，どの規則が成り立たないか？ 和については通常のもの $\boldsymbol{f}(x)+\boldsymbol{g}(x)$ とする．

8　「ベクトル」$\boldsymbol{f}(x)$ と $\boldsymbol{g}(x)$ の和が関数 $f(g(x))$ によって定義されるとき，「零ベクトル」は $\boldsymbol{g}(x)=x$ となる．スカラー積を通常のもの $c\boldsymbol{f}(x)$ としたとき，成り立たない 2 つの規則はどれか？

問題 9〜18 は「部分空間」に関するものである．$\boldsymbol{x}+\boldsymbol{y}$ と $c\boldsymbol{x}$（さらに，線形結合 $c\boldsymbol{x}+d\boldsymbol{y}$ のすべて）がその部分空間に含まれる．

9　部分空間となるための 1 つの条件が成り立ち，もう 1 つの条件が成り立たないことがある．次のベクトル集合を求めることにより，このことを示せ．

(a) $\mathbf{R}^2$ 内のベクトル集合のうち，$\boldsymbol{x}+\boldsymbol{y}$ が集合に含まれるが，$\frac{1}{2}\boldsymbol{x}$ が集合に含まれないかもしれないもの．

(b) $\mathbf{R}^2$ 内のベクトル集合のうち，すべての $c\boldsymbol{x}$ が集合に含まれるが，$\boldsymbol{x}+\boldsymbol{y}$ が集合に含まれないかもしれないもの（2 つの四半平面以外のもの）．

10　以下の $\mathbf{R}^3$ の部分集合のうち，実際に部分空間であるのはどれか？

(a) $b_1=b_2$ であるようなベクトル (b_1,b_2,b_3) からなる平面．

(b) $b_1=1$ であるようなベクトルからなる平面．

(c) $b_1b_2b_3=0$ であるベクトル．

(d) $\boldsymbol{v}=(1,4,0)$ と $\boldsymbol{w}=(2,2,2)$ の線形結合のすべて．

(e) $b_1+b_2+b_3=0$ を満たすベクトルすべて．

(f) $b_1\le b_2\le b_3$ であるベクトルすべて．

11　行列空間 $\mathbf{M}$ の部分空間のうち，以下の行列を含む最小の部分空間を示せ．

(a) $\begin{bmatrix}1&0\\0&0\end{bmatrix}$ と $\begin{bmatrix}0&1\\0&0\end{bmatrix}$　　(b) $\begin{bmatrix}1&1\\0&0\end{bmatrix}$　　(c) $\begin{bmatrix}1&0\\0&0\end{bmatrix}$ と $\begin{bmatrix}1&0\\0&1\end{bmatrix}$.

12　P を，$\mathbf{R}^3$ において等式 $x+y-2z=4$ によって定められる平面とする．原点 $(0,0,0)$ は P 上にない．P 上の 2 つのベクトルのうち，その和が P 上にないものを求めよ．

13　$\mathbf{P}_0$ を，前の問題の P に平行で $(0,0,0)$ を通る平面とする．$\mathbf{P}_0$ を表す式を求めよ．$\mathbf{P}_0$ 上のベクトル 2 つを選び，その和が $\mathbf{P}_0$ 上にあることを確認せよ．

14　$\mathbf{R}^3$ の部分空間は，平面，直線，$\mathbf{R}^3$ 自身，または $(0,0,0)$ のみからなる $\mathbf{Z}$ である．

(a) $\mathbf{R}^2$ の部分空間の種類を 3 つ示せ．

(b) 2×2 の対角行列からなる空間 $\mathbf{D}$ の部分空間をすべて示せ．

15　(a) $(0,0,0)$ を通る 2 つの平面が交わるところは，ほとんど ＿＿＿ であるが，＿＿＿ となることもある．$\mathbf{Z}$ となることはない．

(b) $(0,0,0)$ を通る平面と $(0,0,0)$ を通る直線が交わるところは，ほとんど ＿＿＿ であるが，＿＿＿ となることもある．

(c) $\mathbf{S}$ と $\mathbf{T}$ が $\mathbf{R}^5$ の部分空間であるとき，それらの共通集合 $\mathbf{S}\cap\mathbf{T}$ が $\mathbf{R}^5$ の部分空間であることを証明せよ．ここで，$\mathbf{S}\cap\mathbf{T}$ は，両方の部分空間に含まれるベクトルからなる．**$\boldsymbol{x}+\boldsymbol{y}$ と $c\boldsymbol{x}$ の条件が成り立つか確かめよ．**

16　**P** が $(0,0,0)$ を通る平面，**L** が $(0,0,0)$ を通る直線であるとする．**P** と **L** の両方を含む最小のベクトル空間は，_____ か _____ のいずれかである．

17　(a) **M** における**可逆**行列の集合が部分空間ではないことを示せ．
(b) **M** における**非可逆**行列の集合が部分空間ではないことを示せ．

18　以下の命題は，真か偽か（各場合について，例として和を確認せよ）？

(a) **M** における対称行列 $(A^{\mathrm{T}} = A)$ は部分空間を構成する．
(b) **M** における歪対称行列 $(A^{\mathrm{T}} = -A)$ は部分空間を構成する．
(c) **M** における非対称行列 $(A^{\mathrm{T}} \neq A)$ は部分空間を構成する．

問題 19〜27 は列空間 $C(A)$ と方程式 $Ax = b$ に関するものである．

19　以下の行列について，その列空間（直線または平面）を示せ：

$$A = \begin{bmatrix} 1 & 2 \\ 0 & 0 \\ 0 & 0 \end{bmatrix} \quad と \quad B = \begin{bmatrix} 1 & 0 \\ 0 & 2 \\ 0 & 0 \end{bmatrix} \quad と \quad C = \begin{bmatrix} 1 & 0 \\ 2 & 0 \\ 0 & 0 \end{bmatrix}.$$

20　右辺がどのようなとき，以下の方程式が解を持つか（b_1, b_2, b_3 の条件を求めよ）．

$$\text{(a)} \quad \begin{bmatrix} 1 & 4 & 2 \\ 2 & 8 & 4 \\ -1 & -4 & -2 \end{bmatrix} \begin{bmatrix} x_1 \\ x_2 \\ x_3 \end{bmatrix} = \begin{bmatrix} b_1 \\ b_2 \\ b_3 \end{bmatrix} \qquad \text{(b)} \quad \begin{bmatrix} 1 & 4 \\ 2 & 9 \\ -1 & -4 \end{bmatrix} \begin{bmatrix} x_1 \\ x_2 \end{bmatrix} = \begin{bmatrix} b_1 \\ b_2 \\ b_3 \end{bmatrix}.$$

21　A の第 1 行を第 2 行に足すと B ができる．第 1 列を第 2 列に足すと C ができる．(B・C）の列ベクトルの線形結合は A の列ベクトルの線形結合となり，そのとき 2 つの行列は同じ列 _____ を持つ．

$$A = \begin{bmatrix} 1 & 2 \\ 2 & 4 \end{bmatrix} \quad と \quad B = \begin{bmatrix} 1 & 2 \\ 3 & 6 \end{bmatrix} \quad と \quad C = \begin{bmatrix} 1 & 3 \\ 2 & 6 \end{bmatrix}.$$

22　ベクトル (b_1, b_2, b_3) がどのようなとき，以下の方程式が解を持つか？

$$\begin{bmatrix} 1 & 1 & 1 \\ 0 & 1 & 1 \\ 0 & 0 & 1 \end{bmatrix} \begin{bmatrix} x_1 \\ x_2 \\ x_3 \end{bmatrix} = \begin{bmatrix} b_1 \\ b_2 \\ b_3 \end{bmatrix} \quad と \quad \begin{bmatrix} 1 & 1 & 1 \\ 0 & 1 & 1 \\ 0 & 0 & 0 \end{bmatrix} \begin{bmatrix} x_1 \\ x_2 \\ x_3 \end{bmatrix} = \begin{bmatrix} b_1 \\ b_2 \\ b_3 \end{bmatrix}$$

$$と \quad \begin{bmatrix} 1 & 1 & 1 \\ 0 & 0 & 1 \\ 0 & 0 & 1 \end{bmatrix} \begin{bmatrix} x_1 \\ x_2 \\ x_3 \end{bmatrix} = \begin{bmatrix} b_1 \\ b_2 \\ b_3 \end{bmatrix}.$$

23　（推奨）行列 A にもう 1 つ列ベクトル $\boldsymbol{b}$ を追加したとすると，_____ でなければその列空間は大きくなる．列空間が大きくなる例と，大きくならない例を示せ．$\boldsymbol{Ax} = \boldsymbol{b}$

が解を持つのは列空間が大きく**ならない**ときのみである理由を述べよ．そのとき，A と $\begin{bmatrix} A & \boldsymbol{b} \end{bmatrix}$ の列空間は等しい．

24 AB の列ベクトルは A の列ベクトルの線形結合である．よって，**AB の列空間は A の列空間に含まれる**（等しいこともある）．A と AB の列空間が等しくない例を示せ．

25 $A\boldsymbol{x} = \boldsymbol{b}$ と $A\boldsymbol{y} = \boldsymbol{b}^*$ がともに解を持つとする．そのとき $A\boldsymbol{z} = \boldsymbol{b} + \boldsymbol{b}^*$ は解を持つ．$\boldsymbol{z}$ を示せ．言い換えると，$\boldsymbol{b}$ と $\boldsymbol{b}^*$ が列空間 $\boldsymbol{C}(A)$ に含まれる**ならば** $\boldsymbol{b} + \boldsymbol{b}^*$ も $\boldsymbol{C}(A)$ に含まれる．

26 A が任意の 5×5 の可逆行列であるとき，その列空間は ＿＿＿ である．なぜか？

27 以下の命題は，真か偽か（偽ならば反例を挙げよ）？

(a) 列空間に含まれないベクトル $\boldsymbol{b}$ は部分空間を構成する．
(b) $\boldsymbol{C}(A)$ が零ベクトルのみからなるとき，A は零行列である．
(c) $2A$ の列空間は A の列空間に等しい．
(d) $A - I$ の列空間は，A の列空間に等しい（これを試せ）．

28 $(1,1,0)$ と $(1,0,1)$ を列空間に含むが $(1,1,1)$ を列空間に含まない 3×3 行列を作れ．列空間が直線のみとなる 3×3 行列を作れ．

29 9×12 の行列からなる方程式 $A\boldsymbol{x} = \boldsymbol{b}$ が任意の $\boldsymbol{b}$ に対して解を持つならば，$\boldsymbol{C}(A) =$ ＿＿＿ である．

挑戦問題

30 ベクトル空間 $\mathbf{V}$ の 2 つの部分空間を $\mathbf{S}$ と $\mathbf{T}$ とする．

(a) **定義：和** $\mathbf{S} + \mathbf{T}$ は，$\mathbf{S}$ のベクトル $\boldsymbol{s}$ と $\mathbf{T}$ のベクトル $\boldsymbol{t}$ の和 $\boldsymbol{s} + \boldsymbol{t}$ のすべてからなる．$\mathbf{S} + \mathbf{T}$ がベクトル空間の条件（ベクトル和とスカラー積）を満たすことを示せ．
(b) $\mathbf{S}$ と $\mathbf{T}$ が $\mathbf{R}^m$ における直線であるとき，$\mathbf{S} + \mathbf{T}$ と $\mathbf{S} \cup \mathbf{T}$ の違いは何か？和集合は $\mathbf{S}$ か $\mathbf{T}$ かその両方に含まれるすべてのベクトルからなる．**$\mathbf{S} \cup \mathbf{T}$ が張る空間は $\mathbf{S} + \mathbf{T}$ であること**を説明せよ（第 3.5 節で，この「張る」という言葉に戻る）．

31 $\mathbf{S}$ が A の列空間，$\mathbf{T}$ が B の列空間であるとき，$\mathbf{S} + \mathbf{T}$ はどのような行列 M の列空間となるか？A と B と M の列ベクトルはいずれも $\mathbf{R}^m$ に含まれる（$A + B$ が常に正しい M となるとは思わない）．

32 行列 A と（追加の列ベクトルを持つ）$\begin{bmatrix} A & AB \end{bmatrix}$ が同じ列空間を持つことを示せ．$\boldsymbol{C}(A^2)$ が $\boldsymbol{C}(A)$ よりも小さくなる正方行列を求めよ．以下は重要な点である：

$n \times n$ 行列に対し $\boldsymbol{C}(A) = \mathbf{R}^n$ であるのは，A が ＿＿＿ 行列であるときのみである．

3.2　A の零空間：$A\boldsymbol{x} = \mathbf{0}$ を解く

本節では，$A\boldsymbol{x} = \mathbf{0}$ の解をすべて含む部分空間を扱う．$m \times n$ 行列 A は，正方行列か矩形行列とする．**すぐに求まる解の 1 つは $\boldsymbol{x} = \mathbf{0}$ である**．可逆行列に対しては，これが唯一の解である．それ以外の非可逆行列に対しては，$A\boldsymbol{x} = \mathbf{0}$ に非零解がある．**その解 $\boldsymbol{x}$ は，A の零空間に属する．**

消去によってすべての解を求めることで，このとても重要な部分空間を特定できる．

> **A の零空間は，$A\boldsymbol{x} = \mathbf{0}$ のすべての解からなる．これらのベクトル $\boldsymbol{x}$ は $\mathbf{R}^n$ にある．**
> $A\boldsymbol{x} = \mathbf{0}$ の解のすべてからなる零空間を $\boldsymbol{N}(A)$ と書く．

解ベクトルが部分空間を構成することを確かめよう．$\boldsymbol{x}$ と $\boldsymbol{y}$ が零空間にあるとする（すなわち，$A\boldsymbol{x} = \mathbf{0}$ と $A\boldsymbol{y} = \mathbf{0}$ とする）．行列積の規則から，$A(\boldsymbol{x}+\boldsymbol{y}) = \mathbf{0}+\mathbf{0}$ が得られる．また，$A(c\boldsymbol{x}) = c\mathbf{0}$ も得られる．右辺は零のままである．したがって，$\boldsymbol{x}+\boldsymbol{y}$ と $c\boldsymbol{x}$ も零空間 $\boldsymbol{N}(A)$ にある．零空間の中で和と積を計算できるので，零空間は部分空間である．

繰り返そう．解ベクトル $\boldsymbol{x}$ は n 要素からなる．それらは $\mathbf{R}^n$ のベクトルであり，**零空間は $\mathbf{R}^n$ の部分空間である**．列空間 $\boldsymbol{C}(A)$ は $\mathbf{R}^m$ の部分空間である．

右辺 $\boldsymbol{b}$ が零でなければ，$A\boldsymbol{x} = \boldsymbol{b}$ の解は部分空間を構成しない．ベクトル $\boldsymbol{x} = \mathbf{0}$ は，$\boldsymbol{b} = \mathbf{0}$ のときのみ解となる．解の集合が $\boldsymbol{x} = \mathbf{0}$ を含まなければ，その集合は部分空間にはなりえない．第 3.4 節で，$A\boldsymbol{x} = \boldsymbol{b}$（もし解があれば）の解が，原点からある特殊解の分だけずれていることを見る．

例 1　$x+2y+3z = 0$ は 1×3 の行列 $A = [1 \quad 2 \quad 3]$ よりできる．等式 $A\boldsymbol{x} = \mathbf{0}$ から原点 $(0,0,0)$ を通る平面ができ，それは $\mathbf{R}^3$ の部分空間である．**それが A の零空間である．**

$x+2y+3z = 6$ の解も平面をなすが，それは部分空間ではない．

例 2　$A = \begin{bmatrix} 1 & 2 \\ 3 & 6 \end{bmatrix}$ の零空間を示せ．この行列は非可逆行列である．

解　線形方程式 $A\boldsymbol{x} = \mathbf{0}$ に消去を適用する：

$$\begin{aligned} x_1 + 2x_2 &= 0 \\ 3x_1 + 6x_2 &= 0 \end{aligned} \quad \rightarrow \quad \begin{aligned} x_1 + 2x_2 &= 0 \\ \mathbf{0} &= \mathbf{0} \end{aligned}$$

実際には 1 つの等式しかなかった．2 つ目の等式は 1 つ目の等式を 3 倍したものである．行ベクトルの絵において，直線 $x_1+2x_2 = 0$ は直線 $3x_1+6x_2 = 0$ と同じである．その直線が零空間 $\boldsymbol{N}(A)$ であり，すべての解 (x_1, x_2) を含む．

この解の直線を表すのに，ここでは効率的な方法をとる．直線上の点を 1 つ選ぶ（ある「特解」）．直線上のすべての点はこの点を何倍かしたものとなる．第 2 要素を $x_2 = 1$ とする（特別な選択）．等式 $x_1+2x_2 = 0$ より，第 1 要素は $x_1 = -2$ となる．特解 $\boldsymbol{s}$ は $(-2, 1)$ となる：

特解　$A=\begin{bmatrix}1 & 2\\ 3 & 6\end{bmatrix}$ の零空間は，$\boldsymbol{s}=\begin{bmatrix}-2\\ 1\end{bmatrix}$ の倍数すべてからなる．

零空間を表す最良の方法は，この $A\boldsymbol{x}=\boldsymbol{0}$ に対する特解を計算することである．この例では特解は 1 つであり，零空間は直線である．

零空間は，特解の線形結合すべてからなる．

例 1 における平面 $x+2y+3z=0$ は，**2** つの特解を持つ：

$$\begin{bmatrix}1 & 2 & 3\end{bmatrix}\begin{bmatrix}x\\ y\\ z\end{bmatrix}=0 \text{ は，特解 } \boldsymbol{s}_1=\begin{bmatrix}-2\\ 1\\ 0\end{bmatrix} \text{ と } \boldsymbol{s}_2=\begin{bmatrix}-3\\ 0\\ 1\end{bmatrix} \text{ を持つ．}$$

これらのベクトル $\boldsymbol{s}_1$ と $\boldsymbol{s}_2$ は平面 $x+2y+3z=0$ 上にあり，その平面は $A=\begin{bmatrix}1 & 2 & 3\end{bmatrix}$ の零空間である．平面上にあるすべてのベクトルは，$\boldsymbol{s}_1$ と $\boldsymbol{s}_2$ の線形結合である．

$\boldsymbol{s}_1$ と $\boldsymbol{s}_2$ の持つ特徴に注意せよ．それらの第 2 要素と第 3 要素は，0 と 1 である．**これらは「自由」要素であり，それらを特別に選んだ．**すると，第 1 要素 -2 と -3 が方程式 $A\boldsymbol{x}=\boldsymbol{0}$ より決まる．

$A=\begin{bmatrix}1 & 2 & 3\end{bmatrix}$ の第 1 列には**ピボット**があるので，$\boldsymbol{x}$ の第 1 要素は**自由要素**ではない．自由要素は，ピボットのない列に対応する．特解の表し方を完成するため，もう 1 つ例を示そう．

特別な選択（1 か 0）は，自由変数に対してのみ行う．

例 3　以下の 3 つの行列 A, B, C の零空間を表せ：

$$A=\begin{bmatrix}1 & 2\\ 3 & 8\end{bmatrix} \quad B=\begin{bmatrix}A\\ 2A\end{bmatrix}=\begin{bmatrix}1 & 2\\ 3 & 8\\ 2 & 4\\ 6 & 16\end{bmatrix} \quad C=\begin{bmatrix}A & 2A\end{bmatrix}=\begin{bmatrix}1 & 2 & 2 & 4\\ 3 & 8 & 6 & 16\end{bmatrix}.$$

解　方程式 $A\boldsymbol{x}=\boldsymbol{0}$ は，零ベクトルの解 $\boldsymbol{x}=\boldsymbol{0}$ しか持たない．**その零空間は $\mathbf{Z}$ であり**，$\mathbf{R}^2$ の中の 1 点 $\boldsymbol{x}=\boldsymbol{0}$ のみからなる．消去を行うと，これがわかる：

$$\begin{bmatrix}1 & 2\\ 3 & 8\end{bmatrix}\begin{bmatrix}x_1\\ x_2\end{bmatrix}=\begin{bmatrix}0\\ 0\end{bmatrix} \text{ より } \begin{bmatrix}1 & 2\\ 0 & 2\end{bmatrix}\begin{bmatrix}x_1\\ x_2\end{bmatrix}=\begin{bmatrix}0\\ 0\end{bmatrix}, \text{ よって，} \begin{bmatrix}x_1=0\\ x_2=0\end{bmatrix}.$$

A は可逆行列である．特解はない．この A のすべての列にピボットがある．

矩形行列 B も同じ零空間 $\mathbf{Z}$ を持つ．$B\boldsymbol{x}=\boldsymbol{0}$ の最初の 2 つの等式 から，$\boldsymbol{x}=\boldsymbol{0}$ が必要となる．最後の 2 つの等式からも $\boldsymbol{x}=\boldsymbol{0}$ が必要となる．等式を追加することで零空間が大きくなることはない．追加した行は，より多くの条件を零空間のベクトル $\boldsymbol{x}$ に課すからである．

矩形行列 C は異なり，追加の行ではなく追加の列を持つ．解のベクトル $\boldsymbol{x}$ は **4** 要素からなる．消去を行うと C の最初の 2 列にピボットができるが，最後の 2 列は「自由」列となる．自由列にはピボットがない：

$$C=\begin{bmatrix}1&2&2&4\\3&8&6&16\end{bmatrix}\ \text{を消去すると}\ U=\begin{bmatrix}1&2&2&4\\0&2&0&4\end{bmatrix}$$
$$\uparrow\ \uparrow\ \uparrow\ \uparrow$$

ピボット列　自由列

自由変数 x_3 と x_4 に対しては，1 と 0 からなる特別な選択を行う．まず $x_3=1$ と $x_4=0$ とし，次に $x_3=0$ と $x_4=1$ とする．ピボット変数 x_1 と x_2 は方程式 $U\boldsymbol{x}=\boldsymbol{0}$ より決まる．以上より，C の零空間（それは，U の零空間でもある）の 2 つの特解 $\boldsymbol{s}_1$ と $\boldsymbol{s}_2$ を得る：

$$\boldsymbol{s_1}=\begin{bmatrix}-2\\0\\1\\0\end{bmatrix}\ \text{と}\ \boldsymbol{s_2}=\begin{bmatrix}0\\-2\\0\\1\end{bmatrix}\ \begin{matrix}\leftarrow\ \text{ピボット}\\\leftarrow\ \quad\text{変数}\\\leftarrow\ \text{自由}\\\leftarrow\ \quad\text{変数}\end{matrix}$$

このすぐ後に何を説明するか予測できるよう，もう 1 つコメントしておく．上三角行列 U を求めることが消去の終りではない．2 つの方法で消去を続け，行列をさらに簡単にする：

1. 上方向の消去により，　ピボットの上に零を作る

2. 行全体をそのピボットで割ることで，　ピボットを **1** にする

これらの手順を行っても，等式の右辺の零ベクトルは変わらない．零空間も変わらない．**行簡約階段行列** R にすると，最も簡単に零空間がわかる．その形ではピボット列が I を含む：

行簡約階段行列 $\boldsymbol{R}$

$$U=\begin{bmatrix}1&2&2&4\\0&2&0&4\end{bmatrix}\quad\text{を次の形にする}\quad R=\begin{bmatrix}1&0&2&0\\0&1&0&2\end{bmatrix}.$$
$$\uparrow\ \uparrow$$

ピボット列に I が含まれる

U の第 2 行を第 1 行から引き，さらに，第 2 行に $\frac{1}{2}$ を掛けた．もとの 2 つの等式が単純化され，$x_1+2x_3=0$ と $x_2+2x_4=0$ になった．

1 つ目の特解は $\boldsymbol{s}_1=(-2,0,1,0)$ のままであり，$\boldsymbol{s}_2$ も変わらない．簡約した系 $R\boldsymbol{x}=\boldsymbol{0}$ を用いると特解を求めるのがずっと簡単になる．

$m\times n$ 行列 A の零空間 $\boldsymbol{N}(A)$ と特解の議論に移る前に，1 点繰り返して述べたい．多くの行列に対して，$A\boldsymbol{x}=\boldsymbol{0}$ の解は $\boldsymbol{x}=\boldsymbol{0}$ のみである．それらの零空間 $\boldsymbol{N}(A)=\mathbf{Z}$ は零ベクトルのみからなる．列ベクトルの線形結合のうち $\boldsymbol{b}=\boldsymbol{0}$ となるのは，「零による線形結合」すなわち「自明な線形結合」だけである．解は自明である（単に $\boldsymbol{x}=\boldsymbol{0}$）が，そこにある考え方は自明ではない．

この零空間が $\mathbf{Z}$ であることは，とても重要である．それにより，A の列ベクトルが**線形独立**であることが言えるからだ．(零による線形結合を除いて）列ベクトルの線形結合が零ベクトルとなることはない．すべての列にピボットがあり，自由列はない．この線形独立の考え方はまた見ることになるだろう．

$Ax = \mathbf{0}$ を消去によって解く

これは重要である．**A が矩形行列であっても，それでも消去を行う．**n 個の変数からなる m 個の等式を，$\boldsymbol{b} = \mathbf{0}$ の場合について解く．A を行の操作によって単純化した後で，解を読み取る．$A\boldsymbol{x} = \mathbf{0}$ を解く 2 つの段階（前進と後退）を覚えておこう：

1. **前進消去** では，A を三角行列 U（か，その行簡約階段行列 R）にする．
2. **後退代入** では，$U\boldsymbol{x} = \mathbf{0}$ または $R\boldsymbol{x} = \mathbf{0}$ から $\boldsymbol{x}$ を作る．

A と U にピボットが n 個未満しかないときに，後退代入で違いに気づくだろう．本章では，逆行列を持つ正方行列だけでなく，**すべての行列が対象である．**

ピボットが非零であることは変わらない．列においてピボットの下が零であることも変わらない．しかし，ピボットのない列があるかもしれない．そのような自由列があっても，計算をそこでやめず，**次の列へと続ける．**最初の例として，2 つのピボットを持つ 3×4 行列を示す：

$$A = \begin{bmatrix} 1 & 1 & 2 & 3 \\ 2 & 2 & 8 & 10 \\ 3 & 3 & 10 & 13 \end{bmatrix}.$$

$a_{11} = 1$ は 1 つ目のピボットである．ピボットの下の 2 と 3 を消去する：

$$A \to \begin{bmatrix} 1 & 1 & 2 & 3 \\ 0 & 0 & 4 & 4 \\ 0 & 0 & 4 & 4 \end{bmatrix} \quad \begin{matrix} \\ (2 \times \text{第 1 行を引く}) \\ (3 \times \text{第 1 行を引く}) \end{matrix}$$

第 2 列では，ピボットの位置に 0 がある．その 0 の下に非零の要素がないか見る．もしあれば，行の交換ができる．**ピボットの位置の下の要素も 0 である．**第 2 列に対して，消去でできることは何もない．これは都合がよくないが，矩形行列に対してはどのみち予期していたことだ．そこでやめる理由はないので，第 3 列へと続ける．

2 つ目のピボットは 4 である（ただし，それは第 3 列にある）．第 3 行から第 2 行を引くと，その列のピボットの下が消去される．**ピボット列は第 1 列と第 3 列である：**

三角行列 U：
$$U = \begin{bmatrix} \mathbf{1} & 1 & 2 & 3 \\ 0 & 0 & \mathbf{4} & 4 \\ 0 & 0 & 0 & 0 \end{bmatrix}$$
ピボットは 2 つだけ
最後の等式は
$0 = 0$ となった

第 4 列もピボットの位置に 0 があり，何もすることができない．その下に交換できる行がないので，前進消去が完了した．行列は 3 行 4 列からなるが，**そのピボットは 2 つだけであ**

る．もとの $A\boldsymbol{x}=\mathbf{0}$ は 3 つの異なる等式からなるように見えたが，3 つ目の等式は最初の 2 つの等式の和となっている．最初の 2 つの等式が成り立つとき，3 つ目の等式は自動的に成り立つ $(0=0)$．消去によって，方程式の内部にある真実が明らかになる．この後すぐに，U を R へとさらに消去する．

さて，$U\boldsymbol{x}=\mathbf{0}$ のすべての解を求めるため，代入に戻ろう．4 つの変数に対してピボットは 2 つだけであるので，多くの解がある．問題は，それらのすべてをどうやって書き下すかである．**ピボット変数**と**自由変数**を分けるのが良い方法である．

P	ピボット変数は x_1 と x_3 である．	**第 1 列と第 3 列にはピボットがある．**
F	自由変数は x_2 と x_4 である．	**第 2 列と第 4 列にはピボットがない．**

自由変数 x_2 と x_4 は任意の値とすることができる．その後，後退代入によってピボット変数 x_1 と x_3 を求める（第 2 章では自由変数がなかった．A が可逆であるとき，すべての変数はピボット変数である）．自由変数に与える値として最も単純なものは，1 と 0 である．自由変数の値を決めると**特解**が得られる．

$x_1+x_2+2x_3+3x_4=0$ と $4x_3+4x_4=0$ に対する**特解**

- $x_2=1$ と $x_4=0$ とする．　後退代入により $x_3=0$，そして $x_1=-1$ を得る．
- $x_2=0$ と $x_4=1$ とする．　後退代入により $x_3=-1$，そして $x_1=-1$ を得る．

これらの特解は $U\boldsymbol{x}=\mathbf{0}$ の解となっており，したがって $A\boldsymbol{x}=\mathbf{0}$ の解にもなっている．それらは零空間にある．ありがたいのは，**すべての解が特解の線形結合であること**だ．

$A\boldsymbol{x}=\mathbf{0}$ に対する一般解

$$\boldsymbol{x}=x_2\underbrace{\begin{bmatrix}-1\\1\\0\\0\end{bmatrix}}_{\text{特解}}+x_4\underbrace{\begin{bmatrix}-1\\0\\-1\\1\end{bmatrix}}_{\text{特解}}=\underbrace{\begin{bmatrix}-x_2-x_4\\x_2\\-x_4\\x_4\end{bmatrix}}_{\text{一般解}}. \qquad (1)$$

この答をもう一度見てほしい．本節の重要な目的がそこにある．

ベクトル $\boldsymbol{s}_1=(-1,1,0,0)$ は，$x_2=1$ と $x_4=0$ であるときの特解である．2 つ目の特解では，$x_2=0$ と $x_4=1$ となっている．**すべての解は，$\boldsymbol{s}_1$ と $\boldsymbol{s}_2$ の線形結合である**．特解は，零空間 $\boldsymbol{N}(A)$ 内にあり，それらの線形結合は零空間全体を張る．

MATLAB プログラム **nulbasis** は，これらの特解を計算するものである．それらの特解は，**零空間行列** N の列になる．$A\boldsymbol{x}=\mathbf{0}$ の一般解は，それらの線形結合である．特解を求めることができれば，零空間全体が得られる．

自由変数の数だけ特解が存在する．自由変数がない，すなわちピボットが n 個あるとき，$U\boldsymbol{x}=\mathbf{0}$ と $A\boldsymbol{x}=\mathbf{0}$ に対する唯一の解は自明な解 $\boldsymbol{x}=\mathbf{0}$ である．すべての変数がピボット変数である．このとき，A と U の零空間は零ベクトルのみからなる．自由変数がなく，各列にピボットがあるとき，**nulbasis** の出力は空の行列となる．ピボットが n 個ある行列の零空間は $\mathbf{Z}$ である．

例 4　$U=\begin{bmatrix}1&5&7\\0&0&9\end{bmatrix}$ の零空間を求めよ．

U の第 2 列にはピボットがない．したがって，x_2 は自由変数となる．特解において $x_2=1$ とする．$9x_3=0$ に対して後退代入すると $x_3=0$ を得る．その後，$x_1+5x_2=0$ より $x_1=-5$ を得る．$U\boldsymbol{x}=\mathbf{0}$ の解は，特解の倍数である．

$$\boldsymbol{x}=x_2\begin{bmatrix}-5\\1\\0\end{bmatrix}$$

U の零空間は $\mathbf{R}^3$ 内の直線である．
それは，特解 $\boldsymbol{s}=(-5,1,0)$ の倍数からなる．
自由変数は 1 つ，$N=\textbf{nulbasis}(U)$ は 1 つの列ベクトル $\boldsymbol{s}$ からなる．

さらに消去を行い，ピボットの上を 0 にし，ピボットを 1 にすることは簡単にできる． U にさらに消去を適用すると，7 が消去され，ピボットが 9 から 1 に変わる．最終的な結果は**行簡約階段行列 $\boldsymbol{R}$** になる：

$$U=\begin{bmatrix}1&5&7\\0&0&9\end{bmatrix} \text{ を簡約すると } R=\begin{bmatrix}1&5&0\\0&0&1\end{bmatrix}=\mathsf{rref}(U) \text{ となる．}$$

これより，特解（N の列ベクトル）が $\boldsymbol{s}=(-5,1,0)$ であることがさらに明らかになる．

階段行列

前進消去により A から U になる．消去は，行の交換を含む行操作により行われる．現在の列に使えるピボットがなければ，次の列へ続ける．$m\times n$ の「階段」状の行列 U が**階段行列**である．

3 つのピボット $\boldsymbol{p}$ を持つ 4×7 の階段行列を，そのピボットを太字で強調して示す．

$$U=\begin{bmatrix}\boldsymbol{p}&x&x&x&x&x&x\\0&\boldsymbol{p}&x&x&x&x&x\\0&0&0&0&0&\boldsymbol{p}&x\\0&0&0&0&0&0&0\end{bmatrix}$$

3 つのピボット変数 $\mathbf{x_1,x_2,x_6}$
4 つの自由変数 $\mathbf{x_3,x_4,x_5,x_7}$
$\boldsymbol{N(U)}$ に 4 つの特解がある

問　この行列に対し，列空間と零空間はどうなるか？

答　列ベクトルは 4 つの要素からなるので，列ベクトルは $\mathbf{R}^4$ にある（$\mathbf{R}^3$ ではない）．各列ベクトルの第 4 要素は 0 である．列ベクトルの線形結合のすべて，すなわち列空間のすべてのベクトルの第 4 要素は 0 である．**列空間 $\boldsymbol{C}(U)$ は，** $(b_1,b_2,b_3,0)$ **の形のベクトルすべて**

からなる．そのようなベクトルに対し，$U\boldsymbol{x} = \boldsymbol{b}$ を後退代入により解くことができる．これらのベクトル $\boldsymbol{b}$ は，7 つの列ベクトルの線形結合としてとりうるものすべてである．

零空間 $\boldsymbol{N}(U)$ は，$\mathbf{R}^7$ の部分空間である．$U\boldsymbol{x} = \mathbf{0}$ の解は，自由変数を 1 つずつ 1 とした 4 つの特解の線形結合すべてである：

1. 第 $3, 4, 5, 7$ 列にはピボットがない．したがって，自由変数は x_3, x_4, x_5, x_7 である．
2. ある自由変数を 1 にし，それ以外の自由変数を 0 にする．
3. $U\boldsymbol{x} = \mathbf{0}$ をピボット変数 x_1, x_2, x_6 について解く．
4. これにより，零空間行列 N の 4 つの特解が 1 つずつ得られる．

階段行列の非零の行では，階段を下に降りる．ピボットは，それらの行の最初の非零要素である．列においてピボットの下は零である．

ピボット数を数えることは，非常に重要な定理につながる．A において，行数よりも列数が多いとする．$n > m$ **のとき，自由変数が少なくとも 1 つあり**，方程式 $A\boldsymbol{x} = \mathbf{0}$ には特解が少なくとも 1 つある．この解は**零ではない**．

$A\boldsymbol{x} = \mathbf{0}$ において，変数の数が等式の数より多いとする（$n > m$，列数が行数より多い）．そのとき，**非零解**が存在する．ピボットのない自由列が存在するからだ．

低く幅広い行列 $(n > m)$ には，必ずその零空間に非零のベクトルがある．ピボットの数は m を超えることはないので，少なくとも $n - m$ 個の自由変数がある（行列は m 行からなり，1 行に 2 つのピボットがあることはない）．もちろん，行にピボットが**ない**こともある．そのとき，自由変数が 1 つ増える．ここでの重要な点は，自由変数があるとき，それを 1 にすることができ，方程式 $A\boldsymbol{x} = \mathbf{0}$ が非零の解を持つことだ．

繰り返して言う．ピボットの数は m 以下である．$n > m$ のとき，方程式 $A\boldsymbol{x} = \mathbf{0}$ は非零の解を持つ．任意の倍数 $c\boldsymbol{x}$ も解となるので，無限個の解がある．零空間は，少なくとも解の直線を含む．2 つの自由変数があるとき，2 つの特解があり，零空間はより大きくなる．

零空間は部分空間である．その「次元」は，自由変数の数である．この部分空間の**次元**という重要な考え方の定義と説明は本章の後半で行う．

行簡約階段行列 $\boldsymbol{R}$

階段行列 U からさらにもう 1 歩進む．3×4 行列の例で続ける：

$$U = \begin{bmatrix} 1 & 1 & 2 & 3 \\ 0 & 0 & 4 & 4 \\ 0 & 0 & 0 & 0 \end{bmatrix}.$$

第 2 行を 4 で割ることができる．すると，ピボットが両方とも 1 になる．**新しくできた行** $\begin{bmatrix} 0 & 0 & 1 & 1 \end{bmatrix}$ **の 2 倍をその上の行から引く**．**行簡約階段行列** $\boldsymbol{R}$ **では，ピボットの下だけでなくピボットの上も零となる**：

行簡約階段行列　$R = \text{rref}(A) = \begin{bmatrix} \mathbf{1} & 1 & \mathbf{0} & 1 \\ \mathbf{0} & 0 & \mathbf{1} & 1 \\ 0 & 0 & 0 & 0 \end{bmatrix}.$　ピボット行に I が含まれる

$\boldsymbol{R}$ のピボットは $\mathbf{1}$ である．ピボットの上の $\mathbf{0}$ は，上方向の消去によってできる．

重要　A が可逆ならば，その行簡約階段行列は単位行列 $R = I$ となる．これが行簡約において最も重要なことである．もちろん，そのとき零空間は $\mathbf{Z}$ である．

R に含まれる零によって，特解を求めるのが簡単になる（特解は前と同じである）：

1. $x_2 = 1$ と $x_4 = 0$ とする．$R\boldsymbol{x} = \mathbf{0}$ を解く．すると，$x_1 = -1$ と $x_3 = 0$ が求まる．これらの数 -1 と 0 は,（符号は正となって）R の第 2 列にある．
2. $x_2 = 0$ と $x_4 = 1$ とする．$R\boldsymbol{x} = \mathbf{0}$ を解く．すると，$x_1 = -1$ と $x_3 = -1$ が求まる．これらの数 -1 と -1 は,（符号は正となって）R の第 4 列にある．

符号を逆転することにより，R から直接特解を読み取ることができる．零空間 $\boldsymbol{N}(A) = \boldsymbol{N}(U) = \boldsymbol{N}(R)$ は，特解の線形結合すべてからなる：

$$\boldsymbol{x} = x_2 \begin{bmatrix} -1 \\ 1 \\ 0 \\ 0 \end{bmatrix} + x_4 \begin{bmatrix} -1 \\ 0 \\ -1 \\ 1 \end{bmatrix} = (A\boldsymbol{x} = \mathbf{0} \text{ の一般解}).$$

次節では，U から行簡約階段行列 R へじっくりと進む．MATLAB コマンド $[R, pivcol] =$ rref(A) を使うと，R とピボット列のリストを作ることができる．

■　要点の復習　■

1. 零空間 $\boldsymbol{N}(A)$ は $\mathbf{R}^n$ の部分空間である．零空間は，$A\boldsymbol{x} = \mathbf{0}$ のすべての解を含む．
2. 消去によって階段行列 U ができ，さらに行簡約階段行列 R ができる．それらの行列は，ピボット列と自由列からなる．
3. U または R の自由列から特解が導ける．1 つの自由変数を 1 にし，残りの自由変数を 0 にする．後退代入によって，$A\boldsymbol{x} = \mathbf{0}$ を解く．
4. $A\boldsymbol{x} = \mathbf{0}$ の一般解は，特解の線形結合である．
5. $n > m$ のとき，A にはピボットを含まない列が少なくとも 1 つあり，そのような列から特解が得られる．よって，この矩形行列 A の零空間には，非零ベクトル $\boldsymbol{x}$ が存在する．

■ 例題 ■

3.2 A　$A\boldsymbol{x} = \mathbf{0}$ の特解が $\boldsymbol{s}_1$ と $\boldsymbol{s}_2$ であるような 3×4 行列を作れ：

$$\boldsymbol{s}_1 = \begin{bmatrix} -3 \\ 1 \\ 0 \\ 0 \end{bmatrix} \quad \text{と} \quad \boldsymbol{s}_2 = \begin{bmatrix} -2 \\ 0 \\ -6 \\ 1 \end{bmatrix}$$

ピボット列は第 1 列と第 3 列
自由変数は x_2 と x_4

行列 A を行簡約階段行列 R から作ってもよい．その後で，零空間 $\boldsymbol{N}(A) =$（$\boldsymbol{s}_1$ と $\boldsymbol{s}_2$ の線形結合のすべて）の条件を満たすような A をすべて表せ．

解　行簡約階段行列 R では，値が 1 のピボットが第 1 列と第 3 列にある．3 つ目のピボットはないので，R の第 3 行はすべて 0 である．自由列となる第 2 列と第 4 列は，ピボット列の線形結合となる．

$$R = \begin{bmatrix} 1 & 3 & 0 & 2 \\ 0 & 0 & 1 & 6 \\ 0 & 0 & 0 & 0 \end{bmatrix} \quad \text{は} \quad R\boldsymbol{s}_1 = \mathbf{0} \quad \text{と} \quad R\boldsymbol{s}_2 = \mathbf{0} \quad \text{を満たす．}$$

R の要素 $3, 2, 6$ は，特解に含まれる $-3, -2, -6$ を正負反転したものである．

R は，条件を満たす零空間を持つ唯一の行簡約階段行列（A の 1 つ）である．R に対して，任意の基本操作を行うことができる．基本操作は，行の交換，任意の $c \neq 0$ を行に掛ける，ある行の倍数を別の行から引く，の 3 つである．**$\boldsymbol{R}$ に対して（左から）任意の可逆行列を掛けても，その零空間は変わらない．**

すべての 3×4 行列には，少なくとも 1 つの特解がある．**上の行列には 2 つの特解がある．**

3.2 B　以下の行列に対して，$A\boldsymbol{x} = \mathbf{0}$ の特解を求め，**一般解**を表せ．

$$A_1 = \begin{bmatrix} 0 & 0 & 0 & 0 \\ 0 & 0 & 0 & 0 \end{bmatrix} \qquad A_2 = \begin{bmatrix} 3 & 6 \\ 1 & 2 \end{bmatrix} \qquad A_3 = \begin{bmatrix} A_2 & A_2 \end{bmatrix}$$

ピボット列はどれか？ 自由変数はどれか？ それぞれについて，R を求めよ．

解　$A_1\boldsymbol{x} = \mathbf{0}$ は，特解を 4 つ持つ．それらは，4×4 の単位行列の列ベクトル $\boldsymbol{s}_1, \boldsymbol{s}_2, \boldsymbol{s}_3, \boldsymbol{s}_4$ である．零空間は，$\mathbf{R}^4$ 全体である．$A_1\boldsymbol{x} = \mathbf{0}$ の一般解は，$\mathbf{R}^4$ 内の任意のベクトル $\boldsymbol{x} = c_1\boldsymbol{s}_1 + c_2\boldsymbol{s}_2 + c_3\boldsymbol{s}_3 + c_4\boldsymbol{s}_4$ である．ピボット列はなく，すべての変数が自由変数であり，R は A_1 と同じ零行列である．

$A_2\boldsymbol{x} = \mathbf{0}$ には，特解が 1 つあり，それは $\boldsymbol{s} = (-2, 1)$ である．その倍数 $\boldsymbol{x} = c\boldsymbol{s}$ が一般解となる．A_2 の第 1 列がピボット列であり，x_2 が自由変数である．A_2 に対する行簡約階段行列 R_2 と，$A_3 = [\, A_2 \;\; A_2 \,]$ に対する行簡約階段行列 R_3 では，そのピボットが 1 である：

$$A_2 = \begin{bmatrix} 3 & 6 \\ 1 & 2 \end{bmatrix} \to R_2 = \begin{bmatrix} 1 & 2 \\ 0 & 0 \end{bmatrix} \qquad \begin{bmatrix} A_2 & A_2 \end{bmatrix} \to R_3 = \begin{bmatrix} 1 & 2 & 1 & 2 \\ 0 & 0 & 0 & 0 \end{bmatrix}$$

R_3 にはピボット列が 1 つしかない（第 1 列）ことに注意せよ．変数 x_2, x_3, x_4 はすべて自由変数である．$A_3\boldsymbol{x} = \mathbf{0}$（および，$R_3\boldsymbol{x} = \mathbf{0}$）には 3 つの特解がある．

$$\boldsymbol{s}_1 = (-2,1,0,0) \quad \boldsymbol{s}_2 = (-1,0,1,0) \quad \boldsymbol{s}_3 = (-2,0,0,1) \quad \textbf{一般解 } \boldsymbol{x} = c_1\boldsymbol{s}_1 + c_2\boldsymbol{s}_2 + c_3\boldsymbol{s}_3.$$

ピボットが $\boldsymbol{r}$ 個あるとき，$\boldsymbol{A}$ には自由変数が $\boldsymbol{n-r}$ 個ある．$A\boldsymbol{x} = \mathbf{0}$ には $n-r$ 個の特解がある．

練習問題 3.2

問題 1〜4 と 5〜8 は，問題 1 と 5 に示される行列に関するものである．

1　以下の行列を通常の階段行列 U にせよ：

$$\text{(a)} \quad A = \begin{bmatrix} 1 & 2 & 2 & 4 & 6 \\ 1 & 2 & 3 & 6 & 9 \\ 0 & 0 & 1 & 2 & 3 \end{bmatrix} \qquad \text{(b)} \quad B = \begin{bmatrix} 2 & 4 & 2 \\ 0 & 4 & 4 \\ 0 & 8 & 8 \end{bmatrix}.$$

自由変数とピボット変数はそれぞれどれか？

2　問題 1 の行列について，各自由変数に対する特解を求めよ（その自由変数を 1，残りの自由変数を 0 とせよ）．

3　問題 2 の特解の線形結合をとり，$A\boldsymbol{x} = \mathbf{0}$ と $B\boldsymbol{x} = \mathbf{0}$ のすべての解を表せ．_____ がないとき，零空間は $\boldsymbol{x} = \mathbf{0}$ のみからなる．

4　問題 1 の U のそれぞれにさらに行操作を行い，行簡約階段行列 R を求めよ．**次の命題は真か偽か**：R の零空間は U の零空間に等しい．

5　各行列に行操作を行い，階段行列 U にせよ．$B = LU$ となるような 2×2 の下三角行列 L を書き下せ．

$$\text{(a)} \quad A = \begin{bmatrix} -1 & 3 & 5 \\ -2 & 6 & 10 \end{bmatrix} \qquad \text{(b)} \quad B = \begin{bmatrix} -1 & 3 & 5 \\ -2 & 6 & 7 \end{bmatrix}.$$

6　同じ A と B に対して，$A\boldsymbol{x} = \mathbf{0}$ と $B\boldsymbol{x} = \mathbf{0}$ の特解を求めよ．$m \times n$ 行列において，ピボット変数の数と自由変数の数の和は _____ である．

7　問題 5 において，A と B の零空間を 2 つの方法で表せ．平面または直線の式を与えよ．それらの式を満たすすべてのベクトル $\boldsymbol{x}$ を特解の線形結合として求めよ．

8　問題 5 の階段行列 U を行簡約階段行列 R にせよ．各 R について，ピボット行とピボット列に含まれる単位行列に四角を描け．

問題 9〜17 は自由変数とピボット変数に関するものである．

9　以下の命題は，真か偽か（真ならば理由を示し，偽ならば反例を挙げよ）？

(a) 正方行列には自由変数がない．
(b) 可逆行列には自由変数がない．
(c) $m \times n$ 行列に含まれるピボット変数は，高々 n 個である．
(d) $m \times n$ 行列に含まれるピボット変数は，高々 m 個である．

10　以下の条件を満たす 3×3 行列 A を（可能であれば）作れ：

(a) A には値が 0 である要素がなく，$U = I$ である．
(b) A には値が 0 である要素がなく，$R = I$ である．
(c) A には値が 0 である要素がなく，$R = U$ である．
(d) $A = U = 2R$ である．

11　4×7 の階段行列 U が以下のピボット列を持つように，できるだけ多くの 1 を入れよ．

(a) 2, 4, 5
(b) 1, 3, 6, 7
(c) 4 と 6.

12　4×8 の**行簡約**階段行列 R が以下の自由列を持つように，できるだけ多くの 1 を入れよ．

(a) 2, 4, 5, 6
(b) 1, 3, 6, 7, 8.

13　3×5 行列の第 4 列がすべて零であるとする．そのとき，x_4 は ＿＿＿ 変数である．この変数に対する特解は，ベクトル $\boldsymbol{x} =$ ＿＿＿ である．

14　3×5 行列の第 1 列と第 5 列が同じ（ただし非零）であるとする．そのとき，＿＿＿ は自由変数である．この変数に対する特解を求めよ．

15　$m \times n$ 行列が r 個のピボットを持つとする．特解の個数は ＿＿＿ である．零空間が $\boldsymbol{x} = \mathbf{0}$ のみからなるのは，$r =$ ＿＿＿ のときである．列空間が $\mathbf{R}^m$ 全体であるのは，$r =$ ＿＿＿ のときである．

16　5×5 行列の零空間が $\boldsymbol{x} = \mathbf{0}$ のみからなるのは，その行列が ＿＿＿ 個のピボットを持つときである．列空間が $\mathbf{R}^5$ となるのは，＿＿＿ 個のピボットがあるときである．その理由を説明せよ．

17　式 $x - 3y - z = 0$ によって $\mathbf{R}^3$ 内の平面が決まる．この式に対応する行列 A は何か？自由変数はどれか？特解は $(3, 1, 0)$ と ＿＿＿ である．

18　（推奨） 平面 $x-3y-z=12$ は，問題 17 の平面 $x-3y-z=0$ に平行である．この平面上の点の 1 つは $(12,0,0)$ である．この平面上のすべての点は次の形をとる（第 1 要素を埋めよ）．

$$\begin{bmatrix} x \\ y \\ z \end{bmatrix} = \begin{bmatrix} \\ 0 \\ 0 \end{bmatrix} + y\begin{bmatrix} \\ 1 \\ 0 \end{bmatrix} + z\begin{bmatrix} \\ 0 \\ 1 \end{bmatrix}.$$

19　L が可逆であるとき，U と $A=LU$ が同じ零空間を持つことを証明せよ：

$U\boldsymbol{x}=\boldsymbol{0}$ ならば $LU\boldsymbol{x}=\boldsymbol{0}$ である． $LU\boldsymbol{x}=\boldsymbol{0}$ のとき $U\boldsymbol{x}=\boldsymbol{0}$ であるのはなぜか？

20　4 つのピボットを持つ 4×5 行列において，第 1 列 + 第 3 列 + 第 5 列 $=\boldsymbol{0}$ とする．確実にピボットがない列はどれか（自由変数はどれか）？ 特解はどうなるか？ 零空間はどうなるか？

問題 21〜28 は（もしあれば）特定の性質を持つ行列を問うものである．

21　零空間が $(2,2,1,0)$ と $(3,1,0,1)$ の線形結合すべてからなる行列を作れ．

22　零空間が $(4,3,2,1)$ の倍数からなる行列を作れ．

23　列空間が $(1,1,5)$ と $(0,3,1)$ を含み，零空間が $(1,1,2)$ を含む行列を作れ．

24　列空間が $(1,1,0)$ と $(0,1,1)$ を含み，零空間が $(1,0,1)$ と $(0,0,1)$ を含む行列を作れ．

25　列空間が $(1,1,1)$ を含み，零空間が $(1,1,1,1)$ の倍数からなる直線となる行列を作れ．

26　零空間と列空間とが等しい 2×2 行列を作れ．これは可能である．

27　零空間と列空間とが等しい 3×3 行列がないのはなぜか？

28　$AB=0$ であるとき，B の列空間は A の ＿＿＿ に含まれる．A と B の例を挙げよ．

29　ランダムに要素を選んだ 3×3 行列の行簡約階段行列 R は，ほとんどの場合 ＿＿＿ になる．ランダムに要素を選んだ行列 A が 4×3 の場合，その R はほとんどの場合どのような行列になるか？

30　以下の 3 つの命題が一般的には**偽**であることを例で示せ：

(a) A と A^{T} は同じ零空間を持つ．
(b) A と A^{T} は同じ自由変数を持つ．
(c) R が 行簡約階段行列 $\mathrm{rref}(A)$ であるならば，R^{T} は $\mathrm{rref}(A^{\mathrm{T}})$ である．

31　A の零空間が $\boldsymbol{x}=(2,1,0,1)$ の倍数のすべてからなるとき，U にピボットは何個あるか？R を求めよ．

32 $R\boldsymbol{x}=\boldsymbol{0}$ の特解が以下の N の列ベクトルであるとき，行簡約階段行列 R の非零の行を求めよ．

$$N=\begin{bmatrix}2&3\\1&0\\0&1\end{bmatrix}\quad と \quad N=\begin{bmatrix}0\\0\\1\end{bmatrix}\quad と \quad N=\begin{bmatrix}\ \\ \ \\ \ \end{bmatrix}\ (空の\ 3\times 1\ 行列).$$

33 (a) 要素がすべて 0 か 1 である，2×2 の行簡約階段行列 R を 5 つ求めよ．
(b) 0 と 1 のみからなる 1×3 行列を 8 つ求めよ．それらは行簡約階段行列 R か？

34 A と $-A$ が常に同じ行簡約階段行列 R を持つ理由を説明せよ．

挑戦問題

35 A が 4×4 でかつ可逆であるとき，4×8 行列 $B=[A\ \ A]$ の零空間に含まれるすべてのベクトルを表せ．

36 $C=\begin{bmatrix}A\\B\end{bmatrix}$ であるとき，零空間 $\boldsymbol{N}(C)$ は $\boldsymbol{N}(A)$ と $\boldsymbol{N}(B)$ とどのような関係にあるか？

37 キルヒホッフの法則は，各節点で **入る電流 = 出る電流** が成り立つというものである．次のネットワークには，6 つの電流 $y_1,\ldots,y_6$（矢印は正の方向を示し，y_i は正負のいずれにもなりうる）がある．4 つの節点におけるキルヒホッフの法則を表す 4 つの等式 $A\boldsymbol{y}=\boldsymbol{0}$ を求めよ．A の零空間に含まれる 3 つの特解を求めよ．

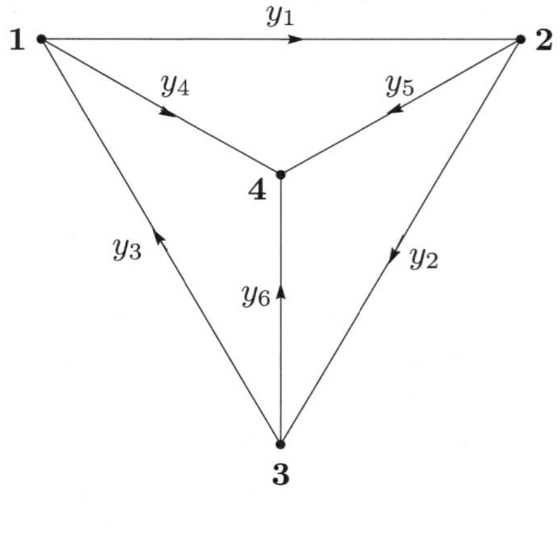

3.3 階数と行簡約階段行列

数 m と n によって行列の大きさが定まるが，線形系の**本当の大きさ**が定まるとは限らない．$0=0$ のような式は数えない．A にまったく同じ行が 2 つあれば，消去によってその 2 つ目の行は消える．また，第 3 行が第 1 行と第 2 行の線形結合であるとき，三角行列 U や行簡約階段行列 R にすると第 3 行がすべて零となる．零からなる行は数えたくない．A の**本当の大きさはその階数によって与えられる**：

定義　A の階数はピボットの個数である．この数を r とする．

階数 r は計算によって定義されるが，階数 r についてもう少し説明を加えよう．行列は，最終的に r 個の非零行へと簡約される．3×4 行列の例から始めよう．

4 つの列
ピボットは何個か？

$$A = \begin{bmatrix} 1 & 1 & 2 & 4 \\ 1 & 2 & 2 & 5 \\ 1 & 3 & 2 & 6 \end{bmatrix}. \tag{1}$$

最初の 2 つの列ベクトルは $(1,1,1)$ と $(1,2,3)$ でありそれらは別の方向を向いているので，いずれもピボット列となる．第 3 列 $(2,2,2)$ は第 1 列の倍数であるので，第 3 列にはピボットがない．第 4 列 $(4,5,6)$ は最初の 3 つの列ベクトルの線形結合（それらの和）であるので，第 4 列にもピボットがない．

実は第 4 列は，2 つのピボット列の線形結合 $3(1,1,1)+(1,2,3)$ である．**各「自由列」は，それまでのピボット列の線形結合である**．そのようなピボット列の線形結合は，**特解** $\boldsymbol{s}$ によって示される：

第 3 列 $= \mathbf{2}$（第 1 列）　　$\boldsymbol{s}_1 = (-\mathbf{2}, 0, 1, 0)$　　$A\boldsymbol{s}_1 = \mathbf{0}$
第 4 列 $= \mathbf{3}$（第 1 列）$+$ $\mathbf{1}$（第 2 列）　　$\boldsymbol{s}_2 = (-\mathbf{3}, -\mathbf{1}, 0, 1)$　　$A\boldsymbol{s}_2 = \mathbf{0}$

適切な数を偶然発見できたので，正しい線形結合が求められた．消去を行うと，系統的に $\boldsymbol{s}_i$ を求められる．消去を行うと列ベクトルは変わるが，線形結合は変わらない．なぜならば，$A\boldsymbol{x} = \mathbf{0}$ は $U\boldsymbol{x} = \mathbf{0}$ と同値であり，また $R\boldsymbol{x} = \mathbf{0}$ とも同値であるからだ．A から U を求め，さらに R まで進む：

$$\begin{bmatrix} 1 & 1 & 2 & 4 \\ 1 & 2 & 2 & 5 \\ 1 & 3 & 2 & 6 \end{bmatrix} \to \begin{bmatrix} 1 & 1 & 2 & 4 \\ 0 & 1 & 0 & 1 \\ 0 & 2 & 0 & 2 \end{bmatrix} \to \begin{bmatrix} \mathbf{1} & 1 & 2 & 4 \\ 0 & \mathbf{1} & 0 & 1 \\ 0 & 0 & 0 & 0 \end{bmatrix} = U$$

U において，ピボット列に 2 つのピボットが示されている．**A（と U）の階数は 2 である**．続けて R を求めることで，自由列を与えるピボット列の線形結合を見つけることができる：

$$U = \begin{bmatrix} 1 & 1 & 2 & 4 \\ 0 & 1 & 0 & 1 \\ 0 & 0 & 0 & 0 \end{bmatrix} \xrightarrow[\text{第 1 行} - \text{第 2 行}]{\text{減算}} R = \begin{bmatrix} \mathbf{1} & 0 & 2 & 3 \\ 0 & \mathbf{1} & 0 & 1 \\ 0 & 0 & 0 & 0 \end{bmatrix} \tag{2}$$

明らかに，列ベクトル $(3,1,0)$ は 3（第 1 列）$+$ 第 2 列に等しい．すべての列ベクトルを「左辺」に移項すると，符号が反転して -3 と -1 になり，それが特解 $\boldsymbol{s}$ になる：

-3（第 1 列）$-$（第 2 列）$+$（第 4 列）$= \mathbf{0}$　　$\boldsymbol{s} = (-3, -1, 0, 1)$.

階数 1 の行列

階数が 1 である行列は **ピボットを 1 つしか** 持たない．消去を行って第 1 列に零ができると，すべての列の同じ行に零ができる．**各行はピボット行の倍数である**と同時に，各列はピボット列の倍数である．

$$\textbf{階数が 1 の行列}\qquad A=\begin{bmatrix}\mathbf{1}&3&10\\\mathbf{2}&6&20\\\mathbf{3}&9&30\end{bmatrix}\longrightarrow R=\begin{bmatrix}\mathbf{1}&3&10\\0&0&0\\0&0&0\end{bmatrix}.$$

階数が 1 である行列の列空間は「1 次元」である．すべての列ベクトルは $\boldsymbol{u}=(1,2,3)$ を通る直線上にある．A の列ベクトルは，$\boldsymbol{u}$ と $3\boldsymbol{u}$ と $10\boldsymbol{u}$ である．それらの係数を 1 つの行に入れ $\boldsymbol{v}^{\mathrm{T}}=[\ 1\quad 3\quad 10\ ]$ とすると，階数が 1 である行列の特別な形式 $A=\boldsymbol{u}\boldsymbol{v}^{\mathrm{T}}$ を得る：

$$A=\textbf{列と行の積}=\boldsymbol{u}\boldsymbol{v}^{\mathrm{T}}\qquad \begin{bmatrix}1&3&10\\2&6&20\\3&9&30\end{bmatrix}=\begin{bmatrix}\mathbf{1}\\\mathbf{2}\\\mathbf{3}\end{bmatrix}\begin{bmatrix}1&3&10\end{bmatrix}\tag{3}$$

階数が 1 であるとき，$A\boldsymbol{x}=\mathbf{0}$ の解は簡単に理解できる．式 $\boldsymbol{u}(\boldsymbol{v}^{\mathrm{T}}\boldsymbol{x})=\mathbf{0}$ から $\boldsymbol{v}^{\mathrm{T}}\boldsymbol{x}=0$ となる．零空間にあるすべてのベクトル $\boldsymbol{x}$ は，行空間に含まれる $\boldsymbol{v}$ に直交する．これは幾何である：**行空間** $=$ **直線**，**零空間** $=$ **直交する平面**．ここで，特解を数を用いて書こう．

$$\begin{matrix}\textbf{ピボット行}\ [1\ \ 3\ \ 10]\\\textbf{ピボット変数}\ x_1\\\textbf{自由変数}\ x_2\ \textbf{と}\ x_3\end{matrix}\qquad \boldsymbol{s}_1=\begin{bmatrix}-3\\1\\0\end{bmatrix}\quad \boldsymbol{s}_2=\begin{bmatrix}-10\\0\\1\end{bmatrix}$$

零空間は，$\boldsymbol{s}_1$ と $\boldsymbol{s}_2$ の線形結合をすべて含む．その零空間は，行 $(1,3,10)$ に直交する平面 $x+3y+10z=0$ を作る．**零空間**（平面）**は行空間**（直線）に直交する．

例 1　すべての行が 1 つのピボット行の倍数であるとき，階数は $r=1$ である：

$$\begin{bmatrix}1&3&4\\2&6&8\end{bmatrix},\ \begin{bmatrix}0&3\\0&\mathbf{5}\end{bmatrix},\ \begin{bmatrix}5\\2\end{bmatrix}\ \text{および}\ \begin{bmatrix}6\end{bmatrix}\ \text{はすべて階数が 1 である．}$$

これらの行列に対する行簡約階段行列 $R=\ \mathsf{rref}\,(A)$ を確認する：

$$R=\begin{bmatrix}1&3&4\\0&0&0\end{bmatrix},\ \begin{bmatrix}0&1\\0&0\end{bmatrix},\ \begin{bmatrix}1\\0\end{bmatrix}\ \text{および}\ \begin{bmatrix}1\end{bmatrix}\ \text{はピボットを 1 つだけ持つ．}$$

階数の 2 つ目の定義は，より高いレベルにある．それは，行全体と列全体を扱う．すなわち，ただ数を扱うのではなくベクトルを扱う．行列 A と U と R は r 個の**線形独立**な行（ピボット行）からなる．それらはまた r 個の**線形独立**な列（ピボット列）からなる．第 **3.5** 節で，行や列が線形独立であることの意味を説明する．

階数の 3 つ目の定義は，線形代数の最高レベルにあり，ベクトルの**空間**を扱う．**階数** r **は列空間の「次元」である**．それはまた，行空間の次元でもある．素晴しいことに，その r は零空間の次元も明らかにする．

ピボット列

R のピボット列は，ピボットの位置に 1 を，それ以外のところに 0 を持つ．r 個のピボット列をまとめると $r \times r$ の単位行列 I となる．その単位行列は，$m - r$ 行の零の上にある．ピボット列の番号は，リスト *pivcol* により与えられる．

A のピボット列は，おそらく A 自身からは自明ではない．しかし，その列番号も，**同じリスト** *pivcol* により与えられる．最終的に（U や R において）ピボットを含む r 列は，A のピボット列である．次の例では $pivcol = (1,3)$ である：

$$\textbf{ピボット列} \qquad A = \begin{bmatrix} \mathbf{1} & 3 & \mathbf{0} & 2 & -1 \\ \mathbf{0} & 0 & \mathbf{1} & 4 & -3 \\ \mathbf{1} & 3 & \mathbf{1} & 6 & -4 \end{bmatrix} \text{ より } R = \begin{bmatrix} \mathbf{1} & 3 & \mathbf{0} & 2 & -1 \\ \mathbf{0} & 0 & \mathbf{1} & 4 & -3 \\ \mathbf{0} & 0 & \mathbf{0} & 0 & 0 \end{bmatrix}.$$

A と R の列空間は異なる．この R のすべての列ベクトルは，零で終わっている．消去によって A の第 1 行と第 2 行が第 3 行から引かれ，R に零行が作られている：

$$\begin{aligned} \boldsymbol{EA} &= \boldsymbol{R} \\ \boldsymbol{A} &= \boldsymbol{E}^{-1}\boldsymbol{R} \end{aligned} \qquad E = \begin{bmatrix} 1 & 0 & 0 \\ 0 & 1 & 0 \\ -1 & -1 & 1 \end{bmatrix} \quad \text{と} \quad E^{-1} = \begin{bmatrix} 1 & 0 & 0 \\ 0 & 1 & 0 \\ 1 & 1 & 1 \end{bmatrix}.$$

A の r 列のピボット列は，E^{-1} の最初の r 列でもある．R の内部にある $r \times r$ の単位行列は，E^{-1} の最初の r 列を $A = E^{-1}R$ の列として取り出したものである．

ピボット列についての事実をもう 1 つ示す．ピボットの定義は，R に基づくまさに計算的なものであった．A のピボット列の直接的な数学的表現を次に示す．

ピボット列はそれ以前の列ベクトルの線形結合ではない．自由列はそれ以前の列ベクトルの線形結合である．その線形結合は，特解である．

（ピボット行に 1 を持つ）R のピボット列は，（その行に 0 を持つ）それ以前の列ベクトルの線形結合にはなりえない．**$A\boldsymbol{x} = \mathbf{0}$ となるのは $R\boldsymbol{x} = \mathbf{0}$ のときだけ**なので，A のその列ベクトルはそれ以前の列ベクトルの線形結合になりえない．

これから，各自由列に対する特解 $\boldsymbol{x}$ について見ていこう．

特解

$A\boldsymbol{x}=\mathbf{0}$ と $R\boldsymbol{x}=\mathbf{0}$ の特解はそれぞれ，1 つの自由変数が 1 である．$\boldsymbol{x}$ の他の自由変数はすべて 0 である．その特解は，行簡約階段行列 R より直接的に求まる：

自由列と
自由変数を
太字で示す

$$R\boldsymbol{x}=\begin{bmatrix}1&\mathbf{3}&0&\mathbf{2}&\mathbf{-1}\\0&\mathbf{0}&1&\mathbf{4}&\mathbf{-3}\\0&\mathbf{0}&0&\mathbf{0}&\mathbf{0}\end{bmatrix}\begin{bmatrix}x_1\\\boldsymbol{x_2}\\x_3\\\boldsymbol{x_4}\\\boldsymbol{x_5}\end{bmatrix}=\begin{bmatrix}0\\0\\0\end{bmatrix}.$$

1 つ目の自由変数を $x_2=1$ とし，$x_4=x_5=0$ とする．方程式より，ピボット変数 $x_1=-3$ と $x_3=0$ が求まる．特解は $\boldsymbol{s}_1=(-3,1,0,0,0)$ となる．

次の特解は，$x_4=1$ とする．それ以外の自由変数は $x_2=x_5=0$ である．解は $\boldsymbol{s}_2=(-2,0,-4,1,0)$ となる．-2 と -4 が正符号となって R に含まれていることに注意せよ．

第 3 の特解は $x_5=1$ とする．$x_2=0$ と $x_4=0$ とすることで，$\boldsymbol{s}_3=(1,0,3,0,1)$ が求まる．数 $x_1=1$ と $x_3=3$ は R の第 5 列に含まれるが，ここでも反対の符号がついている．このすぐ後で検証するが，これは一般的な規則である．零空間行列 N は，3 つの特解をその列ベクトルとするものであり，したがって，$AN=$ **零行列** である：

零空間行列
$n-r=5-2$
3 つの特解

$$N=\begin{bmatrix}\mathbf{-3}&\mathbf{-2}&\mathbf{1}\\1&0&0\\\mathbf{0}&\mathbf{-4}&\mathbf{3}\\0&1&0\\0&0&1\end{bmatrix}\begin{matrix}\text{自由でない}\\\text{自由}\\\text{自由でない}\\\text{自由}\\\text{自由}\end{matrix}$$

これらの 3 つの列ベクトルの線形結合によって，零空間のすべてのベクトルが与えられる．その零空間は，$A\boldsymbol{x}=\mathbf{0}$（と $R\boldsymbol{x}=\mathbf{0}$）の一般解となる．$R$ においてピボット列に単位行列 (2×2) が含まれていたのに対し，N においては自由行に単位行列（3×3）が含まれる．

各自由変数に対して特解が 1 つある． ピボットを含む列が r 列あるので，残る $n-r$ 個だけ自由変数がある．これが $A\boldsymbol{x}=\mathbf{0}$ と零空間の要所である：

> $A\boldsymbol{x}=\mathbf{0}$ **は** r **個のピボットと** $n-r$ **個の自由変数を持つ**：n 列からピボット列 r 列を引く．**零行列** N は $n-r$ 個の特解を持つ．そして $AN=0$ である．

「線形独立な」ベクトルの考え方を導入した後で，特解が線形独立であることを示す．N において，どの列ベクトルも他の列ベクトルの線形結合でないことがわかるだろう．美しいことに，その数がちょうどぴったりと合う．

$\boldsymbol{Ax}=\mathbf{0}$ は $\boldsymbol{r}$ 個の線形独立な等式からなるので，$\boldsymbol{n-r}$ 個の線形独立な解がある．

$R\boldsymbol{x}=\mathbf{0}$ に対して特解を求めるのは簡単である．最初の r 列がピボット列であるとする．そのとき，行簡約階段行列は次のようになる．

$$R=\begin{bmatrix}\boldsymbol{I} & \boldsymbol{F}\\ \mathbf{0} & \mathbf{0}\end{bmatrix}\quad \begin{matrix}r\ \text{ピボット行}\\ m-r\ \ \text{零行}\end{matrix} \tag{4}$$

r ピボット列　$n-r$ 自由列

$n-r$ 個の特解に含まれるピボット変数は，F が $-F$ に変わって現れる：

零空間行列 $$N=\begin{bmatrix}-\boldsymbol{F}\\ \boldsymbol{I}\end{bmatrix}\quad \begin{matrix}r\ \text{ピボット変数}\\ n-r\ \text{自由変数}\end{matrix} \tag{5}$$

$RN=0$ であることを確かめる．RN の第1ブロック行は，(I と $-F$ の積)+(F と I の積) = 零 である．N の列は $R\boldsymbol{x}=\mathbf{0}$ の解である．$R\boldsymbol{x}=\mathbf{0}$ の自由列の部分を右辺に移項すると，左辺は単に単位行列となる：

$$R\boldsymbol{x}=\mathbf{0}\quad \text{より}\quad I\begin{bmatrix}\text{ピボット}\\ \text{変数}\end{bmatrix}=-F\begin{bmatrix}\text{自由}\\ \text{変数}\end{bmatrix}. \tag{6}$$

各特解において，自由変数は I の列であり，ピボット変数は $-F$ の列である．それらの特解により零空間行列 N が得られる．

ピボット列に自由列が混ざっていても，この考え方は正しい．そのときには，I と F が混ぜ合わされるが，それでもなお解において $-F$ が現れる．$I=[1]$ が前に，$F=\begin{bmatrix}2 & 3\end{bmatrix}$ が後にくるような例を示す．

例 2　$R\boldsymbol{x}=x_1+2x_2+3x_3=0$ の特解は，N の列である：

$$R=\begin{bmatrix}1 & 2 & 3\end{bmatrix}\qquad N=\begin{bmatrix}-F\\ I\end{bmatrix}=\begin{bmatrix}-2 & -3\\ 1 & 0\\ 0 & 1\end{bmatrix}.$$

階数は 1 である．$n-r=3-1$ 個の特解 $(-2,1,0)$ と $(-3,0,1)$ がある．

最後の説明　MATLAB がどのような手順で R を計算するかを知らないのに，R について確信を持って書くことができるのはなぜか？A が R に簡約される方法は複数ありうる．おそらく，あなたと *Mathematica* と *Maple* は異なる方法で消去を行うだろう．重要なことは，**最終的な $\boldsymbol{R}$ は常に同じであるということだ．A によって I と F と R の零行が完全に決まる．**

以下の証明では，（そこに I を置く）ピボット列と（F を含む）自由列を「代数的方法」により決定する．その代数的方法では，特定の消去の手順に依存しない 2 つの規則を用いる．その規則を以下に示す：

1. ピボット列は，A のそれ以前の列ベクトルの線形結合**ではない**．
2. 自由列は，それ以前の列ベクトルの線形結合**である**（F がその線形結合を表す）．

階数が 1 である行列を用いた小さな例で，正しい $EA = R$ を作り出す E を 2 つ示す：

$$A = \begin{bmatrix} 2 & 2 \\ 1 & 1 \end{bmatrix} \quad \text{が簡約されて} \quad R = \begin{bmatrix} 1 & 1 \\ 0 & 0 \end{bmatrix} = \mathsf{rref}(A) \quad \text{となり，他の } R \text{ はない．}$$

A の第 1 行を $\frac{1}{2}$ 倍して，第 1 行を第 2 行から引く：

$$\textbf{2 つの手順で } E \textbf{ を得る} \qquad \begin{bmatrix} 1 & 0 \\ -1 & 1 \end{bmatrix} \begin{bmatrix} 1/2 & 0 \\ 0 & 1 \end{bmatrix} = \begin{bmatrix} 1/2 & 0 \\ -1/2 & 1 \end{bmatrix} = E.$$

A の行を交換して，それから第 1 行の 2 倍を第 2 行から引く：

$$\textbf{異なる 2 つの手順で } E_{\text{new}} \textbf{ を得る} \qquad \begin{bmatrix} 1 & 0 \\ -2 & 1 \end{bmatrix} \begin{bmatrix} 0 & 1 \\ 1 & 0 \end{bmatrix} = \begin{bmatrix} 0 & 1 \\ 1 & -2 \end{bmatrix} = E_{\text{new}}.$$

積を計算すると，$EA = R$ と $E_{\text{new}}A = R$ を得る．E **は異なるが，同じ** R **が得られた**．

行簡約階段行列のためのプログラムコード

rref は lu ほど重要にはならない．本書のための教育用プログラムコード elim では，rref を使っている．当然ながら，rref(R) の結果は再び R となる．

MATLAB: $[R,\ pivcol] =$ rref(A)　　　教育用プログラムコード: $[E, R] =$ elim(A)

追加で出力される $pivcol$ は，ピボット列の番号を示すものである．ピボット列は A と R で同一である．教育用プログラムコードの追加の出力 E は $m \times m$ の**行列**であり，もとの A を（それがどのようなものであっても）行簡約階段行列 R にする：

$$E\,A = R.$$

正方行列 E は，基本変形の行列 E_{ij} と P_{ij} と D^{-1} の積である．P_{ij} は行を交換する．対角行列 D^{-1} は行をそのピボットで割って 1 を作り出す．

E を求めたい場合，$n + m$ 列からなる行列 $\begin{bmatrix} A & I \end{bmatrix}$ に対して行の簡約を適用する．A に掛ける（ことで R を作る）すべての基本変形の行列は，I にも掛けられる（そして E を作る）．拡大行列全体に E を掛ける：

$$E\,[A \;\; I] \quad = \quad [R \;\; E] \tag{7}$$

これはまさに第2章の「ガウス–ジョルダン法」で A^{-1} を計算するために行ったことと同じである．A **が可逆行列であるとき，その行簡約階段行列は** I **である．**そのとき $EA = R$ は $EA = I$ になり，E は A^{-1} である．本章ではさらに先へ進み，すべての行列 A を扱う．

■ 要点の復習 ■

1. A の階数 r は，ピボットの個数である（ピボットは $R = \mathrm{rref}(A)$ において 1 となる）．
2. A と R の r 列のピボット列は，同じリスト *pivcol* で示される．
3. それらの r 列のピボット列は，それ以前の列ベクトルの線形結合ではない．
4. $n - r$ 列の自由列は，それ以前の列ベクトル（ピボット列）の線形結合である．
5. それらの線形結合（R から得られる $-F$ を用いる）は，$A\boldsymbol{x} = \boldsymbol{0}$ と $R\boldsymbol{x} = \boldsymbol{0}$ に対する $n - r$ 個の特解を与える．それらは，零空間行列 N の $n - r$ 列である．

■ 例題 ■

3.3 A A の行簡約階段行列を求めよ．階数を求めよ．$A\boldsymbol{x} = \boldsymbol{0}$ の特解を求めよ．

2 次差分 $-1, 2, -1$
$A_{11} = A_{44} = 1$ に注意

$$A = \begin{bmatrix} 1 & -1 & 0 & 0 \\ -1 & 2 & -1 & 0 \\ 0 & -1 & 2 & -1 \\ 0 & 0 & -1 & 1 \end{bmatrix}$$

解 第1行を第2行に足す．そして，第2行を第3行に足す．さらに，第3行を第4行に足す：

$$\textbf{1 次差分 } \mathbf{1, -1} \qquad U = \begin{bmatrix} 1 & -1 & 0 & 0 \\ 0 & 1 & -1 & 0 \\ 0 & 0 & 1 & -1 \\ 0 & 0 & 0 & 0 \end{bmatrix}$$

第3行を第2行に足す．そして，第2行を第1行に足す：

$$\textbf{行簡約階段行列} \qquad R = \begin{bmatrix} 1 & 0 & 0 & -1 \\ 0 & 1 & 0 & -1 \\ 0 & 0 & 1 & -1 \\ 0 & 0 & 0 & 0 \end{bmatrix} = \begin{bmatrix} I & F \\ 0 & 0 \end{bmatrix}.$$

階数は $r = 3$ である．自由変数が 1 つある $(n - r = 1)$．**特解は** $\boldsymbol{s} = (\mathbf{1, 1, 1, 1})$ である．**どの行も，その要素の和が** 0 である．$\boldsymbol{s}$ のピボット変数が $-F = (1, 1, 1)$ であることに注意せよ．

3.3 B　階数が 1 である以下の行列を，$A = \boldsymbol{u}\boldsymbol{v}^{\mathrm{T}} =$ 行と列の積 に分解せよ．

$$A = \begin{bmatrix} 1 & 2 & 3 \\ 2 & 4 & 6 \\ 3 & 6 & 9 \end{bmatrix} \qquad A = \begin{bmatrix} a & b \\ c & d \end{bmatrix} \quad (a, b, c \text{ から } d \text{ を求めよ．ただし，} a \neq 0)$$

R を用いて，階数が 2 である次の行列を $\boldsymbol{u}_1\boldsymbol{v}_1^{\mathrm{T}} + \boldsymbol{u}_2\boldsymbol{v}_2^{\mathrm{T}} =$（$3 \times 2$ 行列と 2×4 行列の積）に分解せよ：

$$A = \begin{bmatrix} 1 & 1 & 0 & 2 \\ 1 & 2 & 0 & 3 \\ 2 & 3 & 0 & 5 \end{bmatrix} = \begin{bmatrix} 1 & 1 & 0 \\ 1 & 2 & 0 \\ 2 & 3 & 1 \end{bmatrix} \begin{bmatrix} 1 & 0 & 0 & 1 \\ 0 & 1 & 0 & 1 \\ 0 & 0 & 0 & 0 \end{bmatrix} = E^{-1}R.$$

解　3×3 行列 A について，すべての行は $\boldsymbol{v}^{\mathrm{T}} = [1 \quad 2 \quad 3]$ の倍数である．すべての列は $\boldsymbol{u} = (1, 2, 3)$ の倍数である．この対称行列では $\boldsymbol{u} = \boldsymbol{v}$ であり，A は $\boldsymbol{u}\boldsymbol{u}^{\mathrm{T}}$ となる．階数が 1 である対称行列はすべて，この形か $-\boldsymbol{u}\boldsymbol{u}^{\mathrm{T}}$ の形となる．

2×2 行列 $\left[\begin{smallmatrix} \mathbf{a} & \mathbf{b} \\ \mathbf{c} & \mathbf{d} \end{smallmatrix}\right]$ の階数が 1 であるとき，非可逆行列でなければならない．第 5 章の行列式は $ad - bc = 0$ となる．本章では，第 2 行が第 1 行の c/a 倍であることを使う．

$$\begin{bmatrix} a & b \\ c & d \end{bmatrix} = \begin{bmatrix} 1 \\ c/a \end{bmatrix} [a \quad b] = \begin{bmatrix} a & b \\ c & bc/a \end{bmatrix}. \quad \text{よって} \quad d = \frac{bc}{a}.$$

階数が 2 である 3×4 行列は，**階数が 1 である 2 つの行列の和**である．A のすべての列ベクトルは，ピボット列 1 と 2 の線形結合である．すべての行ベクトルは，R の非零行の線形結合である．ピボット列を $\boldsymbol{u}_1$ と $\boldsymbol{u}_2$ とし，ピボット行を $\boldsymbol{v}_1^{\mathrm{T}}$ と $\boldsymbol{v}_2^{\mathrm{T}}$ とする．すると，A は $\boldsymbol{u}_1\boldsymbol{v}_1^{\mathrm{T}} + \boldsymbol{u}_2\boldsymbol{v}_2^{\mathrm{T}}$ となり，E^{-1} の r 列と R の r 行を掛けたものとなる：

$$\textbf{列と行の積} \quad \begin{bmatrix} 1 & 1 & 0 & 2 \\ 1 & 2 & 0 & 3 \\ 2 & 3 & 0 & 5 \end{bmatrix} = \begin{bmatrix} 1 \\ 1 \\ 2 \end{bmatrix} [1 \quad 0 \quad 0 \quad 1] + \begin{bmatrix} 1 \\ 2 \\ 3 \end{bmatrix} [0 \quad 1 \quad 0 \quad 1]$$

3.3 C　行簡約階段行列 R を求め，A と B の階数を求めよ（c **に依存する**）．A のピボット列はどれか？特解と行列 N を求めよ．

$$\textbf{特解を求めよ} \qquad A = \begin{bmatrix} 1 & 2 & 1 \\ 3 & 6 & 3 \\ 4 & 8 & c \end{bmatrix} \quad \text{と} \quad B = \begin{bmatrix} c & c \\ c & c \end{bmatrix}.$$

解　$c = 4$ **でなければ**，行列 A の階数は $r = 2$ である．ピボットは，第 1 列と第 3 列にある．2 つ目の変数 x_2 は自由変数である．R の形に注意せよ：

$$c \neq 4 \quad R = \begin{bmatrix} \mathbf{1} & 2 & 0 \\ 0 & 0 & \mathbf{1} \\ 0 & 0 & 0 \end{bmatrix} \qquad c = 4 \quad R = \begin{bmatrix} \mathbf{1} & 2 & 1 \\ 0 & 0 & 0 \\ 0 & 0 & 0 \end{bmatrix}.$$

ピボットが 2 つのとき，残りの 1 つの変数 x_2 が自由変数となる．しかし $c=4$ のとき，ピボットは第 1 列のみにある（階数は 1）．2 つ目と 3 つ目の変数は自由変数であり，特解は 2 つある：

$$c\neq 4 \quad x_2=1 \text{ のときの特解より} \quad N=\begin{bmatrix}-2\\1\\0\end{bmatrix}.$$

$$c=4 \quad \text{もう 1 つの特解より} \quad N=\begin{bmatrix}-2 & -1\\1 & 0\\0 & 1\end{bmatrix}.$$

2×2 行列 $\begin{bmatrix}c & c\\c & c\end{bmatrix}$ は，$c=0$ **でなければ**，階数が $r=1$ である．$c=0$ のとき，階数は 0 である．

$$c\neq 0 \quad R=\begin{bmatrix}1 & 1\\0 & 0\end{bmatrix} \quad \text{より} \quad N=\begin{bmatrix}-1\\1\end{bmatrix} \quad \text{零空間} = \text{直線}$$

$c=0$ のとき行列には**ピボット列がない**．そのとき，両方の変数が自由変数となる：

$$c=0 \quad R=\begin{bmatrix}0 & 0\\0 & 0\end{bmatrix} \quad \text{より} \quad N=\begin{bmatrix}1 & 0\\0 & 1\end{bmatrix} \quad \text{零空間} = \mathbf{R}^2.$$

練習問題 3.3

1　A の**階数**の正しい定義となるのはどれか？

(a) R の非零行の行数.
(b) 列数から行数を引いた数.
(c) 列数から自由列の数を引いた数.
(d) 行列 R に含まれる 1 の数.

2　以下の行列について，行簡約階段行列 R と階数を求めよ：

(a) すべての要素が 4 である 3×4 行列.
(b) 要素が $a_{ij}=i+j-1$ である 3×4 行列.
(c) 要素が $a_{ij}=(-1)^j$ である 3×4 行列.

3　以下の（ブロック）行列について，行簡約階段行列 R を求めよ.

$$A=\begin{bmatrix}0 & 0 & 0\\0 & 0 & 3\\2 & 4 & 6\end{bmatrix} \quad B=\begin{bmatrix}A & A\end{bmatrix} \quad C=\begin{bmatrix}A & A\\A & 0\end{bmatrix}$$

4 すべてのピボット変数が最初ではなく**最後**にあるとする．行簡約階段行列の 4 つのブロックをすべて表せ（ブロック B は $r \times r$ である）：

$$R = \begin{bmatrix} A & B \\ C & D \end{bmatrix}.$$

特解からなる零空間行列 N を求めよ．

5 （ばかげた問題） 2×3 行列 A_1 と A_2 のうち，その行簡約階段行列 R_1 と R_2 について，$R_1 + R_2$ が $A_1 + A_2$ の行簡約階段行列であるようなものをすべて表せ．このとき，$R_1 = A_1$ かつ $R_2 = A_2$ は正しいか？$R_1 - R_2$ は $\text{rref}(A_1 - A_2)$ と等しいか？

6 A が r 列のピボット列を持つとき，A^{T} が r 列のピボット列を持つことはを示せ．3×3 行列で，A と A^{T} とで *pivcol* に含まれる列番号が異なるような例を作れ．

7 以下の R について，$R\boldsymbol{x} = \mathbf{0}$ と $\boldsymbol{y}^{\mathrm{T}}R = \mathbf{0}$ の特解を求めよ．

$$R = \begin{bmatrix} 1 & 0 & 2 & 3 \\ 0 & 1 & 4 & 5 \\ 0 & 0 & 0 & 0 \end{bmatrix} \qquad R = \begin{bmatrix} 0 & 1 & 2 \\ 0 & 0 & 0 \\ 0 & 0 & 0 \end{bmatrix}$$

問題 8〜11 は，階数が $r = 1$ である行列に関するものである．

8 階数が 1 となるように，以下の行列の空いているところを埋めよ：

$$A = \begin{bmatrix} 1 & 2 & 4 \\ 2 & & \\ 4 & & \end{bmatrix} \quad と \quad B = \begin{bmatrix} & 9 & \\ 1 & & \\ 2 & 6 & -3 \end{bmatrix} \quad と \quad M = \begin{bmatrix} a & b \\ c & \end{bmatrix}.$$

9 $r = 1$ であるような $m \times n$ 行列を A とするとき，そのすべての列はある列ベクトルの倍数であり，すべての行はある行ベクトルの倍数である．列空間は $\mathbf{R}^m$ における ＿＿＿ である．零空間は $\mathbf{R}^n$ における ＿＿＿ である．零空間行列 N の形は ＿＿＿ となる．

10 $A = \boldsymbol{u}\boldsymbol{v}^{\mathrm{T}} =$ 列と行の積 となるように，ベクトル $\boldsymbol{u}$ と $\boldsymbol{v}$ を選べ：

$$A = \begin{bmatrix} 3 & 6 & 6 \\ 1 & 2 & 2 \\ 4 & 8 & 8 \end{bmatrix} \quad と \quad A = \begin{bmatrix} 2 & 2 & 6 & 4 \\ -1 & -1 & -3 & -2 \end{bmatrix}.$$

$A = \boldsymbol{u}\boldsymbol{v}^{\mathrm{T}}$ は，階数が $r = 1$ である行列すべてに対する自然な形である．

11 A が階数 1 の行列であるとき，階段行列 U の第 2 行は ＿＿＿ である．例を示せ．

問題 12〜14 は，A に含まれる $r \times r$ の可逆行列に関するものである．

12 **A の階数が r であるとき，$r \times r$ の可逆部分行列 S がある．**A と B と C より $m - r$

行と $n-r$ 列を取り除き，可逆部分行列 S を求めよ．ピボット列とピボット行を残せばよい：

$$A=\begin{bmatrix}1&2&3\\1&2&4\end{bmatrix}\qquad B=\begin{bmatrix}1&2&3\\2&4&6\end{bmatrix}\qquad C=\begin{bmatrix}0&1&0\\0&0&0\\0&0&1\end{bmatrix}.$$

13 $m\times n$ 行列の r 列のピボット列からなる行列を P とする．この $m\times r$ の部分行列 P の階数が r である理由を説明せよ．

14 問題 13 における行列 P を転置して，P^{T} の r 個のピボット列を求める．再度転置して戻す．これにより，P と A に含まれる $r\times r$ の可逆部分行列 S が得られる：

$$A=\begin{bmatrix}1&2&3\\2&4&6\\2&4&7\end{bmatrix}$$ に対して，P（3×2）と可逆行列 S（$2{\times}2$）を求めよ．

問題 15〜20 より，rank(AB) が rank(A) や rank(B) より大きくないことを示す．

15 AB と AC（階数が 1 の行列と階数が 1 の行列の積）の階数を求めよ：

$$A=\begin{bmatrix}1&2\\2&4\end{bmatrix}\quad と\quad B=\begin{bmatrix}2&1&4\\3&1.5&6\end{bmatrix}\quad と\quad C=\begin{bmatrix}1&b\\c&bc\end{bmatrix}.$$

16 階数が 1 の行列 $\boldsymbol{uv}^{\mathrm{T}}$ と階数が 1 の行列 $\boldsymbol{wz}^{\mathrm{T}}$ の積は，$\boldsymbol{uz}^{\mathrm{T}}$ と数 ＿＿ の積である．＿＿ $=0$ でなければ，この積 $\boldsymbol{uv}^{\mathrm{T}}\boldsymbol{wz}^{\mathrm{T}}$ も階数が 1 である．

17 (a) B の第 j 列が B のそれ以前の列ベクトルの線形結合であるとする．AB の第 j 列が，AB のそれ以前の列ベクトルを同じように線形結合したものであることを示せ．すると，AB に新しくピボット列ができず，**rank(AB) $\leq$ rank(B)** となる．

(b) $B=\left[\begin{smallmatrix}1&1\\1&1\end{smallmatrix}\right]$ に対して，$\mathrm{rank}(A_1B)=1$ と $\mathrm{rank}(A_2B)=0$ となるような A_1 と A_2 を求めよ．

18 問題 17 では，$\mathrm{rank}(AB)\leq\mathrm{rank}(B)$ を証明した．同じ論法により **rank($B^{\mathrm{T}}A^{\mathrm{T}}$)** $\leq$ $\mathrm{rank}(A^{\mathrm{T}})$ が示せる．これから **rank(AB) $\leq$ rank A** を演繹するにはどうするか？

19 **（重要）** A と B が $n\times n$ 行列で $AB=I$ であるとする．$\mathrm{rank}(AB)\leq\mathrm{rank}(A)$ を用いて，A の階数が n であることを証明せよ．すると，A は可逆行列となり，B はその両側の逆行列となる（第 2.5 節）．よって，$BA=I$ である（**これはそれほど明らかではない**）．

20 2×3 の行列 A と 3×2 の行列 B が $AB=I$ を満たすとき，それらの階数より $BA\neq I$ であることを示せ．$AB=I$ となるような A と B の例を挙げよ．$m<n$ のとき，右逆行列は左逆行列にならない．

21　A と B の行簡約階段行列 R が同じであるとする．

(a) A と B が同じ零空間および同じ行空間を持つことを示せ．

(b) $E_1A = R$ と $E_2B = R$ であるとする．そのとき，A は B に ____ 行列を掛けたものである．

22　A と B を階数が 1 である行列の和として表現せよ：

$$\textbf{階数}= \mathbf{2} \qquad A = \begin{bmatrix} 1 & 1 & 0 \\ 1 & 1 & 4 \\ 1 & 1 & 8 \end{bmatrix} \qquad B = \begin{bmatrix} 2 & 2 \\ 2 & 3 \end{bmatrix}.$$

23　以下の行列に対して，例題 **3.3 C** と同じ質問に答えよ．

$$A = \begin{bmatrix} 1 & 1 & 2 & 2 \\ 2 & 2 & 4 & 4 \\ 1 & c & 2 & 2 \end{bmatrix} \quad と \quad B = \begin{bmatrix} 1-c & 2 \\ 0 & 2-c \end{bmatrix}.$$

24　次の A, B, C について，その零空間行列 N（それは特解からなる）を求めよ．

$$A = \begin{bmatrix} I & I \end{bmatrix} \quad と \quad B = \begin{bmatrix} I & I \\ 0 & 0 \end{bmatrix} \quad と \quad C = [I \ \ I \ \ I].$$

25　**素晴しい事実　階数が $\boldsymbol{r}$ である $\boldsymbol{m} \times \boldsymbol{n}$ 行列はいずれも，$\mathbf{m} \times \mathbf{r}$ 行列と $\mathbf{r} \times \mathbf{n}$ 行列の積という形にできる：**

$$A = (A \text{ のピボット列})(R \text{ の最初の } r \text{ 行}) = (\textbf{列})(\textbf{行}).$$

本節の最初に出てきた式 (1) の 3×4 行列 A を，ピボット列からなる 3×2 行列と R から得られる 2×4 行列の積として書け．

挑戦問題

26　階数が r である $m \times n$ 行列を A とし，その行簡約階段行列を R とする．R'（$'$ 記号は転置を意味する）の行簡約階段行列より得られる行列 Z（その形とすべての要素）を正確に表せ：

$$R = \text{rref}(A) \quad と \quad Z = (\text{rref}(R'))'.$$

27　R は，階数が r である $m \times n$ 行列で，ピボット列が最初にあるものとする：

$$R = \begin{bmatrix} I & F \\ 0 & 0 \end{bmatrix}.$$

(a) これら 4 つのブロックの形はどうなるか？

(b) $r = m$ のとき，$RB = I$ を満たす **右逆行列** B を求めよ．
(c) $r = n$ のとき，$CR = I$ を満たす **左逆行列** C を求めよ．
(d) R^{T} の行簡約階段行列を求めよ（その形も求めよ）．
(e) $R^{\mathrm{T}}R$ の行簡約階段行列を求めよ（その形も求めよ）．

$R^{\mathrm{T}}R$ が R と同じ零空間を持つことを示せ．のちに $A^{\mathrm{T}}A$ が常に A と同じ零空間を持つことを示す（これは有益な事実である）．

28 基本行操作（それにより R を得る）だけでなく，基本**列**操作も行えるとする．階数が r である $m \times n$ 行列の「行・列簡約行列」はどのようになるか？

3.4 $A\boldsymbol{x} = \boldsymbol{b}$ の一般解

前節では，$A\boldsymbol{x} = \boldsymbol{0}$ を完全に解いた．消去によって，問題を $R\boldsymbol{x} = \boldsymbol{0}$ に変換した．自由変数に特別な値（1 と 0）を与え，ピボット変数を後退代入によって求めた．右辺 $\boldsymbol{b}$ は最初から最後まで零であったので，右辺に注意を払わなかった．解 $\boldsymbol{x}$ は A の零空間にある．

これから，$\boldsymbol{b}$ は非零とする．左辺に対する行操作は，右辺にも同様に作用する．$A\boldsymbol{x} = \boldsymbol{b}$ は，より単純な方程式 $R\boldsymbol{x} = \boldsymbol{d}$ に簡約される．これを体系化する 1 つの方法は，**$\boldsymbol{b}$ を行列の列として追加することである**．右辺 $(b_1, b_2, b_3) = (1, 6, 7)$ により A を「**拡大して**」，拡大された行列 $\begin{bmatrix} A & \boldsymbol{b} \end{bmatrix}$ を簡約化する：

$$\begin{bmatrix} 1 & 3 & 0 & 2 \\ 0 & 0 & 1 & 4 \\ 1 & 3 & 1 & 6 \end{bmatrix} \begin{bmatrix} x_1 \\ x_2 \\ x_3 \\ x_4 \end{bmatrix} = \begin{bmatrix} 1 \\ 6 \\ 7 \end{bmatrix} \quad \begin{matrix} \text{に対する} \\ \text{拡大行列} \end{matrix} \quad \begin{bmatrix} 1 & 3 & 0 & 2 & \mathbf{1} \\ 0 & 0 & 1 & 4 & \mathbf{6} \\ 1 & 3 & 1 & 6 & \mathbf{7} \end{bmatrix} = \begin{bmatrix} A & \boldsymbol{b} \end{bmatrix}.$$

拡大行列はまさに $\begin{bmatrix} A & \boldsymbol{b} \end{bmatrix}$ である．A に通常の消去の手順を適用するとき，それらを $\boldsymbol{b}$ にも適用する．それにより，すべての等式の正しさが保たれる．

この例では，第 3 行から第 1 行を引き，さらに第 3 行から第 2 行を引く．すると，**すべて零からなる行が** R にでき，$\boldsymbol{b}$ が新しい右辺 $\boldsymbol{d} = (1, 6, 0)$ に変わる：

$$\begin{bmatrix} 1 & 3 & 0 & 2 \\ 0 & 0 & 1 & 4 \\ 0 & 0 & 0 & 0 \end{bmatrix} \begin{bmatrix} x_1 \\ x_2 \\ x_3 \\ x_4 \end{bmatrix} = \begin{bmatrix} 1 \\ 6 \\ 0 \end{bmatrix} \quad \begin{matrix} \text{に対する} \\ \text{拡大行列} \end{matrix} \quad \begin{bmatrix} 1 & 3 & 0 & 2 & \mathbf{1} \\ 0 & 0 & 1 & 4 & \mathbf{6} \\ 0 & 0 & 0 & 0 & \mathbf{0} \end{bmatrix} = \begin{bmatrix} R & \boldsymbol{d} \end{bmatrix}.$$

このまさに最後の零が重要である．3 つ目の等式が $0 = 0$ になり，方程式が解ける．もとの行列 A において，第 1 行と第 2 行の和が第 3 行となっている．方程式に矛盾がなければ，方程式の右辺についてもそれが成り立たなければならない．$1 + 6 = 7$ というのが右辺の最も重要な性質であったのだ．

同じ拡大行列の例を一般の $\boldsymbol{b} = (b_1, b_2, b_3)$ について示す：

$$\begin{bmatrix} A & \boldsymbol{b} \end{bmatrix} = \begin{bmatrix} 1 & 3 & 0 & 2 & \boldsymbol{b}_1 \\ 0 & 0 & 1 & 4 & \boldsymbol{b}_2 \\ 1 & 3 & 1 & 6 & \boldsymbol{b}_3 \end{bmatrix} \longrightarrow \begin{bmatrix} 1 & 3 & 0 & 2 & \boldsymbol{b}_1 \\ 0 & 0 & 1 & 4 & \boldsymbol{b}_2 \\ 0 & 0 & 0 & 0 & \boldsymbol{b}_3 - \boldsymbol{b}_1 - \boldsymbol{b}_2 \end{bmatrix} = \begin{bmatrix} R & \boldsymbol{d} \end{bmatrix}$$

ここで，3 つ目の等式が $0 = 0$ となるのは $b_3 - b_1 - b_2 = 0$ のときである．これは，$b_1 + b_2 = b_3$ である．

1 つの特殊解

簡単な解 $\boldsymbol{x}$ を求めるには，**自由変数を** $x_2 = x_4 = 0$ **とする**．すると，2 つの非零の等式より 2 つのピボット変数 $x_1 = 1$ と $x_3 = 6$ が求まる．$A\boldsymbol{x} = \boldsymbol{b}$（および $R\boldsymbol{x} = \boldsymbol{d}$）の特殊解は，$\boldsymbol{x}_p = (1, 0, 6, 0)$ となる．この特殊解は，私が大好きなものである．というのは，**自由変数が零であり，ピボット変数が $\boldsymbol{d}$ より求まる**からである．この方法は常にうまくいく．
解が存在するには，$\boldsymbol{R}$ の零の行について，$\boldsymbol{d}$ も零でなければならない．$\boldsymbol{R}$ のピボット行とピボット列は $\boldsymbol{I}$ であるので，特殊解 $\boldsymbol{x}_p$ のピボット変数は $\boldsymbol{d}$ より求まる：

$$R\boldsymbol{x}_p = \begin{bmatrix} \mathbf{1} & 3 & \mathbf{0} & 2 \\ \mathbf{0} & 0 & \mathbf{1} & 4 \\ 0 & 0 & 0 & 0 \end{bmatrix} \begin{bmatrix} \mathbf{1} \\ 0 \\ \mathbf{6} \\ 0 \end{bmatrix} = \begin{bmatrix} \mathbf{1} \\ \mathbf{6} \\ 0 \end{bmatrix} \quad \begin{array}{l} \textbf{ピボット変数 1, 6} \\ \textbf{自由変数}\ 0, 0 \end{array} .$$

自由変数の**選び方**（零）とピボット変数の**解き方**に注意せよ．R にまで行簡約していれば，これらの手順は素早くできる．自由変数が零であるとき，$\boldsymbol{x}_p$ のピボット変数の値はすでに右辺のベクトル $\boldsymbol{d}$ にある．

$\boldsymbol{x}_p$	**特殊解は**	$A\boldsymbol{x}_p = \boldsymbol{b}$	**の解である**
$\boldsymbol{x}_n$	$n - r$ **個の特解は**	$A\boldsymbol{x}_n = \mathbf{0}$	**の解である**

特殊解は $(1, 0, 6, 0)$ である．$R\boldsymbol{x} = \mathbf{0}$ の（零空間に含まれる）特解は，R の 2 つの自由列より，3 と 2 と 4 の符号を反転することで得られる．**$A\boldsymbol{x} = \boldsymbol{b}$ の一般解 $\boldsymbol{x}_p + \boldsymbol{x}_n$ の書き方に注意してほしい：**

一般解
1 つの $\boldsymbol{x}_p$
多数の $\boldsymbol{x}_n$

$$\boldsymbol{x} = \boldsymbol{x}_p + \boldsymbol{x}_n = \begin{bmatrix} 1 \\ 0 \\ 6 \\ 0 \end{bmatrix} + x_2 \begin{bmatrix} -3 \\ 1 \\ 0 \\ 0 \end{bmatrix} + x_4 \begin{bmatrix} -2 \\ 0 \\ -4 \\ 1 \end{bmatrix} .$$

問　A が可逆行列，すなわち $m = n = r$ とする．$\boldsymbol{x}_p$ と $\boldsymbol{x}_n$ はどうなるか？

答 特殊解は，**唯一解** $A^{-1}\boldsymbol{b}$ である．自由変数はなく，特解はない．$R = I$ には零からなる行はない．零空間に含まれるベクトルは $\boldsymbol{x}_n = \boldsymbol{0}$ のみである．一般解は，$\boldsymbol{x} = \boldsymbol{x}_p + \boldsymbol{x}_n = A^{-1}\boldsymbol{b} + \boldsymbol{0}$ となる．

これは第 2 章における状況と同じである．そこでは，零空間について言及しなかった．$\boldsymbol{N}(A)$ は零ベクトルしか持たない．簡約することによって，$\begin{bmatrix} A & \boldsymbol{b} \end{bmatrix}$ が $\begin{bmatrix} I & A^{-1}\boldsymbol{b} \end{bmatrix}$ になる．もともとの $A\boldsymbol{x} = \boldsymbol{b}$ は簡約されて，$\boldsymbol{x} = A^{-1}\boldsymbol{b}$ となり，それが $\boldsymbol{d}$ である．本節においてこれは特別な場合であるが，可逆行列は実用上最も頻繁に見かけるものである．それゆえ，可逆行列のための章を本書の初めに設けたのである．

小さな例では $\begin{bmatrix} A & \boldsymbol{b} \end{bmatrix}$ を $\begin{bmatrix} R & \boldsymbol{d} \end{bmatrix}$ へと手で簡約することができる．大きな行列では，MATLAB を使うほうがよい．特殊解の 1 つは，バックスラッシュを用いて $A\backslash\boldsymbol{b}$ とする（我々が求めたものと異なるかもしれない）．**階数と列数が同じ**例を示す（このような行列は，列について非退化であると呼ぶ）．どの列にもピボットがある．

例 1 以下の場合について，$A\boldsymbol{x} = \boldsymbol{b}$ が解を持つための (b_1, b_2, b_3) の条件を求めよ

$$A = \begin{bmatrix} 1 & 1 \\ 1 & 2 \\ -2 & -3 \end{bmatrix} \quad \text{と} \quad \boldsymbol{b} = \begin{bmatrix} b_1 \\ b_2 \\ b_3 \end{bmatrix}.$$

その条件下では，$\boldsymbol{b}$ は A の列空間に含まれる．一般解 $\boldsymbol{x} = \boldsymbol{x}_p + \boldsymbol{x}_n$ を求めよ．

解 $\boldsymbol{b}$ を追加した拡大行列を使う．$\begin{bmatrix} A & \boldsymbol{b} \end{bmatrix}$ の第 2 行から第 1 行を引き，第 3 行に第 1 行の 2 倍を足すと，$\begin{bmatrix} R & \boldsymbol{d} \end{bmatrix}$ を得る：

$$\begin{bmatrix} 1 & 1 & b_1 \\ 1 & 2 & b_2 \\ -2 & -3 & b_3 \end{bmatrix} \to \begin{bmatrix} 1 & 1 & b_1 \\ 0 & 1 & b_2 - b_1 \\ 0 & -1 & b_3 + 2b_1 \end{bmatrix} \to \begin{bmatrix} 1 & 0 & 2b_1 - b_2 \\ 0 & 1 & b_2 - b_1 \\ 0 & 0 & b_3 + b_1 + b_2 \end{bmatrix}.$$

最後の等式は，$b_3 + b_1 + b_2 = 0$ のときに $0 = 0$ となる．これが，$\boldsymbol{b}$ を列空間に置くための条件である．そのとき，$A\boldsymbol{x} = \boldsymbol{b}$ が解を持つ．A の行は足すと零行となる．したがって，矛盾が起きないためには（これらは等式である），$\boldsymbol{b}$ の要素も足して零となる必要がある．

この例では，$n - r = 2 - 2$ であるので，自由変数がない．したがって，特解はなく，零空間の解は $\boldsymbol{x}_n = \boldsymbol{0}$ である．$A\boldsymbol{x} = \boldsymbol{b}$ と $R\boldsymbol{x} = \boldsymbol{d}$ に対する特殊解は，拡大された列 $\boldsymbol{d}$ の上部にある：

$$\textbf{唯一解} \qquad \boldsymbol{x} = \boldsymbol{x}_p + \boldsymbol{x}_n = \begin{bmatrix} 2b_1 - b_2 \\ b_2 - b_1 \end{bmatrix} + \begin{bmatrix} 0 \\ 0 \end{bmatrix}.$$

$b_3 + b_1 + b_2$ が零でないとき，$A\boldsymbol{x} = \boldsymbol{b}$ は解を持たない（$\boldsymbol{x}_p$ が存在しない）．

これは，A が**列について非退化**である非常に重要な場合の典型例である．すべての列がピボットを持つ．階数は $r = n$ であり，行列は背が高く細い $(m \geq n)$．A が簡約されて階数 n の行列 R となるとき，その上部は I となる．

$$\textbf{列について非退化} \quad R = \begin{bmatrix} I \\ 0 \end{bmatrix} = \begin{bmatrix} n \times n \text{ 単位行列} \\ m - n \text{ 零行} \end{bmatrix} \tag{1}$$

自由列も自由変数もない．零空間行列は空である．

この型の行列を認識する方法をまとめる．

> **列について非退化** $(r = n)$　すべての行列 A は以下の性質のすべてを満たす：
>
> **1.** A のすべての列はピボット列である．
> **2.** 自由変数や特解がない．
> **3.** 零空間 $\boldsymbol{N}(A)$ が零ベクトル $\boldsymbol{x} = \boldsymbol{0}$ のみからなる．
> **4.** $A\boldsymbol{x} = \boldsymbol{b}$ が解を持つならば（解を持たないかもしれない），その解は**唯一解**である．

次節の本質的な言葉を使うと，**この A は線形独立な列ベクトルからなる**．$A\boldsymbol{x} = \boldsymbol{0}$ となるのは，$\boldsymbol{x} = \boldsymbol{0}$ のときのみである．第 4 章で，上記のリストにもう 1 つの事実を追加する．それは，**正方行列 $A^{\mathrm{T}}A$ の階数が n のときそれは可逆行列であること**である．

この場合，A（と R）の零空間は零ベクトルに縮約されている．$A\boldsymbol{x} = \boldsymbol{b}$ の解は（存在すれば）**ただ 1 つ**である．R には，零行が $m - n$ 個（ここでは $3 - 2$）ある．したがって，それらの行が $0 = 0$ となるように，$\boldsymbol{b}$ が列空間に含まれるための条件が $m - n$ 個ある．列について非退化であるとき，$A\boldsymbol{x} = \boldsymbol{b}$ は解を **1 つ**持つか，解を**持たない**（$m > n$ のとき優決定系である）．

一般解

もう 1 つの極端な場合は，階数が行数と等しい場合である．このとき，$A\boldsymbol{x} = \boldsymbol{b}$ は **1 つもしくは無限個の解を持つ**．この場合 A は，**背が低く幅広である** $(m \le n)$．階数が行数と等しい（**行ベクトルが独立である**）とき，行列は**行について非退化**である．すべての行にピボットがある．例を示そう．

例 2　変数が $n = 3$ 個あるが，等式は $m = 2$ 個だけである：

$$\text{行について非退化}\qquad \begin{aligned} x + y + z &= 3 \\ x + 2y - z &= 4 \end{aligned}\qquad（\text{階数 } r = m = 2）$$

xyz 空間に 2 つの平面がある．平面は平行ではないので，それらは直線で交わる．この解の直線は，まさに消去によって求められる．**特殊解 $\boldsymbol{x}_p$ は，直線上のある点である．零空間のベクトル $\boldsymbol{x}_n$ を足すと直線に沿って動く**．解の直線全体は $\boldsymbol{x} = \boldsymbol{x}_p + \boldsymbol{x}_n$ によって与えられる．

$\boldsymbol{x}_p$ と $\boldsymbol{x}_n$ を $\begin{bmatrix} A & \boldsymbol{b} \end{bmatrix}$ に対する消去によって求める．第 2 行から第 1 行を引き，さらに第 1 行から第 2 行を引く：

$$\begin{bmatrix} 1 & 1 & 1 & \mathbf{3} \\ 1 & 2 & -1 & \mathbf{4} \end{bmatrix} \to \begin{bmatrix} 1 & 1 & 1 & \mathbf{3} \\ 0 & 1 & -2 & \mathbf{1} \end{bmatrix} \to \begin{bmatrix} 1 & 0 & 3 & \mathbf{2} \\ 0 & 1 & -2 & \mathbf{1} \end{bmatrix} = \begin{bmatrix} R & \boldsymbol{d} \end{bmatrix}.$$

特殊解において自由変数は $x_3 = 0$ **である**．特解では $x_3 = 1$ である：

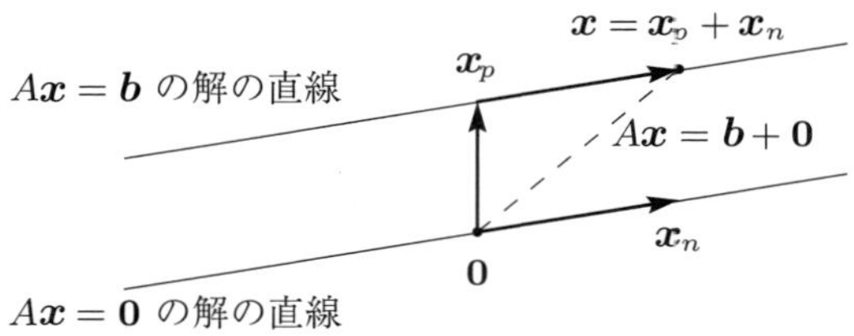

図 3.3　一般解 ＝ ある特殊解 ＋ すべての零空間の解.

特殊解 $\boldsymbol{x}_p$ は，右辺の $\boldsymbol{d}$ より直接求まる： $\boldsymbol{x}_p = (2, 1, 0)$
特解 $\boldsymbol{s}$ は，R の第 3 列（自由列）より求まる： $\boldsymbol{s} = (-3, 2, 1)$

特殊解 $\boldsymbol{x}_p$ と特解 $\boldsymbol{s}$ がもとの方程式 $A\boldsymbol{x}_p = \boldsymbol{b}$ と $A\boldsymbol{s} = \boldsymbol{0}$ を満たすことを確かめておく：

$$\begin{aligned} 2+1 &= 3 \qquad & -3+2+1 &= 0 \\ 2+2 &= 4 \qquad & -3+4-1 &= 0 \end{aligned}$$

零空間の解 $\boldsymbol{x}_n$ は，$\boldsymbol{s}$ の任意の倍数であり，**特殊解** $\boldsymbol{x}_p$ を始点として解の直線に沿って動く. **再び，一般解の表し方に注意してほしい：**

一般解　$$\boldsymbol{x} = \boldsymbol{x}_p + \boldsymbol{x}_n = \begin{bmatrix} 2 \\ 1 \\ 0 \end{bmatrix} + x_3 \begin{bmatrix} -3 \\ 2 \\ 1 \end{bmatrix}.$$

図 3.3 にこの直線が描かれている．直線上の任意の点が特殊解と**なりうる**が，$x_3 = 0$ とした点を選んだ.

特殊解には任意の定数を掛けられ**ない**が，特解には任意の定数を掛けられる．それがなぜかを理解せよ.

さて，この**行について非退化**である，背が低く幅広な行列の場合についてまとめる．$m < n$ のとき，方程式 $A\boldsymbol{x} = \boldsymbol{b}$ は**劣決定系**である（多数の解を持つ）.

行について非退化 $(r = m)$　すべての行列 A はこれらの性質のすべてを満たす：

1. すべての行にピボットがあり， R には零からなる行がない.
2. $A\boldsymbol{x} = \boldsymbol{b}$ は任意の右辺 $\boldsymbol{b}$ に対して解を持つ.
3. 列空間は，$\mathbf{R}^m$ の空間全体である.
4. A の零空間には $n - r = n - m$ 個の特解がある.

m 個のピボットがあるこの場合，行ベクトルは「**線形独立**」である．したがって，A^{T} の列ベクトルは線形独立である．階数に依存する 4 つの可能性をまとめれば，線形独立を定義する用意が完了する．r, m, n が重要な意味を持つ数であることに注意せよ．

階数 r による線形方程式の 4 つの可能性：

$\boldsymbol{r = m}$	と	$\boldsymbol{r = n}$	正方かつ可逆	$A\boldsymbol{x} = \boldsymbol{b}$	は 1 つの解を持つ
$\boldsymbol{r = m}$	と	$r < n$	行について非退化	$A\boldsymbol{x} = \boldsymbol{b}$	は ∞ 個の解を持つ
$r < m$	と	$\boldsymbol{r = n}$	列について非退化	$A\boldsymbol{x} = \boldsymbol{b}$	は 0 または 1 つの解を持つ
$r < m$	と	$r < n$	退化	$A\boldsymbol{x} = \boldsymbol{b}$	は 0 または ∞ 個の解を持つ

行簡約階段行列 R も行列 A と同じ型になる．ピボット列が最初にあるとすると，R についてこれらの 4 つの可能性を表すことができる．$R\boldsymbol{x} = \boldsymbol{d}$（ともとの $A\boldsymbol{x} = \boldsymbol{b}$）が解を持つには，$\boldsymbol{d}$ の終わりに $m - r$ 個の零がなければならない．

4 つの型	$R = \begin{bmatrix} I \end{bmatrix}$	$\begin{bmatrix} I & F \end{bmatrix}$	$\begin{bmatrix} I \\ 0 \end{bmatrix}$	$\begin{bmatrix} I & F \\ 0 & 0 \end{bmatrix}$
それらの階数	$\boldsymbol{r = m = n}$	$\boldsymbol{r = m < n}$	$\boldsymbol{r = n < m}$	$\boldsymbol{r < m, r < n}$

場合 1 と 2 は階数と行数が等しい $r = m$．場合 1 と 3 は階数と列数が等しい $r = n$．場合 4 は理論的には最も一般的なものであるが，実用上はほとんど現れない．

注記　私の講義では，R まで簡約せずに U で止まることがよくあった．$R\boldsymbol{x} = \boldsymbol{d}$ から一般解を直接読み取る代わりに，$U\boldsymbol{x} = \boldsymbol{c}$ から後退代入を行ってそれを求めた．この，U まで簡約して $\boldsymbol{x}$ について後退代入するほうが少しだけ速い．今では，各ピボット列に「1」が 1 つだけになるよう完全に簡約するほうを選ぶ．R ではすべてが明らかなので，最後まで簡約するのだ（どのみち計算機は大変な計算をしなければならない）．

■　要点の復習　■

1. 階数 r はピボットの個数である．行列 R には零からなる行が $m - r$ 行ある．

2. $A\boldsymbol{x} = \boldsymbol{b}$ が解を持つのは，最後の $m - r$ 個の式を簡約すると $0 = 0$ となるときであり，かつそのときに限る．

3. 1 つの特殊解 $\boldsymbol{x}_p$ は，すべての自由変数を零としたものである．

4. 自由変数を選ぶと，ピボット変数が決まる．

5. 列について非退化 $(r = n)$ ならば，自由変数はない．唯一解であるか，解なしである．

6. 行について非退化 $(r = m)$ ならば，$m = n$ のとき唯一解を持ち，$m < n$ のとき無限個の解を持つ．

■　例題　■

3.4 A　この問は，消去（ピボット列と後退代入）を列空間-零空間-階数-可解性（全体像）に関連づけるものである．A の階数は 2 である：

$$A\boldsymbol{x} = \boldsymbol{b} \quad \text{は} \quad \begin{aligned} x_1 + 2x_2 + 3x_3 + \ \ 5x_4 &= b_1 \\ 2x_1 + 4x_2 + 8x_3 + 12x_4 &= b_2 \\ 3x_1 + 6x_2 + 7x_3 + 13x_4 &= b_3 \end{aligned}$$

1. $[A \ \ \boldsymbol{b}]$ を $[U \ \ \boldsymbol{c}]$ に簡約して，$A\boldsymbol{x} = \boldsymbol{b}$ を三角行列の方程式 $U\boldsymbol{x} = \boldsymbol{c}$ にせよ．
2. $A\boldsymbol{x} = \boldsymbol{b}$ が解を持つような b_1, b_2, b_3 の条件を求めよ．
3. A の列空間を表せ．$\mathbf{R}^3$ におけるどの平面となるか？
4. A の零空間を表せ．$\mathbf{R}^4$ における特解を求めよ．
5. $A\boldsymbol{x} = (0, 6, -6)$ の特殊解を求め，一般解を求めよ．
6. $[U \ \ c]$ を $[R \ \ \boldsymbol{d}]$ へ簡約せよ．R より特解，$\boldsymbol{d}$ より特殊解が得られる．

解

1. 消去における乗数は 2 と 3 と -1 である．それらにより，$[A \ \ \boldsymbol{b}]$ が $[U \ \ \boldsymbol{c}]$ になる．

$$\begin{bmatrix} 1 & 2 & 3 & 5 & \mathbf{b_1} \\ 2 & 4 & 8 & 12 & \mathbf{b_2} \\ 3 & 6 & 7 & 13 & \mathbf{b_3} \end{bmatrix} \to \left[\begin{array}{cccc|c} 1 & 2 & 3 & 5 & \mathbf{b_1} \\ 0 & 0 & 2 & 2 & \mathbf{b_2 - 2b_1} \\ 0 & 0 & -2 & -2 & \mathbf{b_3 - 3b_1} \end{array}\right] \to \left[\begin{array}{cccc|c} 1 & 2 & 3 & 5 & \mathbf{b_1} \\ 0 & 0 & 2 & 2 & \mathbf{b_2 - 2b_1} \\ 0 & 0 & 0 & 0 & \mathbf{b_3 + b_2 - 5b_1} \end{array}\right]$$

2. 最後の等式から，可解性条件 $b_3 + b_2 - 5b_1 = 0$ が得られる．そのとき $0 = 0$ となる．
3. **最初の説明**：列空間はピボット列 $(1, 2, 3)$ と $(3, 8, 7)$ の線形結合すべてからなる平面である．ピボットは第 1 列と第 3 列にある．**2 番目の説明**：列空間は $b_3 + b_2 - 5b_1 = 0$ であるようなベクトルすべてからなる．そのとき $A\boldsymbol{x} = \boldsymbol{b}$ は解を持つので，$\boldsymbol{b}$ は列空間にある．A のすべての列ベクトルはこの判定 $b_3 + b_2 - 5b_1 = 0$ にかなう．これが最初の説明における平面の式である．
4. 特解は自由変数を $x_2 = 1, x_4 = 0$ と $x_2 = 0, x_4 = 1$ にしたものである：

$A\boldsymbol{x} = \mathbf{0}$ の特解

$U\boldsymbol{x} = \mathbf{0}$ における後退代入

$$\boldsymbol{s}_1 = \begin{bmatrix} -2 \\ 1 \\ 0 \\ 0 \end{bmatrix} \qquad \boldsymbol{s}_2 = \begin{bmatrix} -2 \\ 0 \\ -1 \\ 1 \end{bmatrix}$$

$\mathbf{R}^4$ における零空間 $\boldsymbol{N}(A)$ は，$\boldsymbol{x}_n = c_1\boldsymbol{s}_1 + c_2\boldsymbol{s}_2$ のすべてからなる．

5. 1 つの特殊解 $\boldsymbol{x}_p$ は，自由変数を零としたものである．$U\boldsymbol{x}=\boldsymbol{c}$ に後退代入する：

$A\boldsymbol{x}_p=\boldsymbol{b}=(0,6,-6)$ の特殊解
このベクトル $\boldsymbol{b}$ は $b_3+b_2-5b_1=0$ を満たす
$$\boldsymbol{x}_p=\begin{bmatrix}-9\\0\\3\\0\end{bmatrix}$$

$A\boldsymbol{x}=(0,6,-6)$ の一般解は，$\boldsymbol{x}=\boldsymbol{x}_p+$ すべての $\boldsymbol{x}_n$ である．

6. 行簡約階段行列 R において，第 3 列は U の $(3,2,0)$ から $(0,1,0)$ に変わる．右辺 $\boldsymbol{c}=(0,6,0)$ は $\boldsymbol{d}=(-9,3,0)$ になり，$\boldsymbol{x}_p$ における -9 と 3 が現れる：

$$[U\ \ \boldsymbol{c}]=\begin{bmatrix}1&2&3&5&\mathbf{0}\\0&0&2&2&\mathbf{6}\\0&0&0&0&\mathbf{0}\end{bmatrix}\longrightarrow[R\ \ \boldsymbol{d}]=\begin{bmatrix}1&2&0&2&\mathbf{-9}\\0&0&1&1&\mathbf{3}\\0&0&0&0&\mathbf{0}\end{bmatrix}$$

3.4 B　次のような，特定の $\boldsymbol{b}$ に対する $A\boldsymbol{x}=\boldsymbol{b}$ の解の情報があるとき，それにより A の形（と A それ自身）について何がわかるか？場合によっては $\boldsymbol{b}$ について何がわかるか？

1. 唯一解がある．
2. $A\boldsymbol{x}=\boldsymbol{b}$ のすべての解は，$\boldsymbol{x}=\left[\begin{smallmatrix}\mathbf{2}\\\mathbf{1}\end{smallmatrix}\right]+c\left[\begin{smallmatrix}\mathbf{1}\\\mathbf{1}\end{smallmatrix}\right]$ という形をとる．
3. 解がない．
4. $A\boldsymbol{x}=\boldsymbol{b}$ のすべての解は $\boldsymbol{x}=\left[\begin{smallmatrix}\mathbf{1}\\\mathbf{1}\\\mathbf{0}\end{smallmatrix}\right]+c\left[\begin{smallmatrix}\mathbf{1}\\\mathbf{0}\\\mathbf{1}\end{smallmatrix}\right]$ という形をとる．
5. 無限個の解がある．

解　唯一解を持つ場合 **1** では，A は列について非退化 $(r=n)$ でなければならない．A の零空間は，零ベクトルのみからなる．$m\geq n$ でなければならない．

場合 **2** では，A は $n=2$ 列でなければならない（m は任意の数）．A の零空間に $\left[\begin{smallmatrix}\mathbf{1}\\\mathbf{1}\end{smallmatrix}\right]$ があることから，第 2 列は第 1 列の**符号を反転したもの**である．また，階数が 1 であるので $A\neq 0$ である．$\boldsymbol{x}=\left[\begin{smallmatrix}\mathbf{2}\\\mathbf{1}\end{smallmatrix}\right]$ が解であることから，$\boldsymbol{b}=2$（第 1 列）+（第 2 列）である．私なら $\boldsymbol{x}_p$ を $(1,0)$ と選ぶだろう．

場合 **3** では，$\boldsymbol{b}$ が A の列空間にないことしかわからない．A の階数は m より小さくなければならない．$\boldsymbol{b}\neq\mathbf{0}$ であると推測する．そうでなければ，$\boldsymbol{x}=\mathbf{0}$ が解となるからである．

場合 **4** では，A は $n=3$ 列でなければならない．A の零空間に $(1,0,1)$ があることから，第 3 列は第 1 列の符号を反転したものである．第 2 列は第 1 列の倍数であってはならない．そうだとすると，零空間が特解をもう 1 つ持ってしまうからだ．よって，A の階数は $3-1=2$ である．A の行数は $m\geq 2$ である必要がある．右辺 $\boldsymbol{b}$ は第 1 列と第 2 列の和である．

無限個の解を持つ場合 **5** では，零空間は非零のベクトルを持たなければならない．階数 r は n より小さくなければならない（階数は列数より小さい）．また，$\boldsymbol{b}$ は A の列空間に含まれなければならない．**すべての $\boldsymbol{b}$** が列空間にあるかどうかわからないので，$r=m$ であるかはわからない．

3.4 C　$[A \;\; \boldsymbol{b}]$ に対して前進消去して，一般解 $\boldsymbol{x} = \boldsymbol{x_p} + \boldsymbol{x_n}$ を求めよ：

$$\begin{bmatrix} 1 & 2 & 1 & 0 \\ 2 & 4 & 4 & 8 \\ 4 & 8 & 6 & 8 \end{bmatrix} \begin{bmatrix} x_1 \\ x_2 \\ x_3 \\ x_4 \end{bmatrix} = \begin{bmatrix} 4 \\ 2 \\ 10 \end{bmatrix}.$$

y_1（第 1 行）$+\, y_2$（第 2 行）$+\, y_3$（第 3 行）$=$ **零行** となるような数 y_1, y_2, y_3 を求めよ．$\boldsymbol{b} = (4, 2, 10)$ が条件 $y_1 b_1 + y_2 b_2 + y_3 b_3 = 0$ を満たすことを確かめよ．この条件が，方程式が解を持ち $\boldsymbol{b}$ が列空間にある条件であるのはなぜか？

解　$[A \;\; \boldsymbol{b}]$ に前進消去を行うと，$[U \;\; \boldsymbol{c}]$ に零行ができる．3 つ目の等式は $0 = 0$ となり，方程式には矛盾がない（解を持つ）：

$$\begin{bmatrix} 1 & 2 & 1 & 0 & \mathbf{4} \\ 2 & 4 & 4 & 8 & \mathbf{2} \\ 4 & 8 & 6 & 8 & \mathbf{10} \end{bmatrix} \longrightarrow \begin{bmatrix} 1 & 2 & 1 & 0 & \mathbf{4} \\ 0 & 0 & 2 & 8 & \mathbf{-6} \\ 0 & 0 & 2 & 8 & \mathbf{-6} \end{bmatrix} \longrightarrow \begin{bmatrix} 1 & 2 & 1 & 0 & \mathbf{4} \\ 0 & 0 & 2 & 8 & \mathbf{-6} \\ 0 & 0 & 0 & 0 & \mathbf{0} \end{bmatrix}.$$

第 1 列と第 3 列にピボットがある．x_2 と x_4 は自由変数である．それらを零とすると，解く（後退代入する）ことができて，特殊解 $\boldsymbol{x_p} = (7, 0, -3, 0)$ を得る．消去を最後まで続けて $[R \;\; \boldsymbol{d}]$ とすると，そこでも 7 と -3 が現れる：

$$\begin{bmatrix} 1 & 2 & 1 & 0 & \mathbf{4} \\ 0 & 0 & 2 & 8 & \mathbf{-6} \\ 0 & 0 & 0 & 0 & \mathbf{0} \end{bmatrix} \longrightarrow \begin{bmatrix} 1 & 2 & 1 & 0 & \mathbf{4} \\ 0 & 0 & 1 & 4 & \mathbf{-3} \\ 0 & 0 & 0 & 0 & \mathbf{0} \end{bmatrix} \longrightarrow \begin{bmatrix} 1 & 2 & 0 & -4 & \mathbf{7} \\ 0 & 0 & 1 & 4 & \mathbf{-3} \\ 0 & 0 & 0 & 0 & \mathbf{0} \end{bmatrix}.$$

$\boldsymbol{b} = \mathbf{0}$ とした零空間に関する部分 $\boldsymbol{x}_n$ については，自由変数 x_2, x_4 を $1, 0$ および $0, 1$ とする：

特解　　$\boldsymbol{s}_1 = (-2, 1, 0, 0)$　と　$\boldsymbol{s}_2 = (4, 0, -4, 1)$

すると，$A\boldsymbol{x} = \boldsymbol{b}$（と $R\boldsymbol{x} = \boldsymbol{d}$）の一般解は $\boldsymbol{x}_{\text{一般解}} = \boldsymbol{x}_p + c_1 \boldsymbol{s}_1 + c_2 \boldsymbol{s}_2$ となる．

A の行は，2（第 1 行）$+$（第 2 行）$-$（第 3 行）$= (0, 0, 0, 0)$ により零行をつくる．したがって，$\boldsymbol{y} = (2, 1, -1)$ である．$\boldsymbol{b} = (4, 2, 10)$ に対して同じように結合すると $2(4) + (2) - (10) = 0$ となる．

（左辺の）行の線形結合が零行となるとき，右辺でも同じ線形結合で零とならなければならない．それは当然だ．**そうでなければ，解がない．**

後に，このことを別の言葉で次のように述べる．A のすべての列が $\boldsymbol{y} = (2, 1, -1)$ と直交するとき，それらの列ベクトルの任意の線形結合 $\boldsymbol{b}$ も $\boldsymbol{y}$ と直交する．そうでなければ，$\boldsymbol{b}$ は列空間になく，$A\boldsymbol{x} = \boldsymbol{b}$ は解を持たない．

さらに，$\boldsymbol{y}$ が A^{T} の零空間にあるとき，$\boldsymbol{y}$ は A の列空間に含まれるすべての $\boldsymbol{b}$ に直交する．この先の見通しを示した．

練習問題 3.4

1　（推奨）例題 **3.4 A** の 6 つの手順を実行して，A の列空間と零空間と $A\boldsymbol{x}=\boldsymbol{b}$ の一般解を表せ：

$$A=\begin{bmatrix}2&4&6&4\\2&5&7&6\\2&3&5&2\end{bmatrix}\qquad \boldsymbol{b}=\begin{bmatrix}b_1\\b_2\\b_3\end{bmatrix}=\begin{bmatrix}4\\3\\5\end{bmatrix}$$

2　階数が 1 である以下の行列 A に対して同じ 6 つの手順を実行せよ．$A\boldsymbol{x}=\boldsymbol{b}$ が解を持つための b_1,b_2,b_3 の条件が **2 つ**見つかるはずだ．それらの 2 つの条件が成り立つとき，$\boldsymbol{b}$ は ＿＿＿ 空間にある（2 つの平面から 1 つの直線が得られる）：

$$A=\begin{bmatrix}1\\3\\2\end{bmatrix}\begin{bmatrix}2&1&3\end{bmatrix}=\begin{bmatrix}2&1&3\\6&3&9\\4&2&6\end{bmatrix}\qquad \boldsymbol{b}=\begin{bmatrix}b_1\\b_2\\b_3\end{bmatrix}=\begin{bmatrix}10\\30\\20\end{bmatrix}$$

問題 3〜15 は，$A\boldsymbol{x}=\boldsymbol{b}$ の解に関するものである．本書の手順に従い，$\boldsymbol{x}_p$ と $\boldsymbol{x}_n$ を求めよ．最後の列が $\boldsymbol{b}$ である拡大行列を使え．

3　一般解を，$\boldsymbol{x}_p$ と零空間内の $\boldsymbol{s}$ の任意の倍数との和という形で書け：

$$\begin{aligned}x+3y+3z&=1\\2x+6y+9z&=5\\-x-3y+3z&=5.\end{aligned}$$

4　次の一般解（**完全解**とも呼ばれる）を求めよ．

$$\begin{bmatrix}1&3&1&2\\2&6&4&8\\0&0&2&4\end{bmatrix}\begin{bmatrix}x\\y\\z\\t\end{bmatrix}=\begin{bmatrix}1\\3\\1\end{bmatrix}.$$

5　次の方程式が解を持つのは，b_1,b_2,b_3 がどのようなときか？$\boldsymbol{b}$ を第 4 列として消去を行え．その条件が成り立つとき，すべての解を求めよ：

$$\begin{aligned}x+2y-2z&=b_1\\2x+5y-4z&=b_2\\4x+9y-8z&=b_3.\end{aligned}$$

6　以下の方程式が解を持つのは，それぞれ b_1,b_2,b_3,b_4 がどのようなときか？その場合に $\boldsymbol{x}$ を求めよ：

$$\begin{bmatrix}1&2\\2&4\\2&5\\3&9\end{bmatrix}\begin{bmatrix}x_1\\x_2\end{bmatrix}=\begin{bmatrix}b_1\\b_2\\b_3\\b_4\end{bmatrix} \qquad \begin{bmatrix}1&2&3\\2&4&6\\2&5&7\\3&9&12\end{bmatrix}\begin{bmatrix}x_1\\x_2\\x_3\end{bmatrix}=\begin{bmatrix}b_1\\b_2\\b_3\\b_4\end{bmatrix}.$$

7 $b_3-2b_2+4b_1=0$ のとき，(b_1,b_2,b_3) が列空間にあることを，消去によって示せ．

$$A=\begin{bmatrix}1&3&1\\3&8&2\\2&4&0\end{bmatrix}.$$

A の行ベクトルをどのように線形結合すると零行ができるか？

8 A の列空間に含まれるベクトル (b_1,b_2,b_3) はどのようなものか？どのように A の行ベクトルを線形結合すると零行ができるか？

(a) $A=\begin{bmatrix}1&2&1\\2&6&3\\0&2&5\end{bmatrix}$ (b) $A=\begin{bmatrix}1&1&1\\1&2&4\\2&4&8\end{bmatrix}$.

9 (a) 例題 **3.4 A** では，$[A\ \ \boldsymbol{b}]$ から $[U\ \ \boldsymbol{c}]$ を作った．乗数を L に入れ，LU が A に等しいことと $L\boldsymbol{c}$ が $\boldsymbol{b}$ に等しいことを確かめよ．

(b) A のピボット列を，特殊解 $\boldsymbol{x}_p$ に含まれる数 -9 と 3 で線形結合せよ．その線形結合がその値となる理由を示せ．

10 特殊解が $\boldsymbol{x}_p=(2,4,0)$ であり，特解 $\boldsymbol{x}_n$ が $(1,1,1)$ の任意の倍数であるような，2×3 の方程式 $A\boldsymbol{x}=\boldsymbol{b}$ を作れ．

11 特殊解 $\boldsymbol{x}_p$ が $(2,4,0)$ であり，特解 $\boldsymbol{x}_n$ が $(1,1,1)$ の任意の倍数であるような 1×3 の方程式がないのはなぜか？

12 (a) $A\boldsymbol{x}=\boldsymbol{b}$ が 2 つの解 $\boldsymbol{x}_1$ と $\boldsymbol{x}_2$ を持つとき，$A\boldsymbol{x}=\boldsymbol{0}$ の解を 2 つ求めよ．

(b) そのとき，$A\boldsymbol{x}=\boldsymbol{0}$ と $A\boldsymbol{x}=\boldsymbol{b}$ について，それぞれもう 1 つ解を求めよ．

13 以下の命題がすべて偽である理由を説明せよ：

(a) 一般解は，$\boldsymbol{x}_p$ と $\boldsymbol{x}_n$ の任意の線形結合である．

(b) 方程式 $A\boldsymbol{x}=\boldsymbol{b}$ は特殊解を高々 1 つ持つ．

(c) すべての自由変数を零とした解 $\boldsymbol{x}_p$ は，最短の（長さ $\|\boldsymbol{x}\|$ が最小）解である．2×2 行列の反例を見つけよ．

(d) A が可逆であるとき，零空間には解 $\boldsymbol{x}_n$ がない．

14 U の第 5 列にピボットがないとする．x_5 は _____ 変数である．零ベクトル は，$A\boldsymbol{x}=\boldsymbol{0}$ の唯一の解（である・ではない）．$A\boldsymbol{x}=\boldsymbol{b}$ が解を持つとき，解 は _____ 個ある．

15 U の第 3 行にピボットがないとする．そのとき，その行は ＿＿ である．方程式 $U\boldsymbol{x} = \boldsymbol{c}$ は，＿＿ であるときに限り解を持つ．方程式 $A\boldsymbol{x} = \boldsymbol{b}$ は，解を（**持つ・持たない・持たないかもしれない**）．

問題 16〜20 は,「非退化」行列（$\boldsymbol{r = m}$ または $\boldsymbol{r = n}$）に関するものである．

16 3×5 行列における最大の階数は ＿＿ である．そのとき，U と R のすべての ＿＿ にピボットがある．$A\boldsymbol{x} = \boldsymbol{b}$ の解は（**常に存在する・唯一である**）．A の列空間は ＿＿ である．そのような例を 1 つ挙げると $A =$ ＿＿ である．

17 6×4 行列における最大の階数は ＿＿ である．そのとき，U と R のすべての ＿＿ にピボットがある．$A\boldsymbol{x} = \boldsymbol{b}$ の解は（**常に存在する・唯一である**）．A の零空間は ＿＿ である．そのような例を 1 つ挙げると $A =$ ＿＿ である．

18 消去によって A の階数と A^{T} の階数を求めよ：

$$A = \begin{bmatrix} 1 & 4 & 0 \\ 2 & 11 & 5 \\ -1 & 2 & 10 \end{bmatrix} \quad \text{と} \quad A = \begin{bmatrix} 1 & 0 & 1 \\ 1 & 1 & 2 \\ 1 & 1 & q \end{bmatrix} \text{（階数は } q \text{ に依存する）.}$$

19 A と $A^{\mathrm{T}}A$ と AA^{T} の階数を求めよ：

$$A = \begin{bmatrix} 1 & 1 & 5 \\ 1 & 0 & 1 \end{bmatrix} \quad \text{と} \quad A = \begin{bmatrix} 2 & 0 \\ 1 & 1 \\ 1 & 2 \end{bmatrix}.$$

20 以下の A を階段行列 U にせよ．その後，$A = LU$ となる三角行列 L を求めよ．

$$A = \begin{bmatrix} 3 & 4 & 1 & 0 \\ 6 & 5 & 2 & 1 \end{bmatrix} \quad \text{と} \quad A = \begin{bmatrix} 1 & 0 & 1 & 0 \\ 2 & 2 & 0 & 3 \\ 0 & 6 & 5 & 4 \end{bmatrix}.$$

21 以下の非退化な系に対して，$\boldsymbol{x}_p + \boldsymbol{x}_n$ の形の一般解を求めよ：

(a) $x + y + z = 4$ (b) $\begin{aligned} x + y + z &= 4 \\ x - y + z &= 4. \end{aligned}$

22 $A\boldsymbol{x} = \boldsymbol{b}$ が無限個の解を持つとき，$A\boldsymbol{x} = \boldsymbol{B}$（新しい右辺）が解を 1 つだけ持つことがありえないのはなぜか？$A\boldsymbol{x} = \boldsymbol{B}$ が解なしとなることはあるか？

23 階数が (a) 1, (b) 2, (c) 3 となるように（可能であれば）数 q を選べ：

$$A = \begin{bmatrix} 6 & 4 & 2 \\ -3 & -2 & -1 \\ 9 & 6 & q \end{bmatrix} \quad \text{と} \quad B = \begin{bmatrix} 3 & 1 & 3 \\ q & 2 & q \end{bmatrix}.$$

24 $A\boldsymbol{x} = \boldsymbol{b}$ の解の数が以下のようになる行列 A の例を挙げよ．

(a) $\boldsymbol{b}$ に依存して 0 か 1
(b) $\boldsymbol{b}$ に依らず ∞
(c) $\boldsymbol{b}$ に依存して 0 か ∞
(d) $\boldsymbol{b}$ に依らず 1.

25 $A\boldsymbol{x} = \boldsymbol{b}$ が以下の条件を満たすとき，r と m と n に成り立つ関係をすべて書き下せ．

(a) ある $\boldsymbol{b}$ で解を持たない
(b) すべての $\boldsymbol{b}$ で無限個の解を持つ
(c) ある $\boldsymbol{b}$ で唯一解を持ち，別の $\boldsymbol{b}$ で解を持たない
(d) すべての $\boldsymbol{b}$ で唯一解を持つ．

問題 26〜33 は，ガウス–ジョルダン消去（下方向だけでなく上方向も）と行簡約階段行列 $\boldsymbol{R}$ に関するものである．

26 U に消去を続けて行い R にせよ．行をピボットで割り，ピボットがすべて 1 となるようにせよ．その後，それらのピボットの上に零を作り R を得よ：

$$U = \begin{bmatrix} 2 & 4 & 4 \\ 0 & 3 & 6 \\ 0 & 0 & 0 \end{bmatrix} \quad \text{と} \quad U = \begin{bmatrix} 2 & 4 & 4 \\ 0 & 3 & 6 \\ 0 & 0 & 5 \end{bmatrix}.$$

27 U が n 個のピボットを持つ正方行列（可逆行列）であるとする．$R = I$ である理由を説明せよ．

28 ガウス–ジョルダン消去を $U\boldsymbol{x} = \boldsymbol{0}$ と $U\boldsymbol{x} = \boldsymbol{c}$ に適用せよ．$R\boldsymbol{x} = \boldsymbol{0}$ と $R\boldsymbol{x} = \boldsymbol{d}$ にまでせよ：

$$\begin{bmatrix} U & \mathbf{0} \end{bmatrix} = \begin{bmatrix} 1 & 2 & 3 & \mathbf{0} \\ 0 & 0 & 4 & \mathbf{0} \end{bmatrix} \quad \text{と} \quad \begin{bmatrix} U & \boldsymbol{c} \end{bmatrix} = \begin{bmatrix} 1 & 2 & 3 & \mathbf{5} \\ 0 & 0 & 4 & \mathbf{8} \end{bmatrix}.$$

$R\boldsymbol{x} = \boldsymbol{0}$ を解いて $\boldsymbol{x}_n$ を求めよ（自由変数は $x_2 = 1$ とする）．$R\boldsymbol{x} = \boldsymbol{d}$ を解いて，$\boldsymbol{x}_p$ を求めよ（自由変数は $x_2 = 0$ とする）．

29 ガウス–ジョルダン消去を適用して，$R\boldsymbol{x} = \boldsymbol{0}$ と $R\boldsymbol{x} = \boldsymbol{d}$ まで簡約せよ：

$$\begin{bmatrix} U & 0 \end{bmatrix} = \begin{bmatrix} 3 & 0 & 6 & \mathbf{0} \\ 0 & 0 & 2 & \mathbf{0} \\ 0 & 0 & 0 & \mathbf{0} \end{bmatrix} \quad \text{と} \quad \begin{bmatrix} U & \boldsymbol{c} \end{bmatrix} = \begin{bmatrix} 3 & 0 & 6 & \mathbf{9} \\ 0 & 0 & 2 & \mathbf{4} \\ 0 & 0 & 0 & \mathbf{5} \end{bmatrix}.$$

$U\boldsymbol{x} = \mathbf{0}$ または $R\boldsymbol{x} = \mathbf{0}$ を解き，$\boldsymbol{x}_n$（自由変数 $= 1$）を求めよ．$R\boldsymbol{x} = \boldsymbol{d}$ の解を求めよ．

30 $U\boldsymbol{x} = \boldsymbol{c}$ まで簡約し（ガウス消去），その後 $R\boldsymbol{x} = \boldsymbol{d}$ まで簡約せよ（ガウス–ジョルダン消去）：

$$A\boldsymbol{x} = \begin{bmatrix} 1 & 0 & 2 & 3 \\ 1 & 3 & 2 & 0 \\ 2 & 0 & 4 & 9 \end{bmatrix} \begin{bmatrix} x_1 \\ x_2 \\ x_3 \\ x_4 \end{bmatrix} = \begin{bmatrix} 2 \\ 5 \\ 10 \end{bmatrix} = \boldsymbol{b}.$$

特殊解 $\boldsymbol{x}_p$ とすべての特解 $\boldsymbol{x}_n$ を求めよ．

31 与えられた性質を満たす行列 A と B を求めるか，それができない理由を説明せよ：

(a) $A\boldsymbol{x} = \begin{bmatrix} \mathbf{1} \\ \mathbf{2} \\ \mathbf{3} \end{bmatrix}$ の唯一解が $\boldsymbol{x} = \begin{bmatrix} \mathbf{0} \\ \mathbf{1} \end{bmatrix}$ である．

(b) $B\boldsymbol{x} = \begin{bmatrix} \mathbf{0} \\ \mathbf{1} \end{bmatrix}$ の唯一解が $\boldsymbol{x} = \begin{bmatrix} \mathbf{1} \\ \mathbf{2} \\ \mathbf{3} \end{bmatrix}$ である．

32 A の LU 分解と，$A\boldsymbol{x} = \boldsymbol{b}$ の一般解を求めよ：

$$A = \begin{bmatrix} 1 & 3 & 1 \\ 1 & 2 & 3 \\ 2 & 4 & 6 \\ 1 & 1 & 5 \end{bmatrix} \quad と \quad \boldsymbol{b} = \begin{bmatrix} 1 \\ 3 \\ 6 \\ 5 \end{bmatrix} \quad その後 \quad \boldsymbol{b} = \begin{bmatrix} 1 \\ 0 \\ 0 \\ 0 \end{bmatrix}.$$

33 $A\boldsymbol{x} = \begin{bmatrix} \mathbf{1} \\ \mathbf{3} \end{bmatrix}$ の一般解が $\boldsymbol{x} = \begin{bmatrix} \mathbf{1} \\ \mathbf{0} \end{bmatrix} + c \begin{bmatrix} \mathbf{0} \\ \mathbf{1} \end{bmatrix}$ である．A を求めよ．

挑戦問題

34 3×4 行列 A について，$A\boldsymbol{x} = \mathbf{0}$ の唯一の特解がベクトル $\boldsymbol{s} = (2, 3, 1, 0)$ であるとする．

(a) A の**階数**と $A\boldsymbol{x} = \mathbf{0}$ の一般解を求めよ．
(b) A の行簡約階段行列 R を正確に求めよ．
(c) $A\boldsymbol{x} = \boldsymbol{b}$ が任意の $\boldsymbol{b}$ に対して解を持つのはなぜか？

35 K が 9×9 の 2 次差分行列（対角要素が 2，その上下の対角方向要素が -1）であるとする．方程式 $K\boldsymbol{x} = \boldsymbol{b} = (10, \ldots, 10)$ を解け．x 軸上の $1, \ldots, 9$ の上方に $x_1, \ldots, x_9$ をグラフに描くと，それらの 9 点は放物線上にある．

36 $A\boldsymbol{x} = \boldsymbol{b}$ と $C\boldsymbol{x} = \boldsymbol{b}$ が，すべての $\boldsymbol{b}$ について同じ（完全）解を持つとする．$A = C$ は正しいか？

3.5　線形独立，基底，次元

本節は，部分空間の本当の大きさに関する重要な内容を扱う．$m \times n$ 行列には n 個の列があるが，列空間の本当の「次元」が n になるとは限らない．次元は**線形独立な列**の数によって与えられる．これが何を意味するかを説明しなければならない．**列空間の本当の次元が，その階数 r であることをみる．**

線形独立の考え方は，任意のベクトル空間の任意のベクトル $\boldsymbol{v}_1, \ldots, \boldsymbol{v}_n$ に適用できる．本節の大部分は，すでに学習して使っている部分空間，特に A の列空間と零空間に集中して取り組む．最後に，列ベクトルでない「ベクトル」についても学習する．それらは行列であったり関数であったりするが，それらも線形独立（または線形従属）となりうる．まず初めに，列ベクトルを使った重要な例を示す．

目標は，**基底**，すなわち，「**部分空間を張る」線形独立なベクトル**について理解することだ．

部分空間のすべてのベクトルは，基底ベクトルの線形結合として一意に表せる．

いよいよ線形代数の核心にせまっている．基底なくして進むことはできない．本節で示す本質的考え方（と意味を理解するためのヒント）は以下の 4 つである：

1.	**線形独立なベクトル**	**（余分なベクトルはない）**
2.	**空間を張ること**	**（他のベクトルを作るのに十分なベクトル）**
3.	**空間の基底**	**（多すぎもせず，少なすぎもせず）**
4.	**空間の次元**	**（基底となるベクトルの数）**

線形独立

線形独立の最初の定義は標準的なものではないが，それを学ぶ用意はできている．

定義　$A\boldsymbol{x} = \boldsymbol{0}$ の解が $\boldsymbol{x} = \boldsymbol{0}$ のみであるとき，A の列ベクトルは**線形独立**である．**列ベクトルの線形結合 $A\boldsymbol{x}$ において零ベクトルとなるものは他にない．**

零空間 $\boldsymbol{N}(A)$ が零ベクトルのみからなるとき，列ベクトルは独立である．$\mathbf{R}^3$ の 3 つのベクトルを用いて，線形独立（と線形従属）を例示しよう：

1. 3 つのベクトルがある平面内に**ない**とき，それらは線形独立である．図 3.4 の $\boldsymbol{v}_1, \boldsymbol{v}_2, \boldsymbol{v}_3$ の線形結合のうち，零ベクトルとなるのは $0\boldsymbol{v}_1 + 0\boldsymbol{v}_2 + 0\boldsymbol{v}_3$ のみである．

2. 3 つのベクトル $\boldsymbol{w}_1, \boldsymbol{w}_2, \boldsymbol{w}_3$ が**ある平面内にある**とき，それらは線形従属である．

この線形独立の考え方は，12 次元空間における 7 つのベクトルにも適用できる．それらが A の線形独立な列ベクトルであるとき，その零空間は $\boldsymbol{x} = \boldsymbol{0}$ のみからなる．どのベクトルも，他の 6 つのベクトルの線形結合ではない．

これから，同じ考え方を別の言葉で表す．次の線形独立の定義は，任意のベクトル空間の任意のベクトルの列に適用できる．ベクトルが A の列ベクトルであるとき，2 つの定義が完

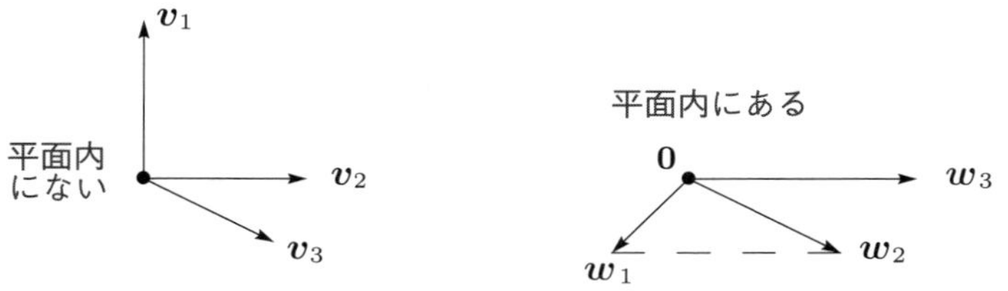

図 3.4 線形独立なベクトル $\boldsymbol{v}_1$，$\boldsymbol{v}_2$，$\boldsymbol{v}_3$．$0\boldsymbol{v}_1+0\boldsymbol{v}_2+0\boldsymbol{v}_3$ のときのみ，ベクトル $\mathbf{0}$ となる．線形従属なベクトル $\boldsymbol{w}_1,\boldsymbol{w}_2,\boldsymbol{w}_3$．線形結合 $\boldsymbol{w}_1-\boldsymbol{w}_2+\boldsymbol{w}_3$ により $(0,0,0)$ となる．

全に同じになることを示す．

定義 ベクトルの列 $\boldsymbol{v}_1,\ldots,\boldsymbol{v}_n$ は，零ベクトルとなる線形結合が $0\boldsymbol{v}_1+0\boldsymbol{v}_2+\cdots+0\boldsymbol{v}_n$ のみであるとき，**線形独立**である．

線形独立

すべての x_i が零のときのみ，$x_1\boldsymbol{v}_1+x_2\boldsymbol{v}_2+\cdots+x_n\boldsymbol{v}_n=\mathbf{0}$ となる． (1)

零でない x_i を含む線形結合が $\mathbf{0}$ となるとき，ベクトルは**線形従属**である．

正しい表現：「ベクトルの列が線形独立である」

許容範囲の短縮表現：「ベクトルが線形独立である」

許容できない表現：「行列が線形独立である」

ベクトルの列は，線形従属であるか線形独立であるかのどちらかである．(非零の x_i による）線形結合により零ベクトルができる，または，できない．よって，ベクトルのどの線形結合が零となるかが，その鍵となる．$\mathbf{R}^2$ におけるいくつかの小さな例から始める：

(a) ベクトル $(1,0)$ と $(0,1)$ は線形独立である．

(b) ベクトル $(1,0)$ と $(1,0.00001)$ は線形独立である．

(c) ベクトル $(1,1)$ と $(-1,-1)$ は**線形従属**である．

(d) ベクトル $(1,1)$ と $(0,0)$ は**線形従属**である．零ベクトルがあるからだ．

(e) $\mathbf{R}^2$ において，任意の 3 つベクトル (a,b) と (c,d) と (e,f) は**線形従属**である．

幾何的には，$(1,1)$ と $(-1,-1)$ は原点を通る直線上にある．それらは線形従属である．定義を使うには，$x_1(1,1)+x_2(-1,-1)=(0,0)$ となるような x_1 と x_2 を求めなければならない．これは $A\boldsymbol{x}=\mathbf{0}$ を解くのと同じことである：

$$x_1=1 \text{ と } x_2=1 \quad \text{に対して} \quad \begin{bmatrix}1 & -1\\ 1 & -1\end{bmatrix}\begin{bmatrix}x_1\\ x_2\end{bmatrix}=\begin{bmatrix}0\\ 0\end{bmatrix}.$$

ベクトルの列が線形従属であるのは，まさに**零空間に非零のベクトルが含まれる**ときである．

ある $\boldsymbol{v}$ が零ベクトルであるとき，線形独立にはなりえない．なぜか？

$\mathbf{R}^2$ の 3 つのベクトルも線形独立にはなりえない．これを理解する 1 つの方法は，それら 3 つの列ベクトルからなる行列 A には自由変数が必ずあり，$A\boldsymbol{x}=\mathbf{0}$ に特解があるというものだ．もう 1 つの方法は，最初の 2 つのベクトルが線形独立であるとき，3 つ目のベクトルとなるような線形結合があるというものだ．2 つ目の理解について，後にもう一度見る．

これから，$\mathbf{R}^3$ における 3 つのベクトルに話を移そう．そのうちの 1 つのベクトルが別のベクトルの倍数であれば，これらのベクトルは線形従属である．線形独立かどうかを完全に判定するには，3 つのベクトルすべてを一度に考える必要がある．ベクトルを行列に入れ，$A\boldsymbol{x}=\mathbf{0}$ を解く．

例 1 次の A の列ベクトルは線形従属である．$A\boldsymbol{x}=\mathbf{0}$ は非零の解を持つ：

$$A\boldsymbol{x}=\begin{bmatrix}1&0&3\\2&1&5\\1&0&3\end{bmatrix}\begin{bmatrix}-3\\1\\1\end{bmatrix} \quad \text{は} \quad -3\begin{bmatrix}1\\2\\1\end{bmatrix}+1\begin{bmatrix}0\\1\\0\end{bmatrix}+1\begin{bmatrix}3\\5\\3\end{bmatrix}=\begin{bmatrix}0\\0\\0\end{bmatrix}.$$

階数が $r=2$ しかない．**線形独立な列ベクトルは，列について非退化 $r=n=3$ となる．**

上の行列では，行も線形従属である．第 1 行から第 3 行を引くと零行となる．**正方行列に**おいて，列が線形従属であれば行も線形従属であることを示す．

問 $A\boldsymbol{x}=\mathbf{0}$ の解をどのように求めるか？系統的に解を求めるには消去を行う．

$$A=\begin{bmatrix}1&0&3\\2&1&5\\1&0&3\end{bmatrix} \text{ を簡約して } R=\begin{bmatrix}1&0&3\\0&1&-1\\0&0&0\end{bmatrix}.$$

答 $\boldsymbol{x}=(-3,1,1)$ はまさに特解であり，自由列（第 3 列）がピボット列のどのような線形結合であるかを示す．それにより線形独立ではないと言える．

> **列について非退化** A の列ベクトルが線形独立であるのは，その階数が $r=n$ のときである．ピボットが n 個あり，自由変数がない．$\boldsymbol{x}=\mathbf{0}$ のみが零空間にある．

線形従属であることが最初から明らかであるような，特別重要な場合がある．7 つの列ベクトルがそれぞれ 5 要素からなるとする（$m=5$ が $n=7$ より少ない）．そのとき，列ベクトルは**必ず線形従属である．** $\mathbf{R}^5$ から選んだ任意の 7 つのベクトルは線形従属である．A の階数は 5 より大きくなりえない．5 個を超えるピボットが 5 つの行に含まれることはありえない．$A\boldsymbol{x}=\mathbf{0}$ には，少なくとも $7-5=2$ 個の自由変数があるので，非零の解を持つ．すなわち，列ベクトルが線形従属である．

> $\mathbf{R}^m$ における任意の n 個のベクトルは，$n>m$ のとき必ず線形従属である．

この型の行列は，行数よりも列数が多く，背が低く幅広な行列である．$n>m$ のとき列ベクトルは確かに線形従属である．なぜなら，$A\boldsymbol{x}=\mathbf{0}$ が非零の解を持つからである．

$n\leq m$ のとき，列ベクトルは線形従属であるかもしれないし線形独立であるかもしれない．消去により r 個のピボット列が明らかになる．**それらの r 個のピボット列は線形独立である．**

注 線形従属を表現するもう1つの方法は，「あるベクトルが残りのベクトルの線形結合である」というものである．これは明快だと思うだろう．なぜ最初にこの表現を採用しなかったのか？ 本書での定義は，「**すべて $x_i = 0$ である自明なもの以外で，線形結合が零ベクトルとなる**」というより長いものであった．零ベクトルを作るその最も簡単な方法を除外しなければならない．その零からなる自明な線形結合について，どの著者も頭を悩ませる．あるベクトルが別のベクトルの線形結合であれば，そのベクトルの係数は $x = 1$ となる．

重要な点は，本書の定義ではある特定のベクトルを犯罪者のように選択することがないことである．A のすべての列ベクトルは同様に扱われる．$A\boldsymbol{x} = \boldsymbol{0}$ を見て，それが非零の解を持つか持たないかを考える．最後の列ベクトル（もしくは，最初や中間の列ベクトル）が残りの列ベクトルの線形結合であることを問うよりも，すべての列ベクトルを同様に扱うほうが最終的には良くなる．

部分空間を張るベクトル

本書の最初の部分空間は列空間であった．$\boldsymbol{v}_1, \ldots, \boldsymbol{v}_n$ を列ベクトルとする．線形結合 $x_1\boldsymbol{v}_1 + \cdots + x_n\boldsymbol{v}_n$ をすべて含めることで部分空間を膨らませた．**列空間は，列ベクトルの線形結合 $A\boldsymbol{x}$ すべてからなるものである**．ここで「張る」という言葉を導入してこのことを表現する．すなわち，列空間は列ベクトルによって**張られる**．

定義 ベクトルの集合の線形結合によって空間が満たされるとき，そのベクトルの集合は空間を**張る**．

行列の列ベクトルは，列空間を張る．それらの列ベクトルは線形従属かもしれない．

例 2 $\boldsymbol{v}_1 = \begin{bmatrix} 1 \\ 0 \end{bmatrix}$ と $\boldsymbol{v}_2 = \begin{bmatrix} 0 \\ 1 \end{bmatrix}$ は，2次元空間 $\mathbf{R}^2$ 全体を張る．

例 3 $\boldsymbol{v}_1 = \begin{bmatrix} 1 \\ 0 \end{bmatrix}, \boldsymbol{v}_2 = \begin{bmatrix} 0 \\ 1 \end{bmatrix}, \boldsymbol{v}_3 = \begin{bmatrix} 4 \\ 7 \end{bmatrix}$ も $\mathbf{R}^2$ 空間全体を張る．

例 4 $\boldsymbol{w}_1 = \begin{bmatrix} 1 \\ 1 \end{bmatrix}$ と $\boldsymbol{w}_2 = \begin{bmatrix} -1 \\ -1 \end{bmatrix}$ は，$\mathbf{R}^2$ における直線しか張らない．$\boldsymbol{w}_1$ のみでもその直線を張る．

3次元空間において，$(0, 0, 0)$ から伸びる2つのベクトルを考える．一般に，それらは平面を張る．線形結合をとることでその平面が満たされることが想像できるだろう．数学的には，2つのベクトルが直線しか張らないような，もう1つの可能性があることを知っているはずだ．3つのベクトルが $\mathbf{R}^3$ 全体を張るか，平面しか張らないことがある．さらに，3つのベクトルが直線しか張らないこともあるし，10個のベクトルが平面しか張らないことがある．それらは，確実に線形独立ではない．

列ベクトルは列空間を張る．ここで，**行のベクトルによって張られる**新しい部分空間を導入する．**行のベクトルの線形結合により，「行空間」ができる．**

定義　行列の**行空間**とは，行のベクトルによって張られる $\mathbf{R}^n$ の部分空間のことである．

A の行空間は，$\boldsymbol{C}(A^{\mathrm{T}})$，すなわち，$A^{\mathrm{T}}$ の列空間と等しい．

$m \times n$ 行列の行は，n 要素からなる．それらは，$\mathbf{R}^n$ 内のベクトルである．より正確には，それらを列ベクトルとして書くとそうなる．手早く正確な表現にするには，**行列を転置する．** A の行の代わりに，A^{T} の列を見る．すると，同じ数であるが，それは列空間 $\boldsymbol{C}(A^{\mathrm{T}})$ となる．この A の行空間は，$\mathbf{R}^n$ の部分空間である．

例 5　A の列空間と行空間を表せ．

$$A = \begin{bmatrix} 1 & 4 \\ 2 & 7 \\ 3 & 5 \end{bmatrix} \text{ と } A^{\mathrm{T}} = \begin{bmatrix} 1 & 2 & 3 \\ 4 & 7 & 5 \end{bmatrix}.\text{ ここで } m = 3 \text{ と } n = 2 \text{ である．}$$

A の列空間は，A の 2 つの列ベクトルによって張られる $\mathbf{R}^3$ 内の平面である．**A の行空間は，A の 3 つの行のベクトルによって張られる**（それらは A^{T} の列ベクトルである）．この行空間は，$\mathbf{R}^2$ 全体である．留意：行は，行空間を張る $\mathbf{R}^n$ 内のベクトルである．列は，列空間を張る $\mathbf{R}^m$ 内のベクトルである．数は同じであるが，ベクトルは異なり，空間も異なる．

ベクトル空間の基底

2 つのベクトルでは，それらが線形独立であったとしても $\mathbf{R}^3$ 全体を張ることはできない．4 つのベクトルは，それらが $\mathbf{R}^3$ を張っているとしても，線形独立にはなりえない．**空間を張るのに（必要）十分な線形独立なベクトル**がほしい．「**基底**」がまさにそれである．

定義　ベクトル空間の**基底**とは，次の 2 つの性質を持つようなベクトルの列である：

基底ベクトルは，線形独立であり，空間を張る．

この性質の組合せは，線形代数に欠かせないものである．基底ベクトルは空間を張るので，空間に含まれるすべてのベクトル $\boldsymbol{v}$ は基底ベクトルの線形結合である．さらに，基底ベクトル $\boldsymbol{v}_1, \ldots, \boldsymbol{v}_n$ は線形独立なので，$\boldsymbol{v}$ となる線形結合は**一意**に定まる：

$\boldsymbol{v}$ を基底ベクトルの線形結合として書く方法はただ 1 つである．

理由：$\boldsymbol{v} = a_1\boldsymbol{v}_1 + \cdots + a_n\boldsymbol{v}_n$ であり，また $\boldsymbol{v} = b_1\boldsymbol{v}_1 + \cdots + b_n\boldsymbol{v}_n$ でもあるとする．それらの差，$(a_1 - b_1)\boldsymbol{v}_1 + \cdots + (a_n - b_n)\boldsymbol{v}_n$ は零ベクトルである．$\boldsymbol{v}_i$ が線形独立であることから，いずれも $a_i - b_i = 0$ である．したがって，$a_i = b_i$ であり，$\boldsymbol{v}$ を作る方法は 2 つない．

例 6　$I = \begin{bmatrix} 1 & 0 \\ 0 & 1 \end{bmatrix}$ の列ベクトルは，$\mathbf{R}^2$ の「標準基底」である．

$$\text{基底ベクトル} \quad \boldsymbol{i} = \begin{bmatrix} 1 \\ 0 \end{bmatrix} \quad \text{と} \quad \boldsymbol{j} = \begin{bmatrix} 0 \\ 1 \end{bmatrix} \quad \text{は線形独立である．それらは } \mathbf{R}^2 \text{ を張る．}$$

誰もがこの基底を最初に考える．ベクトル $\boldsymbol{i}$ は横向きであり，$\boldsymbol{j}$ は上向きである．3×3 単位行列の列ベクトルは，標準基底 $\boldsymbol{i}$，$\boldsymbol{j}$，$\boldsymbol{k}$ である．$n \times n$ 単位行列の列ベクトルは，$\mathbf{R}^n$ の**「標準基底」**となる．

これから，その他の多くの（無限個の）基底を見つける．基底は唯一ではない．

例 7　（重要）**すべての** $n \times n$ **の可逆行列**の列ベクトルは，$\mathbf{R}^n$ の基底となる．

可逆行列 線形独立な列 列空間は $\mathbf{R}^3$	$A = \begin{bmatrix} 1 & 0 & 0 \\ 1 & 1 & 0 \\ 1 & 1 & 1 \end{bmatrix}$	**非可逆行列** 線形従属な列 列空間 $\neq \mathbf{R}^3$	$B = \begin{bmatrix} 1 & 0 & 1 \\ 1 & 1 & 2 \\ 1 & 1 & 2 \end{bmatrix}$．

$A\boldsymbol{x} = \mathbf{0}$ の唯一解は，$\boldsymbol{x} = A^{-1}\mathbf{0} = \mathbf{0}$ である．その列ベクトルは線形独立であり，$\mathbf{R}^n$ 空間全体を張る．なぜならば，すべてのベクトル $\boldsymbol{b}$ が列ベクトルの線形結合であるからだ．$\boldsymbol{x} = A^{-1}\boldsymbol{b}$ により，必ず $A\boldsymbol{x} = \boldsymbol{b}$ を解くことができる．可逆行列の場合にすべてのことが一体となることが理解できただろうか？それを 1 文で表そう：

> ベクトル $\boldsymbol{v}_1, \ldots, \boldsymbol{v}_n$ が $\mathbf{R}^n$ **の基底**となるのは，それらが $\boldsymbol{n} \times \boldsymbol{n}$ **の可逆行列の列ベクトル**であるときであり，かつそのときに限る．よって，$\mathbf{R}^n$ には無限個の異なる基底がある．

列ベクトルが線形従属であるとき，**ピボット列**のみを残す．上記の B では，2 つのピボットを持つ第 1 列と第 2 列を残す．それらは線形独立であり，列空間を張る．

> A **のピボット列は，その列空間の基底である．** A のピボット行は，その行空間の基底である．その行簡約階段行列 R のピボット行も行空間の基底である．

例 8　次の行列 A は可逆行列ではない．その列ベクトルはどのような空間の基底でもない．

1 つのピボット列 **1 つのピボット行** $(r = 1)$	$A = \begin{bmatrix} 2 & 4 \\ 3 & 6 \end{bmatrix}$	を簡約化して	$R = \begin{bmatrix} 1 & 2 \\ 0 & 0 \end{bmatrix}$．

A の第 1 列はピボット列である．その列ベクトルだけであれば，その列空間の基底である．A の第 2 列は異なる基底となる．その列ベクトルの任意の非零倍も基底となる．基底はいくらでもある．確実に基底となるのはピボット列である．

R のピボット列 $(1, 0)$ が零で終わっていることに注意せよ．その列ベクトルは，R の列空間の基底ではあるが，A の列空間には属さない．A と R の列空間は異なり，それらの基底も異なる（それらの次元は同じである）．

A の行空間と R の行空間は**等しい**．その行空間は，$(2, 4)$ と $(1, 2)$，および，それらのベクトルの任意の倍数を含む．いつものように，その行空間から無限個の基底を選ぶことができる．1 つの自然な選択は，R の非零行（ピボット行）である．階数が 1 であるこの行列 A の基底はただ 1 つのベクトルからなる：

$$\text{列空間の基底：} \begin{bmatrix} 2 \\ 3 \end{bmatrix}. \quad \text{行空間の基底：} \begin{bmatrix} 1 \\ 2 \end{bmatrix}.$$

次章で，列空間と行空間の基底をもう一度扱う．(基底の考え方は新しいものであるが）これまでの例は状況が明らかであった．次の例は大きなものであるが，まだ明らかである．

例 9　階数が 2 である次の行列の列空間と行空間の基底を求めよ：

$$R = \begin{bmatrix} 1 & 2 & 0 & 3 \\ 0 & 0 & 1 & 4 \\ 0 & 0 & 0 & 0 \end{bmatrix}.$$

第 1 列と第 3 列がピボット列である．それらは，(R の）列空間の基底である．列空間に含まれるすべてのベクトルは，$\boldsymbol{b} = (x, y, 0)$ の形をとる．R の列空間は，3 次元 xyz 空間内の「xy 平面」である．その平面は，$\mathbf{R}^2$ ではなく，$\mathbf{R}^3$ の部分空間である．第 2 列と第 3 列も，同じ列空間の基底である．列空間の基底**とならない**のは，R の列ベクトルのどの組か？

R の行空間は，$\mathbf{R}^4$ の部分空間である．その行空間の基底として最も単純なものは，R の 2 つの非零行のベクトルである．第 3 行（零ベクトル）も行空間に含まれているが，それは行空間の**基底**には含まれない．基底ベクトルは線形独立でなければならない．

問　$\mathbf{R}^7$ 内の 5 つのベクトルが与えられたとき，**それらが張る空間の基底をどのように求められるか？**

答その 1　それらを A の行として，A を消去することで R の非零行を求める．
答その 2　5 つのベクトルを A の列とする．消去を行い，(R ではなく A の）ピボット列を求める．プログラム colbasis では，$pivcol$ の列番号を用いる．

異なる個数のベクトルからなる基底が存在するか？これは極めて重要な質問であり，その答は明確に「いいえ」である．**あるベクトル空間のすべての基底は同数のベクトルからなる．どの基底においても，その空間の「次元」個のベクトルが含まれる．**

ベクトル空間の次元

今述べたことを証明しなければならない．基底ベクトルには多くの選択肢があるが，基底ベクトルの**数**は不変である．

$\boldsymbol{v}_1, \ldots, \boldsymbol{v}_m$ と $\boldsymbol{w}_1, \ldots, \boldsymbol{w}_n$ がいずれも同じベクトル空間の基底であるとき，$m = n$ である．

証明　$\boldsymbol{w}_i$ の個数が $\boldsymbol{v}_i$ の個数よりも多いとする．$n > m$ であると仮定して，矛盾を導く．$\boldsymbol{v}_i$ は基底であるので，$\boldsymbol{w}_1$ は $\boldsymbol{v}_i$ の線形結合である．$\boldsymbol{w}_1$ が $a_{11}\boldsymbol{v}_1 + \cdots + a_{m1}\boldsymbol{v}_m$ に等しいとす

ると，これは行列積 VA の第 1 列である：

$$\text{各 } \boldsymbol{w}_i \text{ は } \boldsymbol{v}_i \text{ の線形結合} \quad W = \begin{bmatrix} \boldsymbol{w}_1 & \boldsymbol{w}_2 & \ldots & \boldsymbol{w}_n \end{bmatrix} = \begin{bmatrix} \boldsymbol{v}_1 & \ldots & \boldsymbol{v}_m \end{bmatrix} \begin{bmatrix} a_{11} & & a_{1n} \\ \vdots & & \vdots \\ a_{m1} & & a_{mn} \end{bmatrix} = VA.$$

各 a_{ij} はわからないが，A の形（$m \times n$）はわかる．2 つ目のベクトル $\boldsymbol{w}_2$ も $\boldsymbol{v}_i$ の線形結合である．その線形結合の係数は，A の第 2 列となる．重要なことは，A の行が $\boldsymbol{v}_i$ に対応し，列が $\boldsymbol{w}_i$ に対応することである．$n > m$ と仮定したので，A は背が低く幅広な行列である．したがって，$A\boldsymbol{x} = \boldsymbol{0}$ **は非零解を持つ**．

$A\boldsymbol{x} = 0$ より $VA\boldsymbol{x} = \boldsymbol{0}$ となり，これは $W\boldsymbol{x} = \boldsymbol{0}$ である．$\boldsymbol{w}_i$ **の線形結合が零となるので**，$\boldsymbol{w}_i$ は基底になりえない．すなわち，2 つの基底において仮定 $n > m$ は**起こりえない**．

$m > n$ であるときは，$\boldsymbol{v}_i$ と $\boldsymbol{w}_i$ を交換して同じ議論を繰り返す．矛盾が起きないのは，$m = n$ の場合だけである．これで $m = n$ であることの証明が完了する．

基底ベクトルの個数は空間によって決まり，具体的な基底には依らない．ベクトルの個数はすべての基底で同じであり，それは空間の「自由度」となる．空間 $\mathbf{R}^n$ の次元は n である．これから，**次元**という重要な言葉を他のベクトル空間にも導入する．

定義　**空間の次元** は，各基底に含まれる**ベクトルの個数**である．

これは我々の直観にあう．$\boldsymbol{v} = (1, 5, 2)$ を通る直線の次元は 1 である．その直線は，この 1 つのベクトル $\boldsymbol{v}$ を基底とする部分空間である．平面 $x + 5y + 2z = 0$ はその直線に直交する．この平面の次元は 2 である．それを証明するには，基底 $(-5, 1, 0)$ と $(-2, 0, 1)$ を見つければよい．基底が 2 つのベクトルからなるので，次元は 2 である．

その平面は，2 つの自由変数を持つ行列 $A = \begin{bmatrix} 1 & 5 & 2 \end{bmatrix}$ の零空間である．基底ベクトル $(-5, 1, 0)$ と $(-2, 0, 1)$ は，$A\boldsymbol{x} = \boldsymbol{0}$ の特解である．次節で，$n - r$ 個の特解が常に**零空間の基底**となることを示す．$\boldsymbol{C}(A)$ の次元は r であり，零空間 $\boldsymbol{N}(A)$ の次元は $n - r$ である．

線形代数の言葉についての注　「空間の階数」,「基底の次元」,「行列の基底」とは決して言わない．それらの言葉は意味をなさない．**行列の階数**と等しいのは，**列空間の次元**である．

行列空間と関数空間の基底

「線形独立」,「基底」,「次元」という言葉は列ベクトルに限ったものではない．3 つの行列 A_1, A_2, A_3 が線形独立であるかを問うことができる．それらが，3×4 行列すべてからなる空間に含まれるとき，その線形結合が零行列を作るかもしれない．3×4 行列の空間全体の次元について問うこともできる（それは 12 である）．

微分方程式において，$d^2y/dx^2 = y$ の解は空間をなす．その基底の 1 つは，$y = e^x$ と $y = e^{-x}$ である．基底関数を数えることにより，解のすべてからなる空間の次元は 2 となる（2 階の導関数より，次元が 2 である）．

$\mathbf{R}^n$ を見た後では，行列空間や関数空間は少し奇妙に見えるかもしれない．しかしある意味では，基底や次元を列ベクトル以外の「ベクトル」に適用できてはじめて，基底や次元の考え方をはっきりと身につけたといえる．

行列空間　ベクトル空間 $\mathbf{M}$ は 2×2 行列すべてからなる．その次元は 4 である．

$$\text{基底の 1 つ} \quad A_1, A_2, A_3, A_4 = \begin{bmatrix} 1 & 0 \\ 0 & 0 \end{bmatrix}, \begin{bmatrix} 0 & 1 \\ 0 & 0 \end{bmatrix}, \begin{bmatrix} 0 & 0 \\ 1 & 0 \end{bmatrix}, \begin{bmatrix} 0 & 0 \\ 0 & 1 \end{bmatrix}.$$

これらの行列は線形独立である．その列ベクトルを見るのではなく，行列全体を見る．これらの 4 つの行列を線形結合することにより，$\mathbf{M}$ に含まれる任意の行列を作ることができるので，それらは空間を張る：

$$\begin{array}{l}\text{すべての } A \text{ は} \\ \text{基底行列の線形結合}\end{array} \quad c_1A_1 + c_2A_2 + c_3A_3 + c_4A_4 = \begin{bmatrix} c_1 & c_2 \\ c_3 & c_4 \end{bmatrix} = A.$$

A が零であるのは，c がすべて零であるときのみである．これにより，A_1, A_2, A_3, A_4 が線形独立であることが証明される．

3 つの行列 A_1, A_2, A_4 は，上三角行列からなる部分空間の基底である．その次元は 3 である．A_1 と A_4 は対角行列の基底である．対称行列の基底はどのようなものか？それは，A_1 と A_4 に $A_2 + A_3$ を加えたものである．

これをさらに深く考えるため，$n \times n$ 行列すべてからなる空間について考える．ただ 1 つの非零要素（その要素は 1 とする）からなるすべて行列は，その 1 つの基底となる．その 1 の位置は n^2 通りあるので，基底行列は n^2 個ある：

$n \times n$ 行列の空間全体の次元は n^2 である．
上三角行列からなる部分空間の次元は $\frac{1}{2}n^2 + \frac{1}{2}n$ である．
対角行列からなる部分空間の次元は n である．
対称行列からなる部分空間の次元は $\frac{1}{2}n^2 + \frac{1}{2}n$ である（なぜか）．

関数空間　式 $d^2y/dx^2 = 0$ や $d^2y/dx^2 = -y$ や $d^2y/dx^2 = y$ には，2 階導関数が含まれる．解析では，それを解いて $y(x)$ を求める：

$y'' = 0$　の解は任意の線形関数 $y = cx + d$ である．
$y'' = -y$　の解は $y = c \sin x + d \cos x$ の形の任意の線形結合である．
$y'' = y$　の解は $y = ce^x + de^{-x}$ の形の任意の線形結合である．

$y'' = -y$ の解の空間には，2 つの基底関数 $\sin x$ と $\cos x$ がある．x と 1 を含む $y'' = 0$ の解の空間は，2 階導関数の「零空間」である．どちらの場合でも，次元は 2 である（これらは 2 次の方程式である）．

$y'' = 2$ の解は部分空間を形成しない．その右辺 $b = 2$ は零ではない．特殊解は $y(x) = x^2$ である．一般解は $y(x) = x^2 + cx + d$ である．そのような関数はすべて $y'' = 2$ を満たす．一般解が特殊解と零空間の任意の関数 $cx + d$ の和であることに注意せよ．線形微分方程式は，線形行列方程式 $A\boldsymbol{x}=\boldsymbol{b}$ に似ている．それを線形代数によって解くのではなく，解析によって解いていたのだ．

零ベクトルのみからなる空間 $\mathbf{Z}$ で本節の話を終える．この空間の次元は**零**である．(ベクトルを含まない) **空集合が $\mathbf{Z}$ の基底である**．線形独立ではなくなるので，零ベクトルを基底に含めることは決してない．

■ 要点の復習 ■

1. $A\boldsymbol{x}=\mathbf{0}$ の解が $\boldsymbol{x}=\mathbf{0}$ のみであるとき，A の列は**線形独立**である．

2. ベクトル $\boldsymbol{v}_1,\ldots,\boldsymbol{v}_r$ の線形結合によってある空間が満たされるとき，それらのベクトルはその空間を**張る**．

3. **基底は，空間を張る線形独立なベクトルからなる**．空間に含まれるすべてのベクトルは，基底ベクトルの一意な線形結合である．

4. ある空間のすべての基底は，同数のベクトルからなる．基底に含まれるベクトルの個数は，その空間の**次元**である．

5. ピボット列は，列空間の基底の 1 つである．列空間の次元は r である．

■ 例題 ■

3.5 A 2 つのベクトルを $\boldsymbol{v}_1=(1,2,0)$ と $\boldsymbol{v}_2=(2,3,0)$ とする．

(a) それらは線形独立か？
(b) それらはある空間の基底であるか？
(c) それらはどのような空間 $\mathbf{V}$ を張るか？
(d) $\mathbf{V}$ の次元を求めよ．
(e) 列空間が $\mathbf{V}$ である行列 A を求めよ．
(f) 零空間が $\mathbf{V}$ である行列 B を求めよ．
(g) $\boldsymbol{v}_1,\boldsymbol{v}_2,\boldsymbol{v}_3$ が $\mathbf{R}^3$ の基底となるベクトル $\boldsymbol{v}_3$ をすべて表せ．

解

(a) $\boldsymbol{v}_1$ と $\boldsymbol{v}_2$ は独立である．$\mathbf{0}$ となる線形結合は $0\boldsymbol{v}_1+0\boldsymbol{v}_2$ のみである．
(b) 「はい」．それらが張る空間の基底である．
(c) その空間 $\mathbf{V}$ は，$(x,y,0)$ となるベクトルすべてからなり，$\mathbf{R}^3$ における xy 平面である．
(d) 基底が 2 つのベクトルからなるので，$\mathbf{V}$ の次元は 2 である．
(e) この $\mathbf{V}$ は，各列ベクトルが $\boldsymbol{v}_1$ と $\boldsymbol{v}_2$ の線形結合であり，階数が 2 であるすべての $3\times n$ 行列 A の列空間である．特に，A は $\boldsymbol{v}_1$ と $\boldsymbol{v}_2$ のみからなりうる．

(f) この $\mathbf{V}$ は，各行が $(0,0,1)$ の倍数であるような，階数が 1 であるすべての $m \times 3$ 行列 B の零空間である．特に，$B = [0\ 0\ 1]$ とすると，$B\boldsymbol{v}_1 = \mathbf{0}$ かつ $B\boldsymbol{v}_2 = \mathbf{0}$ である．

(g) $c \neq 0$ である任意の 3 つ目のベクトル $\boldsymbol{v}_3 = (a, b, c)$ は $\mathbf{R}^3$ の基底を補完する．

3.5 B 3 つの線形独立なベクトルを $\boldsymbol{w}_1, \boldsymbol{w}_2, \boldsymbol{w}_3$ とする．それらのベクトルの線形結合をとり，$\boldsymbol{v}_1, \boldsymbol{v}_2, \boldsymbol{v}_3$ を作る．その線形結合を $V = WM$ という行列の形で書く：

$$\begin{aligned} \boldsymbol{v}_1 &= \boldsymbol{w}_1 + \ \ \boldsymbol{w}_2 \\ \boldsymbol{v}_2 &= \boldsymbol{w}_1 + 2\boldsymbol{w}_2 + \ \ \boldsymbol{w}_3 \\ \boldsymbol{v}_3 &= \qquad\quad \boldsymbol{w}_2 + c\boldsymbol{w}_3 \end{aligned} \quad \text{を} \quad \begin{bmatrix} & & \\ \boldsymbol{v}_1 & \boldsymbol{v}_2 & \boldsymbol{v}_3 \\ & & \end{bmatrix} = \begin{bmatrix} & & \\ \boldsymbol{w}_1 & \boldsymbol{w}_2 & \boldsymbol{w}_3 \\ & & \end{bmatrix} \begin{bmatrix} 1 & 1 & 0 \\ 1 & 2 & 1 \\ 0 & 1 & c \end{bmatrix} \quad \text{と表す．}$$

V の列ベクトルが線形独立であるかは，行列 M よりどのように判定できるか？$c \neq 1$ のとき，$\boldsymbol{v}_1, \boldsymbol{v}_2, \boldsymbol{v}_3$ が線形独立であることを示せ．$c = 1$ のとき，$\boldsymbol{v}_i$ が線形**従属**であることを示せ．

解 V の列ベクトルが線形独立であるかどうかは，最初の定義「V **の零空間は零ベクトルのみからなる必要がある**」によって判定できる．そのとき，列ベクトルの線形結合のうち，$V\boldsymbol{x}$ が零ベクトルとなるものは $\boldsymbol{x} = (0,0,0)$ のみとなる．

$c = 1$ のとき，2 つの方法で**線形従属**であることがわかる．まず，$\boldsymbol{v}_1 + \boldsymbol{v}_3$ は $\boldsymbol{v}_2$ と等しい．($\boldsymbol{w}_1 + \boldsymbol{w}_2$ を $\boldsymbol{w}_2 + \boldsymbol{w}_3$ に足すと，$\boldsymbol{w}_1 + 2\boldsymbol{w}_2 + \boldsymbol{w}_3$ すなわち $\boldsymbol{v}_2$ を得る)．言い換えると，$\boldsymbol{v}_1 - \boldsymbol{v}_2 + \boldsymbol{v}_3 = \mathbf{0}$ である．これより，$\boldsymbol{v}$ が線形独立でないことが言える．

もう 1 つの方法は，M の零空間を見ることである．$c = 1$ のとき，ベクトル $\boldsymbol{x} = (1, -1, 1)$ はその零空間に含まれ，$M\boldsymbol{x} = \mathbf{0}$ である．すると，必ず $WM\boldsymbol{x} = \mathbf{0}$ となり，これは $V\boldsymbol{x} = 0$ に等しい．したがって，$\boldsymbol{v}_i$ は線形従属である．零空間に含まれるこの $\boldsymbol{x} = (1, -1, 1)$ から，再び，$\boldsymbol{v}_1 - \boldsymbol{v}_2 + \boldsymbol{v}_3 = \mathbf{0}$ であることがわかる．

さて，$c \neq 1$ とする．すると，行列 M は可逆である．したがって，$\boldsymbol{x}$ が**任意の非零ベクトル**であるとき，$M\boldsymbol{x}$ は非零ベクトルである．$\boldsymbol{w}_i$ は線形独立であるので，さらに $WM\boldsymbol{x}$ が非零である．$V = WM$ より，$\boldsymbol{x}$ が V の零空間に**ない**ことが言え，$\boldsymbol{v}_1, \boldsymbol{v}_2, \boldsymbol{v}_3$ は線形独立である．

一般的な規則は，「M が可逆であるとき，線形独立な $\boldsymbol{w}_i$ より線形独立な $\boldsymbol{v}_i$ ができる」である．これらのベクトルが $\mathbf{R}^3$ にあるとき，線形独立であるだけでなく，$\mathbf{R}^3$ の基底でもある．「基底変換行列 M が可逆であるとき，$\boldsymbol{w}_i$ による基底から $\boldsymbol{v}_i$ による基底ができる．」

3.5 C （重要な例題）$\boldsymbol{v}_1, \ldots, \boldsymbol{v}_n$ が $\mathbf{R}^n$ の基底であり，$n \times n$ 行列 A が可逆であるとする．$A\boldsymbol{v}_1, \ldots, A\boldsymbol{v}_n$ もまた $\mathbf{R}^n$ の基底であることを示せ．

解 **行列の言葉で**：基底ベクトル $\boldsymbol{v}_1, \ldots, \boldsymbol{v}_n$ を，可逆行列 V の列とする．すると，$A\boldsymbol{v}_1, \ldots, A\boldsymbol{v}_n$ は AV の列である．A が可逆であるので，AV も可逆であり，その列ベクトルは基底となる．

ベクトルの言葉で：$c_1 A\boldsymbol{v}_1 + \cdots + c_n A\boldsymbol{v}_n = \mathbf{0}$ であるとする．$\boldsymbol{v} = c_1\boldsymbol{v}_1 + \cdots + c_n\boldsymbol{v}_n$ とすると $A\boldsymbol{v} = \mathbf{0}$ である．A^{-1} を掛けることで，$\boldsymbol{v} = \mathbf{0}$ となる．$\boldsymbol{v}_i$ が線形独立であることから，すべての $c_i = 0$ である．これより，$A\boldsymbol{v}_i$ が線形独立であることが示せる．

$A\boldsymbol{v}_i$ が $\mathbf{R}^n$ を張ることを示すには，$c_1 A\boldsymbol{v}_1 + \cdots + c_n A\boldsymbol{v}_n = \boldsymbol{b}$ を解く．これは，$c_1\boldsymbol{v}_1 + \cdots + c_n\boldsymbol{v}_n = A^{-1}\boldsymbol{b}$ と等しい．$\boldsymbol{v}_i$ は基底であるので，これは必ず解を持つ．

練習問題 3.5

問題 1～10 は，線形独立と線形従属に関するものである．

1　$\boldsymbol{v}_1, \boldsymbol{v}_2, \boldsymbol{v}_3$ は線形独立であり，$\boldsymbol{v}_1, \boldsymbol{v}_2, \boldsymbol{v}_3, \boldsymbol{v}_4$ は線形従属であることを示せ：

$$\boldsymbol{v}_1 = \begin{bmatrix} 1 \\ 0 \\ 0 \end{bmatrix} \quad \boldsymbol{v}_2 = \begin{bmatrix} 1 \\ 1 \\ 0 \end{bmatrix} \quad \boldsymbol{v}_3 = \begin{bmatrix} 1 \\ 1 \\ 1 \end{bmatrix} \quad \boldsymbol{v}_4 = \begin{bmatrix} 2 \\ 3 \\ 4 \end{bmatrix}.$$

$c_1\boldsymbol{v}_1 + c_2\boldsymbol{v}_2 + c_3\boldsymbol{v}_3 + c_4\boldsymbol{v}_4 = \boldsymbol{0}$ つまり $A\boldsymbol{x} = \boldsymbol{0}$ を解け．ここで，$\boldsymbol{v}_i$ が A の列となる．

2　（推奨）以下のうち，線形独立なベクトルの個数の最大値を求めよ．

$$\boldsymbol{v}_1 = \begin{bmatrix} 1 \\ -1 \\ 0 \\ 0 \end{bmatrix} \quad \boldsymbol{v}_2 = \begin{bmatrix} 1 \\ 0 \\ -1 \\ 0 \end{bmatrix} \quad \boldsymbol{v}_3 = \begin{bmatrix} 1 \\ 0 \\ 0 \\ -1 \end{bmatrix} \quad \boldsymbol{v}_4 = \begin{bmatrix} 0 \\ 1 \\ -1 \\ 0 \end{bmatrix} \quad \boldsymbol{v}_5 = \begin{bmatrix} 0 \\ 1 \\ 0 \\ -1 \end{bmatrix} \quad \boldsymbol{v}_6 = \begin{bmatrix} 0 \\ 0 \\ 1 \\ -1 \end{bmatrix}$$

3　$a = 0$ または $d = 0$ または $f = 0$ のとき（これら 3 つの場合），次の U の列ベクトルが線形従属であることを証明せよ：

$$U = \begin{bmatrix} a & b & c \\ 0 & d & e \\ 0 & 0 & f \end{bmatrix}.$$

4　問題 3 における a, d, f がすべて零でないとき，$U\boldsymbol{x} = \boldsymbol{0}$ の解は $\boldsymbol{x} = \boldsymbol{0}$ のみであることを示せ．そのとき，上三角行列 U は線形独立な列からなる．

5　以下は線形従属か線形独立か？

(a) ベクトル $(1, 3, 2)$ と $(2, 1, 3)$ と $(3, 2, 1)$
(b) ベクトル $(1, -3, 2)$ と $(2, 1, -3)$ と $(-3, 2, 1)$.

6　U の線形独立な列を 3 つ選べ．さらにもう 2 組選べ．A に対しても同じことをせよ．

$$U = \begin{bmatrix} 2 & 3 & 4 & 1 \\ 0 & 6 & 7 & 0 \\ 0 & 0 & 0 & 9 \\ 0 & 0 & 0 & 0 \end{bmatrix} \quad と \quad A = \begin{bmatrix} 2 & 3 & 4 & 1 \\ 0 & 6 & 7 & 0 \\ 0 & 0 & 0 & 9 \\ 4 & 6 & 8 & 2 \end{bmatrix}.$$

7 $\boldsymbol{w}_1, \boldsymbol{w}_2, \boldsymbol{w}_3$ が線形独立なベクトルであるとき，差分 $\boldsymbol{v}_1 = \boldsymbol{w}_2 - \boldsymbol{w}_3$ と $\boldsymbol{v}_2 = \boldsymbol{w}_1 - \boldsymbol{w}_3$ と $\boldsymbol{v}_3 = \boldsymbol{w}_1 - \boldsymbol{w}_2$ が**線形従属**であることを示せ．零ベクトルとなる $\boldsymbol{v}_i$ の線形結合を求めよ．$[\,\boldsymbol{v}_1\ \boldsymbol{v}_2\ \boldsymbol{v}_3\,] = [\,\boldsymbol{w}_1\ \boldsymbol{w}_2\ \boldsymbol{w}_3\,]\,A$ において，非可逆行列となる行列 A を求めよ．

8 $\boldsymbol{w}_1, \boldsymbol{w}_2, \boldsymbol{w}_3$ が線形独立なベクトルであるとき，和 $\boldsymbol{v}_1 = \boldsymbol{w}_2 + \boldsymbol{w}_3$ と $\boldsymbol{v}_2 = \boldsymbol{w}_1 + \boldsymbol{w}_3$ と $\boldsymbol{v}_3 = \boldsymbol{w}_1 + \boldsymbol{w}_2$ が**線形独立**であることを示せ（$c_1\boldsymbol{v}_1 + c_2\boldsymbol{v}_2 + c_3\boldsymbol{v}_3 = \boldsymbol{0}$ を $\boldsymbol{w}_i$ を用いて書け．c_i に関する方程式を求め，それを解いて，それらが零であることを示せ）．

9 $\boldsymbol{v}_1, \boldsymbol{v}_2, \boldsymbol{v}_3, \boldsymbol{v}_4$ が $\mathbf{R}^3$ のベクトルであるとする．

(a) これらの 4 つのベクトルは線形従属である．なぜなら，_____．
(b) _____ であるとき，2 つのベクトル $\boldsymbol{v}_1$ と $\boldsymbol{v}_2$ は線形従属である．
(c) ベクトル $\boldsymbol{v}_1$ と $(0,0,0)$ は線形従属である．なぜなら，_____．

10 $\mathbf{R}^4$ における超平面 $x + 2y - 3z - t = 0$ 上の 2 つの線形独立なベクトルを求めよ．次に，3 つの線形独立なベクトルを求めよ．4 つの線形独立なベクトルがないのはなぜか？この平面はどのような行列の零空間であるか？

問題 11〜14 は，ベクトルの集合によって張られる空間に関するものである．ベクトルの線形結合をすべてとれ．

11 次のベクトルによって張られる $\mathbf{R}^3$ の部分空間を表現せよ（直線か？平面か？$\mathbf{R}^3$ か？）．

(a) 2 つのベクトル $(1,1,-1)$ と $(-1,-1,1)$.
(b) 3 つのベクトル $(0,1,1)$ と $(1,1,0)$ と $(0,0,0)$.
(c) $\mathbf{R}^3$ における要素が整数であるようなベクトルすべて．
(d) 要素が正であるようなベクトルすべて．

12 _____ が解を持つとき，ベクトル $\boldsymbol{b}$ は A の列ベクトルによって張られる部分空間に含まれる．_____ が解を持つとき，ベクトル $\boldsymbol{c}$ は A の行空間に含まれる．

次の命題は真か偽か：行空間に零ベクトルが含まれるとき，行のベクトルは線形従属である．

13 以下の 4 つの空間の次元を求めよ．どの 2 つの空間が同じか？
(a) A の列空間，(b) U の列空間，(c) A の行空間，(d) U の行空間：

$$A = \begin{bmatrix} 1 & 1 & 0 \\ 1 & 3 & 1 \\ 3 & 1 & -1 \end{bmatrix} \quad \text{と} \quad U = \begin{bmatrix} 1 & 1 & 0 \\ 0 & 2 & 1 \\ 0 & 0 & 0 \end{bmatrix}.$$

14 $\boldsymbol{v}+\boldsymbol{w}$ と $\boldsymbol{v}-\boldsymbol{w}$ は $\boldsymbol{v}$ と $\boldsymbol{w}$ の線形結合である．$\boldsymbol{v}$ と $\boldsymbol{w}$ を，$\boldsymbol{v}+\boldsymbol{w}$ と $\boldsymbol{v}-\boldsymbol{w}$ の線形結合として書け．これら 2 つのベクトルの組は，同じ空間を _____．これらが同じ空間の基底となるのはどのような場合か？

問題 15〜25 は，基底の必要条件に関するものである．

15 $\boldsymbol{v}_1, \ldots, \boldsymbol{v}_n$ が線形独立であるとき，これらが張る空間の次元は ＿＿＿ である．これらのベクトルは，その空間の ＿＿＿ である．これらのベクトルが $m \times n$ 行列の列ベクトルであるとき，m は n より ＿＿＿．$m = n$ のとき，その行列は ＿＿＿ である．

16 これらの $\mathbf{R}^4$ の部分空間の基底を求めよ：

(a) 要素が等しいすべてのベクトル．
(b) 要素の和が零であるすべてのベクトル．
(c) $(1,1,0,0)$ と $(1,0,1,1)$ に直交するすべてのベクトル．
(d) I （4×4） の列空間と零空間．

17 $U = \left[\begin{smallmatrix} 1 & 0 & 1 & 0 & 1 \\ 0 & 1 & 0 & 1 & 0 \end{smallmatrix}\right]$ の列空間の基底を 3 つ求めよ．U の行空間の基底を 2 つ求めよ．

18 $\boldsymbol{v}_1, \boldsymbol{v}_2, \ldots, \boldsymbol{v}_6$ が $\mathbf{R}^4$ の 6 つのベクトルとする．

(a) これらのベクトルは $\mathbf{R}^4$ を（張る・張らない・張らないかもしれない）．
(b) これらのベクトルは線形独立（である・ではない・であるかもしれない）．
(c) これらのベクトルの任意の 4 つは $\mathbf{R}^4$ の基底（である・ではない・であるかもしれない）．

19 A の列ベクトルは $\mathbf{R}^m$ の n 個のベクトルである．それらが線形独立であるとき，A の階数を求めよ．それらが $\mathbf{R}^m$ を張るとき，階数を求めよ．それらが $\mathbf{R}^m$ の基底であるとき，階数を求めよ．**先取りする**：階数 r は，＿＿＿ な列ベクトルの数である．

20 $\mathbf{R}^3$ における平面 $x - 2y + 3z = 0$ の基底を求めよ．次に，その平面と xy 平面の交線の基底を求めよ．さらに，その平面に直交するすべてのベクトルに対する基底を求めよ．

21 5×5 行列 A の列ベクトルが $\mathbf{R}^5$ の基底であるとする．

(a) 方程式 $A\boldsymbol{x} = \mathbf{0}$ の唯一解は $\boldsymbol{x} = \mathbf{0}$ である．なぜならば，＿＿＿．
(b) $\boldsymbol{b}$ が $\mathbf{R}^5$ に含まれるとき，$A\boldsymbol{x} = \boldsymbol{b}$ は解を持つ．なぜならば，基底ベクトルは $\mathbf{R}^5$ を ＿＿＿．

結論：A は可逆である．その階数は 5 である．その行のベクトルも $\mathbf{R}^5$ の基底である．

22 $\mathbf{R}^6$ の 5 次元の部分空間を $\mathbf{S}$ とする．以下の命題は真か偽か（偽のときには反例を挙げよ）？

(a) $\mathbf{S}$ のすべての基底は，もう 1 つベクトルを足して $\mathbf{R}^6$ の基底とすることができる．
(b) $\mathbf{R}^6$ のすべての基底は，1 つベクトルを取り除くことで $\mathbf{S}$ の基底とすることができる．

23　次の A の第 1 行を第 3 行から引くと U になる：

$$A = \begin{bmatrix} 1 & 3 & 2 \\ 0 & 1 & 1 \\ 1 & 3 & 2 \end{bmatrix} \quad と \quad U = \begin{bmatrix} 1 & 3 & 2 \\ 0 & 1 & 1 \\ 0 & 0 & 0 \end{bmatrix}.$$

2 つの列空間の基底を求めよ．2 つの行空間の基底を求めよ．2 つの零空間の基底を求めよ．消去を行っても変化しない空間はどれか？

24　以下の命題は真か偽か（適切な理由を示せ）？

(a) 行列の列ベクトルが線形従属であるとき，行のベクトルも線形従属である．
(b) 2×2 行列の列空間はその行空間と同じである．
(c) 2×2 行列の列空間の次元は，その行空間の次元と同じである．
(d) 行列の列ベクトルは，列空間の基底である．

25　以下の行列の階数が 2 となるように，数 c と d を定めよ．

$$A = \begin{bmatrix} 1 & 2 & 5 & 0 & 5 \\ 0 & 0 & c & 2 & 2 \\ 0 & 0 & 0 & d & 2 \end{bmatrix} \quad と \quad B = \begin{bmatrix} c & d \\ d & c \end{bmatrix}.$$

問題 26〜30 は，「ベクトル」が行列であるような空間に関するものである．

26　3×3 行列からなる空間の以下の部分空間について，基底（と次元）を求めよ：

(a) すべての対角行列．
(b) すべての対称行列 ($A^{\mathrm{T}} = A$).
(c) すべての歪対称行列 ($A^{\mathrm{T}} = -A$).

27　線形独立な 6 つの 3×3 階段行列 $U_1, \ldots, U_6$ を作れ．

28　それぞれの列の要素の和が零となる 2×3 行列すべてからなる空間の基底を求めよ．さらに，それぞれの行の要素の和が零となる部分空間の基底を求めよ．

29　次の行列によって張られる（線形結合をすべてとる）3×3 行列からなる空間の部分空間はどのようなものか？

(a) 可逆行列．
(b) 階数が 1 である行列．
(c) 単位行列．

30　零空間に $(2, 1, 1)$ を含む 2×3 行列からなる空間の基底を求めよ．

問題 31〜35 は,「ベクトル」が関数であるような空間に関するものである.

31 (a) $\frac{dy}{dx}=0$ を満たす関数をすべて求めよ.
(b) $\frac{dy}{dx}=3$ を満たす関数を 1 つ選べ.
(c) $\frac{dy}{dx}=3$ を満たす関数をすべて求めよ.

32 余弦空間 $\mathbf{F}_3$ は，線形結合 $y(x)=A\cos x+B\cos 2x+C\cos 3x$ のすべてからなる．$y(0)=0$ である部分空間の基底を求めよ．

33 次を満たす関数空間の基底を求めよ．

(a) $\frac{dy}{dx}-2y=0$
(b) $\frac{dy}{dx}-\frac{y}{x}=0.$

34 $y_1(x), y_2(x), y_3(x)$ は異なる x の関数であるとする．それらが張るベクトル空間の次元が，1，2，または 3 となるような y_1, y_2, y_3 の例をそれぞれ示せ．

35 次数が 3 以下の多項式 $p(x)$ からなる空間の基底を求めよ．$p(1)=0$ であるような部分空間の基底を求めよ．

36 $a+c+d=0$ であるようなベクトル (a,b,c,d) からなる空間 $\mathbf{S}$ の基底を求めよ．また，$a+b=0$ と $c=2d$ であるようなベクトル (a,b,c,d) からなる空間 $\mathbf{T}$ の基底を求めよ．それらの共通部分 $\mathbf{S}\cap\mathbf{T}$ の次元を求めよ．

37 シフト行列 S に対して $AS=SA$ であるとき，A は必ず以下の特別な形であることを示せ：

$$\begin{bmatrix} a & b & c \\ d & e & f \\ g & h & i \end{bmatrix}\begin{bmatrix} 0 & 1 & 0 \\ 0 & 0 & 1 \\ 0 & 0 & 0 \end{bmatrix}=\begin{bmatrix} 0 & 1 & 0 \\ 0 & 0 & 1 \\ 0 & 0 & 0 \end{bmatrix}\begin{bmatrix} a & b & c \\ d & e & f \\ g & h & i \end{bmatrix} \text{ ならば } A=\begin{bmatrix} a & b & c \\ 0 & a & b \\ 0 & 0 & a \end{bmatrix}.$$

「シフト行列 S と可換な行列からなる部分空間の次元は ＿＿＿ である.」

38 以下のうち，$\mathbf{R}^3$ の基底はどれか？

(a) $(1,2,0)$ と $(0,1,-1)$
(b) $(1,1,-1),(2,3,4),(4,1,-1),(0,1,-1)$
(c) $(1,2,2),(-1,2,1),(0,8,0)$
(d) $(1,2,2),(-1,2,1),(0,8,6)$

39 階数 4 の 5×4 行列を A とする．5×5 行列 $[A\ \ \boldsymbol{b}]$ が可逆であるとき，$A\boldsymbol{x}=\boldsymbol{b}$ が解を持たないことを示せ．$[A\ \ \boldsymbol{b}]$ が非可逆であるとき，$A\boldsymbol{x}=\boldsymbol{b}$ が解を持つことを示せ．

40 (a) $d^4y/dx^4=y(x)$ の解すべてに対する基底を求めよ．
(b) $d^4y/dx^4=y(x)+1$ の特殊解を求めよ．一般解を求めよ．

挑戦問題

41 3×3 の単位行列を，それ以外の 5 つの置換行列の線形結合として書け．さらに，それら 5 つの行列が線形独立であることを示せ（ある線形結合が $c_1P_1 + \cdots + c_5P_5 =$ 零行列であるとして，その要素を調べることで c_i が零であることを証明せよ）．その 5 つの置換行列は，行および列の和がすべて等しい 3×3 行列からなる部分空間の基底である．

42 $\mathbf{R}^4$ から $\boldsymbol{x} = (x_1, x_2, x_3, x_4)$ を選ぶ．それには，(x_2, x_1, x_3, x_4) や (x_4, x_3, x_1, x_2) のように，24 通りの並べ換えがある．$\boldsymbol{x}$ 自身を含め，それらの 24 個のベクトルは部分空間 $\mathbf{S}$ を張る．$\mathbf{S}$ の次元が (a) 0，(b) 1，(c) 3，(d) 4 となるベクトル $\boldsymbol{x}$ を求めよ．

43 共通集合と和集合について，$\dim(\mathbf{V}) + \dim(\mathbf{W}) = \dim(\mathbf{V} \cap \mathbf{W}) + \dim(\mathbf{V} + \mathbf{W})$ の関係が成り立つ．共通集合 $\mathbf{V} \cap \mathbf{W}$ の基底を $\boldsymbol{u}_1, \ldots, \boldsymbol{u}_r$ とする．$\boldsymbol{v}_1, \ldots, \boldsymbol{v}_s$ により $\mathbf{V}$ の基底へ拡張し，それとは独立して $\boldsymbol{w}_1, \ldots, \boldsymbol{w}_t$ により $\mathbf{W}$ の基底へ拡張する．$\boldsymbol{u}_i$ と $\boldsymbol{v}_j$ と $\boldsymbol{w}_k$ を合わせたものが**線形独立**であることを証明せよ．すると要望どおり，次元は $(r+s)+(r+t) = (r)+(r+s+t)$ となる．

44 Mike Artin は，問題 43 にある次元の公式の素晴らしい高レベルな証明を提案した．すべての入力 $\boldsymbol{v} \in \mathbf{V}$ と $\boldsymbol{w} \in \mathbf{W}$ に対し，「和変換」は $\boldsymbol{v} + \boldsymbol{w}$ を作る．その出力は空間 $\mathbf{V} + \mathbf{W}$ を満たす．零空間は，$\mathbf{V} \cap \mathbf{W}$ に含まれるベクトル $\boldsymbol{u}$ すべてについて，$\boldsymbol{v} = \boldsymbol{u}$ と $\boldsymbol{w} = -\boldsymbol{u}$ の組からなる．（そのとき，$\boldsymbol{v} + \boldsymbol{w} = \boldsymbol{u} - \boldsymbol{u} = \mathbf{0}$）次の重要な公式により，$\dim(\mathbf{V} + \mathbf{W}) + \dim(\mathbf{V} \cap \mathbf{W})$ は $\dim(\mathbf{V}) + \dim(\mathbf{W})$（入力 $\mathbf{V}$ と $\mathbf{W}$ の次元）と等しい

$$\text{出力の次元} + \text{零空間の次元} = \text{入力の次元}.$$

問　階数が r である $m \times n$ 行列について，それら 3 つの次元を求めよ．出力は列空間である．この問の答は第 3.6 節にあるが，今これを解くことができるか？

45 $\mathbf{R}^n$ 内部において，$\mathbf{V}$ の次元 $+$ $\mathbf{W}$ の次元 $> n$ であるとする．$\mathbf{V}$ と $\mathbf{W}$ の両方に含まれる非零ベクトルが存在することを示せ．

46 A は 10×10 の行列で $A^2 = 0$（零行列）であるとする．これは，A の列空間が _____ に含まれることを意味する．A の階数が r のとき，その部分空間の次元より $r \leq 10 - r$ となる．したがって，階数は $r \leq 5$ である．

（この問題は，第 2 版で追加された．$A^2 = 0$ のとき，$r \leq n/2$ が言える．）

3.6　4 つの部分空間の次元

本節の主定理により，**階数**と**次元**が結びつけられる．行列の**階数**はピボットの個数である．部分空間の**次元**は基底に含まれるベクトルの個数である．ピボットもしくは基底ベクトルを数える．**A の階数により 4 つの基本部分空間の次元が明らかになる．** まず，4 つの基本部分空間を示そう．そのうちの 1 つは新しい部分空間である．

2 つの部分空間は A から直接得られ，残りの 2 つは A^{T} より得られる：

> **4 つの基本部分空間**
>
> **1. 行空間** は $\boldsymbol{C}(A^{\mathrm{T}})$ であり，それは $\mathbf{R}^n$ の部分空間である．
> **2. 列空間** は $\boldsymbol{C}(A)$ であり，$\mathbf{R}^m$ の部分空間である．
> **3. 零空間** は $\boldsymbol{N}(A)$ であり，$\mathbf{R}^n$ の部分空間である．
> **4. 左零空間** は $\boldsymbol{N}(A^{\mathrm{T}})$ であり，$\mathbf{R}^m$ の部分空間である．これが新しい空間である．

本書では，列空間と零空間をまずはじめに扱った．$\boldsymbol{C}(A)$ と $\boldsymbol{N}(A)$ についてはとてもよく知っている．これから他の 2 つの部分空間が表に出てくる．行空間は行のベクトルの線形結合すべてからなる．**これは A^{T} の列空間である．**

左零空間については，$n \times m$ 行列の方程式 $A^{\mathrm{T}}\boldsymbol{y} = \mathbf{0}$ を解く．**これは A^{T} の零空間である．** 方程式を $\boldsymbol{y}^{\mathrm{T}}A = \mathbf{0}^{\mathrm{T}}$ と書いたとき，ベクトル $\boldsymbol{y}$ は A の**左**側にくる．行列 A と A^{T} は通常異なるので，列空間や零空間も異なる．しかし，それらの空間はとても美しい関係にある．

第 1 基本定理では，4 つの部分空間の次元を求める．すると，**行空間と列空間の次元は同じ** r（行列の階数）であるという事実が浮き出てくる．もう 1 つの重要な事実は，2 つの零空間に関するものである：

$\boldsymbol{N}(A)$ と $\boldsymbol{N}(A^{\mathrm{T}})$ の次元は $n - r$ と $m - r$ であり，n と m を補完する．

（第 4 章で示す）第 2 基本定理は，4 つの部分空間が（2 つは $\mathbf{R}^n$ に，2 つは $\mathbf{R}^m$ に）どのように組み合わさるかを表す．それにより，$A\boldsymbol{x} = \boldsymbol{b}$ のすべてを理解する「最も効果的な方法」が完成する．ぜひ最後まで取り組もう．本物の数学を行っているのだ．

$\boldsymbol{R}$ に対する 4 つの部分空間

A が簡約されて行簡約階段行列 R になるとする．その特別な形式においては，4 つの部分空間を簡単に確認できる．それぞれの部分空間の基底を求め，その次元を確かめる．そして，A に戻ってみたときに，部分空間がどのように変化するか（そのうちの 2 つは変化しない）を観察する．重要な点は，**4 つの部分空間の次元は A と R とで等しいことである．**

具体的な 3×5 行列の例を用いて，行簡約階段行列 R の 4 つの部分空間を見よう：

$$\begin{matrix} m = 3 \\ n = 5 \\ r = 2 \end{matrix} \qquad \begin{bmatrix} 1 & 3 & 5 & 0 & 7 \\ 0 & 0 & 0 & 1 & 2 \\ 0 & 0 & 0 & 0 & 0 \end{bmatrix} \qquad \begin{matrix} \text{ピボット行 } 1 \text{ と } 2 \\ \\ \text{ピボット列 } 1 \text{ と } 4 \end{matrix}$$

この行列 R の階数は $r=2$（ピボットは2つ）である．順に，4つの部分空間を調べる．

1. R の**行空間**の次元は2であり，階数と一致している．

理由：最初の2つの行が基底である．行空間は，3つの行の線形結合のすべてからなるが，第3行（零行）は何も追加しない．したがって，第1行と第2行が行空間 $\boldsymbol{C}(R^{\mathrm{T}})$ を張る．

ピボット行である第1行と第2行は線形独立である．それはこの例では明らかであり，また常に成り立つ．ピボット列だけを見ると，$r\times r$ の単位行列が見える．(すべての係数が零である線形結合を除いて）行の線形結合で零行となるものはない．したがって，r 個のピボット行は行空間の基底である．

行空間の次元は階数 $\boldsymbol{r}$ である．$\boldsymbol{R}$ の非零行が基底となる．

2. R の**列空間**の次元も $r=2$ である．

理由：ピボット列1と4が $\boldsymbol{C}(R)$ の基底となる．それらは $r\times r$ の単位行列から始まっているので，線形独立である．(すべての係数が零である場合を除いて）これらのピボット列の線形結合が零列となることはない．ピボット列は，列空間を張る．それ以外の（自由）列は，ピボット列の線形結合である．実際，その線形結合は3つの特解により得られる．

第2列は3（第1列）である． 特解は $(-3,1,0,0,0)$ である．

第3列は5（第1列）である． 特解は $(-5,0,1,0,0,)$ である．

第5列は7（第1列）+2（第4列）である．特解は $(-7,0,0,-2,1)$ である．

ピボット列は線形独立であり列空間を張るので，それらは $\boldsymbol{C}(R)$ の基底である．

列空間の次元は，階数 r である．ピボット列が基底となる．

3. **零空間**の次元は $n-r=5-2$ である．$n-r=3$ 個の自由変数がある．ここで，x_2,x_3,x_5 が自由変数であり（それらの列にピボットがない），それらにより $R\boldsymbol{x}=\boldsymbol{0}$ の3つの特解が生じる．自由変数の1つを1とし，x_1 と x_4 について解く：

$$\boldsymbol{s}_2=\begin{bmatrix}-3\\1\\0\\0\\0\end{bmatrix}\quad \boldsymbol{s}_3=\begin{bmatrix}-5\\0\\1\\0\\0\end{bmatrix}\quad \boldsymbol{s}_5=\begin{bmatrix}-7\\0\\0\\-2\\1\end{bmatrix}$$

$R\boldsymbol{x}=\boldsymbol{0}$ の一般解は
$\boldsymbol{x}=x_2\boldsymbol{s}_2+x_3\boldsymbol{s}_3+x_5\boldsymbol{s}_5$
である．

自由変数の数だけ特解がある．変数が n 個，ピボット変数が r 個であれば，残りの $n-r$ 個は自由変数となり，特解は $n-r$ 個となる．$\boldsymbol{N}(R)$ の次元は $n-r$ である．

零空間の次元は $n-r$ である．特解が基底となる．

特解は線形独立である．なぜならば，それらは第 2 行，第 3 行，第 5 行に単位行列を含んでいるからである．すべての解は，特解の線形結合 $\boldsymbol{x}=x_2\boldsymbol{s}_2+x_3\boldsymbol{s}_3+x_5\boldsymbol{s}_5$ である．なぜならば，それは x_2，x_3，x_5 を正しい場所に置くからである．ピボット変数 x_1 と x_4 は，方程式 $R\boldsymbol{x}=\boldsymbol{0}$ より決まる．

4.　$\boldsymbol{R}^{\mathrm{T}}$ の零空間（$\boldsymbol{R}$ の左零空間）の次元は $m-r=3-2$ である．

理由：方程式 $R^{\mathrm{T}}\boldsymbol{y}=\boldsymbol{0}$ は，R^{T} の列（R の行）の線形結合で零となるものを探す．この方程式 $R^{\mathrm{T}}\boldsymbol{y}=\boldsymbol{0}$ すなわち $\boldsymbol{y}^{\mathrm{T}}R=\boldsymbol{0}^{\mathrm{T}}$ は次のようになる．

$$\textbf{左零空間}\qquad \begin{array}{r} y_1\,[1,\ 3,\ 5,\ 0,\ 7] \\ +y_2\,[0,\ 0,\ 0,\ 1,\ 2] \\ +y_3\,[0,\ 0,\ 0,\ 0,\ 0] \\ \hline [0,\ 0,\ 0,\ 0,\ 0] \end{array} \tag{1}$$

解 y_1,y_2,y_3 は明らかである．$y_1=0$ と $y_2=0$ である必要がある．変数 y_3 は自由変数である（どんな値でもよい）．R^{T} の零空間は，$\boldsymbol{y}=(0,0,y_3)$ のすべてからなる．それは，基底ベクトル $(0,0,1)$ のスカラー倍すべてからなる直線である．

すべての場合において，R は $m-r$ 個の零行で終わっている．これらの $m-r$ 行の線形結合はいずれも零となる．ピボット行は線形独立であるので，R の行の線形結合で零となるのはこれらだけである．R の左零空間は，$R^{\mathrm{T}}y=0$ に対するこれらの解 $y=(0,\ldots,0,y_{r+1},\ldots,y_m)$ のすべてからなる．

A が $m\times n$ でその階数が r であるとき，その左零空間の次元は $m-r$ である．

線形結合が零となるには，$\boldsymbol{y}$ は r 個の零から始まらなければならない．このことから次元は $m-r$ となる．

なぜ，これが「**左**零空間」なのか？その理由は，$R^{\mathrm{T}}\boldsymbol{y}=\boldsymbol{0}$ を転置して $\boldsymbol{y}^{\mathrm{T}}R=\boldsymbol{0}^{\mathrm{T}}$ と書けるからである．ここで，$\boldsymbol{y}^{\mathrm{T}}$ は R の**左**にある行ベクトルである．式 (1) で，行に掛けられる y_i を見た．この部分空間は 4 番目に登場し，それを省略する線形代数の本もある．しかし，左零空間を省略すると，線形代数全体の美しさを見落としてしまう．

$\mathbf{R}^n$ において，行空間と零空間の次元は r と $n-r$ である (合計 n).
$\mathbf{R}^m$ において，列空間と左零空間の次元は r と $m-r$ である (合計 m).

ここまでで，行簡約階段行列 R に対して証明した．図 3.5 は，A に対して同じことを表している．

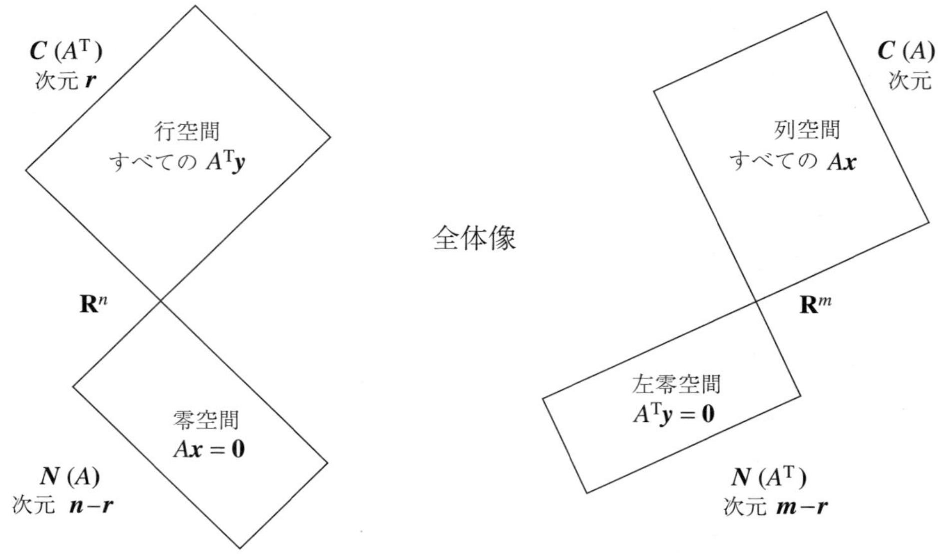

図 3.5 （R と A に対する）4 つの基本部分空間の次元.

A に対する 4 つの部分空間

まだやらなければならないことがある. **A に対する部分空間の次元は，R に対する部分空間の次元と同じである.** やるべきことは，それがなぜかを説明することだ. ここで A は，簡約されて $R = \mathrm{rref}(A)$ となる任意の行列である.

$$R \text{ に簡約される } A \qquad A = \begin{bmatrix} 1 & 3 & 5 & 0 & 7 \\ 0 & 0 & 0 & 1 & 2 \\ 1 & 3 & 5 & 1 & 9 \end{bmatrix} \quad \boldsymbol{C}(A) \neq C(R) \text{ に注意} \tag{2}$$

基本変形行列により，A が R となる. 全体像（図 3.5）は A と R の両方にあてはまる. 基本変形行列の積である可逆行列 E により，A は R に簡約される：

$$\boldsymbol{A} \text{ から } \boldsymbol{R} \text{ へとその逆} \qquad EA = R \quad \text{と} \quad A = E^{-1}R \tag{3}$$

1　A の行空間は R の行空間と同じである. 同じ次元 r と同じ基底を持つ.

理由：A の各行は R の行の線形結合である. また，R の各行は A の行の線形結合である. 消去によって行が変わるが，**行空間**は変わらない.

A と R は同じ行空間を持つので，R の最初の r 行を基底として選べる. また，もともとの A の適切な行を選ぶこともできる. それらは，A の**最初の** r 行ではないかもしれない. なぜなら，それらは線形従属になりうるからだ. A の適切な r 行は，最終的に R においてピボット行となるものである.

2　A **の列空間の次元は** r **である．** すべての行列において，次のことは本質的である：

線形独立な列の数は，線形独立な行の数と等しい．

間違った理由：「A と R の列空間は同じである」．これは正しくない．R の列ベクトルは零で終わることが多いが，A の列ベクトルは零で終わることは稀である．列空間は異なるが，それらの**次元**は同じ r である．

正しい理由：A と R について，列ベクトルの**同じ**線形結合が零（または非零）となる．言い換えると，$\boldsymbol{Ax} = \mathbf{0}$ **であるのは，まさに** $R\boldsymbol{x} = \mathbf{0}$ **であるときである．** r 個のピボット列は（いずれも）線形独立である．

結論　A の r 個のピボット列は，**その**列空間の基底である．

3　$\boldsymbol{A}$ **と** $\boldsymbol{R}$ **の零空間は同じである．同じ次元** $\boldsymbol{n-r}$ **であり，同じ基底を持つ．**

理由：消去を行っても解は変わらない．(すでに知っているとおり）特解は，この零空間の基底である．$n-r$ 個の自由変数があり，したがって零空間の次元は $n-r$ である．$r+(n-r)$ が n と等しいことに注意せよ：

（列空間の次元）＋（零空間の次元）＝ $\mathbf{R}^n$ の次元

4　$\boldsymbol{A}$ **の左零空間**（A^{T} の零空間）**の次元は** $\boldsymbol{m-r}$ **である．**

理由：A^{T} を，まさに A と同じように扱う．すべての A の次元がわかるならば，A^{T} の次元もわかる．A^{T} の列空間の次元が r であることが証明できた．A^{T} は $n \times m$ であるので，「全体の空間」は $\mathbf{R}^m$ である．A に対する規則は $r+(n-r)=n$ であった．A^{T} に対する規則は $r+(m-r)=m$ である．これで定理の詳細についてすべてがわかった．

線形代数の第 1 基本定理

列空間と行空間の次元はいずれも $\boldsymbol{r}$ **である．**
零空間の次元は $\boldsymbol{n-r}$ **と** $\boldsymbol{m-r}$ **である．**

具体的な数やベクトルではなく，ベクトル**空間**に集中することで，これらのきれいな規則を得た．すぐにそれらに慣れるだろうし，最終的には自明だと思えるようになる．しかし，187 個の非零要素からなる 11×17 行列を書いたならば，これらの事実が正しい理由がわかる人はほとんどいないと思う．

2 つの重要な事実　$\boldsymbol{C}(A)$ の次元 $=$ $\boldsymbol{C}(A^{\mathrm{T}})$ の次元 $=$ A の階数
$\boldsymbol{C}(A)$ の次元 $+$ $\boldsymbol{N}(A)$ の次元 $= 17$

例 1　$A = [1\ \ 2\ \ 3]$ において，$m=1$，$n=3$ および階数 $r=1$ である．

行空間は $\mathbf{R}^3$ における直線である．零空間は平面 $A\boldsymbol{x} = x_1 + 2x_2 + 3x_3 = 0$ である．この平面の次元は 2 である（これは $3-1$ である）．これらの次元を足すと $\mathbf{1}+\mathbf{2}=\mathbf{3}$ となる．

この 1×3 行列の列ベクトルは，$\mathbf{R}^1$ にある．列空間は，$\mathbf{R}^1$ 全体である．左零空間は，零ベクトルのみからなる．$A^{\mathrm{T}}\boldsymbol{y} = \mathbf{0}$ の解は $\boldsymbol{y} = \mathbf{0}$ のみであり，$[1 \;\; 2 \;\; 3]$ の他の倍数は零行とならない．したがって，$\boldsymbol{N}(A^{\mathrm{T}})$ は $\mathbf{Z}$ であり，零空間の次元は 0 である（これは $m - r$ である）．$\mathbf{R}^m$ において，これらの次元を足すと $\mathbf{1} + \mathbf{0} = \mathbf{1}$ となる．

例 2　$A = \begin{bmatrix} 1 & 2 & 3 \\ 2 & 4 & 6 \end{bmatrix}$ において，$m = 2$，$n = 3$ および階数 $r = 1$ である．

行空間は，$(1, 2, 3)$ を通る同じ直線である．零空間も同じ平面 $x_1 + 2x_2 + 3x_3 = 0$ でなければならない．それらの次元も足すと $1 + 2 = 3$ となる．

すべての列ベクトルは，第 1 列 $(1, 2)$ の倍数となっている．第 1 行の 2 倍から第 2 行を引くと零行となる．したがって，$A^{\mathrm{T}}\boldsymbol{y} = \mathbf{0}$ の解は $\boldsymbol{y} = (2, -1)$ となる．列空間と左零空間は，$\mathbf{R}^2$ における**直交する直線**である．その次元は $1 + 1 = 2$ となる．

$$\text{列空間} = \begin{bmatrix} 1 \\ 2 \end{bmatrix} \text{を通る直線} \qquad \text{左零空間} = \begin{bmatrix} 2 \\ -1 \end{bmatrix} \text{を通る直線.}$$

A が 3 つの同じ行からなるとき，その階数は ＿＿＿ である．左零空間に含まれる 2 つの $\boldsymbol{y}$ は何か？

左零空間に含まれる $\boldsymbol{y}$ を用いて行を線形結合すると零行となる．

階数が 1 の行列

最後の例では階数が $r = 1$ であった．階数が 1 の行列は特別である．それらのすべてを表すことができる．行空間の次元 = 列空間の次元であることをまた確認するだろう．$r = 1$ のとき，すべての行はある 1 つの行の倍数となっている：

$$\boldsymbol{A} = \boldsymbol{u}\boldsymbol{v}^{\mathbf{T}} \qquad A = \begin{bmatrix} 1 & 2 & 3 \\ 2 & 4 & 6 \\ -3 & -6 & -9 \\ 0 & 0 & 0 \end{bmatrix} \text{は} \begin{bmatrix} 1 \\ 2 \\ -3 \\ 0 \end{bmatrix} \text{と} \begin{bmatrix} 1 & 2 & 3 \end{bmatrix} = v^{\mathrm{T}} \text{の積に等しい.}$$

列と行の積（4×1 行列と 1×3 行列の積）によって行列 (4×3) ができる．すべての行は，行 $(1, 2, 3)$ の倍数である．すべての列は，列 $(1, 2, -3, 0)$ の倍数である．行空間は $\mathbf{R}^n$ における直線であり，列空間は $\mathbf{R}^m$ における直線である．

階数が 1 であるすべての行列には，$\boldsymbol{A} = \boldsymbol{u}\,\boldsymbol{v}^{\mathbf{T}} =$ 列と行の積 という特別な形がある．

列は $\boldsymbol{u}$ のスカラー倍であり，行は $\boldsymbol{v}^{\mathrm{T}}$ のスカラー倍である．**零空間は $\boldsymbol{v}$ に直交する平面である**（$A\boldsymbol{x} = \mathbf{0}$ は，$\boldsymbol{u}(\boldsymbol{v}^{\mathrm{T}}\boldsymbol{x}) = \mathbf{0}$ を意味し，さらに $\boldsymbol{v}^{\mathrm{T}}\boldsymbol{x} = 0$ を意味する）．（第 4 章で示す）第 2 基本定理は，この部分空間の直交性をいう．

■　要点の復習　■

1. R の r 個のピボット行は，R と A の行空間（同じ空間）の基底である．
2. A （注意）の r 個のピボット列は，その列空間の基底である．
3. $n-r$ 個の特解は，A と R の零空間（同じ空間）の基底である．
4. I の最後の $m-r$ 行は，R の左零空間の基底である．
5. E の最後の $m-r$ 行は，A の左零空間の基底である．

4 つの部分空間に関する注　基本定理は純粋な代数のように見えるが，それには重要な応用がある．私が好きなのは，第 8 章のネットワークである（私の講義では，この次にそれを扱うことが多い）．左零空間における $\boldsymbol{y}$ の方程式は $A^{\mathrm{T}}y=0$ である：

ある節点へ流れ込む量は，流れ出る量に等しい．
キルヒホッフの電流の法則は 「均衡の等式」である．

（私見では）これは応用数学において最も重要な等式である．科学や工学，経済学におけるすべてのモデルは均衡に関わるものである．すなわち，力や熱の流れ，電荷，運動量，お金の均衡である．均衡の等式に，フックの法則やオームの法則などの「ポテンシャル」と「流量」を関連づける法則を加えることで，応用数学の明快な枠組みができる．

計算科学と計算工学に関する私の教科書[訳注)]では，その枠組みを開拓する．さらに，有限差分法，有限要素法，スペクトル法，反復法，多重格子法といった方程式を解くアルゴリズムも示す．

■　例題　■

3.6 A　以下が既知であるとき，4 つの基本部分空間の基底と次元を求めよ

$$A=\begin{bmatrix}1&0&0\\2&1&0\\5&0&1\end{bmatrix}\begin{bmatrix}1&3&0&5\\0&0&1&6\\0&0&0&0\end{bmatrix}=LU=E^{-1}R.$$

R の数を **1 つ**だけ変更して，4 つの部分空間すべての次元を変えるにはどうすればよいか？

解　この行列において，第 1 列と第 3 列にピボットがある．その階数は $r=2$ である．

行空間	R より基底は $(1,3,0,5)$ と $(0,0,1,6)$ である．次元は 2 である．
列空間	E^{-1} （と A）より基底は $(1,2,5)$ と $(0,1,0)$ である．次元は 2 である．
零空間	R より基底は $(-3,1,0,0)$ と $(-5,0,-6,1)$ である．次元は 2 である．
$\boldsymbol{A}^{\mathrm{T}}$ **の零空間**	E の第 3 行より基底は $(-5,0,1)$ である．次元は $3-2=1$ である．

[訳注)] G. Strang: *Computational Science and Engineering*. 訳者あとがき (p.612) も参照.

左零空間 $\boldsymbol{N}(A^{\mathrm{T}})$ について解説が必要だろう．$EA = R$ より，E の最後の行は，A の 3 つの行を結合して R の零行を作る．したがって，その E の最後の行は，左零空間の基底ベクトルである．R に零行が **2** 行あれば，E の最後の **2** 行が基底となる（消去と同様に，$\boldsymbol{y}^{\mathrm{T}}A = \boldsymbol{0}^{\mathrm{T}}$ により，A の行を結合して R の零行を作る）．

これらの次元すべてを変えるには，階数 r を変えなければならない．その 1 つの方法は，R の零行の（**任意の**）1 つの要素を変えることである．

3.6 B 零からなる 5×6 行列に 4 つの 1 を入れ，**行空間**の次元が最小となるようにせよ．**列空間**の次元が最小となる方法をすべて示せ．**零空間**の次元が最小となる方法をすべて示せ．**4 つの部分空間の次元の和を小さくする**方法を示せ．

解 4 つの 1 が 1 つの行もしくは 1 つの列に入るとき，階数は 1 である．4 つの 1 が **2 つの行と 2 つの列**に入ったとしても（つまり，$a_{ii} = a_{ij} = a_{ji} = a_{jj} = 1$）階数は 1 となる．列空間と行空間の次元は常に同じであり，これが最初の 2 つの質問の答である．すなわち，次元は 1 である．

零空間のとりうる最小の次元は $6 - 4 = 2$ であり，それは階数が $r = 4$ のときである．階数が 4 となるには，4 つの異なる列と異なる行に 1 が入らなければならない．

和 $r + (n - r) + r + (m - r) = n + m$ を変えることはできない．1 をどのように配置しても，和は $6 + 5 = 11$ となる．1 がまったくなくても，その和は 11 である．

A のすべての要素が 0 ではなく 2 であったとすると，これらの答はどう変わるか？

練習問題 3.6

1 (a) 7×9 行列の階数が 5 であるとき，4 つの部分空間の次元をそれぞれ求めよ．4 つの部分空間の次元の和を求めよ．

(b) 3×4 行列の階数が 3 であるとき，その列空間と左零空間はどうなるか？

2 次の A と B の 4 つの部分空間の基底と次元をそれぞれ求めよ：

$$A = \begin{bmatrix} 1 & 2 & 4 \\ 2 & 4 & 8 \end{bmatrix} \quad \text{と} \quad B = \begin{bmatrix} 1 & 2 & 4 \\ 2 & 5 & 8 \end{bmatrix}.$$

3 次の A の 4 つの部分空間の基底をそれぞれ求めよ：

$$A = \begin{bmatrix} 0 & 1 & 2 & 3 & 4 \\ 0 & 1 & 2 & 4 & 6 \\ 0 & 0 & 0 & 1 & 2 \end{bmatrix} = \begin{bmatrix} 1 & 0 & 0 \\ 1 & 1 & 0 \\ 0 & 1 & 1 \end{bmatrix} \begin{bmatrix} 0 & 1 & 2 & 3 & 4 \\ 0 & 0 & 0 & 1 & 2 \\ 0 & 0 & 0 & 0 & 0 \end{bmatrix}.$$

4　以下の要求される性質を満たす行列を作れ．それが不可能であれば理由を示せ：

(a) 列空間に $\begin{bmatrix}\mathbf{1}\\\mathbf{1}\\\mathbf{0}\end{bmatrix}, \begin{bmatrix}\mathbf{0}\\\mathbf{0}\\\mathbf{1}\end{bmatrix}$ が含まれ，行空間に $\begin{bmatrix}\mathbf{1}\\\mathbf{2}\end{bmatrix}, \begin{bmatrix}\mathbf{2}\\\mathbf{5}\end{bmatrix}$ が含まれる．
(b) 列空間の基底が $\begin{bmatrix}\mathbf{1}\\\mathbf{1}\\\mathbf{3}\end{bmatrix}$ であり，零空間の基底が $\begin{bmatrix}\mathbf{3}\\\mathbf{1}\\\mathbf{1}\end{bmatrix}$ である．
(c) 零空間の次元 $= 1 +$ 左零空間の次元である．
(d) 左零空間に $\begin{bmatrix}\mathbf{1}\\\mathbf{3}\end{bmatrix}$ が含まれ，行空間に $\begin{bmatrix}\mathbf{3}\\\mathbf{1}\end{bmatrix}$ が含まれる．
(e) 行空間 $=$ 列空間であるが，零空間 $\neq$ 左零空間である．

5　$\mathbf{V}$ が $(1,1,1)$ と $(2,1,0)$ によって張られる部分空間であるとする．行空間が $\mathbf{V}$ であるような行列 A を求めよ．零空間が $\mathbf{V}$ であるような行列 B を求めよ．

6　消去を行わずに，以下の行列に対する 4 つの部分空間の次元と基底を求めよ

$$A = \begin{bmatrix} 0 & 3 & 3 & 3 \\ 0 & 0 & 0 & 0 \\ 0 & 1 & 0 & 1 \end{bmatrix} \quad \text{と} \quad B = \begin{bmatrix} 1 \\ 4 \\ 5 \end{bmatrix}.$$

7　3×3 行列 A が可逆であるとする．A の 4 つの部分空間の基底を書き下せ．3×6 行列 $B = [\,A \;\; A\,]$ についても 4 つの部分空間の基底を書き下せ．

8　I が 3×3 の単位行列，0 が 3×2 の零行列であるとき，A, B, C の 4 つの部分空間の次元を求めよ

$$A = [\,I \;\; 0\,] \quad \text{と} \quad B = \begin{bmatrix} I & I \\ 0^{\mathrm{T}} & 0^{\mathrm{T}} \end{bmatrix} \quad \text{と} \quad C = [\,0\,].$$

9　大きさの異なる以下の行列について，どの部分空間が同じであるか？

(a)　$[\,A\,]$ と $\begin{bmatrix} A \\ A \end{bmatrix}$　　(b)　$\begin{bmatrix} A \\ A \end{bmatrix}$ と $\begin{bmatrix} A & A \\ A & A \end{bmatrix}$.

これらの 3 つの行列について，その**階数** r **がすべて同じ**であることを証明せよ．

10　3×3 行列の要素を，$[0,1)$ の範囲からランダムに選ぶ．4 つの部分空間の次元として最も確率が高いのはそれぞれ何か？行列が 3×5 である場合はどうか？

11　（重要）A は階数が r である $m \times n$ 行列である．$A\boldsymbol{x} = \boldsymbol{b}$ が**解を持たない**ような右辺 $\boldsymbol{b}$ が存在するとする．

(a) m と n と r の間に必ず成り立つ不等式（$<$ または $\leq$）をすべて求めよ．
(b) $A^{\mathrm{T}}\boldsymbol{y} = \mathbf{0}$ が，$\boldsymbol{y} = \mathbf{0}$ 以外の解を持つ理由を示せ．

12　行空間と列空間の基底が $(1,0,1)$ と $(1,2,0)$ である行列を作れ．行空間と零空間の基底が $(1,0,1)$ と $(1,2,0)$ である行列が作れないのはなぜか？

13 以下の命題は，真か偽か（理由を述べるか，反例を挙げよ）？

(a) $m = n$ のとき，A の行空間と列空間は等しい．
(b) 行列 A と $-A$ は，同じ 4 つの部分空間を持つ．
(c) A と B が同じ 4 つの部分空間を持つとき，A は B の倍数である．

14 次の A を計算しないで，その 4 つの基本部分空間の基底を求めよ：

$$A = \begin{bmatrix} 1 & 0 & 0 \\ 6 & 1 & 0 \\ 9 & 8 & 1 \end{bmatrix} \begin{bmatrix} 1 & 2 & 3 & 4 \\ 0 & 1 & 2 & 3 \\ 0 & 0 & 1 & 2 \end{bmatrix}.$$

15 A の最初の 2 行を交換したとき，4 つの部分空間のうち変化しないのはどれか？$\boldsymbol{v} = (1, 2, 3, 4)$ が A の左零空間に含まれるとき，新しい行列の左零空間に含まれるベクトルを書き下せ．

16 $\boldsymbol{v} = (1, 0, -1)$ が A の行であり，かつ，その零空間に $\boldsymbol{v}$ が含まれることがありえない理由を説明せよ．

17 次の行列に対して，$\mathbf{R}^3$ の部分空間である 4 つの部分空間を表せ．

$$A = \begin{bmatrix} 0 & 1 & 0 \\ 0 & 0 & 1 \\ 0 & 0 & 0 \end{bmatrix} \quad と \quad I + A = \begin{bmatrix} 1 & 1 & 0 \\ 0 & 1 & 1 \\ 0 & 0 & 1 \end{bmatrix}.$$

18 （左零空間）列 $\boldsymbol{b}$ を追加して，A を行簡約階段行列に簡約化せよ：

$$\begin{bmatrix} A & \boldsymbol{b} \end{bmatrix} = \begin{bmatrix} 1 & 2 & 3 & b_1 \\ 4 & 5 & 6 & b_2 \\ 7 & 8 & 9 & b_3 \end{bmatrix} \quad \rightarrow \quad \begin{bmatrix} 1 & 2 & 3 & b_1 \\ 0 & -3 & -6 & b_2 - 4b_1 \\ 0 & 0 & 0 & b_3 - 2b_2 + b_1 \end{bmatrix}.$$

A の行の線形結合が零行となった．それはどのような線形結合か（右辺の $b_3 - 2b_2 + b_1$ に着目せよ）？A^{T} の零空間に含まれるベクトルはどれか？A の零空間に含まれるベクトルはどれか？

19 問題 18 の方法に従い，A を行簡約階段行列へと簡約し，零行に着目せよ．$\boldsymbol{b}$ の列より，行のどのような線形結合をとったかがわかる：

(a) $\begin{bmatrix} 1 & 2 & b_1 \\ 3 & 4 & b_2 \\ 4 & 6 & b_3 \end{bmatrix}$　(b) $\begin{bmatrix} 1 & 2 & b_1 \\ 2 & 3 & b_2 \\ 2 & 4 & b_3 \\ 2 & 5 & b_4 \end{bmatrix}$

消去を行った後の列 $\boldsymbol{b}$ より，左零空間の $m-r$ 個の基底ベクトルを読み取れ．それらの $\boldsymbol{y}$ による行の線形結合は零行を作る．

20 (a) $A\boldsymbol{x}=\boldsymbol{0}$ の解が A の行に直交することを確かめよ：

$$A=\begin{bmatrix}1&0&0\\2&1&0\\3&4&1\end{bmatrix}\begin{bmatrix}4&2&0&1\\0&0&1&3\\0&0&0&0\end{bmatrix}=ER.$$

(b) $A^{\mathrm{T}}\boldsymbol{y}=\boldsymbol{0}$ に対し，線形独立な解はいくつあるか？$\boldsymbol{y}^{\mathrm{T}}$ が E^{-1} の第 3 行であるのはなぜか？

21 A が 階数 1 の行列 2 つの和 $A=\boldsymbol{u}\boldsymbol{v}^{\mathrm{T}}+\boldsymbol{w}\boldsymbol{z}^{\mathrm{T}}$ であるとする．

(a) A の列空間を張るのはどのベクトルか？
(b) A の行空間を張るのはどのベクトルか？
(c) _____ または _____ のとき，階数は 2 より小さい．
(d) $\boldsymbol{u}=\boldsymbol{z}=(1,0,0)$ と $\boldsymbol{v}=\boldsymbol{w}=(0,0,1)$ のとき，A とその階数を計算せよ．

22 列空間の基底が $(1,2,4),(2,2,1)$ であり，行空間の基底が $(1,0),(1,1)$ であるような $A=\boldsymbol{u}\boldsymbol{v}^{\mathrm{T}}+\boldsymbol{w}\boldsymbol{z}^{\mathrm{T}}$ を作れ．A を $(3\times 2$ 行列$)$と$(2\times 2$ 行列$)$の積の形で書け．

23 行列積を計算することなく，A の行空間と列空間の基底を求めよ：

$$A=\begin{bmatrix}1&2\\4&5\\2&7\end{bmatrix}\begin{bmatrix}3&0&3\\1&1&2\end{bmatrix}.$$

A が可逆にはなりえない理由を，これらの行列の形より示せ．

24 （重要）$A^{\mathrm{T}}\boldsymbol{y}=\boldsymbol{d}$ が解を持つのは，$\boldsymbol{d}$ が 4 つの部分空間のどれに含まれるときか？_____ が零ベクトルのみからなるとき，解 $\boldsymbol{y}$ は一意である．

25 以下の命題は，真か偽か（理由を述べるか，反例を挙げよ）？

(a) A と A^{T} は同数のピボットを持つ．
(b) A と A^{T} の左零空間は同じである．
(c) 行空間が列空間に等しいとき，$A^{\mathrm{T}}=A$ である．
(d) $A^{\mathrm{T}}=-A$ であるとき，A の行空間と列空間は等しい．

26 （$\boldsymbol{AB}$ の階数）$AB=C$ のとき，C の行は _____ の行の線形結合である．したがって，C の階数は _____ の階数以下である．$B^{\mathrm{T}}A^{\mathrm{T}}=C^{\mathrm{T}}$ であるので，C の階数は _____ の階数以下でもある．

27 a, b, c（ただし $a \neq 0$）が与えられたとき，$\begin{bmatrix} \boldsymbol{a} & \boldsymbol{b} \\ \boldsymbol{c} & \boldsymbol{d} \end{bmatrix}$ の階数が 1 となるには d をどのように選べばよいか？ 行空間と零空間の基底を求めよ．それらが直交することを示せ．

28 8×8 の 市松模様行列 B とチェス行列 C の階数を求めよ：

$$B = \begin{bmatrix} 1 & 0 & 1 & 0 & 1 & 0 & 1 & 0 \\ 0 & 1 & 0 & 1 & 0 & 1 & 0 & 1 \\ 1 & 0 & 1 & 0 & 1 & 0 & 1 & 0 \\ \cdot & \cdot & \cdot & \cdot & \cdot & \cdot & \cdot & \cdot \\ 0 & 1 & 0 & 1 & 0 & 1 & 0 & 1 \end{bmatrix} \quad \text{と} \quad C = \begin{bmatrix} r & n & b & q & k & b & n & r \\ p & p & p & p & p & p & p & p \\ & & & \text{4 つの零行} & & & & \\ p & p & p & p & p & p & p & p \\ r & n & b & q & k & b & n & r \end{bmatrix}$$

数 r, n, b, q, k, p はすべて異なる．B と C の行空間と左零空間の基底を求めよ．

挑戦問題：C の零空間の基底を求めよ．

29 （5 つの 1 と 4 つの 0 からなる）三目並べの行列について，縦横斜めのいずれも揃っておらず，かつ，階数が 2 であるようなものは作れるか？

挑戦問題

30 $A = \boldsymbol{u}\boldsymbol{v}^{\mathrm{T}}$ が階数 1 の 2×2 行列であるとき，図 3.5 を書き換えて 4 つの部分空間を明らかにせよ．B が同じ 4 つの部分空間を持つとき，B と A の間の正確な関係を示せ．

31 $\mathbf{M}$ は 3×3 行列の空間である．$\mathbf{M}$ に含まれる各 X に次の A を掛ける

$$A = \begin{bmatrix} 1 & 0 & -1 \\ -1 & 1 & 0 \\ 0 & -1 & 1 \end{bmatrix}. \quad \text{注意：} \; A \begin{bmatrix} 1 \\ 1 \\ 1 \end{bmatrix} = \begin{bmatrix} 0 \\ 0 \\ 0 \end{bmatrix}.$$

(a) AX が零行列となる行列 X はどのようなものか？

(b) ある行列 X が存在して，AX の形となっている行列はどのようなものか？

(a) により操作 AX の「零空間」が求まる．(b) により「列空間」が求まる．それらの 2 つの $\mathbf{M}$ の部分空間の次元を求めよ．それらの次元を足すと $(n-r)+r=9$ となる理由を示せ．

32 $m \times n$ 行列 A と B が**同じ 4 つの部分空間**を持つとする．それらがともに行簡約階段行列であるとき，以下の F と G が必ず等しいことを証明せよ：

$$A = \begin{bmatrix} I & F \\ 0 & 0 \end{bmatrix} \qquad B = \begin{bmatrix} I & G \\ 0 & 0 \end{bmatrix}.$$

第4章

直交性

4.1　4 つの部分空間の直交性

2 つのベクトルが直交するのは，それらの内積が零，すなわち $\boldsymbol{v} \cdot \boldsymbol{w} = 0$ または $\boldsymbol{v}^{\mathrm{T}}\boldsymbol{w} = 0$ のときである．本章では，**直交部分空間**，**直交基底**，**直交行列**へと展開する．2 つの部分空間のベクトル，基底のベクトル，列ベクトルの，そのすべての対が直交する．辺が $\boldsymbol{v}$ と $\boldsymbol{w}$ である**直角三角形**について，$a^2 + b^2 = c^2$ を考えよ．

直交ベクトル　　$\boldsymbol{v}^{\mathrm{T}}\boldsymbol{w} = 0$　　と　　$\|\boldsymbol{v}\|^2 + \|\boldsymbol{w}\|^2 = \|\boldsymbol{v} + \boldsymbol{w}\|^2.$

右辺は $(\boldsymbol{v} + \boldsymbol{w})^{\mathrm{T}}(\boldsymbol{v} + \boldsymbol{w})$ である．$\boldsymbol{v}^{\mathrm{T}}\boldsymbol{w} = \boldsymbol{w}^{\mathrm{T}}\boldsymbol{v} = 0$ のとき，右辺は $\boldsymbol{v}^{\mathrm{T}}\boldsymbol{v} + \boldsymbol{w}^{\mathrm{T}}\boldsymbol{w}$ に等しい．

部分空間は，第 3 章において $A\boldsymbol{x} = \boldsymbol{b}$ を解明するのに役立った．まず，（$\boldsymbol{b}$ のための）列空間と（$\boldsymbol{x}$ のための）零空間が必要であった．次に，A^{T} に対してもう 2 つの部分空間を解明した．それらの 4 つの基本部分空間は，行列の本当の振舞いを明らかにする．

行列をベクトルに掛ける：**A と $\boldsymbol{x}$ の積**．第 1 レベルでは，これは単に数の計算でしかなかった．第 2 レベルでは，$A\boldsymbol{x}$ は列ベクトルの線形結合である．第 3 レベルでは，部分空間を表す．しかし，図 4.2 (p.210) を学んで初めてその全体図を理解したといえる．その図は，部分空間を組み合わせ，A と $\boldsymbol{x}$ の積に隠れた事実を示す．新しい事実は部分空間の間の $90°$ の角度であり，その直角が何を意味するかを述べる必要がある．

行空間は零空間に直交する． A のすべての行は，$A\boldsymbol{x} = \boldsymbol{0}$ の解のすべてに直交する．これは図の左側の $90°$ の角を与える．部分空間が直交することは，線形代数の第 2 基本定理である．

列空間は A^{T} の零空間に直交する． $\boldsymbol{b}$ が列空間の外にあるとき，$A\boldsymbol{x} = \boldsymbol{b}$ を解こうにも解けず，この A^{T} の零空間が真価を発揮する．その零空間には，「最小 2 乗」解の誤差 $\boldsymbol{e} = \boldsymbol{b} - A\boldsymbol{x}$ が含まれる．最小 2 乗法は，本章における線形代数の重要な応用である．

第 1 基本定理は，部分空間の次元を示すものであった．行空間と列空間の次元は同じ r である（同じ大きさで描かれる）．2 つの零空間の次元は，残りの $n - r$ と $m - r$ である．以降では，**行空間と零空間が $\mathbf{R}^n$ の中の直交する部分空間であること**を示す．

定義　あるベクトル空間の 2 つの部分空間 $\boldsymbol{V}$ と $\boldsymbol{W}$ について，$\boldsymbol{V}$ のすべてのベクトル $\boldsymbol{v}$ が $\boldsymbol{W}$ のすべてのベクトル $\boldsymbol{w}$ に直交するとき，それらの部分空間は**直交**するという：

直交部分空間　　$\boldsymbol{V}$ のすべての $\boldsymbol{v}$ と $\boldsymbol{W}$ のすべての $\boldsymbol{w}$ について $\boldsymbol{v}^{\mathrm{T}}\boldsymbol{w} = 0$

例 1　部屋の床（無限に広げる）を部分空間 $\boldsymbol{V}$ とする．2 つの壁が交わる直線を部分空間 $\boldsymbol{W}$ （1 次元）とする．これらの部分空間は直交する．2 つの壁が交わる直線上のすべてのベクトルは，床のすべてのベクトルと直交する．

例 2　2 つの壁は直交しているように見えるが，それらは直交部分空間ではない．交線は $\boldsymbol{V}$ と $\boldsymbol{W}$ の両方に含まれ，この直線はそれ自身と直交しない．2 つの平面（$\mathbf{R}^3$ における 2 次元）は，直交部分空間になりえない．

あるベクトルが 2 つの直交部分空間に含まれるとき，それは**必ず**零ベクトルである．零ベクトルは，それ自身に直交する．そのベクトルは $\boldsymbol{v}$ でも $\boldsymbol{w}$ でもあるので，$\boldsymbol{v}^{\mathrm{T}}\boldsymbol{v} = 0$ である．これは，零ベクトルしかない．

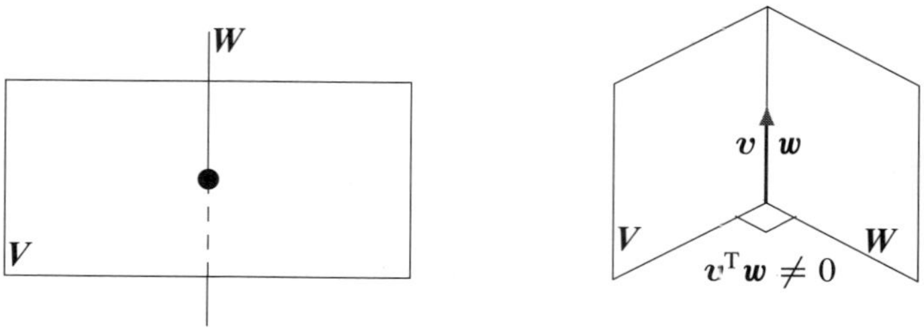

直交する直線と平面　　　　直交しない平面

図 4.1　$\dim \boldsymbol{V} + \dim \boldsymbol{W} >$ 全体の空間の次元 のとき，直交しえない．

線形代数の非常に重要な例は，基本部分空間によってもたらされる．零は，零空間と行空間が交わる唯一の点である．さらに，A の零空間と行空間は $90°$ で交わる．この重要な事実は，$A\boldsymbol{x} = \boldsymbol{0}$ より直接導かれる：

> 零空間に含まれるすべてのベクトル $\boldsymbol{x}$ は，A のすべての行に直交する．なぜなら，$A\boldsymbol{x} = \boldsymbol{0}$ だからだ．**零空間 $\boldsymbol{N}(A)$ と行空間 $\boldsymbol{C}(A^{\mathrm{T}})$ は $\mathbf{R}^n$ の直交部分空間である．**

なぜ $\boldsymbol{x}$ が行に直交するのかを理解するため，$A\boldsymbol{x} = \boldsymbol{0}$ を見る．各行に $\boldsymbol{x}$ を掛ける：

$$A\boldsymbol{x} = \begin{bmatrix} \text{第 1 行} \\ \vdots \\ \text{第 } m \text{ 行} \end{bmatrix} \begin{bmatrix} \\ \boldsymbol{x} \\ \\ \end{bmatrix} = \begin{bmatrix} 0 \\ \vdots \\ 0 \end{bmatrix} \begin{matrix} \longleftarrow \quad (\text{第 1 行}) \cdot \boldsymbol{x} \text{ は零} \\ \\ \longleftarrow \quad (\text{第 } m \text{ 行}) \cdot \boldsymbol{x} \text{ は零} \end{matrix} \tag{1}$$

最初の等式より，第 1 行が $\boldsymbol{x}$ に直交することが言える．最後の等式より，第 m 行が $\boldsymbol{x}$ に直交することが言える．**すべての行は，$\boldsymbol{x}$ と内積をとると零になる**．すると，$\boldsymbol{x}$ は行のすべての**線形結合**にも直交する．行空間全体 $\boldsymbol{C}(A^{\mathrm{T}})$ は，$\boldsymbol{N}(A)$ に直交する．

行列を用いた簡潔な表現を好む読者のために，その直交性の別の証明を示そう．行空間のベクトルは，行の線形結合 $A^{\mathrm{T}}\boldsymbol{y}$ である．$A^{\mathrm{T}}\boldsymbol{y}$ と零空間の任意の $\boldsymbol{x}$ との内積をとる．**これらのベクトルは直交する**：

零空間と行空間　$$\boldsymbol{x}^{\mathrm{T}}(A^{\mathrm{T}}\boldsymbol{y}) = (A\boldsymbol{x})^{\mathrm{T}}\boldsymbol{y} = \mathbf{0}^{\mathrm{T}}\boldsymbol{y} = 0. \tag{2}$$

最初の証明のほうが好みかもしれない．式 (1) にて，A の行と $\boldsymbol{x}$ の積により零ができることを見た．2 つ目の証明より，A と A^{T} の両方が基本定理に含まれる理由がわかる．A^{T} は $\boldsymbol{y}$ と対になり，A は $\boldsymbol{x}$ と対になる．最後で $A\boldsymbol{x} = \mathbf{0}$ を使った．

例 3　次の A の行は，零空間に含まれる $\boldsymbol{x} = (1, 1, -1)$ に直交する：

$$A\boldsymbol{x} = \begin{bmatrix} 1 & 3 & 4 \\ 5 & 2 & 7 \end{bmatrix} \begin{bmatrix} 1 \\ 1 \\ -1 \end{bmatrix} = \begin{bmatrix} 0 \\ 0 \end{bmatrix} \quad \text{より，内積は} \quad \begin{matrix} 1+3-4=0 \\ 5+2-7=0 \end{matrix}$$

ここで，もう 2 つの部分空間を考えよう．この例では，列空間は $\mathbf{R}^2$ 全体である．A^{T} の零空間は,（すべてのベクトルに直交する）零ベクトルのみからなる．A の列空間と A^{T} の零空間は，必ず直交部分空間となる．

> A^{T} の零空間に含まれるすべてのベクトル $\boldsymbol{y}$ は，A のすべての列ベクトルに直交する．**左零空間 $\boldsymbol{N}(A^{\mathrm{T}})$ と列空間 $\boldsymbol{C}(A)$ は，$\mathbf{R}^m$ の直交部分空間である．**

A^{T} **に対して同じ証明を適用する**．A^{T} の零空間はその行空間に直交し，A^{T} の行空間は A の列空間である．証明終.

視覚的な証明には，$A^{\mathrm{T}}\boldsymbol{y} = \mathbf{0}$ を考えよ．A のすべての列ベクトルに $\boldsymbol{y}$ を掛けると，0 となる：

$$\boldsymbol{C}(\boldsymbol{A}) \perp \boldsymbol{N}(\boldsymbol{A}^{\mathrm{T}}) \qquad A^{\mathrm{T}}\boldsymbol{y} = \begin{bmatrix} (\text{第 } 1 \text{ 列})^{\mathrm{T}} \\ \vdots \\ (\text{第 } n \text{ 列})^{\mathrm{T}} \end{bmatrix} \begin{bmatrix} \\ \boldsymbol{y} \\ \\ \end{bmatrix} = \begin{bmatrix} 0 \\ \vdots \\ 0 \end{bmatrix}. \tag{3}$$

$\boldsymbol{y}$ と A のすべての列ベクトルの内積は零である．すると，左零空間の $\boldsymbol{y}$ は各列ベクトルに直交し，列空間全体にも直交する．

直交補空間

重要　基本部分空間は，対ごとに直交であるだけではない．その次元もまたぴったり合っている．2 つの直線は，$\mathbf{R}^3$ において直交することがあるが，3×3 の行列の行空間と零空間とには**なりえない**．それらの直線の次元は 1 と 1 であり，足すと 2 になる．適切な次元である r と $n - r$ は，足すと必ず $n = 3$ になる．

3×3 の行列の基本部分空間の次元は，2 と 1 または 3 と 0 である．それらの部分空間は，単に直交するだけでなく**直交補空間**である．

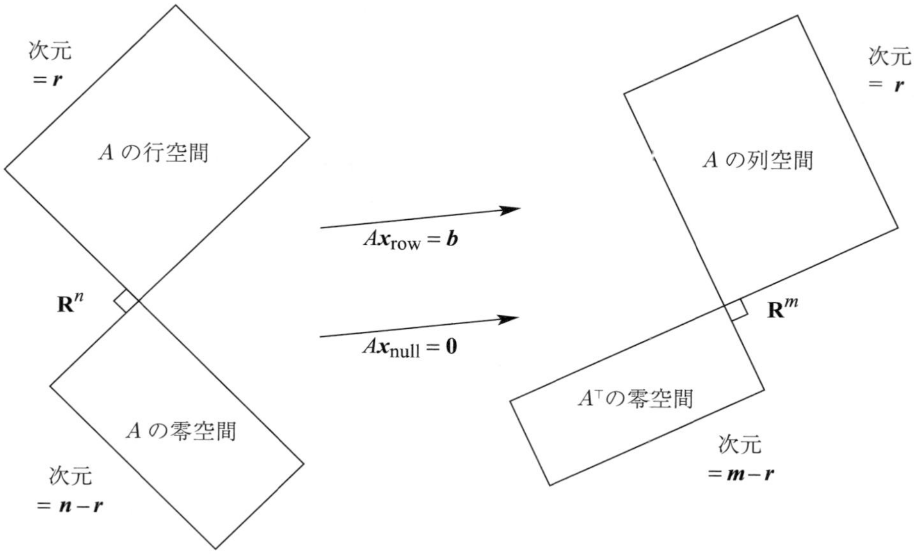

図 4.2　直交部分空間の 2 つの対．次元を足すと，それぞれ n と m になる．**これは重要な絵である．** 一方の対は，$\mathbf{R}^n$ の部分空間であり，もう一方の対は，$\mathbf{R}^m$ の部分空間である．

定義　ある部分空間 $\boldsymbol{V}$ の**直交補空間**は，$\boldsymbol{V}$ に直交する**すべて**のベクトルからなる．この直交部分空間を，$\boldsymbol{V}^{\perp}$ と書く（英語では「$\boldsymbol{V}$ perp」，日本語では「$\boldsymbol{V}$ の直交補空間」と読む）．

この定義より，零空間は行空間の直交補空間である．行に直交する**すべての** $\boldsymbol{x}$ が $A\boldsymbol{x} = \mathbf{0}$ を満たす．

逆も正しい．$\boldsymbol{v}$ **が零空間に直交するとき，必ずそれは行空間に含まれる**．そうでなければ，零空間を変えることなく，この $\boldsymbol{v}$ を行列の行として追加できるはずだ．行空間が大きくなると，$r + (n - r) = n$ が成り立たなくなる．結論として，零空間の直交補空間 $\boldsymbol{N}(A)^{\perp}$ は，まさに行空間 $\boldsymbol{C}(A^{\mathrm{T}})$ なのである．

左零空間と列空間は，$\mathbf{R}^m$ において直交し，かつそれらは直交補空間である．それらの次元 r と $m - r$ を足すと全体の次元 m となる．

線形代数の第 2 基本定理

（$\mathbf{R}^n$ において）$\boldsymbol{N}(\boldsymbol{A})$ は行空間 $\boldsymbol{C}(A^{\mathrm{T}})$ の直交補空間である．

（$\mathbf{R}^m$ において）$\boldsymbol{N}(\boldsymbol{A}^{\mathbf{T}})$ は列空間 $\boldsymbol{C}(A)$ の直交補空間である．

第 1 基本定理は，部分空間の次元を与えた．第 2 基本定理は，それらの間の 90° の角を与える．「補空間」の要点は，すべての $\boldsymbol{x}$ が**行空間成分** $\boldsymbol{x}_r$ と**零空間成分** $\boldsymbol{x}_n$ に分けられることである．図 4.3 は，$\boldsymbol{x} = \boldsymbol{x}_r + \boldsymbol{x}_n$ に A を掛けたとき何が起こるかを示す：

零空間成分は零になる：　$A\boldsymbol{x}_n = \mathbf{0}$.

行空間成分は，列空間へ移る：　$A\boldsymbol{x}_r = A\boldsymbol{x}$.

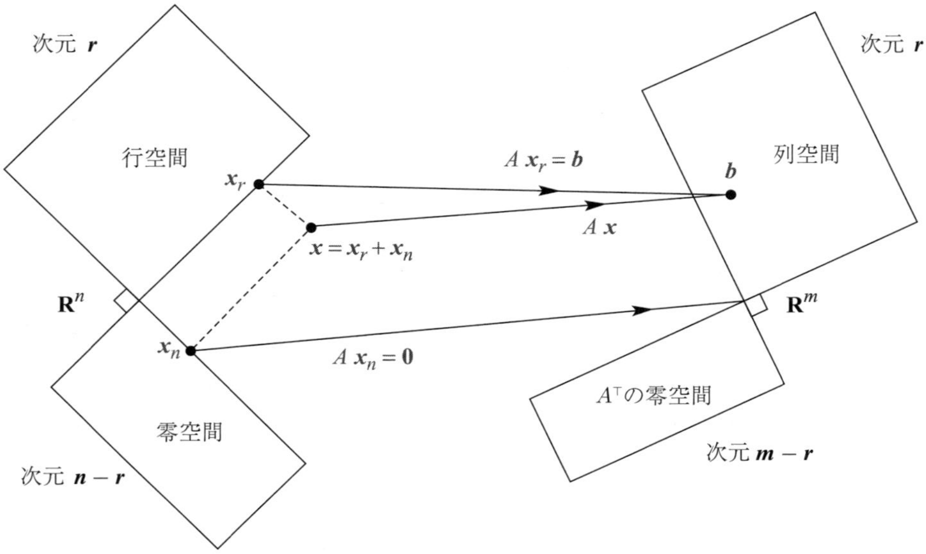

図 4.3　この図は図 4.2 を更新したもので，$\boldsymbol{x} = \boldsymbol{x}_r + \boldsymbol{x}_n$ に対する A の本当の作用を表す．行空間のベクトル $\boldsymbol{x}_r$ は列空間へと移り，零空間のベクトル $\boldsymbol{x}_n$ は零へと移る．

すべてのベクトルは，列空間に移る．A を掛けたときに起こるのはそれだけである．

より多くのことが言える：**列空間のすべてのベクトル $\boldsymbol{b}$ は，行空間のちょうど 1 つのベクトルから作られる**．証明：$A\boldsymbol{x}_r = A\boldsymbol{x}'_r$ であるとき，差 $\boldsymbol{x}_r - \boldsymbol{x}'_r$ は零空間に含まれる．また，$\boldsymbol{x}_r$ と $\boldsymbol{x}'_r$ が含まれる行空間にも含まれる．零空間と行空間は直交するので，この差は零ベクトルである．したがって，$\boldsymbol{x}_r = \boldsymbol{x}'_r$ である．

2 つの零空間を取り去ると，A の中に隠れている $r \times r$ の可逆行列が出てくる．**行空間から列空間への A は可逆である**．第 7.3 節で，「擬似逆行列」によりその A を逆行列化する．

例 4　すべての対角行列は，$r \times r$ の可逆部分行列を持つ：

$$A = \begin{bmatrix} 3 & 0 & 0 & 0 & 0 \\ 0 & 5 & 0 & 0 & 0 \\ 0 & 0 & 0 & 0 & 0 \end{bmatrix} \quad \text{は，部分行列} \quad \begin{bmatrix} 3 & 0 \\ 0 & 5 \end{bmatrix} \quad \text{を含む．}$$

その他の 11 個の零は，零空間に関係する．次の行列 B の階数も $r = 2$ である：

$$B = \begin{bmatrix} 1 & 2 & 3 & 4 & 5 \\ 1 & 2 & 4 & 5 & 6 \\ 1 & 2 & 4 & 5 & 6 \end{bmatrix} \quad \text{は} \quad \begin{bmatrix} 1 & 3 \\ 1 & 4 \end{bmatrix} \quad \text{をピボット行とピボット列に含む．}$$

$\mathbf{R}^n$ と $\mathbf{R}^m$ に対して適切な基底を選ぶと，すべての A は対角行列となる．この**特異値分解**は応用において非常に重要になる．

部分空間の基底の組合せ

基底に関する有益な事実を以下に述べる．これまで触れなかったが，ようやくその準備が整った．1 週間後には，基底が何であるか（空間を**張る**線形独立なベクトル）について，より明確に理解するだろう．通常，以下の性質の両方を確かめなければならない．ベクトルの個数が一致するときには，一方の性質によりもう一方の性質が示される：

> $\mathbf{R}^n$ の任意の n 個の独立ベクトルは必ず $\mathbf{R}^n$ を張る．ゆえに，それらは基底である．
> $\mathbf{R}^n$ を張る任意の n 個のベクトルは必ず独立である．ゆえに，それらは基底である．

ベクトルの個数が一致するとき，基底の一方の性質からもう一方の性質が導かれる．これは任意のベクトル空間で正しいが，$\mathbf{R}^n$ では特に重要である．ベクトルが $n \times n$ **正方**行列 A の列ベクトルであるとき，2 つの事実は以下のようにも表現される：

> A の n 列が独立であるとき，それらは $\mathbf{R}^n$ を張る．よって，$A\boldsymbol{x} = \boldsymbol{b}$ は解を持つ．
> A の n 列が $\mathbf{R}^n$ を張るとき，それらは独立である．よって，$A\boldsymbol{x} = \boldsymbol{b}$ は唯一解を持つ．

一意であることから存在することが示され，存在することから一意であることが示される．**そのとき A は可逆である**．自由変数がないとき，解 $\boldsymbol{x}$ は一意である．n 個のピボットがなければならない．すると，後退代入により $A\boldsymbol{x} = \boldsymbol{b}$ が解ける（解が存在する）．

逆向きに考える．$A\boldsymbol{x} = \boldsymbol{b}$ がすべての $\boldsymbol{b}$ に対して解けるとする（**解の存在**）．すると，消去によって零行が作られることはない．ピボットが n 個あり，自由変数はない．零空間は，$\boldsymbol{x} = \mathbf{0}$ のみからなる（解の**一意性**）．

行空間の基底と零空間の基底に $r + (n - r) = n$ 個のベクトルがある．これはちょうどの数である．それらの n 個のベクトルは独立である[2]．**したがって，それらは $\mathbf{R}^n$ を張る**．

すべての $\boldsymbol{x}$ は，行空間のベクトル $\boldsymbol{x}_r$ と零空間のベクトル $\boldsymbol{x}_n$ の和 $\boldsymbol{x}_r + \boldsymbol{x}_n$ である．

図 4.3 における分割は，直交補空間の要点を示している．すなわち，次元を足すと n になり，すべてのベクトルが十分に説明されている．

例 5　$A = \begin{bmatrix} 1 & 2 \\ 3 & 6 \end{bmatrix}$ について，$\boldsymbol{x} = \begin{bmatrix} 4 \\ 3 \end{bmatrix}$ を $\boldsymbol{x}_r + \boldsymbol{x}_n = \begin{bmatrix} 2 \\ 4 \end{bmatrix} + \begin{bmatrix} 2 \\ -1 \end{bmatrix}$ に分割せよ．

ベクトル $(2, 4)$ は行空間に含まれる．直交するベクトル $(2, -1)$ は零空間に含まれる．次節では，任意の A と $\boldsymbol{x}$ に対するこの分割を，射影を用いて計算する．

---

[2] n 個すべてのベクトルの線形結合が $\boldsymbol{x}_r + \boldsymbol{x}_n = \mathbf{0}$ となるとき，$\boldsymbol{x}_r = -\boldsymbol{x}_n$ は行空間と零空間の両方に含まれる．したがって，$\boldsymbol{x}_r = \boldsymbol{x}_n = 0$ であり，行空間の基底と零空間の基底のすべての係数は零でなければならない．これは同時に，n 個のベクトルが独立であることを示している．

■ 要点の復習 ■

1. $\boldsymbol{V}$ のすべてのベクトル $\boldsymbol{v}$ が $\boldsymbol{W}$ のすべてのベクトル $\boldsymbol{w}$ に直交するとき，$\boldsymbol{V}$ と $\boldsymbol{W}$ は直交部分空間である．

2. $\boldsymbol{W}$ が $\boldsymbol{V}$ に直交する**すべての**ベクトルからなるとき（またその逆も成り立つとき），$\boldsymbol{V}$ と $\boldsymbol{W}$ は「直交補空間」である．$\mathbf{R}^n$ において，直交補空間 $\boldsymbol{V}$ と $\boldsymbol{W}$ の次元の和は n になる．

3. 零空間 $\boldsymbol{N}(A)$ と行空間 $\boldsymbol{C}(A^{\mathrm{T}})$ は，$A\boldsymbol{x} = \mathbf{0}$ から作られる直交補空間である．同様に，$\boldsymbol{N}(A^{\mathrm{T}})$ と $\boldsymbol{C}(A)$ は直交補空間である．

4. $\mathbf{R}^n$ に含まれる任意の n 個の独立ベクトルは $\mathbf{R}^n$ を張る．

5. $\mathbf{R}^n$ に含まれるすべての $\boldsymbol{x}$ は，零空間成分 $\boldsymbol{x}_n$ と行空間成分 $\boldsymbol{x}_r$ の和からなる．

■ 例題 ■

4.1 A　9 次元空間 $\mathbf{R}^9$ の 6 次元部分空間を $\boldsymbol{S}$ とする．

(a) $\boldsymbol{S}$ に直交する部分空間の次元としてとりうる値を答えよ．

(b) $\boldsymbol{S}$ の直交補空間 $\boldsymbol{S}^{\perp}$ の次元としてとりうる値を答えよ．

(c) 行空間が $\boldsymbol{S}$ であるような最小の行列 A の大きさを答えよ．

(d) その零空間行列 N の形はどのようなものか？

解

(a) $\boldsymbol{S}$ が $\mathbf{R}^9$ における 6 次元空間であるとき，$\boldsymbol{S}$ に直交する部分空間の次元としてとりうる値は $0, 1, 2, 3$ である．

(b) 直交補空間 $\boldsymbol{S}^{\perp}$ は，最大の直交空間であり，その次元は 3 である．

(c) 最小の行列 A は 6×9 である（その 6 つの行は，$\boldsymbol{S}$ の基底である）．

(d) 零空間行列 N は 9×3 である．N の列は $\boldsymbol{S}^{\perp}$ の基底を含む．

A の 6 つの行の線形結合を第 7 行として追加した行列を B とすると，B は A と同じ行空間を持つ．また，同じ零空間行列 N を持つ．特解 $\boldsymbol{s}_1, \boldsymbol{s}_2, \boldsymbol{s}_3$ も同じになる．消去を行うと，B の第 7 行はすべて零になる．

4.1 B　等式 $x - 3y - 4z = 0$ は，$\mathbf{R}^3$ における平面 $\boldsymbol{P}$（部分空間）を表す．

(a) 平面 $\boldsymbol{P}$ は，どのような 1×3 行列 A の零空間 $\boldsymbol{N}(A)$ か？

(b) $x - 3y - 4z = 0$ の特解の基底 $\boldsymbol{s}_1, \boldsymbol{s}_2$ を求めよ（これらは零空間行列 N の列となる）．

(c) $\boldsymbol{P}$ に直交する直線 $\boldsymbol{P}^{\perp}$ の基底を求めよ．

(d) $\boldsymbol{v} = (6, 4, 5)$ を，$\boldsymbol{P}$ にある零空間成分 $\boldsymbol{v}_n$ と $\boldsymbol{P}^{\perp}$ にある行空間成分 $\boldsymbol{v}_r$ とに分けよ．

解

(a) 1×3 行列 A を $A=[1\ \ -3\ \ -4]$ とすると，等式 $x-3y-4z=0$ は $A\boldsymbol{x}=\boldsymbol{0}$ である．
(b) 第 2 列と第 3 列は自由列である（ピボットは 1 のみである）．自由変数を 1 または 0 とした特解は $\boldsymbol{s}_1=(3,1,0)$ と $\boldsymbol{s}_2=(4,0,1)$ であり，それらは平面 $\boldsymbol{P}=\boldsymbol{N}(A)$ にある．
(c) A の行空間は，行 $\boldsymbol{z}=(1,-3,-4)$ の方向の直線 $\boldsymbol{P}^{\perp}$ である．
(d) $\boldsymbol{v}$ を $\boldsymbol{v}_n+\boldsymbol{v}_r=(c_1\boldsymbol{s}_1+c_2\boldsymbol{s}_2)+c_3\boldsymbol{z}$ に分解するため，方程式を解いて $c_1=1, c_2=1, c_3=-1$ を得る．

$$\begin{bmatrix}6\\4\\5\end{bmatrix}=\begin{bmatrix}3&4&1\\1&0&-3\\0&1&-4\end{bmatrix}\begin{bmatrix}1\\1\\-1\end{bmatrix}$$

$\boldsymbol{v}_n=\boldsymbol{s}_1+\boldsymbol{s}_2=(7,1,1)$ は $\boldsymbol{P}=\boldsymbol{N}(A)$ に含まれる．
$\boldsymbol{v}_r=-\boldsymbol{z}=(-1,3,4)$ は $\boldsymbol{P}^{\perp}=\boldsymbol{C}(A^{\mathrm{T}})$ に含まれる．
$\boldsymbol{v}=(6,4,5)$ は $(7,1,1)+(-1,3,4)$ に等しい．

ここでは，全体の基底 $\boldsymbol{s}_1,\boldsymbol{s}_2,\boldsymbol{z}$ を作るのに 2 つの部分空間の基底を組み合わせた．第 4.2 節では，$\boldsymbol{v}$ を部分空間 $\boldsymbol{S}$ へ射影する．その場合，直交する部分空間 $\boldsymbol{S}^{\perp}$ の基底を必要としない．

練習問題 4.1

問題 1〜12 は 4 つの部分空間を表す図 4.2 と図 4.3 について問うものである．

1　階数が 1 である任意の 2×3 行列を作れ．図 4.2 を写し，それぞれの部分空間に 1 つずつ（零空間には 2 つ）ベクトルを配置せよ．どのベクトルが直交するか？

2　階数が $r=2$ である 3×2 行列に対して，図 4.3 を書き換えよ．どの部分空間が $\boldsymbol{Z}$（零ベクトルのみ）となるか？$\mathbf{R}^2$ の任意のベクトル $\boldsymbol{x}$ の零空間成分は $\boldsymbol{x}_n=$ _____ である．

3　要求された性質を持つ行列を作れ．それが不可能なときにはその理由を示せ：

(a) 列空間が $\begin{bmatrix}1\\2\\-3\end{bmatrix}$ と $\begin{bmatrix}2\\-3\\5\end{bmatrix}$ を含み，零空間が $\begin{bmatrix}1\\1\\1\end{bmatrix}$ を含む．
(b) 行空間が $\begin{bmatrix}1\\2\\-3\end{bmatrix}$ と $\begin{bmatrix}2\\-3\\5\end{bmatrix}$ を含み，零空間が $\begin{bmatrix}1\\1\\1\end{bmatrix}$ を含む．
(c) $A\boldsymbol{x}=\begin{bmatrix}1\\1\\1\end{bmatrix}$ が解を持ち，$A^{\mathrm{T}}\begin{bmatrix}1\\0\\0\end{bmatrix}=\begin{bmatrix}0\\0\\0\end{bmatrix}$ である．
(d) すべての行がすべての列に直交する（A は零行列ではない）．
(e) 列の和が零列になり，行の和が全要素 1 からなる行となる．

4　$AB=0$ のとき，B の列は A の _____ に含まれる．A の行は B の _____ に含まれる．A と B の両方が階数 2 の 3×3 行列となることがありえないのはなぜか？

5　(a) $A\boldsymbol{x}=\boldsymbol{b}$ が解を持ち $A^{\mathrm{T}}\boldsymbol{y}=\boldsymbol{0}$ であるとき，$(\boldsymbol{y}^{\mathrm{T}}\boldsymbol{x}=0$ ・ $\boldsymbol{y}^{\mathrm{T}}\boldsymbol{b}=0)$ が成り立つ．
(b) $A^{\mathrm{T}}\boldsymbol{y}=(1,1,1)$ が解を持ち，$A\boldsymbol{x}=\boldsymbol{0}$ であるとき，_____ である．

6　次の方程式 $A\boldsymbol{x}=\boldsymbol{b}$ は**解を持たない**（解を持つとすると $0=1$ が導かれる）：

$$\begin{aligned} x+2y+2z &= 5 \\ 2x+2y+3z &= 5 \\ 3x+4y+5z &= 9 \end{aligned}$$

等式にそれぞれ y_1,y_2,y_3 を掛けて足すと $0=1$ となる数 y_1,y_2,y_3 を求めよ．どの部分空間のベクトル $\boldsymbol{y}$ を求めたことになるか？その内積 $\boldsymbol{y}^{\mathrm{T}}\boldsymbol{b}$ が 1 であるため，解 $\boldsymbol{x}$ がない．

7　解がないすべての方程式は，問題 6 と同じようにできる．m 個の等式に掛けて足すと $0=1$ となる数 $y_1,\ldots,y_m$ が存在する．これは**フレドホルムの交代定理**と呼ばれる：

これらの問題のうちいずれか一方のみが解を持つ

$$A\boldsymbol{x}=\boldsymbol{b} \quad \text{または} \quad A^{\mathrm{T}}\boldsymbol{y}=\boldsymbol{0} \quad \text{と} \quad \boldsymbol{y}^{\mathrm{T}}\boldsymbol{b}=1.$$

$\boldsymbol{b}$ が A の列空間にないとき，それは A^{T} の零空間と直交でない．等式 $x_1-x_2=1$ と $x_2-x_3=1$ と $x_1-x_3=1$ に数 y_1,y_2,y_3 を掛け，それらを足して $0=1$ とせよ．

8　図 4.3 において，$A\boldsymbol{x}_r$ が $A\boldsymbol{x}$ に等しいのはなぜか？このベクトルが列空間にあるのはなぜか？$A=\left[\begin{smallmatrix}1&1\\1&1\end{smallmatrix}\right]$ と $\boldsymbol{x}=\left[\begin{smallmatrix}1\\0\end{smallmatrix}\right]$ について，$\boldsymbol{x}_r$ を求めよ．

9　$A^{\mathrm{T}}A\boldsymbol{x}=\boldsymbol{0}$ のとき，$A\boldsymbol{x}=\boldsymbol{0}$ である．理由：$A\boldsymbol{x}$ は A^{T} の零空間にあり，また，A の ＿＿＿ にある．それらの空間は ＿＿＿ である．**結論：$A^{\mathrm{T}}A$ は A と同じ零空間を持つ．この重要な事実を，次節でもう一度述べる．**

10　A が対称行列 $(A^{\mathrm{T}}=A)$ であるとする．

(a) A の列空間が零空間に直交する理由を示せ．

(b) $A\boldsymbol{x}=\boldsymbol{0}$ および $A\boldsymbol{z}=5\boldsymbol{z}$ であるとき，これらの「固有ベクトル」$\boldsymbol{x}$ と $\boldsymbol{z}$ を含む部分空間はどれか？**対称行列は直交する固有ベクトルを持つ，すなわち $\boldsymbol{x}^{\mathrm{T}}\boldsymbol{z}=0$.**

11　（推奨）　次の行列について図 4.2 を描き，各部分空間を正確に示せ．

$$A=\begin{bmatrix}1&2\\3&6\end{bmatrix} \quad \text{と} \quad B=\begin{bmatrix}1&0\\3&0\end{bmatrix}.$$

12　次の行列とベクトルについて，成分 $\boldsymbol{x}_r$ と $\boldsymbol{x}_n$ を求め，図 4.3 を正確に描け．

$$A=\begin{bmatrix}1&-1\\0&0\\0&0\end{bmatrix} \quad \text{と} \quad \boldsymbol{x}=\begin{bmatrix}2\\0\end{bmatrix}.$$

問題 13〜23 は直交部分空間に関するものである．

13 部分空間 $\boldsymbol{V}$ と $\boldsymbol{W}$ の基底を行列 V と W の列とする．直交部分空間の判定を，$V^{\mathrm{T}}W =$ 零行列 と記述できる理由を説明せよ．これは，直交ベクトルに対する $\boldsymbol{v}^{\mathrm{T}}\boldsymbol{w} = 0$ に対応する．

14 床 $\boldsymbol{V}$ と壁 $\boldsymbol{W}$ は直交部分空間ではない．なぜならば，それらは（それらが交わる直線に沿った）非零ベクトルを共有するからである．$\mathbf{R}^3$ における平面 $\boldsymbol{V}$ と $\boldsymbol{W}$ が直交することはない．次の両方の行列の列空間に含まれるベクトルを求めよ．

$$A = \begin{bmatrix} 1 & 2 \\ 1 & 3 \\ 1 & 2 \end{bmatrix} \qquad \text{と} \qquad B = \begin{bmatrix} 5 & 4 \\ 6 & 3 \\ 5 & 1 \end{bmatrix}$$

そのベクトルは，ベクトル $A\boldsymbol{x}$ であり $B\widehat{\boldsymbol{x}}$ でもある．3×4 の行列 $[\,A \;\; B\,]$ を考えよ．

15 問題 14 を $\mathbf{R}^n$ における p 次元部分空間 $\boldsymbol{V}$ と q 次元部分空間 $\boldsymbol{W}$ に拡張せよ．$\boldsymbol{V}$ と $\boldsymbol{W}$ の共通集合が非零ベクトルとなることが保証できるのは，$p+q$ についてどのような不等式が成り立つときか？そのとき，これらの部分空間は直交することはありえない．

16 $\boldsymbol{N}(A^{\mathrm{T}})$ にあるすべての $\boldsymbol{y}$ が，列空間にあるすべての $A\boldsymbol{x}$ と直交することを，式 (2) の行列を用いた短縮表現を用いて証明せよ．$A^{\mathrm{T}}\boldsymbol{y} = \mathbf{0}$ から始めよ．

17 $\mathbf{R}^3$ の部分空間で零ベクトルのみからなるものを $\boldsymbol{S}$ とするとき，$\boldsymbol{S}^{\perp}$ を求めよ．$\boldsymbol{S}$ が $(1, 1, 1)$ によって張られるとき，$\boldsymbol{S}^{\perp}$ を求めよ．$\boldsymbol{S}$ が $(1, 1, 1)$ と $(1, 1, -1)$ によって張らえるとき，$\boldsymbol{S}^{\perp}$ の基底を求めよ．

18 $\boldsymbol{S}$ が 2 つのベクトル $(1, 5, 1)$ と $(2, 2, 2)$ のみからなるとする（部分空間ではない）．そのとき $\boldsymbol{S}^{\perp}$ は行列 $A =$ ＿＿＿ の零空間である．$\boldsymbol{S}$ が部分空間でなくても，$\boldsymbol{S}^{\perp}$ は部分空間である．

19 $\boldsymbol{L}$ が $\mathbf{R}^3$ における 1 次元部分空間（直線）であるとする．その直交補空間 $\boldsymbol{L}^{\perp}$ は，$\boldsymbol{L}$ に直交する ＿＿＿ である．さらに，$(\boldsymbol{L}^{\perp})^{\perp}$ は $\boldsymbol{L}^{\perp}$ に直交する ＿＿＿ である．実際，$(\boldsymbol{L}^{\perp})^{\perp}$ は ＿＿＿ と同一である．

20 $\boldsymbol{V}$ が $\mathbf{R}^4$ 全体であるとする．そのとき，$\boldsymbol{V}^{\perp}$ は ＿＿＿ ベクトルのみからなる．さらに，$(\boldsymbol{V}^{\perp})^{\perp}$ は ＿＿＿ である．よって，$(\boldsymbol{V}^{\perp})^{\perp}$ は ＿＿＿ と同一である．

21 $\boldsymbol{S}$ がベクトル $(1, 2, 2, 3)$ と $(1, 3, 3, 2)$ によって張られるとする．$\boldsymbol{S}^{\perp}$ を張る 2 つのベクトルを求めよ．これは，どのような A について $A\boldsymbol{x} = \mathbf{0}$ を解くのと同じか？

22 $\mathbf{R}^4$ において $x_1 + x_2 + x_3 + x_4 = 0$ を満たすベクトルからなる平面を $\boldsymbol{P}$ とするとき，$\boldsymbol{P}^{\perp}$ の基底を書け．$\boldsymbol{P}$ をその零空間に持つような行列を作れ．

23 部分空間 $\boldsymbol{S}$ が部分空間 $\boldsymbol{V}$ に含まれるとき，$\boldsymbol{S}^{\perp}$ が $\boldsymbol{V}^{\perp}$ を含むことを証明せよ．

問題 24〜28 は直交する列と行に関するものである.

24 $n \times n$ 行列が可逆であるとする，すなわち，$AA^{-1} = I$．そのとき，A^{-1} の第 1 列は，A のどの行によって張られる空間に直交するか？

25 A の列が互いに直交する単位ベクトルであるとき，$A^{\mathrm{T}}A$ を求めよ．

26 要素が非零である 3×3 行列で，その列ベクトルが互いに直交する行列 A を作れ．$A^{\mathrm{T}}A$ を計算せよ．それが対角行列となる理由を示せ．

27 直線 $3x + y = b_1$ と $6x + 2y = b_2$ は ＿＿＿ である．＿＿＿ であるとき，それらは同じ直線となる．その場合，(b_1, b_2) はベクトル ＿＿＿ に直交する．その行列の零空間は，直線 $3x + y =$ ＿＿＿ である．その零空間にあるベクトルの 1 つは ＿＿＿ である．

28 以下の命題がいずれも偽である理由を示せ．

(a) $(1, 1, 1)$ は $(1, 1, -2)$ に直交するので，平面 $x + y + z = 0$ と $x + y - 2z = 0$ は直交部分空間である．

(b) $(1, 1, 0, 0, 0)$ と $(0, 0, 0, 1, 1)$ によって張られる空間は，$(1, -1, 0, 0, 0)$ と $(2, -2, 3, 4, -4)$ によって張られる部分空間の直交補空間である．

(c) 零ベクトルのみで交わる 2 つの部分空間は直交する部分空間である．

29 $\boldsymbol{v} = (1, 2, 3)$ を行空間と列空間に含む行列を求めよ．$\boldsymbol{v}$ を零空間と列空間に含む行列を求めよ．$\boldsymbol{v}$ をともに含むことができない部分空間の対はどれか？

挑戦問題

30 A が 3×4 行列，B が 4×5 行列であり，$AB = 0$ であるとする．$\boldsymbol{N}(A)$ は $\boldsymbol{C}(B)$ を含む．$\boldsymbol{N}(A)$ の次元と $\boldsymbol{C}(B)$ の次元から，$\mathrm{rank}(A) + \mathrm{rank}(B) \le 4$ であることを証明せよ．

31 コマンド $N = \mathsf{null}(A)$ により A の零空間の基底が作られる．そのとき，コマンド $B = \mathsf{null}(N')$ により，A の ＿＿＿ の基底が作られる．

32 $\mathbf{R}^2$ における 4 つの非零ベクトル $\boldsymbol{r}, \boldsymbol{n}, \boldsymbol{c}, \boldsymbol{l}$ を考える．

(a) これらが，ある 2×2 行列の 4 つの基本部分空間 $C(A^{\mathrm{T}}), N(A), C(A), N(A^{\mathrm{T}})$ の基底となるための条件を示せ．

(b) その行列 A の例を示せ．

33 $\mathbf{R}^4$ における 8 つのベクトル $\boldsymbol{r}_1, \boldsymbol{r}_2, \boldsymbol{n}_1, \boldsymbol{n}_2, \boldsymbol{c}_1, \boldsymbol{c}_2, \boldsymbol{l}_1, \boldsymbol{l}_2$ を考える．

(a) それらの対が，ある 4×4 行列の 4 つの基本部分空間の基底となるための条件を示せ．

(b) その行列 A の例を示せ．

4.2 射影

本節は 2 つの問から始めよう．第 1 の問により，射影を簡単に可視化できることが示される．第 2 の問は，$P^2 = P$ を満たす対称行列である「射影行列」に関するものである．**$\boldsymbol{b}$ の射影は $P\boldsymbol{b}$ である．**

1 z 軸へ，および，xy 平面への $\boldsymbol{b} = (2, 3, 4)$ の射影は何か？
2 それらの直線や平面への射影を作る行列は何か？

> $\boldsymbol{b}$ が直線へ射影されるとき，**その射影 $\boldsymbol{p}$ はその直線に沿った $\boldsymbol{b}$ の成分である．** $\boldsymbol{b}$ が平面へ射影されるとき，$\boldsymbol{p}$ はその平面内の成分である．**射影 $\boldsymbol{p}$ は $P\boldsymbol{b}$ である．** 射影行列 P を $\boldsymbol{b}$ に掛けると，$\boldsymbol{p}$ を得る．本節では，$\boldsymbol{p}$ と P を求める．

z 軸上への射影を，$\boldsymbol{p}_1$ と呼ぶ．2 つ目の射影は，xy 平面へ真っ直ぐに降りる．頭の中に描いている図は図 4.4 のようになっているはずだ．$\boldsymbol{b} = (2, 3, 4)$ とする．1 つ目の射影は $\boldsymbol{p}_1 = (0, 0, 4)$ となり，2 つ目の射影は $\boldsymbol{p}_2 = (2, 3, 0)$ となる．それらは，z 軸に沿った $\boldsymbol{b}$ の成分と，xy 平面内にある $\boldsymbol{b}$ の成分である．

射影行列 P_1 と P_2 は 3×3 行列である．それらを 3 要素からなる $\boldsymbol{b}$ に掛けると，3 要素からなる $\boldsymbol{p}$ が作られる．直線への射影は，階数 1 の行列によってできる．平面への射影は，階数 2 の行列によってできる：

$$z \text{ 軸へ：}\quad P_1 = \begin{bmatrix} 0 & 0 & 0 \\ 0 & 0 & 0 \\ 0 & 0 & 1 \end{bmatrix} \qquad xy \text{ 平面へ：}\quad P_2 = \begin{bmatrix} 1 & 0 & 0 \\ 0 & 1 & 0 \\ 0 & 0 & 0 \end{bmatrix}.$$

P_1 は，任意のベクトルの z 要素を取り出すものである．P_2 は，x 要素と y 要素を取り出すものである．$\boldsymbol{b}$ の射影である $\boldsymbol{p}_1$ と $\boldsymbol{p}_2$ を求めるには，$\boldsymbol{b}$ に P_1 と P_2 を掛ける（ベクトルには小文字の $\boldsymbol{p}$ を用い，それを作り出す行列には大文字 P を用いる）：

$$\boldsymbol{p}_1 = P_1\boldsymbol{b} = \begin{bmatrix} 0 & 0 & 0 \\ 0 & 0 & 0 \\ 0 & 0 & 1 \end{bmatrix}\begin{bmatrix} x \\ y \\ z \end{bmatrix} = \begin{bmatrix} 0 \\ 0 \\ z \end{bmatrix} \quad \boldsymbol{p}_2 = P_2\boldsymbol{b} = \begin{bmatrix} 1 & 0 & 0 \\ 0 & 1 & 0 \\ 0 & 0 & 0 \end{bmatrix}\begin{bmatrix} x \\ y \\ z \end{bmatrix} = \begin{bmatrix} x \\ y \\ 0 \end{bmatrix}.$$

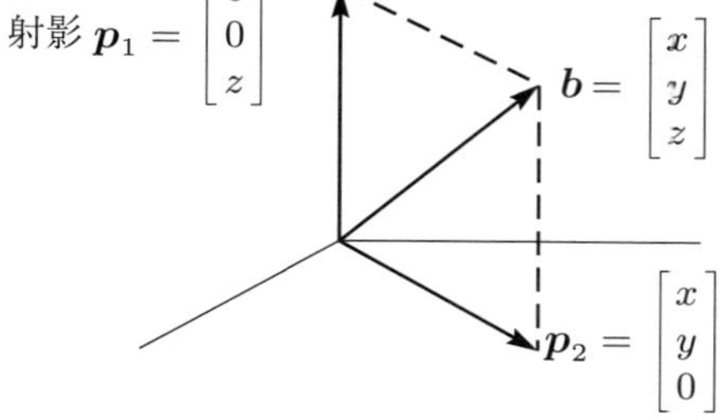

図 4.4　z 軸への射影 $\boldsymbol{p}_1 = P_1\boldsymbol{b}$ と xy 平面への射影 $\boldsymbol{p}_2 = P_2\boldsymbol{b}$.

この場合では，射影 p_1 と p_2 は直交している．部屋の床と 2 つの壁の間の直線のように，xy 平面と z 軸は**直交部分空間**である．それだけでなく，それらの次元を足し合わせると $1+2=3$ であり，その直線と平面は直交**補空間**である．全体の空間内のすべてのベクトル $\boldsymbol{b}$ は，それら 2 つの部分空間の成分の和である．射影 $\boldsymbol{p}_1$ と $\boldsymbol{p}_2$ は，まさにそれらの成分である：

$$\text{ベクトル } \boldsymbol{p}_1+\boldsymbol{p}_2=\boldsymbol{b}. \qquad \text{行列 } P_1+P_2=I. \tag{1}$$

これで完璧だ．この例については目標に達した．任意の直線，平面，n 次元部分空間について，「それぞれの部分空間内の成分 $\boldsymbol{p}$ を求め，その成分を $\boldsymbol{p}=P\boldsymbol{b}$ により作り出す射影行列 P を求める」という目標を掲げよう．$\mathbf{R}^m$ のすべての部分空間には，独自の $m\times m$ 射影行列がある．P を求めるには，それが射影する先の部分空間を適切に記述しなければならない．

部分空間を記述する最善の方法は基底である．基底ベクトルを A の列ベクトルとする．**すると，$\boldsymbol{A}$ の列空間への射影を考えようとしているのだ．**確かに，z 軸は 3×1 行列 A_1 の列空間である．xy 平面は A_2 の列空間である．xy 平面は A_3 の列空間でもある（部分空間の基底は複数ある）：

$$A_1=\begin{bmatrix}0\\0\\1\end{bmatrix} \quad \text{と} \quad A_2=\begin{bmatrix}1&0\\0&1\\0&0\end{bmatrix} \quad \text{と} \quad A_3=\begin{bmatrix}1&2\\2&3\\0&0\end{bmatrix}.$$

これから考える問題は，**任意の $\boldsymbol{b}$ を任意の $m\times n$ 行列の列空間へ射影する**ことである．直線（$n=1$ 次元）から始める．行列 A は 1 つの列のみからなり，その列ベクトルを $\boldsymbol{a}$ と呼ぶ．

直線への射影

ある直線が原点を通り $\boldsymbol{a}=(a_1,\ldots,a_m)$ の向きだとする．その直線上で，$\boldsymbol{b}=(b_1,\ldots,b_m)$ に最も近い点 $\boldsymbol{p}$ を求めたい．射影の鍵は直交性である．すなわち，**$\boldsymbol{b}$ から $\boldsymbol{p}$ への直線はベクトル $\boldsymbol{a}$ に直交する**．図 4.5 において，誤差 $\boldsymbol{e}$ と印された点線がそれである．これから，それを代数によって計算する．

射影 $\boldsymbol{p}$ は $\boldsymbol{a}$ を何倍かしたものである．それを $\boldsymbol{p}=\widehat{\boldsymbol{x}}\boldsymbol{a}=$「$x$ ハット」掛ける $\boldsymbol{a}$ とする．この数 $\widehat{\boldsymbol{x}}$ を計算できれば，ベクトル $\boldsymbol{p}$ が求まる．また，$\boldsymbol{p}$ の式から，射影行列 P を読み取ることができる．**$\widehat{\boldsymbol{x}}$ を求め，ベクトル $\boldsymbol{p}$ を求め，そして 行列 P を求める**というこの 3 段階の方法は，すべての射影行列に用いることができる．

点線 $\boldsymbol{b}-\boldsymbol{p}$ は，$\boldsymbol{e}=\boldsymbol{b}-\widehat{\boldsymbol{x}}\boldsymbol{a}$ であり，$\boldsymbol{a}$ に直交する．これより，$\widehat{\boldsymbol{x}}$ が決まる．内積が零であるとき $\boldsymbol{b}-\boldsymbol{p}$ が $\boldsymbol{a}$ に直交するという事実を利用する：

$\boldsymbol{b}$ の $\boldsymbol{a}$ への射影，誤差 $\boldsymbol{e}=\boldsymbol{b}-\widehat{\boldsymbol{x}}\boldsymbol{a}$

$\boldsymbol{a}\cdot(\boldsymbol{b}-\widehat{\boldsymbol{x}}\boldsymbol{a})=0$ つまり $\boldsymbol{a}\cdot\boldsymbol{b}-\widehat{\boldsymbol{x}}\boldsymbol{a}\cdot\boldsymbol{a}=0$

$$\widehat{\boldsymbol{x}}=\frac{\boldsymbol{a}\cdot\boldsymbol{b}}{\boldsymbol{a}\cdot\boldsymbol{a}}=\frac{\boldsymbol{a}^{\mathrm{T}}\boldsymbol{b}}{\boldsymbol{a}^{\mathrm{T}}\boldsymbol{a}}. \tag{2}$$

積 $\boldsymbol{a}^{\mathrm{T}}\boldsymbol{b}$ は，$\boldsymbol{a}\cdot\boldsymbol{b}$ と同じものである．転置はベクトルに限らず行列にも適用できるので，転置を用いるほうがよい．式 $\widehat{\boldsymbol{x}}=\boldsymbol{a}^{\mathrm{T}}\boldsymbol{b}/\boldsymbol{a}^{\mathrm{T}}\boldsymbol{a}$ より，射影 $\boldsymbol{p}=\widehat{\boldsymbol{x}}\boldsymbol{b}$ が得られる．

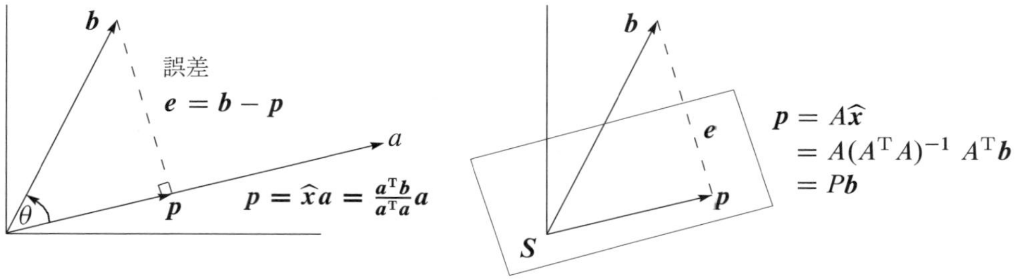

図 4.5　直線および $S = A$ の列空間への b の射影 p.

a を通る直線への b の射影はベクトル　$p = \widehat{x}a = \dfrac{a^{\mathrm{T}}b}{a^{\mathrm{T}}a}a$　である

特別な場合 1：$b = a$ のとき $\widehat{x} = 1$ である．a への a の射影はそれ自身 $Pa = a$ である．

特別な場合 2：b が a に直交するとき $a^{\mathrm{T}}b = 0$ である．射影は $p = 0$ である．

例 1　$a = \begin{bmatrix} 1 \\ 2 \\ 2 \end{bmatrix}$ への $b = \begin{bmatrix} 1 \\ 1 \\ 1 \end{bmatrix}$ の射影を求め，図 4.5 における $p = \widehat{x}a$ を求めよ．

解　数 $\widehat{x}$ は，$a^{\mathrm{T}}a = 9$ に対する $a^{\mathrm{T}}b = 5$ の比である．したがって，射影は $p = \frac{5}{9}a$ である．b と p の誤差は，$e = b - p$ である．ベクトル p と e を足すと $b = (1, 1, 1)$ になる：

$$p = \frac{5}{9}a = \left(\frac{5}{9}, \frac{10}{9}, \frac{10}{9}\right) \quad と \quad e = b - p = \left(\frac{4}{9}, -\frac{1}{9}, -\frac{1}{9}\right).$$

誤差 e は，$a = (1, 2, 2)$ に直交するはずであり，実際に直交する：$e^{\mathrm{T}}a = \frac{4}{9} - \frac{2}{9} - \frac{2}{9} = 0$.

b と p と e からなる直角三角形を見よ．ベクトル b が 2 つの部分に分けられている．直線に沿った成分が p であり，直線に直交する成分が e である．それら直角三角形の 2 辺の長さは，$\|b\|\cos\theta$ と $\|b\|\sin\theta$ である．三角比の式と内積の式は一致する：

$$p = \frac{a^{\mathrm{T}}b}{a^{\mathrm{T}}a}a \quad の長さは \quad \|p\| = \frac{\|a\|\,\|b\|\cos\theta}{\|a\|^2}\|a\| = \|b\|\cos\theta. \tag{3}$$

内積を用いるほうが，$\cos\theta$ と b の長さを用いるよりずっと単純である．先の例では $\cos\theta = 5/3\sqrt{3}$ や $\|b\| = \sqrt{3}$ のように平方根が現れる．射影 $p = 5a/9$ には平方根は含まれない．この 5/9 を求めるには $b^{\mathrm{T}}a/a^{\mathrm{T}}a$ とするほうが良い．

これから**射影行列**を考える．p の式において，b に掛けられる行列は何か？数 $\widehat{x}$ が a の右側にあるほうが，その行列が見えやすいだろう：

射影行列 P　　$p = a\widehat{x} = a\dfrac{a^{\mathrm{T}}b}{a^{\mathrm{T}}a} = Pb$　より，行列は　$P = \dfrac{aa^{\mathrm{T}}}{a^{\mathrm{T}}a}$.

P は，列と行の積によってできる．$\boldsymbol{a}$ が列であり，$\boldsymbol{a}^{\mathrm{T}}$ が行である．その後，数 $\boldsymbol{a}^{\mathrm{T}}\boldsymbol{a}$ で割る．射影行列 P は $m \times m$ であるが，**その階数は 1 である**．$\boldsymbol{a}$ を通る直線，すなわち，1 次元空間へ射影しようとしており，それは P の列空間である．

例 2　$\boldsymbol{a} = \begin{bmatrix} \mathbf{1} \\ \mathbf{2} \\ \mathbf{2} \end{bmatrix}$ を通る直線への射影行列 $P = \dfrac{\boldsymbol{a}\boldsymbol{a}^{\mathrm{T}}}{\boldsymbol{a}^{\mathrm{T}}\boldsymbol{a}}$ を求めよ．

解　列 $\boldsymbol{a}$ と行 $\boldsymbol{a}^{\mathrm{T}}$ を掛け，$\boldsymbol{a}^{\mathrm{T}}\boldsymbol{a} = 9$ で割る：

$$\text{射影行列}\qquad P = \frac{\boldsymbol{a}\boldsymbol{a}^{\mathrm{T}}}{\boldsymbol{a}^{\mathrm{T}}\boldsymbol{a}} = \frac{1}{9}\begin{bmatrix} 1 \\ 2 \\ 2 \end{bmatrix}\begin{bmatrix} 1 & 2 & 2 \end{bmatrix} = \frac{1}{9}\begin{bmatrix} 1 & 2 & 2 \\ 2 & 4 & 4 \\ 2 & 4 & 4 \end{bmatrix}.$$

この行列は，**任意の**ベクトル $\boldsymbol{b}$ を $\boldsymbol{a}$ へ射影する．例 1 における $\boldsymbol{b} = (1,1,1)$ について $\boldsymbol{p} = P\boldsymbol{b}$ を計算して確かめよう：

$$\boldsymbol{p} = P\boldsymbol{b} = \frac{1}{9}\begin{bmatrix} 1 & 2 & 2 \\ 2 & 4 & 4 \\ 2 & 4 & 4 \end{bmatrix}\begin{bmatrix} 1 \\ 1 \\ 1 \end{bmatrix} = \frac{1}{9}\begin{bmatrix} 5 \\ 10 \\ 10 \end{bmatrix}\qquad \text{これは正しい．}$$

ベクトル $\boldsymbol{a}$ が 2 倍になっても，行列 P は変わらない．同じ直線へ射影するからだ．行列を 2 乗した P^2 は P に等しい．**2 回射影を行っても何も変わらない，よって $\boldsymbol{P^2 = P}$ である．** P の対角要素を足し合わせると $\frac{1}{9}(1+4+4) = 1$ になる．

行列 $I - P$ も射影のはずである．それは，三角形のもう 1 辺 $\boldsymbol{e}$，すなわち，$\boldsymbol{b}$ の直線に直交する成分を作り出す．$(I-P)\boldsymbol{b}$ が $\boldsymbol{b} - \boldsymbol{p}$ に等しく，それが左零空間にある $\boldsymbol{e}$ であることに注意せよ．**P がある部分空間へ射影するとき，$I - P$ は直交する部分空間へ射影する．** ここでは，$I - P$ は $\boldsymbol{a}$ に直交する平面へ射影する．

これ以降，直線への射影より先へと進む．$\mathbf{R}^m$ の n 次元部分空間への射影はより多くの努力を要する．重要な式は，この先の式 (5)，式 (6)，式 (7) にまとめてある．これら 3 つの式を覚える必要がある．

部分空間への射影

$\mathbf{R}^m$ 内の n 個のベクトルを $\boldsymbol{a}_1, \ldots, \boldsymbol{a}_n$ とする．これら $\boldsymbol{a}_i$ は線形独立であると仮定する．

問題：与えられたベクトル $\boldsymbol{b}$ に最も近い線形結合 $\boldsymbol{p} = \widehat{x}_1\boldsymbol{a}_1 + \cdots + \widehat{x}_n\boldsymbol{a}_n$ を求めよ． $\mathbf{R}^m$ の各 $\boldsymbol{b}$ について，それを $\boldsymbol{a}_i$ によって張られる部分空間へ射影し，$\boldsymbol{p}$ を求める．

$n = 1$（1 つのベクトル $\boldsymbol{a}_1$ のみ）の場合，これは直線への射影である．この直線は，A の列空間であり，A は 1 つの列のみからなる．一般に，行列 A は n 列 $\boldsymbol{a}_1, \ldots, \boldsymbol{a}_n$ からなる．

$\mathbf{R}^m$ における線形結合は，列空間に含まれるベクトル $A\boldsymbol{x}$ である．$\boldsymbol{b}$ に最も近い線形結合 $\boldsymbol{p} = A\widehat{\boldsymbol{x}}$（**射影**）を求めようとしている．$\widehat{\boldsymbol{x}}$ の上部にあるハット記号は，列空間内の最も近い

ベクトルを与えるような**最善の**選択 $\widehat{\boldsymbol{x}}$ を表現している．この選択は，$n=1$ のとき $\boldsymbol{a}^{\mathrm{T}}\boldsymbol{b}/\boldsymbol{a}^{\mathrm{T}}\boldsymbol{a}$ である．$n>1$ に対する最善の $\widehat{\boldsymbol{x}}$ についてこれから求める．

以前と同様に，3 段階で n 次元部分空間への射影を計算する．すなわち，**ベクトル $\widehat{\boldsymbol{x}}$ を求め，射影 $\boldsymbol{p}=\boldsymbol{A}\widehat{\boldsymbol{x}}$ を求め，そして，行列 $\boldsymbol{P}$ を求める．**

その鍵は，幾何の図に含まれている．図 4.5 の点線は，$\boldsymbol{b}$ から部分空間内で最も近い点 $A\widehat{\boldsymbol{x}}$ へ伸びている．**誤差ベクトル $\boldsymbol{b}-\boldsymbol{A}\widehat{\boldsymbol{x}}$ は，その部分空間に直交している．** 誤差 $\boldsymbol{b}-A\widehat{\boldsymbol{x}}$ は，ベクトル $\boldsymbol{a}_1,\ldots,\boldsymbol{a}_n$ のすべてと直角に交わる．これらの n 個の直角より，$\widehat{\boldsymbol{x}}$ についての n 個の等式が得られる：

$$\begin{matrix}\boldsymbol{a}_1^{\mathrm{T}}(\boldsymbol{b}-A\widehat{\boldsymbol{x}})=0\\ \vdots \\ \boldsymbol{a}_n^{\mathrm{T}}(\boldsymbol{b}-A\widehat{\boldsymbol{x}})=0\end{matrix} \qquad \text{または} \qquad \begin{bmatrix}-\ \boldsymbol{a}_1^{\mathrm{T}}\ -\\ \vdots \\ -\ \boldsymbol{a}_n^{\mathrm{T}}\ -\end{bmatrix}\begin{bmatrix}\\ \boldsymbol{b}-A\widehat{\boldsymbol{x}}\\ \\ \end{bmatrix}=\begin{bmatrix}\\ \boldsymbol{0}\\ \\ \end{bmatrix}. \tag{4}$$

それらの行 $\boldsymbol{a}_i^{\mathrm{T}}$ からなる行列は A^{T} である．n 個の等式は，$A^{\mathrm{T}}(\boldsymbol{b}-A\widehat{\boldsymbol{x}})=\boldsymbol{0}$ と同一である．

$A^{\mathrm{T}}(\boldsymbol{b}-A\widehat{\boldsymbol{x}})=\boldsymbol{0}$ を，よく見る形 $A^{\mathrm{T}}A\widehat{\boldsymbol{x}}=A^{\mathrm{T}}\boldsymbol{b}$ に書き換える．これは，$\widehat{\boldsymbol{x}}$ についての方程式であり，その係数行列は $A^{\mathrm{T}}A$ である．この式より，$\widehat{\boldsymbol{x}}$，$\boldsymbol{p}$，P の順に求めることができる：

$\boldsymbol{b}$ に最も近い線形結合 $\boldsymbol{p}=\widehat{x}_1\boldsymbol{a}_1+\cdots+\widehat{x}_n\boldsymbol{a}_n=A\widehat{\boldsymbol{x}}$ は次のように求まる：

$$A^{\mathrm{T}}(\boldsymbol{b}-A\widehat{\boldsymbol{x}})=\boldsymbol{0} \quad \text{または} \quad \boxed{A^{\mathrm{T}}A\widehat{\boldsymbol{x}}=A^{\mathrm{T}}\boldsymbol{b}.} \tag{5}$$

この対称行列 $A^{\mathrm{T}}A$ は $n\times n$ である．$\boldsymbol{a}_i$ が線形独立であるとき，その行列は可逆である．解は $\widehat{\boldsymbol{x}}=(A^{\mathrm{T}}A)^{-1}A^{\mathrm{T}}\boldsymbol{b}$ である．部分空間への $\boldsymbol{b}$ の**射影** は $\boldsymbol{p}$ である：

$$\boxed{\boldsymbol{p}=A\widehat{\boldsymbol{x}}=A(A^{\mathrm{T}}A)^{-1}A^{\mathrm{T}}\boldsymbol{b}.} \tag{6}$$

この式より，$\boldsymbol{p}=P\boldsymbol{b}$ を作り出す $n\times n$ の**射影行列** が得られる：

$$\boxed{P=A(A^{\mathrm{T}}A)^{-1}A^{\mathrm{T}}.} \tag{7}$$

直線への射影と比較せよ．直線のときには，行列 A は 1 つの列 $\boldsymbol{a}$ のみからなる：

$$\boldsymbol{n=1}\ \textbf{のとき} \qquad \boxed{\widehat{\boldsymbol{x}}=\frac{\boldsymbol{a}^{\mathrm{T}}\boldsymbol{b}}{\boldsymbol{a}^{\mathrm{T}}\boldsymbol{a}}} \quad \text{と} \quad \boxed{\boldsymbol{p}=\boldsymbol{a}\frac{\boldsymbol{a}^{\mathrm{T}}\boldsymbol{b}}{\boldsymbol{a}^{\mathrm{T}}\boldsymbol{a}}} \quad \text{と} \quad \boxed{\boldsymbol{P}=\frac{\boldsymbol{a}\boldsymbol{a}^{\mathrm{T}}}{\boldsymbol{a}^{\mathrm{T}}\boldsymbol{a}}.}$$

これらの式は，式 (5)，式 (6)，式 (7) と同一である．数 $\boldsymbol{a}^{\mathrm{T}}\boldsymbol{a}$ が行列 $A^{\mathrm{T}}A$ になっている．数のときにはその数で割る．行列のときには，その逆行列を用いる．新しい式では，$1/\boldsymbol{a}^{\mathrm{T}}\boldsymbol{a}$ の代わりに $(A^{\mathrm{T}}A)^{-1}$ が含まれている．列 $\boldsymbol{a}_1,\ldots,\boldsymbol{a}_n$ が線形独立であれば，この逆行列が存在することが保証される．

鍵は $A^{\mathrm{T}}(\boldsymbol{b}-A\widehat{\boldsymbol{x}})=\boldsymbol{0}$ である．上では幾何（$\boldsymbol{e}$ が $\boldsymbol{a}_i$ のすべてに直交する）を用いた．線形代数によっても，この正規方程式をとても素早く与えることができる：

1. 対象となる部分空間は，A の列空間である．
2. 誤差ベクトル $\boldsymbol{b}-A\widehat{\boldsymbol{x}}$ はその列空間に直交する．
3. したがって，$\boldsymbol{b}-A\widehat{\boldsymbol{x}}$ は A^{T} の零空間にある．つまり $A^{\mathrm{T}}(\boldsymbol{b}-A\widehat{\boldsymbol{x}})=\boldsymbol{0}$ となる．

射影において，左零空間が重要である．誤差ベクトル $\boldsymbol{e}=\boldsymbol{b}-A\widehat{\boldsymbol{x}}$ は，その A^{T} の零空間に含まれる．ベクトル $\boldsymbol{b}$ は，射影 $\boldsymbol{p}$ と誤差 $\boldsymbol{e}=\boldsymbol{b}-\boldsymbol{p}$ に分けられる．射影により，3 辺が $\boldsymbol{p}$, $\boldsymbol{e}$, $\boldsymbol{b}$ である直角三角形ができる（図 4.5）．

例 3 $A=\begin{bmatrix}\mathbf{1}&\mathbf{0}\\\mathbf{1}&\mathbf{1}\\\mathbf{1}&\mathbf{2}\end{bmatrix}$ と $\boldsymbol{b}=\begin{bmatrix}\mathbf{6}\\\mathbf{0}\\\mathbf{0}\end{bmatrix}$ に対して，$\widehat{\boldsymbol{x}}$ と $\boldsymbol{p}$ と P を求めよ．

解 正方行列 $A^{\mathrm{T}}A$ とベクトル $A^{\mathrm{T}}\boldsymbol{b}$ を計算する：

$$A^{\mathrm{T}}A=\begin{bmatrix}1&1&1\\0&1&2\end{bmatrix}\begin{bmatrix}1&0\\1&1\\1&2\end{bmatrix}=\begin{bmatrix}3&3\\3&5\end{bmatrix} \quad と \quad A^{\mathrm{T}}\boldsymbol{b}=\begin{bmatrix}1&1&1\\0&1&2\end{bmatrix}\begin{bmatrix}6\\0\\0\end{bmatrix}=\begin{bmatrix}6\\0\end{bmatrix}.$$

正規方程式 $A^{\mathrm{T}}A\widehat{\boldsymbol{x}}=A^{\mathrm{T}}\boldsymbol{b}$ を解いて $\widehat{\boldsymbol{x}}$ を求める：

$$\begin{bmatrix}3&3\\3&5\end{bmatrix}\begin{bmatrix}\widehat{x}_1\\\widehat{x}_2\end{bmatrix}=\begin{bmatrix}6\\0\end{bmatrix} \quad より \quad \widehat{\boldsymbol{x}}=\begin{bmatrix}\widehat{x}_1\\\widehat{x}_2\end{bmatrix}=\begin{bmatrix}\mathbf{5}\\\mathbf{-3}\end{bmatrix}. \tag{8}$$

A の列空間への $\boldsymbol{b}$ の写像は，線形結合 $\boldsymbol{p}=A\widehat{\boldsymbol{x}}$ である：

$$\boldsymbol{p}=\mathbf{5}\begin{bmatrix}1\\1\\1\end{bmatrix}\mathbf{-3}\begin{bmatrix}0\\1\\2\end{bmatrix}=\begin{bmatrix}5\\2\\-1\end{bmatrix}. \quad 誤差は \quad \boldsymbol{e}=\boldsymbol{b}-\boldsymbol{p}=\begin{bmatrix}1\\-2\\1\end{bmatrix}. \tag{9}$$

2 つ検算をしよう．まず，誤差 $\boldsymbol{e}=(1,-2,1)$ は列 $(1,1,1)$ と $(0,1,2)$ の両方に直交する．次に，最終的な P と $\boldsymbol{b}=(6,0,0)$ の積は，正しく $\boldsymbol{p}=(5,2,-1)$ である．これで，特定の $\boldsymbol{b}$ に対して問題を解いたことになる．

すべての $\boldsymbol{b}$ に対して $\boldsymbol{p}=P\boldsymbol{b}$ を求めるには，$P=A(A^{\mathrm{T}}A)^{-1}A^{\mathrm{T}}$ を計算する．$A^{\mathrm{T}}A$ の行列式は $15-9=6$ である．$(A^{\mathrm{T}}A)^{-1}$ は簡単に求まる．A と $(A^{\mathrm{T}}A)^{-1}$ と A^{T} の積を計算すれば P を得る：

$$(A^{\mathrm{T}}A)^{-1}=\frac{1}{6}\begin{bmatrix}5&-3\\-3&3\end{bmatrix} \quad と \quad P=\frac{1}{6}\begin{bmatrix}5&2&-1\\2&2&2\\-1&2&5\end{bmatrix}. \tag{10}$$

$P^2=P$ でなければならない．なぜならば，2 回目の射影を行っても 1 回目の射影から変わらないからだ．

注意 行列 $P=A(A^{\mathrm{T}}A)^{-1}A^{\mathrm{T}}$ は間違いやすい．$(A^{\mathrm{T}}A)^{-1}$ を A^{-1} と $(A^{\mathrm{T}})^{-1}$ の積に分解しようとするかもしれない．そのような間違いを犯すと，P に代入して $P=AA^{-1}(A^{\mathrm{T}})^{-1}A^{\mathrm{T}}$ となる．一見したところすべてが打ち消しあい，$P=I$ すなわち単位行列になってしまう．なぜこれが誤りであるのかを述べよう．

行列 A は矩形行列であり，逆行列を持たない．そもそも A^{-1} が存在しないので，$(A^{\mathrm{T}}A)^{-1}$ を A^{-1} と $(A^{\mathrm{T}})^{-1}$ の積に分解することはできない．

経験則では，矩形行列が含まれるほとんどの問題において，$A^{\mathrm{T}}A$ が導かれる．A が線形独立な列ベクトルからなれば，$A^{\mathrm{T}}A$ は可逆である．この事実はとても重要なので，目立つようにもう一度示し，さらにその証明を与える．

A が線形独立な列ベクトルからなるとき，かつそのときに限り，$A^{\mathrm{T}}A$ は可逆である．

証明　$A^{\mathrm{T}}A$ は（$n \times n$ の）正方行列である．すべての行列 A について，**$A^{\mathrm{T}}A$ が A と同じ零空間を持つ** ことを示す．A の列ベクトルが線形独立であるとき，その零空間は零ベクトルのみからなる．したがって，$A^{\mathrm{T}}A$ が同じ零空間を持つならば，それは可逆となる．

A を任意の行列とする．$\boldsymbol{x}$ がその零空間にあるとき，$A\boldsymbol{x} = \boldsymbol{0}$ である．A^{T} を掛けることにより $A^{\mathrm{T}}A\boldsymbol{x} = \boldsymbol{0}$ を得る．したがって，$\boldsymbol{x}$ は $A^{\mathrm{T}}A$ の零空間にも含まれる．

$A^{\mathrm{T}}A$ の零空間から始めよう．**$A^{\mathrm{T}}A\boldsymbol{x} = \boldsymbol{0}$ から $A\boldsymbol{x} = \boldsymbol{0}$ を証明しなければならない．**$(A^{\mathrm{T}})^{-1}$ は一般に存在するとは限らないので，$(A^{\mathrm{T}})^{-1}$ を掛けることはできない．**$\boldsymbol{x}^{\mathrm{T}}$ を掛ける：**

$$(\boldsymbol{x}^{\mathrm{T}})A^{\mathrm{T}}A\boldsymbol{x} = 0 \quad \text{より} \quad (A\boldsymbol{x})^{\mathrm{T}}(A\boldsymbol{x}) = 0 \quad \text{より} \quad \|A\boldsymbol{x}\|^2 = 0.$$

これは次を意味する：$A^{\mathrm{T}}A\boldsymbol{x} = \boldsymbol{0}$ のとき，$A\boldsymbol{x}$ の長さは零であり，$A\boldsymbol{x} = \boldsymbol{0}$ である．一方の零空間に含まれるベクトル $\boldsymbol{x}$ はすべて，他方の零空間にも含まれる．$A^{\mathrm{T}}A$ の列が従属であるならば，A の列も従属である．$A^{\mathrm{T}}A$ の列が独立であるならば，A の列も独立である．今回は，その良いほうだ．

A が独立な列からなるとき，$A^{\mathrm{T}}A$ は正方行列であり，対称行列であり，可逆行列である．

強調のため繰り返す：$A^{\mathrm{T}}A$ は，$(n \times m)$ 行列と $(m \times n)$ 行列の積である．よって，$A^{\mathrm{T}}A$ は $(n \times n)$ の正方行列である．それは対称行列である．なぜなら，その転置は $(A^{\mathrm{T}}A)^{\mathrm{T}} = A^{\mathrm{T}}(A^{\mathrm{T}})^{\mathrm{T}}$ であり，$A^{\mathrm{T}}A$ と等しいからである．A が独立な列からなるとき $A^{\mathrm{T}}A$ が可逆であることを証明した．従属な列の場合と独立な列の場合の違いを見よ：

$$\underset{A^{\mathrm{T}}}{\begin{bmatrix} 1 & 1 & 0 \\ 2 & 2 & 0 \end{bmatrix}} \underset{\text{従属}}{\overset{A}{\begin{bmatrix} 1 & 2 \\ 1 & 2 \\ 0 & 0 \end{bmatrix}}} = \underset{\text{非可逆}}{\overset{A^{\mathrm{T}}A}{\begin{bmatrix} 2 & 4 \\ 4 & 8 \end{bmatrix}}} \qquad \overset{A^{\mathrm{T}}}{\begin{bmatrix} 1 & 1 & 0 \\ 2 & 2 & 1 \end{bmatrix}} \underset{\text{独立}}{\overset{A}{\begin{bmatrix} 1 & 2 \\ 1 & 2 \\ 0 & 1 \end{bmatrix}}} = \underset{\text{可逆}}{\overset{A^{\mathrm{T}}A}{\begin{bmatrix} 2 & 4 \\ 4 & 9 \end{bmatrix}}}$$

非常に簡潔な要約　射影 $\boldsymbol{p} = \widehat{x}_1\boldsymbol{a}_1 + \cdots + \widehat{x}_n\boldsymbol{a}_n$ を求めるには，$A^{\mathrm{T}}A\widehat{\boldsymbol{x}} = A^{\mathrm{T}}\boldsymbol{b}$ を解く．これにより $\widehat{\boldsymbol{x}}$ が求まる．射影は $A\widehat{\boldsymbol{x}}$ であり，誤差は $\boldsymbol{e} = \boldsymbol{b} - \boldsymbol{p} = \boldsymbol{b} - A\widehat{\boldsymbol{x}}$ である．射影行列 $P = A(A^{\mathrm{T}}A)^{-1}A^{\mathrm{T}}$ により $\boldsymbol{p} = P\boldsymbol{b}$ が得られる．

この行列は $P^2 = P$ を満たす．$\boldsymbol{b}$ から部分空間への距離は $\|\boldsymbol{e}\|$ である．

■　要点の復習　■

1. $\boldsymbol{a}$ を通る直線への $\boldsymbol{b}$ の射影は $\boldsymbol{p}=\boldsymbol{a}\widehat{\boldsymbol{x}}=\boldsymbol{a}(\boldsymbol{a}^{\mathrm{T}}\boldsymbol{b}/\boldsymbol{a}^{\mathrm{T}}\boldsymbol{a})$ である．
2. 階数が 1 である射影行列 $P=\boldsymbol{a}\boldsymbol{a}^{\mathrm{T}}/\boldsymbol{a}^{\mathrm{T}}\boldsymbol{a}$ を $\boldsymbol{b}$ に掛けると $\boldsymbol{p}$ ができる．
3. $\boldsymbol{b}$ を部分空間へ射影すると，部分空間に直交する $\boldsymbol{e}=\boldsymbol{b}-\boldsymbol{p}$ が残る．
4. A が非退化（階数が n）であるとき，等式 $A^{\mathrm{T}}A\widehat{\boldsymbol{x}}=A^{\mathrm{T}}\boldsymbol{b}$ より $\widehat{\boldsymbol{x}}$ と $\boldsymbol{p}=A\widehat{\boldsymbol{x}}$ が導かれる．
5. 射影行列 $P=A(A^{\mathrm{T}}A)^{-1}A^{\mathrm{T}}$ について，$P^{\mathrm{T}}=P$ と $P^2=P$ が成り立つ．

■　例題　■

4.2 A　ベクトル $\boldsymbol{b}=(3,4,4)$ を $\boldsymbol{a}=(2,2,1)$ に射影し，また，$\boldsymbol{a}=(2,2,1)$ と $\boldsymbol{a}^*=(1,0,0)$ を含む平面に射影せよ．1 つ目の誤差ベクトル $\boldsymbol{b}-\boldsymbol{p}$ が $\boldsymbol{a}$ に直交すること，2 つ目の誤差ベクトル $\boldsymbol{e}^*=\boldsymbol{b}-\boldsymbol{p}^*$ が $\boldsymbol{a}^*$ にも直交することを確かめよ．

$\boldsymbol{a}$ と $\boldsymbol{a}^*$ を含む平面への 3×3 射影行列 P を求めよ．その平面への射影が零ベクトルとなるようなベクトルを求めよ．

解　$\boldsymbol{a}=(2,2,1)$ を通る直線への $\boldsymbol{b}=(3,4,4)$ の射影は $\boldsymbol{p}=2\boldsymbol{a}$ である：

直線への射影
$$\boldsymbol{p}=\frac{\boldsymbol{a}^{\mathrm{T}}\boldsymbol{b}}{\boldsymbol{a}^{\mathrm{T}}\boldsymbol{a}}\boldsymbol{a}=\frac{18}{9}(2,2,1)=(4,4,2).$$

誤差ベクトル $\boldsymbol{e}=\boldsymbol{b}-\boldsymbol{p}=(-1,0,2)$ は $\boldsymbol{a}$ に直交する．よって $\boldsymbol{p}$ は正しい．

$\boldsymbol{a}=(2,2,1)$ と $\boldsymbol{a}^*=(1,0,0)$ を含む平面は $A=[\boldsymbol{a}\ \boldsymbol{a}^*]$ の列空間である：

$$A=\begin{bmatrix}2&1\\2&0\\1&0\end{bmatrix}\quad A^{\mathrm{T}}A=\begin{bmatrix}9&2\\2&1\end{bmatrix}\quad (A^{\mathrm{T}}A)^{-1}=\frac{1}{5}\begin{bmatrix}1&-2\\-2&9\end{bmatrix}\quad P=\begin{bmatrix}1&0&0\\0&0.8&0.4\\0&0.4&0.2\end{bmatrix}$$

これより，$\boldsymbol{p}^*=P\boldsymbol{b}=(3,4.8,2.4)$ である．誤差ベクトル $\boldsymbol{e}^*=\boldsymbol{b}-\boldsymbol{p}^*=(0,-0.8,1.6)$ は $\boldsymbol{a}$ と $\boldsymbol{a}^*$ にそれぞれ直交する．この $\boldsymbol{e}^*$ は P の零空間にあり，その射影は零ベクトルとなる．$P^2=P$ であることに注意せよ．

4.2 B　心拍を計測したところ 1 分間に $x=70$，その後，$x=80$，さらに，$x=120$ であったとする．1 変数からなる 3 つの等式は，$A^{\mathrm{T}}=[1\ 1\ 1]$ および $\boldsymbol{b}=(70,80,120)$ を用いて $Ax=\boldsymbol{b}$ と表される．**最も適切な $\widehat{x}$ は，$\mathbf{70,80,120}$ の ＿＿＿** である．解析と射影を用いよ：

1. $dE/dx=0$ を解くことで，$E=(x-70)^2+(x-80)^2+(x-120)^2$ を最小化せよ．
2. $\boldsymbol{b}=(70,80,120)$ を $\boldsymbol{a}=(1,1,1)$ に射影し，$\widehat{x}=\boldsymbol{a}^{\mathrm{T}}\boldsymbol{b}/\boldsymbol{a}^{\mathrm{T}}\boldsymbol{a}$ を求めよ．

解　高さ 70, 80, 120 に最も近い水平線は，**平均** $\widehat{x}=90$ である：

$$\frac{dE}{dx} = 2(x-70)+2(x-80)+2(x-120)=0 \quad \text{より} \quad \widehat{x} = \frac{70+80+120}{3}$$

$$\text{射影：} \quad \widehat{x} = \frac{\boldsymbol{a}^{\mathrm{T}}\boldsymbol{b}}{\boldsymbol{a}^{\mathrm{T}}\boldsymbol{a}} = \frac{(1,1,1)^{\mathrm{T}}(70,80,120)}{(1,1,1)^{\mathrm{T}}(1,1,1)} = \frac{70+80+120}{3} = 90.$$

4.2 C　**再帰**最小 2 乗法において，4 つ目の計測値 130 により $\widehat{x}_{\mathrm{old}}$ が $\widehat{x}_{\mathrm{new}}$ に変わる．$\widehat{x}_{\mathrm{new}}$ を計算し，**更新の式** $\widehat{x}_{\mathrm{new}} = \widehat{x}_{\mathrm{old}} + \frac{1}{4}(130 - \widehat{x}_{\mathrm{old}})$ が正しいことを確認せよ．

999 回の計測から 1000 回の計測へ更新する場合，$\widehat{x}_{\mathrm{new}} = \widehat{x}_{\mathrm{old}} + \frac{1}{1000}(b_{1000} - \widehat{x}_{\mathrm{old}})$ より $\widehat{x}_{\mathrm{old}}$ と最新の値 b_{1000} のみが必要である．1000 個すべての数の平均を求めなくてもよい．

解　新しい計測により $b_4 = 130$ が 4 つ目の等式として追加され，$\widehat{x}$ は更新されて 100 となる．b_1, b_2, b_3, b_4 の平均を計算することもできるし，b_1, b_2, b_3 の平均を b_4 と組み合わせることもできる：

$$\frac{70+80+120+130}{4} = 100 \quad \text{は} \quad \widehat{x}_{\mathrm{old}} + \frac{1}{4}(b_4 - \widehat{x}_{\mathrm{old}}) = 90 + \frac{1}{4}(40) \quad \text{に等しい．}$$

999 回の計測から 1000 回の計測への更新において，**カルマンフィルタ**の「増幅行列」$\frac{1}{1000}$ が現れる．それは，予測誤差 $b_{\mathrm{new}} - \widehat{x}_{\mathrm{old}}$ を掛けるものである．$\frac{1}{1000} = \frac{1}{999} - \frac{1}{999000}$ であることに注意せよ：

$$\widehat{x}_{\mathrm{new}} = \frac{b_1 + \cdots + b_{1000}}{1000} = \frac{b_1 + \cdots + b_{999}}{999} + \frac{1}{1000}\left(b_{1000} - \frac{b_1 + \cdots + b_{999}}{999}\right).$$

練習問題 4.2

問題 1〜9 は直線への射影，誤差ベクトル $\boldsymbol{e} = \boldsymbol{b} - \boldsymbol{p}$，射影行列 $\boldsymbol{P}$ を問うものである．

1　ベクトル $\boldsymbol{b}$ を，$\boldsymbol{a}$ を通る直線へ射影せよ．$\boldsymbol{e}$ が $\boldsymbol{a}$ に直交することを確かめよ：

$$\text{(a)} \quad \boldsymbol{b} = \begin{bmatrix} 1 \\ 2 \\ 2 \end{bmatrix} \quad \text{と} \quad \boldsymbol{a} = \begin{bmatrix} 1 \\ 1 \\ 1 \end{bmatrix} \qquad \text{(b)} \quad \boldsymbol{b} = \begin{bmatrix} 1 \\ 3 \\ 1 \end{bmatrix} \quad \text{と} \quad \boldsymbol{a} = \begin{bmatrix} -1 \\ -3 \\ -1 \end{bmatrix}.$$

2　$\boldsymbol{b}$ の $\boldsymbol{a}$ への射影を描き，また，$\boldsymbol{p} = \widehat{x}\boldsymbol{a}$ によって計算せよ：

$$\text{(a)} \quad \boldsymbol{b} = \begin{bmatrix} \cos\theta \\ \sin\theta \end{bmatrix} \quad \text{と} \quad \boldsymbol{a} = \begin{bmatrix} 1 \\ 0 \end{bmatrix} \qquad \text{(b)} \quad \boldsymbol{b} = \begin{bmatrix} 1 \\ 1 \end{bmatrix} \quad \text{と} \quad \boldsymbol{a} = \begin{bmatrix} 1 \\ -1 \end{bmatrix}.$$

3　問題 1 において，各ベクトル $\boldsymbol{a}$ を通る直線への射影ベクトル $P = \boldsymbol{a}\boldsymbol{a}^{\mathrm{T}}/\boldsymbol{a}^{\mathrm{T}}\boldsymbol{a}$ を求めよ．両方の場合について，$P^2 = P$ であることを確かめよ．積 $P\boldsymbol{b}$ により射影 $\boldsymbol{p}$ を計算せよ．

4　問題 2 における $\boldsymbol{a}$ を通る直線への射影行列 P_1 と P_2 を作れ．$(P_1 + P_2)^2 = P_1 + P_2$ は正しいか？ これは，$P_1 P_2 = 0$ であるならば正しい．

5 $\boldsymbol{a}_1 = (-1, 2, 2)$ を通る直線と $\boldsymbol{a}_2 = (2, 2, -1)$ を通る直線への射影行列 $\boldsymbol{a}\boldsymbol{a}^{\mathrm{T}}/\boldsymbol{a}^{\mathrm{T}}\boldsymbol{a}$ をそれぞれ計算せよ．それらの射影行列の積を計算し，積 P_1P_2 の値の理由を説明せよ．

6 問題 5 の $\boldsymbol{a}_1$ を通る直線と $\boldsymbol{a}_2$ を通る直線，さらに $\boldsymbol{a}_3 = (2, -1, 2)$ を通る直線へ，$\boldsymbol{b} = (1, 0, 0)$ を射影せよ．それら 3 つの射影の和 $\boldsymbol{p}_1 + \boldsymbol{p}_2 + \boldsymbol{p}_3$ を計算せよ．

7 問題 5〜6 に続けて，$\boldsymbol{a}_3 = (2, -1, 2)$ への射影行列 P_3 を求めよ．$P_1 + P_2 + P_3 = I$ であることを確かめよ．基底 $\boldsymbol{a}_1, \boldsymbol{a}_2, \boldsymbol{a}_3$ は直交基底である．

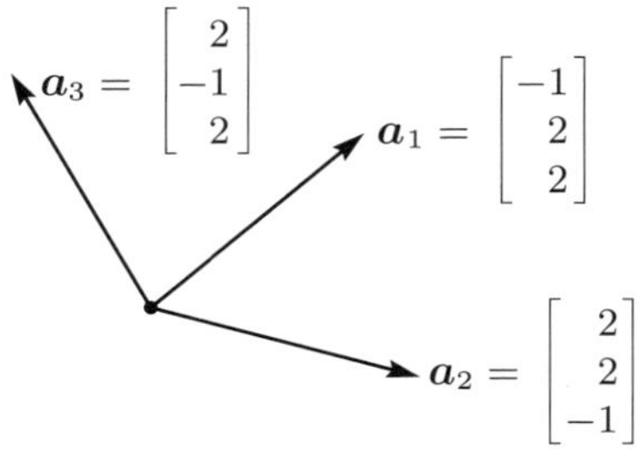

問題 5〜7

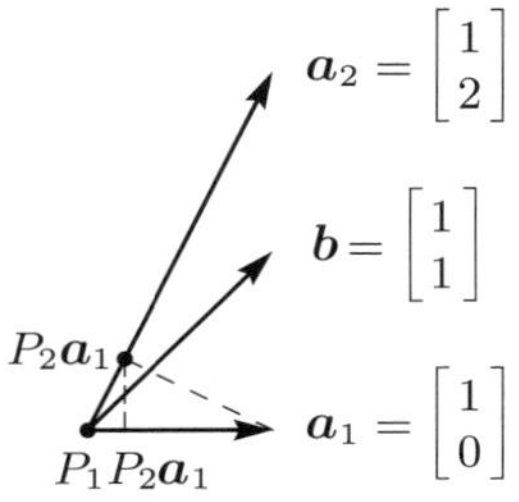

問題 8〜10

8 ベクトル $\boldsymbol{b} = (1, 1)$ を，$\boldsymbol{a}_1 = (1, 0)$ を通る直線と $\boldsymbol{a}_2 = (1, 2)$ を通る直線へ射影せよ．射影 $\boldsymbol{p}_1$ と $\boldsymbol{p}_2$ を描き，和 $\boldsymbol{p}_1 + \boldsymbol{p}_2$ を計算せよ．射影の和は $\boldsymbol{b}$ にならない．なぜならば，$\boldsymbol{a}_i$ が直交してないからである．

9 問題 8 において，$\boldsymbol{a}_1$ と $\boldsymbol{a}_2$ を含む**平面**への射影は $\boldsymbol{b}$ に等しくなる．$A = \begin{bmatrix} \boldsymbol{a}_1 & \boldsymbol{a}_2 \end{bmatrix} = \begin{bmatrix} \mathbf{1} & \mathbf{1} \\ \mathbf{0} & \mathbf{2} \end{bmatrix}$ に対して，$P = A(A^{\mathrm{T}}A)^{-1}A^{\mathrm{T}}$ を求めよ．

10 $\boldsymbol{a}_1 = (1, 0)$ を $\boldsymbol{a}_2 = (1, 2)$ へ射影せよ．そして，その結果を，逆に $\boldsymbol{a}_1$ へ射影せよ．これらの射影を描き，射影行列の積 P_1P_2 を計算せよ．これは射影行列か？

問題 11〜20 は，部分空間への射影と射影行列について問うものである．

11 $A^{\mathrm{T}}A\widehat{\boldsymbol{x}} = A^{\mathrm{T}}\boldsymbol{b}$ と $\boldsymbol{p} = A\widehat{\boldsymbol{x}}$ を解くことにより，$\boldsymbol{b}$ を A の列空間へ射影せよ：

$$\text{(a)}\quad A = \begin{bmatrix} 1 & 1 \\ 0 & 1 \\ 0 & 0 \end{bmatrix} \quad と \quad \boldsymbol{b} = \begin{bmatrix} 2 \\ 3 \\ 4 \end{bmatrix} \qquad \text{(b)}\quad A = \begin{bmatrix} 1 & 1 \\ 1 & 1 \\ 0 & 1 \end{bmatrix} \quad と \quad \boldsymbol{b} = \begin{bmatrix} 4 \\ 4 \\ 6 \end{bmatrix}.$$

$\boldsymbol{e} = \boldsymbol{b} - \boldsymbol{p}$ を求めよ．それは A の列ベクトルに直交するはずである．

12 問題 11 の列空間への射影行列 P_1 と P_2 を計算せよ．$P_1\boldsymbol{b}$ が 1 つ目の射影 $\boldsymbol{p}_1$ となることを確かめよ．また，$P_2^2 = P_2$ を確かめよ．

13　（簡易，かつ，推奨）A が，4×4 の単位行列の最後の列を取り除いたものとする．A は，4×3 である．A の列空間へ $\boldsymbol{b} = (1, 2, 3, 4)$ を射影せよ．射影行列 P の形はどうなるか？P を求めよ．

14　$\boldsymbol{b}$ が A の第 1 列の 2 倍に等しいとする．A の列空間への $\boldsymbol{b}$ の射影を求めよ．この場合において，常に $P = I$ であるか？$\boldsymbol{b} = (0, 2, 4)$ および A の列ベクトルが $(0, 1, 2)$ と $(1, 2, 0)$ であるとき，$\boldsymbol{p}$ と P を計算せよ．

15　A を 2 倍したとき，$P = 2A(4A^{\mathrm{T}}A)^{-1}2A^{\mathrm{T}}$ である．これは $A(A^{\mathrm{T}}A)^{-1}A^{\mathrm{T}}$ と等しい．$2A$ の列空間は ＿＿＿ と等しい．A と $2A$ に対し，$\widehat{\boldsymbol{x}}$ は等しいか？

16　$\boldsymbol{b} = (2, 1, 1)$ に最も近くなるような，$(1, 2, -1)$ と $(1, 0, 1)$ の線形結合を求めよ．

17　（**重要**）$P^2 = P$ のとき，$(I - P)^2 = I - P$ であることを示せ．P が A の列空間へ射影するとき，$I - P$ は ＿＿＿ へ射影する．

18　(a) 2×2 の行列 P が，$(1, 1)$ を通る直線への射影行列であるとき，$I - P$ は ＿＿＿ への射影行列である．

(b) 3×3 の行列 P が，$(1, 1, 1)$ を通る直線への射影行列であるとき，$I - P$ は ＿＿＿ への射影行列である．

19　平面 $x - y - 2z = 0$ への射影行列を求めよ．その平面上の 2 つのベクトルを選び，それらを A の列とする．平面はその列空間となる．$P = A(A^{\mathrm{T}}A)^{-1}A^{\mathrm{T}}$ を計算せよ．

20　同じ平面 $x - y - 2z = 0$ への射影行列 P を別の方法で求めよ．その平面に直交するベクトル $\boldsymbol{e}$ を書き下す．射影行列 $Q = \boldsymbol{e}\boldsymbol{e}^{\mathrm{T}}/\boldsymbol{e}^{\mathrm{T}}\boldsymbol{e}$ と $P = I - Q$ を計算せよ．

問題 21〜26 は，射影行列が $\boldsymbol{P^2 = P}$ と $\boldsymbol{P^{\mathrm{T}} = P}$ を満たすことを示すものである．

21　行列 $P = A(A^{\mathrm{T}}A)^{-1}A^{\mathrm{T}}$ を 2 乗せよ．相殺することにより，$P^2 = P$ を証明せよ．$P(P\boldsymbol{b})$ が常に $P\boldsymbol{b}$ と等しい理由を説明せよ：ベクトル $P\boldsymbol{b}$ は列空間にあるので，その射影は ＿＿＿．

22　$P = A(A^{\mathrm{T}}A)^{-1}A^{\mathrm{T}}$ が対称行列であることを，P^{T} を計算することで証明せよ．対称行列の逆行列が対称行列であることを思い出せ．

23　A が可逆な正方行列であるとき，$(A^{\mathrm{T}}A)^{-1}$ を分割してはならないという注意は適用されない．$AA^{-1}(A^{\mathrm{T}})^{-1}A^{\mathrm{T}} = I$ は正しい．**A が可逆であるとき，$P = I$ であるのはなぜか？ 誤差 $\boldsymbol{e}$ を求めよ．**

24　A^{T} の零空間は，列空間 $\boldsymbol{C}(A)$ に ＿＿＿．したがって，$A^{\mathrm{T}}\boldsymbol{b} = \boldsymbol{0}$ のとき，$\boldsymbol{b}$ の $\boldsymbol{C}(A)$ への写像は $\boldsymbol{p} =$ ＿＿＿ である．$P = A(A^{\mathrm{T}}A)^{-1}A^{\mathrm{T}}$ より答が導かれることを確かめよ．

25　n 次元部分空間への射影行列 P の階数は $r = n$ である．**理由：** 射影 $P\boldsymbol{b}$ は，部分空間 S を張る．よって，S は P の ＿＿＿ である．

26 ある $m \times m$ 行列が $A^2 = A$ であり，その階数が m であるとき，$A = I$ を証明せよ．

27 本節を締めくくる重要な事実は次のものである：$\boldsymbol{A^{\mathrm{T}} A x = 0}$ **であるとき** $\boldsymbol{Ax = 0}$ **である．**
新しい証明：ベクトル $\boldsymbol{Ax}$ は ____ の零空間にある．$\boldsymbol{Ax}$ は常に ____ の列空間にある．それらの直交する部分空間の両方に含まれるには，$\boldsymbol{Ax}$ は零でなければならない．

28 $P^{\mathrm{T}} = P$ と $P^2 = P$ を用いて，P の第 2 列の長さの 2 乗が常に対角要素 P_{22} に等しいことを証明せよ．以下の場合，この数は $\frac{2}{6} = \frac{4}{36} + \frac{4}{36} + \frac{4}{36}$ である

$$P = \frac{1}{6}\begin{bmatrix} 5 & 2 & -1 \\ 2 & 2 & 2 \\ -1 & 2 & 5 \end{bmatrix}.$$

29 B が行について非退化（階数が m，行が独立）ならば，BB^{T} が可逆であることを示せ．

挑戦問題

30 (a) （行列を注意深く観察してから）A の列空間への射影行列 P_C を求めよ．

$$A = \begin{bmatrix} 3 & 6 & 6 \\ 4 & 8 & 8 \end{bmatrix}$$

(b) A の行空間への 3×3 の射影行列 P_R を求めよ．積 $B = P_C A P_R$ を計算せよ．その答 B に少し驚くだろう．それを説明できるか？

31 $\mathbf{R}^m$ において，$\boldsymbol{b}$ と $\boldsymbol{p}$ が与えられ，$\boldsymbol{p}$ は $\boldsymbol{a}_1, \ldots, \boldsymbol{a}_n$ の線形結合であるとする．$\boldsymbol{a}_i$ によって張られる部分空間への $\boldsymbol{b}$ の射影が $\boldsymbol{p}$ であることをどのようにして判定するか？

32 A の第 1 列によって張られる 1 次元部分空間への射影行列を P_1 とする．A の 2 次元の列空間への射影行列を P_2 とする．少し考えてから，積 $P_2 P_1$ を計算せよ．

$$A = \begin{bmatrix} 1 & 0 \\ 2 & 1 \\ 0 & 1 \end{bmatrix}.$$

33 P_1 と P_2 を，部分空間 $\boldsymbol{S}$ と $\boldsymbol{T}$ への射影行列とする．$P_1 P_2 = P_2 P_1$ であるためには，それらの部分空間にどのような条件が必要か？

34 A **が** r **個の独立な列を持ち，** B **が** r **個の独立な行を持つとき，** AB **は可逆である．**
証明：A が $m \times r$ で独立な列からなるとき，$A^{\mathrm{T}} A$ が可逆であることは既知である．B が $r \times n$ で独立な行からなるとき，BB^{T} が可逆であることを示せ（$A = B^{\mathrm{T}}$ とせよ）．

ここで， AB **の階数が** r **であることを示せ．** ヒント：$A^{\mathrm{T}} ABB^{\mathrm{T}}$ の階数が r であることを示せ．第 3.6 節の問題 26 より，A^{T} と B^{T} を掛けても，階数は AB より増えない．

4.3　最小 2 乗近似

$A\boldsymbol{x}=\boldsymbol{b}$ が解を持たないことはよくある．通常の理由は，**等式が多すぎる**ことである．行列の行数が列数よりも多い．変数よりも多くの等式がある（m が n よりも大きい）．n 個の列は，m 次元空間の一部のみを張る．すべての計測が完全でなければ，$\boldsymbol{b}$ は列空間の外になる．成立不可能な等式に至り，消去が停止する．計測にノイズが含まれているからといって，そこで止まることはできない．

繰り返す：常に誤差 $\boldsymbol{e}=\boldsymbol{b}-A\boldsymbol{x}$ を零にまで減らせるとは限らない．$\boldsymbol{e}$ が零であるとき，$\boldsymbol{x}$ は $A\boldsymbol{x}=\boldsymbol{b}$ の正確な解である．**$\boldsymbol{e}$ が最小のとき，$\widehat{\boldsymbol{x}}$ は最小 2 乗解である**．本節の目標は，$\widehat{\boldsymbol{x}}$ を計算して，それを使用することである．これらは現実の問題であり，答が必要なのだ．

前節では $\boldsymbol{p}$（射影）を強調した．本節では，$\widehat{\boldsymbol{x}}$（最小 2 乗解）を強調する．それらは $\boldsymbol{p}=A\widehat{\boldsymbol{x}}$ によって関連づけられている．基本となる式は $A^{\mathrm{T}}A\widehat{\boldsymbol{x}}=A^{\mathrm{T}}\boldsymbol{b}$ のままである．非公式であるが，この式は次のようにしてすぐに導かれる：

$A\boldsymbol{x}=\boldsymbol{b}$ が解を持たないとき，A^{T} を掛けて $A^{\mathrm{T}}A\widehat{\boldsymbol{x}}=A^{\mathrm{T}}\boldsymbol{b}$ を解く．

例 1　最小 2 乗法の重要な応用は，m 個の点に直線をフィッティングすることである．3 つの点から始めよう：**点 (0,6) と (1,0) と (2,0) に最も近い直線を求めよ．**

これらの 3 つの点を通る直線 $b=C+Dt$ はない．3 つの等式を満たす 2 つの数 C と D を求めようとしている．$t=0,1,2$ において値 $b=6,0,0$ を得る等式は次のようになる：

$\boldsymbol{t=0}$	1 つ目の点が直線 $b=C+Dt$ 上にある条件	$C+D\cdot 0=6$
$\boldsymbol{t=1}$	2 つ目の点が直線 $b=C+Dt$ 上にある条件	$C+D\cdot 1=0$
$\boldsymbol{t=2}$	3 つ目の点が直線 $b=C+Dt$ 上にある条件	$C+D\cdot 2=0.$

この 3×2 の系は**解を持たない**：$\boldsymbol{b}=(6,0,0)$ は，列 $(1,1,1)$ と $(0,1,2)$ の線形結合ではない．これらの等式から A と $\boldsymbol{x}$ と $\boldsymbol{b}$ を読み取る：

$$A=\begin{bmatrix}1&0\\1&1\\1&2\end{bmatrix}\quad \boldsymbol{x}=\begin{bmatrix}C\\D\end{bmatrix}\quad \boldsymbol{b}=\begin{bmatrix}6\\0\\0\end{bmatrix}\quad A\boldsymbol{x}=\boldsymbol{b}\ \text{は解を持たない．}$$

前節の例 3 において，これらと同じ数が現れ，$\widehat{\boldsymbol{x}}=(5,-3)$ を計算した．それらの数は最も適切な C と D であり，$5-3t$ はそれら 3 つの点について最も適切な直線である．$A^{\mathrm{T}}A\widehat{\boldsymbol{x}}=A^{\mathrm{T}}\boldsymbol{b}$ とする理由を説明して，射影と最小 2 乗法を関連づけなくてはならない．

実際の問題では，$m=3$ ではなく容易に $m=100$ 個の点となりうる．それらが，直線 $C+Dt$ にぴったりと合うことはない．ここで用いた数 6,0,0 は誤差 e_1 と e_2 と e_3 を誇張しているので，図 4.6 で誤差を見ることができる．

誤差の最小化

誤差 $\boldsymbol{e} = \boldsymbol{b} - A\boldsymbol{x}$ をできるだけ小さくするにはどうするか？これは重要な問であり，美しい答がある．幾何（90° の角），代数（P を用いた射影），解析（誤差の導関数を零）により，最も適切な $\boldsymbol{x}$ （$\widehat{\boldsymbol{x}}$ と呼ばれる） を求めることができる．

幾何　すべての $A\boldsymbol{x}$ は列 $(1,1,1)$ と $(0,1,2)$ からなる平面上にある．その平面において，$\boldsymbol{b}$ に最も近い点を探す．**最も近い点は射影 $\boldsymbol{p}$ である**．

$A\widehat{\boldsymbol{x}}$ として最も適切な点は $\boldsymbol{p}$ である．最小の誤差は $\boldsymbol{e} = \boldsymbol{b} - \boldsymbol{p}$ である．高さが (p_1, p_2, p_3) である 3 つの点は**直線上にある**．なぜなら，$\boldsymbol{p}$ が列空間に含まれるからである．直線をフィッティングする場合では，$\widehat{\boldsymbol{x}}$ により最も適切な (C, D) が与えられる．

代数　すべてのベクトル $\boldsymbol{b}$ は，2 つの成分に分けられる．列空間に含まれる成分は $\boldsymbol{p}$ である．それに直交する成分は，A^{T} の零空間に含まれる $\boldsymbol{e}$ である．解を持たない方程式 $(A\boldsymbol{x} = \boldsymbol{b})$ に対して，（$\boldsymbol{e}$ を取り除いて得られる）解を持つ方程式は $A\widehat{\boldsymbol{x}} = \boldsymbol{p}$ である．

$$A\boldsymbol{x} = \boldsymbol{b} = \boldsymbol{p} + \boldsymbol{e} \quad \text{は不可能：} \qquad A\widehat{\boldsymbol{x}} = \boldsymbol{p} \quad \text{は解を持つ．} \tag{1}$$

$A\widehat{\boldsymbol{x}} = \boldsymbol{p}$ の解により残る誤差は最小である（それは $\boldsymbol{e}$ である）：

$$\textbf{任意の } \boldsymbol{x} \textbf{ に対する長さの 2 乗} \qquad \|A\boldsymbol{x} - \boldsymbol{b}\|^2 = \|A\boldsymbol{x} - \boldsymbol{p}\|^2 + \|\boldsymbol{e}\|^2. \tag{2}$$

これは直角三角形の原理 $c^2 = a^2 + b^2$ である．列空間にあるベクトル $A\boldsymbol{x} - \boldsymbol{p}$ は，左零空間にある $\boldsymbol{e}$ に直交する．$\boldsymbol{x}$ を $\widehat{\boldsymbol{x}}$ とすることで，$A\boldsymbol{x} - \boldsymbol{p}$ を零へと減らす．それにより，最小の誤差 $\boldsymbol{e} = (e_1, e_2, e_3)$ が残る．

「最小」の意味に注意せよ．$A\boldsymbol{x} - \boldsymbol{b}$ **の長さの 2 乗**が最小化される：

最小 2 乗解 $\widehat{\boldsymbol{x}}$ は，$E = \|A\boldsymbol{x} - \boldsymbol{b}\|^2$ を最小化するものである．

図 4.6 左に，最も近い直線を示す．その直線は，距離 $e_1, e_2, e_3 = 1, -2, 1$ だけ離れている．**それらは垂直方向の距離である**．最小 2 乗による直線は，$E = e_1^2 + e_2^2 + e_3^2$ を最小化する．

図 4.6 右に，同じ問題を 3 次元空間（$\boldsymbol{b}\,\boldsymbol{p}\,\boldsymbol{e}$ 空間）に示す．ベクトル $\boldsymbol{b}$ は A の列空間に含まれない．それゆえ，$A\boldsymbol{x} = \boldsymbol{b}$ を解くことができず，3 つの点を通る直線はない．最小の誤差は，直交ベクトル $\boldsymbol{e}$ である．これは $\boldsymbol{e} = \boldsymbol{b} - A\widehat{\boldsymbol{x}}$ であり，3 つの等式の誤差からなるベクトル $(1, -2, 1)$ である．それらの値は，最も適切な直線からの距離である．両方の図の裏には，基本となる式 $A^{\mathrm{T}}A\widehat{\boldsymbol{x}} = A^{\mathrm{T}}\boldsymbol{b}$ がある．

誤差 $1, -2, 1$ を足すと零になることに注意せよ．誤差 $\boldsymbol{e} = (e_1, e_2, e_3)$ は A の第 1 列 $(1, 1, 1)$ に直交する．したがって，内積は $e_1 + e_2 + e_3 = 0$ となる．

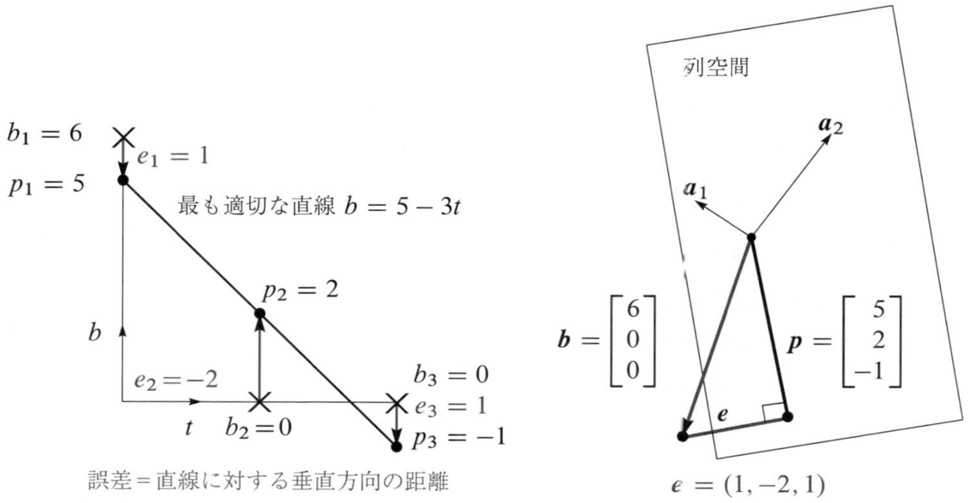

図 4.6　最も適切な直線と射影：同じ問題に対する 2 つの絵． 直線は，高さ $\boldsymbol{p} = (5, 2, -1)$ を通り，誤差は $\boldsymbol{e} = (1, -2, 1)$ である．等式 $A^{\mathrm{T}}A\widehat{\boldsymbol{x}} = A^{\mathrm{T}}\boldsymbol{b}$ より $\widehat{\boldsymbol{x}} = (5, -3)$ が得られる．最も適切な直線は $b = 5 - 3t$ であり，射影は $\boldsymbol{p} = 5\boldsymbol{a}_1 - 3\boldsymbol{a}_2$ である．

解析　ほとんどの関数は解析により最小化できる．最小のとき，グラフの底に達し，導関数がどの方向にも零となる．ここで，最小化すべき誤差関数 E は，**2 乗和** $e_1^2 + e_2^2 + e_3^2$（各等式の誤差の 2 乗）である：

$$E = \|A\boldsymbol{x} - \boldsymbol{b}\|^2 = (C + D \cdot 0 - 6)^2 + (C + D \cdot 1)^2 + (C + D \cdot 2)^2. \tag{3}$$

変数は C と D である．2 つの変数があるので，**2 つの導関数**があり，最小のときには両方が零となる．それらは「偏微分」である．$\partial E/\partial C$ において D は定数として扱われ，$\partial E/\partial D$ において C は定数として扱われる：

$$\begin{aligned}
\partial E/\partial C &= 2(C + D \cdot 0 - 6) \quad + 2(C + D \cdot 1) \quad + 2(C + D \cdot 2) \quad = 0 \\
\partial E/\partial D &= 2(C + D \cdot 0 - 6)(\mathbf{0}) + 2(C + D \cdot 1)(\mathbf{1}) + 2(C + D \cdot 2)(\mathbf{2}) = 0.
\end{aligned}$$

連鎖法則により，$\partial E/\partial D$ には，因数 $\mathbf{0}, \mathbf{1}, \mathbf{2}$ が余計に含まれている（最後の $(C + 2\mathrm{D})^2$ の導関数は，2 と $C + 2\mathrm{D}$ と追加の 2 の積である）．C に関する偏微分では，C の係数は常に 1 であるので，対応する因数は 1, 1, 1 である．1, 1, 1 と 0, 1, 2 が A の列となっているのは偶然ではない．

すべての項から 2 を約分して，C と D の同類項を集める：

$$\begin{array}{ll} C \text{ に関する偏微分が零：} & 3C + 3D = 6 \\ D \text{ に関する偏微分が零：} & 3C + 5D = 0 \end{array} \quad \text{この行列} \begin{bmatrix} 3 & 3 \\ 3 & 5 \end{bmatrix} \text{は } \boldsymbol{A}^{\mathrm{T}}\boldsymbol{A} \text{ である．} \tag{4}$$

これらの等式は $A^{\mathrm{T}}A\widehat{\boldsymbol{x}} = A^{\mathrm{T}}\boldsymbol{b}$ **と同一である．** 最も適切な C と D は，$\widehat{\boldsymbol{x}}$ の要素である．解析で得られた等式は，線形代数の「正規方程式」と同じであり，最小 2 乗法の鍵となる．

$\|A\boldsymbol{x}-\boldsymbol{b}\|^2$ の偏微分が零となるのは $A^{\mathrm{T}}A\widehat{\boldsymbol{x}}=A^{\mathrm{T}}\boldsymbol{b}$ のときである.

解は $C=5$ と $D=-3$ である. したがって, $b=5-3t$ が最も適切な直線であり, 3 つの点に最も近くなる. $t=0$, 1, 2 において, この直線は $\boldsymbol{p}=5$, 2, -1 を通る. $\boldsymbol{b}=6$, 0, 0 を通るようにはできない. 誤差は 1, -2, 1 であり, それはベクトル $\boldsymbol{e}$ である.

全体像

本書の重要な図は, 行列の 4 つの部分空間とその本当の作用を示す. 図 4.3 の左側のベクトル $\boldsymbol{x}$ は, 右側の $\boldsymbol{b}=A\boldsymbol{x}$ へと移った. その図において, $\boldsymbol{x}$ は $\boldsymbol{x}_r+\boldsymbol{x}_n$ に分けられた. $A\boldsymbol{x}=\boldsymbol{b}$ には多数の解が存在した.

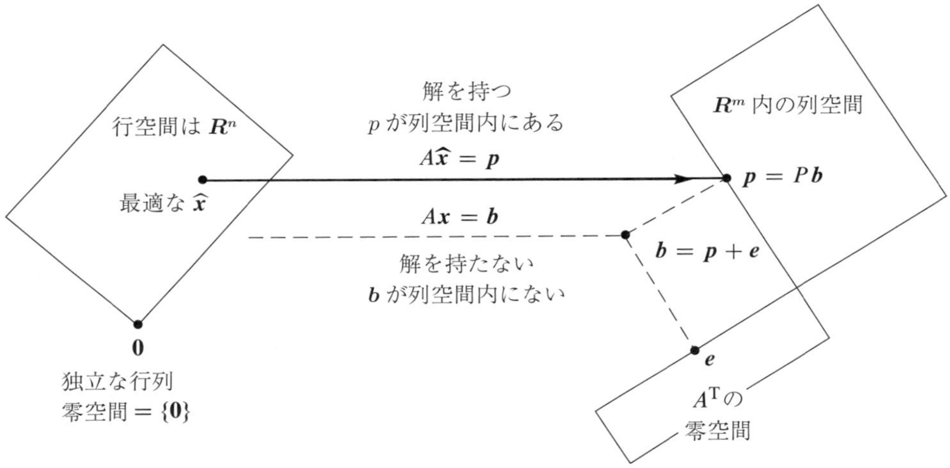

図 4.7 射影 $\boldsymbol{p}=A\widehat{\boldsymbol{x}}$ は $\boldsymbol{b}$ に最も近いので, $\widehat{\boldsymbol{x}}$ は $E=\|\boldsymbol{b}-A\boldsymbol{x}\|^2$ を最小化する.

本節では, 事情がちょうど反対になっている. $A\boldsymbol{x}=\boldsymbol{b}$ に解がない. **$\boldsymbol{x}$ を分割する代わりに, $\boldsymbol{b}$ を分割する.** 図 4.7 は, 最小 2 乗法における全体像を示す. $A\boldsymbol{x}=\boldsymbol{b}$ の代わりに $A\widehat{\boldsymbol{x}}=\boldsymbol{p}$ を解く. 誤差 $\boldsymbol{e}=\boldsymbol{b}-\boldsymbol{p}$ は避けられない.

零空間 $\boldsymbol{N}(A)$ がとても小さく, ただ 1 点のみであることに注意せよ. A が独立な列からなるとき, $A\boldsymbol{x}=\boldsymbol{0}$ の唯一解は $\boldsymbol{x}=\boldsymbol{0}$ である. そのとき, $A^{\mathrm{T}}A$ は可逆である. 方程式 $A^{\mathrm{T}}A\widehat{\boldsymbol{x}}=A^{\mathrm{T}}\boldsymbol{b}$ により, 最も適切なベクトル $\widehat{\boldsymbol{x}}$ が完全に決まる. 誤差は $A^{\mathrm{T}}\boldsymbol{e}=\boldsymbol{0}$ となる.

4 つの部分空間すべてが含まれた完全な図は, 第 7 章にて示される. すべての $\boldsymbol{x}$ は $\boldsymbol{x}_r+\boldsymbol{x}_n$ に分解され, すべての $\boldsymbol{b}$ は $\boldsymbol{p}+\boldsymbol{e}$ に分解される. 最も適切な解は, 行空間にある $\widehat{\boldsymbol{x}}_r$ である. $\boldsymbol{e}$ が避けられず $\boldsymbol{x}_n$ がいらないとすると, $A\widehat{\boldsymbol{x}}=\boldsymbol{p}$ が残る.

直線のフィッティング

直線をフィッティングする（最も近い直線を求める）ことは，最小 2 乗法の最も明快な応用である．ある直線に近いと期待される m 個の点があるとする（ただし $m > 2$）．時刻 $t_1, \ldots, t_m$ において，それら m 個の点は高さ $b_1, \ldots, b_m$ にある．最も適切な直線 $C + Dt$ は，点から垂直方向の距離 $e_1, \ldots, e_m$ だけ離れている．完璧な直線はないが，最小 2 乗による直線は $E = e_1^2 + \cdots + e_m^2$ を最小化する．

本節の最初の例では，図 4.6 に示す 3 つの点があった．これからは m 個（m は大きな値となりうる）の点を考えよう．$\widehat{\boldsymbol{x}}$ の 2 つの要素は C と D のままである．

ある直線が m 個の点を通るのは，$A\boldsymbol{x} = \boldsymbol{b}$ が厳密に解けるときである．一般にはそれは不可能である．2 つの変数 C と D によって直線が決まるので，A は $n = 2$ 列しかない．m 個の点にフィッティングするとき，m 個の等式を解こうとする（求めるものはただ 2 つだ）：

$$A\boldsymbol{x} = \boldsymbol{b} \quad \text{は} \quad \begin{matrix} C + Dt_1 = b_1 \\ C + Dt_2 = b_2 \\ \vdots \\ C + Dt_m = b_m \end{matrix} \qquad \text{ただし} \qquad A = \begin{bmatrix} 1 & t_1 \\ 1 & t_2 \\ \vdots & \vdots \\ 1 & t_m \end{bmatrix}. \tag{5}$$

列空間の平面はとても薄いので，ほぼ確実に $\boldsymbol{b}$ はその外にある．偶然にも $\boldsymbol{b}$ が列空間内にあれば，m 個の点は直線上にある．その場合 $\boldsymbol{b} = \boldsymbol{p}$ であり，$A\boldsymbol{x} = \boldsymbol{b}$ は解を持ち，誤差は $\boldsymbol{e} = (0, \ldots, 0)$ となる．

最適な直線 $\boldsymbol{C + Dt}$ では，高さは $\boldsymbol{p_1, \ldots, p_m}$ であり，誤差は $\boldsymbol{e_1, \ldots, e_m}$ である．

$\boldsymbol{A^{\mathrm{T}}A\widehat{x} = A^{\mathrm{T}}b}$ を $\boldsymbol{\widehat{x} = (C, D)}$ について解く．誤差は $\boldsymbol{e_i = b_i - C - Dt_i}$ である．

点に直線をフィッティングすることはとても重要なので，2 つの等式 $A^{\mathrm{T}}A\widehat{\boldsymbol{x}} = A^{\mathrm{T}}\boldsymbol{b}$ をもう一度だけ示す．（すべての時刻 t_i が同一でなければ）A の 2 つの列は独立である．したがって，最小 2 乗法を考え，$A^{\mathrm{T}}A\widehat{\boldsymbol{x}} = A^{\mathrm{T}}\boldsymbol{b}$ を解く．

$$\textbf{内積行列} \qquad A^{\mathrm{T}}A = \begin{bmatrix} 1 & \cdots & 1 \\ t_1 & \cdots & t_m \end{bmatrix} \begin{bmatrix} 1 & t_1 \\ \vdots & \vdots \\ 1 & t_m \end{bmatrix} = \begin{bmatrix} m & \sum t_i \\ \sum t_i & \sum t_i^2 \end{bmatrix}. \tag{6}$$

正規方程式の右辺は 2×1 のベクトル $A^{\mathrm{T}}\boldsymbol{b}$ である：

$$A^{\mathrm{T}}\boldsymbol{b} = \begin{bmatrix} 1 & \cdots & 1 \\ t_1 & \cdots & t_m \end{bmatrix} \begin{bmatrix} b_1 \\ \vdots \\ b_m \end{bmatrix} = \begin{bmatrix} \sum b_i \\ \sum t_i b_i \end{bmatrix}. \tag{7}$$

具体的な問題では，これらの数は与えられている．最も適切な $\widehat{\boldsymbol{x}} = (C, D)$ は，この先の式 (9) で与えられる．

$A^{\mathrm{T}}A\widehat{\boldsymbol{x}} = A^{\mathrm{T}}\boldsymbol{b}$ であるとき，直線 $C + Dt$ は $e_1^2 + \cdots + e_m^2 = \|A\boldsymbol{x} - \boldsymbol{b}\|^2$ を最小化する：

$$\begin{bmatrix} m & \sum t_i \\ \sum t_i & \sum t_i^2 \end{bmatrix} \begin{bmatrix} C \\ D \end{bmatrix} = \begin{bmatrix} \sum b_i \\ \sum t_i b_i \end{bmatrix}. \tag{8}$$

直線上の m 個の点の垂直方向の誤差は，$\boldsymbol{e} = \boldsymbol{b} - \boldsymbol{p}$ の要素である．この誤差ベクトル（**残差**）$\boldsymbol{b} - A\widehat{\boldsymbol{x}}$ は，A の列に直交する（幾何）．誤差は A^{T} の零空間にある（線形代数）．最も適切な $\widehat{\boldsymbol{x}} = (C, D)$ は，誤差の全体，すなわち，誤差の 2 乗和 E を最小化する：

$$E(\boldsymbol{x}) = \|A\boldsymbol{x} - \boldsymbol{b}\|^2 = (C + Dt_1 - b_1)^2 + \cdots + (C + Dt_m - b_m)^2.$$

解析で偏微分 $\partial E/\partial C$ と $\partial E/\partial D$ を零にすると，その結果 $A^{\mathrm{T}}A\widehat{\boldsymbol{x}} = A^{\mathrm{T}}\boldsymbol{b}$ が得られる．

他の最小 2 乗法の問題では，変数は 2 より多くなる．最適な放物線のフィッティングでは，$n = 3$ 個の係数 C, D, E がある（以下を見よ）．一般には，m 個の点に対し n 個のパラメータ $x_1, \ldots, x_n$ によってフィッティングを行う．行列 A は n 列からなり，$n < m$ である．$\|A\boldsymbol{x} - \boldsymbol{b}\|^2$ の導関数により，n 個の等式 $A^{\mathrm{T}}A\widehat{\boldsymbol{x}} = A^{\mathrm{T}}\boldsymbol{b}$ が得られる．**2 乗の導関数は線形であり，**これが，最小 2 乗法がとても有名な理由である．

例 2　計測時刻 t_i の和が零のとき，A は**直交する列**ベクトルを持つ．時刻 $t = -2, 0, 2$ において，$b = 1, 2, 4$ であるとする．時刻の和は零であり，A の列ベクトルは**内積が零**となる：

$$\begin{aligned} C + D(-2) &= 1 \\ C + D(0) &= 2 \\ C + D(2) &= 4 \end{aligned} \qquad \text{すなわち} \qquad A\boldsymbol{x} = \begin{bmatrix} 1 & -2 \\ 1 & 0 \\ 1 & 2 \end{bmatrix} \begin{bmatrix} C \\ D \end{bmatrix} = \begin{bmatrix} 1 \\ 2 \\ 4 \end{bmatrix}.$$

$A^{\mathrm{T}}A$ の中にある零に注目せよ：

$$A^{\mathrm{T}}A\widehat{\boldsymbol{x}} = A^{\mathrm{T}}\boldsymbol{b} \qquad \text{は} \qquad \begin{bmatrix} 3 & 0 \\ 0 & 8 \end{bmatrix} \begin{bmatrix} C \\ D \end{bmatrix} = \begin{bmatrix} 7 \\ 6 \end{bmatrix}.$$

要点： このとき，$A^{\mathrm{T}}A$ **は対角行列である**．$C = \frac{7}{3}$ と $D = \frac{6}{8}$ を別々に解くことができる．$A^{\mathrm{T}}A$ に含まれる零は，A の直交する列ベクトルの内積である．$m = 3$ と $t_1^2 + t_2^2 + t_3^2 = 8$ を要素に持つ対角行列 $A^{\mathrm{T}}A$ は，実質的には単位行列と同じくらい性質が良い．

列ベクトルが直交するととても便利なので，時間軸の原点を動かして直交する列ベクトルを作ることには価値がある．そのためには，平均時刻 $\widehat{t} = (t_1 + \cdots + t_m)/m$ を引く．ずらした後の時刻 $T_i = t_i - \widehat{t}$ の和は $\sum T_i = m\widehat{t} - m\widehat{t} = 0$ となる．すると列ベクトルが直交するので，$A^{\mathrm{T}}A$ は対角行列となる．その要素は m と $T_1^2 + \cdots + T_m^2$ である．よって，最も適切な C と D が直接的に求められる：

$$\boldsymbol{T} \text{ は } \boldsymbol{t} - \widehat{\boldsymbol{t}} \qquad C = \frac{b_1 + \cdots + b_m}{m} \qquad \text{と} \qquad D = \frac{b_1T_1 + \cdots + b_mT_m}{T_1^2 + \cdots + T_m^2}. \tag{9}$$

最も適切な直線は $C+DT$ **，書き換えると** $C+D(t-\widehat{t})$ である．時間をずらして $A^{\mathrm{T}}A$ を対角行列にすることは，事前に列ベクトルを直交化するグラム–シュミット法の一例である．

放物線のフィッティング

投げたボールの軌跡に対して直線でフィッティングするのはあまりにおかしい．放物線 $b=C+Dt+Et^2$ では，ボールは上がった後に落ちる（b は時刻 t における高さである）．実際の軌跡は完全な放物線ではないが，投射物の理論は放物線による近似から始まる．

ガリレオがピサの斜塔から石を落としたとき，その石は加速した．落下距離は 2 次の項 $\frac{1}{2}gt^2$ を含む（ガリレオの主張は，石の質量に依らないということであった）．t^2 の項がなければ，人工衛星を正しい軌道へ送れない．t^2 のような非線形関数があっても，変数 C, D, E の出現は線形である．最適な放物線を求めることも，線形代数の問題である．

問題　時間 $t_1, \ldots, t_m$ における高さ $b_1, \ldots, b_m$ に対し，放物線 $C+Dt+Et^2$ をフィッティングせよ．

解　$m>3$ 個の点があるとき，正確な適合を表す m 個の等式は一般に解を持たない：

$$\begin{aligned} C+Dt_1+Et_1^2 &= b_1 \\ &\vdots \\ C+Dt_m+Et_m^2 &= b_m \end{aligned} \qquad \text{に対する } m\times 3 \text{ 行列} \qquad A=\begin{bmatrix} 1 & t_1 & t_1^2 \\ \vdots & \vdots & \vdots \\ 1 & t_m & t_m^2 \end{bmatrix}. \tag{10}$$

最小 2 乗法　最適な放物線 $C+Dt+Et^2$ は，3 つの等式からなる正規方程式 $A^{\mathrm{T}}A\widehat{\boldsymbol{x}}=A^{\mathrm{T}}\boldsymbol{b}$ を満たす $\widehat{\boldsymbol{x}}=(C,D,E)$ による．

この問題を射影の問題に変換しよう．A の列空間の次元は ＿＿＿ である．$\boldsymbol{b}$ の射影は $\boldsymbol{p}=A\widehat{\boldsymbol{x}}$ であり，それは 3 つの列を係数 C, D, E で結合したものである．1 つ目の点における誤差は $e_1=b_1-C-Dt_1-Et_1^2$ である．誤差の 2 乗の全体は e_1^2+ ＿＿＿ である．解析による最小化のほうがよければ，＿＿＿，＿＿＿，＿＿＿ に関して E の偏微分をとる．3 つの偏微分が零となるのは，3×3 行列の方程式 ＿＿＿ の解が $\widehat{\boldsymbol{x}}=(C,D,E)$ となるときである．

最小 2 乗法の別の応用が第 8.5 節にある．大きな応用はベクトルではなく関数を近似するフーリエ級数である．最小化するものが，誤差の 2 乗和 $e_1^2+\cdots+e_m^2$ から誤差の 2 乗の積分に変わる．

例 3　$t=0,1,2$ において高さ $b=6,0,0$ を通る放物線 $b=C+Dt+Et^2$ が満たすべき等式は次のようになる．

$$\begin{aligned} C+D\cdot 0+E\cdot 0^2&=6 \\ C+D\cdot 1+E\cdot 1^2&=0 \\ C+D\cdot 2+E\cdot 2^2&=0 \end{aligned} \tag{11}$$

この $A\boldsymbol{x}=\boldsymbol{b}$ は正確に解くことができる．3 つの点から 3 つの等式が得られ，正方行列が得られる．解は $\boldsymbol{x}=(C,D,E)=(6,-9,3)$ である．図 4.8 左の 3 つの点を通る放物線は $b=6-9t+3t^2$ である．

射影について，どのような意味を持つだろうか？ 行列は 3 つの列ベクトルからなり，それらの列ベクトルは $\mathbf{R}^3$ の空間全体を張る．射影行列は単位行列である．$\boldsymbol{b}$ の射影は $\boldsymbol{b}$ である．誤差は零である．$A\boldsymbol{x} = \boldsymbol{b}$ が解けたので $A^{\mathrm{T}}A\widehat{\boldsymbol{x}} = A^{\mathrm{T}}\boldsymbol{b}$ は必要ない．A^{T} を掛けることもできるが，そうする理由がないのだ．

図 4.8 には 時刻 t_4 における 4 つ目の点 b_4 が示されている．それが放物線上にあれば，(4 つの等式からなる) 新しい $A\boldsymbol{x} = \boldsymbol{b}$ は解を持つ．4 つ目の点が放物線上になければ，$A^{\mathrm{T}}A\widehat{\boldsymbol{x}} = A^{\mathrm{T}}\boldsymbol{b}$ を考える．最小 2 乗法で得られる放物線が変化せず，4 つ目の点の位置にのみ誤差があることは考えられるだろうか？ そうはならないだろう．

最小の誤差ベクトル (e_1, e_2, e_3, e_4) は，A の第 1 列である $(1,1,1,1)$ に直交する．最小 2 乗法は 4 つの誤差のバランスを取り，それらの和が零となるようにする．

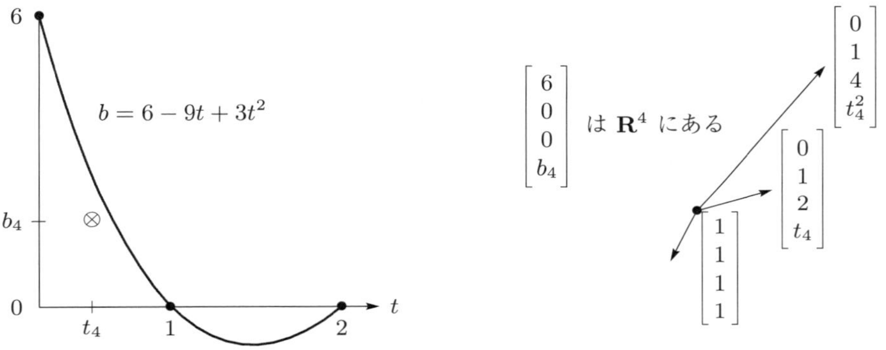

図 4.8 例 3 より：$t = 0, 1, 2$ に対して放物線が完全にフィッティングできることは，$\boldsymbol{p} = \boldsymbol{b}$ と $\boldsymbol{e} = \boldsymbol{0}$ を意味する．放物線から離れた点 b_4 により，$m > n$ となり，最小 2 乗法が必要になる．

■ 要点の復習 ■

1. 最小 2 乗解 $\widehat{\boldsymbol{x}}$ は，$E = \|A\boldsymbol{x} - \boldsymbol{b}\|^2$ を最小化する．これは，m 個 $(m > n)$ の等式に対する誤差の 2 乗和である．

2. 最も適切な $\widehat{\boldsymbol{x}}$ は，正規方程式 $A^{\mathrm{T}}A\widehat{\boldsymbol{x}} = A^{\mathrm{T}}\boldsymbol{b}$ より導かれる．

3. m 個の点に対し直線 $b = C + Dt$ でフィッティングするとき，正規方程式より C と D が得られる．

4. 最適な直線の高さは $\boldsymbol{p} = (p_1, \ldots, p_m)$，垂直方向の距離は誤差 $\boldsymbol{e} = (e_1, \ldots, e_m)$ である．

5. m 個の点を $n < m$ 個の関数の組合せでフィッティングしようとするとき，m 個の等式 $A\boldsymbol{x} = \boldsymbol{b}$ は一般に解を持たない．n 個の等式 $A^{\mathrm{T}}A\widehat{\boldsymbol{x}} = A^{\mathrm{T}}\boldsymbol{b}$ により最小 2 乗解が得られる．その最小 2 乗解は，平均 2 乗誤差を最小化する線形結合である．

■ 例題 ■

4.3 A 時刻 $t=1,\ldots,9$ における 9 回の計測 b_1 から b_9 が**すべて零**であるとする．10 回目の計測 $b_{10}=40$ は異常値である．10 個の点 $(1,0),(2,0),\ldots,(9,0),(10,40)$ に対し，次の誤差 E に基づいてフィッティングするとき，最適な**水平線** $y=C$ を求めよ．

(1) 最小 2 乗 $E_2 = e_1^2+\cdots+e_{10}^2$ （このとき，C に対する正規方程式は線形となる）

(2) 最大誤差 $E_\infty = |e_{\max}|$ の最小化　**(3)** 誤差の和 $E_1=|e_1|+\cdots+|e_{10}|$ の最小化．

解

(1) 最小 2 乗により $0,0,\ldots,0,40$ にフィッティングした水平線は $C=4$ である：

A は 1 からなる列ベクトル，　$A^{\mathrm{T}}A=10$，　$A^{\mathrm{T}}\boldsymbol{b}=b_i$ の和 $=40$．　よって $10C=40$．

(2) 最大誤差の最小化では，0 と 40 の中間の $C=20$ となる．

(3) 誤差の和の最小化では，$C=0$ となる．C が零から増えると，誤差の和 $9|C|+|40-C|$ も増える．

誤差の和の最小化は，計測値の中央値より得られる（$0,\ldots,0,40$ の中央値は零である）．最小 2 乗解が $b_{10}=40$ のような異常値にあまりに強く影響されていると感じる統計学者も多く，誤差の和の最小のほうを好む．しかし，その方程式は非線形となる．

これら 10 個の点に対して，最小 2 乗法による最適な直線 $C+Dt$ を求めよう．

$$A^{\mathrm{T}}A=\begin{bmatrix}10 & \sum t_i\\ \sum t_i & \sum t_i^2\end{bmatrix}=\begin{bmatrix}10 & 55\\ 55 & 385\end{bmatrix}\qquad A^{\mathrm{T}}\boldsymbol{b}=\begin{bmatrix}\sum b_i\\ \sum t_ib_i\end{bmatrix}=\begin{bmatrix}40\\ 400\end{bmatrix}$$

これらは，式 (8) より得られる．$A^{\mathrm{T}}A\widehat{\boldsymbol{x}}=A^{\mathrm{T}}\boldsymbol{b}$ より，$C=-8$ と $D=24/11$ を得る．

b_i に 3 を掛け，さらに 30 を足して $\boldsymbol{b}_{\text{new}}=(30,30,\ldots,150)$ としたとき，C と D はどう変わるか？ 線形性から，$\boldsymbol{b}=(0,0,\ldots,40)$ を拡大縮小することができる．$\boldsymbol{b}$ が 3 倍になると，C と D も 3 倍となる．すべての b_i が 30 増えると，C も 30 増える．

4.3 B 時刻 $t=-2,-1,0,1,2$ における値 $\boldsymbol{b}=(0,0,1,0,0)$ に最も近くなる（最小 2 乗誤差）放物線 $C+Dt+Et^2$ を求めよ．まず，放物線が 5 つの点を通ることを表す，3 変数 $\boldsymbol{x}=(C,D,E)$ からなる 5 つの等式 $A\boldsymbol{x}=\boldsymbol{b}$ を書き下せ．そのような放物線は存在しないので，方程式は解を持たない．$A^{\mathrm{T}}A\widehat{\boldsymbol{x}}=A^{\mathrm{T}}\boldsymbol{b}$ を解け．

$D=0$ であると予想できる．最適な放物線が $t=0$ に対して対称である理由を述べよ．$A^{\mathrm{T}}A\widehat{\boldsymbol{x}}=A^{\mathrm{T}}\boldsymbol{b}$ において，D に対する 2 つ目の等式は，1 つ目と 3 つ目の等式から独立しているはずだ．

解　5 つの等式 $A\boldsymbol{x}=\boldsymbol{b}$ において，A は「ヴァンデルモンド（ファンデルモンデ）」矩形行列となる：

$$\begin{aligned} C + D(-2) + E(-2)^2 &= 0 \\ C + D(-1) + E(-1)^2 &= 0 \\ C + D\ (0) + E\ (0)^2 &= 1 \\ C + D\ (1) + E\ (1)^2 &= 0 \\ C + D\ (2) + E\ (2)^2 &= 0 \end{aligned} \qquad A = \begin{bmatrix} 1 & -2 & 4 \\ 1 & -1 & 1 \\ 1 & 0 & 0 \\ 1 & 1 & 1 \\ 1 & 2 & 4 \end{bmatrix} \qquad A^{\mathrm{T}}A = \begin{bmatrix} 5 & \mathbf{0} & 10 \\ \mathbf{0} & 10 & \mathbf{0} \\ 10 & \mathbf{0} & 34 \end{bmatrix}$$

$A^{\mathrm{T}}A$ における零は，A の第 2 列が第 1 列と第 3 列に直交していることを表す．これは直接 A の中にも見られる（時間 $-2,-1,0,1,2$ が対称となっている）．放物線 $C+Dt+Et^2$ の最適な C,D,E は $A^{\mathrm{T}}A\widehat{\boldsymbol{x}} = A^{\mathrm{T}}\boldsymbol{b}$ より得られ，D は独立して求められる：

$$\begin{bmatrix} 5 & 0 & 10 \\ 0 & 10 & 0 \\ 10 & 0 & 34 \end{bmatrix} \begin{bmatrix} C \\ D \\ E \end{bmatrix} = \begin{bmatrix} 1 \\ 0 \\ 0 \end{bmatrix} \quad \text{より，予想どおり} \quad \begin{aligned} C &= 34/70 \\ D &= 0 \\ E &= -10/70 \end{aligned}$$

練習問題 4.3

問題 1〜11 は，4 つの点 $\boldsymbol{b} = (0,8,8,20)$ を用いて，主要な考え方を明らかにする．

1 時刻 $t = 0,1,3,4$ において点 $b = 0,8,8,20$ があるとき，正規方程式 $A^{\mathrm{T}}A\widehat{\boldsymbol{x}} = A^{\mathrm{T}}\boldsymbol{b}$ を立て，それを解け．図 4.9 左の最適な直線における 4 つの高さ p_i と 4 つの誤差 e_i を求めよ．$E = e_1^2 + e_2^2 + e_3^2 + e_4^2$ の最小値を求めよ．

2 （直線 $C + Dt$ は p_i を通る）時刻 $t = 0,1,3,4$ において点 $b = 0,8,8,20$ があるとき，4 つの等式 $A\boldsymbol{x} = \boldsymbol{b}$ を書き下せ（これは解を持たない）．計測値を $p = 1,5,13,17$ に変え，正確な解 $A\widehat{\boldsymbol{x}} = \boldsymbol{p}$ を求めよ．

3 $\boldsymbol{e} = \boldsymbol{b} - \boldsymbol{p} = (-1,3,-5,3)$ が問題 2 の A の列ベクトルの両方に直交することを確認せよ．$\boldsymbol{b}$ から A の列空間への最小距離 $\|\boldsymbol{e}\|$ を求めよ．

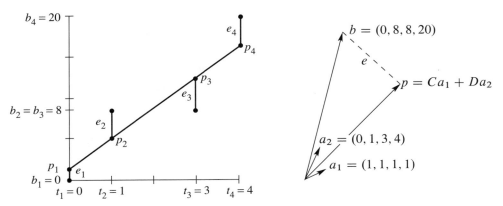

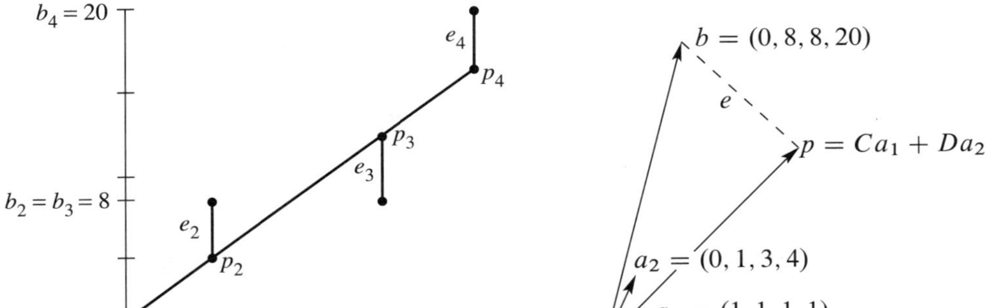

図 4.9 問題 1〜11：最も近い直線 $C + Dt$ は，$\mathbf{R}^4$ における $C\boldsymbol{a}_1 + D\boldsymbol{a}_2$ に対応する．

4　（解析によって）$E = \|A\boldsymbol{x} - \boldsymbol{b}\|^2$ を 4 つの 2 乗の和として書き下せ．最後のものは $(C+4D-20)^2$ である．微分方程式 $\partial E/\partial C = 0$ と $\partial E/\partial D = 0$ を求めよ．これを 2 で割り，正規方程式 $A^{\mathrm{T}}A\widehat{\boldsymbol{x}} = A^{\mathrm{T}}\boldsymbol{b}$ を導け．

5　$\boldsymbol{b} = (0,8,8,20)$ にフィッティングしたとき最適な**水平線**の高さ C を求めよ．完全に適合したとすると，解を持たない等式 $C=0$, $C=8$, $C=8$, $C=20$ となる．これらの等式から 4×1 の行列 A を求め，$A^{\mathrm{T}}A\widehat{x} = A^{\mathrm{T}}\boldsymbol{b}$ を解け．高さ $\widehat{x} = C$ の水平線と，4 つの誤差 $\boldsymbol{e}$ を描け．

6　$\boldsymbol{b} = (0,8,8,20)$ を $\boldsymbol{a} = (1,1,1,1)$ を通る直線へ射影せよ．$\widehat{x} = \boldsymbol{a}^{\mathrm{T}}\boldsymbol{b}/\boldsymbol{a}^{\mathrm{T}}\boldsymbol{a}$ と射影 $\boldsymbol{p} = \widehat{x}\boldsymbol{a}$ を求めよ．$\boldsymbol{e} = \boldsymbol{b} - \boldsymbol{p}$ が $\boldsymbol{a}$ に直交することを確認し，$\boldsymbol{b}$ から $\boldsymbol{a}$ を通る直線への最短距離 $\|\boldsymbol{e}\|$ を求めよ．

7　同じ 4 つの点に対し，**原点を通る**最も近い直線 $b = Dt$ を求めよ．完全に適合したとすると，$D\cdot 0 = 0, D\cdot 1 = 8, D\cdot 3 = 8, D\cdot 4 = 20$ となる．4×1 の行列を求め，$A^{\mathrm{T}}A\widehat{x} = A^{\mathrm{T}}\boldsymbol{b}$ を解け．図 4.9 左を描き直し，最適な直線 $b = Dt$ と e_i を表せ．

8　$\boldsymbol{b} = (0,8,8,20)$ を，$\boldsymbol{a} = (0,1,3,4)$ を通る直線へ射影せよ．$\widehat{x} = D$ と $\boldsymbol{p} = \widehat{x}\boldsymbol{a}$ を求めよ．問題 5〜6 における最適な C と問題 7〜8 における最適な D は，問題 1〜4 における最適な (C, D) に一致しない．その理由は，$(1,1,1,1)$ と $(0,1,3,4)$ が直交 ＿＿＿ からである．

9　同じ 4 つの点に対する最も近い放物線 $b = C + Dt + Et^2$ について，3 変数 $\boldsymbol{x} = (C, D, E)$ からなる解を持たない方程式 $A\boldsymbol{x} = \boldsymbol{b}$ を書き下せ．3 つの等式からなる正規方程式 $A^{\mathrm{T}}A\widehat{\boldsymbol{x}} = A^{\mathrm{T}}\boldsymbol{b}$ を立てよ（解く必要はない）．図 4.9 左において，4 つの点に放物線をフィッティングしようとしている．図 4.9 右において何が起こるか？

10　同じ 4 つの点に対する最も近い 3 次曲線 $b = C + Dt + Et^2 + Ft^3$ について，4 つの等式からなる方程式 $A\boldsymbol{x} = \boldsymbol{b}$ を書き下せ．それを消去法で解け．図 4.9 左において，この 3 次曲線は 4 つの点すべてを正確に通る．$\boldsymbol{p}$ と $\boldsymbol{e}$ はどうなるか？

11　4 つの時刻の平均は $\widehat{t} = \frac{1}{4}(0+1+3+4) = 2$ である．4 つの b の平均は $\widehat{b} = \frac{1}{4}(0+8+8+20) = 9$ である．

(a) 最適な直線が中心点 $(\widehat{t}, \widehat{b}) = (2, 9)$ を通ることを確かめよ．
(b) $A^{\mathrm{T}}A\widehat{\boldsymbol{x}} = A^{\mathrm{T}}\boldsymbol{b}$ の 1 つ目の等式から $C + D\widehat{t} = \widehat{b}$ が得られる理由を説明せよ．

問題 12〜16 は，統計の基本的考え方を導入する．それは最小 2 乗法の基礎である．

12　（推奨）$\boldsymbol{b} = (b_1, \ldots, b_m)$ を $\boldsymbol{a} = (1, \ldots, 1)$ を通る直線へ射影する．1 変数からなる m 個の等式 $\boldsymbol{a}x = \boldsymbol{b}$ を（最小 2 乗法で）解く．

(a) $\boldsymbol{a}^{\mathrm{T}}\boldsymbol{a}\widehat{x}=\boldsymbol{a}^{\mathrm{T}}\boldsymbol{b}$ を解き，$\widehat{x}$ が $\boldsymbol{b}$ の**平均**であることを示せ．

(b) $\boldsymbol{e}=\boldsymbol{b}-\boldsymbol{a}\widehat{x}$ と**分散** $\|\boldsymbol{e}\|^2$ と**標準偏差** $\|\boldsymbol{e}\|$ を求めよ．

(c) 水平線 $\widehat{\boldsymbol{b}}=3$ は，$\boldsymbol{b}=(1,2,6)$ に最も近いものである．$\boldsymbol{p}=(3,3,3)$ が $\boldsymbol{e}$ に直交することを確認し，3×3 の射影行列 P を求めよ．

13 最小 2 乗法における 1 つ目の仮定は，$A\boldsymbol{x}=\boldsymbol{b}-$(**平均が零であるノイズ** $\boldsymbol{e}$)である．誤差ベクトル $\boldsymbol{e}=\boldsymbol{b}-A\boldsymbol{x}$ に $(A^{\mathrm{T}}A)^{-1}A^{\mathrm{T}}$ を掛け，右辺から $\widehat{\boldsymbol{x}}-\boldsymbol{x}$ を導け．推定誤差 $\widehat{\boldsymbol{x}}-\boldsymbol{x}$ も平均が零である．推定値 $\widehat{\boldsymbol{x}}$ は**不偏**である．

14 最小 2 乗法における 2 つ目の仮定は，$\boldsymbol{e}$ の m 個の誤差が独立であり分散が σ^2 である，つまり $(\boldsymbol{b}-A\boldsymbol{x})(\boldsymbol{b}-A\boldsymbol{x})^{\mathrm{T}}$ の平均が $\sigma^2 I$ であるということである．左から $(A^{\mathrm{T}}A)^{-1}A^{\mathrm{T}}$ を掛け，右から $A(A^{\mathrm{T}}A)^{-1}$ を掛けて，平均行列 $(\widehat{\boldsymbol{x}}-\boldsymbol{x})(\widehat{\boldsymbol{x}}-\boldsymbol{x})^{\mathrm{T}}$ が $\sigma^2(A^{\mathrm{T}}A)^{-1}$ であることを示せ．これは，第 8.6 節で現れる**共分散行列** P である．

15 医者が心拍数を 4 回測った．$x=b_1,\ldots,x=b_4$ の最も適切な解は，$b_1,\ldots,b_4$ の平均 $\widehat{x}$ である．行列 A は，1 からなる列ベクトルである．問題 14 より，期待誤差 $(\widehat{x}-x)^2$ は，$\sigma^2(A^{\mathrm{T}}A)^{-1}=$ _____ となる．**平均化すると，誤差は** σ^2 **から** $\sigma^2/4$ **に減る．**

16 9 つの数 $b_1,\ldots,b_9$ の平均 $\widehat{x}_9$ を知っているとき，もう 1 つの数 b_{10} を含めた平均 $\widehat{x}_{10}$ を素早く求めるにはどうするか？**再帰**最小 2 乗法の考え方では，10 個の数を足すことを避ける．$\widehat{x}_{10}$ を計算する際に $\widehat{x}_9$ に掛けられる数は何か？

$$\text{例題 4.2 C のとおり，}\quad \widehat{x}_{10}=\tfrac{1}{10}b_{10}+\underline{\qquad}\,\widehat{x}_9=\tfrac{1}{10}(b_1+\cdots+b_{10})\,.$$

問題 17〜24 は，$\widehat{\boldsymbol{x}}$ と $\boldsymbol{p}$ と $\boldsymbol{e}$ についてのさらなる練習問題である．

17 $t=-1$ において $b=7$，$t=1$ において $b=7$，$t=2$ において $b=21$ を通る直線 $b=C+Dt$ について，3 つの等式を書き下せ．最小 2 乗解 $\widehat{\boldsymbol{x}}=(C,D)$ を求め，最適な直線を描け．

18 問題 17 において射影 $\boldsymbol{p}=A\widehat{\boldsymbol{x}}$ を求めよ．これより，最適な直線の 3 つの高さが得られる．誤差ベクトルが $\boldsymbol{e}=(2,-6,4)$ であることを示せ．$P\boldsymbol{e}=\boldsymbol{0}$ である理由を示せ．

19 問題 18 において，誤差 $2,-6,4$ が $t=-1,1,2$ での計測値であったとする．$\widehat{\boldsymbol{x}}$ と，その新しい計測値に最も近い直線を計算せよ．その答を説明せよ．$\boldsymbol{b}=(2,-6,4)$ は _____ に直交するので，射影は $\boldsymbol{p}=\boldsymbol{0}$ である．

20 $t=-1,1,2$ での計測値が $\boldsymbol{b}=(5,13,17)$ であるとする．$\widehat{\boldsymbol{x}}$ と最も近い直線と $\boldsymbol{e}$ を計算せよ．この $\boldsymbol{b}$ は _____ ので，誤差は $\boldsymbol{e}=\boldsymbol{0}$ である．

21 4 つの部分空間のうち，誤差ベクトル $\boldsymbol{e}$ を含むのはどれか？$\boldsymbol{p}$ を含むのはどれか？$\widehat{\boldsymbol{x}}$ を含むのはどれか？A の零空間はどれか？

22 時刻 $t=-2,-1,0,1,2$ において $b=4,2,-1,0,0$ であるとき，それらに最も近い直線 $C+Dt$ を求めよ．

23 誤差ベクトル $\boldsymbol{e}$ は，$\boldsymbol{b}$，$\boldsymbol{p}$，$\boldsymbol{e}$，$\widehat{\boldsymbol{x}}$ のうちのどれに直交するか？ $\|\boldsymbol{e}\|^2$ が，$\boldsymbol{e}^{\mathrm{T}}\boldsymbol{b}$ すなわち $\boldsymbol{b}^{\mathrm{T}}\boldsymbol{b}-\boldsymbol{p}^{\mathrm{T}}\boldsymbol{b}$ に等しいことを示せ．これは全体の誤差 E の最小値である．

24 $x_1,\ldots,x_n$ に関する $\|A\boldsymbol{x}\|^2$ の偏微分は，ベクトル $2A^{\mathrm{T}}A\boldsymbol{x}$ となる．$2\boldsymbol{b}^{\mathrm{T}}A\boldsymbol{x}$ の偏微分はベクトル $2A^{\mathrm{T}}\boldsymbol{b}$ となる．したがって，$\|A\boldsymbol{x}-\boldsymbol{b}\|^2$ の偏微分が零となるのは ＿＿＿ のときである．

挑戦問題

25 $(t_1,b_1),(t_2,b_2),(t_3,b_3)$ **がある直線上にあるのは，どのような条件が成り立つときか？** 列空間を用いて答えると，(b_1,b_2,b_3) が $(1,1,1)$ と (t_1,t_2,t_3) の線形結合であるときとなる．t_i と b_i を関連づける方程式を作れ．この問をもっと早くに考えるべきであった．

26 正方形の頂点 $(1,0)$，$(0,1)$，$(-1,0)$，$(0,-1)$ における 4 つの値 $\boldsymbol{b}=(0,1,3,4)$ に最も近い**平面**を求めよ．それらの 4 つの点における等式 $C+Dx_i+Ey_i=b_i$ は，3 変数 $\boldsymbol{x}=(C,D,E)$ の方程式 $A\boldsymbol{x}=\boldsymbol{b}$ となる．A を求めよ．正方形の中心 $(0,0)$ において，$C+Dx+Ey$ が b_i の平均であることを示せ．

27 （直線の間の距離）点 $P=(x,x,x)$ と $Q=(y,3y,-1)$ は，空間内の交わらない 2 直線上にある．距離の 2 乗 $\|P-Q\|^2$ が最小となるように x と y を選べ．P と Q をつなぐ直線は，＿＿＿ に直交する．

28 A の列ベクトルが線形独立でないとする．A の列空間への射影が $P=B(B^{\mathrm{T}}B)^{-1}B^{\mathrm{T}}$ となるような行列 B を求めるにはどうすればよいか（$A^{\mathrm{T}}A$ が可逆でないとき，いつもの式は使えない）．

29 通常，$\mathbf{R}^n$ において，n 個の与えられた点 $\boldsymbol{x}=\boldsymbol{0},\boldsymbol{a}_1,\ldots,\boldsymbol{a}_{n-1}$ を含む超平面がただ 1 つ存在する（$n=3$ の場合の例：$0,\boldsymbol{a}_1,\boldsymbol{a}_2$ を含むような平面は，＿＿＿ でなければ，ただ 1 つ存在する）．$\mathbf{R}^n$ において平面がただ 1 つ存在することをどのように判定できるか？

4.4 直交基底とグラム－シュミット法

本節には目標が 2 つある．1 つ目の目標は，直交性によって $\widehat{\boldsymbol{x}}$ と $\boldsymbol{p}$ と P を求めるのがどのように簡単になるかを理解することである．内積が零であるので，$A^{\mathrm{T}}A$ が対角行列になる．**2 つ目の目標は，直交ベクトルを作ることである．** もとのベクトルの線形結合をとり，直角を作り出す．それらのもとのベクトルは A の列ベクトルであり，高い確率で直交**しない**．**直交ベクトルは，新しい行列** $\boldsymbol{Q}$ **の列ベクトルとなる．**

第 3 章で示したように，基底は空間を張る独立なベクトルからなる．基底ベクトルは，(0° と 180° を除く）任意の角度をなしてよい．しかし，軸を頭に描くときにはいつも軸は直交している．**頭の中では，ほとんど常に座標軸は直交している**．そうすることで，絵が単純になり，計算が大幅に単純になる．

ベクトル $\boldsymbol{q}_1, \ldots, \boldsymbol{q}_n$ が**直交する**のは，それらの内積 $\boldsymbol{q}_i \cdot \boldsymbol{q}_j$ が零のときである．より正確には，すべての $i \neq j$ について $\boldsymbol{q}_i^{\mathrm{T}} \boldsymbol{q}_j = 0$ のときである．さらに，各ベクトルをその長さで割れば，ベクトルは**直交単位ベクトル**になる．そのとき，基底は**正規直交**であるという．

定義　ベクトル $\boldsymbol{q}_1, \ldots, \boldsymbol{q}_n$ は，

$$\boldsymbol{q}_i^{\mathrm{T}} \boldsymbol{q}_j = \begin{cases} 0 & i \neq j \text{ のとき　（直交ベクトル）} \\ 1 & i = j \text{ のとき　（単位ベクトル：} \|\boldsymbol{q}_i\| = 1) \end{cases}$$

のとき正規直交である．正規直交する列ベクトルからなる行列を，特別な文字 Q で表す．

行列 $\boldsymbol{Q}$ を用いて計算するのは容易である．なぜならば $\boldsymbol{Q}^{\mathrm{T}} \boldsymbol{Q} = \boldsymbol{I}$ であるからだ．これは，列ベクトル $\boldsymbol{q}_1, \ldots, \boldsymbol{q}_n$ が正規直交することを行列の言葉で言い換えたものである．Q は，正方行列である必要はない．

正規直交する列ベクトルからなる行列 $\boldsymbol{Q}$ は，$\boxed{\boldsymbol{Q}^{\mathrm{T}} \boldsymbol{Q} = \boldsymbol{I}}$ を満たす：

$$\boxed{Q^{\mathrm{T}} Q} = \begin{bmatrix} - \boldsymbol{q}_1^{\mathrm{T}} - \\ - \boldsymbol{q}_2^{\mathrm{T}} - \\ \\ - \boldsymbol{q}_n^{\mathrm{T}} - \end{bmatrix} \begin{bmatrix} | & | & & | \\ \boldsymbol{q}_1 & \boldsymbol{q}_2 & & \boldsymbol{q}_n \\ | & | & & | \end{bmatrix} = \begin{bmatrix} 1 & 0 & \cdots & 0 \\ 0 & 1 & \cdots & 0 \\ \vdots & \vdots & \ddots & \vdots \\ 0 & 0 & \cdots & 1 \end{bmatrix} = \boxed{I}. \tag{1}$$

Q^{T} の第 i 行に Q の第 j 列を掛けるとき，その内積は $\boldsymbol{q}_i^{\mathrm{T}} \boldsymbol{q}_j$ である．対角要素以外 $(i \neq j)$ では，直交性により内積は零である．対角要素 $(i = j)$ では，単位ベクトルであることから $\boldsymbol{q}_i^{\mathrm{T}} \boldsymbol{q}_i = \|\boldsymbol{q}_i\|^2 = 1$ である．Q は多くの場合，矩形行列 $m > n$ であるが，$m = n$ のときもある．

$\boldsymbol{Q}$ が正方行列であるとき，$\boldsymbol{Q}^{\mathrm{T}} \boldsymbol{Q} = \boldsymbol{I}$ より $\boldsymbol{Q}^{\mathrm{T}} = \boldsymbol{Q}^{-1}$ となる：転置行列 ＝ 逆行列．

列ベクトルが（単位ベクトルでなく）ただ直交するとき，内積により（単位行列ではなく）対角行列が得られる．対角行列もほとんど同じくらい良い性質を持つ．重要なのは直交性であり，単位ベクトルを作り出すのは簡単である．

繰り返す：Q が矩形行列であっても，$Q^{\mathrm{T}} Q = I$ である．その場合 Q^{T} は，Q の左逆行列でしかない．正方行列では，$Q Q^{\mathrm{T}} = I$ も成り立つので，Q^{T} は Q の右逆行列かつ左逆行列である．正方行列 Q の行は，列と同様に正規直交する．**逆行列は転置行列である**．この正方

行列 Q を**直交行列**と呼ぶ [1].

直交行列の例を 3 つ示そう．それらは，回転行列，置換行列，鏡映行列である．直交行列であるかを最も素早く判定するには $Q^{\mathrm{T}}Q = I$ を確認する．

例 1　**（回転行列）** Q は，平面内のすべてのベクトルを角度 θ だけ回転させる：

$$Q = \begin{bmatrix} \cos\theta & -\sin\theta \\ \sin\theta & \cos\theta \end{bmatrix} \quad と \quad Q^{\mathrm{T}} = Q^{-1} = \begin{bmatrix} \cos\theta & \sin\theta \\ -\sin\theta & \cos\theta \end{bmatrix}.$$

Q の列ベクトルは直交する（それらの内積をとれ）．$\sin^2\theta + \cos^2\theta = 1$ であるので，Q の列は単位ベクトルである．それらの列ベクトルは，平面 $\mathbf{R}^2$ の**正規直交基底**となる．標準基底ベクトル $\boldsymbol{i}$ と $\boldsymbol{j}$ を角度 θ だけ回転したものである（図 4.10 左を見よ）．Q^{-1} は，ベクトルを $-\theta$ だけ回転させる．$\cos(-\theta) = \cos\theta$ であり，また，$\sin(-\theta) = -\sin\theta$ であるので，Q^{-1} は Q^{T} に一致する．$Q^{\mathrm{T}}Q = I$ と $QQ^{\mathrm{T}} = I$ が成り立つ．

例 2　**（置換行列）** 以下の行列は，順序を (y, z, x) と (y, x) に変える：

$$\begin{bmatrix} 0 & 1 & 0 \\ 0 & 0 & 1 \\ 1 & 0 & 0 \end{bmatrix} \begin{bmatrix} x \\ y \\ z \end{bmatrix} = \begin{bmatrix} y \\ z \\ x \end{bmatrix} \quad と \quad \begin{bmatrix} 0 & 1 \\ 1 & 0 \end{bmatrix} \begin{bmatrix} x \\ y \end{bmatrix} = \begin{bmatrix} y \\ x \end{bmatrix}.$$

これらの Q の列ベクトルはすべて単位ベクトルである（それらの長さは明らかに 1 である）．それらは直交でもある（1 が異なる位置にある）．**置換行列の逆行列は，その転置行列である**．逆行列は，要素を元の順序に戻す：

$$\textbf{逆行列} = \textbf{転置行列：} \quad \begin{bmatrix} 0 & 0 & 1 \\ 1 & 0 & 0 \\ 0 & 1 & 0 \end{bmatrix} \begin{bmatrix} y \\ z \\ x \end{bmatrix} = \begin{bmatrix} x \\ y \\ z \end{bmatrix} \quad と \quad \begin{bmatrix} 0 & 1 \\ 1 & 0 \end{bmatrix} \begin{bmatrix} y \\ x \end{bmatrix} = \begin{bmatrix} x \\ y \end{bmatrix}.$$

すべての置換行列は直交行列である．

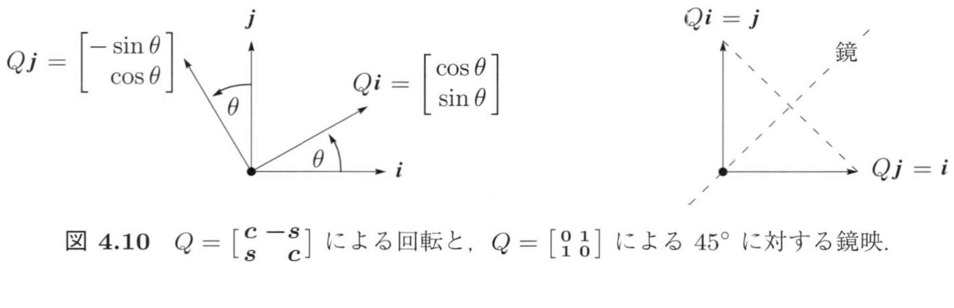

図 4.10　$Q = \begin{bmatrix} \boldsymbol{c} & -\boldsymbol{s} \\ \boldsymbol{s} & \boldsymbol{c} \end{bmatrix}$ による回転と，$Q = \begin{bmatrix} 0 & 1 \\ 1 & 0 \end{bmatrix}$ による 45° に対する鏡映．

---

[1] Q を「正規直交行列」と呼ぶほうがより適切かもしれないが，その呼び方はしない．正規直交する列からなる任意の行列に対して文字 Q を用いるが，正方行列であるときのみ**直交行列**と呼ぶ．

例 3 （**鏡映行列**）任意の単位ベクトル $\boldsymbol{u}$ について，$Q = I - 2\boldsymbol{u}\boldsymbol{u}^{\mathrm{T}}$ とする．$\boldsymbol{u}^{\mathrm{T}}\boldsymbol{u}$ は数 $\|\boldsymbol{u}\|^2 = 1$ であるが，$\boldsymbol{u}\boldsymbol{u}^{\mathrm{T}}$ は行列であることに注意せよ．このとき，Q^{T} と Q^{-1} はいずれも Q と等しい：

$$Q^{\mathrm{T}} = I - 2\boldsymbol{u}\boldsymbol{u}^{\mathrm{T}} = Q \quad と \quad Q^{\mathrm{T}}Q = I - 4\boldsymbol{u}\boldsymbol{u}^{\mathrm{T}} + 4\boldsymbol{u}\boldsymbol{u}^{\mathrm{T}}\boldsymbol{u}\boldsymbol{u}^{\mathrm{T}} = I. \tag{2}$$

鏡映行列 $I - 2\boldsymbol{u}\boldsymbol{u}^{\mathrm{T}}$ は対称行列であり，かつ直交行列でもある．それを 2 乗すると，単位行列となる：$Q^2 = Q^{\mathrm{T}}Q = I$．1 つの鏡に対して 2 回反射させると元に戻る．式 (2) において，$4\boldsymbol{u}\boldsymbol{u}^{\mathrm{T}}\boldsymbol{u}\boldsymbol{u}^{\mathrm{T}}$ の中に $\boldsymbol{u}^{\mathrm{T}}\boldsymbol{u} = 1$ が含まれていることに注意せよ．

例として，2 つの単位ベクトル $\boldsymbol{u} = (1, 0)$ と $\boldsymbol{u} = (1/\sqrt{2}, -1/\sqrt{2})$ を選ぶ．$2\boldsymbol{u}\boldsymbol{u}^{\mathrm{T}}$（列と行の積）を計算してそれを I から引くと，鏡映行列 Q_1 と Q_2 を得る：

$$Q_1 = I - 2\begin{bmatrix}1\\0\end{bmatrix}\begin{bmatrix}1 & 0\end{bmatrix} = \begin{bmatrix}-1 & 0\\ 0 & 1\end{bmatrix} \quad と \quad Q_2 = I - 2\begin{bmatrix}0.5 & -0.5\\ -0.5 & 0.5\end{bmatrix} = \begin{bmatrix}0 & 1\\ 1 & 0\end{bmatrix}.$$

Q_1 は，y 軸に対して鏡映し，$(x, 0)$ を $(-x, 0)$ にする．すべてのベクトル (x, y) はその像 $(-x, y)$ へ移り，y 軸はそれ自身の鏡映である．Q_2 は，$45°$ の直線に対する鏡映である：

$$\textbf{鏡映} \quad \begin{bmatrix}-1 & 0\\ 0 & 1\end{bmatrix}\begin{bmatrix}x\\y\end{bmatrix} = \begin{bmatrix}-x\\y\end{bmatrix} \quad と \quad \begin{bmatrix}0 & 1\\ 1 & 0\end{bmatrix}\begin{bmatrix}x\\y\end{bmatrix} = \begin{bmatrix}y\\x\end{bmatrix}.$$

(x, y) が (y, x) に移るとき，$(3, 3)$ のようなベクトルは動かない．鏡となる直線上にあるからだ．図 4.10 右にその $45°$ の鏡を示す．

回転してもベクトルの長さは変わらない．鏡映でも変わらない．置換でも変わらない．任意の直交行列について，その行列を掛けても**長さと角度は変わらない**．

$\boldsymbol{Q}$ が正規直交する列ベクトルからなるとき（$\boldsymbol{Q}^{\mathrm{T}}\boldsymbol{Q} = \boldsymbol{I}$），それは長さを変えない：

同じ長さ すべてのベクトル $\boldsymbol{x}$ について $\|Q\boldsymbol{x}\| = \|\boldsymbol{x}\|$. (3)

Q は内積も変えない： $(Q\boldsymbol{x})^{\mathrm{T}}(Q\boldsymbol{y}) = \boldsymbol{x}^{\mathrm{T}}Q^{\mathrm{T}}Q\boldsymbol{y} = \boldsymbol{x}^{\mathrm{T}}\boldsymbol{y}$. $Q^{\mathrm{T}}Q = I$ を使うだけだ．

証明 $(Q\boldsymbol{x})^{\mathrm{T}}(Q\boldsymbol{x}) = \boldsymbol{x}^{\mathrm{T}}Q^{\mathrm{T}}Q\boldsymbol{x} = \boldsymbol{x}^{\mathrm{T}}I\boldsymbol{x} = \boldsymbol{x}^{\mathrm{T}}\boldsymbol{x}$ であるので，$\|Q\boldsymbol{x}\|^2$ は $\|\boldsymbol{x}\|^2$ に等しい．直交行列は計算するのにとても優れている．ベクトルの長さが不変なので，数が大きくなりすぎることがない．計算が安定するようにプログラムを作る際には，できるだけ Q を使う．

直交基底を用いた射影：A の代わりに Q

これまで本章では，部分空間への射影を扱い，$\widehat{\boldsymbol{x}}$ と $\boldsymbol{p}$ と行列 P の方程式を開拓してきた．A の列ベクトルが部分空間の基底であるとき，すべての式は $A^{\mathrm{T}}A$ に関係した．$A^{\mathrm{T}}A$ の要素は，内積 $\boldsymbol{a}_i^{\mathrm{T}}\boldsymbol{a}_j$ である．

基底ベクトルが，正規直交すると仮定する．$\boldsymbol{a}_i$ は $\boldsymbol{q}_i$ になる．そのとき，$A^{\mathrm{T}}A$ は $Q^{\mathrm{T}}Q = I$ と単純になる．$\widehat{\boldsymbol{x}}$ と $\boldsymbol{p}$ と P がどのように改善されるかを見よ．$Q^{\mathrm{T}}Q$ の代わりに，単位行列を空白で書く：

$$\underline{\quad\quad}\,\widehat{\boldsymbol{x}} = Q^{\mathrm{T}}\boldsymbol{b} \quad と \quad \boldsymbol{p} = Q\widehat{\boldsymbol{x}} \quad と \quad P = Q\,\underline{\quad\quad}\,Q^{\mathrm{T}}. \tag{4}$$

$\boldsymbol{Qx} = \boldsymbol{b}$ の最小 2 乗解は，$\widehat{\boldsymbol{x}} = \boldsymbol{Q}^{\mathbf{T}}\boldsymbol{b}$ である．射影行列は $\boldsymbol{P} = \boldsymbol{QQ}^{\mathbf{T}}$ である．

逆行列にする行列がない．これが正規直交基底の要点である．最適な $\widehat{\boldsymbol{x}} = Q^{\mathrm{T}}\boldsymbol{b}$ は，$\boldsymbol{q}_1, \ldots, \boldsymbol{q}_n$ と $\boldsymbol{b}$ との内積のみからなる．1 次元の射影が n 個ある．「結合行列」もしくは「相関行列」$A^{\mathrm{T}}A$ は，$Q^{\mathrm{T}}Q = I$ になる．結合するものがない．A が Q であるとき，正規直交する列ベクトルにより，$\boldsymbol{p} = Q\widehat{\boldsymbol{x}} = QQ^{\mathrm{T}}\boldsymbol{b}$ である：

$\boldsymbol{q}_i$ への射影
$$\boldsymbol{p} = \begin{bmatrix} | & & | \\ \boldsymbol{q}_1 & \cdots & \boldsymbol{q}_n \\ | & & | \end{bmatrix} \begin{bmatrix} \boldsymbol{q}_1^{\mathrm{T}}\boldsymbol{b} \\ \vdots \\ \boldsymbol{q}_n^{\mathrm{T}}\boldsymbol{b} \end{bmatrix} = \boldsymbol{q}_1(\boldsymbol{q}_1^{\mathrm{T}}\boldsymbol{b}) + \cdots + \boldsymbol{q}_n(\boldsymbol{q}_n^{\mathrm{T}}\boldsymbol{b}). \tag{5}$$

重要な場合： Q が正方行列であり $m = n$ のとき，部分空間は空間全体である．そのとき，$Q^{\mathrm{T}} = Q^{-1}$ であり，$\widehat{\boldsymbol{x}} = Q^{\mathrm{T}}\boldsymbol{b}$ は $\boldsymbol{x} = Q^{-1}\boldsymbol{b}$ に等しい．この解は正確である．空間全体への $\boldsymbol{b}$ の射影は $\boldsymbol{b}$ それ自身である．この場合 $P = QQ^{\mathrm{T}} = I$ である．

空間全体への射影について言及する価値がないと考えるかもしれない．しかし，$\boldsymbol{p} = \boldsymbol{b}$ のとき，上の式は 1 次元射影を集めて $\boldsymbol{b}$ を作っている．$\boldsymbol{q}_1, \ldots, \boldsymbol{q}_n$ が空間全体の正規直交基底であるとき，Q は正方行列であり，$\boldsymbol{b} = QQ^{\mathrm{T}}\boldsymbol{b}$ は常にその $\boldsymbol{q}_i$ に沿った成分の和となる：

$$\boldsymbol{b} = \boldsymbol{q}_1(\boldsymbol{q}_1^{\mathrm{T}}\boldsymbol{b}) + \boldsymbol{q}_2(\boldsymbol{q}_2^{\mathrm{T}}\boldsymbol{b}) + \cdots + \boldsymbol{q}_n(\boldsymbol{q}_n^{\mathrm{T}}\boldsymbol{b}). \tag{6}$$

それが $QQ^{\mathrm{T}} = I$ である．これは，フーリエ級数や応用数学におけるすべての偉大な「変換」の基礎である．それらの変換は，ベクトルや関数を直交する成分に分ける．逆変換は，その成分を足すことにより，もとの関数を復元する．

例 4　次の直交行列 Q の列ベクトルは正規直交ベクトル $\boldsymbol{q}_1, \boldsymbol{q}_2, \boldsymbol{q}_3$ である：

$$Q = \frac{1}{3}\begin{bmatrix} -1 & 2 & 2 \\ 2 & -1 & 2 \\ 2 & 2 & -1 \end{bmatrix} \quad は \quad Q^{\mathrm{T}}Q = QQ^{\mathrm{T}} = I \quad を満たす．$$

$\boldsymbol{q}_1$ と $\boldsymbol{q}_2$ と $\boldsymbol{q}_3$ への $\boldsymbol{b} = (0, 0, 1)$ の射影は，$\boldsymbol{p}_1$ と $\boldsymbol{p}_2$ と $\boldsymbol{p}_3$ である：

$$\boldsymbol{q}_1(\boldsymbol{q}_1^{\mathrm{T}}\boldsymbol{b}) = \tfrac{2}{3}\boldsymbol{q}_1 \quad と \quad \boldsymbol{q}_2(\boldsymbol{q}_2^{\mathrm{T}}\boldsymbol{b}) = \tfrac{2}{3}\boldsymbol{q}_2 \quad と \quad \boldsymbol{q}_3(\boldsymbol{q}_3^{\mathrm{T}}\boldsymbol{b}) = -\tfrac{1}{3}\boldsymbol{q}_3.$$

最初の 2 つの和は，$\boldsymbol{q}_1$ と $\boldsymbol{q}_2$ からなる**平面への** $\boldsymbol{b}$ の射影である．3 つすべての和は，**空間全体への** $\boldsymbol{b}$ の射影であり，$\boldsymbol{b}$ それ自身である：

$\boldsymbol{b} = \boldsymbol{p}_1 + \boldsymbol{p}_2 + \boldsymbol{p}_3$
を再構築する
$$\frac{2}{3}\boldsymbol{q}_1 + \frac{2}{3}\boldsymbol{q}_2 - \frac{1}{3}\boldsymbol{q}_3 = \frac{1}{9}\begin{bmatrix} -2+4-2 \\ 4-2-2 \\ 4+4+1 \end{bmatrix} = \begin{bmatrix} 0 \\ 0 \\ 1 \end{bmatrix} = \boldsymbol{b}.$$

グラム－シュミット法

本節を通して重要なことは,「直交性は良い」ということである．射影と最小 2 乗法では，常に $A^{\mathrm{T}}A$ を伴う．この行列が $Q^{\mathrm{T}}Q = I$ となるとき，その逆行列は問題にならない．1 次元の射影は分離され，最適な $\widehat{\boldsymbol{x}}$ は $Q^{\mathrm{T}}\boldsymbol{b}$ となる（n 個の独立した内積でしかない）．これが正しくなるためには,「もしベクトルが正規直交するならば」と言わなければならない．**以降では，正規直交ベクトルを作り出す方法を見出す．**

3 つの独立なベクトルを $\boldsymbol{a}, \boldsymbol{b}, \boldsymbol{c}$ とする．3 つの直交ベクトル $\boldsymbol{A}, \boldsymbol{B}, \boldsymbol{C}$ を作ろう．その後,（最後は最も簡単で）$\boldsymbol{A}, \boldsymbol{B}, \boldsymbol{C}$ をそれらの長さで割る．それにより，3 つの正規直交ベクトル $\boldsymbol{q}_1 = \boldsymbol{A}/\|\boldsymbol{A}\|$, $\boldsymbol{q}_2 = \boldsymbol{B}/\|\boldsymbol{B}\|$, $\boldsymbol{q}_3 = \boldsymbol{C}/\|\boldsymbol{C}\|$ が作られる．

グラム－シュミット法　まず最初に $\boldsymbol{A} = \boldsymbol{a}$ を選ぶ．この最初の方向は受理される．次の方向 $\boldsymbol{B}$ は，$\boldsymbol{A}$ に直交しなければならない．**$\boldsymbol{b}$ から，$\boldsymbol{A}$ に沿った $\boldsymbol{b}$ の射影を引く**．これにより，直交する部分のみが残り，それが直交ベクトル $\boldsymbol{B}$ である：

グラム－シュミット法の第 1 段階
$$\boldsymbol{B} = \boldsymbol{b} - \frac{\boldsymbol{A}^{\mathrm{T}}\boldsymbol{b}}{\boldsymbol{A}^{\mathrm{T}}\boldsymbol{A}}\boldsymbol{A}. \qquad (7)$$

$\boldsymbol{A}$ と $\boldsymbol{B}$ は，図 4.11 に示すように直交である．$\boldsymbol{A}$ と内積をとることにより，$\boldsymbol{A}^{\mathrm{T}}\boldsymbol{B} = \boldsymbol{A}^{\mathrm{T}}\boldsymbol{b} - \boldsymbol{A}^{\mathrm{T}}\boldsymbol{b} = 0$ であることが確認できる．このベクトル $\boldsymbol{B}$ は，誤差ベクトル $\boldsymbol{e}$ と呼んでいたものであり，$\boldsymbol{A}$ に直交する．式 (7) の $\boldsymbol{B}$ が零ベクトルでないことに注意せよ（B が零ベクトルのとき，$\boldsymbol{a}$ と $\boldsymbol{b}$ は線形従属である）．方向 $\boldsymbol{A}$ と $\boldsymbol{B}$ が決まった．

3 つ目の方向は，$\boldsymbol{c}$ から求める．これは $\boldsymbol{A}$ と $\boldsymbol{B}$ の線形結合ではない（なぜなら，$\boldsymbol{c}$ が $\boldsymbol{a}$ と $\boldsymbol{b}$ の線形結合でないからである）．しかし，$\boldsymbol{c}$ が $\boldsymbol{A}$ と $\boldsymbol{B}$ に直交することはほぼありえない．したがって，それらの 2 つの方向の成分を引くことで，$\boldsymbol{C}$ を得る：

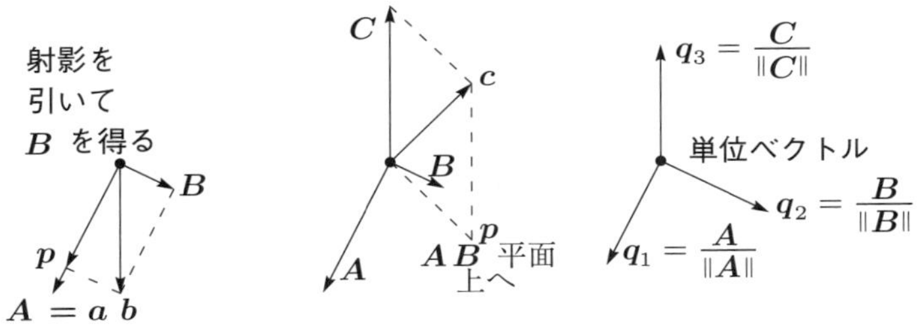

図 **4.11**　まず，$\boldsymbol{a}$ を通る直線へ $\boldsymbol{b}$ を射影し，直交する $\boldsymbol{B}$ を $\boldsymbol{b} - \boldsymbol{p}$ により求める．次に，$\boldsymbol{AB}$ 平面へ $\boldsymbol{c}$ を射影し，$\boldsymbol{C}$ を $\boldsymbol{c} - \boldsymbol{p}$ により求める．$\|\boldsymbol{A}\|$, $\|\boldsymbol{B}\|$, $\|\boldsymbol{C}\|$ で割る．

グラム－シュミット法の第 2 段階
$$\boldsymbol{C} = \boldsymbol{c} - \frac{\boldsymbol{A}^{\mathrm{T}}\boldsymbol{c}}{\boldsymbol{A}^{\mathrm{T}}\boldsymbol{A}}\boldsymbol{A} - \frac{\boldsymbol{B}^{\mathrm{T}}\boldsymbol{c}}{\boldsymbol{B}^{\mathrm{T}}\boldsymbol{B}}\boldsymbol{B}. \tag{8}$$

グラム－シュミット法の考え方はこれだけである．**新しく追加するベクトルから，すでに決定している方向への射影を引く．**すべての段階で，これが繰り返される [2]．4 つ目のベクトル $\boldsymbol{d}$ があれば，$\boldsymbol{A}$，$\boldsymbol{B}$，$\boldsymbol{C}$ への 3 つの射影を引いて $\boldsymbol{D}$ を得る．最後にまとめて，**もしくはそれぞれのベクトルが求まったときに，**直交ベクトル $\boldsymbol{A}, \boldsymbol{B}, \boldsymbol{C}, \boldsymbol{D}$ をその長さで割る．結果として得られるベクトル $\boldsymbol{q}_1, \boldsymbol{q}_2, \boldsymbol{q}_3, \boldsymbol{q}_4$ は正規直交する．

例 5　独立ではあるが直交しないベクトル $\boldsymbol{a}, \boldsymbol{b}, \boldsymbol{c}$ が次のものであったとする：

$$\boldsymbol{a} = \begin{bmatrix} 1 \\ -1 \\ 0 \end{bmatrix} \quad と \quad \boldsymbol{b} = \begin{bmatrix} 2 \\ 0 \\ -2 \end{bmatrix} \quad と \quad \boldsymbol{c} = \begin{bmatrix} 3 \\ -3 \\ 3 \end{bmatrix}.$$

このとき，$\boldsymbol{A} = \boldsymbol{a}$ について $\boldsymbol{A}^{\mathrm{T}}\boldsymbol{A} = 2$ である．$\boldsymbol{b}$ から $\boldsymbol{A} = (1, -1, 0)$ に沿った射影を引く：

第 1 段階
$$\boldsymbol{B} = \boldsymbol{b} - \frac{\boldsymbol{A}^{\mathrm{T}}\boldsymbol{b}}{\boldsymbol{A}^{\mathrm{T}}\boldsymbol{A}}\boldsymbol{A} = \boldsymbol{b} - \tfrac{2}{2}\boldsymbol{A} = \begin{bmatrix} 1 \\ 1 \\ -2 \end{bmatrix}.$$

確認：望みどおり $\boldsymbol{A}^{\mathrm{T}}\boldsymbol{B} = 0$ である．$\boldsymbol{c}$ から 2 つの射影を引いて，$\boldsymbol{C}$ を求める：

第 2 段階
$$\boldsymbol{C} = \boldsymbol{c} - \frac{\boldsymbol{A}^{\mathrm{T}}\boldsymbol{c}}{\boldsymbol{A}^{\mathrm{T}}\boldsymbol{A}}\boldsymbol{A} - \frac{\boldsymbol{B}^{\mathrm{T}}\boldsymbol{c}}{\boldsymbol{B}^{\mathrm{T}}\boldsymbol{B}}\boldsymbol{B} = \boldsymbol{c} - \tfrac{6}{2}\boldsymbol{A} + \tfrac{6}{6}\boldsymbol{B} = \begin{bmatrix} 1 \\ 1 \\ 1 \end{bmatrix}.$$

確認：$\boldsymbol{C} = (1, 1, 1)$ は，$\boldsymbol{A}$ と $\boldsymbol{B}$ に直交する．最後に，$\boldsymbol{A}, \boldsymbol{B}, \boldsymbol{C}$ を単位ベクトル（長さが 1，正規直交ベクトル）に変換する．$\boldsymbol{A}$，$\boldsymbol{B}$，$\boldsymbol{C}$ の長さは $\sqrt{2}$，$\sqrt{6}$，$\sqrt{3}$ である．それらの長さで割って正規直交基底を得る：

$$\boldsymbol{q}_1 = \frac{1}{\sqrt{2}}\begin{bmatrix} 1 \\ -1 \\ 0 \end{bmatrix} \quad と \quad \boldsymbol{q}_2 = \frac{1}{\sqrt{6}}\begin{bmatrix} 1 \\ 1 \\ -2 \end{bmatrix} \quad と \quad \boldsymbol{q}_3 = \frac{1}{\sqrt{3}}\begin{bmatrix} 1 \\ 1 \\ 1 \end{bmatrix}.$$

通常 $\boldsymbol{A}, \boldsymbol{B}, \boldsymbol{C}$ は分数となる．ほとんどの場合，$\boldsymbol{q}_1, \boldsymbol{q}_2, \boldsymbol{q}_3$ は平方根を含む．

分解 $\boldsymbol{A} = \boldsymbol{QR}$

列ベクトルが $\boldsymbol{a}, \boldsymbol{b}, \boldsymbol{c}$ である行列 A から始め，列ベクトルが $\boldsymbol{q}_1, \boldsymbol{q}_2, \boldsymbol{q}_3$ である行列 Q で終わった．それらの行列はどのように関係しているか．ベクトル $\boldsymbol{a}, \boldsymbol{b}, \boldsymbol{c}$ は，$\boldsymbol{q}_i$ の線形結合である（また，その逆もしかり）．したがって，A を Q に関連づける第 3 の行列があるはずである．この第 3 の行列は $A = QR$ における三角行列 R である．

[2] グラムがこの考え方を思いついたのだろう．どこにシュミットの貢献があるか私は知らない．

第 1 段階は，$\boldsymbol{q}_1 = \boldsymbol{a}/\|\boldsymbol{a}\|$ である（他のベクトルは関与しない）．第 2 段階は，式 (7) であり，そこでは $\boldsymbol{b}$ は $\boldsymbol{A}$ と $\boldsymbol{B}$ の線形結合である．その段階では，$\boldsymbol{C}$ と $\boldsymbol{q}_3$ は関与しない．グラム–シュミット法の重要な点は，後に現れるベクトルが関与しないことである：

- ベクトル $\boldsymbol{a}$ と $\boldsymbol{A}$，さらに $\boldsymbol{q}_1$ は，すべてある直線上にある．
- ベクトル $\boldsymbol{a}, \boldsymbol{b}$ と $\boldsymbol{A}, \boldsymbol{B}$，さらに $\boldsymbol{q}_1, \boldsymbol{q}_2$ は，すべてある平面内にある．
- ベクトル $\boldsymbol{a}, \boldsymbol{b}, \boldsymbol{c}$ と $\boldsymbol{A}, \boldsymbol{B}, \boldsymbol{C}$，さらに $\boldsymbol{q}_1, \boldsymbol{q}_2, \boldsymbol{q}_3$ は，すべてある（3 次元の）部分空間にある．

各段階において，$\boldsymbol{a}_1, \ldots, \boldsymbol{a}_k$ は $\boldsymbol{q}_1, \ldots, \boldsymbol{q}_k$ の線形結合である．その後に現れる $\boldsymbol{q}_i$ は関与しない．A と Q をつなぐ行列 R は**三角行列**であり，$A = QR$ となる：

$$\begin{bmatrix} & & \\ \boldsymbol{a} & \boldsymbol{b} & \boldsymbol{c} \\ & & \end{bmatrix} = \begin{bmatrix} & & \\ \boldsymbol{q}_1 & \boldsymbol{q}_2 & \boldsymbol{q}_3 \\ & & \end{bmatrix} \begin{bmatrix} \boldsymbol{q}_1^{\mathrm{T}}\boldsymbol{a} & \boldsymbol{q}_1^{\mathrm{T}}\boldsymbol{b} & \boldsymbol{q}_1^{\mathrm{T}}\boldsymbol{c} \\ & \boldsymbol{q}_2^{\mathrm{T}}\boldsymbol{b} & \boldsymbol{q}_2^{\mathrm{T}}\boldsymbol{c} \\ & & \boldsymbol{q}_3^{\mathrm{T}}\boldsymbol{c} \end{bmatrix} \quad \text{つまり} \quad \boxed{A = QR.} \tag{9}$$

一言で言えば，$A = QR$ がグラム–シュミット法である．Q^{T} を掛けて，$R = Q^{\mathrm{T}}A$ である理由を理解する．

（グラム–シュミット法）　独立なベクトル $\boldsymbol{a}_1, \ldots, \boldsymbol{a}_n$ から始めて，グラム–シュミット法は正規直交ベクトル $\boldsymbol{q}_1, \ldots, \boldsymbol{q}_n$ を作る．これらの列からなる行列は，$A = QR$ を満たす．そのとき，$R = Q^{\mathrm{T}}A$ は**上三角行列**である．なぜならば，後に現れる $\boldsymbol{q}_i$ は，前に現れる $\boldsymbol{a}_i$ と直交するからである．

前の例を用いて $\boldsymbol{a}_i$ と $\boldsymbol{q}_i$ を示す．$R = Q^{\mathrm{T}}A$ の i, j 要素は，Q^{T} の第 i 行と A の第 j 列の積であり，$\boldsymbol{q}_i$ と $\boldsymbol{a}_j$ の内積である：

$$A = \begin{bmatrix} 1 & 2 & 3 \\ -1 & 0 & -3 \\ 0 & -2 & 3 \end{bmatrix} = \begin{bmatrix} 1/\sqrt{2} & 1/\sqrt{6} & 1/\sqrt{3} \\ -1/\sqrt{2} & 1/\sqrt{6} & 1/\sqrt{3} \\ 0 & -2/\sqrt{6} & 1/\sqrt{3} \end{bmatrix} \begin{bmatrix} \sqrt{2} & \sqrt{2} & \sqrt{18} \\ \mathbf{0} & \sqrt{6} & -\sqrt{6} \\ \mathbf{0} & \mathbf{0} & \sqrt{3} \end{bmatrix} = QR.$$

$\boldsymbol{A}, \boldsymbol{B}, \boldsymbol{C}$ の長さは，R の対角要素 $\sqrt{2}, \sqrt{6}, \sqrt{3}$ である．平方根が含まれるので，QR は LU よりも美しくないように見える．しかし，それらの分解はいずれも，線形代数の計算において絶対的な重要性がある．

独立な列ベクトルからなる任意の $m \times n$ 行列 A は，QR に分解できる．$m \times n$ 行列 Q は正規直交する列ベクトルからなり，正方行列 R は正の対角要素を持つ上三角行列である．これが最小 2 乗法に役立つ理由を忘れてはならない．$\boldsymbol{A^{\mathrm{T}}A = R^{\mathrm{T}}Q^{\mathrm{T}}QR = R^{\mathrm{T}}R}$ **がその理由だ．** 最小 2 乗法の方程式 $A^{\mathrm{T}}A\widehat{\boldsymbol{x}} = A^{\mathrm{T}}\boldsymbol{b}$ は単純化されて $R\boldsymbol{x} = Q^{\mathrm{T}}\boldsymbol{b}$ になる：

$$\textbf{最小 2 乗法} \quad R^{\mathrm{T}}R\widehat{\boldsymbol{x}} = R^{\mathrm{T}}Q^{\mathrm{T}}\boldsymbol{b} \ \text{より} \ R\widehat{\boldsymbol{x}} = Q^{\mathrm{T}}\boldsymbol{b} \ \text{つまり} \ \boxed{\widehat{\boldsymbol{x}} = R^{-1}Q^{\mathrm{T}}\boldsymbol{b}} \tag{10}$$

解くのが不可能な $A\boldsymbol{x}=\boldsymbol{b}$ ではなく，$R\widehat{\boldsymbol{x}}=Q^{\mathrm{T}}\boldsymbol{b}$ を後退代入で解く．それはとても速く計算できる．本質的な計算コストは，グラム－シュミット法における mn^2 回の積の計算であり，それは直交行列 Q と三角行列 R を構成するのに必要である．

簡略化したプログラムを下に示す．式 (11) と式 (12) を，$k=1$，$k=2$ から始めて $k=n$ まで実行する．プログラムの最後の行は，単位ベクトル $\boldsymbol{q}_j$ へと正規化する：

長さで割る
$\boldsymbol{q_j}$ = 単位ベクトル
$$r_{jj}=\left(\sum_{i=1}^{m}v_{ij}^2\right)^{1/2} \quad \text{と} \quad q_{ij}=\frac{v_{ij}}{r_{jj}} \quad \text{ただし} \quad i=1,\ldots,m. \tag{11}$$

$\boldsymbol{v}=\boldsymbol{a}_j$ から各 $\boldsymbol{q}_i$ への射影を引く行は重要である：

$$r_{kj}=\sum_{i=1}^{m}q_{ik}v_{ij} \qquad \text{と} \qquad v_{ij}=v_{ij}-q_{ik}r_{kj}. \tag{12}$$

$\boldsymbol{a},\boldsymbol{b},\boldsymbol{c}=\boldsymbol{a}_1,\boldsymbol{a}_2,\boldsymbol{a}_3$ が与えられたとき，プログラムは $\boldsymbol{q}_1$, $\boldsymbol{B}$, $\boldsymbol{q}_2$, $\boldsymbol{C}$, $\boldsymbol{q}_3$ を順に計算する：

$$\begin{array}{lll}\boldsymbol{q}_1=\boldsymbol{a}_1/\|\boldsymbol{a}_1\| & \boldsymbol{B}=\boldsymbol{a}_2-(\boldsymbol{q}_1^{\mathrm{T}}\boldsymbol{a}_2)\boldsymbol{q}_1 & \boldsymbol{q}_2=\boldsymbol{B}/\|\boldsymbol{B}\| \\ \boldsymbol{C}^*=\boldsymbol{a}_3-(\boldsymbol{q}_1^{\mathrm{T}}\boldsymbol{a}_3)\boldsymbol{q}_1 & \boldsymbol{C}=\boldsymbol{C}^*-(\boldsymbol{q}_2^{\mathrm{T}}\boldsymbol{C}^*)\boldsymbol{q}_2 & \boldsymbol{q}_3=\boldsymbol{C}/\|\boldsymbol{C}\|\end{array}$$

式 (12) では，新しいベクトル $\boldsymbol{q}_k$ が求まるとすぐにその射影を引く．この「射影を 1 つずつ引く」ように変更したものは，**修正グラム－シュミット法**と呼ばれる．この方法は，すべての射影を一度に引く式 (8) の方法に比べてより数値的に安定である．

```
for j = 1:n                      % 修正グラム－シュミット法
  v = A(:, j);                   % v をまず A の第 j 列とする
  for i = 1:j−1                  % 第 j − 1 列まではすでに Q に入れてある
    R(i, j) = Q(:, i)′∗v;        % r_ij = q_i^T a_j すなわち q_i^T v を計算する
    v = v−R(i, j)∗Q(:, i);       % 射影 (q_i^T a_j)q_i = (q_i^T v)q_i を引く
  end                            % v は，q_1, ..., q_{j−1} のすべてに直交するようになる
  R(j, j) = norm(v);             % R の対角要素
  Q(:, j) = v/R(j, j);           % v を正規化して，次の単位ベクトル q_j とする
end
```

A の第 j 列を復元するには，プログラムの最後の行と中間の行を逆に実行する：

$$R(j,j)\boldsymbol{q_j}=(\boldsymbol{v}\ \text{からその射影を引いたもの})=(A\ \text{の第}\ j\ \text{列})-\sum_{i=1}^{j-1}R(i,j)\boldsymbol{q_i}. \tag{13}$$

和を一番左へ移項すると，これは積 $\boldsymbol{A}=\boldsymbol{QR}$ の第 j 列となる．

告白　MATLAB や *Octave*, *Python* のような良質のシステムで使われる LAPACK のような良質のソフトウェアではこのグラム－シュミット法のプログラムは使われない．今では，よ

り良い方法がある.「ハウスホルダー鏡映」により，列ごとに上三角行列 R を作り出す．これは，消去によって上三角行列 U ができるのとまさに同じである．

第 9 章の数値線形代数において，そのような鏡映行列 $I - 2\boldsymbol{u}\boldsymbol{u}^{\mathrm{T}}$ を示す．A が三重対角行列のときには，もっと単純に 2×2 の回転行列を使う．結果は常に $A = QR$ であり，その MATLAB コマンドは $[Q, R] = \mathrm{qr}(A)$ である．Q を得るのに鏡映や回転より適しているとしても，理解するのにはグラム – シュミット法が適していると強く思う．

■ 要点の復習 ■

1. 正規直交ベクトル $\boldsymbol{q}_1, \ldots, \boldsymbol{q}_n$ が Q の列ベクトルであるとき，$\boldsymbol{q}_i^{\mathrm{T}}\boldsymbol{q}_j = 0$ と $\boldsymbol{q}_i^{\mathrm{T}}\boldsymbol{q}_i = 1$ であることから $Q^{\mathrm{T}}Q = I$ である．
2. Q が正方行列（**直交行列**）のとき $Q^{\mathrm{T}} = Q^{-1}$ である．すなわち，**転置と逆行列が等しい**．
3. $Q\boldsymbol{x}$ の長さは $\boldsymbol{x}$ の長さと等しい．すなわち，$\|Q\boldsymbol{x}\| = \|\boldsymbol{x}\|$ である．
4. $\boldsymbol{q}_i$ によって張られる列空間への射影行列は $P = QQ^{\mathrm{T}}$ である．
5. Q が正方行列のとき，$P = I$ であり，すべての $\boldsymbol{b}$ について $\boldsymbol{b} = \boldsymbol{q}_1(\boldsymbol{q}_1^{\mathrm{T}}\boldsymbol{b}) + \cdots + \boldsymbol{q}_n(\boldsymbol{q}_n^{\mathrm{T}}\boldsymbol{b})$ である．
6. グラム – シュミット法により，独立なベクトル $\boldsymbol{a}, \boldsymbol{b}, \boldsymbol{c}$ から正規直交ベクトル $\boldsymbol{q}_1, \boldsymbol{q}_2, \boldsymbol{q}_3$ が作られる．行列の形式では，これは分解 $A = QR =$ (直交行列 Q)(三角行列 R) である．

■ 例題 ■

4.4 A すべての要素が 1 か -1 である列ベクトルを 2 つ追加して，この 4×4 の「アダマール行列」の列ベクトルが直交するようにせよ．H_4 を**直交行列** Q にするにはどうするか？

$$H_2 = \begin{bmatrix} 1 & 1 \\ 1 & -1 \end{bmatrix} \qquad H_4 = \begin{bmatrix} 1 & 1 & x & x \\ 1 & -1 & x & x \\ 1 & 1 & x & x \\ 1 & -1 & x & x \end{bmatrix} \qquad \text{と} \qquad Q_4 = \begin{bmatrix} & & & \\ & & & \\ & & & \\ & & & \end{bmatrix}$$

ブロック行列 $H_8 = \begin{bmatrix} H_4 & H_4 \\ H_4 & -H_4 \end{bmatrix}$ は，次のアダマール行列である．積 $H_8^{\mathrm{T}}H_8$ を求めよ．

H_4 の第 1 列への $\boldsymbol{b} = (6, 0, 0, 2)$ の射影は $\boldsymbol{p}_1 = (2, 2, 2, 2)$ である．第 2 列への射影は $\boldsymbol{p}_2 = (1, -1, 1, -1)$ である．第 1 列と第 2 列によって張られる 2 次元空間への $\boldsymbol{b}$ の射影 $\boldsymbol{p}_{1,2}$ を求めよ．

解 H_8 が H_4 から作られるのと同様の方法で，H_4 は H_2 から作られる：

$$H_4 = \begin{bmatrix} H_2 & H_2 \\ H_2 & -H_2 \end{bmatrix} = \begin{bmatrix} 1 & 1 & 1 & 1 \\ 1 & -1 & 1 & -1 \\ 1 & 1 & -1 & -1 \\ 1 & -1 & -1 & 1 \end{bmatrix} \text{ の列ベクトルは直交する.}$$

$Q = H/2$ の列は正規直交する．2 で割ることにより Q の単位ベクトルを得る．5×5 では直交行列になりえない．なぜなら，列ベクトルの内積は 5 つの 1 か -1 からなり，それらの和は零とならない．H_8 の列ベクトルは直交し，その長さは $\sqrt{8}$ である．

$$H_8^{\mathrm{T}} H_8 = \begin{bmatrix} H^{\mathrm{T}} & H^{\mathrm{T}} \\ H^{\mathrm{T}} & -H^{\mathrm{T}} \end{bmatrix} \begin{bmatrix} H & H \\ H & -H \end{bmatrix} = \begin{bmatrix} 2H^{\mathrm{T}}H & 0 \\ 0 & 2H^{\mathrm{T}}H \end{bmatrix} = \begin{bmatrix} 8I & 0 \\ 0 & 8I \end{bmatrix}.\ Q_8 = \frac{H_8}{\sqrt{8}}$$

直交する列ベクトルの要点：$(1,1,1,1)$ と $(1,-1,1,-1)$ へ $(6,0,0,2)$ を射影して，それらを**足す**ことができる．$A^{\mathrm{T}}A$ の逆行列を求めることがない：

$$\boldsymbol{p}_i \text{ の和} \qquad \text{射影 } \boldsymbol{p}_{1,2} = \boldsymbol{p}_1 + \boldsymbol{p}_2 = (2,2,2,2) + (1,-1,1,-1) = (3,1,3,1).$$

H の列ベクトル $\boldsymbol{a}_1$ と $\boldsymbol{a}_2$ が誤差 $\boldsymbol{e} = \boldsymbol{b} - \boldsymbol{p}_1 - \boldsymbol{p}_2$ と直交することを確認する：

$$\boldsymbol{e} = \boldsymbol{b} - \frac{\boldsymbol{a}_1^{\mathrm{T}}\boldsymbol{b}}{\boldsymbol{a}_1^{\mathrm{T}}\boldsymbol{a}_1}\boldsymbol{a}_1 - \frac{\boldsymbol{a}_2^{\mathrm{T}}\boldsymbol{b}}{\boldsymbol{a}_2^{\mathrm{T}}\boldsymbol{a}_2}\boldsymbol{a}_2 \quad \text{より} \quad \boldsymbol{a}_1^{\mathrm{T}}\boldsymbol{e} = \boldsymbol{a}_1^{\mathrm{T}}\boldsymbol{b} - \frac{\boldsymbol{a}_1^{\mathrm{T}}\boldsymbol{b}}{\boldsymbol{a}_1^{\mathrm{T}}\boldsymbol{a}_1}\boldsymbol{a}_1^{\mathrm{T}}\boldsymbol{a}_1 = 0 \quad \text{同様に} \quad \boldsymbol{a}_2^{\mathrm{T}}\boldsymbol{e} = 0.$$

よって，$\boldsymbol{p}_1 + \boldsymbol{p}_2$ は $\boldsymbol{a}_1$ と $\boldsymbol{a}_2$ からなる空間にあり，**誤差 $\boldsymbol{e}$ はその空間に直交する**．

これらの直交する列ベクトル $\boldsymbol{a}_1$ と $\boldsymbol{a}_2$ に対するグラム－シュミット法は，それらの方向を変えない．それらの長さで割るだけだ．**しかし，$\boldsymbol{a}_1$ と $\boldsymbol{a}_2$ が直交しないときには，射影 $\boldsymbol{p}_{1,2}$ は一般に $\boldsymbol{p}_1 + \boldsymbol{p}_2$ とはならない**．例えば，$\boldsymbol{b}$ が $\boldsymbol{a}_1$ と等しいとき，$\boldsymbol{p}_1 = \boldsymbol{b}$ と $\boldsymbol{p}_{1,2} = \boldsymbol{b}$ であるが，$\boldsymbol{p}_2 \neq \boldsymbol{0}$ である．

練習問題 4.4

問題 1〜12 は，直交するベクトルと直交行列に関するものである．

1　これらのベクトルの対は正規直交するか，直交するだけか，独立であるだけか？

$$\text{(a)} \begin{bmatrix} 1 \\ 0 \end{bmatrix} \text{ と } \begin{bmatrix} -1 \\ 1 \end{bmatrix} \qquad \text{(b)} \begin{bmatrix} 0.6 \\ 0.8 \end{bmatrix} \text{ と } \begin{bmatrix} 0.4 \\ -0.3 \end{bmatrix} \qquad \text{(c)} \begin{bmatrix} \cos\theta \\ \sin\theta \end{bmatrix} \text{ と } \begin{bmatrix} -\sin\theta \\ \cos\theta \end{bmatrix}.$$

必要があれば 2 つ目のベクトルを変更して正規直交ベクトルにせよ．

2　ベクトル $(2,2,-1)$ と $(-1,2,2)$ は直交する．それらを長さで割って，正規直交ベクトル $\boldsymbol{q}_1$ と $\boldsymbol{q}_2$ を求めよ．それらを Q の列ベクトルにして，積 $Q^{\mathrm{T}}Q$ と QQ^{T} を計算せよ．

3　(a) 長さがいずれも 4 である 3 つの直交ベクトルからなる行列 A に対し，$A^{\mathrm{T}}A$ を求めよ．

(b) 長さが $1,2,3$ である 3 つの直交ベクトルからなる行列 A に対し，$A^{\mathrm{T}}A$ を求めよ．

4　以下のそれぞれの例を挙げよ：

(a) 正規直交する列ベクトルからなるが，$QQ^{\mathrm{T}} \neq I$ であるような行列 Q.
(b) 線形独立ではない 2 つの直交ベクトル.
(c) ベクトル $\boldsymbol{q}_1 = (1,1,1)/\sqrt{3}$ を含む，$\mathbf{R}^3$ の正規直交基底.

5　平面 $x + y + 2z = 0$ 内の 2 つの直交ベクトルを求めよ．それらを正規直交ベクトルにせよ.

6　Q_1 と Q_2 が直交行列であるとき，それらの積 Q_1Q_2 も直交行列であることを示せ（$Q^{\mathrm{T}}Q = I$ を用いよ）.

7　Q が正規直交する列ベクトルからなるとき，$Q\boldsymbol{x} = \boldsymbol{b}$ の最小 2 乗解 $\widehat{\boldsymbol{x}}$ を求めよ.

8　$\boldsymbol{q}_1$ と $\boldsymbol{q}_2$ が $\mathbf{R}^5$ における正規直交ベクトルであるとき，与えられたベクトル $\boldsymbol{b}$ に最も近い線形結合 $\_\_\_\_\ \boldsymbol{q}_1 + \_\_\_\_\ \boldsymbol{q}_2$ を求めよ.

9　(a) $\boldsymbol{q}_1 = (0.8, 0.6, 0)$ と $\boldsymbol{q}_2 = (-0.6, 0.8, 0)$ であるとき，$P = QQ^{\mathrm{T}}$ を計算せよ．$P^2 = P$ であることを確認せよ.
(b) $(QQ^{\mathrm{T}})^2 = QQ^{\mathrm{T}}$ が常に成り立つことを，$Q^{\mathrm{T}}Q = I$ を用いて証明せよ．そのとき，$P = QQ^{\mathrm{T}}$ は Q の列空間への射影行列である.

10　正規直交ベクトルは自動的に線形独立である.

(a) ベクトルによる証明：$c_1\boldsymbol{q}_1 + c_2\boldsymbol{q}_2 + c_3\boldsymbol{q}_3 = \mathbf{0}$ であるとき，どのベクトルとの内積により $c_1 = 0$ が示せるか？ 同様に $c_2 = 0$ と $c_3 = 0$ も示せる．したがって，$\boldsymbol{q}_i$ は線形独立である.
(b) 行列による証明：$Q\boldsymbol{x} = \mathbf{0}$ であれば $\boldsymbol{x} = \mathbf{0}$ であることを示せ．Q は矩形行列であるかもしれないので，Q^{T} を用いてもよいが Q^{-1} を用いてはならない.

11　(a) グラム－シュミット法：$\boldsymbol{a} = (1,3,4,5,7)$ と $\boldsymbol{b} = (-6,6,8,0,8)$ によって張られる平面に含まれる正規直交ベクトル $\boldsymbol{q}_1$ と $\boldsymbol{q}_2$ を求めよ.
(b) この平面の中で，$(1,0,0,0,0)$ に最も近いベクトルを求めよ.

12　$\boldsymbol{a}_1, \boldsymbol{a}_2, \boldsymbol{a}_3$ が $\mathbf{R}^3$ の基底であるとき，任意のベクトル $\boldsymbol{b}$ は次のように書ける

$$\boldsymbol{b} = x_1\boldsymbol{a}_1 + x_2\boldsymbol{a}_2 + x_3\boldsymbol{a}_3 \qquad \text{または} \qquad \begin{bmatrix} \\ \boldsymbol{a}_1 & \boldsymbol{a}_2 & \boldsymbol{a}_3 \\ \\ \end{bmatrix} \begin{bmatrix} x_1 \\ x_2 \\ x_3 \end{bmatrix} = \boldsymbol{b}.$$

(a) $\boldsymbol{a}_i$ が正規直交ベクトルであるとする．$x_1 = \boldsymbol{a}_1^{\mathrm{T}}\boldsymbol{b}$ であることを示せ.
(b) $\boldsymbol{a}_i$ が直交ベクトルであるとする．$x_1 = \boldsymbol{a}_1^{\mathrm{T}}\boldsymbol{b}/\boldsymbol{a}_1^{\mathrm{T}}\boldsymbol{a}_1$ であることを示せ.
(c) $\boldsymbol{a}_i$ が独立なベクトルであるとする．x_1 は $\_\_\_\_$ と $\boldsymbol{b}$ の積の第 1 要素である.

問題 13〜25 は，グラム－シュミット法と $A = QR$ に関するものである.

13 $\boldsymbol{a} = \left[\begin{smallmatrix}1\\1\end{smallmatrix}\right]$ の何倍を $\boldsymbol{b} = \left[\begin{smallmatrix}4\\0\end{smallmatrix}\right]$ から引くと，その結果 $\boldsymbol{B}$ が $\boldsymbol{a}$ に直交するか？ $\boldsymbol{a}$ と $\boldsymbol{b}$ と $\boldsymbol{B}$ を表す図を描け.

14 問題 13 において，$\boldsymbol{q}_1 = \boldsymbol{a}/\|\boldsymbol{a}\|$ と $\boldsymbol{q}_2 = \boldsymbol{B}/\|\boldsymbol{B}\|$ を計算し QR に分解して，グラム・シュミット法を最後まで行え：

$$\begin{bmatrix}1 & 4\\1 & 0\end{bmatrix} = \begin{bmatrix}\boldsymbol{q}_1 & \boldsymbol{q}_2\end{bmatrix}\begin{bmatrix}\|\boldsymbol{a}\| & ?\\0 & \|\boldsymbol{B}\|\end{bmatrix}.$$

15 (a) $\boldsymbol{q}_1, \boldsymbol{q}_2$ が以下の行列 A の列空間を張るように正規直交ベクトル $\boldsymbol{q}_1, \boldsymbol{q}_2, \boldsymbol{q}_3$ を求めよ：

$$A = \begin{bmatrix}1 & 1\\2 & -1\\-2 & 4\end{bmatrix}.$$

(b) 4 つの基本部分空間のうち，$\boldsymbol{q}_3$ を含むのはどれか？

(c) $A\boldsymbol{x} = (1, 2, 7)$ を最小 2 乗法により解け.

16 $\boldsymbol{a} = (4, 5, 2, 2)$ を何倍すると，$\boldsymbol{b} = (1, 2, 0, 0)$ に最も近くなるか？ $\boldsymbol{a}$ と $\boldsymbol{b}$ からなる平面に含まれる正規直交ベクトル $\boldsymbol{q}_1$ と $\boldsymbol{q}_2$ を求めよ.

17 $\boldsymbol{a}$ を通る直線への $\boldsymbol{b}$ の射影を求めよ：

$$\boldsymbol{a} = \begin{bmatrix}1\\1\\1\end{bmatrix} \quad と \quad \boldsymbol{b} = \begin{bmatrix}1\\3\\5\end{bmatrix} \quad と \quad \boldsymbol{p} = ? \quad と \quad \boldsymbol{e} = \boldsymbol{b} - \boldsymbol{p} = ?$$

正規直交ベクトル $\boldsymbol{q}_1 = \boldsymbol{a}/\|\boldsymbol{a}\|$ と $\boldsymbol{q}_2 = \boldsymbol{e}/\|\boldsymbol{e}\|$ を求めよ.

18 （推奨） グラム－シュミット法により，$\boldsymbol{a}, \boldsymbol{b}, \boldsymbol{c}$ から直交ベクトル $\boldsymbol{A}, \boldsymbol{B}, \boldsymbol{C}$ を求めよ：

$$\boldsymbol{a} = (1, -1, 0, 0) \qquad \boldsymbol{b} = (0, 1, -1, 0) \qquad \boldsymbol{c} = (0, 0, 1, -1).$$

$\boldsymbol{A}, \boldsymbol{B}, \boldsymbol{C}$ および $\boldsymbol{a}, \boldsymbol{b}, \boldsymbol{c}$ は，$\boldsymbol{d} = (1, 1, 1, 1)$ に直交するベクトルの基底である.

19 $A = QR$ のとき，$A^{\mathrm{T}}A = R^{\mathrm{T}}R =$ ＿＿＿ 三角行列と ＿＿＿ 三角行列の積である．A に対するグラム－シュミット法は，$A^{\mathrm{T}}A$ 上の消去に対応する．$A^{\mathrm{T}}A$ のピボットは，必ず R の対角要素の 2 乗である．以下の A に対してグラム－シュミット法を行うことで，Q と R を求めよ：

$$A = \begin{bmatrix}-1 & 1\\2 & 1\\2 & 4\end{bmatrix} \qquad と \qquad A^{\mathrm{T}}A = \begin{bmatrix}9 & 9\\9 & 18\end{bmatrix} = \begin{bmatrix}1 & 0\\1 & 1\end{bmatrix}\begin{bmatrix}9 & \\ & 9\end{bmatrix}\begin{bmatrix}1 & 1\\0 & 1\end{bmatrix}.$$

20 以下の命題は真か偽か（どちらの場合でも例を挙げよ）：

(a) Q が直交行列であるとき，Q^{-1} は直交行列である．
(b) Q （3×2）が正規直交する列ベクトルからなるとき，$\|Q\boldsymbol{x}\|$ は常に $\|\boldsymbol{x}\|$ に等しい．

21 A の列空間の正規直交基底を求めよ：

$$A = \begin{bmatrix} 1 & -2 \\ 1 & 0 \\ 1 & 1 \\ 1 & 3 \end{bmatrix} \quad \text{と} \quad \boldsymbol{b} = \begin{bmatrix} -4 \\ -3 \\ 3 \\ 0 \end{bmatrix}.$$

その後，その列空間への $\boldsymbol{b}$ の射影を計算せよ．

22 以下のベクトルから始めて，グラム－シュミット法により直交ベクトル $\boldsymbol{A}, \boldsymbol{B}, \boldsymbol{C}$ を求めよ．

$$\boldsymbol{a} = \begin{bmatrix} 1 \\ 1 \\ 2 \end{bmatrix} \quad \text{と} \quad \boldsymbol{b} = \begin{bmatrix} 1 \\ -1 \\ 0 \end{bmatrix} \quad \text{と} \quad \boldsymbol{c} = \begin{bmatrix} 1 \\ 0 \\ 4 \end{bmatrix}.$$

23 $\boldsymbol{q}_1, \boldsymbol{q}_2, \boldsymbol{q}_3$（正規直交ベクトル）を，$\boldsymbol{a}, \boldsymbol{b}, \boldsymbol{c}$（独立な列ベクトル）の線形結合として表せ．その後，A を QR として表せ．

$$A = \begin{bmatrix} 1 & 2 & 4 \\ 0 & 0 & 5 \\ 0 & 3 & 6 \end{bmatrix}.$$

24 (a) 以下の方程式のすべての解によって張られる $\mathbf{R}^4$ の部分空間 $\boldsymbol{S}$ の基底を求めよ．

$$x_1 + x_2 + x_3 - x_4 = 0.$$

(b) 直交補空間 $\boldsymbol{S}^{\perp}$ の基底を求めよ．
(c) $\boldsymbol{b}_1 + \boldsymbol{b}_2 = \boldsymbol{b} = (1,1,1,1)$ となる，$\boldsymbol{S}$ の中の $\boldsymbol{b}_1$ と $\boldsymbol{S}^{\perp}$ の中の $\boldsymbol{b}_2$ を求めよ．

25 $ad - bc > 0$ のとき，$A = QR$ の要素は次のようになる：

$$\begin{bmatrix} a & b \\ c & d \end{bmatrix} = \frac{\begin{bmatrix} a & -c \\ c & a \end{bmatrix}}{\sqrt{a^2 + c^2}} \frac{\begin{bmatrix} a^2 + c^2 & ab + cd \\ 0 & ad - bc \end{bmatrix}}{\sqrt{a^2 + c^2}}.$$

$a, b, c, d = 2, 1, 1, 1$ のときと $1, 1, 1, 1$ のときについて，$A = QR$ を書け．列が従属であるとき，R のどの要素が零となり，グラム－シュミット法が破綻するか？

問題 26〜29 は，式 (11)〜(12) のグラム－シュミット法を実行する $\boldsymbol{QR}$ プログラムを使う．

26 （式 (12) の後の手順で $\boldsymbol{C}^*$ より得られる）$\boldsymbol{C}$ が，式 (8) の $\boldsymbol{C}$ に等しい理由を示せ．

27 式 (8) は，$\boldsymbol{c}$ からその $\boldsymbol{A}$ と $\boldsymbol{B}$ 方向の成分を引く．$\boldsymbol{a}$ と $\boldsymbol{b}$ 方向の成分を引くのではない理由を述べよ．

28 式 (11) と (12) において，mn^2 回の積はどこにあるか？

29 MATLAB の qr プログラムを $\boldsymbol{a} = (2, 2, -1)$，$\boldsymbol{b} = (0, -3, 3)$，$\boldsymbol{c} = (1, 0, 0)$ に適用せよ．$\boldsymbol{q}_i$ を求めよ．

問題 30〜35 は特別な直交行列に関するものである．

30 最初の 4 つのウェーブレットは，以下のウェーブレット行列 W の列ベクトルである：

$$W = \frac{1}{2}\begin{bmatrix} 1 & 1 & \sqrt{2} & 0 \\ 1 & 1 & -\sqrt{2} & 0 \\ 1 & -1 & 0 & \sqrt{2} \\ 1 & -1 & 0 & -\sqrt{2} \end{bmatrix}.$$

その列ベクトルの何が特別か？逆ウェーブレット変換 W^{-1} を求めよ．

31 Q が直交行列となるように，c を選べ：

$$Q = c\begin{bmatrix} 1 & -1 & -1 & -1 \\ -1 & 1 & -1 & -1 \\ -1 & -1 & 1 & -1 \\ -1 & -1 & -1 & 1 \end{bmatrix}.$$

$\boldsymbol{b} = (1, 1, 1, 1)$ をその第 1 列へ射影せよ．さらに，$\boldsymbol{b}$ を第 1 列と第 2 列からなる平面へ射影せよ．

32 $\boldsymbol{u}$ が単位ベクトルであるとき，$Q = I - 2\boldsymbol{u}\boldsymbol{u}^{\mathrm{T}}$ は鏡映行列である（例 3）．$\boldsymbol{u} = (0, 1)$ より Q_1 を，さらに，$\boldsymbol{u} = (0, \sqrt{2}/2, \sqrt{2}/2)$ より Q_2 を求めよ．Q_1 と Q_2 をそれぞれベクトル $(1, 2)$ と $(1, 1, 1)$ に掛けたとき，その鏡映を描け．

33 直交行列であり，かつ，下三角行列である行列をすべて求めよ．

34 $\boldsymbol{u}^{\mathrm{T}}\boldsymbol{u} = 1$ のとき，$Q = I - 2\boldsymbol{u}\boldsymbol{u}^{\mathrm{T}}$ は鏡映行列である．2 回の鏡映により $Q^2 = I$ となる．

(a) $Q\boldsymbol{u} = -\boldsymbol{u}$ であることを示せ．鏡は $\boldsymbol{u}$ に直交する．
(b) $\boldsymbol{u}^{\mathrm{T}}\boldsymbol{v} = 0$ であるとき，$Q\boldsymbol{v}$ を求めよ．$\boldsymbol{v}$ は鏡に含まれ，その鏡映はそれ自身となる．

挑戦問題

35 (MATLAB)　$A = \mathsf{eye}(4) - \mathsf{diag}([1 \;\; 1 \;\; 1], -1)$ に対して，分解 $[Q, R] = \mathsf{qr}(A)$ を実行せよ．これは，A の列ベクトル $(1, -1, 0, 0)$ と $(0, 1, -1, 0)$ と $(0, 0, 1, -1)$ と $(0, 0, 0, 1)$ を直交化する．Q を何倍かして，その直交する列ベクトルの要素を整数にできるか？

36 A が階数 n の $m \times n$ 行列であるとき，$\mathsf{qr}(A)$ により正方行列 Q と下に零を持つ R が作られる：

$$\text{MATLAB による因子は } (m \times m)(m \times n) \text{ である} \qquad A = [Q_1 \quad Q_2] \begin{bmatrix} R \\ 0 \end{bmatrix}.$$

Q_1 の n 列は，どの基本部分空間の直交基底であるか？Q_2 の $m - n$ 列は，どの基本部分空間の直交基底であるか？

37 $P = QQ^{\mathrm{T}}$ は，Q（$m \times n$）の列空間への射影である．もう 1 つ列ベクトル $\boldsymbol{a}$ を追加して，$A = [Q \quad \boldsymbol{a}]$ を作る．新しい直交ベクトル $\boldsymbol{q}$ をグラム－シュミット法により求めよ．$\boldsymbol{a}$ から始めて，_____ を引き，_____ で割る．

第5章

行列式

5.1　行列式の性質

正方行列の行列式は，1 つの数である．行列について驚くほど多くの情報がその数に含まれており，行列が可逆であるかどうかがすぐにわかる．**行列に逆行列がないとき，行列式が零となる**．A が可逆であるとき，A^{-1} の行列式は $1/(\det A)$ である．$\det A = 2$ であるとき，$\det A^{-1} = \frac{1}{2}$ である．さらに，A^{-1} のすべての要素を求める公式が行列式より導かれる．

行列式の 1 つの使い方は，逆行列やピボット，解 $A^{-1}\boldsymbol{b}$ のための式を求めることである．消去のほうが速いので，大きな行列に対して行列式を用いた式を使うことはほとんどない．要素が a, b, c, d である 2×2 行列について，その行列式 $ad - bc$ により，A の変化に対して A^{-1} がどのように変化するかが示される：

$$A = \begin{bmatrix} a & b \\ c & d \end{bmatrix} \quad \text{は逆行列} \quad A^{-1} = \frac{1}{ad - bc} \begin{bmatrix} d & -b \\ -c & a \end{bmatrix} \quad \text{を持つ．} \tag{1}$$

これらの行列を掛けると I となる．行列式が $ad - bc = 0$ であるとき，零で割る必要があるがそれはできない．そのとき，A は逆行列を持たない（行が平行となるのは，$a/c = b/d$ のときである．これより，$ad = bc$ と $\det A = 0$ を得る）．列が従属であるとき，常に $\det A = 0$ となる．

行列式は，ピボットにも関連する．2×2 行列の場合，ピボットは a と $d - (c/a)b$ である．**ピボットの積は行列式である**：

$$\textbf{ピボットの積} \qquad a\Big(d - \frac{c}{a}b\Big) = ad - bc \quad \textbf{これは} \quad \det A \quad \textbf{である．}$$

行の交換を行った後では，ピボットは c と $b - (a/c)d$ に変わる．新しく得られたピボットの積は $bc - ad$ となる．$\left[\begin{smallmatrix} \mathbf{c} & \mathbf{d} \\ \mathbf{a} & \mathbf{b} \end{smallmatrix}\right]$ へと行を交換すると，行列式の符号が反転する．

先の見通し　$n \times n$ 行列の行列式は，3 つの方法で求めることができる：

1　n 個のピボット（掛ける 1 または -1）を掛け合わせる．　　**ピボット公式**

2　$n!$ 個の項（掛ける 1 または -1）を足し合わせる．　　**大公式**

3　n 個のより小さな行列式（掛ける 1 または -1）を線形結合する．　　**余因子公式**

正負の符号，すなわち 1 と -1 との判別，が行列式において重要であることを見る．それは，$n \times n$ 行列に対する以下の法則より生じる：

2 つの行（または 2 つの列）を交換すると，行列式の符号が変わる．

単位行列の行列式は $+1$ である．2 つの行を交換すると $\det P=-1$ となる．さらに 2 つの行を交換すると，新しい置換行列は $\det P=+1$ となる．置換行列の半数は**偶置換** ($\det P=1$) であり，半数は**奇置換** ($\det P=-1$) である．I から始めて，P の半数は偶数回の行の交換で作られ，半数は奇数回の行の交換で作られる．2×2 の場合，ad の符号は正となり，行の交換から bc の符号は負となる：

$$\det\begin{bmatrix}1&0\\0&1\end{bmatrix}=1 \quad と \quad \det\begin{bmatrix}0&1\\1&0\end{bmatrix}=-1.$$

もう 1 つの本質的な法則は，線形性である．まず初めに注意を述べる．線形性は $\det(A+B)=\det A+\det B$ であるという意味ではない．**これは完全に正しくない**．そのような線形性は $A=I$ と $B=I$ の場合でも成り立たない．この正しくない法則のもとでは $\det(I+I)=1+1=2$ となるが，正しくは $\det 2I=2^n$ である．行列が 2 倍になると，行列式は（2 倍ではなく）2^n 倍になる．

公式によって行列式を定義する方法はとらない．**符号反転と線形性**という性質から始めるほうがよい．行列式の性質は単純である（第 5.1 節）．行列式の性質から，行列式の公式（第 5.2 節）が準備できる．その後で，以下の 3 つを含む応用を扱う：

(1) 行列式により A^{-1} と $A^{-1}\boldsymbol{b}$ が得られる（この公式は **クラメルの公式** と呼ばれる）．
(2) 立体の辺が A の行であるとき，その**体積**は $|\det A|$ である．
(3) 固有値と呼ばれる n 個の特別な値 λ に対して，$A-\lambda I$ の行列式は零となる．これは本当に重要な応用である．固有値の詳細は第 6 章で扱う．

行列式の性質

行列式には 3 つの基本性質がある（法則 1，2，3）．これらの法則を使うことで，任意の正方行列 A の行列式を計算することができる．**行列式は，$\det \boldsymbol{A}$ と $|\boldsymbol{A}|$ の 2 通りの方法で書かれる**．注意：行列には角括弧を用い，その行列式には直線の棒を用いる．A が 2×2 行列であるとき，3 つの性質から求める答が導かれる：

$$\begin{bmatrix}a&b\\c&d\end{bmatrix} \quad の行列式は \quad \begin{vmatrix}a&b\\c&d\end{vmatrix}=ad-bc.$$

最後の法則は，$\det(AB)=(\det A)(\det B)$ と $\det A^{\mathrm{T}}=\det A$ である．2×2 の場合を用いてすべての法則を確かめていくが，任意の $n\times n$ 行列で成り立つことを忘れてはならない．法則 1〜3 により，法則 4〜10 が必ず成り立つことを示す．

法則 1 (最も簡単) は，$\det I=1$ を単位立方体の体積 $=1$ に対応づける．

1　$\boldsymbol{n\times n}$ 単位行列の行列式は 1 である．

$$\begin{vmatrix}1&0\\0&1\end{vmatrix}=1 \quad と \quad \begin{vmatrix}1&&\\&\ddots&\\&&1\end{vmatrix}=1.$$

2 2つの行を交換すると，行列式の符号が変わる（符号反転）：

$$\text{確認：}\quad \begin{vmatrix} c & d \\ a & b \end{vmatrix} = -\begin{vmatrix} a & b \\ c & d \end{vmatrix} \quad (\text{両辺とも } bc - ad \text{ に等しい}).$$

この法則により，任意の置換行列に対して $\det P$ を求めることができる．P となるまで I の行を交換する．行交換が**偶数**回のとき $\det P = +1$ であり，**奇数**回のとき $\det P = -1$ である．

3 つ目の法則で，すべての行列の行列式へと大きく飛躍しなければならない．

3 行列式は，行ごとに独立した線形関数である（他のすべての行は固定して考える）．第 1 行が t 倍されるとき，行列式も t 倍となる．第 1 行が足されるとき，行列式も足される．他の行が変化しないとき，この法則が成り立つ．以下の c と d が不変であることに注意せよ：

第 1 行に任意の数 t を掛ける	$\begin{vmatrix} ta & tb \\ c & d \end{vmatrix} = t\begin{vmatrix} a & b \\ c & d \end{vmatrix}$
A の第 1 行を A' の第 1 行に足す	$\begin{vmatrix} a+a' & b+b' \\ c & d \end{vmatrix} = \begin{vmatrix} a & b \\ c & d \end{vmatrix} + \begin{vmatrix} a' & b' \\ c & d \end{vmatrix}.$

1 つ目の場合，両辺とも $tad - tbc$ であり，t をくくり出せる．2 つ目の場合，両辺とも $ad + a'd - bc - b'c$ である．これらの法則は，A が $n \times n$ でも成り立ち，第 1 行以外の行は不変とする．法則 3 を強調するため，数を用いて示す：

$$\begin{vmatrix} 4 & 8 & 8 \\ 0 & 1 & 1 \\ 0 & 0 & 1 \end{vmatrix} = 4\begin{vmatrix} 1 & 2 & 2 \\ 0 & 1 & 1 \\ 0 & 0 & 1 \end{vmatrix} \quad \text{と} \quad \begin{vmatrix} 4 & 8 & 8 \\ 0 & 1 & 1 \\ 0 & 0 & 1 \end{vmatrix} = \begin{vmatrix} 4 & 0 & 0 \\ 0 & 1 & 1 \\ 0 & 0 & 1 \end{vmatrix} + \begin{vmatrix} 0 & 8 & 8 \\ 0 & 1 & 1 \\ 0 & 0 & 1 \end{vmatrix}.$$

法則 3 それ自身では，行列式の値は分からない（1 つ目の行列式は 4 である）．

積と和を組み合わせることにより，第 1 行について任意の線形結合を得られる（その他の行は不変である必要がある）．行の交換に関する法則 2 により，ある行を第 1 行に持ち上げその後戻すことができるので，任意の行をその変化する行にできる．

この法則により $\det 2I = 2\det I$ とはならない．$2I$ を得るには，すべての行を 2 倍する必要があり，行ごとに因数 2 が現れる：

$$\begin{vmatrix} 2 & 0 \\ 0 & 2 \end{vmatrix} = 2^2 = 4 \quad \text{と} \quad \begin{vmatrix} t & 0 \\ 0 & t \end{vmatrix} = t^2.$$

これは，面積や体積と同様である．長方形を 2 倍にすると，その面積は 4 倍になる．n 次元直方体を t 倍すると，その体積は t^n 倍となる．この関連は偶然ではない．**行列式が体積に等しいことを後に見る**．

法則 1〜3 に特別注意を払おう．それらにより，数 $\det A$ が完全に決まる．$n \times n$ の行列式の公式（少し複雑である）を求めるため，ここで立ち止まってもよい．最初の 3 つの性質から導かれる他の性質へは少しずつ進むほうがよい．追加の法則 4〜10 を用いると，行列式を扱うのがずっと簡単になる．

4　A の 2 つの行が等しいとき，$\det A = 0$ である．

等しい行　　2 × 2 で確認：$\begin{vmatrix} a & b \\ a & b \end{vmatrix} = 0.$

法則 4 は法則 2 より導かれる（2×2 の式ではなく法則だけを使うことを忘れてはいけない）．**2 つの等しい行を交換する**．行列式 D の符号が変わるはずだ．しかし，行列は変わらないので，D は同じでなければならない．$-D = D$ となるような唯一の数は $D = 0$ であり，これが行列式となる必要がある（注：ブール代数では，$-1 = 1$ が成り立つのでこの論法が成り立たない．そのとき，行列式は法則 1，3，4 より定義される）．

2 つの等しい行を持つ行列には逆行列がない．法則 4 より $\det A = 0$ となる．しかし，等しい行を持たなくても，行列が非可逆行列になり行列式が零になりうる．法則 5 が鍵である．$\det A$ を変化させることなく行操作を行うことができる．

5　ある行の倍数を別の行から引いても，$\det A$ は変化しない．

第 1 行の ℓ 倍を
第 2 行から引く

$$\begin{vmatrix} a & b \\ c - \ell a & d - \ell b \end{vmatrix} = \begin{vmatrix} a & b \\ c & d \end{vmatrix}.$$

法則 3（線形性）により左辺を分けると，右辺ともう 1 項 $-\ell \begin{vmatrix} \mathbf{a} & \mathbf{b} \\ \mathbf{a} & \mathbf{b} \end{vmatrix}$ の和となる．この余分な項は，法則 4 より零となる．したがって，法則 5 は正しい（2 × 2 に限らない）．

結論　行列式は，A から U への通常の消去の手順で変化しない．したがって，$\det A$ は $\det U$ に等しい．三角行列 U の行列式を求めることができれば，すべての行列 A の行列式を求めることができる．行交換をすると必ず符号が反転するので，必ず $\det A = \pm \det U$ である．法則 5 により，問題が三角行列へと縮約された．

6　零行を持つ行列について，$\det A = 0$ である．

零行　　$\begin{vmatrix} 0 & 0 \\ c & d \end{vmatrix} = 0$　　と　　$\begin{vmatrix} a & b \\ 0 & 0 \end{vmatrix} = 0.$

簡単に証明するには，別の行を零行に足す．行列式は変化しない（法則 5）が，新しい行列では 2 つの等しい行がある．したがって，法則 4 より $\det A = 0$ である．

7　A が三角行列であるとき，$\det A = a_{11}a_{22}\cdots a_{nn} =$ 対角要素の積である．

三角行列　　$\begin{vmatrix} a & b \\ 0 & d \end{vmatrix} = ad$　　と　　$\begin{vmatrix} a & 0 \\ c & d \end{vmatrix} = ad.$

A の対角要素がすべて非零であるとする．通常の手順によって，対角要素でない要素を消去する（A が下三角行列のとき，各行の倍数を下の行から引く．A が上三角行列のとき，上の行から引く）．法則 5 より行列式は変化せず，最終的に対角行列となる：

対角行列
$$\det \begin{bmatrix} a_{11} & & & 0 \\ & a_{22} & & \\ & & \ddots & \\ 0 & & & a_{nn} \end{bmatrix} = a_{11}a_{22}\cdots a_{nn}.$$

法則 3 より，第 1 行から a_{11} を積として取り出す．そして，第 2 行から a_{22} を取り出す．最終的に，最後の行から a_{nn} を取り出す．行列式は $a_{11}, a_{22}, \ldots, a_{nn}$ と $\det I$ の積である．(最後に）法則 1 より，$\det I = 1$ である．

ある対角要素 a_{ii} が零であるとどうなるか？そのとき，三角行列 A は非可逆行列となる．消去を行うと**零行**ができる．法則 5 より行列式は変化せず，法則 6 より零行から $\det A = 0$ となる．三角行列に対しては容易に行列式を求められる．

8 $\boldsymbol{A}$ が非可逆行列のとき $\det \boldsymbol{A} = 0$ である．$\boldsymbol{A}$ が可逆行列のとき $\det \boldsymbol{A} \neq 0$ である．

非可逆行列 $\begin{bmatrix} a & b \\ c & d \end{bmatrix}$ が非可逆行列となるのは，$ad - bc = 0$ のとき，かつ，そのときに限る．

証明 消去は A を U にする．A が非可逆行列であるとき，U は零行を持つ．法則により，$\det A = \det U = 0$ を得る．A が可逆行列であるとき，U はその対角要素にピボットを持つ．非零のピボットの積（法則 7）により，非零の行列式を得る：

ピボットの積 $\quad \det \boldsymbol{A} = \pm \det \boldsymbol{U} = \pm$ **(ピボットの積).** (2)

2×2 行列のピボットは，($a \neq 0$ のとき）a と $d - (bc/a)$ である：

$$\text{行列式は} \quad \begin{vmatrix} a & b \\ c & d \end{vmatrix} = \begin{vmatrix} a & b \\ 0 & d - (bc/a) \end{vmatrix} = ad - bc.$$

これが行列式の最初の公式である．MATLAB において，ピボットから $\det A$ を求めるのにこの公式が使われる．$\pm \det U$ における符号は，行交換の回数が偶数か奇数かによって決まる．言い換えると，$+1$ または -1 は，行を並べ換える置換行列 P の行列式である．行の交換がないとき，零は偶数であり，$P = I$ および $\det A = \det U =$ **ピボットの積** となる．L は対角要素が 1 である三角行列なので，常に $\det L = 1$ である．以下のことがわかった：

$$PA = LU \quad \text{のとき，} \quad \det P \ \det A = \det L \ \det U. \tag{3}$$

この場合もやはり，$\det P = \pm 1$ と $\det A = \pm \det U$ である．式 (3) は，法則 9 に関係する最初の事例である．

9 $\boldsymbol{AB}$ の行列式は，$\det \boldsymbol{A}$ と $\det \boldsymbol{B}$ の積である．すなわち，$|\boldsymbol{AB}| = |\boldsymbol{A}|\,|\boldsymbol{B}|$ である．

積の法則
$$\begin{vmatrix} a & b \\ c & d \end{vmatrix} \begin{vmatrix} p & q \\ r & s \end{vmatrix} = \begin{vmatrix} ap + br & aq + bs \\ cp + dr & cq + ds \end{vmatrix}.$$

行列 B が A^{-1} であるとき，**この法則より A^{-1} の行列式が $1/\det A$ であることが言える**：

$$\boldsymbol{A} \text{ と } \boldsymbol{A^{-1}} \text{ の積 } \quad \boldsymbol{AA^{-1}=I} \quad \text{より} \quad (\det \boldsymbol{A})(\det \boldsymbol{A^{-1}}) = \det \boldsymbol{I} = \mathbf{1}.$$

この積の法則は，これまでで最も難解なものである．2×2 行列の場合でも，いくらか代数的計算が必要である：

$$|A|\,|B| = (ad-bc)(ps-qr) = (ap+br)(cq+ds) - (aq+bs)(cp+dr) = |AB|.$$

$n\times n$ の場合について，$|AB| = |A|\,|B|$ の格好良い証明を以下に示す．$|B|$ が零でないとき，比 $D(A) = |AB|/|B|$ を考える．**この比が性質 1, 2, 3 を持つことを確かめる**．すると，$D(A)$ は行列式でなければならず，$|A| = |AB|/|B|$ を得る．

性質 1 （I の行列式） $A=I$ のとき，比は $|B|/|B| = 1$ となる．

性質 2 （符号反転） A の 2 つの行を交換すると，AB の対応する行が交換される．したがって，$|AB|$ の符号が変わり，比 $|AB|/|B|$ の符号も変わる．

性質 3 （線形性） A の第 1 行を t 倍すると，AB の第 1 行も t 倍になる．これにより，$|AB|$ は t 倍になり，望みどおり，比も t 倍となる．

A の第 1 行を A' の第 1 行に足す．すると，AB の第 1 行は $A'B$ の第 1 行に足される．法則 3 より，行列式は和で与えられる．$|B|$ で割ることにより，望みどおり，比も和で与えられる．

結論 この比 $|AB|/|B|$ は，$|A|$ を定義するのと同じ 3 つの性質を持つ．したがって，それは $|A|$ と等しい．これにより，積の法則 $|AB| = |A|\,|B|$ が証明される．$|B|=0$ の場合は別に証明する必要があるが，それは容易だ．なぜならば，B が非可逆行列であるとき AB も非可逆行列であり，そのとき $|AB| = |A|\,|B|$ は $0=0$ となるからである．

10 転置行列 $\boldsymbol{A}^{\mathrm{T}}$ の行列式は，$\boldsymbol{A}$ の行列式と等しい．

$$\textbf{転置} \quad \begin{vmatrix} a & b \\ c & d \end{vmatrix} = \begin{vmatrix} a & c \\ b & d \end{vmatrix} \quad \text{なぜなら両辺ともに} \quad ad-bc.$$

A が非可逆行列であるとき，等式 $|A^{\mathrm{T}}| = |A|$ は $0=0$ となる（A^{T} も非可逆行列である）．そうでなければ，いつものように A を $PA=LU$ と分解できる．両辺を転置することにより $A^{\mathrm{T}}P^{\mathrm{T}} = U^{\mathrm{T}}L^{\mathrm{T}}$ を得る．積に対して，法則 9 を使うことにより，$|A| = |A^{\mathrm{T}}|$ を証明する：

$$\det P \det A = \det L \det U \quad \text{と} \quad \det A^{\mathrm{T}} \det P^{\mathrm{T}} = \det U^{\mathrm{T}} \det L^{\mathrm{T}} \quad \text{を比較する．}$$

第 1 に，$\det L = \det L^{\mathrm{T}} = 1$ である（両方とも，その対角要素は 1 である）．第 2 に，$\det U = \det U^{\mathrm{T}}$ である（これらの三角行列は同じ対角要素からなる）．第 3 に，$\det P = \det P^{\mathrm{T}}$ である（置換行列について $P^{\mathrm{T}}P = I$ が成り立つので，法則 9 より $|P^{\mathrm{T}}|\,|P| = 1$ である．したがって，$|P|$ と $|P^{\mathrm{T}}|$ は両方 1 であるか両方 -1 である）．よって，L, U, P の行列式はそれぞれ $L^{\mathrm{T}}, U^{\mathrm{T}}, P^{\mathrm{T}}$ の行列式と等しく，$\det A = \det A^{\mathrm{T}}$ が残る．

列についての重要な注 行に対するすべての法則は，($|A| = |A^{\mathrm{T}}|$ であるので，単純に転置よって）列についても成り立つ．2 つの列を交換すると行列式の符号が変わる．**零列もしくは 2 つの同じ列があると行列式は零になる**．ある列を t 倍すると，行列式も t 倍となる．行列式は，各列について独立した線形関数である．

ひとまず，ここで止める．行列式の性質を列挙するだけで十分長く話した．次節では，行列式を明示的に与える公式を求め，それを用いる．

■ 要点の復習 ■

1. 行列式は $\det I = 1$，符号反転，各行の線形性によって定義される．
2. 消去を行うと，$\det A$ は $\pm$（ピボットの積）となる．
3. 行列式が零となるのは，まさに A が可逆でないときである．
4. 2 つの重要な性質は $\det AB = (\det A)(\det B)$ と $\det A^{\mathrm{T}} = \det A$ である．

■ 例題 ■

5.1 A 以下の操作を A に適用し，M_1, M_2, M_3 の行列式を求めよ：

(1) M_1 は，各 a_{ij} に $(-1)^{i+j}$ を掛けたものである．その積は，符号が市松模様となる．

(2) M_2 は，A の第 1 行，第 2 行，第 3 行から，第 3 行，第 1 行，第 2 行をそれぞれ**引い**たものである．

(3) M_3 は，A の第 1 行，第 2 行，第 3 行に，第 3 行，第 1 行，第 2 行をそれぞれ**足し**たものである．

M_1, M_2, M_3 **の行列式は，A の行列式とどのような関係にあるか？**

$$\begin{bmatrix} a_{11} & -a_{12} & a_{13} \\ -a_{21} & a_{22} & -a_{23} \\ a_{31} & -a_{32} & a_{33} \end{bmatrix} \quad \begin{bmatrix} \text{第 1 行} - \text{第 3 行} \\ \text{第 2 行} - \text{第 1 行} \\ \text{第 3 行} - \text{第 2 行} \end{bmatrix} \quad \begin{bmatrix} \text{第 1 行} + \text{第 3 行} \\ \text{第 2 行} + \text{第 1 行} \\ \text{第 3 行} + \text{第 2 行} \end{bmatrix}$$

解 3 つの行列式は，$\det A$ と 0 と $2\det A$ である．理由を以下に示す：

$$M_1 = \begin{bmatrix} 1 & & \\ & -1 & \\ & & 1 \end{bmatrix} \begin{bmatrix} a_{11} & a_{12} & a_{13} \\ a_{21} & a_{22} & a_{23} \\ a_{31} & a_{32} & a_{33} \end{bmatrix} \begin{bmatrix} 1 & & \\ & -1 & \\ & & 1 \end{bmatrix} \quad \text{よって } \det M_1 = (-1)(\det A)(-1).$$

M_2 はその行の和が零行となるので，非可逆行列である．その行列式は零である．

法則 3（各行の独立した線形性）により，M_3 は **8 つの行列**に分けられる：

$$\begin{vmatrix} \text{第 1 行} + \text{第 3 行} \\ \text{第 2 行} + \text{第 1 行} \\ \text{第 3 行} + \text{第 2 行} \end{vmatrix} = \begin{vmatrix} \text{第 1 行} \\ \text{第 2 行} \\ \text{第 3 行} \end{vmatrix} + \begin{vmatrix} \text{第 3 行} \\ \text{第 2 行} \\ \text{第 3 行} \end{vmatrix} + \begin{vmatrix} \text{第 1 行} \\ \text{第 1 行} \\ \text{第 3 行} \end{vmatrix} + \cdots + \begin{vmatrix} \text{第 3 行} \\ \text{第 1 行} \\ \text{第 2 行} \end{vmatrix}.$$

最初と最後の項以外では，同じ行が含まれるので行列式は零となる．最初の項は A であり，最後の項は行交換を 2 回行ったものである．したがって，$\det M_3 = \det A + \det A$ である（$A = I$ でやってみよ）．

5.1 B　どのような行操作を行うと以下の行列式が得られるかを説明せよ：

$$\det \begin{bmatrix} 1-a & 1 & 1 \\ 1 & 1-a & 1 \\ 1 & 1 & 1-a \end{bmatrix} = a^2(3-a). \tag{4}$$

解　第 3 行を，第 1 行と第 2 行から引く．すると，次のものが残る

$$\det \begin{bmatrix} -a & 0 & a \\ 0 & -a & a \\ 1 & 1 & 1-a \end{bmatrix}.$$

第 1 列を第 3 列に足し，また，第 2 列を第 3 列に足す．すると，$-a, -a, 3-a$ を対角要素に持つ下三角行列が残る．したがって，$\det = (-a)(-a)(3-a)$ である．

$a = 0$ または $a = 3$ のとき，行列式は零である．$a = 0$ のとき，**要素がすべて 1 の行列**となり，それは確かに非可逆行列である．$a = 3$ のとき，各行について要素の和が零となり，これも非可逆行列となる．これらの数 0 と 3 は，要素がすべて 1 である 3×3 行列の固有値である．この例は，第 6 章へ誘導する重要な例である．

練習問題 5.1

問題 1〜12 は，行列式の法則に関するものである．

1　ある 4×4 行列について $\det A = \frac{1}{2}$ であるとき，$\det(2A)$ と $\det(-A)$，$\det(A^2)$，$\det(A^{-1})$ を求めよ．

2　ある 3×3 行列について $\det A = -1$ であるとき，$\det\left(\frac{1}{2}A\right)$ と $\det(-A)$，$\det(A^2)$，$\det(A^{-1})$ を求めよ．

3　以下の命題は，真か偽か？真であれば理由を述べ，偽であれば反例を挙げよ：

(a) $I + A$ の行列式は $1 + \det A$ である．
(b) ABC の行列式は $|A|\,|B|\,|C|$ である．
(c) $4A$ の行列式は $4|A|$ である．

(d) $AB - BA$ の行列式は零である．例として $A = \begin{bmatrix} 0 & 0 \\ 0 & 1 \end{bmatrix}$ を試せ．

4 以下の「逆単位行列」J_3 と J_4 について，どのような行交換によって $|J_3| = -1$ と $|J_4| = +1$ であることが示せるか？

$$\det \begin{bmatrix} 0 & 0 & 1 \\ 0 & 1 & 0 \\ 1 & 0 & 0 \end{bmatrix} = -1 \quad \text{一方} \quad \det \begin{bmatrix} 0 & 0 & 0 & 1 \\ 0 & 0 & 1 & 0 \\ 0 & 1 & 0 & 0 \\ 1 & 0 & 0 & 0 \end{bmatrix} = +1.$$

5 $n = 5, 6, 7$ に対して，逆単位行列 J_n を単位行列 I_n に並べ換えるのに必要な行交換の回数を数えよ．すべての大きさ n に対する法則を提案し，J_{101} の行列式が $+1$ であるか -1 であるか予想せよ．

6 法則 6（ある行が零行であるとき，行列式が零）は法則 3 からどのように導けるか？

7 回転行列と鏡映行列の行列式を求めよ：

$$Q = \begin{bmatrix} \cos\theta & -\sin\theta \\ \sin\theta & \cos\theta \end{bmatrix} \quad \text{と} \quad Q = \begin{bmatrix} 1 - 2\cos^2\theta & -2\cos\theta\sin\theta \\ -2\cos\theta\sin\theta & 1 - 2\sin^2\theta \end{bmatrix}.$$

8 すべての直交行列 $(Q^{\mathrm{T}}Q = I)$ の行列式が 1 か -1 であることを証明せよ．

(a) 積の法則 $|AB| = |A|\,|B|$ と転置行列の法則 $|Q| = |Q^{\mathrm{T}}|$ を用いよ．

(b) 積の法則のみを用いよ．$|\det Q| > 1$ であるならば，$\det Q^n = (\det Q)^n$ は発散する．Q^n について，そのようなことが起きない理由を考えよ．

9 以下の行列の行列式は $0, 1, 2, 3$ のいずれか？

$$A = \begin{bmatrix} 0 & 0 & 1 \\ 1 & 0 & 0 \\ 0 & 1 & 0 \end{bmatrix} \quad B = \begin{bmatrix} 0 & 1 & 1 \\ 1 & 0 & 1 \\ 1 & 1 & 0 \end{bmatrix} \quad C = \begin{bmatrix} 1 & 1 & 1 \\ 1 & 1 & 1 \\ 1 & 1 & 1 \end{bmatrix}.$$

10 A のすべての行についてその要素を足すと零となるとき，$A\boldsymbol{x} = \mathbf{0}$ を解いて $\det A = 0$ を証明せよ．すべての行について要素を足すと 1 となるとき，$\det(A - I) = 0$ であることを示せ．これは $\det A = 1$ を意味するか？

11 $CD = -DC$ という仮定のもとで，以下の推論の欠陥を見つけよ：行列式をとると，$|C|\,|D| = -|D|\,|C|$ を得る．したがって，$|C| = 0$ または $|D| = 0$ である．一方もしくは両方の行列が非可逆行列である（これは正しくない）．

12 2×2 行列の逆行列について，次の式からその行列式が 1 であるように見える：

$$\det A^{-1} = \det \frac{1}{ad-bc}\begin{bmatrix} d & -b \\ -c & a \end{bmatrix} = \frac{ad-bc}{ad-bc} = 1.$$

この計算のどこが間違いか？ 正しい $\det A^{-1}$ を求めよ．

問題 13〜27 は，法則を用いて，具体的に行列式を計算する．

13 A を U に簡約化して，$\det A =$ ピボットの積 を求めよ：

$$A = \begin{bmatrix} 1 & 1 & 1 \\ 1 & 2 & 2 \\ 1 & 2 & 3 \end{bmatrix} \qquad A = \begin{bmatrix} 1 & 2 & 3 \\ 2 & 2 & 3 \\ 3 & 3 & 3 \end{bmatrix}.$$

14 以下の行列に行操作を適用して上三角行列 U を作り，行列式を計算せよ：

$$\det \begin{bmatrix} 1 & 2 & 3 & 0 \\ 2 & 6 & 6 & 1 \\ -1 & 0 & 0 & 3 \\ 0 & 2 & 0 & 7 \end{bmatrix} \quad と \quad \det \begin{bmatrix} 2 & -1 & 0 & 0 \\ -1 & 2 & -1 & 0 \\ 0 & -1 & 2 & -1 \\ 0 & 0 & -1 & 2 \end{bmatrix}.$$

15 行操作によって簡単化し，行列式を計算せよ：

$$\det \begin{bmatrix} 101 & 201 & 301 \\ 102 & 202 & 302 \\ 103 & 203 & 303 \end{bmatrix} \quad と \quad \det \begin{bmatrix} 1 & t & t^2 \\ t & 1 & t \\ t^2 & t & 1 \end{bmatrix}.$$

16 階数が 1 である行列と歪対称行列について行列式を求めよ：

$$A = \begin{bmatrix} 1 \\ 2 \\ 3 \end{bmatrix} \begin{bmatrix} 1 & -4 & 5 \end{bmatrix} \quad と \quad K = \begin{bmatrix} 0 & 1 & 3 \\ -1 & 0 & 4 \\ -3 & -4 & 0 \end{bmatrix}.$$

17 歪対称行列は，$K^{\mathrm{T}} = -K$ を満たす．問題 16 の $1, 3, 4$ を a, b, c に置換し，$|K| = 0$ であることを示せ．$|K| = 1$ であるような 4×4 行列の例を書き下せ．

18 行操作を用いて，3×3 の「ヴァンデルモンド（ファンデルモンデ）行列式」が

$$\det \begin{bmatrix} 1 & a & a^2 \\ 1 & b & b^2 \\ 1 & c & c^2 \end{bmatrix} = (b-a)(c-a)(c-b).$$

であることを示せ．

19 以下の U について U と U^{-1} と U^2 の行列式を求めよ：

$$U = \begin{bmatrix} 1 & 4 & 6 \\ 0 & 2 & 5 \\ 0 & 0 & 3 \end{bmatrix} \quad と \quad U = \begin{bmatrix} a & b \\ 0 & d \end{bmatrix}.$$

20 2 つの行操作を同時に行って，

$$\begin{bmatrix} a & b \\ c & d \end{bmatrix} \quad から \quad \begin{bmatrix} a - Lc & b - Ld \\ c - la & d - lb \end{bmatrix}.$$

にしたとする．2 つ目の行列式を求めよ．それは $ad - bc$ と等しいか？

21 **行交換**：A の第 1 行を第 2 行に足し，次に第 2 行を第 1 行から引く．さらに，第 1 行を第 2 行に足し，第 1 行を -1 倍して，最終的に B を得る．どのような法則によって次が示されるか？

$$\det B = \begin{vmatrix} c & d \\ a & b \end{vmatrix} \quad は \quad -\det A = -\begin{vmatrix} a & b \\ c & d \end{vmatrix} \quad に等しい.$$

それらの法則を，行列式の定義の法則 2 の代わりとすることもできる．

22 $ad - bc$ より，A と A^{-1} と $A - \lambda I$ の行列式を求めよ：

$$A = \begin{bmatrix} 2 & 1 \\ 1 & 2 \end{bmatrix} \quad と \quad A^{-1} = \frac{1}{3}\begin{bmatrix} 2 & -1 \\ -1 & 2 \end{bmatrix} \quad と \quad A - \lambda I = \begin{bmatrix} 2-\lambda & 1 \\ 1 & 2-\lambda \end{bmatrix}.$$

$\det(A - \lambda I) = 0$ となるような数 λ を 2 つ求めよ．それらの数 λ それぞれについて，行列 $A - \lambda I$ を書き下せ．それらの行列は可逆ではない．

23 $A = \left[\begin{smallmatrix} 4 & 1 \\ 2 & 3 \end{smallmatrix}\right]$ について，A^2 と A^{-1} と $A - \lambda I$ およびそれらの行列式を求めよ．$\det(A - \lambda I) = 0$ を満たす数 λ を 2 つ求めよ．

24 消去によって A が U に簡約化される．そのとき $A = LU$ である：

$$A = \begin{bmatrix} 3 & 3 & 4 \\ 6 & 8 & 7 \\ -3 & 5 & -9 \end{bmatrix} = \begin{bmatrix} 1 & 0 & 0 \\ 2 & 1 & 0 \\ -1 & 4 & 1 \end{bmatrix} \begin{bmatrix} 3 & 3 & 4 \\ 0 & 2 & -1 \\ 0 & 0 & -1 \end{bmatrix} = LU.$$

L，U，A，$U^{-1}L^{-1}$，$U^{-1}L^{-1}A$ の行列式をそれぞれ求めよ．

25 A の i, j 要素が $i \times j$ であるとき，$\det A = 0$ を示せ（$A = [1]$ のときは例外である）．

26 A の i, j 要素が $i + j$ であるとき，$\det A = 0$ を示せ（$n = 1$ または 2 のときは例外である）．

27 行操作を行って，以下の行列の行列式を計算せよ：

$$A=\begin{bmatrix}0&a&0\\0&0&b\\c&0&0\end{bmatrix}\quad と\quad B=\begin{bmatrix}0&a&0&0\\0&0&b&0\\0&0&0&c\\d&0&0&0\end{bmatrix}\quad と\quad C=\begin{bmatrix}a&a&a\\a&b&b\\a&b&c\end{bmatrix}.$$

28 以下の命題は，真か偽か（真のときは理由を述べ，偽のときは 2×2 の反例を挙げよ）？

(a) A が可逆でないとき，AB は可逆でない．
(b) A の行列式は，常にそのピボットの積である．
(c) $A-B$ の行列式は $\det A-\det B$ と等しい．
(d) AB の行列式と BA の行列式は等しい．

29 射影行列が $\det P=1$ であるという以下の証明のどこが間違っているか？

$$P=A(A^{\mathrm{T}}A)^{-1}A^{\mathrm{T}}\qquad ゆえに\qquad |P|=|A|\frac{1}{|A^{\mathrm{T}}||A|}|A^{\mathrm{T}}|=1.$$

30 （解析の質問）$\ln(\det A)$ の偏微分が A^{-1} であることを示せ．

$$f(a,b,c,d)=\ln(ad-bc)\qquad に対し\qquad \begin{bmatrix}\partial f/\partial a&\partial f/\partial c\\\partial f/\partial b&\partial f/\partial d\end{bmatrix}=A^{-1}.$$

31 （MATLAB）ヒルベルト行列 hilb(n) は，その i,j 要素が $1/(i+j-1)$ である．hilb(1), hilb$(2),\ldots,$ hilb(10) の行列式を表示せよ．ヒルベルト行列はとても扱いにくい．hilb (5) のピボットを求めよ．

32 （MATLAB）rand(n) と randn(n) による典型的な行列の行列式を $n=50,100,200,400$ について（実験的に）求めよ（MATLAB において「Inf」は何を意味するか）．

33 （MATLAB）1 と -1 からなる 6×6 行列の行列式のうち最大となる値を求めよ．

34 $\det A=6$ がわかっているとき，次の B の行列式を求めよ．

$$\det A=\begin{vmatrix}第\ 1\ 行\\第\ 2\ 行\\第\ 3\ 行\end{vmatrix}=6\ であるとき，\quad \det B=\begin{vmatrix}第\ 3\ 行+第\ 2\ 行+第\ 1\ 行\\第\ 2\ 行+第\ 1\ 行\\第\ 1\ 行\end{vmatrix}\ を求めよ．$$

5.2 置換と余因子

計算機では，ピボットから行列式を求める．本節では，行列式を求める方法をもう 2 つ説明する．1 つは $n!$ 個の置換をすべて用いる「大公式」である．もう 1 つは，大きさが $n-1$ の行列式を用いる「余因子公式」である．私のお気に入りの 4×4 行列が例として最適だ：

$$A=\begin{bmatrix}2&-1&0&0\\-1&2&-1&0\\0&-1&2&-1\\0&0&-1&2\end{bmatrix}\quad\text{について}\quad \det A=5.$$

ピボット，**大公式**，**余因子**の 3 つの方法のいずれでも，この行列式を求めることができる．

1. ピボットの積は $2\cdot\frac{3}{2}\cdot\frac{4}{3}\cdot\frac{5}{4}$ である．約分すると 5 となる．

2. 式 (8) の「大公式」は，$4!=24$ 項からなる．そのうち非零であるのは 5 項のみである：

$$\det A=16-4-4-4+1=5.$$

16 は，A の対角の $2\cdot2\cdot2\cdot2$ より作られる．-4 と $+1$ はどこから作られるか？これらの 5 項を求められれば，公式 (8) を理解したことになる．

3. 第 1 行の数 $2,-1,0,0$ を，その他の行から求まる余因子 $4,3,2,1$ に掛ける．すると，$2\cdot4-1\cdot3=5$ を得る．それらの余因子は，3×3 の行列式であり，第 1 行の要素で使われていない行と列からなる．**行列式の各項は，各行と各列をそれぞれ一度ずつ使う．**

ピボット公式

消去を行うと，上三角行列 U の対角要素にピボット $d_1,\ldots,d_n$ が現れる．行交換が行われていなければ，**これらのピボットの積**により行列式が求まる：

$$\det A=(\det L)(\det U)=(1)(d_1d_2\cdots d_n). \tag{1}$$

この $\det A$ の公式は前節で登場したものであり，そこでは行交換の可能性も考えていた．$PA=LU$ における置換行列の行列式は -1 か $+1$ である．この $\det P=\pm1$ が A の行列式に含まれる：

$$(\det P)(\det A)=(\det L)(\det U)\quad\text{より}\quad \boxed{\det A=\pm(d_1d_2\cdots d_n).} \tag{2}$$

A のピボットが n 個未満であれば，法則 8 より $\det A=0$ である．それは非可逆行列である．

例 1　行交換を 1 回行うと，ピボット 4, 2, 1 と重要な負符号が得られる：

$$A=\begin{bmatrix}0&0&1\\0&2&3\\4&5&6\end{bmatrix}\qquad PA=\begin{bmatrix}4&5&6\\0&2&3\\0&0&1\end{bmatrix}\qquad \det A=-(4)(2)(1)=-8.$$

奇数回の行交換（すなわち奇置換）は，$\det P=-1$ を意味する．

次の例では行の交換はない．最初に LU に分解した行列は，この行列（の 3×3 のとき）だったかもしれない．注意すべき点は，直接的に $n\times n$ へと拡張できることである．ピボットから行列式が得られる．逆に，行列式からピボットがどのように得られるかも見る．

例 2 次の三重対角行列 A のはじめのピボットは $2, \frac{3}{2}, \frac{4}{3}$ である．その後のピボットは $\frac{5}{4}$ と $\frac{6}{5}$ であり，最終的に $\frac{n+1}{n}$ となる．この $n \times n$ 行列を分解すると，その行列式が明らかになる：

$$\begin{bmatrix} 2 & -1 & & & \\ -1 & 2 & -1 & & \\ & -1 & 2 & \ddots & \\ & & \ddots & \ddots & -1 \\ & & & -1 & 2 \end{bmatrix} = \begin{bmatrix} 1 & & & & \\ -\frac{1}{2} & 1 & & & \\ & -\frac{2}{3} & 1 & & \\ & & \ddots & \ddots & \\ & & & -\frac{n-1}{n} & 1 \end{bmatrix} \begin{bmatrix} \mathbf{2} & -1 & & & \\ & \mathbf{\frac{3}{2}} & -1 & & \\ & & \mathbf{\frac{4}{3}} & -1 & \\ & & & \ddots & \ddots \\ & & & & \mathbf{\frac{n+1}{n}} \end{bmatrix}$$

ピボットは U （最後の行列） の対角要素にある．2 と $\frac{3}{2}$，$\frac{4}{3}$，$\frac{5}{4}$ を掛けると，分数が約分される．4×4 行列の行列式は 5 である．3×3 の行列式は 4 である．**$n \times n$ の行列式は $n+1$ である：**

$$\mathbf{-1, 2, -1} \text{ 行列} \qquad \det A = (\mathbf{2})\left(\mathbf{\tfrac{3}{2}}\right)\left(\mathbf{\tfrac{4}{3}}\right)\cdots\left(\mathbf{\tfrac{n+1}{n}}\right) = n+1.$$

重要：先頭からのピボットは，もとの行列 A の**左上部分**にしか依存しない．以下に示すのは，行交換を必要としないすべての行列に対して成り立つ法則である．

> 先頭から k 個のピボットは，A の左上の $k \times k$ 行列 A_k より得られる．**その左上部分行列 A_k の行列式は，$d_1 d_2 \cdots d_k$ である．**

1×1 行列 A_1 は，まさに 1 つ目のピボット d_1 からなり，これが $\det A_1$ である．左上の 2×2 行列について，$\det A_2 = d_1 d_2$ である．最終的に $n \times n$ の行列式について，n 個のピボットすべての積が $\det A_n$ となり，それが $\det A$ である．

行列全体が与えられたとしても，消去は左上行列 A_k のみを扱う．行交換がないと仮定する．すると，$A = LU$ および $A_k = L_k U_k$ が成り立つ．ある行列式をその前の行列式で割る（$\det A_k$ を $\det A_{k-1}$ で割る）と，最後のピボット d_k 以外すべてが約分される．**これにより，ピボットを求める行列式の比の公式が得られる：**

行列式から ピボットを求める $\quad$ **k 番目のピボットは** $d_k = \dfrac{d_1 d_2 \cdots d_k}{d_1 d_2 \cdots d_{k-1}} = \dfrac{\det A_k}{\det A_{k-1}}.$ (3)

$-1, 2, -1$ 行列では，この比はまさにピボット $\frac{2}{1}, \frac{3}{2}, \frac{4}{3}, \ldots, \frac{n+1}{n}$ となる．第 5.1 節の問題 31 におけるヒルベルト行列も左上から構築される．

これらの左上部分行列すべてについて $\det A_k \neq 0$ であるとき，行交換が必要ない．

行列式の大公式

ピボットは計算に適している．ピボットは，行列式を求めるのに十分な情報を集約している．しかし，ピボットをもとの a_{ij} に関係づけるのは困難である．法則 1，2，3，すなわち，線形性，符号反転，$\det I = 1$，に戻ったほうが a_{ij} との関連が明らかだろう．要素 a_{ij} から直接的に行列式を与える明示的な 1 つの公式を導きたい．

その公式は $n!$ 項からなる．$n! = 1, 2, 6, 24, 120, \ldots$ なので，その項数はすぐに大きくなる．$n = 11$ のとき，およそ 4 千万の項からなる．$n = 2$ のとき，2 つの項は ad と bc である．項のうち半分には（$-bc$ のように）負符号がつく．残りの半分には（ad のように）正符号がつく．$n = 3$ のとき，$3! = 3 \times 2 \times 1$ の項からなる．それら 6 つの項を示そう：

$$\text{3×3 の行列式} \quad \begin{vmatrix} a_{11} & a_{12} & a_{13} \\ a_{21} & a_{22} & a_{23} \\ a_{31} & a_{32} & a_{33} \end{vmatrix} = \begin{matrix} +a_{11}a_{22}a_{33} + a_{12}a_{23}a_{31} + a_{13}a_{21}a_{32} \\ -a_{11}a_{23}a_{32} - a_{12}a_{21}a_{33} - a_{13}a_{22}a_{31}. \end{matrix} \tag{4}$$

パターンに注意せよ．$a_{11}a_{23}a_{32}$ のように，それぞれの積は**各行から 1 要素ずつ**含む．また，**各列から 1 要素ずつ**含む．1，3，2 という列の順序から，この項に負符号がつく．$a_{13}a_{21}a_{32}$ における 3，1，2 という列の順序の場合，正符号がつく．符号を定めるのは「置換」である．

次の大きさ $(n = 4)$ では，$4! = 24$ 項となる．各行と各列から要素を 1 つ選ぶ方法は 24 通りある．対角要素をたどる $a_{11}a_{22}a_{33}a_{44}$ では，その列の順序は $1, 2, 3, 4$ であり，常に正符号がつく．これは「恒等置換」である．

大公式を導くため，$n = 2$ から考える．系統的な方法で $ad - bc$ に至るのが目標である．各行をより単純な 2 つの行に分解する：

$$\begin{bmatrix} a & b \end{bmatrix} = \begin{bmatrix} a & 0 \end{bmatrix} + \begin{bmatrix} 0 & b \end{bmatrix} \quad \text{と} \quad \begin{bmatrix} c & d \end{bmatrix} = \begin{bmatrix} c & 0 \end{bmatrix} + \begin{bmatrix} 0 & d \end{bmatrix}.$$

ここで，線形性をまず第 1 行に適用し（このとき第 2 行は固定する），次に第 2 行に適用する（このとき第 1 行は固定する）：

$$\begin{aligned} \begin{vmatrix} a & b \\ c & d \end{vmatrix} &= \begin{vmatrix} a & 0 \\ c & d \end{vmatrix} + \begin{vmatrix} 0 & b \\ c & d \end{vmatrix} \\ &= \begin{vmatrix} a & 0 \\ c & 0 \end{vmatrix} + \begin{vmatrix} a & 0 \\ 0 & d \end{vmatrix} + \begin{vmatrix} 0 & b \\ c & 0 \end{vmatrix} + \begin{vmatrix} 0 & b \\ 0 & d \end{vmatrix}. \end{aligned} \tag{5}$$

最後の行は $2^2 = 4$ 個の行列式からなる．その 1 つ目と 4 つ目は零である．なぜなら，一方の行がもう一方の行の倍数であり，それらの行が従属であるからだ．$2! = 2$ 個の行列式が残り，計算すると次のようになる：

$$\begin{vmatrix} a & 0 \\ 0 & d \end{vmatrix} + \begin{vmatrix} 0 & b \\ c & 0 \end{vmatrix} = ad \begin{vmatrix} 1 & 0 \\ 0 & 1 \end{vmatrix} + bc \begin{vmatrix} 0 & 1 \\ 1 & 0 \end{vmatrix} = ad - bc.$$

行を単純なもの分けることで，置換行列が導かれた．それらの行列式より，正符号または負符号が得られる．$+1$ か -1 に A の要素が掛けられる．置換行列が列の順序を表し，この場合は $(1, 2)$ または $(2, 1)$ である．

それでは $n = 3$ に挑戦しよう．各行が $\begin{bmatrix} a_{11} & 0 & 0 \end{bmatrix}$ のような単純な 3 つの行に分けられる．各行に線形性を使うと，$\det A$ は $3^3 = 27$ 個の単純な行列式に分割される．例えば，$\begin{bmatrix} a_{11} & 0 & 0 \end{bmatrix}$ に加えて $\begin{bmatrix} a_{21} & 0 & 0 \end{bmatrix}$ も選択するというように同じ列が選択されたならば，その行列式は零となる．**異なる列を選択して得られる非零の項**に対してのみ注意を払うのである．

$$\begin{vmatrix} a_{11} & a_{12} & a_{13} \\ a_{21} & a_{22} & a_{23} \\ a_{31} & a_{32} & a_{33} \end{vmatrix} = \begin{vmatrix} a_{11} & & \\ & a_{22} & \\ & & a_{33} \end{vmatrix} + \begin{vmatrix} & a_{12} & \\ & & a_{23} \\ a_{31} & & \end{vmatrix} + \begin{vmatrix} & & a_{13} \\ a_{21} & & \\ & a_{32} & \end{vmatrix}$$

6 つの項

$$+ \begin{vmatrix} a_{11} & & \\ & & a_{23} \\ & a_{32} & \end{vmatrix} + \begin{vmatrix} & a_{12} & \\ a_{21} & & \\ & & a_{33} \end{vmatrix} + \begin{vmatrix} & & a_{13} \\ & a_{22} & \\ a_{31} & & \end{vmatrix}.$$

列の並べ方には $3! = 6$ 通りあるので，6 つの行列式がある． $(1,2,3)$ の 6 つの置換の中には，$P = I$ とした恒等置換 $(1,2,3)$ も含まれる：

$$\textbf{列番号} = (1,2,3), (2,3,1), (3,1,2), (1,3,2), (2,1,3), (3,2,1). \tag{6}$$

後半の 3 つは**奇置換**（1 回の交換）である．前半の 3 つは**偶置換**（0 回もしくは 2 回の交換）である．列の並びが (α, β, ω) であるとき，要素 $a_{1\alpha}a_{2\beta}a_{3\omega}$ を選択しており，その列の並びによって正符号か負符号かが決まる．A の行列式は，6 つの単純な項に分解された．a_{ij} をくくり出す：

$$\begin{aligned} \det A = a_{11}a_{22}a_{33} \begin{vmatrix} 1 & & \\ & 1 & \\ & & 1 \end{vmatrix} + a_{12}a_{23}a_{31} \begin{vmatrix} & 1 & \\ & & 1 \\ 1 & & \end{vmatrix} + a_{13}a_{21}a_{32} \begin{vmatrix} & & 1 \\ 1 & & \\ & 1 & \end{vmatrix} \\ + a_{11}a_{23}a_{32} \begin{vmatrix} 1 & & \\ & & 1 \\ & 1 & \end{vmatrix} + a_{12}a_{21}a_{33} \begin{vmatrix} & 1 & \\ 1 & & \\ & & 1 \end{vmatrix} + a_{13}a_{22}a_{31} \begin{vmatrix} & & 1 \\ & 1 & \\ 1 & & \end{vmatrix}. \end{aligned} \tag{7}$$

前半の 3 つの（偶）置換は $\det P = +1$ となり，後半の 3 つの（奇）置換は $\det P = -1$ となる．これで，系統的な方法で 3×3 の場合の公式が証明できた．

もう，$n \times n$ の場合の公式がわかるだろう．列の並べ方は $n!$ 通りある．列 $(1, 2, \ldots, n)$ が，とりうるすべての順序 $(\alpha, \beta, \ldots, \omega)$ となる．第 1 行から $a_{1\alpha}$ をとり，第 2 行から $a_{2\beta}$ をとり，最終的に第 n 行から $a_{n\omega}$ をとると，積 $a_{1\alpha}a_{2\beta}\cdots a_{n\omega}$ に $+1$ か -1 を掛けたものが行列式に含まれる．列の並べ方の半数の符号は -1 となる．

A の行列式は，これらの $n!$ 個の単純な行列式の 1 または -1 倍をすべて足したものである．単純な行列式 $a_{1\alpha}a_{2\beta}\cdots a_{n\omega}$ では，**行と列からそれぞれ要素が 1 つずつ選ばれる**：

$$\begin{aligned} \det A &= n! \text{ 個の列の置換 } P = (\alpha, \beta, \ldots, \omega) \text{ のすべての和} \\ &= \boxed{\sum (\det P) a_{1\alpha}a_{2\beta}\cdots a_{n\omega}} = \textbf{大公式}. \end{aligned} \tag{8}$$

2×2 の場合は，$+a_{11}a_{22}-a_{12}a_{21}$（これは $ad-bc$ である）である．ここで，P は $(1,2)$ または $(2,1)$ である．3×3 の場合は，「右下方向への」 3 つの積（問題 28 を見よ）と「左下方向への」 3 つの積からなる．注意：このパターンが 4×4 の場合でも成り立つと考える人が多い．それでは 8 個の積しか得られないが，本当は 24 個必要である．

例 3 （U の行列式）U が上三角行列であるとき，$n!$ 個の積のうち 1 つを除いて他はすべて零である．その項は対角要素から得られる．すなわち，$\det U=+u_{11}u_{22}\cdots u_{nn}$ である．その他の列の並びはすべて，少なくとも 1 つ対角要素より下の要素を選び，U ではその要素は零である．対角要素の下から $u_{21}=0$ のような要素を選ぶと，式 (8) におけるその項は必ず零となる．

もちろん，$\det I=1$ である．非零の項は，対角要素を選んだ $+1\times 1\cdots\times 1$ のみである．

例 4 Z が，単位行列の第 3 列を変えたものであるとする．そのとき

$$Z \text{ の行列式} = \begin{vmatrix} 1 & 0 & a & 0 \\ 0 & 1 & b & 0 \\ 0 & 0 & c & 0 \\ 0 & 0 & d & 1 \end{vmatrix} = c \text{ である} \tag{9}$$

項 $1\times 1\times c\times 1$ は，その対角要素から得られ，符号は正である．(行と列から数を 1 つずつ選ぶ）積が他に 23 個あるが，それらはすべて零である．理由：もし第 3 列から a か b か d を選ぶと，その列はもう使えない．すると，第 3 行からは零しか選べない．

同じ答に至る別の理由を示そう．$c=0$ のとき，Z は零行を持つので $\det Z=c=0$ は正しい．c が零でないとき，**消去を行う**．第 3 行の倍数を他の行から引き，a,b,d を消去する．それにより対角行列が残り，$\det Z=c$ となる．

この例は，この後すぐに「クラメルの定理」で用いる．その a，b，c，d が第 1 列だとすると，行列式は $\det Z=a$ である（**なぜか**）．I の 1 つの列を変化させても，Z の行列式はその対角要素のみから容易に求められる．

例 5 対角要素のすぐ上と下に 1 を持つ行列を A とする．$n=4$ のとき以下となる：

$$A_4 = \begin{bmatrix} 0 & \mathbf{1} & 0 & 0 \\ \mathbf{1} & 0 & \mathbf{1} & 0 \\ 0 & \mathbf{1} & 0 & \mathbf{1} \\ 0 & 0 & \mathbf{1} & 0 \end{bmatrix} \quad \text{と} \quad P_4 = \begin{bmatrix} 0 & \mathbf{1} & 0 & 0 \\ \mathbf{1} & 0 & 0 & 0 \\ 0 & 0 & 0 & \mathbf{1} \\ 0 & 0 & \mathbf{1} & 0 \end{bmatrix} \quad \text{の行列式は 1.}$$

第 1 行から非零要素を選ぶには第 2 列しかない．第 4 行から非零要素を選ぶには第 3 列しかない．すると，第 2 行と第 3 行からは，それぞれ第 1 列と第 4 列を選ばなければならない．言い換えると，A_4 から非零要素を選ぶ方法は，置換行列 P_4 しかない．P_4 の行列式は $+1$ である（2 回の置換で $2,1,4,3$ に至る）．したがって，$\det A_4=+1$ である．

余因子による行列式

式 (8) は，行列式を直接的に定義した．それは一度にすべての項を与えるが，整理する必

要がある．どういう理由で，この $n!$ 項の和が法則 1〜3 を必ず満たすのか（他のすべての性質はこれらの法則から導かれる）．最も簡単な法則は $\det I = 1$ であり，それはすでに確認した．**第 1 行から選ぶ数** a_{11} **と** a_{12} **と** $a_{1\alpha}$ **について分類すると**，線形性の法則が明らかになる．3×3 の場合，行列式の 6 つの項を 3 組に分ける：

$$\det A = a_{11}\,(a_{22}a_{33}-a_{23}a_{32}) + a_{12}\,(a_{23}a_{31}-a_{21}a_{33}) + a_{13}\,(a_{21}a_{32}-a_{22}a_{31}). \tag{10}$$

括弧内の 3 つの量は「**余因子**」と呼ばれる．それらは，第 2 行と第 3 行から得られる 2×2 の行列式である．第 1 行は，その係数 a_{11}, a_{12}, a_{13} として寄与する．その下の行は，余因子 C_{11}, C_{12}, C_{13} として寄与する．確かに，行列式 $a_{11}C_{11}+a_{12}C_{12}+a_{13}C_{13}$ は，a_{11}, a_{12}, a_{13} について線形である．これが法則 3 である．

a_{11} の余因子は $C_{11} = a_{22}a_{33}-a_{23}a_{32}$ である．次のように分けると，それが見てとれるだろう：

$$\begin{vmatrix} a_{11} & a_{12} & a_{13} \\ a_{21} & a_{22} & a_{23} \\ a_{31} & a_{32} & a_{33} \end{vmatrix} = \begin{vmatrix} a_{11} & & \\ & a_{22} & a_{23} \\ & a_{32} & a_{33} \end{vmatrix} + \begin{vmatrix} & a_{12} & \\ a_{21} & & a_{23} \\ a_{31} & & a_{33} \end{vmatrix} + \begin{vmatrix} & & a_{13} \\ a_{21} & a_{22} & \\ a_{31} & a_{32} & \end{vmatrix}.$$

行と列から要素を 1 つずつ選ぶのは変わらない．a_{11} によって第 1 行と第 1 列が使われてしまったので，余因子として 2×2 の行列式が残る．

いつものように，符号を観察する必要がある．a_{12} と共に現れる 2×2 の行列式は，$a_{21}a_{33}-a_{23}a_{31}$ だと思うかもしれない．しかし，余因子 C_{12} において，**その符号は反転している**．それにより，$a_{12}C_{12}$ は正しい 3×3 の行列式となる．第 1 行に沿った余因子の符号のパターンは正-負-正-負である．**第 1 行と第** j **列に線を引いて消すことで大きさ** $n-1$ **の部分行列** M_{1j} **を得る**．その行列式に $(-1)^{1+j}$ を掛けることで余因子を得る：

$$\text{第 1 行に沿った余因子は } C_{1j} = (-1)^{1+j}\det M_{1j} \text{ である．}$$

$$\textbf{余因子展開は } \det A = a_{11}C_{11}+a_{12}C_{12}+\cdots+a_{1n}C_{1n} \text{ である．} \tag{11}$$

大公式 (8) において，a_{11} に掛けられる項をまとめると $\det M_{11}$ となる．符号は $(-1)^{1+1}$，つまり**正**である．式 (11) は，式 (8) の別の表現であり，式 (10) の別の表現でもある．それは，第 1 行の要素と他の行の余因子を掛けた形になっている．

注　第 1 行に対しても可能なことはすべて，第 i 行に対しても可能である．第 i 行の要素 a_{ij} にも，余因子 C_{ij} がある．それらは，次数 $n-1$ の行列式に，$(-1)^{i+j}$ を掛けたものである．a_{ij} は第 i 行と第 j 行にあるので，**部分行列** M_{ij} **は第** i **行と第** j **列を除いたものである**．以下は，a_{43} と（第 4 行と第 3 列を除いた）M_{43} を示す．M_{43} の行列式に符号 $(-1)^{4+3}$ を掛けることにより，C_{43} が得られる．符号行列は $\pm$ のパターンを示す：

$$A = \begin{bmatrix} \bullet & \bullet & & \bullet \\ \bullet & \bullet & & \bullet \\ \bullet & \bullet & & \bullet \\ & & a_{43} & \end{bmatrix} \qquad \text{符号行列 } (-1)^{i+j} = \begin{bmatrix} + & - & + & - \\ - & + & - & + \\ + & - & + & - \\ - & + & - & + \end{bmatrix}.$$

> 行列式は A の任意の第 i 行とその他の行を用いた余因子との内積である：
>
> **余因子公式**　$$\det A = a_{i1}C_{i1} + a_{i2}C_{i2} + \cdots + a_{in}C_{in}. \tag{12}$$
>
> 各余因子 C_{ij}（次数 $n-1$，第 i 行と第 j 列を除いたもの）は適切な符号を含む：
>
> **余因子**　$$C_{ij} = (-1)^{i+j}\det M_{ij}.$$

n 次の行列式は，$n-1$ 次の行列式の線形結合である．再帰的に考える人は，その続きも考えるだろう．各部分行列式は，次数 $n-2$ の行列式に分けられる．**任意の次数の行列式を式 (12) によって定義することもできる**．この規則により，次数 n から次数 $n-1$，さらに $n-2$，最終的には次数 1 へ進む．1×1 の行列式 $|a|$ をその数 a と定義する．このように，余因子を用いた方法によっても行列式が求まる．

$\det A$ をその性質（線形性，符号反転，$\det I = 1$）によって構築するほうがよい．大公式 (8) と余因子公式 (10)〜(12) はこれらの性質から導かれる．最後の公式は $\det A = \det A^{\mathrm{T}}$ という法則から得られる．行に沿ってではなく，**列に沿って**余因子展開する．第 j 列の要素は a_{1j} から a_{nj} である．余因子は C_{1j} から C_{nj} である．行列式はその内積である：

第 j 列に沿った余因子展開：　$$\det A = a_{1j}C_{1j} + a_{2j}C_{2j} + \cdots + a_{nj}C_{nj}. \tag{13}$$

次の例で見るように，**行列に零が多く含まれるとき余因子は便利である**．

例 6　$-1, 2, -1$ 行列の第 1 列には，非零要素が 2 つしかない．したがって，行列式は 2 つの余因子 C_{11} と C_{12} のみから計算できる．C_{12} を強調して表す：

$$\begin{vmatrix} 2 & -1 & & \\ \mathbf{-1} & 2 & \mathbf{-1} & \\ & -1 & \mathbf{2} & \mathbf{-1} \\ & & \mathbf{-1} & \mathbf{2} \end{vmatrix} = 2\begin{vmatrix} 2 & -1 & \\ -1 & 2 & -1 \\ & -1 & 2 \end{vmatrix} - (-1)\begin{vmatrix} \mathbf{-1} & \mathbf{-1} & \\ & \mathbf{2} & \mathbf{-1} \\ & \mathbf{-1} & \mathbf{2} \end{vmatrix}. \tag{14}$$

右辺の第 1 項は，2 と，第 1 行と第 1 列を線で消して得られる C_{11} との積である．この余因子は，もとの A と完全に同じ $-1, 2, -1$ のパターンを持つが，大きさが 1 小さい．

太字の C_{12} を計算するには，**第 1 列に沿った余因子を使う**．非零要素は最上部にしかない．その要素によりもう 1 つ -1 ができる（よって，負に戻る）．その余因子は，もとの A より 2 小さい，2×2 の $-1, 2, -1$ 行列式である．

まとめ　次数 n の行列式 D_n は，D_{n-1} と D_{n-2} より得られる：

$$D_4 = 2D_3 - D_2 \qquad \text{また，一般的に} \qquad D_n = 2D_{n-1} - D_{n-2}. \tag{15}$$

直接的な計算によって，$D_2 = 3$ と $D_3 = 4$ を求める．式 (14) により $D_4 = 2(4) - 3 = 5$ となる．これらの行列式 3，4，5 は，式 $\boldsymbol{D_n = n+1}$ と合っている．この「特別な三重対角行列に対する答」は，例 2 においてピボットの積によっても求めた．

余因子の裏にある考え方は，次数を 1 つずつ減らすことである．行列式 $D_n = n+1$ は，漸化式 $n+1 = 2n-(n-1)$ に従う．

例 7　次の行列は，最初の（左上の）要素が 1 となっている以外は同じ行列である：

$$B_4 = \begin{bmatrix} 1 & -1 & & \\ -1 & 2 & -1 & \\ & -1 & 2 & -1 \\ & & -1 & 2 \end{bmatrix}.$$

この行列のすべてのピボットは 1 になり，したがって行列式は 1 である．余因子を利用すると，この行列式をどのように求められるか？第 1 行を展開すると，余因子はすべて例 6 と一致する．$a_{11} = 2$ を $b_{11} = 1$ に変えるだけである：

$$\det A_4 = 2D_3 - D_2 \qquad \text{ではなく} \qquad \det B_4 = D_3 - D_2.$$

B_4 の行列式は $4-3=1$ である．すべての B_n の行列式は，$n-(n-1)=1$ である．問題 13 では，**最後の**行に沿った余因子を使う．その場合でも $\det B_n = 1$ が求まる．

■　要点の復習　■

1. 行交換がないとき，$\det A =$（**ピボットの積**）である．左上の部分行列について，$\det A_k$ $=$（**はじめの k 個のピボットの積**）である．
2. 大公式 (8) のすべての項は，行と列をそれぞれ 1 回ずつ用いる．$n!$ 個の項のうち半数は正の符号を持ち（$\det P = +1$ に対応），半数は負の符号を持つ．
3. 余因子 C_{ij} は，$(-1)^{i+j}$ と，第 i 行と第 j 列を除いたより小さな行列式との積である（なぜなら，a_{ij} がその行と列を用いているからである）．
4. 行列式は，A の任意の行と余因子からなる行との内積である．A のある行に多くの零があるとき，少数の余因子を計算するだけでよい．

■　例題　■

5.2 A　**ヘッセンベルク行列**は，三角行列の対角要素のもう 1 つ隣りまで要素があるような行列である．第 1 行の余因子を用いて，4×4 の行列式がフィボナッチの法則 $|H_4| = |H_3| + |H_2|$ を満たすことを示せ．任意の大きさについて同じ法則が成り立ち，$|H_n| = |H_{n-1}| + |H_{n-2}|$ である．$|H_n|$ はどのフィボナッチ数か？

$$H_2 = \begin{bmatrix} 2 & 1 \\ 1 & 2 \end{bmatrix} \qquad H_3 = \begin{bmatrix} 2 & 1 & \\ 1 & 2 & 1 \\ & 1 & 2 \end{bmatrix} \qquad H_4 = \begin{bmatrix} 2 & 1 & & \\ \mathbf{1} & 2 & \mathbf{1} & \\ & 1 & \mathbf{2} & \mathbf{1} \\ & & \mathbf{1} & \mathbf{2} \end{bmatrix}$$

解　H_4 の余因子 C_{11} は，行列式 $|H_3|$ である.（太字で示した）C_{12} も必要である：

$$C_{12} = -\begin{vmatrix} \mathbf{1} & \mathbf{1} & \mathbf{0} \\ & \mathbf{2} & \mathbf{1} \\ & \mathbf{1} & \mathbf{2} \end{vmatrix} = -\begin{vmatrix} 2 & 1 & 0 \\ & 2 & 1 \\ & 1 & 2 \end{vmatrix} + \begin{vmatrix} 1 & 0 & 0 \\ & 2 & 1 \\ & 1 & 2 \end{vmatrix}$$

第 2 行と第 3 行が変化していないので，第 1 行について線形性を用いた. 右辺の 2 つの行列式は $-|H_3|$ と $+|H_2|$ である. よって，4×4 の行列式は次のようになる：

$$|H_4| = 2C_{11} + 1C_{12} = 2|H_3| - |H_3| + |H_2| = |H_3| + |H_2|.$$

行列式の実際の値は，$|H_2| = 3$ と $|H_3| = 5$ である（さらに，もちろん $|H_1| = 2$ である）. $|H_n|$ がフィボナッチの法則 $|H_{n-1}| + |H_{n-2}|$ に従うので，それは $|H_n| = F_{n+2}$ である.

5.2 B　以下の問には，$\det A$ の大公式における（偶置換と奇置換 P の）$\pm$ 符号を用いる：

1. 要素がすべて 1 である 10×10 行列を A とするとき，$\det A = 0$ であることを大公式からどのように示せるか？
2. $n!$ 個のすべての置換行列を掛けて 1 つの P とするとき，P は偶置換か奇置換か？
3. 各 a_{ij} に分数 i/j を掛けても $\det A$ が変化しないのはなぜか？

解　すべての要素を $a_{ij} = 1$ とする問 **1** において，大公式 (8) におけるすべての積は 1 となる. そのうち半数は正符号であり，半数は負符号となる. したがって，それらは打ち消し合い，$\det A = 0$ となる（もちろん，すべての要素が 1 である行列は非可逆行列である）.

問 **2** において，積 $\begin{bmatrix} \mathbf{1} & \mathbf{0} \\ \mathbf{0} & \mathbf{1} \end{bmatrix}\begin{bmatrix} \mathbf{1} & \mathbf{0} \\ \mathbf{0} & \mathbf{1} \end{bmatrix}$ は奇置換となる. 3×3 の場合も，3 つの奇置換の（任意の順序での）積は**奇置換**となる. しかし，$n > 3$ の場合，すべての置換の積は**偶置換**となる. 奇置換は $n!/2$ 個あるが，階乗の因数に 4 が含まれると個数は偶数となる.

問 **3** において，各 a_{ij} は i/j 倍されている. したがって，大公式におけるそれぞれの積 $a_{1\alpha}a_{2\beta}\cdots a_{n\omega}$ に，すべての行番号 $i = 1, 2, \ldots, n$ が掛けられ，すべての列番号 $j = 1, 2, \ldots, n$ で割られる（列の順序は並べ換えられている）. 積は変化せず，$\det A$ も変化しない.

問 **3** に対する別の解法：第 i 行を i 倍するには，行列 A に左から対角行列 $D = \mathbf{diag}(1:n)$ を掛ける. 第 j 列を j で割るには，右から D^{-1} を掛ける. 積の法則により，DAD^{-1} の行列式は $\det A$ と等しい.

練習問題 5.2

問題 1〜10 は $n!$ 個の項からなる大公式 $|A| = \sum \pm a_{1\alpha}a_{2\beta}\cdots a_{n\omega}$ を用いる.

1 A, B, C について，6 個の項からなる行列式を計算せよ．これらの行列の行は独立か？

$$A = \begin{bmatrix} 1 & 2 & 3 \\ 3 & 1 & 2 \\ 3 & 2 & 1 \end{bmatrix} \qquad B = \begin{bmatrix} 1 & 2 & 3 \\ 4 & 4 & 4 \\ 5 & 6 & 7 \end{bmatrix} \qquad C = \begin{bmatrix} 1 & 1 & 1 \\ 1 & 1 & 0 \\ 1 & 0 & 0 \end{bmatrix}.$$

2 A, B, C, D の行列式を計算せよ．これらの行列の列は独立か？

$$A = \begin{bmatrix} 1 & 1 & 0 \\ 1 & 0 & 1 \\ 0 & 1 & 1 \end{bmatrix} \quad B = \begin{bmatrix} 1 & 2 & 3 \\ 4 & 5 & 6 \\ 7 & 8 & 9 \end{bmatrix} \quad C = \begin{bmatrix} A & 0 \\ 0 & A \end{bmatrix} \quad D = \begin{bmatrix} A & 0 \\ 0 & B \end{bmatrix}.$$

3 x で示された 5 つの非零要素が何であっても $\det A = 0$ であることを示せ：

$$A = \begin{bmatrix} x & x & x \\ 0 & 0 & x \\ 0 & 0 & x \end{bmatrix}.$$

第 1 行の余因子を求めよ．
A の階数を求めよ．
$\det A$ における 6 個の項をそれぞれ求めよ．

4 異なる 4 行と 4 列から選んで積が非零となる組合せを 2 つ求めよ：

$$A = \begin{bmatrix} 1 & 0 & 0 & 1 \\ 0 & 1 & 1 & 1 \\ 1 & 1 & 0 & 1 \\ 1 & 0 & 0 & 1 \end{bmatrix} \qquad B = \begin{bmatrix} 1 & 0 & 0 & 2 \\ 0 & 3 & 4 & 5 \\ 5 & 4 & 0 & 3 \\ 2 & 0 & 0 & 1 \end{bmatrix}$$

（B は A と同じ位置に零を持つ）．

$\det A$ は $1+1$，$1-1$，$-1-1$ のどれか？$\det B$ を求めよ．

5 4×4 行列にできるだけ少なく零を置いて，必ず $\det A = 0$ となるようにせよ．$\det A \neq 0$ となりうる範囲で，できるだけ多くの零を置け．

6 (a) $a_{11} = a_{22} = a_{33} = 0$ のとき，$\det A$ の 6 個の項のうち何個が必ず零となるか？
(b) $a_{11} = a_{22} = a_{33} = a_{44} = 0$ のとき，24 個の積 $a_{1j}a_{2k}a_{3l}a_{4m}$ のうち何個が必ず零となるか？

7 5×5 の置換行列のうち，$\det P = +1$ となるのは何個あるか？ それらは偶置換である．単位行列にするのに 4 回の行交換が必要であるものを 1 つ求めよ．

8 $\det A$ が非零であるとき，式 (8) における $n!$ 個の項のうち少なくとも 1 つは非零である．ある順序で A の行を並べると対角要素が非零となることを，大公式より演繹せよ（消去における P を用いてはならない．PA は対角要素に零を持つことがある）．

9 要素が 1 か -1 からなる 3×3 の行列式の最大値が 4 であることを示せ．

10　$(1,2,3,4)$ の置換のうち偶置換となるのは何個あるか？ また，それらを求めよ．

追加：4×4 の $I+P_{偶}$ の行列式としてとりうる値をすべて求めよ．

問題 11〜22 は，余因子 $C_{ij}=(-1)^{i+j}\det M_{ij}$ を用いる．第 i 行と第 j 列を取り除け．

11　すべての余因子を求め，それらを余因子行列 C, D とせよ．AC と $\det B$ を求めよ．

$$A=\begin{bmatrix} a & b \\ c & d \end{bmatrix} \qquad B=\begin{bmatrix} 1 & 2 & 3 \\ 4 & 5 & 6 \\ 7 & 0 & 0 \end{bmatrix}.$$

12　余因子行列 C を求め，A と C^{T} の積を求めよ．AC^{T} と A^{-1} を比較せよ：

$$A=\begin{bmatrix} 2 & -1 & 0 \\ -1 & 2 & -1 \\ 0 & -1 & 2 \end{bmatrix} \qquad A^{-1}=\frac{1}{4}\begin{bmatrix} 3 & 2 & 1 \\ 2 & 4 & 2 \\ 1 & 2 & 3 \end{bmatrix}.$$

13　対角要素の上と下が 1 である $n\times n$ の行列式を C_n とする：

$$C_1=|0| \quad C_2=\begin{vmatrix} 0 & 1 \\ 1 & 0 \end{vmatrix} \quad C_3=\begin{vmatrix} 0 & 1 & 0 \\ 1 & 0 & 1 \\ 0 & 1 & 0 \end{vmatrix} \quad C_4=\begin{vmatrix} 0 & 1 & 0 & 0 \\ 1 & 0 & 1 & 0 \\ 0 & 1 & 0 & 1 \\ 0 & 0 & 1 & 0 \end{vmatrix}.$$

(a) これらの行列式 C_1, C_2, C_3, C_4 を求めよ．

(b) 余因子を用いて，C_n と C_{n-1}，C_{n-2} の間の関係を求めよ．C_{10} を求めよ．

14　問題 13 の行列では，対角要素のすぐ上と下に 1 がある．行列を上から下にたどるとき，すべて 1 となるのは，（もしあれば）どのような列の順序のときか？ その置換が，$n=4,8,12,\ldots$ のとき**偶置換**であり，$n=2,6,10,\ldots$ のとき**奇置換**である理由を説明せよ．その結果，以下のようになる．

$$C_n=0\ (奇数\ n) \qquad C_n=1\ (n=4,8,\ldots) \qquad C_n=-1\ (n=2,6,\ldots).$$

15　次数が n である三重対角 $1,1,1$ 行列の行列式を E_n とする：

$$E_1=|1| \quad E_2=\begin{vmatrix} 1 & 1 \\ 1 & 1 \end{vmatrix} \quad E_3=\begin{vmatrix} 1 & 1 & 0 \\ 1 & 1 & 1 \\ 0 & 1 & 1 \end{vmatrix} \quad E_4=\begin{vmatrix} 1 & 1 & 0 & 0 \\ 1 & 1 & 1 & 0 \\ 0 & 1 & 1 & 1 \\ 0 & 0 & 1 & 1 \end{vmatrix}.$$

(a) 余因子を用いて，$E_n=E_{n-1}-E_{n-2}$ であることを示せ．

(b) $E_1=1$ と $E_2=0$ から始めて，$E_3, E_4, \ldots, E_8$ を求めよ．

(c) これらの数が最終的にどのような繰返しになるかに着目して，E_{100} を求めよ．

16 次数 n の三重対角 $1, 1, -1$ 行列の行列式を F_n とする

$$F_2 = \begin{vmatrix} 1 & -1 \\ 1 & 1 \end{vmatrix} = 2 \quad F_3 = \begin{vmatrix} 1 & -1 & 0 \\ 1 & 1 & -1 \\ 0 & 1 & 1 \end{vmatrix} = 3 \quad F_4 = \begin{vmatrix} 1 & -1 & & \\ 1 & 1 & -1 & \\ & 1 & 1 & -1 \\ & & 1 & 1 \end{vmatrix} \neq 4.$$

余因子展開して，$F_n = F_{n-1} + F_{n-2}$ であることを示せ．これらの行列式は **フィボナッチ数** $1, 2, 3, 5, 8, 13, \ldots$ である．フィボナッチ数列は，通常（1 が 2 つある） $1, 1, 2, 3$ から始まるので，ここでの F_n は通常のフィボナッチ数では F_{n+1} である．

17 行列 B_n は，$-1, 2, -1$ 行列 A_n を，$a_{11} = 2$ ではなく $b_{11} = 1$ としたものである．B_4 の**最後の**行の余因子を用いて，$|B_4| = 2|B_3| - |B_2| = 1$ であることを示せ．

$$B_4 = \begin{bmatrix} \mathbf{1} & -1 & & \\ -1 & 2 & -1 & \\ & -1 & 2 & -1 \\ & & -1 & 2 \end{bmatrix} \quad B_3 = \begin{bmatrix} \mathbf{1} & -1 & \\ -1 & 2 & -1 \\ & -1 & 2 \end{bmatrix} \quad B_2 = \begin{bmatrix} \mathbf{1} & -1 \\ -1 & 2 \end{bmatrix}.$$

すべて $|B_n| = 1$ であるとき，漸化式 $|B_n| = 2|B_{n-1}| - |B_{n-2}|$ が成り立つ．この漸化式は，例 6 における D_n に対する漸化式と同じである．大きさ $n = 1, 2, 3$ における漸化式の値が $1, 1, 1$ であることだけが異なる．

18 問題 17 の B_n に戻る．その行列は $b_{11} = 1$ を除いて A_n と同じである．第 1 行に対して線形性を使おう．$[1 \ \ -1 \ \ 0]$ は $[2 \ \ -1 \ \ 0]$ から $[1 \ \ 0 \ \ 0]$ を引いたものに等しい：

$$|B_n| = \begin{vmatrix} 1 & -1 & & 0 \\ -1 & & & \\ & & A_{n-1} & \\ 0 & & & \end{vmatrix} = \begin{vmatrix} 2 & -1 & & 0 \\ -1 & & & \\ & & A_{n-1} & \\ 0 & & & \end{vmatrix} - \begin{vmatrix} 1 & 0 & & 0 \\ -1 & & & \\ & & A_{n-1} & \\ 0 & & & \end{vmatrix}.$$

線形性により $|B_n| = |A_n| - |A_{n-1}| =$ _____ が得られる．

19 4×4 のヴァンデルモンド行列式が x^3 を含むが x^4 や x^5 を含まない理由を説明せよ：

$$V_4 = \det \begin{bmatrix} 1 & a & a^2 & a^3 \\ 1 & b & b^2 & b^3 \\ 1 & c & c^2 & c^3 \\ 1 & x & x^2 & x^3 \end{bmatrix}.$$

$x =$ _____ と _____ と _____ のとき行列式は零となる．x^3 の余因子は $V_3 = (b-a)(c-a)(c-b)$ である．その結果，$V_4 = (b-a)(c-a)(c-b)(x-a)(x-b)(x-c)$ となる．

20 G_2 と G_3 を求め，さらに行操作を用いて G_4 を求めよ．G_n を予想できるか？

$$G_2 = \begin{vmatrix} 0 & 1 \\ 1 & 0 \end{vmatrix} \quad G_3 = \begin{vmatrix} 0 & 1 & 1 \\ 1 & 0 & 1 \\ 1 & 1 & 0 \end{vmatrix} \quad G_4 = \begin{vmatrix} 0 & 1 & 1 & 1 \\ 1 & 0 & 1 & 1 \\ 1 & 1 & 0 & 1 \\ 1 & 1 & 1 & 0 \end{vmatrix}.$$

21 以下の $1,3,1$ 行列について，S_1，S_2，S_3 を計算せよ．フィボナッチ数をもとに，S_4 を推測し，それを確かめよ．

$$S_1 = \begin{vmatrix} 3 \end{vmatrix} \quad S_2 = \begin{vmatrix} 3 & 1 \\ 1 & 3 \end{vmatrix} \quad S_3 = \begin{vmatrix} 3 & 1 & 0 \\ 1 & 3 & 1 \\ 0 & 1 & 3 \end{vmatrix}$$

22 問題 21 の行列の左上隅の要素を 3 から 2 に変えよ．そのとき，新しい行列の行列式が S_n から S_{n-1} を引いたものとなる理由を述べよ．さらに，それらがフィボナッチ数 $2, 5, 13$ であることを示せ（常に F_{2n+1} である）．

問題 23～26 は，ブロック行列とブロック行列式に関するものである．

23 4×4 行列の 2×2 のブロックについて，常にブロック行列式を使えるわけではない：

$$\begin{vmatrix} A & B \\ 0 & D \end{vmatrix} = |A|\,|D| \quad \text{であるが} \quad \begin{vmatrix} A & B \\ C & D \end{vmatrix} \neq |A|\,|D| - |C|\,|B|.$$

(a) 最初の式が正しいのはなぜか？ どういうわけか，B が行列式に含まれない．

(b) （上記のとおり）C が入ると等式が成り立たないことを，例を用いて示せ．

(c) $\det(AD - CB)$ も正しくないことを，例を用いて示せ．

24 ブロック積により，左上部分行列について $A = LU$ は $A_k = L_k U_k$ となる：

$$A = \begin{bmatrix} A_k & * \\ * & * \end{bmatrix} = \begin{bmatrix} L_k & 0 \\ * & * \end{bmatrix} \begin{bmatrix} U_k & * \\ 0 & * \end{bmatrix}.$$

(a) A の最初の 3 つのピボットが $2, 3, -1$ であるとする.（対角要素が 1 である）L_1, L_2, L_3，および，U_1, U_2, U_3，および，A_1, A_2, A_3 の行列式をそれぞれ求めよ．

(b) A_1, A_2, A_3 の行列式が $5, 6, 7$ であるとき，式 (3) より 3 つのピボットを求めよ．

25 ブロック消去では，CA^{-1} と第 1 行 $[A \;\; B]$ の積を第 2 行 $[C \;\; D]$ から引く．これにより右下が**シューアの補行列** $D - CA^{-1}B$ となる：

$$\begin{bmatrix} I & 0 \\ -CA^{-1} & I \end{bmatrix} \begin{bmatrix} A & B \\ C & D \end{bmatrix} = \begin{bmatrix} A & B \\ 0 & D - CA^{-1}B \end{bmatrix}.$$

これらのブロック行列の行列式をとり，A^{-1} が存在する場合の正しい公式を証明せよ：

$$\begin{vmatrix} A & B \\ C & D \end{vmatrix} = |A|\,|D - CA^{-1}B| = |AD - CB| \quad \text{ただし } AC = CA \text{ のとき}.$$

26 A が $m \times n$ 行列，B が $n \times m$ 行列であるとき，ブロック積により $\det M = \det AB$ となる：

$$M = \begin{bmatrix} 0 & A \\ -B & I \end{bmatrix} = \begin{bmatrix} AB & A \\ 0 & I \end{bmatrix} \begin{bmatrix} I & 0 \\ -B & I \end{bmatrix}.$$

A が 1 行からなり，B が 1 列からなるとき，$\det M$ はどうなるか？A が 1 列からなり，B が 1 行からなるとき，$\det M$ はどうなるか？それぞれ，3×3 の例を示せ．

27 （解析の質問）$\det A$ の a_{11} に関する偏微分が余因子 C_{11} であることを示せ．その他の要素を固定し，a_{11} のみを変化させる．

問題 28〜33 は，$n!$ 個の項からなる「大公式」に関するものである．

28 3×3 の行列式では，「右下方向への」3 つの積と，負符号付きの「左下方向への」 3 つの積がある．$1 \times 5 \times 9 = 45$ のような 6 つの項を計算して，D を求めよ．

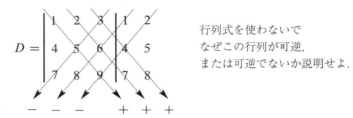

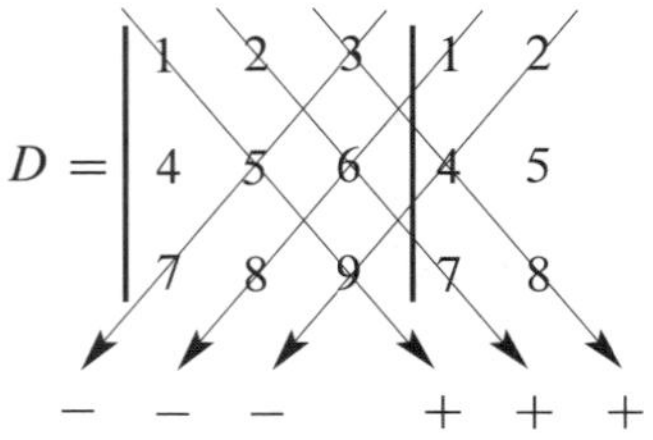

行列式を使わないで
なぜこの行列が可逆，
または可逆でないか説明せよ．

29 問題 15 の E_4 について，大公式 (8) の $4! = 24$ 個の項のうち 5 つが非零である．それらの 5 個の項を求め，$E_4 = -1$ であることを示せ．

30 4×4 の三重対角 2 次差分行列（要素は $-1, 2, -1$ である）について，大公式 $\det A = 16 - 4 - 4 - 4 + 1$ の 5 個の項を求めよ．

31 第 1 行について余因子を用い，さらに「大公式」を用いることで，巡回行列 P の行列式を求めよ．$4, 1, 2, 3$ を $1, 2, 3, 4$ に並べ換える交換の回数は何回か？$|P^2| = 1$ か -1 か？

$$P = \begin{bmatrix} 0 & 0 & 0 & 1 \\ 1 & 0 & 0 & 0 \\ 0 & 1 & 0 & 0 \\ 0 & 0 & 1 & 0 \end{bmatrix} \qquad P^2 = \begin{bmatrix} 0 & 0 & 1 & 0 \\ 0 & 0 & 0 & 1 \\ 1 & 0 & 0 & 0 \\ 0 & 1 & 0 & 0 \end{bmatrix} = \begin{bmatrix} 0 & I \\ I & 0 \end{bmatrix}.$$

挑戦問題

32 問題 21 の $1, 3, 1$ 行列の余因子から，漸化式 $S_n = 3S_{n-1} - S_{n-2}$ が得られる．驚くことに，その漸化式はフィボナッチ数を 1 つ跳びに作る．以下が挑戦問題である．

$F_{2n+2} = 3F_{2n} - F_{2n-2}$ を証明することにより，S_n がフィボナッチ数 F_{2n+2} であることを示せ．$k = 2n+2$ から始めて，フィボナッチの法則 $F_k = F_{k-1} + F_{k-2}$ を繰り返し使え．

33 対称パスカル行列の行列式は 1 である．n, n 要素から 1 を引いたとき，その行列式が零となるのはなぜか？（法則 3 もしくは余因子を使え．）

$$\det \begin{bmatrix} 1 & 1 & 1 & 1 \\ 1 & 2 & 3 & 4 \\ 1 & 3 & 6 & 10 \\ 1 & 4 & 10 & 20 \end{bmatrix} = 1\ (\text{既知}) \qquad \det \begin{bmatrix} 1 & 1 & 1 & 1 \\ 1 & 2 & 3 & 4 \\ 1 & 3 & 6 & 10 \\ 1 & 4 & 10 & \mathbf{19} \end{bmatrix} = \mathbf{0}\ (\text{示せ}).$$

34 $\det A = 0$ であることを 2 つの方法で示す（x は任意の数とする）：

$$A = \begin{bmatrix} x & x & x & x & x \\ x & x & x & x & x \\ 0 & 0 & 0 & x & x \\ 0 & 0 & 0 & x & x \\ 0 & 0 & 0 & x & x \end{bmatrix}.$$

(a) A の行が線形従属であることの根拠を示せ．

(b) $\det A$ の大公式において，120 個すべての項が零である理由を説明せよ．

35 $|\det(A)| > 1$ であるとき，その累乗 A^n が収束しないことを証明せよ．$|\det(A)| \le 1$ であったとしても，A^n の要素が発散することがありうることを示せ．固有値を用いると安定性の判定ができる．行列式は 1 つの数しか示さない．

5.3　クラメルの定理，逆行列，体積

本節では，$A\boldsymbol{x} = \boldsymbol{b}$ を，消去によってではなく代数的に解く．また，A の逆行列を求める．A^{-1} の各要素の分母に $\det A$ が現れる（$\det A = 0$ ならば，それで割れないので，A^{-1} が存在しない）．A^{-1} および $A^{-1}\boldsymbol{b}$ の各要素は，ある行列式を A の行列式で割ったものである．

クラメルの定理は　$A\boldsymbol{x} = \boldsymbol{b}$ を解く．巧みな考え方によって，第 1 要素 x_1 が得られる．I の第 1 列を $\boldsymbol{x}$ で置き換えると，その行列の行列式が x_1 である．それを A に掛けたとき，第 1 列は $A\boldsymbol{x}$ になり，それは $\boldsymbol{b}$ である．その他の列は，A から複写される：

$$\textbf{鍵となる考え方}\qquad \begin{bmatrix} & & \\ & A & \\ & & \end{bmatrix} \begin{bmatrix} x_1 & 0 & 0 \\ x_2 & 1 & 0 \\ x_3 & 0 & 1 \end{bmatrix} = \begin{bmatrix} b_1 & a_{12} & a_{13} \\ b_2 & a_{22} & a_{23} \\ b_3 & a_{32} & a_{33} \end{bmatrix} = B_1. \qquad (1)$$

列ごとに積を計算した．**それら 3 つの行列の行列式をとる：**

$$\textbf{積の法則}\quad (\det A)(x_1)=\det B_1 \quad \textbf{書き換えると}\quad \boldsymbol{x_1}=\frac{\det \boldsymbol{B_1}}{\det \boldsymbol{A}}. \tag{2}$$

これがクラメルの定理における $\boldsymbol{x}$ の第 1 要素である．A の列を変えて B_1 を得る．

x_2 を求めるには，ベクトル $\boldsymbol{x}$ を単位行列の第 2 列に入れる：

$$\textbf{同じ考え方}\quad \begin{bmatrix} \boldsymbol{a}_1 & \boldsymbol{a}_2 & \boldsymbol{a}_3 \end{bmatrix}\begin{bmatrix} 1 & x_1 & 0 \\ 0 & x_2 & 0 \\ 0 & x_3 & 1 \end{bmatrix}=\begin{bmatrix} \boldsymbol{a}_1 & \boldsymbol{b} & \boldsymbol{a}_3 \end{bmatrix}=B_2. \tag{3}$$

行列式をとり，$(\det A)(x_2)=\det B_2$ を求める．これから，クラメルの定理における x_2 が得られる：

クラメルの定理　% $\det A$ が非零のとき，$A\boldsymbol{x}=\boldsymbol{b}$ を行列式によって解くことができる：

$$x_1=\frac{\det B_1}{\det A}\qquad x_2=\frac{\det B_2}{\det A}\qquad \cdots \qquad x_n=\frac{\det B_n}{\det A} \tag{4}$$

行列 $\boldsymbol{B_j}$ は，$\boldsymbol{A}$ の第 $\boldsymbol{j}$ 列をベクトル $\boldsymbol{b}$ で置き換えたものである．

例 1　$3x_1+4x_2=\mathbf{2}$ と $5x_1+6x_2=\mathbf{4}$ を解くには，3 つの行列式が必要である：

$$\det A=\begin{vmatrix} 3 & 4 \\ 5 & 6 \end{vmatrix}\qquad \det B_1=\begin{vmatrix} \mathbf{2} & 4 \\ \mathbf{4} & 6 \end{vmatrix}\qquad \det B_2=\begin{vmatrix} 3 & \mathbf{2} \\ 5 & \mathbf{4} \end{vmatrix}$$

これらの行列式は，-2 と -4 と 2 である．すべての解は，$\det A$ で割った比である：

$$\textbf{クラメルの定理}\quad x_1=\frac{-4}{-2}=2\quad x_2=\frac{2}{-2}=-1\quad \textbf{確認}\begin{bmatrix} 3 & 4 \\ 5 & 6 \end{bmatrix}\begin{bmatrix} 2 \\ -1 \end{bmatrix}=\begin{bmatrix} 2 \\ 4 \end{bmatrix}.$$

$n\times n$ の方程式を解くには，クラメルの定理では（A と n 個の B_i の）$n+1$ 個の行列式を計算する．すべての置換からなる「大公式」を適用して，それぞれが $n!$ 個の項の和であると，項は全部で $(n+1)!$ 個となる．**方程式をこのやり方で解くのは常軌を逸している**．しかし最終的には，解 $\boldsymbol{x}$ を求める明示的な 1 つの式が手に入る．

例 2　クラメルの定理は，数の計算には効率悪いが，文字の計算にはとても適している．$n=2$ のとき，$AA^{-1}=I$ を解くことで A^{-1} の列を求める：

$$I\ \text{の列}\qquad \begin{bmatrix} a & b \\ c & d \end{bmatrix}\begin{bmatrix} x_1 \\ x_2 \end{bmatrix}=\begin{bmatrix} 1 \\ 0 \end{bmatrix}\qquad \begin{bmatrix} a & b \\ c & d \end{bmatrix}\begin{bmatrix} y_1 \\ y_2 \end{bmatrix}=\begin{bmatrix} 0 \\ 1 \end{bmatrix}$$

これらは同じ A を共有している．x_1，x_2，y_1，y_2 を求めるのに，5 つの行列式が必要である：

$$\begin{vmatrix} a & b \\ c & d \end{vmatrix} \text{ と } \begin{vmatrix} \mathbf{1} & b \\ \mathbf{0} & d \end{vmatrix} \quad \begin{vmatrix} a & \mathbf{1} \\ c & \mathbf{0} \end{vmatrix} \quad \begin{vmatrix} \mathbf{0} & b \\ \mathbf{1} & d \end{vmatrix} \quad \begin{vmatrix} a & \mathbf{0} \\ c & \mathbf{1} \end{vmatrix}$$

後ろの 4 つの行列式は d と $-c$ と $-b$ と a である（それらは余因子である）．A^{-1} は次のようになる：

$$x_1 = \frac{d}{|A|},\ x_2 = \frac{-c}{|A|},\ y_1 = \frac{-b}{|A|},\ y_2 = \frac{a}{|A|},\ \text{よって } A^{-1} = \frac{1}{ad-bc}\begin{bmatrix} d & -b \\ -c & a \end{bmatrix}.$$

要点が正しく伝わるように，2×2 を選んだ．新しい考え方は，余因子が登場することだ．右辺が単位行列のある列のとき，クラメルの定理における各行列 B_j の行列式は余因子である．

$n=3$ の場合も，それらの余因子を確認できる．$AA^{-1}=I$ を（第 1 列のみ）解く：

$$\begin{matrix}\text{行列式} \\ = A \text{ の余因子}\end{matrix} \quad \begin{vmatrix} \mathbf{1} & a_{12} & a_{13} \\ \mathbf{0} & a_{22} & a_{23} \\ \mathbf{0} & a_{32} & a_{33} \end{vmatrix} \quad \begin{vmatrix} a_{11} & \mathbf{1} & a_{13} \\ a_{21} & \mathbf{0} & a_{23} \\ a_{31} & \mathbf{0} & a_{33} \end{vmatrix} \quad \begin{vmatrix} a_{11} & a_{12} & \mathbf{1} \\ a_{21} & a_{22} & \mathbf{0} \\ a_{31} & a_{32} & \mathbf{0} \end{vmatrix} \qquad (5)$$

1 つ目の行列式 $|B_1|$ は余因子 C_{11} である．2 つ目の行列式 $|B_2|$ は余因子 C_{12} である．$-(a_{21}a_{33}-a_{23}a_{31})$ に正しく負符号が現れることに**注意せよ**．この余因子 C_{12} は，A^{-1} の第 1 列の $2,1$ 要素に入る．余因子行列を転置して，いつもどおり $\det A$ で割る．

A^{-1} の i,j 要素は，余因子 C_{ji} （C_{ij} ではない） を $\det A$ で割ったものである：

$$\mathbf{A^{-1}} \textbf{ の公式} \qquad (A^{-1})_{ij} = \frac{C_{ji}}{\det A} \quad \text{と} \quad A^{-1} = \frac{C^{\mathrm{T}}}{\det A}. \qquad (6)$$

余因子 C_{ij} を並べたものが，**「余因子行列」** C である．**その転置により A^{-1} が導かれる．** A^{-1} の i,j 要素を計算するには，A の第 j 行と第 i 列を線で消し，その行列式 に $(-1)^{i+j}$ を掛けて余因子を求め，$\det A$ で割る．

この規則を A^{-1} の $3,1$ 要素について確認しよう．それは第 1 列にあるので，$Ax=(1,0,0)$ を解く．第 3 要素 x_3 には，式 (5) の 3 つ目の行列式を $\det A$ で割ったものが必要である．その 3 つ目の行列式は，まさに余因子 $C_{13}=a_{21}a_{32}-a_{22}a_{31}$ である．よって，$(A^{-1})_{31}=C_{13}/\det A$ （2×2 の行列式を 3×3 の行列式で割ったもの）である．

まとめ $AA^{-1}=I$ を解くにあたって，I の列から A^{-1} の列が導かれる．すると，$\boldsymbol{b}=$（I の列）にクラメルの定理を適用することで，A^{-1} に関する短い式 (6) が得られる．

式 $\mathbf{A^{-1}=C^{T}/\det A}$ を直接証明する そのアイデアは，A と C^{T} の積を計算することだ：

$$\begin{bmatrix} a_{11} & a_{12} & a_{13} \\ a_{21} & a_{22} & a_{23} \\ a_{31} & a_{32} & a_{33} \end{bmatrix}\begin{bmatrix} C_{11} & C_{21} & C_{31} \\ C_{12} & C_{22} & C_{32} \\ C_{13} & C_{23} & C_{33} \end{bmatrix} = \begin{bmatrix} \det A & 0 & 0 \\ 0 & \det A & 0 \\ 0 & 0 & \det A \end{bmatrix}. \qquad (7)$$

A の第 1 列と余因子行列の第 1 列の積は，右辺の最初の $\det A$ を生じる：

$$\text{余因子の法則により}\quad a_{11}C_{11}+a_{12}C_{12}+a_{13}C_{13}=\det A.$$

同様に，A の第 2 行と C^{T}（**転置**）の第 2 列の積により $\det A$ が生じる．要素 a_{2j} を余因子 C_{2j} に掛けることで，行列式が得られる．

式 (7) の非対角要素が零であることはどのように説明できるか？ A の行が，**異なる**行の余因子に掛けられている．その答が零であるのはなぜか？

$$\begin{matrix}A\ \text{の第 2 行}\\ C\ \text{の第 1 行}\end{matrix}\qquad a_{21}C_{11}+a_{22}C_{12}+a_{23}C_{13}=0. \tag{8}$$

答：これは，A の第 2 行をその第 1 行に複写して得られる，新しい行列に対する余因子の法則である．その新しい行列 A^* は等しい 2 つの行を持つので，式 (8) において $\det A^*=0$ である．第 1 行以外は同じなので，A^* の余因子が A と同じ C_{11},C_{12},C_{13} であることに注意せよ．したがって，重要な積の式 (7) は正しい：

$$AC^{\mathrm{T}}=(\det A)I\qquad\text{書き換えると}\qquad A^{-1}=\frac{C^{\mathrm{T}}}{\det A}.$$

例 3　「和の行列」A の行列式は 1 である．A^{-1} は余因子から求められる：

$$A=\begin{bmatrix}1&0&0&0\\1&1&0&0\\1&1&1&0\\1&1&1&1\end{bmatrix}\quad\text{の逆行列は}\quad A^{-1}=\frac{C^{\mathrm{T}}}{1}=\begin{bmatrix}1&0&0&0\\-1&1&0&0\\0&-1&1&0\\0&0&-1&1\end{bmatrix}.$$

A の第 1 行と第 1 列を線で消すと，3×3 の余因子 $C_{11}=1$ が見える．次に，第 1 行と第 2 列を線で消して C_{12} を得る．第 1 行と第 2 列を消して得られる 3×3 の部分行列も，行列式が 1 である三角行列であるが，符号 $(-1)^{1+2}$ のため余因子 C_{12} は -1 である．この数 -1 は，A^{-1} の $(2,1)$ 要素に入る．C を転置することを忘れてはならない．

三角行列の逆行列は三角行列である． 余因子によって，その理由が説明できる．

例 4　すべての余因子が非零であるとき，A は必ず可逆であるか？ **とんでもない．**

三角形の面積

長方形の面積の求め方は誰でも知っている．底辺と高さの積だ．三角形の面積は，底辺と高さの積の半分である．しかし，次の質問は，これらの公式では答えられない．**三角形の頂点 (x_1,y_1) と (x_2,y_2) と (x_3,y_3) がわかっているとき，その面積を求めよ．** 頂点から底辺と高さを求めるのは良い方法ではない．

行列式による方法がずっと良い．行列式を用いた式では，底辺と高さに現れる平方根が打ち消し合う．**三角形の面積は，3×3 の行列式の半分である．** 1 つの頂点が原点にあるとき，たとえば $(x_3,y_3)=(0,0)$ のとき，その行列式は 2×2 となる．

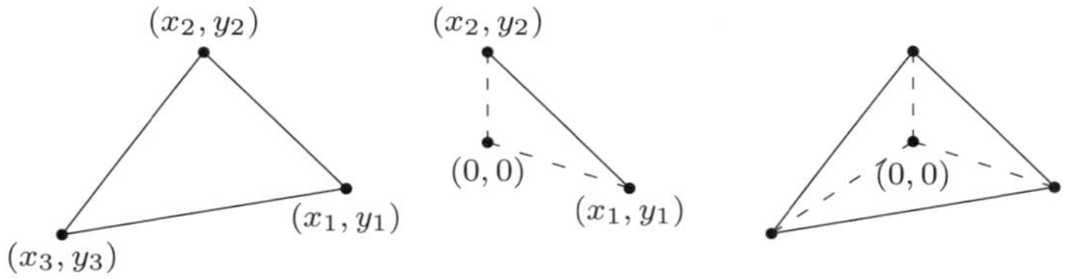

図 5.1 一般の三角形，$(0,0)$ を頂点に持つ特殊な三角形，3 つの特殊な三角形から作る一般の三角形.

頂点が (x_1, y_1) と (x_2, y_2) と (x_3, y_3) である三角形の面積は $\dfrac{\text{行列式}}{2}$ である：

三角形の面積 $\frac{1}{2}\begin{vmatrix} x_1 & y_1 & 1 \\ x_2 & y_2 & 1 \\ x_3 & y_3 & 1 \end{vmatrix}$

$(x_3, y_3) = (0, 0)$ のとき 面積 $= \frac{1}{2}\begin{vmatrix} x_1 & y_1 \\ x_2 & y_2 \end{vmatrix}$.

3×3 の行列式に $x_3 = y_3 = 0$ を代入すると，2×2 の行列式が得られる．これらの式には平方根がなく，暗記するのに適している．3×3 の行列式は，3 つの 2×2 の行列式の和に分解できる．それは，図 5.1 において 3 つ目の三角形が，$(0,0)$ を頂点に持つ 3 つの特殊な三角形に分解されるのとちょうど同じだ.

第 3 列の余因子

$$\textbf{面積} = \frac{1}{2}\begin{vmatrix} x_1 & y_1 & 1 \\ x_2 & y_2 & 1 \\ x_3 & y_3 & 1 \end{vmatrix} = \begin{array}{l} +\frac{1}{2}(x_1y_2 - x_2y_1) \\ +\frac{1}{2}(x_2y_3 - x_3y_2) \\ +\frac{1}{2}(x_3y_1 - x_1y_3). \end{array} \tag{9}$$

$(0,0)$ が三角形の外にあるとき，特殊な三角形の面積のうち 2 つは負になりうるが，それでも和は正しい．その特殊な三角形の面積 $\frac{1}{2}(x_1y_2 - x_2y_1)$ を説明するのが本当の問題だ.

なぜ，これが三角形の面積なのか？掛けている $\frac{1}{2}$ を取り除くと，平行四辺形の問題とできる（平行四辺形は 2 つの等しい三角形を含むので，2 倍の面積である）．これ以降，平行四辺形の面積が行列式 $x_1y_2 - x_2y_1$ であることを証明する．図 5.2 において平行四辺形の面積は 11 であり，したがって三角形の面積は $\frac{11}{2}$ である.

平行四辺形

面積 $= \begin{vmatrix} 4 & 1 \\ 1 & 3 \end{vmatrix} = 11$

三角形：面積 $= \frac{11}{2}$

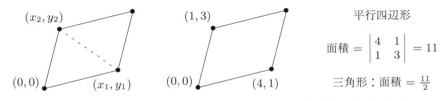

図 5.2 三角形は平行四辺形の半分である．面積は行列式の半分である.

$(0,0)$ から始まる平行四辺形の面積が 2×2 の行列式に等しいことの証明.

多くの証明があるが，以下の証明が本書に適している．その面積が行列式と同じ性質 1〜3 を持つことを示す．すると，面積は行列式と等しい．それらの 3 つの法則が行列式を定義し，その他のすべての性質がそれらの法則から導かれたことを思い出せ.

1　$A=I$ のとき，平行四辺形は単位正方形となる．その面積は $\det I=1$ である.

2　行を交換したとき，行列式の符号が反転する．絶対値（正の面積）は変化しない．これは，平行四辺形でも同様である.

3　第 1 行が t 倍されたとき，図 5.3 左 より，面積も t 倍となる．新しい行 (x_1',y_1') が (x_1,y_1) に足されたとする（第 2 行は固定されたままとする）．図 5.3 右 より，実線の平行四辺形の面積の和が点線の平行四辺形の面積となる（点線を第 3 辺とする 2 つの三角形は同一である）.

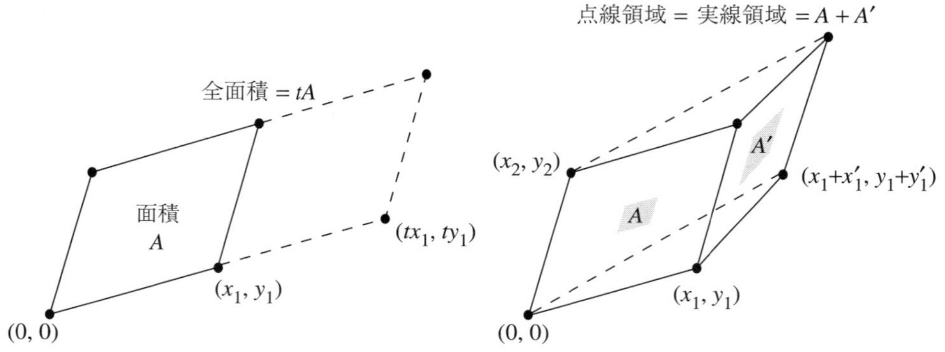

図 5.3　面積は線形性の法則に従う（辺 (x_2,y_2) は一定に保つ）.

平面幾何を使える人からすると，この証明は風変わりであろう．しかし，この証明には，n 次元にも適用できるという大きな魅力がある．原点から伸びる n 本の辺は，$\boldsymbol{n\times n}$ **行列の行** によって与えられる．平行四辺形のときと同様に，他の辺を足すことで立体を補完する.

図 5.4 に，3 次元の立体（平行六面体）を示す．その辺は直角に交わっていない．**体積は，$\det A$ の絶対値に等しい.** 体積が行列式の法則 1〜3 に従うことを確認することでこれを証明する．ある辺が t 倍に引き伸ばされたとき，体積も t 倍となる．辺 1 が辺 $1'$ に足されたとき，新しい立体は辺 $1+1'$ を持つ．その体積は，2 つのもと立体の体積の和である．それは，図 5.3 右 を 3 次元，もしくは，n 次元に引き上げたものである．その立体を描けたらと思うが，2 次元でしかないこの紙の上には描けない.

単位立方体の体積は 1 であり，それは $\det I$ である．行の交換，すなわち辺の交換をしても同じ立体であり，絶対値として体積は等しい．行列式の符号が変わるが，その符号は辺が**右手系** ($\det A>0$) であるか，**左手系** ($\det A<0$) であるかを示す．立体の体積は行列式の法則に従うので，立体の体積は行列式の絶対値に等しい.

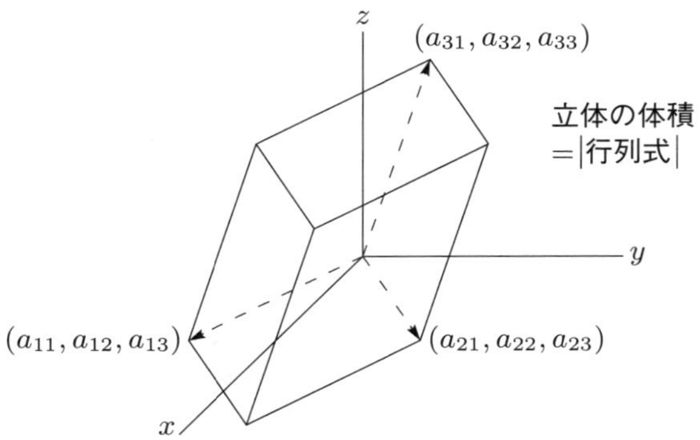

図 5.4　A の 3 つの行によって作られる 3 次元立体.

例 5　（$90°$ の角をなす）直方体の辺の長さが r と s と t であるとする．その体積は，r と s と t の積である．それら 3 つの辺を作るのは，要素が r と s と t である対角行列である．そのとき，$\det A$ は $r\,s\,t$ に等しい．

例 6　解析においては，無限小の立体を考える．円に沿って積分するとき，x と y を，極座標 r と θ に変換したいことがある．すなわち $x = r\cos\theta$ と $y = r\sin\theta$ である.「極座標系における領域」の面積は，行列式 J と $dr\,d\theta$ の積である：

$$J = \begin{vmatrix} \partial x/\partial r & \partial x/\partial\theta \\ \partial y/\partial r & \partial y/\partial\theta \end{vmatrix} = \begin{vmatrix} \cos\theta & -r\sin\theta \\ \sin\theta & r\cos\theta \end{vmatrix} = r.$$

微小領域 $dA = r\,dr\,d\theta$ において，この行列式は r である．通常の積分において $\int dx = \int (dx/du)\,du$ に dx/du が入るように，この拡大率 J が 2 重積分に入る．3 重積分の場合，ヤコビアン行列 J は 9 つの導関数からなり，3×3 となる．

外積

外積は，3 次元専用のもう 1 つの応用である（この内容は選択自由）．ベクトルを $\boldsymbol{u} = (u_1, u_2, u_3)$ と $\boldsymbol{v} = (v_1, v_2, v_3)$ とする．数である内積とは異なり，外積は 3 次元のベクトルである．それは $\boldsymbol{u} \times \boldsymbol{v}$ と書かれる（「$\boldsymbol{u}$ クロス $\boldsymbol{v}$」と呼ばれる）．**この外積の要素は，まさに 2×2 の余因子である**．幾何や物理において役立つ $\boldsymbol{u} \times \boldsymbol{v}$ の性質を説明する．

今回は，難しさをグッとこらえて，性質の説明の前に式を書き下す．

定義　$\boldsymbol{u} = (u_1, u_2, u_3)$ と $\boldsymbol{v} = (v_1, v_2, v_3)$ の**外積**は次のベクトルである．

$$\boldsymbol{u} \times \boldsymbol{v} = \begin{vmatrix} \boldsymbol{i} & \boldsymbol{j} & \boldsymbol{k} \\ u_1 & u_2 & u_3 \\ v_1 & v_2 & v_3 \end{vmatrix} = (u_2v_3 - u_3v_2)\boldsymbol{i} + (u_3v_1 - u_1v_3)\boldsymbol{j} + (u_1v_2 - u_2v_1)\boldsymbol{k}. \quad (10)$$

このベクトルは $\boldsymbol{u}$ と $\boldsymbol{v}$ に直交する．外積 $\boldsymbol{v} \times \boldsymbol{u}$ は $-(\boldsymbol{u} \times \boldsymbol{v})$ である．

注　$\boldsymbol{u}\times\boldsymbol{v}$ を記憶する最も簡単な方法は 3×3 の行列式の形である．ただし，その行列式は定義に沿ったものではない．第 1 行にはベクトル $\boldsymbol{i},\boldsymbol{j},\boldsymbol{k}$ が含まれ，その他の行には数が含まれるからだ．行列式において，ベクトル $\boldsymbol{i}=(1,0,0)$ が u_2v_3 と $-u_3v_2$ に掛けられ，その結果 $(u_2v_3-u_3v_2,0,0)$ が，外積の第 1 要素となる．

添字の巡回パターンに注意せよ．2 と 3 が $\boldsymbol{u}\times\boldsymbol{v}$ の第 1 要素を与え，3 と 1 が第 2 要素を与え，さらに 1 と 2 が第 3 要素を与える．これで $\boldsymbol{u}\times\boldsymbol{v}$ の定義は完了である．これから，外積の性質を列挙する：

性質 1　$\boldsymbol{v}\times\boldsymbol{u}$ は，行列式の第 2 行と第 3 行を反転したものなので，$-(\boldsymbol{u}\times\boldsymbol{v})$ と等しい．

性質 2　外積 $\boldsymbol{u}\times\boldsymbol{v}$ は $\boldsymbol{u}$ に直交する（$\boldsymbol{v}$ にも直交する）．直接的に証明するには，項が打ち消し合うことを確認する．直交性は，内積が零ということである：

$$\boldsymbol{u}\cdot(\boldsymbol{u}\times\boldsymbol{v})=u_1(u_2v_3-u_3v_2)+u_2(u_3v_1-u_1v_3)+u_3(u_1v_2-u_2v_1)=0. \tag{11}$$

行列式の行が $\boldsymbol{u}$ と $\boldsymbol{u}$ と $\boldsymbol{v}$ からなるので，それは零である．

性質 3　任意のベクトルとそれ自身との外積（2 つの同じ行）は，$\boldsymbol{u}\times\boldsymbol{u}=\boldsymbol{0}$ である．

$\boldsymbol{u}$ と $\boldsymbol{v}$ が平行であるとき外積は零である．$\boldsymbol{u}$ と $\boldsymbol{v}$ が直交するとき内積は零である．外積は $\sin\theta$ を含み，内積は $\cos\theta$ を含む：

$$\|\boldsymbol{u}\times\boldsymbol{v}\|=\|\boldsymbol{u}\|\,\|\boldsymbol{v}\|\,|\sin\theta| \quad と \quad |\boldsymbol{u}\cdot\boldsymbol{v}|=\|\boldsymbol{u}\|\,\|\boldsymbol{v}\|\,|\cos\theta|. \tag{12}$$

例 7　$\boldsymbol{u}=(3,2,0)$ と $\boldsymbol{v}=(1,4,0)$ は xy 平面にあるので，$\boldsymbol{u}\times\boldsymbol{v}$ は z 軸を向く：

$$\boldsymbol{u}\times\boldsymbol{v}=\begin{vmatrix}\boldsymbol{i}&\boldsymbol{j}&\boldsymbol{k}\\3&2&0\\1&4&0\end{vmatrix}=10\boldsymbol{k}.\quad \text{外積は } \boldsymbol{u}\times\boldsymbol{v}=(0,0,10).$$

$\boldsymbol{u}\times\boldsymbol{v}$ の長さは，$\boldsymbol{u}$ と $\boldsymbol{v}$ を辺とする平行四辺形の面積に等しい．これは重要だ．この例では，面積は 10 である．

例 8　$\boldsymbol{u}=(1,1,1)$ と $\boldsymbol{v}=(1,1,2)$ の外積は $(1,-1,0)$ である：

$$\begin{vmatrix}\boldsymbol{i}&\boldsymbol{j}&\boldsymbol{k}\\1&1&1\\1&1&2\end{vmatrix}=\boldsymbol{i}\begin{vmatrix}1&1\\1&2\end{vmatrix}-\boldsymbol{j}\begin{vmatrix}1&1\\1&2\end{vmatrix}+\boldsymbol{k}\begin{vmatrix}1&1\\1&1\end{vmatrix}=\boldsymbol{i}-\boldsymbol{j}.$$

このベクトル $(1,-1,0)$ は，期待どおり $(1,1,1)$ と $(1,1,2)$ に直交する．面積 $=\sqrt{2}$.

例 9　$(1,0,0)$ と $(0,1,0)$ の外積は，**右手系**に従う．それは上向きであり，下向きではない：

$$\begin{vmatrix}\boldsymbol{i}&\boldsymbol{j}&\boldsymbol{k}\\1&0&0\\0&1&0\end{vmatrix}=\boldsymbol{k}$$

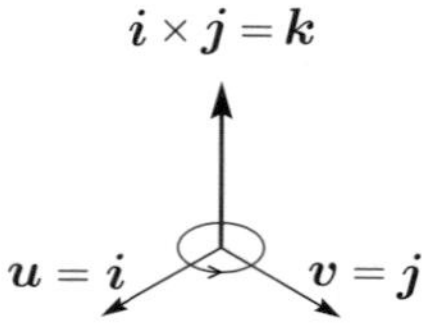

規則　$\boldsymbol{u}\times\boldsymbol{v}$ は，右手の親指以外を $\boldsymbol{u}$ から $\boldsymbol{v}$ へ曲げたときの親指の方向を差す．

したがって，$\boldsymbol{i}\times\boldsymbol{j}=\boldsymbol{k}$ である．この右手系の規則により，$\boldsymbol{j}\times\boldsymbol{k}=\boldsymbol{i}$ と $\boldsymbol{k}\times\boldsymbol{i}=\boldsymbol{j}$ も得られる．巡回の順序に注意せよ．逆の順序（反巡回）の場合，親指は逆向きになり，外積は逆の方向に向く．すなわち，$\boldsymbol{k}\times\boldsymbol{j}=-\boldsymbol{i}$ と $\boldsymbol{i}\times\boldsymbol{k}=-\boldsymbol{j}$，$\boldsymbol{j}\times\boldsymbol{i}=-\boldsymbol{k}$ となる．3 つの正符号と 3 つの負符号は，3×3 の行列式に見られる．

要素を用いず，ベクトルによる $\boldsymbol{u}\times\boldsymbol{v}$ の定義もできる：

定義 **外積は，長さが $\|\boldsymbol{u}\|\,\|\boldsymbol{v}\|\,|\sin\theta|$ であるベクトルである．** その方向は，$\boldsymbol{u}$ と $\boldsymbol{v}$ に直交する．「上向き」か「下向き」かは，右手系の規則で決まる．

この定義は，軸や座標を選ぶのを嫌う物理学者にとって魅力的である．$\boldsymbol{u}=(u_1,u_2,u_3)$ をある物体の位置とし，$\boldsymbol{F}=(F_x,F_y,F_z)$ をそれに働く力とする．$\boldsymbol{F}$ が $\boldsymbol{u}$ に平行であるとき，$\boldsymbol{u}\times\boldsymbol{F}=\boldsymbol{0}$ である．すなわち，回転しない．外積 $\boldsymbol{u}\times\boldsymbol{F}$ は回転力，または，**トルク**である．それは（$\boldsymbol{u}$ と $\boldsymbol{F}$ に直交する）回転軸の方向を指す．その長さ $\|\boldsymbol{u}\|\,\|\boldsymbol{F}\|\sin\theta$ は「モーメント」の量であり，それによって回転が起こる．

三重積 = 行列式 = 体積

$\boldsymbol{u}\times\boldsymbol{v}$ はベクトルなので，それと 3 つ目のベクトル $\boldsymbol{w}$ との内積をとることができる．それにより**三重積 $(\boldsymbol{u}\times\boldsymbol{v})\cdot\boldsymbol{w}$** ができる．この三重積は数であるので，「スカラー」三重積と呼ばれる．実は，スカラー三重積は行列式であり，$\boldsymbol{u},\boldsymbol{v},\boldsymbol{w}$ による立体の体積を与える：

$$\text{三重積}\qquad (\boldsymbol{u}\times\boldsymbol{v})\cdot\boldsymbol{w}=\begin{vmatrix} w_1 & w_2 & w_3\\ u_1 & u_2 & u_3\\ v_1 & v_2 & v_3\end{vmatrix}=\begin{vmatrix} u_1 & u_2 & u_3\\ v_1 & v_2 & v_3\\ w_1 & w_2 & w_3\end{vmatrix}. \tag{13}$$

$\boldsymbol{w}$ は第 1 行か第 3 行に置くことができる．_____ 回の行交換によって一方をもう一方にできるので，それら 2 つの行列式は同じである．行列式が零となる場合に注目せよ：

$(\boldsymbol{u}\times\boldsymbol{v})\cdot\boldsymbol{w}=0$ となるのは，ベクトル $\boldsymbol{u},\boldsymbol{v},\boldsymbol{w}$ が**同じ平面内**にあるときである．

理由その 1 $\boldsymbol{u}\times\boldsymbol{v}$ はその平面に直交するので，それと $\boldsymbol{w}$ との内積は零である．
理由その 2 ある平面内の 3 つのベクトルは従属である．行列が非可逆行列となる（$\det=0$）．
理由その 3 体積が零となるのは，$\boldsymbol{u},\boldsymbol{v},\boldsymbol{w}$ による立体が平面につぶれているときである．

$(\boldsymbol{u}\times\boldsymbol{v})\cdot\boldsymbol{w}$ が $\boldsymbol{u},\boldsymbol{v},\boldsymbol{w}$ を辺とする立体の体積に等しいことは注目に値する．この 3×3 の行列式は，非常に多くの情報を与える．2×2 行列に対する $ad-bc$ と同様に，行列式によって可逆行列と非可逆行列とを判別できる．第 6 章では，非可逆行列について見ていく．

■ 要点の復習 ■

1. クラメルの公式は，$x_1 = |B_1|/|A| = |\boldsymbol{b}\,\boldsymbol{a}_2 \cdots \boldsymbol{a}_n|/|A|$ のような比で $A\boldsymbol{x} = \boldsymbol{b}$ の解を与える．
2. C が A に対する余因子行列であるとき，A の逆行列は $A^{-1} = C^{\mathrm{T}}/\det A$ である．
3. その辺が A の行からなる立体について，その立体の体積は $|\det A|$ である．
4. 2 重積分や 3 重積分において変数変換を行うには，面積や体積が必要である．
5. $\mathbf{R}^3$ において，外積 $\boldsymbol{u} \times \boldsymbol{v}$ は $\boldsymbol{u}$ と $\boldsymbol{v}$ に直交する．

■ 例題 ■

5.3 A　A が非可逆行列であるとき，等式 $AC^{\mathrm{T}} = (\det A)I$ は $\boldsymbol{AC^{\mathrm{T}}} =$ **零行列** となる．**そのとき C^{T} の各列は A の零空間に含まれる．** C^{T} の列は A の行に沿った余因子からなるので，余因子によって 3×3 行列の零空間を素早く求めることができる．このことを伝えるのがとても遅くなって申し訳なく思う．

階数が 2 である以下の非可逆行列について，行に沿った余因子により $A\boldsymbol{x} = \boldsymbol{0}$ を解け：

余因子から零空間を得る　$$A = \begin{bmatrix} 1 & 4 & 7 \\ 2 & 3 & 9 \\ 2 & 2 & 8 \end{bmatrix} \qquad A = \begin{bmatrix} 1 & 1 & 2 \\ 1 & 1 & 1 \\ 1 & 1 & 1 \end{bmatrix}$$

C^{T} の任意の非零列が $A\boldsymbol{x} = \boldsymbol{0}$ の解を与える．階数が 2 であるので，A は少なくとも 1 つの非零余因子を持つ．A の階数が 1 であるとき，$\boldsymbol{x} = \boldsymbol{0}$ となりこの考え方は破綻する．

解　1 つ目の行列の第 1 行に沿った余因子は以下のようになる（負符号に注意せよ）：

$$\begin{vmatrix} 3 & 9 \\ 2 & 8 \end{vmatrix} = 6 \qquad -\begin{vmatrix} 2 & 9 \\ 2 & 8 \end{vmatrix} = 2 \qquad \begin{vmatrix} 2 & 3 \\ 2 & 2 \end{vmatrix} = -2$$

すると，$\boldsymbol{x} = (6, 2, -2)$ は $A\boldsymbol{x} = \boldsymbol{0}$ の解である．第 2 行に沿った余因子は $(-18, -6, 6)$ であり，それは $-3\boldsymbol{x}$ である．これも A の零空間（1 次元）に含まれる．

2 つ目の行列の第 1 行に沿った**余因子はすべて零**である．零ベクトル $\boldsymbol{x} = (0, 0, 0)$ は面白くない．第 2 行に沿った余因子は $\boldsymbol{x} = (1, -1, 0)$ であり，それは $A\boldsymbol{x} = \boldsymbol{0}$ の解である．

第 3.3 節の問題 12 のとおり，階数が $n-1$ であるすべての $n \times n$ 行列は，非零の余因子を少なくとも 1 つ持つ．しかし，階数が $n-2$ であるときは，すべての余因子が零であり，$\boldsymbol{x} = \boldsymbol{0}$ しか求められない．

5.3 B　クラメルの定理の比 $\det B_j / \det A$ を用いて，$A\boldsymbol{x} = \boldsymbol{b}$ を解け．また，逆行列 $A^{-1} = C^{\mathrm{T}}/\det A$ を求めよ．次の $\boldsymbol{b}$ に対する解 $\boldsymbol{x}$ が，A^{-1} の第 3 列と等しいのはなぜか？その列

ベクトル $\boldsymbol{x}$ を計算するのに用いる余因子はどれか？

$$A\boldsymbol{x}=\boldsymbol{b}\quad \text{は}\quad \begin{bmatrix}2&6&2\\1&4&2\\5&9&0\end{bmatrix}\begin{bmatrix}x\\y\\z\end{bmatrix}=\begin{bmatrix}0\\0\\1\end{bmatrix}.$$

A の列を辺とする立体の体積を求めよ．さらに，A^{-1} の行を辺とする立体の体積を求めよ．

解　B_j（右辺 $\boldsymbol{b}$ を第 j 列に置いたもの）の行列式は次のようになる．

$$|B_1|=\begin{vmatrix}\mathbf{0}&6&2\\\mathbf{0}&4&2\\\mathbf{1}&9&0\end{vmatrix}=4\qquad |B_2|=\begin{vmatrix}2&\mathbf{0}&2\\1&\mathbf{0}&2\\5&\mathbf{1}&0\end{vmatrix}=-2\qquad |B_3|=\begin{vmatrix}2&6&\mathbf{0}\\1&4&\mathbf{0}\\5&9&\mathbf{1}\end{vmatrix}=2.$$

これらは，第 3 行に沿った余因子 C_{31}, C_{32}, C_{33} である．それらと第 3 行の内積が $\det A$ である：

$$\det A=a_{31}C_{31}+a_{32}C_{32}+a_{33}C_{33}=(5,9,0)\cdot(4,-2,2)=2.$$

3 つの比 $\det B_j/\det A$ により $\boldsymbol{x}=(2,-1,1)$ の 3 つの要素を得る．この $\boldsymbol{x}$ は A^{-1} の第 3 列である．なぜなら，$\boldsymbol{b}=(0,0,1)$ が I の第 3 列だからである．A の第 1 行と第 2 行に沿った余因子を $\det A=2$ で割ると，A^{-1} の第 1 列と第 2 列が得られる：

$$A^{-1}=\frac{C^{\mathrm{T}}}{\det A}=\frac{1}{2}\begin{bmatrix}-18&18&4\\10&-10&-2\\-11&12&2\end{bmatrix}.\quad \text{積を計算して}\quad AA^{-1}=I\quad \text{を確認せよ．}$$

A の列によって作られる立体の体積 $=\det A=2$ である（$|A^{\mathrm{T}}|=|A|$ であるので，行によって作られる立体の体積と等しい）．A^{-1} によって作られる立体の体積は $1/|A|=\frac{1}{2}$ である．

練習問題 5.3

問題 1〜5 は，$\boldsymbol{x}=A^{-1}\boldsymbol{b}$ に対するクラメルの定理に関するものである．

1　以下の線形方程式をクラメルの定理 $x_j=\det B_j/\det A$ によって解け：

(a) $\begin{aligned}2x_1+5x_2&=1\\x_1+4x_2&=2\end{aligned}$　　(b) $\begin{aligned}2x_1+x_2&=1\\x_1+2x_2+x_3&=0\\x_2+2x_3&=0.\end{aligned}$

2　クラメルの定理を使って，y（のみ）について解け．3×3 の行列式を D とせよ：

(a) $\begin{aligned}ax+by&=1\\cx+dy&=0\end{aligned}$　　(b) $\begin{aligned}ax+by+cz&=1\\dx+ey+fz&=0\\gx+hy+iz&=0.\end{aligned}$

3 クラメルの定理は $\det A = 0$ のとき破綻する．例 (a) は解なしであるが，(b) には無限個の解がある．以下の 2 つの場合において，比 $x_j = \det B_j / \det A$ はどうなるか？

(a) $\begin{aligned} 2x_1 + 3x_2 &= 1 \\ 4x_1 + 6x_2 &= 1 \end{aligned}$ （平行な直線）　　(b) $\begin{aligned} 2x_1 + 3x_2 &= 1 \\ 4x_1 + 6x_2 &= 2 \end{aligned}$ （同じ直線）

4 **クラメルの定理の素早い証明**．行列式は第 1 列の線形関数である．2 つの列が同じであるとき行列式は零である．$\boldsymbol{b} = A\boldsymbol{x} = x_1\boldsymbol{a}_1 + x_2\boldsymbol{a}_2 + x_3\boldsymbol{a}_3$ を A の第 1 列としたとき，そうして得られた行列 B_1 の行列式は以下のようになる．

$$|\boldsymbol{b} \quad \boldsymbol{a}_2 \quad \boldsymbol{a}_3| = |x_1\boldsymbol{a}_1 + x_2\boldsymbol{a}_2 + x_3\boldsymbol{a}_3 \quad \boldsymbol{a}_2 \quad \boldsymbol{a}_3| = x_1|\boldsymbol{a}_1 \quad \boldsymbol{a}_2 \quad \boldsymbol{a}_3| = x_1 \det A.$$

(a) 左辺 = 右辺から，x_1 についてどのような式が得られるか？
(b) 中間の等式を導く過程を示せ．

5 右辺 $\boldsymbol{b}$ が A の第 1 列であるとき，3×3 の方程式 $A\boldsymbol{x} = \boldsymbol{b}$ を解け．クラメルの公式における各行列式からこの解 $\boldsymbol{x}$ がどのように導かれるか？

問題 6〜15 は $A^{-1} = C^{\mathrm{T}}/\det A$ に関するものである．C の転置を忘れてはならない．

6 余因子の式 $C^{\mathrm{T}}/\det A$ を用いて A^{-1} を求めよ．(b) については対称性を利用せよ．

$$\text{(a)}\quad A = \begin{bmatrix} 1 & 2 & 0 \\ 0 & 3 & 0 \\ 0 & 7 & 1 \end{bmatrix} \qquad \text{(b)}\quad A = \begin{bmatrix} 2 & -1 & 0 \\ -1 & 2 & -1 \\ 0 & -1 & 2 \end{bmatrix}.$$

7 すべての余因子が零であるとき，A が逆行列を持たないことがどうしてわかるか？すべての余因子が非零であるとき，A は必ず可逆となるか？

8 A の余因子を求め，積 AC^{T} により $\det A$ を求めよ：

$$A = \begin{bmatrix} 1 & 1 & 4 \\ 1 & 2 & 2 \\ 1 & 2 & 5 \end{bmatrix} \quad と \quad C = \begin{bmatrix} 6 & -3 & 0 \\ \cdot & \cdot & \cdot \\ \cdot & \cdot & \cdot \end{bmatrix} \quad と \quad AC^{\mathrm{T}} = \underline{\qquad}.$$

A に含まれるの 4 を 100 に変えても，$\det A$ が変化しないのはなぜか？

9 $\det A = 1$ であり，C に含まれるすべての余因子がわかっているとする．A を求めるにはどうするか？

10 式 $AC^{\mathrm{T}} = (\det A)I$ より，$\det C = (\det A)^{n-1}$ を示せ．

11 A のすべての要素が整数であり，$\det A = 1$ または -1 であるとき，A^{-1} のすべての要素が整数であることを証明せよ．すべての要素が非零である 2×2 行列の例をつくれ．

12　A と A^{-1} のすべての要素が整数であるとき，$\det A = 1$ または -1 であることを証明せよ．ヒント：$\det A$ と $\det A^{-1}$ の積はいくつか？

13　例 5 で始めた余因子による A^{-1} の計算を最後まで行え．

14　L は下三角行列，S は対称行列である．可逆であると仮定する：

三角行列 L と
対称行列 S を
逆行列にする

$$L = \begin{bmatrix} a & 0 & 0 \\ b & c & 0 \\ d & e & f \end{bmatrix} \qquad S = \begin{bmatrix} a & b & d \\ b & c & e \\ d & e & f \end{bmatrix}.$$

(a) L の余因子のうち零となるのはどの 3 つか？すると，L^{-1} も下三角行列となる．
(b) S の余因子のうちどの 3 組が等しいか？すると，S^{-1} も対称行列となる．
(c) 直交行列 Q の余因子行列 C は ＿＿＿ となる．なぜか？

15　$n = 5$ のとき，余因子行列 C は ＿＿＿ 個の余因子からなる．それぞれの 4×4 の余因子は，＿＿＿ 項からなり，それぞれの項は ＿＿＿ 回の積が必要である．第 2.4 節のガウス–ジョルダン法による A^{-1} の計算における積の回数 $5^3 = 125$ と比較せよ．

問題 16〜26 は，行列式による面積と体積に関するものである．

16　(a) 辺が $\boldsymbol{v} = (3,2)$ と $\boldsymbol{w} = (1,4)$ である平行四辺形の面積を求めよ．
(b) 辺が $\boldsymbol{v}$ と $\boldsymbol{w}$ と $\boldsymbol{v}+\boldsymbol{w}$ である三角形の面積を求めよ．その三角形を描け．
(c) 辺が $\boldsymbol{v}$ と $\boldsymbol{w}$ と $\boldsymbol{w}-\boldsymbol{v}$ である三角形の面積を求めよ．その三角形を描け．

17　ある立体が $(0,0,0)$ から $(3,1,1)$，$(1,3,1)$，$(1,1,3)$ までの 3 つの辺を持つとする．その体積を求めよ．また，$\|\boldsymbol{u} \times \boldsymbol{v}\|$ を用いて，各平行四辺形の面の面積を求めよ．

18　(a) 三角形の頂点が $(2,1)$ と $(3,4)$ と $(0,5)$ であるとする．面積を求めよ．
(b) 頂点 $(-1,0)$ を足して，（4 辺からなる）不均衡な領域を作る．面積を求めよ．

19　$(2,1)$ と $(2,3)$ を辺とする平行四辺形は，$(2,2)$ と $(1,3)$ を辺とする平行四辺形と同じ面積を持つ．それらの面積を 2×2 の行列式によって求め，それらが等しい理由を述べよ（私はその理由を絵からは読み取れない．もしできる人がいたら手紙を下さい）．

20　アダマール行列 H は直交する行からなる．その立体は超立方体である．

$$|H| = \begin{vmatrix} 1 & 1 & 1 & 1 \\ 1 & 1 & -1 & -1 \\ 1 & -1 & -1 & 1 \\ 1 & -1 & 1 & -1 \end{vmatrix} = \mathbf{R}^4 \text{ における超立方体の体積を求めよ．}$$

21　4×4 行列の列の長さが L_1, L_2, L_3, L_4 であるとき，行列式のとりうる最大値を求めよ（体積を考えよ）．行列のすべての要素が 1 か -1 であるとき，列の長さおよび行列式の最大値を求めよ．

22 面積 x_1y_2 の長方形から面積 x_2y_1 の長方形を引くと，平行四辺形と同じ面積となることを，絵によって示せ．

23 辺のベクトル $\boldsymbol{a}, \boldsymbol{b}, \boldsymbol{c}$ が直交するとき，立体の体積は $\|\boldsymbol{a}\|$ と $\|\boldsymbol{b}\|$ と $\|\boldsymbol{c}\|$ の積である．行列 $A^{\mathrm{T}}A$ は ＿＿ である．$\det A^{\mathrm{T}}A$ と $\det A$ を求めよ．

24 辺が $\boldsymbol{i}$ と $\boldsymbol{j}$ と $\boldsymbol{w} = 2\boldsymbol{i} + 3\boldsymbol{j} + 4\boldsymbol{k}$ である立体の高さは ＿＿ である．体積を求めよ．体積の値を行列式とする行列を求めよ．$\boldsymbol{i} \times \boldsymbol{j}$ を求めよ，それと $\boldsymbol{w}$ との内積を求めよ．

25 n 次元超立方体は，いくつの頂点を持つか？いくつの辺を持つか？いくつの $(n-1)$ 次元の面を持つか？$\mathbf{R}^n$ において，辺が $2I$ の行である超立方体の体積は ＿＿ である．ハイパーキューブ（超立方体）接続の並列計算機では，頂点の位置にプロセッサがあり，辺に沿ってネットワーク接続されている．

26 $(0,0), (1,0), (0,1)$ を頂点とする三角形の面積は $\frac{1}{2}$ である．$\mathbf{R}^3$ において，$(0,0,0), (1,0,0), (0,1,0), (0,0,1)$ を 4 つの頂点とする 4 面体の体積は ＿＿ である．$\mathbf{R}^4$ において，$(0,0,0,0)$ と I の行を 5 つの頂点とする錐体の体積を求めよ．

問題 27〜30 は解析における面積 dA と体積 dV に関するものである．

27 極座標は $x = r\cos\theta$ と $y = r\sin\theta$ を満たす．極座標における面積は $J\,dr\,d\theta$ である：

$$J = \begin{vmatrix} \partial x/\partial r & \partial x/\partial \theta \\ \partial y/\partial r & \partial y/\partial \theta \end{vmatrix} = \begin{vmatrix} \cos\theta & -r\sin\theta \\ \sin\theta & r\cos\theta \end{vmatrix}.$$

2 つの列は直交する．それらの長さは ＿＿ である．したがって，$J =$ ＿＿ である．

28 球座標 ρ, ϕ, θ は $x = \rho\sin\phi\cos\theta$ と $y = \rho\sin\phi\sin\theta$ と $z = \rho\cos\phi$ を満たす．偏微分からなる 3×3 行列を求めよ．第 1 行は $\partial x/\partial\rho, \partial x/\partial\phi, \partial x/\partial\theta$ となる．その行列式を計算し $J = \rho^2\sin\phi$ を導け．すると，極座標における dV は，$\rho^2\sin\phi\,d\rho\,d\phi d\theta$ となり，それが無限小の「座標軸に沿った立体」の体積である．

29 問題 27 に r, θ を x, y に関連づける行列が示されている．その 2×2 行列を逆行列にせよ：

$$J^{-1} = \begin{vmatrix} \partial r/\partial x & \partial r/\partial y \\ \partial\theta/\partial x & \partial\theta/\partial y \end{vmatrix} = \begin{vmatrix} \cos\theta & ? \\ ? & ? \end{vmatrix} = ?$$

驚くことに，$\partial r/\partial x = \partial x/\partial r$ である（***Calculus***, Gilbert Strang, p. 501）．J と J^{-1} の積により，連鎖法則 $\frac{\partial x}{\partial x} = \frac{\partial x}{\partial r}\frac{\partial r}{\partial x} + \frac{\partial x}{\partial\theta}\frac{\partial\theta}{\partial x} = 1$ が得られる．

30 $(0,0)$ と $(6,0)$ と $(1,4)$ を頂点とする三角形の面積は ＿＿＿ である．それを $\theta = 60°$ 回転したとき，その面積は ＿＿＿．回転行列の行列式は，

$$J = \begin{vmatrix} \cos\theta & -\sin\theta \\ \sin\theta & \cos\theta \end{vmatrix} = \begin{vmatrix} \frac{1}{2} & ? \\ ? & ? \end{vmatrix} = ? \quad \text{となる．}$$

問題 31〜38 は，3 次元における三重積 $(\boldsymbol{u} \times \boldsymbol{v}) \cdot \boldsymbol{w}$ に関するものである．

31 立体の底面の面積は $\|\boldsymbol{u} \times \boldsymbol{v}\|$ である．垂直方向の高さは $\|\boldsymbol{w}\| \cos\theta$ である．底面の面積と高さの積 = 体積 = $\|\boldsymbol{u} \times \boldsymbol{v}\|\,\|\boldsymbol{w}\| \cos\theta$ であり，これは $(\boldsymbol{u} \times \boldsymbol{v}) \cdot \boldsymbol{w}$ に等しい．$\boldsymbol{u} = (2,4,0)$, $\boldsymbol{v} = (-1,3,0)$, $\boldsymbol{w} = (1,2,2)$ について，底面の面積と高さと体積を計算せよ．

32 同じ立体の体積は，3×3 の行列式により直接的に求められる．その行列式を計算せよ．

33 式 (13) の 3×3 の行列式を，その行 u_1, u_2, u_3 について余因子に展開せよ．この展開は，$\boldsymbol{u}$ とベクトル ＿＿＿ の内積である．

34 三重積 $(\boldsymbol{u} \times \boldsymbol{w}) \cdot \boldsymbol{v}$ と $(\boldsymbol{w} \times \boldsymbol{u}) \cdot \boldsymbol{v}$ と $(\boldsymbol{v} \times \boldsymbol{w}) \cdot \boldsymbol{u}$ のうち $(\boldsymbol{u} \times \boldsymbol{v}) \cdot \boldsymbol{w}$ と等しいのはどれか？ 正しい行列式となるのは，行 $\boldsymbol{u}$, $\boldsymbol{v}$, $\boldsymbol{w}$ がどの順序のときか？

35 $P = (1,0,-1)$ と $Q = (1,1,1)$ と $R = (2,2,1)$ とする．$PQRS$ が平行四辺形となるように S を選び，その面積を計算せよ．$OPQRSTUV$ が平行六面体となるように T, U, V を選び，その体積を計算せよ．

36 (x,y,z) と $(1,1,0)$ と $(1,2,1)$ が原点を通るある平面上にあるとする．どの行列式が零となるか？ その行列式から得られる平面の式を求めよ．

37 (x,y,z) が，$(2,3,1)$ と $(1,2,3)$ の線形結合であるとする．どの行列式が零となるか？ すべての線形結合からなる平面の式を，その行列式から求めよ．

38 (a) $n \times n$ 行列について $\det 2A = 2^n \det A$ であることを，その体積を用いて説明せよ．
(b) 正しくない命題 $\det A + \det A = \det(A + A)$ が真となる行列の大きさを答えよ．

挑戦問題

39 4×4 の可逆行列 A の 16 個の余因子がすべてわかっているとき，A をどのように求めることができるか？

40 A が 5×5 行列であるとする．その第 1 行と，第 2〜5 行から作られる行列式（余因子）の積により，行列式が得られる．第 1〜2 行から作られる 2×2 の行列式と，第 3〜5 行から作られる 3×3 の行列式の積を用いて，$\det A$ に対する「ヤコビの公式」を推測せよ．

行列式が 6 である $-1, 2, -1$ の三重対角行列を用いて，推測した式を確かめよ．

41 2×2 行列 $AB = (2 \times 3)(3 \times 2)$ について，$\det AB$ を求めるコーシー – ビネの公式がある：

$$\det AB = (A\ \text{の}\ 2 \times 2\ \text{の行列式})\ (B\ \text{の}\ 2 \times 2\ \text{の行列式})\ \text{の和}$$

(a) A と B のどの 2×2 の行列式を用いるかを推測せよ．
(b) 行 $1,2,3$ と $1,4,7$ からなる A と，$B = A^{\mathrm{T}}$ の場合について，推測した式を検証せよ．

第6章

固有値と固有ベクトル

6.1 固有値入門

線形方程式 $A\boldsymbol{x}=\boldsymbol{b}$ は，定常状態の問題から生じる．**動的な問題**において非常に重要となるものが固有値だ．$d\boldsymbol{u}/dt=A\boldsymbol{u}$ の解は時間とともに変化する．それは増大するかもしれないし，減衰するかもしれないし，振動するかもしれない．それは消去ではわからない．本章は，$A\boldsymbol{x}=\lambda\boldsymbol{x}$ に基づく，線形代数の新パートに入る．本章に登場する行列は，すべて正方行列である．

行列のベキ $A, A^2, A^3, \ldots$ から素晴らしいモデルが得られる．A の 100 乗 A^{100} が必要だとしよう．何ステップかすると開始した行列 A を認識できなくなり，A^{100} は $[0.6\ \ 0.6;\ \ 0.4\ \ 0.4]$ にとても近くなる：

$$\underset{A}{\begin{bmatrix}0.8 & 0.3\\0.2 & 0.7\end{bmatrix}}\quad \underset{A^2}{\begin{bmatrix}0.70 & 0.45\\0.30 & 0.55\end{bmatrix}}\quad \underset{A^3}{\begin{bmatrix}0.650 & 0.525\\0.350 & 0.475\end{bmatrix}}\quad\cdots\quad \underset{A^{100}}{\begin{bmatrix}0.6000 & 0.6000\\0.4000 & 0.4000\end{bmatrix}}$$

実は A^{100} を求めるのに，100 個の行列を掛けるのではなく，A の**固有値**を使った．それらの固有値（ここでは，1 と 1/2 である）が，行列の核心を見抜く新しい方法である．

固有値を説明するために，まず固有ベクトルを説明しよう．A を掛けたとき，ほとんどすべてのベクトルはその方向が変わる．**いくつかの例外的なベクトル $\boldsymbol{x}$ では，$A\boldsymbol{x}$ が同じ方向になる．そのようなベクトルが「固有ベクトル」である．**固有ベクトルに A を掛けると，ベクトル $A\boldsymbol{x}$ は，もとの $\boldsymbol{x}$ に数 λ を掛けたものになる．

基本方程式は $A\boldsymbol{x}=\lambda\boldsymbol{x}$ である．数 λ は A の固有値である．

固有値 λ によって，A を掛けたときにその特別なベクトル $\boldsymbol{x}$ が伸びる・縮む・反転する・そのまま，ということがわかる．それらは例えば，$\lambda=2\cdot\frac{1}{2}\cdot-1\cdot 1$ である．固有値 λ は零にもなりうる．そのとき，$A\boldsymbol{x}=0\boldsymbol{x}$ から，その固有ベクトル $\boldsymbol{x}$ は零空間にある．

A が単位行列のとき，すべてのベクトルが $A\boldsymbol{x}=\boldsymbol{x}$ を満たすので，すべてのベクトルが I の固有ベクトルであり，固有値「ラムダ」は $\lambda=1$ のみである．控えめに言ってもこれは普通ではない．ほとんどの 2×2 行列には，**2 つの**固有ベクトルの方向と **2 つの**固有値がある．この先で $\det(A-\lambda I)=0$ という式を示す．

本節では，$\boldsymbol{x}$ や λ をどのように計算するかを説明する．2×2 行列の行列式しか必要としないので，講義コースの早い段階で学ぶこともできる．まずこの最初の例に対して，$\det(A-\lambda I)=0$ を使って固有値を求める．その後，式 (3) を適切に導出する．

例 1　次の行列 A は 2 つの固有値 $\lambda=1$ と $\lambda=1/2$ を持つ．$\det(A-\lambda I)$ を見よ：

$$A=\begin{bmatrix}0.8 & 0.3\\ 0.2 & 0.7\end{bmatrix}\quad \det\begin{bmatrix}0.8-\lambda & 0.3\\ 0.2 & 0.7-\lambda\end{bmatrix}=\lambda^2-\frac{3}{2}\lambda+\frac{1}{2}=(\lambda-1)\left(\lambda-\frac{1}{2}\right).$$

2 次式を $\lambda-1$ と $\lambda-\frac{1}{2}$ の積に分解することで，2 つの固有値 $\boldsymbol{\lambda=1}$ と $\boldsymbol{\lambda=\frac{1}{2}}$ が求まった．それらの数において，行列 $A-\lambda I$ は**非可逆**行列（行列式が零）になる．固有ベクトル $\boldsymbol{x}_1$ と $\boldsymbol{x}_2$ は，$A-I$ と $A-\frac{1}{2}I$ の零空間にある．

$(A-I)\boldsymbol{x}_1=0$ より $A\boldsymbol{x}_1=\boldsymbol{x}_1$ であり，1 つ目の固有ベクトルは $(0.6, 0.4)$ である．

$(A-\frac{1}{2}I)\boldsymbol{x}_2=0$ より $A\boldsymbol{x}_2=\frac{1}{2}\boldsymbol{x}_2$ であり，2 つ目の固有ベクトルは $(1,-1)$ である．

$$\boldsymbol{x}_1=\begin{bmatrix}0.6\\ 0.4\end{bmatrix}\quad と\quad A\boldsymbol{x}_1=\begin{bmatrix}0.8 & 0.3\\ 0.2 & 0.7\end{bmatrix}\begin{bmatrix}0.6\\ 0.4\end{bmatrix}=\boldsymbol{x}_1\quad (A\boldsymbol{x}=\boldsymbol{x}\ から\ \lambda_1=1\ となる)$$

$$\boldsymbol{x}_2=\begin{bmatrix}1\\ -1\end{bmatrix}\quad と\quad A\boldsymbol{x}_2=\begin{bmatrix}0.8 & 0.3\\ 0.2 & 0.7\end{bmatrix}\begin{bmatrix}1\\ -1\end{bmatrix}=\begin{bmatrix}0.5\\ -0.5\end{bmatrix}\quad (これは\ \tfrac{1}{2}\boldsymbol{x}_2\ なので\ \lambda_2=\tfrac{1}{2}).$$

$\boldsymbol{x}_1$ にもう一度 A を掛けたとしても $\boldsymbol{x}_1$ となる．A のすべてのベキについて $A^n\boldsymbol{x}_1=\boldsymbol{x}_1$ となる．$\boldsymbol{x}_2$ に A を掛けると $\frac{1}{2}\boldsymbol{x}_2$ となり，もう一度掛けると $(\frac{1}{2})^2\boldsymbol{x}_2$ になる．

$\boldsymbol{A}$ を 2 乗しても固有ベクトルは変わらない．固有値は 2 乗される．

このパターンはその先も続く．なぜならば，固有ベクトルはその方向を変えず（図 6.1），混ざることがないからだ．A^{100} の固有ベクトルは同じ $\boldsymbol{x}_1$ と $\boldsymbol{x}_2$ である．A^{100} の固有値は $1^{100}=1$ と $(\frac{1}{2})^{100}=$（とても小さい数）である．

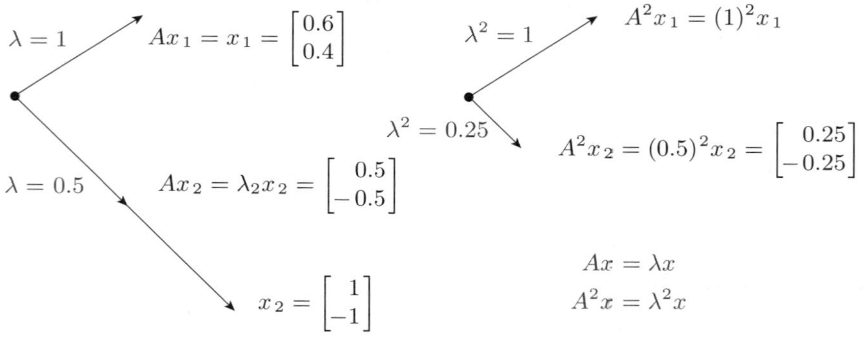

図 6.1　固有ベクトルはその方向を維持する．A^2 の固有値は 1^2 と $(0.5)^2$ である．

他のベクトルは方向が変わる．しかし，それらはすべて，これら 2 つの固有ベクトルの線形結合である．A の第 1 列は線形結合 $\boldsymbol{x}_1+(0.2)\boldsymbol{x}_2$ である：

$$\textbf{固有ベクトルへの分解}\qquad \begin{bmatrix}0.8\\0.2\end{bmatrix} = \boldsymbol{x}_1 + (0.2)\boldsymbol{x}_2 = \begin{bmatrix}0.6\\0.4\end{bmatrix} + \begin{bmatrix}0.2\\-0.2\end{bmatrix}. \qquad (1)$$

A を掛けると $(0.7, 0.3)$ となり，それは A^2 の第 1 列である．$\boldsymbol{x}_1$ と $(0.2)\boldsymbol{x}_2$ に対して別々に掛けてみる．当然 $A\boldsymbol{x}_1 = \boldsymbol{x}_1$ であり，$\boldsymbol{x}_2$ にはその固有値 $\frac{1}{2}$ が掛けられる：

$$\textbf{それぞれの } \boldsymbol{x}_i \textbf{ に } \boldsymbol{\lambda}_i \textbf{ を掛ける}\quad A\begin{bmatrix}0.8\\0.2\end{bmatrix} = \begin{bmatrix}0.7\\0.3\end{bmatrix} \text{ は } \boldsymbol{x}_1 + \frac{1}{2}(0.2)\boldsymbol{x}_2 = \begin{bmatrix}0.6\\0.4\end{bmatrix} + \begin{bmatrix}0.1\\-0.1\end{bmatrix}.$$

A を掛けたとき，**各固有ベクトルにその固有値が掛けられる**．A^2 を求めるのに固有ベクトルは必要なかったが，99 回の掛け算を行うにはそれが良い方法となる．各ステップにおいて，$\boldsymbol{x}_1$ は変化せず，$\boldsymbol{x}_2$ には $(\frac{1}{2})$ が掛けられる．したがって，最終的に $(\frac{1}{2})^{99}$ になる：

$$A^{99}\begin{bmatrix}0.8\\0.2\end{bmatrix} \quad \text{は実際に} \quad \boldsymbol{x}_1 + (0.2)(\frac{1}{2})^{99}\boldsymbol{x}_2 = \begin{bmatrix}0.6\\0.4\end{bmatrix} + \begin{bmatrix}\text{とても小さな}\\\text{ベクトル}\end{bmatrix}.$$

これが A^{100} の第 1 列である．最初に書いた 0.6000 は正確ではなかった．小数点第 30 位まで現れることのない $(0.2)(\frac{1}{2})^{99}$ が入っていなかったからだ．

固有ベクトル $\boldsymbol{x}_1$ は，($\lambda_1 = 1$ なので）変化しない「定常状態」である．固有ベクトル $\boldsymbol{x}_2$ は，($\lambda_2 = 0.5$ なので）事実上消えていく「減衰状態」である．A のベキの次数が増えると，その列ベクトルはより定常状態に近づく．

この A が**マルコフ行列**であることを言及しておこう．その要素は正であり，すべての列について要素の和が 1 である．そのことから，(上で見たように）最大の固有値が $\lambda = 1$ であることが保証される．その固有ベクトル $\boldsymbol{x}_1 = (0.6, 0.4)$ は**定常状態**であり，A^k のすべての列ベクトルは定常状態へ近づいていく．第 8.3 節では，Google のような応用に，マルコフ行列がどのように現れるかを示す．

射影行列では，定常状態 $(\lambda = 1)$ と零空間 $(\lambda = 0)$ が現れる．

例 2　**射影行列** $P = \begin{bmatrix}0.5 & 0.5\\0.5 & 0.5\end{bmatrix}$ の固有値は $\lambda = 1$ と $\lambda = 0$ である．

その固有ベクトルは $\boldsymbol{x}_1 = (1, 1)$ と $\boldsymbol{x}_2 = (1, -1)$ である．それらのベクトルに対して，$P\boldsymbol{x}_1 = \boldsymbol{x}_1$（定常状態）と $P\boldsymbol{x}_2 = \boldsymbol{0}$（零空間）となる．この例は，マルコフ行列，非可逆行列，および（最も重要な）対称行列がすべて，特別な λ と $\boldsymbol{x}$ を持つことを示している：

1. $P = \begin{bmatrix}0.5 & 0.5\\0.5 & 0.5\end{bmatrix}$ の各列の和は 1 であるので，固有値の 1 つは $\lambda = 1$ である．
2. P は**非可逆行列**なので，固有値の 1 つは $\lambda = 0$ である．
3. P は**対称行列**なので，その固有ベクトル $(1, 1)$ と $(1, -1)$ は直交する．

射影行列の固有値は必ず 0 と 1 である．$\lambda = 0$ に対する固有ベクトル（すなわち $P\boldsymbol{x} = 0\boldsymbol{x}$）は零空間を張る．$\lambda = 1$ に対する固有ベクトル（すなわち $P\boldsymbol{x} = \boldsymbol{x}$）は列空間を張る．零空間は零へと射影され，列空間はそれ自身へと射影される．射影により，列空間はそのまま残り，零空間がなくなる：

$$\text{各部分の射影}\quad \boldsymbol{v} = \begin{bmatrix} 1 \\ -1 \end{bmatrix} + \begin{bmatrix} 2 \\ 2 \end{bmatrix} \quad \text{は} \quad P\boldsymbol{v} = \begin{bmatrix} 0 \\ 0 \end{bmatrix} + \begin{bmatrix} 2 \\ 2 \end{bmatrix} \quad \text{へと射影される.}$$

行列の特別な性質から特別な固有値と固有ベクトルが導かれる．それが本章の大きなテーマである（本章の最後にそれらをまとめた表がある）．

射影行列の固有値は $\lambda = 0$ と 1 である．置換行列の固有値はすべて $|\lambda| = 1$ である．次の行列 R（鏡映行列であり，置換行列でもある）もまた特別な行列である．

例 3　**鏡映行列 $R = \left[\begin{smallmatrix} 0 & 1 \\ 1 & 0 \end{smallmatrix}\right]$ の固有値は $\mathbf{1}$ と $\mathbf{-1}$ である．**

1 つ目の固有ベクトル $(1,1)$ は R によって変化しない．2 つ目の固有ベクトルは $(1,-1)$ であり，R によってその符号が逆転する．負の要素を持たない行列であっても，負の固有値を持つことがありうるのだ．R の固有ベクトルは P の固有ベクトルと同じである．なぜならば，**鏡映行列** $= 2($**射影行列**$) - I$ だからだ：

$$\boldsymbol{R} = 2\boldsymbol{P} - \boldsymbol{I} \qquad \begin{bmatrix} 0 & 1 \\ 1 & 0 \end{bmatrix} = 2\begin{bmatrix} 0.5 & 0.5 \\ 0.5 & 0.5 \end{bmatrix} - \begin{bmatrix} 1 & 0 \\ 0 & 1 \end{bmatrix}. \tag{2}$$

これが重要な点だ．$P\boldsymbol{x} = \lambda\boldsymbol{x}$ のとき，$2P\boldsymbol{x} = 2\lambda\boldsymbol{x}$ である．行列を 2 倍すると，固有値も 2 倍になる．さらに，$I\boldsymbol{x} = \boldsymbol{x}$ を引く．その結果は $(2P - I)\boldsymbol{x} = (2\lambda - 1)\boldsymbol{x}$ であり，**行列が I だけ変化すると，各 λ は 1 だけ変化する**．固有ベクトルは変化しない．

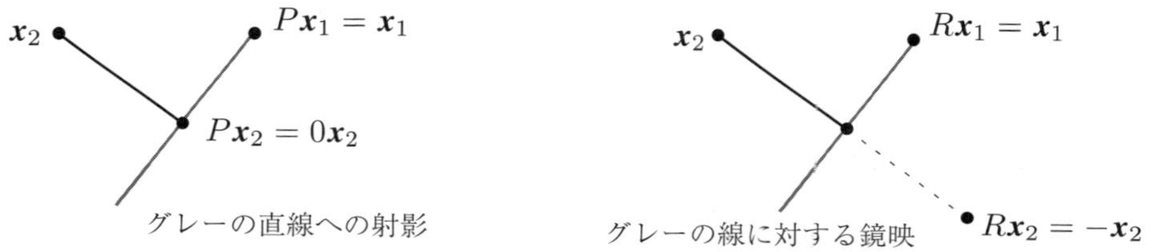

図 6.2　射影行列 P の固有値は 1 と 0 である．鏡映行列 R の固有値は 1 と -1 である．典型的な $\boldsymbol{x}$ の方向は変化するが，固有ベクトル $\boldsymbol{x}_1$ と $\boldsymbol{x}_2$ の方向は変わらない．

鍵となる考え方：R と P の固有値の間の関係は，行列の間の関係とまさに同じである．

$R = 2P - I$ の固有値は $2(1) - 1 = 1$ と $2(0) - 1 = -1$ である．

R^2 の固有値は λ^2 である．この場合 $R^2 = I$ である．$(1)^2 = 1$ と $(-1)^2 = 1$ を確かめよ．

固有値の等式

射影行列と鏡映行列において，幾何を用いて $P\boldsymbol{x} = \boldsymbol{x}, P\boldsymbol{x} = \boldsymbol{0}, R\boldsymbol{x} = -\boldsymbol{x}$ より λ と $\boldsymbol{x}$ を求めた．これ以降は行列式と線形代数を用いる．**これが本章における鍵となる計算だ**．ほぼすべての応用において，まず $A\boldsymbol{x} = \lambda\boldsymbol{x}$ を解かなければならない．

まず $\lambda\boldsymbol{x}$ を左辺へ移項し，等式 $A\boldsymbol{x} = \lambda\boldsymbol{x}$ を $(A - \lambda I)\boldsymbol{x} = \mathbf{0}$ にする．行列 $A - \lambda I$ と固有ベクトル $\boldsymbol{x}$ の積は零ベクトルである．**固有ベクトルにより，$A - \lambda I$ の零空間ができる**．固有値 λ が既知であれば，$(A - \lambda I)\boldsymbol{x} = \mathbf{0}$ を解くことで固有ベクトルが求まる．

固有値を先に求める．$(A - \lambda I)\boldsymbol{x} = \mathbf{0}$ が非零の解を持つならば，$A - \lambda I$ は可逆ではない．**$\boldsymbol{A - \lambda I}$ の行列式が零でなければならない．** これが，固有値 λ を知る方法である：

固有値 $A - \lambda I$ が非可逆行列であるとき，かつそのときに限り，数 λ は A の固有値である：

固有値の等式 $\det(A - \lambda I) = 0.$ (3)

この「特性多項式」$\det(A - \lambda I)$ は λ のみを含み，$\boldsymbol{x}$ は含まない．A が $n \times n$ のとき，式 (3) の次数は n である．したがって，A には（重複を許して）n 個の固有値がある．各 λ から $\boldsymbol{x}$ が導かれる：

各固有値 λ について $(A - \lambda I)\boldsymbol{x} = \mathbf{0}$ すなわち $A\boldsymbol{x} = \lambda\boldsymbol{x}$ を解いて，
固有ベクトル $\boldsymbol{x}$ を求める．

例 4 $A = \begin{bmatrix} 1 & 2 \\ 2 & 4 \end{bmatrix}$ はすでに非可逆行列（行列式が零）である．その λ と $\boldsymbol{x}$ を求めよ．

A が非可逆行列のとき，その固有値の 1 つは $\lambda = 0$ である．等式 $A\boldsymbol{x} = 0\boldsymbol{x}$ が解を持ち，その解は $\lambda = 0$ に対する固有ベクトルである．一方，$\det(A - \lambda I) = 0$ によって**すべての** λ と $\boldsymbol{x}$ を求められる．いつも A から λI を引く：

対角要素から λ を引くと次の行列を得る $A - \lambda I = \begin{bmatrix} 1-\lambda & 2 \\ 2 & 4-\lambda \end{bmatrix}.$ (4)

この 2×2 行列の行列式「$ad - bc$」を計算する． その「ad」の部分は，$(1 - \lambda) \times (4 - \lambda)$ から $\lambda^2 - 5\lambda + 4$ となる．その「bc」の部分は，λ を含まず，2×2 となる．

$$\det \begin{bmatrix} 1-\lambda & 2 \\ 2 & 4-\lambda \end{bmatrix} = (1-\lambda)(4-\lambda) - (2)(2) = \lambda^2 - 5\lambda. \tag{5}$$

この行列式 $\boldsymbol{\lambda^2 - 5\lambda}$ を零とする． 1 つの根は，（A が非可逆行列であることから期待どおり）$\lambda = 0$ である．λ と $\lambda - 5$ の積に分解することで，もう 1 つの根は $\lambda = 5$ となる：

$\det(A - \lambda I) = \lambda^2 - 5\lambda = 0$ より固有ベクトル $\lambda_1 = 0$ と $\lambda_2 = 5$ を得る．

次に固有ベクトルを求める．$\lambda_1 = 0$ と $\lambda_2 = 5$ について，それぞれ $(A - \lambda I)\boldsymbol{x} = \boldsymbol{0}$ を解く：

$$(A - 0I)\boldsymbol{x} = \begin{bmatrix} 1 & 2 \\ 2 & 4 \end{bmatrix}\begin{bmatrix} y \\ z \end{bmatrix} = \begin{bmatrix} 0 \\ 0 \end{bmatrix} \text{ より}$$

$\lambda_1 = 0$ に対する固有ベクトル $\begin{bmatrix} y \\ z \end{bmatrix} = \begin{bmatrix} 2 \\ -1 \end{bmatrix}$ が得られる．

$$(A - 5I)\boldsymbol{x} = \begin{bmatrix} -4 & 2 \\ 2 & -1 \end{bmatrix}\begin{bmatrix} y \\ z \end{bmatrix} = \begin{bmatrix} 0 \\ 0 \end{bmatrix} \text{ より}$$

$\lambda_2 = 5$ に対する固有ベクトル $\begin{bmatrix} y \\ z \end{bmatrix} = \begin{bmatrix} 1 \\ 2 \end{bmatrix}$ が得られる．

（0 と 5 が固有値なので）行列 $A - 0I$ と $A - 5I$ は非可逆行列である．固有ベクトル $(2, -1)$ と $(1, 2)$ は，それらの零空間にある．$(A - \lambda I)\boldsymbol{x} = \boldsymbol{0}$ は $A\boldsymbol{x} = \lambda\boldsymbol{x}$ に等しい．

次のことを強調する必要があるだろう．$\lambda = 0$ **は何ら特別でない**．他のすべての数と同様に，零は固有値になるかもしれないし，ならないかもしれない．A が非可逆行列であるとき，零が固有値になる．固有ベクトルは零空間を満たし，$A\boldsymbol{x} = 0\boldsymbol{x} = \boldsymbol{0}$ となる．A が可逆行列であるとき，零は固有値ではない．I の倍数だけ A をシフトすることで，**非可逆行列を作る**．

例では，シフトされた行列 $A - 5I$ は非可逆であり，5 がもう 1 つの固有値となる．

まとめ $n \times n$ 行列に対する固有値問題を解くには，以下の手順をとる：

1. **$A - \lambda I$ の行列式を計算する．** 対角要素から λ を引くことで，行列式は λ^n か $-\lambda^n$ から始まる．行列式は，λ を変数とする次数 n の多項式である．
2. $\det(A - \lambda I) = 0$ を解くことで，**この多項式の根を求める．** それら n 個の根が，A の n 個の固有値である．それらは $A - \lambda I$ を非可逆行列にする．
3. 各固有値 λ について，**$(A - \lambda I)\boldsymbol{x} = \boldsymbol{0}$ を解いて固有ベクトル $\boldsymbol{x}$ を求める．**

2×2 行列の固有ベクトルに関して以下の点に留意せよ．$A - \lambda I$ が非可逆行列であるとき，その両方の行は，あるベクトル (a, b) の倍数となっている．**固有ベクトルは** $(b, -a)$ **に任意の数を掛けたものである**．例では，$\lambda = 0$ と $\lambda = 5$ であった：

$\lambda = 0$: $A - 0I$ の行は $(1, 2)$ の方向にあり，固有ベクトルは $(2, -1)$ の方向にある．

$\lambda = 5$: $A - 5I$ の行は $(-4, 2)$ の方向にあり，固有ベクトルは $(2, 4)$ の方向にある．

前の例では，2 つ目の固有ベクトルを $(1, 2)$ と書いた．$(1, 2)$ と $(2, 4)$ はいずれも正しい．**固有ベクトルからなる直線**を考えると，$\boldsymbol{x}$ に零を除く任意の数を掛けたものは，$\boldsymbol{x}$ と同じようなものである．MATLAB の eig(A) では，その長さで割って，固有ベクトルを単位ベクトルにする．

最後に注意をしておく．固有ベクトルからなる直線が **1 つ**しかない 2×2 行列もある．2 つの固有値が等しいときにそれが起こりうる（一方，$A = I$ では固有値が等しく，たくさんの固有ベクトルがある）．同様に，n 個の独立な固有ベクトルのない $n \times n$ 行列もある．n 個の固有ベクトルがなければ，基底が得られない．そのとき，すべてのベクトル $\boldsymbol{v}$ を固有ベクトルの線形結合として書くことができない．次節の言葉で言うと，n 個の独立な固有ベクトルがなければ，行列を対角化できない．

良い知らせと悪い知らせ

まず悪い知らせから．A のある行を別の行に足す，もしくは，行を交換すると，たいてい固有値は変化する．**消去は，固有値 λ を保存しない**．三角行列 U では，U の固有値が対角要素にあり，それらはピボットでもある．しかし，それらは A の固有値ではない．第 2 行に第 1 行を足すと，固有値が変わる：

$$U = \begin{bmatrix} 1 & 3 \\ 0 & 0 \end{bmatrix} \text{ では } \lambda = 0 \text{ と } \lambda = 1 \text{ である．} \quad A = \begin{bmatrix} 1 & 3 \\ 2 & 6 \end{bmatrix} \text{ では } \lambda = 0 \text{ と } \lambda = 7 \text{ である．}$$

次に良い知らせを．**積 $\lambda_1 \times \lambda_2$ と和 $\lambda_1 + \lambda_2$ を，行列から手早く求めることができる**．上の A では，固有値の積は 0×7 であり，その行列式（0）と一致する．固有値の和は $0 + 7$ であり，対角要素の和（**トレース**：$1 + 6$）と一致する．これらの手早い検算はいつも使える：

$\boldsymbol{n}$ 個の固有値の積は行列式に等しい．
$\boldsymbol{n}$ 個の固有値の和は $\boldsymbol{n}$ 個の対角要素の和に等しい．

対角要素の和は，A の**トレース**と呼ばれる：

$$\lambda_1 + \lambda_2 + \cdots + \lambda_n = \textbf{トレース} = a_{11} + a_{22} + \cdots + a_{nn}. \tag{6}$$

これらの検算はとても便利だ．それらは問題 16〜17 および次節で証明される．固有値 λ を計算するのを楽にしてくれるわけではないが，計算が間違っているときにそのことがわかる．正しい λ を計算するには，$\det(A - \lambda I) = 0$ に戻ってやりなおす．

行列式を用いた検算では，固有値 λ の**積**がピボットの**積**と等しくなる（ただし行交換がないとする）．しかし，例で見たように，固有値の和はピボットの和とならない．個々の固有値は，ピボットとはほぼ関係がない．この線形代数の新パートでは，鍵となる式は本当に**非線形**であり，λ と $\boldsymbol{x}$ の積である．

三角行列の固有値がその対角要素にあるのはなぜだろうか？

虚数の固有値

もう 1 つの知らせは，ひどく悪いものではない．固有値は実数でないかもしれない．

例 5 90° の回転行列 $Q = \begin{bmatrix} 0 & -1 \\ 1 & 0 \end{bmatrix}$ **には実数の固有値がない．その固有値は** $\lambda = i$ **と** $\lambda = -i$ **である.**（λ の和）＝（トレース）＝ 0.（積）＝（行列式）＝ 1.

回転を行うと，$Q\boldsymbol{x}$ は $\boldsymbol{x}$ **とは異なる方向になる**（役に立たない $\boldsymbol{x} = \mathbf{0}$ を除く）．**虚数**を考慮に入れなければ，固有ベクトルが存在しえない．

i がどのようにはたらくか，$-I$ となる Q^2 を見よう．Q が 90° の回転であれば，Q^2 は 180° の回転である．その固有値は -1 と -1 である（確かに，$-I\boldsymbol{x} = -1\boldsymbol{x}$ だ）．Q を 2 乗するとそれぞれの固有値も 2 乗になるので，$\lambda^2 = -1$ でなければならない．$i^2 = -1$ なので，**90° の回転行列** Q **の固有値は** $+i$ **と** $-i$ である．

それらの固有値 λ は，これまでどおり $\det(Q - \lambda I) = 0$ から得られる．この式は $\lambda^2 + 1 = 0$ となり，その根は i と $-i$ である．固有ベクトルにも虚数 i が現れる：

複素固有ベクトル $$\begin{bmatrix} 0 & -1 \\ 1 & 0 \end{bmatrix} \begin{bmatrix} 1 \\ i \end{bmatrix} = -i \begin{bmatrix} 1 \\ i \end{bmatrix} \quad と \quad \begin{bmatrix} 0 & -1 \\ 1 & 0 \end{bmatrix} \begin{bmatrix} i \\ 1 \end{bmatrix} = i \begin{bmatrix} i \\ 1 \end{bmatrix}.$$

ともかく，これらの複素ベクトル $\boldsymbol{x}_1 = (1, i)$ と $\boldsymbol{x}_2 = (i, 1)$ は回転を行ってもその方向を維持する．それがどのように維持されるかは聞かないでほしい．この例が示す重要なことは，実数行列が複素固有値や複素固有ベクトルを持つことが容易にありうるということだ．その固有値 i と $-i$ は，Q の特別な性質も表している：

1. Q は直交行列であるので，各 λ の絶対値は $|\lambda| = 1$ である．
2. Q は歪対称行列であるので，各 λ は純虚数である．

対称行列 $(A^{\mathrm{T}} = A)$ は，実数に例えられる．歪対称行列 $(A^{\mathrm{T}} = -A)$ は純虚数に例えられる．直交行列 $(A^{\mathrm{T}}A = I)$ は，$|\lambda| = 1$ である複素数に例えられる．これらの固有値はそのアナロジー以上の意味を持ち，それらの定理は第 6.4 節で証明される．

これらの特別な行列すべてにおいて，固有ベクトルは直交する．ともかく，$(i, 1)$ と $(1, i)$ は直交する（複素ベクトルの内積は，第 10 章で説明する）．

MATLAB の eigshow

2×2 行列の固有値問題を表示する MATLAB のデモがある（eigshow とタイプするだけだ）．最初に単位ベクトル $\boldsymbol{x} = (1, 0)$ がある．**マウスを動かすと，このベクトルが単位円に沿って動く**．同時に画面に $A\boldsymbol{x}$ を色付きで表示し，それも動く．$A\boldsymbol{x}$ が $\boldsymbol{x}$ よりも前にあるかもしれないし，$A\boldsymbol{x}$ が $\boldsymbol{x}$ の後ろにあるかもしれない．**あるとき** $A\boldsymbol{x}$ **が** $\boldsymbol{x}$ **と平行になる**．その平行になるときが，$A\boldsymbol{x} = \lambda\boldsymbol{x}$ である（2 つ目の図における $\boldsymbol{x}_1$ と $\boldsymbol{x}_2$ のときである）．

単位固有ベクトル $\boldsymbol{x}$ に対して，固有値 λ は $A\boldsymbol{x}$ の長さである．A として用意されている行列は，3 つの可能性を説明する．それは，$A\boldsymbol{x}$ が $\boldsymbol{x}$ と交差する方向が 0 通り，1 通り，または 2 通りあることだ．

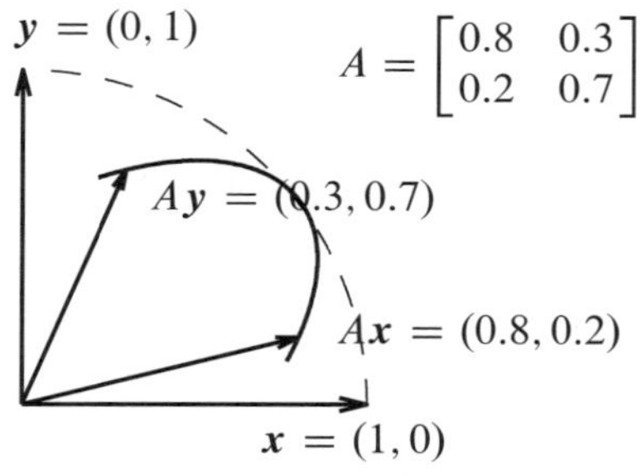

これらは固有ベクトルではない

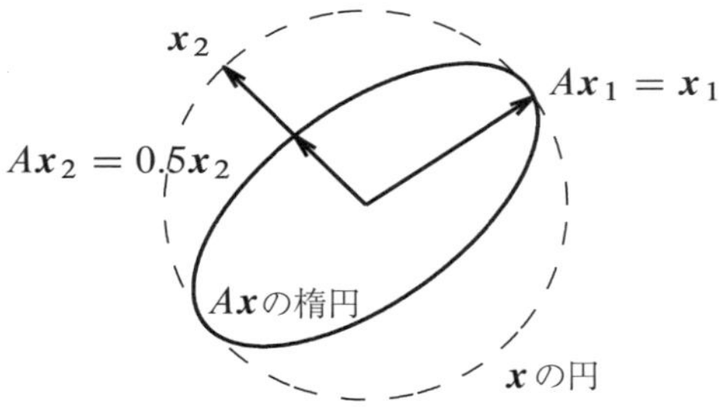

固有ベクトルでは，Ax は x 上にある

0. **実数固有値がない**．Ax **は，ずっと** x **の前か後にいる**．すなわち，回転行列 Q と同様に，固有値や固有ベクトルが複素数である．

1. 固有ベクトルが **1** つの方向にしかない（これは普通ではない）．移動する Ax と x は接触するが，交差して越えることはない．下の最後の 2×2 行列でこれが起こる．

2. 固有ベクトルが独立な **2** 方向にある．これが典型的だ．Ax は最初の固有ベクトル x_1 で x と交差し，2 つ目の固有ベクトル x_2 で戻る．その後，さらに Ax と x は $-x_1$ と $-x_2$ で交差する．

以下の 5 つの行列に対し，頭の中で x と Ax を追ってみよ．行列の下に，それらの実数固有値の数を示す．Ax と x が同じ向きに並ぶのがどの方向かわかるか？

$$A = \underset{\mathbf{2}}{\begin{bmatrix} 2 & 0 \\ 0 & 1 \end{bmatrix}} \quad \underset{\mathbf{2}}{\begin{bmatrix} 0 & 1 \\ 1 & 0 \end{bmatrix}} \quad \underset{\mathbf{0}}{\begin{bmatrix} 0 & 1 \\ -1 & 0 \end{bmatrix}} \quad \underset{\mathbf{1}}{\begin{bmatrix} 1 & -1 \\ 1 & -1 \end{bmatrix}} \quad \underset{\mathbf{1}}{\begin{bmatrix} 1 & 1 \\ 0 & 1 \end{bmatrix}}$$

A が非可逆行列（階数が 1）であるとき，その列空間は直線である．x が円に沿って動くとき，ベクトル Ax はその直線上で上下に動く．1 つの固有ベクトル x は，その直線の方向にある．もう 1 つの固有ベクトルは $Ax_2 = \mathbf{0}$ のときに現れる．零は，非可逆行列の固有値の 1 つである．

■　要点の復習　■

1. $Ax = \lambda x$ は，固有ベクトル x に行列 A を掛けたときその方向を維持することを示す．

2. $Ax = \lambda x$ は，$\det(A - \lambda I) = 0$ であることも示す．これにより，n 個の固有値が決まる．

3. A^2 と A^{-1} の固有値は λ^2 と λ^{-1} であり，固有ベクトルは同じである．

4. 固有値の和は A の対角要素の和（トレース）に等しい．固有値の積は行列式に等しい．

5. 射影行列 P と鏡映行列 R と $90°$ 回転行列 Q は，特別な固有値 $1, 0$ と $1, -1$ と $i, -i$ を持つ．非可逆行列は固有値 0 を持つ．三角行列では固有値はその対角要素にある．

■　例題　■

6.1 A　A，A^2，A^{-1}，および $A+4I$ について，その固有値と固有ベクトルを求めよ：

$$A=\begin{bmatrix}2 & -1\\-1 & 2\end{bmatrix} \quad \text{と} \quad A^2=\begin{bmatrix}5 & -4\\-4 & 5\end{bmatrix}.$$

A と A^2 について，そのトレース $\lambda_1+\lambda_2$ と行列式 $\lambda_1\lambda_2$ を確かめよ．

解　A の固有値は $\det(A-\lambda I)=0$ から得られる：

$$\det(A-\lambda I)=\begin{vmatrix}2-\lambda & -1\\-1 & 2-\lambda\end{vmatrix}=\lambda^2-4\lambda+3=0.$$

これを因数分解すると $(\lambda-1)(\lambda-3)=0$ となるので，A の固有値は $\lambda_1=1$ と $\lambda_2=3$ である．トレース $2+2$ はその和 $1+3$ に一致する．行列式 3 は，その積 $\lambda_1\lambda_2=3$ に一致する．固有ベクトルは，$A\boldsymbol{x}=\lambda\boldsymbol{x}$ すなわち $(A-\lambda I)\boldsymbol{x}=\mathbf{0}$ をそれぞれ解くことで求まる：

$$\boldsymbol{\lambda=1:}\quad (A-I)\boldsymbol{x}=\begin{bmatrix}1 & -1\\-1 & 1\end{bmatrix}\begin{bmatrix}x\\y\end{bmatrix}=\begin{bmatrix}0\\0\end{bmatrix} \text{ より固有ベクトル } \boldsymbol{x}_1=\begin{bmatrix}1\\1\end{bmatrix} \text{ を得る}$$

$$\boldsymbol{\lambda=3:}\quad (A-3I)\boldsymbol{x}=\begin{bmatrix}-1 & -1\\-1 & -1\end{bmatrix}\begin{bmatrix}x\\y\end{bmatrix}=\begin{bmatrix}0\\0\end{bmatrix} \text{ より固有ベクトル } \boldsymbol{x}_2=\begin{bmatrix}1\\-1\end{bmatrix} \text{ を得る}$$

A^2，A^{-1}，および $A+4I$ は A と**同じ固有ベクトル**を持つ．それらの固有値は，λ^2，λ^{-1}，および $\lambda+4$ である：

$$A^2 \text{ の固有値は } 1^2=1 \text{ と } 3^2=9 \qquad A^{-1} \text{ の固有値は } \frac{1}{1} \text{ と } \frac{1}{3}$$
$$A+4I \text{ の固有値は } 1+4=5 \text{ と } 3+4=7$$

A^2 のトレースは $5+5$ であり，$1+9$ と一致する．行列式は $25-16=9$ である．

続く節に向けた注：上の A の固有ベクトルは**直交固有ベクトル**である（対称行列に関する第 6.4 節）．$\lambda_1\neq\lambda_2$ であるので，A は**対角化**可能である（第 6.2 節）．A は，固有値 1 と 3 を持つ任意の 2×2 行列に**相似**である（第 6.6 節）．$A=A^{\mathrm{T}}$ であり固有値がすべて正であるので，A は**正定値行列**である（第 6.5 節）．

6.1 B　次の 3×3 行列 A の固有値と固有ベクトルを求めよ．

対称行列
非可逆行列
トレース $\mathbf{1+2+1=4}$

$$A=\begin{bmatrix}1 & -1 & 0\\-1 & 2 & -1\\0 & -1 & 1\end{bmatrix}$$

解　A のすべての行はその要素の和が零であるので，ベクトル $\boldsymbol{x}=(1,1,1)$ は $A\boldsymbol{x}=\mathbf{0}$ を満たす．これは固有値 $\lambda=0$ に対応する固有ベクトルである．λ_2 と λ_3 を求めるには，3×3

の行列式を計算する：

$$\det(A-\lambda I)=\begin{vmatrix}1-\lambda & -1 & 0\\ -1 & 2-\lambda & -1\\ 0 & -1 & 1-\lambda\end{vmatrix}$$
$$=(1-\lambda)(2-\lambda)(1-\lambda)-2(1-\lambda)$$
$$=(1-\lambda)[(2-\lambda)(1-\lambda)-2]$$
$$=(1-\lambda)(-\lambda)(3-\lambda).$$

その因数 $-\lambda$ により，$\lambda=0$ が根であり，A の固有値であることが確かめられる．他の因数 $(1-\lambda)$ と $(3-\lambda)$ より，固有値 1 と 3 が得られる．それらの和は 4 である（トレース）．各固有値 $0,1,3$ は，対応する固有ベクトルを持つ：

$$\boldsymbol{x}_1=\begin{bmatrix}1\\1\\1\end{bmatrix}\quad A\boldsymbol{x}_1=\mathbf{0}\boldsymbol{x}_1\qquad \boldsymbol{x}_2=\begin{bmatrix}1\\0\\-1\end{bmatrix}\quad A\boldsymbol{x}_2=\mathbf{1}\boldsymbol{x}_2\qquad \boldsymbol{x}_3=\begin{bmatrix}1\\-2\\1\end{bmatrix}\quad A\boldsymbol{x}_3=\mathbf{3}\boldsymbol{x}_3\ .$$

A が対称行列であるとき固有ベクトルが直交することを，あらためて注意しておこう．

3×3 行列からは，3 次多項式 $\det(A-\lambda I)=-\lambda^3+4\lambda^2-3\lambda$ が作られる．単純な根 $\lambda=0,1,3$ が求まったのは運が良かった．通常 $\mathsf{eig}(A)$ のようなコマンドを用いるが，その計算では行列式を用いることはない（より大きな行列に対するより良い方法は第 9.3 節で示す）．

完全なコマンド $[S,D]=\mathsf{eig}(A)$ では，単位固有ベクトルが **固有ベクトル行列** S の列に置かれる．その 1 つ目のベクトルはたまたま 3 つの負符号を持つが，それは $(1,1,1)$ を反転して $\sqrt{3}$ で割ったものだ．A の固有値は，**固有値行列**（D とタイプされているが，この後すぐに Λ と呼ばれる）の対角要素に置かれる．

練習問題 6.1

1　本章の最初の例では，以下の行列 A のベキをとった：

$$A=\begin{bmatrix}0.8 & 0.3\\0.2 & 0.7\end{bmatrix}\quad と\quad A^2=\begin{bmatrix}0.70 & 0.45\\0.30 & 0.55\end{bmatrix}\quad と\quad A^\infty=\begin{bmatrix}0.6 & 0.6\\0.4 & 0.4\end{bmatrix}.$$

これらの行列の固有値を求めよ．ベキはすべて，同じ固有ベクトルを持つ．

(a) A に対して行交換を行うと，異なる固有値が得られることを示せ．
(b) 消去の過程で，値が零の固有値が変化しないのはなぜか？

2　以下の 2 つの行列の固有値と固有ベクトルを求めよ：

$$A=\begin{bmatrix}1 & 4\\2 & 3\end{bmatrix}\quad と\quad A+I=\begin{bmatrix}2 & 4\\2 & 4\end{bmatrix}.$$

$A+I$ の固有ベクトルは，A の固有ベクトルと ＿＿＿．その固有値は 1 だけ ＿＿＿ されている．

3　以下の A と A^{-1} の固有値と固有ベクトルを計算せよ．トレースを確かめよ．

$$A=\begin{bmatrix}0 & 2\\ 1 & 1\end{bmatrix} \quad と \quad A^{-1}=\begin{bmatrix}-1/2 & 1\\ 1/2 & 0\end{bmatrix}.$$

A^{-1} は A と ＿＿＿ 固有ベクトルを持つ．A の固有値が λ_1 と λ_2 であるとき，その逆行列は固有値 ＿＿＿ を持つ．

4　A と A^2 の固有値と固有ベクトルを計算せよ：

$$A=\begin{bmatrix}-1 & 3\\ 2 & 0\end{bmatrix} \quad と \quad A^2=\begin{bmatrix}7 & -3\\ -2 & 6\end{bmatrix}.$$

A^2 は A と同じ ＿＿＿ を持つ．A の固有値が λ_1 と λ_2 であるとき，A^2 の固有値は ＿＿＿ である．この例で，$\lambda_1^2+\lambda_2^2=13$ であるのはなぜか？

5　A と B（三角行列では容易）および $A+B$ の固有値を求めよ．

$$A=\begin{bmatrix}3 & 0\\ 1 & 1\end{bmatrix} \quad と \quad B=\begin{bmatrix}1 & 1\\ 0 & 3\end{bmatrix} \quad と \quad A+B=\begin{bmatrix}4 & 1\\ 1 & 4\end{bmatrix}.$$

$A+B$ の固有値は，A の固有値と B の固有値の和に（等しい・等しくない）．

6　A，B，AB および BA の固有値を求めよ：

$$A=\begin{bmatrix}1 & 0\\ 1 & 1\end{bmatrix} \quad と \quad B=\begin{bmatrix}1 & 2\\ 0 & 1\end{bmatrix} \quad と \quad AB=\begin{bmatrix}1 & 2\\ 1 & 3\end{bmatrix} \quad と \quad BA=\begin{bmatrix}3 & 2\\ 1 & 1\end{bmatrix}.$$

(a) AB の固有値は A の固有値と B の固有値の積に等しいか？
(b) AB の固有値は BA の固有値と等しいか？

7　消去によって $A=LU$ が作られる．U の固有値はその対角要素にあり，それらは ＿＿＿ である．L の固有値もその対角要素にあり，それらはすべて ＿＿＿ である．A の固有値は ＿＿＿ と同じではない．

8　(a) $\boldsymbol{x}$ が固有ベクトルであることが既知のとき，λ を求めるには ＿＿＿ する．
(b) λ が固有値であることが既知のとき，$\boldsymbol{x}$ を求めるには ＿＿＿ する．

9　(a) と (b) と (c) を証明するには，$A\boldsymbol{x}=\lambda\boldsymbol{x}$ に対して何を行えばよいか？

(a) 問題 4 にあるとおり，λ^2 は A^2 の固有値である．
(b) 問題 3 にあるとおり，λ^{-1} は A^{-1} の固有値である．
(c) 問題 2 にあるとおり，$\lambda+1$ は $A+I$ の固有値である．

10 以下のマルコフ行列 A と A^∞ の両方について，固有値と固有ベクトルを求めよ．それらの答から，A^{100} が A^∞ に近い理由を説明せよ：

$$A = \begin{bmatrix} 0.6 & 0.2 \\ 0.4 & 0.8 \end{bmatrix} \quad \text{と} \quad A^\infty = \begin{bmatrix} 1/3 & 1/3 \\ 2/3 & 2/3 \end{bmatrix}.$$

11 固有値が $\lambda_1 \neq \lambda_2$ であるような 2×2 行列において，$A - \lambda_1 I$ の列は固有ベクトル $\boldsymbol{x}_2$ の倍数であるという奇妙な事実がある．これが成り立つのはなぜか？

12 次の行列 P（射影行列の固有値は $\lambda=1$ と 0 である）の 3 つの固有ベクトルを求めよ：

$$\text{射影行列} \qquad P = \begin{bmatrix} 0.2 & 0.4 & 0 \\ 0.4 & 0.8 & 0 \\ 0 & 0 & 1 \end{bmatrix}.$$

2 つの固有ベクトルが同じ λ を共有しているとき，それらの線形結合も同じ固有値を持つ．P の固有ベクトルのうち，すべての要素が非零であるものを求めよ．

13 単位ベクトル $\boldsymbol{u} = \left(\frac{1}{6}, \frac{1}{6}, \frac{3}{6}, \frac{5}{6}\right)$ から，階数が 1 である射影行列 $P = \boldsymbol{u}\boldsymbol{u}^{\mathrm{T}}$ を作れ．$\boldsymbol{u}^{\mathrm{T}}\boldsymbol{u} = 1$ であるので，この行列は $P^2 = P$ を満たす．

(a) $(\boldsymbol{u}\boldsymbol{u}^{\mathrm{T}})\boldsymbol{u} = \boldsymbol{u}(\_\_\_\_\_)$ より $P\boldsymbol{u} = \boldsymbol{u}$ である．そのとき，$\boldsymbol{u}$ は $\lambda=1$ に対する固有ベクトルである．

(b) $\boldsymbol{v}$ が $\boldsymbol{u}$ に直交するとき，$P\boldsymbol{v} = \boldsymbol{0}$ であることを示せ．そのとき，$\lambda = 0$ である．

(c) 固有値 $\lambda = 0$ に対する独立な P の固有ベクトルを 3 つ求めよ．

14 $\det(Q - \lambda I) = 0$ を 2 次方程式の解の公式を用いて解き，$\lambda = \cos\theta \pm i \sin\theta$ を導け：

$$Q = \begin{bmatrix} \cos\theta & -\sin\theta \\ \sin\theta & \cos\theta \end{bmatrix} \quad \text{は } xy \text{ 平面を角度 } \theta \text{ だけ回転させる．実数の } \lambda \text{ はない．}$$

$(Q - \lambda I)\boldsymbol{x} = \boldsymbol{0}$ を解くことで，Q の固有ベクトルを求めよ．$i^2 = -1$ を使え．

15 すべての置換行列は $\boldsymbol{x} = (1, 1, \ldots, 1)$ を変化させないので $\lambda = 1$ である．$\det(P - \lambda I) = 0$ から，以下の置換行列の他の固有値（複素数になりうる）を 2 つ求めよ：

$$P = \begin{bmatrix} 0 & 1 & 0 \\ 0 & 0 & 1 \\ 1 & 0 & 0 \end{bmatrix} \quad \text{と} \quad P = \begin{bmatrix} 0 & 0 & 1 \\ 0 & 1 & 0 \\ 1 & 0 & 0 \end{bmatrix}.$$

16 **A の行列式は固有値の積 $\lambda_1 \lambda_2 \cdots \lambda_n$ に等しい．** 多項式 $\det(A - \lambda I)$ を n 個の因数に分解する式（これは常に可能である）に対して，$\lambda = 0$ を代入せよ：

$$\det(A - \lambda I) = (\lambda_1 - \lambda)(\lambda_2 - \lambda)\cdots(\lambda_n - \lambda) \quad \text{したがって} \quad \det A = \_\_\_\_\_.$$

$\lambda = 1$ と $\frac{1}{2}$ を持つマルコフ行列を扱う例 1 において，この法則を確かめよ．

17 対角要素の和（**トレース**）は，固有値の和に等しい：

$$A = \begin{bmatrix} a & b \\ c & d \end{bmatrix} \quad \text{において} \quad \det(A-\lambda I) = \lambda^2 - (a+d)\lambda + ad - bc = 0.$$

2 次方程式の解の公式より，固有値は $\lambda = (a+d+\sqrt{\quad})/2$ と $\lambda =$ _____ になる．それらの和は _____ である．A の固有値が $\lambda_1 = 3$ と $\lambda_2 = 4$ であるとき，$\det(A-\lambda I) =$ _____ である．

18 A の固有値が $\lambda_1 = 4$ と $\lambda_2 = 5$ であるとき，$\det(A-\lambda I) = (\lambda-4)(\lambda-5) = \lambda^2 - 9\lambda + 20$ である．トレースが $a+d = 9$，行列式が 20，固有値が $\lambda = 4, 5$ である行列を 3 つ求めよ．

19 3×3 行列 B は固有値 $0, 1, 2$ を持つことがわかっている．この情報から以下のうちの 3 つを求めることができる（可能なものには答を与えよ）：

(a) B の階数
(b) $B^{\mathrm{T}}B$ の行列式
(c) $B^{\mathrm{T}}B$ の固有値
(d) $(B^2+I)^{-1}$ の固有値

20 以下の A と C の最後の行をうまく選び，固有値が 4, 7 および 1, 2, 3 となるようにせよ：

$$\textbf{同伴行列} \qquad A = \begin{bmatrix} 0 & 1 \\ * & * \end{bmatrix} \quad C = \begin{bmatrix} 0 & 1 & 0 \\ 0 & 0 & 1 \\ * & * & * \end{bmatrix}.$$

21 **A の固有値は A^{T} の固有値に等しい**．なぜならば，$\det(A-\lambda I)$ と $\det(A^{\mathrm{T}}-\lambda I)$ が等しいからであり，それは _____ だからである．例を用いて，A と A^{T} の固有ベクトルが等しく**ない**ことを示せ．

22 要素が正であり各列の要素の和が 1 である，任意の 3×3 マルコフ行列 M を作れ．$M^{\mathrm{T}}(1,1,1) = (1,1,1)$ であることを示せ．問題 21 から，$\lambda = 1$ も M の固有値である．挑戦問題：トレースが $\frac{1}{2}$ である 3×3 非可逆マルコフ行列の固有値 λ を求めよ．

23 $\lambda_1 = \lambda_2 = 0$ である 2×2 行列を 3 つ求めよ．トレースが零であり，行列式も零である．A は零行列ではないかもしれないが，$A^2 = 0$ であることを確かめよ．

24 次の行列は階数が 1 となる非可逆行列である．3 つの固有値と 3 つの固有ベクトルを求めよ：

$$A = \begin{bmatrix} 1 \\ 2 \\ 1 \end{bmatrix} \begin{bmatrix} 2 & 1 & 2 \end{bmatrix} = \begin{bmatrix} 2 & 1 & 2 \\ 4 & 2 & 4 \\ 2 & 1 & 2 \end{bmatrix}.$$

25　A と B が同じ固有値 $\lambda_1, \ldots, \lambda_n$ と同じ独立な固有ベクトル $\boldsymbol{x}_1, \ldots, \boldsymbol{x}_n$ を持つと仮定する．そのとき $A = B$ である．**理由**：任意のベクトル $\boldsymbol{x}$ は線形結合 $c_1\boldsymbol{x}_1 + \cdots + c_n\boldsymbol{x}_n$ で書ける．$A\boldsymbol{x}$ はどうなるか？$B\boldsymbol{x}$ はどうなるか？

26　部分行列 B は固有値 $1, 2$ を持ち，C は固有値 $3, 4$ を持ち，D は固有値 $5, 7$ を持つ．4×4 行列 A の固有値を求めよ：

$$A = \begin{bmatrix} B & C \\ 0 & D \end{bmatrix} = \begin{bmatrix} 0 & 1 & 3 & 0 \\ -2 & 3 & 0 & 4 \\ 0 & 0 & 6 & 1 \\ 0 & 0 & 1 & 6 \end{bmatrix}.$$

27　A と C について，階数を求め，4 つの固有値を求めよ：

$$A = \begin{bmatrix} 1 & 1 & 1 & 1 \\ 1 & 1 & 1 & 1 \\ 1 & 1 & 1 & 1 \\ 1 & 1 & 1 & 1 \end{bmatrix} \quad \text{と} \quad C = \begin{bmatrix} 1 & 0 & 1 & 0 \\ 0 & 1 & 0 & 1 \\ 1 & 0 & 1 & 0 \\ 0 & 1 & 0 & 1 \end{bmatrix}.$$

28　問題 27 の A から I を引く．次の行列について，λ を求め，さらに行列式を求めよ：

$$B = A - I = \begin{bmatrix} 0 & 1 & 1 & 1 \\ 1 & 0 & 1 & 1 \\ 1 & 1 & 0 & 1 \\ 1 & 1 & 1 & 0 \end{bmatrix} \quad \text{と} \quad C = I - A = \begin{bmatrix} 0 & -1 & -1 & -1 \\ -1 & 0 & -1 & -1 \\ -1 & -1 & 0 & -1 \\ -1 & -1 & -1 & 0 \end{bmatrix}.$$

29　（復習）次の A と B と C の固有値を求めよ：

$$A = \begin{bmatrix} 1 & 2 & 3 \\ 0 & 4 & 5 \\ 0 & 0 & 6 \end{bmatrix} \quad \text{と} \quad B = \begin{bmatrix} 0 & 0 & 1 \\ 0 & 2 & 0 \\ 3 & 0 & 0 \end{bmatrix} \quad \text{と} \quad C = \begin{bmatrix} 2 & 2 & 2 \\ 2 & 2 & 2 \\ 2 & 2 & 2 \end{bmatrix}.$$

30　$a + b = c + d$ のとき，$(1, 1)$ が固有ベクトルであることを示し，2 つの固有値を求めよ：

$$A = \begin{bmatrix} a & b \\ c & d \end{bmatrix}.$$

31　第 1 行と第 2 行を交換し，さらに第 1 列と第 2 列を交換すると，固有値は変化しない．A と B について，$\lambda = 11$ に対応する固有ベクトルを求めよ．**階数が 1 であることから**，$\lambda_2 = \lambda_3 = 0$ である．

$$A = \begin{bmatrix} 1 & 2 & 1 \\ 3 & 6 & 3 \\ 4 & 8 & 4 \end{bmatrix} \quad \text{と} \quad B = PAP^{\mathrm{T}} = \begin{bmatrix} 6 & 3 & 3 \\ 2 & 1 & 1 \\ 8 & 4 & 4 \end{bmatrix}.$$

32 A が，固有値 $0, 3, 5$ および独立な固有ベクトル $\boldsymbol{u}, \boldsymbol{v}, \boldsymbol{w}$ を持つと仮定する．

(a) 零空間の基底と列空間を基底を与えよ．

(b) $A\boldsymbol{x} = \boldsymbol{v} + \boldsymbol{w}$ の特殊解を求めよ．すべての解を求めよ．

(c) $A\boldsymbol{x} = \boldsymbol{u}$ には解がない．解があるとすると，_____ が列空間に含まれたはずだ．

33 $\boldsymbol{u}$ と $\boldsymbol{v}$ が $\mathbf{R}^2$ における直交ベクトルであるとし，$A = \boldsymbol{u}\boldsymbol{v}^{\mathrm{T}}$ とする．$A^2 = \boldsymbol{u}\boldsymbol{v}^{\mathrm{T}}\boldsymbol{u}\boldsymbol{v}^{\mathrm{T}}$ を計算して，A の固有値を求めよ．A のトレースが $\lambda_1 + \lambda_2$ と一致することを確かめよ．

34 以下の置換行列の固有値を $\det(P - \lambda I) = 0$ から求めよ．その置換によって変化しないベクトルを求めよ．それらは $\lambda = 1$ に対応する固有ベクトルである．他の 3 つの固有ベクトルを求めよ．

$$P = \begin{bmatrix} 0 & 0 & 0 & 1 \\ 1 & 0 & 0 & 0 \\ 0 & 1 & 0 & 0 \\ 0 & 0 & 1 & 0 \end{bmatrix}.$$

挑戦問題

35 3×3 の置換行列 P は 6 つある．P の**行列式**としてとりうる値を求めよ．**ピボット**としてとりうる値を求めよ．P の**トレース**としてとりうる値を求めよ．問題 15 と同様に，P の固有値としてとりうる **4 つの数**を求めよ．

36 （I を除いて）$A^3 = I$ **となる** 2×2 **の実数行列は存在するか**？その固有値は $\lambda^3 = 1$ を満たさなければならないので，$e^{2\pi i/3}$ と $e^{-2\pi i/3}$ の可能性がある．その行列が満たすべきトレースと行列式を求めよ．回転行列 A を作れ（回転角はどうなるか）．

37 (a) A の固有値と固有ベクトルを求めよ．それらは c に依存する：

$$A = \begin{bmatrix} 0.4 & 1-c \\ 0.6 & c \end{bmatrix}.$$

(b) $c = 1.6$ のとき，A には固有ベクトルの直線が 1 つしかないことを示せ．

(c) $c = 0.8$ のとき，行列 A はマルコフ行列である．そのとき，A^n の収束先である行列 A^∞ を求めよ．

6.2　行列の対角化

$\boldsymbol{x}$ が固有ベクトルであるとき，それに A を掛けることは数 λ を掛けるにすぎない．すなわち，$A\boldsymbol{x} = \lambda\boldsymbol{x}$ である．行列を扱う困難がすべて一掃された．相互に関係する系の代わりに，各固有ベクトルを独立にたどることができる．非対角要素によって表される相互関係のない**対角行列**が得られたようなものだ．対角行列であれば，それを100乗するのもたやすい．

本節の要点はまさに文字どおりだ．**固有ベクトルを適切に使い，行列 $\boldsymbol{A}$ を対角行列 $\boldsymbol{\Lambda}$ にする**．それは，鍵となる考え方を行列で表現したものである．その本質的な計算に今すぐ出発しよう．

対角化 $n \times n$ 行列 A が n 個の線形独立な固有ベクトル $\boldsymbol{x}_1, \ldots, \boldsymbol{x}_n$ を持つと仮定する．それらを**固有ベクトル行列** S の列とする．すると，$S^{-1}AS$ は**固有値行列** Λ となる：

固有ベクトル行列 S
固有値行列 Λ

$$S^{-1}AS = \Lambda = \begin{bmatrix} \lambda_1 & & \\ & \ddots & \\ & & \lambda_n \end{bmatrix}. \tag{1}$$

行列 A は「対角化」された．固有値行列を表すのに大文字のラムダを用いる．なぜならば，その対角要素に小文字のラムダ（固有値）があるからだ．

証明 A をその固有ベクトル，すなわち S の列ベクトルに掛ける．AS の第1列は $A\boldsymbol{x}_1$ であり，それは $\lambda_1 \boldsymbol{x}_1$ である．S の各列にその固有値 λ_i が掛けられる：

A と S の積
$$AS = A\begin{bmatrix} \\ \boldsymbol{x}_1 & \cdots & \boldsymbol{x}_n \\ \\ \end{bmatrix} = \begin{bmatrix} \\ \lambda_1\boldsymbol{x}_1 & \cdots & \lambda_n\boldsymbol{x}_n \\ \\ \end{bmatrix}.$$

ここで，この行列 AS を S と Λ の積に分解するのが技だ：

S と Λ の積
$$\begin{bmatrix} \\ \lambda_1\boldsymbol{x}_1 & \cdots & \lambda_n\boldsymbol{x}_n \\ \\ \end{bmatrix} = \begin{bmatrix} \\ \boldsymbol{x}_1 & \cdots & \boldsymbol{x}_n \\ \\ \end{bmatrix}\begin{bmatrix} \lambda_1 & & \\ & \ddots & \\ & & \lambda_n \end{bmatrix} = S\Lambda.$$

行列の順番を正しく保て．上で示したとおり，λ_1 が第1列 $\boldsymbol{x}_1$ に掛けられる．これで対角化が完了した．$AS = S\Lambda$ に対して，より良い2通りの表現方法がある：

$$AS = S\Lambda \quad \text{より} \quad \boxed{S^{-1}AS = \Lambda} \quad \text{あるいは} \quad \boxed{A = S\Lambda S^{-1}.} \tag{2}$$

行列 S の列ベクトル（A の固有ベクトル）が線形独立であるという仮定より，行列 S は逆行列を持つ．**n 個の独立な固有ベクトルがなければ，対角化することができない．**

A と Λ は同じ固有値 $\lambda_1, \ldots, \lambda_n$ を持つが，固有ベクトルは異なる．もとの行列 A の固有ベクトル $\boldsymbol{x}_1, \ldots, \boldsymbol{x}_n$ は A を対角化する．それらの固有ベクトルは S に含まれ，$A = S\Lambda S^{-1}$ を導く．n 乗 $A^n = S\Lambda^n S^{-1}$ における単純かつ重要な意味がすぐに登場する．

例 1　次の A は三角行列であるので，λ がその対角要素にある：$\lambda=1$ と $\lambda=6$.

$$\text{固有ベクトル}\quad \begin{bmatrix}\mathbf{1}\\\mathbf{0}\end{bmatrix}\ \begin{bmatrix}\mathbf{1}\\\mathbf{1}\end{bmatrix}\qquad \underset{\boldsymbol{S^{-1}}}{\begin{bmatrix}1&-1\\0&1\end{bmatrix}}\ \underset{\boldsymbol{A}}{\begin{bmatrix}1&5\\0&6\end{bmatrix}}\ \underset{\boldsymbol{S}}{\begin{bmatrix}1&1\\0&1\end{bmatrix}}=\underset{\boldsymbol{\Lambda}}{\begin{bmatrix}\mathbf{1}&0\\0&\mathbf{6}\end{bmatrix}}$$

言い換えると $A=S\Lambda S^{-1}$ である．次に，$A^2=S\Lambda S^{-1}S\Lambda S^{-1}$ を見よ．$S^{-1}S=I$ を消去すると，$S\Lambda^2S^{-1}$ になる．**$\boldsymbol{S}$ に同じ固有ベクトルが入り，Λ^2 に 2 乗された固有値が入る．**

A の k 乗は $A^k=S\Lambda^kS^{-1}$ になり，それを計算するのは容易だ：

$$A\text{ のベキ}\qquad \begin{bmatrix}1&5\\0&6\end{bmatrix}^k=\begin{bmatrix}1&1\\0&1\end{bmatrix}\begin{bmatrix}1&\\&6^k\end{bmatrix}\begin{bmatrix}1&-1\\0&1\end{bmatrix}=\begin{bmatrix}1&6^k-1\\0&6^k\end{bmatrix}.$$

$k=1$ **とすると** A **になる**．$k=0$ **とすると** $A^0=I$（および $\lambda^0=1$）**になる**．$k=-1$ **とすると** A^{-1} **になる**．$k=2$ のとき，$A^2=[1\ \ 35;\ \ 0\ \ 36]$ が式を満たすことを確認できるだろう．

Λ を用いる前に，4 つのことを述べておく．

言及 1　固有値 $\lambda_1,\ldots,\lambda_n$ がすべて異なるとする．そのとき，固有ベクトル $\boldsymbol{x}_1,\ldots,\boldsymbol{x}_n$ は自動的に線形独立である．**固有値の重複がない行列は常に対角化可能である．**

言及 2　**固有ベクトルに任意の非零定数を掛けることができる．** その場合でも $A\boldsymbol{x}=\lambda\boldsymbol{x}$ が成り立つ．例 1 の場合では，固有ベクトル $(1,1)$ を $\sqrt{2}$ で割って単位ベクトルにできる．

言及 3　S の固有ベクトルは，Λ の固有値と同じ順序でなければならない．Λ の順序を逆にするには，S において $(1,1)$ を $(1,0)$ の前に置かなければならない：

$$\text{新しい順序 }6,1\qquad \begin{bmatrix}0&1\\1&-1\end{bmatrix}\begin{bmatrix}1&5\\0&6\end{bmatrix}\begin{bmatrix}1&1\\1&0\end{bmatrix}=\begin{bmatrix}6&0\\0&1\end{bmatrix}=\Lambda_{\mathbf{new}}$$

A を対角化するには，固有ベクトル行列が**必ず必要**である．$S^{-1}AS=\Lambda$ より，$AS=S\Lambda$ である．S の第 1 列を $\boldsymbol{x}$ とすると，AS の第 1 列と $S\Lambda$ の第 1 列は $A\boldsymbol{x}$ と $\lambda_1\boldsymbol{x}$ である．それらが等しくなるには，$\boldsymbol{x}$ は固有ベクトルでなければならない．

言及 4　（重複する固有値に対する再度の注意）固有ベクトルが足りない行列もある．**そのような行列は対角化不可能である．** そのような例を 2 つ示す：

$$\text{対角化不可能}\qquad A=\begin{bmatrix}1&-1\\1&-1\end{bmatrix}\quad \text{と}\quad B=\begin{bmatrix}0&1\\0&0\end{bmatrix}.$$

それらの固有値はたまたま 0 と 0 である．$\lambda=0$ であること自体は特別ではなく，λ が重複していることが重要だ．最初の行列の固有ベクトルはすべて，$(1,1)$ の倍数である：

$$\begin{matrix}\text{固有ベクトルの}\\\text{直線が 1 つだけ}\end{matrix}\qquad A\boldsymbol{x}=0\boldsymbol{x}\ \text{ から }\ \begin{bmatrix}1&-1\\1&-1\end{bmatrix}\begin{bmatrix}\boldsymbol{x}\end{bmatrix}=\begin{bmatrix}0\\0\end{bmatrix}\quad\text{と}\quad \boldsymbol{x}=c\begin{bmatrix}1\\1\end{bmatrix}.$$

2 つ目の固有ベクトルが存在せず，この珍しい行列 A は対角化できない．

これらの行列は，固有ベクトルに関する任意の命題を検査するのに最高に適した例である．多くの真偽を問う問において，対角化不可能な行列では**偽**となる．

可逆性と対角化可能性の間に関係がないことを覚えておくこと：

– **可逆性**は，**固有値**（$\lambda = 0$ または $\lambda \neq 0$）に関連する．

– **対角化可能性**は，**固有ベクトル**（S に十分か不足か）に関連する．

各固有値には，少なくとも 1 つの固有ベクトルがある．$A - \lambda I$ は非可逆行列である．$(A - \lambda I)\boldsymbol{x} = \boldsymbol{0}$ において $\boldsymbol{x} = \boldsymbol{0}$ となった場合には，λ は固有値ではない．$\det(A - \lambda I) = 0$ を解く際に間違ってしまっている．

n 個の異なる λ に対する固有ベクトルは独立である．そのとき，A は対角化可能である．

異なる固有値から導かれる独立な固有ベクトル　すべて異なる固有値に対応する固有ベクトル $\boldsymbol{x}_1, \ldots, \boldsymbol{x}_j$ は線形独立である．n 個の異なる固有値を持つ $n \times n$ 行列（λ の重複なし）は必ず対角化可能である．

証明　$c_1\boldsymbol{x}_1 + c_2\boldsymbol{x}_2 = \boldsymbol{0}$ であると仮定する．A を掛けると $c_1\lambda_1\boldsymbol{x}_1 + c_2\lambda_2\boldsymbol{x}_2 = \boldsymbol{0}$ となる．λ_2 を掛けると $c_1\lambda_2\boldsymbol{x}_1 + c_2\lambda_2\boldsymbol{x}_2 = \boldsymbol{0}$ となる．ここで，一方からもう一方を引く：

$$\text{引き算によって残るのは}\quad (\lambda_1 - \lambda_2)c_1\boldsymbol{x}_1 = \boldsymbol{0}.\quad \text{したがって}\ c_1 = 0.$$

λ が異なり $\boldsymbol{x}_1 \neq \boldsymbol{0}$ であるので，$c_1 = 0$ という結論になってしまう．同様に $c_2 = 0$ となる．$c_1\boldsymbol{x}_1 + c_2\boldsymbol{x}_2 = \boldsymbol{0}$ となる線形結合がそれだけなので，固有ベクトル $\boldsymbol{x}_1$ と $\boldsymbol{x}_2$ は線形独立でなければばならない．

この証明はそのまま j 個の固有ベクトルの場合に拡張できる．$c_1\boldsymbol{x}_1 + \cdots + c_j\boldsymbol{x}_j = \boldsymbol{0}$ と仮定する．A を掛け，λ_j を掛け，それらを引く．それにより $\boldsymbol{x}_j$ がなくなる．次に，A を掛け，λ_{j-1} を掛け，それらを引く．それにより $\boldsymbol{x}_{j-1}$ がなくなる．最終的に $\boldsymbol{x}_1$ のみが残る：

$$(\lambda_1 - \lambda_2)\cdots(\lambda_1 - \lambda_j)c_1\boldsymbol{x}_1 = \boldsymbol{0} \quad \text{これより} \quad c_1 = 0. \tag{3}$$

同様に各 $c_i = 0$ となる．λ がすべて異なるとき，その固有ベクトルは線形独立である．固有ベクトル行列 S は十分な固有ベクトルをその列に持つ．

例 2　**$\boldsymbol{A}$ のベキ**　前節のマルコフ行列 $A = \begin{bmatrix} \mathbf{0.8} & \mathbf{0.3} \\ \mathbf{0.2} & \mathbf{0.7} \end{bmatrix}$ の固有値は $\lambda_1 = 1$ と $\lambda_2 = 0.5$ であった．それらの固有値を Λ の対角要素とした $A = S\Lambda S^{-1}$ を示す：

$$\begin{bmatrix} 0.8 & 0.3 \\ 0.2 & 0.7 \end{bmatrix} = \begin{bmatrix} 0.6 & 1 \\ 0.4 & -1 \end{bmatrix} \begin{bmatrix} 1 & 0 \\ 0 & 0.5 \end{bmatrix} \begin{bmatrix} 1 & 1 \\ 0.4 & -0.6 \end{bmatrix} = S\Lambda S^{-1}.$$

固有ベクトル $(0.6, 0.4)$ と $(1, -1)$ が S の列となっている．それらは，A^2 の固有ベクトルでもある．A^2 が同じ S を持ち，**$\boldsymbol{A}^2$ の固有値行列が $\boldsymbol{\Lambda}^2$ であること**を見よ：

$$\boldsymbol{A}^2\ \text{における同じ}\ S \qquad A^2 = S\Lambda S^{-1}S\Lambda S^{-1} = S\Lambda^2 S^{-1}. \tag{4}$$

さらにそのまま続けて，高次のベキ A^k が「定常状態」へ近づく理由を理解しよう：

$$\textbf{\textit{A}}\ \text{のベキ}\qquad A^k = S\Lambda^k S^{-1} = \begin{bmatrix} 0.6 & 1 \\ 0.4 & -1 \end{bmatrix}\begin{bmatrix} 1^k & 0 \\ 0 & (0.5)^k \end{bmatrix}\begin{bmatrix} 1 & 1 \\ 0.4 & -0.6 \end{bmatrix}.$$

k がより大きくなるに従い，$(0.5)^k$ はより小さくなる．その極限 A^∞ では，$(0.5)^k$ は完全になくなる：

$$\boldsymbol{k \to \infty}\ \text{の極限}\qquad A^\infty = \begin{bmatrix} 0.6 & 1 \\ 0.4 & -1 \end{bmatrix}\begin{bmatrix} 1 & 0 \\ 0 & 0 \end{bmatrix}\begin{bmatrix} 1 & 1 \\ 0.4 & -0.6 \end{bmatrix} = \begin{bmatrix} 0.6 & 0.6 \\ 0.4 & 0.4 \end{bmatrix}.$$

極限では，両方の列が固有ベクトル $\boldsymbol{x}_1$ となる．この A^∞ は本章のまさに最初のページに登場した．ここでは，それが $A^{100} = S\Lambda^{100}S^{-1}$ のようなベキから導かれることを見た．

問　$\boldsymbol{A^k} \to$ 零行列となるのはどのような場合か　　答　すべての $|\boldsymbol{\lambda}| < \mathbf{1}$.

フィボナッチ数

有名な例を示そう．固有値を用いると，フィボナッチ数がどれだけ速く増大するかがわかる．**各フィボナッチ数は，その直前 2 つのフィボナッチ数 $\boldsymbol{F}$ の和である：**

数列　$0, 1, 1, 2, 3, 5, 8, 13, \ldots$　は　$F_{k+2} = F_{k+1} + F_k$　から作られる．

フィボナッチ数は，とても多くの応用に現れる．植物や木はらせん状のパターンで成長し，西洋なしの木は 3 周ごとに枝が 8 本増える．柳では，それらの数に 5 と 13 である．最も大きなものは Daniel O'Connell のヒマワリで，144 周する中に種が 233 個ある．それらは，フィボナッチ数 F_{12} と F_{13} である．ここでの問題はもっと基礎的なものだ．

問：フィボナッチ数 $\boldsymbol{F_{100}}$ を求めよ．　規則を 1 ステップずつ適用するのは遅い．$F_6 = 8$ を $F_7 = 13$ に足すことで，$F_8 = 21$ を得る．最終的に F_{100} に至る．線形代数を用いるとより良い方法が得られる．

行列の等式 $\boldsymbol{u}_{k+1} = A\boldsymbol{u}_k$ から始めるのが鍵だ．フィボナッチはスカラーに対する 2 ステップの規則を与えたが，行列の等式はベクトルに対する **1 ステップ**の規則である．2 つのフィボナッチ数をベクトルの要素にすることで，それらの規則を対応づけることができる．以下の行列 A を見よう．

$$\boldsymbol{u}_k = \begin{bmatrix} F_{k+1} \\ F_k \end{bmatrix}\ \text{と置くと，規則}\ \begin{matrix} F_{k+2} = F_{k+1} + F_k \\ F_{k+1} = F_{k+1} \end{matrix}\ \text{は次のようになる}\ \boldsymbol{u}_{k+1} = \begin{bmatrix} \mathbf{1} & \mathbf{1} \\ \mathbf{1} & \mathbf{0} \end{bmatrix}\boldsymbol{u}_k. \tag{5}$$

各ステップで，行列 $A = \left[\begin{smallmatrix} \mathbf{1} & \mathbf{1} \\ \mathbf{1} & \mathbf{0} \end{smallmatrix}\right]$ **が掛けられる．** 100 ステップ後は $\boldsymbol{u}_{100} = A^{100}\boldsymbol{u}_0$ になる：

$$\boldsymbol{u}_0 = \begin{bmatrix}1\\0\end{bmatrix},\quad \boldsymbol{u}_1 = \begin{bmatrix}1\\1\end{bmatrix},\quad \boldsymbol{u}_2 = \begin{bmatrix}2\\1\end{bmatrix},\quad \boldsymbol{u}_3 = \begin{bmatrix}3\\2\end{bmatrix},\quad \ldots,\quad \boldsymbol{u}_{100} = \begin{bmatrix}F_{101}\\F_{100}\end{bmatrix}.$$

この問題はまさに固有値を使うのに適している．A の対角要素から λ を引く：

$$A - \lambda I = \begin{bmatrix}1-\lambda & 1\\ 1 & -\lambda\end{bmatrix} \quad \text{より} \quad \det(A-\lambda I) = \lambda^2 - \lambda - 1.$$

方程式 $\lambda^2 - \lambda - 1 = 0$ を 2 次方程式の解の公式 $\left(-b \pm \sqrt{b^2-4ac}\right)/2a$ を用いて解く：

$$\textbf{固有値} \qquad \boxed{\lambda_1 = \frac{1+\sqrt{5}}{2} \approx 1.618} \quad と \quad \boxed{\lambda_2 = \frac{1-\sqrt{5}}{2} \approx -0.618.}$$

これらの固有値から，固有ベクトル $\boldsymbol{x}_1 = (\lambda_1, 1)$ と $\boldsymbol{x}_2 = (\lambda_2, 1)$ が導かれる．第 2 段階では，$\boldsymbol{u}_0 = (1, 0)$ となるような固有ベクトルの線形結合を求める：

$$\begin{bmatrix}1\\0\end{bmatrix} = \frac{1}{\lambda_1 - \lambda_2}\left(\begin{bmatrix}\lambda_1\\1\end{bmatrix} - \begin{bmatrix}\lambda_2\\1\end{bmatrix}\right) \qquad \text{すなわち} \qquad \boldsymbol{u}_0 = \frac{\boldsymbol{x}_1 - \boldsymbol{x}_2}{\lambda_1 - \lambda_2}. \tag{6}$$

第 3 段階では，$\boldsymbol{u}_0$ に A^{100} を掛けて $\boldsymbol{u}_{100}$ を求める．固有ベクトル $\boldsymbol{x}_1$ と $\boldsymbol{x}_2$ は分けたままだ．それらに $(\lambda_1)^{100}$ と $(\lambda_2)^{100}$ が掛けられる：

$$\textbf{$\boldsymbol{u}_0$ から始めて 100 ステップ後} \qquad \boxed{\boldsymbol{u}_{100} = \frac{(\lambda_1)^{100}\boldsymbol{x}_1 - (\lambda_2)^{100}\boldsymbol{x}_2}{\lambda_1 - \lambda_2}.} \tag{7}$$

$F_{100} = \boldsymbol{u}_{100}$ の第 2 要素を求めたい．$\boldsymbol{x}_1$ と $\boldsymbol{x}_2$ の第 2 要素は 1 である．$(1+\sqrt{5})/2$ と $(1-\sqrt{5})/2$ の差は $\lambda_1 - \lambda_2 = \sqrt{5}$ である．以下のように F_{100} が求まる：

$$F_{100} = \frac{1}{\sqrt{5}}\left[\left(\frac{1+\sqrt{5}}{2}\right)^{100} - \left(\frac{1-\sqrt{5}}{2}\right)^{100}\right] \approx 3.54 \times 10^{20}. \tag{8}$$

これは整数となるか？答は「**なる**」だ．フィボナッチの規則 $F_{k+2} = F_{k+1} + F_k$ は常に整数であるので，分数と平方根が消えなければならない．式 (8) の第 2 項は $\frac{1}{2}$ よりも小さいので，第 1 項が最も近い整数へと動く：

$$k\ \text{番目のフィボナッチ数} = \frac{\lambda_1^k - \lambda_2^k}{\lambda_1 - \lambda_2} = \frac{1}{\sqrt{5}}\left(\frac{1+\sqrt{5}}{2}\right)^k \text{に最も近い整数} \tag{9}$$

F_6 の F_5 に対する比は $8/5 = 1.6$ である．比 F_{101}/F_{100} は，その比の極限 $\left(1+\sqrt{5}\right)/2$ にとても近い．ギリシャ人はこの数を「**黄金比**」と呼んだ．辺の長さが 1.618 と 1 である長方形が美しく見えるからだ．

行列のベキ A^k

フィボナッチの例は典型的な漸化式 $\boldsymbol{u}_{k+1} = A\boldsymbol{u}_k$ である．**各ステップで $\boldsymbol{A}$ が掛けられ，**その解は $\boldsymbol{u}_k = A^k\boldsymbol{u}_0$ である．行列の対角化によって，A^k を手早く計算することができる．$\boldsymbol{u}_k$ を 3 段階で求める方法を明らかにしたい．

固有ベクトル行列 S により $A = S\Lambda S^{-1}$ となる．これは，$A = LU$ や $A = QR$ と同様に行列の分解である．**毎ステップで，$\boldsymbol{S^{-1}}$ と $\boldsymbol{S}$ の積が $\boldsymbol{I}$ になるので，**この新しい分解はベキを計算するのにまさに適している：

$$A \text{ のベキ} \qquad A^k\boldsymbol{u}_0 = (S\Lambda S^{-1})\cdots(S\Lambda S^{-1})\boldsymbol{u}_0 = S\Lambda^k S^{-1}\boldsymbol{u}_0$$

固有値がどのように役立つかを示すために，$S\Lambda^k S^{-1}\boldsymbol{u}_0$ を 3 段階に分ける：

1. $\boldsymbol{u}_0$ を固有ベクトルの線形結合 $c_1\boldsymbol{x}_1 + \cdots + c_n\boldsymbol{x}_n$ で書く． これは $\boldsymbol{c} = S^{-1}\boldsymbol{u}_0$ である．
2. 各固有ベクトル $\boldsymbol{x}_i$ に $(\lambda_i)^k$ を掛ける． これは $\Lambda^k S^{-1}\boldsymbol{u}_0$ である．
3. それらの $c_i(\lambda_i)^k\boldsymbol{x}_i$ を足し合わせ，解 $\boldsymbol{u}_k = A^k\boldsymbol{u}_0$ を求める． これは $S\Lambda^k S^{-1}\boldsymbol{u}_0$ である．

$$\boldsymbol{u}_{k+1} = A\boldsymbol{u}_k \text{ の解} \qquad \boldsymbol{u}_k = A^k\boldsymbol{u}_0 = c_1(\lambda_1)^k\boldsymbol{x}_1 + \cdots + c_n(\lambda_n)^k\boldsymbol{x}_n. \tag{10}$$

行列の言葉では，A^k は $(S\Lambda S^{-1})^k$ に等しく，さらにそれは S と Λ^k と S^{-1} の積である．第 1 段階では，S の固有ベクトルにより，線形結合 $\boldsymbol{u}_0 = c_1\boldsymbol{x}_1 + \cdots + c_n\boldsymbol{x}_n$ の c_i を求める：

$$\textbf{第 1 段階} \qquad \boldsymbol{u}_0 = \begin{bmatrix} \boldsymbol{x}_1 & \cdots & \boldsymbol{x}_n \end{bmatrix}\begin{bmatrix} c_1 \\ \vdots \\ c_n \end{bmatrix}. \quad \text{これより} \quad \boldsymbol{u}_0 = S\mathbf{c}. \tag{11}$$

第 1 段階における係数は $\boldsymbol{c} = S^{-1}\boldsymbol{u}_0$ である．次に第 2 段階では，Λ^k を掛ける．第 3 段階の最終結果 $\boldsymbol{u}_k = \sum c_i(\lambda_i)^k\boldsymbol{x}_i$ は，S と Λ^k と $S^{-1}\boldsymbol{u}_0$ の積である：

$$A^k\boldsymbol{u}_0 = S\Lambda^k S^{-1}\boldsymbol{u}_0 = S\Lambda^k\boldsymbol{c} = \begin{bmatrix} \boldsymbol{x}_1 & \ldots & \boldsymbol{x}_n \end{bmatrix}\begin{bmatrix} (\lambda_1)^k & & \\ & \ddots & \\ & & (\lambda_n)^k \end{bmatrix}\begin{bmatrix} c_1 \\ \vdots \\ c_n \end{bmatrix}. \tag{12}$$

この結果はまさに $\boldsymbol{u}_k = c_1(\lambda_1)^k\boldsymbol{x}_1 + \cdots + c_n(\lambda_n)^k\boldsymbol{x}_n$ であり，$\boldsymbol{u}_{k+1} = A\boldsymbol{u}_k$ の解である．

例 3 $\boldsymbol{u}_0 = (1, 0)$ とする．S と Λ が以下の固有ベクトルと固有値を持つとき，$A^k\boldsymbol{u}_0$ を計算せよ：

$$A = \begin{bmatrix} 1 & 2 \\ 1 & 0 \end{bmatrix} \quad \text{は} \quad \lambda_1 = 2 \quad \text{と} \quad \boldsymbol{x}_1 = \begin{bmatrix} 2 \\ 1 \end{bmatrix}, \quad \lambda_2 = -1 \quad \text{と} \quad \boldsymbol{x}_2 = \begin{bmatrix} 1 \\ -1 \end{bmatrix} \quad \text{を持つ．}$$

この行列はフィボナッチと似ているが，その規則が $F_{k+2} = F_{k+1} + \mathbf{2}F_k$ に変わっている．新しい数列の最初は $0, 1, 1, 3$ である．$\lambda = 2$ であるので，より速く増大する．

3 段階による解法 $\boldsymbol{u}_0 = c_1\boldsymbol{x}_1 + c_2\boldsymbol{x}_2$ を求め，$\boldsymbol{u}_k = c_1(\lambda_1)^k\boldsymbol{x}_1 + c_2(\lambda_2)^k\boldsymbol{x}_2$ を求める．

第 1 段階 $\boldsymbol{u}_0 = \begin{bmatrix}1\\0\end{bmatrix} = \frac{1}{3}\begin{bmatrix}2\\1\end{bmatrix} + \frac{1}{3}\begin{bmatrix}1\\-1\end{bmatrix}$ したがって $c_1 = c_2 = \frac{1}{3}$

第 2 段階 その 2 つの部分に $(\lambda_1)^k = 2^k$ と $(\lambda_2)^k = (-1)^k$ を掛ける

第 3 段階 固有ベクトル $c_1(\lambda_1)^k\boldsymbol{x}_1$ と $c_2(\lambda_2)^k\boldsymbol{x}_2$ の線形結合をとって $\boldsymbol{u}_k$ を求める：

$$\boldsymbol{u}_k = A^k\boldsymbol{u}_0 \qquad \boldsymbol{u}_k = \frac{1}{3}2^k\begin{bmatrix}2\\1\end{bmatrix} + \frac{1}{3}(-1)^k\begin{bmatrix}1\\-1\end{bmatrix}. \tag{13}$$

新しい数列は $F_k = (2^k - (-1)^k)/3$ であり，$0, 1, 1, 3$ の後には $F_4 = 15/3 = 5$ が続く．

これらの具体的な数を用いた例の裏に，基本的な考え方が存在する．それは，**固有ベクトルを追う**ということだ．第 6.3 節では，線形代数を微分方程式に関連づける，極めて重要な役目を果たす（そこでは，ベキ λ^k が $e^{\lambda t}$ になる）．第 7 章では，同じ考え方を「固有ベクトルからなる基底への変換」としてとらえる．その最も適切な例は**フーリエ級数**であり，それは d/dx の固有ベクトルから作られる．

対角化不可能な行列（選択）

λ が A の固有値であると仮定する．それは 2 つの方法で確認することができる：

1. 固有ベクトル（幾何的） $A\boldsymbol{x} = \lambda\boldsymbol{x}$ に非零の解が存在する．
2. 固有値（代数的） $A - \lambda I$ の行列式が零である．

数 λ は単一の固有値かもしれないし，重複した固有値かもしれない．その**重複度**を知りたい．

ほとんどの固有値において，その重複度は $M = 1$ である（単一の固有値）．対応する固有ベクトルからなる直線が 1 つずつあり，$\det(A - \lambda I)$ には重複した因数がない．

例外的な行列では，固有値が**重複する**ことがある．そのとき，その重複度を数える方法には 2 通りある．各 λ について，常に $\mathrm{GM} \le \mathrm{AM}$ である：

1. (幾何的重複度 = GM) λ に対する**独立な固有ベクトル**を数える．これは，$A - \lambda I$ の零空間の次元に等しい．
2. (代数的重複度 = AM) 固有値のなかで，**$\boldsymbol{\lambda}$ の重複回数**を数える．$\det(A - \lambda I) = 0$ の n 個の根を調べる．

A の固有値が $\lambda = 4, 4, 4$ であるとき，$\mathrm{AM} = 3$ であり，$\mathrm{GM} = 1, 2$ または 3 である．

次の行列 A は，不具合が生じる標準的な例である．その固有値 $\lambda = 0$ が重複している．それは，2 重の固有値 $(\mathrm{AM} = 2)$ であり，固有ベクトルを 1 つしか持たない $(\mathrm{GM} = 1)$.

AM = 2
GM = 1
$$A = \begin{bmatrix}0 & 1\\0 & 0\end{bmatrix} \text{ において } \det(A - \lambda I) = \begin{vmatrix}-\lambda & 1\\0 & -\lambda\end{vmatrix} = \lambda^2.$$
$\boldsymbol{\lambda} = \mathbf{0, 0}$ だが固有ベクトルは 1 つ

$\lambda^2 = 0$ は 2 重根であるので，固有ベクトルは 2 つある「はず」である．その 2 重の因数 λ^2 により $\mathrm{AM} = 2$ となる．しかし，固有ベクトルは $\boldsymbol{x} = (1,0)$ の 1 つしかない．GM が AM より小さいとき，固有ベクトルが足りない．それは A が対角化不可能であることを意味する．

MATLAB 教育用プログラムコードの eigval において，"repeats" と呼ばれるベクトルは各固有値に対する代数的重複度 AM を示す．repeats $= [1\ 1\ .\ .\ .\ 1]$ のとき，n 個の固有値がすべて異なり，A が対角化可能であることがわかる．"repeats" の要素の和は常に n である．なぜならば，n 次方程式 $\det(A - \lambda I) = 0$ には（重複を含めて）n 個の根があるからだ．

教育用プログラムコードの eigvec における対角行列 $\mathbf{D}$ は，各固有値に対する幾何的重複度 GM を持つ．これは，線形独立な固有ベクトルを数えたものである．線形独立な固有ベクトルの総数は n より小さいかもしれない．そのとき，A は対角化不可能である．

もう一度強調しよう．$\lambda = 0$ の場合は計算が簡単になるだけだ．以下の 3 つの行列は同様に固有ベクトルが不足する．重複した固有値は $\lambda = 5$，トレースは 10，行列式は 25 である：

$$A = \begin{bmatrix} 5 & 1 \\ 0 & 5 \end{bmatrix} \quad \text{と} \quad A = \begin{bmatrix} 6 & -1 \\ 1 & 4 \end{bmatrix} \quad \text{と} \quad A = \begin{bmatrix} 7 & 2 \\ -2 & 3 \end{bmatrix}.$$

これらはすべて $\det(A - \lambda I) = (\lambda - 5)^2$ となる．代数的重複度は $\mathrm{AM} = 2$ であるが，$A - 5I$ はいずれも階数 $r = 1$ である．幾何的重複度は $\mathrm{GM} = 1$ である．$\lambda = 5$ に対して，固有ベクトルからなる直線が 1 つしかなく，これらの行列は対角化不可能である．

$\boldsymbol{AB}$ と $\boldsymbol{A+B}$ の固有値

AB の固有値に関して最初に思いつく推測は正しくない．A の固有値 λ と B の固有値 β の積は，通常 AB の固有値とはならない：

間違った証明
$$AB\boldsymbol{x} = A\beta\boldsymbol{x} = \beta A\boldsymbol{x} = \beta\lambda\boldsymbol{x}. \tag{14}$$

一見すると β と λ の積が固有値のようである．$\boldsymbol{x}$ が A と B の固有ベクトルなら，この証明は正しい．**間違いは，$\boldsymbol{A}$ と $\boldsymbol{B}$ が同じ固有ベクトル $\boldsymbol{x}$ を共有すると期待したことだ．**通常それらは異なり，一般に A の固有ベクトルは B の固有ベクトルではない．次の例では，AB の固有値の 1 つが 1 であるにもかかわらず，A と B の固有値がすべて零になりうる：

$$A = \begin{bmatrix} 0 & 1 \\ 0 & 0 \end{bmatrix} \quad \text{と} \quad B = \begin{bmatrix} 0 & 0 \\ 1 & 0 \end{bmatrix}; \quad \text{このとき} \quad AB = \begin{bmatrix} 1 & 0 \\ 0 & 0 \end{bmatrix} \quad \text{と} \quad A + B = \begin{bmatrix} 0 & 1 \\ 1 & 0 \end{bmatrix}.$$

同じ理由から，$A + B$ の固有値は一般に $\lambda + \beta$ ではない．上の例では，$\lambda + \beta = 0$ であるが，$A + B$ の固有値は 1 と -1 である（その和だけは零である）．

その間違った証明から，正しいことも示唆される．$\boldsymbol{x}$ が A と B の両方の固有ベクトルであったと仮定する．そのとき，$AB\boldsymbol{x} = \lambda\beta\boldsymbol{x}$ と $BA\boldsymbol{x} = \lambda\beta\boldsymbol{x}$ が成り立つ．n 個の固有ベクトルが同じであれば，固有値の積をとることが**できる**．固有ベクトルが同じであるかどうかを $AB = BA$ によって判定することは，量子力学において重要である．しかし，線形代数のこの応用について説明するには紙数がない：

交換可能な行列は同じ固有ベクトルを持つ　A と B の両方が対角化可能であると仮定する．すると，それらの固有ベクトル行列 S が同じであるのは，$AB = BA$ のときであり，かつそのときに限る．

ハイゼンベルクの不確定性原理　量子力学において，位置行列 P と運動量行列 Q は交換可能でない．実際，$QP - PQ = I$（これらは無限行列である）が成り立つ．したがって，$P\boldsymbol{x} = \mathbf{0}$ と $Q\boldsymbol{x} = \mathbf{0}$ を同時に満たすことはできない（$\boldsymbol{x} = \mathbf{0}$ を除く）．位置を正確に知っていたとしても，運動量を正確に知ることはできない．問題 28 では，ハイゼンベルクの不確定性原理 $\|P\boldsymbol{x}\|\,\|Q\boldsymbol{x}\| \geq \frac{1}{2}\|\boldsymbol{x}\|^2$ を導出する．

■　要点の復習　■

1. A に n 個の独立な固有ベクトル $\boldsymbol{x}_1, \ldots, \boldsymbol{x}_n$ があるならば，それらは S の列に入る．

   ***A* は *S* によって対角化される**　　$S^{-1}AS = \Lambda$　と　$A = S\Lambda S^{-1}$.

2. A のベキは $A^k = S\Lambda^k S^{-1}$ である．S に含まれる固有ベクトルは変わらない．
3. A^k の固有値は $(\lambda_1)^k, \ldots, (\lambda_n)^k$ であり，それらは行列 Λ^k に含まれる．
4. $\boldsymbol{u}_0$ を初期値とする $\boldsymbol{u}_{k+1} = A\boldsymbol{u}_k$ の解は，$\boldsymbol{u}_k = A^k\boldsymbol{u}_0 = S\Lambda^k S^{-1}\boldsymbol{u}_0$ である：

   $$\boldsymbol{u}_k = c_1(\lambda_1)^k\boldsymbol{x}_1 + \cdots + c_n(\lambda_n)^k\boldsymbol{x}_n \quad \text{ただし} \quad \boldsymbol{u}_0 = c_1\boldsymbol{x}_1 + \cdots + c_n\boldsymbol{x}_n.$$

   これは第 1 段階，第 2 段階，第 3 段階を示している（$S^{-1}\boldsymbol{u}_0$ から c_i を求める，Λ^k から λ_i^k を求める，そして，S から $\boldsymbol{x}_i$ を求める）．
5. すべての固有値に十分な数の固有ベクトルがあるとき（GM＝AM），A は対角化可能である．

■　例題　■

6.2 A　リュカ数は，フィボナッチ数の始まりを $L_1 = 1$ と $L_2 = 3$ に変えたものである．規則 $L_{k+2} = L_{k+1} + L_k$ に従って計算すると，リュカ数は 4, 7, 11, 18 と続く．リュカ数 L_{100} が $\lambda_1^{100} + \lambda_2^{100}$ であることを示せ．

注　要点は，λ が $(1 \pm \sqrt{5})/2$ のとき，$\lambda_1 + \lambda_2 = 1$ および $\lambda_1^2 + \lambda_2^2 = 3$ となることである．リュカ数 L_k は $\boldsymbol{\lambda_1^k + \lambda_2^k}$ である．なぜならば，L_1 と L_2 でそれが成り立つからである．

解　規則 $L_{k+2} = L_{k+1} + L_k$ が同じ（初期値は異なる）なので，$\boldsymbol{u}_{k+1} = \begin{bmatrix} \mathbf{1} & \mathbf{1} \\ \mathbf{1} & \mathbf{0} \end{bmatrix}\boldsymbol{u}_k$ は，フィボナッチ数の場合と同じである．その漸化式は 2×2 の系となる：

$\boldsymbol{u}_k = \begin{bmatrix} L_{k+1} \\ L_k \end{bmatrix}$ とする．規則 $\begin{matrix} L_{k+2} = L_{k+1} + L_k \\ L_{k+1} = L_{k+1} \end{matrix}$ を書き換えると $\boldsymbol{u}_{k+1} = \begin{bmatrix} 1 & 1 \\ 1 & 0 \end{bmatrix} \boldsymbol{u}_k.$

$A = \left[\begin{smallmatrix} 1 & 1 \\ 1 & 0 \end{smallmatrix}\right]$ の固有値と固有ベクトルも同様に，$\lambda^2 = \lambda + 1$ から求められる：

$$\lambda_1 = \frac{1+\sqrt{5}}{2} \quad と \quad \boldsymbol{x}_1 = \begin{bmatrix} \lambda_1 \\ 1 \end{bmatrix} \qquad \lambda_2 = \frac{1-\sqrt{5}}{2} \quad と \quad \boldsymbol{x}_2 = \begin{bmatrix} \lambda_2 \\ 1 \end{bmatrix}.$$

ここで，$c_1\boldsymbol{x}_1 + c_2\boldsymbol{x}_2 = \boldsymbol{u}_1 = (3, 1)$ を解く．その解は $c_1 = \lambda_1$ と $c_2 = \lambda_2$ である．検算する：

$$\lambda_1\boldsymbol{x}_1 + \lambda_2\boldsymbol{x}_2 = \begin{bmatrix} \lambda_1^2 + \lambda_2^2 \\ \lambda_1 + \lambda_2 \end{bmatrix} = \begin{bmatrix} A^2 \text{ とトレース} \\ A \text{ のトレース} \end{bmatrix} = \begin{bmatrix} 3 \\ 1 \end{bmatrix} = \boldsymbol{u}_1$$

$\boldsymbol{u}_{100} = A^{99}\boldsymbol{u}_1$ より，リュカ数 (L_{101}, L_{100}) が求まる．固有ベクトル $\boldsymbol{x}_1$ と $\boldsymbol{x}_2$ の第 2 要素は 1 であるので，$\boldsymbol{u}_{100}$ の第 2 要素は望む答と一致する：

$$\textbf{リュカ数} \qquad L_{100} = c_1\lambda_1^{99} + c_2\lambda_2^{99} = \lambda_1^{100} + \lambda_2^{100}.$$

リュカ数は，フィボナッチ数よりも最初は速く増加し，最終的におよそ $\sqrt{5}$ 倍となる．

6.2 B　次の行列 A の逆行列，固有値，行列式を求めよ：

$$A = 5 * \mathbf{eye}(4) - \mathbf{ones}(4) = \begin{bmatrix} 4 & -1 & -1 & -1 \\ -1 & 4 & -1 & -1 \\ -1 & -1 & 4 & -1 \\ -1 & -1 & -1 & 4 \end{bmatrix}.$$

$S^{-1}AS = \Lambda$ となる固有ベクトル行列 S を示せ．

解　すべての要素が 1 である行列 **ones**(4) の固有値を考える．その階数は 1 であるので，固有値のうちの 3 つは $\lambda = 0, 0, 0$ である．そのトレースは 4 であるので，もう 1 つの固有値は $\lambda = 4$ である．このすべての要素が 1 である行列を $5I$ から引くと，ここでの行列 A が得られる：

固有値 $\mathbf{4, 0, 0, 0}$ を $\mathbf{5, 5, 5, 5}$ から引く．A の固有値は $\mathbf{1, 5, 5, 5}$ である．

A の行列式は，これらの 4 つの固有値の積 125 である．$\lambda = 1$ に対する固有ベクトルは $\boldsymbol{x} = (1, 1, 1, 1)$ または (c, c, c, c) である．（A が対称なので）その他の固有ベクトルは $\boldsymbol{x}$ と直交する．最も素晴らしい固有ベクトル行列 S は，対称かつ直交するアダマール行列 H である（列ベクトルが単位ベクトルになるよう正規化している）：

$$\textbf{正規直交する固有ベクトル} \quad S = H = \frac{1}{2}\begin{bmatrix} 1 & 1 & 1 & 1 \\ 1 & -1 & 1 & -1 \\ 1 & 1 & -1 & -1 \\ 1 & -1 & -1 & 1 \end{bmatrix} = H^{\mathrm{T}} = H^{-1}.$$

A^{-1} の固有値は $1, \frac{1}{5}, \frac{1}{5}, \frac{1}{5}$ である．その固有ベクトルは変わらないので，$A^{-1} = H\Lambda^{-1}H^{-1}$ である．その逆行列は，驚くほどきれいな形をしている：

$$A^{-1} = \frac{1}{5} * (\mathbf{eye}(4) + \mathbf{ones}(4)) = \frac{1}{5}\begin{bmatrix} 2 & 1 & 1 & 1 \\ 1 & 2 & 1 & 1 \\ 1 & 1 & 2 & 1 \\ 1 & 1 & 1 & 2 \end{bmatrix}.$$

A は階数 1 の行列を $5I$ だけ変化させたものであるので，A^{-1} も階数 1 の行列を $I/5+\mathbf{ones}/5$ と変化させたものである．

A の行列式 125 は，ノード数が 5 の完全グラフの「全域木」の数を数えたものである．**木にはループがない**（グラフや木については，第 8.2 節で扱う）．

ノード数が 6 のとき，行列 $6 * \mathbf{eye}(5) - \mathbf{ones}(5)$ の 5 つの固有値は $1, 6, 6, 6, 6$ である．

練習問題 6.2

問題 1〜7 は，固有値行列 Λ と固有ベクトル行列 S に関するものである．

1 (a) 以下の 2 つの行列を $A = S\Lambda S^{-1}$ に分解せよ：

$$A = \begin{bmatrix} 1 & 2 \\ 0 & 3 \end{bmatrix} \quad と \quad A = \begin{bmatrix} 1 & 1 \\ 3 & 3 \end{bmatrix}.$$

(b) $A = S\Lambda S^{-1}$ のとき，$A^3 = (\quad)(\quad)(\quad)$ と $A^{-1} = (\quad)(\quad)(\quad)$ である．

2 A が固有値 $\lambda_1 = 2$ と $\lambda_2 = 5$ を持ち，対応する固有ベクトルが $\boldsymbol{x}_1 = \left[\begin{smallmatrix} \mathbf{1} \\ \mathbf{0} \end{smallmatrix}\right]$ と $\boldsymbol{x}_2 = \left[\begin{smallmatrix} \mathbf{1} \\ \mathbf{1} \end{smallmatrix}\right]$ であるとき，$S\Lambda S^{-1}$ を用いて A を求めよ．同じ λ_i と $\boldsymbol{x}_i$ を持つ行列は他にはない．

3 $A = S\Lambda S^{-1}$ であると仮定する．$A + 2I$ に対する固有値行列と固有ベクトル行列を求めよ．$A + 2I = (\quad)(\quad)(\quad)^{-1}$ であることを確認せよ．

4 以下の命題は真か偽か：S のすべての列（A の固有ベクトル）が線形独立であるとき，

(a) A は可逆である　　(b) A は対角化可能である
(c) S は可逆である　　(d) S は対角化可能である．

5 A の固有ベクトルが I の列であるとき，A は ＿＿＿ 行列である．固有ベクトル行列 S が三角行列であれば，S^{-1} も三角行列である．A もまた三角行列であることを証明せよ．

6 次の A を対角化する行列 S をすべて示せ（固有ベクトルをすべて求めよ）：

$$A = \begin{bmatrix} 4 & 0 \\ 1 & 2 \end{bmatrix}.$$

さらに，A^{-1} を対角化する行列をすべて示せ．．

7　固有ベクトルが $\begin{bmatrix}1\\1\end{bmatrix}$ と $\begin{bmatrix}1\\-1\end{bmatrix}$ であるような最も一般的な行列を書き下せ.

問題 8〜10 は，フィボナッチ数とギボナッチ数に関するものである.

8　次の S^{-1} を完成させることで，フィボナッチ行列を対角化せよ：

$$\begin{bmatrix}1 & 1\\1 & 0\end{bmatrix}=\begin{bmatrix}\lambda_1 & \lambda_2\\1 & 1\end{bmatrix}\begin{bmatrix}\lambda_1 & 0\\0 & \lambda_2\end{bmatrix}\begin{bmatrix} & \\ & \end{bmatrix}.$$

積 $S\Lambda^k S^{-1}\begin{bmatrix}1\\0\end{bmatrix}$ を計算して，その第 2 要素を求めよ．それは，k 番目のフィボナッチ数 $F_k=\left(\lambda_1^k-\lambda_2^k\right)/\left(\lambda_1-\lambda_2\right)$ である.

9　G_{k+2} が，その直前の 2 数 G_{k+1} と G_k の**平均**であるとする：

$$\begin{aligned}G_{k+2}&=\tfrac{1}{2}G_{k+1}+\tfrac{1}{2}G_k\\G_{k+1}&=G_{k+1}\end{aligned}\quad \text{を書き換えると}\quad \begin{bmatrix}G_{k+2}\\G_{k+1}\end{bmatrix}=\begin{bmatrix} & A & \end{bmatrix}\begin{bmatrix}G_{k+1}\\G_k\end{bmatrix}.$$

(a) A の固有値と固有ベクトルを求めよ.
(b) $n\to\infty$ としたときの，$A^n=S\Lambda^n S^{-1}$ の極限を求めよ.
(c) $G_0=0$ および $G_1=1$ であるとき，ギボナッチ数が $\frac{2}{3}$ へと近づくことを示せ.

10　$0,1,1,2,3,\ldots$ において，フィボナッチ数は 3 つごとに偶数であることを証明せよ.

問題 11〜14 は対角化可能性に関するものである.

11　以下は真か偽か：A の固有値が $2,2,5$ であるとき，その行列は必ず，

(a) 可逆である　(b) 対角化可能である　(c) 対角化可能でない.

12　以下は真か偽か：A の固有ベクトルが $(1,4)$ の倍数のみであるとき，A には，

(a) 逆行列がない　(b) 重複した固有値がある　(c) $S\Lambda S^{-1}$ と対角化できない.

13　$\det A=25$ となるように，以下の行列を完成させよ．さらに，$\lambda=5$ が重複していることを確認せよ．そのトレースが 10 であるので，$A-\lambda I$ の行列式は $(\lambda-5)^2$ となる．$A\boldsymbol{x}=5\boldsymbol{x}$ より，固有ベクトルを求めよ．2 つ目の固有ベクトルの直線が存在しないので，これらの行列は対角化不可能である.

$$A=\begin{bmatrix}8 & \\ & 2\end{bmatrix}\quad と\quad A=\begin{bmatrix}9 & 4\\ & 1\end{bmatrix}\quad と\quad A=\begin{bmatrix}10 & 5\\-5 & \end{bmatrix}$$

14　行列 $A=\begin{bmatrix}3 & 1\\0 & 3\end{bmatrix}$ は対角化不可能である．なぜならば，$A-3I$ の階数が ＿＿＿ だからである．その要素を 1 つ変えて A を対角化可能にせよ．どの要素を変更したらよいか？

問題 15〜19 は，行列のベキに関するものである．

15 $k \to \infty$ としたときに $A^k = S\Lambda^k S^{-1}$ が零行列へと近づくのは，λ の絶対値が ＿＿＿ より小さいときであり，かつそのときに限る．以下の行列は $A^k \to 0$ となるか？

$$A_1 = \begin{bmatrix} 0.6 & 0.9 \\ 0.4 & 0.1 \end{bmatrix} \quad と \quad A_2 = \begin{bmatrix} 0.6 & 0.9 \\ 0.1 & 0.6 \end{bmatrix}.$$

16 （推奨）問題 15 の A_1 について，Λ と S を求めてそれを対角化せよ．$k \to \infty$ としたときの Λ^k の極限を求めよ．$S\Lambda^k S^{-1}$ の極限を求めよ．この行列の極限において，その列は ＿＿＿ となる．

17 問題 15 の A_2 について，Λ と S を求めてそれを対角化せよ．以下の $\boldsymbol{u}_0$ に対して $(A_2)^{10}\boldsymbol{u}_0$ を求めよ．

$$\boldsymbol{u}_0 = \begin{bmatrix} 3 \\ 1 \end{bmatrix} \quad と \quad \boldsymbol{u}_0 = \begin{bmatrix} 3 \\ -1 \end{bmatrix} \quad と \quad \boldsymbol{u}_0 = \begin{bmatrix} 6 \\ 0 \end{bmatrix}.$$

18 次の A を対角化して $S\Lambda^k S^{-1}$ を計算することで，A^k に関する次の式を証明せよ：

$$A = \begin{bmatrix} 2 & -1 \\ -1 & 2 \end{bmatrix} \qquad のとき \qquad A^k = \frac{1}{2}\begin{bmatrix} 1+3^k & 1-3^k \\ 1-3^k & 1+3^k \end{bmatrix}.$$

19 次の B を対角化して $S\Lambda^k S^{-1}$ を計算することで，B^k に関する次の式を証明せよ：

$$B = \begin{bmatrix} 5 & 1 \\ 0 & 4 \end{bmatrix} \qquad のとき \qquad B^k = \begin{bmatrix} 5^k & 5^k - 4^k \\ 0 & 4^k \end{bmatrix}.$$

20 $A = S\Lambda S^{-1}$ と仮定する．行列式をとり，$\det A = \det \Lambda = \lambda_1 \lambda_2 \cdots \lambda_n$ を証明せよ．A が ＿＿＿ 可能なときのみ，この手早い証明が使える．

21 （ST のトレース）＝（TS のトレース）であることを，ST と TS の対角要素の和を求めることで示せ：

$$S = \begin{bmatrix} a & b \\ c & d \end{bmatrix} \quad と \quad T = \begin{bmatrix} q & r \\ s & t \end{bmatrix}.$$

T を ΛS^{-1} とする．そのとき，$S\Lambda S^{-1}$ のトレースは $\Lambda S^{-1}S = \Lambda$ のトレースと等しい．したがって，（A のトレース）＝（Λ のトレース）＝（固有値の和）が成り立つ．

22 $AB - BA = I$ となることはない．なぜならば，左辺のトレース ＝ ＿＿＿ であるからだ．しかし，$A = E$ および $B = E^{\mathrm{T}}$ を満たす消去の基本変形行列を求めると次を得る：

$$AB - BA = \begin{bmatrix} -1 & 0 \\ 0 & 1 \end{bmatrix} \quad このトレースは零である．$$

23 $A = S\Lambda S^{-1}$ のとき，ブロック行列 $B = \left[\begin{smallmatrix} \boldsymbol{A} & \mathbf{0} \\ \mathbf{0} & \mathbf{2}\boldsymbol{A} \end{smallmatrix}\right]$ を対角化せよ．その（ブロック）固有値行列と（ブロック）固有ベクトル行列を求めよ．

24 同じ固有ベクトル行列 S で対角化される，すべての 4×4 行列 A を考える．A が部分空間をなす（cA と $A_1 + A_2$ も同じ S を持つ）ことを示せ．$S = I$ のとき，この部分空間を求めよ．その次元を求めよ．

25 $A^2 = A$ であると仮定する．左辺において A の各列に A が掛けられている．$\lambda = 1$ に対応する固有ベクトルを含むのは，4 つの部分空間のうちのどれか？$\lambda = 0$ に対応する固有ベクトルを含むのは，4 つの部分空間のうちのどれか？それらの部分空間の次元から，A は列の個数に等しい独立な固有ベクトルを持つ．したがって，$A^2 = A$ となる行列は対角化可能である．

26 （推奨） $A\boldsymbol{x} = \lambda\boldsymbol{x}$ と仮定する．$\lambda = 0$ のとき，$\boldsymbol{x}$ は零空間に含まれる．$\lambda \neq 0$ のとき，$\boldsymbol{x}$ は列空間に含まれる．それらの部分空間の次元は $(n-r)+r = n$ である．すべての正方行列が n 個の線形独立な固有ベクトルを持つわけでない理由を示せ．

27 次の A の固有値は 1 と 9 であり，B の固有値は -1 と 9 である：

$$A = \begin{bmatrix} 5 & 4 \\ 4 & 5 \end{bmatrix} \quad \text{と} \quad B = \begin{bmatrix} 4 & 5 \\ 5 & 4 \end{bmatrix}.$$

$R = S\sqrt{\Lambda}\,S^{-1}$ より，行列 A の平方根を求めよ．行列 B に実行列の平方根が存在しない理由を示せ．

28 （**ハイゼンベルクの不確定性原理**）$A = A^{\mathrm{T}}$ および $B = -B^{\mathrm{T}}$ であるような無限行列では，$AB - BA = I$ となりうる．そのとき以下のようになる．

$$\boldsymbol{x}^{\mathrm{T}}\boldsymbol{x} = \boldsymbol{x}^{\mathrm{T}}AB\boldsymbol{x} - \boldsymbol{x}^{\mathrm{T}}BA\boldsymbol{x} \leq 2\|A\boldsymbol{x}\|\,\|B\boldsymbol{x}\|.$$

その最後の不等式をシュワルツの不等式を用いて説明せよ．ハイゼンベルクの不等式から，$\|A\boldsymbol{x}\|/\|\boldsymbol{x}\|$ と $\|B\boldsymbol{x}\|/\|\boldsymbol{x}\|$ の積が少なくとも $\frac{1}{2}$ であることが言える．位置の誤差と運動量の誤差の両方を小さくすることは不可能である．

29 A と B が同じ固有値と同じ独立な固有ベクトルを持つとき，それらの ＿＿＿ への分解は同じになる．したがって，$A = B$ である．

30 同じ S を用いて，A と B が対角化できると仮定する．$A = S\Lambda_1 S^{-1}$ と $B = S\Lambda_2 S^{-1}$ より，それらは同じ固有ベクトルを持つ．$AB = BA$ であることを証明せよ．

31 (a) $A = \left[\begin{smallmatrix} \mathbf{a} & \mathbf{b} \\ \mathbf{0} & \mathbf{d} \end{smallmatrix}\right]$ のとき，$A - \lambda I$ の行列式は $(\lambda - a)(\lambda - d)$ である．$(A - aI)(A - dI) =$ **零行列**，という「ケーリー－ハミルトンの定理」を確認せよ．

(b) ケーリー－ハミルトンの定理を，フィボナッチの行列 $A = \left[\begin{smallmatrix} \mathbf{1} & \mathbf{1} \\ \mathbf{1} & \mathbf{0} \end{smallmatrix}\right]$ で試せ．その定理によると，多項式 $\det(A - \lambda I)$ は $\lambda^2 - \lambda - 1$ であるので，$A^2 - A - I = 0$ であることが予想される．

32 $(A-\lambda_1 I)(A-\lambda_2 I)\cdots(A-\lambda_n I)$ に $A=S\Lambda S^{-1}$ を代入して，この積が零行列になる理由を説明せよ．$p(\lambda)=\det(A-\lambda I)$ における数 λ に行列 A を代入しようとしている．**ケーリー－ハミルトンの定理**は，A が対角化不可能であっても，この積が常に $p(A)=$ **零行列** であることを主張するものである．

33 A の固有値，固有ベクトル，および k 乗を求めよ．この「隣接行列」において，A^k の (i,j) 要素は i から j への長さ k のパスを数えたものである．

A に含まれる 1 は
ノード間のエッジを表す

$$A=\begin{bmatrix}1&1&1\\1&0&0\\1&0&0\end{bmatrix}$$

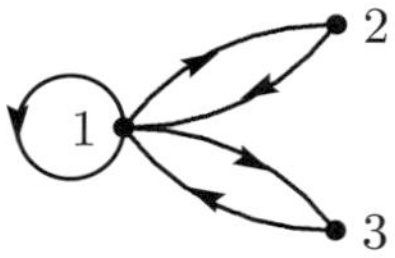

34 $A=\left[\begin{smallmatrix}\mathbf{1}&\mathbf{0}\\\mathbf{0}&\mathbf{2}\end{smallmatrix}\right]$ および $AB=BA$ であるとき，$B=\left[\begin{smallmatrix}\mathbf{a}&\mathbf{b}\\\mathbf{c}&\mathbf{d}\end{smallmatrix}\right]$ も対角行列であることを示せ．B は A と同じ固有_____ を持つが，固有_____ は異なる．このような対角行列 B は，行列空間の 2 次元部分空間をなす．$AB-BA=0$ は変数 $\mathbf{a},\mathbf{b},\mathbf{c},\mathbf{d}$ に対して 4 つの等式を与える．その 4×4 行列の階数を求めよ．

35 ベキ A^k は，すべての固有値が $|\lambda_i|<1$ のとき零に近づき，いずれかの固有値が $|\lambda_i|>1$ のとき発散する．Peter Lax による本 *Linear Algebra* に，以下の際立った例がある：

$$A=\begin{bmatrix}3&2\\1&4\end{bmatrix}\qquad B=\begin{bmatrix}3&2\\-5&-3\end{bmatrix}\quad C=\begin{bmatrix}5&7\\-3&-4\end{bmatrix}\quad D=\begin{bmatrix}5&6.9\\-3&-4\end{bmatrix}$$

$$\|\boldsymbol{A}^{\mathbf{1024}}\|>\mathbf{10^{700}}\quad \boldsymbol{B}^{\mathbf{1024}}=\boldsymbol{I}\qquad \boldsymbol{C}^{\mathbf{1024}}=-\boldsymbol{C}\qquad \|\boldsymbol{D}^{\mathbf{1024}}\|<\mathbf{10^{-78}}$$

B と C の固有値 $\lambda=e^{i\theta}$ を求め，$B^4=I$ および $C^3=-I$ であることを示せ．

挑戦問題

36 以下のように，角度 θ の回転行列の n 乗は，角度 $n\theta$ の回転である：

$$A^n=\begin{bmatrix}\cos\theta&-\sin\theta\\\sin\theta&\cos\theta\end{bmatrix}^n=\begin{bmatrix}\cos n\theta&-\sin n\theta\\\sin n\theta&\cos n\theta\end{bmatrix}.$$

この素晴らしい公式を，対角化 $A=S\Lambda S^{-1}$ を用いて証明せよ．固有ベクトル（S の列）は，$(1,i)$ と $(i,1)$ である．オイラーの公式 $e^{i\theta}=\cos\theta+i\sin\theta$ が必要だ．

37 $A=S\Lambda S^{-1}$ の転置は $A^{\mathrm{T}}=(S^{-1})^{\mathrm{T}}\Lambda S^{\mathrm{T}}$ である．$A^{\mathrm{T}}\boldsymbol{y}=\lambda\boldsymbol{y}$ の固有ベクトルは，行列 $(S^{-1})^{\mathrm{T}}$ の列である．それらは**左固有ベクトル**と呼ばれることが多い．A に関する次の式を得るには，どのように行列を掛ければよいか？

$$\textbf{階数が 1 である行列の和}\quad A=S\Lambda S^{-1}=\lambda_1\boldsymbol{x}_1\boldsymbol{y}_1^{\mathrm{T}}+\cdots+\lambda_n\boldsymbol{x}_n\boldsymbol{y}_n^{\mathrm{T}}.$$

38 $A=\mathbf{eye}(n)+\mathbf{ones}(n)$ の逆行列は $A^{-1}=\mathbf{eye}(n)+C*\mathbf{ones}(n)$ である．AA^{-1} の積を計算して，その数 C を求めよ（それは n に依存する）．

6.3 微分方程式への応用

固有値，固有ベクトル，および $A = S\Lambda S^{-1}$ という式は，行列のベキ A^k に最適であった．それらは，微分方程式 $d\boldsymbol{u}/dt = A\boldsymbol{u}$ にも最適である．本節のほとんどは線形代数であるが，読み進めるにあたって，$e^{\lambda t}$ **の導関数は** $\lambda e^{\lambda t}$ であるという解析の事実を用いる．**定数係数の微分方程式を線形代数へと変換することが**，本節における核心だ．

スカラーの常微分方程式 $du/dt = u$ の解は $u = e^t$ である．方程式 $du/dt = 4u$ の解は $u = e^{4t}$ である．解は指数関数になる．

$$\textbf{1 つの方程式} \qquad \frac{du}{dt} = \lambda u \quad \text{の解は} \quad u(t) = Ce^{\lambda t}. \tag{1}$$

数 C は，$du/dt = \lambda u$ の両辺に現れる．$t = 0$ において，その解 $Ce^{\lambda t}$ は（$e^0 = 1$ より）単純化されて C となる．$C = u(0)$ と選ぶことにより，$t = 0$ **において初期値** $u(0)$ **である解は** $u(t) = u(0)e^{\lambda t}$ である．

これは，1×1 の問題を解いたにすぎない．線形代数では，$n \times n$ の場合へと進む．未知数はベクトル $\boldsymbol{u}$（太字になった u）であり，初期ベクトル $\boldsymbol{u}(0)$ が与えられる．n 個の等式から正方行列 A が作られる．$\boldsymbol{u}(t)$ は，n 個の指数関数 $e^{\lambda t}\boldsymbol{x}$ からなると期待する．

$$\boldsymbol{n}\ \textbf{個の等式} \qquad \frac{d\boldsymbol{u}}{dt} = A\boldsymbol{u} \qquad t = 0 \text{ の初期値は，ベクトル } \boldsymbol{u}(0) \text{ である．} \tag{2}$$

これらの微分方程式は**線形**である．もし，$\boldsymbol{u}(t)$ と $\boldsymbol{v}(t)$ が解であるならば，$C\boldsymbol{u}(t) + D\boldsymbol{v}(t)$ も解である．$\boldsymbol{u}(0)$ の n 個の要素と対応づけるには，C や D のような n 個の定数が必要である．まず最初に行うことは，$A\boldsymbol{x} = \lambda\boldsymbol{x}$ を用いて，n 個の「純粋な指数関数の解」$\boldsymbol{u} = e^{\lambda t}\boldsymbol{x}$ を求めることである．

A が**定数**行列であることに注意せよ．一般の線形微分方程式では，t が変化すると A も変化する．非線形微分方程式では，$\boldsymbol{u}$ が変化すると A も変化する．ここではそのような問題は考えない．$d\boldsymbol{u}/dt = A\boldsymbol{u}$ は「定数係数で線形」である．線形代数へと直接変換するのは，そのような微分方程式のみである．要点は次のとおりだ：

$A\boldsymbol{x} = \lambda\boldsymbol{x}$ **のとき，定数係数の線形微分方程式を指数関数** $e^{\lambda t}\boldsymbol{x}$ **によって解く．**

$d\boldsymbol{u}/dt = A\boldsymbol{u}$ の解

純粋な指数関数による解は $e^{\lambda t}$ とベクトル $\boldsymbol{x}$ との積になるだろう．λ が A の固有値であり，$\boldsymbol{x}$ **が固有ベクトル**だと予想するだろう．$\boldsymbol{u}(t) = e^{\lambda t}\boldsymbol{x}$ を式 $d\boldsymbol{u}/dt = A\boldsymbol{u}$ に代入することで，それが正しいことが証明できる（ $e^{\lambda t}$ が打ち消される）：

$$\boldsymbol{A\boldsymbol{x} = \lambda\boldsymbol{x}}\ \textbf{のとき}\ \boldsymbol{u} = e^{\lambda t}\boldsymbol{x}\ \textbf{を使う} \qquad \frac{d\boldsymbol{u}}{dt} = \lambda e^{\lambda t}\boldsymbol{x} \quad \text{は} \quad A\boldsymbol{u} = Ae^{\lambda t}\boldsymbol{x} \quad \text{と等しい} \tag{3}$$

この特解 $\boldsymbol{u} = e^{\lambda t}\boldsymbol{x}$ のすべての要素は，共通して $e^{\lambda t}$ を持つ．$\lambda > 0$ のときその解は増大し，$\lambda < 0$ のとき減少する．λ が複素数のとき，増大や減少はその実部によって決まる．虚数部 ω は，正弦波のような振動 $e^{i\omega t}$ を与える．

例 1　初期値を $\boldsymbol{u}(0) = \begin{bmatrix} 4 \\ 2 \end{bmatrix}$ として，$d\boldsymbol{u}/dt = A\boldsymbol{u} = \begin{bmatrix} 0 & 1 \\ 1 & 0 \end{bmatrix}\boldsymbol{u}$ の解を求めよ．

これは $\boldsymbol{u}$ に対するベクトル方程式である．その方程式には，要素 y と z に対する 2 つのスカラーの方程式が含まれる．その行列は対角行列ではないので，それらは「連動する」:

$$\frac{d\boldsymbol{u}}{dt} = A\boldsymbol{u} \qquad \frac{d}{dt}\begin{bmatrix} y \\ z \end{bmatrix} = \begin{bmatrix} 0 & 1 \\ 1 & 0 \end{bmatrix}\begin{bmatrix} y \\ z \end{bmatrix} \text{ は } \frac{dy}{dt} = z \text{ と } \frac{dz}{dt} = y \text{ を意味する．}$$

固有ベクトルの考え方は，それらの式の線形結合をとって 1×1 の問題に戻すということである．$y + z$ と $y - z$ の線形結合によってそれが実現される：

$$\frac{d}{dt}(y+z) = z + y \quad \text{と} \quad \frac{d}{dt}(y-z) = -(y-z).$$

線形結合 $y + z$ は，$\lambda = 1$ であるので，e^t のように増大する．線形結合 $y - z$ は，$\lambda = -1$ であるので，e^{-t} のように減少する．次に示すことが要点だ．そのような特別な線形結合を探すのに，もとの方程式 $d\boldsymbol{u}/dt = A\boldsymbol{u}$ をあれこれ操る必要はない．A の固有ベクトルと固有値がそれになるからだ．

この行列 A の固有値は 1 と -1 である．その固有ベクトルは $(1, 1)$ と $(1, -1)$ である．純粋な指数関数の解 $\boldsymbol{u}_1$ と $\boldsymbol{u}_2$ は，$\lambda = 1$ と -1 として，$e^{\lambda t}\boldsymbol{x}$ という形をとる：

$$\boldsymbol{u}_1(t) = e^{\lambda_1 t}\boldsymbol{x}_1 = e^t\begin{bmatrix} 1 \\ 1 \end{bmatrix} \quad \text{と} \quad \boldsymbol{u}_2(t) = e^{\lambda_2 t}\boldsymbol{x}_2 = e^{-t}\begin{bmatrix} 1 \\ -1 \end{bmatrix}. \tag{4}$$

注: これらの $\boldsymbol{u}$ は固有ベクトルである．$\boldsymbol{x}_1$ や $\boldsymbol{x}_2$ と同様に，それらは $A\boldsymbol{u}_1 = \boldsymbol{u}_1$ と $A\boldsymbol{u}_2 = -\boldsymbol{u}_2$ を満たす．係数 e^t と e^{-t} は時間とともに変化する．それらにより，$d\boldsymbol{u}_1/dt = \boldsymbol{u}_1 = A\boldsymbol{u}_1$ と $d\boldsymbol{u}_2/dt = -\boldsymbol{u}_2 = A\boldsymbol{u}_2$ が得られる．$d\boldsymbol{u}/dt = A\boldsymbol{u}$ に対して 2 つの解を求めた．すべての解を求めるには，それらの特解に任意の数 C と D を掛けて足す：

$$\textbf{一般解} \qquad \boldsymbol{u}(t) = Ce^t\begin{bmatrix} 1 \\ 1 \end{bmatrix} + De^{-t}\begin{bmatrix} 1 \\ -1 \end{bmatrix} = \begin{bmatrix} Ce^t + De^{-t} \\ Ce^t - De^{-t} \end{bmatrix}. \tag{5}$$

これらの定数 C と D により，任意の初期ベクトル $\boldsymbol{u}(0)$ に適合できる．$t = 0$ および $e^0 = 1$ とする．初期値 $\boldsymbol{u}(0) = (4, 2)$ に対する解を求めることが問題だとしよう：

$$\boldsymbol{u}(0) \textbf{ より } C, D \textbf{ が求まる} \qquad C\begin{bmatrix} 1 \\ 1 \end{bmatrix} + D\begin{bmatrix} 1 \\ -1 \end{bmatrix} = \begin{bmatrix} 4 \\ 2 \end{bmatrix} \quad \text{より} \quad C = 3 \quad \text{と} \quad D = 1.$$

(5) の解に $C = 3$ と $D = 1$ を代入すると，その初期値問題が解けた．

$\boldsymbol{u}_{k+1} = A\boldsymbol{u}_k$ を解くのと同じ 3 段階で，$d\boldsymbol{u}/dt = A\boldsymbol{u}$ を解く：

1. $\boldsymbol{u}(0)$ を A の固有ベクトルの線形結合 $c_1\boldsymbol{x}_1 + \cdots + c_n\boldsymbol{x}_n$ で書く．
2. 各固有ベクトル $\boldsymbol{x}_i$ に $e^{\lambda_i t}$ を掛ける．
3. 解は，純粋な解 $e^{\lambda t}\boldsymbol{x}$ の線形結合である：

$$\boldsymbol{u}(t) = c_1 e^{\lambda_1 t}\boldsymbol{x}_1 + \cdots + c_n e^{\lambda_n t}\boldsymbol{x}_n. \tag{6}$$

例外：2 つの λ が等しく固有ベクトルが 1 つしかないときには，他の解が必要になる（それは $te^{\lambda t}\boldsymbol{x}$ になる）．第 1 段階において対角化可能であるためには $A = S\Lambda S^{-1}$ が必要であり，すなわち固有ベクトルの基底が必要である．

例 2　A の固有値が $\lambda = 1, 2, 3$ であることが既知として，$d\boldsymbol{u}/dt = A\boldsymbol{u}$ の解を求めよ：

$$\frac{d\boldsymbol{u}}{dt} = \begin{bmatrix} 1 & 1 & 1 \\ 0 & 2 & 1 \\ 0 & 0 & 3 \end{bmatrix}\boldsymbol{u} \quad \text{ただし，初期値} \quad \boldsymbol{u}(0) = \begin{bmatrix} 9 \\ 7 \\ 4 \end{bmatrix}.$$

その固有ベクトルは $\boldsymbol{x}_1 = (1, 0, 0)$ と $\boldsymbol{x}_2 = (1, 1, 0)$ と $\boldsymbol{x}_3 = (1, 1, 1)$ である．

第 1 段階　ベクトル $\boldsymbol{u}(0) = (9, 7, 4)$ は $2\boldsymbol{x}_1 + 3\boldsymbol{x}_2 + 4\boldsymbol{x}_3$ である．よって，$(c_1, c_2, c_3) = (2, 3, 4)$ である．

第 2 段階　純粋な指数関数の解は $e^t\boldsymbol{x}_1$ と $e^{2t}\boldsymbol{x}_2$ と $e^{3t}\boldsymbol{x}_3$ である．

第 3 段階　$\boldsymbol{u}(0)$ から始まるような線形結合は $\boldsymbol{u}(t) = 2e^t\boldsymbol{x}_1 + 3e^{2t}\boldsymbol{x}_2 + 4e^{3t}\boldsymbol{x}_3$ である．

係数 $2, 3, 4$ は，線形方程式 $c_1\boldsymbol{x}_1 + c_2\boldsymbol{x}_2 + c_3\boldsymbol{x}_3 = \boldsymbol{u}(0)$ を解くことで得られる：

$$\begin{bmatrix} \\ \boldsymbol{x}_1 & \boldsymbol{x}_2 & \boldsymbol{x}_3 \\ \\ \end{bmatrix}\begin{bmatrix} c_1 \\ c_2 \\ c_3 \end{bmatrix} = \begin{bmatrix} 1 & 1 & 1 \\ 0 & 1 & 1 \\ 0 & 0 & 1 \end{bmatrix}\begin{bmatrix} 2 \\ 3 \\ 4 \end{bmatrix} = \begin{bmatrix} 9 \\ 7 \\ 4 \end{bmatrix} \quad \text{これは} \quad S\boldsymbol{c} = \boldsymbol{u}(0). \tag{7}$$

$d\boldsymbol{u}/dt = A\boldsymbol{u}$ を解く基本的な考え方がわかっただろう．本節の残りではさらに先へと進み，**2 階導関数を含む方程式**を解く．なぜならば，それが応用においてよく現れるからだ．また，$\boldsymbol{u}(t)$ が零へと近づくのか，発散するのか，振動するだけなのかを判定する．

最後に**行列の指数関数** e^{At} を扱う．$\boldsymbol{u}_{k+1} = A\boldsymbol{u}_k$ の解が $A^k\boldsymbol{u}_0$ であるのとまったく同じように，$d\boldsymbol{u}/dt = A\boldsymbol{u}$ の解は $e^{At}\boldsymbol{u}(0)$ となる．実際には，$\boldsymbol{u}_k$ が $\boldsymbol{u}(t)$ へと近づくかどうかを問う．例 3 では，「差分方程式」が「微分方程式」を解くのにどう使えるかを示し，実際の応用を見る．

これらの解法はすべて，固有値 λ と対応する固有ベクトル $\boldsymbol{x}$ を用いる．本節では，線形代数へと変換される定数係数の問題を解く．これらの最も単純だが最も重要な微分方程式を明らかにする．それらの解はまさに $e^{\lambda t}$ に基づいている．

2 階微分方程式

力学における最も重要な等式は $my'' + by' + ky = 0$ である．その第 1 項は，質量 m と加速

度 $a = y''$ の積である．この項 ma は力 F と釣り合う（**ニュートンの法則**）．力は，減衰 $-by'$ と，移動距離に比例する弾性的復元力 $-ky$ からなる．これは，2 階の導関数 $y'' = d^2y/dt^2$ を含んでいるので，2 階微分方程式である．それは依然として，線形であり定数係数 m, b, k を持つ．

微分方程式の講義では，$y = e^{\lambda t}$ を代入するというのがその解法だ．各導関数から因数 λ が生じる．その方程式の解が $y = e^{\lambda t}$ であることを望む：

$$m\frac{d^2y}{dt^2} + b\frac{dy}{dt} + ky = 0 \quad \text{が} \quad (m\lambda^2 + b\lambda + k)e^{\lambda t} = 0 \quad \text{となる．} \tag{8}$$

すべてが $m\lambda^2 + b\lambda + k = 0$ に依存する．この λ に関する等式には，2 つの根 λ_1 と λ_2 がある．そのとき，y に関する方程式には 2 つの純粋解 $y_1 = e^{\lambda_1 t}$ と $y_2 = e^{\lambda_2 t}$ がある．それらの線形結合 $c_1y_1 + c_2y_2$ は，$\lambda_1 = \lambda_2$ でない限り，一般解を与える．

線形代数の講義では，行列と固有値が出てくると期待するだろう．したがって，(y'' を含む）スカラーの方程式を（1 階の導関数のみからなる）ベクトル方程式に変える．$m = 1$ とする．未知数ベクトル $\boldsymbol{u}$ は，要素に y と y' を持つ．方程式は $d\boldsymbol{u}/dt = A\boldsymbol{u}$ である：

$$\begin{aligned} dy/dt &= y' \\ dy'/dt &= -ky - by' \end{aligned} \quad \text{が} \quad \frac{d}{dt}\begin{bmatrix} y \\ y' \end{bmatrix} = \begin{bmatrix} 0 & 1 \\ -k & -b \end{bmatrix}\begin{bmatrix} y \\ y' \end{bmatrix} \quad \text{へと変換される．} \tag{9}$$

1 つ目の等式 $dy/dt = y'$ は自明である（正しい）．2 つ目の等式は，y'' を y' と y に結びつける．2 つの等式をあわせると，$\boldsymbol{u}'$ を $\boldsymbol{u}$ に結びつける．これを，A の固有値を用いて解く：

$$A - \lambda I = \begin{bmatrix} -\lambda & 1 \\ -k & -b-\lambda \end{bmatrix} \quad \text{の行列式は} \quad \lambda^2 + b\lambda + k = 0.$$

λ に関する等式が同じだ． $m = 1$ であるので，それは $\lambda^2 + b\lambda + k = 0$ である．その根 λ_1 と λ_2 は，**A の固有値である．** 固有ベクトルと解は次のようになる．

$$\boldsymbol{x}_1 = \begin{bmatrix} 1 \\ \lambda_1 \end{bmatrix} \qquad \boldsymbol{x}_2 = \begin{bmatrix} 1 \\ \lambda_2 \end{bmatrix} \qquad \boldsymbol{u}(t) = c_1e^{\lambda_1 t}\begin{bmatrix} 1 \\ \lambda_1 \end{bmatrix} + c_2e^{\lambda_2 t}\begin{bmatrix} 1 \\ \lambda_2 \end{bmatrix}.$$

$\boldsymbol{u}(t)$ の第 1 要素は $y = c_1e^{\lambda_1 t} + c_2e^{\lambda_2 t}$ であり，以前と同じである．異なるわけがない．$\boldsymbol{u}(t)$ の第 2 要素に，速度 dy/dt を見ることができる．ベクトル方程式は，スカラー方程式と完全に一致する．

例 3　$y'' + y = 0$　と $y = \cos t$ による円に沿った運動

これは，マスター方程式において，質量 $m = 1$，剛性 $k = 1$ および減衰 $dy' = 0$ としたものである．$y = e^{\lambda t}$ を $y'' + y = 0$ に代入すると $\lambda^2 + 1 = 0$ を得る．**その根は** $\lambda = i$ **と** $\lambda = -i$ **である．** すると，$e^{it} + e^{-it}$ の 2 分の 1 を計算すると解 $y = \cos t$ が得られる．

1 階のベクトル方程式として捉えるには，初期値 $y(0) = 1$ と $y'(0) = 0$ をベクトル $\boldsymbol{u}(0) = (1, 0)$ とする：

$$y'' = -y \text{ を用いる} \qquad \frac{d\boldsymbol{u}}{dt} = \frac{d}{dt}\begin{bmatrix} y \\ y' \end{bmatrix} = \begin{bmatrix} 0 & 1 \\ -1 & 0 \end{bmatrix}\begin{bmatrix} y \\ y' \end{bmatrix} = A\boldsymbol{u}. \tag{10}$$

A の固有値は再び $\lambda = i$ と $\lambda = -i$ である（驚くことではない）．A は反対称で，その固有ベクトルは $\boldsymbol{x}_1 = (1, i)$ と $\boldsymbol{x}_2 = (1, -i)$ である．$\boldsymbol{u}(0) = (1, 0)$ と一致する線形結合は $\frac{1}{2}(\boldsymbol{x}_1 + \boldsymbol{x}_2)$ である．第 2 段階では，e^{it} と e^{-it} を $\frac{1}{2}$ 倍する．第 3 段階では，それらの純粋な振動を線形結合して $\boldsymbol{u}(t)$ とし，期待どおり $y = \cos t$ が求まる：

$$\boldsymbol{u}(t) = \frac{1}{2}e^{it}\begin{bmatrix}1\\i\end{bmatrix} + \frac{1}{2}e^{-it}\begin{bmatrix}1\\-i\end{bmatrix} = \begin{bmatrix}\cos t\\-\sin t\end{bmatrix}. \qquad \text{これは} \begin{bmatrix}y(t)\\y'(t)\end{bmatrix}.$$

すべてがうまくいった．ベクトル $\boldsymbol{u} = (\cos t, -\sin t)$ は円に沿って動く（図 6.3）．$\cos^2 t + \sin^2 t = 1$ より，その半径は 1 である．

画面に円を表示するには，$y'' = -y$ を**有限差分方程式**で置き換える．$\boldsymbol{Y}(t+\Delta t) - 2\boldsymbol{Y}(t) + \boldsymbol{Y}(t-\Delta t)$ を用いた 3 つの選択肢を以下に示す．$(\Delta t)^2$ で割ることで，y'' を近似する．

$n-1$ では前進差分		$-Y_{n-1}$
n では中心差分	$\dfrac{Y_{n+1} - 2Y_n + Y_{n-1}}{(\Delta t)^2} =$	$-Y_n$
$n+1$ では後退差分		$-Y_{n+1}$

(11)

図 6.3 は，$t = 2\pi$ において円が完成するような正確な $y(t) = \cos t$ を表している．3 つの差分法では，長さ $\Delta t = 2\pi/32$ で 32 ステップ行っても完璧な円が完成しない．そのような絵となることは，固有値によって説明される：

前進　$|\boldsymbol{\lambda}| > \mathbf{1}$（らせん状に外側へ）　**中心**　$|\lambda| = 1$（最適）　**後退**　$|\boldsymbol{\lambda}| < \mathbf{1}$（らせん状に内側へ）

2 ステップの式 (11) が 1 ステップの系へと帰着された．連続な場合において，$\boldsymbol{u}$ は (y, y') であった．この離散的な場合において，未知数は $\boldsymbol{U}_n = (Y_n, Z_n)$ であり，それは $\boldsymbol{U}_0$ から始めてステップ Δt を n 回行ったものである：

前進差分　$\begin{aligned} Y_{n+1} &= Y_n + \Delta t\, Z_n \\ Z_{n+1} &= Z_n - \Delta t\, Y_n \end{aligned}$　は　$\boldsymbol{U}_{n+1} = \begin{bmatrix}1 & \Delta t\\ -\Delta t & 1\end{bmatrix}\begin{bmatrix}Y_n\\Z_n\end{bmatrix} = A\boldsymbol{U}_n$　となる．(12)

これらは，$Y' = Z$ と $Z' = -Y$ のようなものだ．Z を消去すると式 (11) に戻る．Y_{n+1} に対する式から Y_n に対する同じ式を引くことで，左辺に $Y_{n+1} - Y_n$ ができ，右辺に $Y_n - Y_{n-1}$ ができる．また，右辺は $\Delta t(Z_n - Z_{n-1})$ であり，それは Z の式より $-(\Delta t)^2 Y_{n-1}$ である．これが，式 (11) において前進差分を選んだ場合だ．

私の問は単純で，点 (Y_n, Z_n) は円 $Y^2 + Z^2 = 1$ の上に留まるか？それらの点は無限に増大するかもしれないし，$(0, 0)$ へ減衰するかもしれない．その答は，A の固有値にあるに違いない．$|\lambda|^2$ は A の行列式であり，$1 + (\Delta t)^2$ である．図 6.3 より，それは増大する．

e^{At} ではなくベキ A^n を考えており，λ の実部ではなく $|\lambda|$ の大きさを調べている．

A の固有値　$\lambda = 1 \pm i\Delta t$　$|\lambda| > 1$ であり，(Y_n, Z_n) はらせん状に外へ進む

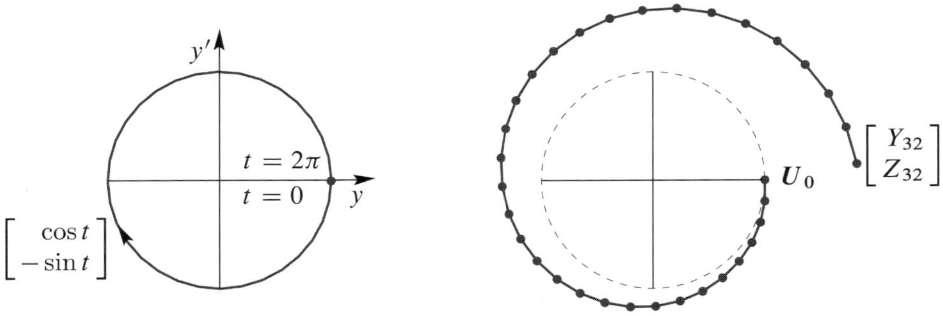

図 6.3　正確な $\boldsymbol{u} = (\cos t, -\sin t)$ は円上にある．前進オイラー法はらせん状に外へ進む（32 ステップ）．

(11) における後退の場合，図 6.4 に示すとおり反対になる．その差に注意せよ：

$$\textbf{後退差分}\quad \begin{aligned} Y_{n+1} &= Y_n + \Delta t\, Z_{n+1} \\ Z_{n+1} &= Z_n - \Delta t\, \mathbf{Y_{n+1}} \end{aligned} \quad \text{は} \quad \begin{bmatrix} 1 & -\Delta t \\ \Delta t & 1 \end{bmatrix} \begin{bmatrix} Y_{n+1} \\ Z_{n+1} \end{bmatrix} = \begin{bmatrix} Y_n \\ Z_n \end{bmatrix} = \boldsymbol{U}_n \text{ となる．} \tag{13}$$

その行列は A^{T} であり，依然として $\lambda = 1 \pm i\Delta t$ を持つ．しかし，$\boldsymbol{U}_{n+1}$ に対応させるには**逆行列**にする．A^{T} が $|\lambda| > 1$ を持つとき，その逆行列は $|\lambda| < 1$ を持つ．したがって後退差分の場合には，解がらせん状に内へ進み $(0, 0)$ へと近づくことがわかる．

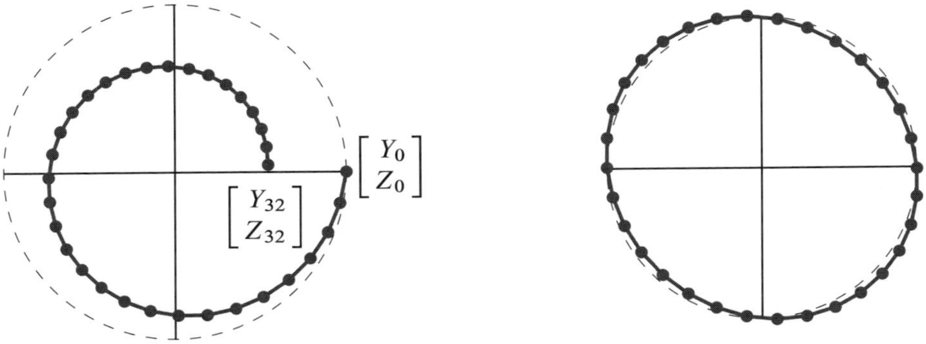

図 6.4　後退差分はらせん状に内へ進む．蛙飛び (Leapfrog) 法では円 $Y_n^2 + Z_n^2 = 1$ の近くに留まる．

図 6.4 の右側の図は，**中心差分**の場合において 32 ステップ行ったものである．$\Delta t < 2$ のとき，その解は円（問題 28）の近くに留まっている．これが**蛙飛び法**である．2 次差分 $Y_{n+1} - 2Y_n + Y_{n-1}$ が，中央の値 Y_n を跳び越えている．

化学者が分子の運動を追跡する際に，この方法が用いられている（分子動力学は巨大な計算となる）．計算科学は活発な研究分野である．なぜならば，1 つの微分方程式を置き換えう

る多くの差分方程式があるからだ．それらには，不安定なものも，安定なものも，どっちつかずのものもある．正確に円上に留まる4つ目の（優れた）方法を問題30で扱う．

注 実際の工学や実際の物理学では，（単に1つの質点ではなく）系を扱う．未知数 $\boldsymbol{y}$ はベクトルである．$\boldsymbol{y}''$ の係数は，数 m ではなく**質量行列** M である．$\boldsymbol{y}$ の係数は，数 k ではなく**剛性行列** K である．$\boldsymbol{y}'$ の係数は減衰行列であり，それは零になりうる．

方程式 $M\boldsymbol{y}''+K\boldsymbol{y}=\boldsymbol{f}$ は，計算力学の主要部分である．それを支配するのは，$K\boldsymbol{x}=\lambda M\boldsymbol{x}$ における $M^{-1}K$ の固有値である．

2×2 行列の安定性

$d\boldsymbol{u}/dt=A\boldsymbol{u}$ の解について，基本的な質問をしよう．$t\to\infty$ **としたときに，その解は** $\boldsymbol{u}=\boldsymbol{0}$ **へ近づくか？** その問題はエネルギーを消費し**安定**か？ 例1と例2の解は e^t を含んでいた（不安定）．安定性は，A の固有値に依存する．

一般解 $\boldsymbol{u}(t)$ は，純粋な指数関数の解 $e^{\lambda t}\boldsymbol{x}$ から作られる．固有値 λ が実数のとき，$e^{\lambda t}$ が零に近づくのがどのような場合か正確に知っている．**それには，数** λ **が負でなければならない．** 固有値が複素数 $\lambda=r+is$ であるとき，**その実部** r **が負でなければならない．** $e^{\lambda t}$ を $e^{rt}e^{ist}$ と分けたとき，e^{ist} の絶対値は常に1である：

$$e^{ist}=\cos st+i\sin st \quad \text{において} \quad |e^{ist}|^2=\cos^2 st+\sin^2 st=1.$$

因数 e^{rt} が，増大（$r>0$ ならば不安定）か減衰（$r<0$ ならば安定）を支配している．

次の問は，**固有値が負となる行列はどのようなものか？** より正確に言うと，λ の**実部**がすべて負となるのはどのような場合か？ 2×2 行列では，明快な答がある．

安定性 すべての固有値の**実部が負**であるとき，A は**安定**で，$\boldsymbol{u}(t)\to\boldsymbol{0}$ である．2×2 行列 $A=\begin{bmatrix}\boldsymbol{a}&\boldsymbol{b}\\\boldsymbol{c}&\boldsymbol{d}\end{bmatrix}$ において，2つの検査に通らなければならない：

$\lambda_1+\lambda_2<0$	トレース $T=a+d$	は負でなければならない．
$\lambda_1\lambda_2>0$	行列式 $D=ad-bc$	は正でなければならない．

理由 λ がともに実数で負であるとき，それらの和は負であり，それはトレース T である．それらの積は正であり，それは行列式 D である．この議論は逆も成り立つ．$D=\lambda_1\lambda_2$ が正のとき，λ_1 と λ_2 は同じ符号を持つ．$T=\lambda_1+\lambda_2$ が負のとき，その符号は負である．T と D によって判定することができる．

λ が複素数であるとき，それらは $r+is$ と $r-is$ という形でなければならない．そうでなければ，T と D が実数にならない．$(r+is)(r-is)=r^2+s^2$ であるので，行列式 D は自動的に正になる．トレース T は $r+is+r-is=2r$ である．したがって，トレースが負であるとき，実部 r は負であり，行列は安定である．（証明終）

図 6.5 に，固有値が実数の場合と複素数の場合を分ける放物線 $T^2 = 4D$ を示す．$\lambda^2 - T\lambda + D = 0$ を解くと，$\sqrt{T^2 - 4D}$ が導かれる．放物線の下では実数となり，その上では虚数となる．安定な領域は，その図の**左上**（第 2 象限）であり，そこではトレース T が負となり行列式 D が正となる．

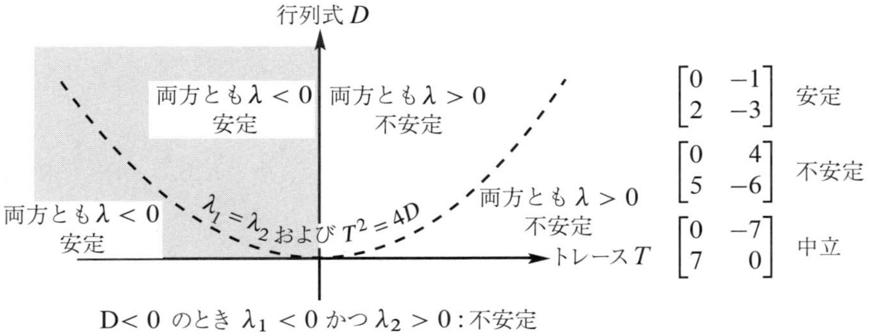

図 6.5 2×2 行列は，トレース< 0 かつ 行列式 > 0 のとき安定 ($\boldsymbol{u}(t) \to \mathbf{0}$) である．

行列の指数関数

解 $\boldsymbol{u}(t)$ を，新しい形式 $e^{At}\boldsymbol{u}(0)$ で書きたい． これにより，前節の $A^k\boldsymbol{u}_0$ と完全に類似した議論ができる．そのためには，まず，指数に行列が置かれた e^{At} の意味を述べる必要がある．数に対する e^x に倣って，行列に対して e^{At} を定義する．

e^x の直接的定義は，無限級数 $1 + x + \frac{1}{2}x^2 + \frac{1}{6}x^3 + \cdots$ による．x に任意の正方行列 At を代入すると，この級数は行列の指数関数 e^{At} を定義する：

行列の指数関数 e^{At}	$e^{At} = I + At + \frac{1}{2}(At)^2 + \frac{1}{6}(At)^3 + \cdots$	(14)
その t による導関数は Ae^{At}	$A + A^2t + \frac{1}{2}A^3t^2 + \cdots = Ae^{At}$	
その固有値は $e^{\lambda t}$	$(I + At + \frac{1}{2}(At)^2 + \cdots)\boldsymbol{x} = (1 + \lambda t + \frac{1}{2}(\lambda t)^2 + \cdots)\boldsymbol{x}$	

$(At)^n$ を割る数は「n の階乗」であり，$n! = 1 \times 2 \times \ldots \times (n-1) \times n$ である．階乗は，$1, 2, 6$ の後，$4! = 24$ と $5! = 120$ であり，急速に増大する．行列の指数関数を定義する級数は常に収束し，その導関数は常に Ae^{At} である．したがって，$e^{At}\boldsymbol{u}(0)$ は（**たとえ，固有ベクトルが不足していても**）微分方程式の解を 1 つの簡単な式で与える．

固有値が不足していてもこの級数がうまくいくことを見るため，例 4 でそれを用いる．その場合，この級数は $te^{\lambda t}$ を作り出す．まず，好ましい（対角化可能な）場合について，$Se^{\Lambda t}S^{-1}$ を導出しよう．

本章では，対角化によって $\boldsymbol{u}(t) = e^{At}\boldsymbol{u}(0)$ をどのように求めるかを強調する．A が n 個の独立な固有ベクトルを持つと仮定すると，それは対角化可能である．$A = S\Lambda S^{-1}$ を，e^{At} の級数に代入する．$S\Lambda S^{-1}S\Lambda S^{-1}$ が現れたときには常にその間にある $S^{-1}S$ を打ち消す：

級数の利用　$$\boldsymbol{e^{At}} = I + S\Lambda S^{-1}t + \tfrac{1}{2}(S\Lambda S^{-1}t)(S\Lambda S^{-1}t) + \cdots$$

S と S^{-1} をくくり出す　$$= S\left[I + \Lambda t + \tfrac{1}{2}(\Lambda t)^2 + \cdots\right]S^{-1}$$

対角化 e^{At}　$$= Se^{\Lambda t}S^{-1}. \tag{15}$$

この式が主張することは，e^{At} と $Se^{\Lambda t}S^{-1}$ **が等しい**ということだ．すると，Λ は対角行列であり，$e^{\Lambda t}$ も対角行列であり，その対角要素は数 $e^{\lambda_i t}$ になる．$Se^{\Lambda t}S^{-1}\boldsymbol{u}(0)$ の積を求めることにより，$\boldsymbol{u}(t)$ を求める：

$$e^{At}\boldsymbol{u}(0) = Se^{\Lambda t}S^{-1}\boldsymbol{u}(0) = \begin{bmatrix} \\ \boldsymbol{x}_1 & \cdots & \boldsymbol{x}_n \\ \\ \end{bmatrix}\begin{bmatrix} e^{\lambda_1 t} & & \\ & \ddots & \\ & & e^{\lambda_n t}\end{bmatrix}\begin{bmatrix} c_1 \\ \vdots \\ c_n\end{bmatrix}. \tag{16}$$

この解 $e^{At}\boldsymbol{u}(0)$ は式 (6) と同じ解であり，それは次の 3 段階で導かれる：

1. $\boldsymbol{u}(0) = c_1\boldsymbol{x}_1 + \cdots + c_n\boldsymbol{x}_n$ と書く．ここで n 個の独立な固有ベクトルが必要である．
2. 各 $\boldsymbol{x}_i$ に $e^{\lambda_i t}$ を掛け，時間を進める．
3. $e^{At}\boldsymbol{u}(0)$ の最適な形は　$\boldsymbol{u}(t) = c_1e^{\lambda_1 t}\boldsymbol{x}_1 + \cdots + c_ne^{\lambda_n t}\boldsymbol{x}_n.$　(17)

例 4　$y = e^{\lambda t}$ を $y'' - 2y' + y = 0$ に代入すると，**重解**を持つ方程式 $\lambda^2 - 2\lambda + 1 = 0 = (\lambda - 1)^2$ を得る．微分方程式の講義では，2 つの独立な解が e^t と te^t であるとするが，ここではそれがなぜかを理解しよう．

線形代数を用いると，$y'' - 2y' + y = 0$ が $\boldsymbol{u} = (y, y')$ に対するベクトル方程式になる：

$$\frac{d}{dt}\begin{bmatrix} y \\ y' \end{bmatrix} = \begin{bmatrix} y' \\ 2y' - y \end{bmatrix} \quad \text{は} \quad \frac{d\boldsymbol{u}}{dt} = A\boldsymbol{u} = \begin{bmatrix} 0 & 1 \\ -1 & 2 \end{bmatrix}\boldsymbol{u}. \tag{18}$$

A の固有値は $\lambda = 1, 1$ である（トレース $= 2$，および，$\det A = 1$）．固有値は $\boldsymbol{x} = (1, 1)$ の倍数のみである．A には固有ベクトルの直線が 1 つしかなく，対角化することは不可能である．したがって，e^{At} をその級数の定義から計算する：

短い級数　$$e^{At} = e^{It}\,e^{(A-I)t} = e^t\left[I + (A - I)t\right]. \tag{19}$$

$(A - I)^2$ が零行列のため,「無限」級数はすぐに終わってしまう．式 (19) に te^t が現れたことが見てわかるだろう．$\boldsymbol{u}(t) = e^{At}\,\boldsymbol{u}(0)$ の第 1 要素が求める解 $y(t)$ である：

$$\boldsymbol{u}(t) = e^t\left[I + \begin{bmatrix} -1 & 1 \\ -1 & 1 \end{bmatrix}t\right]\boldsymbol{u}(0) \qquad y(t) = e^t y(0) - \boldsymbol{te^t}y(0) + \boldsymbol{te^t}y'(0).$$

例 5　無限級数を用いて，$A = \left[\begin{smallmatrix} \mathbf{0} & \mathbf{1} \\ \mathbf{-1} & \mathbf{0} \end{smallmatrix}\right]$ に対して e^{At} を求めよ．$A^4 = I$ に注意せよ：

$$A = \begin{bmatrix} & 1 \\ -1 & \end{bmatrix} \quad A^2 = \begin{bmatrix} -1 & \\ & -1 \end{bmatrix} \quad A^3 = \begin{bmatrix} & -1 \\ 1 & \end{bmatrix} \quad A^4 = \begin{bmatrix} 1 & \\ & 1 \end{bmatrix}.$$

A^5, A^6, A^7, A^8 は，これら 4 つの行列を繰り返し，対応する．右上の要素は $1, 0, -1, 0$ を何度も繰り返し e^{At} の無限級数では $t/1!$, 0, $-t^3/3!$, 0 が含まれる．無限級数の右上の要素は $t - \frac{1}{6}t^3$ から始まり，左上の要素は $1 - \frac{1}{2}t^2$ から始まる．

$$I + At + \tfrac{1}{2}(At)^2 + \tfrac{1}{6}(At)^3 + \cdots = \begin{bmatrix} 1 - \frac{1}{2}t^2 + \cdots & t - \frac{1}{6}t^3 + \cdots \\ -t + \frac{1}{6}t^3 - \cdots & 1 - \frac{1}{2}t^2 + \cdots \end{bmatrix}.$$

左辺は e^{At} である．その行列の第 1 行の級数は，$\cos t$ と $\sin t$ となる．

$$A = \begin{bmatrix} 0 & 1 \\ -1 & 0 \end{bmatrix} \qquad e^{At} = \begin{bmatrix} \cos t & \sin t \\ -\sin t & \cos t \end{bmatrix}. \tag{20}$$

A は歪対称行列であり（$A^{\mathrm{T}} = -A$），その指数関数 e^{At} は直交行列である．A の固有値は i と $-i$ である．e^{At} の固有値は e^{it} と e^{-it} である．以下に 3 つの法則を示す：

1 $\boldsymbol{e^{At}}$ **は常に逆行列** $\boldsymbol{e^{-At}}$ **を持つ．**

2 $\boldsymbol{e^{At}}$ **の固有値は常に** $\boldsymbol{e^{\lambda t}}$ **である．**

3 $\boldsymbol{A}$ **が歪対称行列であるとき，**$\boldsymbol{e^{At}}$ **は直交行列である．逆行列 ＝ 転置行列 ＝** $\boldsymbol{e^{-At}}$**.**

歪対称行列は，$\lambda = i\theta$ のように純虚数の固有値を持つ．すると，e^{At} は固有値 $e^{i\theta t}$ を持つ．その絶対値は 1 である（中立安定，純振動，エネルギー保存）．

最後の例では，三角行列 A を扱う．固有ベクトル行列 S も三角行列となり，S^{-1} や e^{At} も同様に三角行列となる．固有ベクトルの線形結合と短い形式 $e^{At}\boldsymbol{u}(0)$ の 2 通りでその解を見よう．

例 6 $\dfrac{d\boldsymbol{u}}{dt} = A\boldsymbol{u} = \begin{bmatrix} 1 & 1 \\ 0 & 2 \end{bmatrix}\boldsymbol{u}$ を，$t = 0$ における初期値 $\boldsymbol{u}(0) = \begin{bmatrix} 2 \\ 1 \end{bmatrix}$ のもとで解け．

解　（A が三角行列であるので）A の固有値 1 と 2 はその対角要素にある．固有ベクトルは $(1,0)$ と $(1,1)$ である．初期値 $\boldsymbol{u}(0)$ は $\boldsymbol{x}_1 + \boldsymbol{x}_2$ であるので，$c_1 = c_2 = 1$ である．すると，$\boldsymbol{u}(t)$ は純粋な指数関数を同じように線形結合したものである（$\lambda = 1, 2$ と異なるとき $te^{\lambda t}$ は現れない）：

$$\boldsymbol{u}' = \boldsymbol{A}\boldsymbol{u} \text{ の解} \qquad \boldsymbol{u}(t) = e^t \begin{bmatrix} 1 \\ 0 \end{bmatrix} + e^{2t} \begin{bmatrix} 1 \\ 1 \end{bmatrix}.$$

これは最も明快である．一方，行列の形式を用いると，すべての $\boldsymbol{u}(0)$ に対する $\boldsymbol{u}(t)$ が得られる：

$$\boldsymbol{u}(t) = Se^{\Lambda t}S^{-1}\boldsymbol{u}(0) \text{ より } \begin{bmatrix} 1 & 1 \\ 0 & 1 \end{bmatrix} \begin{bmatrix} e^t & \\ & e^{2t} \end{bmatrix} \begin{bmatrix} 1 & -1 \\ 0 & 1 \end{bmatrix} \boldsymbol{u}(0) = \begin{bmatrix} e^t & e^{2t} - e^t \\ 0 & e^{2t} \end{bmatrix} \boldsymbol{u}(0).$$

その最後の行列は $\boldsymbol{e^{At}}$ である．行列の指数関数を用いた式を知ることは悪くない（これは特に素晴らしいものである）．$A\boldsymbol{x} = \boldsymbol{b}$ と逆行列の場合とまったく同じ状況だ．$\boldsymbol{x}$ を求めるのに A^{-1} は必ずしも必要ではなく，$d\boldsymbol{u}/dt = A\boldsymbol{u}$ を解くのに e^{At} は必要ではない．しかし，答を与える簡単な式として，$A^{-1}\boldsymbol{b}$ や $e^{At}\boldsymbol{u}(0)$ にかなうものはない．

■ 要点の復習 ■

1. 方程式 $\boldsymbol{u}' = A\boldsymbol{u}$ は定数係数で線形であり，その初期値が $\boldsymbol{u}(0)$ である．

2. その解は通常，各固有値 λ と固有ベクトル $\boldsymbol{x}$ を含む指数関数の線形結合である：

$$\text{独立な固有ベクトル} \qquad u(t) = c_1 e^{\lambda_1 t}\boldsymbol{x}_1 + \cdots + c_n e^{\lambda_n t}\boldsymbol{x}_n.$$

3. 定数 $c_1, \ldots, c_n$ は，$\boldsymbol{u}(0) = c_1\boldsymbol{x}_1 + \cdots + c_n\boldsymbol{x}_n = S\boldsymbol{c}$ によって決まる．

4. 各 λ の実部が負であるとき，$\boldsymbol{u}(t)$ は零へと近づく（安定）．

5. 行列の指数関数 e^{At} を用いると，その解は常に $\boldsymbol{u}(t) = e^{At}\boldsymbol{u}(0)$ である．

6. y'' を含む方程式は，y' と y を $\boldsymbol{u} = (y, y')$ のように組み合わせることで，$\boldsymbol{u}' = A\boldsymbol{u}$ とすることができる．

■ 例題 ■

6.3 A　$y'' + 4y' + 3y = 0$ を，$e^{\lambda t}$ を代入する方法と，線形代数の方法とで解け．

解　$y = e^{\lambda t}$ を代入すると $(\lambda^2 + 4\lambda + 3)e^{\lambda t} = 0$ を得る．その 2 次式 $\lambda^2 + 4\lambda + 3$ は $(\lambda+1)(\lambda+3) = 0$ と因数分解される．したがって，$\boldsymbol{\lambda_1 = -1}$ と $\boldsymbol{\lambda_2 = -3}$ である．その純粋な解は $y_1 = e^{-t}$ と $y_2 = e^{-3t}$ である．一般解 $c_1y_1 + c_2y_2$ は零へと近づく．

線形代数を用いるには，$\boldsymbol{u} = (y, y')$ とおく．すると，そのベクトル方程式は $\boldsymbol{u}' = A\boldsymbol{u}$ である：

$$\begin{aligned} dy/dt &= y' \\ dy'/dt &= -3y - 4y' \end{aligned} \quad \text{を変換すると} \quad \frac{d\boldsymbol{u}}{dt} = \begin{bmatrix} 0 & 1 \\ -3 & -4 \end{bmatrix}\boldsymbol{u}.$$

この A は「同伴行列」と呼ばれ，その固有値は -1 と -3 である：

$$\textbf{同じ 2 次式} \qquad \det(A - \lambda I) = \begin{vmatrix} -\lambda & 1 \\ -3 & -4-\lambda \end{vmatrix} = \lambda^2 - 4\lambda + 3 = 0.$$

A の固有ベクトルは $(1, \lambda_1)$ と $(1, \lambda_2)$ である．どちらの場合も，$y(t)$ が減衰することは e^{-t} と e^{-3t} から示される．係数が定数であるとき，解析は代数 $A\boldsymbol{x} = \lambda\boldsymbol{x}$ に戻ってくる．

注 線形代数において深刻に危惧することは，固有ベクトルが不足することである．$\lambda_1 = \lambda_2$ のとき，固有ベクトル $(1, \lambda_1)$ と $(1, \lambda_2)$ は同じになる．すると，A を対角化することができない．この場合，それだけでは $d\boldsymbol{u}/dt = A\boldsymbol{u}$ に対する 2 つの独立な解を得られない．

微分方程式において深刻に危惧することは，同様に λ が重複することである．$y = e^{\lambda t}$ の他に，2 つ目の解を見つけなければならない．それは $y = te^{\lambda t}$ になる．この（余分な t が付いている）「純粋でない」解は，行列の指数関数 e^{At} に現れる．例 4 で示したとおりだ．

6.3 B 以下の行列として与えられる A の固有値と固有ベクトルを求め，$\boldsymbol{u}(0) = (0, 2\sqrt{2}, 0)$ を固有ベクトルの線形結合として書け．方程式 $\boldsymbol{u}' = A\boldsymbol{u}$ と $\boldsymbol{u}'' = A\boldsymbol{u}$ の両方を解け：

$$\frac{d\boldsymbol{u}}{dt} = \begin{bmatrix} -2 & 1 & 0 \\ 1 & -2 & 1 \\ 0 & 1 & -2 \end{bmatrix} \boldsymbol{u} \quad \text{と} \quad \frac{d^2\boldsymbol{u}}{dt^2} = \begin{bmatrix} -2 & 1 & 0 \\ 1 & -2 & 1 \\ 0 & 1 & -2 \end{bmatrix} \boldsymbol{u} \quad \text{ただし} \quad \frac{d\boldsymbol{u}}{dt}(0) = \boldsymbol{0}.$$

$1, -2, 1$ からなる対角要素を持つ A は **2 次差分行列**である（二階導関数のようなものだ）．

$\boldsymbol{u}' = A\boldsymbol{u}$ は熱伝導方程式 $\partial \boldsymbol{u}/\partial \boldsymbol{t} = \partial^2 \boldsymbol{u}/\partial \boldsymbol{x}^2$ のようなものである．

その解 $u(t)$ は減衰する（固有値が負）．

$\boldsymbol{u}'' = A\boldsymbol{u}$ は波動方程式 $\partial^2 \boldsymbol{u}/\partial \boldsymbol{t}^2 = \partial^2 \boldsymbol{u}/\partial \boldsymbol{x}^2$ のようなものである．

その解は振動する（固有値が虚数）．

解 固有値と固有ベクトルを $\det(A - \lambda I) = 0$ より求める：

$$\det(A - \lambda I) = \begin{vmatrix} -2-\lambda & 1 & 0 \\ 1 & -2-\lambda & 1 \\ 0 & 1 & -2-\lambda \end{vmatrix} = (-2-\lambda)[(-2-\lambda)^2 - 2] = 0.$$

$-2 - \lambda = 0$ のとき，固有値の 1 つは $\lambda = -2$ である．もう一方は $\lambda^2 + 4\lambda + 2$ なので，その他の固有値（それらも実数かつ負である）は $\lambda = -2 \pm \sqrt{2}$ である．固有ベクトルを求める：

$$\boldsymbol{\lambda = -2} \qquad (A + 2I)\boldsymbol{x} = \begin{bmatrix} 0 & 1 & 0 \\ 1 & 0 & 1 \\ 0 & 1 & 0 \end{bmatrix} \begin{bmatrix} x \\ y \\ z \end{bmatrix} = \begin{bmatrix} 0 \\ 0 \\ 0 \end{bmatrix} \quad \text{より} \quad \boldsymbol{x}_1 = \begin{bmatrix} 1 \\ 0 \\ -1 \end{bmatrix}$$

$$\boldsymbol{\lambda = -2 - \sqrt{2}} \quad (A - \lambda I)\boldsymbol{x} = \begin{bmatrix} \sqrt{2} & 1 & 0 \\ 1 & \sqrt{2} & 1 \\ 0 & 1 & \sqrt{2} \end{bmatrix} \begin{bmatrix} x \\ y \\ z \end{bmatrix} = \begin{bmatrix} 0 \\ 0 \\ 0 \end{bmatrix} \quad \text{より} \quad \boldsymbol{x}_2 = \begin{bmatrix} 1 \\ -\sqrt{2} \\ 1 \end{bmatrix}$$

$$\boldsymbol{\lambda = -2 + \sqrt{2}} \quad (A - \lambda I)\boldsymbol{x} = \begin{bmatrix} -\sqrt{2} & 1 & 0 \\ 1 & -\sqrt{2} & 1 \\ 0 & 1 & -\sqrt{2} \end{bmatrix} \begin{bmatrix} x \\ y \\ z \end{bmatrix} = \begin{bmatrix} 0 \\ 0 \\ 0 \end{bmatrix} \quad \text{より} \quad \boldsymbol{x}_3 = \begin{bmatrix} 1 \\ \sqrt{2} \\ 1 \end{bmatrix}$$

固有ベクトルは**直交する**（すべての対称行列に対するその証明は第 6.4 節にある）．3 つの λ_i はすべて負である．この A は**負定値行列**であり，e^{At} は零へと減衰する（安定）．

初期値 $\boldsymbol{u}(0) = (0, 2\sqrt{2}, 0)$ は $\boldsymbol{x}_3 - \boldsymbol{x}_2$ である．その解は $\boldsymbol{u}(t) = e^{\lambda_3 t}\boldsymbol{x}_3 - e^{\lambda_2 t}\boldsymbol{x}_2$ である．

熱伝導方程式　図 6.6 左 において，中央部の温度は最初 $2\sqrt{2}$ である．熱は隣りの箱へ，さらに外側の箱（$0°$ に固定されている）へと拡散する．箱から箱へと熱の流れる大きさは，その温度差で決まる．箱 2 からは，左と右へ，大きさ $u_1 - u_2$ と $u_3 - u_2$ だけ熱が流れる．したがって，熱の流出量は $u_1 - 2u_2 + u_3$ であり，それが $A\boldsymbol{u}$ の第 2 行である．

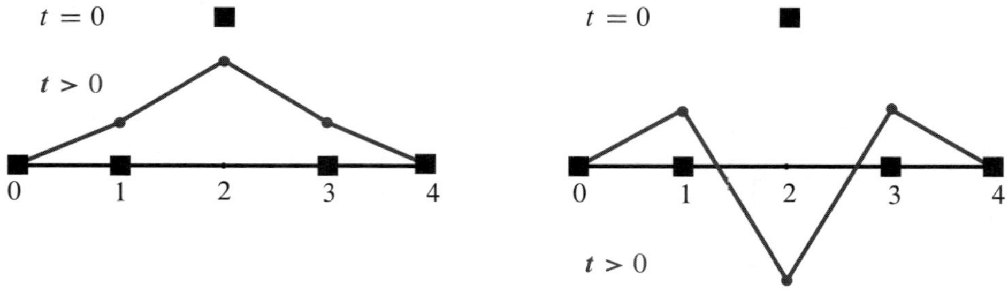

図 **6.6**　熱が箱 2 から拡散する（左）．波が箱 2 から伝播する（右）．

波動方程式　$d^2\boldsymbol{u}/dt^2 = A\boldsymbol{u}$ は同じ固有ベクトル $\boldsymbol{x}$ を持つ．しかし，今回はその固有値 λ から**振動** $e^{i\omega t}\boldsymbol{x}$ と $e^{-i\omega t}\boldsymbol{x}$ となる．その周波数は $\omega^2 = -\lambda$ により決まる：

$$\frac{d^2}{dt^2}(e^{i\omega t}\boldsymbol{x}) = A(e^{i\omega t}\boldsymbol{x}) \qquad \text{は} \qquad (i\omega)^2 e^{i\omega t}\boldsymbol{x} = \lambda e^{i\omega t}\boldsymbol{x} \quad \text{と} \quad \omega^2 = -\lambda \quad \text{になる．}$$

$-\lambda$ の 2 つの平方根より，$e^{i\omega t}\boldsymbol{x}$ と $e^{-i\omega t}\boldsymbol{x}$ を得る．3 つの固有ベクトルにより，$\boldsymbol{u}'' = A\boldsymbol{u}$ には **6 つの解**がある．ある線形結合が $\boldsymbol{u}(0)$ と $\boldsymbol{u}'(0)$ の 6 つの要素に適合する．この問題では $\boldsymbol{u}' = \boldsymbol{0}$ であるので，$e^{i\omega t}\boldsymbol{x}$ と $e^{-i\omega t}\boldsymbol{x}$ の線形結合 が $2\cos\omega t\,\boldsymbol{x}$ となる．

6.3 C　4 つの等式からなる方程式 $da/dt = 0, db/dt = a, dc/dt = 2b, dz/dt = 3c$ をこの順に初期値 $\boldsymbol{u}(0) = (a(0), b(0), c(0), z(0))$ のもとで解け．同じ方程式を行列の指数関数を用いた $\boldsymbol{u}(t) = e^{At}\boldsymbol{u}(0)$ によって解け．

4 つの等式
$\lambda = \mathbf{0, 0, 0, 0}$
固有値は対角要素にある

$$\frac{d}{dt}\begin{bmatrix} a \\ b \\ c \\ z \end{bmatrix} = \begin{bmatrix} 0 & 0 & 0 & 0 \\ \mathbf{1} & 0 & 0 & 0 \\ 0 & \mathbf{2} & 0 & 0 \\ 0 & 0 & \mathbf{3} & 0 \end{bmatrix}\begin{bmatrix} a \\ b \\ c \\ z \end{bmatrix} \quad \text{は} \quad \frac{d\boldsymbol{u}}{dt} = A\boldsymbol{u}.$$

A^2, A^3, A^4 および $e^{At} = I + At + \frac{1}{2}(At)^2 + \frac{1}{6}(At)^3$ を求めよ．級数が止まるのはなぜか？$(e^A)(e^A) = (e^{2A})$ が常に正しいのなぜか？$\boldsymbol{e^{As}}$ **と** $\boldsymbol{e^{At}}$ **の積は常に** $\boldsymbol{e^{A(s+t)}}$ である．

解 1　$da/dt = 0$ を積分し，次に $db/dt = a$，さらに $dc/dt = 2b$ と $dz/dt = 3c$ を積分する：

$$\begin{aligned} a(t) &= a(0) \\ b(t) &= ta(0) + b(0) \\ c(t) &= t^2a(0) + 2tb(0) + c(0) \\ z(t) &= t^3a(0) + 3t^2b(0) + 3tc(0) + z(0) \end{aligned}$$

$a(0), b(0), c(0), d(0)$ に掛けて
$a(t), b(t), c(t), d(t)$ を作り出す．
4×4 行列は下の e^{At} と
同じでなければならない．

解 2　（厳密な三角行列である）A のベキは A^3 より後はすべて零である.

$$A=\begin{bmatrix}0&0&0&0\\ \mathbf{1}&0&0&0\\ 0&\mathbf{2}&0&0\\ 0&0&\mathbf{3}&0\end{bmatrix}\quad A^2=\begin{bmatrix}0&0&0&0\\ 0&0&0&0\\ \mathbf{2}&0&0&0\\ 0&\mathbf{6}&0&0\end{bmatrix}\quad A^3=\begin{bmatrix}0&0&0&0\\ 0&0&0&0\\ 0&0&0&0\\ \mathbf{6}&0&0&0\end{bmatrix}\quad \boldsymbol{A}^4=\mathbf{0}$$

各ステップにおいて，対角方向の要素が下に移動する．したがって，e^{At} の級数は 4 項で止まる：

同じ $\boldsymbol{e^{At}}$

$$e^{At}=I+At+\frac{(At)^2}{2}+\frac{(At)^3}{6}=\begin{bmatrix}1&&&\\ t&1&&\\ t^2&2t&1&\\ t^3&3t^2&3t&1\end{bmatrix}$$

e^A の 2 乗が常に e^{2A} であることの理由はたくさんある：

1. e^A を $t=0$ から 1 まで解いた後に 1 から 2 まで解いたものは，0 から 2 まで解いた e^{2A} と一致する．
2. 級数の 2 乗 $(I+A+\frac{A^2}{2}+\cdots)^2$ は，$I+2A+\frac{(2A)^2}{2}+\cdots=e^{2A}$ に対応する．
3. A が対角化可能であるとき（上の A は対角化不可能である），$(Se^{\Lambda}S^{-1})(Se^{\Lambda}S^{-1})=Se^{2\Lambda}S^{-1}$ が成り立つ．

しかし，問題 23 において，e^Ae^B と e^Be^A と e^{A+B} とがすべて異なることに注意せよ．

練習問題 6.3

1　$\boldsymbol{u}=e^{\lambda t}\boldsymbol{x}$ が次の式の解となるように，2 つの λ と $\boldsymbol{x}$ を求めよ．

$$\frac{d\boldsymbol{u}}{dt}=\begin{bmatrix}4&3\\ 0&1\end{bmatrix}\boldsymbol{u}.$$

初期値が $\boldsymbol{u}(0)=(5,-2)$ となる線形結合 $\boldsymbol{u}=c_1e^{\lambda_1 t}\boldsymbol{x}_1+c_2e^{\lambda_2 t}\boldsymbol{x}_2$ を求めよ．

2　後退代入により，問題 1 を $\boldsymbol{u}=(y,z)$ に対して解け（y の前に z を求める）：

初期値 $z(0)=-2$ に対して $\dfrac{dz}{dt}=z$ を解く．

次に，初期値 $y(0)=5$ に対して $\dfrac{dy}{dt}=4y+3z$ を解く．

y の解は，e^{4t} と e^t の線形結合となる．λ は 4 と 1 である．

3 (a) A のすべての列について要素の和が零であるとき，$\lambda = 0$ が固有値の 1 つである理由を示せ.

(b) 対角要素が負，非対角要素が正で，その和が零であるとき，$\boldsymbol{u}' = A\boldsymbol{u}$ は「連続的」マルコフ方程式となる．固有値と固有ベクトルを求め，$t \to \infty$ における**定常状態**を求めよ.

$$\boldsymbol{u}(0) = \begin{bmatrix} 4 \\ 1 \end{bmatrix} \quad \text{を初期値として} \quad \frac{d\boldsymbol{u}}{dt} = \begin{bmatrix} -2 & 3 \\ 2 & -3 \end{bmatrix} \boldsymbol{u} \quad \text{を解け.} \qquad \boldsymbol{u}(\infty) \quad \text{を求めよ.}$$

4 $v(0) = 30$ 人と $w(0) = 10$ 人がいる 2 部屋の間のドアが開いている．部屋の間の人の移動は，人数の差 $v - w$ に比例する：

$$\frac{dv}{dt} = w - v \quad \text{と} \quad \frac{dw}{dt} = v - w.$$

合計 $v + w$ が定数（40 人）であることを示せ．$d\boldsymbol{u}/dt = A\boldsymbol{u}$ の行列を求め，その固有値と固有ベクトルを求めよ．$t = 1$ および $t = \infty$ における v と w を求めよ.

5 問題 4 における人の拡散を逆にして，$d\boldsymbol{u}/dt = -A\boldsymbol{u}$ とする：

$$\frac{dv}{dt} = v - w \quad \text{と} \quad \frac{dw}{dt} = w - v.$$

合計 $v + w$ は定数のままである．このように A が $-A$ に変化したとき，λ はどのように変化するか？$v(0) = 30$ から始めて $v(t)$ が無限に増大することを示せ.

6 A は実固有値を持つが，B は複素固有値を持つ：

$$A = \begin{bmatrix} a & 1 \\ 1 & a \end{bmatrix} \quad B = \begin{bmatrix} b & -1 \\ 1 & b \end{bmatrix} \quad (a \text{ と } b \text{ は実数})$$

$t \to \infty$ としたときに，$d\boldsymbol{u}/dt = A\boldsymbol{u}$ と $d\boldsymbol{v}/dt = B\boldsymbol{v}$ のすべての解が零へと近づくための a と b の条件を求めよ.

7 P が $\mathbf{R}^2$ における 45° の直線 $y = x$ への射影行列であると仮定する．その固有値を求めよ．$d\boldsymbol{u}/dt = -P\boldsymbol{u}$ （負符号に注意せよ）について，初期値 $\boldsymbol{u}(0) = (3, 1)$ に対して $t = \infty$ における極限 $\boldsymbol{u}(t)$ を求めることができるか？

8 兎の数は速く増加する（$6r$）が，狼によって減らされる（$-2w$）．このモデルにおいて，狼の数は常に増加する（$-w^2$ とすると狼は制限される）：

$$\frac{dr}{dt} = 6r - 2w \quad \text{と} \quad \frac{dw}{dt} = 2r + w.$$

固有値と固有ベクトルを求めよ．$r(0) = w(0) = 30$ のとき，時間 t における兎と狼の数を求めよ．長い時間が経った後の，狼の数に対する兎の数の比を求めよ.

9　(a) $(4,0)$ を，次の行列 A の固有ベクトルの線形結合 $c_1\boldsymbol{x}_1 + c_2\boldsymbol{x}_2$ として書け：

$$\begin{bmatrix} 0 & 1 \\ -1 & 0 \end{bmatrix}\begin{bmatrix} 1 \\ i \end{bmatrix} = i\begin{bmatrix} 1 \\ i \end{bmatrix} \qquad \begin{bmatrix} 0 & 1 \\ -1 & 0 \end{bmatrix}\begin{bmatrix} 1 \\ -i \end{bmatrix} = -i\begin{bmatrix} 1 \\ -i \end{bmatrix}.$$

(b) $(4,0)$ を初期値とした $d\boldsymbol{u}/dt = A\boldsymbol{u}$ の解は $c_1e^{it}\boldsymbol{x}_1 + c_2e^{-it}\boldsymbol{x}_2$ である．$e^{it} = \cos t + i\sin t$ と $e^{-it} = \cos t - i\sin t$ を代入して，$\boldsymbol{u}(t)$ を求めよ．

問題 10〜13 は，2 階微分方程式を (y, y') に対する 1 階の系にするものである．

10　スカラーの方程式 $y'' = 5y' + 4y$ を $\boldsymbol{u} = (y, y')$ に対するベクトル方程式に変えるための行列 A を求めよ：

$$\frac{d\boldsymbol{u}}{dt} = \begin{bmatrix} y' \\ y'' \end{bmatrix} = \begin{bmatrix} \quad & \quad \\ \quad & \quad \end{bmatrix}\begin{bmatrix} y \\ y' \end{bmatrix} = A\boldsymbol{u}.$$

A の固有値を求めよ．また，$y'' = 5y' + 4y$ に $y = e^{\lambda t}$ を代入する方法でも求めよ．

11　$y'' = 0$ の解は直線 $y = C + Dt$ である．行列による方程式へ変換せよ：

$$\frac{d}{dt}\begin{bmatrix} y \\ y' \end{bmatrix} = \begin{bmatrix} 0 & 1 \\ 0 & 0 \end{bmatrix}\begin{bmatrix} y \\ y' \end{bmatrix} \text{ の解は } \begin{bmatrix} y \\ y' \end{bmatrix} = e^{At}\begin{bmatrix} y(0) \\ y'(0) \end{bmatrix}.$$

この行列 A の固有値は $\lambda = 0, 0$ であり，行列 A を対角化することはできない．A^2 を求めて，$e^{At} = I + At + \frac{1}{2}A^2t^2 + \cdots$ を計算せよ．e^{At} と $\big(y(0), y'(0)\big)$ の積を計算することで，それが直線 $y(t) = y(0) + y'(0)t$ となることを確認せよ．

12　$y = e^{\lambda t}$ を $y'' = 6y' - 9y$ に代入して，$\lambda = 3$ が重根であることを示せ．この問題は悩ましい．e^{3t} の他に 2 つ目の解が必要である．その行列方程式は次のものである．

$$\frac{d}{dt}\begin{bmatrix} y \\ y' \end{bmatrix} = \begin{bmatrix} 0 & 1 \\ -9 & 6 \end{bmatrix}\begin{bmatrix} y \\ y' \end{bmatrix}.$$

この行列の固有値が $\lambda = 3, 3$ であり，固有ベクトルの直線が 1 本しかないことを示せ．**これも悩ましい問題だ**．$y'' = 6y' - 9y$ の 2 つ目の解が $y = te^{3t}$ であることを示せ．

13　(a) $d^2y/dt^2 = -9y$ の解となる，おなじみの関数を 2 つ書き下せ．そのどちらが $y(0) = 3$ と $y'(0) = 0$ を初期値として持つか？

(b) この 2 階微分方程式 $y'' = -9y$ からベクトル方程式 $\boldsymbol{u}' = A\boldsymbol{u}$ を作り出す：

$$\boldsymbol{u} = \begin{bmatrix} y \\ y' \end{bmatrix} \qquad \frac{d\boldsymbol{u}}{dt} = \begin{bmatrix} y' \\ y'' \end{bmatrix} = \begin{bmatrix} 0 & 1 \\ -9 & 0 \end{bmatrix}\begin{bmatrix} y \\ y' \end{bmatrix} = A\boldsymbol{u}.$$

A の固有値と固有ベクトルを用いて，$\boldsymbol{u}(t)$ を求めよ．初期値は $\boldsymbol{u}(0) = (3, 0)$ である．

14 次の行列は歪対称行列である（$A^{\mathrm{T}} = -A$）：

$$\frac{d\boldsymbol{u}}{dt} = \begin{bmatrix} 0 & c & -b \\ -c & 0 & a \\ b & -a & 0 \end{bmatrix} \boldsymbol{u} \qquad \text{すなわち} \qquad \begin{aligned} u_1' &= cu_2 - bu_3 \\ u_2' &= au_3 - cu_1 \\ u_3' &= bu_1 - au_2. \end{aligned}$$

(a) $\|\boldsymbol{u}(t)\|^2 = u_1^2 + u_2^2 + u_3^2$ の導関数は $2u_1u_1' + 2u_2u_2' + 2u_3u_3'$ である．u_1', u_2', u_3' を代入して零となることを確かめよ．そのとき，$\|\boldsymbol{u}(t)\|^2$ は $\|\boldsymbol{u}(0)\|^2$ から変化しない．

(b) A が歪対称行列であるとき，$Q = e^{At}$ は直交行列である．$Q^{\mathrm{T}} = e^{-At}$ であることを，$Q = e^{At}$ の級数から証明せよ．すると $Q^{\mathrm{T}}Q = I$ が成り立つ．

15 A が可逆であるとき，$d\boldsymbol{u}/dt = A\boldsymbol{u} - \boldsymbol{b}$ の特殊解は $\boldsymbol{u}_p = A^{-1}\boldsymbol{b}$ である．$d\boldsymbol{u}/dt = A\boldsymbol{u}$ の通常の解から $\boldsymbol{u}_n$ が得られる．一般解 $\boldsymbol{u} = \boldsymbol{u}_p + \boldsymbol{u}_n$ を求めよ：

(a) $\dfrac{du}{dt} = u - 4$ (b) $\dfrac{d\boldsymbol{u}}{dt} = \begin{bmatrix} 1 & 0 \\ 1 & 1 \end{bmatrix} \boldsymbol{u} - \begin{bmatrix} 4 \\ 6 \end{bmatrix}.$

16 c が A の固有値でないとき，$\boldsymbol{u} = e^{ct}\boldsymbol{v}$ を代入して $d\boldsymbol{u}/dt = A\boldsymbol{u} - e^{ct}\boldsymbol{b}$ の特殊解を求めよ．c が A の固有値であるとき，それはどのように失敗するか？$d\boldsymbol{u}/dt = A\boldsymbol{u}$ の「零空間」は，通常の解 $e^{\lambda_i t}\boldsymbol{x}_i$ を含んでいる．

17 以下の条件を満たす行列 A を 1 つ求めて，図 6.5 における不安定な各領域を例示せよ：

(a) $\lambda_1 < 0$ および $\lambda_2 > 0$ (b) $\lambda_1 > 0$ および $\lambda_2 > 0$ (c) $\lambda = a \pm ib$ ただし $a > 0$.

問題 18〜27 は，行列の指数関数 $\boldsymbol{e^{At}}$ に関するものである．

18 e^{At} の無限級数の最初の 5 項を書け．それぞれの項について，t で微分せよ．それにより Ae^{At} の 4 つの項が得られることを示せ．結論：$e^{At}\boldsymbol{u}_0$ は $\boldsymbol{u}' = A\boldsymbol{u}$ の解である．

19 行列 $B = \left[\begin{smallmatrix} 0 & -4 \\ 0 & 0 \end{smallmatrix}\right]$ は $B^2 = 0$ を満たす.（短い）無限級数から e^{Bt} を求めよ．e^{Bt} の導関数が Be^{Bt} であることを確かめよ．

20 $\boldsymbol{u}(0)$ を初期値とすると，時刻 T における解は $e^{AT}\boldsymbol{u}(0)$ である．さらに追加で時間 t だけ進めると $e^{At}\,e^{AT}\boldsymbol{u}(0)$ になる．この時間 $t+T$ における解は，_____ とも書ける．結論：e^{At} と e^{AT} の積は _____ に等しい．

21 $A = \left[\begin{smallmatrix} 1 & 4 \\ 0 & 0 \end{smallmatrix}\right]$ を，$S\Lambda S^{-1}$ の形で書け．$Se^{\Lambda t}S^{-1}$ の式を用いて，e^{At} を求めよ．

22 $A^2 = A$ のとき，無限級数が $e^{At} = I + (e^t - 1)A$ となることを示せ．問題 21 の $A = \left[\begin{smallmatrix} 1 & 4 \\ 0 & 0 \end{smallmatrix}\right]$ の場合，このことから $e^{At} =$ _____ となる．

23 一般に e^Ae^B は e^Be^A とは異なる．それらはいずれも，e^{A+B} とは異なる．このことを，問題 21〜22 および 19 を用いて確かめよ（$AB = BA$ のとき，これら 3 つはすべて同じになる）.

$$A=\begin{bmatrix}1&4\\0&0\end{bmatrix}\qquad B=\begin{bmatrix}0&-4\\0&0\end{bmatrix}\qquad A+B=\begin{bmatrix}1&0\\0&0\end{bmatrix}.$$

24 $A=\left[\begin{smallmatrix}\mathbf{1}&\mathbf{1}\\\mathbf{0}&\mathbf{3}\end{smallmatrix}\right]$ を $S\Lambda S^{-1}$ と書け．$Se^{\Lambda t}S^{-1}$ の積を計算することにより，行列の指数関数 e^{At} を求めよ．$t=0$ のとき，e^{At} と e^{At} の導関数の値を確かめよ．

25 $A=\left[\begin{smallmatrix}\mathbf{1}&\mathbf{3}\\\mathbf{0}&\mathbf{0}\end{smallmatrix}\right]$ を無限級数に代入して，e^{At} を求めよ．まず最初に A^2 と A^s を計算せよ：

$$e^{At}=\begin{bmatrix}1&0\\0&1\end{bmatrix}+\begin{bmatrix}t&3t\\0&0\end{bmatrix}+\frac{1}{2}\begin{bmatrix}\quad&\quad\\ \quad&\quad\end{bmatrix}+\cdots=\begin{bmatrix}e^t&\quad\\0&\quad\end{bmatrix}.$$

26 行列の指数関数 e^{At} が非可逆行列になることがありえない理由を 2 つ示せ：

(a) その逆行列を書き下す．

(b) その固有値を書き下す．$A\boldsymbol{x}=\lambda\boldsymbol{x}$ のとき $e^{At}\boldsymbol{x}=$ _____ $\boldsymbol{x}$ である．

27 $t\to\infty$ としたときに増大する解 $x(t),y(t)$ を求めよ．この不安定性を避けるため，科学者は 2 つの方程式を入れ替えた：

$$\begin{aligned}dx/dt&=\ \ 0x-4y\\dy/dt&=-2x+2y\end{aligned}\quad \text{が}\quad \begin{aligned}dy/dt&=-2x+2y\\dx/dt&=\ \ 0x-4y\end{aligned}\quad \text{になる}$$

すると，行列 $\left[\begin{smallmatrix}\mathbf{-2}&\mathbf{2}\\\mathbf{0}&\mathbf{-4}\end{smallmatrix}\right]$ は安定であり，負の固有値を持つ．なぜそうなったのか？

挑戦問題

28 例 3 の $y''=-y$ に対する中心差分では，$Y_{n+1}-2Y_n+Y_{n-1}=-(\Delta t)^2Y_n$ とした．これは，$\boldsymbol{U}=(Y,Z)$ に対する 1 ステップの差分方程式で書くことができる：

$$\begin{aligned}Y_{n+1}&=Y_n+\Delta t\,Z_n\\Z_{n+1}&=Z_n-\Delta t\,Y_{n+1}\end{aligned}\qquad \begin{bmatrix}1&0\\\Delta t&1\end{bmatrix}\begin{bmatrix}Y_{n+1}\\Z_{n+1}\end{bmatrix}=\begin{bmatrix}1&\Delta t\\0&1\end{bmatrix}\begin{bmatrix}Y_n\\Z_n\end{bmatrix}$$

左辺の行列の逆行列を用いて，この式を $\boldsymbol{U}_{n+1}=A\boldsymbol{U}_n$ と書く．$\det A=1$ であることを示せ．時間ステップを $\Delta t=1$ と大きく選び，A の固有値 λ_1 と $\lambda_2=\overline{\lambda}_1$ を求めよ：

$$\boldsymbol{A}=\begin{bmatrix}\mathbf{1}&\mathbf{1}\\\mathbf{-1}&\mathbf{0}\end{bmatrix}\ \text{は}\ |\boldsymbol{\lambda_1}|=|\boldsymbol{\lambda_2}|=\mathbf{1}\ \text{を持つ．}\boldsymbol{A^6}\ \text{が}\ \boldsymbol{I}\ \text{となることを示せ．}$$

$t=6$ ステップ後，$\boldsymbol{U}_6$ は $\boldsymbol{U}_0$ に等しい．正確な $y=\cos t$ は，$t=2\pi$ のとき 1 に戻る．

29 問題 28 における中心差分（**蛙飛び法**）は，時間ステップ Δt が小さいときにはとてもうまくいく．$\Delta t=\sqrt{2}$ および 2 の場合について，A の固有値を求めよ：

$$A = \begin{bmatrix} 1 & \sqrt{2} \\ -\sqrt{2} & -1 \end{bmatrix} \quad \text{と} \quad A = \begin{bmatrix} 1 & 2 \\ -2 & -3 \end{bmatrix}.$$

どちらの行列も $|\lambda| = 1$ を持つ．両方の場合について，A^4 を計算して A の固有ベクトルを求めよ．値 $\Delta t = 2$ は，不安定となる境界にある．時間ステップ $\Delta t > 2$ のとき $|\lambda| > 1$ となり，$\boldsymbol{U}_n = A^n \boldsymbol{U}_0$ のベキが発散する．

注　$\Delta t > 2$ で計算する人などいないというかもしれない．しかし，原子が $y'' = -1000000y$ で振動するとき，$\Delta t > 0.0002$ で不安定になってしまう．蛙飛び法の安定性の限界はとても厳密である．$\Delta t = 3$ だと大きすぎるため，$Y_{n+1} = Y_n + 3Z_n$ と $Z_{n+1} = Z_n - 3Y_{n+1}$ は発散する．

30 $y'' = -y$ に対するもう 1 つの良い方法は，台形法（半分前進／半分後退）である：**おそらくこれが，$(\boldsymbol{Y_n}, \boldsymbol{Z_n})$ を正確に円上に保つ最適な方法であろう．**

$$\textbf{台形法} \quad \begin{bmatrix} 1 & -\Delta t/2 \\ \Delta t/2 & 1 \end{bmatrix} \begin{bmatrix} Y_{n+1} \\ Z_{n+1} \end{bmatrix} = \begin{bmatrix} 1 & \Delta t/2 \\ -\Delta t/2 & 1 \end{bmatrix} \begin{bmatrix} Y_n \\ Z_n \end{bmatrix}.$$

(a) 左辺の行列の逆行列を用いて，この式を $\boldsymbol{U}_{n+1} = A\boldsymbol{U}_n$ と書け．$A^{\mathrm{T}}A = I$ より，A **が直交行列であることを示せ．点 $\boldsymbol{U}_n$ は円から離れることはない．** $B^{\mathrm{T}} = -B$ であるとき，$A = (I - B)^{-1}(I + B)$ は常に直交行列である．

(b) （選択; MATLAB）$\Delta t = 2\pi/32$ として，$\boldsymbol{U}_0 = (1, 0)$ から 32 ステップ進めて $\boldsymbol{U}_{32}$ を求める．$\boldsymbol{U}_{32} = \boldsymbol{U}_0$ であるか？ おそらく小さな誤差が含まれるだろう．

31 **行列の余弦**は e^A と同様に定義され，$\cos t$ の級数を書き写したものである：

$$\cos t = 1 - \frac{1}{2!}t^2 + \frac{1}{4!}t^4 - \cdots \quad \cos A = I - \frac{1}{2!}A^2 + \frac{1}{4!}A^4 - \cdots$$

(a) $A\boldsymbol{x} = \lambda \boldsymbol{x}$ のとき，各項に $\boldsymbol{x}$ を掛けることで $\cos A$ の固有値を求めよ．

(b) 固有ベクトルが $(1, 1)$ と $(1, -1)$ である $A = \begin{bmatrix} \pi & \pi \\ \pi & \pi \end{bmatrix}$ の固有値を求めよ．$\cos A$ の固有値と固有ベクトルから，行列 $C = \cos A$ を求めよ．

(c) $\cos(At)$ の 2 階導関数は $-A^2 \cos(At)$ である．

$$\boldsymbol{u(t) = \cos(At)\, u(0)} \text{ は，初期値 } \boldsymbol{u'(0) = 0} \text{ における } \boldsymbol{\frac{d^2u}{dt^2} = -A^2u} \text{ の解である．}$$

この A に対し，いつもどおりの 3 ステップの方法によって $\boldsymbol{u}(t) = \cos(At)\,\boldsymbol{u}(0)$ を求めよ：

1. 固有ベクトルを用いて $\boldsymbol{u}(0) = (4, 2) = c_1\boldsymbol{x}_1 + c_2\boldsymbol{x}_2$ と展開せよ．
2. それらの固有ベクトルに（$e^{\lambda t}$ の代わりに）_____ と _____ を掛ける．
3. 解の和 $\boldsymbol{u}(t) = c_1$ _____ $\boldsymbol{x}_1 + c_2$ _____ $\boldsymbol{x}_2$ を求める．

6.4　対称行列

$\mathbf{R}^3$ の平面への射影において，その平面内のベクトルは固有ベクトルである（すなわち，$P\boldsymbol{x}=\boldsymbol{x}$）．それ以外の固有ベクトルは，その平面に**直交する**（すなわち，$P\boldsymbol{x}=\mathbf{0}$）．固有値は実数 $\lambda=1,1,0$ であり，3 つの固有ベクトルを互いに直交するように選ぶことができる．「選ぶことができる」と書いたのは，平面内の 2 つの固有ベクトルは自動的に直交するわけではないからだ．本節では，**対称行列**に対して，そのような最適な固有ベクトルを選ぶ．$P=P^{\mathrm{T}}$ **の固有ベクトルは，直交する単位ベクトルとすることができる．**

これ以降，すべての対称行列に話を広げる．線形代数の理論においても応用においても，対称行列がこの世界中で最も重要な行列であると言っても言いすぎではない．この後すぐ，対称性に関する重要な問を示し，その答も与える．

$\boldsymbol{A}$ **が対称行列であるとき，**$\boldsymbol{Ax}=\boldsymbol{\lambda x}$ **が持つ特別な性質は何か？** すなわち，$A=A^{\mathrm{T}}$ であるときの，固有値 λ と固有ベクトル $\boldsymbol{x}$ の特別な性質を探そう．

対角化 $A=S\Lambda S^{-1}$ に，A の対称性が反映される．転置して $A^{\mathrm{T}}=(S^{-1})^{\mathrm{T}}\Lambda S^{\mathrm{T}}$ とすると手掛かりが得られる．$A=A^{\mathrm{T}}$ であるので，それらは等しい．1 つ目の式の S^{-1} と 2 つ目の式の S^{T} がおそらく等しいだろう．そうすると，$S^{\mathrm{T}}S=I$ となり，S の各固有ベクトルがその他の固有ベクトルと直交する．本章末尾の表において一番最初に示される重要な事実を以下に示す．

> **1.** 対称行列の**固有値はすべて実数**である．
> **2.** **正規直交する固有ベクトル**を選ぶことができる．

対称行列の n 個の正規直交する固有ベクトルは，S の列となる．すべての対称行列は対角化可能であり，**その固有ベクトル行列** $\boldsymbol{S}$ **は直交行列** $\boldsymbol{Q}$ **になる**．S について成り立つと期待したとおり，直交行列では $Q^{-1}=Q^{\mathrm{T}}$ が成り立つ．それを思い起こすように，正規直交する固有ベクトルを選ぶときには $S=Q$ と書くことにする．

なぜ「選ぶ」という言葉を用いているのか？それは，固有ベクトルは**必ずしも**単位ベクトルであるとは限らないからである．固有ベクトルの長さは自由に決めることができる．単位ベクトル，すなわち，長さ 1 の固有ベクトルを選ぶことで，単に直交するだけでなく正規直交するベクトルとなる．すると，$S\Lambda S^{-1}$ が，対称行列に対する特別かつ独特の形式 $Q\Lambda Q^{\mathrm{T}}$ になる：

> **（スペクトル定理）**　すべての対称行列は，実数固有値からなる Λ と正規直交する固有ベクトルからなる $S=Q$ を用いて $A=Q\Lambda Q^{\mathrm{T}}$ と分解される：
>
> **対称行列の対角化**　$A=Q\Lambda Q^{-1}=Q\Lambda Q^{\mathrm{T}}$　ただし　$Q^{-1}=Q^{\mathrm{T}}$.

$Q\Lambda Q^{\mathrm{T}}$ が対称行列であることを確認するのは簡単である．その転置をとる．すると，$(Q^{\mathrm{T}})^{\mathrm{T}}\Lambda^{\mathrm{T}}Q^{\mathrm{T}}$

となり，それは再び $Q\Lambda Q^{\mathrm{T}}$ となる．難しいのは，すべての対称行列が実数の固有値 λ と正規直交する固有ベクトル $\boldsymbol{x}$ を持つことを証明することである．これは，数学では「**スペクトル定理**」と呼ばれ，幾何や物理では「**主軸定理**」と呼ばれる．それを証明しなければならない．3 段階に分けてその証明を行う．

1. 実数の λ が Λ に含まれ，正規直交する $\boldsymbol{x}$ が Q に含まれる例を示す．
2. 固有値の重複がない場合の証明を行う．
3. 固有値の重複を許す証明を行う（本節の最後）．

例 1　$A=\begin{bmatrix}1&2\\2&4\end{bmatrix}$ および $A-\lambda I=\begin{bmatrix}1-\lambda&2\\2&4-\lambda\end{bmatrix}$ のとき，λ と $\boldsymbol{x}$ を求めよ．

解　$A-\lambda I$ の行列式は $\lambda^2-5\lambda$ であり，固有値は 0 と 5（両方とも実数）である．それらの固有値を直接求めることもできる：A が非可逆行列であることから固有値の 1 つは $\lambda=0$ であり，A の対角要素に沿った**トレース**と等しい $\lambda=5$ がもう 1 つの固有値である．$0+5$ は $1+4$ と一致する．

2 つの固有ベクトルは，$(2,-1)$ と $(1,2)$ である．これらは直交するが，正規直交しない．$\lambda=0$ に対応する固有ベクトルは A の**零空間**にあり，$\lambda=5$ に対応する固有ベクトルは**列空間**にある．零空間と列空間が直交する理由を考えよう．基本定理から言えるのは，列空間ではなく**行空間**と零空間が直交することである．しかし，ここでの行列は**対称**行列であり，その行空間と列空間は同じである．その固有ベクトル $(2,-1)$ と $(1,2)$ は直交しなければならず，実際直交する．

これらの固有ベクトルの長さは $\sqrt{5}$ である．それらを $\sqrt{5}$ で割ることにより，単位ベクトルを得る．得られた単位ベクトルを S（それは Q である）の列とする．すると，$Q^{-1}AQ$ が Λ であり，$Q^{-1}=Q^{\mathrm{T}}$ が成り立つ：

$$Q^{-1}AQ=\frac{1}{\sqrt{5}}\begin{bmatrix}2&-1\\1&2\end{bmatrix}\begin{bmatrix}1&2\\2&4\end{bmatrix}\frac{1}{\sqrt{5}}\begin{bmatrix}2&1\\-1&2\end{bmatrix}=\begin{bmatrix}0&0\\0&5\end{bmatrix}=\Lambda.$$

これから $n\times n$ の場合を考える．$A=A^{\mathrm{T}}$ および $A\boldsymbol{x}=\lambda\boldsymbol{x}$ であるとき，λ は実数である．

実数固有値　実対称行列のすべての固有値は実数である．

証明　$A\boldsymbol{x}=\lambda\boldsymbol{x}$ であると仮定する．そうでないとわかるまで，λ は複素数 $a+ib$（a と b は実数）かもしれない．**その共役複素数は** $\overline{\lambda}=a-ib$ **である**．同様に $\boldsymbol{x}$ の要素も複素数かもしれない．それらの虚数部の符号を反転したものは $\overline{\boldsymbol{x}}$ である．$\overline{\lambda}$ と $\overline{\boldsymbol{x}}$ の積は，常に，λ と $\boldsymbol{x}$ の積の共役となる．A が実数であることを用いて，$A\boldsymbol{x}=\lambda\boldsymbol{x}$ の共役を取る．

$$A\boldsymbol{x}=\lambda\boldsymbol{x}\quad \text{より}\quad A\overline{\boldsymbol{x}}=\overline{\lambda}\overline{\boldsymbol{x}}.\qquad \text{転置すると}\quad \overline{\boldsymbol{x}}^{\mathrm{T}}A=\overline{\boldsymbol{x}}^{\mathrm{T}}\overline{\lambda}. \tag{1}$$

ここで，最初の式に対して $\overline{\boldsymbol{x}}$ との内積をとり，最後の式に対して $\boldsymbol{x}$ との内積をとる：

$$\overline{\boldsymbol{x}}^{\mathrm{T}}A\boldsymbol{x}=\overline{\boldsymbol{x}}^{\mathrm{T}}\lambda\boldsymbol{x}\qquad \text{および}\qquad \overline{\boldsymbol{x}}^{\mathrm{T}}A\boldsymbol{x}=\overline{\boldsymbol{x}}^{\mathrm{T}}\overline{\lambda}\boldsymbol{x}. \tag{2}$$

左辺が同じなので，右辺は等しい．一方の式には λ があり，もう一方の式には $\overline{\lambda}$ がある．それらが掛けられているのは $\overline{\boldsymbol{x}}^{\mathrm{T}}\boldsymbol{x} = |x_1|^2 + |x_2|^2 + \cdots =$ 長さの 2 乗であり，それは零ではない．**したがって，λ は $\overline{\lambda}$ と等しく**，$a+ib$ と $a-ib$ が等しい．虚数部は $b=0$ である．（証明終）

実数方程式 $(A-\lambda I)\boldsymbol{x} = \boldsymbol{0}$ を解くことで固有ベクトルが得られるので，$\boldsymbol{x}$ の要素も実数である．重要な事実は，それらが直交することである．

直交する固有ベクトル　実対称行列の（異なる λ に対応する）固有ベクトルは必ず直交する．

証明　$A\boldsymbol{x} = \lambda_1\boldsymbol{x}$ および $A\boldsymbol{y} = \lambda_2\boldsymbol{y}$ であるとし，$\lambda_1 \neq \lambda_2$ であると仮定する．1 つ目の式と $\boldsymbol{y}$ との内積をとり，2 つ目の式と $\boldsymbol{x}$ との内積をとる：

$$A^{\mathrm{T}} = A \text{ を用いる} \qquad (\lambda_1\boldsymbol{x})^{\mathrm{T}}\boldsymbol{y} = (A\boldsymbol{x})^{\mathrm{T}}\boldsymbol{y} = \boldsymbol{x}^{\mathrm{T}}A^{\mathrm{T}}\boldsymbol{y} = \boldsymbol{x}^{\mathrm{T}}A\boldsymbol{y} = \boldsymbol{x}^{\mathrm{T}}\lambda_2\boldsymbol{y}. \tag{3}$$

左辺は $\boldsymbol{x}^{\mathrm{T}}\lambda_1\boldsymbol{y}$ であり，右辺は $\boldsymbol{x}^{\mathrm{T}}\lambda_2\boldsymbol{y}$ である．$\lambda_1 \neq \lambda_2$ より，$\boldsymbol{x}^{\mathrm{T}}\boldsymbol{y} = 0$ が証明される．（λ_1 に対する）固有ベクトル $\boldsymbol{x}$ は，（λ_2 に対する）固有ベクトル $\boldsymbol{y}$ と直交する．

例 2　2×2 の対称行列の固有ベクトルは特別な形をしている：

$$\text{広くは知られていない} \quad A = \begin{bmatrix} a & b \\ b & c \end{bmatrix} \text{ において } \boldsymbol{x}_1 = \begin{bmatrix} b \\ \lambda_1 - a \end{bmatrix} \text{ と } \boldsymbol{x}_2 = \begin{bmatrix} \lambda_2 - c \\ b \end{bmatrix}. \tag{4}$$

これは練習問題にある．ここで重要なことは，$\boldsymbol{x}_1$ が $\boldsymbol{x}_2$ に直交することである：

$$\boldsymbol{x}_1^{\mathrm{T}}\boldsymbol{x}_2 = b(\lambda_2 - c) + (\lambda_1 - a)b = b(\lambda_1 + \lambda_2 - a - c) = 0.$$

$\lambda_1 + \lambda_2$ がトレース $a+c$ に等しいので，$\lambda_1 + \lambda_2 - a - c$ は零である．したがって，$\boldsymbol{x}_1^{\mathrm{T}}\boldsymbol{x}_2 = 0$ である．洞察力の鋭い人は，$\boldsymbol{x}_1 = \boldsymbol{x}_2 = \boldsymbol{0}$ のとき $a=c$，$b=0$ という特別な場合に気づくかもしれない．この場合，$A=I$ のときと同様に固有値が重複しているが，それでも直交する固有ベクトル $(1,0)$ と $(0,1)$ を持つ．

この例を通して，本節の第一の目標を確認した．それは，**直交固有ベクトル行列 $S=Q$ を用いて対称行列 A を対角化する**ということだ．結果をもう一度見てみよう：

$$\text{対称性} \qquad A = S\Lambda S^{-1} \quad \text{は} \quad A = Q\Lambda Q^{\mathrm{T}} \quad \text{になる．ここで} \quad Q^{\mathrm{T}}Q = I.$$

このことから，すべての 2×2 対称行列は以下のように表せる．

$$A = Q\Lambda Q^{\mathrm{T}} = \begin{bmatrix} \boldsymbol{x}_1 & \boldsymbol{x}_2 \end{bmatrix} \begin{bmatrix} \lambda_1 & \\ & \lambda_2 \end{bmatrix} \begin{bmatrix} \boldsymbol{x}_1^{\mathrm{T}} \\ \boldsymbol{x}_2^{\mathrm{T}} \end{bmatrix}. \tag{5}$$

列 $\boldsymbol{x}_1$ と $\boldsymbol{x}_2$ に対して行 $\lambda_1\boldsymbol{x}_1^{\mathrm{T}}$ と $\lambda_2\boldsymbol{x}_2^{\mathrm{T}}$ を掛けると，A が作られる：

$$\text{階数 1 の行列の和} \qquad A = \lambda_1\boldsymbol{x}_1\boldsymbol{x}_1^{\mathrm{T}} + \lambda_2\boldsymbol{x}_2\boldsymbol{x}_2^{\mathrm{T}}. \tag{6}$$

これは，素晴らしい分解 $Q\Lambda Q^{\mathrm{T}}$ を λ と $\boldsymbol{x}$ について書き表したものだ．対称行列が $n \times n$ であるとき，Q の n 列に対して Q^{T} の n 行を掛ける．その n 個の積 $\boldsymbol{x}_i\boldsymbol{x}_i^{\mathrm{T}}$ は，**射影行列**である．λ を含めると，対称行列に対するスペクトル定理 $A = Q\Lambda Q^{\mathrm{T}}$ は，A が射影行列の線形結合であることを主張する：

$$A = \lambda_1 P_1 + \cdots + \lambda_n P_n \qquad \lambda_i = \text{固有値}. \quad P_i = \text{固有空間への射影}.$$

実行列の複素固有値

式 (1) では，$Ax = \lambda\boldsymbol{x}$ から $A\overline{\boldsymbol{x}} = \overline{\lambda}\overline{\boldsymbol{x}}$ とした．最終的には，λ と $\boldsymbol{x}$ は実数であり，それら 2 つの式は同じであった．しかし，**非**対称行列では，複素数の λ と $\boldsymbol{x}$ が容易に生じる．この場合，$A\overline{\boldsymbol{x}} = \overline{\lambda}\overline{\boldsymbol{x}}$ と $A\boldsymbol{x} = \lambda\boldsymbol{x}$ は異なる．新しい固有値（それは $\overline{\lambda}$ である）と新しい固有ベクトル（それは $\overline{\boldsymbol{x}}$ である）が得られる：

> 実行列では，複素数の λ と $\boldsymbol{x}$ は「共役複素数」となる．
>
> $$A\boldsymbol{x} = \lambda\boldsymbol{x} \quad \text{のとき} \quad A\overline{\boldsymbol{x}} = \overline{\lambda}\overline{\boldsymbol{x}}.$$

例 3　$A = \begin{bmatrix} \cos\boldsymbol{\theta} & -\sin\boldsymbol{\theta} \\ \sin\boldsymbol{\theta} & \cos\boldsymbol{\theta} \end{bmatrix}$ の固有値は $\lambda_1 = \cos\theta + i\sin\theta$ と $\lambda_2 = \cos\theta - i\sin\theta$ である．

これらの固有値は互いに共役であり，λ と $\overline{\lambda}$ である．A が実行列であるので，固有ベクトルは $\boldsymbol{x}$ と $\overline{\boldsymbol{x}}$ でなければならない：

$$\begin{aligned} &\textbf{これは } \lambda\boldsymbol{x} \textbf{ である} \qquad A\boldsymbol{x} = \begin{bmatrix} \cos\theta & -\sin\theta \\ \sin\theta & \cos\theta \end{bmatrix} \begin{bmatrix} 1 \\ -i \end{bmatrix} = (\cos\theta + i\sin\theta) \begin{bmatrix} 1 \\ -i \end{bmatrix} \\ &\textbf{これは } \overline{\lambda}\overline{\boldsymbol{x}} \textbf{ である} \qquad A\overline{\boldsymbol{x}} = \begin{bmatrix} \cos\theta & -\sin\theta \\ \sin\theta & \cos\theta \end{bmatrix} \begin{bmatrix} 1 \\ i \end{bmatrix} = (\cos\theta - i\sin\theta) \begin{bmatrix} 1 \\ i \end{bmatrix}. \end{aligned} \tag{7}$$

A が実行列であるので，固有ベクトル $(1, -i)$ と $(1, i)$ は複素共役である．

$\cos^2\theta + \sin^2\theta = 1$ であるので，この回転行列の固有値の絶対値は $|\lambda| = 1$ である．**すべての直交行列の固有値について，この $|\lambda| = 1$ が成り立つ．**

複素数がちょっと入ってきてしまって申し訳ない．行列が実行列であったとしても，複素数を避けることはできない．第 10 章では，複素数 λ や複素ベクトルより先に進んで複素行列 A へと進む．そこで，全体像がわかるだろう．

もう 2 つの議論をもって締めくくる．それらを選択するかは自由だ．

固有値とピボット

A の固有値は，ピボットと大きく異なる．$\det(A - \lambda I) = 0$ を解くことで固有値を求める．消去によりピボットを求める．これまで，それらを結びつけるのは以下の等式のみだった：

$$\textbf{ピボットの積} = \textbf{行列式} = \textbf{固有値の積}.$$

ピボット $d_1, \ldots, d_n$ がすべて揃っていると仮定する．n 個の実数固有値 $\lambda_1, \ldots, \lambda_n$ がある．d と λ は同じではないが，それらは同じ行列から生じたものである．ここでは，次の隠れた関係について述べる．**対称行列において，ピボットと固有値の符号は同じである：**

$A = A^{\mathrm{T}}$ の正の固有値の個数は，正のピボットの個数に等しい．

特別な場合：A の固有値がすべて $\lambda_i > 0$ であるのは，すべてのピボットが正であるときであり，かつそのときに限る．

この特別な場合は，第 6.5 節の**正定値行列**における極めて重要な事実である．

例 4　次の対称行列 A には，正の固有値が 1 つあり，正のピボットも 1 つある：

$$\textbf{符号の対応}\qquad A = \begin{bmatrix} 1 & 3 \\ 3 & 1 \end{bmatrix}\quad \begin{matrix}\text{のピボットは } 1 \text{ と } -8 \\ \text{の固有値は } 4 \text{ と } -2.\end{matrix}$$

ピボットの符号と固有値の符号が対応し，正が 1 つと負が 1 つある．非対称行列では，そうならないことがありうる：

$$\textbf{逆の符号}\quad B = \begin{bmatrix} 1 & 6 \\ -1 & -4 \end{bmatrix}\quad \begin{matrix}\text{のピボットは } 1 \text{ と } 2 \\ \text{の固有値は } -1 \text{ と } -2.\end{matrix}$$

対角要素は 3 つ目の数の集合であるが，それについてはここでは触れない．

$A = A^{\mathrm{T}}$ のとき，ピボットと固有値の符号が対応することの証明を以下に示す．

U の行をピボットで割ると，そのことがよくわかる．そのとき，A は LDL^{T} である．対角ピボット行列 D は，三角行列 L と L^{T} の間に入る：

$$\begin{bmatrix} 1 & 3 \\ 3 & 1 \end{bmatrix} = \begin{bmatrix} 1 & 0 \\ 3 & 1 \end{bmatrix}\begin{bmatrix} 1 & \\ & -8 \end{bmatrix}\begin{bmatrix} 1 & 3 \\ 0 & 1 \end{bmatrix}\quad \text{これは } A = LDL^{\mathrm{T}} \text{ であり，対称行列である．}$$

$\boldsymbol{L}$ と $\boldsymbol{L}^{\mathbf{T}}$ が単位行列へ変化して $\boldsymbol{A} \to \boldsymbol{D}$ となるとき，その固有値を見よ．

LDL^{T} の固有値は 4 と -2 である．IDI^{T} の固有値は 1 と -8（ピボット）である．L に含まれる「3」が零へと変化するのに伴い，固有値も変化する．しかし，**符号**が変わるには，実数固有値が零を超えなければならないが，その瞬間に行列は非可逆行列になる．変化する行列には常にピボット 1 と -8 があるので，それが非可逆行列になることは**ありえない**．λ が d に変化する間，符号は変わらない．

任意の $A = LDL^{\mathrm{T}}$ に対してもう一度証明する．非対角要素を零にすることで，L を I へ変化させる．ピボットは変化せず，かつ零ではない．LDL^{T} の固有値 λ は，IDI^{T} の固有値 d へと変化する．これらの固有値がピボットへ変化する間，それらは零を超えることができないので，符号は変化しない．証明終．

これは，線形代数の応用において重要な，ピボットと固有値の 2 つを結びつける．

すべての対称行列は対角化可能

A に重複する固有値がないとき，その固有ベクトルは確実に独立であり，A は対角化可能である．しかし，重複する固有値があると，固有ベクトルの不足を引き起こす．非対称行列では，たまにそれが起こる．対称行列では，それは起こらない．$A = A^{\mathrm{T}}$ **を対角化するのに十分な固有ベクトルが常に存在する．**

その証明のための考え方を以下に示す．対角行列 $\mathbf{diag}(c, 2c, \ldots, nc)$ を用いて A をごくわずかだけ変化させる．c が十分に小さいとき，新しく作られる対称行列には重複する固有値がない．すると，それには正規直交する固有ベクトルが揃っている．$c \to 0$ とすると，もとの A の n 個の正規直交する固有ベクトルが得られる．それは，A に重複する固有値が存在しても成り立つ．

数学者は，この議論が不完全であることを知っている．その値の小さな対角行列を用いると固有値がすべて異なることをどのように保証するか（それが正しいことは確信している）．

もう 1 つの別の証明は，対称行列と非対称行列のどちらの行列にも適用できる有用な新しい分解による．この分解を用いると，任意の対称行列 A に対し，一式の正規直交する実固有ベクトルを用いて直接 $A = Q\Lambda Q^{\mathrm{T}}$ が導かれる．

> **すべての正方行列は $A = QTQ^{-1}$ へと分解される．ここで，T は上三角行列であり，$\overline{Q}^{\mathrm{T}} = Q^{-1}$ である．A が実固有ベクトルを持つとき，実行列 Q と T を選べる：$Q^{\mathrm{T}}Q = I$.**

これはシューア（シュール）の定理である． $AQ = QT$ を求めようとしている．Q の第 1 列 $\boldsymbol{q}_1$ は，A の単位固有ベクトルでなければならない．そのとき，AQ と QT の第 1 列は $A\boldsymbol{q}_1$ と $t_{11}\boldsymbol{q}_1$ である．T が（対角ではなく）三角行列であるときには，Q の他の列は固有ベクトルである必要はない．したがって，$n-1$ 列をうまく選んで，正規直交する列を持つ行列 Q_1 を $\boldsymbol{q}_1$ から完成できる．次の式では，Q と T の第 1 列のみが決まっており，$A\boldsymbol{q}_1 = t_{11}\boldsymbol{q}_1$ である：

$$\overline{Q}_1^{\mathrm{T}} A Q_1 = \begin{bmatrix} \overline{\boldsymbol{q}}_1^{\mathrm{T}} \\ \vdots \\ \overline{\boldsymbol{q}}_n^{\mathrm{T}} \end{bmatrix} \begin{bmatrix} A\boldsymbol{q}_1 & \cdots & A\boldsymbol{q}_n \end{bmatrix} = \begin{bmatrix} t_{11} & \cdots \\ 0 & \boxed{A_2} \\ \vdots & \\ 0 & \end{bmatrix}. \tag{8}$$

ここで「帰納法」を用いる．**大きさ $n-1$ の行列 A_2 に対してシューアの分解 $A_2 = Q_2T_2Q_2^{-1}$ が可能であると仮定する．** 直交行列（またはユニタリ行列）Q_2 と三角行列 T_2 を配置して，最終的な Q と T を得る：

$$Q = Q_1 \begin{bmatrix} 1 & 0 \\ 0 & Q_2 \end{bmatrix} \quad と \quad T = \begin{bmatrix} t_{11} & \cdots \\ 0 & T_2 \end{bmatrix} \quad とすると，望みどおり \quad AQ = QT \quad .$$

注　A が複素固有値を持つときには，$\boldsymbol{q}_1$ と Q_1 が複素数になりうる．しかし，t_{11} が実数固有値であれば，$\boldsymbol{q}_1$ と Q_1 は実数にできる．A が実数固有値を持つとき，帰納法を通してすべてを実数にできる．帰納法の開始である 1×1 では問題ない．

A が対称行列のとき T が対角行列 Λ であることを証明せよ．すると $A = Q\Lambda Q^{\mathrm{T}}$ である．

すべての対称行列 A において，その固有値は実数である．シューアの分解 $A = QTQ^{\mathrm{T}}$（ただし $Q^{\mathrm{T}}Q = I$）より $T = Q^{\mathrm{T}}AQ$ となる．これは対称行列である（その転置は $Q^{\mathrm{T}}AQ$ である）．ここで重要な点は次のことだ：**T が三角行列かつ対称行列であるとき，それは対角行列である**：$T = \Lambda$.

以上で $A = Q\Lambda Q^{\mathrm{T}}$ が証明された．行列 $A = A^{\mathrm{T}}$ は n 個の正規直交する固有ベクトルを持つ．

■ 要点の復習 ■

1. 対称行列の**固有値は実数**であり，その**固有ベクトルは直交する**.
2. 対角化は，ある直交行列 Q を用いて $A = Q\Lambda Q^{\mathrm{T}}$ となる．
3. すべての対称行列は，たとえ固有値が重複していても対角化可能である．
4. $A = A^{\mathrm{T}}$ のとき，固有値の符号はピボットの符号と一致する．
5. すべての正方行列は，$A = QTQ^{-1}$ と「三角化」可能である．

■ 例題 ■

6.4 A 固有値が $\lambda = 1, -1$ であり，固有ベクトルが $\boldsymbol{x}_1 = (\cos\theta, \sin\theta)$ と $\boldsymbol{x}_2 = (-\sin\theta, \cos\theta)$ である行列 A を求めよ．以下の性質のうち，前もって予測できるのはどれか？

$$A = A^{\mathrm{T}} \qquad A^2 = I \qquad \det A = -1 \qquad + \text{と} - \text{のピボット} \qquad A^{-1} = A$$

解 これらの性質はすべて予測可能だ．Λ が実固有値を持ち Q が正規直交する固有ベクトルとなるので，行列 $A = Q\Lambda Q^{\mathrm{T}}$ は対称行列である．固有値 1 と -1 から，$A^2 = I$（なぜなら，$\lambda^2 = 1$）と $A^{-1} = A$（同様）および $\det A = -1$ がわかる．A が対称行列なので，ピボットは固有値同様に正と負である．

この行列は鏡映行列である．$\boldsymbol{x}_1$ 方向のベクトルは A によって変化しない（なぜなら，$\lambda = 1$）．それに直交する方向のベクトルは反転する（なぜなら，$\lambda = -1$）．行列 $A = Q\Lambda Q^{\mathrm{T}}$ は，「角度 θ の直線」に対して鏡映させる．$\cos\theta$ を c，$\sin\theta$ を s と書く：

$$A = \begin{bmatrix} c & -s \\ s & c \end{bmatrix} \begin{bmatrix} 1 & 0 \\ 0 & -1 \end{bmatrix} \begin{bmatrix} c & s \\ -s & c \end{bmatrix} = \begin{bmatrix} c^2 - s^2 & 2cs \\ 2cs & s^2 - c^2 \end{bmatrix} = \begin{bmatrix} \cos 2\theta & \sin 2\theta \\ \sin 2\theta & -\cos 2\theta \end{bmatrix}.$$

$\boldsymbol{x} = (1, 0)$ が 角度 2θ の直線上の $A\boldsymbol{x} = (\cos 2\theta, \sin 2\theta)$ に移り，$(\cos 2\theta, \sin 2\theta)$ が θ の直線を横切って $\boldsymbol{x} = (1, 0)$ に戻ることに注意せよ．

6.4 B　A_3 と B_4 の固有値を求め，それらの 1 つ目と 2 つ目の固有ベクトルが直交することを確かめよ．それらの固有ベクトルのグラフを描き，離散正弦と離散余弦であることを確認せよ：

$$A_3=\begin{bmatrix}2&-1&0\\-1&2&-1\\0&-1&2\end{bmatrix}\qquad B_4=\begin{bmatrix}1&-1&&\\-1&2&-1&\\&-1&2&-1\\&&-1&1\end{bmatrix}$$

両方の行列にある $-1, 2, -1$ のパターンは，「2 次差分」である．第 8.1 節では，それが 2 階導関数にとても似ていることを説明する．$A\boldsymbol{x}=\lambda\boldsymbol{x}$ や $B\boldsymbol{x}=\lambda\boldsymbol{x}$ は，$d^2x/dt^2=\lambda x$ のようなものだ．この式は固有ベクトル $x=\sin kt$ と $x=\cos kt$ を持ち，それらはフーリエ級数の基底である．これらの行列から「離散正弦」や「離散余弦」が導かれ，それらは**離散フーリエ変換**の基底である．離散フーリエ変換は，間違いなくディジタル信号処理の全分野の中心に位置する．JPEG の画像処理において使われているのは，大きさ 8 の B_8 である．

解　A_3 の固有値は $\lambda=2-\sqrt{2}$ と 2 と $2+\sqrt{2}$ である（**6.3 B** を参照）．それらの和は 6（A_3 のトレース）であり，それらの積は 4（行列式）である．固有ベクトル行列 S は「離散正弦変換」となり，最初の 2 つの固有ベクトルが正弦曲線上にあることがグラフから示される．3 つ目の固有ベクトルを，3 つ目の正弦曲線上に描け．

$$S=\begin{bmatrix}1&\sqrt{2}&1\\\sqrt{2}&0&-\sqrt{2}\\1&-\sqrt{2}&1\end{bmatrix}$$

A_3に対する固有ベクトル行列

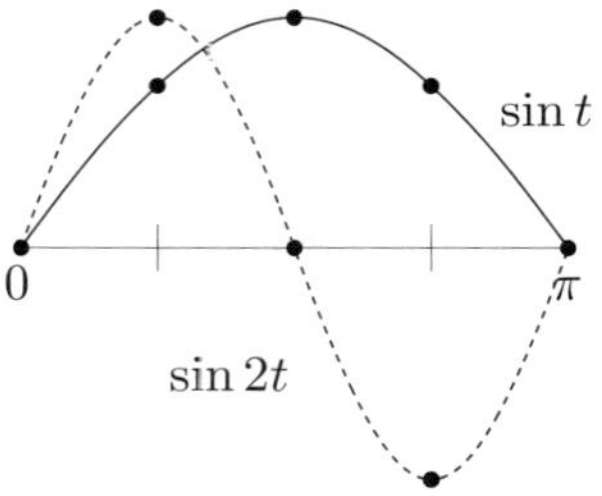

B_4 の固有値は $\lambda=2-\sqrt{2}$ と 2 と $2+\sqrt{2}$ と 0 である（A_3 の固有値の他に零がある）．トレースは 6 のままであるが，行列式は零である．固有ベクトル行列 C は 4 点「離散余弦変換」となり，その最初の 2 つの固有ベクトルが余弦曲線上にあることがグラフから示される（3 つ目の固有ベクトルを描け）．これらの固有ベクトルは，**中間点** $\frac{\pi}{8}, \frac{3\pi}{8}, \frac{5\pi}{8}, \frac{7\pi}{8}$ における余弦に対応する．

$$C=\begin{bmatrix}1&1&1&1\\1&\sqrt{2}-1&-1&1-\sqrt{2}\\1&1-\sqrt{2}&-1&\sqrt{2}-1\\1&-1&1&-1\end{bmatrix}$$

B_4に対する固有ベクトル行列

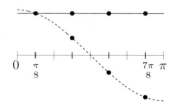

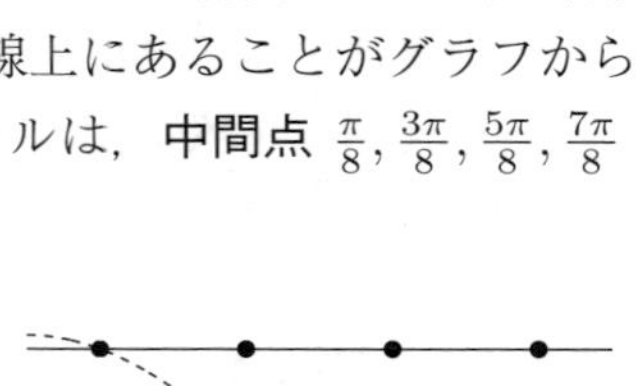

S と C の列（対称行列 A_3 と B_4 の固有ベクトル）は直交する．あるベクトルに S や C を掛けたとき，その信号は周波数ごとに分解される．音楽の和音を純音に分解するようなも

のだ．この変換は，すべての信号処理において最も有用で洞察に満ちている．B_8 とその固有ベクトル行列 C を作り出す MATLAB プログラムを以下に示す．

```
n=8; e = ones(n − 1, 1); B=2∗ eye(n)−diag(e, −1)−diag(e, 1); B(1, 1)=1; B(n, n)=1;
[C, Λ] = eig(B);
plot(C( : , 1:4), '−o')
```

練習問題 6.4

1　A を，対称行列と歪対称行列の和 $M+N$ の形で書け：

$$A=\begin{bmatrix}1&2&4\\4&3&0\\8&6&5\end{bmatrix}=M+N \qquad (M^{\mathrm{T}}=M, N^{\mathrm{T}}=-N).$$

任意の正方行列において，$M=\frac{A+A^{\mathrm{T}}}{2}$ と $N=$ ＿＿＿ の和は A となる．

2　C が対称行列のとき，$A^{\mathrm{T}}CA$ も対称行列であることを証明せよ（転置せよ）．A が 6×3 であるとき，C と $A^{\mathrm{T}}CA$ の形はどうなるか？

3　次の行列の固有値と単位固有ベクトルを求めよ．

$$A=\begin{bmatrix}2&2&2\\2&0&0\\2&0&0\end{bmatrix}.$$

4　行列 $A=\left[\begin{smallmatrix}-2&6\\6&7\end{smallmatrix}\right]$ を対角化する直交行列 Q を求め，また Λ も求めよ．

5　次の対称行列を対角化する直交行列 Q を求めよ：

$$A=\begin{bmatrix}1&0&2\\0&-1&-2\\2&-2&0\end{bmatrix}.$$

6　$A=\begin{bmatrix}9&12\\12&16\end{bmatrix}$ を対角化する**すべての**直交行列を求めよ．

7　(a) 負の固有値を持つ対称行列 $\left[\begin{smallmatrix}1&b\\b&1\end{smallmatrix}\right]$ を求めよ．

(b) それが負のピボットを持つ理由を示せ．

(c) それが負の固有値を 2 つ持たない理由を示せ．

8　$A^3=0$ のとき，A の固有値は ＿＿＿ である．$A\neq 0$ である例を与えよ．A が対称行列であるとき，A が零行列であることを対角化を用いて証明せよ．

9 実行列 A の固有値の 1 つが $\lambda = a + ib$ であるとき，その共役 $\overline{\lambda} = a - ib$ も固有値である（$A\boldsymbol{x} = \lambda\boldsymbol{x}$ のとき，$A\overline{\boldsymbol{x}} = \overline{\lambda}\overline{\boldsymbol{x}}$ でもある）．すべての 3×3 の実行列には実固有値が少なくとも 1 つ存在することを証明せよ．

10 以下に示すのは，実行列の固有値がすべて実数であるという手早い「証明」である：

誤った証明

$$A\boldsymbol{x} = \lambda\boldsymbol{x} \quad \text{より} \quad \boldsymbol{x}^{\mathrm{T}}A\boldsymbol{x} = \lambda\boldsymbol{x}^{\mathrm{T}}\boldsymbol{x} \quad \text{であるので} \quad \lambda = \frac{\boldsymbol{x}^{\mathrm{T}}A\boldsymbol{x}}{\boldsymbol{x}^{\mathrm{T}}\boldsymbol{x}} \quad \text{は実数である．}$$

この論法の不備，すなわち，正当でない隠れた仮定を指摘せよ．$\lambda = i$ と $\boldsymbol{x} = (i, 1)$ を持つ 90° の回転行列 $[0 \ \ -1; \ 1 \ \ 0]$ に対して，その手順を試してみるとよい．

11 A と B を，スペクトル定理 $Q\Lambda Q^T$ に由来する $\lambda_1\boldsymbol{x}_1\boldsymbol{x}_1^{\mathrm{T}} + \lambda_2\boldsymbol{x}_2\boldsymbol{x}_2^{\mathrm{T}}$ という形で書け：

$$A = \begin{bmatrix} 3 & 1 \\ 1 & 3 \end{bmatrix} \qquad B = \begin{bmatrix} 9 & 12 \\ 12 & 16 \end{bmatrix} \qquad (\|\boldsymbol{x}_1\| = \|\boldsymbol{x}_2| = 1 \text{ を維持せよ}).$$

12 すべての 2×2 対称行列は，$\lambda_1\boldsymbol{x}_1\boldsymbol{x}_1^{\mathrm{T}} + \lambda_2\boldsymbol{x}_2\boldsymbol{x}_2^{\mathrm{T}} = \lambda_1 P_1 + \lambda_2 P_2$ とすることができる．Q の行と列の積から，$P_1 + P_2 = \boldsymbol{x}_1\boldsymbol{x}_1^{\mathrm{T}} + \boldsymbol{x}_2\boldsymbol{x}_2^{\mathrm{T}} = I$ であることを説明せよ．$P_1P_2 = 0$ である理由を示せ．

13 $A = \begin{bmatrix} \mathbf{0} & \mathbf{b} \\ -\mathbf{b} & \mathbf{0} \end{bmatrix}$ の固有値を求めよ．4×4 の歪対称行列（$A^{\mathrm{T}} = -A$）を作り，その固有値がすべて虚数であることを確かめよ．

14 （推奨）以下の行列 M は歪対称行列であり，かつ ＿＿＿ でもある．すると，その固有値はすべて純虚数であり，かつ $|\lambda| = 1$ でもある（すべての $\boldsymbol{x}$ について $\|M\boldsymbol{x}\| = \|\boldsymbol{x}\|$ であるので，固有ベクトルに対して $\|\lambda\boldsymbol{x}\| = \|\boldsymbol{x}\|$ が成り立つ）．M のトレースより，4 つの固有値をすべて求めよ：

$$M = \frac{1}{\sqrt{3}}\begin{bmatrix} 0 & 1 & 1 & 1 \\ -1 & 0 & -1 & 1 \\ -1 & 1 & 0 & -1 \\ -1 & -1 & 1 & 0 \end{bmatrix} \quad \text{この行列の固有値は，} i \text{ か } -i \text{ のみである．}$$

15 次の A（**対称な複素行列**）に固有ベクトルからなる直線が 1 つしかないことを示せ：

$$A = \begin{bmatrix} i & 1 \\ 1 & -i \end{bmatrix} \text{ は対角化不可能である：固有値は } \lambda = 0, 0.$$

$A^{\mathrm{T}} = A$ は，複素行列においてはそれほど特別な性質ではない．良い性質は，$\overline{A}^{\mathrm{T}} = A$（第 10.2 節）である．そのとき，すべての λ は実数となり，固有ベクトルが直交する．

16 A が矩形行列であっても，ブロック行列 $B = \begin{bmatrix} 0 & A \\ A^{\mathrm{T}} & 0 \end{bmatrix}$ は対称行列である：

$$Bx = \lambda x \quad \text{は} \quad \begin{bmatrix} 0 & A \\ A^{\mathrm{T}} & 0 \end{bmatrix}\begin{bmatrix} \boldsymbol{y} \\ \boldsymbol{z} \end{bmatrix} = \lambda \begin{bmatrix} \boldsymbol{y} \\ \boldsymbol{z} \end{bmatrix} \quad \text{すなわち} \quad \begin{matrix} A\boldsymbol{z} = \lambda \boldsymbol{y} \\ A^{\mathrm{T}}\boldsymbol{y} = \lambda \boldsymbol{z}. \end{matrix}$$

(a) $-\lambda$ も固有値であり，対応する固有ベクトルが $(\boldsymbol{y}, -\boldsymbol{z})$ であることを示せ．
(b) $A^{\mathrm{T}}A\boldsymbol{z} = \lambda^2 \boldsymbol{z}$ すなわち，λ^2 が $A^{\mathrm{T}}A$ の固有値であることを示せ．
(c) $A = I$ （2×2）のとき，B の 4 つの固有値と固有ベクトルをすべて求めよ．

17 問題 16 において $A = \begin{bmatrix} 1 \\ 1 \end{bmatrix}$ であるとき，B の 3 つの固有値と固有ベクトルをすべて求めよ．

18 **$A = A^{\mathrm{T}}$ のときに固有ベクトルが直交することの別の証明．** 2 段階で行う：

1. $A\boldsymbol{x} = \lambda \boldsymbol{x}$ および $A\boldsymbol{y} = 0\boldsymbol{y}$ および $\lambda \neq 0$ と仮定する．そのとき，$\boldsymbol{y}$ は零空間にあり，$\boldsymbol{x}$ は列空間にある．_____ であるので，それらは直交する．注意深く進もう．それらの部分空間が直交する理由を示せ．
2. $A\boldsymbol{y} = \beta \boldsymbol{y}$ のとき，上の議論を $A - \beta I$ に適用せよ．$A - \beta I$ の固有値は零に近づくが，固有ベクトルは変化しない．したがって，それらは直交する．

19 A と B に対して，固有ベクトル行列 S を求めよ．$d = 1$ のとき，$\lambda = 1$ が重複するにもかかわらず，S が破綻しないことを示せ．固有ベクトルは直交するか？

$$A = \begin{bmatrix} 0 & d & 0 \\ d & 0 & 0 \\ 0 & 0 & 1 \end{bmatrix} \quad B = \begin{bmatrix} -d & 0 & 1 \\ 0 & 1 & 0 \\ 0 & 0 & d \end{bmatrix} \quad \text{の固有値は} \quad \lambda = 1, d, -d.$$

20 $\overline{A}^{\mathrm{T}} = A$ となる 2×2 の**複素**行列（「エルミート行列」）を書け．その複素行列について，λ_1 と λ_2 を求めよ．式 (1) と (2) を修正して，**エルミート行列の固有値が実数**であることを示せ．

21 以下の各命題は**真**（理由を述べよ）か**偽**（反例を示せ）か？「正規直交」することは仮定しない．

(a) 実固有値と実固有ベクトルを持つ行列は対称行列である．
(b) 実固有値と直交する固有ベクトルを持つ行列は対称行列である．
(c) 対称行列の逆行列は対称行列である．
(d) 対称行列の固有ベクトル行列 S は対称行列である．

22 （指導者へのパラドックス）$AA^{\mathrm{T}} = A^{\mathrm{T}}A$ のとき，A と A^{T} は同じ固有ベクトルを持つ（これは正しい）．A と A^{T} は，常に同じ固有値を持つ．以下の結論における不備を指摘せよ：それらが同じ S と Λ を持つので，A と A^{T} は等しい．

23 （推奨）以下の行列 A と B は，次の分類のどれに属すか：可逆行列，直交行列，射影行列，置換行列，対角化可能な行列，マルコフ行列．

$$A=\begin{bmatrix}0&0&1\\0&1&0\\1&0&0\end{bmatrix}\qquad B=\frac{1}{3}\begin{bmatrix}1&1&1\\1&1&1\\1&1&1\end{bmatrix}.$$

A と B について，次の分解のどれが可能か：LU, QR, $S\Lambda S^{-1}$, $Q\Lambda Q^{\mathrm{T}}$?

24 $\left[\begin{smallmatrix}\mathbf{2}&\mathbf{b}\\\mathbf{1}&\mathbf{0}\end{smallmatrix}\right]$ について，b がどのような数のとき $A=Q\Lambda Q^{\mathrm{T}}$ が可能か？どのような数のとき $A=S\Lambda S^{-1}$ が不可能か？どのような数のとき A^{-1} が不可能か？

25 直交行列であり，かつ，対称行列でもあるような 2×2 行列をすべて求めよ．その固有値になりうる2つの数を示せ．

26 次の A はほとんど対称行列である．しかし，その固有ベクトルは，まったく直交しない：

$$A=\begin{bmatrix}1&10^{-15}\\0&1+10^{-15}\end{bmatrix}\quad \text{の固有ベクトルは}\quad \begin{bmatrix}1\\0\end{bmatrix}\quad \text{と}\quad \begin{bmatrix}?\end{bmatrix}$$

それらの固有ベクトルの間の角度を求めよ．

27 （MATLAB）異なる固有ベクトルを持つ2つの対称行列を，例えば $A=\left[\begin{smallmatrix}\mathbf{1}&\mathbf{0}\\\mathbf{0}&\mathbf{2}\end{smallmatrix}\right]$ と $B=\left[\begin{smallmatrix}\mathbf{8}&\mathbf{1}\\\mathbf{1}&\mathbf{0}\end{smallmatrix}\right]$ とする．固有値 $\lambda_1(A+tB)$ と $\lambda_2(A+tB)$ を $-8<t<8$ の範囲でグラフに描け．Peter Lax による *Linear Algebra* の113ページにおいて，t がある値のときに，λ_1 と λ_2 は衝突コース（そのまま進むと衝突する位置）にあると書かれている．「しかし，寸前でそれらは道をそれる．」それらはどこまで近づくか？

挑戦問題

28 実固有値を作り出す対称性 $A^{\mathrm{T}}=A$ は，複素行列では $\overline{A}^{\mathrm{T}}=A$ に変わる．$\det(A-\lambda I)=0$ より，2×2「エルミート」行列 $A=[4\quad 2+i;\quad 2-i\quad 0]=\overline{A}^{\mathrm{T}}$ の固有値を求めよ．$\overline{A}^{\mathrm{T}}=A$ のとき固有値が実数となる理由を理解するため，本文中の式 (1) を $\overline{A}\,\overline{\boldsymbol{x}}=\overline{\lambda}\,\overline{\boldsymbol{x}}$ とする．

転置すると $\overline{x}^{\mathrm{T}}\,\overline{A}^{\mathrm{T}}=\overline{x}^{\mathrm{T}}\,\overline{\lambda}$. $\overline{A}^{\mathrm{T}}=A$ **を用いて，式 (2)** $\lambda=\overline{\lambda}$ **を導け．**

29 **正規行列は** $\overline{A}^{\mathrm{T}}A=A\overline{A}^{\mathrm{T}}$ を満たす．実行列では，対称行列，歪対称行列，直交行列が $A^{\mathrm{T}}A=AA^{\mathrm{T}}$ を満たす．それらは，実数の λ，虚数の λ，および $|\lambda|=1$ を持つ．それ以外の正規行列は，任意の複素固有値 λ を持ちうる．

重要な点：**正規行列は，n 個の正規直交する固有ベクトルを持つ．** それらのベクトル $\boldsymbol{x}_i$ は，複素数の要素を持つかもしれない．複素ベクトルの場合，直交性は $\overline{\boldsymbol{x}}_i^{\mathrm{T}}\boldsymbol{x}_j=0$ による（第10章で説明する）．内積が $\overline{\boldsymbol{x}}^{\mathrm{T}}\boldsymbol{y}$ となる．

Q **が** n **個の正規直交する列を持つことの判定が，** $Q^{\mathrm{T}}Q=I$ **ではなく** $\overline{Q}^{\mathrm{T}}Q=I$ **になる．**

A が n **個の正規直交する固有ベクトルを持つ** $(A = Q\Lambda\overline{Q}^{\mathrm{T}})$ のは，A が**正規行列**であるときであり，かつそのときに限る．

(a) $A = Q\Lambda\overline{Q}^{\mathrm{T}}$（ただし $\overline{Q}^{\mathrm{T}}Q = I$）とする．$\overline{A}^{\mathrm{T}}A = A\overline{A}^{\mathrm{T}}$，すなわち，$A$ が正規行列であることを示せ．

(b) $\overline{A}^{\mathrm{T}}A = A\overline{A}^{\mathrm{T}}$ とする．シューアは，任意の行列 A について，ある三角行列 T を用いて $A = QT\overline{Q}^{\mathrm{T}}$ であることを発見した．正規行列について，この T が実際に対角行列であることを（3 段階で）示さなければならない．すると，$T = \Lambda$ である．

第 1 段階　$A = QT\overline{Q}^{\mathrm{T}}$ を $\overline{A}^{\mathrm{T}}A = A\overline{A}^{\mathrm{T}}$ に代入し，$\overline{T}^{\mathrm{T}}T = T\overline{T}^{\mathrm{T}}$ を求める．

第 2 段階　$T = \begin{bmatrix} a & b \\ 0 & d \end{bmatrix}$ が $\overline{T}^{\mathrm{T}}T = T\overline{T}^{\mathrm{T}}$ を満たすと仮定し，$b = 0$ を証明する．

第 3 段階　第 2 段階を大きさ n に拡張する．正規三角行列 T は対角行列でなければならない．

30 対角行列 A の最大の固有値が $\lambda_{\max}$ であるとき，その対角要素が $\lambda_{\max}$ より大きくなることはありえない．$A = Q\Lambda Q^{\mathrm{T}}$ の第 1 要素 a_{11} を求めよ．$a_{11} \leq \lambda_{\max}$ である理由を示せ．

31 $A^{\mathrm{T}} = -A$（実歪対称行列）であると仮定する．A に関する以下の事実を説明せよ：

(a) すべての実ベクトル $\boldsymbol{x}$ について，$\boldsymbol{x}^{\mathrm{T}}A\boldsymbol{x} = 0$ である．
(b) A の固有値は純虚数である．
(c) A の行列式は正または零である（負ではない）．

(a) については，具体的なベクトルを用いて $\boldsymbol{x}^{\mathrm{T}}A\boldsymbol{x}$ を計算し，打ち消し合う項を調べよ．もしくは，$\boldsymbol{x}^{\mathrm{T}}(A\boldsymbol{x})$ を $(A\boldsymbol{x})^{\mathrm{T}}\boldsymbol{x}$ へと入れ替えよ．(b) については，$A\boldsymbol{z} = \lambda\boldsymbol{z}$ より $\overline{\boldsymbol{z}}^{\mathrm{T}}A\boldsymbol{z} = \lambda\overline{\boldsymbol{z}}^{\mathrm{T}}\boldsymbol{z} = \lambda\|\boldsymbol{z}\|^2$ である．(a) は $\overline{\boldsymbol{z}}^{\mathrm{T}}A\boldsymbol{z} = (\boldsymbol{x} - i\boldsymbol{y})^{\mathrm{T}}A(\boldsymbol{x} + i\boldsymbol{y})$ の実部が零であることを示している．(b) は (c) を解くのに役立つ．

32 A が対称行列であり，そのすべての固有値が $\lambda = 2$ であるとき，A が $2I$ である理由を示せ（重要な点：対称性より A が対角化できることが保証される．**web.mit.edu/18.06** にある “Proofs of the Spectral Theorem” を見よ）．

6.5　正定値行列

本節では，**正の固有値を持つ対称行列**に集中する．対称行列は重要であるが，このさらなる性質（**すべて** $\lambda > 0$）を持つ行列は本当に特別である．ただし，この特別であるということは，めったにないという意味ではない．正の固有値を持つ対称行列は，あらゆる種類の応用における核心である．それらは**正定値行列**と呼ばれる．

最初の問題は，それらの行列を認識することである．固有値を求めてそれらが $\lambda > 0$ であることを判定すればいい，と思うかもしれない．しかしそれは，それこそ避けるべき方法である．固有値を計算するのは大変だ．λ が必要であるならば，それらを計算してもよい．しかし，それらが正であることを知りたいだけならば，もっと良い方法がある．本節の目標は次の 2 つである：

- 対称行列に対して，それが**正の固有値**を持つことを保証する**良い判定法**を発見すること．
- 正定値の重要な応用を説明すること．

行列が対称行列であることから，λ は自動的に実数である．

2×2 行列から始める．$\boldsymbol{A} = \left[\begin{smallmatrix} \mathbf{a} & \mathbf{b} \\ \mathbf{b} & \mathbf{c} \end{smallmatrix}\right]$ の固有値が $\boldsymbol{\lambda_1 > 0}$ と $\boldsymbol{\lambda_2 > 0}$ であるのはどのような場合か？

> **$\boldsymbol{A}$ の固有値が正であるのは，$\boldsymbol{a > 0}$ かつ $\boldsymbol{ac - b^2 > 0}$ のときであり，かつそのときに限る．**

$A_1 = \begin{bmatrix} 1 & 2 \\ 2 & 1 \end{bmatrix}$ は正定値ではない．なぜなら，$ac - b^2 = 1 - 4 < 0$ だからだ．

$A_2 = \begin{bmatrix} 1 & -2 \\ -2 & 6 \end{bmatrix}$ は正定値である．なぜなら，$a = 1$ および $ac - b^2 = 6 - 4 > 0$ だからだ．

$A_3 = \begin{bmatrix} -1 & 2 \\ 2 & -6 \end{bmatrix}$ は（$\det A = +2$ だが）正定値ではない．なぜなら，$a = -1$ だからだ．

A_1 の固有値 3 と -1 を計算していないことに注意せよ．トレース $3 - 1 = 2$ が正であることと，行列式 $(3)(-1) = -3$ が負であることを調べた．$A_3 = -A_2$ は**負**定値である．A_2 には正の固有値が 2 つあり，A_3 には負の固有値が 2 つある．

$\lambda_1 > 0$ **および** $\lambda_2 > 0$ **のときに，**2×2 **の判定が成り立つことの証明**．それらの積 $\lambda_1\lambda_2$ は行列式であるため，$ac - b^2 > 0$ である．それらの和はトレースであるため，$a + c > 0$ である．そのとき，a と c は両方とも正である（一方が負であるとき，$ac - b^2 > 0$ が成り立たない）．問題 1 では，この論法を逆にして，判定条件が $\lambda_1 > 0$ および $\lambda_2 > 0$ を保証することを示す．

この判定条件では，1×1 の行列式 a と，2×2 の行列式 $ac - b^2$ を用いている．A が 3×3 のとき，$\det A > 0$ は判定条件の 3 つ目の条件となる．次に示す判定では，**正のピボット**が必要となる．

> **$\boldsymbol{A = A^{\mathrm{T}}}$ の固有値が正であるのは，そのピボットが正であるときであり，かつそのときに限る：**
>
> $$a > 0 \quad と \quad \frac{ac - b^2}{a} > 0.$$

$a > 0$ は，どちらの判定条件でも必要である．同様に，$ac > b^2$ も，行列式による判定条件と，ここでのピボットによる判定条件の両方で必要である．比を A の **2 つ目のピボット**と捉えることが重要だ：

$$\begin{bmatrix} a & b \\ b & c \end{bmatrix} \xrightarrow[\text{乗数は } b/a]{\text{1 つ目のピボットは } a} \begin{bmatrix} a & b \\ 0 & c - \frac{b}{a}b \end{bmatrix} \quad \begin{matrix} \textbf{2 つ目のピボットは} \\ \boldsymbol{c} - \dfrac{\boldsymbol{b}^2}{\boldsymbol{a}} = \dfrac{\boldsymbol{ac} - \boldsymbol{b}^2}{\boldsymbol{a}} \end{matrix}$$

これにより，線形代数において重要な 2 つの考え方が関連づけられる．**正の固有値から正のピボットが導かれ，逆もまたしかりである**．最後の小節において，任意の大きさの対称行列に対する証明を与える．ピボットを用いることで $\lambda > 0$ を手早く判定することができ，それは固有値を計算するよりもずっと早い．この講義において，ピボット，行列式，固有値が一緒に現れて，とても満足している．

$$A_1 = \begin{bmatrix} 1 & 2 \\ 2 & 1 \end{bmatrix} \qquad A_2 = \begin{bmatrix} 1 & -2 \\ -2 & 6 \end{bmatrix} \qquad A_3 = \begin{bmatrix} -1 & 2 \\ 2 & -6 \end{bmatrix}$$

ピボット 1 と -3	ピボット 1 と 2	ピボット -1 と -2
（不定）	（正定値）	（負定値）

正の固有値を持つ対称行列に対する別の見方を次に示そう．

エネルギーに基づく定義

$A\boldsymbol{x} = \lambda\boldsymbol{x}$ に $\boldsymbol{x}^{\mathrm{T}}$ を掛けると，$\boldsymbol{x}^{\mathrm{T}}A\boldsymbol{x} = \lambda\boldsymbol{x}^{\mathrm{T}}\boldsymbol{x}$ を得る．その右辺は，正の λ と正の数 $\boldsymbol{x}^{\mathrm{T}}\boldsymbol{x} = \|\boldsymbol{x}\|^2$ との積である．したがって，$\boldsymbol{x}^{\mathrm{T}}A\boldsymbol{x}$ は任意の固有ベクトルについて正である．

新しい考え方は，固有ベクトルだけでなく，**任意の非零ベクトル $\boldsymbol{x}$ について $\boldsymbol{x}^{\mathrm{T}}\boldsymbol{A}\boldsymbol{x}$ が正**というものである．多くの応用において，この数 $\boldsymbol{x}^{\mathrm{T}}A\boldsymbol{x}$（もしくは $\frac{1}{2}\boldsymbol{x}^{\mathrm{T}}A\boldsymbol{x}$）はその系の**エネルギー**である．エネルギーが正という条件は，正定値行列の**もう 1 つの定義**となる．私は，このエネルギーに基づく定義が欠かせないと考える．

固有値とピボットの判定は，この新しい条件 $\boldsymbol{x}^{\mathrm{T}}A\boldsymbol{x} > 0$ による判定と同値である．

定義　任意の非零ベクトル $\boldsymbol{x}$ において $\boldsymbol{x}^{\mathrm{T}}\boldsymbol{A}\boldsymbol{x} > \boldsymbol{0}$ であるとき，$\boldsymbol{A}$ は正定値である：

$$\boldsymbol{x}^{\mathrm{T}}A\boldsymbol{x} = \begin{bmatrix} x & y \end{bmatrix} \begin{bmatrix} a & b \\ b & c \end{bmatrix} \begin{bmatrix} x \\ y \end{bmatrix} = ax^2 + 2bxy + cy^2 > 0. \tag{1}$$

4 つの要素 a, b, b, c から，$\boldsymbol{x}^{\mathrm{T}}A\boldsymbol{x}$ の 4 つの項が得られる．a と c より，純粋な 2 乗項 ax^2 と cy^2 が得られる．非対角要素の b と b より，交差した項 bxy と byx（同じ）が得られる．それらの 4 つの項の和から $\boldsymbol{x}^{\mathrm{T}}A\boldsymbol{x}$ が得られる．このエネルギーに基づく定義から，次の基本的事実が導かれる：

A と B が正定値対称行列であるとき，$A + B$ も正定値対称行列である．

理由： 単純に，$\boldsymbol{x}^{\mathrm{T}}(A+B)\boldsymbol{x}$ は $\boldsymbol{x}^{\mathrm{T}}A\boldsymbol{x}+\boldsymbol{x}^{\mathrm{T}}B\boldsymbol{x}$ である．それらの 2 つの項が（$\boldsymbol{x}\neq\boldsymbol{0}$ について）正であるので，$A+B$ も正定値行列である．行列の和について，そのピボットや固有値を追跡することは容易でないが，エネルギーは単に和である．

$\boldsymbol{x}^{\mathrm{T}}A\boldsymbol{x}$ は，正定値行列を認識する最後の方法にも関連する．矩形行列であるかもしれない，任意の行列 R があるとする．$A=R^{\mathrm{T}}R$ が対称正方行列であることはわかっている．さらに，R の列が独立であるとき，A は正定値行列となる：

$$\boldsymbol{R}\text{ の列が独立であるとき，}\boldsymbol{A}=\boldsymbol{R}^{\mathrm{T}}\boldsymbol{R}\text{ は正定値行列である．}$$

またしても，固有値やピボットで示すのは容易ではない．しかし，数 $\boldsymbol{x}^{\mathrm{T}}A\boldsymbol{x}$ は $\boldsymbol{x}^{\mathrm{T}}R^{\mathrm{T}}R\boldsymbol{x}$ に等しく，それはまさしく $(Rx)^{\mathrm{T}}(Rx)$ である．これは括弧づけによる重要な証明の 1 つである．$\boldsymbol{x}\neq\boldsymbol{0}$ のときそのベクトル $R\boldsymbol{x}$ は非零である（列が独立である意味はこれである）．すると，$\boldsymbol{x}^{\mathrm{T}}A\boldsymbol{x}$ は正の数 $\|R\boldsymbol{x}\|^2$ であり，行列 A は正定値である．

これまでの理論を，正定値に関する 5 つの同値な文へとまとめよう．正定値という重要な考え方によって，線形代数全体，すなわち，ピボット，行列式，固有値，($R^{\mathrm{T}}R$ による）最小 2 乗法，が関連づけられることを見よう．その後で，応用に移る．

対称行列が以下の 5 つの性質のどれかを満たすとき，その行列は以下のすべてを満たす：

1. $\boldsymbol{n}$ **個のピボットがすべて正である．**
2. $\boldsymbol{n}$ **個の左上行列式がすべて正である．**
3. $\boldsymbol{n}$ **個の固有値がすべて正である．**
4. $\boldsymbol{x}=\boldsymbol{0}$ **を除いて** $\boldsymbol{x}^{\mathrm{T}}A\boldsymbol{x}$ **が正である．これはエネルギーに基づく定義である．**
5. **列が独立な行列** R **が存在して，**A **が** $R^{\mathrm{T}}R$ **に等しい．**

「左上行列式」は，1×1, 2×2, . . ., $n\times n$ である．その最後のものは，行列 A の全体の行列式である．この注目すべき定理は，少なくとも対称行列について，線形代数のコース全体を 1 つにまとめるものである．詳細な証明よりも，2 つの例を示す方が有益だろう（実はすでに証明がほぼできている）．

例 1 以下の行列 A と B が正定値であるかを判定せよ：

$$A=\begin{bmatrix}2&-1&0\\-1&2&-1\\0&-1&2\end{bmatrix}\quad と \quad B=\begin{bmatrix}2&-1&b\\-1&2&-1\\b&-1&2\end{bmatrix}.$$

解 A のピボットは 2 と $\frac{3}{2}$ と $\frac{4}{3}$ であり，すべて正である．その左上行列式は 2 と 3 と 4 であり，すべて正である．A の固有値は $2-\sqrt{2}$ と 2 と $2+\sqrt{2}$ であり，すべて正である．これにより，判定 **1**, **2**, および **3** が完了する．

$\boldsymbol{x}^{\mathrm{T}}A\boldsymbol{x}$ を 3 つの平方の和で書くことができる．ピボット 2, $\frac{3}{2}$, $\frac{4}{3}$ は平方の外に現れる．消去における乗数 $-\frac{1}{2}$ と $-\frac{2}{3}$ は，平方の中に現れる：

$$\boldsymbol{x}^{\mathrm{T}} A\boldsymbol{x} = 2\big(x_1^2 - x_1x_2 + x_2^2 - x_2x_3 + x_3^2\big) \qquad \text{平方で書き直す}$$
$$= 2\big(x_1 - \tfrac{1}{2}x_2\big)^2 + \tfrac{3}{2}\big(x_2 - \tfrac{2}{3}x_3\big)^2 + \tfrac{4}{3}(x_3)^2. \qquad \text{この和は正である.}$$

R の候補には 2 つ考えられる．どちらを用いても，$A = R^{\mathrm{T}}R$ が正定値行列であることが言える．R の 1 つは，4×3 の矩形 1 次差分行列であり，それにより A に 2 次差分 $-1, 2, -1$ が作られる：

$$\boldsymbol{A} = \boldsymbol{R}^{\mathrm{T}}\boldsymbol{R} \quad \begin{bmatrix} 2 & -1 & 0 \\ -1 & 2 & -1 \\ 0 & -1 & 2 \end{bmatrix} = \begin{bmatrix} 1 & -1 & 0 & 0 \\ 0 & 1 & -1 & 0 \\ 0 & 0 & 1 & -1 \end{bmatrix} \begin{bmatrix} 1 & 0 & 0 \\ -1 & 1 & 0 \\ 0 & -1 & 1 \\ 0 & 0 & -1 \end{bmatrix}$$

この R の 3 つの列は独立であるので，A は正定値である．

もう 1 つの R は $A = LDL^{\mathrm{T}}$（対称な $A = LU$）から導かれる．消去により，ピボット $2, \frac{3}{2}, \frac{4}{3}$ が D に入り，乗数 $-\frac{1}{2}, 0, -\frac{2}{3}$ が L に入る．$\boldsymbol{\sqrt{D}}$ **を** $\boldsymbol{L}$ **と一緒にする．**

$$LDL^{\mathrm{T}} = \begin{bmatrix} 1 & & \\ -\frac{1}{2} & 1 & \\ 0 & -\frac{2}{3} & 1 \end{bmatrix} \begin{bmatrix} 2 & & \\ & \frac{3}{2} & \\ & & \frac{4}{3} \end{bmatrix} \begin{bmatrix} 1 & -\frac{1}{2} & \\ & 1 & -\frac{2}{3} \\ & & 1 \end{bmatrix} = (L\sqrt{D})(L\sqrt{D})^{\mathrm{T}} = R^{\mathrm{T}}R. \tag{2}$$

$\boldsymbol{R}$ **はコレスキー因子である．**

この R には平方根が含まれる（それほど美しくない）．しかし，3×3 の上三角行列であるような R はそれしかない．R は A の「コレスキー因子」であり，MATLAB のコマンド $R = \mathsf{chol}(A)$ によって計算できる．応用において，矩形行列 R はどのように A が作られるかに関係し，コレスキーの R は A がどのように分解されるかに関係する．

固有値を用いると，対称行列 $R = Q\sqrt{\Lambda}Q^{\mathrm{T}}$ が得られる．$R^{\mathrm{T}}R = Q\Lambda Q^{\mathrm{T}} = A$ であり，これも美しい．これらの判定はいずれも，$-1, 2, -1$ 行列 A が正定値行列であることを示す．

次に B に移ろう．$(1,3)$ 要素と $(3,1)$ 要素が 0 から b に変わった．この b は大きすぎてはいけない．**行列式による判定が最も簡単だ．** 1×1 の行列式は 2 のままであり，2×2 の行列式も 3 のままである．3×3 の行列式に b が含まれる：

$$\det B = 4 + 2b - 2b^2 = (1+b)(4-2b) \quad \text{が正でなければならない．}$$

$b=-1$ と $b=2$ において $\det B = 0$ となる．$b = -1$ **と** $b = 2$ **の間では，その行列は正定値となる．** 確かに，1 つ目の行列 A の右上と左下の要素 $b = 0$ はその間にある．

半正定値行列

正定値性の境界に立つことが多くある．行列式が零であり，最小の固有値も零である．その固有ベクトルにおけるエネルギーも $\boldsymbol{x}^{\mathrm{T}}A\boldsymbol{x} = \boldsymbol{x}^{\mathrm{T}}0\boldsymbol{x} = 0$ である．そのような境界の行列は**半正定値行列**と呼ばれる．2 つの例を示そう（それらは可逆ではない）：

$$A = \begin{bmatrix} 1 & 2 \\ 2 & 4 \end{bmatrix} \text{ と } B = \begin{bmatrix} 2 & -1 & -1 \\ -1 & 2 & -1 \\ -1 & -1 & 2 \end{bmatrix} \text{ は半正定値である.}$$

A の固有値は 5 と 0 である．その左上行列式は 1 と 0 である．階数は 1 しかない．この行列 A は，**従属な列を持つ** R を用いて $R^{\mathrm{T}}R$ へと分解される：

$$\begin{matrix}\textbf{従属な列} \\ \textbf{半正定値}\end{matrix} \quad \begin{bmatrix} 1 & 2 \\ 2 & 4 \end{bmatrix} = \begin{bmatrix} 1 & 0 \\ 2 & 0 \end{bmatrix} \begin{bmatrix} 1 & 2 \\ 0 & 0 \end{bmatrix} = R^{\mathrm{T}}R.$$

4 が少しでも大きくなれば，その行列は正定値になる．

巡回行列 B も行列式が零であり（上で計算した行列の $b=-1$ のときである），非可逆行列である．固有ベクトル $\boldsymbol{x}=(1,1,1)$ において，$B\boldsymbol{x}=\boldsymbol{0}$ と $\boldsymbol{x}^{\mathrm{T}}B\boldsymbol{x}=0$ が成り立つ．それ以外のすべての方向のベクトル $\boldsymbol{x}$ では，エネルギーが正となる．この B を $R^{\mathrm{T}}R$ と書く方法はたくさんあるが，R の列は常に**従属**となり，$(1,1,1)$ がその零空間に含まれる：

$$\begin{matrix}\textbf{1 次差分 } R^{\mathrm{T}}R \textbf{ から} \\ \textbf{2 次差分 } A \textbf{ が作られる} \\ \textbf{巡回 } R \textbf{ から巡回 } A\end{matrix} \quad \begin{bmatrix} 2 & -1 & -1 \\ -1 & 2 & -1 \\ -1 & -1 & 2 \end{bmatrix} = \begin{bmatrix} 1 & -1 & 0 \\ 0 & 1 & -1 \\ -1 & 0 & 1 \end{bmatrix} \begin{bmatrix} 1 & 0 & -1 \\ -1 & 1 & 0 \\ 0 & -1 & 1 \end{bmatrix}.$$

半正定値行列では，すべて $\lambda \geq 0$ であり，また常に $\boldsymbol{x}^{\mathrm{T}}A\boldsymbol{x} \geq 0$ である．弱い不等式（$>$ ではなく $\geq$）により，正定値行列と非可逆行列の境界となる．

1 つ目の応用：楕円 $ax^2 + 2bxy + cy^2 = 1$

傾いた楕円 $\boldsymbol{x}^{\mathrm{T}}A\boldsymbol{x}=1$ を考える．図 6.7 左 に示すとおり，その中心は $(0,0)$ である．それを座標軸（X 軸と Y 軸）に沿うように回転する．それが図 6.7 右 である．これらの 2 つの図は，分解 $A = Q\Lambda Q^{-1} = Q\Lambda Q^{\mathrm{T}}$ の裏にある幾何を示すものである：

1. 傾いた楕円は A と関連する．その方程式は $\boldsymbol{x}^{\mathrm{T}}A\boldsymbol{x}=1$ である．
2. 座標軸に沿った楕円は Λ と関連する．その方程式は $\boldsymbol{X}^{\mathrm{T}}\Lambda\boldsymbol{X}=1$ である．
3. 楕円を座標軸に沿わせる回転行列は，固有ベクトル行列 Q である．

例 2　傾いた楕円 $5x^2 + 8xy + 5y^2 = 1$ の軸を求めよ．

解　その等式に適合する正定値行列をまず求める：

$$\text{等式は} \quad \begin{bmatrix} x & y \end{bmatrix} \begin{bmatrix} 5 & 4 \\ 4 & 5 \end{bmatrix} \begin{bmatrix} x \\ y \end{bmatrix} = 1. \qquad \text{行列は} \quad A = \begin{bmatrix} 5 & 4 \\ 4 & 5 \end{bmatrix}.$$

固有ベクトルは $\left[\begin{smallmatrix} 1 \\ 1 \end{smallmatrix}\right]$ と $\left[\begin{smallmatrix} 1 \\ -1 \end{smallmatrix}\right]$ である．$\sqrt{2}$ で割って単位ベクトルにする．すると，$A = Q\Lambda Q^{\mathrm{T}}$ である：

$$\begin{array}{l} Q\ \text{の固有ベクトル} \\ \text{固有値は}\ \mathbf{9}\ \text{と}\ \mathbf{1} \end{array} \qquad \begin{bmatrix} 5 & 4 \\ 4 & 5 \end{bmatrix} = \frac{1}{\sqrt{2}} \begin{bmatrix} 1 & 1 \\ 1 & -1 \end{bmatrix} \begin{bmatrix} \mathbf{9} & 0 \\ 0 & \mathbf{1} \end{bmatrix} \frac{1}{\sqrt{2}} \begin{bmatrix} 1 & 1 \\ 1 & -1 \end{bmatrix}.$$

ここで，$\begin{bmatrix} x & y \end{bmatrix}$ を左から掛け，$\begin{bmatrix} x \\ y \end{bmatrix}$ を右から掛けることで，$\boldsymbol{x}^{\mathrm{T}} A \boldsymbol{x}$ に戻す：

$$\boldsymbol{x}^{\mathrm{T}} A \boldsymbol{x} = \ \text{平方の和} \qquad 5x^2 + 8xy + 5y^2 = 9\left(\frac{x+y}{\sqrt{2}}\right)^2 + 1\left(\frac{x-y}{\sqrt{2}}\right)^2. \tag{3}$$

係数は，D より得られるピボット 5 と 9/5 ではなく，Λ より得られる固有値 9 と 1 である．これらの平方の中には，固有ベクトル $(1,1)/\sqrt{2}$ と $(1,-1)/\sqrt{2}$ がある．

傾いた楕円の軸は，固有ベクトルの方向を指す．それが，$A = Q\Lambda Q^{\mathrm{T}}$ が「主軸定理」と呼ばれる理由である．それにより軸が示され，（固有ベクトルから）軸の方向だけでなく，（固有値から）軸の長さも示される．全体像を見るため，楕円が沿う新しい座標に大文字を用いる：

$$\textbf{整列} \qquad \frac{x+y}{\sqrt{2}} = X \quad \text{と} \quad \frac{x-y}{\sqrt{2}} = Y \quad \text{と} \quad 9X^2 + Y^2 = 1.$$

X^2 の最大値は 1/9 である．短軸の端点では $X = 1/3$ と $Y = 0$ となる．注意：**大きいほうの固有値** λ_1 から**短**軸が得られ，短半径は $1/\sqrt{\lambda_1} = 1/3$ である．小さいほうの固有値 $\lambda_2 = 1$ から長半径 $1/\sqrt{\lambda_2} = 1$ が得られる．

xy 座標系では，軸は A の固有ベクトルの方向にある．XY 座標系では，軸は Λ の固有ベクトル，すなわち座標軸，の方向にある．すべてが $A = Q\Lambda Q^{\mathrm{T}}$ から導かれる．

> $A = Q\Lambda Q^{\mathrm{T}}$ が正定値であり，$\lambda_i > 0$ であると仮定する．$\boldsymbol{x}^{\mathrm{T}} A \boldsymbol{x} = 1$ のグラフは楕円となる：
>
> $$\begin{bmatrix} x & y \end{bmatrix} Q\Lambda Q^{\mathrm{T}} \begin{bmatrix} x \\ y \end{bmatrix} = \begin{bmatrix} X & Y \end{bmatrix} \Lambda \begin{bmatrix} X \\ Y \end{bmatrix} = \lambda_1 X^2 + \lambda_2 Y^2 = 1.$$
>
> 軸は固有ベクトルの方向にある．半軸の長さは $1/\sqrt{\lambda_1}$ と $1/\sqrt{\lambda_2}$ である．

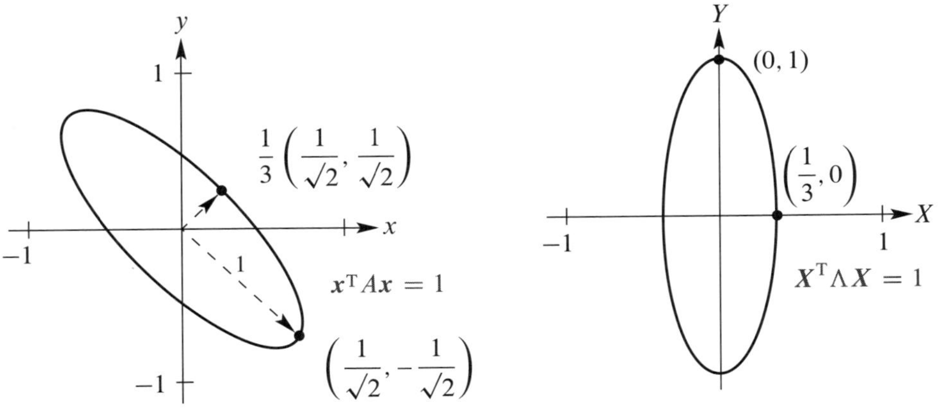

図 6.7　傾いた楕円 $5x^2 + 8xy + 5y^2 = 1$．座標軸に沿った楕円 $9X^2 + Y^2 = 1$．

$A=I$ のとき円 $x^2+y^2=1$ となる．もし，固有値の 1 つが負のとき（例えば A の 4 と 5 を入れ替える），楕円にはならない．平方の和が**平方の差** $9X^2-Y^2=1$ となる．この不定値行列は**双曲線**となる．$A=-I$ のような負定値行列では両方の λ が負であり，$-x^2-y^2=1$ を満たす点はない．

■　要点の復習　■

1. 正定値行列の固有値およびピボットは正である．
2. 良い判定法は左上行列式によるものであり，$a>0$ と $ac-b^2>0$ である．
3. $\boldsymbol{x}^{\mathrm{T}}A\boldsymbol{x}$ のグラフは，$\boldsymbol{x}=\boldsymbol{0}$ から上に進むボウル形である：

$$\boldsymbol{x}^{\mathrm{T}}A\boldsymbol{x}=ax^2+2bxy+cy^2 \text{ は } (x,y)=(0,0) \text{ を除いて正である．}$$

4. R が線形独立な列からなるとき，$A=R^{\mathrm{T}}R$ は自動的に正定値である．
5. 楕円 $\boldsymbol{x}^{\mathrm{T}}A\boldsymbol{x}=1$ の軸は A の固有ベクトルの方向にある．半軸の長さは $1/\sqrt{\lambda}$ である．

■　例題　■

6.5 A　対称行列における重要な分解は，ピボットと乗数による $A=LDL^{\mathrm{T}}$ と，固有値と固有ベクトルによる $A=Q\Lambda Q^{\mathrm{T}}$ である．すべての非零の $\boldsymbol{x}$ について $\boldsymbol{x}^{\mathrm{T}}A\boldsymbol{x}>0$ であることと，ピボットと固有値が正であることが同値であることを示せ．これらの $n\times n$ の判定を，pascal(6) と ones(6) と hilb(6)，および，MATLAB の行列ギャラリーに含まれる他の行列に対して行え．

解　$\boldsymbol{x}^{\mathrm{T}}A\boldsymbol{x}>0$ を証明するには，$\boldsymbol{x}^{\mathrm{T}}LDL^{\mathrm{T}}\boldsymbol{x}$ および $\boldsymbol{x}^{\mathrm{T}}Q\Lambda Q^{\mathrm{T}}\boldsymbol{x}$ に括弧を付ける：

$$\boldsymbol{x}^{\mathrm{T}}A\boldsymbol{x}=(L^{\mathrm{T}}\boldsymbol{x})^{\mathrm{T}}D(L^{\mathrm{T}}x) \qquad \text{と} \qquad \boldsymbol{x}^{\mathrm{T}}A\boldsymbol{x}=(Q^{\mathrm{T}}\boldsymbol{x})^{\mathrm{T}}\Lambda(Q^{\mathrm{T}}\boldsymbol{x}).$$

$\boldsymbol{x}$ が非零であるとき，$\boldsymbol{y}=L^{\mathrm{T}}\boldsymbol{x}$ と $\boldsymbol{z}=Q^{\mathrm{T}}\boldsymbol{x}$ も非零である（それらの行列は可逆である）．したがって，$\boldsymbol{x}^{\mathrm{T}}A\boldsymbol{x}=\boldsymbol{y}^{\mathrm{T}}D\boldsymbol{y}=\boldsymbol{z}^{\mathrm{T}}\Lambda\boldsymbol{z}$ が平方の和となり，A が正定値行列であることが示される：

$$\begin{array}{llllllll} \text{ピボット} & \boldsymbol{x}^{\mathrm{T}}A\boldsymbol{x} & = & \boldsymbol{y}^{\mathrm{T}}D\boldsymbol{y} & = & d_1y_1^2+\cdots+d_ny_n^2 & > & 0 \\ \text{固有値} & \boldsymbol{x}^{\mathrm{T}}A\boldsymbol{x} & = & \boldsymbol{z}^{\mathrm{T}}\Lambda\boldsymbol{z} & = & \lambda_1z_1^2+\cdots+\lambda_nz_n^2 & > & 0 \end{array}$$

MATLAB には特別な行列のギャラリーがある（help gallery とタイプせよ）．その 4 つを以下に示す：

pascal(6) は正定値行列である．すべてのピボットが 1 であるからだ（例題 **2.6 A**）．
ones(6) は**半正定値**行列である．固有値が $0,0,0,0,0,6$ であるからだ．

H=hilb(6) について，eig(H) を実行すると固有値の 2 つがとても零に近いことがわかるが，それでも H は正定値行列である．

ヒルベルト行列 $\boldsymbol{x}^{\mathrm{T}}H\boldsymbol{x} = \int_0^1 (x_1 + x_2 s + \cdots + x_6 s^5)^2\, ds > 0$, $H_{ij} = 1/(i+j+1)$.

rand(6)+rand(6)′ は正定値行列にもそうでない行列にもなりうる．以下の実験では，20000 回のうち 2 回だけ正定値行列となった．

n = 20000; p = 0; for k = 1 : n, A = rand(6); p = p + all(eig(A + A′) > 0); end, p / n

6.5 B　対称ブロック行列 $M = \begin{bmatrix} A & B \\ B^{\mathrm{T}} & C \end{bmatrix}$ **が正定値となるのはどのような場合か？**

解　M の第 1 行に $B^{\mathrm{T}}A^{-1}$ を掛けて第 2 行からの差をとると，ブロックの 1 つが零となる．右下角に，**シューアの補行列** $S = C - B^{\mathrm{T}}A^{-1}B$ が現れる：

$$\begin{bmatrix} I & 0 \\ -B^{\mathrm{T}}A^{-1} & I \end{bmatrix}\begin{bmatrix} A & B \\ B^{\mathrm{T}} & C \end{bmatrix} = \begin{bmatrix} A & B \\ 0 & C - B^{\mathrm{T}}A^{-1}B \end{bmatrix} = \begin{bmatrix} \boldsymbol{A} & B \\ 0 & \boldsymbol{S} \end{bmatrix} \tag{4}$$

それらの 2 つのブロック行列 $\boldsymbol{A}$ と $\boldsymbol{S}$ が正定値行列でなければならない．それらのピボットが M のピボットであるからだ．

6.5 C　2 つ目の応用：最小値の判定．　点 $(x, y) = (0, 0)$ において，$\partial F/\partial x = 0$ および $\partial F/\partial y = 0$ が成り立つとき，$F(x, y)$ は最小値をとるか？

解　$f(x)$ に対する最小値の判定は，解析によって与えられる：その判定は $df/dx = 0$ および $d^2f/dx^2 > 0$ である．2 変数 x と y になると，$F(x, y)$ の 4 つの 2 階導関数からなる対称行列 H が作られる．f'' が正であることは，H が正定値であることに変わる：

2 階導関数行列　$$H = \begin{bmatrix} \partial^2F/\partial x^2 & \partial^2F/\partial x\partial y \\ \partial^2F/\partial y\partial x & \partial^2F/\partial y^2 \end{bmatrix}$$

H **が正定値であるとき，$\boldsymbol{F(x, y)}$ は最小値を持つ**．理由：$(x, y) = (0, 0)$ の近くにおいて，重要な項 $ax^2 + 2bxy + cy^2$ が H から得られる．F の 2 階導関数は $2a, 2b, 2b, 2c$ である．

6.5 D　$-1, 2, -1$ による三重対角 $n \times n$ 行列 K（私のお気に入り）の固有値を求めよ．

解　最も優れた方法は，λ と $\boldsymbol{x}$ を推測することである．その後，$K\boldsymbol{x} = \lambda\boldsymbol{x}$ であることを確かめる．ほとんどの行列に対して推測は役に立たないが，（純粋および応用）数学の大部分は，推測が役立つような特別な場合である．

鍵は，微分方程式に隠されている．2 次差分行列 K は，**2 階導関数**のようなものであり，それらの固有値を見つけるのはとてもたやすい：

固有値 $\lambda_1, \lambda_2, \ldots$	$\dfrac{d^2y}{dx^2} = \lambda y(x)$	ただし $y(0) = 0$	(5)
固有関数 $y_1, y_2, \ldots$		$y(1) = 0$	

$y = \sin cx$ とする．その 2 階導関数は $y'' = -c^2 \sin cx$ である．したがって，$y(x)$ が境界条件 $y(0) = 0 = y(1)$ を満たせば，固有値は $\lambda = -c^2$ となる．

実際，$\sin 0 = 0$ である（$\cos 0 = 1$ より，余弦が候補から外れる）．$x = 1$ において，$y(1) = \sin c = 0$ となる必要がある．数 c は π の倍数 $k\pi$ となり，λ は $-c^2$ である：

固有値 $\lambda = -k^2\pi^2$

固有関数 $y = \sin k\pi x$

$$\frac{d^2}{dx^2} \sin k\pi x = -k^2\pi^2 \sin k\pi x. \tag{6}$$

さてここで行列 K に戻り，その固有ベクトルを推測しよう．それらは，0 から 1 を等分する n 個の点 $x = h, 2h, \ldots, nh$ における，$\sin k\pi x$ から得られる．等分する幅 Δx は $h = 1/(n+1)$ であるので，$(n+1)$ 番目の点は $(n+1)h = 1$ である．その正弦からなるベクトル $\boldsymbol{s}$ に K を掛ける：

$\boldsymbol{K}$ の固有ベクトル ＝ 正弦からなるベクトル $\boldsymbol{s}$

$$\begin{aligned} K\boldsymbol{s} &= \lambda\boldsymbol{s} = (2 - 2\cos k\pi h)\ \boldsymbol{s} \\ \boldsymbol{s} &= (\sin k\pi h, \ldots, \sin nk\pi h). \end{aligned} \tag{7}$$

その積 $K\boldsymbol{s} = \lambda\boldsymbol{s}$ は，挑戦問題として残しておく．以下の重要な点に注意せよ：

1. 固有値 $2 - 2\cos k\pi h$ はすべて正であり，K は正定値行列である．
2. 正弦行列 S は直交する列からなり，それらは K の固有ベクトル $\boldsymbol{s}_1, \ldots, \boldsymbol{s}_n$ である．

離散正弦変換
j, k 要素は $\sin jk\pi h$ である

$$S = \begin{bmatrix} \sin \pi h & & \sin k\pi h & \\ \vdots & \cdots & \vdots & \cdots \\ \sin n\pi h & & \sin nk\pi h & \end{bmatrix}$$

$\int_0^1 \sin j\pi x \sin k\pi x\, dx = 0$ で固有関数が直交するように，それらの固有ベクトルも直交する．

練習問題 6.5

問題 1〜13 は正定値性の判定に関するものである．

1　2×2 の判定 $a > 0$ と $ac - b^2 > 0$ が成り立つと仮定する．そのとき $c > b^2/a$ も正である．

(i) λ_1 と λ_2 の符号は同じである．なぜなら，積 $\lambda_1\lambda_2$ が ＿＿＿ と等しいからである．
(ii) それらの符号は正である．なぜなら，$\lambda_1 + \lambda_2$ が ＿＿＿ と等しいからである．

結論：判定 $a > 0, ac - b^2 > 0$ により，固有値 λ_1, λ_2 が正であることが保証される．

2　A_1, A_2, A_3, A_4 のうち，正の固有値を 2 つ持つのはどれか？λ を計算するのではなく，判定を用いよ．$\boldsymbol{x}^{\mathrm{T}} A_1 \boldsymbol{x} < 0$ となるような $\boldsymbol{x}$ を 1 つ求めよ．A_1 は判定に失敗する．

$$A_1 = \begin{bmatrix} 5 & 6 \\ 6 & 7 \end{bmatrix} \quad A_2 = \begin{bmatrix} -1 & -2 \\ -2 & -5 \end{bmatrix} \quad A_3 = \begin{bmatrix} 1 & 10 \\ 10 & 100 \end{bmatrix} \quad A_4 = \begin{bmatrix} 1 & 10 \\ 10 & 101 \end{bmatrix}.$$

3　以下の行列が正定値となるのは，b と c がどのような数である場合か？

$$A=\begin{bmatrix}1&b\\b&9\end{bmatrix}\qquad A=\begin{bmatrix}2&4\\4&c\end{bmatrix}\qquad A=\begin{bmatrix}c&b\\b&c\end{bmatrix}.$$

ピボットを D に，乗数を L に入れることで，各 A を LDL^{T} へと分解せよ．

4　以下の行列のそれぞれについて，2 次式 $f=ax^2+2bxy+cy^2$ を求めよ．それを平方完成して，f を 1 つまたは 2 つの平方の和 $d_1(\quad)^2+d_2(\quad)^2$ で書け．

$$A=\begin{bmatrix}1&2\\2&9\end{bmatrix}\quad と\quad A=\begin{bmatrix}1&3\\3&9\end{bmatrix}.$$

5　$f(x,y)=x^2+4xy+3y^2$ を平方の**差**で書き，f が負となるような点 (x,y) を求めよ．f が正の係数からなるにもかかわらず，最小値はをとるのは $(0,0)$ ではない．

6　関数 $f(x,y)=2xy$ には鞍点があり，$(0,0)$ において最小値をとらない．この f を作る対称行列 A を求めよ．その固有値を求めよ．

7　以下のそれぞれの場合について，$R^{\mathrm{T}}R$ が正定値であるかを判定せよ：

$$R=\begin{bmatrix}1&2\\0&3\end{bmatrix}\quad と\quad R=\begin{bmatrix}1&1\\1&2\\2&1\end{bmatrix}\quad と\quad R=\begin{bmatrix}1&1&2\\1&2&1\end{bmatrix}.$$

8　関数 $f(x,y)=3(x+2y)^2+4y^2$ は，$(0,0)$ を除いて正である．$f=[x\quad y]A[x\quad y]^{\mathrm{T}}$ における行列 A を求めよ．A のピボットが 3 と 4 であることを確かめよ．

9　3×3 行列 A，そのピボット，階数，固有値，行列式を求めよ：

$$\begin{bmatrix}x_1&x_2&x_3\end{bmatrix}\begin{bmatrix}&&\\&A&\\&&\end{bmatrix}\begin{bmatrix}x_1\\x_2\\x_3\end{bmatrix}=4(x_1-x_2+2x_3)^2.$$

10　以下の 2 次式を作る 3×3 対称行列 A と B を求めよ．

$$\boldsymbol{x}^{\mathrm{T}}A\boldsymbol{x}=2\big(x_1^2+x_2^2+x_3^2-x_1x_2-x_2x_3\big).\qquad A\ が正定値である理由を示せ．$$
$$\boldsymbol{x}^{\mathrm{T}}B\boldsymbol{x}=2\big(x_1^2+x_2^2+x_3^2-x_1x_2-x_1x_3-x_2x_3\big).\qquad B\ が半正定値である理由を示せ．$$

11　次の A が正定値行列であることを確認するため，A の 3 つの左上行列式を計算せよ．それらの比が 2 つ目と 3 つ目のピボットとなることを確かめよ．

$$\textbf{ピボット = 行列式の比}\qquad A=\begin{bmatrix}2&2&0\\2&5&3\\0&3&8\end{bmatrix}.$$

12 次の A と B が正定値行列となる数 c と d を求めよ．3 つの行列式を用いて判定せよ：

$$A = \begin{bmatrix} c & 1 & 1 \\ 1 & c & 1 \\ 1 & 1 & c \end{bmatrix} \quad \text{と} \quad B = \begin{bmatrix} 1 & 2 & 3 \\ 2 & d & 4 \\ 3 & 4 & 5 \end{bmatrix}.$$

13 $a > 0$ および $c > 0$ および $a + c > 2b$ であるが，負の固有値を持つ行列を求めよ．

問題 14〜20 は判定の応用に関するものである．

14 A **が正定値であるとき，** A^{-1} **も正定値である．** 最適な証明：＿＿＿ であるので，A^{-1} の固有値は正である．**2 つ目の証明**（2×2 の場合のみ）：

$$A^{-1} = \frac{1}{ac - b^2}\begin{bmatrix} c & -b \\ -b & a \end{bmatrix} \quad \text{の要素は行列式による判定}\ \_\_\_\_\ \text{を満たす．}$$

15 A **と** B **が正定値であるとき，その和** $A + B$ **も正定値である．** $A + B$ を考えるのに，ピボットと固有値は適さない．$\boldsymbol{x}^{\mathrm{T}}(A + B)\boldsymbol{x} > 0$ を証明するほうがよい．もしくは，$A = R^{\mathrm{T}}R$ および $B = S^{\mathrm{T}}S$ のとき，$A + B = [\,\mathbf{R}\ \mathbf{S}\,]^{\mathrm{T}}\left[\begin{smallmatrix}\mathbf{R}\\ \mathbf{S}\end{smallmatrix}\right]$ であり，その列が独立であることを示せ．

16 正定値行列は，その対角要素に零（もしくは負の数）が存在することがない．次の行列が $\boldsymbol{x}^{\mathrm{T}}A\boldsymbol{x} > 0$ とならないことを示せ：

$$\begin{bmatrix} x_1 & x_2 & x_3 \end{bmatrix} \begin{bmatrix} 4 & 1 & 1 \\ 1 & 0 & 2 \\ 1 & 2 & 5 \end{bmatrix} \begin{bmatrix} x_1 \\ x_2 \\ x_3 \end{bmatrix} \quad \text{は,} (x_1, x_2, x_3) = (\quad,\quad,\quad) \text{ のとき正でない．}$$

17 対称行列の対角要素 a_{jj} は，いずれかの λ 以上の値をとる．a_{jj} がすべての λ よりも小さいとすると，$A - a_{jj}I$ の固有値は ＿＿＿ であり正定値となる．しかし，$A - a_{jj}I$ にはその対角に ＿＿＿ がある．

18 $A\boldsymbol{x} = \lambda\boldsymbol{x}$ のとき，$\boldsymbol{x}^{\mathrm{T}}A\boldsymbol{x} =$ ＿＿＿ である．$\boldsymbol{x}^{\mathrm{T}}A\boldsymbol{x} > 0$ のとき，$\lambda > 0$ を証明せよ．

19 問題 18 を逆にして，**すべての** $\lambda > 0$ **のとき** $\boldsymbol{x}^{\mathrm{T}}A\boldsymbol{x} > 0$ **であること**を証明せよ．固有ベクトルだけでなく，**すべての 非零な** $\boldsymbol{x}$ について確認しなければならない．したがって，$\boldsymbol{x}$ を固有ベクトルの線形結合とし，**すべての「交差項」が** $\boldsymbol{x}_i^{\mathrm{T}}\boldsymbol{x}_j = 0$ **となる理由を説明**せよ．すると，$\boldsymbol{x}^{\mathrm{T}}A\boldsymbol{x}$ は，

$$(c_1\boldsymbol{x}_1 + \cdots + c_n\boldsymbol{x}_n)^{\mathrm{T}}(c_1\lambda_1\boldsymbol{x}_1 + \cdots + c_n\lambda_n x_n) = c_1^2\lambda_1\boldsymbol{x}_1^{\mathrm{T}}\boldsymbol{x}_1 + \cdots + c_n^2\lambda_n\boldsymbol{x}_n^{\mathrm{T}}\boldsymbol{x}_n > 0.$$

20 以下の命題がいずれも正しい理由を簡単に述べよ：

(a) すべての正定値行列は可逆である．
(b) 正定値行列である射影行列は $P = I$ のみである．
(c) 正の要素を対角要素に持つ対角行列は正定値行列である．

(d) 行列式が正であるような対称行列は，正定値行列であるとは限らない．

問題 21〜24 は固有値を用いる．問題 25〜27 はピボットを用いる．

21 以下の A と B において，すべて $\lambda > 0$ となる（よって正定値となる）s と t を求めよ．

$$A = \begin{bmatrix} s & -4 & -4 \\ -4 & s & -4 \\ -4 & -4 & s \end{bmatrix} \quad と \quad B = \begin{bmatrix} t & 3 & 0 \\ 3 & t & 4 \\ 0 & 4 & t \end{bmatrix}.$$

22 各行列について，$A = Q\Lambda Q^{\mathrm{T}}$ より，正定値で対称な平方根行列 $R = Q\Lambda^{1/2}Q^{\mathrm{T}}$ を計算せよ．この平方根行列が $R^2 = A$ を満たすことを確かめよ：

$$A = \begin{bmatrix} 5 & 4 \\ 4 & 5 \end{bmatrix} \quad と \quad A = \begin{bmatrix} 10 & 6 \\ 6 & 10 \end{bmatrix}.$$

23 $x^2/a^2 + y^2/b^2 = 1$ という楕円の方程式を見たことがあるだろう．方程式が $\lambda_1 x^2 + \lambda_2 y^2 = 1$ と書かれたとき，a と b を求めよ．楕円 $9x^2 + 4y^2 = 1$ の半軸の長さは $a =$ ＿＿＿ と $b =$ ＿＿＿ である．

24 傾いた楕円 $x^2 + xy + y^2 = 1$ を描き，対応する行列 A の固有値から，その半軸の長さを求めよ．

25 D のピボットが正であることから，分解 $A = LDL^{\mathrm{T}}$ は $L\sqrt{D}\sqrt{D}L^{\mathrm{T}}$ となる（ピボットの平方根から $D = \sqrt{D}\sqrt{D}$ となる）．そのとき，$C = \sqrt{D}L^{\mathrm{T}}$ は,「対称な LU」である**コレスキー分解** $A = C^{\mathrm{T}}C$ を与える：

$$C = \begin{bmatrix} 3 & 1 \\ 0 & 2 \end{bmatrix} \quad より\ A\ を求めよ． \qquad A = \begin{bmatrix} 4 & 8 \\ 8 & 25 \end{bmatrix} \quad より\ C = \mathsf{chol}(A)\ を求めよ．$$

26 $C^{\mathrm{T}} = L\sqrt{D}$ とするコレスキー分解 $A = C^{\mathrm{T}}C$ において，C の対角要素はピボットの平方根である．次の行列に対して，C（上三角行列）を求めよ．

$$A = \begin{bmatrix} 9 & 0 & 0 \\ 0 & 1 & 2 \\ 0 & 2 & 8 \end{bmatrix} \quad と \quad A = \begin{bmatrix} 1 & 1 & 1 \\ 1 & 2 & 2 \\ 1 & 2 & 7 \end{bmatrix}.$$

27 対称な分解 $A = LDL^{\mathrm{T}}$ より，$\boldsymbol{x}^{\mathrm{T}}A\boldsymbol{x} = \boldsymbol{x}^{\mathrm{T}}LDL^{\mathrm{T}}\boldsymbol{x}$ となる：

$$\begin{bmatrix} x & y \end{bmatrix} \begin{bmatrix} a & b \\ b & c \end{bmatrix} \begin{bmatrix} x \\ y \end{bmatrix} = \begin{bmatrix} x & y \end{bmatrix} \begin{bmatrix} 1 & 0 \\ b/a & 1 \end{bmatrix} \begin{bmatrix} a & 0 \\ 0 & (ac-b^2)/a \end{bmatrix} \begin{bmatrix} 1 & b/a \\ 0 & 1 \end{bmatrix} \begin{bmatrix} x \\ y \end{bmatrix}.$$

左辺は $ax^2 + 2bxy + cy^2$ である．右辺は $a\left(x + \frac{b}{a}y\right)^2 +$ ＿＿＿ y^2 である．2 つ目のピボットを用いて平方完成される．$a = 2,\ b = 4,\ c = 10$ の場合を試せ．

28 $A = \begin{bmatrix}\cos\theta & -\sin\theta \\ \sin\theta & \cos\theta\end{bmatrix}\begin{bmatrix}2 & 0 \\ 0 & 5\end{bmatrix}\begin{bmatrix}\cos\theta & \sin\theta \\ -\sin\theta & \cos\theta\end{bmatrix}$ の積を計算することなく，以下を求めよ．

(a) A の行列式　　(b) A の固有値
(c) A の固有ベクトル　　(d) A が対称で正定値である理由．

29 $F_1(x,y) = \frac{1}{4}x^4 + x^2y + y^2$ と $F_2(x,y) = x^3 + xy - x$ について，2 階導関数行列 H_1 と H_2 を求めよ：

$$\textbf{最小値の判定}\quad H = \begin{bmatrix}\partial^2F/\partial x^2 & \partial^2F/\partial x\partial y \\ \partial^2F/\partial y\partial x & \partial^2F/\partial y^2\end{bmatrix}\ \text{が正定値}$$

H_1 は正定値であるので，F_1 は上に凹（= 下に凸）である．F_1 の最小点と F_2 の鞍点を求めよ（1 階導関数が零となることだけを見よ）．

30 $z = x^2 + y^2$ のグラフは上に開いたボウル形である．$z = x^2 - y^2$ **のグラフは鞍形である．** $z = -x^2 - y^2$ は下に開いたボウル形である．$z = ax^2 + 2bxy + cy^2$ がその鞍点を $(0,0)$ に持つための a, b, c の条件を求めよ．

31 $z = 4x^2 + 12xy + cy^2$ のグラフにおいて，それがボウル形となる c および鞍点を持つ c を求めよ．c がその境界値をとるとき，このグラフを描け．

挑戦問題

32 可逆行列の**群**に A と B が含まれるとき，AB と A^{-1} もその群に含まれる．「積と逆行列が群の中にある」．以下のどれが群となるか（2.7.37 と同様）．これらの群の 2 つを選び，それらの「部分群」を考案せよ（I のみからなる最小の群を除く）．

(a) 正定値行列 A.　　(b) 直交行列 Q.
(c) ある決まった行列のすべての指数関数 e^{tA}.
(d) 正の固有値を持つ行列 P.　　(e) 行列式が 1 である行列 D.

33 A と B が対称な正定値行列であっても，AB が対称行列だとは限らない．しかし，その固有値は正のままである．$AB\boldsymbol{x} = \lambda\boldsymbol{x}$ として，$B\boldsymbol{x}$ と内積をとれ．$\lambda > 0$ を証明せよ．

34 例題 **6.5 D** をもとに，5×5 の正弦行列 S を書き下せ．それは，$n = 5$ と $h = 1/6$ の場合における K の固有ベクトルを含む．K と S の積を計算し，正の固有ベクトルを 5 つ持つことを確認かめよ．それらの和はトレース 10 と等しくなければならない．それらの積は $\det K = 6$ でなければならない．

35 C が正定値行列であり（よって，任意の $\boldsymbol{y} \neq \boldsymbol{0}$ において $\boldsymbol{y}^{\mathrm{T}}C\boldsymbol{y} > 0$ である），A の列が線形独立である（よって，任意の $\boldsymbol{x} \neq \boldsymbol{0}$ において $A\boldsymbol{x} \neq \boldsymbol{0}$ である）と仮定する．$\boldsymbol{x}^{\mathrm{T}}A^{\mathrm{T}}CA\boldsymbol{x}$ にエネルギーに基づく判定を適用して，$A^{\mathrm{T}}CA$ が正定値行列であることを示せ：$A^{\mathrm{T}}CA$ **は工学において非常に重要な行列である．**

6.6 相似行列

本章の鍵は，行列をその固有ベクトルを用いて対角化することである．S を固有ベクトル行列とすると，対角行列 $S^{-1}AS$ は Λ，すなわち，固有値行列である．しかし，すべての行列 A が対角化可能というわけではない．固有ベクトルが足りない行列もあり，それらは外されていた．本節では，固有ベクトル行列 S を見つけることができる場合には依然としてその最適なベクトルを選択するが，そうでないとき**任意の可逆行列 M を許すものとする．**

A から始めて，$M^{-1}AM$ へと至る．この行列は対角行列であるかもしれないし，そうでないかもしれない．それでもなお，A の重要な性質を保っている．どのような M を選んだとしても，**固有値は変化しない**．行列 A と $M^{-1}AM$ は「相似」と呼ばれる．M の選び方はたくさんあるので，典型的な行列 A は他の多くの行列と相似である．

定義　M を任意の可逆行列とする．すると，$B = M^{-1}AM$ は A と**相似**である．

$B = M^{-1}AM$ であるとき，直ちに $A = MBM^{-1}$ である．よって，B が A と相似であるとき，A は B と相似である．この逆方向に用いる行列は M^{-1} であるが，M と大差ない．

対角化可能な行列は Λ と相似である．その特別な場合においては，M は S と等しい．$A = S\Lambda S^{-1}$ であり，$\Lambda = S^{-1}AS$ である．それらは確かに同じ固有値を持つ．本節では，任意の可逆な M を対象に，それ以外の相似な行列 $B = M^{-1}AM$ を扱う．

$M^{-1}AM$ の組合せは，微分方程式の変数を変換する際に現れる．$\boldsymbol{u}$ に関する方程式があるとし，$\boldsymbol{u} = M\boldsymbol{v}$ とする：

$$\frac{d\boldsymbol{u}}{dt} = A\boldsymbol{u} \quad \text{が} \quad M\frac{d\boldsymbol{v}}{dt} = AM\boldsymbol{v} \quad \text{となり，それは} \quad \frac{d\boldsymbol{v}}{dt} = M^{-1}AM\boldsymbol{v} \quad \text{である．}$$

もとの係数行列は A であり，新しい係数行列はその右辺にある $M^{-1}AM$ である．$\boldsymbol{u}$ を $\boldsymbol{v}$ に変えると，相似行列が導かれる．$M = S$ のとき，新しい系は対角行列からなり，対角行列は最も単純である．別の M を選ぶと，それも簡単に解ける三角行列からなる新しい系が得られるかもしれない．常に $\boldsymbol{u}$ に戻ることができるので，相似行列がベクトルを拡大・縮小する割合は同じでなければならない．より正確に言うと，**A と B の固有値は同じである．**

（λ は変化しない）　相似な行列 A と $M^{-1}AM$ は，**同じ固有値**を持つ．A の固有ベクトルが $\boldsymbol{x}$ であるとき，$B = M^{-1}AM$ の固有ベクトルは $M^{-1}\boldsymbol{x}$ である．

$B = M^{-1}AM$ のとき $A = MBM^{-1}$ であるため，証明は簡単である．$A\boldsymbol{x} = \lambda\boldsymbol{x}$ とする：

$$MBM^{-1}\boldsymbol{x} = \lambda\boldsymbol{x} \quad \textbf{より} \quad B(M^{-1}\boldsymbol{x}) = \lambda(M^{-1}\boldsymbol{x}).$$

B の固有値は λ と等しい．固有ベクトルは $M^{-1}\boldsymbol{x}$ に変わった．

2 つの行列が同じ**重複した** λ を持ったとしても，相似とならないことがある．それについては後ほど見る．

例 1 以下の行列 $M^{-1}AM$ はいずれも同じ固有値 1 と 0 を持つ.

$$\text{射影 } A = \begin{bmatrix} 0.5 & 0.5 \\ 0.5 & 0.5 \end{bmatrix} \text{ は } \Lambda = S^{-1}AS = \begin{bmatrix} \mathbf{1} & \mathbf{0} \\ \mathbf{0} & \mathbf{0} \end{bmatrix} \text{ と相似である.}$$

$$M = \begin{bmatrix} 1 & 0 \\ 1 & 2 \end{bmatrix} \text{ と選ぶと，相似行列 } M^{-1}AM \text{ は } \begin{bmatrix} \mathbf{1} & \mathbf{1} \\ \mathbf{0} & \mathbf{0} \end{bmatrix} \text{ である.}$$

$$M = \begin{bmatrix} 0 & -1 \\ 1 & 0 \end{bmatrix} \text{ と選ぶと，相似行列 } M^{-1}AM \text{ は } \begin{bmatrix} \mathbf{0.5} & \mathbf{-0.5} \\ \mathbf{-0.5} & \mathbf{0.5} \end{bmatrix} \text{ である.}$$

固有値が 1 と 0 であるすべての 2 × 2 行列は互いに相似である． M によって固有ベクトルは変化するが，固有値は変化しない.

この例では，固有値は**重複していなかった**．そのため問題が簡単であった．重複した固有値があると問題がより難しくなる．次の例では，その固有値は 0 と 0 である．零行列も同じ固有値を持つが，$M^{-1}0M = 0$ であるので零行列はそれ自身のみと相似である.

例 2 $A = 0, 0$（重複した固有値）と相似な行列の族.

$$A = \begin{bmatrix} 0 & 1 \\ 0 & 0 \end{bmatrix} \text{ は } \begin{bmatrix} 1 & -1 \\ 1 & -1 \end{bmatrix} \text{ やすべての } B = \begin{bmatrix} cd & d^2 \\ -c^2 & -cd \end{bmatrix} \text{ と相似である.}$$

$$\text{ただし，} \begin{bmatrix} 0 & 0 \\ 0 & 0 \end{bmatrix} \text{ は除く.}$$

これらの行列 B はすべて,（A と同様に）行列式が零である．それらの階数はすべて（A と同様に）1 である．固有値の 1 つが零であり，トレースが $cd - dc = 0$ であるので，もう 1 つの固有値も零である．$ad - bc = 1$ である任意の $M = \left[\begin{smallmatrix} \mathbf{a} & \mathbf{b} \\ \mathbf{c} & \mathbf{d} \end{smallmatrix}\right]$ を選ぶと，$B = M^{-1}AM$ を得る.

これらの行列 B は対角化できない．実際，行列 A は，可能な限り対角行列に近い行列であり，行列 B の族に対する「**ジョルダン標準形**」である．ジョルダン標準形は，その族の特別な要素である（私の講義では「ゴッドファーザー」と呼んでいる）．固有ベクトルを 1 つしか持たないこれらの行列を対角化しようとした際に，最も対角行列に近い行列がジョルダン標準形 $J = A$ である．A から $B = M^{-1}AM$ へと移る際に，変化するものもあれば変化しないものもある．それを以下の表にまとめる.

M で不変	**M で変化**
固有値	固有ベクトル
トレースと行列式	零空間
階数	列空間
独立な固有ベクトルの個数	行空間
	左零空間
ジョルダン標準形	特異値

相似な行列では固有値は変化しないが，固有ベクトルは変化する．トレースは同じ λ の和であり，行列式は同じ λ の積である（変化しない）[1]．零空間は，$\lambda=0$（もしあれば）に対応する固有ベクトルからなるため，変化しうる．その次元 $n-r$ は変化しない．各 λ に対する固有ベクトルに M^{-1} が掛けられるが，**その個数**は不変である．**特異値** は $A^{\mathrm{T}}A$ に依存し，それは変化する．特異値については，次節で扱う．

ジョルダン標準形の例

ジョルダン標準形はここで初めて登場した重要な考え方である．相似行列の例をもう 1 つ用いてジョルダン標準形の話をしよう．その例では，**固有値は 3 つあるが，固有ベクトルは 1 つしかない．**

例 3　次のジョルダン行列 J は，対角要素に固有値 $\lambda=5,5,5$ を持つ．その固有ベクトルは $\boldsymbol{x}=(1,0,0)$ の倍数のみである．代数的重複度は 3 であり，幾何的重複度は 1 である：

$$J=\begin{bmatrix}5&1&0\\0&5&1\\0&0&5\end{bmatrix}\quad \text{のとき}\quad J-5I=\begin{bmatrix}0&1&0\\0&0&1\\0&0&0\end{bmatrix}\quad \text{の階数は 2 である．}$$

相似な行列 $B=M^{-1}JM$ は，すべて同じ 3 つの固有値 5, 5, 5 を持つ．また，$B-5I$ の階数は同じく 2 である．その零空間の次元は 1 である．したがって，この「ジョルダン細胞」J と相似なすべての B は，独立な固有ベクトル $M^{-1}\boldsymbol{x}$ をただ 1 つ持つ．

転置行列 J^{T} も同じ固有値 5, 5, 5 を持ち，$J^{\mathrm{T}}-5I$ の階数も同じ 2 である．**ジョルダンの定理によると，$\boldsymbol{J}^{\mathrm{T}}$ は $\boldsymbol{J}$ と相似である．**その相似の関係を結びつける行列 M はたまたま**逆単位行列**となる：

$$J^{\mathrm{T}}=M^{-1}JM\quad\text{は}\quad \begin{bmatrix}5&0&0\\1&5&0\\0&1&5\end{bmatrix}=\begin{bmatrix}&&1\\&1&\\1&&\end{bmatrix}\begin{bmatrix}5&1&0\\0&5&1\\0&0&5\end{bmatrix}\begin{bmatrix}&&1\\&1&\\1&&\end{bmatrix}.$$

空欄となっている要素はすべて零である．J^{T} の固有ベクトルの 1 つは $M^{-1}(1,0,0)=(0,0,1)$ である．J には固有ベクトルからなる直線が $(x_1,0,0)$ の 1 本しかなく，J^{T} には別の直線 $(0,0,x_3)$ しかない．

重要な事実は，固有値が 5, 5, 5 であり固有ベクトルからなる直線が **1 本**しかない**すべて**の行列 A とこの行列 J が相似であることである．$M^{-1}AM=J$ となる M が存在する．

例 4　J は可能な限り対角行列に近いので，方程式 $d\boldsymbol{u}/dt=J\boldsymbol{u}$ を変数変換によって単純化することはできない．そのまま解かなければならない．

$$\frac{d\boldsymbol{u}}{dt}=J\boldsymbol{u}=\begin{bmatrix}5&1&0\\0&5&1\\0&0&5\end{bmatrix}\begin{bmatrix}x\\y\\z\end{bmatrix}\quad\text{は}\quad\begin{aligned}dx/dt&=5x+y\\dy/dt&=5y+z\\dz/dt&=5z.\end{aligned}$$

[1] $\det B=(\det M^{-1})(\det A)(\det M)=\det A$ より，行列式は不変である．

この系は上三角型であるので，後退代入を考えるのは自然だろう．最後の等式を解いて，上方向に進む．要点：$\lambda = 5$ であるので，**すべての解に e^{5t} が含まれる**：

$$
\begin{array}{llll}
\textbf{最後の等式} & \dfrac{dz}{dt} = 5z & \text{より} & z = z(0)e^{5t} \\
te^{5t}\ \textbf{に注意} & \dfrac{dy}{dt} = 5y + z & \text{より} & y = \big(y(0) + tz(0)\big)e^{5t} \\
t^2e^{5t}\ \textbf{に注意} & \dfrac{dx}{dt} = 5x + y & \text{より} & x = \big(x(0) + ty(0) + \frac{1}{2}t^2 z(0)\big)e^{5t}.
\end{array}
$$

固有ベクトルが 2 つ足りないため，y と x に te^{5t} と t^2e^{5t} の項が生じる．t と t^2 が入るのは，$\lambda = 5$ が 3 重の固有値でありその固有ベクトルが 1 つだけだからだ．

注 第 7 章では，相似な行列に対する別のアプローチについて説明する．$\boldsymbol{u} = M\boldsymbol{v}$ によって変数を変換するのではなく,「**基底を変換する**」．そのアプローチでは，相似な行列は n 次元空間の同値な変換を表す．$\mathbf{R}^n$ の基底を選ぶと行列が 1 つ得られる．標準基底ベクトル（$M = I$）からは A と等しい $I^{-1}AI$ が導かれる．その他の基底からは，相似な行列 $B = M^{-1}AM$ が導かれる．

ジョルダン標準形

任意の行列 A に対して，$M^{-1}AM$ **ができるだけ対角に近くなるように** M を選びたい．A に n 個の固有ベクトルがあれば，それらが M の列に入る．そのとき，$M = S$ である．行列 $S^{-1}AS$ は対角行列であり，それで終わりだ．A が対角化可能なとき，この行列 Λ は A のジョルダン標準形である．一般には，固有ベクトルが不足し，Λ に至ることができない．

A に s 個の独立な固有ベクトルがあると仮定する．そのとき，行列 A は s 個のブロックを持つ行列と相似である．各ブロックは，例 3 における J のようなものだ．**固有値が対角にあり，1 がそのすぐ上にある**．ブロックは，A の 1 つの固有ベクトルに対応する．n 個の固有ベクトルがあり，したがって n 個のブロックがあるとき，それらはすべて 1×1 である．その場合 J は Λ である．

（ジョルダン標準形） A が s 個の独立な固有ベクトルを持つとき，A は対角線上に s 個のジョルダン細胞を持つ行列 J と相似である．ある行列 M を用いて A をジョルダン標準形にできる：

ジョルダン標準形
$$M^{-1}AM = \begin{bmatrix} J_1 & & \\ & \ddots & \\ & & J_s \end{bmatrix} = J. \tag{1}$$

J の各ジョルダン細胞は，1 つの固有値 λ_i と 1 つの固有ベクトルを持ち，対角要素の上に 1 がある：

ジョルダン細胞

$$J_i = \begin{bmatrix} \lambda_i & 1 & & \\ & \cdot & \cdot & \\ & & \cdot & 1 \\ & & & \lambda_i \end{bmatrix}. \tag{2}$$

$\boldsymbol{A}$ と $\boldsymbol{B}$ が相似であるのは，それらが同じジョルダン標準形 $\boldsymbol{J}$ を持つときであり，そのときに限る．

ジョルダン標準形 J には，不足する固有ベクトルの数だけ非対角要素の 1 がある（それらの 1 は固有値のすぐ上にある）．この定理は，行列の相似性に関する重要な定理だ．相似な行列の族それぞれにおいて，J という特別な元を選び，その行列 J はおおよそ対角行列である（可能であれば完全に対角行列である）．例 4 に示したとおり，その J に対して $d\boldsymbol{u}/dt = J\boldsymbol{u}$ を解くことができる．問題 9～10 に示すとおり，ベキ J^k も計算できる．その族に含まれるその他の任意の行列は，$A = MJM^{-1}$ という形をとる．M による関係を用いて，$d\boldsymbol{u}/dt = A\boldsymbol{u}$ を解くことができる．

ここで理解すべき点は，$MJM^{-1}MJM^{-1} = MJ^2M^{-1}$ であることだ．中央の $M^{-1}M$ が打ち消し合うことは，本章を通して用いられてきた手法である（M が S であった）．これまで，行列の対角化によって A^{100} を $S\Lambda^{100}S^{-1}$ から計算した．ここでは，A を対角化することができないので，代わりに $MJ^{100}M^{-1}$ を用いる．

ジョルダンの定理の証明は，私の教科書 *Linear Algebra and Its Applications*[訳注] にある．その証明については，その本（もしくは，より高度な本）を参照するとよいが，その論法はかなり込み入っている．実際の計算において，ジョルダン標準形の計算は不安定であり，それを用いるのは一般的ではない．A がわずかに変化すると，重複した固有値が分離し，非対角要素の 1 がなくなり，対角行列 Λ に変わってしまう．

証明のあるなしにかかわらず，A の本質的な性質を保存しつつそれをできるだけ単純化するという，行列の相似に関する中心的な考え方を得た．

■　要点の復習　■

1. ある可逆行列 M によって $B = M^{-1}AM$ であるとき，B は A と相似である．
2. 相似な行列の固有値は等しい．固有ベクトルには M^{-1} が掛けられる．
3. A に n 個の独立な固有ベクトルがあるとき，A は Λ と相似である（$M = S$ とする）．
4. 任意の行列は，あるジョルダン標準型 J（その対角要素には Λ がある）と相似である．J には，固有ベクトルごとに 1 つのブロックがあり，不足する固有ベクトルの数だけ 1 がある．

[訳注] 訳書：山口昌哉 監訳，井上 昭 訳：『線形代数とその応用』．

■ 例題 ■

6.6 A 4×4 の三角パスカル行列 A とその逆行列（対角線に沿って符号が交互に変わる）は次のとおりである．

$$A=\begin{bmatrix}1&0&0&0\\1&1&0&0\\1&2&1&0\\1&3&3&1\end{bmatrix} \quad \text{と} \quad A^{-1}=\begin{bmatrix}1&0&0&0\\-1&1&0&0\\1&-2&1&0\\-1&3&-3&1\end{bmatrix}.$$

A と A^{-1} の固有値が等しいことを確認せよ．$A^{-1}=D^{-1}AD$ となるような，符号が交互に変わる対角行列 D を求めよ．この A は A^{-1} と相似であるが，それは普通ではない．

これらの相似な行列は同じジョルダン標準形 J を持つ．パスカル行列には固有ベクトルからなる直線が 1 つしかないので，J は 1 つのジョルダン細胞からなる．

解 三角行列 A と A^{-1} はいずれも，その対角要素に $\lambda=1,1,1,1$ を持つ．対角要素に 1 と -1 を交互に持つ行列を D とする．D と D^{-1} は等しい：

$$D^{-1}AD=\begin{bmatrix}-1&&&\\&1&&\\&&-1&\\&&&1\end{bmatrix}\begin{bmatrix}1&0&0&0\\1&1&0&0\\1&2&1&0\\1&3&3&1\end{bmatrix}\begin{bmatrix}-1&&&\\&1&&\\&&-1&\\&&&1\end{bmatrix}=A^{-1}.$$

確認：A の第 1 行と第 3 行，および，第 1 列と第 3 列の符号を変えると，A^{-1} の 4 つの負の要素が作られる．第 i 行に $(-1)^i$ を，第 j 行に $(-1)^j$ を掛けることで，A^{-1} の対角線に沿って符号が交互に変わる．AD の列は符号が交互に変わる．

6.6 B 大きな行列の固有値を計算するのに，$\det(A-\lambda I)=0$ を解くのは最適な方法ではない．高次の多項式は大惨事になる．

その代わりに，三角行列へと近づいていく相似な行列 $A_1, A_2, \ldots$ を計算する．すると，A の固有値（不変）が，その対角要素に現れる．

そのための方法の 1 つは,「グラム－シュミット法」により $A=QR$ へと分解することである．その順序を逆にして $A_1=RQ$ とする．$RQ=Q^{-1}(QR)Q$ であるため，この行列は A と相似である．$c=\cos\theta$ と $s=\sin\theta$ を用いた次の例では，小さな非対角要素 s が A_1 では **3 乗**される：

$$A=\begin{bmatrix}c&s\\\boldsymbol{s}&0\end{bmatrix} \quad \text{を分解すると} \quad \begin{bmatrix}c&s\\s&-c\end{bmatrix}\begin{bmatrix}1&cs\\0&s^2\end{bmatrix}=QR.$$

$$A_1=RQ=\begin{bmatrix}c+cs^2&s^3\\\boldsymbol{s^3}&-cs^2\end{bmatrix} \quad \text{において，対角要素の下が } s^3 \text{ になる}$$

もう 1 段階進めると，$A_1 = Q_1R_1$ と分解し，逆にして $A_2 = R_1Q_1$ とする．第 9.3 節で登場する次のシフト付き $\boldsymbol{QR}$ 法を用いると，A_1 がさらに改善される．対角要素に cs^2 を足して（角に零を作る），その後 A_2 の対角要素から cs^2 を引く：

シフトして分解 $A_1 + cs^2I = Q_1R_1$　　**順序を逆にして元方向にシフト** $A_2 = R_1Q_1 - cs^2I$

シフト付き QR 法は驚くほどうまくいく．固有値を計算する最適な方法を最後に述べた．

練習問題 6.6

1　$C = F^{-1}AF$ および $C = G^{-1}BG$ であるとき，$B = M^{-1}AM$ とする行列 M を求めよ．結論：C が A および B と相似であるとき，＿＿＿．

2　$A = \text{diag}(1,3)$ および $B = \text{diag}(3,1)$ であるとき，A と B が相似であることを示せ（ある M を求めよ）．

3　$B = M^{-1}AM$ となる M を求めることで，以下の A と B が相似であることを示せ：

$$A = \begin{bmatrix} 1 & 0 \\ 1 & 0 \end{bmatrix} \quad \text{と} \quad B = \begin{bmatrix} 1 & 0 \\ 0 & 0 \end{bmatrix}$$

$$A = \begin{bmatrix} 1 & 1 \\ 1 & 1 \end{bmatrix} \quad \text{と} \quad B = \begin{bmatrix} 1 & -1 \\ -1 & 1 \end{bmatrix}$$

$$A = \begin{bmatrix} 1 & 2 \\ 3 & 4 \end{bmatrix} \quad \text{と} \quad B = \begin{bmatrix} 4 & 3 \\ 2 & 1 \end{bmatrix}.$$

4　2×2 行列 A の固有値が 0 と 1 であるとき，それが $\Lambda = \left[\begin{smallmatrix} \mathbf{1} & \mathbf{0} \\ \mathbf{0} & \mathbf{0} \end{smallmatrix}\right]$ と相似である理由を示せ．問題 1 より，それらの固有値を持つ 2×2 行列がすべて相似であることを演繹せよ．

5　以下の 6 つの行列のうち，相似なものはどれか？ それらの固有値を確認せよ．

$$\begin{bmatrix} 1 & 0 \\ 0 & 1 \end{bmatrix} \quad \begin{bmatrix} 0 & 1 \\ 1 & 0 \end{bmatrix} \quad \begin{bmatrix} 1 & 1 \\ 0 & 0 \end{bmatrix} \quad \begin{bmatrix} 0 & 0 \\ 1 & 1 \end{bmatrix} \quad \begin{bmatrix} 1 & 0 \\ 1 & 0 \end{bmatrix} \quad \begin{bmatrix} 0 & 1 \\ 0 & 1 \end{bmatrix}.$$

6　その要素が 0 か 1 であるような 2×2 行列は 16 通りある．相似な行列は同じ族に属す．族の数を求めよ．各族に含まれる行列の数を求めよ（その合計は 16 である）．

7　(a) A の零空間に $\boldsymbol{x}$ が含まれるとき，$M^{-1}AM$ の零空間に $M^{-1}\boldsymbol{x}$ が含まれることを示せ．

(b) A と $M^{-1}AM$ の零空間は，同じ (ベクトル・基底・次元) を持つ．

8　同じ λ と x のもとで $Ax = \lambda x$ かつ $Bx = \lambda x$ であると仮定する．n 個の独立な固有ベクトルがあれば，$A = B$ となる：**理由を示せ**．いずれも固有値 0,0 を持つが，固有ベクトルからなる直線が 1 つ $(x_1, 0)$ しかないとき，$A \neq B$ となるものを求めよ．

9　次の A に対して，直接的に積を計算することで A^2 と A^3 と A^5 を求めよ：

$$A = \begin{bmatrix} 1 & 1 \\ 0 & 1 \end{bmatrix}.$$

A^k の形を推測せよ．$k=0$ とすることで A^0 を，$k=-1$ とすることで A^{-1} をそれぞれ求めよ．

問題 10〜14 はジョルダン標準形に関するものである．

10　次の J に対して，直接的に積を計算することで J^2 と J^3 を求めよ：

$$J = \begin{bmatrix} \lambda & 1 \\ 0 & \lambda \end{bmatrix}.$$

J^k の形を推測せよ．$k=0$ とすることで J^0 を，$k=-1$ とすることで J^{-1} をそれぞれ求めよ．

11　問題 10 の J について，$u(0)=(5,2)$ を開始条件として $d\boldsymbol{u}/dt = J\boldsymbol{u}$ を解け．$te^{\lambda t}$ を思い出せ．

12　以下のジョルダン標準形の固有値は $0,0,0,0$ である．それらは，2 つの（ブロックごとに 1 つの）固有ベクトルを持つ．しかし，それらのブロックの大きさが対応しないので，それらは**相似ではない**：

$$J = \left[\begin{array}{cc|cc} 0 & 1 & 0 & 0 \\ 0 & 0 & 0 & 0 \\ \hline 0 & 0 & 0 & 1 \\ 0 & 0 & 0 & 0 \end{array}\right] \quad と \quad K = \left[\begin{array}{ccc|c} 0 & 1 & 0 & 0 \\ 0 & 0 & 1 & 0 \\ 0 & 0 & 0 & 0 \\ \hline 0 & 0 & 0 & 0 \end{array}\right].$$

任意の行列 M について，JM と MK を比較せよ．それらが等しいとき，M が可逆ではないことを示せ．$M^{-1}JM = K$ となることが不可能であり，**J は K と相似でない．**

13　問題 12 をふまえて，$\lambda = 0,0,0,0$ であるような 5 つのジョルダン標準形を求めよ．

14　**A^{T} が常に A と相似であること**を証明せよ（λ が等しいことはわかっている）：

1. あるジョルダン細胞 J_i について：$M_i^{-1}J_iM_i = J_i^{\mathrm{T}}$ となるような M_i を求めよ（例 3 参照）．
2. ジョルダン細胞 J_i からなる任意の J について：$M_0^{-1}JM_0 = J^{\mathrm{T}}$ を満たす M_0 をジョルダン細胞から構成せよ．
3. 任意の $A = MJM^{-1}$ について：A^{T} が J^{T} と J と A に相似であることを示せ．

15　$\det(A-\lambda I) = \det(M^{-1}AM - \lambda I)$ であることを証明せよ（$I = M^{-1}M$ と書くことで，$\det M^{-1}$ と $\det M$ をくくり出してもよい）．A と $M^{-1}AM$ の特性多項式が等しいため，固有値は（その重複度も）等しい．

16 相似な組を示せ．a, b, c, d を適切に選び，それ以外の組が相似でないことを証明せよ：

$$\begin{bmatrix} a & b \\ c & d \end{bmatrix} \quad \begin{bmatrix} b & a \\ d & c \end{bmatrix} \quad \begin{bmatrix} c & d \\ a & b \end{bmatrix} \quad \begin{bmatrix} d & c \\ b & a \end{bmatrix}.$$

17 以下の命題は，真か偽か？適切な理由とともに答えよ：

(a) 対称行列は，非対称行列と相似になりえない．
(b) 可逆行列は，非可逆行列と相似になりえない．
(c) $A = 0$ を除いて，A は $-A$ と相似になりえない．
(d) A は $A + I$ と相似になりえない．

18 B が可逆であるとき，AB が BA と相似であることを証明せよ．**同じ固有値を持つ**．

19 A が 6×4 であり，B が 4×6 であるとき，AB と BA の大きさは異なる．次のブロック行列の積を考える．

$$M^{-1}FM = \begin{bmatrix} I & -A \\ 0 & I \end{bmatrix} \begin{bmatrix} AB & 0 \\ B & 0 \end{bmatrix} \begin{bmatrix} I & A \\ 0 & I \end{bmatrix} = \begin{bmatrix} 0 & 0 \\ B & BA \end{bmatrix} = G$$

(a) 4 つのブロックの大きさを求めよ（それぞれの行列は同じ大きさを持つ）．
(b) この等式は $M^{-1}FM = G$ であるので，F と G は同じ 10 個の固有値を持つ．F には AB の 6 個の固有値と 4 個の零がある．G には BA の 4 個の固有値と 6 個の零がある．***AB* は *BA* の固有値に加えて _____ 個の零がある**．

20 以下の命題がすべて正しい理由を述べよ．

(a) A が B と相似であるとき，A^2 は B^2 と相似である．
(b) A と B が相似でなくても，A^2 と B^2 が相似となりうる（$\lambda = 0, 0$ を試せ）．
(c) $\begin{bmatrix} 3 & 0 \\ 0 & 4 \end{bmatrix}$ は $\begin{bmatrix} 3 & 1 \\ 0 & 4 \end{bmatrix}$ と相似である．
(d) $\begin{bmatrix} 3 & 0 \\ 0 & 3 \end{bmatrix}$ は $\begin{bmatrix} 3 & 1 \\ 0 & 3 \end{bmatrix}$ と相似でない．
(e) A の第 1 行と第 2 行を交換し，さらに，第 1 列と第 2 列を交換しても，**固有値は変化しない**．この場合，$M =$ _____ である．

21 J は 5×5 のジョルダン細胞で $\lambda = 0$ であるとする．J^2 を求め，その固有ベクトルの個数を数え，さらにそのジョルダン標準形を求めよ（2 つのジョルダン細胞からなる）．

挑戦問題

22 ある $n \times n$ 行列 A の固有値がすべて $\lambda = 0$ であるとき，A^n が零行列であることを証明せよ（直接的に積を計算することで，J^n が零行列であることを最初に証明するとよい．もしくは，ケーリー–ハミルトンの定理を用いる）．

23 例題 **6.6 B** のシフト付き QR 法について，A_2 が A_1 と相似であることを示せ．固有値は変わらないが，A は対角行列に速く近づく．

24 A が A^{-1} と相似であるとき，その固有値はすべて 1 か -1 のいずれかとなるか？

6.7 特異値分解 (SVD)

特異値分解は線形代数の見所の 1 つである．A は任意の $m \times n$ 行列であり，正方行列かもしれないし矩形行列かもしれない．その階数は r である．この行列 A を対角化するが，その方法は $S^{-1}AS$ ではない．S に含まれる固有ベクトルには大きな問題が 3 つある：通常直交するとは限らない，常に十分な数の固有ベクトルがあるとは限らない，さらに，$A\boldsymbol{x} = \lambda \boldsymbol{x}$ とするには A は正方行列である必要がある．A の**特異ベクトル**は，これらの問題を完璧に解決する．

その代償は，$\boldsymbol{u}$ と $\boldsymbol{v}$ の 2 つの特異ベクトルの集合が必要なことである．$\boldsymbol{u}$ は AA^{T} の固有ベクトルであり，$\boldsymbol{v}$ は $A^{\mathrm{T}}A$ の固有ベクトルである．これらの行列はいずれも対称行列であり，正規直交する固有ベクトルを選ぶことができる．後に示す式 (13) において，A と $A^{\mathrm{T}}A$ の積が AA^{T} と A の積と等しいという単純な事実から，これらの $\boldsymbol{u}$ と $\boldsymbol{v}$ に関する素晴らしい性質が導かれる：

「A が対角化される」 $\quad A\boldsymbol{v}_1 = \sigma_1 \boldsymbol{u}_1 \quad A\boldsymbol{v}_2 = \sigma_2 \boldsymbol{u}_2 \quad \ldots \quad A\boldsymbol{v}_r = \sigma_r \boldsymbol{u}_r \qquad (1)$

特異ベクトル $\boldsymbol{v}_1, \ldots, \boldsymbol{v}_r$ は A の**行空間** にある．出力 $\boldsymbol{u}_1, \ldots, \boldsymbol{u}_r$ は A の**列空間**にある．**特異値** $\sigma_1, \ldots, \sigma_r$ はすべて正の数である．$\boldsymbol{v}$ と $\boldsymbol{u}$ を V と U の列とすると，直交性より $V^{\mathrm{T}}V = I$ と $U^{\mathrm{T}}U = I$ となる．σ は対角行列 Σ に入る．

$A\boldsymbol{x}_i = \lambda_i \boldsymbol{x}_i$ より対角化 $AS = S\Lambda$ が導かれたのと同じように，等式 $A\boldsymbol{v}_i = \sigma_i \boldsymbol{u}_i$ より列ごとに $\boldsymbol{AV} = \boldsymbol{U\Sigma}$ が導かれる：

$(m \times n)(n \times r)$ が $(m \times r)(r \times r)$ と等しい

$$A \begin{bmatrix} \boldsymbol{v}_1 & \cdots & \boldsymbol{v}_r \end{bmatrix} = \begin{bmatrix} \boldsymbol{u}_1 & \cdots & \boldsymbol{u}_r \end{bmatrix} \begin{bmatrix} \sigma_1 & & & \\ & \cdot & & \\ & & \cdot & \\ & & & \sigma_r \end{bmatrix}. \qquad (2)$$

これが特異値分解の核心であるが，それだけではない．$\boldsymbol{v}_i$ と $\boldsymbol{u}_i$ は，A の行空間と列空間から得られる．$\boldsymbol{v}_i$ にさらに $n-r$ 個，$\boldsymbol{u}_i$ にさらに $m-r$ 個のベクトルが必要であり，それらは零空間 $\boldsymbol{N}(A)$ と左零空間 $\boldsymbol{N}(A^{\mathrm{T}})$ から得られる．それらの 2 つの零空間から，正規直交基底となるベクトルを選ぶことができる（それらは自動的に r 個の $\boldsymbol{v}_i$ や $\boldsymbol{u}_i$ と直交する）．すべての $\boldsymbol{v}_i$ と $\boldsymbol{u}_i$ を V と U に入れると，これらの行列は**正方行列**となる．**依然として，** $\boldsymbol{AV} = \boldsymbol{U\Sigma}$ **が成り立つ**．

$(m \times n)(n \times n)$ が $(m \times m)(m \times n)$ と等しい

$$A \begin{bmatrix} \boldsymbol{v}_1 & \cdots \boldsymbol{v}_r & \cdots & \boldsymbol{v}_n \end{bmatrix} = \begin{bmatrix} \boldsymbol{u}_1 & \cdots \boldsymbol{u}_r & \cdots & \boldsymbol{u}_m \end{bmatrix} \begin{bmatrix} \sigma_1 & & \\ & \ddots & \\ & & \sigma_r \\ & & \end{bmatrix} \quad (3)$$

新しい Σ は $m \times n$ である．それは，古い $r \times r$ の行列（それを Σ_r と呼ぶ）に $m-r$ 行の零行と $n-r$ 列の零列が加わったものである．本当の変化は，U と V と Σ の形である．依然として，$V^{\mathrm{T}}V = I$ および $U^{\mathrm{T}}U = I$ であり，それらの大きさは n と m である．

今，V は直交行列であり，その逆行列 $V^{-1} = V^{\mathrm{T}}$ を持つ．したがって，$AV = U\Sigma$ を $\boldsymbol{A = U\Sigma V^{\mathrm{T}}}$ とすることができる．これが，**特異値分解**である：

特異値分解（SVD） $\quad A = U\Sigma V^{\mathrm{T}} = \boldsymbol{u}_1\sigma_1\boldsymbol{v}_1^{\mathrm{T}} + \cdots + \boldsymbol{u}_r\sigma_r\boldsymbol{v}_r^{\mathrm{T}}. \quad (4)$

前に示した式 (2) の「簡約特異値分解」を $A = U_r\Sigma_r V_r^{\mathrm{T}}$ と書く．これも同様に正しいが，Σ には零が追加されている．A に対するこの簡約特異値分解でも，まったく同じように，それぞれ階数が 1 である r 個の行列の和に分解する．

この先で，$\sigma_i^2 = \lambda_i$ が $A^{\mathrm{T}}A$ の固有値であり，AA^{T} の固有値でもあることを見る．特異値を $\sigma_1 \geq \sigma_2 \geq \ldots \sigma_r > 0$ と降順に並べると，式 (4) の分解は，A を構成する階数 1 の行列成分 r 個を**その重要度順**に並べたものとなる．

例 1 $\quad U\Sigma V^{\mathrm{T}}$（特異値）と $S\Lambda S^{-1}$（固有値）が等しくなるのはどのようなときか？

解 $\quad S = U$ のベクトルが正規直交でなければならない．$\Lambda = \Sigma$ の固有値が非負でなければならない．したがって，A は**半正定値 (または正定値) 対称行列 $\boldsymbol{Q\Lambda Q^{\mathrm{T}}}$** でなければならない．

例 2 $\quad$ 単位ベクトル $\boldsymbol{x}$ と $\boldsymbol{y}$ を用いて $A = \boldsymbol{x}\boldsymbol{y}^{\mathrm{T}}$ であるとき，A の特異値分解を求めよ．

解 $\quad$ 式 (2) の簡約特異値分解は，階数が $r = 1$ のときまさに $\boldsymbol{x}\boldsymbol{y}^{\mathrm{T}}$ である．$\boldsymbol{u}_1 = \boldsymbol{x}$ と $\boldsymbol{v}_1 = \boldsymbol{y}$ および $\sigma_1 = 1$ である．完全な特異値分解とするには，$\boldsymbol{u}_1 = \boldsymbol{x}$ から正規直交基底となる $\boldsymbol{u}_i$ を完成し，$\boldsymbol{v}_1 = \boldsymbol{y}$ から正規直交基底となる $\boldsymbol{v}_i$ を完成する．σ_i には何も追加しない．

$A\boldsymbol{v}_i = \sigma_i\boldsymbol{u}_i$ を証明する前に，応用を 1 つ示そう．鍵となる等式から，特異値分解 $A = U\Sigma V^{\mathrm{T}}$ による対角化 (2) と (3) と (4) が得られる．

画像圧縮

普段とは違って，理論の説明を中断して応用を示そう．今はデータの時代であり，しばしば，そのデータは行列として保存される．**デジタル画像は，まさにピクセル値の行列である．**それぞれの小さな画素すなわち「ピクセル」は，黒と白の間のグレースケール値を 1 つ持つ（カラー画像の場合には 3 つの数を持つ）．画像が，各列に $256 = 2^8$ ピクセル，各行に $512 = 2^9$ ピクセルあるとすると，256×512 のピクセル行列となり，それには 2^{17} 個もの要素がある．計算機にとっては，1 つの画像を保存するのに何ら問題はない．しかし，CT や MR スキャンでは各横断面に対して画像が作られ，大量のデータとなる．映画のフレーム画像の場合では，1 秒間 30 フレームであるとすると，1 時間に 10 万 8000 枚の画像になる．高解像度デジタル TV では特に圧縮が必要であり，それがなければ実時間と同じ速度で処理できない．

圧縮とは何か？ **画質を落とすことなく**，それらの 2^{17} 個の要素をより少ない数で置き換えたい．単純な方法はより大きなピクセルを用いるものであり，4 つのピクセルをそれらの平均値からなる 1 つのピクセルで置き換える．これは 4 : 1 圧縮である．しかし，16 : 1 とさらに圧縮率を上げると，画像が「ブロック」のようになる．人間の視覚系が気づかないようように，mn 個の要素をより少ない数で置き換えたい．

圧縮は，解決すれば 10 億ドルの価値を持つほど難しい問題だが，皆が何らかのアイデアを持っている．本書の後のほうでは，(**jpeg** で用いられる）フーリエ変換と（**JPEG2000** で用いられる）ウェーブレットについて説明する．ここでは，特異値分解による方法を考えよう：**256 × 512 のピクセル行列を，階数が 1 の行列，つまり列と行の積，で置き換える**．これがうまくいけば，必要となる容量は 256+512 になる（積が和となる）．圧縮比 (256×512)/(256+512) は，170 対 1 よりも良い．これは我々の希望よりもずっと良い．実際には階数が 1 の行列を 5 つ用いるかもしれない（階数 5 の行列による近似）．それでも圧縮比は 34 : 1 である．ここで重要な問はその画質である．

特異値分解はどこで用いるのか？A **を近似する階数 1 の行列のうち最良のものは，**$\sigma_1 \boldsymbol{u}_1 \boldsymbol{v}_1^{\mathrm{T}}$ **である**．最大の特異値 σ_1 が用いられている．階数 5 の近似のうち最良のものは，$\sigma_2 \boldsymbol{u}_2 \boldsymbol{v}_2^{\mathrm{T}} + \cdots + \sigma_5 \boldsymbol{u}_5 \boldsymbol{v}_5^{\mathrm{T}}$ を足す．**特異値分解を用いると，A の部分を降順に追加していく．**

図書館では別の行列を圧縮する．その行はキーワードに対応し，その列は図書館にある本のタイトルに対応する．この**キーワード – タイトル行列**の要素は，キーワード i がタイトル j に含まれるとき $a_{ij} = 1$ とする（そうでなければ $a_{ij} = 0$）．列を正規化して，長いタイトルが有利にならないようにする．タイトルの代わりに目次や概要を用いてもよい（同じ "*Introduction to Linear Algebra*" というタイトルの別の本があるかもしれないからだ）．$a_{ij} = 1$ の代わりに，キーワードの**出現頻度** を A の要素とすることもできる．統計における特異値分解については，第 8.6 節を見よ．

索引行列を作ってしまえば，その検索は線形代数の問題である．この巨大な行列は圧縮しなければならない．特異値分解の方法を用いると，小さな階数からなる最適な近似を得ることができ，実際には自然画像よりも図書館の行列のほうがうまくいく．$\boldsymbol{u}_i$ と $\boldsymbol{v}_i$ を計算するコストのトレードオフは絶えずついてまわる．(疎行列を考慮した）より良い方法が必要だ．

基底と特異値分解

2×2 行列から始める．その階数が $r = 2$ であり，A が可逆であるとする．$\boldsymbol{v}_1$ と $\boldsymbol{v}_2$ を直交する単位ベクトルとしたい．**また，** $A\boldsymbol{v}_1$ **と** $A\boldsymbol{v}_2$ **も直交するようにしたい**（これが巧妙な部分であり，その基底が特別なのはそのためだ）．すると，単位ベクトル $\boldsymbol{u}_1 = A\boldsymbol{v}_1/\|A\boldsymbol{v}_1\|$ と $\boldsymbol{u}_2 = A\boldsymbol{v}_2/\|A\boldsymbol{v}_2\|$ は直交する．具体的な例を以下に示す：

$$\textbf{非対称行列} \qquad A = \begin{bmatrix} 2 & 2 \\ -1 & 1 \end{bmatrix}. \tag{5}$$

$Q^{-1}AQ$ **が対角行列となるような直交行列** Q **は存在しない**．$U^{-1}AV$ とすることが必要である．1 つの基底では不可能なので，それらの 2 つの基底は異なる．入力が $\boldsymbol{v}_1$ であるとき，出力は $A\boldsymbol{v}_1 = \sigma_1 \boldsymbol{u}_1$ である．「特異値」σ_1 と σ_2 は，その長さ $\|A\boldsymbol{v}_1\|$ と $\|A\boldsymbol{v}_2\|$ である．

$$\begin{matrix}\boldsymbol{AV = U\Sigma} \\ \boldsymbol{A = U\Sigma V^{\mathrm{T}}}\end{matrix} \qquad A\begin{bmatrix} \boldsymbol{v}_1 & \boldsymbol{v}_2 \end{bmatrix} = \begin{bmatrix} \sigma_1\boldsymbol{u}_1 & \sigma_2\boldsymbol{u}_2 \end{bmatrix} = \begin{bmatrix} \boldsymbol{u}_1 & \boldsymbol{u}_2 \end{bmatrix}\begin{bmatrix} \sigma_1 & \\ & \sigma_2 \end{bmatrix}. \tag{6}$$

U を消去して V のみを調べるうまいやり方がある．A^{T} **と** A **の積をとる**．

$$A^{\mathrm{T}}A = (U\Sigma V^{\mathrm{T}})^{\mathrm{T}}(U\Sigma V^{\mathrm{T}}) = V\Sigma^{\mathrm{T}}\Sigma V^{\mathrm{T}}. \tag{7}$$

$U^{\mathrm{T}}U$ は I と等しいので消える（$\boldsymbol{u}_1^{\mathrm{T}}\boldsymbol{u}_1 = 1 = \boldsymbol{u}_2^{\mathrm{T}}\boldsymbol{u}_2$ および $\boldsymbol{u}_1^{\mathrm{T}}\boldsymbol{u}_2 = 0$ である必要がある）．対角行列 Σ^{T} と Σ の積から σ_1^2 と σ_2^2 が得られる．その結果，この式は極めて重要な対称行列 $A^{\mathrm{T}}A$ の通常の対角化となり，その固有値は σ_1^2 と σ_2^2 である：

$$\begin{matrix}\textbf{固有値 } \sigma_1^2, \sigma_2^2 \\ \textbf{固有ベクトル } \boldsymbol{v}_1, \boldsymbol{v}_2\end{matrix} \qquad A^{\mathrm{T}}A = V\begin{bmatrix} \sigma_1^2 & 0 \\ 0 & \sigma_2^2 \end{bmatrix}V^{\mathrm{T}}. \tag{8}$$

これはまさに $A = Q\Lambda Q^{\mathrm{T}}$ と同じようなものだ．しかし，対称行列は A 自身ではなく，ここでは $A^{\mathrm{T}}A$ である．**また，**V **の列は** $A^{\mathrm{T}}A$ **の固有ベクトルである**．最後に U について：

$\boldsymbol{A^{\mathrm{T}}A}$ の固有ベクトル $\boldsymbol{v}$ と固有値 $\boldsymbol{\sigma^2}$ を計算する．すると，各 $\boldsymbol{u = Av/\sigma}$ である．

LAPACK の **svd** (A) では，$A^{\mathrm{T}}A$ の積を計算しない特別な方法を用いて，大きな行列を扱っている．

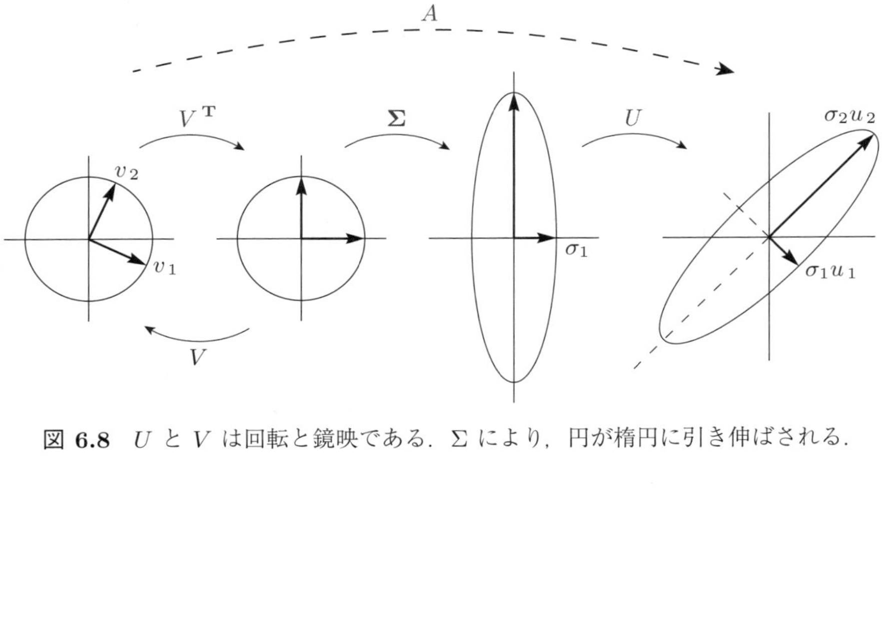

図 6.8 U と V は回転と鏡映である．Σ により，円が楕円に引き伸ばされる．

例 3 行列 $A = \left[\begin{smallmatrix} \mathbf{2} & \mathbf{2} \\ \mathbf{-1} & \mathbf{1} \end{smallmatrix}\right]$ の特異値分解を求めよ．

解 $A^{\mathrm{T}}A$ とその固有ベクトルを計算した後，それらを単位ベクトルにする：

$$A^{\mathrm{T}}A = \begin{bmatrix} 5 & 3 \\ 3 & 5 \end{bmatrix} \quad \text{の単位固有ベクトルは} \quad \boldsymbol{v}_1 = \begin{bmatrix} 1/\sqrt{2} \\ 1/\sqrt{2} \end{bmatrix} \quad \text{と} \quad \boldsymbol{v}_2 = \begin{bmatrix} -1/\sqrt{2} \\ 1/\sqrt{2} \end{bmatrix}.$$

$A^{\mathrm{T}}A$ の固有値は 8 と 2 である．$A^{\mathrm{T}}A$ は自動的に対称行列であり，すべての対称行列の固有ベクトルは直交するので，$\boldsymbol{v}$ は直交する．

$\boldsymbol{u}$ を求めるのは簡単である．なぜなら $A\boldsymbol{v}_1$ が $\boldsymbol{u}_1$ の方向にあるからだ：

$$A\boldsymbol{v}_1 = \begin{bmatrix} 2 & 2 \\ -1 & 1 \end{bmatrix} \begin{bmatrix} 1/\sqrt{2} \\ 1/\sqrt{2} \end{bmatrix} = \begin{bmatrix} 2\sqrt{2} \\ 0 \end{bmatrix}. \quad \text{その単位ベクトルは} \quad \boldsymbol{u}_1 = \begin{bmatrix} 1 \\ 0 \end{bmatrix}.$$

明らかに $A\boldsymbol{v}_1$ は $2\sqrt{2}\,\boldsymbol{u}_1$ と等しい．1 つ目の特異値は $\sigma_1 = 2\sqrt{2}$ であり，$\sigma_1^2 = 8$ である．

$$A\boldsymbol{v}_2 = \begin{bmatrix} 2 & 2 \\ -1 & 1 \end{bmatrix} \begin{bmatrix} -1/\sqrt{2} \\ 1/\sqrt{2} \end{bmatrix} = \begin{bmatrix} 0 \\ \sqrt{2} \end{bmatrix}. \quad \text{その単位ベクトルは} \quad \boldsymbol{u}_2 = \begin{bmatrix} 0 \\ 1 \end{bmatrix}.$$

$A\boldsymbol{v}_2$ は $\sqrt{2}\,\boldsymbol{u}_2$ であり，$\sigma_2 = \sqrt{2}$ である．σ_2^2 は $A^{\mathrm{T}}A$ のもう 1 つの固有値と一致する．

$$\boxed{A = U\Sigma V^{\mathrm{T}}} \quad \text{は} \quad \begin{bmatrix} 2 & 2 \\ -1 & 1 \end{bmatrix} = \begin{bmatrix} 1 & 0 \\ 0 & 1 \end{bmatrix} \begin{bmatrix} 2\sqrt{2} & \\ & \sqrt{2} \end{bmatrix} \begin{bmatrix} 1/\sqrt{2} & 1/\sqrt{2} \\ -1/\sqrt{2} & 1/\sqrt{2} \end{bmatrix}. \tag{9}$$

この行列ならびにすべての可逆な 2×2 行列は，**単位円をある楕円に変換する**．そのことは，Cliff Long と Tom Hern によって作られた絵からわかるだろう．

この例について最後の要点を述べよう．$\boldsymbol{u}$ を $\boldsymbol{v}$ から求めたが，$\boldsymbol{u}$ を直接求めることはできるだろうか？答は「**できる**」であり，そのためには $A^{\mathrm{T}}A$ ではなく AA^{T} の積をとる：

$$V^{\mathrm{T}}V = I \text{ を用いる} \qquad AA^{\mathrm{T}} = (U\Sigma V^{\mathrm{T}})(V\Sigma^{\mathrm{T}}U^{\mathrm{T}}) = U\Sigma\Sigma^{\mathrm{T}}U^{\mathrm{T}}. \tag{10}$$

$\Sigma\Sigma^{\mathrm{T}}$ の積から，以前と同様に σ_1^2 と σ_2^2 が得られる．$\boldsymbol{u}$ **は** AA^{T} **の固有ベクトルである**：

$$\textbf{この例では対角行列となる} \qquad AA^{\mathrm{T}} = \begin{bmatrix} 2 & 2 \\ -1 & 1 \end{bmatrix} \begin{bmatrix} 2 & -1 \\ 2 & 1 \end{bmatrix} = \begin{bmatrix} 8 & 0 \\ 0 & 2 \end{bmatrix}.$$

固有ベクトル $(1,0)$ と $(0,1)$ は，以前求めた $\boldsymbol{u}_1$ と $\boldsymbol{u}_2$ に一致する．1 つ目の固有値を，$(-1,0)$ や $(0,1)$ ではなく，$(1,0)$ としたのはなぜか？それは，$A\boldsymbol{v}_1$ と同じ方向でなければならないからだ（ビデオ講義では，この点を話し忘れていた …）．AA^{T} の固有値（8 と 2）が $A^{\mathrm{T}}A$ の固有値と同じであることに注意せよ．特異値は $\sqrt{8}$ と $\sqrt{2}$ である．

例 4 非可逆行列 $A = \left[\begin{smallmatrix} \mathbf{2} & \mathbf{2} \\ \mathbf{1} & \mathbf{1} \end{smallmatrix}\right]$ の特異値分解を求めよ．その行列の階数は $r = 1$ である．

解 行空間は，1 つの基底ベクトル $\boldsymbol{v}_1 = (1,1)/\sqrt{2}$ からなる．列空間は 1 つの基底ベクトル $\boldsymbol{u}_1 = (2,1)/\sqrt{5}$ からなる．そのとき，$A\boldsymbol{v}_1 = (4,2)/\sqrt{2}$ は $\sigma_1\boldsymbol{u}_1$ と等しくなるはずであり，実際 $\sigma_1 = \sqrt{10}$ で等しい：

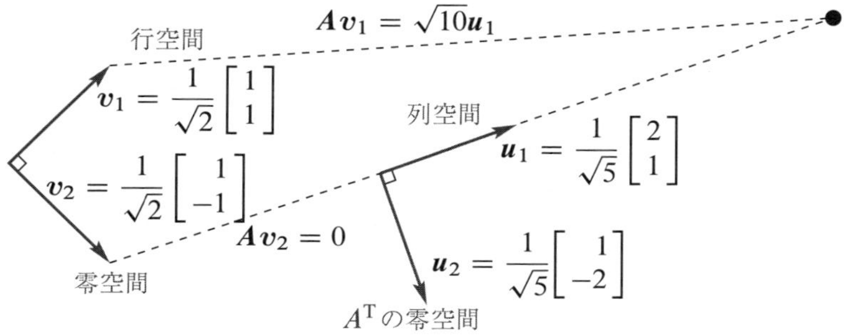

図 6.9 特異値分解では，$A\boldsymbol{v}_i = \sigma_i \boldsymbol{u}_i$ を満たすように 4 つの部分空間に対して正規直交基底を選ぶ.

行空間と列空間のベクトルを求めたところで特異値分解を終えることもできる．しかし，U と V を正方行列とするのが通例である．上の行列には 2 つ目の列が必要である．**ベクトル $\boldsymbol{v_2}$ は零空間にある**．そのベクトルは行空間にある $\boldsymbol{v}_1$ と直交する．A を掛けることで，$A\boldsymbol{v}_2 = \boldsymbol{0}$ を得る．2 つ目の特異値が $\sigma_2 = 0$ であると言うこともできるが，特異値はピボットのようなものであり，非零の r 個だけを考慮する．

$$\begin{matrix} A = U\Sigma V^{\mathrm{T}} \\ \textbf{全範囲} \end{matrix} \qquad \begin{bmatrix} 2 & 2 \\ 1 & 1 \end{bmatrix} = \frac{1}{\sqrt{5}} \begin{bmatrix} 2 & 1 \\ 1 & -2 \end{bmatrix} \begin{bmatrix} \sqrt{10} & 0 \\ 0 & 0 \end{bmatrix} \frac{1}{\sqrt{2}} \begin{bmatrix} 1 & 1 \\ 1 & -1 \end{bmatrix}. \tag{11}$$

行列 $\boldsymbol{U}$ と $\boldsymbol{V}$ は，4 つの部分空間の正規直交基底からなる：

V の初めの	r	列：	A の行空間
V の後の	$n-r$	列：	A の零空間
U の初めの	r	列：	A の列空間
U の後の	$m-r$	列：	A^{T} の零空間

初めのほうの列 $\boldsymbol{v}_1, \ldots, \boldsymbol{v}_r$ および $\boldsymbol{u}_1, \ldots, \boldsymbol{u}_r$ は $A^{\mathrm{T}}A$ および AA^{T} の固有ベクトルである．$A\boldsymbol{v}_i$ が $\boldsymbol{u}_i$ の方向を向く理由をこれから説明する．後のほうの（零空間にある） $\boldsymbol{v}_i$ および $\boldsymbol{u}_i$ は簡単である．よって，初めのほうのベクトルが正規直交してさえいれば，特異値分解は正しい．

特異値分解の証明：$\boldsymbol{v}_i$ および σ_i を与える $A^{\mathrm{T}}A\boldsymbol{v}_i = \sigma_i^2\boldsymbol{v}_i$ から始める．$\boldsymbol{v}_i^{\mathrm{T}}$ を掛けることにより，$\|A\boldsymbol{v}_i\|^2$ が導かれる．$A\boldsymbol{v}_i = \sigma_i\boldsymbol{u}_i$ を証明する上で， A を掛けるのが鍵だ：

$$\boldsymbol{v}_i^{\mathrm{T}}\boldsymbol{A}^{\mathrm{T}}\boldsymbol{A}\boldsymbol{v}_i = \boldsymbol{\sigma}_i^2\boldsymbol{v}_i^{\mathrm{T}}\boldsymbol{v}_i \quad \textbf{より} \quad \|\boldsymbol{A}\boldsymbol{v}_i\|^2 = \boldsymbol{\sigma}_i^2 \quad \textbf{したがって} \quad \|\boldsymbol{A}\boldsymbol{v}_i\| = \boldsymbol{\sigma}_i \tag{12}$$

$$\boldsymbol{A}\boldsymbol{A}^{\mathrm{T}}\boldsymbol{A}\boldsymbol{v}_i = \boldsymbol{\sigma}_i^2\boldsymbol{A}\boldsymbol{v}_i \quad \textbf{より} \quad \boldsymbol{u}_i = \boldsymbol{A}\boldsymbol{v}_i/\boldsymbol{\sigma}_i \quad \textbf{は}\ \boldsymbol{A}\boldsymbol{A}^{\mathrm{T}} \quad \text{の単位固有ベクトルである.} \tag{13}$$

式 (12) において，$(\boldsymbol{v}_i^{\mathrm{T}}A^{\mathrm{T}})(A\boldsymbol{v}_i) = \|A\boldsymbol{v}_i\|^2$ という括弧の付け方が少し巧妙である．式 (13) において，$(AA^{\mathrm{T}})(A\boldsymbol{v}_i)$ という括弧の付け方は非常に重要である．これにより，$A\boldsymbol{v}_i$ が AA^{T} の

固有ベクトルであることが示される．その長さ σ_i で割ることで，単位ベクトル $\boldsymbol{u}_i = A\boldsymbol{v}_i/\sigma_i$ を得る．

私の意見を率直に言おう．線形代数の講義コースは特異値分解で最高潮を迎える．それが基本定理の最後の段階であると考えるからだ．最初に 4 つの部分空間の**次元**を述べた．次に，それらの**直交性**を述べた．さらに，**正規直交基底により** A **が対角化される**．それらはすべて，式 $A = U\Sigma V^{\mathrm{T}}$ に含まれている．頂上までたどり着いた．

eigshow （第 2 部）

第 6.1 節において，eigshow と呼ばれる MATLAB のデモを示した．そのオプションの 1 つ目は *eig* であり，$\boldsymbol{x}$ が円上を動き $A\boldsymbol{x}$ が楕円上を従って動くものであった．オプションの 2 つ目は *svd* である．円上を動く 2 つのベクトル $\boldsymbol{x}$ と $\boldsymbol{y}$ は直交性を維持し，$A\boldsymbol{x}$ と $A\boldsymbol{y}$ も動く（直交するのは稀である）．この 4 つのベクトルに関する Java のデモが **web.mit.edu/18.06** にある．

$A\boldsymbol{x}$ が $A\boldsymbol{y}$ と直交するとき，特異値分解が図形的に理解できる．そのときのそれらの方向が正規直交基底 $\boldsymbol{u}_1, \boldsymbol{u}_2$ となり，長さが特異値 σ_1, σ_2 となる．同時に，ベクトル $\boldsymbol{x}$ と $\boldsymbol{y}$ は正規直交基底 $\boldsymbol{v}_1, \boldsymbol{v}_2$ となる．

ウェブの検索

最後に検索エンジンへの特異値分解の応用を示そう．ある単語を Google で検索すると，重要度の高い順にウェブサイトの一覧が得られる．“four subspaces” を検索してみるとよい．

ここで示す HITS アルゴリズムは，そのような順位づけされたリストを作る方法の 1 つである．キーワードの索引から得られたおよそ 200 のウェブサイトが与えられ，その後，そのページ間のリンクのみを見ていく．検索エンジンはその内容よりもリンクに基づいて動く．

200 のウェブサイト，それらへのリンクが含まれるすべてのサイト，それらからのリンクが含まれるすべてのサイトが与えられる．その 200 のウェブサイトを順位づけしたい．重要度は，内へ入るリンクと外へ出るリンクによって測ることができる．

1. あるサイトが**情報源**である：**多くのサイト（特にハブ）からのリンクがある**．
2. あるサイトが**ハブ**である：**多くのサイト（特に情報源）へのリンクがある**．

情報源を順位づけするために数 $\boldsymbol{x_1, \ldots, x_N}$ を，ハブを順位づけするために $\boldsymbol{y_1, \ldots, y_N}$ を求めたい．単純な数え方から始める：$\boldsymbol{x_i^0}$ と $\boldsymbol{y_i^0}$ はサイト i に入る，もしくは，サイト i から出るリンクの数とする．

次のことが重要だ：**良い情報源には**（ハブのような）**重要なサイトからのリンクがある**．大学からのリンクは，友人からのリンクよりも重みが大きい．**良いハブからは**（情報源のような）**重要なサイトへのリンクがある**．遺憾ながら，**amazon.com** へのリンクは，**wellesley-cambridge.com** へのリンクよりも大事である．（$\boldsymbol{x^0}$ と $\boldsymbol{y^0}$ によって評価される）**良いリンク**を考慮して，リンクを数えることによる順位づけ $\boldsymbol{x^0}$ と $\boldsymbol{y^0}$ を，$\boldsymbol{x^1}$ と $\boldsymbol{y^1}$ へと更新する：

$$\text{情報源としての価値}\quad x_i^1 = \sum_{j\text{ から }i\text{ への}\atop\text{リンクがある}} y_j^0 \qquad\qquad \text{ハブとしての価値}\quad y_i^1 = \sum_{i\text{ から }j\text{ への}\atop\text{リンクがある}} x_j^0 \tag{14}$$

行列の言葉では，$\boldsymbol{x}^1 = A^{\mathrm{T}}\boldsymbol{y}^0$ と $\boldsymbol{y}^1 = A\boldsymbol{x}^0$ となる．行列 A は 1 と 0 からなり，i から j へのリンクがあるときに $a_{ij} = 1$ である．グラフの言葉では，A はワールド・ワイド・ウェブから作られる（巨大な）「隣接行列」である．新しい $\boldsymbol{x}^1$ と $\boldsymbol{y}^1$ はより良い順位づけを与えるが，最良ではない．式 (14) と同様にもう 1 回行うと，$\boldsymbol{x}^2$ と $\boldsymbol{y}^2$ が得られる：

$$\boldsymbol{A}^{\mathrm{T}}\boldsymbol{A}\text{ と }\boldsymbol{A}\boldsymbol{A}^{\mathrm{T}}\text{ が現れる}\quad \boldsymbol{x}^2 = A^{\mathrm{T}}\boldsymbol{y}^1 = A^{\mathrm{T}}A\boldsymbol{x}^0 \quad\text{と}\quad \boldsymbol{y}^2 = A^{\mathrm{T}}\boldsymbol{x}^1 = AA^{\mathrm{T}}\boldsymbol{y}^0. \tag{15}$$

2 回行うと，$A^{\mathrm{T}}A$ と AA^{T} との積になる．20 回行うと，$(A^{\mathrm{T}}A)^{10}$ と $(AA^{\mathrm{T}})^{10}$ との積になる．ベキの計算結果において，最大の固有値 σ_1^2 が支配的となり，ベクトル $\boldsymbol{x}$ と $\boldsymbol{y}$ は $A^{\mathrm{T}}A$ と AA^{T} の主固有ベクトル $\boldsymbol{v}_1$ と $\boldsymbol{u}_1$ の方向を向くようになる．特異値分解における一番最初の項を計算するには，第 9.3 節で議論される**ベキ乗法**を用いる．ウェブを理解するのに線形代数が役に立つとはなんと素晴らしいことか．

実際には，Google はウェブのリンクをたどるランダム・ウォークによって順位づけを作成している．このランダム・ウォークによってたどられる頻度が多いほど，順位が高くなる．この訪問頻度は，ウェブの正規化隣接行列における最大固有値 $(\lambda = 1)$ に対応する固有ベクトルとなる．**そのマルコフ行列は，27 億のウェブサイトから得られる 27 億もの行と列からなる．**

これは，これまでに解かれた最大の固有値問題である．Langville と Meyer による素晴らしい本 *Google's PageRank and Beyond*[訳注] では，検索エンジンの理論の詳細が説明されている．**mathworks.com/company/newsletter/clevescorner/oct02_cleve.shtml** を参照のこと．

しかし，多くの重要な技術は Google の企業秘密として守られている．おそらく Google では，先月の固有ベクトルを最初の近似値とすることで，非常に高速にランダム・ウォークを実行しているのだろう．高い順位を得るには，重要なサイトからの多くのリンクが必要だ．HITS アルゴリズムは，1999 年の *Scientific American* (7 月 16 日) に示されたが，そこで特異値分解のことは言及されてはいないだろう．．．

[訳注] 訳書：岩野和生，黒川利明，黒川 洋 訳：『Google PageRank の数理―最強検索エンジンのランキング手法を求めて―』．

■　要点の復習　■

1. 特異値分解は A を $U\Sigma V^{\mathrm{T}}$ に分解し，r 個の特異値 $\sigma_1 \geq \ldots \geq \sigma_r > 0$ を得る．
2. 数 $\sigma_1^2, \ldots, \sigma_r^2$ は，AA^{T} と $A^{\mathrm{T}}A$ の非零の固有値である．
3. U と V を構成する正規直交する列は，AA^{T} と $A^{\mathrm{T}}A$ の固有ベクトルである．
4. それらの列は，A の 4 つの基本部分空間の正規直交基底である．
5. それらの基底によって行列が対角化される：$i \leq r$ において $A\boldsymbol{v}_i = \sigma_i \boldsymbol{u}_i$ である．これは $AV = U\Sigma$ と表される．

■　例題　■

6.7 A　以下の $m \times n$ 行列の分解 $A = \boldsymbol{c}_1\boldsymbol{b}_1 + \cdots + \boldsymbol{c}_r\boldsymbol{b}_r$ の名前を答えよ．各項は階数が 1 の行列（列 $\boldsymbol{c}$ と行 $\boldsymbol{b}$ の積）である．A の階数は r である．

1. 直交行列をなす 列　$\boldsymbol{c}_1, \ldots, \boldsymbol{c}_r$　と　直交行列をなす 行　$\boldsymbol{b}_1, \ldots, \boldsymbol{b}_r$.
2. 直交行列をなす 列　$\boldsymbol{c}_1, \ldots, \boldsymbol{c}_r$　と　三角行列をなす 行　$\boldsymbol{b}_1, \ldots, \boldsymbol{b}_r$.
3. 三角行列をなす 列　$\boldsymbol{c}_1, \ldots, \boldsymbol{c}_r$　と　三角行列をなす 行　$\boldsymbol{b}_1, \ldots, \boldsymbol{b}_r$.

$A = CB$ の形は $(m \times r)(r \times n)$ である．三角行列をなすベクトル $\boldsymbol{c}_i$ と $\boldsymbol{b}_i$ は，i 番目の要素までが零である．列が $\boldsymbol{c}_i$ である行列 C は下三角行列であり，行が $\boldsymbol{b}_i$ である行列 B は上三角行列である．この見方において，階数やピボットや特異値はどこに現れるか？

解　以下の 3 つの分解 $A = CB$ は，純粋数学においても応用においても，線形代数の基本である：

1. 特異値分解 $A = U\Sigma V^{\mathrm{T}}$ (直交行列 U, 直交行列 ΣV^{T})
2. グラム－シュミット直交化 $A = QR$ (直交行列 Q, 三角行列 R)
3. ガウスの消去法 $A = LU$ (三角行列 L, 三角行列 U)

以下のように σ_i やピボット d_i や高さ h_i を分けて書くほうがいいかもしれない：

1. $A = U\Sigma V^{\mathrm{T}}$ において，U と V は単位ベクトルからなる．特異値は Σ に含まれる．
2. $A = QHR$ において，Q は単位ベクトルからなり，R の対角要素は 1 である．高さ h_i が H に含まれる．
3. $A = LDU$ において，L と U の対角要素は 1 である．ピボットが D に含まれる．

各 h_i は，それまでの列を底面としたときの，列 i の高さを示す．($r = m = n$ である場合の) n 次元の箱の体積は，$A = U\Sigma V^{\mathrm{T}} = LDU = QHR$ より得られる：

$$|\,\det \boldsymbol{A}\,| = |\,\boldsymbol{\sigma} \text{ の積}\,| = |\,\boldsymbol{d} \text{ の積}\,| = |\,\boldsymbol{h} \text{ の積}\,|.$$

6.7.B　(2×2 の）階数が 1 である行列 $A = \boldsymbol{x}\boldsymbol{y}^{\mathrm{T}}$ について，$A = U\Sigma V^{\mathrm{T}}$ と $A = S\Lambda S^{-1}$ を比較せよ．

コメント　この問題は，2007 年以降，試験問題としており，より深くて面白いことを見せてくれる．「4 つの部分空間：4 つの直線（The Four Fundamental Subspaces: 4 Lines)」というエッセイが **web.mit.edu/18.06** にある．$\boldsymbol{y}^{\mathrm{T}}\boldsymbol{x} = 0$ であり $\lambda = 0$ が重複するとき，ジョルダン標準形が関わってくる．

6.7.C　$\sigma_1 \geq |\lambda|_{\max}$ であることを示せ．すべての固有値は，最大の特異値以下である．
$\sigma_1 \geq |a_{ij}|_{\max}$ であることを示せ．A のすべての要素は，最大の特異値以下である．

解　$A = U\Sigma V^{\mathrm{T}}$ から始める．直交行列を掛けても**その長さが変わらない**ことを思い出せ：$\|Q\boldsymbol{x}\|^2 = \boldsymbol{x}^{\mathrm{T}}Q^{\mathrm{T}}Q\boldsymbol{x} = \boldsymbol{x}^{\mathrm{T}}\boldsymbol{x} = \|\boldsymbol{x}\|^2$ であるので $\|Q\boldsymbol{x}\| = \|\boldsymbol{x}\|$ である．これは $Q = U$ および $Q = V^{\mathrm{T}}$ でも成り立つ．間にあるのは対角行列 Σ である．

$$\|A\boldsymbol{x}\| = \|U\Sigma V^{\mathrm{T}}\boldsymbol{x}\| = \|\Sigma V^{\mathrm{T}}\boldsymbol{x}\| \leq \sigma_1\|V^{\mathrm{T}}\boldsymbol{x}\| = \sigma_1\|\boldsymbol{x}\|. \tag{16}$$

固有ベクトルについて $\|A\boldsymbol{x}\| = |\lambda|\|\boldsymbol{x}\|$ が成り立つ．したがって (16) より，$|\lambda|\|\boldsymbol{x}\| \leq \sigma_1\|\boldsymbol{x}\|$ が言える．よって，$|\lambda| \leq \sigma_1$ である．

また，単位ベクトル $\boldsymbol{x} = (1, 0, \ldots, 0)$ にも適用する．このとき，$A\boldsymbol{x}$ は A の第 1 列である．不等式 (16) より，この列の長さは σ_1 以下である．よって，すべての要素の絶対値は σ_1 以下である．

例 5　A と A^{-1} について，特異値 σ_1 と σ_2 の大きさを見積もれ：

$$\textbf{固有値} = \mathbf{1} \qquad A = \begin{bmatrix} 1 & 0 \\ C & 1 \end{bmatrix} \quad と \quad A^{-1} = \begin{bmatrix} 1 & 0 \\ -C & 1 \end{bmatrix}. \tag{17}$$

解　上記の論法より，第 1 列の長さは $\sqrt{1 + C^2} \leq \sigma_1$ である．確かに $\sigma_1 \geq 1$ および $\sigma_1 \geq C$ が成り立ち，固有値 1, 1 と要素 C は σ_1 以下である．C がとても大きいとき，σ_1 は固有値よりもずっと大きな値となる．

この行列 A の行列式は 1 である．$A^{\mathrm{T}}A$ の行列式も 1 であるため，$\sigma_1\sigma_2 = 1$ である．この行列において，$\sigma_1 \geq 1$ および $\sigma_1 \geq C$ であることから，$\sigma_2 \leq 1$ および $\sigma_2 \leq 1/C$ となる．

結論：　$C = 1000$ のとき，$\sigma_1 \geq 1000$ および $\sigma_2 \leq 1/1000$ である．A **は悪条件である**．代数的に A の逆行列を求めることは容易であるが，$A\boldsymbol{x} = \boldsymbol{b}$ を消去によって解くのは危険である．**両方の固有値が** $\lambda = 1$ **であるにもかかわらず，**A **はほとんど非可逆行列である**．$(1, 2)$ 要素を零から $1/C = 1/1000$ へわずかに変えるだけで，行列が非可逆行列になる．

第 9.2 節では，比 $\sigma_{\max}/\sigma_{\min}$ が消去における丸め誤差に大きな影響を与えることを説明する．MATLAB では，この「**条件数**」が大きなときに警告が出る．この場合では $\sigma_1/\sigma_2 \geq C^2$ である．

練習問題 6.7

問題 1〜3 では，正方非可逆行列 A の特異値分解を計算する．

1 $A^{\mathrm{T}}A$ の固有値 と単位固有ベクトル $\boldsymbol{v}_1, \boldsymbol{v}_2$ を求めよ．さらに，$\boldsymbol{u}_1 = A\boldsymbol{v}_1/\sigma_1$ を求めよ：

$$A = \begin{bmatrix} 1 & 2 \\ 3 & 6 \end{bmatrix} \quad \text{と} \quad A^{\mathrm{T}}A = \begin{bmatrix} 10 & 20 \\ 20 & 40 \end{bmatrix} \quad \text{と} \quad AA^{\mathrm{T}} = \begin{bmatrix} 5 & 15 \\ 15 & 45 \end{bmatrix}.$$

$\boldsymbol{u}_1$ が AA^{T} の単位固有ベクトルであることを確かめよ．行列 U, Σ, V を完成させよ．

$$\textbf{特異値分解} \qquad \begin{bmatrix} 1 & 2 \\ 3 & 6 \end{bmatrix} = \begin{bmatrix} \boldsymbol{u}_1 & \boldsymbol{u}_2 \end{bmatrix} \begin{bmatrix} \sigma_1 & \\ & 0 \end{bmatrix} \begin{bmatrix} \boldsymbol{v}_1 & \boldsymbol{v}_2 \end{bmatrix}^{\mathrm{T}}.$$

2 問題 1 の A の 4 つの基本部分空間の正規直交基底を書き下せ．

3 (a) $A^{\mathrm{T}}A$ のトレースが a_{ij}^2 の総和と等しい理由を示せ．
(b) 階数が 1 である行列について，常に σ_1^2 が a_{ij}^2 の総和となる理由を示せ．

問題 4〜7 は，階数が 2 である行列の特異値分解について問うものである．

4 $A^{\mathrm{T}}A$ と AA^{T} の固有値と単位固有ベクトルを求めよ．それぞれ $A\boldsymbol{v} = \sigma\boldsymbol{u}$ であるようにせよ：

$$\textbf{フィボナッチ行列} \qquad A = \begin{bmatrix} 1 & 1 \\ 1 & 0 \end{bmatrix}$$

特異値分解を行い，A と $U\Sigma V^{\mathrm{T}}$ が等しいことを確かめよ．

5 MATLAB のデモ eigshow の **svd** を用いて，各 $\boldsymbol{v}$ を図形的に求めよ．

6 $A^{\mathrm{T}}A$ と AA^{T} を計算し，それらの固有値と V および U に入る単位固有ベクトルを求めよ．

$$\textbf{矩形行列} \qquad A = \begin{bmatrix} 1 & 1 & 0 \\ 0 & 1 & 1 \end{bmatrix}.$$

$AV = U\Sigma$ であることを確かめよ（これにより U の $\pm$ 符号が決まる）．Σ は A と同じ形である．

7 その 2×3 行列に最も近い，階数 1 の行列による近似を求めよ．

8 可逆な正方行列において $A^{-1} = V\Sigma^{-1}U^{\mathrm{T}}$ が成り立つ．これより，A^{-1} **の特異値は** $1/\sigma(A)$ **である**ことが言える．$\sigma_{\max}(A^{-1})\,\sigma_{\max}(A) \geq 1$ を示せ．

9 $\boldsymbol{u}_1, \ldots, \boldsymbol{u}_n$ と $\boldsymbol{v}_1, \ldots, \boldsymbol{v}_n$ が $\mathbf{R}^n$ の正規直交基底であると仮定する．各 $\boldsymbol{v}_j$ を $\boldsymbol{u}_j$ に変換する，すなわち，$A\boldsymbol{v}_1 = \boldsymbol{u}_1, \ldots, A\boldsymbol{v}_n = \boldsymbol{u}_n$ とする行列 A を構成せよ．

10 $\boldsymbol{v} = \frac{1}{2}(1,1,1,1)$ および $\boldsymbol{u} = \frac{1}{3}(2,2,1)$ に対して，階数が 1 である行列のうち $A\boldsymbol{v} = 12\boldsymbol{u}$ となるものを構成せよ．その唯一の特異値は $\sigma_1 =$ _____ である．

11 A の列 $\boldsymbol{w}_1, \boldsymbol{w}_2, \ldots, \boldsymbol{w}_n$ が直交し，その長さが $\sigma_1, \sigma_2, \ldots, \sigma_n$ であると仮定する．特異値分解における，U と Σ と V を求めよ．

12 A が 2×2 の対称行列であり，単位固有ベクトル $\boldsymbol{u}_1$ および $\boldsymbol{u}_2$ を持つと仮定する．その固有値が $\lambda_1 = 3$ および $\lambda_2 = -2$ であるとき，特異値分解における行列 U と Σ と V^{T} を求めよ．

13 直交行列を用いて $A = QR$ であるとき，A の特異値分解は R の特異値分解とほぼ同じである．3 つの行列 U, Σ, V のうち，Q によって異なるのはどれか？

14 A が可逆行列であると仮定する（$\sigma_1 > \sigma_2 > 0$）．できるだけ小さな変更で，A を非可逆行列 A_0 にせよ．ヒント：U と V は変化しない：

$$A = \begin{bmatrix} \boldsymbol{u}_1 & \boldsymbol{u}_2 \end{bmatrix} \begin{bmatrix} \sigma_1 & \\ & \sigma_2 \end{bmatrix} \begin{bmatrix} \boldsymbol{v}_1 & \boldsymbol{v}_2 \end{bmatrix}^{\mathrm{T}}$$ から，最も近い A_0 を求めよ．

15 $A + I$ の特異値分解が，単に $\Sigma + I$ とするだけではないのはなぜか？

挑戦問題

16 （検索エンジン）ウェブサイト $x(1) = 1$ から始めて**ランダム・ウォーク** $x(2), \ldots, x(n)$ を行い，各サイトへの訪問階数を数える．各ステップにおいて，プログラムは A の列 $x(k-1)$ で与えられる確率に従って次のウェブサイトを選択する．最終的に，訪問を数えたヒストグラムから，各サイトに訪問した時間の割合 $\boldsymbol{p}$ を得る．$\boldsymbol{p}$ **によって順位づけを行う**．

$\boldsymbol{p}$ を，マルコフ行列 A の定常状態固有ベクトルと比較せよ：

$$A = [0 \;\; 0.1 \;\; 0.2 \;\; 0.7; \;\; 0.05 \;\; 0 \;\; 0.15 \;\; 0.8; \;\; 0.15 \;\; 0.25 \;\; 0 \;\; 0.6; \;\; 0.1 \;\; 0.3 \;\; 0.6 \;\; 0]'$$

```
n = 100;  x = zeros(1, n);  x(1) = 1;
for k = 2 : n  x(k) = min(find(rand<cumsum(A(:, x(k − 1)))));  end
p = hist(x, 1 : 4)/n
```

17 $1, -1$ の 1 次差分行列を A とすると，$A^{\mathrm{T}}A = 2$ 次差分行列となる．A の特異ベクトルは**正弦ベクトル** $\boldsymbol{v}$ と**余弦ベクトル** $\boldsymbol{u}$ である．すると，$A\boldsymbol{v} = \sigma\boldsymbol{u}$ は，$d/dx(\sin cx) = c(\cos cx)$ を離散的に表したものとなる．これは，私が見たうちで最高の特異値分解である．

$\boldsymbol{A}$ の特異値分解　$A = \begin{bmatrix} 1 & 0 & 0 \\ -1 & 1 & 0 \\ 0 & -1 & 1 \\ 0 & 0 & -1 \end{bmatrix}$　$A^{\mathrm{T}}A = \begin{bmatrix} 2 & -1 & 0 \\ -1 & 2 & -1 \\ 0 & -1 & 2 \end{bmatrix}$

直交正弦行列
$$V = \frac{1}{\sqrt{2}}\begin{bmatrix} \sin\pi/4 & \sin 2\pi/4 & \sin 3\pi/4 \\ \sin 2\pi/4 & \sin 4\pi/4 & \sin 6\pi/4 \\ \sin 3\pi/4 & \sin 6\pi/4 & \sin 9\pi/4 \end{bmatrix}$$

(a) V を数で表せ：$A^{\mathrm{T}}A$ の単位固有ベクトルは A の特異ベクトルである．$\lambda = 2 - \sqrt{2},\ 2,\ 2+\sqrt{2}$ に対して，V の列が $A^{\mathrm{T}}A\boldsymbol{v} = \lambda\boldsymbol{v}$ を満たすことを示せ．

(b) AV の積を計算することで，その列 $\sigma_1\boldsymbol{u}_1$ と $\sigma_2\boldsymbol{u}_2$ と $\sigma_3\boldsymbol{u}_3$ が直交することを確かめよ．余弦行列 U のはじめの 3 列は $\boldsymbol{u}_1, \boldsymbol{u}_2, \boldsymbol{u}_3$ である．

(c) A が 4×3 であるので，4 つ目の直交するベクトル $\boldsymbol{u}_4$ が必要である．それは，A^{T} の零空間から得られる．$\boldsymbol{u}_4$ を求めよ．

U に含まれる余弦ベクトルは AA^{T} の固有ベクトルである．4 番目の余弦ベクトルは $(1,1,1,1)/2$ である．

$$AA^{\mathrm{T}} = \begin{bmatrix} 1 & -1 & 0 & 0 \\ -1 & 2 & -1 & 0 \\ 0 & -1 & 2 & -1 \\ 0 & 0 & -1 & 1 \end{bmatrix} \qquad U = \frac{1}{\sqrt{2}}\begin{bmatrix} \cos\pi/8 & \cos 2\pi/8 & \cos 3\pi/8 \\ \cos 3\pi/8 & \cos 6\pi/8 & \cos 9\pi/8 \\ \cos 5\pi/8 & \cos 10\pi/8 & \cos 15\pi/8 \\ \cos 7\pi/8 & \cos 14\pi/8 & \cos 21\pi/8 \end{bmatrix}$$

これらの角度 $\pi/8, 3\pi/8, 5\pi/8, 7\pi/8$ は，0 と π の間に $\pi/4$ ごとにとった 4 点である．正弦変換は 3 点 $\pi/4, 2\pi/4, 3\pi/4$ で行う．完全な余弦変換には「周波数が零」すなわち**直流**の固有ベクトル $(1,1,1,1)$ に対応する $\boldsymbol{u}_4$ が含まれる．

2 次元における 8×8 の余弦変換は **jpeg 圧縮**の主処理である．線形代数（巡回，テプリッツ，直交行列）は，信号処理の中心である．

固有値と固有ベクトルの表

行列の性質がその固有値や固有ベクトルにどのように影響するか？これは，第 6 章全体の基本的な問である．重要な事実をまとめた表は有用であるので，固有値 λ_i と固有ベクトル $\boldsymbol{x}_i$ の特別な性質を以下に示す．

対称： $A^{\mathrm{T}} = A$	実 λ	直交 $\boldsymbol{x}_i^{\mathrm{T}}\boldsymbol{x}_j = 0$
直交： $Q^{\mathrm{T}} = Q^{-1}$	すべて $\lvert\lambda\rvert = 1$	直交 $\overline{\boldsymbol{x}}_i^{\mathrm{T}}\boldsymbol{x}_j = 0$
歪対称： $A^{\mathrm{T}} = -A$	虚数 λ	直交 $\overline{\boldsymbol{x}}_i^{\mathrm{T}}\boldsymbol{x}_j = 0$
複素エルミート： $\overline{A}^{\mathrm{T}} = A$	実 λ	直交 $\overline{\boldsymbol{x}}_i^{\mathrm{T}}\boldsymbol{x}_j = 0$
正定値： $\boldsymbol{x}^{\mathrm{T}}A\boldsymbol{x} > 0$	すべて $\lambda > 0$	$A^{\mathrm{T}} = A$ より直交
マルコフ： $m_{ij} > 0, \sum_{i=1}^{n} m_{ij} = 1$	$\lambda_{\max} = 1$	安定状態 $\boldsymbol{x} > 0$
相似： $B = M^{-1}AM$	$\lambda(B) = \lambda(A)$	$\boldsymbol{x}(B) = M^{-1}\boldsymbol{x}(A)$
射影： $P = P^2 = P^{\mathrm{T}}$	$\lambda = 1;\ 0$	列空間; 零空間
平面回転	$e^{i\theta}$ と $e^{-i\theta}$	$\boldsymbol{x} = (1, i)$ と $(1, -i)$
鏡映： $I - 2\boldsymbol{u}\boldsymbol{u}^{\mathrm{T}}$	$\lambda = -1;\ 1, .., 1$	$\boldsymbol{u}$; 平面全体 $\boldsymbol{u}^{\perp}$
階数 **1**： $\boldsymbol{u}\boldsymbol{v}^{\mathrm{T}}$	$\lambda = \boldsymbol{v}^{\mathrm{T}}\boldsymbol{u};\ 0, .., 0$	$\boldsymbol{u}$; 平面全体 $\boldsymbol{v}^{\perp}$
逆行列： A^{-1}	$1/\lambda(A)$	A の固有ベクトルは変化しない
シフト： $A + cI$	$\lambda(A) + c$	A の固有ベクトルは変化しない
収束するベキ： $A^n \to 0$	すべて $\lvert\lambda\rvert < 1$	任意の固有ベクトル
収束する指数関数： $e^{At} \to 0$	すべて $\mathrm{Re}\,\lambda < 0$	任意の固有ベクトル
巡回置換： I の第 1 行を最後に	$\lambda_k = e^{2\pi ik/n}$	$\boldsymbol{x}_k = (1, \lambda_k, \ldots, \lambda_k^{n-1})$
三重対角： 対角に $-1, 2, -1$	$\lambda_k = 2 - 2\cos\frac{k\pi}{n+1}$	$\boldsymbol{x}_k = \left(\sin\frac{k\pi}{n+1}, \sin\frac{2k\pi}{n+1}, \ldots\right)$
対角化可能： $A = S\Lambda S^{-1}$	Λ の対角要素	S の列は線形独立
対称： $A = Q\Lambda Q^{\mathrm{T}}$	Λ (実) の対角要素	Q の列は正規直交
シューア： $A = QTQ^{-1}$	T の対角要素	$A^{\mathrm{T}}A = AA^{\mathrm{T}}$ のとき Q の列
ジョルダン： $J = M^{-1}AM$	J の対角要素	各ブロックより $\boldsymbol{x} = (0, .., 1, .., 0)$
矩形： $A = U\Sigma V^{\mathrm{T}}$	$\mathrm{rank}(A) = \mathrm{rank}(\Sigma)$	V, U にある $A^{\mathrm{T}}A, AA^{\mathrm{T}}$ の固有値

第7章

線形変換

7.1　線形変換の概念

行列 A をベクトル $\boldsymbol{v}$ に掛けるとき，行列 A は $\boldsymbol{v}$ をもう1つのベクトル $A\boldsymbol{v}$ に“変換する”．$\boldsymbol{v}$ を**入力**して，$T(\boldsymbol{v}) = A\boldsymbol{v}$ を**出力**する．変換 T は関数と同じ考え方に従う．ある数 x を入力すると，$f(x)$ を出力する．ベクトル $\boldsymbol{v}$ あるいは数 x に対して，それぞれ行列を掛けたり，関数の値を求めたりする．より深い目標は，ただちにすべての $\boldsymbol{v}$ を見えるようにすることである．すべての $\boldsymbol{v}$ に行列 A を掛けると全体の空間 V を変換していることになる

再び行列 A からスタートする．行列 A を掛けると $\boldsymbol{v}$ を $A\boldsymbol{v}$ に変換し，$\boldsymbol{w}$ を $A\boldsymbol{w}$ に変換する．このとき，$\boldsymbol{u} = \boldsymbol{v} + \boldsymbol{w}$ にどんなことが起こったかが**わかる**．$A\boldsymbol{u}$ について，明らかにそれは $A\boldsymbol{v} + A\boldsymbol{w}$ に等しくならなければならない．行列の乗法 $T(\boldsymbol{v}) = A\boldsymbol{v}$ は線形変換を与える．

変換 T は入力された V の各ベクトル $\boldsymbol{v}$ に対して出力 $T(\boldsymbol{v})$ を指定する．変換 T はすべての $\boldsymbol{v}$ と $\boldsymbol{w}$ に対して以下の条件を満たすとき，**線形**であるという．

(a) $T(\boldsymbol{v} + \boldsymbol{w}) = T(\boldsymbol{v}) + T(\boldsymbol{w})$　　(b) $T(c\boldsymbol{v}) = cT(\boldsymbol{v})$,　すべての c に対して．

$\boldsymbol{v} = \boldsymbol{0}$ と入力すると，出力は $T(\boldsymbol{v}) = \boldsymbol{0}$ でなければならない．条件 (a) と (b) を1つに結びつけると，

線形変換　$T(c\boldsymbol{v} + d\boldsymbol{w})$ **は** $cT(\boldsymbol{v}) + dT(\boldsymbol{w})$ **に等しくなければならない．**

再び，行列の乗法において線形性 $A(c\boldsymbol{v} + d\boldsymbol{w}) = cA\boldsymbol{v} + dA\boldsymbol{w}$ が成り立つことを確かめることができる．

線形変換は高度に制限されている．T がすべてのベクトルに $\boldsymbol{u}_0$ を加えると仮定してみよう．このとき，$T(\boldsymbol{v}) = \boldsymbol{v} + \boldsymbol{u}_0$ と $T(\boldsymbol{w}) = \boldsymbol{w} + \boldsymbol{u}_0$ である．これは具合がよくない．少なくとも，**これは線形ではない．**

平行移動は線形でない　$\boldsymbol{v} + \boldsymbol{w} + \nu_0$ は $T(\boldsymbol{v}) + T(\boldsymbol{w}) = \boldsymbol{v} + \boldsymbol{u}_0 + \boldsymbol{w} + \boldsymbol{u}_0$ ではない．

$\boldsymbol{u}_0=\mathbf{0}$ のときは例外である．このとき，変換は $T(\boldsymbol{v})=\boldsymbol{v}$ になる．これは**恒等変換**である（単位行列を掛けるときのように，何も動かさない）．これは確かに線形変換である．この場合には，入力された空間 V は出力された空間 W と同じである．

線形変換と平行移動を合成した $T(\boldsymbol{v})=A\boldsymbol{v}+\boldsymbol{u}_0$ は**アフィン変換**と呼ばれている．T は線形変換ではないが，直線は直線に変換される．アフィン変換をコンピュータグラフィックスに適用させる手法については第 8.7 節で扱う．コンピュータグラフィックスでは像を動かす必要があるからだ．

例 1 固定したベクトル $\boldsymbol{a}=(1,3,4)$ を選び，$T(\boldsymbol{v})$ をドット積 $\boldsymbol{a}\cdot\boldsymbol{v}$ とする．

$$\text{入力は } \boldsymbol{v}=(v_1,v_2,v_3), \qquad \text{出力は } T(\boldsymbol{v})=\boldsymbol{a}\cdot\boldsymbol{v}=v_1+3v_2+4v_3 \text{ である．}$$

これは線形変換である． 入力 $\boldsymbol{v}$ は 3 次元空間 $\mathbf{V}=\mathbf{R}^3$ から出て，出力は単なる数，すなわち，出力空間は $\mathbf{W}=\mathbf{R}^1$ である．このとき，ベクトル $\boldsymbol{v}$ に行の行列 $A=[1\ \ 3\ \ 4]$ を掛けている．すると，$T(\boldsymbol{v})=A\boldsymbol{v}$ である．

これでどのような変換が線形であるかよくわかったであろう．出力が平方 v_1^2 や積 v_1v_2，あるいは長さ $\|\boldsymbol{v}\|$ などを含む場合，T は線形ではない．

例 2 長さ $T(\boldsymbol{v})=\|\boldsymbol{v}\|$ は線形ではない．このとき，線形性に対する条件 (a) は $\|\boldsymbol{v}+\boldsymbol{w}\|=\|\boldsymbol{v}\|+\|\boldsymbol{w}\|$ となる．同じく，条件 (b) は $\|c\boldsymbol{v}\|=c\|\boldsymbol{v}\|$ となる．これらはどちらも成り立たない．

(a) は成り立たない：三角形の辺は**不等式** $\|\boldsymbol{v}+\boldsymbol{w}\|\leq\|\boldsymbol{v}\|+|\,\boldsymbol{w}\|$ を満たす．

(b) は成り立たない：$\|-\boldsymbol{v}\|$ は $-\|\boldsymbol{v}\|$ ではない．負の数 c に対しては (b) は成り立たない．

例 3 （重要）T をすべてのベクトルを 30° **回転させる**変換とする．**定義域**は xy 平面（すべての入力ベクトル $\boldsymbol{v}$）で，**値域**もまた xy 平面（すべての回転されたベクトル $T(\boldsymbol{v})$）である．T を行列を使わないで「30° 回転させる」と表現する．

回転は線形であろうか？ **答は「イエス」である．** 2 つのベクトルを回転させ，その結果を加えることができる．回転の和 $T(\boldsymbol{v})+T(\boldsymbol{w})$ は和 $\boldsymbol{v}+\boldsymbol{w}$ を回転した $T(\boldsymbol{v}+\boldsymbol{w})$ と同じである．この線形変換において，全平面は回転する．

直線 対 直線, 三角形 対 三角形

図 7.1 は入力空間において $\boldsymbol{v}$ から $\boldsymbol{w}$ への直線を表している．それは $T(\boldsymbol{v})$ から $T(\boldsymbol{w})$ への直線もまた表している．線形性は我々に次のことを教えている：入力された直線上のすべての点は出力された直線の上に移る．さらにそれ以上のことがわかる：**等しい間隔の点は等しい間隔の点に移る．** 中点 $\boldsymbol{u}=\frac{1}{2}\boldsymbol{v}+\frac{1}{2}\boldsymbol{w}$ は中点 $T(\boldsymbol{u})=\frac{1}{2}T(\boldsymbol{v})+\frac{1}{2}T(\boldsymbol{w})$ に移る．

2 番目の図は次元を上げている．いま 3 つの頂点 $\boldsymbol{v}_1$, $\boldsymbol{v}_2$, $\boldsymbol{v}_3$ がある．これらの点を入力すると，3 つの出力された点 $T(\boldsymbol{v}_1)$, $T(\boldsymbol{v}_2)$, $T(\boldsymbol{v}_3)$ がある．「入力された三角形は出力された三角形に移る」．等しい間隔の点は等しい間隔の点に移る（辺に沿って，それから辺の間で）．

重心 $\boldsymbol{u} = \frac{1}{3}(\boldsymbol{v}_1 + \boldsymbol{v}_2 + \boldsymbol{v}_3)$ は重心 $T(\boldsymbol{u}) = \frac{1}{3}(T(\boldsymbol{v}_1) + T(\boldsymbol{v}_2) + T(\boldsymbol{v}_3))$ に移る．

線形性の規則は 3 つのベクトルあるいは n 個のベクトルの線形結合に拡張される：

線形性　$\boldsymbol{u} = c_1\boldsymbol{v}_1 + c_2\boldsymbol{v}_2 + \cdots + c_n\boldsymbol{v}_n$　**は次のベクトルに変換される．**

$$T(\boldsymbol{u}) = c_1T(\boldsymbol{v}_1) + c_2T(\boldsymbol{v}_2) + \cdots + c_nT(\boldsymbol{v}_n) \tag{1}$$

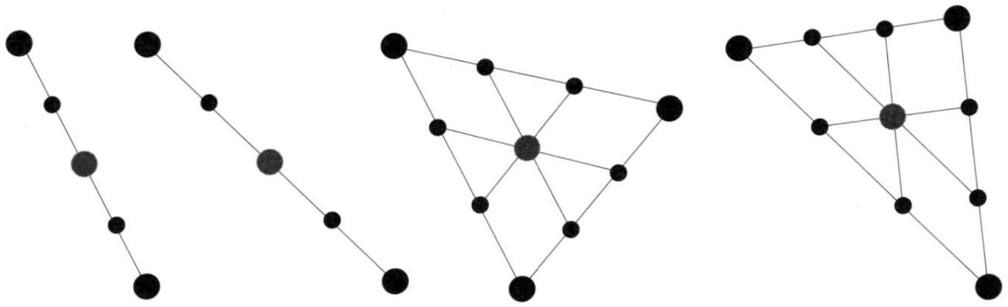

図 **7.1**　直線から直線，等間隔から等間隔，$\boldsymbol{u} = \boldsymbol{0}$ から $T(\boldsymbol{u}) = \boldsymbol{0}$.

注　変換はそれら自身の言葉を持っている．行列がないところでは，列空間について話すことはできない．しかし，考え方は取り出すことができる．列空間はすべての出力 $A\boldsymbol{v}$ から構成される．零空間は $A\boldsymbol{v} = \boldsymbol{0}$ を満たすすべての入力ベクトルからなる．これらに**値域**および**核**と名前をつける．

$\boldsymbol{T}$ の**値域** ＝ すべての出力 $T(\boldsymbol{v})$ の集合：値域は列空間に対応する．

$\boldsymbol{T}$ の**核** ＝ $T(\boldsymbol{v}) = \boldsymbol{0}$ となるすべての入力 $\boldsymbol{v}$ の集合：核は零空間に対応する．

値域は出力空間 $\mathbf{W}$ の中にある．核は入力空間 $\mathbf{V}$ の中にある．T が行列による掛け算 $T(\boldsymbol{v}) = A\boldsymbol{v}$ ならば，列空間と零空間に翻訳することができる．

変換の例（ほとんどは線形変換）

例 4　すべての 3 次元ベクトルを xy 平面の上に正射影せよ．このとき，$T(x, y, z) = (x, y, 0)$ である．値域はすべての $T(\boldsymbol{v})$ を含む xy 平面である．核は z 軸（これは零に射影される）である．この射影は線形変換である．

例 5　すべての 3 次元ベクトルを水平面 $z = 1$ の上に正射影せよ．このとき，ベクトル $\boldsymbol{v} = (x, y, z)$ は $T(\boldsymbol{v}) = (x, y, 1)$ に変換される．この変換は線形ではない．なぜか？ それは $\boldsymbol{v} = \boldsymbol{0}$ を $T(\boldsymbol{v}) = \boldsymbol{0}$ に移すことさえしないからである．

すべての 3 次元ベクトルに 3×3 の行列 A を掛けよ．この $T(\boldsymbol{v}) = A\boldsymbol{v}$ は線形変換である．

$T(\boldsymbol{v}+\boldsymbol{w})=A(\boldsymbol{v}+\boldsymbol{w})$	は確かに	$A\boldsymbol{v}+A\boldsymbol{w}=T(\boldsymbol{v})+T(\boldsymbol{w})$	に等しい

例 6　A を**可逆行列**とする．T の核は零ベクトルであり，値域 $\mathbf{W}$ は定義域 $\mathbf{V}$ と等しい．A^{-1} を掛けることも線形変換である．これは $T(\boldsymbol{v})$ を $\boldsymbol{v}$ に引き戻す**逆変換** T^{-1} である．

$$T^{-1}(T(\boldsymbol{v}))=\boldsymbol{v} \quad \text{は行列の乗法} \quad A^{-1}(A\boldsymbol{v})=\boldsymbol{v} \quad \text{に相当する．}$$

ここで不可避的な問題にたどり着いた．**$\mathbf{V}=\mathbf{R}^n$ から $\mathbf{W}=\mathbf{R}^m$ へのすべての線形変換は行列によって生ずるか？** 線形変換 T が**回転**や**射影**などによって記述されるとき，T の背後に常に隠れている行列が存在しているのではないか？

答は「イエス」である．このことは行列から出発するのではない線形代数への 1 つのアプローチ方法である．次の節では，さらになお行列で終わることになることがわかる．

平面の線形変換

変換を定義するより，それを「見る」のはもっと面白い．$\mathbf{R}^2$ のすべてのベクトルに 2×2 の行列 A を掛けると，それがどのように作用するか見ることができる．11 個の端点を持つ**家**からスタートする．それら 11 個のベクトル $\boldsymbol{v}$ は 11 個のベクトル $A\boldsymbol{v}$ に変換される．各 $\boldsymbol{v}$ の間の直線は変換された各ベクトル $A\boldsymbol{v}$ の間の直線になる（家から家への変換は線形である！）．標準的な家に A を施すと新しい家が作られる．伸びたり，回転したり，ひょっとしたら，人の住めない家になるかもしれない．

本書のこの部分は視覚的であり，理論的ではない．ここでは 4 つの家とそれらを作り出す行列をお見せしよう．行列 H の列は最初の家の 11 個の角である（H は 2×12 の行列であり，Plot2d は 11 個の頂点を最初の頂点に連結する）．行列 A を掛けると，家の行列 H の 11 個の頂点は別の家の頂点 AH を作り出す．

$$\text{家の行列} \quad H=\begin{bmatrix} -6 & -6 & -7 & 0 & 7 & 6 & 6 & -3 & -3 & 0 & 0 & -6 \\ -7 & 2 & 1 & 8 & 1 & 2 & -7 & -7 & -2 & -2 & -7 & -7 \end{bmatrix}.$$

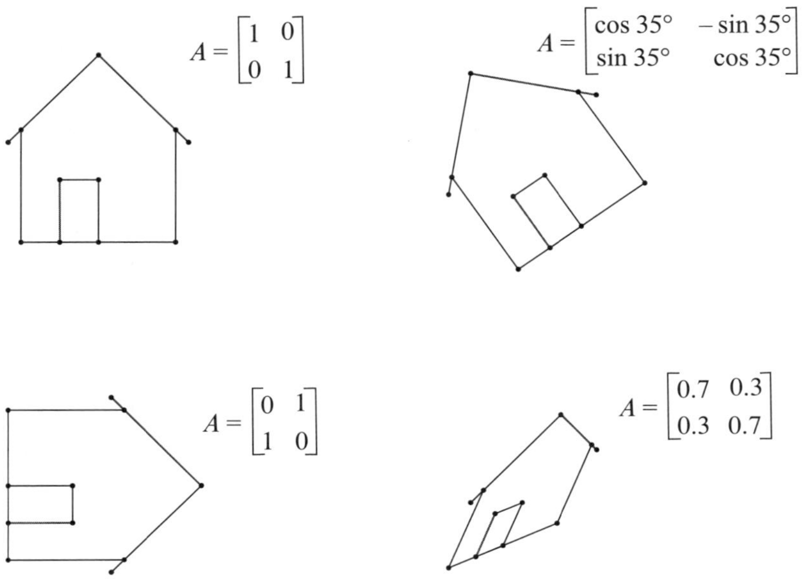

図 **7.2**　plot2d($A * H$) により描かれた家の線形変換

■　要点の復習　■

1. 変換 T は入力空間の各 $\boldsymbol{v}$ を出力空間の $T(\boldsymbol{v})$ に変換する．
2. 変換 T は，$T(\boldsymbol{v}+\boldsymbol{w}) = T(\boldsymbol{v}) + T(w)$ と $T(c\boldsymbol{v}) = cT(\boldsymbol{v})$ を満たすとき，すなわち，直線が直線に移るとき**線形**である．
3. 線形結合は線形結合へ：$T(c_1\boldsymbol{v}_1 + \cdots + c_n\boldsymbol{v}_n) = c_1T(\boldsymbol{v}_1) + \cdots + c_nT(\boldsymbol{v}_n)$.
4. 変換 $T(\boldsymbol{v}) = A\boldsymbol{v} + \boldsymbol{v}_0$ は $\boldsymbol{v}_0 = 0$ であるときに線形であり，かつそのときに限る．このとき，$T(\boldsymbol{v}) = A\boldsymbol{v}$ である．

■　例題　■

7.1 A　基本変形の行列 $\left[\begin{smallmatrix}1&0\\1&1\end{smallmatrix}\right]$ は (x, y) から $T(x, y) = (x, x+y)$ へ**ずらし変換**を与える．xy 平面を描き，点 (1,0) と (1,1) にどんなことが起きるか見てみよう．垂直な直線 $x = 0$ と $x = a$ の上の点にどんなことが起きるか？　入力された点が単位正方形 $0 \leq x \leq 1,\ 0 \leq y \leq 1$ を動くとき，出力された点が動く図形を描け（変形された正方形）．

解　x 軸上の点 $(1, 0)$ と $(2, 0)$ は T によって，$(1, 1)$ と $(2, 2)$ にそれぞれ変換される．水平な x 軸は 45° の傾きを持つ直線に変換される（もちろん，$(0, 0)$ を通る）．$T(0, y) = (0, y)$ であるから，y 軸上の点は**動かない**．y 軸は固有値を $\lambda = 1$ とする T の固有ベクトルのつくる直線である．これは $x = a$ とするとき，a だけ持ち上げられた点である．

垂直な直線は上へスライドアップする．
これは正方形を平行四辺形にするずらしである．

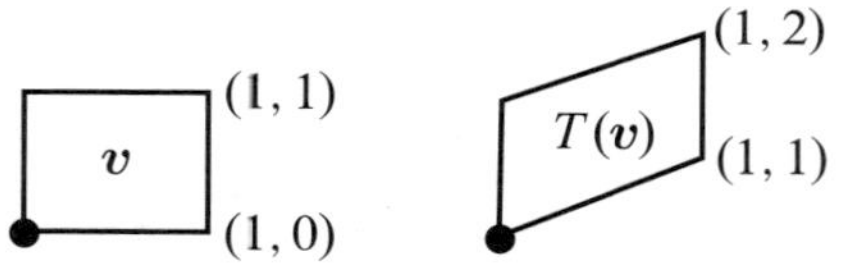

7.1 B 非線形変換を T とする．出力空間のすべての $\boldsymbol{b}$ に対して，$\boldsymbol{b}$ が入力空間の唯一つの $\boldsymbol{x}$ から生ずるとき，すなわち，$T(\boldsymbol{x})=\boldsymbol{b}$ は常に唯一つの解を持つとき，T は逆変換を持つ（可逆である）．（実数 x 上で）以下の変換のどれが逆変換を持つであろうか，そして T^{-1} は何か？ これらのどれも線形ではなく，T_3 でさえも線形ではない．$T(\boldsymbol{x})=\boldsymbol{b}$ を解くとき，T を逆転させている．

$$T_1(x)=x^2,\quad T_2(x)=x^3,\quad T_3(x)=x+9,\quad T_4(x)=e^x,\quad T_5(x)=\frac{1}{x}\ (x\neq 0)$$

解　T_1 は可逆でない：$x^2=1$ は「2 つ」の解を持ち，$x^2=-1$ は解を持たない．

T_4 は可逆でない：なぜなら，$e^x=-1$ は解を持たない（出力空間を「正」の $\boldsymbol{b}$ に変えれば，$e^x=b$ の逆は $x=\ln b$ である）．

T_5^2 =恒等写像である．しかし，$T_3^2(x)=x+18$ である．$T_2^2(x)$ と $T_4^2(x)$ は何になるであろうか？

T_2, T_3, T_4 は可逆である．$x^3=b$ や $x+9=b$，$\frac{1}{x}=b$ の解は唯一つである．

$$x=T_2^{-1}(b)=b^{1/3}\quad x=T_3^{-1}(b)=b-9\quad x=T_5^{-1}(b)=1/b$$

練習問題 7.1

1　線形変換は零ベクトルを零ベクトルに移す：$T(\boldsymbol{0})=\boldsymbol{0}$．このことを，式 $T(\boldsymbol{v}+\boldsymbol{w})=T(\boldsymbol{v})+T(\boldsymbol{w})$ において，$\boldsymbol{w}=$ _____ とおくことによって証明せよ．また，同じことを式 $T(c\boldsymbol{v})=cT(\boldsymbol{v})$ において $c=$ _____ とおくことによっても証明できることを示せ．

2　条件 (b) より，$T(c\boldsymbol{v})=cT(\boldsymbol{v})$ と $T(d\boldsymbol{w})=dT(\boldsymbol{w})$ が得られる．これらを辺々加えると，条件 (a) より $T(\quad)=(\quad)$ が得られる．次に，$T(c\boldsymbol{v}+d\boldsymbol{w}+e\boldsymbol{u})$ はどうなるか？

3　以下の変換の中で線形でないものはどれか？ 入力は $\boldsymbol{v}=(v_1,v_2)$ である．

(a)　$T(\boldsymbol{v})=(v_2,v_1)$　(b)　$T(\boldsymbol{v})=(v_1,v_1)$　(c)　$T(\boldsymbol{v})=(0,v_1)$
(d)　$T(\boldsymbol{v})=(0,1)$　(e)　$T(\boldsymbol{v})=v_1-v_2$　(f)　$T(\boldsymbol{v})=v_1v_2$.

4　S と T が線形変換であるとき，$S(T(\boldsymbol{v}))$ は線形変換であるか，または 2 次変換か？

(a)（特別な場合）$S(\boldsymbol{v})=\boldsymbol{v}$ かつ $T(\boldsymbol{v})=\boldsymbol{v}$ であるとき，$S(T(\boldsymbol{v}))=\boldsymbol{v}$ または $\boldsymbol{v}^2$？

(b)（一般的な場合）$S(\boldsymbol{w}_1+\boldsymbol{w}_2)=S(\boldsymbol{w}_1)+S(\boldsymbol{w}_2)$ と $T(\boldsymbol{v}_1+\boldsymbol{v}_2)=T(\boldsymbol{v}_1)+T(\boldsymbol{v}_2)$ を合成すると次のようになる．

$$S(T(\boldsymbol{v}_1+\boldsymbol{v}_2))=S(\_\_\_\_\_)=\_\_\_\_\_+\_\_\_\_\_.$$

5 $T(0, v_2) = (0, 0)$ 以外は $T(\boldsymbol{v}) = \boldsymbol{v}$ と仮定する．この変換によって $T(c\boldsymbol{v}) = cT(\boldsymbol{v})$ は成り立つが，$T(\boldsymbol{v} + \boldsymbol{w}) = T(\boldsymbol{v}) + T(\boldsymbol{w})$ は成り立たないことを示せ．

6 以下の変換で $T(\boldsymbol{v} + \boldsymbol{w}) = T(\boldsymbol{v}) + T(\boldsymbol{w})$ を満たすものはどれか，また $T(c\boldsymbol{v}) = cT(\boldsymbol{v})$ を満たすものはどれか？

(a) $T(\boldsymbol{v}) = \boldsymbol{v}/\|\boldsymbol{v}\|$ (b) $T(\boldsymbol{v}) = v_1 + v_2 + v_3$ (c) $T(\boldsymbol{v}) = (v_1, 2v_2, 3v_3)$
(d) $T(\boldsymbol{v}) = \boldsymbol{v}$ の最大の要素．

7 $\mathbf{V} = \mathbf{R}^2$ から $\mathbf{W} = \mathbf{R}^2$ への以下のそれぞれの変換において，$T(T(\boldsymbol{v}))$ を求めよ．この変換 T^2 は線形か？

(a) $T(\boldsymbol{v}) = -\boldsymbol{v}$ (b) $T(\boldsymbol{v}) = \boldsymbol{v} + (1, 1)$
(c) $T(\boldsymbol{v}) = 90°$ の回転 $= (-v_2, v_1)$
(d) $T(\boldsymbol{v}) =$ 射影 $= \left(\frac{v_1+v_2}{2}, \frac{v_1+v_2}{2}\right)$.

8 T の値域と核を求めよ（列空間と零空間のような）．

(a) $T(v_1, v_2) = (v_1 - v_2, 0)$ (b) $T(v_1, v_2, v_3) = (v_1, v_2)$
(c) $T(v_1, v_2) = (0, 0)$ (d) $T(v_1, v_2) = (v_1, v_1)$.

9 **巡回変換** T は $T(v_1, v_2, v_3) = (v_2, v_3, v_1)$ によって定義される．$T(T(\boldsymbol{v}))$ は何か，$T^3(\boldsymbol{v})$ は何か，$T^{100}(\boldsymbol{v})$ は何か？ T を 100 回 $\boldsymbol{v}$ に施せ．

10 $\mathbf{V}$ から $\mathbf{W}$ への線形変換は，値域が $\mathbf{W}$ に一致しかつ核が $\boldsymbol{v} = \mathbf{0}$ だけを含むとき，$\mathbf{W}$ から $\mathbf{V}$ への**逆変換**を持つ．このとき，$\mathbf{W}$ の任意の $\boldsymbol{w}$ に対して $T(\boldsymbol{v}) = \boldsymbol{w}$ は唯一つの解 $\boldsymbol{v}$ を持つ．以下の変換 T はなぜ逆変換を持たないか？

(a) $T(v_1, v_2) = (v_2, v_2)$ $\mathbf{W} = \mathbf{R}^2$
(b) $T(v_1, v_2) = (v_1, v_2, v_1 + v_2)$ $\mathbf{W} = \mathbf{R}^3$
(c) $T(v_1, v_2) = v_1$ $\mathbf{W} = \mathbf{R}^1$

11 $T(\boldsymbol{v}) = A\boldsymbol{v}$ かつ A は $m \times n$ の行列とするとき，T は A を掛けることである．

(a) 入力空間 $\mathbf{V}$ と出力空間 $\mathbf{W}$ は何か？
(b) なぜ T の値域は A の列空間なのか？
(c) なぜ T の核は A の零空間なのか？

12 線形変換 T は $(1, 1)$ を $(2, 2)$ に変換し，$(2, 0)$ を $(0, 0)$ に変換すると仮定する．以下の場合に，$T(\boldsymbol{v})$ を求めよ．

(a) $\boldsymbol{v} = (2, 2)$ (b) $\boldsymbol{v} = (3, 1)$ (c) $\boldsymbol{v} = (-1, 1)$ (d) $\boldsymbol{v} = (a, b)$.

問題 13〜19 は難しいかもしれない．入力空間 V はすべての 2 行 2 列の行列 M からなる．

13 M を任意の 2×2 の行列とし，$A = \begin{bmatrix} \mathbf{1} & \mathbf{2} \\ \mathbf{3} & \mathbf{4} \end{bmatrix}$ とする．変換 T は $T(M) = AM$ によって定義される．行列の乗法におけるどんな規則によって T は線形変換になるか？

14 $A = \begin{bmatrix} \mathbf{1} & \mathbf{2} \\ \mathbf{3} & \mathbf{5} \end{bmatrix}$ とする．T の値域は行列空間全体 $\mathbf{V}$ であり，核は零行列であることを示せ．

(1)　$AM = 0$ であるとき，M は零行列であることを証明せよ．
(2)　任意の 2×2 の行列 B に対して $AM = B$ に対する解を求めよ．

15 $A = \begin{bmatrix} \mathbf{1} & \mathbf{2} \\ \mathbf{3} & \mathbf{6} \end{bmatrix}$ とする．単位行列 I は T の値域の中にないことを示せ．$T(M) = AM$ が零行列となるような零でない行列 M を求めよ．

16 T はすべての行列 M を転置するものと仮定する．すべての行列 M に対して，$AM = M^T$ となる行列 A を求めてみよう．このような変換をする行列は存在しないことを示せ.「先生方へ」: これは 1 つの行列からは生じない線形変換であろうか？

17 すべての行列を転置する変換 T は確かに線形変換である．線形変換に加えて，さらに次の性質のどれが成り立つか？

(a)　$T^2 =$ 恒等変換.
(b)　T の核は零行列である.
(c)　すべての行列は T の値域の中にある.
(d)　$T(M) = -M$ は不可能である.

18 $T(M) = \begin{bmatrix} \mathbf{1} & \mathbf{0} \\ \mathbf{0} & \mathbf{0} \end{bmatrix} \begin{bmatrix} \mathrm{M} \end{bmatrix} \begin{bmatrix} \mathbf{0} & \mathbf{0} \\ \mathbf{0} & \mathbf{1} \end{bmatrix}$ と仮定する．$T(M) \neq 0$ を満たす行列を求めよ．$T(M) = 0$ を満たす行列をすべて求め（核），またすべての出力された行列 $T(M)$ を求めよ（値域）．

19 A と B を可逆行列とし，$T(M) = AMB$ とする．このとき，$T^{-1}(M)$ を $(\quad)M(\quad)$ という形で求めよ．

問題 20〜26 は家変換に関する問題である．出力は $T(H) = AH$ である．

20 A が以下のようなそれぞれの性質を持つ行列であることは，T の絵（家）からどのようにしてわかるか？

(a)　対角行列.
(b)　階数 1 の行列.
(c)　下三角行列.

21 以下のそれぞれの行列に対して T の絵を描け.

$$(a)\ D = \begin{bmatrix} 2 & 0 \\ 0 & 1 \end{bmatrix}, \quad (b)\ A = \begin{bmatrix} 0.7 & 0.7 \\ 0.3 & 0.3 \end{bmatrix}, \quad (c)\ U = \begin{bmatrix} 1 & 1 \\ 0 & 1 \end{bmatrix}.$$

22 $A = \left[\begin{smallmatrix} \mathrm{a} & \mathrm{b} \\ \mathrm{c} & \mathrm{d} \end{smallmatrix}\right]$ についてどんな条件があれば，T（家）が以下のそれぞれの状況になるか？

(a) 垂直に立つ．
(b) 家をすべての方向に 3 倍に拡張する．
(c) 家の形を変えないで回転する．

23 $T(\boldsymbol{v}) = -\boldsymbol{v} + (1, 0)$ であるとき，T（家）を説明せよ．この T を **アフィン変換** という．

24 家行列 H を変えて煙突を付け加えよ．

25 標準的な家は plot2d(H) によって描ける．o から円，そして − から直線：

```
x = H(1, :)′; y = H(2, :)′;
axis([−1010−1010]), axis(′square′)
plot(x, y, ′o′, x, y, ′−′);
```

図 7.1 における行列を用いて plot2d(A′∗ H) と plot2d(A′∗ A ∗ H) をテストせよ．

26 以下のそれぞれの行列 A に対し，コンピュータを使わないで家 $A * H$ を描け．

$$(a)\ \begin{bmatrix} 1 & 0 \\ 0 & 0.1 \end{bmatrix},\quad (b)\ \begin{bmatrix} 0.5 & 0.5 \\ 0.5 & 0.5 \end{bmatrix},\quad (c)\ \begin{bmatrix} 0.5 & 0.5 \\ -0.5 & 0.5 \end{bmatrix},\quad (d)\ \begin{bmatrix} 1 & 1 \\ 1 & 0 \end{bmatrix}.$$

27 このコードは 360° を等分する 50 個のベクトルを作る．これは単位円を描き，それから T(円) = 楕円 とする．$T(\boldsymbol{v}) = A\boldsymbol{v}$ は円を楕円にする．

```
A = [2 1;1 2]      % A を変えてもよい
theta = [0:2 ∗ pi/50:2 ∗ pi];
circle = [cos(theta); sin(theta)];
ellipse = A ∗ circle;
axis([−4 4 −4 4]); axis('square')
plot(circle(1,:), circle(2,:), ellipse(1,:), ellipse(2,:))
```

28 問題 27 における円に 2 つの目と微笑を付け加えよ（1 つの目は暗く，他方は明るくすれば，その顔がいつ y 軸を横切って反射したかわかる）．行列 A を掛けると新しい顔が得られる．

挑戦問題

29 $\det A = ad - bc$ についてどんな条件があれば，出力された家 AH が以下のそれぞれの状況になるか？

(a) 押しつぶされて直線になる．

(b) 端点の時計回りの順序を維持する（反射でなく）．

(c) もとの家と同じ面積を持つ．

30 $A = U\Sigma V^{\mathrm{T}}$（特異値分解）により A は**円を楕円**にする．$A = U\Sigma V^{\mathrm{T}}$ は，円の半径ベクトル $\boldsymbol{v}_1$ と $\boldsymbol{v}_2$ が楕円の半軸 $\sigma_1\boldsymbol{u}_1$ と $\sigma_2\boldsymbol{u}_2$ に移ることを意味している．$\theta = 30°$ に対して円と楕円を描け．

$$V = \begin{bmatrix} 0 & 1 \\ 1 & 0 \end{bmatrix} \qquad U = \begin{bmatrix} \cos\theta & -\sin\theta \\ \sin\theta & \cos\theta \end{bmatrix} \qquad \Sigma = \begin{bmatrix} 2 & 0 \\ 0 & 1 \end{bmatrix}.$$

31 $\mathbf{R}^2$ から $\mathbf{R}^2$ へのすべての線形変換 T はなぜ正方形を平行四辺形に移すのか？ 長方形もまた平行四辺形になる（T が可逆でなければ押しつぶされる）．

7.2　線形変換の行列

次の話題は**すべての線形変換 T に 1 つの行列を対応させる**ことである．通常の列ベクトルについて，入力 $\boldsymbol{v}$ は $\mathbf{V} = \mathbf{R}^n$ の中にあり，出力 $T(\boldsymbol{v})$ は $\mathbf{W} = \mathbf{R}^m$ の中にある．この変換 T に対する行列 A は $m \times n$ になるだろう．$\mathbf{V}$ と $\mathbf{W}$ における基底の選び方により A が定まる．

$\mathbf{R}^n$ と $\mathbf{R}^m$ の標準基底は I の列である．その選択は標準的な行列を導き，普通のように $T(\boldsymbol{v}) = A\boldsymbol{v}$ となる．しかし，これらの空間には別の基底もあるので，同じ変換 T は別の行列によって表される．線形代数の主要なテーマは T に対する最良の行列を与える基底を選ぶことである．

$\mathbf{V}$ と $\mathbf{W}$ が $\mathbf{R}^n$ と $\mathbf{R}^m$ でないとき，それでもそれらは基底を持つ．基底のそれぞれの選択は行列 T を定める．入力された基底が出力された基底と異なるとき，$T(\boldsymbol{v}) = \boldsymbol{v}$ に対する行列は単位行列 I ではない．それは**基底変換行列**となる．

本節の要点

基底ベクトル $\boldsymbol{v}_1, \ldots, \boldsymbol{v}_n$ に対して $T(\boldsymbol{v}_1), \ldots, T(\boldsymbol{v}_n)$ がわかれば，線形性よりすべての出力ベクトル $\boldsymbol{v}$ に対して $T(\boldsymbol{v})$ がわかる．

理由　すべてのベクトル $\boldsymbol{v}$ は基底ベクトル $\boldsymbol{v}_i$ を用いて線形結合 $c_1\boldsymbol{v}_1 + \cdots + c_n\boldsymbol{v}_n$ により表される．T は線形変換であるから（ここは線形性を使う場面である），$T(\boldsymbol{v})$ は**わかっている出力 $T(\boldsymbol{v}_i)$ の同じ線形結合** $c_1T(\boldsymbol{v}_1) + \cdots + c_nT(\boldsymbol{v}_n)$ でなければならない．

最初の例は標準基底のベクトル $(1,0)$ と $(0,1)$ に対して，出力 $T(\boldsymbol{v})$ を与える．

例 1 T が $\boldsymbol{v}_1 = (1,0)$ を $T(\boldsymbol{v}_1) = (2,3,4)$ に変換し，2 番目のベクトル $\boldsymbol{v}_2 = (0,1)$ は $T(\boldsymbol{v}_2) = (5,5,5)$ に移ると仮定する．T が $\mathbf{R}^2$ から $\mathbf{R}^3$ への線形変換ならば，その**標準行列**は 3×2 である．これらの出力 $T(\boldsymbol{v}_1)$ と $T(\boldsymbol{v}_2)$ はその列に移る．

$$A = \begin{bmatrix} 2 & 5 \\ 3 & 5 \\ 4 & 5 \end{bmatrix}. \qquad \begin{array}{l} T(\boldsymbol{v}_1 + \boldsymbol{v}_2) = T(\boldsymbol{v}_1) + T(\boldsymbol{v}_2) \\ \text{は列を結びつける} \end{array} \qquad \begin{bmatrix} 2 & 5 \\ 3 & 5 \\ 4 & 5 \end{bmatrix} \begin{bmatrix} 1 \\ 1 \end{bmatrix} = \begin{bmatrix} 7 \\ 8 \\ 9 \end{bmatrix}.$$

例 2 関数 $1, x, x^2, x^3$ の導関数は $0, 1, 2x, 3x^2$ である．これらは**微分する**という変換 T に関する 4 つの事実である．入力と出力は関数である！ さてここで**微分変換** T は線形であるという非常に重要な事実を付け加えよう：

$$T(\boldsymbol{v}) = \frac{d\boldsymbol{v}}{dx} \quad \text{は線形性の規則に従う} \quad \frac{d}{dx}(c\boldsymbol{v} + d\boldsymbol{w}) = c\frac{d\boldsymbol{v}}{dx} + d\frac{d\boldsymbol{w}}{dx}. \tag{1}$$

すべての他の導関数を求めるときに使うのもまさしくこの線形性である．それぞれの独立したベキの関数 $1, x, x^2, x^3$（これらは基底ベクトル $\boldsymbol{v}_1, \boldsymbol{v}_2, \boldsymbol{v}_3, \boldsymbol{v}_4$ である）から $4 + x + x^2 + x^3$ のような任意の多項式の導関数を求めることができる．

$$\frac{d}{dx}(4 + x + x^2 + x^3) = 1 + 2x + 3x^2 \qquad \text{（線形性によって！）}$$

この例は T（微分 d/dx）を入力 $\boldsymbol{v} = 4\boldsymbol{v}_1 + \boldsymbol{v}_2 + \boldsymbol{v}_3 + \boldsymbol{v}_4$ に適用する．ここでは入力空間 $\mathbf{V}$ は $1, x, x^2, x^3$ のすべての線形結合を含んでいる．それらをベクトルと呼ぼう，それらを関数と呼ぶ人もいるだろう．それらの 4 つのベクトルは 3 次多項式（次数 ≤ 3 の）のつくる空間 $\mathbf{V}$ に対する基底である．4 つの導関数により，$\mathbf{V}$ におけるすべての導関数がわかる．

A の零空間については，$A\boldsymbol{v} = \mathbf{0}$ を解けばよい．微分 T の核を求めるために，$d\boldsymbol{v}/dx = \mathbf{0}$ を解く．解は $\boldsymbol{v} =$ 定数 である．T の零空間はすべての定数関数（最初の基底関数 $\boldsymbol{v}_1 = 1$ のような）からなる 1 次元のベクトル空間である．

値域（あるいは列空間）を求めるために，$T(\boldsymbol{v}) = d\boldsymbol{v}/dx$ からのすべての出力を見てみよう．入力は 3 次多項式 $a + bx + cx^2 + dx^3$ であるから，出力は **2 次多項式**である．出力空間 $\mathbf{W}$ について 1 つの選択がある．すなわち，$\mathbf{W}$ が 3 次多項式全体ならば，T の値域（2 次多項式全体）は 1 つの部分空間である．$\mathbf{W}$ が 2 次多項式全体ならば，T の値域は $\mathbf{W}$ 全体である．

その第 2 の選択は定義域あるいは入力空間（$\mathbf{V} =$ 3 次多項式のつくる空間）と像あるいは出力空間（$\mathbf{W}$ =2 次多項式）との間の差を強調している．$\mathbf{V}$ の次元は $n = 4$ であり，$\mathbf{W}$ の次元は $n = 3$ である．後で現れる**微分行列**は 3×4 となる．

T の値域は 3 次元の部分空間である．この行列は階数 $r = 3$ を持つ．核は 1 次元である．和 $3 + 1 = 4$ は入力空間の次元である．これは線形代数の基本定理における式 $r + (n - r) = n$ を満たしている．すなわち，(**値域の次元**) + (**核の次元**) = **入力空間の次元** が成り立つ．

例 3 積分は微分の逆である．このことは「**微積分学の基本定理**」である．いまこれを線形代数において見てみよう．“0 から x まで積分する” 変換 T^{-1} は線形である．T^{-1} を $1, x, x^2$ に適用し，それらをそれぞれ $\boldsymbol{w}_1, \boldsymbol{w}_2, \boldsymbol{w}_3$ とする：

$$\textbf{積分は } T^{-1} \textbf{である} \qquad \int_0^x 1\,dx = x, \quad \int_0^x x\,dx = \tfrac{1}{2}x^2, \quad \int_0^x x^2\,dx = \tfrac{1}{3}x^3.$$

線形性によって，$\boldsymbol{w} = B + Cx + Dx^2$ の積分は $T^{-1}(\boldsymbol{w}) = Bx + \frac{1}{2}Cx^2 + \frac{1}{3}Dx^3$ である．2 次式の積分は 3 次式である．T^{-1} の入力空間は 2 次多項式のつくるベクトル空間であり，出力空間は 3 次多項式のつくるベクトル空間であり，**積分は W を V に引き戻す**．その行列は 4×3 になる．

T^{-1} の値域 出力 $Bx + \frac{1}{2}Cx^2 + \frac{1}{3}Dx^3$ は定数項のない 3 次多項式である．
T^{-1} の核 出力は $B = C = D = 0$ であるときに限り零となる．零空間は $\mathbf{Z} = \{\mathbf{0}\}$ である．

基本定理 $3 + 0$ は T^{-1} に対する入力空間 $\mathbf{W}$ の次元である．

微分と積分に対する行列

行列 A と A^{-1} が微分 T と積分 T^{-1} をどのように忠実に反映しているかを示していこう．これは微積分からの素晴らしい例である（A^{-1} と書いているがその意味で用いているわけではない）．このとき，任意の線形変換 T をどのようにして行列 A によって表現することができるか，という一般的な規則に至る．

微分は 3 次多項式のつくる空間 $\mathbf{V}$ を 2 次多項式のつくる空間 $\mathbf{W}$ へ変換する．$\mathbf{V}$ の基底は $1, x, x^2, x^3$ であり，$\mathbf{W}$ の基底は $1, x, x^2$ である．このとき，微分行列は 3×2 である．

$$A = \begin{bmatrix} 0 & 1 & 0 & 0 \\ 0 & 0 & 2 & 0 \\ 0 & 0 & 0 & 3 \end{bmatrix} = \textbf{微分 } T \textbf{ の行列形.} \tag{2}$$

A はなぜ適切な行列なのか？ それは A **を掛けることが T により変換することと一致するからである．** $\boldsymbol{v} = a + bx + cx^2 + dx^3$ の導関数は $T(\boldsymbol{v}) = b + 2cx + 3dx^2$ である．行列 A を掛けるとき，同じ数 b や $2c$ や $3d$ が現れる．

$$\textbf{微分する} \qquad \begin{bmatrix} 0 & 1 & 0 & 0 \\ 0 & 0 & 2 & 0 \\ 0 & 0 & 0 & 3 \end{bmatrix} \begin{bmatrix} a \\ b \\ c \\ d \end{bmatrix} = \begin{bmatrix} b \\ 2c \\ 3d \end{bmatrix}. \tag{3}$$

T^{-1} も調べてみよう．積分行列は 4×3 である．次の行列が，$\boldsymbol{w} = B + Cx + Dx^2$ から出発してどのようにしてその積分 $0 + Bx + \frac{1}{2}Cx^2 + \frac{1}{3}Dx^3$ を生じるか観察せよ．

$$\textbf{積分する} \quad \begin{bmatrix} 0 & 0 & 0 \\ 1 & 0 & 0 \\ 0 & \frac{1}{2} & 0 \\ 0 & 0 & \frac{1}{3} \end{bmatrix} \begin{bmatrix} B \\ C \\ D \end{bmatrix} = \begin{bmatrix} 0 \\ B \\ \frac{1}{2}C \\ \frac{1}{3}D \end{bmatrix}. \tag{4}$$

その行列を A^{-1} と呼びたいし，そうするつもりである．しかし，矩形の行列は逆行列を持たないことがわかっている．少なくとも，それらは両側逆行列を持たない．この矩形の行列 A は**片側逆行列**を持つ．積分は微分の片側逆変換である！

$$AA^{-1} = \begin{bmatrix} 1 & 0 & 0 \\ 0 & 1 & 0 \\ 0 & 0 & 1 \end{bmatrix} \qquad \text{しかし} \qquad A^{-1}A = \begin{bmatrix} 0 & 0 & 0 & 0 \\ 0 & 1 & 0 & 0 \\ 0 & 0 & 1 & 0 \\ 0 & 0 & 0 & 1 \end{bmatrix}.$$

1 つの関数を積分し，それから微分すると，最初に戻る．ゆえに，$AA^{-1} = I$ が成り立つ．しかし，積分する前に微分すると，その定数項は消滅する． **1 の導関数の積分は零である：**

$$T^{-1}T(1) = \text{零関数の積分} = 0.$$

これは $A^{-1}A$ に適切に対応している．その第 1 列はすべて零だからである．微分 T は核を持つ（定数関数である）．その行列 A は零空間を持つ．再び重要な点は，$A\boldsymbol{v}$ は $T(\boldsymbol{v})$ をコピーする，である．

行列の構成

さて任意の線形変換に対する行列を構成しよう．T は空間 $\mathbf{V}$（n 次元）を空間 $\mathbf{W}$（m 次元）に変換すると仮定する．$\mathbf{V}$ の基底を $\boldsymbol{v}_1, \ldots, \boldsymbol{v}_n$ とし，$\mathbf{W}$ の基底を $\boldsymbol{w}_1, \ldots, \boldsymbol{w}_m$ とする．行列 A は $m \times n$ となる．A の第 1 列を求めるために，T を最初の基底ベクトル $\boldsymbol{v}_1$ に施す．出力 $T(\boldsymbol{v}_1)$ は $\mathbf{W}$ の中にある．

$T(\boldsymbol{v}_1)$ **は $\mathbf{W}$ の出力基底の線形結合** $\boldsymbol{a_{11} w_1 + \cdots + a_{m1} w_m}$ **である．**

上記の係数 $a_{1j}, \ldots, a_{mj}$ **は A の第 1 列になる．** $\boldsymbol{v}_1$ を $T(\boldsymbol{v}_1)$ に変換することは $(1, 0, \ldots, 0)$ に A を掛けることに対応している．それはその行列の第 1 列を与える．T が微分であり，最初の基底ベクトルが 1 ならば，その導関数は $T(\boldsymbol{v}_1) = \mathbf{0}$ である．それゆえ，微分行列については A の第 1 列はすべて零となる．

積分に関しては，最初の基底である関数は再び 1 である．その積分は第 2 の基底である関数 x である．ゆえに，A^{-1} の第 1 列は $(0, 1, 0, 0)$ である．これが A の構成方法である．

重要な規則： A の第 j 列は T を j 番目の基底 $\boldsymbol{v}_j$ に施すことにより求められる．

$$T(\boldsymbol{v}_j) = \mathbf{W} \text{ の基底ベクトルの線形結合} = a_{1j}\boldsymbol{w}_1 + \cdots + a_{mj}\boldsymbol{w}_m. \tag{5}$$

上記の係数 $a_{1j}, \ldots, a_{mj}$ は A の第 j 列になる．**行列は都合のよい基底ベクトルを得るために構成される．**このとき，**線形性により他のすべてのベクトルは適切に得られる．**すべての $\boldsymbol{v}$ は線形結合 $c_1\boldsymbol{v}_1 + \cdots + c_n\boldsymbol{v}_n$ であり，$T(\boldsymbol{v})$ は $\boldsymbol{w}_i$ の線形結合である．$\boldsymbol{v}$ の線形結合の係数ベクトル $\boldsymbol{c} = (c_1, \ldots, c_n)$ に A を掛けると，$A\boldsymbol{c}$ により $T(\boldsymbol{v})$ の線形結合における係数が得られる．これは行列の乗法が T と同様に線形だからである．

行列 A は T がどのような振舞いをするか教えてくれる．$\mathbf{V}$ から $\mathbf{W}$ へのすべての線形変換は行列に置き換えることができる．この行列は基底に依存する．

例 4　基底が変われば，T は同じであるがその行列 A は異なる．

$\mathbf{V}$ の 3 次式のつくる空間に対して，その基底を並べ換えて $x, x^2, x^3, 1$ とする．また $\mathbf{V}$ の 2 次式のつくる空間に対して基底を同じにする．最初の基底ベクトル $\boldsymbol{v}_1 = x$ の微分は $\mathbf{W}$ の最初の基底ベクトル $\boldsymbol{w}_1 = 1$ である．すると，A の第 1 列は異なる．

$$A_{\text{new}} = \begin{bmatrix} 1 & 0 & 0 & 0 \\ 0 & 2 & 0 & 0 \\ 0 & 0 & 3 & 0 \end{bmatrix} = \begin{array}{l}\text{基底が } x, x^2, x^3, 1 \text{ と } 1, x, x^2 \text{ と} \\ \text{変化したときの微分 } T \text{ に対する行列}\end{array}$$

$\mathbf{V}$ の基底の順序を変えれば，A の列の順序も変わる．入力基底ベクトル $\boldsymbol{v}_j$ は第 j 列に影響する．出力基底ベクトル $\boldsymbol{w}_i$ は第 i 行に影響する．まもなく基底の変化は置換以上のものになるだろう．

積 AB は変換 TS に適合している

微分と積分の例は 3 つの事柄を提示している．第一に，線形変換 T は，微積分や微分方程式，そして線形代数において至る所に現れる．第二に，$\mathbf{V}$ と $\mathbf{W}$ における関数で見たように，$\mathbf{R}^n$ とは異なる空間が重要である．第三に，T はさらに行列 A に要約される．すると，いま我々はこの行列を求めることができることを確信する．

次の例では $\mathbf{V} = \mathbf{W}$ とする．両方の空間に対して同じ基底を選ぶ．このとき，行列 A^2 と AB を変換 T^2 と TS に同等とみなすことができる．

例 5　T はすべてのベクトルを角度 θ だけ回転する．ここで，$\mathbf{V} = \mathbf{W} = \mathbf{R}^2$ として，A **を求めよ．**

解　標準基底は $\boldsymbol{v}_1 = (1, 0)$ と $\boldsymbol{v}_2 = (0, 1)$ である．A を求めるために，T をこれらの基底に適用する．図 7.3 左 において，それらは θ だけ回転する．**最初のベクトル** $(1, 0)$ **は回転して** $(\cos\theta, \sin\theta)$ **になる．**これは $(1, 0)$ を $\cos\theta$ 倍したものと $(0, 1)$ を $\sin\theta$ 倍したものとの和に等しい．したがって，これらの数 $\cos\theta$ と $\sin\theta$ は A の **第 1 列** になる：

$$\begin{bmatrix} \cos\theta & \\ \sin\theta & \end{bmatrix} \text{ は第 1 列を示し，} A = \begin{bmatrix} \cos\theta & -\sin\theta \\ \sin\theta & \cos\theta \end{bmatrix} \text{ は両方の列を示している．}$$

第2列については，第2のベクトル $(0,1)$ を変換せよ．以下の図はそれが $(-\sin\theta, \cos\theta)$ に回転することを示している．**これらの数は第2列に移る．** A を $(0,1)$ に掛けるとその列が得られる．A は 基底の上で T と一致し，そして すべての $\boldsymbol{v}$ に対して一致する．

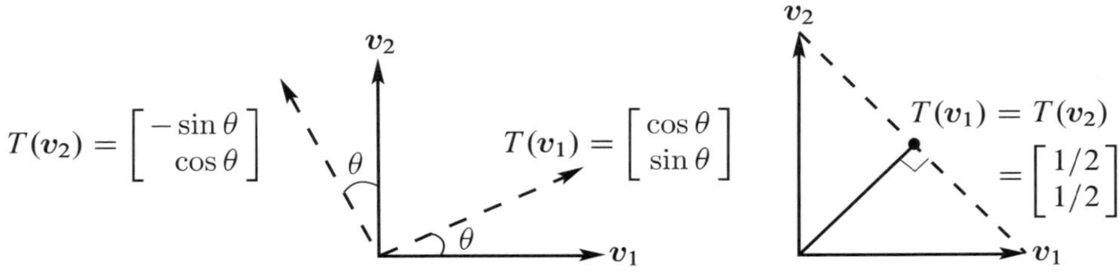

図 7.3　2つの変換：θ の回転と $45°$ の直線上への射影

例 6　(**射影**) T はすべての平面ベクトルを $45°$ の直線上に射影する．2つの異なる基底の選択に対してその行列を求めよ．2つの行列を求める．

解　図 7.3 においては描かれていない，特別に選ばれた基底で出発する．基底ベクトル $\boldsymbol{v}_1$ は $45°$ の直線上にある．**それは自分自身に射影する**：$T(\boldsymbol{v}_1) = \boldsymbol{v}_1$．ゆえに，$A$ の第1列は 0 と 1 を含む．2番目の基底ベクトル $\boldsymbol{v}_2$ は垂直な直線 $(135°)$ の上にある．**この基底ベクトルは零ベクトルに射影される．** ゆえに，A の第2列は 0 と 0 を含む．

$$\textbf{射影}\qquad A = \begin{bmatrix} 1 & 0 \\ 0 & 0 \end{bmatrix}\qquad \mathbf{V} \text{ と } \mathbf{W} \text{ が } 45° \text{ と } 135° \text{ の基底を持つとき．}$$

さて次に標準基底 $(1,0)$ と $(0,1)$ を考える．図 7.3 右 は $(1,0)$ が どのようにして $(\frac{1}{2}, \frac{1}{2})$ に射影されるかを示している．これは A の第1列を与える．他の基底ベクトル $(0,1)$ も $(\frac{1}{2}, \frac{1}{2})$ に射影される．したがって，この射影に対する標準的な行列は A である：

$$\textbf{同じ射影}\qquad A = \begin{bmatrix} \frac{1}{2} & \frac{1}{2} \\ \frac{1}{2} & \frac{1}{2} \end{bmatrix}\qquad \text{標準基底に対して．}$$

行列 A は射影行列である．A を2乗したとき，それは変化しない．2回射影することは，1回射影することと同じである：$T^2 = T$ であるから $A^2 = A$ となる．次の命題に隠されている事柄に注意せよ：**$\boldsymbol{T^2}$ に対応する行列は $\boldsymbol{A^2}$ である．**

ここで何か重要な事柄 —行列を掛ける方法に対する真の理由— に立ち至った．**ついに，なぜかということを発見した！** 2つの変換 S と T は2つの行列 A と B により表現される．S からの出力に T を施すと，**合成** TS を得る．B の後に A を施すと，行列の積 AB を得る．**行列の乗法は $\boldsymbol{TS}$ を表現するために，適切な行列 $\boldsymbol{AB}$ を与える．**

S は空間 $\mathbf{U}$ から $\mathbf{V}$ への変換である．その行列 B は $\mathbf{U}$ に対する基底 $\boldsymbol{u}_1, \ldots, \boldsymbol{u}_p$ と，$\mathbf{V}$ に対する基底 $\boldsymbol{v}_1, \ldots, \boldsymbol{v}_n$ を用いている．その行列は $n \times p$ である．T は前と同様に空間 $\mathbf{V}$

から $\mathbf{W}$ への変換である．その行列 A は $\mathbf{V}$ の同じ基底 $\boldsymbol{v}_1, \ldots, \boldsymbol{v}_n$ を使わなければならない．なぜなら，V は S に対する出力空間であり，T に対する入力空間だからである．このとき，**行列 AB は 変換 TS に適切に対応する．**

乗法 線形変換 TS は $\mathbf{U}$ の任意のベクトル $\boldsymbol{u}$ で始まり，$\mathbf{V}$ の $S(\boldsymbol{u})$ に移り，次に $\mathbf{W}$ の $T(S(\boldsymbol{u}))$ に移る．行列 AB のほうは $\mathbf{R}^p$ の任意の $\boldsymbol{x}$ で始まり，$\mathbf{R}^n$ の $B\boldsymbol{x}$ に移り，次に $\mathbf{R}^m$ の $AB\boldsymbol{x}$ に移る．行列 AB は正確に 変換 TS を表現する:

$$TS: \quad \mathbf{U} \to \mathbf{V} \to \mathbf{W} \qquad AB: \quad (m \times n)(n \times p) = (m \times p).$$

入力は $\boldsymbol{u} = x_1\boldsymbol{u}_1 + \cdots + x_p\boldsymbol{u}_p$ である．出力 $T(S(\boldsymbol{u}))$ は出力 $AB\boldsymbol{x}$ に適切に対応している．**変換の積は行列の積に適切に対応している．**

もっとも重要な場合は空間 $\mathbf{U}, \mathbf{V}, \mathbf{W}$ がすべて同じであり，またそれらの基底も同じときである．このとき，$m = n = p$ であり，正方行列を考えることになる．

例 7 S は θ だけ平面を回転させ，T もまた θ だけ平面を回転させる．このとき，TS は 2θ だけ回転させる．この変換 T^2 は 2θ を介して 回転行列 A^2 に対応する：

$$T = S \qquad A = B \qquad T^2 = 2\theta \text{ の回転} \qquad A^2 = \begin{bmatrix} \cos 2\theta & -\sin 2\theta \\ \sin 2\theta & \cos 2\theta \end{bmatrix}. \tag{6}$$

(変換)^2 に (行列)^2 を対応させると，$\cos 2\theta$ と $\sin 2\theta$ に対する三角関数の公式が手に入る．A に A を掛けると：

$$\begin{bmatrix} \cos\theta & -\sin\theta \\ \sin\theta & \cos\theta \end{bmatrix} \begin{bmatrix} \cos\theta & -\sin\theta \\ \sin\theta & \cos\theta \end{bmatrix} = \begin{bmatrix} \cos^2\theta - \sin^2\theta & -2\sin\theta\cos\theta \\ 2\sin\theta\cos\theta & \cos^2\theta - \sin^2\theta \end{bmatrix}. \tag{7}$$

(6) と (7) を結びつけると，$\cos 2\theta = \cos^2\theta - \sin^2\theta$ と $\sin 2\theta = 2\sin\theta\cos\theta$ が得られる．三角関数（2 倍角の公式）が線形代数より得られる．

例 8 S は θ だけ回転し，T は $-\theta$ だけ回転する．このとき $TS = I$ は $AB = I$ に適切に対応する．この場合，$T(S(\boldsymbol{u}))$ は $\boldsymbol{u}$ である．前と後ろに回転させる．適切に対応する行列に対して，$AB\boldsymbol{x}$ は $\boldsymbol{x}$ でなければならない．2 つの行列は互いに逆行列である．このことを，後ろへの回転行列に $\cos(-\theta) = \cos\theta$ と $\sin(-\theta) = -\sin\theta$ をおくことによって確かめよ：

$$AB = \begin{bmatrix} \cos\theta & \sin\theta \\ -\sin\theta & \cos\theta \end{bmatrix} \begin{bmatrix} \cos\theta & -\sin\theta \\ \sin\theta & \cos\theta \end{bmatrix} = \begin{bmatrix} \cos^2\theta + \sin^2\theta & 0 \\ 0 & \cos^2\theta + \sin^2\theta \end{bmatrix} = I.$$

以前に，T は微分を表し，S は積分を表した．このとき，変換 TS は恒等変換であるが，ST はそうではない．したがって，AB は単位行列であるが，BA はそうではない．

$$AB = \begin{bmatrix} 0 & 1 & 0 & 0 \\ 0 & 0 & 2 & 0 \\ 0 & 0 & 0 & 3 \end{bmatrix} \begin{bmatrix} 0 & 0 & 0 \\ 1 & 0 & 0 \\ 0 & \frac{1}{2} & 0 \\ 0 & 0 & \frac{1}{3} \end{bmatrix} = I \qquad \text{しかし} \qquad BA = \begin{bmatrix} 0 & 0 & 0 & 0 \\ 0 & 1 & 0 & 0 \\ 0 & 0 & 1 & 0 \\ 0 & 0 & 0 & 1 \end{bmatrix}.$$

恒等変換と基底変換行列

さて次に，特別であり退屈な変換 $T(\boldsymbol{v})=\boldsymbol{v}$ に対する行列を求めよう．この **恒等変換** は $\boldsymbol{v}$ に何もしない．そして，出力基底が入力基底と同じならば，T に対応する行列 I もまた何もしない．出力 $T(\boldsymbol{v}_1)$ は $\boldsymbol{v}_1$ である．基底が同じならば，これは $\boldsymbol{w}_1$ である．ゆえに，A の第1列は $(1,0,\ldots,0)$ である．

それぞれの出力 $T(\boldsymbol{v}_j)=\boldsymbol{v}_j$ が $\boldsymbol{w}_j$ と同じならば，その行列はまさに I である．

これは正当な理由があるように思われる：恒等変換は単位行列により表現される．
しかし，基底が **異なる** ものとすると，$T(\boldsymbol{v}_1)=\boldsymbol{v}_1$ は $\boldsymbol{w}$ の線形結合である．その線形結合 $m_{11}\boldsymbol{w}_1+\cdots+m_{n1}\boldsymbol{w}_n$ はその行列の第1列を教えてくれる（この行列を M とする）．

恒等変換	**出力 $T(\boldsymbol{v}_j)=\boldsymbol{v}_j$ が線形結合 $\sum_{i=1}^{n} m_{ij}\boldsymbol{w}_i$ であるとき，"基底変換行列" は M である．**

基底は変わっているが，ベクトル自身は変わっていない：$T(\boldsymbol{v})=\boldsymbol{v}$．入力が1つの基底を持ち，出力が別の基底を持てば，その行列は I ではない．

例 9　入力基底を $\boldsymbol{v}_1=(3,7)$ と $\boldsymbol{v}_2=(2,5)$ とし，出力基底を $\boldsymbol{w}_1=(1,0)$，$\boldsymbol{w}_2=(0,1)$ とする．このとき行列 M は容易に計算できる：

基底の変換　$T(\boldsymbol{v})=\boldsymbol{v}$ に対する行列は $M=\begin{bmatrix}3 & 2\\ 7 & 5\end{bmatrix}$ である．

理由　最初の入力は基底ベクトル $\boldsymbol{v}_1=(3,7)$ である．出力もまた $(3,7)$ であり，これを $3\boldsymbol{w}_1+7\boldsymbol{w}_2$ と表す．このとき，M の第1列は3と7である．

これはあまりに単純で重要でないように思われる．基底変換を別のやり方にするとき手の込んだものになる．前の行列 M の逆行列が求められる．

例 10　入力基底を $\boldsymbol{v}_1=(1,0)$ と $\boldsymbol{v}_2=(0,1)$ とし，出力は単に $T(\boldsymbol{v})=\boldsymbol{v}$ とする．しかし，出力基底は $\boldsymbol{w}_1=(3,7)$ と $\boldsymbol{w}_2=(2,5)$ とする．

基底を反対にし逆行列をとる　$T(\boldsymbol{v})=\boldsymbol{v}$ に対する行列は $\begin{bmatrix}3 & 2\\ 7 & 5\end{bmatrix}^{-1}=\begin{bmatrix}5 & -2\\ -7 & 3\end{bmatrix}$．

理由　最初の入力は $\boldsymbol{v}_1=(1,0)$ である．出力もまた $\boldsymbol{v}_1$ であるが，これを $5\boldsymbol{w}_1-7\boldsymbol{w}_2$ と表す．$5(3,7)-7(2,5)$ が $(1,0)$ となることを確かめよ．前の行列 M の列を線形結合して I の列を得た．それをなすべき行列は M^{-1} である．

基底変換しそれを戻す　$\begin{bmatrix}\boldsymbol{w}_1 & \boldsymbol{w}_2\end{bmatrix}\begin{bmatrix}5 & -2\\ -7 & 3\end{bmatrix}=\begin{bmatrix}\boldsymbol{v}_1 & \boldsymbol{v}_2\end{bmatrix}$ は $MM^{-1}=I$．

数学者は，行列 MM^{-1} は 2 つの恒等変換の積に対応している，と言うだろう．同じ基底 $(1,0)$ と $(0,1)$ で始まり，終わる．行列の乗法は I とならなければならない．したがって，2 つの基底変換行列は互いに逆行列である．

確かなことが 1 つある．A を $(1,0,\ldots,0)$ に掛けると，その行列の第 1 列が得られる．本節の目新しさは，$(1,0,\ldots,0)$ が $\boldsymbol{v}$ **の基底で書かれている**最初のベクトル $\boldsymbol{v}_1$ を表しているというところにある．このとき，その行列の第 1 列は**標準基底で表された**その同じベクトル $\boldsymbol{v}_1$ である．

ウェーブレット変換 = ウェーブレット基底への変換

ウェーブレットは小さな波である．それらは異なった波長を持ち，異なった場所で局所化される．最初の基底ベクトルは実際ウェーブレットではなく，それはすべて 1 からなる非常に役に立つフラットベクトルである．以下の例は "ハール・ウェーブレット" を示している:

$$\text{ハール基底}\quad \boldsymbol{w}_1=\begin{bmatrix}1\\1\\1\\1\end{bmatrix}\quad \boldsymbol{w}_2=\begin{bmatrix}1\\1\\-1\\-1\end{bmatrix}\quad \boldsymbol{w}_3=\begin{bmatrix}1\\-1\\0\\0\end{bmatrix}\quad \boldsymbol{w}_4=\begin{bmatrix}0\\0\\1\\-1\end{bmatrix}. \qquad (8)$$

これらのベクトルは**直交**している，これは都合がよい．どのようにして $\boldsymbol{w}_3$ が最初の半分で局所化され，$\boldsymbol{w}_4$ が後の半分で局所化されるかがわかるだろう．入力信号 $\boldsymbol{v}=(v_1,v_2,v_3,v_4)$ がウェーブレット基底で表されるとき，**ウェーブレット変換**によりその係数 c_1,c_2,c_3,c_4 が求められる．

$$\boldsymbol{v}\ \text{を}\ \boldsymbol{c}\ \text{に変換する}\qquad \boldsymbol{v}=c_1\boldsymbol{w}_1+c_2\boldsymbol{w}_2+c_3\boldsymbol{w}_3+c_4\boldsymbol{w}_4=W\boldsymbol{c} \qquad (9)$$

係数 c_3 と c_4 は $\boldsymbol{v}$ の最初の半分と後の半分についての詳細を教えてくれる．係数 c_1 は平均である．

なぜ基底を変えたいと思うのか？ 私は v_1, v_2, v_3, v_4 を信号の強度として理解する．音の送受信において，それらは音のボリュームである．映像においてそれらは画素（ピクセル）のグレースケール値である．心電図は医学における信号である．もちろん，$n=4$ は非常に短い，そして $n=10{,}000$ はより現実的である．その長い信号を，その係数の最大 5% だけを保持するように**圧縮する**必要がある．これは 20 : 1 の圧縮であり，(その応用の 2 つだけを挙げておくと）それは High Definition TV とビデオ会議を可能にする．

標準的な基底の係数を 5% のみ保持するとき，その信号の 95% を失う．イメージプロセッシング（映像処理）において，画素の 95% が消失する．オーディオにおいては，95% が空白になる．しかし，$\boldsymbol{w}$ について良い基底を選べば，その基底ベクトルの 5% を結合してもとの信号に非常に近いものが得られる．映像処理や音響再生コーディングにおいて，人はその差を見たり，聴いたりすることはできない．残りの 95% は必要でない！

1つの良い基底は フラット $(1,1,1,1)$ である．その部分は単独で我々のイメージの一定の背景を表現できる．$(0,0,1,-1)$ や高次元における $(0,0,0,0,0,0,1,-1)$ のような短い波は信号の最後で細部を表現する．

3つのステップは変換，圧縮そして逆変換である．

入力 $\boldsymbol{v}$ → 係数 $\boldsymbol{c}$ → 圧縮 $\widehat{\boldsymbol{c}}$ → 圧縮 $\widehat{\boldsymbol{v}}$

[欠損がない]　[欠損がある]　[再構成]

線形代数においては，すべてが完全であるところでは圧縮の過程を省略する．出力 $\widehat{\boldsymbol{v}}$ は入力 $\boldsymbol{v}$ とまったく同じである．変換は $\boldsymbol{c} = W^{-1}\boldsymbol{v}$ を与え，再構成はそれをもとに戻す $\boldsymbol{v} = W\boldsymbol{c}$．実際の信号処理において，完全なものは何もなく，またすべてが速いので，変換（欠損がない）と圧縮（不必要な情報のみが失われる）が成功するための絶対的な鍵である．出力は $\widehat{\boldsymbol{v}} = W\widehat{\boldsymbol{c}}$ である．

$\boldsymbol{v} = (6,4,5,1)$ のような代表的なベクトルに対してこれらの過程を示そう．そのウェーブレット係数は $c = (4,1,1,2)$ である，再構成 $4\boldsymbol{w}_1 + \boldsymbol{w}_2 + \boldsymbol{w}_3 + 2\boldsymbol{w}_4$ は $\boldsymbol{v} = W\boldsymbol{c}$ である：

$$\begin{bmatrix} \mathbf{6} \\ \mathbf{4} \\ \mathbf{5} \\ \mathbf{1} \end{bmatrix} = 4\begin{bmatrix} 1 \\ 1 \\ 1 \\ 1 \end{bmatrix} + \begin{bmatrix} 1 \\ 1 \\ -1 \\ -1 \end{bmatrix} + \begin{bmatrix} 1 \\ -1 \\ 0 \\ 0 \end{bmatrix} + 2\begin{bmatrix} 0 \\ 0 \\ 1 \\ -1 \end{bmatrix} = \begin{bmatrix} 1 & 1 & 1 & 0 \\ 1 & 1 & -1 & 0 \\ 1 & -1 & 0 & 1 \\ 1 & -1 & 0 & -1 \end{bmatrix} \begin{bmatrix} \mathbf{4} \\ \mathbf{1} \\ \mathbf{1} \\ \mathbf{2} \end{bmatrix}. \tag{10}$$

これらの係数 $\boldsymbol{c}$ は $W^{-1}\boldsymbol{v}$ である．この基底行列 W を反対にすることは簡単である．なぜなら，その列である $\boldsymbol{w}_i$ が直交しているからである．しかし，それらは単位ベクトルではないので，大きさを変える．

$$W^{-1} = \begin{bmatrix} \frac{1}{4} & & & \\ & \frac{1}{4} & & \\ & & \frac{1}{2} & \\ & & & \frac{1}{2} \end{bmatrix} \begin{bmatrix} 1 & 1 & 1 & 1 \\ 1 & 1 & -1 & -1 \\ 1 & -1 & 0 & 0 \\ 0 & 0 & 1 & -1 \end{bmatrix}.$$

$\boldsymbol{c} = W^{-1}\boldsymbol{v}$ の第1行における $\frac{1}{4}$ は $c_1 = 4$ が $6,4,5,1$ の平均であることを意味している．

例 11　（**再帰による同じウェーブレット基底**）　c を求める速い方法を皆さんに見せたいと思う気持ちを抑えることができない．ウェーブレット基底の特別に重要なことは，c_3 と c_4 における細部を取り出した後で，より粗い c_2 や全体の平均 c_1 を計算することができることである．以下の絵はこの**マルチスケール**法を説明している．これは Nguyen と共著の *Wavelets and Filter Banks* (Wellesley-Cambridge Press) という私の教科書の第1章にある．

$\boldsymbol{v} = (6,4,5,1)$ を，まず小さなスケールで平均と波に分解し，それから大きなスケールで行う：

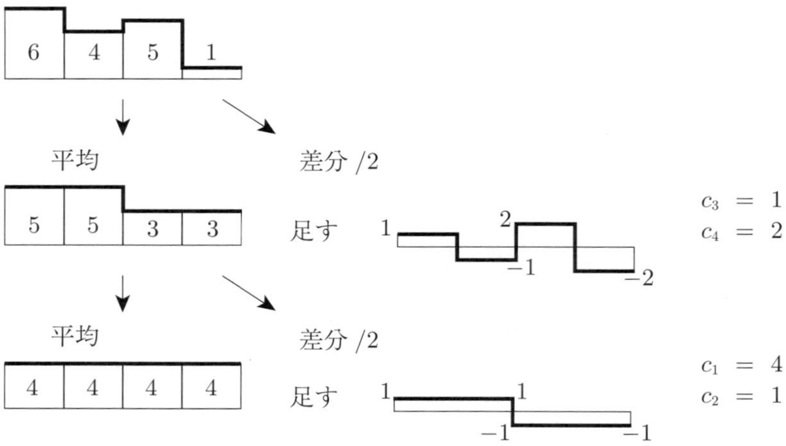

フーリエ変換 (DFT) = フーリエ基底への変換

電子技術者が信号に関してなすべき最初のことは，そのフーリエ変換を行うことである．有限個のベクトルに対して，我々は **離散フーリエ変換**について話題にしている．DFT では複素数（$e^{2\pi i/n}$ のベキである）が必要である．しかし，$n = 4$ を選んだとき，その行列は小さく，その複素数は i と $i^3 = -i$ だけである．電子技術者は $\sqrt{-1}$ に対して i の代わりに j と書く．

F の列におけるフーリエ基底，　w_1 から w_n

$$F = \begin{bmatrix} 1 & 1 & 1 & 1 \\ 1 & i & i^2 & i^3 \\ 1 & i^2 & i^4 & i^6 \\ 1 & i^3 & i^6 & i^9 \end{bmatrix}$$

最初の列は役に立つフラットな基底ベクトルである．それは平均的な信号，または直流（DC 項）を表している．それは周波数零の波である．第 3 列は $(1, -1, 1, -1)$ であり，もっとも高周波で交番する．**フーリエ変換は信号を等間隔の周波数の波に分解する．**

フーリエ行列 F は数学や科学，そして工学において絶対的にもっとも重要な複素行列である．本書の第 10.3 節は**高速フーリエ変換**を解説している：それは F を多くの零を持つ行列へと分解することと見ることができる．この高速フーリエ変換はフーリエ変換をスピードアップすることによって，産業全体に大変革を起こした．美しいことに，i を $-i$ に変えれば，F^{-1} は F に似ている：

フーリエ変換 $\boldsymbol{v}$ から $\boldsymbol{c}$
$\boldsymbol{v} = c_1\boldsymbol{w}_1 + \cdots + c_n\boldsymbol{w}_n = F\boldsymbol{c}$
フーリエ係数 $\boldsymbol{c} = F^{-1}\boldsymbol{v}$

$$F^{-1} = \frac{1}{4}\begin{bmatrix} 1 & 1 & 1 & 1 \\ 1 & (-i) & (-i)^2 & (-i)^3 \\ 1 & (-i)^2 & (-i)^4 & (-i)^6 \\ 1 & (-i)^3 & (-i)^6 & (-i)^9 \end{bmatrix} = \frac{1}{4}\overline{F}.$$

MATLAB コマンド $\boldsymbol{c} = \mathrm{fft}(\boldsymbol{v})$ は ベクトル $\boldsymbol{v}$ のフーリエ係数 $c_1, \ldots, c_n$ を生じさせる．それは $\boldsymbol{v}$ に F^{-1} を掛ける (高速).

■ 要点の復習 ■

1. 基底に対して $T(\boldsymbol{v}_1),\ldots,T(\boldsymbol{v}_n)$ がわかれば，線形性より他のすべての $T(\boldsymbol{v})$ が決定される．

2. $\left\{\begin{array}{l}\text{線形変換 } T\\ \text{入力基底 } \boldsymbol{v}_1,\ldots,\boldsymbol{v}_n\\ \text{出力基底 } \boldsymbol{w}_1,\ldots,\boldsymbol{w}_m\end{array}\right\}\rightarrow$ 行列 A $(m\times n)$ は これらの基底で T を表現する

3. 微分行列と積分行列は片側逆行列を持つ：$d(\text{定数})/dx=0$:

「(微分) (積分) $=I$ 」は微積分の基本定理である．

4. A と B は T と S を表現し，S に対する出力基底は T に対する入力基底であると仮定すると，行列 AB は変換 $T(S(\boldsymbol{u}))$ を表現する．

5. 基底変換行列 M は $T(\boldsymbol{v})=\boldsymbol{v}$ を表現する．その列は入力基底によって表現された出力基底の係数である：$\boldsymbol{w}_j=m_{1j}\boldsymbol{v}_1+\cdots+m_{nj}\boldsymbol{v}_n$.

■ 例題 ■

7.2 A 標準基底を用いて，$\boldsymbol{x}=(x_1,x_2,x_3,x_4)$ を $T(\boldsymbol{x})=(x_4,x_1,x_2,x_3)$ に変換する**巡回置換**を表現する 4 行 4 列の行列 P を求めよ．T^2 に対する行列を求めよ．3 重変換 $T^3(\boldsymbol{x})$ は何か，そしてなぜ $T^3=T^{-1}$ となるか？

P の 2 つの線形独立な実固有ベクトルを求めよ．P のすべての固有ベクトルを求めよ．

解 標準基底の最初のベクトル $(1,0,0,0)$ は $(0,1,0,0)$ に変換され，これは 2 番目の基底ベクトルである．ゆえに，P の第 1 列は $(0,1,0,0)$ である．他の 3 つの列は他の 3 つの標準基底を変換することから得られる：

$$P=\begin{bmatrix}0&0&0&1\\1&0&0&0\\0&1&0&0\\0&0&1&0\end{bmatrix}\qquad \text{このとき } P\begin{bmatrix}x_1\\x_2\\x_3\\x_4\end{bmatrix}=\begin{bmatrix}x_4\\x_1\\x_2\\x_3\end{bmatrix}\text{ は } T \text{ をコピーする．}$$

標準基底を用いているので，T は P **を掛けるという通常の乗法である**．T^2 に対する行列は **2 重の巡回置換** P^2 であり，これより (x_3,x_4,x_1,x_2) が生じる．

3 重の巡回変換 T^3 は $\boldsymbol{x}=(x_1,x_2,x_3,x_4)$ を $T^3(\boldsymbol{x})=(x_2,x_3,x_4,x_1)$ に変換する．T をさらにもう 1 回適用すると，もとの $\boldsymbol{x}$ に戻る．したがって，$T^4=$ 恒等変換であり，$P^4=$ 単位行列である．

P の 2 つの実固有ベクトルは $\lambda = 1$ を固有値とする $(1, 1, 1, 1)$ と $\lambda = -1$ を固有値とする $(1, -1, 1, -1)$ である．この変換は $(1, 1, 1, 1)$ を動かさず，$(1, -1, 1, -1)$ の符号を逆にする．他の固有値は i と $-i$ である．その行列式は $\lambda_1\lambda_2\lambda_3\lambda_4 = -1$ である．

固有値 $1, i, -1, -i$ を加えると零になることに注意しよう（これは P のトレース）．$\det(P - \lambda I) = \lambda^4 - 1$ であるから，それらは 1 の 4 乗根である．また，それらは複素平面において偏角が $0°, 90°, 180°, 270°$ である．**フーリエ行列 F は P に対する固有ベクトル行列である．**

7.2 B　2×2 の行列の全体のつくる空間は基底として以下の 4 つの**ベクトル**を持つ：

$$\boldsymbol{v}_1 = \begin{bmatrix} 1 & 0 \\ 0 & 0 \end{bmatrix} \quad \boldsymbol{v}_2 = \begin{bmatrix} 0 & 1 \\ 0 & 0 \end{bmatrix} \quad \boldsymbol{v}_3 = \begin{bmatrix} 0 & 0 \\ 1 & 0 \end{bmatrix} \quad \boldsymbol{v}_4 = \begin{bmatrix} 0 & 0 \\ 0 & 1 \end{bmatrix}.$$

T はすべての 2×2 の行列を**転置**する線形変換とする．この基底によって（出力基底＝入力基底），T を表現する行列 A はを求めよ．また逆行列 A^{-1} を求めよ．さらに，置換操作を逆にする変換 T^{-1} は何か？

解　4 つの“基底行列”を置換することは単に $\boldsymbol{v}_2$ と $\boldsymbol{v}_3$ を入れ換えるということである：

$$\begin{aligned} T(\boldsymbol{v}_1) &= \boldsymbol{v}_1 \\ T(\boldsymbol{v}_2) &= \boldsymbol{v}_3 \\ T(\boldsymbol{v}_3) &= \boldsymbol{v}_2 \\ T(\boldsymbol{v}_4) &= \boldsymbol{v}_4 \end{aligned} \quad \text{は次の行列の 4 列を与える} \quad A = \begin{bmatrix} 1 & 0 & 0 & 0 \\ 0 & 0 & 1 & 0 \\ 0 & 1 & 0 & 0 \\ 0 & 0 & 0 & 1 \end{bmatrix}.$$

逆行列 A^{-1} は A と同じである．逆変換 T^{-1} は T と同じである．転置し，また転置すれば，最後の出力はもとの入力と等しい．

練習問題 7.2

問題 1〜4 は 1 階微分の例を高次元へ拡張するものである．

1　変換 S は **2 階の微分**とする．基底 $\boldsymbol{v}_1, \boldsymbol{v}_2, \boldsymbol{v}_3, \boldsymbol{v}_4$ と，基底 $\boldsymbol{w}_1, \boldsymbol{w}_2, \boldsymbol{w}_3, \boldsymbol{w}_4$ として，同じ $1, x, x^2, x^3$ をとる．$S\boldsymbol{v}_1, S\boldsymbol{v}_2, S\boldsymbol{v}_3, S\boldsymbol{v}_4$ を基底 $\boldsymbol{w}_i$ によって表せ．S に対する 4×4 の行列 B を求めよ．

2　どんな関数が $\boldsymbol{v}'' = \boldsymbol{0}$ となるか？ それらは 2 階微分 S の中にある．問題 1 における行列 B の零空間にあるベクトルはどのようなベクトルか？

3　B は，矩形行列である 1 階の微分行列の 2 乗ではない：

$$A = \begin{bmatrix} 0 & 1 & 0 & 0 \\ 0 & 0 & 2 & 0 \\ 0 & 0 & 0 & 3 \end{bmatrix} \quad \text{のとき } A^2 \text{ は可能ではない．}$$

A に零の行を付け足せば，出力空間＝入力空間 となる．A^2 と B を比較せよ．結論：$B = A^2$ に対して，出力基底 = ＿＿＿ 基底 としたい．このとき，$m = n$ である．

4 (a) 1階の微分と2階の微分の積 TS は**3階**の微分になる．4行4列の行列になるように零を付け加えて，AB を計算せよ．

(b) 行列 B^2 は「$S^2 =$ **4階**微分」に対応する．なぜこれは零になるか？

問題 5〜9 は特別な変換 T とその行列 A に関するものである．

5 基底を $\boldsymbol{v}_1, \boldsymbol{v}_2, \boldsymbol{v}_3$ と $\boldsymbol{w}_1, \boldsymbol{w}_2, \boldsymbol{w}_3$ とし，$T(\boldsymbol{v}_1) = \boldsymbol{w}_2$ かつ $T(\boldsymbol{v}_2) = T(\boldsymbol{v}_3) = \boldsymbol{w}_1 + \boldsymbol{w}_3$ とする．T は線形変換である．行列 A を求めベクトル $(1, 1, 1)$ に掛けよ．入力を $\boldsymbol{v}_1 + \boldsymbol{v}_2 + \boldsymbol{v}_3$ とするとき，T による出力は何か？

6 $T(\boldsymbol{v}_2) = T(\boldsymbol{v}_3)$ であるから，$T(\boldsymbol{v}) = \boldsymbol{0}$ を満たす解は $\boldsymbol{v} =$ _____ である．A の零空間に属するベクトルを求めよ．また $T(\boldsymbol{v}) = \boldsymbol{w}_2$ を満たすすべての解を求めよ．

7 A の列空間に属さないベクトルを求めよ．T の値域に属さないベクトルを $\boldsymbol{w}_i$ の線形結合で表せ．

8 T^2 を決定する十分な情報を持っていない．なぜその行列は必然的に A^2 にならないのか？ さらに必要な情報は何か？

9 A の階数を求めよ．これは出力空間 $\mathbf{W}$ の次元ではない．それは T の _____ の次元である．

問題 10〜13 は可逆な線形変換に関するものである．

10 $T(\boldsymbol{v}_1) = \boldsymbol{w}_1 + \boldsymbol{w}_2 + \boldsymbol{w}_3$，$T(\boldsymbol{v}_2) = \boldsymbol{w}_2 + \boldsymbol{w}_3$ かつ $T(\boldsymbol{v}_3) = \boldsymbol{w}_3$ と仮定する．これらの基底ベクトルを用いて，T に対する行列 A を求めよ．$T(\boldsymbol{v}) = \boldsymbol{w}_1$ を満たすベクトル $\boldsymbol{v}$ は何か？

11 問題 10 における行列 A の逆行列を求めよ．また，変換 T の逆変換を求めよ．すなわち，$T^{-1}(\boldsymbol{w}_1)$ と $T^{-1}(\boldsymbol{w}_2)$ と $T^{-1}(\boldsymbol{w}_3)$ を求めよ．

12 以下のどれが成り立つか，また成り立たない場合にはその理由を述べよ．

(a) $T^{-1}T = I$ (b) $T^{-1}(T(\boldsymbol{v}_1)) = \boldsymbol{v}_1$ (c) $T^{-1}(T(\boldsymbol{w}_1)) = \boldsymbol{w}_1$.

13 空間 $\mathbf{V}$ と $\mathbf{W}$ は同じ基底 $\boldsymbol{v}_1, \boldsymbol{v}_2$ を持つものと仮定する．

(a) 変換 T（I ではない）で自分自身が逆変換であるようなものを説明せよ．

(b) T^2 に等しい変換 T（I ではない）を説明せよ．

(c) (a) と (b) で扱われる T はなぜ同じになることはないのか？

問題 14〜19 は基底変換に関するものである．

14 (a) $(1, 0)$ を $(2, 5)$ に，$(0, 1)$ を $(1, 3)$ に変換する行列を求めよ

(b) $(2, 5)$ を $(1, 0)$ に，$(1, 3)$ を $(0, 1)$ に変換する行列を求めよ．

(c) $(2, 6)$ を $(1, 0)$ に，$(1, 3)$ を $(0, 1)$ に変換する行列はなぜ存在しないのか？

15 (a)　$(1,0)$ と $(0,1)$ をそれぞれ (r,t) と (s,u) に変換する行列 M を求めよ．
(b)　(a,c) と (b,d) をそれぞれ $(1,0)$ と $(0,1)$ に変換する行列 N を求めよ．
(c)　a,b,c,d にどんな条件があれば (b) が不可能となるか？

16 (a)　問題 15 における M と N を用いて (a,c) を (r,t) に変換し，(b,d) を (s,u) に変換する行列を作れ．
(b)　$(2,5)$ を $(1,1)$ に，$(1,3)$ を $(0,2)$ に変換する行列を求めよ．

17 同じ基底ベクトルで異なる順序にしたとき，基底変換行列 M は ＿＿＿ 行列である．基底ベクトルの順序は同じでそれらの長さを変えたとき，基底行列 M は ＿＿＿ 行列である．

18 軸ベクトル $(1,0)$ と $(0,1)$ を角度 θ だけ回転させる行列を Q とする．(回転した）新しい軸を用いて，もとの $(1,0)$ の座標 (a,b) を求めよ．この**逆**は注意を要する．像を描け，すなわち，a と b を求めよ：

$$Q=\begin{bmatrix}\cos\theta & -\sin\theta\\ \sin\theta & \cos\theta\end{bmatrix}\qquad \begin{bmatrix}1\\0\end{bmatrix}=a\begin{bmatrix}\cos\theta\\ \sin\theta\end{bmatrix}+b\begin{bmatrix}-\sin\theta\\ \cos\theta\end{bmatrix}.$$

19 $(1,0)$ と $(0,1)$ をそれぞれ $(1,4)$ と $(1,5)$ に変換する行列は $M=$ ＿＿＿ である．$(1,0)$ に等しい線形結合 $a(1,4)+b(1,5)$ は $(a,b)=(\quad,\quad)$ を満たす．M あるいは M^{-1} に関連する $(1,0)$ の新しい座標はどのようなものか ？

問題 20〜23 は 2 次多項式 $A+Bx+Cx^2$ の空間に関するものである．

20 放物線 $\boldsymbol{w}_1=\frac{1}{2}(x^2+x)$ は $x=1$ において 1 であり，$x=0$ と $x=-1$ で零である．以下のそれぞれにおいて，放物線 $\boldsymbol{w}_2,\boldsymbol{w}_3$ を求め，線形性によって $\boldsymbol{y}(x)$ を求めよ．

(a) $\boldsymbol{w}_2$ は $x=0$ で 1，$x=1$ と $x=-1$ で零である．
(b) $\boldsymbol{w}_3$ は $x=-1$ で 1 であり，$x=0$ と $x=1$ で零である．
(c) $\boldsymbol{y}(x)$ は $x=1$ で 4 であり，$x=0$ で 5，そして $x=-1$ で 6 である．$\boldsymbol{w}_1,\boldsymbol{w}_2,\boldsymbol{w}_3$ を用いる．

21 2 次の多項式に対する 1 つの基底を $\boldsymbol{v}_1=1$ と $\boldsymbol{v}_2=x$，$\boldsymbol{v}_3=x^2$ とする．もう 1 つの基底を問題 20 からの $\boldsymbol{w}_1,\boldsymbol{w}_2,\boldsymbol{w}_3$ とする．$\boldsymbol{w}_i$ から $\boldsymbol{v}_j$ への，そして $\boldsymbol{v}_j$ から $\boldsymbol{w}_i$ への基底変換行列の 2 つの変換を求めよ．

22 放物線 $Y=A+Bx+Cx^2$ が $x=a$ において 4，$x=b$ で 5，$x=c$ で 6 に等しいとき，A,B,C に対する 3 つの方程式を求めよ．3×3 の行列の行列式を求めよ．その行列は 4，5，6 のような値を放物線に変換する――もしくは別の変換であろうか？

23 数 $m_1,m_2,\ldots,m_9$ についてのどんな条件のもとで，以下の 3 つの放物線はすべての放物線のつくる空間の基底となるか？

$$\boldsymbol{v}_1=m_1+m_2x+m_3x^2,\ \ \boldsymbol{v}_2=m_4+m_5x+m_6x^2,\ \boldsymbol{v}_3=m_7+m_8x+m_9x^2.$$

24 グラム・シュミット法は基底 $\boldsymbol{a}_1, \boldsymbol{a}_2, \boldsymbol{a}_3$ を正規直交基底 $\boldsymbol{q}_1, \boldsymbol{q}_2, \boldsymbol{q}_3$ に変換する．これらは $A = QR$ における列である．R は $\boldsymbol{a}$ から $\boldsymbol{q}$ への基底変換行列であることを示せ（$A = QR$ であるとき，$\boldsymbol{a}_2$ は $\boldsymbol{q}$ のどんな線形結合か）．

25 消去法は A の行を $A = LU$ を満たすように U の行に変換する．A の第 2 行は U の行のどのような線形結合で表されるか？列で考えるために転置行列を用いて $A^{\mathrm{T}} = U^{\mathrm{T}}L^{\mathrm{T}}$ と表せば，この基底変換行列は $M = L^{\mathrm{T}}$ である（その行列が _____ ならば，基底を持つ）．

26 $\boldsymbol{v}_1, \boldsymbol{v}_2, \boldsymbol{v}_3$ が T に対する**固有ベクトル**であると仮定する．これは $i = 1, 2, 3$ に対して $T(\boldsymbol{v}_i) = \lambda_i \boldsymbol{v}_i$ であることを意味している．入力基底と出力基底が同じ $\boldsymbol{v}_i$ であるとき，T に対する行列を求めよ．

27 すべての可逆な線形変換はその行列として I を持つことができる！ 任意の入力基底を $\boldsymbol{v}_1, \ldots, \boldsymbol{v}_n$ とする．出力基底として $\boldsymbol{w}_i = T(\boldsymbol{v}_i)$ を選んだとき，T はなぜ可逆になるか？

28 $\boldsymbol{v}_1 = \boldsymbol{w}_1$ と $\boldsymbol{v}_2 = \boldsymbol{w}_2$ を用いて，以下の T に対する標準行列を求めよ：

(a) $T(\boldsymbol{v}_1) = \boldsymbol{0}$ と $T(\boldsymbol{v}_2) = 3\boldsymbol{v}_1$,　　(b) $T(\boldsymbol{v}_1) = \boldsymbol{v}_1$ と $T(\boldsymbol{v}_1 + \boldsymbol{v}_2) = \boldsymbol{v}_1$.

29 T を x 軸に関する鏡映とし，S を y 軸に関する鏡映とする．定義域 $\mathbf{V}$ は xy 平面である．$\boldsymbol{v} = (x, y)$ であるとき，$S(T(\boldsymbol{v}))$ は何か？積 ST の簡単な説明を与えよ．

30 T は 45° の直線に関する鏡映であり，S は y 軸に関する鏡映であるとする．$\boldsymbol{v} = (2, 1)$ ならば，$T(\boldsymbol{v}) = (1, 2)$ である．$S(T(\boldsymbol{v}))$ と $T(S(\boldsymbol{v}))$ を求めよ．これは一般に，$ST \neq TS$ であることを示している．

31 2 つの鏡映の積 ST は回転であることを示せ．これらの鏡映行列を掛けて回転角を求めよ：

$$\begin{bmatrix} \cos 2\theta & \sin 2\theta \\ \sin 2\theta & -\cos 2\theta \end{bmatrix} \quad \begin{bmatrix} \cos 2\alpha & \sin 2\alpha \\ \sin 2\alpha & -\cos 2\alpha \end{bmatrix}.$$

32 次の命題は真か偽か：$\mathbf{R}^n$ における零でない n 個の異なるベクトルに対して $T(\boldsymbol{v})$ がわかれば，$\mathbf{R}^n$ のすべてのベクトル $\boldsymbol{v}$ に対して $T(\boldsymbol{v})$ がわかる．

33 $\boldsymbol{e} = (1, 0, 0, 0)$ と $\boldsymbol{v} = (1, -1, 1, -1)$ を等式 (8〜10) のようにウェーブレット基底で表せ．c_1, c_2, c_3, c_4 は $W\boldsymbol{c} = \boldsymbol{e}$ と $W\boldsymbol{c} = \boldsymbol{v}$ の解である．

34 $\boldsymbol{v} = (7, 5, 3, 1)$ をウェーブレット基底で表すために，$(6, 6, 2, 2) + (1, -1, 1, -1)$ からスタートせよ．それから，$1, 1, 1, 1$ と $1, 1, -1, -1$ を用いて $6, 6, 2, 2$ を全体的平均と差を加えたものとして表せ．

35 $\mathbf{R}^8$ に対するウェーブレット基底の 8 個のベクトルを求めよ．それらは 長いウェーブレット $(1,1,1,1,-1,-1,-1,-1)$ と短いウェーブレット $(1,-1,0,0,0,0,0,0)$ を含む．

36 $\mathbf{R}^n$ における 2 つの基底を $\boldsymbol{v}_1,\ldots,\boldsymbol{v}_n$ と $\boldsymbol{w}_1,\ldots,\boldsymbol{w}_n$ とする．1 つのベクトルが 1 つの基底において係数 b_i を持ち，もう 1 つの基底で係数 c_i を持つとき，$\boldsymbol{b}=M\boldsymbol{c}$ における基底変換行列を求めよ．以下の式からスタートせよ．

$$b_1\boldsymbol{v}_1+\cdots+b_n\boldsymbol{v}_n=V\boldsymbol{b}=c_1\boldsymbol{w}_1+\cdots+c_n\boldsymbol{w}_n=W\boldsymbol{c}.$$

答は変換 $T(\boldsymbol{v})=\boldsymbol{v}$ を入力基底 $\boldsymbol{v}_i$ と出力基底 $\boldsymbol{w}_i$ によって表現することにより得られる．異なった基底であるため，その行列は I ではない．

挑戦問題

37 2 行 2 列の行列空間 $\mathbf{M}$ は例題 **7.2 B** において基底 $\boldsymbol{v}_1,\boldsymbol{v}_2,\boldsymbol{v}_3,\boldsymbol{v}_4$ を持つ．T を各行列に $\begin{bmatrix}\mathbf{a}&\mathbf{b}\\\mathbf{c}&\mathbf{d}\end{bmatrix}$ を掛ける変換とする．行列空間上でこの変換 T を表現する 4×4 の行列 A を求めよ．

38 A は階数 $r=2$ の 4×4 の行列とし，$T(\boldsymbol{v})=A\boldsymbol{v}$ と仮定する．入力基底 $\boldsymbol{v}_1,\boldsymbol{v}_2$ を A の行空間から，零空間から $\boldsymbol{v}_3,\boldsymbol{v}_4$ を選ぶ．出力基底を A^{T} の列空間から $\boldsymbol{w}_1=A\boldsymbol{v}_1$，$\boldsymbol{w}_2=A\boldsymbol{v}_2$，零空間から $\boldsymbol{w}_3$ を選ぶ．これらの特別な基底によってこの T を表現する特別に単純な行列を求めよ．

7.3　対角化と擬似逆行列

本節は良い基底を選ぶことによって，良い行列を提示する．目標が対角行列であるとき，1 つの方法は**固有ベクトル**からなる基底を選ぶことである．もう 1 つの方法は 2 つの基底である（入力基底と出力基底は異なる）．それらの左と右の**特異ベクトル**は A の 4 つの基本的な部分空間に対する正規直交基底である．それらは特異値分解 から生じる．

それらの入力基底と出力基底を逆転させて，A の擬似逆行列を求めよう．この行列 A^+ は $\mathbf{R}^m$ を $\mathbf{R}^n$ に引き戻し，それは列空間を行空間に移す．

A の素晴らしい分解は基底の変換として見ることができる，という事実がある．しかしここは短い節なので，2 つの顕著な例に集中して考える．両方の場合において，良い行列は**対角行列**である．それは 1 つの基底による Λ であり，2 つの基底による Σ である．

1. $\boldsymbol{S^{-1}AS=\Lambda}$ ：**入力基底と出力基底が** A **の固有ベクトルであるとき．**
2. $\boldsymbol{U^{-1}AV=\Sigma}$ ：**それらの基底が** $\boldsymbol{A^{\mathrm{T}}A}$ **と** $\boldsymbol{AA^{\mathrm{T}}}$ **の固有ベクトルであるとき．**

Λ と Σ との間の差がすぐにわかるだろう．Λ において基底は同じである．このとき，$m=n$ であり，行列 A は正方行列でなければならない．また，どんな S によっても対角化できない正方行列もある．なぜなら，それらは n 個の線形独立な固有ベクトルを持たないからである．

Σ においては入力基底と出力基底は異なる．行列 A は矩形行列でもよい．$A^{\mathrm{T}}A$ と AA^{T} は対称行列であるから，その基底は**正規直交基底**である．このとき，$U^{-1} = U^{\mathrm{T}}$ と $V^{-1} = V^{\mathrm{T}}$ が成り立つ．すべての行列 A はこのことが可能になり，A は対角行列 Σ を持つ．これが第 6.7 節の特異値分解 (SVD) である．

固有ベクトル基底は $A^{\mathrm{T}}A = AA^{\mathrm{T}}$（正規行列）であるときに限り正規直交化される．それは対称行列，歪対称行列，そして直交行列を包含している（「**特別**」のほうが正規より良い術語かもしれない）．この場合，Σ における特異値は絶対値 $\sigma_i = |\lambda_i|$ であり，ゆえに $\Sigma = \mathbf{abs}(\Lambda)$ である．この 2 つの対角化は $A^{\mathrm{T}}A = AA^{\mathrm{T}}$ であるとき同じになる．ただし，可能な因子 -1（実数）と $e^{i\theta}$（複素数）を除いて．

ここで，グラム－シュミットの分解 $A = QR$ は**唯一つ**の新しい基底を選んでいる，ということに注意しよう．それは Q によって与えられる直交する出力基底である．入力は I によって与えられる標準基底を用いている．対角化することはできいないが，三角行列 R にはすることが可能である．式 $A = QRI$ において，出力基底行列は左側に現れ，入力基底は右側に現れる．

入力基底が出力基底と一致している場合から始める．これは S と S^{-1} を生じさせる．

相似行列：A と $S^{-1}AS$ と $W^{-1}AW$

正方行列と 1 つの基底から始める．入力空間 $\mathbf{V}$ は $\mathbf{R}^n$ であり，出力空間 $\mathbf{W}$ もまた $\mathbf{R}^n$ である．標準基底ベクトルは I の列である．$n \times n$ 行列を A で表す．線形変換 T は “A を掛ける乗法” である．

本書のほとんどは 1 つの基本的な問題— **行列を簡単にすること**—であった．第 2 章（消去法によって）と第 4 章（グラム－シュミット法によって）においては行列を三角化した．第 6 章では（固有ベクトルにより）行列を対角化した．さて，A から Σ への変換は **基底の変換**から生じる：**固有値行列は固有ベクトルから生じる．**

ここで前もって主要な事柄を述べておこう．$\mathbf{V}$ に対する基底を変えたとき，その行列は A から AM に変わる．なぜなら，$\mathbf{V}$ は入力空間であり，行列 M は右側におかれる（最初に来る）．$\mathbf{W}$ に対する基底を変えたとき，新しい行列は $M^{-1}A$ である．出力空間で考えているので，M^{-1} は左側である（最後に来る）．

同じやり方で両方の基底を変えれば，新しい行列は $M^{-1}AM$ **である．**良い基底ベクトルは A の固有ベクトルである．このとき，行列は $S^{-1}AS = \Lambda$ となる．

> 基底が固有ベクトル $\boldsymbol{x}_1, \ldots, \boldsymbol{x}_n$ からなるとき，T に対する行列は Λ となる．

理由　行列の第 1 列を求めるために，最初の基底ベクトル $\boldsymbol{x}_1$ を入力する．その変換は A を掛けることである．出力は $A\boldsymbol{x}_1 = \lambda_1\boldsymbol{x}_1$ である．これは最初の基底ベクトルを λ_1 倍することに加えて，他のベクトルを零倍することである．したがって，行列の第 1 列は $(\lambda_1, 0, \ldots, 0)$ である．**固有ベクトル基底においては，その行列は対角行列となる．**

例 1　北西から南東へ通る直線 $y = -x$ 上へ射影する．ベクトル (1,0) をその直線上の (0.5, −0.5) へ射影する．(0, 1) の射影は (−0.5, 0.5) である：

1.　標準行列：標準基底を射影せよ．　$A = \begin{bmatrix} 0.5 & -0.5 \\ -0.5 & 0.5 \end{bmatrix}.$

2.　固有ベクトルによって対角行列 $\boldsymbol{\Lambda}$ を求めよ．

解　この射影に対する固有ベクトルは $\boldsymbol{x}_1 = (1, -1)$ と $\boldsymbol{x}_2 = (1, 1)$ である．最初の固有ベクトルは 135° の直線上にあり，2 番目の固有ベクトルは垂直である（ 45° の直線）それらの射影は $\boldsymbol{x}_1$ と $\mathbf{0}$ である．固有値は $\lambda_1 = 1$ と $\lambda_2 = 0$ である．

2.　対角化された行列：固有ベクトルを射影せよ　$\Lambda = \begin{bmatrix} 1 & 0 \\ 0 & 0 \end{bmatrix}.$

3.　別な基底 $\boldsymbol{v}_1 = \boldsymbol{w}_1 = (2, 0)$ と $\boldsymbol{v}_2 = \boldsymbol{w}_2 = (1, 1)$ を用いて第 3 の行列 B を求めよ．

解　$\boldsymbol{w}_1$ は固有ベクトルではないので，この基底による行列 B は対角化されない．B を計算する最初の方法は第 7.2 節の規則に従うことである．

射影 $T(\boldsymbol{v}_j)$ を $\boldsymbol{w}_i$ の線形結合で表して，この行列の第 j 列を求めよ．

射影 T を (2, 0) に施す．その結果は (1, −1) となり，これは $\boldsymbol{w}_1 - \boldsymbol{w}_2$ である．ゆえに，B の最初の列は 1 と −1 からなる．2 番目のベクトル $\boldsymbol{w}_2 = (1, 1)$ は零に射影されるので，B の第 2 列は 0 と 0 からなる：固有値は 1 と 0 のままである．

3.　第 3 の相似な行列：$\boldsymbol{w}_1$ と $\boldsymbol{w}_2$ を射影せよ　$B = \begin{bmatrix} 1 & 0 \\ -1 & 0 \end{bmatrix}.$　(1)

同じ B を求める第二の方法はより洞察に満ちたものである．W^{-1} と W を用いて，標準基底と基底 $\boldsymbol{w}_i$ の間の変換をする．これらの基底変換行列は恒等変換を表現している．変換の積はちょうど ITI である．**行列の積は** $B = W^{-1}AW$ である．この方法は，B が A に **相似** であることを示している．

任意の基底 $\boldsymbol{w}_1, \ldots, \boldsymbol{w}_n$ に対して，3 段階で行列 B を求めよ．入力基底を W によって標準基底に変換する．標準基底による行列は A である．出力基底を W^{-1} によって変換して $\boldsymbol{w}_i$ に戻す．**このとき $\boldsymbol{B = W^{-1}AW}$ は $\boldsymbol{ITI}$ を表現する：**

$$B_{\boldsymbol{w}_i \text{ から } \boldsymbol{w}_i} = W^{-1}_{\text{標準基底から } \boldsymbol{w}_i} \quad A_{\text{標準基底}} \quad W_{\boldsymbol{w}_i \text{ から標準基底}} \tag{2}$$

基底の変換は $W^{-1}AW$ に対応する相似変換を生じさせる．

例 2 （射影に関する続き） 基底 $(2,0)$ と $(1,1)$ が W の列であるとき，B を求めるためにこの $W^{-1}AW$ の規則を適用する：

$$W^{-1}AW = \begin{bmatrix} \frac{1}{2} & -\frac{1}{2} \\ 0 & 1 \end{bmatrix} \begin{bmatrix} \frac{1}{2} & -\frac{1}{2} \\ -\frac{1}{2} & \frac{1}{2} \end{bmatrix} \begin{bmatrix} 2 & 1 \\ 0 & 1 \end{bmatrix} = \begin{bmatrix} 1 & 0 \\ -1 & 0 \end{bmatrix}.$$

この $W^{-1}AW$ の規則は 式 (1) と同じ B を与える．行列 A と B は相似である．それらは同じ固有値 (1 と 0) を持つ．そして，Λ もまた相似である．

射影行列は性質 $A^2 = A$ と $B^2 = B$ と $\Lambda^2 = \Lambda$ を持つことに注意しよう．2 回目の射影は最初の射影を動かさない．

特異値分解 (SVD)

さて入力基底 $\boldsymbol{v}_1, \ldots, \boldsymbol{v}_n$ は出力基底 $\boldsymbol{u}_1, \ldots, \boldsymbol{u}_m$ と異なることがあり得る．実際，入力空間 $\mathbf{R}^n$ は出力空間 $\mathbf{R}^m$ とは違っていてもよい．再び，最良の行列は対角行列である（ここでは $m \times n$）．この対角行列 Σ を得るために，各入力ベクトル $\boldsymbol{v}_j$ は出力ベクトル $\boldsymbol{u}_j$ のベクトルのスカラー倍に変換されねばならない．このスカラー値は Σ の主対角線上にある**特異値** σ_j である：

$$\textbf{特異値分解} \qquad A\boldsymbol{v}_j = \begin{cases} \sigma_j \boldsymbol{u}_j & j \le r \\ \mathbf{0} & j > r \end{cases} \quad \text{（正規直交基底で）}. \tag{3}$$

この特異値は順序が $\sigma_1 \ge \sigma_2 \ge \cdots \ge \sigma_r$ である．ここで階数 r が登場する，なぜなら（定義により）特異値は零ではない．上の等式の第 2 の部分は，$j = r+1, \ldots, n$ に対して $\boldsymbol{v}_j$ は零空間に属していることを意味している．これは零空間の基底ベクトルの正確な数 $n - r$ を与える．

次に，行列をそれらが表す線形変換に接続させる．A と Σ は**同じ変換**を表す．$A = U\Sigma V^{\mathrm{T}}$ は $\mathbf{R}^n$ と $\mathbf{R}^m$ に対する標準基底を用いている．対角行列 Σ は入力基底 $\boldsymbol{v}_j$ と出力基底 $\boldsymbol{u}_j$ を用いている．直交行列 U と V は基底変換を与える；それらは（$\mathbf{R}^n$ と $\mathbf{R}^m$ において）恒等変換を表現する．変換の積は ITI であり，それは 基底 $\boldsymbol{v}_j$ と $\boldsymbol{u}_j$ を用いて，$U^{-1}AV$ と表現され，これは $U^{-1}AV = \Sigma$ である．

基底 $\boldsymbol{u}$ と $\boldsymbol{v}$ における行列 Σ は標準基における行列 A から生じて $U^{-1}AV$ になる.：

$$\Sigma_{\boldsymbol{v}_j \text{ から } \boldsymbol{u}_j} = U^{-1}_{\textbf{標準基底} \text{ から } \boldsymbol{u}_j} \quad A_{\textbf{標準基底}} \quad V_{\boldsymbol{v}_j \text{ から } \textbf{標準基底}}. \tag{4}$$

特異値分解は直交基底（$U^{-1} = U^{\mathrm{T}}$ と $V^{-1} = V^{\mathrm{T}}$）により A を対角化する．

特異値分解における 2 つの直交基底は $A^{\mathrm{T}}A$ ($\boldsymbol{v}_j$) と AA^{T} ($\boldsymbol{u}_j$) に対する固有ベクトル基底である．それらは対称行列であるから，それらの単位固有ベクトルは直交する．それらの固有値は数 σ_j^2 である．第 6.7 節の等式 (10) と (11) はそれらの基底が標準行列 A を対角化して Σ となることを証明している．

極分解

すべての複素数は極形式 $re^{i\theta}$ を持つ．非負の数 r を単位円上の数 $e^{i\theta}$ に掛ける（$|e^{i\theta}| = |\cos\theta + i\sin\theta| = 1$ であることを思い出そう）．これらの数を 1×1 の行列と考えると，$r \geq 0$ は**半正定値行列**（これを H とする）に対応し，$e^{i\theta}$ は**直交行列** Q に対応する．**極分解**はこの分解を行列に拡張する：（直交行列）掛ける（半正定値行列），$A = QH$.

> すべての実正方行列は $\boldsymbol{A} = \boldsymbol{QH}$ のように分解できる．ただし，Q は**直交行列**で H は**半正定値対称行列である**．A が可逆ならば，H は正定値である．

証明のためには，ただ特異値分解の中間に $V^{\mathrm{T}}V = I$ を挿入すればよい：

$$\textbf{極分解}\qquad A = U\Sigma V^{\mathrm{T}} = (UV^{\mathrm{T}})(V\Sigma V^{\mathrm{T}}) = (Q)(H). \tag{5}$$

最初の因子 UV^{T} は Q である．直交行列の積は直交行列である．2 番目の因子 $V\Sigma V^{\mathrm{T}}$ は H である．この行列の固有値は Σ の中にあるので，半正定値である．A が可逆ならば，Σ と H もまた可逆である．**$\boldsymbol{H}$ は $\boldsymbol{A}^{\mathrm{T}}\boldsymbol{A}$ の平方根となる正定値対称行列である**．等式 (5) は $H^2 = V\Sigma^2V^{\mathrm{T}} = A^{\mathrm{T}}A$ を意味している．

逆の順序の極分解 $A = KQ$ もある．Q は同じであるが，今度は $K = U\Sigma U^{\mathrm{T}}$ である．これは AA^{T} の平方根であり，正定値対称行列である．

例 3　第 6.7 節における特異値分解から，極分解 $A = QH$ を求めよ．

$$A = \begin{bmatrix} 2 & 2 \\ -1 & 1 \end{bmatrix} = \begin{bmatrix} 0 & 1 \\ 1 & 0 \end{bmatrix} \begin{bmatrix} \sqrt{2} & \\ & 2\sqrt{2} \end{bmatrix} \begin{bmatrix} -1/\sqrt{2} & 1/\sqrt{2} \\ 1/\sqrt{2} & 1/\sqrt{2} \end{bmatrix} = U\Sigma V^{\mathrm{T}}.$$

解　直交する部分は $Q = UV^{\mathrm{T}}$ である．正定値の部分は $H = V\Sigma V^{\mathrm{T}}$ である．これはまた $H = Q^{-1}A$ であり，Q が直交行列であるから $H = Q^{\mathrm{T}}A$ と表される：

$$\textbf{直交行列}\qquad Q = \begin{bmatrix} 0 & 1 \\ 1 & 0 \end{bmatrix} \begin{bmatrix} -1/\sqrt{2} & 1/\sqrt{2} \\ 1/\sqrt{2} & 1/\sqrt{2} \end{bmatrix} = \begin{bmatrix} 1/\sqrt{2} & 1/\sqrt{2} \\ -1/\sqrt{2} & 1/\sqrt{2} \end{bmatrix}$$

$$\textbf{正定値行列}\qquad H = \begin{bmatrix} 1/\sqrt{2} & -1/\sqrt{2} \\ 1/\sqrt{2} & 1/\sqrt{2} \end{bmatrix} \begin{bmatrix} 2 & 2 \\ -1 & 1 \end{bmatrix} = \begin{bmatrix} 3/\sqrt{2} & 1/\sqrt{2} \\ 1/\sqrt{2} & 3/\sqrt{2} \end{bmatrix}.$$

力学において，極分解は（H による）**伸張**から（Q による）**回転**を分離する．H の固有値は A の特異値である．それらは伸張因子を与える．H の固有ベクトルは $A^{\mathrm{T}}A$ の固有ベクトルであり，伸張の方向を与える（主軸）．このとき，Q はそれらの軸を回転させる．

極分解は鍵となる等式 $A\boldsymbol{v}_i = \sigma_i\boldsymbol{u}_i$ をちょうど 2 つのステップに分割する．“H” の部分は $\boldsymbol{v}_i$ に σ_i を掛けることである．“Q” の部分は $\boldsymbol{v}_i$ を $\boldsymbol{u}_i$ に回転させてねじ込むことである．

擬似逆行列

良い基底を選べば，行空間における $\boldsymbol{v}_i$ に A を掛けて列空間における $\sigma_i\boldsymbol{u}_i$ が得られる．A^{-1} はその逆のことをしなければならない！ $A\boldsymbol{v}=\sigma\boldsymbol{u}$ ならば，$A^{-1}\boldsymbol{u}=\boldsymbol{v}/\sigma$ である．ちょうど A^{-1} の固有値が $1/\lambda$ であるように，A^{-1} の特異値は $1/\sigma$ である．基底は反対になる．このとき $\boldsymbol{u}$ は A^{-1} の行空間にあり，$\boldsymbol{v}$ は列空間にある．

このときまで，必要ならば「**もし A^{-1} が存在すれば**」という条件を仮定していた．いまその仮定をはずす．$\boldsymbol{u}_i$ に掛けて $\boldsymbol{v}_i/\sigma_i$ をつくり出す行列は**存在する**．それが擬似逆行列 A^+ である：

擬似逆行列

$$A^+=V\Sigma^+U^{\mathrm{T}} = \underset{n\times n}{\begin{bmatrix} \\ \boldsymbol{v}_1\cdots\boldsymbol{v}_r\cdots\boldsymbol{v}_n \\ \\ \end{bmatrix}} \underset{n\times m}{\begin{bmatrix} \sigma_1^{-1} & & & \\ & \ddots & & \\ & & \sigma_r^{-1} & \\ & & & \end{bmatrix}} \underset{m\times m}{\begin{bmatrix} \\ \boldsymbol{u}_1\cdots\boldsymbol{u}_r\cdots\boldsymbol{u}_m \\ \\ \end{bmatrix}}^{\mathrm{T}}$$

擬似逆行列 A^+ は $n\times m$ の行列である．A^{-1} が存在するならば（これをもう一度言う），A^+ は A^{-1} と同じになる．この場合，$m=n=r$ であり，$U\Sigma V^{\mathrm{T}}$ の逆行列をとり，$V\Sigma^{-1}U^{\mathrm{T}}$ を得る．新しい記号 A^+ は $r<m$ または $r<n$ であるときに必要となる．このとき，A は両側逆行列を持たないが，しかしそれは階数を同じ r とする**擬似**逆行列を持つ：

$$A^+\boldsymbol{u}_i=\frac{1}{\sigma_i}\boldsymbol{v}_i \quad (i\le r) \qquad と \qquad A^+\boldsymbol{u}_i=\boldsymbol{0} \quad (i>r).$$

A の列空間におけるベクトル $\boldsymbol{u}_1,\ldots,\boldsymbol{u}_r$ は A の行空間における $\boldsymbol{v}_1,\ldots,\boldsymbol{v}_r$ に戻る．他のベクトル $\boldsymbol{u}_{r+1},\ldots,\boldsymbol{u}_m$ は零空間にあり，A^+ はそれらを零に移す．それぞれの基底ベクトル $\boldsymbol{u}_i$ に起こることがわかれば，行列 A^+ がわかる．

対角行列 Σ の擬似逆行列 Σ^+ に注意せよ．各 σ は σ^{-1} で置き換えられる．積 $\Sigma^+\Sigma$ は可能な限り単位行列に近くなる（それは射影行列であり，$\Sigma^+\Sigma$ は部分的に I で部分的に 0 である）．r 個の 1 を得る．零行と零列には何もすることができない．以下の例は $\sigma_1=2$ かつ $\sigma_2=3$ の場合である：

$$\Sigma^+\Sigma=\begin{bmatrix}1/2&0&0\\0&1/3&0\\0&0&0\end{bmatrix}\begin{bmatrix}2&0&0\\0&3&0\\0&0&0\end{bmatrix}=\begin{bmatrix}1&0&0\\0&1&0\\0&0&0\end{bmatrix}=\begin{bmatrix}\boldsymbol{I}&0\\0&\boldsymbol{0}\end{bmatrix}.$$

擬似逆行列 A^+ は $n\times m$ 行列で AA^+ と A^+A を射影行列にする：

$AA^{-1}=A^{-1}A=I$ に対する試み	$AA^+=A$ の列空間の上への射影行列 $A^+A=A$ の行空間の上への射影行列

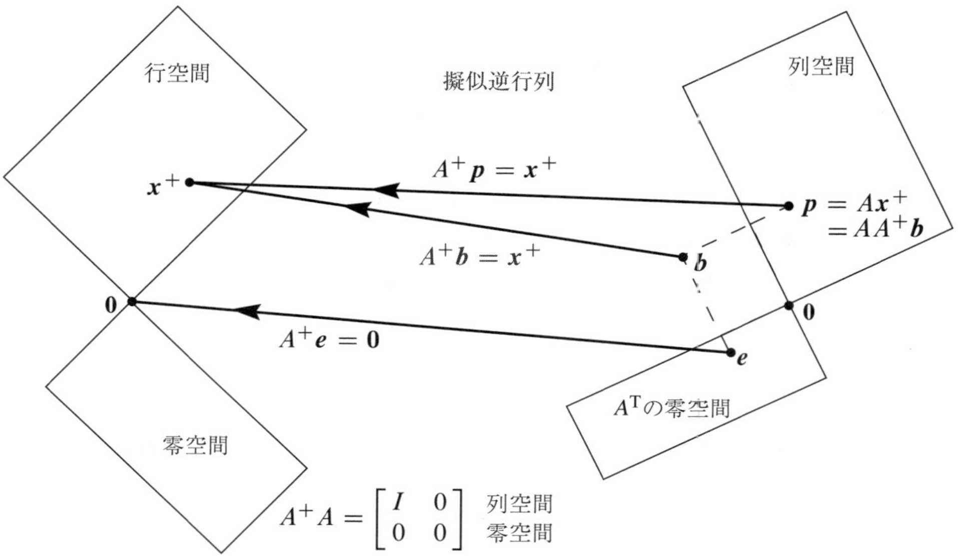

図 7.4　列空間における Ax^+ は行空間における $A^+Ax^+ = x^+$ に引き戻す．

例 4　$A = \begin{bmatrix} 2 & 2 \\ 1 & 1 \end{bmatrix}$ の擬似逆行列を求めよ．これは可逆行列ではない．階数は 1 である．唯一つの特異値は $\sqrt{10}$ である．これは Σ^+ において逆数 $1/\sqrt{10}$ になる．：

$$A^+ = V\Sigma^+U^T = \frac{1}{\sqrt{2}}\begin{bmatrix} 1 & 1 \\ 1 & -1 \end{bmatrix}\begin{bmatrix} 1/\sqrt{10} & 0 \\ 0 & 0 \end{bmatrix}\frac{1}{\sqrt{5}}\begin{bmatrix} 2 & 1 \\ 1 & -2 \end{bmatrix} = \frac{1}{10}\begin{bmatrix} 2 & 1 \\ 2 & 1 \end{bmatrix}.$$

A^+ もまた階数 1 である．その列空間は A の行空間である．A が行空間の $(1,1)$ を列空間の $(4,2)$ にすれば，A^+ はその逆である．$A^+(4,2) = (1,1)$．

すべての階数 1 の行列は 1 つの行に 1 つの列を掛けたものである．すなわち，単位ベクトル $\boldsymbol{u}$ と $\boldsymbol{v}$ によって，$A = \sigma\boldsymbol{u}\boldsymbol{v}^T$ である．このとき，階数 1 の行列の最良の逆は $A^+ = \boldsymbol{v}\boldsymbol{u}^T/\sigma$ である．その積 AA^+ は $\boldsymbol{u}\boldsymbol{u}^T$ であり，これは $\boldsymbol{u}$ を通る直線への射影である．積 A^+A は $\boldsymbol{v}\boldsymbol{v}^T$ である．

最小 2 乗法への応用　第 4 章において，不能な連立方程式 $A\boldsymbol{x} = \boldsymbol{b}$ に対する最適の解 $\widehat{\boldsymbol{x}}$ を求めた．鍵となる方程式は $A^TA\widehat{\boldsymbol{x}} = A^T\boldsymbol{b}$ であり，ここで A^TA が可逆であるという仮定をしている．零ベクトルのみが零空間にある．

A は線形従属である列を持つことがある（階数 $< n$）．$A^TA\widehat{\boldsymbol{x}} = A^T\boldsymbol{b}$ に対する多くの解を持つことがある．**1 つの解は擬似逆行列からの $\boldsymbol{x}^+ = A^+\boldsymbol{b}$ である**．$A^TAA^+\boldsymbol{b}$ は $A^T\boldsymbol{b}$ であることを確かめることができる．なぜなら，図 7.4 から $\boldsymbol{e} = \boldsymbol{b} - AA^+\boldsymbol{b}$ は A^T の零空間にある $\boldsymbol{b}$ の部分であることがわかるからである．A の零空間の任意のベクトルは $\boldsymbol{x}^+$ に加えると，$A^TA\widehat{\boldsymbol{x}} = A^T\boldsymbol{b}$ に対するもう 1 つの解 $\widehat{x}$ を与える．しかし，$\boldsymbol{x}^+$ は他のどんな $\widehat{\boldsymbol{x}}$ よりも短い（問題 16）：

$$A\boldsymbol{x} = \boldsymbol{b} \text{ に対する最小 2 乗解は } \boldsymbol{x}^+ = A^+\boldsymbol{b} \text{ である．}$$

擬似逆行列 A^+ とこの最適解 $\boldsymbol{x}^+$ は統計学において本質的である．なぜなら，経験によれば A はしばしば**線形従属な列**を持つからである．

■　要点の復習　■

1. 対角化 $S^{-1}AS = \Lambda$ は固有ベクトルへの変換と同じである．
2. 特異値分解は入力基底 $\boldsymbol{v}_i$ と出力基底 $\boldsymbol{u}_i$ を選ぶ．それらの正規直交基底は A を対角化する．これは $A\boldsymbol{v}_i = \sigma_i \boldsymbol{u}_i$ であり，行列の形では $A = U\Sigma V^{\mathrm{T}}$ と表される．
3. 極分解は A を QH と分解する．すなわち，(回転 UV^{T}) 掛ける（伸張 $V\Sigma V^{\mathrm{T}}$）である．
4. 擬似逆行列 $A^+ = V\Sigma^+U^{\mathrm{T}}$ は A の列空間をその行空間に戻すように変換する．A^+A は行空間の上では恒等変換である（零空間の上では零である）．

■　例題　■

7.3 A　A が階数 n（列について非退化）ならば，**左逆行列** $C = (A^{\mathrm{T}}A)^{-1}A^{\mathrm{T}}$ を持つ．この行列 C は $CA = I$ を満たす．この場合に，なぜ擬似逆行列は $A^+ = C$ であるか説明せよ．A が階数 m（行について非退化）ならば，$B = A^{\mathrm{T}}(AA^{\mathrm{T}})^{-1}$ により表される**右逆行列** B を持つ．このときは $AB = I$ が成り立つ．なぜ擬似逆行列は $A^+ = B$ であるか説明せよ．

A_1 に対する B，A_2 に対する C を求めよ．これら 3 つのすべての行列 A_1, A_2, A_3 に対して，A^+ を求めよ：

$$A_1 = \begin{bmatrix} \mathbf{2} \\ \mathbf{2} \end{bmatrix} \quad A_2 = \begin{bmatrix} \mathbf{2} & \mathbf{2} \end{bmatrix} \quad A_3 = \begin{bmatrix} \mathbf{2} & \mathbf{2} \\ \mathbf{2} & \mathbf{2} \end{bmatrix}.$$

解　A が階数 n（列について非退化）を持てば，$A^{\mathrm{T}}A$ は可逆である―これは第 4.2 節のキーポイントである．確かに，$C = (A^{\mathrm{T}}A)^{-1}A^{\mathrm{T}}$ を A に掛けると，$CA = I$ となる．反対の順序で掛けると，$AC = A(A^{\mathrm{T}}A)^{-1}A^{\mathrm{T}}$ は列空間の上への射影行列（再び第 4.2 節）である．ゆえに，C は A^+ であるための必要条件に出合う：CA と AC **は射影行列である**．

A が階数 m（行について非退化）を持てば，AA^{T} は可逆である．確かに，A を $B = A^{\mathrm{T}}(AA^{\mathrm{T}})^{-1}$ に掛けると $AB = I$ となる．逆の順序で，$BA = A^{\mathrm{T}}(AA^{\mathrm{T}})^{-1}A$ は行空間への射影行列である．ゆえに，B は階数 m の擬似逆行列 A^+ である．

例の A_1 は階数が列数と同じであり（C に対しても），A_2 は階数が行数と同じである（B に対しても）：

$$\boldsymbol{A_1^+} = (A_1^{\mathrm{T}}A_1)^{-1}A_1^{\mathrm{T}} = \frac{1}{8}\begin{bmatrix} 2 & 2 \end{bmatrix} \qquad \boldsymbol{A_2^+} = A_2^{\mathrm{T}}(A_2A_2^{\mathrm{T}})^{-1} = \frac{1}{8}\begin{bmatrix} 2 \\ 2 \end{bmatrix}.$$

$A_1^+A_1 = [1]$ かつ，$A_2A_2^+ = [1]$ であることに注意せよ．しかし，A_3（階数 1）は左，あるいは，右逆行列を持たない．**その階数は列数にも行数にも等しくない．**その擬似逆行列は $A_3^+ = \sigma_1^{-1}\boldsymbol{v}_1\boldsymbol{u}_1^{\mathrm{T}} = \left[\begin{smallmatrix}1&1\\1&1\end{smallmatrix}\right]/4$ である．

練習問題 7.3

問題 1〜4 は（可逆でない）特別な行列の特異値分解を計算し，それを用いる．

1 (a) $A^{\mathrm{T}}A$ を計算し，その固有値とその単位固有ベクトル $\boldsymbol{v}_1$ と $\boldsymbol{v}_2$ を求めよ．また，σ_1 を求めよ．

$$\textbf{階数 1 の行列}\quad A = \begin{bmatrix}1 & 2\\ 3 & 6\end{bmatrix}$$

(b) AA^{T} を計算し，その固有値と固有ベクトル $\boldsymbol{u}_1$ と $\boldsymbol{u}_2$ を求めよ．

(c) $A\boldsymbol{v}_1 = \sigma_1\boldsymbol{u}_1$ を確かめよ．数を以下の特異値分解の中に入れよ：

$$\boldsymbol{A = U\Sigma V}^{\mathrm{T}}\qquad \begin{bmatrix}1 & 2\\ 3 & 6\end{bmatrix} = \begin{bmatrix}\boldsymbol{u}_1 & \boldsymbol{u}_2\end{bmatrix}\begin{bmatrix}\sigma_1 & \\ & 0\end{bmatrix}\begin{bmatrix}\boldsymbol{v}_1 & \boldsymbol{v}_2\end{bmatrix}^{\mathrm{T}}.$$

2 (a) 問題 1 の $\boldsymbol{u}_i$ と $\boldsymbol{v}_i$ から，この行列 A の 4 つの基本的部分空間に対する正規直交基底を書き下せ．

(b) それら 4 つの同じ部分空間を持つ行列をすべて求めよ．それらは A のスカラー倍か？

3 問題 1 の U と V，Σ から 直交行列 $Q = UV^{\mathrm{T}}$ と 対称行列 $H = V\Sigma V^{\mathrm{T}}$ を求めよ．極分解 $A = QH$ を確かめよ．_____ であるから，この H は単に半定値である．$H^2 = A$ であることを検証せよ．

4 擬似逆行列 $A^+ = V\Sigma^+U^{\mathrm{T}}$ を計算せよ．対角行列 Σ^+ は $1/\sigma_1$ を含んでいる．図 7.4 における 4 つの部分空間（A に対する）を A^+ に対する 4 つの部分空間として名前を付け替えよ．射影 $P_{\text{行}} = A^+A$ と $P_{\text{列}} = AA^+$ を計算せよ．

問題 5〜9 は可逆行列の特異値分解 (SVD) について問うものである．

5 $A^{\mathrm{T}}A$ を計算し，その固有値とその単位固有ベクトル $\boldsymbol{v}_1$ と $\boldsymbol{v}_2$ を求めよ．この行列 A に対する特異値 σ_1 と σ_2 は何か？

$$A = \begin{bmatrix}3 & 3\\ -1 & 1\end{bmatrix}.$$

6 AA^{T} は $A^{\mathrm{T}}A$ と同じ固有値 σ_1^2 と σ_2^2 を持つ．単位固有ベクトル $\boldsymbol{u}_1$ と $\boldsymbol{u}_2$ を求めよ．以下の特異値分解の中に数を入れよ：

$$A = \begin{bmatrix}3 & 3\\ -1 & 1\end{bmatrix} = \begin{bmatrix}\boldsymbol{u}_1 & \boldsymbol{u}_2\end{bmatrix}\begin{bmatrix}\sigma_1 & \\ & \sigma_2\end{bmatrix}\begin{bmatrix}\boldsymbol{v}_1 & \boldsymbol{v}_2\end{bmatrix}^{\mathrm{T}}.$$

7 問題 6 において，行に列を掛けて $A=\sigma_1\boldsymbol{u}_1\boldsymbol{v}_1^{\mathrm{T}}+\sigma_2\boldsymbol{u}_2\boldsymbol{v}_2^{\mathrm{T}}$ を示せ．また，$A=U\Sigma V^{\mathrm{T}}$ より階数 r のすべての行列は階数 1 の r 個の行列の和であることを証明せよ．

8 U と V と Σ から直交行列 $Q=UV^{\mathrm{T}}$ と対称行列 $K=U\Sigma U^{\mathrm{T}}$ を求めよ．逆順序の極分解 $A=KQ$ を確かめよ．

9 _____ であるから，この行列 A の擬似逆行列は _____ と同じである．

問題 10〜11 は 1 行 3 列の矩形行列を計算し，その特異値分解 (SVD) を用いる．

10 行列が $A=\begin{bmatrix}3 & 4 & 0\end{bmatrix}$ であるとき，$A^{\mathrm{T}}A$ と AA^{T} を計算し，それらの固有値と単位固有ベクトル求めよ．A の特異値は何か？

11 次の A の特異値分解に数を挿入せよ：

$$A=\begin{bmatrix}3 & 4 & 0\end{bmatrix}=[\boldsymbol{u}_1]\begin{bmatrix}\sigma_1 & 0 & 0\end{bmatrix}\begin{bmatrix}\boldsymbol{v}_1 & \boldsymbol{v}_2 & \boldsymbol{v}_3\end{bmatrix}^{\mathrm{T}}.$$

A の擬似逆行列 $V\Sigma^+U^{\mathrm{T}}$ に数を挿入せよ．AA^+ と A^+A を計算せよ：

$$\text{擬似逆行列}\quad A^+=\begin{bmatrix} \\ \\ \\ \end{bmatrix}=\begin{bmatrix}\boldsymbol{v}_1 & \boldsymbol{v}_2 & \boldsymbol{v}_3\end{bmatrix}\begin{bmatrix}1/\sigma_1\\0\\0\end{bmatrix}\begin{bmatrix}\boldsymbol{u}_1\end{bmatrix}^{\mathrm{T}}.$$

12 ピボットと特異値を持たない 2×3 行列を求めよ．またその行列に対する Σ を求めよ．A^+ は零行列であるが，どんな形か？

13 $\det A=0$ であるとき，$\det A^+=0$ となるのはなぜか？ A の階数が r のとき，なぜ A^+ の階数は r となるか？

14 $U\Sigma V^{\mathrm{T}}$ における因子はどのようなときに $Q\Lambda Q^{\mathrm{T}}$ における因子と同じになるか？固有値 λ_i は正でなければならない．これは σ_i に等しい．このとき，A は _____ でなければならず，かつ正 _____ である．

問題 15〜18 は $\boldsymbol{A}^+$ と $\boldsymbol{x}^+=\boldsymbol{A}^+\boldsymbol{b}$ の主要な性質の意味を明らかにする．

15 この問題におけるすべての行列は階数 1 である．ベクトル $\boldsymbol{b}$ は (b_1,b_2) である．

$$A=\begin{bmatrix}2 & 2\\1 & 1\end{bmatrix}\quad A^{\mathrm{T}}=\begin{bmatrix}2 & 1\\2 & 1\end{bmatrix}\quad AA^{\mathrm{T}}=\begin{bmatrix}8 & 4\\4 & 2\end{bmatrix}\quad A^{\mathrm{T}}A=\begin{bmatrix}5 & 5\\5 & 5\end{bmatrix}$$

(a) $A^{\mathrm{T}}A$ は _____ であるから，方程式 $A^{\mathrm{T}}A\widehat{\boldsymbol{x}}=A^{\mathrm{T}}\boldsymbol{b}$ は多くの解を持つ．

(b) $\boldsymbol{x}^+=A^+\boldsymbol{b}=(0.2b_1+0.1b_2, 0.2b_1+0.1b_2)$ は $A^{\mathrm{T}}A\boldsymbol{x}^+=A^{\mathrm{T}}\boldsymbol{b}$ の解であることを確かめよ．

(c) $(1,-1)$ をその $\boldsymbol{x}^+$ に加えると，$A^{\mathrm{T}}A\widehat{\boldsymbol{x}}=A^{\mathrm{T}}\boldsymbol{b}$ に対する別の解が得られる．$\|\widehat{\boldsymbol{x}}\|^2=\|\boldsymbol{x}^+\|^2+2$ が成り立ち，$\boldsymbol{x}^+$ はより小さいことを示せ．

16 ベクトル $\boldsymbol{x}^+ = \boldsymbol{A}^+\boldsymbol{b}$ は $A^{\mathrm{T}}A\widehat{\boldsymbol{x}} = A^{\mathrm{T}}\boldsymbol{b}$ に対して可能な限り最小の解である．

理由：差 $\widehat{\boldsymbol{x}} - \boldsymbol{x}^+$ は $A^{\mathrm{T}}A$ の零空間にある．この空間は $\boldsymbol{x}^+$ に直交している A の零空間でもある．$\|\widehat{\boldsymbol{x}}\|^2 = \|\boldsymbol{x}^+\|^2 + \|\widehat{\boldsymbol{x}} - \boldsymbol{x}^+\|^2$ が成り立つのはなぜか説明せよ．

17 $\mathbf{R}^m$ のすべての $\boldsymbol{b}$ は $\boldsymbol{p} + \boldsymbol{e}$ である．これは列空間の部分と左零空間の部分の和である．$\mathbf{R}^n$ のすべての $\boldsymbol{x}$ は $\boldsymbol{x}_r + \boldsymbol{x}_n =$ (行空間の部分) + (零空間の部分) である．このとき，

$$AA^+\boldsymbol{p} = \_\_\_\_\_ \qquad AA^+\boldsymbol{e} = \_\_\_\_\_ \qquad A^+A\boldsymbol{x}_r = \_\_\_\_\_ \qquad A^+A\boldsymbol{x}_n = \_\_\_\_\_$$

18 以下の 2×1 行列 A と $\boldsymbol{b}$ に対して，A^+ と A^+A と AA^+ と $\boldsymbol{x}^+$ を求めよ：

$$A = \begin{bmatrix} 3 \\ 4 \end{bmatrix} = \begin{bmatrix} 0.6 & -0.8 \\ 0.8 & 0.6 \end{bmatrix} \begin{bmatrix} 5 \\ 0 \end{bmatrix} [1] \qquad \boldsymbol{b}_1 = \begin{bmatrix} 3 \\ 4 \end{bmatrix} \text{ と } \boldsymbol{b}_2 = \begin{bmatrix} -4 \\ 3 \end{bmatrix}.$$

19 一般の 2×2 行列は 4 つの数によって定まる．三角行列ならば 3 個の数で決まる．対角行列ならば 2 個で定まる．回転ならば，1 個で定まる．固有ベクトルならば 1 個で定まる．A の各分解に対して，行列を決める数の個数の和が 4 であることを確かめよ：

$$LU \quad LDU \quad QR \quad U\Sigma V^{\mathrm{T}} \quad S\Lambda S^{-1} \text{ における 4 つの数.}$$

20 問題 19 に従って，LDL^{T} と $Q\Lambda Q^{\mathrm{T}}$ が **3** 個の数によって定まることを確かめよ．行列 A はいま _____ であるから，これは正しい．

21 $A = U\Sigma V^{\mathrm{T}}$ と $A^+ = V\Sigma^+U^{\mathrm{T}}$ から以下の分解は階数 1 に分解することを説明せよ：

$$A = \sum_1^r \sigma_i \boldsymbol{u}_i \boldsymbol{v}_i^{\mathrm{T}} \qquad A^+ = \sum_1^r \frac{\boldsymbol{v}_i \boldsymbol{u}_i^{\mathrm{T}}}{\sigma_i} \qquad A^+A = \sum_1^r \boldsymbol{v}_i \boldsymbol{v}_i^{\mathrm{T}} \qquad AA^+ = \sum_1^r \boldsymbol{u}_i \boldsymbol{u}_i^{\mathrm{T}}$$

挑戦問題

22 この問題は，$\mathbf{R}^m$ において与えられた列空間と $\mathbf{R}^n$ において与えられた行空間を持つすべての行列 A を求める問題である．$\boldsymbol{c}_1, \ldots, \boldsymbol{c}_r$ と $\boldsymbol{b}_1, \ldots, \boldsymbol{b}_r$ はそれらの与えられた空間の基底であると仮定する．それらを B と C の列とする．目標は $r \times r$ のある可逆行列 M に対して $\boldsymbol{A} = \boldsymbol{CMB}^{\mathbf{T}}$ が成り立つことを示すことである．ヒント: $A = U\Sigma V^{\mathrm{T}}$ からスタートせよ．A はこの形をしているはずである：

U と V の最初の r 列は可逆行列によって B と C に関連していなければならない．なぜなら，それらは同じ列空間と行空間に対する基底を含んでいるからである．

23 特異ベクトル $\boldsymbol{v}$ と $\boldsymbol{u}$ の対は $A\boldsymbol{v} = \sigma\boldsymbol{u}$ と $A^{\mathrm{T}}\boldsymbol{u} = \sigma\boldsymbol{v}$ を満足している．2 重ベクトル $\boldsymbol{x} = \begin{bmatrix} \boldsymbol{u} \\ \boldsymbol{v} \end{bmatrix}$ はどんな対称ブロック行列の固有ベクトルになるか？ その固有値は何か？ A の特異値分解はその対称ブロック行列の対角化に同値である．

第8章

応用

8.1 工学に現れる行列

本節では，工学の問題において，対称行列 K（K は正定値であることが多い）がどのように現れるかを扱う．それらの行列が対称行列や正定値行列となる「線形代数的な理由」は，それらが $K = A^{\mathrm{T}}A$ や $K = A^{\mathrm{T}}CA$ という形を持つことである．「物理的な理由」は，式 $\frac{1}{2}\boldsymbol{u}^{\mathrm{T}}K\boldsymbol{u}$ が**エネルギー**を表し，エネルギーが負にならないことである．行列 C は対角行列となることが多く，伝導率，剛性，拡散率などの正の物理定数を要素として持つ．

最初の例は，機械工学，土木工学，航空工学に由来する．K は**剛性行列**であり，$K^{-1}\boldsymbol{f}$ は外力 $\boldsymbol{f}$ への構造物の反応である．第 8.2 節では電気工学に移り，その行列は回路網に由来する．演習では，化学工学やさらに他の例を扱う．本章の後のほうでは，経済学，経営学，工学デザインを扱う（そこでは最適化が鍵だ）．

工学から線形代数を導く方法には，直接的方法と間接的方法の 2 つがある．

直接的方法　物理的な問題が有限個の部分のみからなる．それらの位置や速度を関連づける法則は**線形**であり（変化量が大きすぎたり速すぎたりしない），その法則が**行列の方程式**によって表される．

間接的方法　物理的な系が「連続的」である．すなわち，集団の個々の要素ではなく，質量密度や力や速度が x または x, y または x, y, z の関数である．その法則は**微分方程式**によって表され，**精度の高い解を求めるため，微分方程式を差分法や有限要素法によって近似する**．

どちらの方法でも，行列の方程式と線形代数が現れる．行列を用いずに近代的工学を実践することは不可能だ．

以下では，均衡方程式 $K\boldsymbol{u} = \boldsymbol{f}$ を扱う．動きがある場合には，動的な $Md^2\boldsymbol{u}/dt^2 + K\boldsymbol{u} = \boldsymbol{f}$ となる．その場合には，$K\boldsymbol{x} = \lambda M\boldsymbol{x}$ より固有値を用いるか，差分法を用いる．

物理的な例を説明する前に，行列を書き下しておこう．三重対角行列 K_0 は，本書で何度も登場したものであり，これからその応用を見ていく．これらの行列はすべて対称行列であり，その初めの 4 つは正定値行列である．

$$K_0 = A_0^{\mathrm{T}} A_0 = \begin{bmatrix} \mathbf{2} & -1 & \\ -1 & 2 & -1 \\ & -1 & \mathbf{2} \end{bmatrix} \qquad A_0^{\mathrm{T}} C_0 A_0 = \begin{bmatrix} c_1+c_2 & -c_2 & \\ -c_2 & c_2+c_3 & -c_3 \\ & -c_3 & c_3+c_4 \end{bmatrix}$$

固定端–固定端　　　　ばね定数を含む

$$K_1 = A_1^{\mathrm{T}} A_1 = \begin{bmatrix} \mathbf{2} & -1 & \\ -1 & 2 & -1 \\ & -1 & \mathbf{1} \end{bmatrix} \qquad A_1^{\mathrm{T}} C_1 A_1 = \begin{bmatrix} c_1+c_2 & -c_2 & \\ -c_2 & c_2+c_3 & -c_3 \\ & -c_3 & c_3 \end{bmatrix}$$

固定端–自由端　　　　ばね定数を含む

$$K_{\text{非可逆}} = \begin{bmatrix} \mathbf{1} & -1 & \\ -1 & 2 & -1 \\ & -1 & \mathbf{1} \end{bmatrix} \qquad K_{\text{巡回}} = \begin{bmatrix} 2 & -1 & \mathbf{-1} \\ -1 & 2 & -1 \\ \mathbf{-1} & -1 & 2 \end{bmatrix}$$

自由端–自由端

単純化のため，行列 $K_0, K_1, K_{\text{非可逆}}$，および，$K_{\text{巡回}}$ では，$C = I$ とする．これは，すべての「ばね定数」が $c_i = 1$ という性質を意味する．ばね定数が（正定値という性質を変えることなく）どのように行列に入るのかを見せるため，$A_0^{\mathrm{T}} C_0 A_0$ と $A_1^{\mathrm{T}} C_1 A_1$ も示した．最初の目標として，これらの剛性行列がどのように現れるのかを示そう．

一列に並んだばね

図 8.1 に，一列に並んだばねでつながれた 3 つの物体 m_1, m_2, m_3 を示す．左の固定端 – 固定端の場合では，ばねは 4 つあり，その上部と下部が固定されている．固定端 – 自由端の場合は，ばねは 3 つしかなく，最も下にある物体は自由にぶら下がっている．**固定端 – 固定端**の問題からは，K_0 と $A_0^{\mathrm{T}} C_0 A_0$ が導かれる．**固定端 – 自由端**の問題からは，K_1 と $A_1^{\mathrm{T}} C_1 A_1$ が導かれる．両端を支えるものがない**自由端 – 自由端**の問題からは，行列 $K_{\text{非可逆}}$ が導かれる．

物体の変位 $\boldsymbol{u}$ とばねの張力（または反力）$\boldsymbol{y}$ の間に等式を立てたい：

$$\begin{aligned} \boldsymbol{u} &= (u_1, u_2, u_3) = \textbf{物体の変位}\ (\text{下または上}) \\ \boldsymbol{y} &= (y_1, y_2, y_3, y_4)\ \text{または}\ (y_1, y_2, y_3) = \textbf{ばねの張力} \end{aligned}$$

物体の変位は，物体が下に動いたとき正 $(u_i > 0)$ とする．ばねに関しては，伸長しているときに正とし，圧縮しているときに負 $(y_i < 0)$ とする．ばねが伸長しているとき，ばねは物体を内側へ引こうとする．それぞれのばねは，フックの法則 $y = ce$（(**張力**)=(**ばね定数**) × (**ばねの伸長**)) に従う．

我々がやるべきことは，それぞれのばねに対する式 $y = ce$ を，全体の系に対するベクトル方程式 $K\boldsymbol{u} = \boldsymbol{f}$ に結びつけることである．力のベクトル $\boldsymbol{f}$ は，重力によってもたらされる．各物体の質量に重力加速度定数 g を掛けると，力 $\boldsymbol{f} = (m_1 g, m_2 g, m_3 g)$ が得られる．

本質的な問題は，(**固定端 – 固定端**と**固定端 – 自由端**に対する) 剛性行列を求めることである．その最良の方法は，1 段階ではなく，3 段階で K を作ることである．変位 u_i と力とを

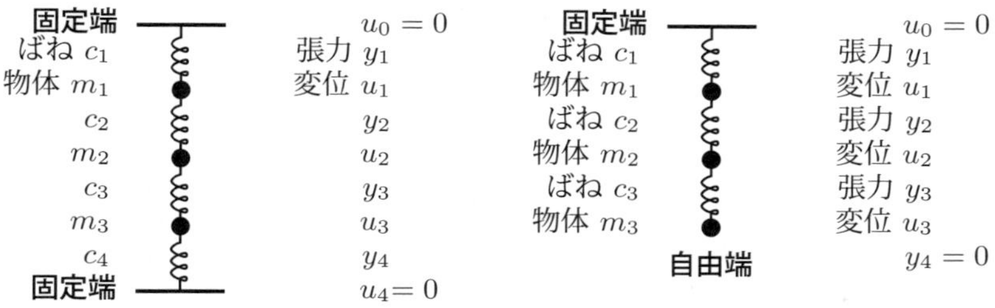

図 **8.1** 一列に並んだばねと物体： **固定端 – 固定端** と **固定端 – 自由端**.

直接関係づけるのではなく，以下に示した各ベクトルをその次のベクトルに関係づけるほうがずっとよい．

$\boldsymbol{u}$ = n 個の物体の **変位** = $(u_1, \ldots, u_n)$

$\boldsymbol{e}$ = m 個のばねの **伸長** = $(e_1, \ldots, e_m)$

$\boldsymbol{y}$ = m 個のばねによる **内力** = $(y_1, \ldots, y_m)$

$\boldsymbol{f}$ = n 個の物体への **外力** = $(f_1, \ldots, f_n)$

$\boldsymbol{u}$ を，$\boldsymbol{e}$ と $\boldsymbol{y}$ を通して，$\boldsymbol{f}$ に関係づける枠組みは次のようになる：

$$\begin{array}{ccc} \boxed{\boldsymbol{u}} & & \boxed{\boldsymbol{f}} \\ \boldsymbol{A}\downarrow & & \uparrow\boldsymbol{A}^{\mathrm{T}} \\ \boxed{\boldsymbol{e}} & \xrightarrow{\boldsymbol{C}} & \boxed{\boldsymbol{y}} \end{array} \qquad \begin{array}{ll} \boldsymbol{e} = A\boldsymbol{u} & A \text{ は } m \times n \\ \boldsymbol{y} = C\boldsymbol{e} & C \text{ は } m \times m \\ \boldsymbol{f} = A^{\mathrm{T}}\boldsymbol{y} & A^{\mathrm{T}} \text{ は } n \times m \end{array}$$

これから，2 つの例について行列 A と C と A^{T} を書き下す．まず両端が固定端であるものを対象とし，次に下端が自由端であるものを対象とする．これらの行列が単純であることは大目に見てほしい．重要なのは，それらの式の形である．特に，A が A^{T} とともに現れることが重要である．

伸長 $\boldsymbol{e}$ は，ばねがどれだけ伸びているかである．当初，系がテーブルの上に置かれているときには，どのばねも伸びていない．系が鉛直になったとき，重力が作用し，物体は変位 u_1, u_2, u_3 だけ下へと移動する．それぞれのばねは，**両端の変位の差** $e_i = u_i - u_{i-1}$ だけ伸びる（または縮む）：

各ばねの伸長

1 つ目のばね: $\boldsymbol{e}_1 = \boldsymbol{u}_1$ （上端は固定されているので $u_0 = 0$）

2 つ目のばね: $\boldsymbol{e}_2 = \boldsymbol{u}_2 - \boldsymbol{u}_1$

3 つ目のばね: $\boldsymbol{e}_3 = \boldsymbol{u}_3 - \boldsymbol{u}_2$

4 つ目のばね: $\boldsymbol{e}_4 = \quad - \boldsymbol{u}_3$ （下端は固定されているので $u_4 = 0$）

両端が同じ距離だけ移動したならば，そのばねの伸びは 0 である．すなわち，$u_i = u_{i-1}$ のとき $e_i = 0$ である．これらの 4 つの式からなる行列は 4×3 の**差分行列** A であり，$\boldsymbol{e} = A\boldsymbol{u}$ となる：

$$\text{ばねの伸び（伸長）}\quad \boldsymbol{e} = A\boldsymbol{u} \quad \text{は} \quad \begin{bmatrix} e_1 \\ e_2 \\ e_3 \\ e_4 \end{bmatrix} = \begin{bmatrix} 1 & 0 & 0 \\ -1 & 1 & 0 \\ 0 & -1 & 1 \\ 0 & 0 & -1 \end{bmatrix} \begin{bmatrix} u_1 \\ u_2 \\ u_3 \end{bmatrix}. \tag{1}$$

次の等式 $\boldsymbol{y} = C\boldsymbol{e}$ は，ばねの伸長 $\boldsymbol{e}$ とばねの張力 $\boldsymbol{y}$ を関係づけるものである．**これは，それぞれのばねに対するフックの法則** $y_i = c_i e_i$ **からなり**，フックの法則はばねの材質に依存する「本質的な法則」である．やわらかいばねでは c が小さく，働く力 y が弱く，ばねの伸び e は大きくなる．ばねを伸ばしすぎて材質が塑性状態になるまでは，線形なフックの法則によって実際のばねがほぼ正確に表される．

各ばねに対してフックの法則が成り立つので，$\boldsymbol{y} = C\boldsymbol{e}$ の行列 C は対角行列である：

$$\text{フックの法則}\ \boldsymbol{y} = C\boldsymbol{e} \quad \begin{aligned} \boldsymbol{y}_1 &= \boldsymbol{c}_1\boldsymbol{e}_1 \\ \boldsymbol{y}_2 &= \boldsymbol{c}_2\boldsymbol{e}_2 \\ \boldsymbol{y}_3 &= \boldsymbol{c}_3\boldsymbol{e}_3 \\ \boldsymbol{y}_4 &= \boldsymbol{c}_4\boldsymbol{e}_4 \end{aligned} \quad \text{は} \quad \begin{bmatrix} y_1 \\ y_2 \\ y_3 \\ y_4 \end{bmatrix} = \begin{bmatrix} c_1 & & & \\ & c_2 & & \\ & & c_3 & \\ & & & c_4 \end{bmatrix} \begin{bmatrix} e_1 \\ e_2 \\ e_3 \\ e_4 \end{bmatrix} \tag{2}$$

$\boldsymbol{e} = A\boldsymbol{u}$ と $\boldsymbol{y} = C\boldsymbol{e}$ を組み合わせることで，ばねに働く力は $\boldsymbol{y} = CA\boldsymbol{u}$ となる．

最後に登場するのは**均衡の等式**であり，応用数学における最も基本的な法則である．ばねが及ぼす内力は，物体にはたらく外力と釣り合う．各物体について，上からは，ばねの力 y_j だけ引き上げられる（または押し下げられる）．下からはばねの力 y_{j+1} と重力 f_j を受ける．したがって，$y_j = y_{j+1} + f_j$，すなわち，$f_j = y_j - y_{j+1}$ となる：

$$\text{力の均衡}\ \boldsymbol{f} = A^{\mathrm{T}}\boldsymbol{y} \quad \begin{aligned} \boldsymbol{f}_1 &= \boldsymbol{y}_1 - \boldsymbol{y}_2 \\ \boldsymbol{f}_2 &= \boldsymbol{y}_2 - \boldsymbol{y}_3 \\ \boldsymbol{f}_3 &= \boldsymbol{y}_3 - \boldsymbol{y}_4 \end{aligned} \quad \text{は} \quad \begin{bmatrix} f_1 \\ f_2 \\ f_3 \end{bmatrix} = \begin{bmatrix} 1 & -1 & 0 & 0 \\ 0 & 1 & -1 & 0 \\ 0 & 0 & 1 & -1 \end{bmatrix} \begin{bmatrix} y_1 \\ y_2 \\ y_3 \\ y_4 \end{bmatrix} \tag{3}$$

この行列は A^{T} **であり，力の均衡を表す等式は** $\boldsymbol{f} = A^{\mathrm{T}}\boldsymbol{y}$ **である．**自然法則により，$\boldsymbol{e}-\boldsymbol{u}$ 間の行列の行と列とを転置して $\boldsymbol{f}-\boldsymbol{y}$ 間の行列が生み出される．A^{T} が A とともに現れることが，まさにこの枠組みの美しさなのである．3 つの等式を組み合わせて $K\boldsymbol{u} = \boldsymbol{f}$ とすると，**剛性行列**は $K = A^{\mathrm{T}}CA$ となる：

$$\left\{ \begin{aligned} \boldsymbol{e} &= A\boldsymbol{u} \\ \boldsymbol{y} &= C\boldsymbol{e} \\ \boldsymbol{f} &= A^{\mathrm{T}}\boldsymbol{y} \end{aligned} \right\} \ \text{を組み合わせると} \quad A^{\mathrm{T}}CA\boldsymbol{u} = \boldsymbol{f} \quad \text{もしくは} \quad K\boldsymbol{u} = \boldsymbol{f}.$$

弾性の言葉で言うと，$\boldsymbol{e} = A\boldsymbol{u}$ は（変位量に対する）**動力学的**等式である．力の均衡 $\boldsymbol{f} = A^{\mathrm{T}}\boldsymbol{y}$ は（均衡を表す）**静力学的**等式である．**構造的な法則**は（物質に由来する）$\boldsymbol{y} = C\boldsymbol{e}$ である．ここで，$A^{\mathrm{T}}CA$ は $n \times n = (n \times m)(m \times m)(m \times n)$ である．

有限要素法のプログラムで最も大変な作業は，数千個の小さな部品から $K = A^{\mathrm{T}}CA$ を組み立てることである．4 つのばね（**固定端－固定端**）の場合において，A^{T} と CA の積を計

算して行列 K を求めた.

$$\begin{bmatrix} 1 & -1 & 0 & 0 \\ 0 & 1 & -1 & 0 \\ 0 & 0 & 1 & -1 \end{bmatrix} \begin{bmatrix} c_1 & 0 & 0 \\ -c_2 & c_2 & 0 \\ 0 & -c_3 & c_3 \\ 0 & 0 & -c_4 \end{bmatrix} = \begin{bmatrix} c_1+c_2 & -c_2 & 0 \\ -c_2 & c_2+c_3 & -c_3 \\ 0 & -c_3 & c_3+c_4 \end{bmatrix}$$

ばねがすべて同一で $c_1 = c_2 = c_3 = c_4 = 1$ であるならば，$C = I$ となる．剛性行列は $A^{\mathrm{T}}A$ と単純になり，特別な $-1, 2, -1$ 行列になる：

$$\boldsymbol{C} = \boldsymbol{I} \text{ のとき} \qquad \boldsymbol{K}_0 = A_0^{\mathrm{T}} A_0 = \begin{bmatrix} 2 & -1 & 0 \\ -1 & 2 & -1 \\ 0 & -1 & 2 \end{bmatrix}. \tag{4}$$

工学に現れる $A^{\mathrm{T}}A$ と線形代数に現れる LL^{T} との違いに注意せよ．4 つのばねから得られる行列 A は 4×3 である．消去によって得られる三角行列 L は正方行列である．剛性行列 K は $A^{\mathrm{T}}A$ によって作られ，その後，LL^{T} へと分解される．1 段階目は応用であり，2 段階目は計算である．どの K も，矩形行列から作られ，正方行列へと分解される．

$K = A^{\mathrm{T}}CA$ の性質をいくつか列挙しよう．それらのほぼすべてを知っているはずだ：

1. K は**三重対角行列**である．物体 1 と物体 3 はつながれていないからである．
2. K は**対称行列**である．C が対称行列であり，A^{T} が A とともに現れるからである．
3. K は**正定値行列**である．$c_i > 0$ であり，A の**列が独立**だからである．
4. K^{-1} は，式 (5) に示すように，**すべての要素が正である完全行列**である．

最後の性質から，$\boldsymbol{u} = K^{-1}\boldsymbol{f}$ に関する重要な事実が導かれる：**すべての力が下向きにはたらくと** ($f_j > 0$)，**物体はすべて下向きに移動する** ($u_j > 0$).「要素が正」と「正定値」とは異なることに注意せよ．この場合において，K^{-1} の要素は正であり（K はそうでない），K と K^{-1} はいずれも正定値行列である．

例 1 すべての c_i と m_j が $c_i = c$ および $m_j = m$ であるとする．変位 $\boldsymbol{u}$ と張力 $\boldsymbol{y}$ を求めよ．

ばねがすべて同一であり，物体もすべて同一である．しかし，移動量，伸長，および張力は**同一にならない**．$A^{\mathrm{T}}CA$ に c が含まれるため，K^{-1} には $\frac{1}{c}$ が含まれる：

$$\boldsymbol{u} = K^{-1}\boldsymbol{f} = \frac{1}{4c}\begin{bmatrix} 3 & 2 & 1 \\ 2 & 4 & 2 \\ 1 & 2 & 3 \end{bmatrix} \begin{bmatrix} mg \\ mg \\ mg \end{bmatrix} = \frac{mg}{c}\begin{bmatrix} \mathbf{3/2} \\ \mathbf{2} \\ \mathbf{3/2} \end{bmatrix} \tag{5}$$

中央の物体の変位量 u_2 は，u_1 や u_3 よりも大きい．単位を確認しよう：力 mg を単位長さあたりの力 c で割ると長さ u になる．さらに，

$$\boldsymbol{e} = A\boldsymbol{u} = \begin{bmatrix} 1 & 0 & 0 \\ -1 & 1 & 0 \\ 0 & -1 & 1 \\ 0 & 0 & -1 \end{bmatrix} \frac{mg}{c} \begin{bmatrix} \frac{3}{2} \\ 2 \\ \frac{3}{2} \end{bmatrix} = \frac{mg}{c}\begin{bmatrix} \mathbf{3/2} \\ \mathbf{1/2} \\ \mathbf{-1/2} \\ \mathbf{-3/2} \end{bmatrix}.$$

一列に並んだばねの両端は固定されているので，これらの伸長を足し合わせると零になる $(u_1 + (u_2 - u_1) + (u_3 - u_2) + (-u_3)$ の和は確かに零である）．各ばねの力 y_i を求めるには，e_i に c を掛ければよい．したがって，y_1, y_2, y_3, y_4 は $\frac{3}{2}mg$, $\frac{1}{2}mg$, $-\frac{1}{2}mg$, $-\frac{3}{2}mg$ となる．上の 2 つのばねは伸びており，下の 2 つのばねは縮んでいる．

$\boldsymbol{u}, \boldsymbol{e}, \boldsymbol{y}$ と計算したこの順番に注意せよ．矩形行列から $K = A^{\mathrm{T}}CA$ をつくり，それを構成する 3 つの行列ではなく行列全体を用いて $\boldsymbol{u} = K^{-1}\boldsymbol{f}$ を計算した．矩形行列 A と A^{T} には，（両側の）逆行列がない．

注記： 通常は $K^{-1} = A^{-1}C^{-1}(A^{\mathrm{T}})^{-1}$ **とは書けない．**

$A^{\mathrm{T}}CA$ により 3 つの行列が混ぜ合わされ，それをほどくのは簡単ではない．一般に，$A^{\mathrm{T}}\boldsymbol{y} = \boldsymbol{f}$ には多くの解があり，3 つの変数からなる 4 つの等式 $A\boldsymbol{u} = \boldsymbol{e}$ には解がない．しかし，$A^{\mathrm{T}}CA$ は，この枠組みにおける 3 つの等式すべてに正しい解を与える．$m = n$ であり，すべての行列が正方行列であるときのみ，$\boldsymbol{y} = (A^{\mathrm{T}})^{-1}\boldsymbol{f}$，$\boldsymbol{e} = C^{-1}\boldsymbol{y}$，および $\boldsymbol{u} = A^{-1}\boldsymbol{e}$ とすることができる．これから，その場合を見ていこう．

固定端 – 自由端

4 つ目のばねを取り除く．すべての行列が 3×3 になるが，パターンは変わらない．行列 A から第 4 行がなくなり，(もちろん) A^{T} から第 4 列がなくなる．新しい剛性行列 K_1 は，正方行列の積となる：

$$A_1^{\mathrm{T}}C_1A_1 = \begin{bmatrix} 1 & -1 & 0 \\ 0 & 1 & -1 \\ 0 & 0 & 1 \end{bmatrix} \begin{bmatrix} c_1 & & \\ & c_2 & \\ & & c_3 \end{bmatrix} \begin{bmatrix} 1 & 0 & 0 \\ -1 & 1 & 0 \\ 0 & -1 & 1 \end{bmatrix}.$$

A^{T} から削除された列と A から削除された行が，c_4 に掛けられていた．したがって，新しい $A^{\mathrm{T}}CA$ を求める一番手っ取り早い方法は，古い式において $c_4 = 0$ とすることだ：

固定端
自由端

$$K_1 = A_1^{\mathrm{T}}C_1A_1 = \begin{bmatrix} c_1 + c_2 & -c_2 & 0 \\ -c_2 & c_2 + c_3 & -c_3 \\ 0 & -c_3 & c_3 \end{bmatrix}. \qquad (6)$$

$c_1 = c_2 = c_3 = 1$ つまり $C = I$ のとき，最後の要素が 2 でなく 1 であることを除けば，これは $-1, 2, -1$ の三重対角行列である．一番下のばねは自由に動く．

例 2　固定端 – 自由端となるようつるされたばねの列において，すべての c_i が $c_i = c$ であり，すべての m_j が $m_j = m$ であるとする．そのとき，

$$K_1 = c\begin{bmatrix} 2 & -1 & 0 \\ -1 & 2 & -1 \\ 0 & -1 & 1 \end{bmatrix} \quad \text{および} \quad K_1^{-1} = \frac{1}{c}\begin{bmatrix} 1 & 1 & 1 \\ 1 & 2 & 2 \\ 1 & 2 & 3 \end{bmatrix}.$$

重力による力 mg は同じである．しかし，剛性行列が異なるので，物体の変位も前の例とは

異なる：

$$\boldsymbol{u} = K_1^{-1}\boldsymbol{f} = \frac{1}{c}\begin{bmatrix} 1 & 1 & 1 \\ 1 & 2 & 2 \\ 1 & 2 & 3 \end{bmatrix}\begin{bmatrix} mg \\ mg \\ mg \end{bmatrix} = \frac{mg}{c}\begin{bmatrix} 3 \\ 5 \\ 6 \end{bmatrix}.$$

この固定端－自由端の場合，物体はより大きく移動する．u_1 が 3 となるのは，3 つの物体が最初のばねを下に引くからである．次の物体は，その 3 に加えて，さらにその下の物体からの影響で 2 だけ移動する．3 つ目の物体は，さらに大きく $(3+2+1=6)$ 下がる．ばねの伸長 $\boldsymbol{e} = A\boldsymbol{u}$ には，これらの数 $3, 2, 1$ が現れる：

$$\boldsymbol{e} = \begin{bmatrix} 1 & 0 & 0 \\ -1 & 1 & 0 \\ 0 & -1 & 1 \end{bmatrix}\frac{mg}{c}\begin{bmatrix} 3 \\ 5 \\ 6 \end{bmatrix} = \frac{mg}{c}\begin{bmatrix} 3 \\ 2 \\ 1 \end{bmatrix}.$$

c を掛けることで，3 つのばねにはたらく力 $\boldsymbol{y}$ は $3mg$ と $2mg$ と mg になる．正方行列であることで他と違うのは，$\boldsymbol{f}$ から $\boldsymbol{y}$ を 直接求められることである．$m = n$ から A^{T} が正方行列であるので，均衡の等式 $A^{\mathrm{T}}\boldsymbol{y} = \boldsymbol{f}$ から直接 $\boldsymbol{y}$ が求まる．$(A^{\mathrm{T}}CA)^{-1} = A^{-1}C^{-1}(A^{\mathrm{T}})^{-1}$ と書くことができる：

$$\boldsymbol{y} = (A^{\mathrm{T}})^{-1}\boldsymbol{f} \quad \text{は} \quad \begin{bmatrix} 1 & 1 & 1 \\ 0 & 1 & 1 \\ 0 & 0 & 1 \end{bmatrix}\begin{bmatrix} mg \\ mg \\ mg \end{bmatrix} = \begin{bmatrix} 3mg \\ 2mg \\ 1mg \end{bmatrix}.$$

両端が自由端：K は非可逆行列

図 8.2 における左のばねの列は，**両端**とも自由である．これは厄介だ（列全体が動きうる）．行列 A は 2×3 であり，縦が小さく横に広い．$\boldsymbol{e} = A\boldsymbol{u}$ を示す：

$$\textbf{自由端–自由端} \qquad \begin{bmatrix} e_1 \\ e_2 \end{bmatrix} = \begin{bmatrix} u_2 - u_1 \\ u_3 - u_2 \end{bmatrix} = \begin{bmatrix} -1 & 1 & 0 \\ 0 & -1 & 1 \end{bmatrix}\begin{bmatrix} u_1 \\ u_2 \\ u_3 \end{bmatrix}. \tag{7}$$

この場合，$A\boldsymbol{u} = \boldsymbol{0}$ に非零解が存在する．**物体は，ばねが伸びることなく動きうる**．列全体が $\boldsymbol{u} = (1,1,1)$ だけずれたとき，$\boldsymbol{e} = (0,0)$ となる．A の**列が従属**であり，ベクトル $(1,1,1)$ はその零空間にある：

$$A\boldsymbol{u} = \begin{bmatrix} -1 & 1 & 0 \\ 0 & -1 & 1 \end{bmatrix}\begin{bmatrix} 1 \\ 1 \\ 1 \end{bmatrix} = \begin{bmatrix} 0 \\ 0 \end{bmatrix} = \textbf{ばねは伸びない}. \tag{8}$$

$A\boldsymbol{u} = \boldsymbol{0}$ のとき，必ず $A^{\mathrm{T}}CA\boldsymbol{u} = \boldsymbol{0}$ となる．$A^{\mathrm{T}}CA$ は，c_1 と c_4 を取り除いた**半正定値行列**となる．c_2 と c_3 がピボットになり，**3 つ目のピボットはない**．階数は 2 しかない：

$$\begin{bmatrix} -1 & 0 \\ 1 & -1 \\ 0 & 1 \end{bmatrix}\begin{bmatrix} c_2 & \\ & c_3 \end{bmatrix}\begin{bmatrix} -1 & 1 & 0 \\ 0 & -1 & 1 \end{bmatrix} = \begin{bmatrix} c_2 & -c_2 & 0 \\ -c_2 & c_2 + c_3 & -c_3 \\ 0 & -c_3 & c_3 \end{bmatrix} \tag{9}$$

2 つの固有値は正となるが，$\boldsymbol{x} = (1, 1, 1)$ は $\lambda = 0$ に対する固有ベクトルの 1 つである．ベクトル $\boldsymbol{f}$ が特殊な値のときのみ，$A^{\mathrm{T}}CA\boldsymbol{u} = \boldsymbol{f}$ を解くことができる．力の和が $f_1 + f_2 + f_3 = 0$ でなければならない．そうでなければ，（両端が自由である）ばねの列全体がロケットのように飛び立ってしまう．

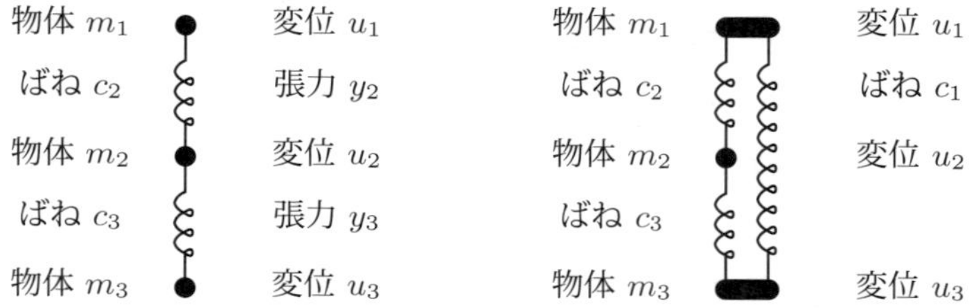

図 8.2　自由端－自由端：ばねの列と「ばねの輪」：いずれも K は**非可逆行列**である．物体は，ばねが伸びることなく動きうるため，$A\boldsymbol{u} = \boldsymbol{0}$ は非零解を持つ．

ばねの輪

3 つ目のばねが，物体 3 から物体 1 に戻って輪をなすとする．これでも K は可逆にはならず，新しい行列は依然として非可逆行列である．その剛性行列 $K_{巡回}$ は三重対角行列ではないが，（常に）対称行列であり**半正定値**である：

$$A_{巡回}^{\mathrm{T}} A_{巡回} = \begin{bmatrix} 1 & -1 & 0 \\ 0 & 1 & -1 \\ -1 & 0 & 1 \end{bmatrix} \begin{bmatrix} 1 & 0 & -1 \\ -1 & 1 & 0 \\ 0 & -1 & 1 \end{bmatrix} = \begin{bmatrix} 2 & -1 & -1 \\ -1 & 2 & -1 \\ -1 & -1 & 2 \end{bmatrix}. \tag{10}$$

ピボットは 2 と $\frac{3}{2}$ のみである．固有値は，3 と 3 と 0 である．行列式は 0 である．依然として零空間には $\boldsymbol{x} = (1, 1, 1)$ が含まれ，そのときすべての物体は一緒に動く．その移動ベクトル $(1, 1, 1)$ は $A_{巡回}$ の零空間にあり，また，ばね定数からなる対角行列 C を含めた $K_{巡回}$ の零空間にも含まれる．このときばねは伸びない．

$$(A^{\mathrm{T}}CA)_{巡回} = \begin{bmatrix} c_1 + c_2 & -c_2 & -c_1 \\ -c_2 & c_2 + c_3 & -c_3 \\ -c_1 & -c_3 & c_3 + c_1 \end{bmatrix}. \tag{11}$$

離散から連続へ

行列方程式は離散的である．微分方程式は連続的である．三重対角 $-1, 2, -1$ 行列 $A^{\mathrm{T}}A$ に対応する微分方程式を見よう．K_0 や K_1 に伴う境界条件を見るのは楽しい．

行列 $\boldsymbol{A}$ と $\boldsymbol{A}^{\mathrm{T}}$ は，導関数 $\boldsymbol{d/dx}$ と $\boldsymbol{-d/dx}$ に対応する． $\boldsymbol{e} = A\boldsymbol{u}$ において差 $u_i - u_{i-1}$ をとったことと，$\boldsymbol{f} = A^{\mathrm{T}}\boldsymbol{y}$ において差 $y_i - y_{i+1}$ をとったことを思い出せ．ここで，ばねが無限に小さいとすると，これらの差は導関数になる：

$$\frac{u_i - u_{i-1}}{\Delta x} \quad \text{は，ほぼ} \quad \frac{du}{dx} \qquad\qquad \frac{y_i - y_{i+1}}{\Delta x} \quad \text{は，ほぼ} \quad -\frac{dy}{dx} .$$

これまで，Δx を用いず，物体間の距離が 1 であると仮定していた．連続的な剛体棒を近似するには，もっと多くの (より小さく近い) 質点をとる．任意の点 x において，伸長とフックの法則と力の均衡が成り立つとして，連続的なモデルにおいて A, C, A^{T} の 3 ステップを手早く確認しよう：

$$e(x) = Au = \frac{du}{dx} \qquad y(x) = c(x)e(x) \qquad A^{\mathrm{T}}y = -\frac{dy}{dx} = f(x)$$

これらの式を $A^{\mathrm{T}}CAu(x) = f(x)$ のように組み合わせると，行列方程式ではなく微分方程式が得られる．ばねの列が弾力性のある棒になる：

弾力性のある棒　$A^{\mathrm{T}}CAu(x) = f(x)$　は　$-\dfrac{d}{dx}\left(c(x)\dfrac{du}{dx}\right) = f(x)$　(12)

$A^{\mathrm{T}}A$ は，2 階の導関数に対応する．A は「差分行列」であり，$A^{\mathrm{T}}A$ は「2 次の差分行列」である．**行列には** $-1, 2, -1$ **が現れ，微分方程式には** $-d^2u/dx^2$ **が現れる**：

$$-u_{i+1} + 2u_i - u_{i-1} \text{ は}\textbf{ 2 次の差分}\text{である} \qquad -\frac{d^2u}{dx^2} \text{ は}\textbf{ 2 次の導関数}\text{である．}$$

この対称行列が私のお気に入りである理由を見ていこう．1 次の導関数 du/dx を表すには，3 つの方法がある（**前進差分，後退差分，中心差分**）：

$$\frac{du}{dx} \simeq \frac{u(x+\Delta x) - u(x)}{\Delta x} \text{ または } \frac{u(x) - u(x-\Delta x)}{\Delta x} \text{ または } \frac{u(x+\Delta x) - u(x-\Delta x)}{2\Delta x}.$$

d^2u/dx^2 を表す方法として自然なのは，$u(x+\Delta x) - 2u(x) + u(x-\Delta x)$ を $(\Delta x)^2$ で割ったものである．**これらの符号を反転して** $-1, 2, -1$ **とするのはなぜか？** それは，対角要素を $+2$ とすると正定値行列になるからだ．1 次の導関数は**非**対称であり，転置すると負符号が現れる．2 次の導関数も負定値であるため，それを $-d^2u/dx^2$ に変えたのである．

ベクトルから関数へと議論を進めたが，科学計算では逆方法に進む．式 (12) のような微分方程式から始める．解 $u(x)$ を与える式が存在するときもあるが，そうでない場合のほうが多い．実際には，その連続的な問題を近似することで，離散的な行列 K を**作る**．u の境界条件が K にどのように取り込まれるかを見よ．u_0 がないことから，境界条件を（正しく）零とした：

固定端
固定端

$$A\boldsymbol{u} = \frac{1}{\Delta x}\begin{bmatrix} 1 & 0 & 0 \\ -1 & 1 & 0 \\ 0 & -1 & 1 \\ 0 & 0 & -1 \end{bmatrix}\begin{bmatrix} u_1 \\ u_2 \\ u_3 \end{bmatrix} \approx \frac{du}{dx} \quad \text{ただし} \quad \begin{matrix} \boldsymbol{u_0 = 0} \\ \boldsymbol{u_4 = 0} \end{matrix} \qquad (13)$$

上端が固定されることから境界条件 $u_0 = 0$ が与えられる．棒が空中につりさがっているような自由端のときはどうなるか？ A の第 4 行はなくなり，u_4 もない．境界条件は，A^{T} によって与えられなければならない．y_4 がないことが境界条件であり，（正しく）零とした：

$$\begin{array}{l}\text{固定端}\\ \text{自由端}\end{array} \quad A^{\mathrm{T}}\boldsymbol{y}=\frac{1}{\Delta x}\begin{bmatrix}1&-1&0\\0&1&-1\\0&0&1\end{bmatrix}\begin{bmatrix}y_1\\y_2\\y_3\end{bmatrix}\approx-\frac{dy}{dx} \quad \text{ただし} \quad \begin{array}{l}\boldsymbol{u_0=0}\\ \boldsymbol{y_4=0}\end{array} \qquad (14)$$

自由端における境界条件 $y_4=0$ **は** $du/dx=0$ **となる．**なぜならば，$\boldsymbol{y}=A\boldsymbol{u}$ が du/dx に対応するからである．(空中にある）その端点における力の均衡 $A^{\mathrm{T}}\boldsymbol{y}=\boldsymbol{f}$ は $0=0$ である．$K_1\boldsymbol{u}=\boldsymbol{f}$ の最後の行にある要素 $-1,1$ が，この条件 $du/dx=0$ を反映している．

本節をまとめよう．この例によって，(微分方程式を差分方程式に置き換えて）解析を線形代数に転換することが理解できることを願う．差分 Δx が十分に小さければ，全体として満足できる解が得られる．

$$\textbf{方程式は} \quad -\frac{d}{dx}\left(c(x)\frac{du}{dx}\right)=f(x) \ \ \textbf{ただし} \ \ u(0)=0 \ \ \textbf{および} \ \ \left[u(1) \text{ または } \frac{du}{dx}(1)\right]=0$$

棒を，長さ Δx の N 個の部分に分割する．du/dx を $A\boldsymbol{u}$ で置き換え，$-dy/dx$ を $A^{\mathrm{T}}\boldsymbol{y}$ で置き換える．ここで，A と A^{T} には $1/\Delta x$ が含まれる．境界条件は，$u_0=0$ と $[u_N=0$ または $y_N=0]$ である．$-d/dx$ と $c(x)$ と d/dx の 3 つが，A^{T} と C と A に対応する：

$$\boldsymbol{f}=A^{\mathrm{T}}\boldsymbol{y} \ \text{ と } \ \boldsymbol{y}=C\boldsymbol{e} \ \text{ と } \ \boldsymbol{e}=A\boldsymbol{u} \ \text{ から } \ A^{\mathrm{T}}CA\boldsymbol{u}=\boldsymbol{f} \ \text{ が得られる．}$$

これが計算科学の基本例である．本書が対象としているのは，以下に示す過程の第 3 段階（線形代数）である．本節では，その過程の第 2 段階を取り込んだ．

1. 問題を微分方程式でモデル化する
2. 微分方程式を差分方程式で離散化する
3. 差分方程式（と境界条件）を理解し解く
4. 解を解釈，可視化，もしくは必要があれば再設計する

数値シミュレーションは，実験や演繹に続く第 3 の科学になった．ボーイング 777 の設計は，風洞ではなく計算機を用いることでより簡単になった．今後，常微分方程式から偏微分方程式へ，また線形方程式から非線形方程式へと議論を進める必要がある．

2 冊の教科書 *Introduction to Applied Mathematics* と *Computational Science and Engineering* (Wellesley-Cambridge Press) では，計算科学の全体をより深く学習する [訳注]．講義コースのページ **math.mit.edu/18085** とビデオ講義（同様に **ocw.mit.edu** にある）を見よ．原理は同じなので，数値計算の裏にある枠組みを理解するのに本書が役立つことを願う．

練習問題 8.1

1 $\det A_0^{\mathrm{T}}C_0A_0=c_1c_2c_3+c_1c_3c_4+c_1c_2c_4+c_2c_3c_4$ であることを示せ．また，固定端－自由端の例において，$\det A_1^{\mathrm{T}}C_1A_1$ を求めよ．

[訳注] G.Strang: *Introduction to Applied Mathematics.*
G.Strang: *Computational Science and Engineering.* 訳者あとがき (p.612) も参照．

2 固定端－自由端の例において，$A_1^{-1}C_1^{-1}(A_1^{\mathrm{T}})^{-1}$ を計算して，$A_1^{\mathrm{T}}C_1A_1$ の逆行列を求めよ．

3 $A^{\mathrm{T}}CA$ が非可逆行列となる 式 (9) の自由端–自由端の場合において，$A^{\mathrm{T}}CA\boldsymbol{u}=\boldsymbol{f}$ の 3 つの等式を足し合わせ，$f_1+f_2+f_3=0$ でなければならないことを示せ．力が均衡している $\boldsymbol{f}=(-1,0,1)$ の場合について，$A^{\mathrm{T}}CA\boldsymbol{u}=\boldsymbol{f}$ の解をすべて求めよ．

4 自由端–自由端の微分方程式において，境界条件はいずれも $du/dx=0$ である：

$$-\frac{d}{dx}\left(c(x)\frac{du}{dx}\right)=f(x)\quad \text{ただし，両端において}\quad \frac{du}{dx}=0$$

両辺を積分することで，力 $f(x)$ が $\int f(x)\,dx=0$ のように均衡しなければならず，そうでなければ解がないことを示せ．一般解はある特殊解 $u(x)$ に任意の定数を足したものであり，その定数は $A^{\mathrm{T}}CA$ の零空間に含まれる $\boldsymbol{u}=(1,1,1)$ に対応する．

5 固定端－自由端の問題において，行列 A は正方行列であり，かつ，可逆行列である．そのため，$A\boldsymbol{u}=\boldsymbol{e}$ とは独立に，$A^{\mathrm{T}}\boldsymbol{y}=\boldsymbol{f}$ を 解くことができる．微分方程式に対して同じことを行え：

$$-\frac{dy}{dx}=f(x)\ \text{を}\ y(1)=0\ \text{のもとで解け．}\quad f(x)=1\ \text{のとき}\ y(x)\ \text{のグラフを描け．}$$

6 式 (6) の 3×3 行列 $K_1=A_1^{\mathrm{T}}C_1A_1$ は 3 つの「要素行列」$c_1E_1+c_2E_2+c_3E_3$ に分けることができる．それらの要素行列を，c_i ごとに 1 つずつ書き下せ．それらの要素行列は，$A_1^{\mathrm{T}}C_1A_1$ における**列と行**の積からどのように得られるか？これは，有限要素の剛性行列が実際にどのように組み合わされているかを示している．

7 両端が固定された，5 つのばねでつながれた 4 つの物体について，行列 A，C，K を求めよ．$C=I$ の場合に，$K\boldsymbol{u}=\mathsf{ones}(4)$ を解け．

8 問題 7 の解 $\boldsymbol{u}=(u_1,u_2,u_3,u_4)$ を，連続的な問題 $-u''=1$（ただし $u(0)=0$ および $u(1)=0$）と比較せよ．$x=\frac{1}{5},\frac{2}{5},\frac{3}{5},\frac{4}{5}$ において，双曲線 $u(x)$ が $\boldsymbol{u}$ に対応するはずである．$(\Delta x)^2$ を考慮する必要があるか？

9 固定端－自由端の問題 $-u''=mg$（ただし，$u(0)=0$ および $u'(1)=0$）を解け．$x=\frac{1}{3},\frac{2}{3},\frac{3}{3}$ において，$u(x)$ と例 2 のベクトル $\boldsymbol{u}=(3mg,5mg,6mg)$ とを比較せよ．

10 (MATLAB) いずれも $c=1$ であるばねでつながれた 100 個の物体について，変位 $u(1),\ldots,u(100)$ を求めよ．働く力はいずれも $f(i)=0.01$ とする．**固定端－固定端**の場合と**固定端－自由端**の場合について，$\boldsymbol{u}$ のグラフを描け．ただし，$\mathsf{diag}(\mathsf{ones}(n,1),d)$ により，対角要素 d に沿った n 個の 1 からなる行列が得られる．以下の print コマンドにより，ベクトル u のグラフが描かれる：

```
plot(u,'+');    xlabel('mass number');    ylabel('movement');    print
```

11 (MATLAB) 化学工学では，液体の速度から 1 次導関数 du/dx が得られ，また，拡散から d^2u/dx^2 が得られる．以下の式において，$\Delta x=\frac{1}{8}$ とし，du/dx を **前進**差分で置き換え，次に **中心**差分，最後に**後退**差分で置き換えよ．その 3 つの数値解のグラフを描け．

$$-\frac{d^2u}{dx^2}+10\,\frac{du}{dx}=1 \text{ ただし } u(0)=u(1)=0$$

この**対流拡散方程式**はいたるところに現れる．それを変形すると，金融工学におけるオプション価格についてのブラック－ショールズ方程式が得られる．

問題 12 を発展させると，計算科学に関する MIT の講義コース 18.085 の最初の MATLAB の宿題になる．**ocw.mit.edu** にビデオがある．

8.2　グラフとネットワーク

私はあるモデルをいつも最初に話すことにしている．なぜなら，そのモデルが長年に渡って度々登場し，かつ基本的で有用だと気づいたからだ．そのモデルは**エッジで繋がれたノード**からなり，**グラフ**と呼ばれる．

通常の意味でのグラフは，関数 $f(x)$ を表すものである．ノードとエッジからなるここでのグラフは行列に関連する．本節では，グラフの**接続行列**を扱う．接続行列は，n 個のノードが m 本のエッジによってどのように接続されているかを表す．通常 $m>n$ であり，ノードの数よりもエッジの数が多い．

任意の $m\times n$ 行列に対して，$\mathbf{R}^n$ に 2 つ，$\mathbf{R}^m$ に 2 つの基本部分空間がある．それらは，A と A^{T} の行空間と零空間である．それらの**次元**は，線形代数における最も重要な定理と関係がある．その定理の 2 つ目の部分は，部分空間の**直交性**である．本節の目標は，グラフの例を用いて線形代数の基本定理を解説することである．

まず，(任意の行列に対する) 4 つの部分空間を復習する．次に，**有向グラフ**とその**接続行列**を構成する．その次元を求めるのは簡単だ．しかし，我々が欲しいのは部分空間そのものである．そこで直交性が役に立つ．部分空間をそのもととなったグラフへ関連づけることが最も重要なのだ．接続行列に特化すると，線形代数の原理はキルヒホッフの原理となる．「電流」や「電圧」や「キルヒホッフ」という言葉にひるまないでほしい．これらの矩形行列が最適なのだ．

接続行列の要素はいずれも，0 か 1 か -1 のいずれかである．これは消去を行う間もずっと成り立つ．ピボットと乗数はすべて ± 1 である．したがって，$A=LU$ の L も U もまた $0,1,-1$ からなり，零空間行列も同様である．4 つの部分空間の基底ベクトルはすべて，他では見られないほど単純な $0,1,-1$ の要素からなる．教科書のためにでっちあげたのではない．純粋数学および応用数学における非常に本質的なモデルから，その行列は導かれるのである．

最初の接続行列を以下に示す．各行にある -1 と 1 とに注意せよ．この行列は，あるグラフの 6 つのエッジを横断する**電圧の差**をとるものである．この行列 A を構成するもととなった図 8.4 において，4 つのノードにおける電圧は x_1,x_2,x_3,x_4 である．U はその階段行列である：

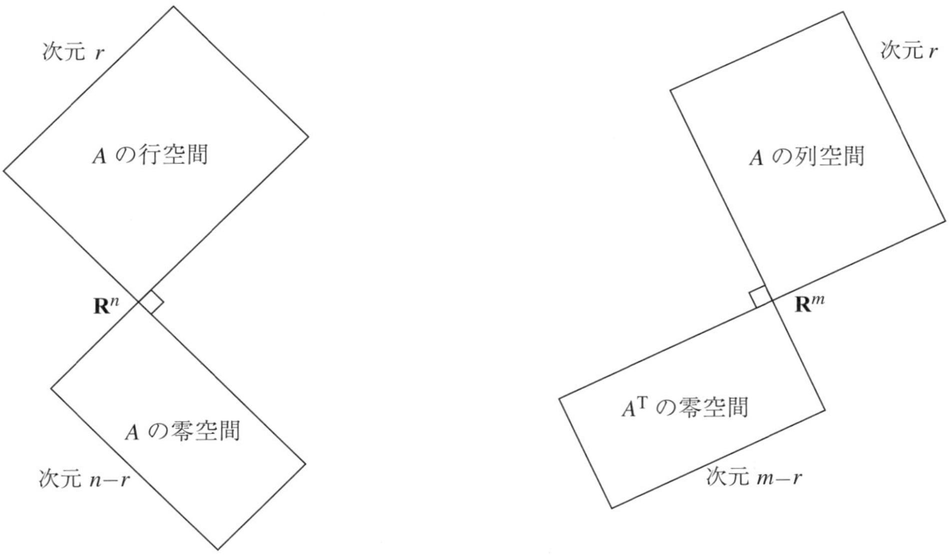

図 **8.3** **全体像：** 4 つの部分空間と，それらの次元と直交性.

接続行列
6 **エッジ**
4 **ノード**

$$A=\begin{bmatrix}\mathbf{-1}&\mathbf{1}&0&0\\\mathbf{-1}&0&\mathbf{1}&0\\0&\mathbf{-1}&\mathbf{1}&0\\\mathbf{-1}&0&0&\mathbf{1}\\0&\mathbf{-1}&0&\mathbf{1}\\0&0&\mathbf{-1}&\mathbf{1}\end{bmatrix}\quad \text{を簡約すると}\quad U=\begin{bmatrix}\mathbf{-1}&\mathbf{1}&0&0\\0&\mathbf{-1}&\mathbf{1}&0\\0&0&\mathbf{-1}&\mathbf{1}\\0&0&0&0\\0&0&0&0\\0&0&0&0\end{bmatrix}$$

A と U の零空間は，$\boldsymbol{x}=(1,1,1,1)$ を通る直線である．A と U の列空間の次元は $r=3$ である．ピボット行が行空間の基底である.

図 8.3 が表していることは他にもある．それは，部分空間が直交しているということだ．**零空間に含まれるどのベクトルも，行空間に含まれるどのベクトルとも直角に交わる**．このことは，m 個の等式 $A\boldsymbol{x}=\mathbf{0}$ から直接導かれる．上記の A と U に対しては，$\boldsymbol{x}=(1,1,1,1)$ がすべての行に直交しているので，$\boldsymbol{x}$ は行空間全体にも直交する．すなわち，電圧が等しければ，電流は生じない.

4 つの基本部分空間を用いる前に，それらの復習をしよう．核心は，ネットワークにおけるそれらの意味を理解することである.

ある $m\times n$ 行列が与えられる．その列は，$\mathbf{R}^m$ に含まれるベクトルである．それらの線形結合は**列空間** $\boldsymbol{C}(A)$ を作り，それは $\mathbf{R}^m$ の部分空間である．その線形結合は，行列–ベクトル積 $A\boldsymbol{x}$ そのものである.

A の行は，(行を列ベクトルとみなせば) $\mathbf{R}^n$ に含まれるベクトルである．それらの線形結合は **行空間** を作る．行を扱う不都合さを避けるため行列を転置すると，行空間は A^{T} の列空間 $\boldsymbol{C}(A^{\mathrm{T}})$ である.

線形代数における中心的な問題は，このように同じ数を列の見方と行の見方という 2 つの見方で見ることにある．

零空間 $\boldsymbol{N}(A)$ は，$A\boldsymbol{x} = \boldsymbol{0}$ を満たすような $\boldsymbol{x}$ のすべてを含む．これは，$\mathbf{R}^n$ の部分空間である．“**左**” **零空間**は，$A^{\mathrm{T}}\boldsymbol{y} = \boldsymbol{0}$ の解すべてを含む．ここで，$\boldsymbol{y}$ は要素を m 個持つので，$\boldsymbol{N}(A^{\mathrm{T}})$ は $\mathbf{R}^m$ の部分空間である．$\boldsymbol{y}^{\mathrm{T}}A = \boldsymbol{0}^{\mathrm{T}}$ と書くと，A の行の線形結合によって零の行を作る．4 つの部分空間を図 8.3 に示す．その図は，一方に $\mathbf{R}^n$ を表し，もう一方に $\mathbf{R}^m$ を表している．それらをつなぐものが A である．

その図に書かれていることは極めて重要だ．1 つ目は次元に関する事項であり，次元は線形代数の 2 つの中心的法則に従う：

$$\dim \boldsymbol{C}(A) = \dim \boldsymbol{C}(A^{\mathrm{T}}) \quad と \quad \dim \boldsymbol{C}(A) + \dim \boldsymbol{N}(A) = n.$$

行空間の次元が r であるとき，零空間の次元は $n-r$ である．消去を行ってもこれら 2 つの空間は変わらず，階段行列 U から次元を数えることができる．ピボットを含む行と列がそれぞれ r ある．ピボットを含まない自由な列が $n-r$ あり，それらから零空間のベクトルが導かれる．

ここで復習した部分空間の性質は，任意の行列 A にあてはまる．例は特別な行列であったが，これからその例に集中しよう．その行列はあるグラフの接続行列であり，そのグラフから部分空間の意味を考える．

有向グラフと接続行列

図 8.4a は，$m=6$ 本のエッジと $n=4$ 個の頂点からなる**グラフ**である．行列 A は 6×4 であり，どのノードがどのエッジで接続されているかを示す．要素 -1 と $+1$ は，各矢印の向きも表している（このグラフは**有向**グラフである）．A の第 1 行 $-1, 1, 0, 0$ により，エッジ 1 がノード 1 からノード 2 に至ることが示される：

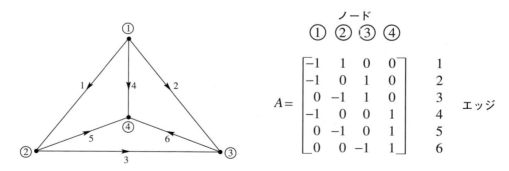

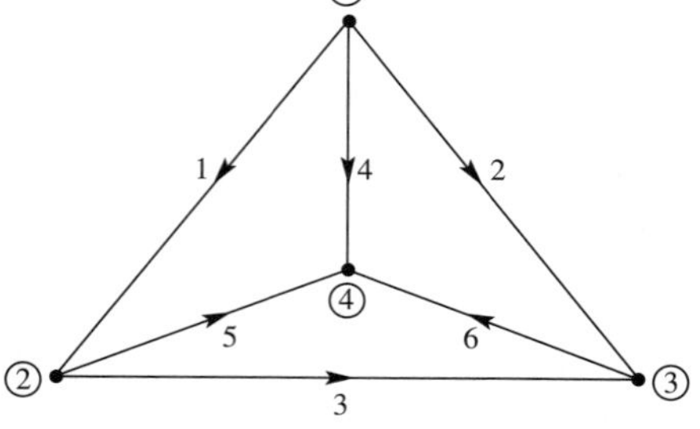

ノード ① ② ③ ④

$$A = \begin{bmatrix} -1 & 1 & 0 & 0 \\ -1 & 0 & 1 & 0 \\ 0 & -1 & 1 & 0 \\ -1 & 0 & 0 & 1 \\ 0 & -1 & 0 & 1 \\ 0 & 0 & -1 & 1 \end{bmatrix} \begin{matrix} 1 \\ 2 \\ 3 \\ 4 \\ 5 \\ 6 \end{matrix} \quad エッジ$$

図 8.4a　$m=6$ 本のエッジと $n=4$ 個のノードからなる完全グラフ．

行数はエッジの数であり，列数はノードの数である．グラフを見れば，すぐに A を書き下すことができる．

2つ目のグラフは，同じく4個のノードからなるが，3本のエッジしかない．その接続行列は 3×4 である：

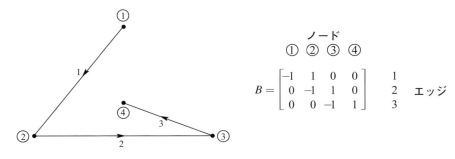

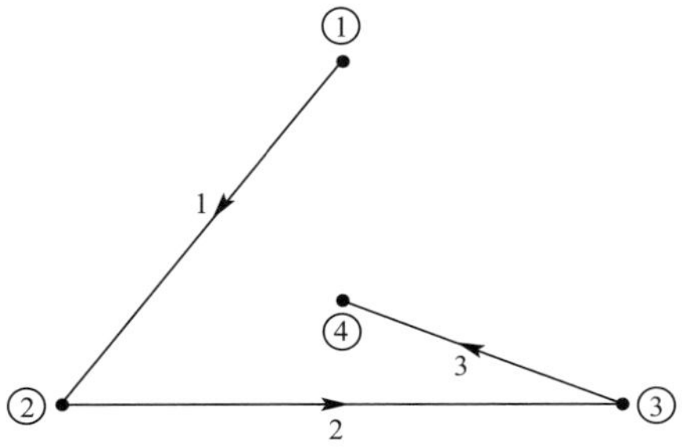

$$B=\begin{bmatrix}-1&1&0&0\\0&-1&1&0\\0&0&-1&1\end{bmatrix}$$

ノード ① ② ③ ④（列），エッジ 1, 2, 3（行）

図 **8.4b** 3本のエッジと4個のノードからなり，ループを含まない木．

1つ目のグラフは**完全**グラフであり，すべてのノード対があるエッジによって接続されている．2つ目のグラフは**木**であり，そのグラフには**閉ループがない**．それらは極端な2つのグラフである．エッジの最大数は $\frac{1}{2}n(n-1)$ であり，エッジの最小数（木）は $m=n-1$ である．

B の行は，U の行に対応しており，階段行列を見つけるのが簡単だ．**消去により，すべてのグラフは木へと簡約される**．ループは，U においては零行となる．1つ目のグラフのエッジ 1, 2, 3 で作られるループから，零行が導かれることを見る．

$$\begin{bmatrix}-1&1&0&0\\-1&0&1&0\\0&-1&1&0\end{bmatrix}\longrightarrow\begin{bmatrix}-1&1&0&0\\0&-1&1&0\\0&-1&1&0\end{bmatrix}\longrightarrow\begin{bmatrix}-1&1&0&0\\0&-1&1&0\\\mathbf{0}&\mathbf{0}&\mathbf{0}&\mathbf{0}\end{bmatrix}$$

その過程は典型的なものである．2つのエッジがあるノードを共有しているとき，消去によってそのノードを通らない「ショートカットするエッジ」が生成される．グラフにこのショートカットするエッジがすでにあれば，消去によって零行ができる．そのようなエッジがなくなると，木が残る．

次の考え方が浮かぶだろう．**エッジがループをなすとき，行は線形従属である**．線形独立な行は木から生じる．これが行空間の鍵である．グラフが連結であると仮定し，矢印の向きは基本的には差を生じない．各エッジにおいて，矢印に沿った流れを「正」とし，逆の方向の流れを負とする．その流れは，電流や信号や力であり，油やガス，水であってもよい．

列空間について，差からなるベクトル $\boldsymbol{Ax}$ を見る：

$$\boldsymbol{Ax}=\begin{bmatrix}-1&1&0&0\\-1&0&1&0\\0&-1&1&0\\-1&0&0&1\\0&-1&0&1\\0&0&-1&1\end{bmatrix}\begin{bmatrix}x_1\\x_2\\x_3\\x_4\end{bmatrix}=\begin{bmatrix}x_2-x_1\\x_3-x_1\\x_3-x_2\\x_4-x_1\\x_4-x_2\\x_4-x_3\end{bmatrix}. \tag{1}$$

変数 x_1, x_2, x_3, x_4 は，そのノードにおける**ポテンシャル**または**電位**を表す．すると $A\boldsymbol{x}$ は，エッジを横切る**ポテンシャルの差**または**電位の差**となり，それによって流れができる．これから，それぞれの部分空間の意味を調べる．

1　零空間には，$A\boldsymbol{x} = \boldsymbol{0}$ の解が含まれる．6 つの差のすべてが零である．これが意味することは，**4 つのポテンシャルがすべて等しい**ということだ．零空間に含まれる $\boldsymbol{x}$ はすべて，定数ベクトル (c, c, c, c) である．A の零空間は $\mathbf{R}^n$ における直線であり，その次元は $n - r = 1$ である．

2 つ目の接続行列 B の零空間も同じである．その零空間には $\mathbf{(1, 1, 1, 1)}$ が含まれる：

$$B\boldsymbol{x} = \begin{bmatrix} -1 & 1 & 0 & 0 \\ 0 & -1 & 1 & 0 \\ 0 & 0 & -1 & 1 \end{bmatrix} \begin{bmatrix} 1 \\ 1 \\ 1 \\ 1 \end{bmatrix} = \begin{bmatrix} 0 \\ 0 \\ 0 \end{bmatrix}.$$

すべてのポテンシャルを同じ量 c だけ増やしたり減らしたりしても，差は変化しない．ポテンシャルに「任意定数」が含まれるからだ．次の関数に対する文と比較せよ．$f(x)$ を同じ量 C だけ増やしたり減らしたりでき，そのとき導関数は変化しない．不定積分に任意定数 C が含まれるからだ．

解析では，不定積分に「$+C$」を加えた．グラフ理論では，ポテンシャルのベクトル $\boldsymbol{x}$ に (c, c, c, c) を加える．線形代数では，$A\boldsymbol{x} = \boldsymbol{b}$ の特殊解に零空間に含まれる任意のベクトル $\boldsymbol{x}_n$ を加える．

解析においては，積分の開始点を $x = a$ に固定すると「$+C$」は消える．同様に，$x_4 = 0$ と決めると零空間は消える．変数 x_4 がなくなり，同様に A と B の第 4 列がなくなる．電気工学の人は，ノード 4 が「接地された」と言うだろう．

2　行空間は，6 つの行による線形結合のすべてを含む．その次元は 6 ではない．等式 $r + (n - r) = n$ から $3 + 1 = 4$ とならなければならない．消去でも見たように，その階数は $r = 3$ である．3 本のエッジに加えてさらにエッジを追加すると，ループが作られるようになる．その新しい行は線形独立ではない．

行空間に $\boldsymbol{v} = (v_1, v_2, v_3, v_4)$ が含まれるかどうかをどのように判定すればいいか？時間のかかる方法は，行の線形結合をとることである．手早い方法は，直交性を利用することだ：

$\boldsymbol{v}$ が行空間に含まれるのは，零空間に含まれる $\mathbf{(1, 1, 1, 1)}$ と $\boldsymbol{v}$ が直交するときであり，かつそのときに限る．

ベクトル $\boldsymbol{v} = (0, 1, 2, 3)$ は，この判定に失敗する．その要素を足すと 6 になるからだ．ベクトル $(-6, 1, 2, 3)$ はこの判定に成功する．その要素の和が零であるので，ベクトルは行空間に含まれる．そのベクトルは，6 (第 1 行) + 5 (第 3 行) + 3 (第 6 行) に等しい．

A のどの行もその要素の和が零となるので，行空間に含まれるすべてのベクトルでも要素の和が零となる必要がある．

3　列空間は，4 つの列の線形結合のすべてを含む．線形独立な行が 3 行あったので，線形独立な列も 3 つあると期待する．最初の 3 つの列は線形独立である（任意の 3 つの列も線形独立である）．しかし，4 つの列の和は零ベクトルになり，このことから再び $(1,1,1,1)$ が零空間に含まれることが言える．**あるベクトル $\boldsymbol{b}$ が接続行列の列空間に含まれるかどうかをどのように判定すればよいか？**

1 つ目の答　$A\boldsymbol{x}=\boldsymbol{b}$ を解いてみる．しかし，それでは本質を見失ってしまう．前と同様に，直交性を使えばより良い答が得られる．回路理論における，電位の法則と電流の法則というキルヒホッフの 2 つの有名な法則に近づいている．それらは，線形代数の「法則」を自然に表したものである．左零空間が鍵となる役目を持つことを見れることは，非常にうれしい．

2 つ目の答　$A\boldsymbol{x}$ は，式 (1) にある差のベクトルである．グラフの閉じたループに沿って差を足すと，打ち消して零となる．エッジ $1,3,-2$ （エッジ 2 の矢印を逆に進む）で作られる大きな三角形をみると，差は打ち消される：

$$\textbf{電位の法則}\qquad (x_2-x_1)+(x_3-x_2)-(x_3-x_1)=0.$$

任意のループに沿って $A\boldsymbol{x}$ の要素を足すと零になる． $\boldsymbol{b}$ が A の列空間に含まれるとき，それは同じ法則に従わなければならない：

$$\textbf{キルヒホッフの法則：}\quad b_1+b_3-b_2=0.$$

各ループについて判定することで，$\boldsymbol{b}$ が列空間に含まれるかどうかを決定できる．$\boldsymbol{b}$ の要素が A の行と同じ依存関係をすべて満たすとき，$A\boldsymbol{x}=\boldsymbol{b}$ を解くことができる．そのとき，消去によって $0=0$ が導かれ，$A\boldsymbol{x}=\boldsymbol{b}$ に矛盾がなくなる．

4　左零空間には，$A^{\mathrm{T}}\boldsymbol{y}=\boldsymbol{0}$ の解が含まれる．その次元は，$m-r=6-3$ である：

$$\textbf{電流の法則}\qquad A^{\mathrm{T}}\boldsymbol{y}=\begin{bmatrix}-1&-1&0&-1&0&0\\1&0&-1&0&-1&0\\0&1&1&0&0&-1\\0&0&0&1&1&1\end{bmatrix}\begin{bmatrix}y_1\\y_2\\y_3\\y_4\\y_5\\y_6\end{bmatrix}=\begin{bmatrix}0\\0\\0\\0\end{bmatrix}. \tag{2}$$

等式の数は本当は $r=3$ であり，$n=4$ ではない．理由：4 つの等式を足すと $0=0$ となるからである．4 つ目の等式は，最初の 3 つの等式から自動的に成り立つ．

その等式は何を意味するのだろうか？1 つ目の等式は $-y_1-y_2-y_4=0$ である．**ノード 1 への純流入は零である．** 4 つ目の等式は $y_4+y_5+y_6=0$ である．**そのノードへの流入量から流出量を引くと零となる．** 等式 $A^{\mathrm{T}}\boldsymbol{y}=\boldsymbol{0}$ は有名であり，かつ必須である：

キルヒホッフの電流の法則：　各ノードにおいて，流入量と流出量が等しい．

この法則は「**保存**」や「**連続**」や「**均衡**」を表し，応用数学の等式のなかで最上位にふさわしい．失われるものはなく，増えるものもない．電流や力が均衡状態にあるとき，解くべき方程式は $A^{\mathrm{T}}\boldsymbol{y}=\boldsymbol{0}$ である．この均衡の等式に現れる行列が接続行列 A の転置であるという美しい事実に注意せよ．

$A^{\mathrm{T}}\boldsymbol{y}=\boldsymbol{0}$ の実際の解は何だろうか？ 電流はそれぞれ均衡しなければならない．**あるループに沿って電流を流す**と，それを最も簡単に理解できる．もし，いくらかの電流が大きな三角形に沿って（エッジ 1 を前向きに，エッジ 3 を前向きに，エッジ 2 を後向きに）流れるとき，そのベクトルは $\boldsymbol{y}=(1,-1,1,0,0,0)$ である．これは，$A^{\mathrm{T}}\boldsymbol{y}=\boldsymbol{0}$ を満たす．**ループに沿った電流はすべて，電流の法則の解となる**．ループに沿って見ると，すべてのノードで流入量と流出量が等しい．エッジ 1 を前向きに，エッジ 5 を前向きに，エッジ 4 を後向きに進む小さなループがある．すると，$\boldsymbol{y}=(1,0,0,-1,1,0)$ は左零空間に含まれる．

$6-3=3$ より線形独立な $\boldsymbol{y}$ が 3 つあると期待するだろう．そのグラフにおける 3 つの小さなループは独立である．大きな三角形が 4 つ目の $\boldsymbol{y}$ を与えるように見えるが，それは小さなループに沿った流れの和である．小さなループが，左零空間の基底を与えているのだ．

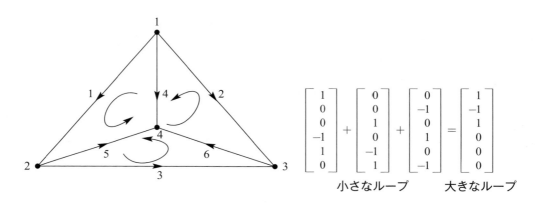

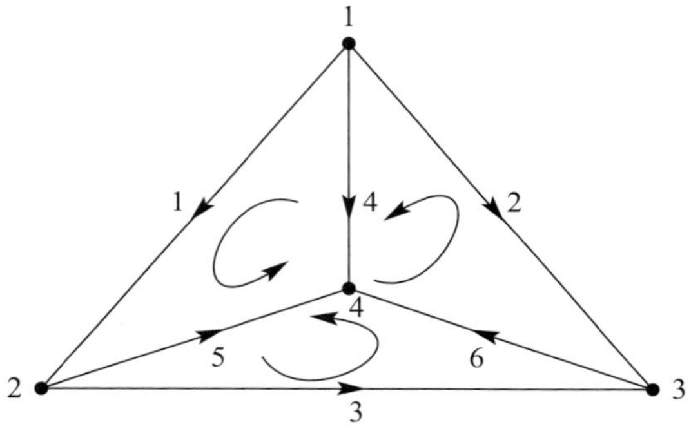

$$\begin{bmatrix}1\\0\\0\\-1\\1\\0\end{bmatrix}+\begin{bmatrix}0\\0\\1\\0\\-1\\1\end{bmatrix}+\begin{bmatrix}0\\-1\\0\\1\\0\\-1\end{bmatrix}=\begin{bmatrix}1\\-1\\1\\0\\0\\0\end{bmatrix}$$

小さなループ　　大きなループ

要約　n 個のノードと m 本のエッジからなる連結グラフから，接続行列 A が導かれる．行空間と列空間の次元は $n-1$ である．A と A^{T} の零空間の次元は 1 と $m-n+1$ である：

1 定数ベクトル $(c,c,\ldots,c)$ は，A の零空間を作る．

2 $r=n-1$ の線形独立な行があり，それは任意の木のエッジから得られる．

3 **電位の法則**：$A\boldsymbol{x}$ の要素をループに沿って足すとすべて零となる．

4 **電流の法則**：$A^{\mathrm{T}}\boldsymbol{y}=\boldsymbol{0}$ は，ループに沿った電流によって解くことができる．$\boldsymbol{N}(A^{\mathrm{T}})$ の次元は $m-r$ である．**グラフには** $\boldsymbol{m-r=m-n+1}$ **個の独立なループが含まれる．**

すべての平面グラフに対して，線形代数から**オイラーの公式**が得られる：

$$\textbf{（ノードの数）}-\textbf{（エッジの数）}+\textbf{（小ループの数）}=\mathbf{1}.$$

すなわち，$\boldsymbol{n-m+(m-n+1)=1}$ である．例として用いたグラフでは $4-6+3=1$ である．

小さな三角形では,(3 ノード) − (3 エッジ) + (1 ループ)となる．10 個のノードと 9 本のエッジからなる木において，オイラー数は $10-9+0$ である．すべての平面グラフにおいて，その答は 1 となる．

ネットワークと $A^{\mathrm{T}}CA$

現実のネットワークでは，あるエッジに沿った電流 $\boldsymbol{y}$ は 2 つの数の積によって与えられる．その 1 つは，エッジ両端のポテンシャル $\boldsymbol{x}$ の差である．この差は $A\boldsymbol{x}$ であり，それによって流れができる．もう 1 つは,「**伝導性**」であり，どれだけ簡単に流れることができるかである．

物理および工学では，c は物質によって決まる．電流の場合，金属では c は大きく，プラスチックでは小さい．超伝導では，c はほぼ無限大となる．伸縮について考えるならば，金属では c が小さく，プラスチックではより大きくなる．経済学では，c はエッジの容量やコストを測ったものとなる．

まとめると，グラフはその「接続行列」 A によって知ることができる．接続行列により，ノードとエッジの間の接続がわかる．**ネットワーク**はさらに踏み込み，伝導性 c を各エッジに割り当てる．これらの数 $c_1,\ldots,c_m$ を要素とする行列は「伝導性行列」 C となり，それは対角行列である．

抵抗からなるネットワークでは，伝導性は $c=1/$(抵抗) である．電流の系全体に対するキルヒホッフの法則に加えて，それぞれの電流についてオームの法則が成り立つ．オームの法則は，エッジ 1 を流れる電流 y_1 とノード間のポテンシャルの差 x_2-x_1 とを関連づける：

オームの法則：エッジに沿った電流 = 伝導性とポテンシャルの差との積.

m 個の電流すべてに対するオームの法則は $\boldsymbol{y}=-CA\boldsymbol{x}$ である．ベクトル $A\boldsymbol{x}$ がポテンシャルの差を与え，C によって伝導性が掛けられる．オームの法則とキルヒホッフの電流の法則 $A^{\mathrm{T}}\boldsymbol{y}=\boldsymbol{0}$ とを組み合わせると，$A^{\mathrm{T}}CA\boldsymbol{x}=\boldsymbol{0}$ を得る．これは**ほぼ**，ネットワークの流れに関する中心的な役割を持つ等式である．誤っているのは，右辺の零のみである．ネットワークに何かが起こるためには，電圧源にせよ電流源にせよ，外部からの力が必要である．

符号に関する注意　回路理論では，$A\boldsymbol{x}$ から $-A\boldsymbol{x}$ へと変更する．流れは，ポテンシャルの高いところから低いところへと起こる．x_1-x_2 が正であれば,（正の）電流がノード 1 からノード 2 へ流れる．一方，x_2-x_1 を作るように $A\boldsymbol{x}$ を構成した．物理や電気工学における負符号は，機械工学や経済学では正符号となる．$A\boldsymbol{x}$ なのか $-A\boldsymbol{x}$ なのかはいつも頭痛の種であるが，避けられない．

応用数学に関する注意　オームの法則にあたるものは，それぞれの応用に独自の形で現れる．伸縮の場合，$\boldsymbol{y}=CA\boldsymbol{x}$ はフックの法則である.（弾性 C）×（伸び $A\boldsymbol{x}$）が応力 $\boldsymbol{y}$ である．熱伝導の場合，$A\boldsymbol{x}$ は温度の勾配である．油の流れの場合，それは圧力の勾配である．統計における最小 2 乗法に対しても，第 8.6 節で似た法則を扱う．

私の教科書 *Introduction to Applied Mathematics* と *Computational Science and Engineering* (Wellesley-Cambridge Press) は，$A^{\mathrm{T}}CA$ に基づき実用的に組み立てられている．それが行列方程式および微分方程式における均衡の鍵である．応用数学は，その見た目以上に体系化されている．**私は，$A^{\mathrm{T}}CA$ を注意して見るべきだということを経験から学んだ．**

これから，電流源を含むような例を示す．キルヒホッフの法則が $A^{\mathrm{T}}\boldsymbol{y}=\boldsymbol{0}$ から $A^{\mathrm{T}}\boldsymbol{y}=\boldsymbol{f}$ に変わり，外部からの電流源 $\boldsymbol{f}$ に均衡する．**それでも，各ノードへの流入量と流出量とは等しい．** 図 8.5 は，その伝導性が $c_1,\ldots,c_6$ であるネットワークを示し，また電流源がノード 1 へと流れていることも示している．その電流源へはノード 4 から流れており，均衡（流入量 = 流出量）を保っている．問題は，**6 本のエッジを流れる電流 $\boldsymbol{y_1,\ldots,y_6}$ を求めること**である．

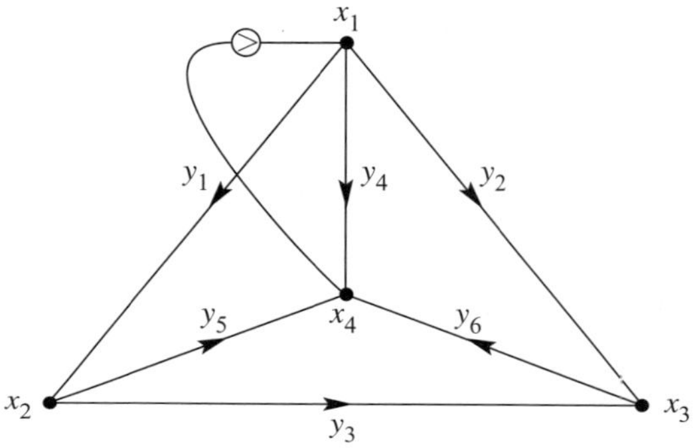

図 8.5　ノード 1 への電流源 S を含むネットワークにおける電流．

例 1　すべての伝導性が $c=1$ である，すなわち，$C=I$ であるとする．電流 y_4 は，ノード 1 からノード 4 へと直接流れる．もう 1 つの電流は，ノード 1 からノード 2 を通ってノード 4 へとより長い経路に沿って流れる（これは $y_1=y_5$ となる）．他に電流は，ノード 1 からノード 3 を通ってノード 4 へ流れることもできる（これは $y_2=y_6$ となる）．対称性の特別な規則を用いて 6 つの電流を求めることもできるし，$A^{\mathrm{T}}CA$ を用いて求めることもできる．$C=I$ であるので，この行列は $A^{\mathrm{T}}A$ であり，**グラフラプラシアン行列**である：

$$\begin{bmatrix}-1&-1&0&-1&0&0\\1&0&-1&0&-1&0\\0&1&1&0&0&-1\\0&0&0&1&1&1\end{bmatrix}\begin{bmatrix}-1&1&0&0\\-1&0&1&0\\0&-1&1&0\\-1&0&0&1\\0&-1&0&1\\0&0&-1&1\end{bmatrix}=\begin{bmatrix}3&-1&-1&-1\\-1&3&-1&-1\\-1&-1&3&-1\\-1&-1&-1&3\end{bmatrix}$$

この最後の行列は可逆ではない．$(1,1,1,1)$ が零空間に含まれるので，4 つのポテンシャルをすべて解くことはできない．1 つのノードを接地しなければならない．$x_4=0$ とすると，第 4 行と第 4 列がなくなり，3×3 の可逆行列を得る．さて，$A^{\mathrm{T}}CA\boldsymbol{x}=\boldsymbol{f}$ を，ノード 1 への電流源 S を用いて未知のポテンシャル x_1,x_2,x_3 について解く：

$$\textbf{電位}\quad \begin{bmatrix}3&-1&-1\\-1&3&-1\\-1&-1&3\end{bmatrix}\begin{bmatrix}x_1\\x_2\\x_3\end{bmatrix}=\begin{bmatrix}S\\0\\0\end{bmatrix}\quad \text{より}\quad \begin{bmatrix}x_1\\x_2\\x_3\end{bmatrix}=\begin{bmatrix}S/2\\S/4\\S/4\end{bmatrix}.$$

オームの法則 $\boldsymbol{y}=-CA\boldsymbol{x}$ から 6 つの電流が得られる．$C=I$ と $x_4=0$ を思い出せ：

$$\textbf{電流}\quad \begin{bmatrix}y_1\\y_2\\y_3\\y_4\\y_5\\y_6\end{bmatrix}=-\begin{bmatrix}-1&1&0&0\\-1&0&1&0\\0&-1&1&0\\-1&0&0&1\\0&-1&0&1\\0&0&-1&1\end{bmatrix}\begin{bmatrix}S/2\\S/4\\S/4\\0\end{bmatrix}=\begin{bmatrix}S/4\\S/4\\0\\S/2\\S/4\\S/4\end{bmatrix}.$$

電流の半分が直接エッジ 4 を流れる．すなわち，$y_4=S/2$ である．ノード 2 からノード 3 へは電流が流れない．対称性から $y_3=0$ が示唆され，上記の解からそれが正しいことが示された．

同じ行列 $A^{\mathrm{T}}A$ が最小 2 乗法にも現れる．自然界では，熱による損失が最小となるように電流は分散される．統計では，2 乗誤差が最小となるように $\widehat{\boldsymbol{x}}$ を選択する．

練習問題 8.2

問題 1〜7 と 8〜14 は，以下のグラフに対する接続行列に関するものである．

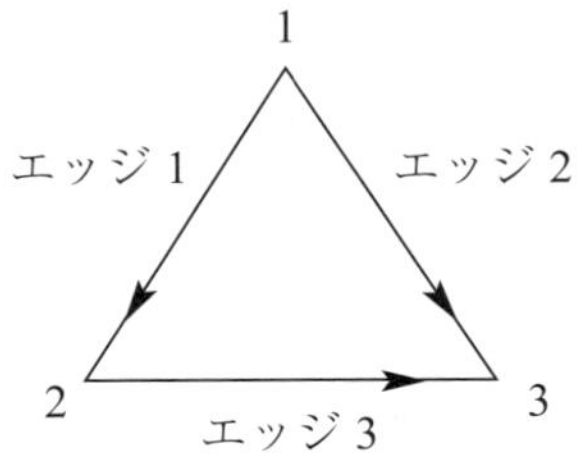

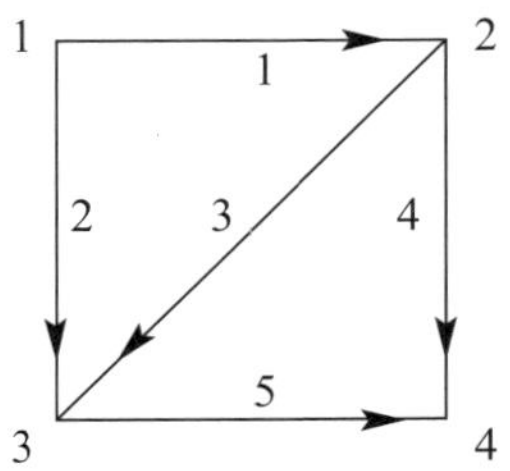

1 三角形のグラフに対して，3×3 の接続行列 A を書き下せ．第 1 行には，第 1 列に -1 があり，第 2 列に $+1$ がある．その零空間に含まれるベクトル (x_1,x_2,x_3) を求めよ．$(1,0,0)$ が行空間に含まれないことは，何からわかるか？

2 三角形のグラフに対して，A^{T} を書き下せ．その零空間に含まれるベクトル $\boldsymbol{y}$ を1つ求めよ．$\boldsymbol{y}$ の要素はエッジを流れる電流である．三角形に沿って流れる電流の量を求めよ．

3 2つ目の等式から x_1 を，3つ目の等式から x_2 を消去して，階段行列 U を求めよ．U の非零行に対応する木を求めよ．

$$\begin{aligned} -x_1 + x_2 &= b_1 \\ -x_1 + x_3 &= b_2 \\ -x_2 + x_3 &= b_3. \end{aligned}$$

4 $A\boldsymbol{x} = \boldsymbol{b}$ が解を持つようにベクトル (b_1, b_2, b_3) を選べ，また．解を持たないようにベクトル $\boldsymbol{b}$ を選べ．それらの $\boldsymbol{b}$ は，$\boldsymbol{y} = (1, -1, 1)$ とどのような関係があるか？

5 $A^{\mathrm{T}}\boldsymbol{y} = \boldsymbol{f}$ が解を持つようにベクトル (f_1, f_2, f_3) を選べ，また，解を持たないようにベクトル $\boldsymbol{f}$ を選べ．それらの $\boldsymbol{f}$ は $\boldsymbol{x} = (1, 1, 1)$ とどのような関係があるか？等式 $A^{\mathrm{T}}\boldsymbol{y} = \boldsymbol{f}$ はキルヒホッフの _____ の法則である．

6 行列の積を計算することにより $A^{\mathrm{T}}A$ を求めよ．$A^{\mathrm{T}}A\boldsymbol{x} = \boldsymbol{f}$ が解を持つようにベクトル $\boldsymbol{f}$ を選び，$\boldsymbol{x}$ について解け．三角形のグラフにおいて，ポテンシャルを $\boldsymbol{x}$，電流を $\boldsymbol{y} = -A\boldsymbol{x}$，電流源を $\boldsymbol{f}$ とする．$C = I$ であるので，伝導性は1である．

7 伝導性を $c_1 = 1$ および $c_2 = c_3 = 2$ とし，行列の積を計算することで $A^{\mathrm{T}}CA$ を求めよ．$\boldsymbol{f} = (1, 0, -1)$ に対し，$A^{\mathrm{T}}CA\boldsymbol{x} = \boldsymbol{f}$ の解を求めよ．電流源 $\boldsymbol{f}$ がノード3から出てノード1に入るとき，ポテンシャル $\boldsymbol{x}$ と電流 $\boldsymbol{y} = -CA\boldsymbol{x}$ を三角形のグラフに書け．

8 ループを2つ持つ正方形のグラフに対して，5×4 の接続行列 A を書き下せ．$A\boldsymbol{x} = \boldsymbol{0}$ の解を1つ求めよ．また，$A^{\mathrm{T}}\boldsymbol{y} = \boldsymbol{0}$ の解を2つ求めよ．

9 5つの差 $x_2 - x_1, x_3 - x_1, x_3 - x_2, x_4 - x_2, x_4 - x_3$ が b_1, b_2, b_3, b_4, b_5 となるための b の条件を求めよ．それは，グラフにおける2つの _____ に沿って，キルヒホッフの _____ の法則を求めたことになる．

10 A をその階段行列 U へと簡約せよ．3つの非零行は，どのようなグラフの接続行列となるか？それは正方形のグラフに含まれる1つの木を求めたことになる．残りの7つの木を求めよ．

11 行列の積を計算して $A^{\mathrm{T}}A$ を求め，その要素がグラフからどう生じたのかを推測せよ：

(a) $A^{\mathrm{T}}A$ の対角要素は，各ノードへの _____ がいくつあるかを示す．
(b) 非対角要素の -1 または 0 は，どのノード対が _____ であるかを示す．

12 $A^{\mathrm{T}}A$ に関する以下の命題が正しい理由を述べよ．A についてでなく，$A^{\mathrm{T}}A$ について答えよ．

(a) その零空間には $(1,1,1,1)$ が含まれる．その階数は $n-1$ である．
(b) 半正定値であるが，正定値ではない．
(c) 4 つの固有値は実数であり，それらの符号は _____ である．

13 伝導性を $c_1 = c_2 = 2$ と $c_3 = c_4 = c_5 = 3$ とするとき，行列の積 $A^{\mathrm{T}}CA$ を計算せよ．$A^{\mathrm{T}}CA\boldsymbol{x} = \boldsymbol{f} = (1,0,0,-1)$ の解を求めよ．正方形のグラフのノードとエッジに，これらのポテンシャル $\boldsymbol{x}$ と電流 $\boldsymbol{y} = -CA\boldsymbol{x}$ を書け．

14 行列 $A^{\mathrm{T}}CA$ は可逆ではない．どのようなベクトル $\boldsymbol{x}$ がその零空間に含まれるか？$f_1 + f_2 + f_3 + f_4 = 0$ のとき，かつそのときに限り，$A^{\mathrm{T}}CA\boldsymbol{x} = \boldsymbol{f}$ が解を持つ理由を示せ．

15 7 個のノードと 7 本のエッジを持つ連結グラフには，いくつのループがあるか？

16 4 個のノード，6 本のエッジ，3 つのループを持つグラフに，新しいノードを 1 つ加える．そのノードをある古いノードと接続すると，オイラーの公式は ( )−( )+( ) = 1 になる．そのノードを古い 2 つのノードと接続すると，オイラーの公式は ( ) − ( ) + ( ) = 1 になる．

17 A がある連結グラフの 12×9 の接続行列であるとする（ただしグラフはわからない）．

(a) A の行のうち，いくつの行が独立か？
(b) $A^{\mathrm{T}}\boldsymbol{y} = \boldsymbol{f}$ が解を持つような $\boldsymbol{f}$ の条件は何か？
(c) $A^{\mathrm{T}}A$ の対角要素は，各ノードへ入るエッジの数を与える．これらの対角要素の合計を求めよ．

18 $n = 6$ 個のノードからなる完全グラフのエッジの本数が $m = 15$ である理由を示せ．6 個のノードを連結する木にはエッジが _____ 本ある．

注 化学における **量論行列** は「一般化」した接続行列であり，それは重要である．その要素は，それぞれの化学種（列）がどれだけ反応（列）を起こすかを表す．

8.3 マルコフ行列，人口，経済学

本節は，すべての要素が $a_{ij} > 0$ である**正行列**を扱う．鍵となる事実を先に述べておこう：**最大の固有値は実数かつ正であり，その固有ベクトルも同様である．** 経済学や生態学，人口動態やランダムウォークにおいて，その事実はずっと奥深いところまで続く：

マルコフ行列	$\lambda_{\max} = 1$	**人口増加行列（464 ページ）**	$\lambda_{\max} > 1$	**消費行列（465 ページ）**	$\lambda_{\max} < 1$

$\lambda_{\max}$ は A のベキを支配する．このことを，まず $\lambda_{\max} = 1$ について見ていこう．

マルコフ行列

ある正のベクトル $\boldsymbol{u}_0 = (a, 1-a)$ に，以下の A を何度も掛けるとする：

$$\text{マルコフ行列} \quad A = \begin{bmatrix} 0.8 & 0.3 \\ 0.2 & 0.7 \end{bmatrix} \qquad \boldsymbol{u}_1 = A\boldsymbol{u}_0 \qquad \boldsymbol{u}_2 = A\boldsymbol{u}_1 = A^2\boldsymbol{u}_0$$

k ステップ行うと，$A^k\boldsymbol{u}_0$ となる．ベクトル列 $\boldsymbol{u}_1, \boldsymbol{u}_2, \boldsymbol{u}_3, \ldots$ は,「**定常状態**」$\boldsymbol{u}_\infty = (0.6, 0.4)$ へと近づく．この最終結果は最初のベクトルに依らない．すなわち，**すべての $\boldsymbol{u}_0$ に対して同じ $\boldsymbol{u}_\infty$ へと収束する**．なぜそうなるかが問題である．

定常状態の等式 $A\boldsymbol{u}_\infty = \boldsymbol{u}_\infty$ により，**$\boldsymbol{u}_\infty$ は固有値 1 の固有ベクトルである**：

$$\text{定常状態} \qquad \begin{bmatrix} 0.8 & 0.3 \\ 0.2 & 0.7 \end{bmatrix} \begin{bmatrix} 0.6 \\ 0.4 \end{bmatrix} = \begin{bmatrix} 0.6 \\ 0.4 \end{bmatrix}.$$

A を掛けても，$\boldsymbol{u}_\infty$ は変化しない．しかしこれだけでは，すべてのベクトル $\boldsymbol{u}_0$ から $\boldsymbol{u}_\infty$ へ至ることを示していない．別の行列の例でも定常状態が存在するかもしれないが，ベクトル列がその定常状態へと近付く（アトラクタ）とは限らない：

$$\text{マルコフでない} \quad B = \begin{bmatrix} 1 & 0 \\ 0 & 2 \end{bmatrix} \ \text{にはアトラクタでない定常状態がある}\ B\begin{bmatrix} 1 \\ 0 \end{bmatrix} = \begin{bmatrix} 1 \\ 0 \end{bmatrix}.$$

この場合，開始ベクトル $\boldsymbol{u}_0 = (0, 1)$ から $\boldsymbol{u}_1 = (0, 2)$ および $\boldsymbol{u}_2 = (0, 4)$ を得る．第 2 要素が 2 倍されている．固有値の言葉を用いると，B の固有値は $\lambda = 1$ だけでなく $\lambda = 2$ もそうである．これが不安定になる理由である．その不安定な固有ベクトルに沿った $\boldsymbol{u}$ の成分に λ が掛けられ，$|\lambda| > 1$ により発散する．

本節は，安定した定常状態を保証する，A の特別な性質を 2 つ扱う．これらの性質により**マルコフ行列** が定義され，上記の A はその一例である：

マルコフ行列	**1.** A のすべての要素は非負である． **2.** A のすべての列において，その要素の和は **1** である．

B は，性質 **2** を満たさない．A がマルコフ行列のとき，次の 2 つの事実はすぐにわかる：

1. 非負の $\boldsymbol{u}_0$ に A を掛けると，非負の $\boldsymbol{u}_1 = A\boldsymbol{u}_0$ が得られる．
2. $\boldsymbol{u}_0$ の要素の和が 1 であるとき，$\boldsymbol{u}_1 = A\boldsymbol{u}_0$ の要素の和も同様に 1 となる．

理由： $\boldsymbol{u}_0$ の要素の和が 1 であるならば，$\begin{bmatrix} 1 & \cdots & 1 \end{bmatrix}\boldsymbol{u}_0 = 1$ である．性質 2 より，A の各列について，その要素の和は 1 である．行列積から，$[1 \ \ldots \ 1]A = [1 \ \ldots \ 1]$ である：

$$\boldsymbol{A\boldsymbol{u}_0}\ \textbf{の要素の和は 1 である} \qquad \boldsymbol{[1 \ \cdots \ 1]A\boldsymbol{u}_0 = [1 \ \cdots \ 1]\boldsymbol{u}_0 = 1.}$$

同じ事実が，$\boldsymbol{u}_2 = A\boldsymbol{u}_1$ や $\boldsymbol{u}_3 = A\boldsymbol{u}_2$ にもあてはまる．**すべてのベクトル $A^k\boldsymbol{u}_0$ は非負であり，その要素の和は** 1 である．これらは「**確率ベクトル**」である．その極限 $\boldsymbol{u}_\infty$ もまた確率ベクトルであるが，極限が存在することを証明しなければならない．正のマルコフ行列において，$\lambda_{\max} = 1$ であることを示そう．

例 1　デンバー内にあるレンタカーの割合がはじめ $\frac{1}{50} = 0.02$，デンバー外にある割合が 0.98 であるとする．毎月，デンバー内の車の 80% はデンバーに留まる（20% は外に出る）．また，デンバー外の車の 5% はデンバーに入る（95% は外に留まる）．すなわち，割合 $\boldsymbol{u}_0 = (0.02, 0.98)$ に次の A が掛けられる．

$$\textbf{1ヶ月後} \qquad A = \begin{bmatrix} 0.80 & 0.05 \\ 0.20 & 0.95 \end{bmatrix} \quad \text{より} \quad \boldsymbol{u}_1 = A\boldsymbol{u}_0 = A\begin{bmatrix} 0.02 \\ 0.98 \end{bmatrix} = \begin{bmatrix} 0.065 \\ 0.935 \end{bmatrix}.$$

$0.065 + 0.935 = 1$ であり，すべての車が数えられていることに注意せよ．毎月，A が掛けられる：

$$\textbf{2ヶ月後} \qquad \boldsymbol{u}_2 = A\boldsymbol{u}_1 = (0.09875,\ 0.90125).\ \text{これは}\ A^2\boldsymbol{u}_0\text{である}$$

A が正であるため，これらのベクトルはすべて正である．ベクトル $\boldsymbol{u}_k$ の要素の和はいずれも 1 となる．第 1 要素は 0.02 から増え，車がデンバーへと移動する．長時間経つとどうなるか？

本節は，行列のベキを対象とする．A^k の理解は，対角化の最初の適用対象であり最適な対象でもある．A^k は複雑になりうるが，対角行列 Λ^k は単純である．固有ベクトルからなる行列 S により A^k と Λ^k が関連づけられ，A^k は $S\Lambda^k S^{-1}$ に等しい．マルコフ行列の新しい応用では，（Λ に含まれる）固有値と（S に含まれる）固有ベクトルを用いる．$\boldsymbol{u}_\infty$ が $\lambda = 1$ に対応する固有ベクトルであることを示そう．

A のすべての列はその要素の和が 1 であるので，失われるものも増えるものもない．レンタカーや人口を動かしているが，車や人が突然現れる（または消える）ことはない．その割合の和は 1 であり，行列 A もそれを維持する．問題は k 期間後にそれらがどのように分布しているかであり，そこから A^k に至る．

解　$A^k\boldsymbol{u}_0$ は，k 期間後のデンバーの内と外にあるレンタカーの割合を与える．A^k を理解するために，A を対角化する．固有値は $\lambda = 1$ と 0.75 である（そのトレースは 1.75 である）．

$$A\boldsymbol{x} = \lambda\boldsymbol{x} \qquad A\begin{bmatrix} 0.2 \\ 0.8 \end{bmatrix} = 1\begin{bmatrix} 0.2 \\ 0.8 \end{bmatrix} \quad \text{と} \quad A\begin{bmatrix} -1 \\ 1 \end{bmatrix} = 0.75\begin{bmatrix} -1 \\ 1 \end{bmatrix}.$$

開始ベクトル $\boldsymbol{u}_0$ は $\boldsymbol{x}_1$ と $\boldsymbol{x}_2$ とを線形結合したものであり，この場合その係数は 1 と 0.18 である：

$$\textbf{固有ベクトルの線形結合} \qquad \boldsymbol{u}_0 = \begin{bmatrix} 0.02 \\ 0.98 \end{bmatrix} = \begin{bmatrix} 0.2 \\ 0.8 \end{bmatrix} + 0.18\begin{bmatrix} -1 \\ 1 \end{bmatrix}.$$

ここで A を掛けて $\boldsymbol{u}_1$ を求める．固有ベクトルに $\lambda_1 = 1$ と $\lambda_2 = 0.75$ が掛けられる：

$$\textbf{各}\ \boldsymbol{x}\ \textbf{に}\ \lambda\ \textbf{が掛けられる} \qquad \boldsymbol{u}_1 = 1\begin{bmatrix} 0.2 \\ 0.8 \end{bmatrix} + (0.75)(0.18)\begin{bmatrix} -1 \\ 1 \end{bmatrix}.$$

毎月，0.75 がベクトル $\boldsymbol{x}_2$ に掛けられる．固有ベクトル $\boldsymbol{x}_1$ は変化しない：

$$k \text{ 期間後} \qquad \boldsymbol{u}_k = A^k\boldsymbol{u}_0 = \begin{bmatrix}0.2\\0.8\end{bmatrix} + (0.75)^k(0.18)\begin{bmatrix}-1\\1\end{bmatrix}.$$

この式から，何が起こるかが明らかになる．**固有値 $\lambda = 1$ に対応する固有ベクトル $\boldsymbol{x}_1$ が定常状態である**．$|\lambda| < 1$ であるので，もう 1 つの固有ベクトル $\boldsymbol{x}_2$ は消える．時間を経ると，$\boldsymbol{u}_\infty = (0.2, 0.8)$ へより近づく．その極限をとると，$\frac{2}{10}$ の車がデンバー内にあり，$\frac{8}{10}$ が外にある．これがマルコフ連鎖のパターンであり，たとえ $\boldsymbol{u}_0 = (0, 1)$ から始まったとしても結果は同じである：

> A が**正の**マルコフ行列（要素が $a_{ij} > 0$ であり，各列の要素の和が $\mathbf{1}$）であるならば，$\lambda_1 = 1$ は最大の固有値である．固有ベクトル $\boldsymbol{x}_1$ が**定常状態**である：
>
> $$\boldsymbol{u}_k = \boldsymbol{x}_1 + c_2(\lambda_2)^k\boldsymbol{x}_2 + \cdots + c_n(\lambda_n)^k\boldsymbol{x}_n \quad \text{は常に} \quad \boldsymbol{u}_\infty = \boldsymbol{x}_1 \quad \text{へ近づく．}$$

要点の 1 つ目は，A の固有値の 1 つが $\lambda = 1$ であることだ．**理由**：$A - I$ のすべての列はその要素の和が $1 - 1 = 0$ であり，$A - I$ の行の和は零行である．行が線形従属であるので，$A - I$ は非可逆行列である．その行列式は零であり，$\lambda = 1$ は固有値の 1 つである．

要点の 2 つ目は，$|\lambda| > 1$ となる固有値が存在しないことだ．そのような固有値があると，ベキ A^k が発散する．しかし，A^k もまたマルコフ行列である．A^k の要素は非負であり，その列の要素の和は 1 である．したがって，要素が大きくなる余地はない．

別の固有値が $|\lambda| = 1$ となる可能性については，さらに注意しなければならない．

例 2　$A = \left[\begin{smallmatrix}0&1\\1&0\end{smallmatrix}\right]$ には，定常状態がない．なぜならば，$\lambda_2 = -1$ であるからだ．

この行列は，デンバー内のすべての車を外に出し，外の車を中に入れる．ベキ A^k は，A と I を交互に繰り返す．2 つ目の固有ベクトル $\boldsymbol{x}_2 = (-1, 1)$ には $\lambda_2 = -1$ が毎ステップ掛けられ，小さくならない．したがって，定常状態がない．

A や A の任意のベキの要素がすべて**正**であるとし，零がないと仮定する．この「好ましい」または「原始的」な場合，$\lambda = 1$ は他の任意の固有値よりも真に大きい．ベキ A^k は，定常状態を各列に持つランク 1 行列へと近づく．

例 3　（「**全員が移動する**」）3 つのグループから始める．各時間ステップにおいて，グループ 1 の半分の人はグループ 2 へと移動し，残りの半分の人はグループ 3 へ移動する．その他のグループも，**半分に分かれて移動を行う**．最初の人口 p_1, p_2, p_3 から始めて 1 時間ステップ経つと次のようになる：

$$\text{新しい人口} \qquad \boldsymbol{u}_1 = A\boldsymbol{u}_0 = \begin{bmatrix}0 & \frac{1}{2} & \frac{1}{2}\\ \frac{1}{2} & 0 & \frac{1}{2}\\ \frac{1}{2} & \frac{1}{2} & 0\end{bmatrix}\begin{bmatrix}p_1\\p_2\\p_3\end{bmatrix} = \begin{bmatrix}\frac{1}{2}p_2 + \frac{1}{2}p_3\\ \frac{1}{2}p_1 + \frac{1}{2}p_3\\ \frac{1}{2}p_1 + \frac{1}{2}p_2\end{bmatrix}.$$

A はマルコフ行列である．生まれる人もいなくなる人もいない．A は，例 2 において問題となった零を含んでいる．しかし，この例では 2 ステップ後に A^2 から零が消える：

2 ステップの行列　$$\boldsymbol{u}_2 = A^2\boldsymbol{u}_0 = \begin{bmatrix} \frac{1}{2} & \frac{1}{4} & \frac{1}{4} \\ \frac{1}{4} & \frac{1}{2} & \frac{1}{4} \\ \frac{1}{4} & \frac{1}{4} & \frac{1}{2} \end{bmatrix} \begin{bmatrix} p_1 \\ p_2 \\ p_3 \end{bmatrix}.$$

A の固有値は $\lambda_1 = 1$ （A がマルコフ行列のため）と $\lambda_2 = \lambda_3 = -\frac{1}{2}$ である．$\lambda = 1$ に対する**固有ベクトル $\boldsymbol{x}_1 = (\frac{1}{3}, \frac{1}{3}, \frac{1}{3})$ は定常状態となる**．3 つの同人口の集団が半分に分かれて移動すると，集団の人口は再び等しくなる．$\boldsymbol{u}_0 = (8, 16, 32)$ から始めると，マルコフ連鎖はその定常状態へと近づく：

$$\boldsymbol{u}_0 = \begin{bmatrix} 8 \\ 16 \\ 32 \end{bmatrix} \qquad \boldsymbol{u}_1 = \begin{bmatrix} 24 \\ 20 \\ 12 \end{bmatrix} \qquad \boldsymbol{u}_2 = \begin{bmatrix} 16 \\ 18 \\ 22 \end{bmatrix} \qquad \boldsymbol{u}_3 = \begin{bmatrix} 20 \\ 19 \\ 17 \end{bmatrix}.$$

$\boldsymbol{u}_4$ へのステップでは，ある人を半分に分けなければならないが，これは避けられない．各ステップにおいて総人口は $8 + 16 + 32 = 56$ であり，定常状態は $56 \times (\frac{1}{3}, \frac{1}{3}, \frac{1}{3})$ である．よって，3 グループの人口は極限値 56/3 へと近づくが，それに到達することはない．

第 6.7 節の挑戦問題 16 では，ウェブサイトのリンクの数からマルコフ行列 A を作った．その定常状態 $\boldsymbol{u}$ は，Google のランキングを与える．**Google は，リンクをたどるランダムウォークによって $\boldsymbol{u}_\infty$ を求めた（ランダムサーフィン）**．各ウェブサイトを訪問した割合を数えることでその固有ベクトルが求められ，それにより定常状態を手早く計算できる．

2 番目に大きな固有値の大きさ $|\lambda_2|$ によって，定常状態への収束の速さが決まる．

ペロン – フロベニウスの定理

本節のテーマに影響を及ぼす行列の定理が 1 つある．すべての要素が $a_{ij} \geq 0$ であるとき，ペロン – フロベニウスの定理を適用できる．列の要素和が 1 であることは必要としない．すべての要素が $a_{ij} > 0$ であるという最もやりやすい場合について証明する．

$A > 0$ の場合のペロン – フロベニウスの定理
$A\boldsymbol{x} = \lambda_{\max}\boldsymbol{x}$ におけるすべての数は真に正である．

証明　鍵となる考え方は，ある（$\boldsymbol{x} = \boldsymbol{0}$ 以外の）非負ベクトル $\boldsymbol{x}$ に対して $A\boldsymbol{x} \geq t\boldsymbol{x}$ となるような，すべての数 t を考えることである．多くの正の候補 t をとれるように，$A\boldsymbol{x} \geq t\boldsymbol{x}$ において不等の場合も許している．(取りうる）最大値 $t_{\max}$ において，**等式 $A\boldsymbol{x} = t_{\max}\boldsymbol{x}$ が成り立つ**ことを示す．

そうでない，すなわち $A\boldsymbol{x} \geq t_{\max}\boldsymbol{x}$ の等号が成り立たないと仮定する．それらに A を掛ける．A は正であるので，真に不等号が成り立ち $A^2\boldsymbol{x} > t_{\max}A\boldsymbol{x}$ となる．したがって，正のベクトル $\boldsymbol{y} = A\boldsymbol{x}$ は $A\boldsymbol{y} > t_{\max}\boldsymbol{y}$ を満たし，$t_{\max}$ をさらに増やすことができる．この矛盾により，等号が成り立つ $A\boldsymbol{x} = t_{\max}\boldsymbol{x}$ でなければならず，固有値が存在する．その固有ベクトル $\boldsymbol{x}$ は正である．なぜならば，等式の左辺において $A\boldsymbol{x}$ は正でなければならないからだ．

$t_{\max}$ よりも大きな固有値がないことを示すには，$A\boldsymbol{z} = \lambda\boldsymbol{z}$ であると仮定する．λ と $\boldsymbol{z}$ は負の数や複素数を含んでもよいので，その絶対値を取る．すると，「三角不等式」より $|\lambda||\boldsymbol{z}| = |A\boldsymbol{z}| \leq A|\boldsymbol{z}|$ である．この $|\boldsymbol{z}|$ は，非負ベクトルであるので，$|\lambda|$ は t の候補の 1 つである．したがって，$|\lambda|$ は $t_{\max}$ を超えることはなく，$\lambda_{\max}$ でなければならない．

人口増加

人口を，20 歳未満，20 歳から 39 歳，および 40 歳から 59 歳の，3 つの年齢層に分ける．ある年 T において，それぞれの年齢層に属す人数は n_1, n_2, n_3 である．20 年後，それぞれに属す人数は 2 つの理由で変わる．

1. **繁殖**　新しい世代の人数は $n_1^{\mathbf{new}} = F_1\,n_1 + F_2\,n_2 + F_3\,n_3$ で与えられる
2. **生存**　古い世代の人数は $n_2^{\mathbf{new}} = P_1 n_1$ と $n_3^{\mathbf{new}} = P_2 n_2$ で与えられる

繁殖の比率は F_1, F_2, F_3（F_2 が最大）である．**レスリー行列** A は，以下のようになるだろう：

$$\begin{bmatrix} n_1 \\ n_2 \\ n_3 \end{bmatrix}^{\mathbf{new}} = \begin{bmatrix} F_1 & F_2 & F_3 \\ P_1 & 0 & 0 \\ 0 & P_2 & 0 \end{bmatrix} \begin{bmatrix} n_1 \\ n_2 \\ n_3 \end{bmatrix} = \begin{bmatrix} 0.04 & \mathbf{1.1} & 0.01 \\ 0.98 & 0 & 0 \\ 0 & \mathbf{0.92} & 0 \end{bmatrix} \begin{bmatrix} n_1 \\ \boldsymbol{n_2} \\ n_3 \end{bmatrix}.$$

この最も単純な人口予測では，各ステップで同じ行列 A を用いる．現実的なモデルでは，(環境もしくは内部的要因により）A は時間とともに変化する．年齢 ≥ 60 とする 4 番目の年齢層を加えたいと思う大学教授もいるだろうが，それは認めない．

この行列は $A \geq 0$ であるが，$A > 0$ ではない．ペロン－フロベニウスの定理はこの場合も成り立つ．なぜならば，$A^3 > 0$ であるからだ．最大の固有値は $\lambda_{\max} \approx 1.06$ である．中間の世代が $n_2 = 1$ であるところから始めて，世代がどのように変化するかを見る：

$$\mathbf{eig}(A) = \begin{matrix} \mathbf{1.06} \\ -1.01 \\ -0.01 \end{matrix} \qquad A^2 = \begin{bmatrix} 1.08 & \mathbf{0.05} & 0.00 \\ 0.04 & \mathbf{1.08} & 0.01 \\ 0.90 & 0 & 0 \end{bmatrix} \qquad A^3 = \begin{bmatrix} 0.10 & \mathbf{1.19} & 0.01 \\ 0.06 & \mathbf{0.05} & 0.00 \\ 0.04 & \mathbf{0.99} & 0.01 \end{bmatrix}.$$

$\boldsymbol{u}_0 = (0, 1, 0)$ とするのが手っ取り早い．この中間の年齢層は，1.1 だけ生み，また 0.92 だけ生存する．その若い世代と年長の世代は，$\boldsymbol{u}_1 = (1.1, 0, 0.92) = A$ の第 2 列である．さらに，$\boldsymbol{u}_2 = A\boldsymbol{u}_1 = A^2\boldsymbol{u}_0$ は A^2 の第 2 列である．最初のうち（過渡期）は，その数は $\boldsymbol{u}_0$ に大きく依存する．しかし，**漸近的な増加率** $\lambda_{\max}$ **は，どのような** $\boldsymbol{u}_0$ **から開始しても同じである．** その固有ベクトル $\boldsymbol{x} = (0.63, 0.58, 0.51)$ から，3 つすべての世代の人数が徐々に増えることがわかる．

Caswell による本 *Matrix Population Models*[訳注) では，感度解析に重きを置いている．モデルがまさに正確であることはありえない．行列における F や P が 10% 変化したとき，$\lambda_{\max}$ が 1 を下回る（これは絶滅を意味する）ことがあるだろうか．問題 19 では，行列が

[訳注) H.Caswell: *Matrix Population Models : Construction, Analysis, and Interpretation.*

ΔA だけ変化したとき，固有値が $\Delta\lambda = \boldsymbol{y}^{\mathrm{T}}(\Delta A)\boldsymbol{x}$ だけ変化することを示す．ここで，$\boldsymbol{x}$ と $\boldsymbol{y}^{\mathrm{T}}$ はそれぞれ A の右固有ベクトルと左固有ベクトルである．すなわち，$\boldsymbol{x}$ は S の列であり，$\boldsymbol{y}^{\mathrm{T}}$ は S^{-1} の行である．

経済における線形代数：消費行列

経済における線形代数についてここで長く書くのは場違いであり，1 つの行列を使って簡単に説明するほうがよいだろう．**消費行列**は，各入力がどれだけ各出力に転ずるかを示し，経済の中でも製造の側面を表すものである．

消費行列　化学，食品，石油のような n 産業がある．1 単位の化学製品を製造するには，0.2 単位の化学製品，0.3 単位の食品，0.4 の石油が必要である．これらの数は，消費行列 A の第 1 行に入る：

$$\begin{bmatrix} \text{化学製品の出力} \\ \text{食品の出力} \\ \text{石油の出力} \end{bmatrix} = \begin{bmatrix} 0.2 & 0.3 & 0.4 \\ 0.4 & 0.4 & 0.1 \\ 0.5 & 0.1 & 0.3 \end{bmatrix} \begin{bmatrix} \text{化学製品の入力} \\ \text{食品の入力} \\ \text{石油の入力} \end{bmatrix}.$$

第 2 行は，食品を製造するために必要な入力を表す．化学製品と食品を多く必要とするが，石油はそれほど必要としない．A の第 3 行は，1 単位の石油を精製するのに必要な入力を表す．1958 年の米国における実際の消費行列は，83 産業からなる．1990 年のモデルはもっと大きく，より正確である．ここでは，扱いやすい固有ベクトルを持つような消費行列を選んだ．

ここで問だ．この経済において，化学製品，食品，石油の需要 y_1, y_2, y_3 を満たすことは可能か？そのためには，入力 p_1, p_2, p_3 はより多くなければならない．なぜならば，$\boldsymbol{p}$ の一部が消費されて $\boldsymbol{y}$ が製造されるからだ．入力は $\boldsymbol{p}$ であり，消費量は $A\boldsymbol{p}$ である．これから，出力は $\boldsymbol{p} - A\boldsymbol{p}$ となる．この純生産量が，需要 $\boldsymbol{y}$ を満たすものとなる：

問　$\boldsymbol{p} - A\boldsymbol{p} = \boldsymbol{y}$　すなわち　$\boldsymbol{p} = (I - A)^{-1}\boldsymbol{y}$　を満たすベクトル $\boldsymbol{p}$ を求めよ．

一見したところ，線形代数における問題は，$I - A$ が可逆かどうかである．しかし，問題はより深い．需要ベクトル $\boldsymbol{y}$ は非負であり，A も非負である．**$\boldsymbol{p} = (I - A)^{-1}\boldsymbol{y}$ における製造水準もまた非負でなければならない**．本当の問は以下のものである：

$(I - A)^{-1}$ が非負行列となるのはどのような場合か

これは，任意の正の需要を満たせるかどうか，$(I - A)^{-1}$ を判別するものである．I と比較して A が小さければ，$\boldsymbol{p}$ と比較して $A\boldsymbol{p}$ は小さい．出力は豊富である．A があまりに大きければ，製造において生産よりも消費が多くなる．この場合，外部からの需要 $\boldsymbol{y}$ を満たすことができない．

「小さい」か「大きい」かは，A の最大の固有値 λ_1（これは正である）によって決まる：

$\lambda_1 > 1$　のとき，　$(I-A)^{-1}$ には負の要素がある
$\lambda_1 = 1$　のとき，　$(I-A)^{-1}$ は存在しない
$\lambda_1 < 1$　のとき，　$(I-A)^{-1}$ は非負であり，要望どおりである．

上記の最後が最も重要である．その推論において用いる $(I-A)^{-1}$ についての素晴らしい公式をこれから示す．数学における最も重要な無限級数は，**等比級数** $1+x+x^2+\cdots$ である．x が -1 と 1 の間にあるとき，その級数は $1/(1-x)$ である．$x=1$ のとき，その級数は $1+1+1+\cdots=\infty$ である．$|x|\geq 1$ のとき，項 x^n は零に近づかず，級数が収束しない．

$(I-A)^{-1}$ についての素晴らしい公式とは，**行列の等比級数**である：

等比級数　$$(I-A)^{-1} = I + A + A^2 + A^3 + \cdots.$$

級数 $S = I + A + A^2 + \cdots$ に A を掛けると，I を除いて同じ級数を得る．したがって，$S - AS = I$ であり，これから $(I-A)S = I$ を得る．級数が収束すれば，$S = (I-A)^{-1}$ である．**A のすべての固有値が $|\lambda| < 1$ であるとき，級数は収束する．**

ここでの場合，$A \geq 0$ であり，級数のすべての項が非負である．その和は $(I-A)^{-1} \geq 0$ である．

例 4　$A = \begin{bmatrix} 0.2 & 0.3 & 0.4 \\ 0.4 & 0.4 & 0.1 \\ 0.5 & 0.1 & 0.3 \end{bmatrix}$ において $\lambda_{\max} = 0.9$ であり $(I-A)^{-1} = \frac{1}{93}\begin{bmatrix} 41 & 25 & 27 \\ 33 & 36 & 24 \\ 34 & 23 & 36 \end{bmatrix}$.

この経済は生産的である．$\lambda_{\max}$ が 0.9 であるので，I と比較して A が小さい．需要 $\boldsymbol{y}$ を満たすには，$\boldsymbol{p} = (I-A)^{-1}\boldsymbol{y}$ とする．すると，製造において $A\boldsymbol{p}$ だけ消費され，$\boldsymbol{p} - A\boldsymbol{p}$ だけ残る．これは $(I-A)\boldsymbol{p} = \boldsymbol{y}$ であり，需要が満たされる．

例 5　$A = \begin{bmatrix} 0 & 4 \\ 1 & 0 \end{bmatrix}$ において $\lambda_{\max} = 2$ であり $(I-A)^{-1} = -\frac{1}{3}\begin{bmatrix} 1 & 4 \\ 1 & 1 \end{bmatrix}$.

この消費行列 A は大きすぎ，需要を満たすことはできない．なぜならば，製造するにあたって，生産よりも消費のほうが多いからである．$\lambda_{\max} > 1$ であるので，級数 $I + A + A^2 + \ldots$ が $(I-A)^{-1}$ へと収束することはない．$(I-A)^{-1}$ が実際には負であるにもかかわらず，級数は増大し続ける．

$1+2+4+\cdots$ が $1/(1-2) = -1$ と等しくないのと同じだ．しかし，完全に誤りというわけでもない．

練習問題 8.3

問題 1〜12 は，マルコフ行列とその固有値やベキに関するものである．

1　以下のマルコフ行列の固有値を求めよ（それらの和はトレースである）．

$$A = \begin{bmatrix} 0.90 & 0.15 \\ 0.10 & 0.85 \end{bmatrix}.$$

$\lambda_1 = 1$ に対する定常状態の固有ベクトルを求めよ．

2 問題1のマルコフ行列について，もう1つの固有ベクトルを求め，その行列を $A = S\Lambda S^{-1}$ へと対角化せよ：

$$A = \begin{bmatrix} & \\ & \end{bmatrix} \begin{bmatrix} 1 & \\ & 0.75 \end{bmatrix} \begin{bmatrix} & \\ & \end{bmatrix}.$$

$\Lambda^k = \begin{bmatrix} \mathbf{1} & \mathbf{0} \\ \mathbf{0} & \mathbf{0.75}^k \end{bmatrix}$ が $\begin{bmatrix} \mathbf{1} & \mathbf{0} \\ \mathbf{0} & \mathbf{0} \end{bmatrix}$ へと近づくとき，$A^k = S\Lambda^k S^{-1}$ の極限を求めよ．

3 以下のマルコフ行列について，その固有値と定常状態の固有ベクトルを求めよ．

$$A = \begin{bmatrix} 1 & 0.2 \\ 0 & 0.8 \end{bmatrix} \quad A = \begin{bmatrix} 0.2 & 1 \\ 0.8 & 0 \end{bmatrix} \quad A = \begin{bmatrix} \frac{1}{2} & \frac{1}{4} & \frac{1}{4} \\ \frac{1}{4} & \frac{1}{2} & \frac{1}{4} \\ \frac{1}{4} & \frac{1}{4} & \frac{1}{2} \end{bmatrix}.$$

4 任意の 4×4 のマルコフ行列について，（既知の）固有値 $\lambda = 1$ に対応する A^{T} の固有ベクトルは何か？

5 毎年，2% の年少者が年長者となり，3% の年長者が死ぬ（生まれる人はいない）．次の行列に対し，その定常状態を求めよ．

$$\begin{bmatrix} \text{年少者} \\ \text{年長者} \\ \text{死者} \end{bmatrix}_{k+1} = \begin{bmatrix} 0.98 & 0.00 & 0 \\ 0.02 & 0.97 & 0 \\ 0.00 & 0.03 & 1 \end{bmatrix} \begin{bmatrix} \text{年少者} \\ \text{年長者} \\ \text{死者} \end{bmatrix}_k$$

6 マルコフ行列において，$\boldsymbol{x}$ の要素の和は $A\boldsymbol{x}$ の要素の和に等しい．$A\boldsymbol{x} = \lambda\boldsymbol{x}$ かつ $\lambda \neq 1$ であるとき，この非定常状態に対応する固有ベクトル $\boldsymbol{x}$ の要素の和が零であることを証明せよ．

7 A の固有値と固有ベクトルを求めよ．A^k が A^∞ に近づく理由を説明せよ：

$$A = \begin{bmatrix} 0.8 & 0.3 \\ 0.2 & 0.7 \end{bmatrix} \qquad A^\infty = \begin{bmatrix} 0.6 & 0.6 \\ 0.4 & 0.4 \end{bmatrix}.$$

挑戦問題：その定常状態 $(0.6, 0.4)$ を作るようなマルコフ行列はどのようなものか？

8 以下の置換行列における定常状態の固有ベクトルは $(\frac{1}{4}, \frac{1}{4}, \frac{1}{4}, \frac{1}{4})$ である．$\boldsymbol{u}_0 = (0, 0, 0, 1)$ から始めると，それには近づかない．$\boldsymbol{u}_1$，$\boldsymbol{u}_2$，$\boldsymbol{u}_3$，$\boldsymbol{u}_4$ を求めよ．P の4つの固有値を求めよ．それらは，$\lambda^4 = 1$ の解である．

$$\textbf{置換行列} = \textbf{マルコフ行列} \qquad P = \begin{bmatrix} 0 & 1 & 0 & 0 \\ 0 & 0 & 1 & 0 \\ 0 & 0 & 0 & 1 \\ 1 & 0 & 0 & 0 \end{bmatrix}.$$

9 マルコフ行列の 2 乗もまたマルコフ行列であることを証明せよ.

10 $A = \left[\begin{smallmatrix} \mathbf{a} & \mathbf{b} \\ \mathbf{c} & \mathbf{d} \end{smallmatrix}\right]$ がマルコフ行列であるとき，その固有値は 1 と ＿＿＿ である．定常状態の固有ベクトルは $\boldsymbol{x}_1 =$ ＿＿＿ である.

11 A がマルコフ行列となるように空欄を埋め，その定常状態の固有ベクトルを求めよ．A が対称マルコフ行列であるとき，$\boldsymbol{x}_1 = (1, \ldots, 1)$ がその定常状態となるのはなぜか？

$$A = \begin{bmatrix} 0.7 & 0.1 & 0.2 \\ 0.1 & 0.6 & 0.3 \\ \_ & \_ & \_ \end{bmatrix}.$$

12 マルコフ微分方程式は，$d\boldsymbol{u}/dt = A\boldsymbol{u}$ ではなく，$d\boldsymbol{u}/dt = (A - I)\boldsymbol{u}$ である．その対角要素は負であり，$A - I$ の残りの要素は正である．列の和は零となる.

$$B = A - I = \begin{bmatrix} -0.2 & 0.3 \\ 0.2 & -0.3 \end{bmatrix}$$ の固有値を求めよ．$A - I$ が $\lambda = 0$ を持つのはなぜか？

$\boldsymbol{x}_1$ と $\boldsymbol{x}_2$ に $e^{\lambda_1 t}$ と $e^{\lambda_2 t}$ を掛けるとき，$t \to \infty$ とした定常状態を求めよ.

問題 13〜15 は，経済における線形代数に関するものである.

13 例 4 の消費行列の各行について，その要素の和は 0.9 である．固有値の 1 つが $\lambda = 0.9$ となるのはなぜか？ また，その固有ベクトルを求めよ.

14 $I+A+A^2+A^3+\cdots$ に $I-A$ を掛けて，級数の和が ＿＿＿ であることを示せ．$A = \left[\begin{smallmatrix} \mathbf{0} & \mathbf{\frac{1}{2}} \\ \mathbf{1} & \mathbf{0} \end{smallmatrix}\right]$ について，A^2 と A^3 を求め，そのパターンを用いて級数の和を求めよ.

15 $I + A + A^2 + \cdots$ が非負行列 $(I - A)^{-1}$ となるのは，以下の行列のどれか？ そのとき，その経済は任意の需要を満たすことができる：

$$A = \begin{bmatrix} 0 & 1 \\ 0 & 0 \end{bmatrix} \qquad A = \begin{bmatrix} 0 & 4 \\ 0.2 & 0 \end{bmatrix} \qquad A = \begin{bmatrix} 0.5 & 1 \\ 0.5 & 0 \end{bmatrix}.$$

需要が $\boldsymbol{y} = (2, 6)$ であるとき，ベクトル $\boldsymbol{p} = (I - A)^{-1}\boldsymbol{y}$ を求めよ.

16 （マルコフ行列再び）次の行列の行列式は零である．その固有値を求めよ.

$$A = \begin{bmatrix} 0.4 & 0.2 & 0.3 \\ 0.2 & 0.4 & 0.3 \\ 0.4 & 0.4 & 0.4 \end{bmatrix}.$$

$\boldsymbol{u}_0 = (1, 0, 0)$ から始めて，$A^k\boldsymbol{u}_0$ の極限を求めよ．また，$\boldsymbol{u}_0 = (100, 0, 0)$ に対しても行え.

17 A がマルコフ行列であるとき，$I + A + A^2 + \cdots$ の和は $(I - A)^{-1}$ となるか？

18 レスリー行列に対して，$\det(A-\lambda I)=0$ より $F_1\lambda^2+F_2P_1\lambda+F_3P_1P_2=\lambda^3$ となることを示せ．$\lambda\longrightarrow\infty$ のとき，右辺 λ^3 のほうが大きくなる．$F_1+F_2P_1+F_3P_1P_2>1$ のとき，$\lambda=1$ において左辺のほうが大きくなる．その場合，ある固有値 $\lambda_{\max}>1$ において両辺が等しくなる．すなわち**増加**する．

19 **固有値の感度解析**：行列が ΔA だけ変化したとき，固有値は $\Delta\Lambda$ だけ変化する．**それらの変化** $\Delta\lambda_1,\ldots,\Delta\lambda_n$ **を表す式は** $\mathbf{diag}(S^{-1}\,\Delta A\,S)$ である．

挑戦問題：$AS=S\Lambda$ から始める．固有ベクトルと固有値が ΔS と $\Delta\Lambda$ だけ変化する：

$$(A+\Delta A)(S+\Delta S)=(S+\Delta S)(\Lambda+\Delta\Lambda) \text{ より } A(\Delta S)+(\Delta A)S=S(\Delta\Lambda)+(\Delta S)\Lambda.$$

小さな項 $(\Delta A)(\Delta S)$ と $(\Delta S)(\Delta\Lambda)$ は無視する．**最後の等式に** S^{-1} **を掛けると**，内側にある項 $S^{-1}(\Delta A)S$ の対角要素より望んでいた $\Delta\Lambda$ を得る．**外側にある項** $S^{-1}A\,\Delta S$ と $S^{-1}\,\Delta S\,\Lambda$ **について，その対角要素が釣り合うのはなぜか？**

$$S^{-1}A=\Lambda S^{-1}\text{を示し，さらに } \mathbf{diag}(\Lambda\,S^{-1}\,\Delta S)=\mathbf{diag}(S^{-1}\,\Delta S\,\Lambda) \text{ を示せ．}$$

20 $B>A>0$，つまり，各要素について $b_{ij}>a_{ij}>0$ であるとする．$\lambda_{\max}(B)>\lambda_{\max}(A)$ であることは，ペロン－フロベニウスの議論からどのように示されるか？

8.4　線形計画

線形計画は，線形代数に**不等式**と**最小化**という 2 つの考え方を足したものである．依然として行列の方程式 $A\boldsymbol{x}=\boldsymbol{b}$ が与えられる．しかし，許容される解は**非負**のものだけであり，$\boldsymbol{x}\geq 0$ でなければならない（$\boldsymbol{x}$ の要素で負となるものがないことを意味する）．その行列の形 $n>m$ であり，等式の数よりも変数の数のほうが多い．$A\boldsymbol{x}=\boldsymbol{b}$ に $\boldsymbol{x}\geq\mathbf{0}$ となる解が存在するならば，高い確率でたくさんの解がある．線形計画では，コストを最小化するような解 $\boldsymbol{x}^*\geq\mathbf{0}$ を選択する：

> **コストは $c_1x_1+\cdots+c_nx_n$ で与えられる．選択されるベクトル $\boldsymbol{x}^*$ は $A\boldsymbol{x}=\boldsymbol{b}$ の非負の解であり，コストが最小のものである．**

したがって，線形計画問題では，行列 A と 2 つのベクトル $\boldsymbol{b}$ と $\boldsymbol{c}$ が与えられる：

i) A の形は $n>m$ である：例えば $A=[1\ \ 1\ \ 2]$ である（1 つの等式，3 つの変数）．
ii) $\boldsymbol{b}$ は，$A\boldsymbol{x}=\boldsymbol{b}$ の m 個の等式に対応する m 個の要素からなる：例えば，$\boldsymbol{b}=[4]$ である．
iii) コストベクトル $\boldsymbol{c}$ は n 個の要素からなる：例えば，$\boldsymbol{c}=[5\ \ 3\ \ 8]$ である．

問題は，制約 $A\boldsymbol{x}=\boldsymbol{b}$ と $\boldsymbol{x}\geq 0$ のもとで，$\boldsymbol{c}\cdot\boldsymbol{x}$ を最小化することである：

制約　$\boldsymbol{x_1+x_2+2x_3=4}$　と　$\boldsymbol{x_1,x_2,x_3\geq 0}$　のもとで　$\boldsymbol{5x_1+3x_2+8x_3}$ を最小化．

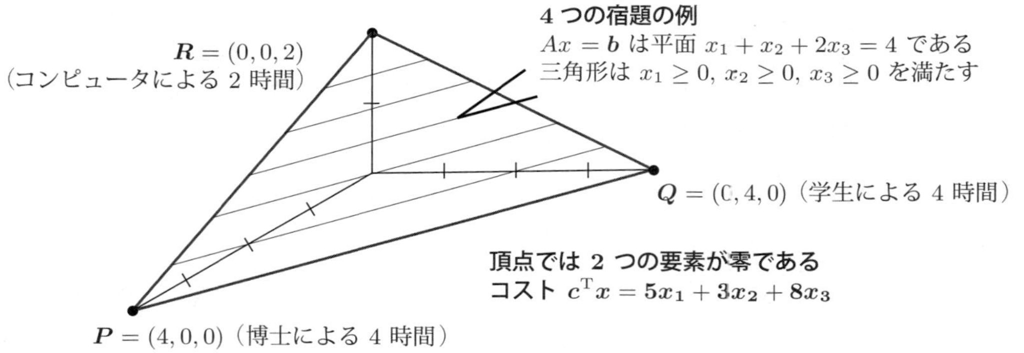

図 8.6 三角形は，非零の解のすべてからなる．すなわち，$A\boldsymbol{x} = \boldsymbol{b}$ および $\boldsymbol{x} \geq 0$ である．コストが最小となる解 $\boldsymbol{x}^*$ は，この実現可能集合の頂点 $\boldsymbol{P}$，$\boldsymbol{Q}$，または $\boldsymbol{R}$ である．

この問題の由来を説明することなく，いきなりその問題から話をした．線形計画は，実際，最も重要な数学のマネジメントへの応用である．最速のアルゴリズムと最速のプログラムコードの開発は，とても激しく競争されている．$\boldsymbol{x}^*$ を求めることが $A\boldsymbol{x} = \boldsymbol{b}$ を解くことよりも難しいことを学ぶ．難しい理由は，$\boldsymbol{x}^* \geq 0$ と $\boldsymbol{c}^{\mathrm{T}}\boldsymbol{x}^*$ の最小化という制約が追加されているからだ．例題を解いた後に，その背景，および，有名な**シンプレックス法**と**内点法**を説明する．

まず,「制約」，すなわち $A\boldsymbol{x} = \boldsymbol{b}$ と $\boldsymbol{x} \geq 0$ について見よう．等式 $x_1 + x_2 + 2x_3 = 4$ は，3 次元空間における平面である．非負 $x_1 \geq 0, x_2 \geq 0, x_3 \geq 0$ により，平面が三角形に切り取られる．解 $\boldsymbol{x}^*$ は，図 8.6 における三角形 PQR 内になければならない．

その三角形の内部では，$\boldsymbol{x}$ の要素はすべて正である．PQR の辺上では，1 つの要素が零である．頂点 P と Q と R では，2 つの要素が零である．**最適解 $\boldsymbol{x}^*$ は，それらの頂点の 1 つになる**．これからその理由を示そう．

その三角形は，$A\boldsymbol{x} = \boldsymbol{b}$ と $\boldsymbol{x} \geq 0$ を満たすすべてのベクトルからなる．それらの $\boldsymbol{x}$ は**実現可能点**と呼ばれ，その三角形は**実現可能集合**である．これらの点は，$\boldsymbol{c} \cdot \boldsymbol{x}$ の最小化においてとりうる候補である．その最小化が最後のステップである：

三角形 PQR の中で，コスト $5x_1 + 3x_2 + 8x_3$ を最小化する $\boldsymbol{x}^*$ を求める．

コストが零となるベクトルは，平面 $5x_1 + 3x_2 + 8x_3 = 0$ 上にある．その平面はこの三角形と交わらないので，$\boldsymbol{x}$ に対する制約を満たしながらコスト零を達成することはできない．したがって，平面 $5x_1 + 3x_2 + 8x_3 = C$ が三角形と交わるまで，コスト C を増加させる．C を増加させると，**平面が三角形の方向へ平行に移動する**．

三角形にはじめて触れる平面 $5x_1 + 3x_2 + 8x_3 = C$ は，コスト C が最小であり，**平面の触れる点が解 $\boldsymbol{x}^*$ である**．この平面の触れる点は，頂点 $\boldsymbol{P}$ か $\boldsymbol{Q}$ か $\boldsymbol{R}$ のいずれかである．移動する平面が，頂点に触れることなく三角形の内部に至ることはないからだ．そこで，各頂点におけるコスト $5x_1 + 3x_2 + 8x_3$ を調べる：

$\boldsymbol{P} = (4, 0, 0)$ のコストは 20　　$\boldsymbol{Q} = (0, 4, 0)$ のコストは 12　　$\boldsymbol{R} = (0, 0, 2)$ のコストは 16.

選択されるのは $\boldsymbol{Q}$ である．したがって，$\boldsymbol{x}^* = (0, 4, 0)$ が線形計画問題の解である．

コストベクトル $\boldsymbol{c}$ が変わると，平行に移動する平面の傾きが変わる．変化が小さければ，依然として $\boldsymbol{Q}$ が選択される．コストが $\boldsymbol{c} \cdot \boldsymbol{x} = 5x_1 + 4x_2 + 7x_3$ であるとき，最適なベクトル $\boldsymbol{x}^*$ は $\boldsymbol{R} = (0, 0, 2)$ へと移動する．最小のコストは $7 \cdot 2 = 14$ になる．

注記 1　線形計画には，コストを最小化する代わりに，**利益を最大化**するものもある．数学的にはほとんど同じである．平面が，小さな値ではなく，大きな値を持つ C から平行に移動し始める．平面は，C が小さくなるに従い，(遠方ではなく）原点へ向かって移動する．**この場合でも，最初に触れるのは頂点だ．**

注記 2　制約 $A\boldsymbol{x} = \boldsymbol{b}$ と $\boldsymbol{x} \geq 0$ を満たすことが不可能かもしれない．等式 $x_1 + x_2 + x_3 = -1$ は，$\boldsymbol{x} \geq 0$ において解を持たない．**その実現可能集合は空集合である．**

注記 3　実現可能集合が**有限でない**ことも起こりうる．制約が $x_1 + x_2 - 2x_3 = 4$ であるとき，大きな正のベクトル $(100, 100, 98)$ が候補になる．より大きなベクトル $(1000, 1000, 998)$ も候補になる．平面 $A\boldsymbol{x} = \boldsymbol{b}$ を三角形に切り取ることができない．2 つの頂点 $\boldsymbol{P}$ と $\boldsymbol{Q}$ が $\boldsymbol{x}^*$ の候補であることは変わらないが，$\boldsymbol{R}$ は無限遠へと動く．

注記 4　有限でない実現可能集合の場合，最小のコストは $-\infty$ （**マイナス無限大**）になりうる．コストが $-x_1 - x_2 + x_3$ であるとする．すると，ベクトル $(100, 100, 98)$ のコストは $C = -102$ である．ベクトル $(1000, 1000, 998)$ のコストは $C = -1002$ である．コストを払うのではなく，x_1 と x_2 から受け取るのである．現実的な応用においては，これは起きない．しかし理論的には，A と $\boldsymbol{b}$ と $\boldsymbol{c}$ によって三角形とコストが予期せぬものになることがある．

主問題と双対問題

この最初の問題では，$\boldsymbol{A}, \boldsymbol{b}, \boldsymbol{c}$ をその例にあてはめた．変数 x_1, x_2, x_3 は，博士，学生，コンピュータの仕事時間数を表す．時間あたりのコストは \$5, \$3, および \$8 である（**賃金が少なくて申し訳ない**）．仕事時間数が負になることはない：すなわち，$x_1 \geq 0, x_2 \geq 0, x_3 \geq 0$ である．博士と学生は，1 時間に 1 つの宿題をこなす．**コンピュータは，1 時間に 2 つの宿題を解く．** $x_1 + x_2 + 2x_3 = 4$ より，原理的には彼らは 4 つの宿題を分担して解いてもよい．

問題は，4 つの宿題を最小のコスト $\boldsymbol{c}^{\mathrm{T}}\boldsymbol{x}$ で完成することである．

もし，2 人と 1 台がすべて働くとき，完成までに 1 時間かかる：$x_1 = x_2 = x_3 = 1$．そのコストは $5+3+8 = 16$ である．しかし，博士の代わりに学生が仕事をしたほうが確実によい（学生は同じ速度かつより低コストである．この問題がより現実に近づいてきた）．学生が 2 時間働き，コンピュータが 1 時間働いたとすると，そのコストは $6+8$ であり，4 つの宿題がすべて解けた．このとき我々は，三角形の辺 $\boldsymbol{QR}$ 上にいる．なぜならば，博士は働いていない，すなわち $x_1 = 0$ であるからだ．しかし，最適な点は，すべてを学生が行う（$\boldsymbol{Q}$ 上）かすべてをコンピュータが行う（$\boldsymbol{R}$）かのいずれかである．この例では，学生が 4 つの宿題を 4 時間で解くとそのコストは \$12 であり，それが最低コストである．

$A\boldsymbol{x} = \boldsymbol{b}$ が等式 1 つからなるとき，頂点 $(0,4,0)$ の非零要素は 1 つだけである．**$A\boldsymbol{x} = \boldsymbol{b}$ が等式 m 個からなるとき，頂点には m 個の非零要素がある**．それらの m 個の変数ついて $A\boldsymbol{x} = \boldsymbol{b}$ を解き，$n-m$ 個の自由変数は零とする．しかし，第 3 章とは異なり，**どの $\boldsymbol{m}$ 個の変数を選べばよいかはわからない**．

とりうる頂点の数は，n 個の要素中から m 個を選ぶ組合せの数だけある．この「n 個から m 個を選ぶ組合せ」の数は，ギャンブルや確率において非常によく出てくる．変数が $n=20$ 個で等式が $m=8$ 個のとき（これでも小さい数である），「実現可能集合」は $20!/8!12!$ 個の頂点を持つ．この数は $20 \times 19 \times \cdots \times 13 = 5{,}079{,}110{,}400$ である．

最小のコストを求めるのに 3 つの頂点を調べるのは問題なくできる．50 億個の頂点を調べるのは，賢い方法ではない．この先で述べるシンプレックス法はもっと高速である．

双対問題 線形計画において，問題は対になって現れる．それらは最小化の問題と最大化の問題であり，主問題とその「双対」問題である．主問題は，行列 A と 2 つのベクトル $\boldsymbol{b}$ と $\boldsymbol{c}$ で定義される．双対問題では，A が転置され，$\boldsymbol{b}$ と $\boldsymbol{c}$ が入れ替わり，**$\boldsymbol{b}\cdot\boldsymbol{y}$ を最大化する**．例題に対する双対問題を以下に示す．

> **宿題代行人が，宿題の答を売ることを提案している**．料金は問題当り y ドルで，全体で $4y$ ドルである（$\boldsymbol{b}=4$ がどのようにコストに組み込まれたかに注意せよ）．宿題代行人は，博士，学生，またはコンピュータと同程度に安くなければならない．すなわち，$y \le 5$，$y \le 3$，$2y \le 8$ である（$\boldsymbol{c}=(5,3,8)$ がどのように不等式制約に組み込まれたかに注意せよ）．宿題代行人は，収入 $4y$ を最大化する．

双対問題 **制約 $A^{\mathrm{T}}\boldsymbol{y} \le \boldsymbol{c}$ の制約のもとで $\boldsymbol{b}\cdot\boldsymbol{y}$ を最大化**

最大値をとるのは $y=3$ のときであり，そのとき収入は $4y=12$ である．双対問題における最大値 (\$12) は，主問題における最小値 (\$12) と等しい．**最大 = 最小** が双対性である．

どちらかの問題で最適なベクトル（$\boldsymbol{x}^*$ または $\boldsymbol{y}^*$）が存在するならば，もう一方にも存在する．最小コスト $\boldsymbol{c}\cdot\boldsymbol{x}^*$ と 最大収入 $\boldsymbol{b}\cdot\boldsymbol{y}^*$ は等しい

本書は，行ベクトルの絵と列ベクトルの絵から始め，最初の「双対定理」は階数についてであった．それは，線形独立な行の数と線形独立な列の数は等しいというものだ．階数に関する双対定理と同様に，線形計画に関する双対定理を小さな行列について確認するのは簡単である．最小コスト = 最大収入であることの証明は，教科書 *Linear Algebra and Its Applications* にある [訳注]．その定理の半分は，次の 1 行で明らかだ．**宿題代行人の収入 $\boldsymbol{b}^{\mathrm{T}}\boldsymbol{y}$ は，正直者**

[訳注] G.Strang: *Linear Algebra and Its Applications.* 山口昌哉 監訳，井上 昭 訳：『線形代数とその応用』

のコストを超えることはない：

$$Ax = b, x \geq 0, A^{\mathrm{T}}y \leq c \quad \text{ならば} \quad b^{\mathrm{T}}y = (Ax)^{\mathrm{T}}y = x^{\mathrm{T}}(A^{\mathrm{T}}y) \leq x^{\mathrm{T}}c. \qquad (1)$$

完全な双対定理では，$\boldsymbol{b}^{\mathrm{T}}\boldsymbol{y}$ がその最大になり，$\boldsymbol{x}^{\mathrm{T}}\boldsymbol{c}$ がその最小となるとき，それらが等しいことを示す：$\boldsymbol{b} \cdot \boldsymbol{y}^* = \boldsymbol{c} \cdot \boldsymbol{x}^*$．式 (1) の最後の部分にある，不等号記号 $\leq$ を見よ：

$\boldsymbol{x} \geq 0$ と $\boldsymbol{s} = \boldsymbol{c} - A^{\mathrm{T}}\boldsymbol{y} \geq 0$ の内積は，$\boldsymbol{x}^{\mathrm{T}}\boldsymbol{s} \geq 0$ となる．よって $\boldsymbol{x}^{\mathrm{T}}A^{\mathrm{T}}\boldsymbol{y} \leq \boldsymbol{x}^{\mathrm{T}}\boldsymbol{c}$ である．

最適解が等しいならば　等しいならば $\boldsymbol{x}^{\mathrm{T}}\boldsymbol{s} = \boldsymbol{0}$　である必要がある．

最適解では各 j について　$x_j^* = 0$ または $s_j^* = 0$　である．

シンプレックス法

線形代数における重要な考え方は消去である．線形不等式において重要な考え方はシンプレックス法である．消去を説明したときほどの紙面を割いてシンプレックス法を扱うことはできないが，その考え方は明瞭である．**シンプレックス法では，ある頂点から始めて，より低いコストを持つ隣の頂点へと移動する**．最終的に（実際にはとても早く），最小コストの頂点へと到達する．

頂点のベクトル $\boldsymbol{x} \geq 0$ は，m 個の等式 $A\boldsymbol{x} = \boldsymbol{b}$ を満たし，高々 m 個の正の要素を持つ．**他の $n - m$ 個の要素は零である**（それらは自由変数である．後退代入により，m 個の基底変数が得られる．すべての変数は非負でなければならず，そうでなければ，$\boldsymbol{x}$ は偽の頂点となる）．**隣の頂点** は，x の零要素の 1 つが正となり，正要素の 1 つが零になる．

シンプレックス法では，正の要素に「加わる」要素と，零になって「抜ける」要素を決めなければならない．この交換は，全体のコストがより小さくなるように選ぶ．これがシンプレックス法の 1 ステップであり，$\boldsymbol{x}^*$ の方向へ進む．

全体の流れは以下のとおりである．現在の頂点における零の各要素を見る．もしそれが 0 から 1 に変わったならば，$A\boldsymbol{x} = \boldsymbol{b}$ を保つために残りの非零要素を調整しなければならない．新しい $\boldsymbol{x}$ を後退代入によって求め，全体のコスト $\boldsymbol{c} \cdot \boldsymbol{x}$ の変化を計算する．この変化量が，その新しい要素の「減少コスト」r である．**正の要素に加わる変数**は，その r が**負であり，その絶対値が最大**となるものである．すなわち，新しい変数の 1 単位に対して最もコストを削減できるものである．

例 1　現在の頂点が $\boldsymbol{P} = (4, 0, 0)$ であるとする．すなわち，博士がすべての仕事を行う（コストは \$20 である）．学生が 1 時間仕事を行うと，$\boldsymbol{x} = (3, 1, 0)$ のコストは \$18 に減り，その減少コストは $r = -2$ である．コンピュータが 1 時間仕事を行うと，同様に $\boldsymbol{x} = (2, 0, 1)$ のコストは \$18 であり，その減少コストは同様に $r = -2$ である．この場合シンプレックス法は，加える変数に学生とコンピュータのどちらを選んでもよい．

この小さな例であっても，最初のステップで直接最適解 $\boldsymbol{x}^*$ に至らない可能性がある．シンプレックス法では，加える変数を選択した後でその変数をどれだけ含めるかを求める．加える変数が 0 から 1 へと変化したときの r を計算したが，1 単位の変化は大きすぎるかもしれないし，小さすぎるかもしれない．ここでシンプレックス法は，抜ける変数（博士）を選び，図における頂点 $\boldsymbol{Q}$ か $\boldsymbol{R}$ へと移動する．

加える変数をより多く増やすと，コストはより小さくなる．($A\boldsymbol{x} = \boldsymbol{b}$ を保つように調整している）正の要素の 1 つが零になるまで，加える変数を増やすことができる．**抜ける変数は，最初に零になる正の変数** x_i **である**．正の変数が零となったとき，隣の頂点が求まったことになる．その後再び，(その新しい頂点から）次に加わる変数と抜ける変数とを求める．

すべての減少コストが正となったとき，現在の頂点が最適 $\boldsymbol{x}^*$ **である**．どの零要素を正にしても $\boldsymbol{c}\cdot\boldsymbol{x}$ を増加させてしまい，どの変数も新しく加わらない．問題が解けた（そして，$\boldsymbol{y}^*$ が求まることも示すことができる）．

注記　一般に，あまり大きくない α に対して，αn ステップで $\boldsymbol{x}^*$ に到達する．しかし，シンプレックス法のステップを指数回行うような例も考案されている．そこで，より少ない（しかしより難しい）ステップで $\boldsymbol{x}^*$ に到達することが保証できる別のアプローチが開発された．この新しい方法では，実現可能集合の**内部**を通って進む．

例 2　コスト $\boldsymbol{c}\cdot\boldsymbol{x} = 3x_1 + x_2 + 9x_3 + x_4$ を最小化せよ．制約は $\boldsymbol{x} \geq 0$ と，$A\boldsymbol{x} = \boldsymbol{b}$ の 2 個の等式である：

$$
\begin{aligned}
x_1 + 2x_3 + x_4 &= 4 \qquad m = 2 \text{ 個の等式} \\
x_2 + x_3 - x_4 &= 2 \qquad n = 4 \text{ 個の変数.}
\end{aligned}
$$

開始頂点を $\boldsymbol{x} = (4, 2, 0, 0)$ とすると，そのコストは $\boldsymbol{c}\cdot\boldsymbol{x} = 14$ である．その頂点には $m = 2$ 個の非零と $n - m = 2$ 個の零がある．零は x_3 と x_4 である．x_3 と x_4 のどちらが加わる（非零になる）べきか，が最初の問だ．それぞれの 1 単位を試してみる：

$x_3 = 1$ および $x_4 = 0$　のとき，$\boldsymbol{x} = (2, 1, 1, 0)$ のコストは 16 である．
$x_4 = 1$ および $x_3 = 0$　のとき，$\boldsymbol{x} = (3, 3, 0, 1)$ のコストは 13 である．

これらのコストを 14 と比較する．x_3 の減少コストは $r = 2$ であり，正なので役に立たない．x_4 の減少コストは $r = -1$ であり，負なので有用である．**加わる変数は** x_4 **である**．

x_4 はどけだけ加わるか？ x_4 を 1 単位増やすと，x_1 は 4 から 3 へと減る．4 単位分増やすと，x_1 は 4 から零へ減る（同時に，x_2 は 6 へと増える）．**抜ける変数は** x_1 **である**．新しい頂点は $\boldsymbol{x} = (0, 6, 0, 4)$ であり，そのコストは $\boldsymbol{c}\cdot\boldsymbol{x} = 10$ しかない．これが最適解 $\boldsymbol{x}^*$ である．しかし，最適解であることがわかるのは，$(0, 6, 0, 4)$ からシンプレックス法のステップをもう 1 回行ってからである．x_1 か x_3 が加わる変数であるとする：

頂点 $(\mathbf{0}, \mathbf{6}, \mathbf{0}, \mathbf{4})$	$x_1 = 1$ と $x_3 = 0$	のとき，$\boldsymbol{x} = (1, 5, 0, 3)$ のコストは 11 である．
から始める	$x_3 = 1$ と $x_1 = 0$	のとき，$\boldsymbol{x} = (0, 3, 1, 2)$ のコストは 14 である．

これらのコストは 10 よりも大きい．どちらの r も正であり，より大きなコストのほうへとは動かない．現在の頂点 $(0, 6, 0, 4)$ が解 $\boldsymbol{x}^*$ である．

これらの計算は効率的に行うことができる．シンプレックス法の各ステップでは，同じ行列 B からなる 3 つの線形方程式を解く（これは，A の基底列 m 列を取り出した $m \times m$ 行列である）．ある新しい列が加わり，ある古い列が抜けるとき，B^{-1} を更新するうまい方法がある．ほとんどのプログラムで，その方法を使ってシンプレックス法を行っている．

コメントを含む短いプログラムコードが，教科書 *Computational Science and Engineering* にある（そのコードは，**math.mit.edu/cse** にもある）．最適な $\boldsymbol{y}^*$ は，$\boldsymbol{x}^*$ の m 個の非零要素に対応する m 個の等式 $A^{\mathrm{T}}\boldsymbol{y}^* = \boldsymbol{c}$ の解である．よって最適性 $\boldsymbol{x}^{\mathrm{T}}\boldsymbol{s} = 0$ が成り立ち，双対性は $x_j^* = 0$ であるか $\boldsymbol{s}^* = \boldsymbol{c} - A^{\mathrm{T}}y^*$ における「緩み」が $s_j^* = 0$ であることである．

$\boldsymbol{x}^* = (0, 4, 0)$ が最適な頂点 $\boldsymbol{Q}$ であるとき，宿題代行人の価格は $y^* = 3$ と設定される．

内点法

シンプレックス法では，実現可能集合の辺に沿って移動し，最終的に最適な頂点 $\boldsymbol{x}^*$ に到達する．**内点法は，実現可能集合の内部を移動する**（$\boldsymbol{x} > \boldsymbol{0}$ である）．内点法は，より真っ直ぐ $\boldsymbol{x}^*$ へ移動することを期待するものであり，実際うまくいく．

内部に留まる 1 つの方法は，境界にバリアを設けることである．任意の変数 x_j が零に触れようとすると**爆発的に大きくなるような対数の**追加コストを導入する．最適なベクトルは $\boldsymbol{x} > \boldsymbol{0}$ である．数 θ は，小さな値のパラメータであり，零に向かって変化する．

バリア問題　制約 $A\boldsymbol{x} = \boldsymbol{b}$ のもとで $\boldsymbol{c}^{\mathrm{T}}\boldsymbol{x} - \theta\,(\log x_1 + \cdots + \log x_n)$ を最小化　(2)

このコストは非線形である（不等式により，線形計画自体がすでに非線形である）．制約 $x_j \geq 0$ は必要ない．なぜならば，$x_j = 0$ において $\log x_j$ が無限大になるからだ．

バリアによって，θ ごとに**近似問題**が与えられる．m 個の制約 $A\boldsymbol{x} = \boldsymbol{b}$ にラグランジュ乗数 $y_1, \ldots, y_m$ を持たせる．これが制約を取り扱ううまいやり方である．

ラグランジュの $\boldsymbol{y}$
$$L(x, y, \theta) = \boldsymbol{c}^{\mathrm{T}}\boldsymbol{x} - \theta\,(\textstyle\sum \log x_i) - \boldsymbol{y}^{\mathrm{T}}(A\boldsymbol{x} - \boldsymbol{b}) \qquad (3)$$

$\partial L/\partial y = 0$ により $A\boldsymbol{x} = \boldsymbol{b}$ に戻る．導関数 $\partial L/\partial x_j$ が興味深い．

バリア問題における最適性
$$\frac{\partial L}{\partial x_j} = c_j - \frac{\theta}{x_j} - (A^{\mathrm{T}}y)_j = 0 \quad \text{すなわち} \quad \boldsymbol{x_j s_j = \theta}. \qquad (4)$$

本当の問題では $x_j s_j = 0$ となる．バリア問題では，$x_j s_j = \theta$ である．解 $\boldsymbol{x}^*(\theta)$ は，$\boldsymbol{x}^*(0)$ への**中央経路**上にある．n 個の最適性の等式 $x_j s_j = \theta$ は非線形なので，それらをニュートン法による反復法によって解く．

ある時点での $\boldsymbol{x}, \boldsymbol{y}, \boldsymbol{s}$ は，$A\boldsymbol{x} = \boldsymbol{b}, \boldsymbol{x} \geq \boldsymbol{0}$ と $A^{\mathrm{T}}\boldsymbol{y} + \boldsymbol{s} = \boldsymbol{c}$ を満たすが，$x_j s_j = \theta$ は満たさないとする．ニュートン法は，$\Delta\boldsymbol{x}, \Delta\boldsymbol{y}, \Delta\boldsymbol{s}$ だけ進む．$(\boldsymbol{x} + \Delta\boldsymbol{x})(\boldsymbol{s} + \Delta\boldsymbol{s}) = \boldsymbol{\theta}$ における 2 次の項 $\Delta\boldsymbol{x}\Delta\boldsymbol{s}$ を無視すると，$\boldsymbol{x}, \boldsymbol{y}, \boldsymbol{s}$ の補正量が次の線形方程式から得られる：

ニュートン法のステップ

$$\begin{aligned} A\,\Delta \boldsymbol{x} &= 0 \\ A^{\mathrm{T}}\Delta \boldsymbol{y} + \Delta \boldsymbol{s} &= 0 \\ s_j \Delta x_j + x_j \Delta s_j &= \theta - x_j s_j \end{aligned} \tag{5}$$

ニュートン法の反復は各 θ に対して 2 次収束し，さらに θ は零へと近づく．双対性のギャップ $\boldsymbol{x}^{\mathrm{T}}\boldsymbol{s}$ は，一般に 20 から 60 ステップで 10^{-8} 以下になる．私の教科書 *Computational Science and Engineering* では，4 つの宿題の例に対して，ニュートン法の 1 ステップを詳細に説明している．学生がすべての宿題を行うように仕向けたわけではないが，結果的に $\boldsymbol{x}^*$ はそのようになった．

商用ソフトウェアでは，広い範囲の線形もしくは非線形の最適化問題に対して，この内点法をほとんど「そのまま」利用できる．

練習問題 8.4

1 xy 平面に，$x + 2y = 6$ と $x \geq 0$ と $y \geq 0$ を満たす領域を描け．コスト $c = x + 3y$ を最小化するのは，この「実現可能集合」内のどの点か？ コストを最大化するのはどの点か？ それらの点は頂点のいずれかである．

2 xy 平面に，$x + 2y \leq 6$, $2x + y \leq 6$, $x \geq 0$, $y \geq 0$ を満たす領域を描け．それは 4 つの頂点を持つ．コスト $c = 2x - y$ を最小化するのはどの頂点か？

3 $x_1 + 2x_2 - x_3 = 4$ ただし x_1, x_2, x_3 はすべて ≥ 0 とするとき，その集合の頂点を求めよ．この実現可能集合では，コスト $x_1 - 2x_3$ は無限に負になりうることを示せ．これは，コストが有限でない例である．すなわち，最小値はない．

4 コンピュータが 4 つの宿題をすべて解く $\boldsymbol{x} = (0, 0, 2)$ から始める（コスト \$16）．$\boldsymbol{x} = (0, 1, \_\_)$ へと移動し，学生が宿題を行ったときの減少コスト r（1 時間当りの値引き金額）を求めよ．$\boldsymbol{x} = (1, 0, \_\_)$ へと移動し，博士が 1 時間宿題を行ったときの減少コスト r を求めよ．

5 例 1 において，$\boldsymbol{c}$ を $[5 \;\; 3 \;\; 7]$ に変更し，博士が宿題をする場合の頂点 $(4, 0, 0)$ から始める．学生のほうが全体のコストが小さい場合にもかかわらず，コンピュータに対する r のほうがより小さいことを示せ．シンプレックス法は 2 ステップかかる．まずコンピュータのほうへ進み，次に学生のほうへ進み $\boldsymbol{x}^*$ に至る．

6 博士が仕事を得るように，コストベクトル $\boldsymbol{c}$ を選べ．（宿題代行人が最大の収入を得るという）双対問題を書き換えよ．

7 博士が最も早く問題を解ける 6 問の宿題を，2 つ目の制約 $2x_1 + x_2 + x_3 = 6$ とする．そのとき $\boldsymbol{x} = (2, 2, 0)$ は，それぞれの宿題を博士と学生が 2 時間ずつ行うことを意味する．この $\boldsymbol{x}$ は，$\boldsymbol{c} = (5, 3, 8)$ に対してコスト $\boldsymbol{c}^{\mathrm{T}}\boldsymbol{x}$ を最小化するか？

8 以下の 2 つの問題も双対である．弱双対性「常に $\boldsymbol{y}^{\mathrm{T}}\boldsymbol{b} \leq \boldsymbol{c}^{\mathrm{T}}\boldsymbol{x}$ である」を証明せよ：

主問題 制約 $A\boldsymbol{x} \geq \boldsymbol{b}$ と $\boldsymbol{x} \geq \boldsymbol{0}$ のもとで $\boldsymbol{c}^{\mathrm{T}}\boldsymbol{x}$ を最小化

双対問題 制約 $A^{\mathrm{T}}\boldsymbol{y} \leq \boldsymbol{c}$ と $\boldsymbol{y} \geq \boldsymbol{0}$ のもとで $\boldsymbol{y}^{\mathrm{T}}\boldsymbol{b}$ を最大化

8.5 フーリエ級数：関数に対する線形代数

本節では，有限次元から**無限**次元へと進む．無限次元空間における線形代数を説明し，それでもなお線形代数が機能することを示したい．まず最初に復習を行う．本書はベクトルと線形結合と内積から始めたが，それらの基本的な考え方を無限の場合へと変換する．その後，残りの話を続ける．

ベクトルが無限個の要素を持つとはどういう意味か？ それには 2 つの異なる答があり，どちらもよい：

1. ベクトルは $\boldsymbol{v} = (v_1, v_2, v_3, \ldots)$ となる．例えば $(1, \frac{1}{2}, \frac{1}{4}, \ldots)$ となる．
2. ベクトルは関数 $f(x)$ となる．例えば $\sin x$ となる．

これから，それらの両方について話を進める．その後，フーリエ級数の考え方によりそれらが結びつけられる．

ベクトルの次は**内積**である．2 つの無限ベクトル $(v_1, v_2, \ldots)$ と $(w_1, w_2, \ldots)$ の自然な内積は無限級数である：

$$\text{内積} \qquad \boldsymbol{v} \cdot \boldsymbol{w} = v_1 w_1 + v_2 w_2 + \cdots. \tag{1}$$

ここで，$\mathbf{R}^n$ のベクトルでは起こることのなかった新しい問が生じる．この級数は和が有限の数となるか，すなわち，この級数は収束するか？ これが，有限と無限との間の，最初のかつ最大の差である．

$\boldsymbol{v} = \boldsymbol{w} = (1, 1, 1, \ldots)$ であるとき，その和は確かに収束しない．その場合，$\boldsymbol{v} \cdot \boldsymbol{w} = 1 + 1 + 1 + \cdots$ は無限大である．$\boldsymbol{v}$ と $\boldsymbol{w}$ が等しいので，実際には $\boldsymbol{v} \cdot \boldsymbol{v} = \|\boldsymbol{v}\|^2 =$ 長さの 2 乗を計算しており，ベクトル $(1, 1, 1, \ldots)$ は無限大の長さである．**このようなベクトルは望ましくない**．ルールを定めるにあたって，それを含める必要はない．有限の長さを持つようなベクトルのみを考える：

定義 ベクトル $(v_1, v_2, \ldots)$ は，その長さ $\|\boldsymbol{v}\|$ が有限であるとき，かつそのときに限り，無限次元の「**ヒルベルト空間**」にある：

$$\|\boldsymbol{v}\|^2 = \boldsymbol{v} \cdot \boldsymbol{v} = v_1^2 + v_2^2 + v_3^2 + \cdots \text{ の和が有限でなければならない．}$$

例 1 ベクトル $\boldsymbol{v} = (1, \frac{1}{2}, \frac{1}{4}, \ldots)$ はヒルベルト空間に含まれる．なぜならば，その長さが $2/\sqrt{3}$ だからである．その等比数列の和は $4/3$ であり，$\boldsymbol{v}$ の長さはその平方根である：

$$\text{長さの 2 乗} \qquad \boldsymbol{v} \cdot \boldsymbol{v} = 1 + \tfrac{1}{4} + \tfrac{1}{16} + \cdots = \frac{1}{1 - \frac{1}{4}} = \tfrac{4}{3}.$$

問　$\boldsymbol{v}$ と $\boldsymbol{w}$ が有限長であるとき，その内積はどれだけの大きさになりうるか？

答　和 $\boldsymbol{v}\cdot\boldsymbol{w}=v_1w_1+v_2w_2+\cdots$ もまた有限の値になる．支障なく内積をとることができ，依然としてシュワルツの不等式は正しい：

$$\text{シュワルツの不等式}\qquad |\boldsymbol{v}\cdot\boldsymbol{w}|\le\|\boldsymbol{v}\|\,\|\boldsymbol{w}\|. \tag{2}$$

$\boldsymbol{v}\cdot\boldsymbol{w}$ の $\|\boldsymbol{v}\|\,\|\boldsymbol{w}\|$ に対する比は θ（$\boldsymbol{v}$ と $\boldsymbol{w}$ の間の角度）の余弦である．無限次元空間にあっても，$|\cos\theta|$ は 1 を超えることはない．

さて，関数に話を移そう．それらは「ベクトル」である．$0\le x\le 2\pi$ で定義される関数 $f(x), g(x), h(x), \ldots$ の空間は，$\mathbf{R}^n$ よりも大きい．**$\boldsymbol{f(x)}$ と $\boldsymbol{g(x)}$ の内積はどのようなものか？ $\boldsymbol{f(x)}$ の長さはどのようなものか？**

連続の場合の要点は，**和が積分に置き換わる**ことだ．内積は，$v_j\times w_j$ の和ではなく，$f(x)\times g(x)$ の積分となる．

定義　$f(x)$ と $g(x)$ の**内積**と長さの 2 乗は次のとおりである．

$$(f,g)=\int_0^{2\pi}f(x)g(x)\,dx \quad\text{と}\quad \|f\|^2=\int_0^{2\pi}\big(f(x)\big)^2\,dx. \tag{3}$$

関数が定義される区間 $[0,2\pi]$ は，$[0,1]$ や $(-\infty,\infty)$ のような別の区間へと変更することもできる．2π を選んだのは，最初の例が $\sin x$ と $\cos x$ だからである．

例 2　$f(x)=\sin x$ の長さは，それ自身との内積により得られる：

$$(f,f)=\int_0^{2\pi}(\sin\ x)^2\,dx=\pi. \quad \sin x\ \text{の長さは}\ \sqrt{\pi}\ \text{である．}$$

これは，解析における普通の積分であり，線形代数の一部ではない．$\sin^2 x$ を $\frac{1}{2}-\frac{1}{2}\cos 2x$ と書くと，それは平均値 $\frac{1}{2}$ の上になったり下になったりすることがわかる．その平均値に区間の長さ 2π を掛けると，答 π を得る．

より重要なのは，$\sin x$ と $\cos x$ **は関数空間において直交する**ことだ：

$$\textbf{内積が零}\qquad \int_0^{2\pi}\sin x\cos x\,dx=\int_0^{2\pi}\tfrac{1}{2}\sin 2x\,dx=\left[-\tfrac{1}{4}\cos 2x\right]_0^{2\pi}=0. \tag{4}$$

この零は偶然ではなく，科学においてとても重要である．直交性は，$\sin x$ と $\cos x$ とに留まらず，正弦と余弦からなる無限列にも成り立つ．その無限列は，$\cos 0x$（これは 1 である），$\sin x, \cos x, \sin 2x, \cos 2x, \sin 3x, \cos 3x, \ldots$ を含む．

無限列に含まれる各関数は，その無限列に含まれる別のどの関数とも直交する．

フーリエ級数

ある関数 $y(x)$ のフーリエ級数とは，その関数を正弦と余弦とで展開したものである：

$$y(x) = a_0 + a_1 \cos x + b_1 \sin x + a_2 \cos 2x + b_2 \sin 2x + \cdots . \tag{5}$$

直交基底を用いた.「関数空間」のベクトルは，正弦と余弦の線形結合である．それらの関数はすべて，$x = 2\pi$ から $x = 4\pi$ までの区間において，0 から 2π までの動きを繰り返す「周期」関数である．繰返しの間の距離は，その周期 2π である．

復習：正弦と余弦からなる列は無限の要素からなり，フーリエ級数は無限級数である．その長さが無限であるようなベクトル $\boldsymbol{v} = (1, 1, 1, \ldots)$ を避けたが，ここでは $\frac{1}{2} + \cos x + \cos 2x + \cos 3x + \cdots$ のような関数を避ける（**注**：これは有名な**デルタ関数** $\delta(x)$ と π との積である．デルタ関数は，ある一点で無限に大きな「スパイク」（急な山形）をなす．$x = 0$ において，その高さ $\frac{1}{2} + 1 + 1 + \cdots$ は無限大である．$0 < x < 2\pi$ の内部のすべての点において，その級数は平均化されて零となる）．$\delta(x)$ の積分は 1 である．しかし $\int \delta^2(x) = \infty$ であるので，デルタ関数はヒルベルト空間から除外される．

典型的な $f(x)$ の長さを計算する：

$$\begin{aligned}(f, f) &= \int_0^{2\pi} (a_0 + a_1 \cos x + b_1 \sin x + a_2 \cos 2x + \cdots)^2 \, dx \\ &= \int_0^{2\pi} (a_0^2 + a_1^2 \cos^2 x + b_1^2 \sin^2 x + a_2^2 \cos^2 2x + \cdots) \, dx \\ \|f\|^2 &= 2\pi a_0^2 + \pi(a_1^2 + b_1^2 + a_2^2 + \cdots).\end{aligned} \tag{6}$$

第 1 行目から第 2 行目では，直交性を用いた．$\cos x \cos 2x$ のような積はすべて，その積分が零となる．残ったものが第 2 行目であり，それらは各正弦と余弦の 2 乗の積分である．第 3 行目では，それらの積分を評価している（1^2 の積分は 2π であり，他のすべての積分は π となる）．その長さで割ると，関数は**正規直交**するようになる：

$$\frac{1}{\sqrt{2\pi}}, \frac{\cos x}{\sqrt{\pi}}, \frac{\sin x}{\sqrt{\pi}}, \frac{\cos 2x}{\sqrt{\pi}}, \ldots$$ **は，我々の関数空間の正規直交基底である．**

これらは，単位ベクトルである．それらを係数 $A_0, A_1, B_1, A_2, \ldots$ で結合することにより，関数 $F(x)$ が得られる．そのとき，2π や π は長さの式から消える．

関数の長さ ＝ ベクトルの長さ　　$\|F\|^2 = (F, F) = A_0^2 + A_1^2 + B_1^2 + A_2^2 + \cdots . \quad (7)$

$f(x)$ と同様に $F(x)$ において重要なのは，**関数の長さが有限であるのは係数のベクトルの長さが有限であることと等しい**ことだ．フーリエ級数は，関数空間と無限次元のヒルベルト空間を完全に一致させる．

関数は L^2 にあり，そのフーリエ係数は ℓ^2 にある．

$f(x)$ が関数空間に含まれるのは，フーリエ係数 $\boldsymbol{v} = (a_0, a_1, b_1, \ldots)$ がヒルベルト空間に含まれることと等しい．$f(x)$ と $\boldsymbol{v}$ は，いずれもその長さが有限である．

例 3　$f(x)$ が「矩形波」であるとする．$f(x)$ は，$0 \leq x < \pi$ において 1 であり，その後 $\pi \leq x < 2\pi$ において -1 に落ちる．その $+1$ と -1 が永遠に繰り返す．この $f(x)$ は正弦と

同様に奇関数であり，その余弦の係数はすべて零である．正弦の項のみからなる，そのフーリエ級数を求める：

$$\textbf{矩形波} \qquad f(x)=\frac{4}{\pi}\Big[\frac{\sin x}{1}+\frac{\sin 3x}{3}+\frac{\sin 5x}{5}+\cdots\Big]. \tag{8}$$

その長さは $\sqrt{2\pi}$ である．なぜならば，任意の点において，$\big(f(x)\big)^2$ が $(-1)^2$ か $(+1)^2$ だからである：

$$\|f\|^2=\int_0^{2\pi}\big(f(x)\big)^2\,dx=\int_0^{2\pi}1\,dx=2\pi.$$

$x=0$ において，正弦は零であることからフーリエ級数も零となる．それは，-1 から $+1$ へと上がる中間点である．そのフーリエ級数は，$x=\frac{\pi}{2}$ のときも興味深い．そのとき，矩形波は 1 に等しく，式 (8) の正弦の項は $+1$ と -1 を交互に繰り返す：

$$\boldsymbol{\pi}\,\textbf{の公式} \qquad 1=\frac{4}{\pi}\Big(1-\frac{1}{3}+\frac{1}{5}-\frac{1}{7}+\cdots\Big). \tag{9}$$

両辺に π を掛けると，その有名な数 π を求める魔法の公式 $4(1-\frac{1}{3}+\frac{1}{5}-\frac{1}{7}+\cdots)$ が得られる．

フーリエ係数

余弦や正弦に掛けられる数である a や b はどのよう求められるか？与えられた関数 $f(x)$ に対して，そのフーリエ係数を求めたい．

$$\textbf{フーリエ級数} \qquad f(x)=a_0+a_1\cos x+b_1\sin x+a_2\cos 2x+\cdots.$$

a_1 を求めるには，**両辺に $\cos x$ を掛けて 0 から 2π まで積分する**．鍵は，直交性である．$\cos^2 x$ を除いて，右辺の積分はすべて零である：

$$\textbf{係数}\ a_1 \qquad \int_0^{2\pi}f(x)\cos x\,dx=\int_0^{2\pi}a_1\cos^2 x\,dx=\pi a_1. \tag{10}$$

π で割れば a_1 が得られる．他の a_k を求めるには，フーリエ級数に $\cos kx$ を掛け，0 から 2π まで積分する．直交性を用いることで，$a_k\cos^2 kx$ の積分のみが残る．その積分は πa_k であり，π で割る：

$$a_k=\frac{1}{\pi}\int_0^{2\pi}f(x)\cos kx\,dx \qquad \text{同様に} \qquad b_k=\frac{1}{\pi}\int_0^{2\pi}f(x)\sin kx\,dx. \tag{11}$$

a_0 だけは例外である．それを求めるには $\cos 0x=1$ を掛ける．1 の積分は 2π である：

$$\textbf{定数項} \quad \boldsymbol{a}_0=\frac{1}{2\pi}\int_0^{2\pi}f(x)\cdot 1\,dx=\ f(x)\ \textbf{の平均値}. \tag{12}$$

これらの式を用いて，矩形波に対するフーリエ級数を求めた．$f(x)\cos kx$ の積分は零であり，奇数 k について $f(x)\sin kx$ の積分は $4/k$ である．

$\mathbf{R}^n$ における線形代数との比較

強調すべき点は，この無限次元の場合と有限の n 次元の場合とがとても似ていることだ．非零ベクトル $\boldsymbol{v}_1, \ldots, \boldsymbol{v}_n$ が直交しているとする．（関数 $f(x)$ ではなく）ベクトル $\boldsymbol{b}$ を，それらの $\boldsymbol{v}_i$ の線形結合として書きたい：

$$\textbf{有限の直交級数}\quad \boldsymbol{b} = c_1\boldsymbol{v}_1 + c_2\boldsymbol{v}_2 + \cdots + c_n\boldsymbol{v}_n. \tag{13}$$

両辺に $\boldsymbol{v}_1^{\mathrm{T}}$ を掛ける．直交性から $\boldsymbol{v}_1^{\mathrm{T}}\boldsymbol{v}_2 = 0$ であり，c_1 の項のみが残る：

$$\textbf{係数 } c_1 \quad \boldsymbol{v}_1^{\mathrm{T}}\boldsymbol{b} = c_1\boldsymbol{v}_1^{\mathrm{T}}\boldsymbol{v}_1 + 0 + \cdots + 0.\quad \text{したがって } c_1 = \boldsymbol{v}_1^{\mathrm{T}}\boldsymbol{b}/\boldsymbol{v}_1^{\mathrm{T}}\boldsymbol{v}_1. \tag{14}$$

分母 $\boldsymbol{v}_1^{\mathrm{T}}\boldsymbol{v}_1$ は長さの 2 乗であり，それは式 (11) の π に対応する．分子 $\boldsymbol{v}_1^{\mathrm{T}}\boldsymbol{b}$ は内積であり，それは $\int f(x)\cos kx\,dx$ に対応する．**基底ベクトルが直交していれば，係数を求めることは容易である．** 1 次元に射影して，各基底ベクトル方向の成分を求めるだけである．

ベクトルが正規直交するとき，式はより良い形になる．単位ベクトルであるので，分母 $\boldsymbol{v}_k^{\mathrm{T}}\boldsymbol{v}_k$ はすべて 1 となる．$c_k = \boldsymbol{v}_k^{\mathrm{T}}\boldsymbol{b}$ の別の形を知っているだろう：

$$\boldsymbol{c}\ \textbf{の式}\quad c_1\boldsymbol{v}_1 + \cdots + c_n\boldsymbol{v}_n = \boldsymbol{b}\quad \text{または}\quad \begin{bmatrix} & & \\ \boldsymbol{v}_1 & \cdots & \boldsymbol{v}_n \\ & & \end{bmatrix}\begin{bmatrix} c_1 \\ \vdots \\ c_n \end{bmatrix} = \boldsymbol{b}.$$

$\boldsymbol{v}_i$ は直交行列 Q をなし，その逆行列は Q^{T} である．それから，$\boldsymbol{c}$ が得られる：

$$Q\boldsymbol{c} = \boldsymbol{b}\quad \text{より}\quad \boldsymbol{c} = Q^{\mathrm{T}}\boldsymbol{b}.\quad \text{行ごとに見ると，} c_k = \boldsymbol{q}_k^{\mathrm{T}}\boldsymbol{b}.$$

フーリエ級数は，無限個の直交する列からなる行列を作るようなものだ．それらの列は，基底関数 $1, \cos x, \sin x, \ldots$ である．それらの長さで割ると，「無限次元直交行列」が得られる．その逆行列は，その転置と等しい．直交性により，一連の項が 1 つの項へと簡約されるのである．

練習問題 8.5

1　三角関数の公式 $2\cos jx\cos kx = \cos(j+k)x + \cos(j-k)x$ を積分することで，$j \neq k$ であれば $\cos jx$ が $\cos kx$ に直交することを示せ．$j = k$ のとき，その結果を求めよ．

2　$x = -1$ から $x = 1$ まで積分するとき，1 と x と $x^2 - \frac{1}{3}$ が直交することを示せ．$f(x) = 2x^2$ を，これらの直交関数の線形結合として書け．

3　$\boldsymbol{v} = (1, \frac{1}{2}, \frac{1}{4}, \ldots)$ に直交するベクトル $(w_1, w_2, w_3, \ldots)$ を求めよ．その長さ $\|\boldsymbol{w}\|$ を計算せよ．

4　**ルジャンドル多項式**の最初の 3 つは，1，x，$x^2 - \frac{1}{3}$ である．4 つ目の多項式 $x^3 - cx$ が最初の 3 つに直交するように c を選べ．すべて，-1 から 1 まで積分する．

5 例 3 における矩形波 $f(x)$ について，以下を示せ．

$$\int_0^{2\pi} f(x)\cos x\,dx = 0 \qquad \int_0^{2\pi} f(x)\sin x\,dx = 4 \qquad \int_0^{2\pi} f(x)\sin 2x\,dx = 0.$$

これらの積分から，どの 3 つのフーリエ係数が求まるか？

6 矩形波では，$\|f\|^2 = 2\pi$ である．π^2 を求める和の公式が，式 (6) からどのように求まるか？

7 矩形波のグラフを描け．矩形波の級数に含まれる 2 つの正弦の項の和のグラフを手で描くか，計算機を用いて 2, 3, および 10 項の和のグラフを描け．有名な**ギブス現象**とは，急な変化において行きすぎてしまう振動のことである（より多くの項を用いても，それがおさまることはない）．

8 ヒルベルト空間に含まれる以下のベクトルの長さを求めよ：

(a) $\boldsymbol{v} = \left(\frac{1}{\sqrt{1}}, \frac{1}{\sqrt{2}}, \frac{1}{\sqrt{4}}, \ldots\right)$
(b) $\boldsymbol{v} = (1, a, a^2, \ldots)$
(c) $f(x) = 1 + \sin x$.

9 0 から 2π までで定義される以下の $f(x)$ について，そのフーリエ係数 a_k と b_k を計算せよ：

(a) $0 \le x \le \pi$ において $f(x) = 1$，$\pi < x < 2\pi$ において $f(x) = 0$.
(b) $f(x) = x$.

10 $f(x)$ の周期が 2π であるとき，$-\pi$ から π までの積分が 0 から 2π までの積分と等しい理由を示せ．$f(x)$ が**奇**関数，$f(-x) = -f(x)$，であるとき，$\int_0^{2\pi} f(x)\,dx$ が零であることを示せ．奇関数が式中に余弦を含んでいても，そのフーリエ級数は正弦の項のみからなる．

11 三角関数の公式から，以下の $f(x)$ のフーリエ級数に含まれる 2 つの項を求めよ：

(a) $f(x) = \cos^2 x$　(b) $f(x) = \cos\left(x + \frac{\pi}{3}\right)$　(c) $f(x) = \sin^3 x$

12 関数 $1, \cos x, \sin x, \cos 2x, \sin 2x, \ldots$ は，ヒルベルト空間の基底である．これら最初の 5 つの関数の導関数を，同じ 5 つの関数の線形結合として書け．これらの関数に対する 5×5 の「微分行列」を求めよ．

13 $x = 0$ を中心とする矩形パルス $F(x)$ のフーリエ係数 a_k と b_k を求めよ．矩形パルス $F(x)$ は，$|x| \le h/2$ のとき $F(x) = 1/h$，$h/2 < |x| \le \pi$ のとき $F(x) = 0$ である．
$h \to 0$ とすると，この $F(x)$ はデルタ関数へと近づく．a_k と b_k の極限を求めよ．

私の教科書 *Computational Science and Engineering* の第 4.1 節 フーリエ級数では，正弦級数，余弦級数，全級数，および，複素級数 $\Sigma c_k e^{ikx}$ について説明している．それらは **math.mit.edu/cse** にある．

8.6 統計・確率のための線形代数

統計ではデータが扱われ，しばしばそのデータは大量になる．データは矩形行列となる傾向があり，$A^{\mathrm{T}}A$ を対象とすることが予想される．最小 2 乗問題 $A\widehat{\boldsymbol{x}} \approx \boldsymbol{b}$ は**線形回帰**である．最適解 $\widehat{\boldsymbol{x}}$ は，m 個の計測に対して $n < m$ 個のパラメータを適合させるものである．これは，統計に対する線形代数の基本的応用の 1 つである．

本節では，$A^{\mathrm{T}}A\widehat{\boldsymbol{x}} = A^{\mathrm{T}}\boldsymbol{b}$ よりもさらに先へと進む．重みなしの式は，計測値 $b_1, \ldots, b_m$ の信頼性が等しいと想定したものである．いくつかの b_i において精度がより高い（分散がより小さい）ことが期待できる正当な理由があれば，それらの式はより重要視されるべきである．**どのような重み** $w_1, \ldots, w_m$ **を用いるか？** b_i が独立でないとき，**共分散行列** Σ によって誤差の統計量が得られる．本節のキートピックを以下に示す：

1. 重み付きの最小 2 乗法と $A^{\mathrm{T}}CA\widehat{\boldsymbol{x}} = A^{\mathrm{T}}C\boldsymbol{b}$.
2. 分散 $\sigma_1^2, \ldots, \sigma_m^2$ と共分散行列 $\boldsymbol{\Sigma}$.
3. 重要な確率分布：二項分布，ポアソン分布，正規分布.
4. 分散が最大となる線形結合を求める主成分分析 (PCA).

重み付きの最小 2 乗法

m 個の等式 $A\boldsymbol{x} = \boldsymbol{b}$ に重みを付けるには，各 i 番目の等式に重み w_i を掛ける．それらの m 個の重みを対角行列 W に置く．$A\boldsymbol{x} = \boldsymbol{b}$ **を** $WA\boldsymbol{x} = W\boldsymbol{b}$ **によって置き換えるということ**だ．その方程式に対して，最小 2 乗法を用いることにする．

最小 2 乗法の式 $A^{\mathrm{T}}A\widehat{\boldsymbol{x}} = A^{\mathrm{T}}\boldsymbol{b}$ は，$(WA)^{\mathrm{T}}WA\widehat{\boldsymbol{x}} = (WA)^{\mathrm{T}}W\boldsymbol{b}$ に変わる．重み付きの最小 2 乗法の $(WA)^{\mathrm{T}}WA$ の中に，行列 $C = W^{\mathrm{T}}W$ がある．

重み付き	$\widehat{\boldsymbol{x}}$ **に関する** $\boldsymbol{n}$ **個の式**	$A^{\mathrm{T}}CA\widehat{\boldsymbol{x}} = A^{\mathrm{T}}C\boldsymbol{b}$	**の中に**	(1)
最小 2 乗法	$\boldsymbol{C = W^{\mathrm{T}}W}$ **がある**			

$n = 1$ および $A = 1$ からなる列であるとき，$\widehat{\boldsymbol{x}}$ は平均から重み付き平均に変わる：

最も単純な場合　$$\widehat{\boldsymbol{x}} = \frac{b_1 + \cdots + b_m}{m} \quad \text{は} \quad \widehat{\boldsymbol{x}}_W = \frac{w_1^2 b_1 + \cdots + w_m^2 b_m}{w_1^2 + \cdots + w_m^2} \quad \text{に変わる．} \qquad (2)$$

この平均 $\widehat{\boldsymbol{x}}_W$ では，最大の w_i を持つ観測値 b_i に最大の重みを与える．常に，誤差の**平均は零**であると仮定する（必要があれば平均を引く．したがって，測定値に一方的バイアスはない）．

重み w_i **をどのように選べばよいか？** これは，b_i の信頼性に依存する．観測値の分散が σ_i^2 であれば，b_i の 2 乗平均平方根誤差は σ_i である．**等式の両辺を** $\sigma_1, \ldots, \sigma_m$ **で割ると，すべ**

ての分散は同じ **1** となる．したがって，重みを $w_i = 1/\sigma_i$ とし，$C = W^{\mathrm{T}}W$ の対角要素は数 $1/\sigma_i^2$ となる．

$$\text{統計的に正しい行列は } C = \operatorname{diag}(1/\sigma_1^2, \ldots, 1/\sigma_m^2).$$

これが正しいのは，異なる等式に含まれる誤差 e_i と e_j が統計的に独立である場合である．誤差が独立でないとき，共分散行列 $\boldsymbol{\Sigma}$ の非対角要素が現れる．その場合でも，本節で述べるように $C = \boldsymbol{\Sigma}^{-1}$ と選ぶのがよい．

平均と分散

確率変数に対する極めて重要な 2 つの数は，**平均** m と **分散** σ^2 である．「期待値」$\mathrm{E}[e]$ は，とりうる誤差 $e_1, e_2, \ldots$ の確率 $p_1, p_2, \ldots$ から求められる（分散 σ^2 は，常に平均からの差として計算される）．

離散的な確率変数に対して，誤差 e_j が確率 p_j で起こるとする（p_j の和は 1 である）：

$$\textbf{平均 } \boldsymbol{m} = \mathrm{E}[e] = \sum e_j p_j \qquad \textbf{分散 } \sigma^2 = \mathrm{E}[(e-m)^2] = \sum (e_j - m)^2 p_j \tag{3}$$

例 1 公正なコインを投げる．その結果は，1（表）か 0（裏）である．それらの事象は等しい確率 $p_0 = p_1 = 1/2$ で起こる．その平均は $m = 1/2$ であり，分散は $\sigma^2 = 1/4$ である：

$$\text{平均} = (0)\frac{1}{2} + (1)\frac{1}{2} \qquad \text{分散} = \left(0 - \frac{1}{2}\right)^2 \frac{1}{2} + \left(1 - \frac{1}{2}\right)^2 \frac{1}{2} = \frac{1}{4}.$$

例 2 **（二項分布）**公正なコインを N 回投げ，表の出た数を数える．3 回投げたとき，表が出る回数は $M = 0, 1, 2,$ または 3 回である．その確率は $1/8, 3/8, 3/8, 1/8$ である．表が $M = 2$ 回出るのは表表裏，表裏表，裏表表の 3 通りあるが，表が $M = 3$ 回出るのは表表表しかない．

任意の N について表が M 回出る場合の数は，二項係数「N から M を選ぶ組合せ」である．すべてのとりうる結果の総数 2^N で割ることで，各 M に対する確率を得る：

$$\begin{matrix}N \text{ 回投げて} \\ M \text{ 回表が出る}\end{matrix} \quad \boldsymbol{p_M} = \frac{1}{2^N}\binom{N}{M} = \frac{1}{2^N}\,\frac{N!}{M!(N-M)!} \qquad \text{確認 } \frac{1}{2^3}\,\frac{3!}{2!\,1!} = \frac{3}{8} \tag{4}$$

ギャンブルをする人は，無意識のうちにこのことを知っている．確率 p_M の和は $\left(\frac{1}{2} + \frac{1}{2}\right)^N = 1$ である．表が出る回数の平均は $m = N/2$ であり，分散は $\sigma^2 = N/4$ となる．標準偏差 $\sigma = \sqrt{N}/2$ は，平均のまわりの想定される広がりを示す．

例 3 **（ポアソン分布）**非常に偏ったコイン（$p << \frac{1}{2}$ と小さい）を何度も投げる（N が大きい）．**積** $\lambda = pN$ **を不変とする**．毎回，裏の確率は高く，$1 - p$ である．したがって，N 回投げて表が 1 回も出ない（毎回裏が出る）確率 p_0 は，$(1-p)^N = (1 - \lambda/N)^N$ である．N を大きくすると，これは $e^{-\lambda}$ へと近づく．非常に偏ったコインを N 回投げて j 回表が出る確率 p_j は，$\lambda = pN$ を用いた式となる：

ポアソン確率 $p_j = \dfrac{\lambda^j}{j!}e^{-\lambda}$ **平均** $m = \lambda$ **分散** $\sigma^2 = \lambda$ (5)

ポアソンは，めったに起きない（低い確率 p）事象を，長い時間 T にわたって数えるのに応用した．そのとき，$\lambda = pT$ である．

連続確率変数では，$p_1, p_2, \ldots$ の代わりに確率**密度**関数 $p(x)$ をとる．「x と $x+dx$ の間の事象が起こる確率は $p(x)\,dx$ である」．確率の総和は $\int p(x)\,dx = 1$ であり，いずれかの事象が必ず起きる．和が積分に変わる：

$$\textbf{平均 } \boldsymbol{m} = \textbf{期待値} = \int xp(x)\,dx \qquad \textbf{分散 } \sigma^2 = \int (x-m)^2 p(x)\,dx. \tag{6}$$

確率密度関数 $p(x)$ (pdf と呼ばれる) の極めて重要な例は**正規分布** $\mathbf{N}(0, \sigma)$ である．対称性よりその平均は零である．その分散は σ^2 である：

正規 (ガウス) $p(x) = \dfrac{1}{\sqrt{2\pi}\,\sigma}\,e^{-x^2/2\sigma^2}$ ただし $\displaystyle\int_{-\infty}^{\infty} p(x)\,dx = 1.$ (7)

$p(x)$ のグラフは，有名な釣鐘型の曲線である．$-\sigma$ から σ までの $p(x)$ の積分は，標本値の平均からの距離が標準偏差 σ より小さくなる確率である．これはおよそ 2/3 である．MATLAB の **randn** では，$\sigma = 1$ の正規分布が用いられる．

中心極限定理により，この正規分布 $p(x)$ はいたるところに現れる．中心極限定理は，ある確率分布（例えば二項分布）を持つ多数の独立な試行の平均が，$N \to \infty$ としたときに正規分布に近づく，というものである．変位することで $m = 0$ とでき，拡大縮小することで $\sigma = 1$ とできる．

$$\textbf{正規化された，表の出る数} \quad x = \frac{M - \text{平均}}{\sigma} = \frac{M - N/2}{\sqrt{N}/2} \longrightarrow \text{正規分布 } \mathbf{N}(0,1).$$

共分散行列

ここで，異なる m 個の実験を同時に行う．それらは独立かもしれないし，それらの間に相関があるかもしれない．各計測 $\boldsymbol{b}$ は，m 個の要素からなる**ベクトル**となる．それらの要素は m 個の実験の結果 b_i である．

平均 m_i からの距離をとると，各誤差 $e_i = b_i - m_i$ の**平均は零**である．2 つの誤差 e_i と e_j が**独立**（それらの間に相関がない）ならば，それらの積 e_ie_j も平均が零となる．しかし，それらの計測がほぼ同じ時間に同じ観測者によってなされたならば，それらの誤差 e_i と e_j は同じ符号や同じ大きさを持つ傾向がある．$\boldsymbol{m}$ **個の実験の誤差は相関を持ちうる**．積 e_ie_j を（それらの確率）p_{ij} で重みづけすると**共分散** $\sigma_{ij} = \sum\sum p_{ij}e_ie_j$ になる．$e_i^2 p_{ii}$ の和は分散 σ_i^2 である：

共分散 $\boldsymbol{\sigma_{ij} = \sigma_{ji} = \mathrm{E}[e_i e_j] = (e_i \times e_j)}$ **の期待値.** (8)

これが，**共分散行列 $\boldsymbol{\Sigma}$** の (i,j) 要素と (j,i) 要素である．(i,i) 要素は $\sigma_{ii} = \sigma_i^2$ である．

例 4 （**多変量正規分布**） m 個の確率変数では，確率分布関数は $p(x)$ から $p(\boldsymbol{b}) = p(b_1, \ldots, b_m)$ になる．平均が零である正規分布は，ある正の数 σ^2 によって定まっていた．$p(\boldsymbol{b})$ は，$m \times m$ の正定値行列 $\boldsymbol{\Sigma}$ によって定まる．これは共分散行列であり，その行列式は $|\boldsymbol{\Sigma}|$ である：

$$p(x) = \frac{1}{\sqrt{2\pi}\sigma} e^{-x^2/2\sigma^2} \quad \text{が} \quad p(\boldsymbol{b}) = \frac{1}{(2\pi)^{m/2}|\boldsymbol{\Sigma}|^{1/2}} e^{-\boldsymbol{b}^{\mathrm{T}}\boldsymbol{\Sigma}^{-1}\boldsymbol{b}/2} \quad \text{となる}$$

$p(\boldsymbol{b})$ の m 次元空間全体での積分は 1 である．$\boldsymbol{b}\boldsymbol{b}^{\mathrm{T}}p(\boldsymbol{b})$ の積分は $\boldsymbol{\Sigma}$ である．

指数 $-\boldsymbol{b}^{\mathrm{T}}\boldsymbol{\Sigma}^{-1}\boldsymbol{b}/2$ を扱うには，$\boldsymbol{\Sigma}$ の固有値と正規直交する固有ベクトルを用いるのがよい（**ここで線形代数が登場する**）．$\boldsymbol{\Sigma} = Q\Lambda Q^{\mathrm{T}} = Q\Lambda Q^{-1}$ であるとき，$\boldsymbol{b}$ を $Q\boldsymbol{c}$ で置き換えることで $p(\boldsymbol{b})$ を m 個の 1 次元正規分布に分ける：

$$\exp\left(-\boldsymbol{b}^{\mathrm{T}}\boldsymbol{\Sigma}^{-1}\boldsymbol{b}/2\right) = \exp\left(-\boldsymbol{c}^{\mathrm{T}}\Lambda^{-1}\boldsymbol{c}/2\right) = \left(e^{-c_1^2/2\lambda_1}\right)\cdots\left(e^{-c_m^2/2\lambda_m}\right).$$

行列式は $|\boldsymbol{\Sigma}|^{1/2} = |\Lambda|^{1/2} = (\lambda_1 \cdots \lambda_m)^{1/2}$ である．$-\infty < c_i < \infty$ における積分はいずれも 1 次元となり，ここで $\lambda = \sigma^2$ である．任意の線形変換を行っても（ここでは $\boldsymbol{c} = Q^{-1}\boldsymbol{b}$）多変量正規分布が維持されるという素晴らしい事実に注意せよ．

さらに，$\boldsymbol{b}$ から $\boldsymbol{z}$ への変換に $\sqrt{\Lambda}$ を含めることで，変数 $= 1$ とすることもできる：

標準正規 $\quad \boldsymbol{b} = \sqrt{\Lambda}Q\boldsymbol{z}$ により $p(\boldsymbol{b})d\boldsymbol{b}$ が $p(\boldsymbol{z})d\boldsymbol{z} = \dfrac{e^{-\boldsymbol{z}^{\mathrm{T}}\boldsymbol{z}/2}}{(2\pi)^{m/2}}d\boldsymbol{z}$ **に変わる**

適切な重み行列 W によって $A\boldsymbol{x} = \boldsymbol{b}$ が $WA\boldsymbol{x} = W\boldsymbol{b}$ に対する通常の最小 2 乗法となることがわかる．$W\boldsymbol{b}$ を標準正規分布 $\boldsymbol{z}$ としたいので，W は $\sqrt{\Lambda}Q$ の逆行列となる．それよりも大事なのは，**$\boldsymbol{C = W^{\mathrm{T}}W}$ が $\boldsymbol{Q\Lambda Q^{\mathrm{T}}}$ の逆行列であり，それが $\boldsymbol{\Sigma}$ であることだ．**

まとめ 誤差が独立のとき，$\boldsymbol{\Sigma}$ は対角行列 $\mathbf{diag}(\sigma_1^2, \ldots, \sigma_m^2)$ である．普通はこうである．等式 $A\boldsymbol{x} = \boldsymbol{b}$ に対する適切な重み w_i は，$1/\sigma_1, \ldots, 1/\sigma_m$ である（これにより，すべての分散が 1 に等しくなる）．重み付き最小 2 乗法の中央に位置する行列 $C = W^{\mathrm{T}}W$ は，まさに $\boldsymbol{\Sigma}^{-1}$ である：

重み付き最小 2 乗法 $\quad A^{\mathrm{T}}\boldsymbol{\Sigma}^{-1}A\widehat{\boldsymbol{x}} = A^{\mathrm{T}}\boldsymbol{\Sigma}^{-1}\boldsymbol{b}$ (9)

重みをこのように選ぶことで，$A\boldsymbol{x} = \boldsymbol{b}$ を信頼性が等しく誤差が独立な最小 2 乗法の問題 $WA\boldsymbol{x} = W\boldsymbol{b}$ にする．通常の等式 $(WA)^{\mathrm{T}}WA\widehat{\boldsymbol{x}} = (WA)^{\mathrm{T}}W\boldsymbol{b}$ は，式 (9) と同じである．

このバイアスのない**最適な線形予測** $\widehat{\boldsymbol{x}}$ を発見したのはガウスである．$\widehat{\boldsymbol{x}}$ は $\boldsymbol{x}-\widehat{\boldsymbol{x}}$ の平均が零であることからバイアスがなく，式 (9) より線形であり，$\boldsymbol{x}-\widehat{\boldsymbol{x}}$ の共分散が最小であることから最適である．($\boldsymbol{b}$ の誤差ではなく，$\widehat{\boldsymbol{x}}$ の誤差に対する）共分散は重要である：

最適な $\widehat{\boldsymbol{x}}$ の共分散

$$P=\mathrm{E}\left[(\boldsymbol{x}-\widehat{\boldsymbol{x}})(\boldsymbol{x}-\widehat{\boldsymbol{x}})^{\mathrm{T}}\right]=\left(A^{\mathrm{T}}\boldsymbol{\Sigma}^{-1}A\right)^{-1}. \tag{10}$$

例 5　独立で等しく信頼できる 10 人の医者が，あなたの心拍数を 10 回計測した．それぞれの b_i の平均誤差は零であり，それぞれの分散は σ^2 である．そのとき，$\boldsymbol{\Sigma}=\sigma^2 I$ である．10 個の等式 $x=b_i$ により，要素がすべて 1 である 10×1 の行列 A が 10 個作られる．最適な予測 $\widehat{\boldsymbol{x}}$ は，10 個の b_i の平均である．**その平均値の分散 $\widehat{\boldsymbol{x}}$ が次の数 P である：**

$$P=(A^{\mathrm{T}}\boldsymbol{\Sigma}^{-1}A)^{-1}=\sigma^2/10 \quad \text{したがって，平均をとることで分散が小さくなる．}$$

行列 $P=(A^{\mathrm{T}}\boldsymbol{\Sigma}^{-1}A)^{-1}$ は，実験の結果 $\widehat{\boldsymbol{x}}$ にどのくらいの信頼性があるかを示す (問題 6)．P は，実際の実験における b_i には依存しない．それらの b_i は確率分布を持つ．各実験によって，標本 $\boldsymbol{b}$ から $\widehat{\boldsymbol{x}}$ の値が得られる．

$\boldsymbol{\Sigma}$ が小ければ入力 $\boldsymbol{b}$ がより信頼できるのと同様に，P が小さければ出力 $\widehat{\boldsymbol{x}}$ がより信頼できる．重要な公式 $P=(A^{\mathrm{T}}\boldsymbol{\Sigma}^{-1}A)^{-1}$ によって，それらの共分散が関連づけられる．

主成分分析

以降の段落で，データ行列 A から有益な情報を発見することについて示す．n 個の標本の m 個の性質（m 個の特徴）について計測したとする．それらは，n 人の学生の m の講義の成績（1 つの行が各講義を表し，1 つの列が各学生を表す）でもよい．各行について，その平均を引くことで，平均は零となる．データから最も多くの情報が得られるような，**講義の組合せ** および／または **学生の組合せ** を探そう．

情報とは「でたらめさからの距離」であり，それは**分散**によって測られる．講義の成績の分散が大きければ，分散が小さい場合よりもより多くの情報を持つ．

鍵となる行列の考え方は，特異値分解 $A=U\Sigma V^{\mathrm{T}}$ である．$A^{\mathrm{T}}A$ と AA^{T} に再び戻ろう．なぜならば，それらの単位固有ベクトルは，V の特異ベクトル $\boldsymbol{v}_1,\ldots,\boldsymbol{v}_n$ と U の特異ベクトル $\boldsymbol{u}_1,\ldots,\boldsymbol{u}_m$ であるからだ．対角行列 Σ（共分散ではない）の特異値は降順に並んでおり，σ_1 が最も重要である．m 個の講義を $\boldsymbol{u}_1$ の要素によって重みづけすると，その成績が最も重要な「重要講義」または「固有講義」が得られる．

例 6　成績 A, B, C, F の価値が $\mathbf{4,2,0,-6}$ 点であったとする．各講義および各学生がそれぞれ 1 つずつ成績をとったとき，全体の平均は零である．以下に成績行列 A を示す．その行列の零空間には $(1,1,1,1)$ が含まれる（階数は 3 である）．計算結果が整数となるよう，A の特異値分解を $2U$ と $\Sigma/4$ と $(2V)^{\mathrm{T}}$ の積とする．σ は $12,8,4$ である：

$$\begin{bmatrix} -6 & 2 & 0 & 4 \\ 0 & 4 & -6 & 2 \\ 4 & 0 & 2 & -6 \\ 2 & -6 & 4 & 0 \end{bmatrix} = \begin{bmatrix} -1 & 1 & -1 \\ -1 & -1 & 1 \\ 1 & -1 & -1 \\ 1 & 1 & 1 \end{bmatrix} \begin{bmatrix} 3 & & \\ & 2 & \\ & & 1 \end{bmatrix} \begin{bmatrix} 1 & -1 & 1 & -1 \\ -1 & -1 & 1 & 1 \\ 1 & -1 & -1 & 1 \end{bmatrix}$$

行（講義）を $\boldsymbol{u}_1 = \frac{1}{2}(-1,-1,1,1)$ で重みづけすると，**固有講義**を得る．列（学生）を $\boldsymbol{v}_1 = \frac{1}{2}(1,-1,1,-1)$ で重みづけすると，**固有学生**を得る．成績行列のうち，その 1 つの講義と一人の学生によって「説明される」割合は $\sigma_1^2/(\sigma_1^2+\sigma_2^2+\sigma_3^2) = 9/14$ である．特異値分解における σ は，分散 σ^2 である．

この固有講義は入試委員長が探しているものだと思う．体育の成績がすべて同じであれば，A のその行はすべて零になり，体育は固有講義には含まれない．おそらく解析は固有講義に含まれるであろうが，解析をとらなかった学生はどうなるか？**欠損データ**（行列 A の穴）の問題は，社会科学や国勢調査や実験における統計で非常に難しい問題である．

遺伝子発現データ　遺伝子や遺伝子の組合せの機能を決定することは，遺伝学の中心的課題である．どの遺伝子の組合せがどの特性を与えるか？どの遺伝子の不具合がどの病気に影響するか？

今では，遺伝子発現データを信じられないほど高速に求めることができる．遺伝子のマイクロアレイは 1 つのアフィメトリクスチップ上に詰められ，1 つの個体（一人の人）の数万の遺伝子を測定できる．遺伝的データの理解（**バイオインフォマティクス**）は，線形代数の大規模な応用となったのである．

練習問題 8.6

1　時刻 $t = 0,1,2$ における 3 つの独立な測定値 $1,2,4$ があり，その分散 $\sigma_1^2, \sigma_2^2, \sigma_3^2$ が $1,1,2$ であるとき，それらに最も近い直線 $Ct + D$ を求めよ．重み $w_i = 1/\sigma_i$ を用いよ．

2　問題 1 において，3 番目の測定が**完全に信頼できない**と仮定する．分散 σ_3^2 が無限大になる．そのとき，最適な直線は ＿＿＿ を用いない．1 番目と 2 番目の点を通る直線を求め，$A\boldsymbol{x} = \boldsymbol{b}$ の最初の 2 つの等式を正確に解け．

3　問題 1 において，3 番目の測定が**完全に信頼できる**ものと仮定する．分散 σ_3^2 は零に近づく．すると，最適な直線は 3 番目の点を厳密に通る．最初の 2 つの誤差の 2 乗和を最小化するような直線を選べ．

4　1 枚の公正なコインを投げる（0 または 1）とき，その平均は $m = 1/2$ であり分散は $\sigma^2 = 1/4$ である．これは例 1 であった．2 回投げたときの合計について，その平均は $m = 1$ である．結果 $0,1,2$ とその確率を用いて，その分散 σ^2 を計算せよ．

5　投げた結果を足すのではなく，それらを 2 つの独立な実験とする．結果は $(0,0), (1,0), (0,1)$ または $(1,1)$ である．共分散行列 $\boldsymbol{\Sigma}$ を求めよ．

6 例 1 において，コインが公正でないとする．表の出る確率を p，裏の出る確率を $1-p$ とする．この分布の平均 m と分散 σ^2 を求めよ．

7 2 つの独立な測定 $x = b_1$ と $x = b_2$ に対して，最適値 $\widehat{\boldsymbol{x}}$ はある重み付き平均 $\widehat{\boldsymbol{x}} = ab_1 + (1-a)b_2$ である．b_1 と b_2 の平均が零であり分散が σ_1^2 と σ_2^2 であるとき，$\widehat{\boldsymbol{x}}$ の分散は $P = a^2\sigma_1^2 + (1-a)^2\sigma_2^2$ となる．$dP/da = 0$ により，$\boldsymbol{P}$ **を最小化する数** $\boldsymbol{a}$ **を求めよ**．重み $w_1 = 1/\sigma_1$ と $w_2 = 1/\sigma_2$ を用いることで，式 (2) の $\widehat{\boldsymbol{x}}$ がこの a から得られることを示せ．$\widehat{\boldsymbol{x}}$ は，本文中で最適だと主張したものである．

8 $\boldsymbol{\Sigma}^{-1}$ によって正しく重みづけされた最小 2 乗予測は，$\widehat{\boldsymbol{x}} = (A^{\mathrm{T}}\boldsymbol{\Sigma}^{-1}A)^{-1}A^{\mathrm{T}}\boldsymbol{\Sigma}^{-1}\boldsymbol{b}$ である．**それを** $\widehat{\boldsymbol{x}} = L\boldsymbol{b}$ **と呼ぶ**．$\boldsymbol{b}$ に誤差ベクトル $\boldsymbol{e}$ が含まれるとき，$\widehat{\boldsymbol{x}}$ には誤差 $L\boldsymbol{e}$ が含まれる．出力の誤差 $L\boldsymbol{e}$ の共分散行列は，それらの期待値（平均値）$P = \mathrm{E}\left[(L\boldsymbol{e})(L\boldsymbol{e})^{\mathrm{T}}\right] = L\mathrm{E}\left[\boldsymbol{e}\boldsymbol{e}^{\mathrm{T}}\right]L^{\mathrm{T}} = L\boldsymbol{\Sigma}L^{\mathrm{T}}$ である．**問題：** 積 $L\boldsymbol{\Sigma}L^{\mathrm{T}}$ を計算して，式(10) で予想されたように，その P が $(A^{\mathrm{T}}\boldsymbol{\Sigma}^{-1}A)^{-1}$ と等しいことを示せ．

9 成績 A, B, C, F の価値を $3, 1, -1, -3$ に変える．次の成績行列の特異値分解が，例 5 と同じ $\boldsymbol{u}_1, \boldsymbol{u}_2, \boldsymbol{v}_1, \boldsymbol{v}_2$ （同じ固有講義）を持つことを示せ．しかしこの場合，A の階数は 2 である．

$$\textbf{成績行列} \qquad A = \begin{bmatrix} 3 & -1 & 1 & -3 \\ -1 & 3 & -3 & 1 \\ -3 & 1 & -1 & 3 \\ 1 & -3 & 3 & -1 \end{bmatrix}$$

注 A の欠損要素を扱う 1 つの方法は，その行列の階数が最小となるように値を埋めることである．統計においては，擬似逆行列 A^+ をよく用いる．($A^{\mathrm{T}}A$ が可逆行列であるとき，その擬似逆行列は正規方程式から得られる左逆行列 $(A^{\mathrm{T}}A)^{-1}A^{\mathrm{T}}$ に等しい)．

8.7 コンピュータグラフィックス

コンピュータグラフィックスでは画像を扱う．画像をあちこち移動し，その縮尺を変えることもある．3 次元のものを 2 次元上に射影することもある．主要な操作はすべて行列によって行うことができるが，驚くべきはそれらの行列の形である．

3 次元空間の変換は 4×4 **の行列によって行われる**．3×3 の行列を期待しただろう．3×3 行列でない理由は，4 つの重要な操作のうちの 1 つを 3×3 行列の積によって行えないというものである．その 4 つの操作を以下に示す：

平行移動　（原点を別の点 $P_0 = (x_0, y_0, z_0)$ へと移す）

拡大縮小　（すべての方向へ c 倍，または，異なる倍率 c_1, c_2, c_3 で）

回転　（原点を通るある直線を軸として，もしくは，P_0 を通る直線を軸として）

射影　（原点を通る平面へ，もしくは，P_0 を通る平面へ）．

平行移動が最も単純である．各点に対して (x_0, y_0, z_0) を足すだけである．しかし，これは線形ではない．3×3 行列を用いて原点を動かすことはできない．なので，原点の座標を $(0, 0, 0, 1)$ に変える．これが，4×4 行列である理由である．点 (x, y, z) の「**同次座標**」は $(x, y, z, 1)$ であり，それがどのように機能するかをこれから示す．

1. 平行移動　3 次元空間全体を，ベクトル $\boldsymbol{v}_0$ に沿って移動させる．原点は (x_0, y_0, z_0) へと移動し，$\mathbf{R}^3$ のすべての点 $\boldsymbol{v}$ にこのベクトル $\boldsymbol{v}_0$ が足される．同次座標を用いると，以下の 4×4 行列 T が空間全体を $\boldsymbol{v}_0$ だけ移動させる：

$$\textbf{平行移動行列} \qquad T = \begin{bmatrix} 1 & 0 & 0 & 0 \\ 0 & 1 & 0 & 0 \\ 0 & 0 & 1 & 0 \\ x_0 & y_0 & z_0 & 1 \end{bmatrix}.$$

重要：**コンピュータグラフィックスでは，行ベクトルを用いる**．(行列) × (列) ではなく，(行) × (行列) を行う．$[0\ 0\ 0\ 1]T = [x_0\ y_0\ z_0\ 1]$ であることは簡単に確かめることができる．

点 $(0, 0, 0)$ と (x, y, z) を $\boldsymbol{v}_0$ だけ動かすには，まずそれらを同次座標 $(0, 0, 0, 1)$ と $(x, y, z, 1)$ に変え，T を掛ける．行ベクトルに T を掛けると，その結果は行ベクトルである．**すべての $\boldsymbol{v}$ は $\boldsymbol{v} + \boldsymbol{v}_0$ へと移動する**，すなわち，$[x\ y\ z\ 1]T = [x + x_0\ \ y + y_0\ \ z + z_0\ \ 1]$.

この結果から，任意の $\boldsymbol{v}$ が移動することがわかる．($\boldsymbol{v} + \boldsymbol{v}_0$ へと移動する．) $\mathbf{R}^3$ の中では不可能であった平行移動を，同次座標と 4×4 の行列によって達成することができた．

2. 拡大縮小　絵をページの大きさに合わせるには，その幅と高さを変えなければならない．ゼロックスのコピー機では，絵を 90%に縮小することができる．線形代数では，単位行列に 0.9 を掛けたものを掛ける．通常その行列は，平面に対しては 2×2 であり，立体に対しては 3×3 である．コンピュータグラフィックスでは，同次座標を用いるので，その行列が**ひとまわり大きくなる**：

$$\textbf{平面を縮小する：}\quad S = \begin{bmatrix} 0.9 & & \\ & 0.9 & \\ & & 1 \end{bmatrix} \qquad \textbf{立体を拡大縮小する：}\quad S = \begin{bmatrix} c & 0 & 0 & 0 \\ 0 & c & 0 & 0 \\ 0 & 0 & c & 0 \\ 0 & 0 & 0 & 1 \end{bmatrix}.$$

重要：S は，cI ではない．右下の「1」はそのまま残す．そうすると，$[x, y, 1] \times S$ が同次座標における正しい答となる．$[0\,0\,1]S = [0\,0\,1]$ であるので，原点はその標準の位置に留まる．

もし，その 1 を c に変えると，結果がおかしくなる．**点 (cx, cy, cz, c) は，$(x, y, z, 1)$ に等しい**．同次座標の特別な性質から，cI **を掛けてもその点が移動しない**．$\mathbf{R}^3$ における原点の同次座標は，$(0, 0, 0, 1)$ と任意の非零の c に対する $(0, 0, 0, c)$ である．これが，「同次」という言葉の裏にある考え方である．

方向ごとに，拡大縮小率が異なってもよい．ページ全体の絵を半ページに合わせるには，y 方向に $\frac{1}{2}$ 倍する．余白を作るため，x 方向に $\frac{3}{4}$ 倍する．拡大縮小の行列は対角行列であるが，2×2 ではない．平面を拡大縮小する行列は 3×3 であり，空間を拡大縮小する行列は

4×4 である：

$$\textbf{拡大縮小行列}\quad S = \begin{bmatrix} \frac{3}{4} & & \\ & \frac{1}{2} & \\ & & 1 \end{bmatrix} \quad と \quad S = \begin{bmatrix} c_1 & & & \\ & c_2 & & \\ & & c_3 & \\ & & & 1 \end{bmatrix}.$$

上記の最後の行列 S は，x, y, z 方向に正の数 c_1, c_2, c_3 だけ拡大（縮小）する．これらの行列すべてにおいて，追加された列では，そのベクトルの最後が 1 である．

まとめ　拡大縮小行列 S は平行移動行列 T と同じ大きさを持ち，それらを掛けることができる．平行移動した後に拡大縮小するには，$\boldsymbol{v}TS$ を計算する．拡大縮小した後で平行移動するには，$\boldsymbol{v}ST$ を計算する．それらは異なるものか？ **異なる**．

$\mathbf{R}^3$ における点 (x, y, z) の同次座標は，$\mathbf{P}^3$ における $(x, y, z, 1)$ である．この「射影空間」は，$\mathbf{R}^4$ とは異なり，依然として 3 次元である．そのため，(cx, cy, cz, c) は $(x, y, z, 1)$ と同じ点とする．$\mathbf{P}^3$ におけるそれらの点は，$\mathbf{R}^4$ においては原点を通る直線である．

コンピュータグラフィックスでは，**線形変換に平行移動を加えたアフィン**変換を用いる．特別な第 4 列を持つ 4×4 行列を用いることで，$\mathbf{P}^3$ 上でのアフィン変換 T を行える．

$$A = \begin{bmatrix} a_{11} & a_{12} & a_{13} & 0 \\ a_{21} & a_{22} & a_{23} & 0 \\ a_{31} & a_{32} & a_{33} & 0 \\ a_{41} & a_{42} & a_{43} & 1 \end{bmatrix} = \begin{bmatrix} T(1,0,0) & 0 \\ T(0,1,0) & 0 \\ T(0,0,1) & 0 \\ T(0,0,0) & 1 \end{bmatrix}.$$

通常の 3×3 行列は 3 つの出力を与えるが，この行列は 4 つの出力を与える．通常の出力は，入力 $(1, 0, 0)$ と $(0, 1, 0)$ と $(0, 0, 1)$ に由来する．線形変換では，3 つの出力によってそのすべてを表すことができる．アフィン変換では，$(0, 0, 0)$ に由来する出力もその行列に含まれる．それにより，平行移動を知ることができる．

3. 回転　$\mathbf{R}^2$ や $\mathbf{R}^3$ における回転は，直交行列 Q によって行うことができる．その行列式は $+1$ である（行列式が -1 であれば，回転に加えて鏡を通した鏡映が行われる）．同次座標を用いるとき，列をもう 1 つ追加する．

$$\textbf{平面の回転}\quad Q = \begin{bmatrix} \cos\theta & -\sin\theta \\ \sin\theta & \cos\theta \end{bmatrix} \quad が \quad R = \begin{bmatrix} \cos\theta & -\sin\theta & 0 \\ \sin\theta & \cos\theta & 0 \\ 0 & 0 & 1 \end{bmatrix} \quad になる$$

この行列は，平面をその原点を中心として回転させる．**点 $(4, 5)$ を中心として回転させるにはどうするか？** その答は，同次座標の美しさを発揮する．$(4, 5)$ を $(0, 0)$ **へと平行移動し，θ だけ回転させ，さらに $(0, 0)$ を $(4, 5)$ へと平行移動して戻す**：

$$\boldsymbol{v}T_{-}RT_{+} = \begin{bmatrix} x & y & 1 \end{bmatrix} \begin{bmatrix} 1 & 0 & 0 \\ 0 & 1 & 0 \\ -4 & -5 & 1 \end{bmatrix} \begin{bmatrix} \cos\theta & -\sin\theta & 0 \\ \sin\theta & \cos\theta & 0 \\ 0 & 0 & 1 \end{bmatrix} \begin{bmatrix} 1 & 0 & 0 \\ 0 & 1 & 0 \\ 4 & 5 & 1 \end{bmatrix}.$$

この積を計算するつもりはない．要点は，行列を1つずつ適用することである：すなわち，$\boldsymbol{v}$ を $\boldsymbol{v}T_-$ へと平行移動し，その後回転して $\boldsymbol{v}T_-R$ となり，さらに平行移動で戻すことで $\boldsymbol{v}T_-RT_+$ となる．各点 $\begin{bmatrix} x & y & 1 \end{bmatrix}$ は行ベクトルであるので，T_- がまず働く．回転の中心 $(4,5)$（もしくは $(4,5,1)$）は $(0,0,1)$ へと移動する．回転によって，その点は移動しない．その後，T_+ によってその点は $(4,5,1)$ に戻る．すべて，あるべきとおりだ．点 $(4,6,1)$ は $(0,1,1)$ へと移動し，θ だけ回転させられ，その後，もとのほうへ移動する．

3次元では，各回転 Q はある軸を中心として回る．軸は動かず，その軸は $\lambda=1$ の固有ベクトルに沿った直線である．その軸が z 方向を向いているとする．Q に含まれる1は z 軸を動かさず，R で追加された1は原点を動かさない：

$$Q=\begin{bmatrix}\cos\theta & -\sin\theta & 0\\ \sin\theta & \cos\theta & 0\\ 0 & 0 & 1\end{bmatrix} \quad と \quad R=\begin{bmatrix} & & & 0\\ & Q & & 0\\ & & & 0\\ 0 & 0 & 0 & 1\end{bmatrix}.$$

これから，単位ベクトル $\boldsymbol{a}=(a_1,a_2,a_3)$ を中心として回転するとしよう．この軸 $\boldsymbol{a}$ に対して，R に入る回転行列 Q は3つの部分からなる：

$$Q=(\cos\theta)I+(1-\cos\theta)\begin{bmatrix}a_1^2 & a_1a_2 & a_1a_3\\ a_1a_2 & a_2^2 & a_2a_3\\ a_1a_3 & a_2a_3 & a_3^2\end{bmatrix}-\sin\theta\begin{bmatrix}0 & a_3 & -a_2\\ -a_3 & 0 & a_1\\ a_2 & -a_1 & 0\end{bmatrix}. \tag{1}$$

$\boldsymbol{a}Q=\boldsymbol{a}$ であるので，軸は移動しない．z 軸方向の $\boldsymbol{a}=(0,0,1)$ であるならば，この Q は，前に示した z 軸を中心とした回転を与える Q になる．

線形変換 Q は，常に R の左上のブロックに入る．回転を行っても原点はそのままであるので，そのブロックの下は零となる．それらが零でなければ，その変換はアフィン変換であり，原点が移動する．

4. 射影 線形代数の講義では，ほとんどの平面は原点を通る．現実では，ほとんどは原点を通らない．原点を通る平面はベクトル空間である．それ以外の平面はアフィン空間であり，「フラット」と呼ばれることもある．アフィン空間はベクトル空間を平行移動することで得られるものである．

3次元ベクトルを平面へと射影したい．まず始めに原点を通る平面を考え，その単位法線ベクトルが $\boldsymbol{n}$ であるとする（$\boldsymbol{n}$ は列ベクトルであるとする）．その平面内のベクトルは，$\boldsymbol{n}^{\mathrm{T}}\boldsymbol{v}=0$ を満たす．**平面への通常の射影は，行列 $\boldsymbol{I}-\boldsymbol{n}\boldsymbol{n}^{\mathrm{T}}$ である．** ベクトルを射影するには，この行列を掛ける．ベクトル $\boldsymbol{n}$ を射影すると零となり，平面内のベクトル $\boldsymbol{v}$ を射影するとそれ自身となる：

$$(I-\boldsymbol{n}\boldsymbol{n}^{\mathrm{T}})\boldsymbol{n}=\boldsymbol{n}-\boldsymbol{n}(\boldsymbol{n}^{\mathrm{T}}\boldsymbol{n})=\boldsymbol{0} \quad と \quad (I-\boldsymbol{n}\boldsymbol{n}^{\mathrm{T}})\boldsymbol{v}=\boldsymbol{v}-\boldsymbol{n}(\boldsymbol{n}^{\mathrm{T}}\boldsymbol{v})=\boldsymbol{v}.$$

同次座標では，射影行列は 4×4 となる（原点は動かない）：

$$\textbf{平面への射影} \quad \boldsymbol{n}^{\mathrm{T}}\boldsymbol{v}=0 \qquad P=\begin{bmatrix} & & & 0 \\ & I-\boldsymbol{n}\boldsymbol{n}^{\mathrm{T}} & & 0 \\ & & & 0 \\ 0 & 0 & 0 & 1 \end{bmatrix}.$$

これから，原点を通らない平面 $\boldsymbol{n}^{\mathrm{T}}(\boldsymbol{v}-\boldsymbol{v}_0)=0$ への射影を考える．その平面上の 1 点は $\boldsymbol{v}_0$ である．これは，アフィン空間（または**フラット**）であり，右辺が零でないときの $A\boldsymbol{v}=\boldsymbol{b}$ の解のようなものである．ある特殊解 $\boldsymbol{v}_0$ が零空間に足されることで，フラットが生成される．

フラットへの射影は 3 ステップからなる．T_- により $\boldsymbol{v}_0$ を原点へと平行移動し，$\boldsymbol{n}$ の方向に沿って射影し，行ベクトル $\boldsymbol{v}_0$ に沿って平行移動して戻す：

$$\textbf{フラットへの射影} \qquad T_-PT_+=\begin{bmatrix} I & 0 \\ -\boldsymbol{v}_0 & 1 \end{bmatrix}\begin{bmatrix} I-\boldsymbol{n}\boldsymbol{n}^{\mathrm{T}} & 0 \\ 0 & 1 \end{bmatrix}\begin{bmatrix} I & 0 \\ \boldsymbol{v}_0 & 1 \end{bmatrix}.$$

T_- と T_+，平行移動と逆向きの平行移動，が互いに逆行列であることにどうしても気づいてしまう．それらは，第 2 章における基本変形行列のようなものだ．

演習問題では鏡映行列も扱う．これは，コンピュータグラフィックスで必要となる 5 つ目の操作である．鏡映では各点を射影の 2 倍だけ動かす，すなわち，**平面を通り抜けて反対側へと進む**．よって，鏡映行列を求めるには，射影行列 $I-\boldsymbol{n}\boldsymbol{n}^{\mathrm{T}}$ を $I-2\boldsymbol{n}\boldsymbol{n}^{\mathrm{T}}$ に変える．

行列 P は「**平行**」な射影を与える．すべての点は $\boldsymbol{n}$ に平行に移動し，平面に至る．コンピュータグラフィックスにおけるもう 1 つの選択肢は，「**透視**」投影である．遠近法が含まれるため，こちらのほうがより一般的である．透視投影では，対象が近づくとより大きく見える．射影の直線は，$\boldsymbol{n}$ と平行（および，互いに平行）となるのではなく，**視点**，すなわち射影の中心，**へ向かう**．これが，2 次元の写真において奥行を知覚する原理である．

コンピュータグラフィックスにおける基本的問題は，シーンと視点の位置から始まる．理想的には，スクリーンに映る画像は，観測者が見ているそのものである．最も単純な画像では，**ピクセル**と呼ばれる小さな画像の各要素に 1 ビットを割り当てる．それは明るいか暗いかであり，これにより濃淡のない白黒画像が得られる．それで十分だとは思わないだろう．実際には，赤，緑，青のような 3 つの色に 0 から 2^8 の濃淡の段階を割り当てる．すなわち，各ピクセルに $8\times 3=24$ ビットが割り当てられる．ピクセル数を掛けると，たくさんのメモリが必要である．

物理的には，**ラスター・フレーム・バッファー**が電子ビームの向きを決める．それは，テレビ受信機のように走査する．画質は，ピクセル数とピクセル当りのビット数で決まる．この分野における標準的教科書の 1 つは，Foley, Van Dam, Feiner, and Hughes による *Computer Graphics: Principles and Practices* (Addison-Wesley, 1995) である．より最近の本でも，平行移動を扱うため同次座標を使っている．私が最もよく参照するのは，Ronald Goldman と Tony DeRose による覚書だ．

■　要点の復習　■

1. コンピュータグラフィックスでは，線形変換の操作 $T(\boldsymbol{v}) = A\boldsymbol{v}$ に加えて，平行移動の操作 $T(\boldsymbol{v}) = \boldsymbol{v} + \boldsymbol{v}_0$ が必要である．

2. $\mathbf{R}^n$ における平行移動は，同次座標を用いて次数 $n+1$ の行列によって実行される．

3. すべての行列の最後の列が数 $0, 0, 0, 1$ であれば，$[x\,y\,z\,1]$ において追加された要素 1 は保存される．

練習問題 8.7

1 $\mathbf{R}^3$ における典型的な点は $x\boldsymbol{i} + y\boldsymbol{j} + z\boldsymbol{k}$ である．座標ベクトル $\boldsymbol{i}$, $\boldsymbol{j}$, および $\boldsymbol{k}$ は $(1,0,0)$, $(0,1,0)$, $(0,0,1)$ である．その点の座標は (x,y,z) である．

コンピュータグラフィックスにおいて，この点は $x\boldsymbol{i} + y\boldsymbol{j} + z\boldsymbol{k} +$ **原点** である．その同次座標は (_, _, _, _) である．同じ点を与える別の同次座標は，(_, _, _, _) である．

2 線形変換 T は，$T(\boldsymbol{i}), T(\boldsymbol{j}), T(\boldsymbol{k})$ がわかれば決定できる．アフィン変換では $T($_____$)$ も必要である．入力の点 $(x,y,z,1)$ は，$xT(\boldsymbol{i}) + yT(\boldsymbol{j}) + zT(\boldsymbol{k}) +$ _____ に変換される．

3 $(1,4,3)$ に沿った平行移動を表す 4×4 の行列 T と，$(0,2,5)$ に沿った平行移動を表す行列 T_1 との積を計算せよ．その積 TT_1 は，_____ に沿った平行移動を表す．

4 定数 c の倍率で拡大する 4×4 行列を書き下せ．T を $(1,4,3)$ に沿った平行移動として，積 ST と TS を計算せよ．$(1,4,3)$ を中心として絵を拡大するには，$\boldsymbol{v}ST$ と $\boldsymbol{v}TS$ のどちらを使うか？

5 標準的な 8.5×11 のページから，1×1 の正方形のページを作るような拡大縮小行列 S を求めよ（同次座標で，したがって 3×3 となる）．

6 立方体のある頂点を原点へと動かし，さらにすべての辺の長さを 2 倍するような 4×4 行列を求めよ．立方体のその頂点は，もともと $(1,1,2)$ にあるとする．

7 式 1 における 3 つの行列を単位ベクトル $\boldsymbol{a}$ に掛けたとき，その積が $(\cos\theta)\boldsymbol{a}$ と $(1-\cos\theta)\boldsymbol{a}$ と $\boldsymbol{0}$ になることを示せ．それらの和は $\boldsymbol{a}Q = \boldsymbol{a}$ になり，回転の軸は動かない．

8 $\boldsymbol{b}$ が $\boldsymbol{a}$ と直角に交わるとき，式 1 の 3 つの行列を掛けることで $(\cos\theta)\boldsymbol{b}$ と $\boldsymbol{0}$ と $\boldsymbol{b}$ に直交するベクトルが得られる．したがって，$Q\boldsymbol{b}$ は，$\boldsymbol{b}$ と θ の角をなす．**これは回転である**．

9 平面 $\frac{2}{3}x + \frac{2}{3}y + \frac{1}{3}z = 0$ への 3×3 の射影行列 $I - \boldsymbol{n}\boldsymbol{n}^{\mathrm{T}}$ を求めよ．同次座標では，$0, 0, 0, 1$ を P の行と列として追加せよ．

10 問題 9 と同じ 4×4 の行列 P を用いて積 $T_{-}PT_{+}$ を計算し，平面 $\frac{2}{3}x + \frac{2}{3}y + \frac{1}{3}z = 1$ への射影行列を求めよ．平行移動 T_{-} は，その平面上の点（1 つ選べ）を $(0,0,0,1)$ へと移動させる．逆行列 T_{+} はそれを元の方向へ動かす．

11 $(3,3,3)$ を問題 9 と 10 の平面へ射影せよ．問題 9 の P と，問題 10 の $T_{-}PT_{+}$ を用いよ．

12 正方形をある平面へ射影したとき，どのような形となるか？

13 立方体をある平面に射影したとき，射影の輪郭はどうなるか？射影平面を，立方体のある対角線に直交させよ．

14 平面 $\boldsymbol{n}^{\mathrm{T}}\boldsymbol{v} = 0$ に対して鏡映する 3×3 の鏡映行列は $M = I - 2\boldsymbol{n}\boldsymbol{n}^{\mathrm{T}}$ である．平面 $\frac{2}{3}x + \frac{2}{3}y + \frac{1}{3}z = 0$ に対する点 $(3,3,3)$ の鏡映を求めよ．

15 平面 $\frac{2}{3}x + \frac{2}{3}y + \frac{1}{3}z = 1$ に対する $(3,3,3)$ の鏡映を求めよ．4×4 行列を用いて，3 ステップ $T_{-}MT_{+}$ で行え．すなわち，平面が原点を通るように T_{-} によって平行移動し，その平面に対して平行移動した点 $[3\ 3\ 3\ 1]T_{-}$ を鏡映し，さらに T_{+} によって戻す．

16 原点 $(0,0,0,1)$ と点 $(x,y,z,1)$ との間のベクトルは，差 $\boldsymbol{v} =$ ＿＿＿ である．同次座標では，ベクトルは ＿＿＿ で終わる．したがって，点に点を足すのではなく，点に ＿＿＿ を足す．

17 各点の**最後の**座標にのみ掛け算を行い (x,y,z,c) を得たとき，全体の空間を数 ＿＿＿ だけ拡大したことになる．なぜならば，点 (x,y,z,c) は $(\_,\_,\_,1)$ に等しいからである．

第9章

数値線形代数

9.1　ガウスの消去法の実際

数値線形代数では，解を**速く**求めることと，**正確な**解を求めることに苦心する．効率的でなければならないが，不安定であることは避けなければならない．ガウスの消去法では，自由に**式を交換**できる（常に可能である）．本節では，速度と正確さのためには，いつ行を交換すればよいかを説明する．

正確さの鍵は，不必要な大きな数を避けることであり，それは度々小さな数を避けることを必要とする．一般に，（ピボットでの除算を行うので）ピボットが小さければ乗数が大きくなる．それぞれの新しい列の中から**最大の候補**をピボットとする「**部分ピボット選択**」を行うのがよい．計算機のプログラムにこの戦略が組み込まれている理由を見ていく．

行の交換を行う別の理由は，消去のステップを減らすためである．実際には，大きな行列はたいてい**疎行列**であり，そのほとんどの要素が零である．それらの零が**非零からなる帯の（できるだけ）外**にあるとき，最も速く消去を行える．帯に含まれる零は消去に巻き込まれてしまう．すなわち，それらの零は零でなくなり役に立たない．

第 9.2 節は，問題に組み込まれていて避けることのできない不安定性について扱う．安定性の感度は「**条件数**」によって測られる．その後，第 9.3 節では，$A\boldsymbol{x}=\boldsymbol{b}$ を**反復法**によって解く方法を示す．計算機は，直接消去を行うのではなく，より簡単な方程式を何度も解く．それぞれの答 $\boldsymbol{x}_k$ から次の値 $\boldsymbol{x}_{k+1}$ が推測される．**共役勾配法** のような適切な反復法を用いると，$\boldsymbol{x}_k$ は $\boldsymbol{x}=A^{-1}\boldsymbol{b}$ へと速く収束する．

最速のスーパーコンピュータ

2008 年 5 月 20 日に IBM とロスアラモス研究所から，新しいスーパーコンピュータの記録が発表された．1 秒間に 1000 兆回 (10^{15}) の浮動小数点数演算を達成した最初の計算機，すなわちペタフロップス計算機，が Roadrunner である．この世界記録に用いられたベンチマークは，大きな密行列の線形方程式 $A\boldsymbol{x}=\boldsymbol{b}$ の求解である．線形代数だ．

LINPACK ソフトウェアでは，部分ピボット選択を用いて消去を行う．本書との最大の違いは，その計算の過程で個々の数を用いずに大きな部分行列を用いることである．Roadrunner はマルチコア Linux クラスタであり，Sony の PlayStation 3 で用いられた Cell Broadband Engine に基づく優れたプロセッサが用いられている．ビデオゲームの市場からすると科学計算は小さく見えるが，チップ内の驚くほどの速度上昇をもたらした．

このペタスケールに至る道は，IBM の BlueGene でとられたアプローチとは異なる．重要な問題は，ペタフロップス計算機を作るには標準的なクアッドコアプロセッサだと 32,000 個必要であるということだ．新しいアーキテクチャは消費電力がより少ないが，そのハイブリッドなデザインには代償も伴う．それは，コンパイラが 3 つ必要であり，すべてのデータの移動を明示的に記述しなければならないことだ．詳細については，*SIAM News* (**siam.org**, 2008 年 7 月) の素晴らしい記事や，**www.lanl.gov/roadrunner** を参照されたい．

The TOP500 プロジェクトでは，世界中で最も強力なコンピュータシステムを順位づけしている．このページによると，Roadrunner と BlueGene は 2009 年にそれぞれ 1 位と 2 位になっている．

高度に最適化された **BLAS** (*Basic Linear Algebra Subroutines*) では，行列の計算についての考え方がうまく反映されている．BLAS にはレベル 1，レベル 2，レベル 3 がある．

レベル 1 ベクトルの線形結合 $a\boldsymbol{u}+\boldsymbol{v}$：計算量 $O(n)$
レベル 2 行列–ベクトル積 $A\boldsymbol{u}+\boldsymbol{v}$：計算量 $O(n^2)$
レベル 3 行列–行列積 $AB+C$：計算量 $O(n^3)$

レベル 1 は，消去の 1 ステップである（第 j 行に ℓ_{ij} を掛ける）．レベル 2 では，列全体を一度に消去することができる．高性能ソルバでは，レベル 3 BLAS が有用である（AB の計算では，$2n^2$ のデータに対して $2n^3$ の計算を行うので，計算量の比率に優れる）．

データの処理と**記憶装置の検索**が並列計算を失速させる要因である．メインメモリと浮動小数点数演算器の間に置かれる高速なキャッシュを十分に利用しなければならない．そのため，最速で消去を行うには**ブロック行列のアプローチ**が必要となる．

現在起こっている大きな変化は，チップレベルでの並列計算だ．

丸め誤差と部分ピボット選択

これまで，(非零であれば) ピボットはどれでもよかった．実際には，小さなピボットは危険である．異なる大きさの数が足されると，大惨事が起こりうる．計算機が扱える有効数字の桁数は固定である（例えば，とても非力な計算機において 10 進 3 桁であるとしよう）．和 $10{,}000+1$ は 10,000 へと切り捨てられ，「1」が完全に失われてしまう．このことで，次の問題の解がどのように変わるかを見よう：

$$\begin{aligned} 0.0001u + v &= 1 \\ -u + v &= 0 \end{aligned} \qquad \text{係数行列} \qquad A = \begin{bmatrix} 0.0001 & 1 \\ -1 & 1 \end{bmatrix} \qquad \text{が与えられたとする．}$$

0.0001 をピボットとして消去を行うと，第 1 行の 10,000 倍と第 2 行の和を計算する．切り捨てによって次のようになる．

$$10{,}001v = 10{,}000 \qquad \text{ではなく} \qquad 10{,}000v = 10{,}000.$$

計算された解 $v=1$ は真の解 $v=0.9999$ に近い．しかしその後，後退代入を行う際に誤った v を u の等式に代入する：

$0.0001\,u + 0.9999 = 1$　　ではなく　　$0.0001\,u + 1 = 1$.

この 2 つ目の等式から $u = 0$ となる．正しい解は $u = 1.000$ である（1 つ目の等式を見よ）．行列の「1」を失うことによって，解が得られなくなったのである．**10,001 から 10,000 に変わったことによって，解が $u = 1$ から $u = 0$ に変わった**（誤り率 100% だ）．

行を交換すると，この非力な計算機であっても 3 桁まで正しい答を得ることができる：

$$\begin{array}{r} -u+v=0 \\ 0.0001u+v=1 \end{array} \quad\longrightarrow\quad \begin{array}{r} -u+v=0 \\ v=1 \end{array} \quad\longrightarrow\quad \begin{array}{r} u=1 \\ v=1. \end{array}$$

もともとのピボットは 0.0001 と 10,000 であり，その大きさが違いすぎる．行を交換すると，ピボットの真の値は -1 と 1.0001 であり，その大きさが適切になる．計算されたピボットの値 -1 と 1 は，真の値に近くなる．小さなピボットは数値計算を不安定にするが，**部分ピボット選択**によってそれを改善できる．第 k 列において，k 番目のピボットを以下のようにして決める：

第 k 行かそれより下の数の中で最大の数を選ぶ．その数が含まれる行を第 k 行と交換する．

完全ピボット選択では，それ以降の列も参照して最大のピボットを選択し，行と同様に列も交換する．そのコストが見合うことはほとんどなく，主要なコードでは部分ピボット選択が用いられている．行や列を定数倍するスケーリングにも価値がある．**上の 1 つ目の式が $u + 10{,}000v = 10{,}000$ であって，その式をスケーリングしないとすると，1 が適切なピボットに見え，本質的な行交換を見逃してしまう．**

正定値行列においては，行の交換は必要ではなく，出現順にピボットを採用しても問題ない．小さなピボットが現れることもあるが，行交換を行ってもその行列は改善しない．その行列の条件数が大きいとき，行列そのものが問題であり，プログラムコードの問題ではない．その場合，出力が入力に敏感であることは避けられないのだ．

ここまでで，計算機が $A\boldsymbol{x} = \boldsymbol{b}$ を実際にどのように解いているのかが理解できたであろう．**計算機は，部分ピボット選択を用いた消去によってそれを解いている．A^{-1} を求めて $A^{-1}\boldsymbol{b}$ の積を計算する**という理論的な記述に比べると，その詳細は長い．しかし，計算機にとっては，消去を行うほうがずっと速い．このアルゴリズムが，行空間や零空間の線形代数に対しても最適なアプローチであると信じている．

命令数：完全行列と帯行列

ここで，コストについての実践的な疑問が起こる．**消去によって $A\boldsymbol{x} = \boldsymbol{b}$ を解くには，いくつの命令が必要であるか？** それによって，我々が扱うことができる問題の大きさが決まる．

まず A について見よう．A は徐々に U へと変化する．第 1 行の定数倍が第 2 行から引かれるとき，n 回の操作を行う．最初の操作はピボットによる除算であり，それにより乗数 ℓ が求まる．その行の残りの $n-1$ 要素に対する操作は「乗算 - 減算」である．便宜上，この操作を 1 命令と数える．ℓ を掛けてもとの要素から引くことを 2 つの命令と数えるならば，**すべての命令数を 2 倍すればよい**．

行列 A は $n\times n$ である．第 1 行の下にあるすべての $n-1$ 行についても，同じだけの命令数が必要である．すると，1 つ目のピボットの下に零を作り出すのに必要な命令数は $n\times(n-1)$，すなわち n^2-n となる．**確認：n^2 の要素のうち，第 1 行の要素を除いたすべての要素が変化する**．

消去の処理が k 番目の式まで降りてきたとき，行は短くなっている．その列のピボットの下を空にするには，(n^2-n ではなく）k^2-k だけの命令が必要である．これは，$1\le k\le n$ について成り立つ．最後のステップでは，ピボットがすでに求まっており前進消去が完了しているため，何も操作をしない（$1^2-1=0$）．U に至るまでの総命令数は，1 から n までのすべての k についての k^2-k の和となる：

$$(1^2+\cdots+n^2)-(1+\cdots+n)=\frac{n(n+1)(2n+1)}{6}-\frac{n(n+1)}{2}=\boxed{\frac{n^3-n}{3}}.$$

はじめの n 個の自然数の和とはじめの n 個の自然数の 2 乗和の公式を用いた．n^3-n に $n=1$ を代入すると零になる．$n=100$ を代入すると，100 万から 100 を引いて 3 で割った数になる（これが，ワークステーション上の 1 秒に相当する）．より大きな項 n^3 と比較して最後の項 n を無視できることから，次の結論に至る：

（L を生成しながら A から U へ至る）前進消去における

乗算–減算の命令数は $\frac{1}{3}n^3$ である．

すなわち，$\frac{1}{3}n^3$ 回の乗算と $\frac{1}{3}n^3$ 回の減算が行われる．n を 2 倍にすると，この計算コストは 8 倍になる（n が 3 乗されているからだ）．等式が 100 個であれば簡単，1000 個であればよりコストがかかり，10000 個の密な式であればほぼ不可能である．それを解くには，より速い計算機か，たくさんの零か，もしくは新しい考え方が必要である．

方程式の右辺に対する計算はより速く行える．行全体ではなく，1 つの数を操作するからだ．**右辺に対して必要な命令数はちょうど n^2 である**．下方向と上方向に，2 つの三角行列の系を解く．すなわち，前進では $L\boldsymbol{c}=\boldsymbol{b}$，後退では $U\boldsymbol{x}=\boldsymbol{c}$ を解く．後退代入において，最後の未知数を求めるには最後のピボットで割るだけである．その上の式では，$\boldsymbol{x}_n$ を代入し，**その式に対応する**ピボットで割るという 2 つの操作が必要である．k 番目のステップでは k 個の乗算–減算命令が必要であり，したがって後退代入の総命令数は，

$$1+2+\cdots+n=\frac{n(n+1)}{2}\approx\tfrac{1}{2}n^2\quad\text{個の命令となる．}$$

前進についても同様である．**総命令数 n^2 は，$A^{-1}\boldsymbol{b}$ の積を計算する命令数と等しい**．したがって，$A^{-1}\boldsymbol{b}$ を計算するのに対して，ガウスの消去法には以下の 2 つの利点がある：

1 A^{-1} を計算するのに必要な命令数 n^3 に対し，消去で必要な命令数は $\frac{1}{3}n^3$ である．

2 A が 帯行列 であれば L や U も帯行列となる．しかし，A^{-1} の要素の多くは非零である．

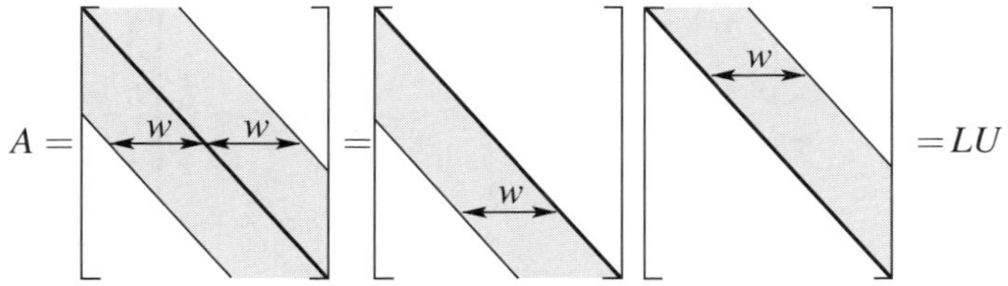

図 9.1 帯行列に対する $A = LU$．A における都合のよい零は，L と U でも零のままである．

帯行列

A に「**都合のよい零**」が含まれていれば，これらの命令数はより小さくなる．ここで，都合のよい零とは，L と U でも零のままとなるような要素である．**最も都合のよい零は，行の先頭にあるものだ**．それらに対しては，消去のステップを適用する必要がなく（乗数が零である），同じ零が L にも現れる．そのことは，以下の**三重対角行列** A では特に明らかだろう：

三重対角は
二重対角
掛ける
二重対角

$$\begin{bmatrix} 1 & -1 & & \\ -1 & 2 & -1 & \\ & -1 & 2 & -1 \\ & & -1 & 2 \end{bmatrix} = \begin{bmatrix} 1 & & & \\ -1 & 1 & & \\ & -1 & 1 & \\ & & -1 & 1 \end{bmatrix} \begin{bmatrix} 1 & -1 & & \\ & 1 & -1 & \\ & & 1 & -1 \\ & & & 1 \end{bmatrix}.$$

A の第 3 行と第 4 行は零から始まる．乗数が必要ないので，L も同じく零から始まる．同様に，第 3 列と第 4 列も零から**始まる**．第 1 行の定数倍が第 2 行から引かれるとき，第 2 列より先では計算を行う必要がなく，行が短くなる．さらに，それらは短いままである．図 9.1 に，帯行列 A から帯行列 L と U がどのように作られるかを示す．

これらの零によって，命令数は完全に異なるものとなる．w を「帯幅の半分」とする：

$$|\boldsymbol{i} - \boldsymbol{j}| > \boldsymbol{w} \text{ のとき，帯行列の要素は } \boldsymbol{a_{ij} = 0} \text{ である．}$$

対角行列では $w = 1$，三重対角行列では $w = 2$，密行列では $w = n$ である．ピボット行の長さは高々 w である．任意のピボットの下にある非零の要素の数は $w - 1$ 以下である．消去の各ステップは，$w(w-1)$ 回の命令によって完了し，**帯行列の構造は保たれる**．消去を行うべき列の数は n であるので：

帯行列に対する（$\boldsymbol{A}$ から $\boldsymbol{L}$ と $\boldsymbol{U}$ への）消去に必要な命令数は $\boldsymbol{w^2 n}$ より少ない．

帯行列では，命令数は n^3 ではなく n に比例し，また，w^2 にも比例する．密行列では $w = n$ であるので，命令数は上記のとおり n^3 である．正確な命令数を求めるには，行列の右下では帯幅が w よりも小さくなることを用いる（紙面の都合で省略する）：

$$\text{帯行列} \quad \frac{w(w-1)(3n-2w+1)}{3} \qquad \text{密行列} \quad \frac{n(n-1)(n+1)}{3} = \frac{n^3 - n}{3}$$

右辺において $\boldsymbol{b}$ から $\boldsymbol{x}$ を求めるコストはおよそ $2wn$ である（通常の n^2 と対比せよ）．**要点：帯行列では命令数は n に比例する**．これは極めて速い．**A^{-1} を計算しないのであれば**，次数 10,000 の三重対角行列であっても低コストである．次の逆行列にはまったく零がない：

$$A=\begin{bmatrix}1&-1&0&0\\-1&2&-1&0\\0&-1&2&-1\\0&0&-1&2\end{bmatrix} \quad \text{のとき} \quad A^{-1}=U^{-1}L^{-1}=\begin{bmatrix}4&3&2&1\\3&3&2&1\\2&2&2&1\\1&1&1&1\end{bmatrix}.$$

A^{-1} を用いた計算は，L と U を用いた計算よりも都合が悪い．A^{-1} を掛けるには n^2 ステップすべてが必要である．$L\boldsymbol{c}=\boldsymbol{b}$ と $U\boldsymbol{x}=\boldsymbol{c}$ を解くのには $2wn$ だけで十分である．実際の問題において，隣接要素間の接続を行列を用いて表すとき，帯行列の構造がよく現れる．例えば，1 は 3 や 4 の隣要素ではないので $a_{13}=0$ や $a_{14}=0$ であるということだ．

最後に，ガウス－ジョルダン法とグラム－シュミット－ハウスホルダー法に対する命令数を示す．

A^{-1} を求める命令数は n^3 回の乗算 - 減算である．

QR に分解する命令数は $\frac{2}{3}n^3$ 回である．

$AA^{-1}=I$ から始める．A^{-1} の第 j 列は，$A\boldsymbol{x}_j=I$ の第 j 列の解である．左辺の命令数はこれまでどおり $\frac{1}{3}n^3$ である（この命令数は 1 回限りである．L と U は一度だけ求めればよい）．I の第 j 列において特別に省略できる計算は，その最初の $j-1$ 個の零に対してである．消去が第 j 列に来るまでは，右辺に対して何もする必要がない．前進消去のコストは，$\frac{1}{2}n^2$ ではなく $\frac{1}{2}(n-j)^2$ となる．j について和を求めることで，右辺の n 個の要素全体に対して総命令数は $\frac{1}{6}n^3$ となる．最終的に，逆行列が本当に必要であるとき，A^{-1} を求めるための乗算 - 減算の命令数は n^3 である：

$$\boldsymbol{A^{-1}}\ \textbf{の命令数} \qquad \frac{n^3}{3}\ (L\ \text{と}\ U)+\frac{n^3}{6}\ (\text{前進消去})\ +n\left(\frac{n^2}{2}\right)(\text{後退代入})\ =\boldsymbol{n}^3. \tag{1}$$

直交化　($\boldsymbol{A}$ から $\boldsymbol{Q}$ へ)：消去と本質的に違うのは，**それぞれの乗数が内積によって決まること**である．消去では単にピボットで割るのに対して，直交化では乗数を求めるのに n 命令が必要である．さらに，第 k 列から $j<k$ の列の方向の射影を引くために，n 回の「乗算 - 減算」命令が必要である（第 4.4 節を見よ）．それらの命令数を合わせると $2n$ になる．消去においては，それに対応する命令数は n であった．この係数 2 が直交性の代償である．消去ではある要素を零としたのに対し，直交化では内積を零にする．

注意　数値計算アルゴリズムを評価するには，命令数を数えるだけでは**不十分**である．浮動小数点数演算を数えるのに加えて，安定性（ハウスホルダーが勝る）とデータの流れについて調べなければならない．

疎行列の並べ換え

帯行列の議論において，その行は最適な順序に並んでおり，幅が定数 w であると仮定した．しかし，現実の計算におけるほとんどの疎行列において，帯の幅は**定数ではなく**，帯の内部に多くの零が含まれる．それらの零は，消去が進むにつれて埋められて非零となる．**そのような非零化が少なくなるように式を並べ換え**，それによって消去を高速化する．

一般的に言えば，零を行や列の先頭のほうへと動かしたい．末尾のほうの行や列はどのみち短い．sparse MATLAB における「近似最小次数 (approximate minimum degree)」アルゴリズムは**貪欲**アルゴリズムである．そのアルゴリズムは，及ぼす結果のすべてを考慮せずに消去する行を選択する．最後のほうではほぼ密行列になるかもしれないが，それでもなお LU に至る総命令数はずっと少ない．L と U に含まれる非零の数を真に最小にするように並べ換えることは NP 困難の問題であり，ずっと多くの計算量を必要とする．したがって，近似最小次数アルゴリズムは適切な妥協点である．

非零要素の正確な値は必要ではなく，それらの**位置**のみが必要である．n 行をグラフにおける n 個のノードと考える．**$a_{ij} \neq 0$ のとき，ノード i はノード j とつながっている**．消去によって i から k への新しいエッジが作られる様子を見よ．それはある零が非零になることを意味し，それを避けたい：

a_{kj} が消去されたとき，ピボットの行 $j=1$ の定数倍が第 $k=3$ 行から引かれる．

第 j 行の a_{ji} が非零のとき，新しい第 k 行の a_{ki} は非零となる．新しいエッジができる．

$$\begin{bmatrix} 1 & 1 & 1 \\ -2 & 1 & \mathbf{0} \\ -2 & \mathbf{0} & 2 \end{bmatrix} \longrightarrow \begin{bmatrix} 1 & 1 & 1 \\ 0 & 3 & \mathbf{2} \\ 0 & \mathbf{2} & 4 \end{bmatrix}$$

$\boldsymbol{a_{32} = 0}$　　$\boldsymbol{a_{32} = 2}$

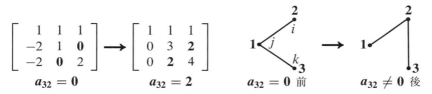

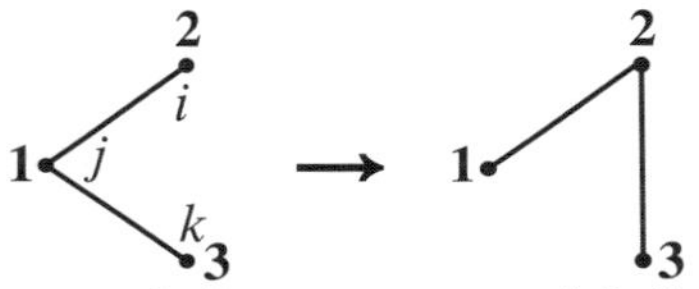

$\boldsymbol{a_{32} = 0}$ 前　　$\boldsymbol{a_{32} \neq 0}$ 後

この例では，1 によって 0 が 2 に変わり，それらの要素が非零となる．

math.mit.edu/18086 にある消去の動画を見よ．その動画では各ステップがグラフで表されている．コマンド nnz(L) は下三角行列 L に含まれる非零の乗数を数え，find (L) はそれらをリストアップし，spy(L) はそれらをすべて出力する．

動画で用いられている行列は，$-1, 2, -1$ 行列の 2 次元版である．直線に沿った 2 次差分ではなく，平面格子上の x と y の差分を表す．各点は，その 4 つの隣接要素につながれている．しかし，隣接要素が一緒に現れるようにすべての点を並べることは不可能である．たとえば，格子の行に沿って並べると，格子の上に来るまで長く待つことになる．

colamd と symamd の目的は，PA や PAP^{T} において非零になる要素を少なくするような適切な並べ換え（置換行列 P）を求めることである．**それらは，その下の非零要素が最も少なくなるピボットを選択する**．

高速な直交化

重要な分解である $A = QR$ に至る方法には 3 つある．グラム－シュミット法は，Q の直交ベクトルを求めることで分解を行い，その過程から R が上三角行列となる．これ以降では，より良い方法（ハウスホルダー鏡映とギブンス回転）を見ていく．それらは，直交行列であることが既知で非常に単純な Q の積を用いる．

消去により $A=LU$ となり，直交化により $A=QR$ となる．三角行列 L が欲しいのではなく，欲しいのは直交行列 Q である．L は，対角に1が並び乗数 ℓ_{ij} がその下にある行列 E の積である．Q は，**直交行列の積になる**．

E に代わるような単純な直交行列には2つある．**鏡映行列** $I-2\boldsymbol{u}\boldsymbol{u}^{\mathrm{T}}$ はハウスホルダーにちなんで名づけらたものであり，**平面回転行列** はギブンスにちなんで名づけられた．xy 平面を θ だけ回転させる単純な行列が Q_{21} である：

ギブンス回転
$$Q_{21}=\begin{bmatrix}\cos\theta & -\sin\theta & 0\\ \sin\theta & \cos\theta & 0\\ 0 & 0 & 1\end{bmatrix}.$$

E_{21} を使ったように Q_{21} を使い，$(2,1)$ の位置に零を作る．それにより角度 θ を決める．以下の例は，Bill Hager の *Applied Numerical Linear Algebra*[訳注] にある例だ：

$$Q_{21}A=\begin{bmatrix}0.6 & 0.8 & 0\\ -0.8 & 0.6 & 0\\ 0 & 0 & 1\end{bmatrix}\begin{bmatrix}90 & -153 & 114\\ 120 & -79 & -223\\ 200 & -40 & 395\end{bmatrix}=\begin{bmatrix}150 & -155 & -110\\ 0 & 75 & -225\\ 200 & -40 & 395\end{bmatrix}.$$

$-0.8(90)+0.6(120)$ から零となる．θ を求める必要はなく，必要なのは $\cos\theta$ である：

$$\cos\theta=\frac{90}{\sqrt{90^2+120^2}} \qquad と \qquad \sin\theta=\frac{-120}{\sqrt{90^2+120^2}}. \tag{2}$$

次に，$(3,1)$ 要素に取り組もう．それには，第3行と第1列について回転させる．90と120代わりに，150と200から数 $\cos\theta$ と $\sin\theta$ が決まる．

$$Q_{31}Q_{21}A=\begin{bmatrix}0.6 & 0 & 0.8\\ 0 & 1 & 0\\ -0.8 & 0 & 0.6\end{bmatrix}\begin{bmatrix}150 & \cdot & \cdot\\ 0 & \cdot & \cdot\\ 200 & \cdot & \cdot\end{bmatrix}=\begin{bmatrix}250 & -125 & 250\\ 0 & 75 & -225\\ 0 & 100 & 325\end{bmatrix}.$$

R に至るにはもう1ステップ必要であり，$(3,2)$ 要素についてもやらなければならない．75と100から $\cos\theta$ と $\sin\theta$ が得られる．第3行と第2列について回転する．

$$Q_{32}Q_{31}Q_{21}A=\begin{bmatrix}1 & 0 & 0\\ 0 & 0.6 & 0.8\\ 0 & -0.8 & 0.6\end{bmatrix}\begin{bmatrix}250 & -125 & \cdot\\ 0 & 75 & \cdot\\ 0 & 100 & \cdot\end{bmatrix}=\begin{bmatrix}250 & -125 & 250\\ 0 & 125 & 125\\ 0 & 0 & 375\end{bmatrix}.$$

これで，上三角行列 R が得られた． Q はどのようなものか？平面回転 Q_{ij} を左辺から右辺へ移動して $A=QR$ を求める．それはまさに，消去の基本変形行列 E_{ij} を左辺から右辺へ移動して $A=LU$ を求めたのと同じである：

$$Q_{32}Q_{31}Q_{21}A=R \qquad から \qquad A=(Q_{21}^{-1}Q_{31}^{-1}Q_{32}^{-1})R=QR. \tag{3}$$

各 Q_{ij} の逆行列は Q_{ij}^{T}（$-\theta$ の回転）である．E_{ij} の逆行列は直交行列ではない．LU と QR は似ているが，まったく同じではない．

[訳注] William W. Hager: *Applied Numerical Linear Algebra.*

ハウスホルダー鏡映はより速い．なぜならば，それによって列の対角要素より下のすべてが零となるからである．A の第 1 列 $\boldsymbol{a}_1$ が R の第 1 列 $\boldsymbol{r}_1$ になる様子を見よ：

H_1 による鏡映
$H_1 = I - 2\boldsymbol{u}_1\boldsymbol{u}_1^{\mathrm{T}}$

$$H_1\,\boldsymbol{a}_1 = \begin{bmatrix} \|\boldsymbol{a}_1\| \\ 0 \\ \cdot \\ 0 \end{bmatrix} \quad \text{すなわち} \quad \begin{bmatrix} -\|\boldsymbol{a}_1\| \\ 0 \\ \cdot \\ 0 \end{bmatrix} = \boldsymbol{r}_1 . \qquad (4)$$

長さは変わっておらず，$\boldsymbol{u}_1$ は $\boldsymbol{a}_1 - \boldsymbol{r}_1$ の方向を向いている．単位ベクトル $\boldsymbol{u}_1$ の $n-1$ 個の要素によって，$\boldsymbol{r}_1$ の $n-1$ 個の零が得られる（回転では，1 つの角度 θ によって 1 つの零が得られる）．第 k 列においては，単位ベクトル $\boldsymbol{u}_k$ の $n-k$ 要素を適切に選ぶことで $\boldsymbol{r}_k$ の $n-k$ 個の零が得られる．$\boldsymbol{u}_i$ と $\boldsymbol{r}_i$ を記憶すれば，Q と R が求まる：

$$H_i \text{ の逆行列は } H_i \qquad (H_{n-1}\ldots H_1)A = R \quad \text{より} \quad A = (H_1 \ldots H_{n-1})R = QR. \qquad (5)$$

これが LAPACK におけるグラム－シュミットの改善法である．Q はまさしく直交行列である．

第 9.3 節では，線形代数におけるもう 1 つの重要な計算である**固有値問題**に $A = QR$ がどのように使われるかを説明する．QR を逆にして，$A_1 = RQ$，すなわち $Q^{-1}AQ$ を求める．A_1 は A と相似なので，固有値は変化しない．その後，A_1 を Q_1R_1 に分解し，因子を逆にすることで A_2 を求める．驚くことに，$A_1, A_2, A_3, \ldots$ の対角の下の要素はどんどん小さくなり，固有値を求めることができる．これが $A\boldsymbol{x} = \lambda\boldsymbol{x}$ に対する「QR 法」であり，数値線形代数において大きな成功を収めた．

練習問題 9.1

1 ピボットを最大化する行交換を行った場合と行わない場合について，2 つのピボットを求めよ．

$$A = \begin{bmatrix} 0.001 & 0 \\ 1 & 1000 \end{bmatrix}.$$

ピボットを最大化する行交換を行った場合，L の要素がすべて 1 以下であるのはなぜか？すべての要素が $|a_{ij}| \le 1$ かつ $|\ell_{ij}| \le 1$ であるが，3 つ目のピボットが 4 となるような 3×3 行列 A を求めよ．

2 ヒルベルト行列 A の逆行列を，消去を用いて正確に計算せよ．また，すべての数を有効数字 3 桁に丸めて，A^{-1} をもう一度計算せよ：

$$\text{悪条件行列} \qquad A = \mathsf{hilb}(3) = \begin{bmatrix} 1 & \frac{1}{2} & \frac{1}{3} \\ \frac{1}{2} & \frac{1}{3} & \frac{1}{4} \\ \frac{1}{3} & \frac{1}{4} & \frac{1}{5} \end{bmatrix}.$$

3　同じ A について，$\boldsymbol{x}=(1,1,1)$ と $\boldsymbol{x}=(0,6,-3.6)$ に対して $\boldsymbol{b}=A\boldsymbol{x}$ を計算せよ．小さな変化 $\Delta\boldsymbol{b}$ が大きな変化 $\Delta\boldsymbol{x}$ を引き起こす．

4　8×8 のヒルベルト行列 $a_{ij}=1/(i+j-1)$ の固有値を，計算機を用いて求めよ．$\|\boldsymbol{b}\|=1$ としたときの式 $A\boldsymbol{x}=\boldsymbol{b}$ において，$\|\boldsymbol{x}\|$ はどれだけ大きくなりうるか？$\boldsymbol{b}$ に 10^{-16} より小さな丸め誤差が含まれるとき，$\boldsymbol{x}$ にもたらされる誤差はどれだけ大きくなりうるか？第 9.2 節を見よ．

5　（幅 w）の帯行列の後退代入において，$U\boldsymbol{x}=\boldsymbol{c}$ を解くのに必要な乗算の回数がおよそ wn であることを示せ．

6　L と U と Q と R がわかったならば，$LU\boldsymbol{x}=\boldsymbol{b}$ や $QR\boldsymbol{x}=\boldsymbol{b}$ をより速く解けるか？

7　$n\times n$ の上三角行列の逆行列を求めるのに必要な乗算の回数が，およそ $\frac{1}{6}n^3$ であることを示せ．I の列について 1 から上に向かって後退代入を行え．

8　各列の中でとりうる最大のピボットを選び（部分ピボット選択），以下のそれぞれの A を $PA=LU$ へと分解せよ：

$$A=\begin{bmatrix}1&0\\2&2\end{bmatrix}\quad と\quad A=\begin{bmatrix}1&0&1\\2&2&0\\0&2&0\end{bmatrix}.$$

9　対角要素に沿った中央の 3 列に 1 を置き，4×4 の三重対角行列を作る．6 つの零要素の余因子を求めよ．それらの要素は，A^{-1} においては非零となる．

10　（C. Van Loan による提案）$\varepsilon=10^{-3},10^{-6},10^{-9},10^{-12},10^{-15}$ に対して，消去を用いて LU 分解を行い，次の方程式を解け：

$$\begin{bmatrix}\varepsilon&1\\1&1\end{bmatrix}\begin{bmatrix}x_1\\x_2\end{bmatrix}=\begin{bmatrix}1+\varepsilon\\2\end{bmatrix}.$$

真の解 $\boldsymbol{x}$ は $(1,1)$ である．各 ε に対する誤差を表せ．2 つの式を交換してもう一度解け．今度は誤差がほとんどないはずだ．

11　(a) A を三角行列にする $\sin\theta$ と $\cos\theta$ を選び，R を求めよ：

ギブンス回転
$$Q_{21}A=\begin{bmatrix}\cos\theta&-\sin\theta\\\sin\theta&\cos\theta\end{bmatrix}\begin{bmatrix}1&-1\\3&5\end{bmatrix}=\begin{bmatrix}*&*\\0&*\end{bmatrix}=R.$$

(b) QAQ^{-1} を三角行列とする $\sin\theta$ と $\cos\theta$ を選べ．固有値を求めよ．

12　A に平面回転行列 Q_{ij} を掛けると，A の n^2 個の要素のうちのどれが変化するか？$Q_{ij}A$ に右から Q_{ij}^{-1} を掛けたとき，今度はどの要素が変化するか？

13　$Q_{ij}A$ を計算するのに乗算と加算は何回行うか？回転行列を全体的に注意深く並べると，$\frac{2}{3}n^3$ 回の乗算と $\frac{2}{3}n^3$ 回の加算となる．これは，鏡映を用いた QR 分解の命令数と同じであり，LU 分解に必要な命令数の 2 倍である．

挑戦問題

14 （**ロボットの手の回転**）あるロボットが，x, y, z 軸を回転軸とする平面回転によって任意の 3×3 回転行列 A を作り出せるとする．そのとき $Q_{32}Q_{31}Q_{21}A = R$ であり，A が直交であるので R は I となる．ロボットが行う 3 つの回転は $A = Q_{21}^{-1}Q_{31}^{-1}Q_{32}^{-1}$ であり，その 3 つの角は「オイラー角」である．鏡像を避けるため $\det Q = 1$ とする．まず始めに，次を満たすように $\cos\theta$ と $\sin\theta$ を選べ．

$$Q_{21}A = \begin{bmatrix} \cos\theta & -\sin\theta & 0 \\ \sin\theta & \cos\theta & 0 \\ 0 & 0 & 1 \end{bmatrix} \frac{1}{3} \begin{bmatrix} -1 & 2 & 2 \\ 2 & -1 & 2 \\ 2 & 2 & -1 \end{bmatrix} \quad \text{により } (2,1) \text{ の位置に零ができる．}$$

15 10×10 の二次差分行列を $K = \mathsf{toeplitz}([2\ -1\ \mathsf{zeros}(1,8)])$ により作れ． $KK = K(\mathsf{randperm}(10), \mathsf{randperm}(10))$ により，その行と列をランダムに置換する．$[L, U] = \mathsf{lu}(K)$ と $[LL, UU] = \mathsf{lu}(KK)$ により分解し，それらの非零要素を $\mathsf{nnz}(L)$ と $\mathsf{nnz}(LL)$ により数えよ．L は三重対角となる理想的な順序で並んでいるが，LL はそうではない．

16 次の行列 K に対して，格子点を交互に赤と黒に塗り分ける別の並び換えを行う．この置換 P は，通常の $1, \ldots, 10$ を $1, 3, 5, 7, 9, 2, 4, 6, 8, 10$ に変える：

$$\textbf{赤・黒置換} \qquad PKP^{\mathrm{T}} = \begin{bmatrix} 2I & D \\ D^{\mathrm{T}} & 2I \end{bmatrix}. \quad \text{行列 } D \text{ を求めよ．}$$

これに対して面白い実験がいくつもできる．良いアイデアを送ってくれたら，それは本書のためのウェブサイト **math.mit.edu/linearalgebra** に掲載される．また，次のコマンドを学ぶことを勧める．$B = \mathsf{sparse}(A)$ を行った後で $\mathsf{find}(B)$ とすると非零要素を列挙し，$\mathsf{lu}(B)$ はその疎行列の形式を用いて B を L と U に分解する．通常の（密）MATLAB はすべての零を計算してしまうが，これだと非零のみが計算される．

17 Jeff Stuart は，実践によって悪条件のことがわかる実習を作った：

$$\begin{bmatrix} 1 & 1.0001 \\ 1 & 1.0000 \end{bmatrix} \begin{bmatrix} x \\ y \end{bmatrix} = \begin{bmatrix} 3.0001 + \boldsymbol{e} \\ 3.0000 + \boldsymbol{E} \end{bmatrix} \quad \begin{array}{ll} \text{誤差} & x = 2 - 10000(\boldsymbol{e} - \boldsymbol{E}) \\ \boldsymbol{e} \text{ と } \boldsymbol{E} & y = 1 + 10000(\boldsymbol{e} - \boldsymbol{E}) \end{array}$$

$\boldsymbol{e} = \boldsymbol{E}$ でないとき，誤差 $\boldsymbol{e}$ と $\boldsymbol{E}$ が 10000 倍になることがこの式からわかる．

2×2 の方程式の解は，いつもどおり 2 つの直線の交点である．数学における直線を**学生の持つ長い棒**に置き換えるというのが，うまいアイデアだ．これらの 2 つの式を表す棒はほとんど平行であり，A はほとんど非可逆行列である．良条件の方程式では，その棒は直交する．

Stuart による「**棒の振動**」実習では，（何度も棒を振動させて）棒が交わる場所をプロットする．***www.plu.edu/~stuartjl*** において，棒がほとんど平行のときにその交点 (x, y) が激しく動く様子を見ることができる．

9.2　ノルムと条件数

行列の大きさを測るにはどうすればよいか？ベクトルの場合，その長さは $\|\boldsymbol{x}\|$ である．行列の場合，**そのノルムは** $\|A\|$ である．この「**ノルム**」という用語は，ベクトルに対して長さの代わりに用いられることもある．行列に対しては常にノルムという言葉が用いられるが，$\|A\|$ を測る方法はいくつもある．すべての「行列のノルム」に求められる性質を見た後で，その 1 つの方法を示す．

フロベニウスは，すべての要素を 2 乗して $(|a_{ij}|^2)$ 和を求め，その平方根を（フロベニウスの）ノルム $\|A\|_{\mathrm{F}}$ とした．これは，A を n^2 要素からなる長いベクトルのように扱う．有用なときもあるが，ここでノルムとして選択するものはそれではない．

ベクトルノルムから始めよう．三角不等式から $\|\boldsymbol{x}+\boldsymbol{y}\|$ は $\|\boldsymbol{x}\|+\|\boldsymbol{y}\|$ 以下である．$2\boldsymbol{x}$ や $-2\boldsymbol{x}$ の長さは，元の長さの 2 倍 $2\|\boldsymbol{x}\|$ である．これらと同じ法則が行列ノルムにも成り立つ：

$$\|A+B\| \le \|A\|+\|B\| \quad と \quad \|cA\| = |c|\,\|A\|. \tag{1}$$

行列ノルムに対する 2 つ目の条件は，行列の積についての条件である．ノルム $\|A\|$ は，$\boldsymbol{x}$ から $A\boldsymbol{x}$ への増大と，B から AB への増大を支配する：

$$\textbf{増大率 } \|\boldsymbol{A}\| \quad \|A\boldsymbol{x}\| \le \|A\|\,\|\boldsymbol{x}\| \quad と \quad \|AB\| \le \|A\|\,\|B\|. \tag{2}$$

このことから，行列のノルム $\|A\|$ を定義する自然な方法が導かれる：

$$A\ \textbf{のノルムは，比}\ \|\boldsymbol{Ax}\|/\|\boldsymbol{x}\|\ \textbf{の最大である：} \quad \|A\| = \max_{\boldsymbol{x}\neq\boldsymbol{0}} \frac{\|A\boldsymbol{x}\|}{\|\boldsymbol{x}\|}. \tag{3}$$

$\|A\boldsymbol{x}\|/\|\boldsymbol{x}\|$ は,（その最大である）$\|A\|$ よりも大きくなることはない．したがって，$\|A\boldsymbol{x}\| \le \|A\|\,\|\boldsymbol{x}\|$ である．

例 1　A が単位行列 I であるとき，その比は $\|\boldsymbol{x}\|/\|\boldsymbol{x}\|$ である．したがって，$\|I\|=1$ である．A が直交行列 Q であるとき，その場合も長さが保存され $\|Q\boldsymbol{x}\|=\|\boldsymbol{x}\|$，その比も $\|Q\|=1$ となる．誤差が増大することがないので，直交行列 Q は計算に都合がよい．

例 2　対角行列のノルムは，その（絶対値が）最大となる要素である：

$$A=\begin{bmatrix}2&0\\0&3\end{bmatrix} \quad のノルムは \quad \|A\|=3. \quad 固有ベクトル \quad \boldsymbol{x}=\begin{bmatrix}0\\1\end{bmatrix} \quad のとき \quad A\boldsymbol{x}=3\boldsymbol{x}.$$

最大の固有値は 3 である．この A では，ノルムは最大の固有値に等しい（しかし，すべての A でそうなるわけではない）．

正定値対称行列では，ノルムは $\|A\| = \lambda_{\max}(A)$ **となる．**

$\boldsymbol{x}$ を，最大の固有値に対応する固有ベクトルとする．すると，$\|A\boldsymbol{x}\|/\|\boldsymbol{x}\|$ は $\lambda_{\max}$ に等しい．ポイントは，その比が $\boldsymbol{x}$ で最大となることだ．行列は $A=Q\Lambda Q^{\mathrm{T}}$ であり，直交行列 Q と Q^{T} は長さを変えないので，最大化したい比はまさに $\|\Lambda\boldsymbol{x}\|/\|\boldsymbol{x}\|$ である．対角行列 Λ における最大の固有値がそのノルムである．

対称行列　A は対称行列であるが，正定値行列ではないとする．それでも，$A=Q\Lambda Q^{\mathrm{T}}$ は成り立つ．ノルムは $|\lambda_1|$，$|\lambda_2|$，$\ldots$，$|\lambda_n|$ のうちの最大のものである．ノルムでは長さのみを考えるので，それらの絶対値を取る．固有ベクトルについて，$\|A\boldsymbol{x}\|=\|\lambda\boldsymbol{x}\|=|\lambda|\times\|\boldsymbol{x}\|$ であり，比を最大にする $\boldsymbol{x}$ は，最大の $|\lambda|$ に対応する固有ベクトルである．

非対称行列　A が対称行列でないとき，その固有値はその本当の大きさを与えない．**ノルムがどの固有値よりも大きくなることがありうる**．とても非対称な次の例において，$\lambda_1=\lambda_2=0$ であるがノルムは零でない：

$$\|\boldsymbol{A}\|>\boldsymbol{\lambda}_{\max}\quad A=\begin{bmatrix}0&2\\0&0\end{bmatrix}\qquad \text{のノルムは}\qquad \|A\|=\max_{\boldsymbol{x}\neq\boldsymbol{0}}\frac{\|A\boldsymbol{x}\|}{\|\boldsymbol{x}\|}=2.$$

ベクトル $\boldsymbol{x}=(0,1)$ から $A\boldsymbol{x}=(2,0)$ となる．その長さの比は $2/1$ である．固有ベクトルではない x が，最大の比 $\|A\|$ を与える．

固有ベクトルが $\boldsymbol{x}=(0,1)$ となるのは，非対称行列 A ではなく**対称行列** $A^{\mathrm{T}}A$ である．真にノルムを与えるのは，$A^{\mathrm{T}}A$ **の最大の固有値**である：

（対称でも非対称でも）A **のノルムは，**$\boldsymbol{\lambda}_{\max}(A^{\mathrm{T}}A)$ **の平方根である：**

$$\|A\|^2=\max_{\boldsymbol{x}\neq\boldsymbol{0}}\frac{\|A\boldsymbol{x}\|^2}{\|\boldsymbol{x}\|^2}=\max_{\boldsymbol{x}\neq\boldsymbol{0}}\frac{\boldsymbol{x}^{\mathrm{T}}A^{\mathrm{T}}A\boldsymbol{x}}{\boldsymbol{x}^{\mathrm{T}}\boldsymbol{x}}=\lambda_{\max}(A^{\mathrm{T}}A)\,. \tag{4}$$

上記の $\lambda_{\max}(A)=0$ となる非対称行列の例では，$\lambda_{\max}(A^{\mathrm{T}}A)=4$ である：

$$A=\begin{bmatrix}0&2\\0&0\end{bmatrix}\ \text{より}\ A^{\mathrm{T}}A=\begin{bmatrix}0&0\\0&4\end{bmatrix}\ \text{で}\ \lambda_{\max}=4\ \text{となる．よってノルムは}\ \|A\|=\sqrt{4}.$$

任意の $\boldsymbol{A}$ **に対して**　$\boldsymbol{x}$ を，$A^{\mathrm{T}}A$ の最大の固有値 $\lambda_{\max}$ に対応する固有ベクトルとする．式 (4) における比は $\boldsymbol{x}^{\mathrm{T}}A^{\mathrm{T}}A\boldsymbol{x}=\boldsymbol{x}^{\mathrm{T}}(\lambda_{\max})\boldsymbol{x}$ を $\boldsymbol{x}^{\mathrm{T}}\boldsymbol{x}$ で割ったものであり，それは $\lambda_{\max}$ である．

より大きな比の値を与える $\boldsymbol{x}$ はない．対称行列 $A^{\mathrm{T}}A$ は，固有値 $\lambda_1,\ldots,\lambda_n$ と正規直交する固有ベクトル $\boldsymbol{q}_1,\boldsymbol{q}_2,\ldots,\boldsymbol{q}_n$ を持つ．すべてのベクトル $\boldsymbol{x}$ は，それらのベクトルの線形結合である．以下の線形結合に対する比を考えてみよ．その際，$\boldsymbol{q}_i^{\mathrm{T}}\boldsymbol{q}_j=0$ を思い出せ：

$$\frac{\boldsymbol{x}^{\mathrm{T}}A^{\mathrm{T}}A\boldsymbol{x}}{\boldsymbol{x}^{\mathrm{T}}\boldsymbol{x}}=\frac{(c_1\boldsymbol{q}_1+\cdots+c_n\boldsymbol{q}_n)^{\mathrm{T}}(c_1\lambda_1\boldsymbol{q}_1+\cdots+c_n\lambda_n\boldsymbol{q}_n)}{(c_1\boldsymbol{q}_1+\cdots+c_n\boldsymbol{q}_n)^{\mathrm{T}}(c_1\boldsymbol{q}_1+\cdots+c_n\boldsymbol{q}_n)}=\frac{c_1^2\lambda_1+\cdots+c_n^2\lambda_n}{c_1^2+\cdots+c_n^2}.$$

$\lambda_{\max}$ の係数を除くすべての c が零であるとき，比は最大 $\lambda_{\max}$ となる．

注 1　式 (4) の比は，対称行列 $A^{\mathrm{T}}A$ に対する**レイリー商**である．その最大値は，最大の固有値 $\lambda_{\max}(A^{\mathrm{T}}A)$ である．比の最小値は $\lambda_{\min}(A^{\mathrm{T}}A)$ である．任意のベクトル $\boldsymbol{x}$ をレイリー商 $\boldsymbol{x}^{\mathrm{T}}A^{\mathrm{T}}A\boldsymbol{x}/\boldsymbol{x}^{\mathrm{T}}\boldsymbol{x}$ に代入したとき，その値が $\lambda_{\min}(A^{\mathrm{T}}A)$ と $\lambda_{\max}(A^{\mathrm{T}}A)$ の間にあることが保証される．

注 2　ノルム $\|A\|$ は，A の**最大の特異値 $\boldsymbol{\sigma_{\max}}$** に等しい．特異値 $\sigma_1, \ldots, \sigma_r$ は，$A^{\mathrm{T}}A$ の正の固有値の平方根である．したがって，$\sigma_{\max} = (\lambda_{\max})^{1/2}$ である．$A = U\Sigma V^{\mathrm{T}}$ において U と V は直交行列であるので，そのノルムは $\|\boldsymbol{A}\| = \boldsymbol{\sigma_{\max}}$ である．

A の条件数

第 9.1 節では，丸め誤差が深刻な問題になりうることを示した．誤差に敏感な方程式もあれば，それほどでもない方程式もある．誤差に対する感度は，**条件数**によって測られる．本書において，意図的に誤差を導入したのは本章が最初だ．誤差によって，$\boldsymbol{x}$ がどれだけ変化するかを見積りたい．

もとの方程式は $A\boldsymbol{x} = \boldsymbol{b}$ である．丸め誤差か計測誤差によって，右辺が $\boldsymbol{b} + \Delta\boldsymbol{b}$ に変わったとする．それによって，解が $\boldsymbol{x} + \Delta\boldsymbol{x}$ に変わる．目標は，$\Delta\boldsymbol{b}$ の変化から解の変化 $\Delta\boldsymbol{x}$ を見積ることである．両辺を引くことで，**誤差方程式** $A(\Delta\boldsymbol{x}) = \Delta\boldsymbol{b}$ が得られる：

$$A(\boldsymbol{x} + \Delta\boldsymbol{x}) = \boldsymbol{b} + \Delta\boldsymbol{b} \text{ から } A\boldsymbol{x} = \boldsymbol{b} \quad \text{を引くと} \quad \boxed{A(\Delta\boldsymbol{x}) = \Delta\boldsymbol{b}} \quad \text{を得る} \tag{5}$$

誤差は $\Delta\boldsymbol{x} = A^{-1}\Delta\boldsymbol{b}$ であり，A^{-1} が大きい（そのとき A はほとんど非可逆行列である）とき誤差が大きい．誤差 $\Delta\boldsymbol{x}$ は，$\Delta\boldsymbol{b}$ が最悪の方向を向いているとき，すなわち，A^{-1} によって最も増幅されるとき，特に大きくなる．**最悪の誤差のとき $\|\Delta\boldsymbol{x}\| = \|A^{-1}\|\,\|\Delta\boldsymbol{b}\|$ となる．**

この $\|A^{-1}\|$ による誤差の上界には大きな欠点が 1 つある．A を 1000 倍したとすると，A^{-1} は 1000 分の 1 となる．行列の性質が 1000 倍良くなったように見えるが，単純な拡大縮小では問題の本質は変化しない．$\Delta\boldsymbol{x}$ が 1000 分の 1 になることは確かだが，真の解 $\boldsymbol{x} = A^{-1}\boldsymbol{b}$ も 1000 分の 1 となる．**相対誤差** $\|\Delta\boldsymbol{x}\|/\|\boldsymbol{x}\|$ は変化しないのだ．この $\boldsymbol{x}$ の相対的な変化を，$\boldsymbol{b}$ の相対的な変化に対して比較しなければならないのだ．

相対誤差を比較することにより，「条件数」$c = \|A\|\,\|A^{-1}\|$ が導かれる．A を 1000 倍してもこの数 c は変化しない．なぜなら，A^{-1} が 1000 分の 1 になるからだ．条件数は，$A\boldsymbol{x} = \boldsymbol{b}$ の誤差に対する感度を測る数である．

解に含まれる誤差は，問題の誤差の $c = \|A\|\,\|A^{-1}\|$ 倍よりも小さい：

$$\text{条件数 } \boldsymbol{c} \qquad \boxed{\frac{\|\Delta\boldsymbol{x}\|}{\|\boldsymbol{x}\|} \le c\frac{\|\Delta\boldsymbol{b}\|}{\|\boldsymbol{b}\|}.} \tag{6}$$

問題の誤差が ΔA のとき（$\boldsymbol{b}$ ではなく A に誤差がある），それでも $\Delta \boldsymbol{x}$ は c によって抑えられる：

$\boldsymbol{A}$ の誤差 $\Delta \boldsymbol{A}$　$$\frac{\|\Delta \boldsymbol{x}\|}{\|\boldsymbol{x}+\Delta \boldsymbol{x}\|} \le c\frac{\|\Delta A\|}{\|A\|}. \tag{7}$$

証明　もとの方程式は $\boldsymbol{b}=A\boldsymbol{x}$ であり，誤差方程式 (5) は $\Delta \boldsymbol{x}=A^{-1}\Delta \boldsymbol{b}$ である．行列ノルムの重要な性質 $\|A\boldsymbol{x}\| \le \|A\|\|\boldsymbol{x}\|$ を適用する：

$$\|\boldsymbol{b}\| \le \|A\|\,\|\boldsymbol{x}\| \qquad \text{と} \qquad \|\Delta \boldsymbol{x}\| \le \|A^{-1}\|\,\|\Delta \boldsymbol{b}\|.$$

左辺の積をとると $\|\boldsymbol{b}\|\,\|\Delta \boldsymbol{x}\|$ が得られ，右辺の積をとると $c\|\boldsymbol{x}\|\,\|\Delta \boldsymbol{b}\|$ が得られる．両辺を $\|\boldsymbol{b}\|\,\|\boldsymbol{x}\|$ で割る．すると，左辺から相対誤差 $\|\Delta \boldsymbol{x}\|/\|\boldsymbol{x}\|$ が得られ，右辺から式 (6) にある上界が得られる．

誤差が行列に含まれる場合にも，同じ条件数 $c=\|A\|\,\|A^{-1}\|$ が現れる．誤差方程式において，$\Delta \boldsymbol{b}$ の代わりに ΔA がある：

$$A\boldsymbol{x}=\boldsymbol{b} \text{ を } (A+\Delta A)(\boldsymbol{x}+\Delta \boldsymbol{x})=\boldsymbol{b} \text{ から引くと } A(\Delta \boldsymbol{x})=-(\Delta A)(\boldsymbol{x}+\Delta \boldsymbol{x}) \text{ を得る}$$

最後の式に A^{-1} を掛けてノルムをとると，式 (7) が得られる：

$$\|\Delta \boldsymbol{x}\| \le \|A^{-1}\|\,\|\Delta A\|\,\|\boldsymbol{x}+\Delta \boldsymbol{x}\| \quad \text{すなわち} \quad \frac{\|\Delta \boldsymbol{x}\|}{\|\boldsymbol{x}+\Delta \boldsymbol{x}\|} \le \|A\|\,\|A^{-1}\|\frac{\|\Delta A\|}{\|A\|}.$$

結論　誤差は 2 通りの方法で入りうる．誤差 ΔA（間違った行列）か $\Delta \boldsymbol{b}$（間違った $\boldsymbol{b}$）があるとする．これらの誤差は，解の誤差 $\Delta \boldsymbol{x}$ を（大きく，または，小さく）増幅する．解の誤差は，$\boldsymbol{x}$ に対して相対的に上から抑えられ，それが条件数 c である．

誤差 $\Delta \boldsymbol{b}$ は，計算機の丸め処理ともともとの $\boldsymbol{b}$ の計測に依存する．誤差 ΔA はまた，消去の過程に依存する．ピボットが小さいと，L や U に大きな誤差が生じやすい．$L+\Delta L$ と $U+\Delta U$ の積が $A+\Delta A$ である．ΔA か条件数のいずれかがとても大きいとき，許容できない誤差 $\Delta \boldsymbol{x}$ になりうる．

例 3　A が対称行列であるとき，$c=\|A\|\,\|A^{-1}\|$ は固有値から計算できる：

$$A=\begin{bmatrix}6 & 0\\ 0 & 2\end{bmatrix} \text{ のノルムは 6.} \qquad A^{-1}=\begin{bmatrix}\frac{1}{6} & 0\\ 0 & \frac{1}{2}\end{bmatrix} \text{ のノルムは } \tfrac{1}{2}.$$

この A は対称正定値行列である．そのノルムは $\lambda_{\max}=6$ であり，A^{-1} のノルムは $1/\lambda_{\min}=\frac{1}{2}$ である．それらのノルムの積から，**条件数** $\|A\|\,\|A^{-1}\|=\lambda_{\max}/\lambda_{\min}$ が得られる：

正定値行列 $\boldsymbol{A}$ に対する条件数　$$c=\frac{\lambda_{\max}}{\lambda_{\min}}=\frac{6}{2}=3.$$

例 4　固有値 6 と 2 を持つ同じ A について考える．$\boldsymbol{x}$ を小さくするには，$\boldsymbol{b}$ を最初の固有ベクトル $(1,0)$ の方向にとる．$\Delta \boldsymbol{x}$ を大きくするには，$\Delta \boldsymbol{b}$ を 2 つ目の固有ベクトル $(0,1)$

の方向にとる．すると，$\boldsymbol{x} = \frac{1}{6}\boldsymbol{b}$ および $\Delta\boldsymbol{x} = \frac{1}{2}\Delta\boldsymbol{b}$ となる．比 $\|\Delta\boldsymbol{x}\|/\|\boldsymbol{x}\|$ は，まさに比 $\|\Delta\boldsymbol{b}\|/\|\boldsymbol{b}\|$ の $c = 3$ 倍となる．

このことから，条件数 $\|A\|\,\|A^{-1}\|$ によって与えられる最悪の誤差が実際に起こりうることがわかる．ガウスの消去法について実験的に確認されている有用な経験則を以下に示す：**計算機の丸め誤差によって，有効数字が** $\log c$ **だけ減りうる．**

練習問題 9.2

1 以下の正定値行列に対して，ノルム $\|A\| = \lambda_{\max}$ と条件数 $c = \lambda_{\max}/\lambda_{\min}$ を求めよ：

$$\begin{bmatrix} 0.5 & 0 \\ 0 & 2 \end{bmatrix} \qquad \begin{bmatrix} 2 & 1 \\ 1 & 2 \end{bmatrix} \qquad \begin{bmatrix} 3 & 1 \\ 1 & 1 \end{bmatrix}.$$

2 $\lambda_{\max}(A^{\mathrm{T}}A)$ と $\lambda_{\min}(A^{\mathrm{T}}A)$ の平方根を用いて，ノルムと条件数を求めよ．A が正定値行列でなければ，$A^{\mathrm{T}}A$ を考えよ．

$$\begin{bmatrix} -2 & 0 \\ 0 & 2 \end{bmatrix} \qquad \begin{bmatrix} 1 & 1 \\ 0 & 0 \end{bmatrix} \qquad \begin{bmatrix} 1 & 1 \\ -1 & 1 \end{bmatrix}.$$

3 $\|A\|$ と $\|B\|$ の定義 (3) から，以下の不等式を説明せよ：

$$\|AB\boldsymbol{x}\| \le \|A\|\,\|B\boldsymbol{x}\| \le \|A\|\,\|B\|\,\|\boldsymbol{x}\|.$$

$\|AB\boldsymbol{x}\|$ の $\|\boldsymbol{x}\|$ に対する比から，$\|AB\| \le \|A\|\,\|B\|$ であることを演繹せよ．これが行列ノルムを使う鍵である．A^n のノルムは必ず $\|A\|^n$ 以下である．

4 $\|AA^{-1}\| \le \|A\|\,\|A^{-1}\|$ を用いて，条件数が少なくとも 1 であることを証明せよ．

5 $\lambda_{\max} = \lambda_{\min} = 1$ となるような対称正定値行列が I だけであるのはなぜか？また，$\|A\| = 1$ かつ $\|A^{-1}\| = 1$ であるような行列は，$A^{\mathrm{T}}A = I$ でなければならない．それらは ＿＿ 行列であり，その条件数は理想的である．

6 直交行列のノルムは $\|Q\| = 1$ である．$A = QR$ であるとき，$\|A\| \le \|R\|$ と $\|R\| \le \|A\|$ を示せ．さらに，$\|A\| = \|Q\|\,\|R\|$ を示せ．$\|A\| < \|L\|\|U\|$ となるような $A = LU$ の例を見つけよ．

7 (a) どの有名な不等式から，任意の $\boldsymbol{x}$ について $\|(A+B)\boldsymbol{x}\| \le \|A\boldsymbol{x}\| + \|B\boldsymbol{x}\|$ が導かれるか？

(b) 行列ノルムに関する定義 (3) から $\|A+B\| \le \|A\| + \|B\|$ が導かれるのはなぜか？

8 A の固有値を λ とするとき，$|\lambda| \le \|A\|$ であることを示せ．$A\boldsymbol{x} = \lambda\boldsymbol{x}$ から始めよ．

9 **「スペクトル半径」** $\rho(A) = |\lambda_{\max}|$ は，固有値の絶対値のうちの最大である．$\rho(A+B) \le \rho(A) + \rho(B)$ と $\rho(AB) \le \rho(A)\rho(B)$ の両方が偽であることを，2×2 の行列の反例を用いて示せ．スペクトル半径をノルムとすることはできない．

10 (a) A と A^{-1} の条件数が同じである理由を説明せよ．
(b) A と A^{T} のノルムが同じである理由を，$\lambda(A^{\mathrm{T}}A)$ と $\lambda(AA^{\mathrm{T}})$ から説明せよ．

11 次の悪条件行列の条件数を見積れ $A = \begin{bmatrix} 1 & 1 \\ 1 & 1.0001 \end{bmatrix}$.

12 A の行列式がノルムとして適していないのはなぜか？それが条件数にも適していないのはなぜか？

13 （C. Moler と C. Van Loan による提案）以下の値を用いて，$\boldsymbol{b} - A\boldsymbol{y}$ と $\boldsymbol{b} - A\boldsymbol{z}$ を計算せよ．

$$\boldsymbol{b} = \begin{bmatrix} 0.217 \\ 0.254 \end{bmatrix} \quad A = \begin{bmatrix} 0.780 & 0.563 \\ 0.913 & 0.659 \end{bmatrix} \quad \boldsymbol{y} = \begin{bmatrix} 0.341 \\ -0.087 \end{bmatrix} \quad \boldsymbol{z} = \begin{bmatrix} 0.999 \\ -1.0 \end{bmatrix}.$$

$A\boldsymbol{x} = \boldsymbol{b}$ の解として，$\boldsymbol{y}$ と $\boldsymbol{z}$ のどちらがより近いか，2 つの方法で答えよ．まず，残差 $\boldsymbol{b} - A\boldsymbol{y}$ を $\boldsymbol{b} - A\boldsymbol{z}$ と比較せよ．次に，$\boldsymbol{y}$ と $\boldsymbol{z}$ を真の解 $\boldsymbol{x} = (1, -1)$ と比較せよ．いずれの答も正しい．残差を小さくしたいときもあれば，$\Delta\boldsymbol{x}$ を小さくしたいときもある．

14 (a) 問題 13 の A の行列式を計算せよ．A^{-1} を計算せよ．
(b) 可能であれば，$\|A\|$ と $\|A^{-1}\|$ を計算し，$c > 10^6$ であることを示せ．

問題 15〜19 は，通常の $\|\boldsymbol{x}\| = \sqrt{\boldsymbol{x} \cdot \boldsymbol{x}}$ とは異なるベクトルノルムに関するものである．

15 $\boldsymbol{x} = (x_1, \ldots, x_n)$ の「$\boldsymbol{\ell}^1$ ノルム」と「$\boldsymbol{\ell}^\infty$ ノルム」は，次のように定義される

$$\|\boldsymbol{x}\|_1 = |x_1| + \cdots + |x_n| \quad と \quad \|\boldsymbol{x}\|_\infty = \max_{1 \le i \le n} |x_i|.$$

次の 2 つの $\mathbf{R}^5$ のベクトルに対して，ノルム $\|\boldsymbol{x}\|$，$\|\boldsymbol{x}\|_1$，$\|\boldsymbol{x}\|_\infty$ を計算せよ：

$$\boldsymbol{x} = (1, 1, 1, 1, 1) \qquad \boldsymbol{x} = (.1, .7, .3, .4, .5).$$

16 $\|\boldsymbol{x}\|_\infty \le \|\boldsymbol{x}\| \le \|\boldsymbol{x}\|_1$ であることを証明せよ．シュワルツの不等式から，比 $\|\boldsymbol{x}\|/\|\boldsymbol{x}\|_\infty$ と $\|\boldsymbol{x}\|_1/\|\boldsymbol{x}\|$ が $\sqrt{n}$ 以下であることを示せ．それらの比が $\sqrt{n}$ となるようなベクトル $(x_1, \ldots, x_n)$ はどのようなものか？

17 すべてのベクトルノルムは**三角不等式**を満たさなければならない．次を証明せよ．

$$\|\boldsymbol{x} + \boldsymbol{y}\|_\infty \le \|\boldsymbol{x}\|_\infty + \|\boldsymbol{y}\|_\infty \quad と \quad \|\boldsymbol{x} + \boldsymbol{y}\|_1 \le \|\boldsymbol{x}\|_1 + \|\boldsymbol{y}\|_1.$$

18 ベクトルノルムは $\|c\boldsymbol{x}\| = |c|\,\|\boldsymbol{x}\|$ も満たさなければならない．$\boldsymbol{x} = \mathbf{0}$ のとき以外では，ノルムは正でなければならない．以下のうち，$\mathbf{R}^2$ のベクトル (x_1, x_2) のノルムであるのはどれか？

$$\|\boldsymbol{x}\|_A = |x_1| + 2|x_2| \qquad \|\boldsymbol{x}\|_B = \min\,(|x_1|, |x_2|)$$

$$\|\boldsymbol{x}\|_C = \|\boldsymbol{x}\| + \|\boldsymbol{x}\|_\infty \qquad \|\boldsymbol{x}\|_D = \|A\boldsymbol{x}\| \quad (\text{この答は } A \text{ に依存する}).$$

挑戦問題

19 $\boldsymbol{x}^{\mathrm{T}}\boldsymbol{y} \le \|\boldsymbol{x}\|_1\,\|\boldsymbol{y}\|_\infty$ であることを，$\boldsymbol{x}^{\mathrm{T}}\boldsymbol{y}$ ができるだけ大きくなるように要素 $y_i = \pm 1$ を選ぶことで示せ．

20 $-1, 2, -1$ 差分行列 K の固有値は $\lambda = 2 - 2\cos\,(j\pi/n{+}1)$ である．n を増やしたとき $\lambda_{\min}$ と $\lambda_{\max}$ と $c = \mathbf{cond}(K) = \lambda_{\max}/\lambda_{\min}$ を見積れ．$c \approx Cn^2$ となる定数 C を求めよ．

$\mathbf{eig}(K)$ と $\mathbf{cond}(K)$ を用いて，$n = 10, 100, 1000$ に対してその見積もりを確認せよ．

21 非対称行列では，スペクトル半径 $\rho = \max|\lambda_i|$ はノルムではない（問題 9）．しかし，大きな n に対して，$\|A^n\|$ は ρ^n と同様に増加／減少する．コマンド **norm** を用いて，$A = [1 \quad 1; \quad 0 \quad 1.1]$ についてそれらの数を比べよ．

特に，$\rho < 1$ のとき $A^n \to 0$ である．これが，第 9.3 節の $A = S^{-1}T$ への鍵となる．

9.3　反復法と前処理

これまで，$A\boldsymbol{x} = \boldsymbol{b}$ に対するアプローチは直接法であった．すなわち，A をそのまま扱って行交換を含む消去を行った．本節は**反復法**に関して扱う．反復法では，A をより単純な行列 S で置き換える．その差 $T = S - A$ は，方程式の右辺へ移項される．A の代わりに S を用いることで問題は簡単になるが，その代償として**その単純な方程式を何度も解かなければならない**．

反復法を創り出すことは簡単にできる．A を（注意深く）$S - T$ に分けるだけだ．

$$A\boldsymbol{x} = \boldsymbol{b} \text{ を書き換えて，} \qquad S\boldsymbol{x} = T\boldsymbol{x} + \boldsymbol{b}. \tag{1}$$

新しい点は，式 (1) を反復して解くことだ．推定 $\boldsymbol{x}_k$ から次の推定 $\boldsymbol{x}_{k+1}$ が導かれる：

$$\textbf{純粋な反復} \qquad S\boldsymbol{x}_{k+1} = T\boldsymbol{x}_k + \boldsymbol{b}. \tag{2}$$

任意の $\boldsymbol{x}_0$ から始め，まず $S\boldsymbol{x}_1 = T\boldsymbol{x}_0 + \boldsymbol{b}$ を解く．続けて，2 度目の反復 $S\boldsymbol{x}_2 = T\boldsymbol{x}_1 + \boldsymbol{b}$ を行う．反復回数が 100 回になることもよくあり，多くの場合ではもっと多くなる．新しいベクトル $\boldsymbol{x}_{k+1}$ が $\boldsymbol{x}_k$ に十分近いとき，もしくは**残差** $\boldsymbol{r}_k = \boldsymbol{b} - A\boldsymbol{x}_k$ が零に近いとき，反復を終える．真の解に近い値を，消去を行うよりもずっと高速に求めたい．数列 $\boldsymbol{x}_k$ が収束するとき，その極限 $\boldsymbol{x} = \boldsymbol{x}_\infty$ は方程式 (1) の解となる．それは，式 (2) の $k \to \infty$ の極限をとることで証明される．

$A = S - T$ と分ける際の 2 つの目標は，**各ステップが速いことと収束が速いこと**である．各ステップの速度は S に依存し，収束の速さは $S^{-1}T$ に依存する：

1 方程式 (2) を解いて $\boldsymbol{x}_{k+1}$ が簡単に求められるべきである．「**前処理**」 S は，A の対角要素もしくは三角要素とする．$S = L_0U_0$ とする別の方法では，正確な $A = LU$ に比べてより多くの零がそれらの因子に含まれる．これは「**不完全**」 LU と呼ばれる．

2 差 $\boldsymbol{x} - \boldsymbol{x}_k$（これが誤差 $\boldsymbol{e}_k$ である）は，速く零になるべきである．式 (2) を式 (1) から引くと $\boldsymbol{b}$ が打ち消され，**誤差 $\boldsymbol{e}_k$ の式が残る**：

$$\textbf{誤差の式} \quad \boxed{S\boldsymbol{e}_{k+1} = T\boldsymbol{e}_k} \text{ これより } \boxed{\boldsymbol{e}_{k+1} = S^{-1}T\boldsymbol{e}_k.} \tag{3}$$

各ステップで，誤差に $S^{-1}T$ が掛けられる．$S^{-1}T$ が小さければ，そのベキは早く零になる．しかし,「小さい」とはどういうことか？

極端な分け方は，$S = A$ と $T = 0$ とすることである．すると，反復の第 1 回目はもともとの $A\boldsymbol{x} = \boldsymbol{b}$ である．収束は完璧で $S^{-1}T$ は零になる．しかし，避けようとしていた大きな計算コストがかかる．S の選択は，各ステップの速さ（単純な S）と，収束の速さ（A に近い S）との間のせめぎ合いだ．いくつかの有名な選択法を示そう：

J $S = A$ の対角要素（その反復は**ヤコビ法**と呼ばれる）
GS $S = A$ の対角要素を含む下三角要素（**ガウス–ザイデル法**）
SOR $S =$ ヤコビ法とガウス–ザイデル法の線形結合（**逐次過緩和法**）
ILU $S = L$ の近似と U の近似の積（**不完全 LU 法**）

最初の問は純粋に線形代数に関するものである：**どのようなときに $\boldsymbol{x}_k$ が $\boldsymbol{x}$ に収束するか？** その答は，数 $|\lambda|_{\max}$ が収束を支配することを明らかにする．**J** と **GS** と **SOR** の例では，この「**スペクトル半径**」$|\lambda|_{\max}$ を計算する．それは，**反復行列** $B = S^{-1}T$ の最大の固有値である．

収束を支配するスペクトル半径 $\rho(B)$

式 (3) は $\boldsymbol{e}_{k+1} = S^{-1}T\boldsymbol{e}_k$ である．それぞれの反復のステップにおいて，誤差に同じ行列 $B = S^{-1}T$ が掛けられる．k ステップ後の誤差は $\boldsymbol{e}_k = B^k\boldsymbol{e}_0$ である．**$B = S^{-1}T$ のベキが零に近づくとき，誤差も零に近づく．** B の固有値，特に最大の固有値が行列のベキ B^k をどのように支配するかを見ると，それは見事だ．

B のすべての 固有値が $|\lambda| < 1$ であるとき，かつそのときに限り，ベキ B^k が零に近づく．
収束の速さは，B のスペクトル半径 $\boxed{\rho = \max|\lambda(B)|}$ に支配される．

収束するかどうかの判定は $|\lambda|_{\max} < 1$ による． 実数固有値は -1 と 1 の間になければならない．複素数固有値 $\lambda = a + ib$ では，$|\lambda|^2 = a^2 + b^2 < 1$ でなければならない（複素数については，第 10 章で議論する）．スペクトル半径「rho」は，0 から $B = S^{-1}T$ の固有値 $\lambda_1, \ldots, \lambda_n$ までの距離の最大であり，$\rho = |\lambda|_{\max}$ である．

$|\lambda|_{\max} < 1$ が必要である理由を確認するため，最初の誤差 $\boldsymbol{e}_0$ が B の固有ベクトルであったとする．1 ステップ後に誤差は $B\boldsymbol{e}_0 = \lambda \boldsymbol{e}_0$ になり，k ステップ後には誤差は $B^k \boldsymbol{e}_0 = \lambda^k \boldsymbol{e}_0$ となる．固有ベクトルから始めると，その固有ベクトルは保存され，ベキ λ^k だけ増加・減少する．**この λ^k が零へと近づくのは $|\lambda| < 1$ のときである．** この条件がすべての固有値について成り立つ必要があるので，$\rho = |\lambda|_{\max} < 1$ でなければならない．

誤差が零に近づくのに $|\lambda|_{\max} < 1$ で十分な理由を確認するため，$\boldsymbol{e}_0$ が固有ベクトルの線形結合であるとする：

$$\boldsymbol{e}_0 = c_1 \boldsymbol{x}_1 + \cdots + c_n \boldsymbol{x}_n \quad \text{より} \quad \boldsymbol{e}_k = c_1(\lambda_1)^k \boldsymbol{x}_1 + \cdots + c_n(\lambda_n)^k \boldsymbol{x}_n. \tag{4}$$

これが固有ベクトルの核心だ．固有ベクトルは独立に増加・減少し，それぞれ固有値によって支配されている．B を掛けたとき，固有ベクトル $\boldsymbol{x}_i$ には λ_i が掛けられる．すべての固有値が $|\lambda_i| < 1$ であるとき，式 (4) から $\boldsymbol{e}_k$ が零に近づくことが保証される．

例 1 $B = \begin{bmatrix} \mathbf{0.6} & \mathbf{0.5} \\ \mathbf{0.6} & \mathbf{0.5} \end{bmatrix}$ では $\lambda_{\max} = 1.1$ である． $B' = \begin{bmatrix} \mathbf{0.6} & \mathbf{1.1} \\ \mathbf{0} & \mathbf{0.5} \end{bmatrix}$ では $\lambda_{\max} = 0.6$ である．B^2 は B の 1.1 倍であり，B^3 は B の $(1.1)^2$ 倍である．B のベキは増大する．B' のベキは対照的である．行列 $(B')^k$ の対角は $(0.6)^k$ と $(0.5)^k$ となる．対角以外の要素も $\rho^k = (0.6)^k$ を含み，それにより収束の速度が決まる．

注 B に n 個の独立な固有ベクトルがないとき，技術的に難しい（0.5 を 0.6 に変えると B' にこの効果がもたらされる）．基底とするには固有ベクトルが足りないので，最初の誤差 $\boldsymbol{e}_0$ は固有ベクトルの線形結合でないかもしれない．そのとき，対角化することはできず，式 (4) は正しくない．固有ベクトルが足りないときには，**ジョルダン標準形** を考える：

$$\text{ジョルダン標準形 } J \qquad B = MJM^{-1} \qquad \text{と} \qquad B^k = MJ^kM^{-1}. \tag{5}$$

第 6.6 節では，重複する固有値からなる「ブロック」から J と J^k がどのように作られるかを示した：

$$J \text{ における } 2 \times 2 \text{ のブロックのベキは} \quad \begin{bmatrix} \lambda & 1 \\ 0 & \lambda \end{bmatrix}^k = \begin{bmatrix} \lambda^k & k\lambda^{k-1} \\ 0 & \lambda^k \end{bmatrix}.$$

$|\lambda| < 1$ のとき，これらのベキは零に近づく．重複した固有値から生じる追加の k は，減少する λ^{k-1} に圧倒される．これがすべてのジョルダン細胞に成り立つ．大きさ $S+1$ のブロックでは J^k に $k^S\ \lambda^{k-S}$ が含まれるが，$|\lambda| < 1$ のときそれも 零に近づく．

対角化可能・不可能：いずれも $B^k \to 0$ の収束とその速度は $\rho = |\lambda|_{\max} < 1$ に依存する．

ヤコビ法とガウス－ザイデル法

これから，具体的な 2×2 の問題を解く．それぞれの方法において，数 $|\lambda|_{\max}$ に注意せよ．

$$A\boldsymbol{x}=\boldsymbol{b} \qquad \begin{aligned} 2u-\ v&=\ 4 \\ -u+2v&=-2 \end{aligned} \quad \text{の解は} \quad \begin{bmatrix} u \\ v \end{bmatrix}=\begin{bmatrix} 2 \\ 0 \end{bmatrix}. \tag{6}$$

最初の分け方は **ヤコビ法**である．A の**対角要素** を左辺に残し（これが S である），A の非対角要素を右辺に移す（これが T である）．そして反復を行う：

ヤコビ法の反復　$S\boldsymbol{x}_{k+1}=T\boldsymbol{x}_k+\boldsymbol{b}$　
$$\begin{aligned} 2u_{k+1} &= v_k+4 \\ 2v_{k+1} &= u_k-2. \end{aligned}$$

$u_0=v_0=0$ から始める．第 1 ステップで $u_1=2$ と $v_1=-1$ が求まる．さらに続ける：

$$\begin{bmatrix} 0 \\ 0 \end{bmatrix} \quad \begin{bmatrix} 2 \\ -1 \end{bmatrix} \quad \begin{bmatrix} 3/2 \\ 0 \end{bmatrix} \quad \begin{bmatrix} 2 \\ -1/4 \end{bmatrix} \quad \begin{bmatrix} 15/8 \\ 0 \end{bmatrix} \quad \begin{bmatrix} 2 \\ -1/16 \end{bmatrix} \quad \text{は} \quad \begin{bmatrix} 2 \\ 0 \end{bmatrix} \quad \text{へと近づく.}$$

これらは収束することを示している．第 1, 3, 5 ステップにおいて，第 2 要素は -1, $-1/4$, $-1/16$ である．2 ステップごとに，誤差が $\frac{1}{4}$ 倍になっている．要素 0, 3/2, 15/8 の誤差は 2, $\frac{1}{2}$, $\frac{1}{8}$ である．それらも，2 ステップごとに 4 分の 1 になっている．**誤差方程式は** $S\boldsymbol{e}_{k+1}=T\boldsymbol{e}_k$ **である**：

$$\textbf{誤差方程式} \qquad \begin{bmatrix} 2 & 0 \\ 0 & 2 \end{bmatrix}\boldsymbol{e}_{k+1}=\begin{bmatrix} 0 & 1 \\ 1 & 0 \end{bmatrix}\boldsymbol{e}_k \quad \text{すなわち} \quad \boldsymbol{e}_{k+1}=\begin{bmatrix} 0 & \frac{1}{2} \\ \frac{1}{2} & 0 \end{bmatrix}\boldsymbol{e}_k. \tag{7}$$

その最後の行列 $S^{-1}T$ の固有値は $\frac{1}{2}$ と $-\frac{1}{2}$ である．したがって，そのスペクトル半径は $\rho(B)=\frac{1}{2}$ である：

$$B=S^{-1}T=\begin{bmatrix} 0 & \frac{1}{2} \\ \frac{1}{2} & 0 \end{bmatrix} \quad \text{において} \ |\lambda|_{\max}=\tfrac{1}{2} \quad \text{と} \quad \begin{bmatrix} 0 & \frac{1}{2} \\ \frac{1}{2} & 0 \end{bmatrix}^2=\begin{bmatrix} \frac{1}{4} & 0 \\ 0 & \frac{1}{4} \end{bmatrix}.$$

この具体例では，2 ステップごとに誤差がちょうど $\frac{1}{4}$ 倍になる．次がその重要なメッセージだ：A の主対角要素が非対角要素よりも大きいとき，ヤコビ法がうまくいく．対角要素が S であり，その残りが $-T$ である．対角要素が最も重要であり，$S^{-1}T$ が小さいのが望ましい．

固有値 $\lambda=\frac{1}{2}$ は，通常ではありえないほど小さい．10 回の反復により誤差が $2^{10}=1024$ 分の 1 に減る．より典型的で計算コストのかかる例では，$|\lambda|_{\max}=0.99$ さらには 0.999 となる．

ガウス－ザイデル法では，A の下三角要素を S に残す：

$$\textbf{ガウス－ザイデル} \qquad \begin{aligned} 2u_{k+1} \qquad\qquad &= v_k+4 \\ -u_{k+1}+2v_{k+1} &= \quad -2 \end{aligned} \qquad \text{より} \qquad \begin{aligned} u_{k+1} &= \tfrac{1}{2}v_k \quad +2 \\ v_{k+1} &= \tfrac{1}{2}u_{k+1}-1. \end{aligned} \tag{8}$$

その違いに注意せよ．1 つ目の等式から得られた新しい u_{k+1} がすぐに 2 つ目の等式で用いられている．ヤコビ法では，1 ステップ全体が完了するまで古い u_k を残しておいた．ガウス-ザイデル法では，古い u_k は捨てられ，新しい値がすぐに用いられる．これにより，記憶量が半分に減らせ,（通常は）反復も高速化できる．その計算コストは，ヤコビ法よりも多くない．

$(0,0)$ から始めると，その真の解 $(2,0)$ に 1 ステップで到達する．これは予期せぬ事故だ．別の $u_0 = 0$ と $v_0 = -1$ から始めて反復を調べてみよう：

$$\begin{bmatrix} 0 \\ -1 \end{bmatrix} \quad \begin{bmatrix} 3/2 \\ -1/4 \end{bmatrix} \quad \begin{bmatrix} 15/8 \\ -1/16 \end{bmatrix} \quad \begin{bmatrix} 63/32 \\ -1/64 \end{bmatrix} \quad \text{は} \quad \begin{bmatrix} 2 \\ 0 \end{bmatrix} \quad \text{へと近づく．}$$

第 1 要素に含まれる誤差は 2, 1/2, 1/8, 1/32 である．第 2 要素に含まれる誤差は -1, $-1/4$, $-1/16$, $-1/32$ である．2 ステップごとではなく，**1 ステップごと**に 4 分の 1 になる．**ガウス – ザイデル法はヤコビ法の 2 倍速い**．$\rho_{\mathbf{GS}} = (\rho_{\mathbf{J}})^2$ となっている．

正定値三重対角行列に対して，常にこのように 2 倍速い．A がとても非対称である場合にはどんなことも起こりうる．ヤコビ法が速いこともあれば，どちらの方法でも失敗することもある．ここで例に用いた A は，小さな正定値三重対角行列であった：

$$S = \begin{bmatrix} 2 & 0 \\ -1 & 2 \end{bmatrix} \quad \text{と} \quad T = \begin{bmatrix} 0 & 1 \\ 0 & 0 \end{bmatrix} \quad \text{と} \quad S^{-1}T = \begin{bmatrix} \mathbf{0} & \frac{1}{2} \\ 0 & \mathbf{\frac{1}{4}} \end{bmatrix}.$$

ガウス – ザイデル法の場合，固有値は 0 と $\frac{1}{4}$ である．ヤコビ法の場合の $\frac{1}{2}$ を $-\frac{1}{2}$ と比べよ．

もう少し先へ進んで，**逐次過緩和法** (**SOR**) の説明をしよう．新しい考え方は，反復にパラメータ ω（オメガ）を導入し，$S^{-1}T$ のスペクトル半径が最小になるように ω を選ぶことである．

$A\boldsymbol{x} = \boldsymbol{b}$ を $\omega A\boldsymbol{x} = \omega\boldsymbol{b}$ と書き換える．**SOR** における行列 S は，もともとの A の対角要素と，ωA の対角要素の下の部分とする．右辺 T は，$S - \omega A$ である：

$$\textbf{SOR} \qquad \begin{aligned} 2u_{k+1} \qquad\qquad &= (2-2\omega)u_k + \omega v_k + 4\omega \\ -\omega u_{k+1} + 2v_{k+1} &= (2-2\omega)v_k - 2\omega. \end{aligned} \tag{9}$$

この式はより複雑になったように見えるが，計算機はこれまでと同じ速さで計算できる．1 つ目の等式から求まった u_{k+1} は，2 つ目の等式の v_{k+1} を求めるのにすぐに用いられる．これはガウス – ザイデルと同様であり，そこに調整可能な数 ω が追加されている．鍵となる行列は $S^{-1}T$ である：

$$\textbf{SOR 反復行列} \qquad S^{-1}T = \begin{bmatrix} 1-\omega & \frac{1}{2}\omega \\ \frac{1}{2}\omega(1-\omega) & 1-\omega+\frac{1}{4}\omega^2 \end{bmatrix}. \tag{10}$$

その行列式は $(1-\omega)^2$ である．最適な ω において 2 つの固有値は $7-4\sqrt{3}$ となり，それはほぼ $(\frac{1}{4})^2$ である．したがってこの例では，**SOR** はガウス – ザイデルの 2 倍速い．**SOR** が 10 倍もしくは 100 倍速く収束するような例もある．

最も有用な次数 n の検査行列を示しておこう．それは，我々のお気に入りの $-1, 2, -1$ 三重対角行列 K である．その対角要素は $2I$ であり，対角要素の下と上には -1 がある．ここで例に用いた行列は $n = 2$ であり，上で求めたヤコビ法の固有値のように $\cos\frac{\pi}{3} = \frac{1}{2}$ が導かれる．ガウス – ザイデル法では，この固有値が 2 乗されていることに特に注意せよ：

次数 n の $-1, 2, -1$ 行列 K に対して，B の固有値は以下のようになる：

ヤコビ ($S = 0, 2, 0$ 行列)： $S^{-1}T$ の $|\lambda|_{\max} = \cos\dfrac{\pi}{n+1}$

ガウス－ザイデル ($S = -1, 2, 0$ 行列)： $S^{-1}T$ の $|\lambda|_{\max} = \left(\cos\dfrac{\pi}{n+1}\right)^2$

SOR (最適な ω のもとで)： $S^{-1}T$ の $|\lambda|_{\max} = \left(\cos\dfrac{\pi}{n+1}\right)^2 \Big/ \left(1+\sin\dfrac{\pi}{n+1}\right)^2$.

より明確にしよう：$-1, 2, -1$ 行列に対しては，これらの反復法のいずれも使うべきではない．消去がとても速くできる（かつ正確な LU が得られる）からだ．ほとんどの要素が零であるような大きな疎行列に対して反復法を使うべきだ．(幅の広い) 帯の中にある零は都合が悪い．それらは L と U において非零となり，それが消去の計算コストを大きくする理由だからだ．

もう 1 つの分け方について述べる.「**不完全** LU」の考え方は，L と U の中の小さな非零要素を**零に戻す**というものである．これにより，三角行列 L_0 と U_0 がまた疎行列になる．その分け方では，左辺に $S = L_0U_0$ がある．各ステップの計算は簡単である：

$$\textbf{不完全 LU} \qquad L_0U_0\boldsymbol{x}_{k+1} = (L_0U_0 - A)\boldsymbol{x}_k + \boldsymbol{b}.$$

右辺において，疎行列–ベクトル乗算を行う．行列 L_0 と U_0 の積を求めてはならない．$\boldsymbol{x}_k$ に U_0 を掛けた後に，そのベクトルに L_0 を掛ける．左辺においては，前進代入と後退代入を行う．L_0U_0 が A に近ければ，$|\lambda|_{\max}$ が小さくなり，少ない反復回数で良い近似解が得られる．

多重格子法と共役勾配法

ヤコビ法やガウス－ザイデル法が最良の方法だという印象を残すわけにはいかない．一般に,「低周波」域の誤差の減衰は遅く，多数回の反復が必要となる．それを著しく改善する考え方を 2 つ示そう．多重格子法では，大きさ n の問題を $O(n)$ のステップ数で解くことができる．適切な前処理を用いることができるならば，共役勾配法は数値線形代数における最も有名で強力なアルゴリズムになる．

多重格子　(多くの場合，格子幅 Δx と Δy を 2 倍にしたより荒い格子に基づいた）より小さな問題を解く．各反復はより簡単になり，また収束も速くなる．その後，それらの粗い格子で計算された値を補間することで，もとの大きさの問題のより解に近い開始値を得る．格子を粗くして戻す処理を 4 段階行うこともありうる．

共役勾配法　$\boldsymbol{x}_{k+1} = \boldsymbol{x}_k - A\boldsymbol{x}_k + \boldsymbol{b}$ のような平凡な反復には，各ステップで A による乗算が含まれる．A が疎であるとき，この乗算の計算コストは大きくなく，$A\boldsymbol{x}_k$ を計算することをいとわない．それにより，近似解を含む「クリロフ空間」に基底ベクトルが追加される．しかし，$\boldsymbol{x}_{k+1}$ は $\boldsymbol{x}_0, A\boldsymbol{x}_0, \ldots, A^k\boldsymbol{x}_0$ の**最適な線形結合ではない**．平凡な反復は単純であるが，最適からは程遠い．

共役勾配法では，各ステップで**最適な線形結合** $\boldsymbol{x}_k$ を選ぶ．（A を 1 回掛けるのに比べて）計算コストはそれほど大きくは増えない．共役勾配法のアルゴリズムが **対称正定値行列** に対して作られたことを強調して，共役勾配法の反復を以降で示す．A が対称でなければ，GMRES がよい選択肢の 1 つである．$A = A^{\mathrm{T}}$ が正定値でなければ，MINRES がある．順次得られる $\boldsymbol{x}_k$ のそれぞれをどのように選択するのが最適か，という考え方を中心に高性能な反復法の世界が作られている．

私の教科書 *Computational Science and Engineering* に，多重格子法と共役勾配法がより詳細に書かれている．数値線形代数に関する本の中で，Trefethen と Bau による教科書は評判が良い（他の本も素晴らしい）．Golub と Van Loan による教科書はより高度だ [訳注]．

練習問題では，$\boldsymbol{x}_{k-1}$ から $\boldsymbol{x}_k$ に至る共役勾配法のサイクルの 5 つのステップを導く．近似値 $\boldsymbol{x}_k$，残差 $\boldsymbol{r}_k = \boldsymbol{b} - A\boldsymbol{x}_k$，その次の $\boldsymbol{x}_{k+1}$ を探す方向 $\boldsymbol{d}_k$ を計算する．

これまでは，もとの行列 A に対して反復法のステップを適用するように書いてきた．しかし**前処理** S によって，収束をずっと速くすることができる．もともとの方程式は $A\boldsymbol{x} = \boldsymbol{b}$ であり，前処理を行った方程式は $S^{-1}A\boldsymbol{x} = S^{-1}\boldsymbol{b}$ である．プログラムコードに少しの変更をすることで**前処理付き共役勾配法**が得られる．それは，正定値行列の方程式を解く優れた反復法である．

式を並べ換えて A に含まれる多くの零を有効利用するようにした直接的消去が，最大の競争相手である．ガウスの消去法の性能をしのぐのは容易ではない．

固有値のための反復法

$A\boldsymbol{x} = \boldsymbol{b}$ から $A\boldsymbol{x} = \lambda\boldsymbol{x}$ へと話を移す．線形方程式に対して反復法は 1 つの選択肢であったが，固有値問題に対して反復法は必需品だ．$n \times n$ 行列において，$A - \lambda I$ の行列式は $(-\lambda)^n$ から始まり，固有値は n 次多項式の根である．実際に固有値をそのように計算するという印象を本書が与えるわけにはいかない．$\det(A - \lambda I) = 0$ をもとに計算するのは，n が小さくなければ，とても粗末なアプローチである．

$n > 4$ のとき，$\det(A - \lambda I) = 0$ を解く公式はない．さらに悪いことに，それらの λ はとても不安定で誤差に敏感である．A そのものを扱い，徐々にそれを対角化もしくは三角化するほうがずっとよい．（すると，固有値は対角要素に現れる）LAPACK ライブラリの中に優れたプログラムコードがあり，個々のルーチンは **www.netlib.org/lapack** から自由に利用できる．このライブラリは，その前の LINPACK と EISPACK を組み合わせて（レベル 3 BLAS の行列–行列操作を利用する）多数の改良を行ったものであり，高性能計算機における線形代数のための Fortran 77 プログラムが収められている．あなたや私の計算機においては，高品質な行列のパッケージがあれば十分だ．並列処理を行うスーパーコンピュータにお

[訳注] G.Strang: *Computational Science and Engineering.* 訳者あとがき (p.612) も参照.
L.N. Trefethen and D. Bau: *Numerical Linear Algebra.*
G.H. Golub and C.F. Van Loan: *Matrix Computations.*

いては，ScaLAPACK とブロック化消去がさらに必要である．

固有値の計算法として，ベキ乗法と（LAPACK で採用されている）QR 法について簡単に議論する．プログラムコードの詳細すべてを示すことは無意味だろう．

1 ベキ乗法と逆ベキ乗法　任意のベクトル $\boldsymbol{u}_0$ から始める．それに A を掛けて $\boldsymbol{u}_1$ を求める．再度 A を掛けて $\boldsymbol{u}_2$ を求める．$\boldsymbol{u}_0$ が固有ベクトルの線形結合であれば，A を掛けることで，それぞれの固有ベクトル $\boldsymbol{x}_i$ が λ_i 倍される．k ステップ後には，$(\lambda_i)^k$ 倍になる：

$$\boldsymbol{u}_k = A^k\boldsymbol{u}_0 = c_1(\lambda_1)^k\boldsymbol{x}_1 + \cdots + c_n(\lambda_n)^k\boldsymbol{x}_n. \tag{11}$$

ベキ乗法を続けると，**最大の固有値に支配されるようになり**，ベクトル $\boldsymbol{u}_k$ は主固有ベクトルのほうを向く．そのことを，第 8 章のマルコフ行列を用いて確認する：

$$A = \begin{bmatrix} 0.9 & 0.3 \\ 0.1 & 0.7 \end{bmatrix} \quad \text{では} \quad \lambda_{\max} = 1 \quad \text{であり，対応する固有ベクトルは} \quad \begin{bmatrix} 0.75 \\ 0.25 \end{bmatrix}.$$

$\boldsymbol{u}_0$ から始めて，各ステップで A を掛ける：

$$\boldsymbol{u}_0 = \begin{bmatrix} 1 \\ 0 \end{bmatrix},\ \boldsymbol{u}_1 = \begin{bmatrix} 0.9 \\ 0.1 \end{bmatrix},\ \boldsymbol{u}_2 = \begin{bmatrix} 0.84 \\ 0.16 \end{bmatrix} \quad \text{は} \quad \boldsymbol{u}_\infty = \begin{bmatrix} 0.75 \\ 0.25 \end{bmatrix} \quad \text{へと近づく．}$$

収束の速さは，最大の固有値 λ_1 に対する 2 番目に大きな固有値 λ_2 の**比**に依存する．λ_1 が小さいことは望ましくなく，λ_2/λ_1 が小さいことが望ましい．ここでは $\lambda_2 = 0.6$ と $\lambda_1 = 1$ であるので，収束が十分速い．大きな行列では $|\lambda_2/\lambda_1|$ が 1 に近いことも多く，そのときにはベキ乗法はとても遅い．

応用において最も重要となることが多い，**最小の**固有値を求める方法はあるだろうか？それは**逆**ベキ乗法であり，$\boldsymbol{u}_0$ に A の代わりに A^{-1} を掛ければよい．A^{-1} を計算するのは避けたいので，実際には $A\boldsymbol{u}_1 = \boldsymbol{u}_0$ を解く．LU 分解の結果を保存することで，その次の $A\boldsymbol{u}_2 = \boldsymbol{u}_1$ は速く計算できる．第 k ステップでは $Au_k = u_{k-1}$ を計算する：

$$\textbf{逆ベキ乗法} \qquad \boldsymbol{u}_k = A^{-k}\boldsymbol{u}_0 = \frac{c_1\boldsymbol{x}_1}{(\lambda_1)^k} + \cdots + \frac{c_n\boldsymbol{x}_n}{(\lambda_n)^k}. \tag{12}$$

ここで，**最小の** 固有値 $\lambda_{\min}$ が支配的になる．それがとても小さければ，$1/\lambda_{\min}^k$ が大きくなる．速度を高めるには，$A - \lambda^* I$ へと行列をシフトすることで $\boldsymbol{\lambda}_{\min}$ をさらに小さくする．

そのシフトを行っても，固有ベクトルは変化しない（λ^* は A の対角要素から決めてもよいし，レイリー商 $x^{\mathrm{T}}Ax/x^{\mathrm{T}}x$ を用いるとなお良い）．λ^* が $\lambda_{\min}$ に近ければ，$(A - \lambda^* I)^{-1}$ はとても大きな固有値 $(\lambda_{\min} - \lambda^*)^{-1}$ を持つ．**シフト逆ベキ乗法**では，固有ベクトルにその大きな数が掛けられ，その固有ベクトルがすぐに支配的になる．

2QR 法　これは，数値線形代数における重要な成果の 1 つである．50 年前は，固有値の計算は遅く不正確であった．$\det(A - \lambda I) = 0$ を解くことが，ひどく悪いやり方であるとさえ認識していなかった．ずっと昔にヤコビは，A を徐々に三角化すべきだと示唆していた．そうすれば，自動的に固有値が対角要素に現れる．非対角要素を 0 とするために，ヤコビは 2×2 の回転を用いた（残念ながら以前に作った 0 が非零に戻ることがあるが，ヤコビの方法では並列計算機を用いて部分的にやり直しを行った)．現在では固有値計算において $\boldsymbol{QR}$ **法**が最も広く用いられる．その方法について簡単に示す．

その基本となるステップは，固有値を求めたい行列 A を QR に分解することである．グラム－シュミット法（第 4.4 節）から，Q が直交行列であり，かつ，R が三角行列であることを思い出せ．固有値を求めるにあたって鍵となる考え方は，Q と R **を逆にする**ことだ．(同じ λ を持つ）新しい行列は，$A_1 = RQ$ である．$A = QR$ は $A_1 = Q^{-1}AQ$ **と相似であり，固有値は変わらない**：

$$\boldsymbol{A_1 = RQ}\ \textbf{は同じ}\ \boldsymbol{\lambda}\ \textbf{を持つ} \qquad QR\boldsymbol{x} = \lambda\boldsymbol{x} \quad \text{より} \quad RQ(Q^{-1}\boldsymbol{x}) = \lambda(Q^{-1}\boldsymbol{x}). \tag{13}$$

この一連の行為を続けて行う．新しい行列 A_1 を Q_1R_1 へと分解し，逆にして R_1Q_1 とする．これは相似な行列 A_2 であり，この場合も同様に固有値は変わらない．驚くことに，それらの固有値が対角要素に現れ始めるのだ．多くの場合，A_4 の最後の要素は正確な固有値となる．その場合，最後の行と列を削除して小さな行列を作り，それから次の固有値を求める．

次の 2 つの考え方を導入すると，この方法がさらにうまくいく．その 1 つは，QR へと分解する前に，行列を I の定数倍だけシフトさせることである．その後，RQ を逆方向にシフトする：

$$A_k - c_kI \text{ を } Q_kR_k \text{に分解する．次の行列は } A_{k+1} = R_kQ_k + c_kI.$$

A_{k+1} の固有値は A_k と同じであり，元々の $A_0 = A$ とも同じである．(未知の）固有値に近い値を c に選べば，シフトがよりうまくいく．固有値のより良い近似値が A_{k+1} で得られるため，その近似値を A_{k+2} を求める次のステップの c とする．

もう 1 つは，QR 法を始める前に非対角要素に零を作っておくことである．それは消去の基本変形行列 E （または，ギブンス回転）でできるが，(λ が変わらないように) E^{-1} を忘れてはならない：

$$EAE^{-1} = \begin{bmatrix} 1 & & \\ & 1 & \\ & -1 & 1 \end{bmatrix} \begin{bmatrix} 1 & 2 & 3 \\ \mathbf{1} & 4 & 5 \\ \mathbf{1} & \mathbf{6} & 7 \end{bmatrix} \begin{bmatrix} 1 & & \\ & 1 & \\ & 1 & 1 \end{bmatrix} = \begin{bmatrix} 1 & 5 & 3 \\ \mathbf{1} & 9 & 5 \\ \mathbf{0} & \mathbf{4} & 2 \end{bmatrix}. \ \textbf{同じ}\ \boldsymbol{\lambda}$$

対角要素の 1 つ下に沿った非零要素 1 と 4 はそのままにしておかなければならない．より多くの E を用いるとそれらを消去できるが，E^{-1} によって非零に戻ってしまう．これは（対角の 1 つ下まで要素のある）「**ヘッセンベルク行列**」である．QR 法を行う間，左下にある零は零のままである．それにより，QR 分解を行う命令数が $O(n^3)$ から $O(n^2)$ に下がる．

Golub と Van Loan は，ヘッセンベルク行列に対するシフト QR 法の 1 ステップについて，以下の例を与えている．そのシフト量は $7I$ であり，すべての対角要素から 7 を引く（その後，A_1 において戻す)：

$$A = \begin{bmatrix} 1 & 2 & 3 \\ 4 & 5 & 6 \\ 0 & 0.001 & 7 \end{bmatrix} \quad \text{より} \quad A_1 = \begin{bmatrix} -0.54 & 1.69 & 0.835 \\ 0.31 & 6.53 & -6.656 \\ 0 & 0.00002 & 7.012 \end{bmatrix}.$$

$A-7I$ を QR に分解した後，$A_1=RQ+7I$ を作る．とても小さな数 0.00002 に注意せよ．対角要素 7.012 はほぼ正確な A_1 の固有値であり，したがって，A の固有値である．A_1 に対して $7.012I$ だけシフトしてもう一度 QR 法のステップを行うと，とても良い精度が得られる．

とても大きな疎行列に対しては，ARPACK に目を向けたい．問題 27〜29 は，基底を直交化するアーノルディ法を示す． 特に，A が対称行列のときには，各ステップに現れるのは 3 項のみとなる．行列は三重対角行列になり，しかも，もとの A と直交相似である．したがって，それから始めて固有値を計算するととてもうまくいく．

練習問題 9.3

問題 1〜12 は，$\boldsymbol{A}\boldsymbol{x}=\boldsymbol{b}$ に対する反復法に関するものである．

1 $A\boldsymbol{x}=\boldsymbol{b}$ を $\boldsymbol{x}=(I-A)\boldsymbol{x}+\boldsymbol{b}$ に変える．この分け方における S と T を求めよ．$\boldsymbol{x}_{k+1}=(I-A)\boldsymbol{x}_k+\boldsymbol{b}$ の収束を支配する行列 $S^{-1}T$ を求めよ．

2 A の固有値が λ であるとき，$B=I-A$ の固有値は _____ である．B の実数固有値の絶対値が 1 より小さいのは，A の実数固有値が _____ と _____ の間にあるときである．

3 $A=\left[\begin{smallmatrix}\mathbf{2} & \mathbf{-1}\\ \mathbf{-1} & \mathbf{2}\end{smallmatrix}\right]$ に対して，反復 $\boldsymbol{x}_{k+1}=(I-A)\boldsymbol{x}_k+\boldsymbol{b}$ が収束しない理由を示せ．

4 B^k のノルムが，$\|B\|^k$ より大きくなり得ないのはなぜか？ そのとき，$\|B\|<1$ からベキ B^k が零に近づく（収束する）ことが保証される．$|\lambda|_{\max}$ は $\|B\|$ より小さいので，驚くことではない．

5 A が非可逆行列のとき，すべての分け方 $A=S-T$ で失敗する．$A\boldsymbol{x}=\boldsymbol{0}$ から，$S^{-1}T\boldsymbol{x}=\boldsymbol{x}$ を示せ．これより，この行列 $B=S^{-1}T$ は固定値 $\lambda=1$ を持ち，失敗する．

6 2 を 3 に変えて，ヤコビ法に対する $S^{-1}T$ の固有値を求めよ：

$$S\boldsymbol{x}_{k+1}=T\boldsymbol{x}_k+\boldsymbol{b} \quad \text{は} \quad \begin{bmatrix}3 & 0\\ 0 & 3\end{bmatrix}\boldsymbol{x}_{k+1}=\begin{bmatrix}0 & 1\\ 1 & 0\end{bmatrix}\boldsymbol{x}_k+\boldsymbol{b}.$$

7 問題 6 にガウス－ザイデル法を適用したときの $S^{-1}T$ の固有値を求めよ：

$$\begin{bmatrix}3 & 0\\ -1 & 3\end{bmatrix}\boldsymbol{x}_{k+1}=\begin{bmatrix}0 & 1\\ 0 & 0\end{bmatrix}\boldsymbol{x}_k+\boldsymbol{b}.$$

ガウス－ザイデル法における $|\lambda|_{\max}$ は，ヤコビ法に対する $|\lambda|_{\max}^2$ と同じか？

8 任意の 2×2 行列 $\left[\begin{smallmatrix}\mathbf{a} & \mathbf{b}\\ \mathbf{c} & \mathbf{d}\end{smallmatrix}\right]$ について，ガウス－ザイデル法の $|\lambda|_{\max}$ が $|bc/ad|$ であり，ヤコビ法のそれが $|bc/ad|^{1/2}$ であることを示せ．行列 S が可逆であるためには $ad\neq 0$ でなければならない．

9 **SOR** において，最適な ω のとき $S^{-1}T$ の 2 つの固有値が同じになる．行列式が $(\omega-1)^2$ であることから，それらの固有値は $\omega-1$ である．式 (10) のトレースを $(\omega-1)+(\omega-1)$ と等しくすることで，この最適な ω を求めよ．

10 ガウス－ザイデル法のプログラムコードを（MATLAB かそれ以外で）書け．A から S と T を定義してもよいし，要素 a_{ij} を用いて直接的に反復を構成してもよい．次数 10, 20, 50 の $-1, 2, -1$ 行列 A と $\boldsymbol{b}=(1,0,\ldots,0)$ を用いてそのプログラムを試験せよ．

11 ガウス－ザイデル法の反復の第 i 要素では，$\boldsymbol{x}^{\text{new}}$ のすでに求まった部分を用いる：

$$\textbf{ガウス－ザイデル法}\qquad x_i^{\text{new}} = x_i^{\text{old}} + \frac{1}{a_{ii}}\Bigl(b_i - \sum_{j=1}^{i-1} a_{ij}x_j^{\text{new}} - \sum_{j=i}^{n} a_{ij}x_j^{\text{old}}\Bigr).$$

すべての要素で $x_i^{\text{new}} = x_i^{\text{old}}$ であるとき，解 $\boldsymbol{x}$ が正しいことがどのように示されるか？この式をどのように変えるとヤコビ法になるか？ω を括弧の外に追加して，**SOR** 法の式を求めよ．

12 **SOR** 法の分け方を与える行列 S は，ガウス－ザイデル法の行列の対角要素を ω で割ったものである．$n\times n$ 行列に対して，**SOR** 法のプログラムを書け．A が次数 $n=10$ の $-1, 2, -1$ 行列のとき，$\omega = 1, 1.4, 1.8, 2.2$ としてそのプログラムを実行せよ．

13 式 (11) を λ_1^k で割ることで，ベキ乗法の収束が $|\lambda_2/\lambda_1|$ によって支配される理由を説明せよ．ベキ乗法によって収束しない行列 A を作れ．

14 マルコフ行列 $A=\left[\begin{smallmatrix}\mathbf{0.9} & \mathbf{0.3}\\ \mathbf{0.1} & \mathbf{0.7}\end{smallmatrix}\right]$ の固有値は $\lambda=1$ と 0.6 であり，ベキ乗法 $\boldsymbol{u}_k = A^k\boldsymbol{u}_0$ は $\left[\begin{smallmatrix}\mathbf{0.75}\\ \mathbf{0.25}\end{smallmatrix}\right]$ に収束する．A^{-1} の固有ベクトルを求めよ．逆ベキ乗法 $\boldsymbol{u}_{-k} = A^{-k}\boldsymbol{u}_0$ の収束先（0.6^k を掛けた後の値）を求めよ．

15 対角に沿った値が $-1,2,-1$ である大きさ $n-1$ の三重対角行列の固有値は $\lambda_j = 2 - 2\cos(j\pi/n)$ である．最小の固有値がおよそ $(j\pi/n)^2$ であるのはなぜか？逆ベキ乗法は $\lambda_1/\lambda_2 \approx 1/4$ の速度で収束する．

16 $A=\left[\begin{smallmatrix}\mathbf{2} & \mathbf{-1}\\ \mathbf{-1} & \mathbf{2}\end{smallmatrix}\right]$ に対して，$\boldsymbol{u}_0=\left[\begin{smallmatrix}\mathbf{1}\\ \mathbf{0}\end{smallmatrix}\right]$ から始めて，ベキ乗法 $\boldsymbol{u}_{k+1} = A\boldsymbol{u}_k$ を 3 回適用せよ．ベキ乗法によって，どの固有ベクトルへ収束するか？

17 問題 16 において，同じ $\boldsymbol{u}_0$ から始めて，逆ベキ乗法 $\boldsymbol{u}_{k+1} = A^{-1}\boldsymbol{u}_k$ を 3 回適用せよ．$\boldsymbol{u}_k$ はどの固有ベクトルへ近づくか？

18 固有値を求める QR 法において，第 2,1 要素が，$A=QR$ の $\sin\theta$ から RQ の $-\sin^3\theta$ へと小さくなることを示せ（R と RQ を計算せよ）．QR 法がうまくいくのは，この「3 次収束」のためである：

$$A = \begin{bmatrix}\cos\theta & \sin\theta\\ \sin\theta & 0\end{bmatrix} = QR = \begin{bmatrix}\cos\theta & -\sin\theta\\ \sin\theta & \cos\theta\end{bmatrix}\begin{bmatrix}1 & ?\\ 0 & ?\end{bmatrix}.$$

19 A が直交行列のとき，その QR 分解は $Q =$ ＿＿ と $R =$ ＿＿ になる．したがって $RQ =$ ＿＿ である．これらは，QR 法が無意味となる稀な例である．

20 シフト QR 法では $A - cI$ を QR に分解する．次の行列 $A_1 = RQ + cI$ が $Q^{-1}AQ$ と等しいことを示せ．したがって，A_1 は A と ＿＿ 固有値を持つ（しかし，A_1 はより三角行列に近い）．

21 $A = A^{\mathrm{T}}$ のとき，「ランチョス法」は $A\boldsymbol{q}_j = b_{j-1}\boldsymbol{q}_{j-1} + a_j\boldsymbol{q}_j + b_j\boldsymbol{q}_{j+1}$（かつ $\boldsymbol{q}_0 = \boldsymbol{0}$）となる，$a$ と b と正規直交する $\boldsymbol{q}$ を求める．$\boldsymbol{q}_j^{\mathrm{T}}$ を掛けて，a_j を求める式を作れ．その式から，T をある三重対角行列として $AQ = QT$ が言える．

22 問題 21 の等式は，$b_0 = 1$ と $\boldsymbol{r}_0 =$ 任意の $\boldsymbol{q}_1$ とした以下の繰り返しから生じる：

$$\boldsymbol{q}_{j+1} = \boldsymbol{r}_j/b_j;\ j = j+1;\ a_j = \boldsymbol{q}_j^{\mathrm{T}}A\boldsymbol{q}_j;\ \boldsymbol{r}_j = A\boldsymbol{q}_j - b_{j-1}\boldsymbol{q}_{j-1} - a_j\boldsymbol{q}_j;\ b_j = \|\boldsymbol{r}_j\|.$$

そのプログラムを書き，$-1,\ 2,\ -1$ 行列 A に対して試せ．$Q^{\mathrm{T}}Q$ は I でなければならない．

23 QR 法において，A が**三重対角行列で対称である**とする．$A_1 = Q^{-1}AQ$ より，A_1 が対称行列であることを示せ．$A_1 = RAR^{-1}$ より，A_1 が三重対角行列でもあることを示せ（A_1 の下側が三重対角であることを証明できれば，対称性より上側も同様に成り立つ）．

対称な三重対角行列は，QR 法を始めるのに最適である．

問題 24〜26 は，手っ取り早く固有値の位置を推定する方法に関するものである．

24 各行に沿った $|a_{ij}|$ の和が 1 より小さいとき，以下の $|\lambda| < 1$ の証明を説明せよ．$A\boldsymbol{x} = \lambda\boldsymbol{x}$ および $|x_i|$ が $\boldsymbol{x}$ の他の要素よりも大きいとする．そのとき，$|\Sigma a_{ij}x_j|$ は $|x_i|$ よりも小さい．したがって，$|\lambda x_i| < |x_i|$ であり，$|\lambda| < 1$ である．

> **（ゲルシュゴリンの円）** A **の固有値はそれぞれ，** n **個の円の 1 つ以上に含まれる．その各円の中心は対角要素** a_{ii} **であり，半径は** $r_i = \Sigma_{j \neq i}|a_{ij}|$ **である．**

これは $(\lambda - a_{ii})x_i = \Sigma_{j \neq i}a_{ij}x_j$ **より導かれる．**$|x_i|$ が $\boldsymbol{x}$ のその他の要素よりも大きいとき，この和は $r_i|x_i|$ 以下である．$|x_i|$ で割ることにより $|\lambda - a_{ii}| \leq r_i$ となる．

25 以下の行列に対して，問題 24 から $|\lambda|_{\max}$ の範囲を求めよ．すべての固有値を含む 3 つのゲルシュゴリンの円を求めよ．それらの円から，K が少なくとも半正定値である（**実際には正定値である**）ことと，A が $\lambda_{\max} = 1$ を持つことがただちに示される．

$$A = \begin{bmatrix} 0.3 & 0.5 & 0.2 \\ 0.3 & 0.4 & 0.3 \\ 0.4 & 0.1 & 0.5 \end{bmatrix} \qquad K = \begin{bmatrix} 2 & -1 & 0 \\ -1 & 2 & -1 \\ 0 & -1 & 2 \end{bmatrix}.$$

26 以下の行列は，各 $a_{ii} > r_i =$ 第 i 行の残りの絶対値の和であるので，対角優位である．すべての λ を含むゲルシュゴリンの円を用いて，対角優位行列が可逆であることを示せ．

$$A = \begin{bmatrix} 1 & 0.3 & 0.4 \\ 0.3 & 1 & 0.5 \\ 0.4 & 0.5 & 1 \end{bmatrix} \qquad A = \begin{bmatrix} 4 & 2 & 1 \\ 1 & 3 & 1 \\ 2 & 2 & 5 \end{bmatrix}.$$

問題 27〜30 では 2 つの基本的な反復を示す．それらの各ステップは $A\boldsymbol{q}$ か $A\boldsymbol{d}$ に関わる．

大きな行列における急所は，行列–ベクトル積が行列–行列積よりもずっと速いということだ． ベクトル $\boldsymbol{b}$ から始める．繰り返し行列を掛けることで $A\boldsymbol{b}, A^2\boldsymbol{b}, \ldots$ が作られるが，それらのベクトルは直交から程遠い．「アーノルディ反復」は，グラム－シュミット法の考え方を用いて，同じ空間に対する直交基底 $\boldsymbol{q}_1, \boldsymbol{q}_2, \ldots$ を作る：**各 $A\boldsymbol{q}_n$ をそれ以前の $\boldsymbol{q}_1, \ldots, \boldsymbol{q}_{n-1}$ に対して直交させる．** すると，$\boldsymbol{b}, A\boldsymbol{b}, \ldots, A^{n-1}\boldsymbol{b}$ によって張られる「クリロフ空間」に対して，より良い基底 $\boldsymbol{q}_1, \ldots, \boldsymbol{q}_n$ が得られる．

数値線形代数における最も重要なアルゴリズムの2つを以下の擬似コードに示す：アーノルディ法は良い基底を与え，共役勾配法は $\boldsymbol{x} = A^{-1}\boldsymbol{b}$ の良い近似を与える．

アーノルディ法の反復	正定値行列 A に対する共役勾配法の反復	
$\boldsymbol{q}_1 = \boldsymbol{b}/\lVert\boldsymbol{b}\rVert$	$\boldsymbol{x}_0 = 0, \boldsymbol{r}_0 = \boldsymbol{b}, \boldsymbol{d}_0 = \boldsymbol{r}_0$	
for $n = 1$ **to** $N-1$	**for** $n = 1$ **to** N	
$\boldsymbol{v} = A\boldsymbol{q}_n$	$\alpha_n = (\boldsymbol{r}_{n-1}^{\mathrm{T}}\boldsymbol{r}_{n-1})/(\boldsymbol{d}_{n-1}^{\mathrm{T}}A\boldsymbol{d}_{n-1})$	$\boldsymbol{x}_{n-1}$ から $\boldsymbol{x}_n$ へのステップ幅
for $j = 1$ **to** n	$\boldsymbol{x}_n = \boldsymbol{x}_{n-1} + \alpha_n\boldsymbol{d}_{n-1}$	近似解
$h_{jn} = \boldsymbol{q}_j^{\mathrm{T}}\boldsymbol{v}$	$\boldsymbol{r}_n = \boldsymbol{r}_{n-1} - \alpha_n A\boldsymbol{d}_{n-1}$	新しい残差 $\boldsymbol{b} - A\boldsymbol{x}_n$
$\boldsymbol{v} = \boldsymbol{v} - h_{jn}\boldsymbol{q}_j$	$\beta_n = (\boldsymbol{r}_n^{\mathrm{T}}\boldsymbol{r}_n)/(\boldsymbol{r}_{n-1}^{\mathrm{T}}\boldsymbol{r}_{n-1})$	このステップでの改善量
$h_{n+1,n} = \lVert\boldsymbol{v}\rVert$	$\boldsymbol{d}_n = \boldsymbol{r}_n + \beta_n\boldsymbol{d}_{n-1}$	新しい探索方向
$\boldsymbol{q}_{n+1} = \boldsymbol{v}/h_{n+1,n}$	% 注：行列–ベクトル積 $A\boldsymbol{q}$ と $A\boldsymbol{d}$ は 1 回だけである	

共役勾配法において，残差 $\boldsymbol{r}_n$ は直交し，探索方向は A に直交する，すなわち，常に $\boldsymbol{d}_j^{\mathrm{T}}A\boldsymbol{d}_k = 0$ である．反復では，クリロフ部分空間のすべてのベクトルの中で誤差 $\boldsymbol{e}^{\mathrm{T}}A\boldsymbol{e}$ を最小化するように $A\boldsymbol{x} = \boldsymbol{b}$ を解く．とても素晴らしいアルゴリズムだ．

27 対角行列 $A = \mathrm{diag}([1\ \ 2\ \ 3\ \ 4])$ とベクトル $\boldsymbol{b} = (1,1,1,1)$ について，アーノルディ法の1ステップを行い直交ベクトル $\boldsymbol{q}_1$ と $\boldsymbol{q}_2$ を求めよ．

28 アーノルディ法は，$AQ = QH$ となるような Q を（列ごとに）求める：

$$AQ = \begin{bmatrix} A\boldsymbol{q}_1 & \cdots & A\boldsymbol{q}_N \end{bmatrix} = \begin{bmatrix} \boldsymbol{q}_1 & \cdots & \boldsymbol{q}_N \end{bmatrix} \begin{bmatrix} h_{11} & h_{12} & \cdot & h_{1N} \\ h_{21} & h_{22} & \cdot & h_{2N} \\ 0 & h_{32} & \cdot & \cdot \\ 0 & 0 & \cdot & h_{NN} \end{bmatrix} = QH$$

H は，対角の 1 つ下まで要素のある「ヘッセンベルク行列」である．A が対称行列であるときの重要な事実を次に示す：**行列 $H = Q^{-1}AQ = Q^{\mathrm{T}}AQ$ が対称行列であることから，三重対角行列である**．この文を説明せよ．

29 次の三重対角行列 H（A が対角行列のとき）により**ランチョス反復**が得られる：

$$\textbf{3 項のみ} \qquad \boldsymbol{q}_{j+1} = (A\boldsymbol{q}_j - h_{j,j}\boldsymbol{q}_j - h_{j-1,j}\boldsymbol{q}_{j-1})/h_{j+1,j}$$

$H = Q^{-1}AQ$ から，H の固有値が A の固有値と等しい理由を述べよ．大きな行列に対する「ランチョス法」は，より小さな三重対角行列 H_k を求めて，その第 1 固有値を計算する．本文中で述べた QR 法を適用すれば H_k の固有値が計算できる．

30 共役勾配法を適用して，$A\boldsymbol{x} = \boldsymbol{b} = \mathsf{ones}(100, 1)$ を解け．ただし，A は $-1, 2, -1$ 2 次差分行列 $A = \mathsf{toeplitz}([2 \;\; -1 \;\; \mathsf{zeros}(1, 98)])$ である．共役勾配法によって得られた $\boldsymbol{x}_{10}$ と $\boldsymbol{x}_{20}$ を，正確な解 $\boldsymbol{x}$ とともにグラフに描け（$h = 1/101$ とすると，正確な解の 100 要素は $x_i = (ih - i^2h^2)/2$ である．「$\mathsf{plot}(i, x(i))$」により放物線が作られるはずだ）．

第10章

複素ベクトルと行列

10.1　複素数

線形代数の完全な紹介をするためには複素数が必要である．行列の要素が実数であっても，**多くの場合その固有値と固有ベクトルは複素数となる．** 例：2×2 の回転行列は実固有ベクトルを持たない．平面におけるすべてのベクトルは θ だけ回転し，その方向は変わる．しかし，回転行列は複素固有ベクトル $(1, i)$ と $(1, -i)$ を持つ．

これらの固有ベクトルは i を $-i$ に変えることにより結びつけられる．実行列に対して，その固有ベクトルは "共役な対" になる．θ による回転の固有値もまた共役複素数 $e^{i\theta}$ と $e^{-i\theta}$ である．そこで，$\mathbf{R}^n$ から $\mathbf{C}^n$ へ移行して考える必要がある．

複素数を考える2番目の理由は，λ と $\boldsymbol{x}$ を越えて行列 A に関係する．**行列はそれ自身複素数であると言ってもさしつかえない．** この節全体をその最も重要な例—**フーリエ行列**—に当てるつもりである．工学や科学，音楽，経済学，これらすべてはフーリエ級数を用いる．実際にはその級数は有限であり，無限ではない．$c_1e^{ix} + c_2e^{i2x} + \cdots + c_ne^{inx}$ における係数を計算することは線形代数の問題である．

本節は複素数に関する主要な事実について述べる．それはある学生にとっては復習に，そして一般の人にとっては参考的なものになるだろう．すべてのことは $i^2 = -1$ から生じる．高速フーリエ変換は驚くべき公式 $e^{2\pi i} = 1$ を利用する．$e^{i\theta}$ を $e^{i\theta}$ に掛けるとき，角を足すことになる：

$\boldsymbol{e^{2\pi i/4} = i}$ **の2乗は** $\boldsymbol{e^{4\pi i/4} = -1}$ **である．** $\boldsymbol{e^{2\pi i/4}}$ **の4乗は** $\boldsymbol{e^{2\pi i} = 1}$ **である．**

複素数の加法と乗法

虚数 i から始めよう．$x^2 = -1$ が実数解を持たないということは誰でも知っている．実数を2乗したとき，答は決して負の数にならない．ゆえに世界中の人は i と呼ばれる1つの解に（電子技術者がそれを j と呼ぶ以外は）同意する．虚数は1つの相違を除いて加法と乗法の標準的な規則に従う．i^2 **を** -1 **で置き換える．**

複素数 ($たとえば 3+2i$) **は実数** (3) **と純虚数** ($2i$) **の和である．** 加法は実部と虚部を別々に保存する．乗法は $i^2=-1$ を用いる：

$$\textbf{加法：}\quad (3+2i)+(3+2i)=6+4i$$
$$\textbf{乗法：}\quad (3+2i)(1-i)=3+2i-3i-2i^2=5-i.$$

$3+i$ を $1-i$ に足せば，答は 4 である．実数 $3+1$ は虚数 $i-i$ とは別々に分かれたままである．ベクトル $(3,1)$ と $(1,-1)$ を足している．

数 $(1+i)^2$ は $1+i$ に $1+i$ を掛けたものである．規則から驚くべき答 $2i$ を得る：

$$(1+i)(1+i)=1+i+i+i^2=2i.$$

複素平面において，$1+i$ は 45° の偏角を持つ．それはベクトル $(1,1)$ のようである．$1+i$ を 2 乗して $2i$ を得るとき，その偏角は 2 倍の 90° となる．再び 2 乗すれば，その答は $(2i)^2=-4$ である．90° の角は 2 倍して 180° となり，負の実数の方向である．

実数はちょうど虚部を零とする複素数 $z=a+bi$ である：$b=0$．純虚数は $a=0$ である：

実部は　$a=\mathrm{Re}\,(a+bi)$　であり，　**虚部は**　$b=\mathrm{Im}\,(a+bi)$　である．

複素平面

複素数は平面上の点に対応する．実数は x 軸に沿って伸びている．純虚数は y 軸上にある．**複素数 $3+2i$ は座標 $(3,2)$ を持つ点である．** 数の零は $0+0i$ と表され，原点である．

複素数の加法と減法は平面上のベクトルの加法と減法のようである．実数成分は虚数成分と別々に分かれている．ベクトルは通常のように頭から尻尾へいく．複素平面 $\mathbf{C}^1$ は，複素数の掛け算をすることとベクトルの掛け算をしないということを除いて，通常の 2 次元の平面 $\mathbf{R}^2$ のようである．

ここで重要な考えに至る．**$3+2i$ の共役複素数は $3-2i$ である．** $z=1-i$ の共役複素数は $\bar{z}=1+i$ である．一般に，$z=a+bi$ の共役複素数は $\bar{z}=a-bi$ である（**ある著者は数の上のバー "$\bar{z}$" を使い，他の著者は星印 "$*$" を使う：$\bar{z}=z^*$**）．z の虚部と "$\bar{z}$" の虚部は反対の符号を持つ．複素平面において，$\bar{z}$ は実軸の反対側への z の像である．

2 つの役に立つ事実．**共役複素数 $\bar{z}_1$ と $\bar{z}_2$ を掛けると，z_1z_2 の共役複素数を得る．** $\bar{z}_1$ と $\bar{z}_2$ を加えると，z_1+z_2 の共役複素数を得る：

$$\bar{z}_1+\bar{z}_2=(3-2i)+(1+i)=4-i.\ \text{これは}\ z_1+z_2=4+i\ \text{の共役である．}$$
$$\bar{z}_1\times\bar{z}_2=(3-2i)\times(1+i)=5+i.\ \text{これは}\ z_1\times z_2=5-i\ \text{の共役である．}$$

加法と乗法はまさに線形代数が必要としていることである．A が実行列であるとき，$A\boldsymbol{x}=\lambda\boldsymbol{x}$ の共役をとると，別の固有値 $\bar{\lambda}$ とその固有ベクトル $\bar{\boldsymbol{x}}$ が得られる：

$$\boldsymbol{A\boldsymbol{x}=\lambda\boldsymbol{x}}\ \textbf{かつ}\ A\ \textbf{が実行列ならば}\ \boldsymbol{A\bar{x}=\bar{\lambda}\bar{x}}\ \text{である．}\qquad (1)$$

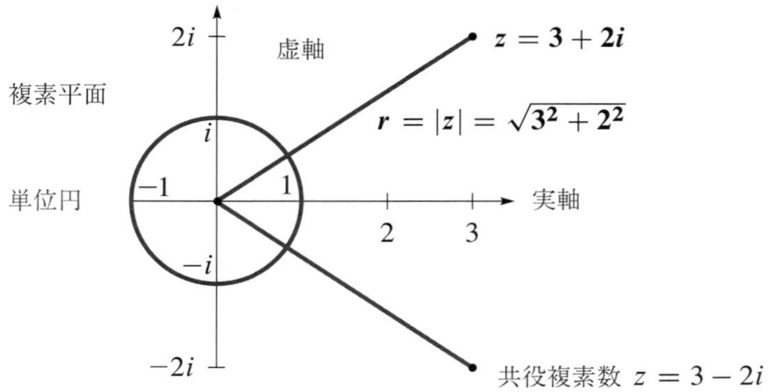

図 10.1 数 $z = a + bi$ は点 (a, b) と $\begin{bmatrix} a \\ b \end{bmatrix}$ に対応している.

数 $z = 3 + 2i$ をそれ自身の複素共役 $z = 3 - 2i$ と組み合わせると，特別なことが起こる．加法 $z + \overline{z}$ あるいは乗法 $z\overline{z}$ の結果は常に実数である：

$$z + \overline{z} = \textbf{実数} \qquad (3 + 2i) + (3 - 2i) = 6 \text{（実数）}$$
$$z\overline{z} = \textbf{実数} \qquad (3 + 2i) \times (3 - 2i) = 9 + 6i - 6i - 4i^2 = 13 \text{（実数）}.$$

$z = a + bi$ とその共役複素数 $\overline{z} = a - bi$ の和は実数 $2a$ である．z と $\overline{z}$ の積は実数 $a^2 + b^2$ である：

z を $\overline{z}$ に掛ける $\qquad (a + bi)(a - bi) = a^2 + b^2. \qquad (2)$

複素数に関する次の第一歩は $1/z$ である．$a + ib$ によってどのように割り算をするか？最も良い考え方は $\overline{z}/\overline{z}$ を掛けることである．このとき分母は $z\overline{z}$ で，これは $a^2 + b^2$ になる．

$$\frac{1}{a + ib} = \frac{1}{a + ib}\frac{a - ib}{a - ib} = \frac{a - ib}{a^2 + b^2} \qquad \frac{1}{3 + 2i} = \frac{1}{3 + 2i}\frac{3 - 2i}{3 - 2i} = \frac{3 - 2i}{13}.$$

$a^2 + b^2 = 1$ の場合，これは $(a + ib)^{-1}$ が $a - ib$ であることを意味している．ゆえに **単位円上では，$1/z$ は $\overline{z}$ に等しい**．後で，$1/e^{i\theta}$ は $e^{-i\theta}$ である（共役複素数）と書く．掛けたり，割ったりする最も良い方法は距離 r と 偏角 θ による極形式を用いることである．

極形式 $re^{i\theta}$

$a^2 + b^2$ の平方根は $|z|$ である．これは数 $z = a + ib$ の**絶対値**である．平方根 $|z|$ は r とも表される．なぜなら，それは 0 から z までの距離だからである．**極形式における実数 r は複素数 z の大きさを表す：**

$z = a + ib$ の絶対値 は $|z| = \sqrt{a^2 + b^2}$. これは r と表される.

$z = 3 + 2i$ の絶対値 は $|z| = \sqrt{3^2 + 2^2}$. これは $r = \sqrt{13}$ である.

極形式の他の部分は偏角 θ である．$z = 5$ に対する偏角は $\theta = 0$ である（なぜなら，この z は正の実数であるから）．$z = 3i$ の偏角は $\pi/2$ ラジアンである．負の数 $z = -9$ に対する偏

角は π ラジアンである．**複素数を 2 乗すると，偏角は 2 倍になる．** 極形式は 複素数の乗法においては素晴らしい（加法についてはそうではない）．

距離が r で偏角が θ であるとき，三角関数より三角形の他の 2 つの辺が得られる．実部（底辺に沿う辺）は $a = r\cos\theta$ である．虚部（上または下）は $b = r\sin\theta$ である．それらを一緒にすると，直交形式は極形式になる：

数　$z = a + ib$　は　$z = r\cos\theta + ir\sin\theta$ とも表される．これは $re^{i\theta}$ である．

注　**$\cos^2\theta + \sin^2\theta = 1$ であるから，$\cos\theta + i\sin\theta$ は絶対値 $r = 1$ である．** したがって，$\cos\theta + i\sin\theta$ は半径 1 の円周上にある—**単位円．**

例 1　$z = 1 + i$ とその共役複素数 $\overline{z} = 1 - i$ に対する r と θ を求めよ．

解　絶対値は z と $\overline{z}$ に対して同じである．$z = 1 + i$ の絶対値は $r = \sqrt{1+1} = \sqrt{2}$ である：

$$|z|^2 = 1^2 + 1^2 = 2 \qquad \text{であり，また} \qquad |\overline{z}|^2 = 1^2 + (-1)^2 = 2.$$

中心からの距離は $\sqrt{2}$ である．偏角についてはどうか？ 数 $1+i$ は複素平面では点 $(1,1)$ である．その点の偏角は $\pi/4$ ラジアン，あるいは $45°$ である．その余弦は $1/\sqrt{2}$ であり，正弦は $1/\sqrt{2}$ である．r と θ を結びつけると，$z = 1 + i$ に戻る：

$$r\cos\theta + ir\sin\theta = \sqrt{2}\left(\frac{1}{\sqrt{2}}\right) + i\sqrt{2}\left(\frac{1}{\sqrt{2}}\right) = 1 + i.$$

共役複素数 $1 - i$ の偏角は正とも負とも考えられる．$7\pi/4$ ラジアン，すなわち $315°$ の数を考えることもできる．あるいは，**負の偏角，$-\pi/4$ ラジアン，すなわち，$-45°$ 後ろへ戻ることもできる．z の偏角が θ ならば，その共役複素数 $\overline{z}$ の偏角は $2\pi - \theta$ であり，また $-\theta$ でもある．**

任意の偏角に対して 2π，4π あるいは -2π を自由に加えることができる！ それらは完全な円になるので最終点は同じである．このことはなぜ偏角 θ に対する無限に多くの選択肢があるかという理由を説明している．多くの場合，零と 2π ラジアンの間の角を選ぶ．しかし，$-\theta$ はその共役複素数 $\overline{z}$ に対しては非常に役に立つ．

ベキと積：極形式

極形式を用いると $(1+i)^2$ と $(1+i)^8$ をすばやく計算することができる．その形式は $r = \sqrt{2}$ で $\theta = \pi/4$ （または $45°$）である．絶対値を 2 乗すると $r^2 = 2$ となり，また 偏角を 2 倍すると $2\theta = \pi/2$ （または $90°$）が得られるので，$(1+i)^2 = 2i$ となる．8 乗のベキに対しては，r^8 と 8θ が必要である：

$$\boldsymbol{(1+i)^8} \qquad r^8 = 2 \cdot 2 \cdot 2 \cdot 2 = 16 \ \text{かつ}\ 8\theta = 8 \cdot \frac{\pi}{4} = 2\pi.$$

これは次のことを意味している：$(1+i)^8$ は絶対値 16 で偏角は 2π である．**$1 + i$ の 8 乗は実数の 16 である．**

ベキを計算するのは極形式では簡単である．複素数の乗法もそうである．

z^n の極形式は絶対値 r^n を持ち，その偏角は θ の n 倍である：

$\boldsymbol{z = r(\cos\theta + i\sin\theta)}$　**の $\boldsymbol{n}$ 乗のベキは**　$\boldsymbol{z^n = r^n(\cos n\theta + i\sin n\theta).}$　(3)

この場合，z は自分自身を掛けている．すべての場合において，**$\boldsymbol{r}$ を掛けて，偏角は足す**：

$$r(\cos\theta + i\sin\theta) \times r'(\cos\theta' + i\sin\theta') = rr'\big(\cos(\theta+\theta') + i\sin(\theta+\theta')\big). \qquad (4)$$

これを理解するための 1 つの方法は三角関数によるものである．偏角に注目する．z^2 に対してその偏角はなぜ 2 倍の角 2θ になるか ?

$$(\cos\theta + i\sin\theta) \times (\cos\theta + i\sin\theta) = \cos^2\theta + i^2\sin^2\theta + 2i\sin\theta\cos\theta.$$

実部 $\cos^2\theta - \sin^2\theta$ は $\cos 2\theta$ である．虚部 $2\sin\theta\cos\theta$ は $\sin 2\theta$ である．それらは “2 倍角の公式” である．それらは，z の偏角 θ は z^2 において 偏角 2θ となることを示している．

z^n に対する規則を理解するための第 2 の方法がある．それは本節において唯一つの驚くべき公式を用いる．$\cos\theta + i\sin\theta$ は絶対値が 1 であることを思い出そう．余弦は $1 - \frac{1}{2}\theta^2$ から始まり，偶数ベキからつくられる．正弦は $\theta - \frac{1}{6}\theta^3$ から始まり，奇数ベキからつくられる．美しいことに，$e^{i\theta}$ はそれら両方の級数を $\cos\theta + i\sin\theta$ の中で結びつけたものである：

$$e^x = 1 + x + \frac{1}{2}x^2 + \frac{1}{6}x^3 + \cdots \quad \text{は} \quad e^{i\theta} = 1 + i\theta + \frac{1}{2}i^2\theta^2 + \frac{1}{6}i^3\theta^3 + \cdots \text{になる.}$$

i^2 を -1 と表せば，$1 - \frac{1}{2}\theta^2$ が現れる．**複素数 $\boldsymbol{e^{i\theta}}$ は $\boldsymbol{\cos\theta + i\sin\theta}$ である：**

オイラーの公式　$e^{i\theta} = \cos\theta + i\sin\theta$　は　$z = r\cos\theta + ir\sin\theta = re^{i\theta}$　を与える　(5)

特別な値 $\theta = 2\pi$ を入れると $\cos 2\pi + i\sin 2\pi = 1$ となる．ともかくも，無限級数 $e^{2\pi i} = 1 + 2\pi i + \frac{1}{2}(2\pi i)^2 + \cdots$ を計算すると 1 になる．

次に，$e^{i\theta}$ を $e^{i\theta'}$ に掛ける．指数は足されるという同じ理由で偏角は足される：

$$e^2 \times e^3 = e^5 \qquad e^{i\theta} \times e^{i\theta} = e^{2i\theta} \qquad e^{i\theta} \times e^{i\theta'} = e^{i(\theta+\theta')}$$

ベキ $(re^{i\theta})^n$ は $r^n e^{in\theta}$ に等しい．それらは $r = 1$ かつ $r^n = 1$ であるとき，単位円上にある．このとき，n 乗が 1 になるような n 個の異なる数がある：

$\boldsymbol{w = e^{2\pi i/n}}$ **とおく.**　$\boldsymbol{1, w, w^2, \ldots, w^{n-1}}$ **の $\boldsymbol{n}$ 乗はすべて 1 である.**

それらは “1 の n 乗根” である．それらは方程式 $z^n = 1$ の解である．それらは 図 10.2 右における単位円周上に，全体の 2π を n で割ったところに等間隔にある，それらの角を n 倍する

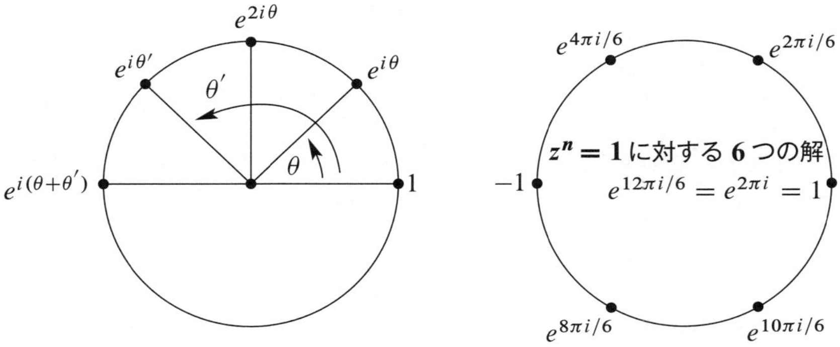

図 10.2 (a) $e^{i\theta}$ を $e^{i\theta'}$ に掛ける．(b) $e^{2\pi i/n}$ の n 乗は $e^{2\pi i} = 1$.

と n 乗のベキになる．それは $w^n = e^{2\pi i}$ を与え，これは 1 となる．また，$(w^2)^n = e^{4\pi i} = 1$ である．それらの数のそれぞれは n 乗すると単位円上をまわり 1 になる．

これら 1 の n 乗根は信号処理のための鍵となる数である．離散フーリエ変換は w とそのベキを使う．第 10.3 節において，1 つのベクトル（信号）を高速フーリエ変換によってどのようにして n 個の周波数に分解するかを見る．

■ 要点の復習 ■

1. $a + ib$ を $c + id$ に足すことは足し算 $(a, b) + (c, d)$ と同様である．$i^2 = -1$ を用いて掛け算せよ．
2. $z = a + bi = re^{i\theta}$ の共役複素数は $\bar{z} = z^* = a - bi = re^{-i\theta}$ である．
3. z を $\bar{z}$ に掛けることは $re^{i\theta}$ を $re^{-i\theta}$ に掛けることである．これは $r^2 = |z|^2 = a^2 + b^2$（実数）である．
4. ベキと積は 極形式 $z = re^{i\theta}$ では簡単である．r を掛けて，θ を足す．

練習問題 10.1

問題 1〜8 は複素数の演算に関するものである．

1 以下の各複素数の組を足したり，掛けたりせよ：

(a) $2 + i, 2 - i$ (b) $-1 + i, -1 + i$ (c) $\cos\theta + i\sin\theta, \cos\theta - i\sin\theta$

2 複素平面上で以下の点の場所を特定せよ．必要なら簡単にせよ．

(a) $2 + i$ (b) $(2 + i)^2$ (c) $\frac{1}{2+i}$ (d) $|2 + i|$

3　以下の複素数の絶対値 $r = |z|$ を求めよ．$6-8i$ の偏角を θ とするとき，他の 3 つの数の偏角は何か？

(a)　$6-8i$　　(b)　$(6-8i)^2$　　(c)　$\frac{1}{6-8i}$　　(d)　$(6+8i)^2$

4　$|z| = 2$ かつ $|w| = 3$ ならば，$|z \times w| =$ ＿＿ であり，$|z+w| \leq$ ＿＿ かつ $|z/w| =$ ＿＿，また $|z-w| \leq$ ＿＿ である．

5　単位円上で偏角がそれぞれ $30°, 60°, 90°, 120°$ である数 $a+ib$ を求めよ．w が偏角 $30°$ ならば，w^2 は偏角 $60°$ であることを確かめよ．w の何乗が 1 になるか？

6　$z = r\cos\theta + ir\sin\theta$ であるとき，$1/z$ は絶対値 ＿＿ で，偏角は ＿＿ である．その極形式は ＿＿ である．掛け算 $z \times 1/z$ は 1 になる．

7　複素数の掛け算 $M = (a+bi)(c+di)$ は 2×2 の実行列の掛け算である．

$$\begin{bmatrix} a & -b \\ b & a \end{bmatrix} \begin{bmatrix} c \\ d \end{bmatrix} = \begin{bmatrix} \quad \\ \quad \end{bmatrix}.$$

右辺は M の実部と虚部からなる．$M = (1+3i)(1-3i)$ を確かめよ．

8　$A = A_1 + iA_2$ は $n \times n$ の複素行列で，$\boldsymbol{b} = \boldsymbol{b}_1 + i\boldsymbol{b}_2$ は複素ベクトルとする．$A\boldsymbol{x} = \boldsymbol{b}$ の解は $\boldsymbol{x}_1 + i\boldsymbol{x}_2$ である．$A\boldsymbol{x} = \boldsymbol{b}$ をサイズ $2n$ の実行列で表せ：

$n \times n$　複素行列
$2n \times 2n$　実行列

$$\begin{bmatrix} \qquad & \qquad \\ \qquad & \qquad \end{bmatrix} \begin{bmatrix} \boldsymbol{x}_1 \\ \boldsymbol{x}_2 \end{bmatrix} = \begin{bmatrix} \boldsymbol{b}_1 \\ \boldsymbol{b}_2 \end{bmatrix}.$$

問題 9〜16 は共役複素数 $\overline{z} = a - ib = re^{-i\theta} = z^*$ に関するものである．

9　i を $-i$ に変えることにより，各数の共役複素数を書き下せ．

(a)　$2-i$　　(b)　$(2-i)(1-i)$　　(c)　$e^{i\pi/2}\ (=i)$
(d)　$e^{i\pi} = -1$　　(e)　$\frac{1+i}{1-i}\ (=i)$　　(f)　$i^{103} =$ ＿＿．

10　和 $z + \overline{z}$ は常に ＿＿ である．差 $z - \overline{z}$ は常に ＿＿ である．$z \neq 0$ と仮定する．積 $z \times \overline{z}$ は常に ＿＿ である．分数 $z/\overline{z}$ の絶対値は常に ＿＿ である．

11　実行列に対して，$A\boldsymbol{x} = \lambda\boldsymbol{x}$ の共役は $A\overline{\boldsymbol{x}} = \overline{\lambda}\overline{\boldsymbol{x}}$ である．これは次の 2 つのことを証明している：$\overline{\lambda}$ はもう 1 つの固有値であり，$\overline{\boldsymbol{x}}$ はその固有ベクトルである．$A = [a \ \ b;\ -b \ \ a]$ の固有値 $\lambda, \overline{\lambda}$ と固有ベクトル $\boldsymbol{x}, \overline{\boldsymbol{x}}$ を求めよ．

12　2×2 の行列の固有値は 2 次方程式の解の公式から得られる：

$$\det \begin{bmatrix} a-\lambda & b \\ c & d-\lambda \end{bmatrix} = \lambda^2 - (a+d)\lambda + (ad-bc) = 0$$

は 2 つの固有値 $\lambda = \left[a + d \pm \sqrt{(a+d)^2 - 4(ad-bc)}\right]/2$ を与える．

(a) $a = b = d = 1$ ならば，c が _____ であるとき固有値は複素数となる．

(b) $ad = bc$ であるとき，その固有値を求めよ．

(c) 2 つの固有値（正の符号と負の符号）は常に互いの共役であるとは限らない．なぜであろうか？

13 問題 12 において，その固有値は$(トレース)^2 = (a+d)^2$ が _____ より小さいとき実数ではない．$bc > 0$ であるとき，λ は実数であることを示せ．

14 以下の置換行列の固有値と固有ベクトルを求めよ：

$$P_4 = \begin{bmatrix} 0 & 0 & 0 & 1 \\ 1 & 0 & 0 & 0 \\ 0 & 1 & 0 & 0 \\ 0 & 0 & 1 & 0 \end{bmatrix} \quad \text{の行列式は} \quad \det(P_4 - \lambda I) = \_\_\_\_\_ \text{である．}$$

15 P_4 を P_6 に拡張せよ（主対角線の下に 1 が 5 個で角に 1 個）：$\det(P_6 - \lambda I)$ を計算し，複素平面上で 6 個の固有値を求めよ．

16 実歪対称行列 $(A^{\mathrm{T}} = -A)$ は純虚数の固有値を持つ．最初の証明：$A\boldsymbol{x} = \lambda\boldsymbol{x}$ ならば，ブロック行列の積は以下の式を与える．

$$\begin{bmatrix} 0 & A \\ -A & 0 \end{bmatrix} \begin{bmatrix} \boldsymbol{x} \\ i\boldsymbol{x} \end{bmatrix} = i\lambda \begin{bmatrix} \boldsymbol{x} \\ i\boldsymbol{x} \end{bmatrix}.$$

このブロック行列は対称行列である．その固有値は _____ でなければならない！ ゆえに，λ は _____ である．

問題 17〜24 は複素数 $r\cos\theta + ir\sin\theta$ の極形式 $re^{i\theta}$ について問うものである．

17 以下の数を オイラー形式 $re^{i\theta}$ で表せ．そして，それらを 2 乗せよ：

(a) $1 + \sqrt{3}i$ (b) $\cos 2\theta + i\sin 2\theta$ (c) $-7i$ (d) $5 - 5i$.

18 $z = \sin\theta + i\cos\theta$ の絶対値と偏角を（注意深く）求めよ．この z を複素平面上で特定せよ．z に $\cos\theta + i\sin\theta$ を掛けると _____ となる．

19 複素平面において，$z^8 = 1$ の 8 個の解すべてを図示せよ．根 $z = \overline{w} = \exp(-2\pi i/8)$ の直交形式 $a + ib$ を求めよ．

20 複素平面において 1 の 3 乗根（立方根）を特定せよ．-1 の 3 乗根を特定せよ．これらを一緒にしたものは _____ の 6 乗根である．

21 $e^{3i\theta} = \cos 3\theta + i\sin 3\theta$ と $(e^{i\theta})^3 = (\cos\theta + i\sin\theta)^3$ を比較して，$\cos\theta$ と $\sin\theta$ を用いた $\cos 3\theta$ と $\sin 3\theta$ に対する “3 倍角の公式” を求めよ．

22 共役複素数 $\overline{z}$ が逆数 $1/z$ に等しいと仮定する．これが成り立つすべての z を求めよ．

23 (a) e^i と i^e の絶対値はなぜ2つとも1なのか ?
(b) 複素平面において 点 e^i と i^e の近くに星印を付けよ.
(c) 数 i^e は $(e^{i\pi/2})^e$ または $(e^{5i\pi/2})^e$ であり得る. これらは等しいか ?

24 複素平面において, 以下の数の $t=0$ から $t=2\pi$ までの軌跡を描け :

(a) e^{it}　(b) $e^{(-1+i)t} = e^{-t}e^{it}$　(c) $(-1)^t = e^{t\pi i}$.

10.2　エルミート行列とユニタリ行列

本節において伝えたい主要なことは1つの文で表すと次のものである. **複素ベクトル $\boldsymbol{z}$ あるいは複素行列 $\boldsymbol{A}$ を転置するとき, その要素の複素数を複素共役に置き換えるということである. $\boldsymbol{z}^{\mathrm{T}}$ や A^{T}** だけで立ち止まってはいけない. すべての虚部の符号を反対にせよ. 要素を $z_j = a_j + ib_j$ とする列ベクトルから, それらの要素を $a_j - ib_j$ として**共役転置**したものが適切なベクトルである :

$$\textbf{共役転置}\qquad \overline{\boldsymbol{z}}^{\mathrm{T}} = \begin{bmatrix} \overline{z}_1 & \cdots & \overline{z}_n \end{bmatrix} = \begin{bmatrix} a_1 - ib_1 & \cdots & a_n - ib_n \end{bmatrix}. \tag{1}$$

ここに $\overline{\boldsymbol{z}}$ で考えるもう1つの理由がある. 実ベクトルの長さの2乗は $x_1^2 + \cdots + x_n^2$ である. 複素ベクトルの長さの2乗は $z_1^2 + \cdots + z_n^2$ **ではない**. その良くない定義によれば, $(1, i)$ の長さは $1^2 + i^2 = 0$ となってしまう. 零でないベクトルの長さが零になってしまう—これは良くない. 他のベクトルでは複素数の長さを持つことになるものもある. $(a+bi)^2$ の代わりに**絶対値の平方** $a^2 + b^2$ が望ましい. これは $(a+bi)$ を $(a-bi)$ に掛けることである.

各要素に対して z_j を $\overline{z}_j$ に掛けると, これは $|z_j|^2 = a_j^2 + b_j^2$ になる. これは $\boldsymbol{z}$ の要素を $\overline{\boldsymbol{z}}$ の要素に掛けると生じる :

$$\textbf{長さの2乗}\quad \begin{bmatrix} \overline{z}_1 & \cdots & \overline{z}_n \end{bmatrix} \begin{bmatrix} z_1 \\ \vdots \\ z_n \end{bmatrix} = |z_1|^2 + \cdots + |z_n|^2. \quad \textbf{これは}\quad \overline{\boldsymbol{z}}^{\mathrm{T}}\boldsymbol{z} = \|\boldsymbol{z}\|^2. \tag{2}$$

ところで, $(1, i)$ の長さの2乗は $1^2 + |i|^2 = 2$ であるから, 長さは $\sqrt{2}$ である. $(1+i, 1-i)$ の長さの2乗は4である. 零の長さを持つベクトルは 零ベクトル唯一つである.

長さ $\|\boldsymbol{z}\|$ は $\overline{\boldsymbol{z}}^{\mathrm{T}}\boldsymbol{z} = \boldsymbol{z}^{\mathrm{H}}\boldsymbol{z} = |z_1|^2 + \cdots + |z_n|^2$ **の平方根である.**

さらに先に進むために, 2つの記号を1つの記号で置き換える. 共役を表すバーと転置を表す T の代わりに単に上付き文字 H を用いる. したがって, $\overline{\boldsymbol{z}}^{\mathbf{T}} = \boldsymbol{z}^{\mathbf{H}}$ である. これは “エルミート $\boldsymbol{z}$” または $\boldsymbol{z}$ の **共役転置** という. 英語でのこの新しい術語 hermitian は “ハーミシャン” と発音される. この新しい記号は行列にも適用される : 行列 A の 共役転置行列は A^{H} である.

もう1つのよく用いられる記号は A^* である．MATLAB は転置コマンド ′ は自動的に複素共役（A' は A^{H}）をとる．

ベクトル $\boldsymbol{z}^{\mathrm{H}}$ は $\overline{\boldsymbol{z}}^{\mathrm{T}}$ である．行列 A^{H} は $\overline{A}^{\mathrm{T}}$ であり，A の共役転置である：

$$\boldsymbol{A}^{\mathrm{H}} = \text{“エルミート } \mathbf{A}\text{ ”} \quad A = \begin{bmatrix} 1 & i \\ 0 & 1+i \end{bmatrix} \quad \text{ならば} \quad A^{\mathrm{H}} = \begin{bmatrix} 1 & 0 \\ -i & 1-i \end{bmatrix} \text{である．}$$

複素内積

実ベクトルに対して，その長さの2乗は $\boldsymbol{x}^{\mathrm{T}}\boldsymbol{x}$— **$\boldsymbol{x}$ の自分自身との内積**である．複素ベクトルに対して，その長さの2乗は $\boldsymbol{z}^{\mathrm{H}}\boldsymbol{z}$ である．$\boldsymbol{z}^{\mathrm{H}}\boldsymbol{z}$ が $\boldsymbol{z}$ の自分自身との内積であるならば，それは非常に望ましいことである．そのようなことが成り立つためには，複素内積は共役転置を用いるべきである（単なる転置ではなく）．内積は実ベクトルであるとき変化がないが，$\boldsymbol{u}$ が複素ベクトルのとき，$\overline{\boldsymbol{u}}^{\mathrm{T}}$ を選ぶことにより明確な効果がある．

定義 実または複素ベクトル $\boldsymbol{u}$ と $\boldsymbol{v}$ の内積は $\boldsymbol{u}^{\mathrm{H}}\boldsymbol{v}$ である：

$$\boldsymbol{u}^{\mathrm{H}}\boldsymbol{v} = \begin{bmatrix} \overline{u}_1 & \cdots & \overline{u}_n \end{bmatrix} \begin{bmatrix} v_1 \\ \vdots \\ v_n \end{bmatrix} = \overline{u}_1 v_1 + \cdots + \overline{u}_n v_n. \tag{3}$$

複素ベクトルに対して，$\boldsymbol{u}^{\mathrm{H}}\boldsymbol{v}$ は $\boldsymbol{v}^{\mathrm{H}}\boldsymbol{u}$ と異なる．**このときベクトルの順序は重要である．**実際，$\boldsymbol{v}^{\mathrm{H}}\boldsymbol{u} = \overline{v}_1 u_1 + \cdots + \overline{v}_n u_n$ は $\boldsymbol{u}^{\mathrm{H}}\boldsymbol{v}$ の複素共役である．より大きなよいことのために多少の不便さは我慢しよう．

例 1 $\boldsymbol{u} = \begin{bmatrix} 1 \\ i \end{bmatrix}$ と $\boldsymbol{v} = \begin{bmatrix} i \\ 1 \end{bmatrix}$ の内積は $\begin{bmatrix} 1 & -i \end{bmatrix} \begin{bmatrix} i \\ 1 \end{bmatrix} = 0$ である．

例1は驚くべきことである．それらのベクトル $(1, i)$ と $(i, 1)$ は垂直であるようには見えない．しかし，それらは垂直である．**内積が零であることは，それらの（複素）ベクトルが直交していることを意味している．**同様に，ベクトル $(1, i)$ は $(1, -i)$ に直交している．それらの内積は $1-1=0$ である．内積に対して正確に零になる— そこでは共役をとるのを忘れると，$(1, i)$ の長さは誤って零になる．

注 本書では内積の定義で最初のベクトルの共役をとるように選んだ．他書においては，第2のベクトル $\boldsymbol{v}$ を選んでいるものもある．それらの複素内積は $\boldsymbol{u}^{\mathrm{T}}\overline{\boldsymbol{v}}$ となる．本書でそれを選び一貫して使うならば，それは自由な選択である．本書では以下の公式においても1つの記号 ^{H} を使用したい：

$A\boldsymbol{u}$ と $\boldsymbol{v}$ との内積は $\boldsymbol{u}$ と $A^{\mathrm{H}}\boldsymbol{v}$ との内積に等しい：

$$\boldsymbol{A}^{\mathrm{H}} = \boldsymbol{A} \text{ の “共役転置行列”} \qquad (A\boldsymbol{u})^{\mathrm{H}}\boldsymbol{v} = \boldsymbol{u}^{\mathrm{H}}(A^{\mathrm{H}}\boldsymbol{v}). \tag{4}$$

$A\boldsymbol{u}$ の共役は $\overline{A\boldsymbol{u}}$ である．それを転置すると 通常のように $\overline{\boldsymbol{u}}^{\mathrm{T}}\overline{A}^{\mathrm{T}}$ となる．これは $\boldsymbol{u}^{\mathrm{H}}A^{\mathrm{H}}$ である．機能すべきすべてのことは機能する．^{H} に対する規則は ^{T} に対する規則から生じる．それは行列の積に対しても適用される：

$\boldsymbol{AB}$ の共役転置は　$(\boldsymbol{AB})^{\mathbf{H}} = \boldsymbol{B}^{\mathbf{H}}\boldsymbol{A}^{\mathbf{H}}.$

$(a-ib)(c-id)$ は $(a+ib)(c+id)$ の共役複素数であるという事実を絶えず使用する．

エルミート行列

実行列のなかで，**対称行列**は最も重要な特別なクラスを構成する：$A = A^{\mathrm{T}}$．対称行列は実数の固有値を持ち，直交する固有ベクトルによって対角化される．ゆえに対角化する行列 S は直交行列 Q である．すべての対称行列は $A = Q\Lambda Q^{-1}$ と表され，また $A = Q\Lambda Q^{\mathrm{T}}$（ $Q^{-1} = Q^{\mathrm{T}}$ であるから）と表すこともできる．これらすべてのことは A が実行列であるとき $a_{ij} = a_{ji}$ という事実から導かれる．

複素行列のなかで，特別なクラスは**エルミート行列**から構成される：$A = A^{\mathrm{H}}$．要素の条件は $a_{ij} = \overline{a_{ji}}$ である．このとき，“A は**エルミート行列**である” という．**すべての実対称行列はエルミート行列である．** なぜなら，その共役をとっても変わらないからである．次の行列もまたエルミート行列である，$A = A^{\mathrm{H}}$ ：

例 2　$A = \begin{bmatrix} 2 & 3-3i \\ 3+3i & 5 \end{bmatrix}$　$a_{ii} = \overline{a_{ii}}$ より主対角要素は実数．
それを横切り $3+3i$ と $3-3i$ は共役．

この例は，すべてのエルミート行列が持つ 3 つの重要な性質を明示している．

$\boldsymbol{A} = \boldsymbol{A}^{\mathbf{H}}$ かつ $\boldsymbol{z}$ を任意のベクトルとしたとき，数 $\boldsymbol{z}^{\mathbf{H}}\boldsymbol{Az}$ は実数である．

速い証明：$\boldsymbol{z}^{\mathrm{H}}A\boldsymbol{z}$ は確かに 1×1 である．その共役転置をとる：

$$(\boldsymbol{z}^{\mathrm{H}}A\boldsymbol{z})^{\mathrm{H}} = \boldsymbol{z}^{\mathrm{H}}A^{\mathrm{H}}(\boldsymbol{z}^{\mathrm{H}})^{\mathrm{H}} \quad \text{はまた } \boldsymbol{z}^{\mathrm{H}}A\boldsymbol{z} \text{ である．}$$

ここで $A = A^{\mathrm{H}}$ を用いた．ゆえに，数 $\boldsymbol{z}^{\mathrm{H}}A\boldsymbol{z}$ はその共役に等しく，実数でなければならない．上の例における “エネルギー” $\boldsymbol{z}^{\mathrm{H}}A\boldsymbol{z}$ を示そう：

$$\begin{bmatrix} \overline{z}_1 & \overline{z}_2 \end{bmatrix} \begin{bmatrix} 2 & 3-3i \\ 3+3i & 5 \end{bmatrix} \begin{bmatrix} z_1 \\ z_2 \end{bmatrix} = \underbrace{2\overline{z}_1 z_1 + 5\overline{z}_2 z_2}_{\text{対角線}} + \underbrace{(3-3i)\overline{z}_1 z_2 + (3+3i) z_1 \overline{z}_2}_{\text{非対角線}}.$$

対角線の項 $2|z_1|^2$ と $5|z_2|^2$ は 両方とも実数である．非対角線の項は互いに共役である—ゆえにそれらの和は実数である（加法のとき，虚部は消去される）．$\boldsymbol{z}^{\mathrm{H}}A\boldsymbol{z}$ の式全体は実数である．これより，λ は実数となる．

エルミート行列のすべての固有値は実数である．

証明　$Az = \lambda z$ と仮定する．**両辺に** $\boldsymbol{z}^{\mathrm{H}}$ **を掛けて** $\boldsymbol{z}^{\mathrm{H}}A\boldsymbol{z} = \lambda \boldsymbol{z}^{\mathrm{H}}\boldsymbol{z}$ **を得る**．左辺の $\boldsymbol{z}^{\mathrm{H}}A\boldsymbol{z}$ は実数である．右辺の $\boldsymbol{z}^{\mathrm{H}}\boldsymbol{z}$ は長さの 2 乗であり，実数で正である．ゆえに，分数 $\lambda = \boldsymbol{z}^{\mathrm{H}}A\boldsymbol{z}/\boldsymbol{z}^{\mathrm{H}}\boldsymbol{z}$ は実数である．証明終.

上の例では，固有値 $\lambda = 8$ と $\lambda = -1$ で，実数である．なぜなら， $A = A^{\mathrm{H}}$ であるから：

$$\begin{vmatrix} 2-\lambda & 3-3i \\ 3+3i & 5-\lambda \end{vmatrix} = \lambda^2 - 7\lambda + 10 - |3+3i|^2$$
$$= \lambda^2 - 7\lambda + 10 - 18 = (\lambda - 8)(\lambda + 1).$$

エルミート行列の固有ベクトルは直交している（それらが異なる固有値に対応しているとき）．　$A\boldsymbol{z} = \lambda\boldsymbol{z}$ かつ $A\boldsymbol{y} = \beta\boldsymbol{y}$ ならば $\boldsymbol{y}^{\mathrm{H}}\boldsymbol{z} = 0$ である．

証明　$A\boldsymbol{z} = \lambda\boldsymbol{z}$ に左から $\boldsymbol{y}^{\mathrm{H}}$ を掛ける．$\boldsymbol{y}^{\mathrm{H}}A^{\mathrm{H}} = \beta\boldsymbol{y}^{\mathrm{H}}$ に右から $\boldsymbol{z}$ を掛けると：

$$\boldsymbol{y}^{\mathrm{H}}A\boldsymbol{z} = \lambda\boldsymbol{y}^{\mathrm{H}}\boldsymbol{z} \quad \text{かつ} \quad \boldsymbol{y}^{\mathrm{H}}A^{\mathrm{H}}\boldsymbol{z} = \beta\boldsymbol{y}^{\mathrm{H}}\boldsymbol{z}. \tag{5}$$

$A = A^{\mathrm{H}}$ であるから，左辺は等しい．ゆえに，右辺も等しい．β は λ と異なるので，他の因子 $\boldsymbol{y}^{\mathrm{H}}\boldsymbol{z}$ は零である．この例では $\lambda = 8$ かつ $\beta = -1$ であるから，固有ベクトルは直交している：

$$(A - 8I)\boldsymbol{z} = \begin{bmatrix} -6 & 3-3i \\ 3+3i & -3 \end{bmatrix}\begin{bmatrix} z_1 \\ z_2 \end{bmatrix} = \begin{bmatrix} 0 \\ 0 \end{bmatrix}, \qquad \boldsymbol{z} = \begin{bmatrix} 1 \\ 1+i \end{bmatrix}$$
$$(A + I)\boldsymbol{y} = \begin{bmatrix} 3 & 3-3i \\ 3+3i & 6 \end{bmatrix}\begin{bmatrix} y_1 \\ y_2 \end{bmatrix} = \begin{bmatrix} 0 \\ 0 \end{bmatrix}, \qquad \boldsymbol{y} = \begin{bmatrix} 1-i \\ -1 \end{bmatrix}.$$

これらの固有ベクトル $\boldsymbol{y}$ と $\boldsymbol{z}$ の内積をとると：

直交する固有ベクトル　　$\boldsymbol{y}^{\mathrm{H}}\boldsymbol{z} = \begin{bmatrix} 1+i & -1 \end{bmatrix}\begin{bmatrix} 1 \\ 1+i \end{bmatrix} = 0.$

これらの固有ベクトルは長さの 2 乗が $1^2 + 1^2 + 1^2 = 3$ である．それらを $\sqrt{3}$ で割ると，それらは単位ベクトルになる．それらは直交しており，いまそれらは**正規直交**している．またそれらは**固有ベクトル行列** S の列を構成し，A を対角化する．

A が実対称行列ならば，S は Q である—すなわち，直交行列である．いま A は複素行列でエルミート行列であるとする．すると，その固有ベクトルは複素ベクトルで正規直交している．**固有ベクトル行列 $\boldsymbol{S}$ は $\boldsymbol{Q}$ に似ているが，しかし複素行列である**．ここで，複素直交行列に対して “ユニタリ” という新しい名前と新しい記号 U を与える．

ユニタリ行列

ユニタリ行列 U は**正規直交**する列を持つ（複素）正方行列である．U は Q を複素行列に一般化したものである．A の固有ベクトル は1つの申し分のない例を与える：

ユニタリ行列 $$U = \frac{1}{\sqrt{3}}\begin{bmatrix} 1 & 1-i \\ 1+i & -1 \end{bmatrix}$$

この U もまたエルミート行列である．これは期待していなかった！ この例はあまりにもできすぎている．この U の固有値は1と -1 であることを見るだろう．

実行列 Q が実正規直交行列であることを判定する式は $Q^{\mathrm{T}}Q = I$ であった．Q^{T} を Q に掛けたとき，対角線上以外で内積は零である．複素行列の場合では，Q が U になる．U^{H} を U に掛けたとき，列はそれら自身，正規直交していることを示している．列の内積は再び1と0である．それらは式 $\boldsymbol{U^{\mathrm{H}}U = I}$ を満たしている：

正規直交列を持つすべての行列 $\boldsymbol{U}$ は $\boldsymbol{U^{\mathrm{H}}U = I}$ を満たす．
$\boldsymbol{U}$ が正方行列ならば，それはユニタリ行列である．このとき， $\boldsymbol{U^{\mathrm{H}} = U^{-1}}$ である．

行列 U（正規直交する列を持つ）を任意の $\boldsymbol{z}$ に掛けたとする．このとき，$\boldsymbol{z}^{\mathrm{H}}U^{\mathrm{H}}U\boldsymbol{z} = \boldsymbol{z}^{\mathrm{H}}\boldsymbol{z}$ であるから，そのベクトルの長さはそのまま同じである．$\boldsymbol{z}$ が U の固有ベクトルであるとき，もっといろいろなことがわかる．**ユニタリ行列（および 直交行列）の固有値はすべて絶対値 $|\lambda| = 1$ を持つ．**

$\boldsymbol{U}$ がユニタリ行列ならば $\|\boldsymbol{Uz}\| = \|\boldsymbol{z}\|$. **ゆえに $\boldsymbol{Uz} = \boldsymbol{\lambda z}$ より** $|\boldsymbol{\lambda}| = \mathbf{1}$ **を得る．**

例の 2×2 行列はエルミート行列 $(U = U^{\mathrm{H}})$，かつユニタリ行列 $(U^{-1} = U^{\mathrm{H}})$ の両方の性質を持つ．このことは，その行列が実数の固有値を持つ $(\lambda = \overline{\lambda})$ ことを意味しており，またそれは $|\lambda| = 1$ であることを意味している．絶対値が1の実数はただ2つの可能性がある：**その固有値は1かまたは -1 である．**

ここでの例における行列 U は，そのトレースが零であるから，1つの固有値は $\lambda = 1$ であり，もう1つの固有値は $\lambda = -1$ である．

例 3 3×3 **フーリエ行列** は図10.4にある．それはエルミート行列であろうか？ またそれはユニタリ行列であろうか？ F_3 は確かに対称行列である．それはその転置行列に等しい．しかし，それは共役転置行列に等しくはない—**それはエルミート行列ではない**．i を $-i$ に変えれば，異なる行列を得る．

F はユニタリ行列か？ 答は「**イエス**」である．すべての列の長さの2乗は $\frac{1}{3}(1+1+1)$（単位ベクトル）である．$1 + e^{2\pi i/3} + e^{4\pi i/3} = 0$ であるから，第1列は第2列に直交している．これは図10.3において注目された3つの数の和である．

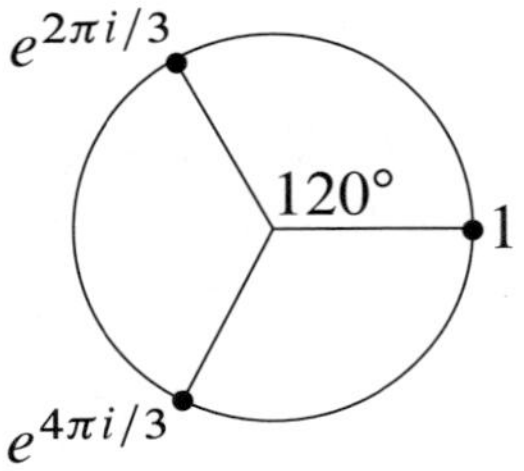

フーリエ行列　$F = \dfrac{1}{\sqrt{3}}\begin{bmatrix} 1 & 1 & 1 \\ 1 & e^{2\pi i/3} & e^{4\pi i/3} \\ 1 & e^{4\pi i/3} & e^{2\pi i/3} \end{bmatrix}.$

図 10.3　1 の 3 乗根はフーリエ行列 $F = F_3$ の中に入る.

図の対称性に注意せよ．その図を 120° 回転させたとき，図の 3 つの点は同じ位置にある．したがって，それらの和 S もまた同じ位置にある！　120° 回転した後，同じ位置にある唯一つの数は零であるから，$S = 0$ である．

F の第 2 列は第 3 列に直交しているか？　それらの内積は次のようである．

$$\tfrac{1}{3}(1 + e^{6\pi i/3} + e^{6\pi i/3}) = \tfrac{1}{3}(1+1+1).$$

これは零ではない．この答は間違っている．なぜなら，複素共役のことを忘れているからである．複素ベクトル内積は ^{T} ではなく ^{H} を用いる：

$$\begin{aligned}(\text{第 2 列})^{\mathrm{H}}(\text{第 3 列}) &= \tfrac{1}{3}(1\cdot 1 + e^{-2\pi i/3}e^{4\pi i/3} + e^{-4\pi i/3}e^{2\pi i/3}) \\ &= \tfrac{1}{3}(1 + e^{2\pi i/3} + e^{-2\pi i/3}) = 0.\end{aligned}$$

ゆえに，確かに直交している．**結論：F はユニタリ行列である．**

次節において $n \times n$ フーリエ行列を考察しよう．すべての複素ユニタリ行列のなかで，とりわけこれらは最も重要な行列である．F をベクトルに掛けるとき，**離散フーリエ変換**を計算していることになる．また F^{-1} を掛けるとき，その**逆変換**を計算していることになる．ユニタリ行列の特別な性質は $F^{-1} = F^{\mathrm{H}}$ である．逆変換は i を $-i$ に変えるだけである：

i を $-i$ に変える　　$F^{-1} = F^{\mathrm{H}} = \dfrac{1}{\sqrt{3}}\begin{bmatrix} 1 & 1 & 1 \\ 1 & e^{-2\pi i/3} & e^{-4\pi i/3} \\ 1 & e^{-4\pi i/3} & e^{-2\pi i/3} \end{bmatrix}.$

F を取り扱う人は誰でもその価値を認識している．本書の最後の節はフーリエ解析と複素数，そして線形代数を一緒にして取り扱う．

ベクトルと行列に対して実数と複素数を翻訳するための一覧表を示し，本節を終えることにする．

実数 対 複素数

$\mathbf{R}^n$：n 個の実数要素を持つベクトル	$\leftrightarrow$	$\mathbf{C}^n$：n 個の複素数要素を持つベクトル
長さ： $\|\boldsymbol{x}\|^2 = x_1^2 + \cdots + x_n^2$	$\leftrightarrow$	長さ： $\|\boldsymbol{z}\|^2 = \|z_1\|^2 + \cdots + \|z_n\|^2$
置換： $(A^{\mathrm{T}})_{ij} = A_{ji}$	$\leftrightarrow$	共役置換 $(A^{\mathrm{H}})_{ij} = \overline{A_{ji}}$
積規則： $(AB)^{\mathrm{T}} = B^{\mathrm{T}}A^{\mathrm{T}}$	$\leftrightarrow$	積規則 $(AB)^{\mathrm{H}} = B^{\mathrm{H}}A^{\mathrm{H}}$
内積 $\boldsymbol{x}^{\mathrm{T}}\boldsymbol{y} = x_1y_1 + \cdots + x_ny_n$	$\leftrightarrow$	内積： $\boldsymbol{u}^{\mathrm{H}}\boldsymbol{v} = \overline{u}_1v_1 + \cdots + \overline{u}_nv_n$
A^{T} に対する理由 $(A\boldsymbol{x})^{\mathrm{T}}\boldsymbol{y} = \boldsymbol{x}^{\mathrm{T}}(A^{\mathrm{T}}\boldsymbol{y})$	$\leftrightarrow$	A^{H} に対する理由： $(A\boldsymbol{u})^{\mathrm{H}}\boldsymbol{v} = \boldsymbol{u}^{\mathrm{H}}(A^{\mathrm{H}}\boldsymbol{v})$
直交性： $\boldsymbol{x}^{\mathrm{T}}\boldsymbol{y} = 0$	$\leftrightarrow$	直交性： $\boldsymbol{u}^{\mathrm{H}}\boldsymbol{v} = 0$
対称行列： $A = A^{\mathrm{T}}$	$\leftrightarrow$	エルミート行列： $A = A^{\mathrm{H}}$
$\boldsymbol{A} = \boldsymbol{Q\Lambda Q^{-1}} = \boldsymbol{Q\Lambda Q}^{\mathrm{T}}$（実 Λ）	$\leftrightarrow$	$\boldsymbol{A} = \boldsymbol{U\Lambda U^{-1}} = \boldsymbol{U\Lambda U}^{\mathrm{H}}$（実 Λ）
歪対称行列： $K^{\mathrm{T}} = -K$	$\leftrightarrow$	歪エルミート行列： $K^{\mathrm{H}} = -K$
直交行列： $Q^{\mathrm{T}} = Q^{-1}$	$\leftrightarrow$	ユニタリ行列： $U^{\mathrm{H}} = U^{-1}$
正規直交列： $Q^{\mathrm{T}}Q = I$	$\leftrightarrow$	正規直交列： $U^{\mathrm{H}}U = I$
$(Q\boldsymbol{x})^{\mathrm{T}}(Q\boldsymbol{y}) = \boldsymbol{x}^{\mathrm{T}}\boldsymbol{y}$, $\|Q\boldsymbol{x}\| = \|\boldsymbol{x}\|$	$\leftrightarrow$	$(U\boldsymbol{x})^{\mathrm{H}}(U\boldsymbol{y}) = \boldsymbol{x}^{\mathrm{H}}\boldsymbol{y}$, $\|U\boldsymbol{z}\| = \|\boldsymbol{z}\|$

Q と U の列，そして固有ベクトルもまた正規直交する．すべての固有値の絶対値は 1 である： $|\lambda| = 1$.

練習問題 10.2

1 $\boldsymbol{u} = (1+i, 1-i, 1+2i)$ と $\boldsymbol{v} = (i, i, i)$ の長さを求めよ．また，$\boldsymbol{u}^{\mathrm{H}}\boldsymbol{v}$ と $\boldsymbol{v}^{\mathrm{H}}\boldsymbol{u}$ を求めよ．

2 以下の行列 A に対して，$A^{\mathrm{H}}A$ と AA^{H} を計算せよ．それらは両方とも ＿＿＿ 行列である：

$$A = \begin{bmatrix} i & 1 & i \\ 1 & i & i \end{bmatrix}.$$

3 問題 2 における行列 A に対して，$A\boldsymbol{z} = \boldsymbol{0}$ を解いて A の零空間のベクトルを 1 つ求めよ．$\boldsymbol{z}$ は A^{H} の列に直交していることを示せ．また，$\boldsymbol{z}$ は A^{T} の列には**直交しないこと**を示せ．**良い行空間はもはや $\boldsymbol{C}(A^{\mathrm{T}})$ ではない．**いまそれは $\boldsymbol{C}(A^{\mathrm{H}})$ である．

4 問題 3 は，4 つの基本部分空間が $\boldsymbol{C}(A)$ と $\boldsymbol{N}(A)$ と ＿＿＿ と ＿＿＿ であることを指摘している．それらの次元はそれぞれ r と $n-r$ と r と $m-r$ である．さらにそれらは直交する部分空間である．**記号 ^{H} は ^{T} の代わりの役割を果たす．**

5 (a) $A^{\mathrm{H}}A$ は常にエルミート行列であることを示せ．

(b) $A\boldsymbol{z} = \boldsymbol{0}$ ならば $A^{\mathrm{H}}A\boldsymbol{z} = \boldsymbol{0}$ である．$A^{\mathrm{H}}A\boldsymbol{z} = \boldsymbol{0}$ ならば，$\boldsymbol{z}^{\mathrm{H}}$ を掛けて $A\boldsymbol{z} = \boldsymbol{0}$ となることを証明せよ．A と $A^{\mathrm{H}}A$ の零空間は ＿＿＿ である．したがって，A の零空間が $\boldsymbol{z} = 0$ しか含まないとき，$A^{\mathrm{H}}A$ は可逆なエルミート行列である．

6 以下の命題は真か偽か？ 真ならばその理由を述べ，偽ならば反例を挙げよ：

(a) A が実行列ならば，$A+iI$ は可逆行列である．
(b) A がエルミート行列ならば，$A+iI$ は可逆行列である．
(c) A がユニタリ行列ならば，$A+iI$ は可逆行列である．

7 エルミート行列 A に実数 c を掛けたとき，それでも cA はエルミート行列か？ A がエルミート行列であるとき，iA は歪エルミート行列であることを示せ．

"スカラー" が実数であるとき，3×3 行列の全体は部分空間である．

8 次の行列 P は次のどのクラスの行列に属するか：可逆行列，エルミート行列，ユニタリ行列？

$$P=\begin{bmatrix}0 & i & 0\\ 0 & 0 & i\\ i & 0 & 0\end{bmatrix}.$$

P^2 と P^3 と P^{100} を計算せよ．P の固有値を求めよ．

9 問題 8 における行列 P の単位固有ベクトルを求め，それらをユニタリ行列 F の列に置け．P のどのような性質によってそれらの固有ベクトルは直交するか？

10 3×3 の巡回行列 $C=2I+5P$ を書き下せ．この行列は問題 8 の行列 P と同じ固有値を持つ．その固有値を求めよ．

11 U と V がユニタリ行列であるとき，U^{-1} はユニタリ行列であり，UV もまたユニタリ行列であることを示せ．$U^{\mathrm{H}}U=I$ と $V^{\mathrm{H}}V=I$ からスタートせよ．

12 すべてのエルミート行列の行列式は実数であることがどうしてわかるか？

13 行列 A の列が線形独立であるとき，$A^{\mathrm{H}}A$ は エルミート行列であるだけでなく，正定値である．証明：$\boldsymbol{z}$ が零でなければ $\boldsymbol{z}^{\mathrm{H}}A^{\mathrm{H}}A\boldsymbol{z}$ は正である．なぜなら，_____ であるから．

14 以下のエルミート行列を対角化して $A=U\Lambda U^{\mathrm{H}}$ と表せ：

$$A=\begin{bmatrix}0 & 1-i\\ i+1 & 1\end{bmatrix}.$$

15 以下の歪エルミート行列を対角化して $K=U\Lambda U^{\mathrm{H}}$ と表せ．すべての λ は _____ である：

$$K=\begin{bmatrix}0 & -1+i\\ 1+i & i\end{bmatrix}.$$

16 以下の直交行列を対角化して $Q=U\Lambda U^{\mathrm{H}}$ と表せ．今度はすべての λ が _____ である：

$$Q=\begin{bmatrix}\cos\theta & -\sin\theta\\ \sin\theta & \cos\theta\end{bmatrix}.$$

17 以下のユニタリ行列を対角化して $V = U\Lambda U^{\mathrm{H}}$ と表せ．再び，すべての λ は ＿＿ である：

$$V = \frac{1}{\sqrt{3}}\begin{bmatrix} 1 & 1-i \\ 1+i & -1 \end{bmatrix}.$$

18 $\boldsymbol{v}_1, \ldots, \boldsymbol{v}_n$ が $\mathbf{C}^n$ に対する正規直交基底ならば，それらの列を持つ行列は ＿＿ 行列である．任意のベクトル $\boldsymbol{z}$ は $(\boldsymbol{v}_1^{\mathrm{H}}\boldsymbol{z})\boldsymbol{v}_1 + \cdots + (\boldsymbol{v}_n^{\mathrm{H}}\boldsymbol{z})\boldsymbol{v}_n$ に等しいことを示せ．

19 関数 e^{-ix} と e^{ix} は区間 $0 \leq x \leq 2\pi$ 上で直交している．なぜなら，それらの内積は $\int_0^{2\pi}$ ＿＿ $= 0$ であるから．

20 ベクトル $\boldsymbol{v} = (1, i, 1), \boldsymbol{w} = (i, 1, 0)$ と $\boldsymbol{z} =$ ＿＿ は ＿＿ に対して直交基底である．

21 $A = R + iS$ がエルミート行列ならば，その実部と虚部は対称行列か？

22 $\mathbf{C}^n$ の（複素）次元は ＿＿ である．$\mathbf{C}^n$ に対する実数でない基底を 1 つ求めよ．

23 1×1 と 2×2 のすべてのエルミート行列とユニタリ行列を記述せよ．

24 A を複素正方行列とする．A^{H} の固有値は A の固有値にどのように関係しているか？

25 $\boldsymbol{u}^{\mathrm{H}}\boldsymbol{u} = 1$ であるとき，$I - 2\boldsymbol{u}\boldsymbol{u}^{\mathrm{H}}$ はエルミート行列であり，ユニタリ行列でもあることを示せ．階数 1 の行列 $\boldsymbol{u}\boldsymbol{u}^{\mathrm{H}}$ は $\mathbf{C}^n$ におけるどんな直線の上に射影されるか？

26 $A + iB$ がユニタリ行列（ A と B は実行列）であるとき，$Q = \begin{bmatrix} \mathbf{A} & -\mathbf{B} \\ \mathbf{B} & \mathbf{A} \end{bmatrix}$ は直交行列であることを示せ

27 $A + iB$ がエルミート行列であるとき（ A と B は実行列），$\begin{bmatrix} \mathbf{A} & -\mathbf{B} \\ \mathbf{B} & \mathbf{A} \end{bmatrix}$ は対称行列であることを示せ．

28 エルミート行列の逆行列もまたエルミート行列であることを証明せよ（$A^{-1}A = I$ を転置せよ）．

29 固有値行列 Λ と その固有ベクトル行列 S を構成することによって，以下の行列 A を対角化せよ：

$$A = \begin{bmatrix} 2 & 1-i \\ 1+i & 3 \end{bmatrix} = A^{\mathrm{H}}.$$

30 正規直交する固有ベクトルを持つ行列は $A = U\Lambda U^{-1} = U\Lambda U^{\mathrm{H}}$ と表される．$AA^{\mathrm{H}} = A^{\mathrm{H}}A$ であることを**証明せよ**．これらはまさしく **正規行列** である．その例は エルミート行列，歪エルミート行列，そしてユニタリ行列である．Λ における複素数の固有値を選んで 2×2 の正規行列を構成せよ．

10.3　高速フーリエ変換

線形代数の多くの応用は展開するために時間がかかる．1 時間でそれらを説明するのは困難である．先生と著者はその理論を完成させることと，新しい応用を付け加えることの間で選択しなければならない．しばしば理論が勝っているが，本節は 1 つの例外である．この例外は前世紀における最も価値のある数値計算を説明している．

ここでは $\boldsymbol{F}$ と $\boldsymbol{F^{-1}}$，すなわち，フーリエ行列とその逆行列によって素早く掛け算したい． これは高速フーリエ変換 (FFT) によって達せられる．通常の積 $F\boldsymbol{c}$ は n^2 個の掛け算を必要とする（F は n^2 個の要素を持つ）．FFT は $\frac{1}{2}\log_2 n$ の n 倍の掛け算だけが必要である．どのようにするかをこれから見てみよう．

FFT は信号処理に革命を起こし，全産業はそれにより加速した．電子技術者はその差を知るべき最初の人たちである—彼らが関数に出合ったときそのフーリエ変換をとる．フーリエの考え方は f を 調和関数 $c_k e^{ikx}$ の和として表すことである．関数は，その値 $f(x)$ による**物理的空間**の代わりに，**周波数空間**においてその係数 c_k を通して見ることができる．フーリエ変換により係数 c と 関数 f の間を往復できる．FFT によって高速に往復できる．

1 のベキ根とフーリエ行列

2 次方程式は 2 つの根（または重根）を持つ．次数 n の方程式は n 個（繰り返しを数えて）の根を持つ．これは「代数学の基本定理」であり，そのためには複素数の根を許す必要がある．本節では非常に特別な方程式 $z^n = 1$ を考える．この方程式の根は “1 の n 乗根” である．それらは複素平面における単位円周上で n 個の等間隔に配置された点である．

図 10.4 は $z^8 = 1$ に対する 8 個の解を示している．それらの間隔は $\frac{1}{8}(360°) = 45°$ である．最初の根は 45° または $\theta = 2\pi/8$ ラジアンである．**それは複素数** $w = e^{i\theta} = \boldsymbol{e^{i2\pi/8}}$ である．この数を，それが 8 乗根であることを強調するために w_8 と呼ぶ．この数は $\cos\frac{2\pi}{8}$ と $\sin\frac{2\pi}{8}$ によって表すことができるが，ここではそれを用いない．他の 8 乗根は単位円周上のまわりにある $w^2, w^3, \ldots, w^8$ である．w のベキは極形式とするのが最も好ましい．なぜなら，我々は偏角 $\frac{2\pi}{8}, \frac{4\pi}{8}, \ldots, \frac{16\pi}{8} = 2\pi$ のみ扱えばよいからである．

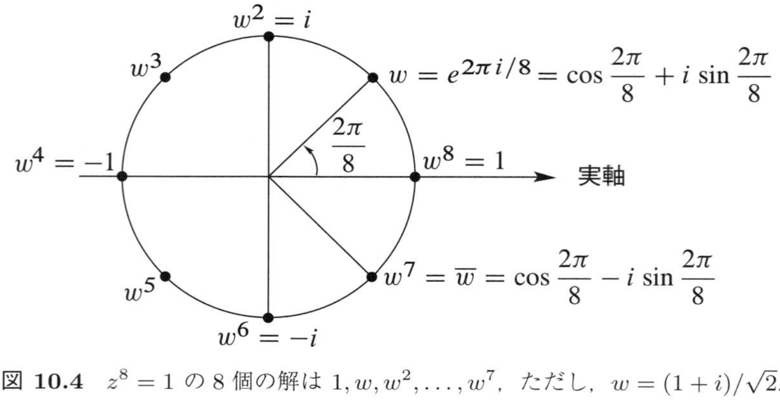

図 10.4　$z^8 = 1$ の 8 個の解は $1, w, w^2, \ldots, w^7$，ただし，$w = (1+i)/\sqrt{2}$.

1 の 4 乗根もまたその図にある．それらは $i, -1, -i, 1$ である．その偏角は $2\pi/4$ あるいは $90°$ である．最初の根 $w_4 = e^{2\pi i/4}$ は i に他ならない．1 の平方根さえその図にあり，その 1 つは $w_2 = e^{i2\pi/2} = -1$ である．これらの平方根 1 と -1 を軽視してはいけない．FFT の背後にある考え方は 8×8 のフーリエ行列（w_8 のベキからなる）から以下の 4×4 の行列（$w_4 = i$ のベキによる）へ行くことである．同じ考え方で 4 から 2 へ向かう．このようにして F_8 から F_4 へ下げたり，F_8 から F_{16} へ（そしてそれ以上に）上げたりする関係を活用することによって，FFT は F_{1024} による掛け算を非常に速く行うことができる．

まず最初に $n = 4$ に対する**フーリエ行列**を解説する．その行は 1 と w と w^2 と w^3 のベキからなる．これらは 1 の 4 乗根であり，それらのベキは特殊な順序に並んでいる．

フーリエ行列
$n = 4$

$$F = \begin{bmatrix} 1 & 1 & 1 & 1 \\ 1 & w & w^2 & w^3 \\ 1 & w^2 & w^4 & w^6 \\ 1 & w^3 & w^6 & w^9 \end{bmatrix} = \begin{bmatrix} 1 & 1 & 1 & 1 \\ 1 & i & i^2 & i^3 \\ 1 & i^2 & i^4 & i^6 \\ 1 & i^3 & i^6 & i^9 \end{bmatrix}.$$

これは対称行列である $(F = F^{\mathrm{T}})$．それはエルミート行列で**はない**．その主対角線は実数ではない．しかし，$\frac{1}{2}F$ は **ユニタリ行列** である．これは $(\frac{1}{2}F^{\mathrm{H}})(\frac{1}{2}F) = I$ を意味している：

> **F の列は** $\boldsymbol{F^{\mathrm{H}}F = 4I}$ **を与える．その逆行列は** $\boldsymbol{\frac{1}{4}F^{\mathrm{H}}}$ **であり，これは** $\boldsymbol{F^{-1} = \frac{1}{4}\overline{F}}$ である．

その逆行列は $w = i$ から $\overline{w} = -i$ に変わる．それは我々を F から $\overline{F}$ へ導く．高速フーリエ変換は F を掛けるための速い方法を与え，それは F^{-1} に対しても同様である．

ユニタリ行列は $U = F/\sqrt{n}$ である．その $\sqrt{n}$ を避けて，単に F^{-1} の外に $\frac{1}{n}$ をおく．重要なことはフーリエ係数 c_0, c_1, c_2, c_3 に F を掛けることである．

4 点フーリエ級数

$$\begin{bmatrix} y_0 \\ y_1 \\ y_2 \\ y_3 \end{bmatrix} = F\boldsymbol{c} = \begin{bmatrix} 1 & 1 & 1 & 1 \\ 1 & w & w^2 & w^3 \\ 1 & w^2 & w^4 & w^6 \\ 1 & w^3 & w^6 & w^9 \end{bmatrix} \begin{bmatrix} c_0 \\ c_1 \\ c_2 \\ c_3 \end{bmatrix}. \tag{1}$$

入力は 4 つの複素係数 c_0, c_1, c_2, c_3 である．出力は 4 つの関数値 y_0, y_1, y_2, y_3 である．最初の出力 $y_0 = c_0 + c_1 + c_2 + c_3$ は $x = 0$ におけるフーリエ級数の値である．**2 番目の出力は** $x = 2\pi/4$ **における その級数** $\sum c_k e^{ikx}$ **の値である**：

$$y_1 = c_0 + c_1 e^{i2\pi/4} + c_2 e^{i4\pi/4} + c_3 e^{i6\pi/4} = c_0 + c_1 w + c_2 w^2 + c_3 w^3.$$

第 3 と第 4 の出力 y_2 と y_3 はそれぞれ $x = 4\pi/4$ と $x = 6\pi/4$ における $\sum c_k e^{ikx}$ の値である．これらは **有限の**フーリエ級数である！ それらは $n = 4$ 項を含み，また それらは $n = 4$ 点における数値である．これらの点 $x = 0, 2\pi/4, 4\pi/4, 6\pi/4$ は等間隔にある．

その次の点は $x = 8\pi/4$ になり，これは 2π である．このとき，級数は y_0 に戻る．なぜなら，$e^{2\pi i}$ は $e^0 = 1$ と同じであるから．すべては周期 4 で巡回する．$(w^2)(w^2) = w^0 = 1$ であるから，この世界では $2+2$ は 0 となる．本書では j と k は 0 から $n-1$ を動く（1 から n の代わりに）という慣習に従う．F の“第 0 行”と“第 0 列”はすべて 1 からなる．

$n\times n$ フーリエ行列は $w=e^{2\pi i/n}$ のベキを含んでいる：

$$F_n\boldsymbol{c}=\begin{bmatrix}1 & 1 & 1 & \cdots & 1\\ 1 & w & w^2 & \cdots & w^{n-1}\\ 1 & w^2 & w^4 & \cdots & w^{2(n-1)}\\ \vdots & \vdots & \vdots & \ddots & \vdots\\ 1 & w^{n-1} & w^{2(n-1)} & \cdots & w^{(n-1)^2}\end{bmatrix}\begin{bmatrix}c_0\\ c_1\\ c_2\\ \vdots\\ c_{n-1}\end{bmatrix}=\begin{bmatrix}y_0\\ y_1\\ y_2\\ \vdots\\ y_{n-1}\end{bmatrix}=\boldsymbol{y}. \tag{2}$$

F_n は対称行列であるが，エルミート行列ではない．**その列は直交しており**，また $F_n\overline{F}_n=nI$ が成り立つ．**このとき，F_n^{-1} は $\overline{F}_n/n$ である．** その逆行列は $\overline{w}_n=e^{-2\pi i/n}$ のベキからなる．F におけるパターンを見てみよう：

> j 行 k 列 **の要素は** w^{jk} **である．**　**第 0 行と第 0 列は** $w^0=1$ **からなる．**

$\boldsymbol{c}$ に F_n を掛けるとき，n 個の点における級数の和をとる．**$\boldsymbol{y}$ に F_n^{-1} を掛けるとき，関数値 $\boldsymbol{y}$ からその係数 $\boldsymbol{c}$ がわかる．** MATLAB において，そのコマンドは $\boldsymbol{c}=\mathsf{fft}(\boldsymbol{y})$ である．行列 F は“周波数空間”から“物理的空間”へ移行する．

重要な注　多くの著者は，本書の w の複素共役である $\omega=e^{-2\pi i/N}$ を扱うことを好む（彼らはしばしばギリシャ文字の ω を使い，私はそれを 2 つの別々の選択肢を維持するために用いるつもりである）．その ω を選ぶと，それらの DFT 行列は w ではなく ω のベキからなる．それは conj $(F)=$ 本書における F の複素共役である．これは我々を周波数空間に導く．

$\overline{F}$ は完全に合理的な選択である！　MATLAB は $\omega=e^{-2\pi i/N}$ を用いる．DFT 行列 fft(eye(N)) はこの数 $\omega=\overline{w}$ のベキからなる．w **によるフーリエ行列は** $\boldsymbol{c}$ **から** $\boldsymbol{y}$ **を再構成する．** ω **による行列** $\overline{F}$ **は fft($\boldsymbol{y}$) としてフーリエ級数の係数を計算する．**

同様に重要なこと　関数 $f(x)$ が周期 2π を持つとき，x を $e^{i\theta}$ に変換するとき，その関数は単位円周上で定義される（ここで $z=e^{i\theta}$ である）．このとき，$\boldsymbol{y}$ から $\boldsymbol{c}$ への離散フーリエ変換は，この $f(z)$ の n 個の値を 1 つの多項式 $p(z)=c_0+c_1z+\cdots+c_{n-1}z^{n-1}$ によって対応させるものである．

> **補間法**　n 個の点 $z=1,\ldots,w^{n-1}$ で $p(z)=f(z)$ を満たす $c_0,\ldots,c_{n-1}$ を求めよ．

フーリエ行列はこれら n 個の点の補間法に対するヴァンデルモンドの行列である．

高速フーリエ変換の 1 段階

我々はできるだけ速く F を $\boldsymbol{c}$ に掛け算したい．通常，1 つの行列を 1 つのベクトルに掛ける場合，n^2 個の別々の掛け算をする—行列は n^2 個の要素を持つので．さらに速くそれを計算することは不可能だと考えるかもしれない（行列が零の要素を持てばその計算は省くことができる．しかし，フーリエ行列は零の要素を持たない！）．その要素に対して，特殊なパターン w^{jk} を用いることによって，たくさんの零が生じるように F を分解することができる．これが**高速フーリエ変換 (FFT)** である．

鍵となる考え方は $\boldsymbol{F_n}$ を 半分のサイズのフーリエ行列 $\boldsymbol{F_{n/2}}$ に結びつけることである． n が 2 のベキであると仮定しよう（たとえば $n = 2^{10} = 1024$）．F_{1024} を F_{512} に結びつける—より正確には F_{512} の **2 つのコピー**に結びつける．$n = 4$ のとき，鍵はこれらの行列の間の関係にある：

$$\boldsymbol{F_4} = \begin{bmatrix} 1 & 1 & 1 & 1 \\ 1 & i & i^2 & i^3 \\ 1 & i^2 & i^4 & i^6 \\ 1 & i^3 & i^6 & i^9 \end{bmatrix} \quad と \quad \begin{bmatrix} \boldsymbol{F_2} & \\ & \boldsymbol{F_2} \end{bmatrix} = \begin{bmatrix} 1 & 1 & & \\ 1 & i^2 & & \\ & & 1 & 1 \\ & & 1 & i^2 \end{bmatrix}.$$

左側の行列は F_4 で，これは 零要素を持たない．右側は半分が零である行列である．掛け算する仕事の量は半分にカットされる．しかし，待ってほしい．これらの行列は同じではない．FFT 分解を完成させるためには，2 つの疎でありかつ単純な行列が必要である：

$$\textbf{FFT に対する分解} \quad F_4 = \begin{bmatrix} 1 & & 1 & \\ & 1 & & i \\ 1 & & -1 & \\ & 1 & & -i \end{bmatrix} \begin{bmatrix} 1 & 1 & & \\ 1 & i^2 & & \\ & & 1 & 1 \\ & & 1 & i^2 \end{bmatrix} \begin{bmatrix} 1 & & & \\ & & 1 & \\ & 1 & & \\ & & & 1 \end{bmatrix}. \tag{3}$$

最後の行列は置換である．それは偶数番目の c（c_0 と c_2）を奇数番目の c（c_1 と c_3）の前に持ってくる．中央の行列は半分のサイズを持つ変換 F_2 と F_2 を偶数と奇数に実行する．左側の行列はその 2 つの半分の大きさの出力を結びつける—正しい全体の大きさの出力 $\boldsymbol{y} = F_4\boldsymbol{c}$ が生じるように．

$n = 1024$ と $m = \frac{1}{2}n = 512$ であるときに，この同じ考え方を適用する．数 w は $e^{2\pi i/1024}$ である．この数は単位円上で偏角 $\theta = 2\pi/1024$ である．フーリエ行列 F_{1024} は w のベキばかりである．FFT の最初の段階は Cooley と Tukey によって発見された偉大な分解である（ガウスによって 1805 年に原型がつくられていた）：

$$\boldsymbol{F_{1024}} = \begin{bmatrix} I_{512} & D_{512} \\ I_{512} & -D_{512} \end{bmatrix} \begin{bmatrix} \boldsymbol{F_{512}} & \\ & \boldsymbol{F_{512}} \end{bmatrix} \begin{bmatrix} \text{偶数-奇数} \\ \text{置換} \end{bmatrix}. \tag{4}$$

I_{512} は単位行列である．D_{512} は要素を $(1, w, \ldots, w^{511})$ とする対角行列である．我々が期待しているのは F_{512} の 2 つのコピーである．それらは 1 の 512 乗根を用いているということを忘れないように（それは w^2 に他ならない !!）．置換行列は入力されてくるベクトル $\boldsymbol{c}$ を偶数部分 $\boldsymbol{c}' = (c_0, c_2, \ldots, c_{1022})$ と奇数部分 $\boldsymbol{c}'' = (c_1, c_3, \ldots, c_{1023})$ とに分ける．

ここに F_{1024} の分解と同じこと意味している代数の公式がある：

(FFT) $m = \frac{1}{2}n$ とおく．$\boldsymbol{y} = F_n\boldsymbol{c}$ の最初の m 個の要素と後ろの m 個の要素は半分の大きさの変換 $\boldsymbol{y}' = F_m\boldsymbol{c}'$ と $\boldsymbol{y}'' = F_m\boldsymbol{c}''$ を結びつける．等式 (4) は，$I\boldsymbol{y}' + D\boldsymbol{y}''$ と $I\boldsymbol{y}' - D\boldsymbol{y}''$ として n から $m = n/2$ へのこの段階を示している：

$$\begin{aligned} y_j &= y'_j + w_n^j y''_j, \quad j = 0, \ldots, m-1 \\ y_{j+m} &= y'_j - w_n^j y''_j, \quad j = 0, \ldots, m-1. \end{aligned} \tag{5}$$

$\boldsymbol{c}$ を $\boldsymbol{c}'$ と $\boldsymbol{c}''$ に分解し，それらを F_m によって $\boldsymbol{y}'$ と $\boldsymbol{y}''$ に変換し，そして $\boldsymbol{y}$ を再構成する．

これらの公式は奇数 c_{2k+1} から偶数 c_{2k} を分けることから生じる：

$$y_j = \sum_0^{n-1} w^{jk} c_k = \sum_0^{m-1} w^{2jk} c_{2k} + \sum_0^{m-1} w^{j(2k+1)} c_{2k+1} \quad \text{ただし } m = \tfrac{1}{2}n. \tag{6}$$

偶数番目の c_i は $c' = (c_0, c_2, \ldots)$ の中に入り，奇数番目の c_i は $c'' = (c_1, c_3, \ldots)$ に入る．こうして変換された $F_m c'$ と $F_m c''$ ができる．鍵は $\boldsymbol{w_n^2 = w_m}$ である．これより，$w_n^{2jk} = w_m^{jk}$ が得られる．

書き直し
$$y_j = \sum w_m^{jk} c'_k \; + \; (w_n)^j \sum w_m^{jk} c''_k = y'_j \; + \; (w_n)^j y''_j. \tag{7}$$

$j \geq m$ に対して，(5) における負符号は $(w_n)^m = -1$ をくくり出すことから生じる．

MATLAB では容易に偶数番目の c_i と奇数番目の c_i を分離し，w_n^j を掛け算することができる．我々は conj(F) や，同じことであるが MATLAB の逆変換 ifft を用いる．なぜなら，fft は $\omega = \overline{w} = e^{-2\pi i/n}$ に基礎をおいているからである．問題 17 は F と conj(F) は行を置換することによって結びつけられていることを示している．

MATLAB における
n から $n/2$ への **FFT** 処理

```
y′ = ifft (c(0 : 2 : n − 2)) ∗ n/2;
y″ = ifft (c(1 : 2 : n − 1)) ∗ n/2;
d = w.^(0 : n/2 − 1)′;
y = [y′ + d.∗y″ ; y′ − d.∗y″];
```

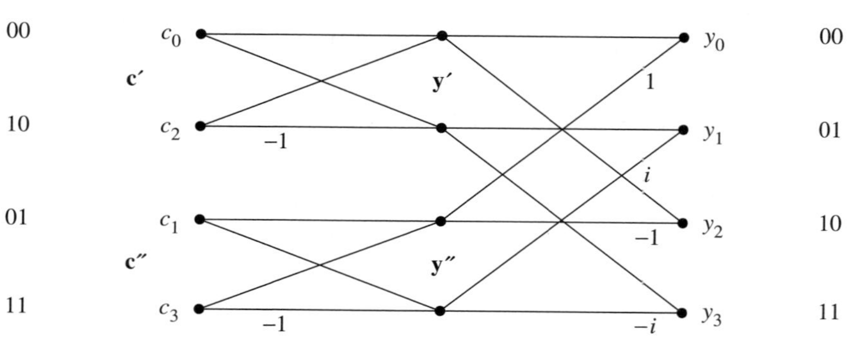

前ページのながれ図は c' と c'' が半分の大きさの F_2 を通っていくのを示している．これらのステップはそれらの形から **“バタフライ”** と呼ばれている．このとき，出力 y' と y'' は結びつけられて（y'' に $1, i$ そしてまた $-1, -i$ を掛けることによって）$y = F_4 c$ を作り出す．

F_n から 2 つの F_m への縮小は計算の量をほとんど半分に削減する—読者はこの行列の分解における零を見ただろう．この縮小は良いことであるが，偉大なことではない．FFT の完全な考え方はもっとはるかに強力である．それは時間の半分以上を節約する．

再帰による完全な FFT

ここまで読んできたなら，おそらく読者は次に何が来るかを予測できるだろう．F_n を $F_{n/2}$ に縮小する．**続けて** $F_{n/4}$ に縮小する．行列 F_{512} は F_{256} に導かれる（4 つのコピーで）．それから 256 は 128 に導かれる．**それは再帰である．** これは多くの高速アルゴリズムの基本的な原理であり，ここに $F = F_{256}$ と $D = D_{256}$ の 4 つのコピーによる第二の舞台がある：

$$\begin{bmatrix} F_{512} & \\ & F_{512} \end{bmatrix} = \begin{bmatrix} I & D & & \\ I & -D & & \\ & & I & D \\ & & I & -D \end{bmatrix} \begin{bmatrix} F & & & \\ & F & & \\ & & F & \\ & & & F \end{bmatrix} \begin{bmatrix} 0,4,8,\cdots & \text{を選ぶ} \\ 2,6,10,\cdots & \text{を選ぶ} \\ 1,5,9,\cdots & \text{を選ぶ} \\ 3,7,11,\cdots & \text{を選ぶ} \end{bmatrix}.$$

どのくらいの数が節約されたかを確かめるため，個々の掛け算の回数を数えよう．**FFT** が発明される前は，その数は通常 $n^2 = (1024)^2$ である．これは約 100 万回の掛け算である．それらを実行するには長い時間がかかると言っているのではない．なさねばならない多くの，多くの変換があるときそのコストは大きなものとなる—これが象徴的である．このとき，FFT による節約もまた大きなものとなる：

大きさ $\boldsymbol{n = 2^\ell}$ に対する最終的な数は $\boldsymbol{n^2}$ から $\boldsymbol{\frac{1}{2}n\ell}$ に削減される．

数 1024 は 2^{10} であり，ゆえに $\ell = 10$ である．もとの掛け算の回数 $(1024)^2$ は 5×1024 に削減される．この節約は 200 分の 1 である．100 万は 5000 に削減される．これがなぜ FFT が信号処理に革命をもたらしたかという理由である．

$\frac{1}{2}n\ell$ の背後にある理由を示そう．$n = 2^\ell$ から $n = 1$ へ下げるときに，ℓ 個のステップがある．各ステップは，低いステップからの半分の大きさの出力を組み立てるために，対角行列 D の $n/2$ 個の掛け算がある．これより最終的な数は $\frac{1}{2}n\ell$ となり，これは $\frac{1}{2}n\log_2 n$ である．

この注目すべきアルゴリズムについての最後の 1 つの注意がある．すべての偶数番目と奇数番目の置換の後で，c_i が FFT に入る順序に対する驚くべき規則がある．数 0 から $n-1$ を 2 進法で表す．**それらの数字の順序を反対にする．** 完結した図は次のことを示している．ビット表現を逆順にした順序から始まり，$\ell = \log_2 n$ 回の再帰のステップがあり，そして最終的な出力 $y_0, \ldots, y_{n-1}$，これは $\boldsymbol{c}$ に F_n を掛けたものである．

本書は，非常に基本的な考え方，すなわち，ベクトルに行列を掛けること，で終わった．

線形代数を勉強してくれたことに対する感謝　著者は，読者が線形代数を楽しんでくれたと信じ，また，それを使ってくれることを強く望む．このものすごく役に立つ線形代数について書くことができて光栄だ．

練習問題 10.3

1　等式 (3) における 3 つの行列を掛け算し，F と比較せよ．どの 6 個の要素において $i^2 = -1$ を知っている必要があるか？

2　F^{-1} の高速分解を求めるために，等式 (3) において 3 つの因子の逆行列をとれ．

3　F は対称行列である．ゆえに，等式 (3) を転置して，新たな高速フーリエ変換を求めよ！

4　F_6 の分解におけるすべての要素は 1 の 6 乗根 $= w_6$ を必要とする：

$$F_6 = \begin{bmatrix} I & D \\ I & -D \end{bmatrix} \begin{bmatrix} F_3 & \\ & F_3 \end{bmatrix} \begin{bmatrix} & P & \end{bmatrix}.$$

これらの行列を D においては $1, w_6, w_6^2$ で，F_3 においては $w_3 = w_6^2$ によって書き表せ．掛け算せよ　！

5　$\boldsymbol{v} = (1,0,0,0)$ かつ $\boldsymbol{w} = (1,1,1,1)$ であるとき，$F\boldsymbol{v} = \boldsymbol{w}$ と $F\boldsymbol{w} = 4\boldsymbol{v}$ が成り立つことを示せ．ゆえに，$F^{-1}\boldsymbol{w} = \boldsymbol{v}$ かつ $F^{-1}\boldsymbol{v} =$ ＿＿＿ である．

6　4 行 4 列のフーリエ行列に対して，F^2 と F^4 を求めよ．

7　ベクトル $\boldsymbol{c} = (1,0,1,0)$ から FFT の 3 段階によって $\boldsymbol{y} = F\boldsymbol{c}$ を求めよ．$\boldsymbol{c} = (0,1,0,1)$ に対して同じことをせよ．

8　$\boldsymbol{c} = (1,0,1,0,1,0,1,0)$ に対して，FFT の 3 段階によって $\boldsymbol{y} = F_8\boldsymbol{c}$ を計算せよ．$\boldsymbol{c} = (0,1,0,1,0,1,0,1)$ に対して計算を繰り返せ．

9　$w = e^{2\pi i/64}$ とすれば，w^2 と $\sqrt{w}$ はそれぞれ 1 の ＿＿＿ 乗根と ＿＿＿ 乗根である．

10　(a) 単位円上で 1 のすべての 6 乗根を描け．それらをすべて足すと零になることを示せ．
(b) 1 の 3 つの 3 乗根を求めよ．それらもすべて足すと零になるか？

11　フーリエ行列 F の列は巡回置換 P の**固有ベクトル**である．掛け算 PF をして，その固有値 λ_1 から λ_4 を求めよ：

$$\begin{bmatrix} 0 & 1 & 0 & 0 \\ 0 & 0 & 1 & 0 \\ 0 & 0 & 0 & 1 \\ 1 & 0 & 0 & 0 \end{bmatrix} \begin{bmatrix} 1 & 1 & 1 & 1 \\ 1 & i & i^2 & i^3 \\ 1 & i^2 & i^4 & i^6 \\ 1 & i^3 & i^6 & i^9 \end{bmatrix} = \begin{bmatrix} 1 & 1 & 1 & 1 \\ 1 & i & i^2 & i^3 \\ 1 & i^2 & i^4 & i^6 \\ 1 & i^3 & i^6 & i^9 \end{bmatrix} \begin{bmatrix} \lambda_1 & & & \\ & \lambda_2 & & \\ & & \lambda_3 & \\ & & & \lambda_4 \end{bmatrix}.$$

これは $PF = F\Lambda$，言い換えれば $P = F\Lambda F^{-1}$ である．固有ベクトル行列（通常 S である）は F である．

12 等式 $\det(P - \lambda I) = 0$ は $\lambda^4 = 1$ である．これは再び 固有値行列 Λ が ＿＿＿ であることを示している．どの置換 P が 1 の 3 乗根を固有値として持つか？

13 (a) 以下の C の 2 つの固有ベクトルは $(1,1,1,1)$ と $(1, i, i^2, i^3)$ である．その固有値を求めよ．

$$\begin{bmatrix} c_0 & c_1 & c_2 & c_3 \\ c_3 & c_0 & c_1 & c_2 \\ c_2 & c_3 & c_0 & c_1 \\ c_1 & c_2 & c_3 & c_0 \end{bmatrix}\begin{bmatrix} 1 \\ 1 \\ 1 \\ 1 \end{bmatrix} = e_1 \begin{bmatrix} 1 \\ 1 \\ 1 \\ 1 \end{bmatrix} \quad \text{かつ} \quad C\begin{bmatrix} 1 \\ i \\ i^2 \\ i^3 \end{bmatrix} = e_2 \begin{bmatrix} 1 \\ i \\ i^2 \\ i^3 \end{bmatrix}.$$

(b) $P = F\Lambda F^{-1}$ よりすぐに $P^2 = F\Lambda^2 F^{-1}$ と $P^3 = F\Lambda^3 F^{-1}$ が得られる．このとき，$C = c_0 I + c_1 P + c_2 P^2 + c_3 P^3 = F(c_0 I + c_1 \Lambda + c_2 \Lambda^2 + c_3 \Lambda^3)F^{-1} = FEF^{-1}$ である．括弧でくくられた行列 E は対角行列である．それは C の ＿＿＿ からなる．

14 Λ に現れる P の固有値によって，$E = 2I - \Lambda - \Lambda^3$ から $-1, 2, -1$ が周期的に現れる行列 C の固有値を求めよ．角の -1 はこの行列を周期的にしている：

$$C = \begin{bmatrix} 2 & -1 & 0 & -1 \\ -1 & 2 & -1 & 0 \\ 0 & -1 & 2 & -1 \\ -1 & 0 & -1 & 2 \end{bmatrix} \quad \text{は } c_0 = 2, c_1 = -1, c_2 = 0, c_3 = -1 \text{ である．}$$

15 **高速たたみ込み** C をベクトル $\boldsymbol{x}$ に掛けるために，代わりに $F(E(F^{-1}\boldsymbol{x}))$ を掛ける．n^2 個の別々の掛け算を用いる直接的な方法．E と F がわかっているとき，第 2 の方法は $n \log_2 n + n$ 個の掛け算のみを使う．それらの掛け算のどのくらいの数が E から生じているか，どのくらいの数が F から生じているか，どのくらいの数が F^{-1} から生じているか？

16 $\overline{F}$ の第 i 行はなぜ F の第 $N-i$ 行と同じなのか（0 から $N-1$ に番号づけられている）？

主要な練習問題への解答

練習問題 1.1 ☞ p. 8

1 線形結合の全体は，(a) $\mathbf{R}^3$ 内の直線，(b) $\mathbf{R}^3$ 内の平面，(c) $\mathbf{R}^3$ 全体，となる．

4 $3\boldsymbol{v}+\boldsymbol{w}=(7,5)$ および $c\boldsymbol{v}+d\boldsymbol{w}=(2c+d,c+2d)$.

6 すべての $c\boldsymbol{v}+d\boldsymbol{w}$ について，その要素の和は零となる．$(3,3,-6)$ となるのは，$c=3$, $d=9$ のときである．

9 4 つ目の頂点となりうるのは，$(4,4)$ か $(4,0)$ か $(-2,2)$ である．

11 残りの 4 つの頂点は $(1,1,0),(1,0,1),(0,1,1),(1,1,1)$ である．中心の座標は $(\frac{1}{2},\frac{1}{2},\frac{1}{2})$ である．面の中心は $(\frac{1}{2},\frac{1}{2},0),(\frac{1}{2},\frac{1}{2},1)$ と $(0,\frac{1}{2},\frac{1}{2}),(1,\frac{1}{2},\frac{1}{2})$ と $(\frac{1}{2},0,\frac{1}{2}),(\frac{1}{2},1,\frac{1}{2})$ である．

12 例題 **2.4 A** のとおり，4 次元超立方体の頂点の数は $2^4=16$，3 次元面の数は $2\cdot 4=8$，2 次元面の数は 24，辺の数は 32 である．

13 和 = 零ベクトル．和 = −2:00 ベクトル = 8:00 ベクトル．水平線と 30° をなす 2:00 ベクトル $=(\cos\frac{\pi}{6},\sin\frac{\pi}{6})=(\sqrt{3}/2,1/2)$.

16 $c+d=1$ を満たすすべての線形結合は，$\boldsymbol{v}$ と $\boldsymbol{w}$ を通る直線上にある．点 $\boldsymbol{V}=-\boldsymbol{v}+2\boldsymbol{w}$ はその直線上にあるが，$\boldsymbol{w}$ の先にある．

17 $c\boldsymbol{v}+c\boldsymbol{w}$ の形の線形結合は，$(0,0)$ と $\boldsymbol{u}=\frac{1}{2}\boldsymbol{v}+\frac{1}{2}\boldsymbol{w}$ を通る直線上にある．その直線は，$\boldsymbol{v}+\boldsymbol{w}$ より先も，$(0,0)$ より手前にも続く．$c\geq 0$ のとき，その直線の半分がなくなり，$(0,0)$ から伸びる**半直線**となる．

20 (a) $\frac{1}{3}\boldsymbol{u}+\frac{1}{3}\boldsymbol{v}+\frac{1}{3}\boldsymbol{w}$ は，$\boldsymbol{u}$ と $\boldsymbol{v}$ と $\boldsymbol{w}$ の間の三角形の中心である．$\frac{1}{2}\boldsymbol{u}+\frac{1}{2}\boldsymbol{w}$ は $\boldsymbol{u}$ と $\boldsymbol{w}$ の間にある．(b) 三角形となるには，$c\geq 0,\ d\geq 0,\ e\geq 0$ に加えて $c+d+e=\mathbf{1}$ でなければならない．

22 ベクトル $\frac{1}{2}(\boldsymbol{u}+\boldsymbol{v}+\boldsymbol{w})$ は錐形の**外側**にある．なぜなら，$c+d+e=\frac{1}{2}+\frac{1}{2}+\frac{1}{2}>1$ だからだ．

25 (a) 直線を張るには，$\boldsymbol{u}=\boldsymbol{v}=\boldsymbol{w}=$ 任意の非零ベクトル，とする．(b) 平面を張るには，$\boldsymbol{u}$ と $\boldsymbol{v}$ を異なる方向とする．$\boldsymbol{w}=\boldsymbol{u}+\boldsymbol{v}$ のような線形結合は同じ平面内にある．

練習問題 1.2 ☞ p. 19

3 単位ベクトルは $\boldsymbol{v}/\|\boldsymbol{v}\|=(\frac{3}{5},\frac{4}{5})=(0.6,0.8)$ と $\boldsymbol{w}/\|\boldsymbol{w}\|=(\frac{4}{5},\frac{3}{5})=(0.8,0.6)$ である．θ の余弦は $\frac{\boldsymbol{v}}{\|\boldsymbol{v}\|}\cdot\frac{\boldsymbol{w}}{\|\boldsymbol{w}\|}=\frac{24}{25}$ である．$\boldsymbol{w}$ と $0°,90°,180°$ の角をなすベクトルはそれぞれ $\boldsymbol{w},\boldsymbol{u},-\boldsymbol{w}$ である．

4 (a) $\boldsymbol{v}\cdot(-\boldsymbol{v})=-1$. (b) $(\boldsymbol{v}+\boldsymbol{w})\cdot(\boldsymbol{v}-\boldsymbol{w})=\boldsymbol{v}\cdot\boldsymbol{v}+\boldsymbol{w}\cdot\boldsymbol{v}-\boldsymbol{v}\cdot\boldsymbol{w}-\boldsymbol{w}\cdot\boldsymbol{w}=1+(\quad)-(\quad)-1=0$ よって $\theta=90°$（$\boldsymbol{v}\cdot\boldsymbol{w}=\boldsymbol{w}\cdot\boldsymbol{v}$ に注意せよ）．(c) $(\boldsymbol{v}-2\boldsymbol{w})\cdot(\boldsymbol{v}+2\boldsymbol{w})=\boldsymbol{v}\cdot\boldsymbol{v}-4\boldsymbol{w}\cdot\boldsymbol{w}=1-4=-3$.

6 $\boldsymbol{w}=(c,2c)$ という形のベクトルはすべて $\boldsymbol{v}$ に直交する．$x+y+z=0$ を満たすすべてのベクトル (x,y,z) はある**平面**上にある．$(1,1,1)$ と $(1,2,3)$ に直交するすべてのベクトルはある**直線**上にある．

9 $v_2w_2/v_1w_1 = -1$ のとき，$v_2w_2 = -v_1w_1$ すなわち $v_1w_1 + v_2w_2 = \boldsymbol{v} \cdot \boldsymbol{w} = 0$ である．直交する．

11 $\boldsymbol{v} \cdot \boldsymbol{w} < 0$ であるとき，角度 $> 90°$ である．これらの $\boldsymbol{w}$ は 3 次元空間の半分を満たす．

12 $(1,1)$ が $(1,5) - c(1,1)$ と直交するのは，$6 - 2c = 0$ すなわち $c = 3$ のときである．$c = \boldsymbol{v} \cdot \boldsymbol{w}/\boldsymbol{v} \cdot \boldsymbol{v}$ のとき $\boldsymbol{v} \cdot (\boldsymbol{w} - c\boldsymbol{v}) = 0$ である．直交するベクトルの鍵は，$c\boldsymbol{v}$ を引くことである．

15 $\frac{1}{2}(x+y) = (2+8)/2 = 5$．$\cos\theta = 2\sqrt{16}/\sqrt{10}\sqrt{10} = 8/10$.

17 $\cos\alpha = 1/\sqrt{2}$，$\cos\beta = 0$，$\cos\gamma = -1/\sqrt{2}$．任意のベクトル $\boldsymbol{v}$ について，$\cos^2\alpha + \cos^2\beta + \cos^2\gamma = (v_1^2 + v_2^2 + v_3^2)/\|\boldsymbol{v}\|^2 = 1$.

21 $2\boldsymbol{v} \cdot \boldsymbol{w} \le 2\|\boldsymbol{v}\|\|\boldsymbol{w}\|$ より $\|\boldsymbol{v} + \boldsymbol{w}\|^2 = \boldsymbol{v} \cdot \boldsymbol{v} + 2\boldsymbol{v} \cdot \boldsymbol{w} + \boldsymbol{w} \cdot \boldsymbol{w} \le \|\boldsymbol{v}\|^2 + 2\|\boldsymbol{v}\|\|\boldsymbol{w}\| + \|\boldsymbol{w}\|^2$．これは $(\|\boldsymbol{v}\| + \|\boldsymbol{w}\|)^2$ である．平方根をとると，$\|\boldsymbol{v} + \boldsymbol{w}\| \le \|\boldsymbol{v}\| + \|\boldsymbol{w}\|$ となる．

22 $v_1^2w_1^2 + 2v_1w_1v_2w_2 + v_2^2w_2^2 \le v_1^2w_1^2 + v_1^2w_2^2 + v_2^2w_1^2 + v_2^2w_2^2$ が成り立つ（4 項を打ち消す）．なぜなら，その差は $v_1^2w_2^2 + v_2^2w_1^2 - 2v_1w_1v_2w_2$ であり，$(v_1w_2 - v_2w_1)^2 \ge 0$ だからだ．

23 $\cos\beta = w_1/\|\boldsymbol{w}\|$ および $\sin\beta = w_2/\|\boldsymbol{w}\|$．このとき，$\cos(\beta - a) = \cos\beta\cos\alpha + \sin\beta\sin\alpha = v_1w_1/\|\boldsymbol{v}\|\|\boldsymbol{w}\| + v_2w_2/\|\boldsymbol{v}\|\|\boldsymbol{w}\| = \boldsymbol{v} \cdot \boldsymbol{w}/\|\boldsymbol{v}\|\|\boldsymbol{w}\|$．$\beta - \alpha = \theta$ であるので，これは $\cos\theta$ である．

24 例 6 より $|u_1||U_1| \le \frac{1}{2}(u_1^2 + U_1^2)$ および $|u_2||U_2| \le \frac{1}{2}(u_2^2 + U_2^2)$．式の全体は $0.96 \le (0.6)(0.8) + (0.8)(0.6) \le \frac{1}{2}(0.6^2 + 0.8^2) + \frac{1}{2}(0.8^2 + 0.6^2) = 1$ となる．これを計算すると $0.96 < 1$ となり正しい．

28 平面内の 3 つのベクトルが互いに $90°$ より大きな角をなすことはありうる．$(1,0), (-1,4), (-1,-4)$ がそうだ．4 つのベクトルではそれは不可能だ（角度全体は $360°$）．$\mathbf{R}^3$ や $\mathbf{R}^n$ では，いくつのベクトルがありうるだろうか？

29 $\boldsymbol{v} = (1,2,-3)$ と $\boldsymbol{w} = (-3,1,2)$ を試せ．そのとき，$\cos\theta = \frac{-7}{14}$ より $\theta = 120°$ である．$\boldsymbol{v} \cdot \boldsymbol{w} = xz + yz + xy$ を $\frac{1}{2}(x+y+z)^2 - \frac{1}{2}(x^2+y^2+z^2)$ と書く．$x+y+z=0$ のとき，これは $-\frac{1}{2}(x^2+y^2+z^2) = -\frac{1}{2}\|\boldsymbol{v}\|\|\boldsymbol{w}\|$ となる．よって，$\boldsymbol{v} \cdot \boldsymbol{w}/\|\boldsymbol{v}\|\|\boldsymbol{w}\| = -\frac{1}{2}$ である．

練習問題 1.3 ☞ p. 29

1 $2\boldsymbol{s}_1 + 3\boldsymbol{s}_2 + 4\boldsymbol{s}_3 = (2,5,9)$．これと同じベクトル $\boldsymbol{b}$ は，S と $\boldsymbol{x} = (2,3,4)$ の積からも得られる：

$$\begin{bmatrix} 1 & 0 & 0 \\ 1 & 1 & 0 \\ 1 & 1 & 1 \end{bmatrix} \begin{bmatrix} 2 \\ 3 \\ 4 \end{bmatrix} = \begin{bmatrix} (\text{第 1 行}) \cdot \boldsymbol{x} \\ (\text{第 2 行}) \cdot \boldsymbol{x} \\ (\text{第 3 行}) \cdot \boldsymbol{x} \end{bmatrix} = \begin{bmatrix} 2 \\ 5 \\ 9 \end{bmatrix}.$$

2 解は $y_1 = 1$，$y_2 = 0$，$y_3 = 0$（右辺 = 第 1 列）と $y_1 = 1$，$y_2 = 3$，$y_3 = 5$ である．この 2 つ目の例は，先頭から n 個の奇数の和が n^2 であることを示している．

4 線形結合 $0\boldsymbol{w}_1 + 0\boldsymbol{w}_2 + 0\boldsymbol{w}_3$ は常に零ベクトルとなるが，この問題では**零ベクトル**となる別の線形結合を探す（そのとき，それらのベクトルは**線形従属**であり，ある平面内にある）．$\boldsymbol{w}_2 = (\boldsymbol{w}_1 + \boldsymbol{w}_3)/2$ であるので，$\frac{1}{2}\boldsymbol{w}_1 - \boldsymbol{w}_2 + \frac{1}{2}\boldsymbol{w}_3$ は零ベクトルとなる．

5 問題 4 の 3×3 行列の行も**線形従属**である．$\boldsymbol{r}_2 = \frac{1}{2}(\boldsymbol{r}_1 + \boldsymbol{r}_3)$．列と行に対して同じ線形結合で $\mathbf{0}$ が作られるが，これは特別だ．

7 3 つの行はすべて解 $\boldsymbol{x}$ と直交する（3 つの等式 $\boldsymbol{r}_1 \cdot \boldsymbol{x} = 0$ と $\boldsymbol{r}_2 \cdot \boldsymbol{x} = 0$ と $\boldsymbol{r}_3 \cdot \boldsymbol{x} = 0$ よりこれが言える）．そのとき，それらの行を含む平面全体が $\boldsymbol{x}$ と直交する（その平面は，すべての $c\boldsymbol{x}$ とも直交する）．

9 巡回差分行列 C について，$C\boldsymbol{x} = \mathbf{0}$ の解は（4 次元空間内の）直線をなす：

$$\begin{bmatrix} 1 & 0 & 0 & -1 \\ -1 & 1 & 0 & 0 \\ 0 & -1 & 1 & 0 \\ 0 & 0 & -1 & 1 \end{bmatrix} \begin{bmatrix} x_1 \\ x_2 \\ x_3 \\ x_4 \end{bmatrix} = \begin{bmatrix} 0 \\ 0 \\ 0 \\ 0 \end{bmatrix} \text{ となるのは } \boldsymbol{x} = \begin{bmatrix} c \\ c \\ c \\ c \end{bmatrix} = \text{ 任意の定数ベクトル.}$$

11 平方数の前進差分は $(t+1)^2 - t^2 = t^2 + 2t + 1 - t^2 = 2t + 1$ である．n 乗の差は $(t+1)^n - t^n = t^n - t^n + nt^{n-1} + \cdots$ である．その最初の項が導関数 nt^{n-1} である．$(t+1)^n$ のすべての項は二項定理より得られる．

12 大きさが**偶数**である中心差分行列は可逆だと思われる．1 つ目と 4 つ目の等式を見よう．

$$\begin{bmatrix} 0 & 1 & 0 & 0 \\ -1 & 0 & 1 & 0 \\ 0 & -1 & 0 & 1 \\ 0 & 0 & -1 & 0 \end{bmatrix} \begin{bmatrix} x_1 \\ x_2 \\ x_3 \\ x_4 \end{bmatrix} = \begin{bmatrix} b_1 \\ b_2 \\ b_3 \\ b_4 \end{bmatrix} \quad \begin{matrix} \text{まず} \\ x_2 = b_1 \\ -x_3 = b_4 \\ \text{を解く} \end{matrix} \quad \begin{bmatrix} x_1 \\ x_2 \\ x_3 \\ x_4 \end{bmatrix} = \begin{bmatrix} -b_2 - b_4 \\ b_1 \\ -b_4 \\ b_1 + b_3 \end{bmatrix}$$

13 **大きさが奇数の場合**：5 つの中心差分の等式では $b_1 + b_3 + b_5 = 0$ となる．

$$\begin{aligned} x_2 \qquad &= b_1 \\ x_3 - x_1 &= b_2 \\ x_4 - x_2 &= b_3 \\ x_5 - x_3 &= b_4 \\ -x_4 &= b_5 \end{aligned}$$

等式 1, 3, 5 を足す
その和の左辺は零である
右辺は $b_1 + b_3 + b_5$ である
$b_1 + b_3 + b_5 = 0$ でなければ解がない．

14 一例は $(a, b) = (3, 6)$ および $(c, d) = (1, 2)$ である．それらの比 a/c と b/d が等しく，$ad = bc$ である．(bd で割ると) 比 a/b と c/d が等しい．

練習問題 2.1 ☞ p. 42

1 列は $\boldsymbol{i} = (1, 0, 0)$ と $\boldsymbol{j} = (0, 1, 0)$ と $\boldsymbol{k} = (0, 0, 1)$ であり，$\boldsymbol{b} = (2, 3, 4) = 2\boldsymbol{i} + 3\boldsymbol{j} + 4\boldsymbol{k}$ である．

2 平面は変わらない．$2x = 4$ は $x = 2$ であり，$3y = 9$ は $y = 3$ であり，$4z = 16$ は $z = 4$ である．解も同じ点 $\boldsymbol{X} = \boldsymbol{x}$ である．列は変化するが，同じ線形結合を与える．

4 $z = 2$ のとき，$x + y = 0$ と $x - y = z$ より点 $(1, -1, 2)$ を得る．$z = 0$ のとき，$x + y = 6$ と $x - y = 4$ より点 $(5, 1, 0)$ を得る．それらの中点は $(3, 0, 1)$ である．

6 この問題では 式 1＋ 式 2－ 式 3 が $0 = -4$ となる．平面が直線と交わらず，**解がない**．

8 4 次元空間の 4 つの平面は，通常ある **1 点**で交わる．A の列が $(1, 0, 0, 0), (1, 1, 0, 0), (1, 1, 1, 0), (1, 1, 1, 1)$ のとき，$A\boldsymbol{x} = (3, 3, 3, 2)$ の解は $\boldsymbol{x} = (0, 0, 1, 2)$ である．その方程式は $x + y + z + t = 3, y + z + t = 3, z + t = 3, t = 2$ である．

11 $A\boldsymbol{x}$ は $(14, 22)$ と $(0, 0)$ と $(9, 7)$ である．

14 $2x + 3y + z + 5t = 8$ は，1×4 行列 $A = [2 \;\; 3 \;\; 1 \;\; 5]$ を用いて $A\boldsymbol{x} = \boldsymbol{b}$ と書ける．その解 $\boldsymbol{x}$ は，4 次元における 3 次元「平面」を張る．**超平面**と呼ばれることもある．

16 90° の回転行列は $R = \begin{bmatrix} 0 & 1 \\ -1 & 0 \end{bmatrix}$，$180^\circ$ の回転行列は $R^2 = \begin{bmatrix} -1 & 0 \\ 0 & -1 \end{bmatrix} = -I$ である．

18 第 2 要素から第 1 要素を引く行列は，$E = \begin{bmatrix} 1 & 0 \\ -1 & 1 \end{bmatrix}$ と $E = \begin{bmatrix} 1 & 0 & 0 \\ -1 & 1 & 0 \\ 0 & 0 & 1 \end{bmatrix}$ である．

22 3 次元空間のある平面上の点 (x, y, z) において，内積 $A\boldsymbol{x} = [1 \;\; 4 \;\; 5] \begin{bmatrix} x \\ y \\ z \end{bmatrix} = (1 \times 3)(3 \times 1)$ が零となる．A の列は 1 次元ベクトルである．

23 $A=[1\ \ 2\ \ ;\ \ 3\ \ 4]$ および $\boldsymbol{x}=[5\ \ -2]'$．判定は，$\boldsymbol{b}=[1\ \ 7]'$ について $\boldsymbol{r}=\boldsymbol{b}-A*\boldsymbol{x}$ が零であるかどうかで行える．

25 $\text{ones}(4,4)*\text{ones}(4,1)=[4\ \ 4\ \ 4\ \ 4]'$; $B*\boldsymbol{w}=[10\ \ 10\ \ 10\ \ 10]'$.

28 行ベクトルの絵は 2 次元平面における 4 つの**直線**となる．列ベクトルの絵は **4** 次元空間に描かれる．右辺が **2 つの列**の線形結合でなければ，解がない．

30 $\begin{bmatrix}0.8 & 0.3\\0.2 & 0.7\end{bmatrix}\begin{bmatrix}0.6\\0.4\end{bmatrix}=\begin{bmatrix}0.6\\0.4\end{bmatrix}=$ **定常状態** $\boldsymbol{s}$. $\begin{bmatrix}0.8 & 0.3\\0.2 & 0.7\end{bmatrix}$ を掛けても変化しない．

31 $M=\begin{bmatrix}8 & 3 & 4\\1 & 5 & 9\\6 & 7 & 2\end{bmatrix}=\begin{bmatrix}5+u & 5-u+v & 5-v\\5-u-v & 5 & 5+u+v\\5+v & 5+u-v & 5-u\end{bmatrix}$; $M_3(1,1,1)=(15,15,15)$;
$1+2+\cdots+16=136$ を 4 で割ると 34 なので，$M_4(1,1,1,1)=(34,34,34,34)$.

32 第 3 列 $\boldsymbol{w}$ が第 1 列と第 2 列の線形結合 $c\boldsymbol{u}+d\boldsymbol{v}$ であるとき，A は非可逆行列である．典型的な列ベクトルの絵では，$\boldsymbol{u}$, $\boldsymbol{v}$, $\boldsymbol{w}$ からなる平面の外に $\boldsymbol{b}$ がある．典型的な行ベクトルの絵では，2 つの平面の交線が 3 つ目の平面と平行になる．**そのとき，解がない**．

33 $\boldsymbol{w}=(5,7)$ は $5\boldsymbol{u}+7\boldsymbol{v}$ である．よって $A\boldsymbol{w}$ は，$A\boldsymbol{u}$ の 5 倍と $A\boldsymbol{v}$ の 7 倍との和に等しい．

34 $\begin{bmatrix}2 & -1 & 0 & 0\\-1 & 2 & -1 & 0\\0 & -1 & 2 & -1\\0 & 0 & -1 & 2\end{bmatrix}\begin{bmatrix}x_1\\x_2\\x_3\\x_4\end{bmatrix}=\begin{bmatrix}1\\2\\3\\4\end{bmatrix}$ は解 $\begin{bmatrix}x_1\\x_2\\x_3\\x_4\end{bmatrix}=\begin{bmatrix}4\\7\\8\\6\end{bmatrix}$ を持つ．

35 $\boldsymbol{x}=(1,\ldots,1)$ とすると，数独行列に対して $S\boldsymbol{x}=$ 各行の和 $=1+\cdots+9=45$ が成り立つ．第 2.7 節において行の置換が 6 つ示される．それらは，$(1,2,3)$, $(1,3,2)$, $(2,1,3)$, $(2,3,1)$, $(3,1,2)$, $(3,2,1)$ である．**ブロック**行に対しても同じ 6 つの置換によって数独行列が作られる．したがって，9 つの行に対する $6^4=1296$ 通りの置換はすべて数独行列となる（9 つの列に対する 1296 通りの置換も同様である）．

練習問題 2.2 ☞ p. 54

3 式 1 の $-\frac{1}{2}$ 倍を引く（もしくは，$\frac{1}{2}$ 倍を足す）．新しい式 2 は $3y=3$ である．これより，$y=1$ と $x=5$．右辺の符号が変わると解の符号も変わり，$(x,y)=(-5,-1)$ となる．

4 式 1 の $\ell=\frac{c}{a}$ 倍を引く．新しく y に掛けられる 2 つ目のピボットは，$d-(cb/a)$ すなわち $(ad-bc)/a$ である．したがって，$y=(ag-cf)/(ad-bc)$.

6 $b=4$ のとき方程式は非可逆となる．なぜなら，$4x+8y$ が $2x+4y$ の 2 倍であるからだ．そのとき，$g=32$ とすると 2 直線が**同一**となり，$(8,0)$ や $(0,4)$ など無限個の解が存在する．

8 $k=3$ のとき消去が破綻し，解がない．$k=-3$ のとき，消去によって 2 つ目の等式が $0=0$ となり，解が無限個ある．$k=0$ のとき，行交換が必要であり，解は 1 つである．

14 第 2 行から第 1 行の 2 倍を引くと $(d-10)y-z=2$ を得る．等式 3 は $y-z=3$ である．$d=10$ のとき，第 2 行と第 3 行を交換する．$d=11$ のとき方程式は非可逆となる．

15 2 つ目のピボットの位置に $-2-b$ が現れる．$b=-2$ のとき第 3 行と交換する．$b=-1$ のとき（非可逆な場合）等式 2 は $-y-z=0$ である．その 1 つの解は，$(1,1,-1)$ である．

17 第 1 行 = 第 2 行であるとき，1 ステップ後に第 2 行が零となる．その零行と第 3 行を交換すると，**3 つ目**のピボットがない．第 2 列 = 第 1 列のとき，第 2 列にピボットがない．

19 第 2 行は $3y-4z=5$ となり，第 3 行は $(q+4)z=t-5$ となる．$q=-4$ のとき，この方程式は非可逆となり，3 つ目のピボットが存在しない．さらに，$t=5$ のとき，等式 3

が $0=0$ となる．$z=1$ とすると，$3y-4z=5$ より $y=3$ となり，等式 1 より $x=-9$ となる．

20 第 3 行が第 1 行と第 2 行の線形結合であるとき，非可逆である．端面図では，3 つの平面は三角形をなす．左辺において第 1 行 + 第 2 行 = 第 3 行が成り立つが，右辺においてそれが成り立たないとき，このようなことが起こる．例えば，$x+y+z=0$, $x-2y-z=1$, $2x-y=1$ の場合だ．平行な平面がないにもかかわらず，解がない．

25 $a=2$（列が等しい），$a=4$（行が等しい），$a=0$（零列）．

28 第 2 行から第 1 行の 3 倍を引くコマンドは，$A(2,:)=A(2,:)-3*A(1,:)$ である．

29 2 つ目と 3 つ目のピボットは任意に大きくなりうる．その平均は無限だと思われる．MATLAB のプログラム lu では，行交換によってその平均がずっと安定する（それは予測可能なはずだ．また，一様分布ではなく randn による正規分布の場合も同様）．

30 $A(5,5)$ が 11 から 7 に変わると，最後のピボットが 4 から 0 に変わる．

31 U の第 j 行は，A の第 1 行，$\ldots$，第 j 行の線形結合である．$A\boldsymbol{x}=\mathbf{0}$ のとき $U\boldsymbol{x}=\mathbf{0}$ である（$\mathbf{0}$ が $\boldsymbol{b}$ のときには，成り立たない）．A が下三角行列であるとき，U は A の対角要素からなる．

練習問題 2.3 ☞ p. 66

1 $E_{21}=\begin{bmatrix}1&0&0\\-5&1&0\\0&0&1\end{bmatrix}$, $E_{32}=\begin{bmatrix}1&0&0\\0&1&0\\0&7&1\end{bmatrix}$, $P=\begin{bmatrix}1&0&0\\0&0&1\\0&1&0\end{bmatrix}\begin{bmatrix}0&1&0\\1&0&0\\0&0&1\end{bmatrix}=\begin{bmatrix}0&1&0\\0&0&1\\1&0&0\end{bmatrix}$.

3 $\begin{bmatrix}1&0&0\\-4&1&0\\0&0&1\end{bmatrix}$, $\begin{bmatrix}1&0&0\\0&1&0\\2&0&1\end{bmatrix}$, $\begin{bmatrix}1&0&0\\0&1&0\\0&-2&1\end{bmatrix}$ $M=E_{32}E_{31}E_{21}=\begin{bmatrix}1&0&0\\-4&1&0\\10&-2&1\end{bmatrix}$.

5 a_{33} を 7 から 11 に変えると，3 つ目のピボットが 5 から 9 に変わる．a_{33} を 7 から 2 に変えると，3 つ目のピボット 5 がなくなる．

9 $M=\begin{bmatrix}1&0&0\\0&0&1\\-1&1&0\end{bmatrix}$. 行交換すると，第 3 行に作用する E_{31}（E_{21} ではない）が必要となる．

10 $E_{13}=\begin{bmatrix}1&0&1\\0&1&0\\0&0&1\end{bmatrix}$; $\begin{bmatrix}1&0&1\\0&1&0\\1&0&1\end{bmatrix}$; $E_{31}E_{13}=\begin{bmatrix}2&0&1\\0&1&0\\1&0&1\end{bmatrix}$. 単位行列に対して確かめよ．

12 1 つ目の積は $\begin{bmatrix}9&8&7\\6&5&4\\3&2&1\end{bmatrix}$ 行と列がいずれも反転．2 つ目の積は $\begin{bmatrix}1&2&3\\0&1&-2\\0&2&-3\end{bmatrix}$.

14 E_{21} の値は $\ell_{21}=-\frac{1}{2}$，E_{32} の値は $\ell_{32}=-\frac{2}{3}$，E_{43} の値は $\ell_{43}=-\frac{3}{4}$ である．それ以外の E の要素は I と同じである．

18 $EF=\begin{bmatrix}1&0&0\\a&1&0\\b&c&1\end{bmatrix}$, $FE=\begin{bmatrix}1&0&0\\a&1&0\\b+ac&c&1\end{bmatrix}$, $E^2=\begin{bmatrix}1&0&0\\2a&1&0\\2b&0&1\end{bmatrix}$, $F^3=\begin{bmatrix}1&0&0\\0&1&0\\0&3c&1\end{bmatrix}$.

22 (a) $\sum a_{3j}x_j$ (b) $a_{21}-a_{11}$ (c) $a_{21}-2a_{11}$ (d) $(EA\boldsymbol{x})_1=(A\boldsymbol{x})_1=\sum a_{1j}x_j$.

25 最後の等式が $0=3$ となる．もし，元の式における 6 が 3 であるとき，第 1 行 + 第 2 行 = 第 3 行である．

27 (a) $d=0$ かつ $c\neq 0$ のとき解なし (b) $d=0=c$ のとき無限個の解．a,b は影響しない．

28 $A=AI=A(BC)=(AB)C=IC=C$. この中央の等式が重要である．

30 $EM = \begin{bmatrix} 3 & 4 \\ 2 & 3 \end{bmatrix}$, $FEM = \begin{bmatrix} 1 & 1 \\ 2 & 3 \end{bmatrix}$, $EFEM = \begin{bmatrix} 1 & 1 \\ 1 & 2 \end{bmatrix}$, $EEFEM = \begin{bmatrix} 1 & 1 \\ 0 & 1 \end{bmatrix} = B$ となる. よって, 逆行列を $E^{-1} = A$ および $F^{-1} = B$ とすると, $M = ABAAB$ である.

練習問題 2.4 ☞ p. 79

2 (a) A (B の第 3 列)　(b) (A の第 1 行) B　(c) (A の第 3 行)(B の第 4 列)　(d) (C の第 1 行) D (E の第 1 列).

5 (a) $A^2 = \begin{bmatrix} 1 & 2b \\ 0 & 1 \end{bmatrix}$ および $A^n = \begin{bmatrix} 1 & nb \\ 0 & 1 \end{bmatrix}$. (b) $A^2 = \begin{bmatrix} 4 & 4 \\ 0 & 0 \end{bmatrix}$ および $A^n = \begin{bmatrix} 2^n & 2^n \\ 0 & 0 \end{bmatrix}$.

7 (a) 真. (b) 偽. (c) 真. (d) 偽.

9 $AF = \begin{bmatrix} a & a+b \\ c & c+d \end{bmatrix}$ であり, $E(AF) = (EA)F$ である：行列積は**結合的**である.

11 (a) $B = 4I$. (b) $B = 0$. (c) $B = \begin{bmatrix} 0 & 0 & 1 \\ 0 & 1 & 0 \\ 1 & 0 & 0 \end{bmatrix}$. (d) B のすべての行が $1, 0, 0$.

15 (a) mn (A の全要素が使われる). (b) $mnp = p\times$ (a) の答. (c) n^3 (n^2 回の内積).

16 (a) B の第 2 列しか使わない. (b) A の第 2 行しか使わない. (c)〜(d) 最初の A の第 2 行を使う.

18 対角行列, 下三角行列, 対称行列, すべての行が等しい行列. 零行列は, これらのすべてに該当する.

19 (a) a_{11}. (b) $\ell_{31} = a_{31}/a_{11}$. (c) $a_{32} - (\frac{a_{31}}{a_{11}})a_{12}$. (d) $a_{22} - (\frac{a_{21}}{a_{11}})a_{12}$.

22 $A = \begin{bmatrix} 0 & 1 \\ -1 & 0 \end{bmatrix}$ について, $A^2 = -I$ が成り立つ. $BC = \begin{bmatrix} 1 & -1 \\ 1 & -1 \end{bmatrix}\begin{bmatrix} 1 & 1 \\ 1 & 1 \end{bmatrix} = \begin{bmatrix} 0 & 0 \\ 0 & 0 \end{bmatrix}$.
$DE = \begin{bmatrix} 0 & 1 \\ 1 & 0 \end{bmatrix}\begin{bmatrix} 0 & 1 \\ -1 & 0 \end{bmatrix} = \begin{bmatrix} -1 & 0 \\ 0 & 1 \end{bmatrix} = -ED$. 他にもある.

24 $(A_1)^n = \begin{bmatrix} 2^n & 2^n - 1 \\ 0 & 1 \end{bmatrix}$, $(A_2)^n = 2^{n-1}\begin{bmatrix} 1 & 1 \\ 1 & 1 \end{bmatrix}$, $(A_3)^n = \begin{bmatrix} a^n & a^{n-1}b \\ 0 & 0 \end{bmatrix}$.

27 (a) (A の第 3 行)・(B の第 1 列)と(A の第 3 行)・(B の第 2 列)が零である.
(b) $\begin{bmatrix} x \\ x \\ 0 \end{bmatrix}\begin{bmatrix} 0 & x & x \end{bmatrix} = \begin{bmatrix} 0 & x & x \\ 0 & x & x \\ 0 & 0 & 0 \end{bmatrix}$ と $\begin{bmatrix} x \\ x \\ x \end{bmatrix}\begin{bmatrix} 0 & 0 & x \end{bmatrix} = \begin{bmatrix} 0 & 0 & x \\ 0 & 0 & x \\ 0 & 0 & x \end{bmatrix}$：**いずれも上部分のみ**.

28 A と B の積は, 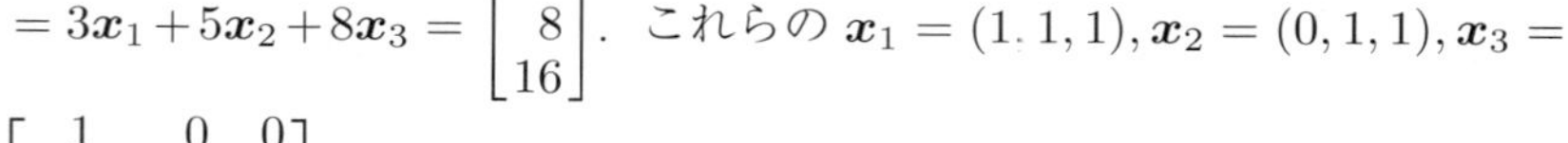

30 問題 **29** において, $\boldsymbol{c} = \begin{bmatrix} -2 \\ 8 \end{bmatrix}$, $D = \begin{bmatrix} 0 & 1 \\ 5 & 3 \end{bmatrix}$ であり, $D - \boldsymbol{c}\boldsymbol{b}'/a = \begin{bmatrix} 1 & 1 \\ 1 & 3 \end{bmatrix}$ が EA の右下に現れる.

32 A と $X = [\,\boldsymbol{x}_1 \;\; \boldsymbol{x}_2 \;\; \boldsymbol{x}_3\,]$ の積は, 単位行列 $I = [\,A\boldsymbol{x}_1 \;\; A\boldsymbol{x}_2 \;\; A\boldsymbol{x}_3\,]$ となる.

33 $\boldsymbol{b} = \begin{bmatrix} 3 \\ 5 \\ 8 \end{bmatrix}$ より $\boldsymbol{x} = 3\boldsymbol{x}_1 + 5\boldsymbol{x}_2 + 8\boldsymbol{x}_3 = \begin{bmatrix} 3 \\ 8 \\ 16 \end{bmatrix}$. これらの $\boldsymbol{x}_1 = (1.1, 1), \boldsymbol{x}_2 = (0, 1, 1), \boldsymbol{x}_3 = (0, 0, 1)$ は $A = \begin{bmatrix} 1 & 0 & 0 \\ -1 & 1 & 0 \\ 0 & -1 & 1 \end{bmatrix}$ の「逆行列」A^{-1} の列となる.

35 $A=\begin{bmatrix}0&1&0&1\\1&0&1&0\\0&1&0&1\\1&0&1&0\end{bmatrix}$, $A^2=\begin{bmatrix}2&0&2&0\\0&2&0&2\\2&0&2&0\\0&2&0&2\end{bmatrix}$, **aba, ada** **cba, cda** **bab, bcb** **dab, dcb** **abc, adc** **cbc, cdc** **bad, bcd** **dad, dcd** これらは，グラフにおける長さが 2 の 16 本のパスを示す．

練習問題 2.5 ☞ p. 93

1 $A^{-1}=\begin{bmatrix}0&\frac{1}{4}\\\frac{1}{3}&0\end{bmatrix}$ と $B^{-1}=\begin{bmatrix}\frac{1}{2}&0\\-1&\frac{1}{2}\end{bmatrix}$ と $C^{-1}=\begin{bmatrix}7&-4\\-5&3\end{bmatrix}$.

7 (a) $A\boldsymbol{x}=(1,0,0)$ において，式 1 + 式 2 − 式 3 を計算すると $0=1$ となる．(b) 右辺が $b_1+b_2=b_3$ を満たさなければならない．(c) 第 3 行が零行となり，3 つ目のピボットがない．

8 (a) $A\boldsymbol{x}=\mathbf{0}$ は，ベクトル $\boldsymbol{x}=(1,1,-1)$ を解に持つ．(b) 消去を行うと，第 1 列と第 2 列の最後の要素は零である．すると，第 3 列 = 第 1 列 + 第 2 列においても，その最後の要素が零となり，3 つ目のピボットがない．

12 $C=AB$ に対して，左から A^{-1}，右から C^{-1} を掛ける．すると，$A^{-1}=BC^{-1}$ を得る．

14 $B^{-1}=A^{-1}\begin{bmatrix}1&0\\1&1\end{bmatrix}^{-1}=A^{-1}\begin{bmatrix}1&0\\-1&1\end{bmatrix}$：$A^{-1}$ の第 1 列から第 2 列を引く．

16 $\begin{bmatrix}a&b\\c&d\end{bmatrix}\begin{bmatrix}d&-b\\-c&a\end{bmatrix}=\begin{bmatrix}ad-bc&0\\0&ad-bc\end{bmatrix}$. それぞれの逆行列は，もう一方を $ad-bc$ で割ったものである．

18 $A^2B=I$ は $A(AB)=I$ とも書くことができる．したがって，$A^{-1}=AB$.

21 16 個の $0-1$ 行列のうち，その 6 個は可逆である．1 を 3 つ持つ 4 つの行列はすべて可逆である．

22 $\begin{bmatrix}1&3&1&0\\2&7&0&1\end{bmatrix}\to\begin{bmatrix}1&3&1&0\\0&1&-2&1\end{bmatrix}\to\begin{bmatrix}1&0&7&-3\\0&1&-2&1\end{bmatrix}=\begin{bmatrix}I&A^{-1}\end{bmatrix}$;
$\begin{bmatrix}1&4&1&0\\3&9&0&1\end{bmatrix}\to\begin{bmatrix}1&4&1&0\\0&-3&-3&1\end{bmatrix}\to\begin{bmatrix}1&0&-3&4/3\\0&1&1&-1/3\end{bmatrix}=\begin{bmatrix}I&A^{-1}\end{bmatrix}$.

24 $\begin{bmatrix}1&a&b&1&0&0\\0&1&c&0&1&0\\0&0&1&0&0&1\end{bmatrix}\to\begin{bmatrix}1&a&0&1&0&-b\\0&1&0&0&1&-c\\0&0&1&0&0&1\end{bmatrix}\to\begin{bmatrix}1&0&0&1&-a&ac-b\\0&1&0&0&1&-c\\0&0&1&0&0&1\end{bmatrix}$.

27 $A^{-1}=\begin{bmatrix}1&0&0\\-2&1&-3\\0&0&1\end{bmatrix}$（パターンに注意）；$A^{-1}=\begin{bmatrix}2&-1&0\\-1&2&-1\\0&-1&1\end{bmatrix}$.

31 消去によって，ピボット a と $a-b$ と $a-b$ が得られる．$A^{-1}=\dfrac{1}{a(a-b)}\begin{bmatrix}a&0&-b\\-a&a&0\\0&-a&a\end{bmatrix}$.

33 $\boldsymbol{x}=(1,1,\ldots,1)$ とすると，$P\boldsymbol{x}=Q\boldsymbol{x}$ となり，したがって $(P-Q)\boldsymbol{x}=\mathbf{0}$ である．

34 $\begin{bmatrix}I&0\\-C&I\end{bmatrix}$ と $\begin{bmatrix}A^{-1}&0\\-D^{-1}CA^{-1}&D^{-1}\end{bmatrix}$ と $\begin{bmatrix}-D&I\\I&0\end{bmatrix}$.

35 対角要素を零にすると A は可逆である．各行の和が零であるため，B は非可逆行列である．

38 3 つのパスカル行列の間に $P=LU=LL^{\mathrm{T}}$ が成り立ち，$\mathsf{inv}(P)=\mathsf{inv}(L^{\mathrm{T}})\mathsf{inv}(L)$ である．

42 $MM^{-1}=(I_n-UV)\,(I_n+U(I_m-VU)^{-1}V)$ （これは式 **3**）
$=I_n-UV+U(I_m-VU)^{-1}V-UVU(I_m-VU)^{-1}V$（単純化を続ける）
$=I_n-UV+U(I_m-VU)(I_m-VU)^{-1}V=I_n$（式 **1**, **2**, **4** も同様である）

43 $T_{11}=1$ とした 4×4 行列はピボット $1,1,1,1$ を持つ．$T^*=UL$ と逆にすると $T^*_{44}=1$ である．

44 $C\boldsymbol{x}=\boldsymbol{b}$ の等式を足すと，$0=b_1+b_2+b_3+b_4$ となる．$F\boldsymbol{x}=\boldsymbol{b}$ についても同じである．

練習問題 2.6 ☞ p. 108

3 $\ell_{31}=1$，$\ell_{32}=2$（$\ell_{33}=1$）：逆向きにすると，$U\boldsymbol{x}=\boldsymbol{c}$ から $A\boldsymbol{u}=\boldsymbol{b}$ を得る：$(x+y+z=5)$ の 1 倍と $(y+2z=2)$ の 2 倍と $(z=2)$ の 1 倍の和より $x+3y+6z=11$ を得る．

4 $L\boldsymbol{c}=\begin{bmatrix}1&&\\1&1&\\1&2&1\end{bmatrix}\begin{bmatrix}5\\2\\2\end{bmatrix}=\begin{bmatrix}5\\7\\11\end{bmatrix}$;　$U\boldsymbol{x}=\begin{bmatrix}1&1&1\\&1&2\\&&1\end{bmatrix}\begin{bmatrix}\\\boldsymbol{x}\\\\\end{bmatrix}=\begin{bmatrix}5\\2\\2\end{bmatrix}$;　$\boldsymbol{x}=\begin{bmatrix}5\\-2\\2\end{bmatrix}$.

6 $\begin{bmatrix}1&&\\0&1&\\0&-2&1\end{bmatrix}\begin{bmatrix}1&&\\-2&1&\\0&0&1\end{bmatrix}A=\begin{bmatrix}1&1&1\\0&2&3\\0&0&-6\end{bmatrix}=U$．このとき $A=\begin{bmatrix}1&0&0\\2&1&0\\0&2&1\end{bmatrix}U$ は，$E_{21}^{-1}E_{32}^{-1}U=LU$ と等しい．乗数 $\ell_{21}=2$ と $\ell_{32}=2$ が L に入る．

10 $c=2$ とすると，2 つ目のピボットの位置に零が生じる：行交換が必要だが，非可逆ではない．$c=1$ とすると，3 つ目のピボットの位置に零が生じる：行列は**非可逆**である．

12 $A=\begin{bmatrix}2&4\\4&11\end{bmatrix}=\begin{bmatrix}1&0\\2&1\end{bmatrix}\begin{bmatrix}2&4\\0&3\end{bmatrix}=\begin{bmatrix}1&0\\2&1\end{bmatrix}\begin{bmatrix}2&0\\0&3\end{bmatrix}\begin{bmatrix}1&2\\0&1\end{bmatrix}=LDU$; $\boldsymbol{U}$ は $\boldsymbol{L}^{\mathrm{T}}$

$\begin{bmatrix}1&&\\4&1&\\0&-1&1\end{bmatrix}\begin{bmatrix}1&4&0\\0&-4&4\\0&0&4\end{bmatrix}=\begin{bmatrix}1&&\\4&1&\\0&-1&1\end{bmatrix}\begin{bmatrix}1&&\\&-4&\\&&4\end{bmatrix}\begin{bmatrix}1&4&0\\0&1&-1\\0&0&1\end{bmatrix}=LDL^{\mathrm{T}}$.

14 $\begin{bmatrix}a&r&r&r\\a&b&s&s\\a&b&c&t\\a&b&c&d\end{bmatrix}=\begin{bmatrix}1&&&\\1&1&&\\1&1&1&\\1&1&1&1\end{bmatrix}\begin{bmatrix}a&r&r&r\\&b-r&s-r&s-r\\&&c-s&t-s\\&&&d-t\end{bmatrix}$.　$\begin{matrix}a\neq 0\\b\neq r\\c\neq s\\d\neq t\end{matrix}$ が必要．

15 $\begin{bmatrix}1&0\\4&1\end{bmatrix}\boldsymbol{c}=\begin{bmatrix}2\\11\end{bmatrix}$ より $\boldsymbol{c}=\begin{bmatrix}2\\3\end{bmatrix}$．さらに，$\begin{bmatrix}2&4\\0&1\end{bmatrix}\boldsymbol{x}=\begin{bmatrix}2\\3\end{bmatrix}$ より $\boldsymbol{x}=\begin{bmatrix}-5\\3\end{bmatrix}$.
$A\boldsymbol{x}=\boldsymbol{b}$ は $LU\boldsymbol{x}=\begin{bmatrix}2&4\\8&17\end{bmatrix}\boldsymbol{x}=\begin{bmatrix}2\\11\end{bmatrix}$．前進代入により，確かに $\begin{bmatrix}2&4\\0&1\end{bmatrix}\boldsymbol{x}=\begin{bmatrix}2\\3\end{bmatrix}=\boldsymbol{c}$.

18 (a) $LDU=L_1D_1U_1$ に逆行列を掛けると $L_1^{-1}LD=D_1U_1U^{-1}$ となる．左辺は下三角行列であり，右辺は上三角行列である ⇒ 両辺とも対角行列である．
(b) L,U,L_1,U_1 の対角要素が 1 であるので，$D=D_1$ である．すると，$L_1^{-1}L$ と U_1U^{-1} はいずれも I となる．

20 三重対角行列 T では，そのピボット行に非零要素が 2 つあり，ピボットの下には 1 つしかない（1 回の操作により ℓ を求めることができ，さらに新しいピボットを求めるのに 1 回の操作を行う）．$T=$ 二重対角 L と二重対角 U の積．

23 2×2 の左上部分行列 B のピボットは，ピボットの最初の 2 つ，すなわち，$5,9$ である．理由：A に対する消去は左上から始まり，それは B に対する消去と同じである．

24 左上ブロック行列は，A とまったく同様に分解される：A_k は L_kU_k である．

25 L^{-1} の (i,j) 要素は j/i（ただし，$i\geq j$）である．対角要素の下の $L_{i\,i-1}$ は $(1-i)/i$ である．

26 $i\geq j$ に対して $(K^{-1})_{ij}=j(n-i+1)/(n+1)$ である（さらに対称行列である）：$(n+1)K^{-1}$ は美しい．

練習問題 2.7 ☞ p. 122

2 $AB = BA$ でなければ，$(AB)^{\mathrm{T}}$ と $A^{\mathrm{T}}B^{\mathrm{T}}$ は等しくない．条件を転置すると $B^{\mathrm{T}}A^{\mathrm{T}} = A^{\mathrm{T}}B^{\mathrm{T}}$.

4 $A = \begin{bmatrix} 0 & 1 \\ 0 & 0 \end{bmatrix}$ のとき $A^2 = 0$ である．$A^{\mathrm{T}}A$ の対角要素は，A の列とそれ自身との内積である．$A^{\mathrm{T}}A = 0$ であるとき，内積が零である ⇒ 列が零である ⇒ A は零行列である．

6 $M^{\mathrm{T}} = \begin{bmatrix} A^{\mathrm{T}} & C^{\mathrm{T}} \\ B^{\mathrm{T}} & D^{\mathrm{T}} \end{bmatrix}$. $M^{\mathrm{T}} = M$ であるためには，$A^{\mathrm{T}} = A$ および $B^{\mathrm{T}} = C$ および $D^{\mathrm{T}} = D$ でなければならない．

8 第 1 行に 1 を置くのは n 通りある．次に第 2 行に 1 を置くのは $n-1$ 通りある，$\cdots$（全体で $n!$ 通り）．

10 $(3,1,2,4)$ と $(2,3,1,4)$ は 4 を動かさない．偶置換 P の他の 6 つは，1，2，3 のいずれかを動かさない．$(2,1,4,3)$ と $(3,4,1,2)$ は 2 つの対を交換する．$(1,2,3,4),(4,3,2,1)$ と合わせて 12 個の偶置換 P がある．

14 PAP の (i,j) 要素は，A の $(n-i+1, n-j+1)$ 要素である．対角線に沿って逆順になる．

18 (a) $A = A^{\mathrm{T}}$ のとき，独立な要素の数は $5+4+3+2+1 = 15$ である． (b) 独立な要素は，L には 10 あり，D には 5 ある．よって，LDL^{T} には合計 15 ある． (c) $A^{\mathrm{T}} = -A$ のとき，その対角要素は零である．よって，$4+3+2+1 = 10$ だけ選べる．

20 $\begin{bmatrix} 1 & 3 \\ 3 & 2 \end{bmatrix} = \begin{bmatrix} 1 & 0 \\ 3 & 1 \end{bmatrix}\begin{bmatrix} 1 & 0 \\ 0 & -7 \end{bmatrix}\begin{bmatrix} 1 & 3 \\ 0 & 1 \end{bmatrix}$; $\quad \begin{bmatrix} 1 & b \\ b & c \end{bmatrix} = \begin{bmatrix} 1 & 0 \\ b & 1 \end{bmatrix}\begin{bmatrix} 1 & 0 \\ 0 & c-b^2 \end{bmatrix}\begin{bmatrix} 1 & b \\ 0 & 1 \end{bmatrix}$

$$\begin{bmatrix} 2 & -1 & 0 \\ -1 & 2 & -1 \\ 0 & -1 & 2 \end{bmatrix} = \begin{bmatrix} 1 & & \\ -\frac{1}{2} & 1 & \\ 0 & -\frac{2}{3} & 1 \end{bmatrix}\begin{bmatrix} 2 & & \\ & \frac{3}{2} & \\ & & \frac{4}{3} \end{bmatrix}\begin{bmatrix} 1 & -\frac{1}{2} & 0 \\ & 1 & -\frac{2}{3} \\ & & 1 \end{bmatrix} = \boldsymbol{LDL}^{\mathrm{T}}.$$

22 $\begin{bmatrix} & 1 & \\ 1 & & \\ & & 1 \end{bmatrix} A = \begin{bmatrix} 1 & & \\ 0 & 1 & \\ 2 & 3 & 1 \end{bmatrix}\begin{bmatrix} 1 & 0 & 1 \\ & 1 & 1 \\ & & -1 \end{bmatrix}$; $\begin{bmatrix} 1 & & \\ & & 1 \\ & 1 & \end{bmatrix} A = \begin{bmatrix} 1 & & \\ 1 & 1 & \\ 2 & 0 & 1 \end{bmatrix}\begin{bmatrix} 1 & 2 & 0 \\ & -1 & 1 \\ & & 1 \end{bmatrix}$

24 $PA = LU$ は $\begin{bmatrix} & & 1 \\ & 1 & \\ 1 & & \end{bmatrix}\begin{bmatrix} 0 & 1 & 2 \\ 0 & 3 & 8 \\ 2 & 1 & 1 \end{bmatrix} = \begin{bmatrix} 1 & & \\ 0 & 1 & \\ 0 & 1/3 & 1 \end{bmatrix}\begin{bmatrix} 2 & 1 & 1 \\ & 3 & 8 \\ & & -2/3 \end{bmatrix}$. 行交換を先に行わず，$a_{12}$ をピボットとすると，$A = L_1P_1U_1 = \begin{bmatrix} 1 & & \\ 3 & 1 & \\ & & 1 \end{bmatrix}\begin{bmatrix} & 1 & \\ & & 1 \\ 1 & & \end{bmatrix}\begin{bmatrix} 2 & 1 & 1 \\ 0 & 1 & 2 \\ 0 & 0 & 2 \end{bmatrix}$.

26 偶奇を判別する 1 つの方法は，P において順序が反転している対を数え上げることである．その対の数の偶奇は，P の偶奇と一致する．行交換によって必ずその数の偶奇が変わることを示すのが難しい．それを示せば，3 つもしくは 5 つの行交換を行うと，その数は奇数となる．

31 $\begin{bmatrix} 1 & 50 \\ 40 & 1000 \\ 2 & 50 \end{bmatrix}\begin{bmatrix} x_1 \\ x_2 \end{bmatrix} = A\boldsymbol{x}$; $\;A^{\mathrm{T}}\boldsymbol{y} = \begin{bmatrix} 1 & 40 & 2 \\ 50 & 1000 & 50 \end{bmatrix}\begin{bmatrix} 700 \\ 3 \\ 3000 \end{bmatrix} = \begin{bmatrix} 6820 \\ 188000 \end{bmatrix}$ 1 トラック / 1 飛行機

32 $A\boldsymbol{x} \cdot \boldsymbol{y}$ は入力の**コスト**であり，$\boldsymbol{x} \cdot A^{\mathrm{T}}\boldsymbol{y}$ は出力の**価値**である．

33 $P^3 = I$ より，3 回の回転で $360°$ となる．P は，$(1,1,1)$ のまわりを $120°$ だけ回転する．

36 次のものは群である．対角要素が 1 である下三角行列，可逆な対角行列 D，置換行列 P，$Q^{\mathrm{T}} = Q^{-1}$ を満たす直交行列．

37 B^{T} は確かに北西行列である．B^2 はすべての要素が詰まった行列となる．B^{-1} は南東行列である．例えば，$\begin{bmatrix} \mathbf{1} & \mathbf{1} \\ \mathbf{1} & \mathbf{0} \end{bmatrix}^{-1} = \begin{bmatrix} \mathbf{0} & \mathbf{1} \\ \mathbf{1} & \mathbf{-1} \end{bmatrix}$. B の行は，下三角行列 L の行を逆順にしたものであり，$B = PL$ である．すると，$B^{-1} = L^{-1}P^{-1}$ は，L^{-1} の**列**を逆順にしたものと

なる．したがって，B^{-1} は南東行列である．北西行列 $B=PL$ と南東行列 PU との積 $(PLP)U$ は，上三角行列となる．

38 次数 n の置換行列は $n!$ 個ある．有限個であるため，いずれは等しい P のベキが生じる．$P^r = P^s$ のとき，$P^{r-s}=I$ である．ここで，$r-s \leq n!$ である．5×5 の例 $P=\begin{bmatrix} P_2 & \\ & P_3 \end{bmatrix}$ において，$P_2=\begin{bmatrix} 0 & 1 \\ 1 & 0 \end{bmatrix}$ および $P_3=\begin{bmatrix} 0 & 1 & 0 \\ 0 & 0 & 1 \\ 1 & 0 & 0 \end{bmatrix}$ であるとき，$P^6=I$ である．

練習問題 3.1 ☞ p. 134

1 $\boldsymbol{x}+\boldsymbol{y} \neq \boldsymbol{y}+\boldsymbol{x}$ と $\boldsymbol{x}+(\boldsymbol{y}+\boldsymbol{z}) \neq (\boldsymbol{x}+\boldsymbol{y})+\boldsymbol{z}$ と $(c_1+c_2)\boldsymbol{x} \neq c_1\boldsymbol{x}+c_2\boldsymbol{x}$.

3 (a) $c\boldsymbol{x}$ が成り立たない可能性があり，積について閉じていない．また，$\mathbf{0}$ がなく，$-\boldsymbol{x}$ もない．(b) $c(\boldsymbol{x}+\boldsymbol{y})$ は通常の $(xy)^c$ であり，$c\boldsymbol{x}+c\boldsymbol{y}$ は通常の $(x^c)(y^c)$ である．これらは等しい．$c=3, x=2, y=1$ とすると，その値は $3(\mathbf{2}+\mathbf{1})=8$ である．零ベクトルとして振る舞う数は 1 である．

5 (a) 一例を示す．cA という形の行列は部分空間をなすが，その部分空間には B は含まれない．(b) 含む．部分空間は必ず $A-B=I$ を含む．(c) 主対角要素がすべて零である行列からなる部分空間．

9 (a) 整数要素からなるベクトルの集合では，和は可能であるが，$\frac{1}{2}$ 倍はできない．
(b) xy 平面から x 軸を取り除く（原点は残す）．すると，任意の数 c による積は可能だが，ベクトルの和のうち不可能なものがある．

11 (a) すべての $\begin{bmatrix} a & b \\ 0 & 0 \end{bmatrix}$ という形の行列．(b) すべての $\begin{bmatrix} a & a \\ 0 & 0 \end{bmatrix}$ という形の行列．
(c) すべての対角行列．

15 (a) $(0,0,0)$ を通る 2 つの平面は，ほとんどは $(0,0,0)$ を通る直線で交わる．(b) 平面と直線は点 $(0,0,0)$ で交わる．(c) $\boldsymbol{x}$ と $\boldsymbol{y}$ がいずれも $\boldsymbol{S}$ と $\boldsymbol{T}$ に含まれるとき，$\boldsymbol{x}+\boldsymbol{y}$ と $c\boldsymbol{x}$ も両方の部分空間に含まれる．

20 (a) $b_2=2b_1$ かつ $b_3=-b_1$ のときのみ解を持つ．(b) $b_3=-b_1$ のときのみ解を持つ．

23 追加された列 $\boldsymbol{b}$ がすでに列空間に含まれる場合を除き，$\boldsymbol{b}$ によって列空間が大きくなる．
$[\,A \;\; \boldsymbol{b}\,]=\begin{bmatrix} 1 & 0 & \mathbf{1} \\ 0 & 0 & \mathbf{1} \end{bmatrix}$ (列空間が拡大)（$A\boldsymbol{x}=\boldsymbol{b}$ に解がない）$\begin{bmatrix} 1 & 0 & \mathbf{1} \\ 0 & 1 & \mathbf{1} \end{bmatrix}$ （$\boldsymbol{b}$ が列空間に含まれる）（$A\boldsymbol{x}=\boldsymbol{b}$ は解を持つ）

25 $A\boldsymbol{z}=\boldsymbol{b}+\boldsymbol{b}^*$ の解は $\boldsymbol{z}=\boldsymbol{x}+\boldsymbol{y}$ である．$\boldsymbol{b}$ と $\boldsymbol{b}^*$ が $\boldsymbol{C}(A)$ に含まれるとき，$\boldsymbol{b}+\boldsymbol{b}^*$ も $\boldsymbol{C}(A)$ に含まれる．

30 (a) $\boldsymbol{u}$ と $\boldsymbol{v}$ がいずれも $\boldsymbol{S}+\boldsymbol{T}$ に含まれるとき，$\boldsymbol{u}=\boldsymbol{s}_1+\boldsymbol{t}_1$ および $\boldsymbol{v}=\boldsymbol{s}_2+\boldsymbol{t}_2$ が成り立つ．したがって，$\boldsymbol{u}+\boldsymbol{v}=(\boldsymbol{s}_1+\boldsymbol{s}_2)+(\boldsymbol{t}_1+\boldsymbol{t}_2)$ も $\boldsymbol{S}+\boldsymbol{T}$ に含まれる．$c\boldsymbol{u}=c\boldsymbol{s}_1+c\boldsymbol{t}_1$ についても同様である．つまり，部分空間だ．

(b) $\boldsymbol{S}$ と $\boldsymbol{T}$ が異なる直線であるとき，$\boldsymbol{S}\cup\boldsymbol{T}$ は単に 2 つの直線でしかない（部分空間ではない）．しかし，$\boldsymbol{S}+\boldsymbol{T}$ はそれらの直線が張る平面全体である．

31 $\boldsymbol{S}=\boldsymbol{C}(A)$ および $\boldsymbol{T}=\boldsymbol{C}(B)$ のとき，$\boldsymbol{S}+\boldsymbol{T}$ は $M=[\,A \;\; B\,]$ の列空間である．

32 AB の列は，A の列の線形結合である．したがって，$[\,A \;\; AB\,]$ の列はすべて $\boldsymbol{C}(A)$ に含まれる．しかし，$A=\begin{bmatrix} 0 & 1 \\ 0 & 0 \end{bmatrix}$ の列空間は，$A^2=\begin{bmatrix} 0 & 0 \\ 0 & 0 \end{bmatrix}$ の列空間よりも大きい．正方行列では，行列が可逆であるとき，列空間が $\mathbf{R}^n$ となる．

練習問題 3.2 ☞ p. 148

2 (a) 自由変数は x_2, x_4, x_5，解は $(-2,1,0,0,0)$, $(0,0,-2,1,0)$, $(0,0,-3,0,1)$.
(b) 自由変数は x_3，解は $(1,-1,1)$．各自由変数に対して特解がある．

4 $R=\begin{bmatrix}1&2&0&0&0\\0&0&1&2&3\\0&0&0&0&0\end{bmatrix}$, $R=\begin{bmatrix}1&0&-1\\0&1&1\\0&0&0\end{bmatrix}$, R は U や A と同じ零空間を持つ．

6 (a) 特解は $(3,1,0)$ と $(5,0,1)$．(b) $(3,1,0)$．ピボット変数と自由変数は合わせて n 個．

8 $R=\begin{bmatrix}1&-3&-5\\0&0&0\end{bmatrix}$ および $I=[1]$; $R=\begin{bmatrix}1&-3&0\\0&0&1\end{bmatrix}$ および $I=\begin{bmatrix}1&0\\0&1\end{bmatrix}$.

10 (a) 第 1 行で不可能．(b) $A=$ 可逆．(c) $A=$ 要素がすべて 1．(d) $A=2I, R=I$.

14 第 1 列 $=$ 第 5 列であるとき，x_5 は自由変数である．その特解は $(-1,0,0,0,1)$ である．

16 零空間が $\boldsymbol{x}=\boldsymbol{0}$ のみからなるのは，A に 5 つのピボットがあるときであり，列空間は $\mathbf{R}^5$ である．なぜなら，$A\boldsymbol{x}=\boldsymbol{b}$ が解を持ち，すべての $\boldsymbol{b}$ が列空間に含まれるからである．

20 第 5 列には確実にピボットがない．なぜなら，それ以前の列の線形結合であるからだ．他の列に 4 つのピボットがある場合，特解は $\boldsymbol{s}=(1,0,1,0,1)$ である．零空間には，このベクトル $\boldsymbol{s}$ の任意の定数倍が含まれる（$\mathbf{R}^5$ における直線）．

24 そのような行列を作ることは不可能である．列が 3 列しかないのに，ピボット列 が 2 列と自由変数が 2 つあるからだ．

30 $A=\begin{bmatrix}0&1\\0&0\end{bmatrix}$ より，(a)(b)(c) がすべて偽だとわかる．$\mathrm{rref}(A^{\mathrm{T}})=\begin{bmatrix}1&0\\0&0\end{bmatrix}$ に注意せよ．

32 $R=[1\ \ -2\ \ -3]$, $R=\begin{bmatrix}1&0&0\\0&1&0\end{bmatrix}$, $R=I$．これらの行の下に，零行が続いてよい．

33 (a) $\begin{bmatrix}1&0\\0&1\end{bmatrix}$, $\begin{bmatrix}1&0\\0&0\end{bmatrix}$, $\begin{bmatrix}1&1\\0&0\end{bmatrix}$, $\begin{bmatrix}0&1\\0&0\end{bmatrix}$, $\begin{bmatrix}0&0\\0&0\end{bmatrix}$. (b) 8 つの行列はすべて R である．

35 $\mathbf{R}^4$ に含まれるベクトルを $\boldsymbol{y}$ とするとき，$B=[A\ \ A]$ の零空間は $\boldsymbol{x}=\begin{bmatrix}\boldsymbol{y}\\-\boldsymbol{y}\end{bmatrix}$ というベクトルをすべて含む．

36 $C\boldsymbol{x}=\boldsymbol{0}$ のとき，$A\boldsymbol{x}=\boldsymbol{0}$ および $B\boldsymbol{x}=\boldsymbol{0}$ である．$\boldsymbol{N}(C)=\boldsymbol{N}(A)\cap\boldsymbol{N}(B)=$ 共通部分．

37 電流：$y_1-y_3+y_4=-y_1+y_2++y_5=-y_2+y_4+y_6=-y_4-y_5-y_6=0$．これらの等式の和は $0=0$ である．自由変数は y_3, y_5, y_6 である．ループに沿った流れに注目せよ．

練習問題 3.3 ☞ p. 160

1 (a) と (c) は正しい．(d) は偽である．なぜなら，R にはピボット列でない列に 1 があるかもしれないからだ．

3 $R_A=\begin{bmatrix}1&2&0\\0&0&1\\0&0&0\end{bmatrix}$ $R_B=\begin{bmatrix}R_A & R_A\end{bmatrix}$ $R_C\longrightarrow\begin{bmatrix}R_A&0\\0&R_A\end{bmatrix}\longrightarrow$ 零行を一番下へ移動する．

5 $R_1=A_1, R_2=A_2$ は正しいと思われる．しかし，R_1-R_2 では，ピボットが -1 になるかもしれない．

7 N に含まれる特解 $=[-2\ \ -4\ \ 1\ \ 0;\ -3\ \ -5\ \ 0\ \ 1]$ および $[1\ \ 0\ \ 0;\ 0\ \ -2\ \ 1]$.

13 P の階数は r（A と同じ）である．なぜなら，同じピボット列が消去で得られるからだ．

14 R^{T} の階数も r である．例の行列 A の階数は 2 であり，S は可逆行列である：

$$P = \begin{bmatrix} 1 & 3 \\ 2 & 6 \\ 2 & 7 \end{bmatrix} \qquad P^{\mathrm{T}} = \begin{bmatrix} 1 & 2 & 2 \\ 3 & 6 & 7 \end{bmatrix} \qquad S^{\mathrm{T}} = \begin{bmatrix} 1 & 2 \\ 3 & 7 \end{bmatrix} \qquad S = \begin{bmatrix} 1 & 3 \\ 2 & 7 \end{bmatrix}.$$

16 内積 $\boldsymbol{v}^{\mathrm{T}}\boldsymbol{w}$ が零でなければ，$(\boldsymbol{u}\boldsymbol{v}^{\mathrm{T}})(\boldsymbol{w}\boldsymbol{z}^{\mathrm{T}}) = \boldsymbol{u}(\boldsymbol{v}^{\mathrm{T}}\boldsymbol{w})\boldsymbol{z}^{\mathrm{T}}$ の階数は 1 である．

18 $\mathrm{rank}(B^{\mathrm{T}}A^{\mathrm{T}}) \le \mathrm{rank}(A^{\mathrm{T}})$ がわかったならば，転置によって階数は変化しないので（申し訳ないが，この事実はまだ証明していない），$\mathrm{rank}(AB) \le \mathrm{rank}(A)$ が示される．

20 A と B の階数は高々 2 である．すると，それらの積 AB の階数も高々 2 である．$AB = I$ であったとしても，BA は 3×3 なので I にはならない．

21 (a) A と B は，それらが共有する R と同じ零空間と行空間を持つ．(b) A と B が同じ R を共有するとき，A は B にある**可逆**行列を掛けたものとなる．重要な事実だ．

22 $A =$（ピボット列）(R の非零行) $= \begin{bmatrix} 1 & 0 \\ 1 & 4 \\ 1 & 8 \end{bmatrix} \begin{bmatrix} 1 & 1 & 0 \\ 0 & 0 & 1 \end{bmatrix} = \begin{bmatrix} 1 & 1 & 0 \\ 1 & 1 & 0 \\ 1 & 1 & 0 \end{bmatrix} + \begin{bmatrix} 0 & 0 & 0 \\ 0 & 0 & 4 \\ 0 & 0 & 8 \end{bmatrix}$.

$B = \begin{bmatrix} 2 & 2 \\ 2 & 3 \end{bmatrix} \begin{bmatrix} 1 & 0 \\ 0 & 1 \end{bmatrix} =$ 列と行の積 $= \begin{bmatrix} 2 & 0 \\ 2 & 0 \end{bmatrix} + \begin{bmatrix} 0 & 2 \\ 0 & 3 \end{bmatrix}$

26 $m \times n$ 行列 Z は，その左上から r 個の 1 を対角要素に持つ．そうでなければ，Z の要素はすべて零である．

27 $R = \begin{bmatrix} I & F \\ 0 & 0 \end{bmatrix} = \begin{bmatrix} r \times r & r \times n-r \\ m-r \times r & m-r \times n-r \end{bmatrix}$; $\mathbf{rref}(R^{\mathrm{T}}) = \begin{bmatrix} I & 0 \\ 0 & 0 \end{bmatrix}$; $\mathbf{rref}(R^{\mathrm{T}}R) =$ 同じ R

28 行・列簡約階段行列は，常に $\begin{bmatrix} I & 0 \\ 0 & 0 \end{bmatrix}$ である．I は $r \times r$ である．

練習問題 3.4 ☞ p. 173

2 $\begin{bmatrix} 2 & 1 & 3 & \mathbf{b}_1 \\ 6 & 3 & 9 & \mathbf{b}_2 \\ 4 & 2 & 6 & \mathbf{b}_3 \end{bmatrix} \to \begin{bmatrix} 2 & 1 & 3 & \mathbf{b}_1 \\ 0 & 0 & 0 & \mathbf{b}_2 - \mathbf{3b}_1 \\ 0 & 0 & 0 & \mathbf{b}_3 - \mathbf{2b}_1 \end{bmatrix}$ すると $[R \;\; \boldsymbol{d}] = \begin{bmatrix} 1 & 1/2 & 3/2 & \mathbf{5} \\ 0 & 0 & 0 & \mathbf{0} \\ 0 & 0 & 0 & \mathbf{0} \end{bmatrix}$

$b_2 - 3b_1 = 0$ かつ $b_3 - 2b_1 = 0$ のとき，$A\boldsymbol{x} = \boldsymbol{b}$ は解を持つ．$\boldsymbol{C}(A)$ は $(2, 6, 4)$ を通る直線であり，平面 $b_2 - 3b_1 = 0$ と $b_3 - 2b_1 = 0$ の交線である．零空間は $\boldsymbol{s}_1 = (-1/2, 1, 0)$ と $\boldsymbol{s}_2 = (-3/2, 0, 1)$ のすべての線形結合からなる．特殊解は $\boldsymbol{x}_p = \boldsymbol{d} = (5, 0, 0)$ であり，一般解は $\boldsymbol{x}_p + c_1\boldsymbol{s}_1 + c_2\boldsymbol{s}_2$ である．

4 $\boldsymbol{x}_{\text{一般}} = \boldsymbol{x}_p + \boldsymbol{x}_n = (\frac{1}{2}, 0, \frac{1}{2}, 0) + x_2(-3, 1, 0, 0) + x_4(0, 0, -2, 1)$.

6 (a) $b_2 = 2b_1$ かつ $3b_1 - 3b_3 + b_4 = 0$ のとき解を持つ．そのとき，$\boldsymbol{x} = \begin{bmatrix} 5b_1 - 2b_3 \\ b_3 - 2b_1 \end{bmatrix} = \boldsymbol{x}_p$

(b) $b_2 = 2b_1$ かつ $3b_1 - 3b_3 + b_4 = 0$ のとき解を持つ．$\boldsymbol{x} = \begin{bmatrix} 5b_1 - 2b_3 \\ b_3 - 2b_1 \\ 0 \end{bmatrix} + x_3 \begin{bmatrix} -1 \\ -1 \\ 1 \end{bmatrix}$.

8 (a) すべての $\boldsymbol{b}$ が $\boldsymbol{C}(A)$ に含まれる．**行が独立であり**，零による線形結合のみが $\mathbf{0}$ となる．(b) $b_3 = 2b_2$ でなければならない．なぜなら，第 3 行 $- 2$(第 2 行) $= \mathbf{0}$ だからだ．

12 (a) $A\boldsymbol{x} = \mathbf{0}$ の解は $\boldsymbol{x}_1 - \boldsymbol{x}_2$ と $\mathbf{0}$ である．(b) $A(2\boldsymbol{x}_1 - 2\boldsymbol{x}_2) = \mathbf{0}, A(2\boldsymbol{x}_1 - \boldsymbol{x}_2) = \boldsymbol{b}$

13 (a) 特殊解 $\boldsymbol{x}_p$ には常に 1 が掛けられる．(b) 任意の解が $\boldsymbol{x}_p$ となりうる．

(c) $\begin{bmatrix} 3 & 3 \\ 3 & 3 \end{bmatrix} \begin{bmatrix} x \\ y \end{bmatrix} = \begin{bmatrix} 6 \\ 6 \end{bmatrix}$. このとき $\begin{bmatrix} 1 \\ 1 \end{bmatrix}$（長さ $\sqrt{2}$）は，$\begin{bmatrix} 2 \\ 0 \end{bmatrix}$（長さ 2）より短い．

(d) A が可逆行列であるとき，零空間に含まれる「同次」解は $\boldsymbol{x}_n = \mathbf{0}$ のみである．

14 第 5 列にピボットがないとき，x_5 は**自由**変数である．零ベクトルは，$A\boldsymbol{x} = \mathbf{0}$ の唯一の解ではない．方程式 $A\boldsymbol{x} = \boldsymbol{b}$ が解を持つとき，解は**無限個**ある．

16 階数の最大は 3 である．そのとき，すべての**行**にピボットがあり，解は**常に存在する**．列空間は $\mathbf{R}^3$ である．F を任意の 3×2 行列とすると，そのような例は $A=[I\ \ F]$ である．

18 階数 $=2$．$q=2$ でなければ，階数 $=3$（$q=2$ のとき 階数 $=2$）．転置しても階数は変わらない．

25 (a) $r<m$，常に $r\le n$．(b) $r=m$，$r<n$．(c) $r<m$，$r=n$．(d) $r=m=n$．

28 $\begin{bmatrix}1&2&3&\mathbf{0}\\0&0&4&\mathbf{0}\end{bmatrix}\to\begin{bmatrix}1&2&0&\mathbf{0}\\0&0&1&\mathbf{0}\end{bmatrix}$; $\boldsymbol{x}_n=\begin{bmatrix}-2\\1\\0\end{bmatrix}$; $\begin{bmatrix}1&2&3&\mathbf{5}\\0&0&4&\mathbf{8}\end{bmatrix}\to\begin{bmatrix}1&2&0&\mathbf{-1}\\0&0&1&\mathbf{2}\end{bmatrix}$.

自由変数 $x_2=0$ より $\boldsymbol{x}_p=(-1,0,2)$ を得る．なぜなら，ピボット列が I を含むからだ．

30 $\begin{bmatrix}1&0&2&3&\mathbf{2}\\1&3&2&0&\mathbf{5}\\2&0&4&9&\mathbf{10}\end{bmatrix}\to\begin{bmatrix}1&0&2&3&\mathbf{2}\\0&3&0&-3&\mathbf{3}\\0&0&0&3&\mathbf{6}\end{bmatrix}\to\begin{bmatrix}1&0&2&0&\mathbf{-4}\\0&1&0&0&\mathbf{3}\\0&0&0&1&\mathbf{2}\end{bmatrix}$; $\begin{bmatrix}-4\\3\\0\\2\end{bmatrix}$; $\boldsymbol{x}_n=x_3\begin{bmatrix}-2\\0\\1\\0\end{bmatrix}$.

36 $A\boldsymbol{x}=\boldsymbol{b}$ と $C\boldsymbol{x}=\boldsymbol{b}$ の解が同じであるとき，A と C は同じ形であり，同じ零空間を持つ（$\boldsymbol{b}=\mathbf{0}$ とする）．$\boldsymbol{b}$ が A の第 1 列であるとすると，$\boldsymbol{x}=(1,0,\ldots,0)$ は $A\boldsymbol{x}=\boldsymbol{b}$ の解であり，$C\boldsymbol{x}=\boldsymbol{b}$ の解でもある．すると，C の第 1 列は A のそれと同じである．他の列についても同様である．よって，$A=C$．

練習問題 3.5 ☞ p. 189

2 $\boldsymbol{v}_1,\boldsymbol{v}_2,\boldsymbol{v}_3$ は線形独立である（-1 が異なる位置にある）．6 つのベクトルはすべて平面 $(1,1,1,1)\cdot\boldsymbol{v}=0$ 上にあるので，これら 6 つのベクトルから選んだ 4 つのベクトルが線形独立になることはない．

3 $a=0$ のとき，第 1 列 $=\mathbf{0}$．$d=0$ のとき，b（第 1 列）$-\,a$（第 2 列）$=\mathbf{0}$．$f=0$ のとき，すべての列の最後の要素が零である（それらはすべて xy 平面内にあり，線形従属である）．

6 第 1, 2, 4 列は線形独立である．同様に線形独立な組合せには，1, 3, 4 や 2, 3, 4 などがある（ただし，1, 2, 3 は除く）．A に対しても，同じ列番号（列そのものは異なる）の組合せが線形独立である．

8 $c_1(\boldsymbol{w}_2+\boldsymbol{w}_3)+c_2(\boldsymbol{w}_1+\boldsymbol{w}_3)+c_3(\boldsymbol{w}_1+\boldsymbol{w}_2)=\mathbf{0}$ であるとき，$(c_2+c_3)\boldsymbol{w}_1+(c_1+c_3)\boldsymbol{w}_2+(c_1+c_2)\boldsymbol{w}_3=\mathbf{0}$ である．$\boldsymbol{w}_i$ が線形独立であるので，$c_2+c_3=c_1+c_3=c_1+c_2=0$ である．そのような解は $c_1=c_2=c_3=0$ のみである．$\boldsymbol{v}_1,\boldsymbol{v}_2,\boldsymbol{v}_3$ の線形結合のうち $\mathbf{0}$ となるのはこれだけである．

11 (a) $\mathbf{R}^3$ 内の直線．(b) $\mathbf{R}^3$ 内の平面．(c) $\mathbf{R}^3$ 全体．(d) $\mathbf{R}^3$ 全体．

12 $A\boldsymbol{x}=\boldsymbol{b}$ が解を持つとき，$\boldsymbol{b}$ はその列空間に含まれる．$A^{\mathrm{T}}\boldsymbol{y}=\boldsymbol{c}$ が解を持つとき，$\boldsymbol{c}$ はその行空間に含まれる．**偽**．零ベクトルは常に行空間に含まれる．

15 n 個の独立なベクトルは n 次元空間を張る．これらのベクトルはその空間の**基底**である．これらのベクトルが A の列であるとき，m は n **以上である**（$m\ge n$）．

18 (a) 6 つのベクトルが $\mathbf{R}^4$ を張るとは限らない．(b) 6 つのベクトルは独立では**ない**．(c) 任意の 4 つのベクトルは基底**であるかもしれない**．

20 基底の 1 つは $(2,1,0)$, $(-3,0,1)$ である．xy 平面との交線の基底の 1 つは $(2,1,0)$ である．法線ベクトル $(1,-2,3)$ は，その平面に直交する直線の基底の 1 つである．

22 (a) 真．(b) 偽．なぜなら，$\mathbf{R}^6$ に対する基底ベクトルが $\mathbf{S}$ に含まれないかもしれない．

25 $c=0$ かつ $d=2$ のとき階数が 2．$c=d$ でも $c=-d$ でもないとき階数が 2．

28 $\begin{bmatrix}1&0&0\\-1&0&0\end{bmatrix}$, $\begin{bmatrix}0&1&0\\0&-1&0\end{bmatrix}$, $\begin{bmatrix}0&0&1\\0&0&-1\end{bmatrix}$; $\begin{bmatrix}1&-1&0\\-1&1&0\end{bmatrix}$ および $\begin{bmatrix}1&0&-1\\-1&0&1\end{bmatrix}$.

32 $y(0)=0$ となるには $A+B+C=0$ である必要がある．基底の 1 つは，$\cos x-\cos 2x$ と $\cos x-\cos 3x$ である．

34 $y_1(x), y_2(x), y_3(x)$ の例： $x, 2x, 3x$（次元 1），$x, 2x, x^2$（次元 2），x, x^2, x^3（次元 3）．

37 $AS=SA$ を満たす行列からなる部分空間の次元は **3** である．

39 5×5 行列 $[A\ \ \boldsymbol{b}]$ が可逆行列であるとき，$\boldsymbol{b}$ は A の列の線形結合ではない．$[A\ \ \boldsymbol{b}]$ が非可逆行列であるとき，A の 4 つの列は線形独立であり，$\boldsymbol{b}$ はそれらの列の線形結合である．この場合，$A\boldsymbol{x}=\boldsymbol{b}$ が解を持つ．

41 $\boldsymbol{I}=\begin{bmatrix} & 1 & \\ 1 & & \\ & & 1\end{bmatrix}-\begin{bmatrix} & 1 & \\ & & 1 \\ 1 & & \end{bmatrix}+\begin{bmatrix} & & 1 \\ & 1 & \\ 1 & & \end{bmatrix}+\begin{bmatrix}1 & & \\ & & 1 \\ & 1 & \end{bmatrix}-\begin{bmatrix} & & 1 \\ 1 & & \\ & 1 & \end{bmatrix}$．6 つの P は線形従属である．

42 $\mathbf{S}$ の次元が，(a) 0 となるのは $\boldsymbol{x}=\boldsymbol{0}$ のときである．(b) 1 となるのは $\boldsymbol{x}=(1,1,1,1)$ のときである．(c) 3 となるのは $\boldsymbol{x}=(1,1,-1,-1)$ のときである．なぜなら，すべての並べ換えにおいて $x_1+\cdots+x_4=0$ が成り立つからである．(d) 4 となるのは $\boldsymbol{x}$ の要素が等しくなく，それらの和が零とならないときである．$\dim\mathbf{S}=2$ **となる** $\boldsymbol{x}$ **はない**．

43 $\boldsymbol{u}$，$\boldsymbol{v}$，$\boldsymbol{w}$ を合わせたものが独立であることを示すのが問題である．$\boldsymbol{u}$ と $\boldsymbol{v}$ を合わせたものが $\boldsymbol{V}$ の基底であることと，$\boldsymbol{u}$ と $\boldsymbol{w}$ を合わせたものが $\boldsymbol{W}$ の基底であることはわかっている．$\boldsymbol{u}$，$\boldsymbol{v}$，$\boldsymbol{w}$ の線形結合が $\boldsymbol{0}$ となると仮定する．**証明すべきこと**：すべての係数が零である．

鍵となる考え方：$\boldsymbol{u}$ と $\boldsymbol{v}$ から得られる部分 $\boldsymbol{x}$ は $\boldsymbol{V}$ に含まれ，$\boldsymbol{w}$ から得られる部分 $-\boldsymbol{x}$ も同様である．すると，$-\boldsymbol{x}$ は $\boldsymbol{V}$ にも $\boldsymbol{W}$ にも含まれる．しかし，$-\boldsymbol{x}$ が $\boldsymbol{V}\cap\boldsymbol{W}$ に含まれるとき，それは $\boldsymbol{u}$ のみによる線形結合である．すると，$\boldsymbol{x}-\boldsymbol{x}=\boldsymbol{0}$ は $\boldsymbol{u}$ と $\boldsymbol{v}$ のみからなり（$\boldsymbol{V}$ 内の線形独立なベクトル）それらの係数は零でなければならない．したがって，$\boldsymbol{x}=\boldsymbol{0}$ であり，$\boldsymbol{w}$ の係数もすべて零となる．

44 $m\times n$ 行列への入力は $\mathbf{R}^n$ を満たす．出力（列空間）の次元は r である．零空間には，特解が $n-r$ 個ある．式は $r+(n-r)=n$ となる．

練習問題 3.6 ☞ p. 202

1 (a) 行空間と列空間の次元 $=5$，零空間の次元 $=4$，$\dim(\boldsymbol{N}(A^{\mathrm{T}}))=2$　合計 $=16=m+n$
(b) 列空間は $\mathbf{R}^3$．左零空間は $\mathbf{0}$ のみからなる．

4 (a) $\begin{bmatrix}1 & 0\\ 1 & 0\\ 0 & 1\end{bmatrix}$．(b) 不可能．$r+(n-r)$ は必ず 3 である．(c) $[1\ \ 1]$．(d) $\begin{bmatrix}-9 & -3\\ 3 & 1\end{bmatrix}$．
(e) **不可能**．行空間 $=$ 列空間であるためには $m=n$ でなければならない．そのとき $m-r=n-r$ であり，2 つの零空間が同じ次元を持つ．$\boldsymbol{N}(A)$ と $\boldsymbol{N}(A^{\mathrm{T}})$ がそれぞれ行空間と列空間に直交することを，第 4.1 節で証明する．ここでは，それらは同じ空間だった．

6 A: 次元 $\mathbf{2},\mathbf{2},\mathbf{2},\mathbf{1}$: 行空間 $(0,3,3,3)$ と $(0,1,0,1)$; 列空間 $(3,0,1)$ と $(3,0,0)$; 零空間 $(1,0,0,0)$ と $(0,-1,0,1)$; $\boldsymbol{N}(A^{\mathrm{T}})\,(0,1,0)$．$B$: 次元 $\mathbf{1},\mathbf{1},\mathbf{0},\mathbf{2}$ 行空間 (1), 列空間 $(1,4,5)$, 零空間：空の基底, $\boldsymbol{N}(A^{\mathrm{T}})\,(-4,1,0)$ と $(-5,0,1)$．

9 (a) 行空間と零空間が等しい．よって，階数（行空間の次元）も等しい．
(b) 列空間と左零空間が等しい．階数（列空間の次元）も等しい．

11 (a) 解を持たないので $r<m$ である．常に $r\le n$ である．m と n は比較できない．
(b) $m-r>0$ なので，左零空間に非零ベクトルが含まれる．

12 素晴らしい答は $\begin{bmatrix}1 & 1\\ 0 & 2\\ 1 & 0\end{bmatrix}\begin{bmatrix}1 & 0 & 1\\ 1 & 2 & 0\end{bmatrix}=\begin{bmatrix}2 & 2 & 1\\ 2 & 4 & 0\\ 1 & 0 & 1\end{bmatrix}$．$r+(n-r)=n=3$ は $2+2=4$ と合わない．$\boldsymbol{N}(A)$ と $\boldsymbol{C}(A^{\mathrm{T}})$ の両方に含まれるベクトルは $\boldsymbol{v}=\boldsymbol{0}$ のみである．

16 $A\boldsymbol{v}=\boldsymbol{0}$ かつ $\boldsymbol{v}$ が A の行であるとき，$\boldsymbol{v}\cdot\boldsymbol{v}=0$ である．

18 第 3 行 -2（第 2 行）$+$ 第 1 行 $=$ 零行であるので，ベクトル $c(1,-2,1)$ が左零空間に含まれる．同じベクトルが零空間にも含まれる（偶然この行列ではそうなった）．

20 (a) 特解 $(-1,2,0,0)$ と $(-\frac{1}{4},0,-3,1)$ は R（および ER）の行に直交する．(b) $A^{\mathrm{T}}\boldsymbol{y}=\boldsymbol{0}$ には線形独立な解が 1 つあり，それは E^{-1} の最終行である（$E^{-1}A=R$ には零行があり，それは $A^{\mathrm{T}}\boldsymbol{y}=\boldsymbol{0}$ を転置したものである）．

21 (a) $\boldsymbol{u}$ と $\boldsymbol{w}$．(b) $\boldsymbol{v}$ と $\boldsymbol{z}$．(c) $\boldsymbol{u}$ と $\boldsymbol{w}$ が線形従属であるとき，または，$\boldsymbol{v}$ と $\boldsymbol{z}$ が線形従属であるとき，階数は 2 より小さい．(d) $\boldsymbol{u}\boldsymbol{v}^{\mathrm{T}}+\boldsymbol{w}\boldsymbol{z}^{\mathrm{T}}$ の階数は 2 である．

24 $A^{\mathrm{T}}\boldsymbol{y}=\boldsymbol{d}$ より，$\boldsymbol{d}$ は A の**行空間**にある．**左零空間**（A^{T} の零空間）が $\boldsymbol{y}=\boldsymbol{0}$ のみからなるとき，解は一意である．

26 $C=AB$ の行は，B の行の線形結合である．したがって，C の階数は B の階数以下である．また，C の列は A の列の線形結合であるので，C の階数は A の階数以下である．

29 $a_{11}=1, a_{12}=0, a_{13}=1, a_{22}=0, a_{32}=1, a_{31}=0, a_{23}=1, a_{33}=0, a_{21}=1$.

30 $A=\boldsymbol{u}\boldsymbol{v}^{\mathrm{T}}$ の部分空間は，直交する直線の対である（$\boldsymbol{v}$ と $\boldsymbol{v}^{\perp}$，$\boldsymbol{u}$ と $\boldsymbol{u}^{\perp}$）．B が同じ 4 つの部分空間を持つとき，$B=cA$（ただし $c\neq 0$）である．

31 (a) X の各列が $(1,1,1)$ の倍数であるとき $AX=0$ となる．零空間の次元は 3 である．(b) $AX{=}B$ であるとき，B のすべての列は要素の和が零である．B の次元は 6 である．(c) 3×3 行列には $3+6=\dim(M^{3\times 3})=9$ の要素がある．

32 鍵は，行空間が等しいことである．A の第 1 行は B の行の線形結合であるが，そのとりうる線形結合は 1（B の第 1 行）のみである（I に注意せよ）．各行について同じことが言えるので，$F=G$ である．

練習問題 4.1 ☞ p. 214

1 $\mathbf{R}^3$ において，零空間の 2 つのベクトルはいずれも行空間のベクトルと直交する．列空間は A^{T} の零空間と直交する（階数が 1 なので，$\mathbf{R}^2$ における 2 つの直線となる）．

3 (a) $\begin{bmatrix}1&2&-3\\2&-3&1\\-3&5&-2\end{bmatrix}$. (b) 不可能. $\begin{bmatrix}2\\-3\\5\end{bmatrix}$ が $\begin{bmatrix}1\\1\\1\end{bmatrix}$ に直交しない. (c) $\boldsymbol{C}(A)$ と $\boldsymbol{N}(A^{\mathrm{T}})$ が $\begin{bmatrix}1\\1\\1\end{bmatrix}$ と $\begin{bmatrix}1\\0\\0\end{bmatrix}$ を含むことは不可能. 直交しない. (d) $A^2=0$ が必要である．$A=\left[\begin{smallmatrix}1&-1\\1&-1\end{smallmatrix}\right]$ とする．
(e) $(1,1,1)$ が零空間に含まれ（列の要素の和が零），行空間にも含まれる．そのような行列はない．

6 等式に $y_1, y_2, y_3 = 1, 1, -1$ を掛けて足すと $0=1$ となり，解を持たない．$\boldsymbol{y}=(1,1,-1)$ が左零空間に含まれる．$A\boldsymbol{x}=\boldsymbol{b}$ のためには $0=(\boldsymbol{y}^{\mathrm{T}}A)\boldsymbol{x}=\boldsymbol{y}^{\mathrm{T}}\boldsymbol{b}=1$ であることが必要だ．

8 $\boldsymbol{x}=\boldsymbol{x}_r+\boldsymbol{x}_n$，ただし $\boldsymbol{x}_r$ は行空間にあり，$\boldsymbol{x}_n$ は零空間にある．すると，$A\boldsymbol{x}_n=\boldsymbol{0}$ であり，さらに $A\boldsymbol{x}=A\boldsymbol{x}_r+A\boldsymbol{x}_n=A\boldsymbol{x}_r$ である．$A\boldsymbol{x}$ はすべて $\boldsymbol{C}(A)$ に含まれる．

9 $A\boldsymbol{x}$ は常に A の**列空間**に含まれる．$A^{\mathrm{T}}A\boldsymbol{x}=\boldsymbol{0}$ のとき，$A\boldsymbol{x}$ は A^{T} の零空間にも含まれる．したがって，$A\boldsymbol{x}$ はそれ自身と直交する．結論：$A^{\mathrm{T}}A\boldsymbol{x}=\boldsymbol{0}$ であるとき，$A\boldsymbol{x}=\boldsymbol{0}$ である．

10 (a) $A^{\mathrm{T}}=A$ のとき，列空間と行空間は等しい．(b) $\boldsymbol{x}$ が零空間に含まれ，$\boldsymbol{z}$ が列空間 $=$ 行空間に含まれる．したがって，これらの「固有ベクトル」は $\boldsymbol{x}^{\mathrm{T}}\boldsymbol{z}=0$ を満たす．

12 $\boldsymbol{x}$ は $\boldsymbol{x}_r+\boldsymbol{x}_n=(1,-1)+(1,1)=(2,0)$ に分けられる．$\boldsymbol{N}(A^{\mathrm{T}})$ が y-z 平面であることに注意せよ．

13 $V^{\mathrm{T}}W=$ 零行列であることから，$\boldsymbol{V}$ の各基底ベクトルは $\boldsymbol{W}$ の各基底ベクトルと直交する．すると，$\boldsymbol{V}$ に含まれる任意の $\boldsymbol{v}$ は $\boldsymbol{W}$ に含まれる任意の $\boldsymbol{w}$ と直交する（基底ベクトルの線形結合）．

14 $A\boldsymbol{x}=B\widehat{\boldsymbol{x}}$ は，$[A\ \ B]\begin{bmatrix}\boldsymbol{x}\\-\widehat{\boldsymbol{x}}\end{bmatrix}=\mathbf{0}$ を意味する．4 変数からなる 3 つの同次方程式は非零解を持つ．ここでは，$\boldsymbol{x}=(3,1)$ および $\widehat{\boldsymbol{x}}=(1,0)$ であり，$A\boldsymbol{x}=B\widehat{\boldsymbol{x}}=(5,6,5)$ が両方の列空間に含まれる．$\mathbf{R}^3$ における 2 つの平面は直線を共有するはずである．

16 $A^{\mathrm{T}}\boldsymbol{y}=\mathbf{0}$ より，$(A\boldsymbol{x})^{\mathrm{T}}\boldsymbol{y}=\boldsymbol{x}^{\mathrm{T}}A^{\mathrm{T}}\boldsymbol{y}=0$．すると，$\boldsymbol{y}\perp A\boldsymbol{x}$ および $\boldsymbol{N}(A^{\mathrm{T}})\perp\boldsymbol{C}(A)$ が成り立つ．

18 $\boldsymbol{S}^{\perp}$ は，$A=\begin{bmatrix}1&5&1\\2&2&2\end{bmatrix}$ の零空間である．したがって，$\boldsymbol{S}$ が部分空間でなかったとしても，$\boldsymbol{S}^{\perp}$ は**部分空間**である．

21 例えば，$(-5,0,1,1)$ と $(0,1,-1,0)$ は，$\boldsymbol{S}^{\perp}=A=\begin{bmatrix}1&2&2&3\\1&3&3&2\end{bmatrix}$ の零空間を張る．

23 $\boldsymbol{V}^{\perp}$ に含まれる $\boldsymbol{x}$ は，$\boldsymbol{V}$ に含まれる任意のベクトルに直交する．$\boldsymbol{S}$ に含まれるベクトルはすべて $\boldsymbol{V}$ に含まれるので，$\boldsymbol{x}$ は $\boldsymbol{S}$ に含まれる任意のベクトルに直交する．したがって，$\boldsymbol{V}^{\perp}$ に含まれる $\boldsymbol{x}$ はすべて，$\boldsymbol{S}^{\perp}$ にも含まれる．

28 (a) $(1,-1,0)$ は両方の平面に含まれる．法線ベクトルは直交しているが，それでも平面は交差している．(b) 直交補空間全体を張るには，直交するベクトルが **3 つ**必要である．(c) 直交していなくても，直線が零ベクトルの位置で交わることがある．

30 $AB=0$ のとき，B の列空間は A の零空間に含まれる．したがって，$\boldsymbol{C}(B)$ の次元は $\boldsymbol{N}(A)$ の次元以下である．これは，B の階数 $\leq 4-A$ の階数，であることを意味する．

31 null(N') は，（$\boldsymbol{N}(A)$ に直交する）A の**行空間**の基底を作る．

32 $\boldsymbol{r}^{\mathrm{T}}\boldsymbol{n}=0$ および $\boldsymbol{c}^{\mathrm{T}}\boldsymbol{\ell}=0$ であることが必要である．そのような例はすべて，$a\boldsymbol{c}\boldsymbol{r}^{\mathrm{T}}$ という形をとる（ただし，$a\neq 0$）．

33 $\boldsymbol{r}$ の両方が $\boldsymbol{n}$ の両方と直交し，$\boldsymbol{c}$ の両方が $\boldsymbol{\ell}$ の両方と直交し，各ベクトル対が独立である．これらの部分空間を持つ A はすべて，ある 2×2 の可逆行列 M に対して $[\boldsymbol{c}_1\ \boldsymbol{c}_2]M[\boldsymbol{r}_1\ \boldsymbol{r}_2]^{\mathrm{T}}$ という形をとる．

練習問題 4.2 ☞ p. 226

1 (a) $\boldsymbol{a}^{\mathrm{T}}\boldsymbol{b}/\boldsymbol{a}^{\mathrm{T}}\boldsymbol{a}=5/3$; $\boldsymbol{p}=5\boldsymbol{a}/3$; $\boldsymbol{e}=(-2,1,1)/3$ (b) $\boldsymbol{a}^{\mathrm{T}}\boldsymbol{b}/\boldsymbol{a}^{\mathrm{T}}\boldsymbol{a}=-1$; $\boldsymbol{p}=\boldsymbol{a}$; $\boldsymbol{e}=\mathbf{0}$.

3 $P_1=\dfrac{1}{3}\begin{bmatrix}1&1&1\\1&1&1\\1&1&1\end{bmatrix}$ と $P_1\boldsymbol{b}=\dfrac{1}{3}\begin{bmatrix}5\\5\\5\end{bmatrix}$．$P_2=\dfrac{1}{11}\begin{bmatrix}1&3&1\\3&9&3\\1&3&1\end{bmatrix}$ と $P_2\boldsymbol{b}=\begin{bmatrix}1\\3\\1\end{bmatrix}$.

6 $\boldsymbol{p}_1=(\frac{1}{9},-\frac{2}{9},-\frac{2}{9})$ と $\boldsymbol{p}_2=(\frac{4}{9},\frac{4}{9},-\frac{2}{9})$ と $\boldsymbol{p}_3=(\frac{4}{9},-\frac{2}{9},\frac{4}{9})$．よって $\boldsymbol{p}_1+\boldsymbol{p}_2+\boldsymbol{p}_3=\boldsymbol{b}$.

9 A が可逆行列なので，$P=A(A^{\mathrm{T}}A)^{-1}A^{\mathrm{T}}=AA^{-1}(A^{\mathrm{T}})^{-1}A^{\mathrm{T}}=I$: $\mathbf{R}^2$ 全体への射影．

11 (a) $\boldsymbol{p}=A(A^{\mathrm{T}}A)^{-1}A^{\mathrm{T}}\boldsymbol{b}=(2,3,0)$, $\boldsymbol{e}=(0,0,4)$, $A^{\mathrm{T}}\boldsymbol{e}=\mathbf{0}$ (b) $\boldsymbol{p}=(4,4,6)$, $\boldsymbol{e}=\mathbf{0}$.

15 $2A$ は A と同じ列空間を持つ．$2A$ に対する $\widehat{\boldsymbol{x}}$ は，A に対する $\widehat{\boldsymbol{x}}$ の**半分**である．

16 $\frac{1}{2}(1,2,-1)+\frac{3}{2}(1,0,1)=(2,1,1)$．$\boldsymbol{b}$ はその平面内にあり，射影すると $P\boldsymbol{b}=\boldsymbol{b}$.

18 (a) $I-P$ は，$(1,1)$ と直交する方向，すなわち，$(1,-1)$ への射影行列である．
(b) $I-P$ は，$(1,1,1)$ に直交する平面 $x+y+z=0$ へ射影する．

20 $\boldsymbol{e}=\begin{bmatrix}1\\-1\\-2\end{bmatrix}$，$Q=\dfrac{\boldsymbol{e}\boldsymbol{e}^{\mathrm{T}}}{\boldsymbol{e}^{\mathrm{T}}\boldsymbol{e}}=\begin{bmatrix}1/6&-1/6&-1/3\\-1/6&1/6&1/3\\-1/3&1/3&2/3\end{bmatrix}$，$I-Q=\begin{bmatrix}5/6&1/6&1/3\\1/6&5/6&-1/3\\1/3&-1/3&1/3\end{bmatrix}$.

21 $\left(A(A^{\mathrm{T}}A)^{-1}A^{\mathrm{T}}\right)^2 = A(A^{\mathrm{T}}A)^{-1}(A^{\mathrm{T}}A)(A^{\mathrm{T}}A)^{-1}A^{\mathrm{T}} = A(A^{\mathrm{T}}A)^{-1}A^{\mathrm{T}}$．よって，$P^2 = P$．$P\boldsymbol{b}$ は（P が射影する）列空間に含まれる．すると，その射影 $P(P\boldsymbol{b})$ は $P\boldsymbol{b}$ となる．

24 A^{T} の零空間は，列空間 $\boldsymbol{C}(A)$ に**直交**する．よって，$A^{\mathrm{T}}\boldsymbol{b} = \boldsymbol{0}$ であるとき，$\boldsymbol{b}$ の $\boldsymbol{C}(A)$ への射影は $\boldsymbol{p} = \boldsymbol{0}$ となるはずである．$P\boldsymbol{b} = A(A^{\mathrm{T}}A)^{-1}A^{\mathrm{T}}\boldsymbol{b} = A(A^{\mathrm{T}}A)^{-1}\boldsymbol{0}$ を確かめよ．

28 $P^2 = P = P^{\mathrm{T}}$ より $P^{\mathrm{T}}P = P$ である．すると，P の $(2,2)$ 要素は $P^{\mathrm{T}}P$ の $(2,2)$ 要素と等しく，それは第 2 列の長さの 2 乗である．

29 $A = B^{\mathrm{T}}$ の列は線形独立であるので，$A^{\mathrm{T}}A$（これは BB^{T} と等しい）は可逆である．

30 (a) 列空間は $\boldsymbol{a} = \begin{bmatrix}3\\4\end{bmatrix}$ を通る直線なので，$P_C = \dfrac{\boldsymbol{a}\boldsymbol{a}^{\mathrm{T}}}{\boldsymbol{a}^{\mathrm{T}}\boldsymbol{a}} = \dfrac{1}{25}\begin{bmatrix}9 & 12\\12 & 25\end{bmatrix}$ である．

(b) 行空間は $\boldsymbol{v} = (1,2,2)$ を通る直線であり，$P_R = \boldsymbol{v}\boldsymbol{v}^{\mathrm{T}}/\boldsymbol{v}^{\mathrm{T}}\boldsymbol{v}$ である．常に，$P_CA = A$（A の列は，それ自身へと射影される）および $AP_R = A$ が成り立つ．よって，$P_CAP_R = A$．

31 誤差 $\boldsymbol{e} = \boldsymbol{b} - \boldsymbol{p}$ が，すべての $\boldsymbol{a}$ に直交する必要がある．

32 $P_1\boldsymbol{b}$ が $\boldsymbol{C}(A)$ に含まれるので，$P_2(P_1\boldsymbol{b})$ は $P_1\boldsymbol{b}$ と等しい．よって，$P_2P_1 = P_1 = \boldsymbol{a}\boldsymbol{a}^{\mathrm{T}}/\boldsymbol{a}^{\mathrm{T}}\boldsymbol{a}$ である（ただし，$\boldsymbol{a} = (1,2,0)$）．

33 $P_1P_2 = P_2P_1$ のとき，$\boldsymbol{S}$ が $\boldsymbol{T}$ に含まれるか $\boldsymbol{T}$ が $\boldsymbol{S}$ に含まれる．

34 問題 29 のとおり，BB^{T} は可逆である．すると，$(A^{\mathrm{T}}A)(BB^{\mathrm{T}}) = r \times r$ の可逆行列の積であり，その階数は r である．AB の階数が r より小さくなることはない．なぜならば，A^{T} と B^{T} によって階数が増えることがないからだ．**結論**：A（階数 r の $m \times r$ 行列）と B（階数 r の $r \times n$ 行列）の積により，階数 r の AB が作られる．

練習問題 4.3 ☞ p. 239

1 $A = \begin{bmatrix}1 & 0\\1 & 1\\1 & 3\\1 & 4\end{bmatrix}$ と $\boldsymbol{b} = \begin{bmatrix}0\\8\\8\\20\end{bmatrix}$ より $A^{\mathrm{T}}A = \begin{bmatrix}4 & 8\\8 & 26\end{bmatrix}$ と $A^{\mathrm{T}}\boldsymbol{b} = \begin{bmatrix}36\\112\end{bmatrix}$ を得る．$A^{\mathrm{T}}A\widehat{\boldsymbol{x}} = A^{\mathrm{T}}\boldsymbol{b}$ より $\widehat{\boldsymbol{x}} = \begin{bmatrix}1\\4\end{bmatrix}$ と $\boldsymbol{p} = A\widehat{\boldsymbol{x}} = \begin{bmatrix}1\\5\\13\\17\end{bmatrix}$ と $\boldsymbol{e} = \boldsymbol{b} - \boldsymbol{p} = \begin{bmatrix}-1\\3\\-5\\3\end{bmatrix}$ と $E = \|\boldsymbol{e}\|^2 = \mathbf{44}$ を得る．

5 $E = (C-0)^2 + (C-8)^2 + (C-8)^2 + (C-20)^2$．$A^{\mathrm{T}} = [\,1\ \ 1\ \ 1\ \ 1\,]$ および $A^{\mathrm{T}}A = [\,4\,]$．$A^{\mathrm{T}}\boldsymbol{b} = [\,36\,]$ および $(A^{\mathrm{T}}A)^{-1}A^{\mathrm{T}}\boldsymbol{b} = 9 =$ 最適な高さ C．誤差 $\boldsymbol{e} = (-9,-1,-1,11)$．

7 $A = [\,0\ \ 1\ \ 3\ \ 4\,]^{\mathrm{T}}$，$A^{\mathrm{T}}A = [\,26\,]$ および $A^{\mathrm{T}}\boldsymbol{b} = [\,112\,]$．最適な $D = 112/26 = 56/13$．

8 $\widehat{\boldsymbol{x}} = 56/13$，$\boldsymbol{p} = (56/13)(0,1,3,4)$．$(C,D) = (9, 56/13)$ は $(C,D) = (1,4)$ に一致しない．A の列が直交しないので，C と D を求めるのに独立に射影することはできない．

9 放物線 4D を 3D へ $\boldsymbol{b}$ を射影する $\begin{bmatrix}1 & 0 & 0\\1 & 1 & 1\\1 & 3 & 9\\1 & 4 & 16\end{bmatrix}\begin{bmatrix}C\\D\\E\end{bmatrix} = \begin{bmatrix}0\\8\\8\\20\end{bmatrix}$．$A^{\mathrm{T}}A\widehat{\boldsymbol{x}} = \begin{bmatrix}4 & 8 & 26\\8 & 26 & 92\\26 & 92 & 338\end{bmatrix}\begin{bmatrix}C\\D\\E\end{bmatrix} = \begin{bmatrix}36\\112\\400\end{bmatrix}$．

11 (a) 最適な直線 $x = 1 + 4t$ より，$\widehat{t} = 2$ のとき中心点 $\widehat{\boldsymbol{b}} = 9$ が得られる．

(b) 1 つ目の等式 $Cm + D\sum t_i = \sum b_i$ を m で割ると，$C + D\widehat{t} = \widehat{\boldsymbol{b}}$ が得られる．

13 $(A^{\mathrm{T}}A)^{-1}A^{\mathrm{T}}(\boldsymbol{b} - A\boldsymbol{x}) = \widehat{\boldsymbol{x}} - \boldsymbol{x}$．$\boldsymbol{e} = \boldsymbol{b} - A\boldsymbol{x}$ の平均が $\mathbf{0}$ のとき，$\widehat{\boldsymbol{x}} - \boldsymbol{x}$ も平均が零．

14 行列 $(\widehat{\boldsymbol{x}} - \boldsymbol{x})(\widehat{\boldsymbol{x}} - \boldsymbol{x})^{\mathrm{T}}$ は $(A^{\mathrm{T}}A)^{-1}A^{\mathrm{T}}(\boldsymbol{b} - A\boldsymbol{x})(\boldsymbol{b} - A\boldsymbol{x})^{\mathrm{T}}A(A^{\mathrm{T}}A)^{-1}$ である．$(\boldsymbol{b} - A\boldsymbol{x})(\boldsymbol{b} - A\boldsymbol{x})^{\mathrm{T}}$ の平均が $\sigma^2 I$ であるとき，$(\widehat{\boldsymbol{x}} - \boldsymbol{x})(\widehat{\boldsymbol{x}} - \boldsymbol{x})^{\mathrm{T}}$ の平均は**出力共分散行列** $(A^{\mathrm{T}}A)^{-1}A^{\mathrm{T}}\sigma^2 A(A^{\mathrm{T}}A)^{-1}$ となり，それを単純化すると $\sigma^2(A^{\mathrm{T}}A)^{-1}$ となる．

16 $\frac{1}{10}b_{10} + \frac{\mathbf{9}}{\mathbf{10}}\widehat{x}_9 = \frac{1}{10}(b_1 + \cdots + b_{10})$．$\widehat{x}_9$ が既知のとき，すべての b_i を足さなくてよい．

18 $\boldsymbol{p} = A\widehat{\boldsymbol{x}} = (5, 13, 17)$ より，最も近い直線の高さが得られる．誤差は $\boldsymbol{b} - \boldsymbol{p} = (2, -6, 4)$ である．この誤差 $\boldsymbol{e}$ は $P\boldsymbol{e} = P\boldsymbol{b} - P\boldsymbol{p} = \boldsymbol{p} - \boldsymbol{p} = \boldsymbol{0}$ を満たす．

21 $\boldsymbol{e}$ は $\boldsymbol{N}(A^{\mathrm{T}})$ に含まれる．$\boldsymbol{p}$ は $\boldsymbol{C}(A)$ に含まれる．$\widehat{\boldsymbol{x}}$ は $\boldsymbol{C}(A^{\mathrm{T}})$ に含まれる．$\boldsymbol{N}(A) = \{\boldsymbol{0}\} =$ 零ベクトルのみからなる．

23 2 つの直線上の点の距離の 2 乗は $E = (y-x)^2 + (3y-x)^2 + (1+x)^2$ である．微分して $\frac{1}{2}\partial E/\partial x = 3x - 4y + 1 = 0$ および $\frac{1}{2}\partial E/\partial y = -4x + 10y = 0$．解は $x = -5/7, y = -2/7$．$E = 2/7$ より，最小の距離は $\sqrt{2/7}$ である．

25 3 つの点が直線上にあるのは，**傾きが等しいとき** $(b_2 - b_1)/(t_2 - t_1) = (b_3 - b_2)/(t_3 - t_2)$ である．線形代数では $(1, 1, 1)$ と (t_1, t_2, t_3) が直交し，$\boldsymbol{y} = (t_2 - t_3, t_3 - t_1, t_1 - t_2)$ が左零空間に含まれる．$\boldsymbol{b}$ は列空間に含まれる．そのとき，$\boldsymbol{y}^{\mathrm{T}}\boldsymbol{b} = 0$ は $(b_2 - b_1)(t_3 - t_2) = (b_3 - b_2)(t_2 - t_1)$ となり，傾きが等しいことと同じ条件を与える．

27 空間における 2 つの直線をつなぐ最短の線分は**それらの直線に直交する**．

29 $\boldsymbol{a}_1, \boldsymbol{a}_2$ が**線形従属**でなければ，$\boldsymbol{0}, \boldsymbol{a}_1, \boldsymbol{a}_2$ を含む平面は 1 つだけである．$\boldsymbol{a}_1, \ldots, \boldsymbol{a}_n$ についてもその判定は同じである．

練習問題 4.4 ☞ p. 252

3 (a) $A^{\mathrm{T}}A$ は $16I$ となる．(b) $A^{\mathrm{T}}A$ は対角要素が 1，4，9 である対角行列となる．

6 Q_1Q_2 は直交行列である．なぜなら，$(Q_1Q_2)^{\mathrm{T}}Q_1Q_2 = Q_2^{\mathrm{T}}Q_1^{\mathrm{T}}Q_1Q_2 = Q_2^{\mathrm{T}}Q_2 = I$．

8 $\boldsymbol{q}_1$ と $\boldsymbol{q}_2$ が $\mathbf{R}^5$ における**正規直交**ベクトルのとき，$(\boldsymbol{q}_1^{\mathrm{T}}\boldsymbol{b})\boldsymbol{q}_1 + (\boldsymbol{q}_2^{\mathrm{T}}\boldsymbol{b})\boldsymbol{q}_2$ は $\boldsymbol{b}$ に最も近い．

11 (a) 2 つの**正規直交**ベクトルは $\boldsymbol{q}_1 = \frac{1}{10}(1, 3, 4, 5, 7)$ と $\boldsymbol{q}_2 = \frac{1}{10}(-7, 3, 4, -5, 1)$ である．(b) 平面内で最も近い：**射影** $QQ^{\mathrm{T}}(1, 0, 0, 0, 0) = (0.5, -0.18, -0.24, 0.4, 0)$．

13 引くべき倍数は $\frac{\boldsymbol{a}^{\mathrm{T}}\boldsymbol{b}}{\boldsymbol{a}^{\mathrm{T}}\boldsymbol{a}}$ である．すると，$\boldsymbol{B} = \boldsymbol{b} - \frac{\boldsymbol{a}^{\mathrm{T}}\boldsymbol{b}}{\boldsymbol{a}^{\mathrm{T}}\boldsymbol{a}}\boldsymbol{a} = (4, 0) - 2 \cdot (1, 1) = (2, -2)$．

14 $\begin{bmatrix} 1 & 4 \\ 1 & 0 \end{bmatrix} = \begin{bmatrix} \boldsymbol{q}_1 & \boldsymbol{q}_2 \end{bmatrix} \begin{bmatrix} \|\boldsymbol{a}\| & \boldsymbol{q}_1^{\mathrm{T}}\boldsymbol{b} \\ 0 & \|\boldsymbol{B}\| \end{bmatrix} = \begin{bmatrix} 1/\sqrt{2} & 1/\sqrt{2} \\ 1/\sqrt{2} & -1/\sqrt{2} \end{bmatrix} \begin{bmatrix} \sqrt{2} & 2\sqrt{2} \\ 0 & 2\sqrt{2} \end{bmatrix} = QR$．

15 (a) $\boldsymbol{q}_1 = \frac{1}{3}(1, 2, -2)$，$\boldsymbol{q}_2 = \frac{1}{3}(2, 1, 2)$，$\boldsymbol{q}_3 = \frac{1}{3}(2, -2, -1)$．(b) $\boldsymbol{q}_3$ は A^{T} の零空間に含まれる．(c) $\widehat{\boldsymbol{x}} = (A^{\mathrm{T}}A)^{-1}A^{\mathrm{T}}(1, 2, 7) = (1, 2)$．

16 射影 $\boldsymbol{p} = (\boldsymbol{a}^{\mathrm{T}}\boldsymbol{b}/\boldsymbol{a}^{\mathrm{T}}\boldsymbol{a})\boldsymbol{a} = 14\boldsymbol{a}/49 = 2\boldsymbol{a}/7$ は $\boldsymbol{b}$ に最も近い．$\boldsymbol{q}_1 = \boldsymbol{a}/\|\boldsymbol{a}\| = \boldsymbol{a}/7$ は $(4, 5, 2, 2)/7$ である．$\boldsymbol{B} = \boldsymbol{b} - \boldsymbol{p} = (-1, 4, -4, -4)/7$ が $\|\boldsymbol{B}\| = 1$ を満たすので $\boldsymbol{q}_2 = \boldsymbol{B}$．

18 $\boldsymbol{A} = \boldsymbol{a} = (1, -1, 0, 0); \boldsymbol{B} = \boldsymbol{b} - \boldsymbol{p} = (\frac{1}{2}, \frac{1}{2}, -1, 0); \boldsymbol{C} = \boldsymbol{c} - \boldsymbol{p}_A - \boldsymbol{p}_B = (\frac{1}{3}, \frac{1}{3}, \frac{1}{3}, -1)$．それらの直交する $\boldsymbol{A}, \boldsymbol{B}, \boldsymbol{C}$ に成り立つパターンに注意せよ．$\mathbf{R}^5$ では，$\boldsymbol{D} = (\frac{1}{4}, \frac{1}{4}, \frac{1}{4}, \frac{1}{4}, -1)$．

20 (a) **真**．(b) **真**．$Q\boldsymbol{x} = x_1\boldsymbol{q}_1 + x_2\boldsymbol{q}_2$．$\boldsymbol{q}_1 \cdot \boldsymbol{q}_2 = 0$ なので，$\|Q\boldsymbol{x}\|^2 = x_1^2 + x_2^2$．

21 正規直交ベクトルは $\boldsymbol{q}_1 = (1, 1, 1, 1)/2$ と $\boldsymbol{q}_2 = (-5, -1, 1, 5)/\sqrt{52}$ である．すると，$\boldsymbol{b} = (-4, -3, 3, 0)$ は $\boldsymbol{p} = (-7, -3, -1, 3)/2$ へと射影され，$\boldsymbol{b} - \boldsymbol{p} = (-1, -3, 7, -3)/2$ は $\boldsymbol{q}_1$ と $\boldsymbol{q}_2$ の両方に直交する．

22 $A = (1, 1, 2)$，$B = (1, -1, 0)$，$C = (-1, -1, 1)$．これらはまだ単位ベクトルではない．

26 $(\boldsymbol{q}_2^{\mathrm{T}}\boldsymbol{C}^*)\boldsymbol{q}_2 = \frac{\boldsymbol{B}^{\mathrm{T}}\boldsymbol{c}}{\boldsymbol{B}^{\mathrm{T}}\boldsymbol{B}}\boldsymbol{B}$ となる．なぜならば，$\boldsymbol{q}_2 = \frac{\boldsymbol{B}}{\|\boldsymbol{B}\|}$ であり，$\boldsymbol{C}^*$ に含まれる $\boldsymbol{q}_1$ が $\boldsymbol{q}_2$ と直交するからである．

28 式 (11) において mn 個の積があり，式 (12) の各部分で $\frac{1}{2}m^2n$ 個の積がある．

30 ウェーブレット行列 W の列は正規直交する．第 7.3 節で示す $W^{-1} = W^{\mathrm{T}}$ に注意せよ．

32 $Q_1 = \begin{bmatrix} 1 & 0 \\ 0 & -1 \end{bmatrix}$ は x 軸に対して鏡映し，$Q_2 = \begin{bmatrix} 1 & 0 & 0 \\ 0 & 0 & -1 \\ 0 & -1 & 0 \end{bmatrix}$ は平面 $y+z=0$ に対して鏡映する．

33 直交下三角行列 $\Rightarrow$ 対角要素が ± 1 であり，それ以外の要素が零である．

練習問題 5.1 ☞ p. 266

1 $\det(2A) = 8$; $\det(-A) = (-1)^4 \det A = \frac{1}{2}$; $\det(A^2) = \frac{1}{4}$; $\det(A^{-1}) = 2 = \det(A^{\mathrm{T}})^{-1}$.

5 $|J_5|=1$，$|J_6|=-1$，$|J_7|=-1$．行列式が $1, 1, -1, -1$ という形を繰り返すので $|J_{101}|=1$．

8 $Q^{\mathrm{T}}Q = I \Rightarrow |Q|^2 = 1 \Rightarrow |Q| = \pm 1$; Q^n はすべて直交行列であり，行列式は発散しない．

10 各行の要素の和が零であるとき，$(1, 1, \ldots, 1)$ がその零空間に含まれる．非可逆行列 A は行列式が零である（列の和が零列であるので，列は線形従属である）．各行の要素の和が 1 であるとき，$A - I$ の行の要素の和が零となる（$\det A = 1$ とは限らない）．

11 $CD = -DC \Rightarrow \det CD = (-1)^n \det DC$ であり $-\det DC$ **ではない**．n が偶数のとき，CD は可逆行列となりうる．

14 $\det(A) = 36$．4×4 の 2 次差分行列では $\det = 5$ となる．

15 1 つ目の行列式は 0 であり，2 つ目の行列式は $1 - 2t^2 + t^4 = (1-t^2)^2$ である．

17 任意の 3×3 歪対称行列 K について $\det(K^{\mathrm{T}}) = \det(-K) = (-1)^3\det(K)$ が成り立つ．これは $-\det(K)$ と等しい．しかし，常に $\det(K^{\mathrm{T}}) = \det(K)$ であるので，3×3 では $\det(K) = 0$ でなければならない．

21 法則 5 と 3 から法則 2 が得られる（法則 4 と法則 3 から法則 5 が得られるので，法則 4 と法則 3 からも法則 2 が得られる）．

23 $\det(A) = 10$，$A^2 = \begin{bmatrix} 18 & 7 \\ 14 & 11 \end{bmatrix}$，$\det(A^2) = 100$，$A^{-1} = \frac{1}{10}\begin{bmatrix} 3 & -1 \\ -2 & 4 \end{bmatrix}$ の行列式は $\frac{1}{10}$ である．$\det(A - \lambda I) = \lambda^2 - 7\lambda + 10 = 0$ となるのは $\lambda = \mathbf{2}$ または $\lambda = \mathbf{5}$ のときである．それらは固有値である．

27 $\det A = abc$，$\det B = -abcd$，$\det C = a(b-a)(c-b)$．消去による．

32 典型的な rand(n) の行列式は，$n = 50, 100, 200, 400$ のとき $10^6, 10^{25}, 10^{79}, 10^{218}$ である．正規分布を用いた randn(n) では，$10^{31}, 10^{78}, 10^{186}$, Inf となる．ただし，Inf は $\geq 2^{1024}$ を意味する．MATLAB では $1.999999999999999 \times 2^{1023} \approx 1.8 \times 10^{308}$ は扱えるが，もう 1 つ 9 が増えると Inf となる．

練習問題 5.2 ☞ p. 280

2 $\det A = -2$，線形独立．$\det B = 0$，線形従属．$\det C = -1$，線形独立．

4 $a_{11}a_{23}a_{32}a_{44}$ より -1 が得られ（$2 \leftrightarrow 3$ のため），$a_{14}a_{23}a_{32}a_{41}$ より $+1$ が得られ，$\det A = 1 - 1 = 0$ である．$\det B = 2 \cdot 4 \cdot 4 \cdot 2 - 1 \cdot 4 \cdot 4 \cdot 1 = 64 - 16 = 48$.

6 (a) $a_{11} = a_{22} = a_{33} = 0$ のとき，4 項が必ず零となる．(b) 15 項が必ず零となる．

8 大公式におけるいくつかの項 $a_{1\alpha}a_{2\beta}\cdots a_{n\omega}$ が非零である．第 $1, 2, \ldots, n$ 行を第 $\alpha, \beta, \ldots, \omega$ 行へと移すと，それらの非零の a が対角要素に位置する．

9 偶置換が $+1$ となるには，行列には**偶数個**の -1 が必要である．奇置換行列 P では，行列には奇数個 -1 が必要である．したがって，6 つの項が 1 となり行列式が 6 となることは不可能である．5 つの項が 1 となり 1 つの項が -1 となることで $AC = (ad-bc)I = (\det A)I$ $\max(\det) = 4$ が得られる．

11 $C = \begin{bmatrix} d & -b \\ -c & a \end{bmatrix}$. $D = \begin{bmatrix} 0 & 42 & -35 \\ 0 & -21 & 14 \\ -3 & 6 & -3 \end{bmatrix}$. $\det B = 1(0) + 2(42) + 3(-35) = -21$. パズル： $\det D = 441 = (-21)^2$. **なぜか？**

12 $C = \begin{bmatrix} 3 & 2 & 1 \\ 2 & 4 & 2 \\ 1 & 2 & 3 \end{bmatrix}$ および $AC^{\mathrm{T}} = \begin{bmatrix} 4 & 0 & 0 \\ 0 & 4 & 0 \\ 0 & 0 & 4 \end{bmatrix}$. したがって，$A^{-1} = \frac{1}{4}C^{\mathrm{T}} = C^{\mathrm{T}}/\det A$.

13 (a) $C_1 = 0$, $C_2 = -1$, $C_3 = 0$, $C_4 = 1$. (b) 第 1 行の余因子を求め，さらに第 1 列の余因子を求めると，$C_n = -C_{n-2}$. したがって，$C_{10} = -C_8 = C_6 = -C_4 = C_2 = -1$.

15 $n \times n$ 行列の 1,1 余因子は E_{n-1} である．1,2 余因子は，第 1 列に 1 を 1 つだけ持ち，対応する余因子は E_{n-2} である．その符号から $-E_{n-2}$ となる．よって，$E_n = E_{n-1} - E_{n-2}$ となる．すると，E_1 から E_6 は $1, 0, -1, -1, 0, 1$ となり，この 6 つの循環が繰り返される：$E_{100} = E_4 = -1$.

16 $n \times n$ 行列の 1,1 余因子は F_{n-1} である．1,2 余因子は，第 1 列に 1 があり，対応する余因子は F_{n-2} である．$(-1)^{1+2}$ を掛けることと，(1,2) 要素が (-1) であることから，$F_n = F_{n-1} + F_{n-2}$ が求まる（よって，これらの行列式はフィボナッチ数となる）．

19 x, x^2, x^3 はすべて同じ行にあるため，$\det V_4$ の計算においてそれらの積をとることはない．$x = a$ または b または c のとき行列式は零となるので，$\det V$ は因数 $(x-a)(x-b)(x-c)$ を含む．余因子 V_3 を掛ける．ヴァンデルモンド行列 $V_{ij} = (x_i)^{j-1}$ は，点 x_i に多項式 $p(\boldsymbol{x}) = \boldsymbol{b}$ をフィッティングするのに使われる．その行列式は，すべての $k > m$ に対する $x_k - x_m$ の積である．

20 $G_2 = -1, G_3 = 2, G_4 = -3$, および $G_n = (-1)^{n-1}(n-1) =$ (λ の積)である．

24 (a) すべての L の行列式は 1．$\det U_k = \det A_k = 2, 6, -6$. (b) ピボット $5, 6/5, 7/6$.

25 問題 23 より $\det \begin{bmatrix} I & 0 \\ -CA^{-1} & I \end{bmatrix} = 1$ および $\det \begin{bmatrix} A & B \\ C & D \end{bmatrix} = |A||D - CA^{-1}B|$ である．これは $|AD - ACA^{-1}B|$ と等しい．$AC = CA$ のとき，$|AD - CAA^{-1}B| = \det(AD - CB)$.

27 (a) $\det A = a_{11}C_{11} + \cdots + a_{1n}C_{1n}$. a_{11} に関する導関数は余因子 C_{11} となる．

29 非零の積は 5 つあり，それらはすべて $+1$ か -1 である．(行，列)の対を符号付きで以下に示す：$+ (1,1)(2,2)(3,3)(4,4) + (1,2)(2,1)(3,4)(4,3) - (1,2)(2,1)(3,3)(4,4) - (1,1)(2,2)(3,4)(4,3) - (1,1)(2,3)(3,2)(4,4)$. 合計 -1.

32 問題は $F_{2n+2} = 3F_{2n} - F_{2n-2}$ を示すことである．フィボナッチの法則を続けて適用する：

$$F_{2n+2} = F_{2n+1} + F_{2n} = F_{2n} + F_{2n-1} + F_{2n} = 2F_{2n} + (F_{2n} - F_{2n-2}) = 3F_{2n} - F_{2n-2}.$$

33 20 と 19 との差にその 3×3 余因子 $= 1$ を掛ける．すると，行列式が 1 だけ減る．

34 (a) 最後の 3 つの行が線形従属である．(b) 120 個の項のそれぞれについて，最後の 3 行から数を選ぶのに 3 列が用いられ，それらの少なくとも 1 つは零となる．

練習問題 5.3 ☞ p. 295

2 (a) $y = \begin{vmatrix} a & 1 \\ c & 0 \end{vmatrix} / \begin{vmatrix} a & b \\ c & d \end{vmatrix} = c/(ad-bc)$. (b) $y = \det B_2 / \det A = (fg - id)/D$.

3 (a) $x_1 = 3/0$ と $x_2 = -2/0$：**解なし**．(b) $x_1 = x_2 = \mathbf{0/0}$：**不定**．

4 (a) $\det A \neq 0$ のとき $x_1 = \det([\boldsymbol{b}\ \ \boldsymbol{a}_2\ \ \boldsymbol{a}_3])/\det A$. (b) 行列式は第 1 列の線形関数であり，$x_1|\boldsymbol{a}_1\ \boldsymbol{a}_2\ \boldsymbol{a}_3| + x_2|\boldsymbol{a}_2\ \boldsymbol{a}_2\ \boldsymbol{a}_3| + x_3|\boldsymbol{a}_3\ \boldsymbol{a}_2\ \boldsymbol{a}_3|$ である．2 つの列が同じなので，後ろの 2 つの行列式は零である．残りは $x_1|\boldsymbol{a}_1\ \boldsymbol{a}_2\ \boldsymbol{a}_3|$ であり，それは $x_1 \det A$ である．

6 (a) $\begin{bmatrix}1 & -\frac{2}{3} & 0\\ 0 & \frac{1}{3} & 0\\ 0 & -\frac{7}{3} & 1\end{bmatrix}$. (b) $\frac{1}{4}\begin{bmatrix}3 & 2 & 1\\ 2 & 4 & 2\\ 1 & 2 & 3\end{bmatrix}$. 可逆な対称行列の逆行列は対称行列である.

8 $C = \begin{bmatrix}6 & -3 & 0\\ 3 & 1 & -1\\ -6 & 2 & 1\end{bmatrix}$ および $AC^{\mathrm{T}} = \begin{bmatrix}3 & 0 & 0\\ 0 & 3 & 0\\ 0 & 0 & 3\end{bmatrix}$. これは $(\det A)I$ なので $\det A = 3$. A の 1,3 余因子が 0 なので, それに 4 や 100 を掛けても変化しない.

9 すべての余因子と $\det A = 1$ が既知のとき, $C^{\mathrm{T}} = A^{-1}$ および $\det A^{-1} = 1$ である. ここで, A は C^{T} の逆行列なので, C に対する余因子行列から A を求めることができる.

11 A の余因子は整数である. $\det A = \pm 1$ で割ると, A^{-1} の整数の要素が得られる.

15 $n = 5$ のとき, C は 25 個の余因子からなり, 各 4×4 余因子は 24 個の項からなる. 各項の計算には **3** 回の乗算が必要である. 合計すると 1800 回の乗算となる. これと比べて, ガウス–ジョルダン法では 125 回である.

17 体積 $= \begin{vmatrix}3 & 1 & 1\\ 1 & 3 & 1\\ 1 & 1 & 3\end{vmatrix} = 20$. 面の面積 外積の長さ $= \begin{vmatrix}\boldsymbol{i} & \boldsymbol{j} & \boldsymbol{k}\\ 3 & 1 & 1\\ 1 & 3 & 1\end{vmatrix} =$ $-2\boldsymbol{i} - 2\boldsymbol{j} + 8\boldsymbol{k}$ 長さ $= 6\sqrt{2}$

18 (a) 面積 $\frac{1}{2}\begin{vmatrix}2 & 1 & 1\\ 3 & 4 & 1\\ 0 & 5 & 1\end{vmatrix} = 5$. (b) 5 + 新しい三角形の面積 $\frac{1}{2}\begin{vmatrix}2 & 1 & 1\\ 0 & 5 & 1\\ -1 & 0 & 1\end{vmatrix} = 5 + 7 = 12$.

21 最大の体積は $L_1L_2L_3L_4$ であり, それは辺が $\mathbf{R}^4$ において直交するときである. 要素が 1 と -1 からなるとき, 長さはすべて $\sqrt{4} = 2$ である. 最大の行列式は, 問題 20 より $2^4 = 16$ である. 3×3 行列では, $\det A = (\sqrt{3})^3$ となることはない.

23 $A^{\mathrm{T}}A = \begin{bmatrix}\boldsymbol{a}^{\mathrm{T}}\\ \boldsymbol{b}^{\mathrm{T}}\\ \boldsymbol{c}^{\mathrm{T}}\end{bmatrix}\begin{bmatrix}\boldsymbol{a} & \boldsymbol{b} & \boldsymbol{c}\end{bmatrix} = \begin{bmatrix}\boldsymbol{a}^{\mathrm{T}}\boldsymbol{a} & 0 & 0\\ 0 & \boldsymbol{b}^{\mathrm{T}}\boldsymbol{b} & 0\\ 0 & 0 & \boldsymbol{c}^{\mathrm{T}}\boldsymbol{c}\end{bmatrix}$ について $\det A^{\mathrm{T}}A = (\|a\|\|b\|\|c\|)^2$, $\det A = \pm\|a\|\|b\|\|c\|$

25 n 次元立方体は 2^n 個の頂点, $n2^{n-1}$ 本の辺, および $2n$ の $(n-1)$ 次元の面を持つ. それらは, 例題 **2.4A** における $(2+x)^n$ の係数である. $2I$ の行からなる立方体の体積は 2^n である.

26 4 面体の体積は $\frac{1}{6}$ である. 4 次元の錐体の体積は $\frac{1}{24}$ である ($\mathbf{R}^n$ では $\frac{1}{n!}$ である).

31 底面の面積 10, 高さ 2, 体積 20.

35 $S = (2, 1, -1)$, 面積 $\|PQ \times PS\| = \|(-2, -2, -1)\| = 3$. 他の頂点は $(0, 0, 0)$, $(0, 0, 2)$, $(1, 2, 2)$, $(1, 1, 0)$ とできる. 傾いた立体の体積は $|\det| = 1$ である.

39 $AC^{\mathrm{T}} = (\det A)I$ より $(\det A)(\det C) = (\det A)^n$ を得る. すると, $n = 4$ のとき $\det A = (\det C)^{1/3}$ となる. $\det A^{-1}$ が $1/\det A$ であることより, 余因子を用いて A^{-1} を作る. その逆行列より A を求める.

練習問題 6.1 ☞ p. 311

1 A の固有値は 1 と 0.5, A^2 の固有値は 1 と 0.25, A^{∞} の固有値は 1 と 0 である. A の行を交換すると, 固有値は 1 と -0.5 に変わる (トレースは $0.2 + 0.3$ になる). 非可逆行列は, 消去の過程でもずっと非可逆行列のままである. よって, $\lambda = 0$ は変わらない.

3 A の固有値は $\lambda_1 = 2$ と $\lambda_2 = -1$ であり (トレースと行列式を確認せよ), 固有ベクトルは $\boldsymbol{x}_1 = (1, 1)$ と $\boldsymbol{x}_2 = (2, -1)$ である. A^{-1} の固有ベクトルは同じであり, 固有値は $1/\lambda = \frac{1}{2}$ と -1 である.

6 A と B の固有値は $\lambda_1 = 1$ と $\lambda_2 = 1$ である. AB と BA の固有値は $\lambda = 2 \pm \sqrt{3}$ である. AB の固有値は, A の固有値と B の固有値の積と等しくない. AB の固有値と BA の固有値は等しい (これの証明は第 6.6 節 の問題 18〜19 で行う).

8 (a) 積 $A\boldsymbol{x}$ を計算すると，$\lambda\boldsymbol{x}$ がわかり，それより λ を得る．(b) $(A-\lambda I)\boldsymbol{x}=\boldsymbol{0}$ を解いて $\boldsymbol{x}$ を求める．

10 A の固有値は $\lambda_1=1$ と $\lambda_2=0.4$ であり，固有ベクトルは $\boldsymbol{x}_1=(1,2)$ と $\boldsymbol{x}_2=(1,-1)$ である．A^∞ の固有値は $\lambda_1=1$ と $\lambda_2=0$（固有ベクトルは同じ）．A^{100} の固有値は $\lambda_1=1$ と $\lambda_2=(0.4)^{100}$ であり，後者はほとんど零である．よって，A^{100} は A^∞ にとても近い．固有ベクトルが同じであり，固有値が近いからだ．

11 $A-\lambda_1 I$ の列は $A-\lambda_2 I$ の零空間に含まれる．なぜならば，$M=(A-\lambda_2 I)(A-\lambda_1 I)$ = 零行列であるからだ［これは，問題 6.2.32 の**ケーリー–ハミルトンの定理**である］．M の固有値が零であること（$(\lambda_1-\lambda_2)(\lambda_1-\lambda_1)=0$ および $(\lambda_2-\lambda_2)(\lambda_2-\lambda_1)=0$）に注意せよ．

13 (a) $P\boldsymbol{u}=(\boldsymbol{u}\boldsymbol{u}^{\mathrm{T}})\boldsymbol{u}=\boldsymbol{u}(\boldsymbol{u}^{\mathrm{T}}\boldsymbol{u})=\boldsymbol{u}$ より $\lambda=1$．(b) $P\boldsymbol{v}=(\boldsymbol{u}\boldsymbol{u}^{\mathrm{T}})\boldsymbol{v}=\boldsymbol{u}(\boldsymbol{u}^{\mathrm{T}}\boldsymbol{v})=\boldsymbol{0}$．(c) $\boldsymbol{x}_1=(-1,1,0,0)$，$\boldsymbol{x}_2=(-3,0,1,0)$，$\boldsymbol{x}_3=(-5,0,0,1)$ はすべて $P\boldsymbol{x}=0\boldsymbol{x}=\boldsymbol{0}$ を満たす．

15 他の 2 つの固有値は $\lambda=\frac{1}{2}(-1\pm i\sqrt{3})$ である．3 つの固有値は $1,1,-1$ である．

16 $\det(A-\lambda I)=(\lambda_1-\lambda)\ldots(\lambda_n-\lambda)$ において $\lambda=0$ とすることで $\det A=(\lambda_1)(\lambda_2)\cdots(\lambda_n)$ を得る．

17 $\lambda_1=\frac{1}{2}(a+d+\sqrt{(a-d)^2+4bc})$ と $\lambda_2=\frac{1}{2}(a+d-\sqrt{})$ の和は $a+d$ となる．A の固有値が $\lambda_1=3$ と $\lambda_2=4$ のとき，$\det(A-\lambda I)=(\lambda-3)(\lambda-4)=\lambda^2-7\lambda+12$ である．

19 (a) 階数は 2．(b) $\det(B^{\mathrm{T}}B)=0$．(d) $(B^2+I)^{-1}$ の固有値は $1,\frac{1}{2},\frac{1}{5}$．

20 最終行は $-28,11$（トレースと行列式を確かめよ）と $6,-11,6$（$\det(C-\lambda I)$ に合わせる）．

22 $\lambda=1$（マルコフ行列），0（非可逆行列），$-\frac{1}{2}$（固有値の和 = トレース = $\frac{1}{2}$）．

23 $\begin{bmatrix}0&0\\1&0\end{bmatrix}$，$\begin{bmatrix}0&1\\0&0\end{bmatrix}$，$\begin{bmatrix}-1&1\\-1&1\end{bmatrix}$．第 6.2 節問題 32 のケーリー–ハミルトンの定理より，$\lambda=0$ と 0 のとき，A^2 は必ず零行列である．

28 B の固有値は $\lambda=-1,-1,-1,3$ であり，C の固有値は $\lambda=1,1,1,-3$ である．両方とも行列式は -3 である．

32 (a) $\boldsymbol{u}$ は零空間の基底であり，$\boldsymbol{v}$ と $\boldsymbol{w}$ は列空間の基底となる．
(b) 特殊解の 1 つは $\boldsymbol{x}=(0,\frac{1}{3},\frac{1}{5})$ である．零空間に含まれる任意の $c\boldsymbol{u}$ を足す．
(c) $A\boldsymbol{x}=\boldsymbol{u}$ が解を持つとき，$\boldsymbol{u}$ は列空間に含まれる．次元が 3 となり誤りである．

34 $\det(P-\lambda I)=0$ より等式 $\lambda^4=1$ を得る．これは，$P^4=I$ という事実を反映している．$\lambda^4=1$ の解は $\lambda=1,i,-1,-i$ である．実固有ベクトル $\boldsymbol{x}_1=(1,1,1,1)$ は，置換 P によって変化しない．もう 3 つの固有ベクトルは (i,i^2,i^3,i^4) と $(1,-1,1,-1)$ と $(-i,(-i)^2,(-i)^3,(-i)^4)$ である．

36 $\lambda_1=e^{2\pi i/3}$ と $\lambda_2=e^{-2\pi i/3}$ より行列式 $\lambda_1\lambda_2=1$ とトレース $\lambda_1+\lambda_2=-1$ が得られる．$A=\begin{bmatrix}\cos\theta&-\sin\theta\\\sin\theta&\cos\theta\end{bmatrix}$（ただし，$\theta=\dfrac{2\pi}{3}$）は，トレースと行列式の条件を満たす．任意の $M^{-1}AM$ も同様に満たす．

練習問題 6.2 ☞ p. 327

1 $\begin{bmatrix}1&2\\0&3\end{bmatrix}=\begin{bmatrix}1&1\\0&1\end{bmatrix}\begin{bmatrix}1&0\\0&3\end{bmatrix}\begin{bmatrix}1&-1\\0&1\end{bmatrix}$；$\begin{bmatrix}1&1\\3&3\end{bmatrix}=\begin{bmatrix}1&1\\-1&3\end{bmatrix}\begin{bmatrix}0&0\\0&4\end{bmatrix}\begin{bmatrix}\frac{3}{4}&-\frac{1}{4}\\\frac{1}{4}&\frac{1}{4}\end{bmatrix}$．

3 $A=S\Lambda S^{-1}$ のとき，$A+2I$ に対する固有値行列は $\Lambda+2I$ であり，固有ベクトル行列は S のままである．$A+2I=S(\Lambda+2I)S^{-1}=S\Lambda S^{-1}+S(2I)S^{-1}=A+2I$．

4 (a) 偽：λ がわからない．(b) 真．(c) 真．(d) 偽：S の固有ベクトルが必要である．

6 S の列は (2,1) と (0,1) の非零倍である．順序は問わない．A^{-1} についても同様である．

8 $A = S\Lambda S^{-1} = \begin{bmatrix} 1 & 1 \\ 1 & 0 \end{bmatrix} = \dfrac{1}{\lambda_1 - \lambda_2} \begin{bmatrix} \lambda_1 & \lambda_2 \\ 1 & 1 \end{bmatrix} \begin{bmatrix} \lambda_1 & 0 \\ 0 & \lambda_2 \end{bmatrix} \begin{bmatrix} 1 & -\lambda_2 \\ -1 & \lambda_1 \end{bmatrix}$. $S\Lambda^k S^{-1} =$
$\dfrac{1}{\lambda_1 - \lambda_2} \begin{bmatrix} \lambda_1 & \lambda_2 \\ 1 & 1 \end{bmatrix} \begin{bmatrix} \lambda_1^k & 0 \\ 0 & \lambda_2^k \end{bmatrix} \begin{bmatrix} 1 & -\lambda_2 \\ -1 & \lambda_1 \end{bmatrix} \begin{bmatrix} 1 \\ 0 \end{bmatrix} = \begin{bmatrix} \text{第 2 要素は } F_k \\ (\lambda_1^k - \lambda_2^k)/(\lambda_1 - \lambda_2) \end{bmatrix}$.

9 (a) $A = \begin{bmatrix} 0.5 & 0.5 \\ 1 & 0 \end{bmatrix}$ の固有値は $\lambda_1 = 1$，$\lambda_2 = -\frac{1}{2}$ であり，固有ベクトルは $\boldsymbol{x}_1 = (1,1)$，$\boldsymbol{x}_2 = (1,-2)$ である．

(b) $A^n = \begin{bmatrix} 1 & 1 \\ 1 & -2 \end{bmatrix} \begin{bmatrix} 1^n & 0 \\ 0 & (-0.5)^n \end{bmatrix} \begin{bmatrix} \frac{2}{3} & \frac{1}{3} \\ \frac{1}{3} & -\frac{1}{3} \end{bmatrix} \to A^\infty = \begin{bmatrix} \frac{2}{3} & \frac{1}{3} \\ \frac{2}{3} & \frac{1}{3} \end{bmatrix}$

12 (a) 偽：λ がわからない．(b) 真：固有値の 1 つがない．(c) 真．

13 $A = \begin{bmatrix} 8 & 3 \\ -3 & 2 \end{bmatrix}$ （他にもある），$A = \begin{bmatrix} 9 & 4 \\ -4 & 1 \end{bmatrix}$，$A = \begin{bmatrix} 10 & 5 \\ -5 & 0 \end{bmatrix}$; 固有ベクトルは $\boldsymbol{x} = (c, -c)$ のみである．

15 $A^k = S\Lambda^k S^{-1}$ が零に近づくのは**すべての $|\boldsymbol{\lambda}| < \mathbf{1}$ のときであり，かつそのときに限る**; $A_1^k \to A_1^\infty, A_2^k \to 0$.

17 $\Lambda = \begin{bmatrix} 0.9 & 0 \\ 0 & 0.3 \end{bmatrix}$，$S = \begin{bmatrix} 3 & -3 \\ 1 & 1 \end{bmatrix}$; $A_2^{10} \begin{bmatrix} 3 \\ 1 \end{bmatrix} = (0.9)^{10} \begin{bmatrix} 3 \\ 1 \end{bmatrix}$，$A_2^{10} \begin{bmatrix} 3 \\ -1 \end{bmatrix} = (0.3)^{10} \begin{bmatrix} 3 \\ -1 \end{bmatrix}$，
$A_2^{10} \begin{bmatrix} 6 \\ 0 \end{bmatrix} = (0.9)^{10} \begin{bmatrix} 3 \\ 1 \end{bmatrix} + (0.3)^{10} \begin{bmatrix} 3 \\ -1 \end{bmatrix}$ なぜなら $\begin{bmatrix} 6 \\ 0 \end{bmatrix}$ が $\begin{bmatrix} 3 \\ 1 \end{bmatrix} + \begin{bmatrix} 3 \\ -1 \end{bmatrix}$ の和であるからだ．

19 $B^k = \begin{bmatrix} 1 & 1 \\ 0 & -1 \end{bmatrix} \begin{bmatrix} 5 & 0 \\ 0 & 4 \end{bmatrix}^k \begin{bmatrix} 1 & 1 \\ 0 & -1 \end{bmatrix} = \begin{bmatrix} 5^k & 5^k - 4^k \\ 0 & 4^k \end{bmatrix}$.

21 ST のトレース $= (aq+bs)+(cr+dt)$ は $(qa+rc)+(sb+td) = TS$ のトレース と等しい．対角化可能な場合：$S\Lambda S^{-1}$ のトレース $= (\Lambda S^{-1})S$ のトレース $= \Lambda$：λ **の和**．

24 そのような A は部分空間をなす．なぜならば，cA や $A_1 + A_2$ はすべて同じ S を持つからだ．$S = I$ のとき，そのような固有ベクトルを持つ A は対角行列からなる部分空間をなす．次元は 4 である．

26 2 つの問題がある．零空間と列空間が重なることがあるので，$\boldsymbol{x}$ が両方の空間に含まれることがある．r 個の線形独立な固有ベクトルが列空間に含まれないことがある．

27 $R = S\sqrt{\Lambda}S^{-1} = \begin{bmatrix} 2 & 1 \\ 1 & 2 \end{bmatrix}$ について $R^2 = A$ が成り立つ．$\sqrt{B}$ には $\lambda = \sqrt{9}$ と $\sqrt{-1}$ が必要であり，トレースが実数でなくなる．$\begin{bmatrix} -1 & 0 \\ 0 & -1 \end{bmatrix}$ では $\sqrt{-1} = i$ と $-i$ よりトレースが 0 となり，実平方根行列 $\begin{bmatrix} 0 & 1 \\ -1 & 0 \end{bmatrix}$ を持つことに注意せよ．

28 $A^{\mathrm{T}} = A$ であるとき，シュワルツの不等式より $\boldsymbol{x}^{\mathrm{T}}AB\boldsymbol{x} = (A\boldsymbol{x})^{\mathrm{T}}(B\boldsymbol{x}) \le \|A\boldsymbol{x}\|\|B\boldsymbol{x}\|$ を得る．$B^{\mathrm{T}} = -B$ のとき，$-\boldsymbol{x}^{\mathrm{T}}BA\boldsymbol{x} = (B\boldsymbol{x})^{\mathrm{T}}(A\boldsymbol{x}) \le \|A\boldsymbol{x}\|\|B\boldsymbol{x}\|$ を得る．それらの和により，$AB - BA = I$ のときハイゼンベルクの不確定性原理を得る．位置と運動量の関係や時間とエネルギーの関係だ．

32 $A = S\Lambda S^{-1}$ のとき，$(A - \lambda_1 I)\cdots(A - \lambda_n I)$ は $S(\Lambda - \lambda_1 I)\cdots(\Lambda - \lambda_n I)S^{-1}$ と等しい．その因子 $\Lambda - \lambda_j I$ は第 j 行が零である．**それらの積はすべての行が零 = 零行列**．

33 $\lambda = 2, -1, 0$ が $\boldsymbol{\Lambda}$ に入り，固有ベクトルが S （下記）に入る．$A^k = S\boldsymbol{\Lambda}^k S^{-1}$ は，

$$\begin{bmatrix} 2 & 1 & 0 \\ 1 & -1 & 1 \\ 1 & -1 & -1 \end{bmatrix} \boldsymbol{\Lambda^k} \frac{1}{6} \begin{bmatrix} 2 & 1 & 1 \\ 2 & -2 & -2 \\ 0 & 3 & -3 \end{bmatrix} = \frac{2^k}{6} \begin{bmatrix} 4 & 2 & 2 \\ 2 & 1 & 1 \\ 2 & 1 & 1 \end{bmatrix} + \frac{(-1)^k}{3} \begin{bmatrix} 1 & -1 & -1 \\ -1 & 1 & 1 \\ -1 & 1 & 1 \end{bmatrix}$$

$k=4$ について確認する．A^4 の $(2,2)$ 要素は $2^4/6+(-1)^4/3=18/6=3$ である．ノード 2 から始まりノード 2 で終わる 4 ステップのパスは，$2\to1\to1\to1\to2$，$2\to1\to2\to1\to2$，$2\to1\to3\to1\to2$ である．ノード 1 から始まりノード 1 で終わる 11 本の 4 ステップのパスを求めるのはもっと難しい．

35 B の固有値は $\lambda=i$ と $-i$ であるので，B^4 の固有値は $\lambda^4=1$ と 1 であり，$B^4=I$ である．C の固有値は $\lambda=(1\pm\sqrt{3}i)/2$ である．これは $\exp(\pm\pi i/3)$ であるので，$\lambda^3=-1$ と -1 である．よって $C^3=-I$ であり，$C^{1024}=-C$ である．

37 S の列と ΛS^{-1} の行の積は，階数が 1 の行列を r 個与える（r は A の階数である）．

練習問題 6.3 ☞ p. 345

1 $\boldsymbol{u}_1=e^{4t}\begin{bmatrix}1\\0\end{bmatrix}$，$\boldsymbol{u}_2=e^{t}\begin{bmatrix}1\\-1\end{bmatrix}$. $\boldsymbol{u}(0)=(5,-2)$ のとき $\boldsymbol{u}(t)=3e^{4t}\begin{bmatrix}1\\0\end{bmatrix}+2e^{t}\begin{bmatrix}1\\-1\end{bmatrix}$.

4 $d(v+w)/dt=(w-v)+(v-w)=\mathbf{0}$ より $v+w$ の和は不変．$A=\begin{bmatrix}-1&1\\1&-1\end{bmatrix}$ は固有値 $\begin{matrix}\lambda_1=0\\\lambda_2=-2\end{matrix}$ と固有ベクトル $\boldsymbol{x}_1=\begin{bmatrix}1\\1\end{bmatrix}$, $\boldsymbol{x}_2=\begin{bmatrix}1\\-1\end{bmatrix}$ を持つ．$v(1)=20+10e^{-2}$ より $v(\infty)=20$. $w(1)=20-10e^{-2}$ より $w(\infty)=20$.

8 $\begin{bmatrix}6&-2\\2&1\end{bmatrix}$ は $\lambda_1=5$, $\boldsymbol{x}_1=\begin{bmatrix}2\\1\end{bmatrix}$, $\lambda_2=2$, $\boldsymbol{x}_2=\begin{bmatrix}1\\2\end{bmatrix}$ を持つ．兎の数は $r(t)=20e^{5t}+10e^{2t}$ であり，狼の数は $w(t)=10e^{5t}+20e^{2t}$ である．兎の数の狼の数に対する比は 20/10 へと近づく．e^{5t} が支配的である．

12 $A=\begin{bmatrix}0&1\\-9&6\end{bmatrix}$ のトレースは 6，行列式は 9，固有値は $\lambda=3$ と 3 であり，**1 つの** 独立な固有ベクトル $(1,3)$ を持つ．

14 A が歪対称行列のとき，$\|\boldsymbol{u}(t)\|=\|e^{At}\boldsymbol{u}(0)\|$ は $\|\boldsymbol{u}(0)\|$ である．よって e^{At} は**直交**する．

15 $\boldsymbol{u}_p=4$ および $\boldsymbol{u}(t)=ce^t+4$. $\boldsymbol{u}_p=\begin{bmatrix}4\\2\end{bmatrix}$ および $\boldsymbol{u}(t)=c_1e^t\begin{bmatrix}1\\t\end{bmatrix}+c_2e^t\begin{bmatrix}0\\1\end{bmatrix}+\begin{bmatrix}4\\2\end{bmatrix}$.

16 $\boldsymbol{u}=e^{ct}\boldsymbol{v}$ を代入すると，$ce^{ct}\boldsymbol{v}=Ae^{ct}\boldsymbol{v}-e^{ct}\boldsymbol{b}$ すなわち $(A-cI)\boldsymbol{v}=\boldsymbol{b}$，ゆえに $\boldsymbol{v}=(A-cI)^{-1}\boldsymbol{b}=$ 特殊解が得られる．固有値の 1 つを c とすると，$A-cI$ は可逆ではない．

20 時刻 $t+T$ における解は $e^{A(t+T)}\boldsymbol{u}(0)$ であるので，e^{At} と e^{AT} の積は $e^{A(t+T)}$ と等しい．

21 $\begin{bmatrix}1&4\\0&0\end{bmatrix}=\begin{bmatrix}1&4\\0&-1\end{bmatrix}\begin{bmatrix}\mathbf{1}&0\\0&\mathbf{0}\end{bmatrix}\begin{bmatrix}1&4\\0&-1\end{bmatrix}$; $\begin{bmatrix}1&4\\0&-1\end{bmatrix}\begin{bmatrix}\boldsymbol{e^t}&0\\0&\mathbf{1}\end{bmatrix}\begin{bmatrix}1&4\\0&-1\end{bmatrix}=\begin{bmatrix}e^t&4e^t-4\\0&1\end{bmatrix}$.

22 $A^2=A$ より $e^{At}=I+At+\frac{1}{2}\boldsymbol{At^2}+\cdots=I+(e^t-1)A=\begin{bmatrix}e^t&e^t-1\\0&1\end{bmatrix}$.

24 $A=\begin{bmatrix}1&1\\0&3\end{bmatrix}=\begin{bmatrix}1&1\\0&2\end{bmatrix}\begin{bmatrix}\mathbf{1}&0\\0&\mathbf{3}\end{bmatrix}\begin{bmatrix}1&-\frac{1}{2}\\0&\frac{1}{2}\end{bmatrix}$. すると $e^{At}=\begin{bmatrix}\boldsymbol{e^t}&\frac{1}{2}(e^{3t}-e^t)\\0&\boldsymbol{e^{3t}}\end{bmatrix}$.

26 (a) e^{At} の逆行列は e^{-At} である．(b) $A\boldsymbol{x}=\lambda\boldsymbol{x}$ のとき，$e^{At}\boldsymbol{x}=e^{\lambda t}\boldsymbol{x}$ および $e^{\lambda t}\neq0$.

27 $(x,y)=(e^{4t},e^{-4t})$ は発散する解である．$\boldsymbol{u}=(y,x)$ と行交換したときの正しい行列は $\begin{bmatrix}2&-2\\-4&0\end{bmatrix}$ である．これはもとの行列と同じ固有値を持つ．

28 中心差分により $\boldsymbol{U}_{n+1}=\begin{bmatrix}1&\Delta t\\-\Delta t&1-(\Delta t)^2\end{bmatrix}\boldsymbol{U}_n$ が作られる．$\Delta t=1$ において，$\lambda=e^{i\pi/3}$ と $e^{-i\pi/3}$ の両方は $\lambda^6=1$ を満たすので，$A^6=I$. $\boldsymbol{U}_6=A^6\boldsymbol{U}_0$ は正確に $\boldsymbol{U}_0$ へと戻る．

29 1 つ目の A の固有値は $\lambda = \pm i$ であり，$A^4 = I$.
2 つ目の A の固有値は $\lambda = -1, -1$ であり，$A^n = (-1)^n \begin{bmatrix} 1-2n & -2n \\ 2n & 2n+1 \end{bmatrix}$：線形に発散.

30 $a = \Delta t/2$ のもとで，台形法のステップは $\boldsymbol{U}_{n+1} = \dfrac{1}{1+a^2}\begin{bmatrix} 1-a^2 & 2a \\ -2a & 1-a^2 \end{bmatrix}\boldsymbol{U}_n$ である.
正規直交する列 ⇒ 直交行列 ⇒ $\|\boldsymbol{U}_{n+1}\| = \|\boldsymbol{U}_n\|$.

31 (a) $(\cos A)\boldsymbol{x} = (\cos\lambda)\boldsymbol{x}$ (b) $\lambda(A) = 2\pi$ と 0 なので，$\cos\lambda = 1, 1$ と $\cos A = I$ である．(c) $\boldsymbol{u}(t) = 3(\cos 2\pi t)(1,1) + 1(\cos 0t)(1,-1)$ [$\boldsymbol{u}' = A\boldsymbol{u}$ のとき **exp** となり，$\boldsymbol{u}'' = A\boldsymbol{u}$ のとき **cos** となる]

練習問題 6.4 ☞ p. 359

3 $\lambda = 0, 4, -2$; 単位ベクトル $\pm(0,1,-1)/\sqrt{2}$ と $\pm(2,1,1)/\sqrt{6}$ と $\pm(1,-1,-1)/\sqrt{3}$.

5 $Q = \dfrac{1}{3}\begin{bmatrix} 2 & 1 & 2 \\ 2 & -2 & -1 \\ -1 & -2 & 2 \end{bmatrix}$. Q の列は A の単位固有ベクトルである．各単位固有ベクトルには -1 を掛けてもよい．

8 $A^3 = 0$ のとき，すべての固有値について $\lambda^3 = 0$ であるのですべての固有値は $\lambda = 0$ である．そのような A の例として $A = \begin{bmatrix} 0 & 1 \\ 0 & 0 \end{bmatrix}$ がある．A が対称行列であるとき，$A^3 = Q\Lambda^3 Q^{\mathrm{T}} = 0$ より $\Lambda = 0$ となる．対称行列 A は $Q\,0\,Q^{\mathrm{T}} =$ 零行列しかない．

10 $\boldsymbol{x}$ が実ベクトルでないとき，$\lambda = \boldsymbol{x}^{\mathrm{T}}A\boldsymbol{x}/\boldsymbol{x}^{\mathrm{T}}\boldsymbol{x}$ は常に実数であるとは**限らない**．実固有ベクトルを仮定することはできない．

11 $\begin{bmatrix} 3 & 1 \\ 1 & 3 \end{bmatrix} = 2\begin{bmatrix} \frac{1}{2} & -\frac{1}{2} \\ -\frac{1}{2} & \frac{1}{2} \end{bmatrix} + 4\begin{bmatrix} \frac{1}{2} & \frac{1}{2} \\ \frac{1}{2} & \frac{1}{2} \end{bmatrix}$; $\begin{bmatrix} 9 & 12 \\ 12 & 16 \end{bmatrix} = 0\begin{bmatrix} 0.64 & -0.48 \\ -0.48 & 0.36 \end{bmatrix} + 25\begin{bmatrix} 0.36 & 0.48 \\ 0.48 & 0.64 \end{bmatrix}$

14 M は歪対称な直交行列である．トレースが零となるためには，固有値 λ は $i, i, -i, -i$ でなければならない．

16 (a) $A\boldsymbol{z} = \lambda\boldsymbol{y}$ および $A^{\mathrm{T}}\boldsymbol{y} = \lambda\boldsymbol{z}$ であるとき，$B[\,\boldsymbol{y};\ -\boldsymbol{z}\,] = [\,-A\boldsymbol{z};\ A^{\mathrm{T}}\boldsymbol{y}\,] = -\lambda[\,\boldsymbol{y};\ -\boldsymbol{z}\,]$ である．よって $-\lambda$ も B の固有値である．(b) $A^{\mathrm{T}}A\boldsymbol{z} = A^{\mathrm{T}}(\lambda\boldsymbol{y}) = \lambda^2\boldsymbol{z}$. (c) $\lambda = -1, -1, 1, 1$; $\boldsymbol{x}_1 = (1,0,-1,0)$，$\boldsymbol{x}_2 = (0,1,0,-1)$，$\boldsymbol{x}_3 = (1,0,1,0)$，$\boldsymbol{x}_4 = (0,1,0,1)$.

19 A について $S = \begin{bmatrix} 1 & 1 & 0 \\ 1 & -1 & 0 \\ 0 & 0 & 1 \end{bmatrix}$; B について $S = \begin{bmatrix} 1 & 0 & 1 \\ 0 & 1 & 0 \\ 0 & 0 & 2d \end{bmatrix}$. A では直交する．$B^{\mathrm{T}} \neq B$ であるため B では直交しない．

21 (a) 偽．$A = \begin{bmatrix} 1 & 2 \\ 0 & 1 \end{bmatrix}$. (b) $A^{\mathrm{T}} = Q\Lambda Q^{\mathrm{T}}$ より真. (c) $A^{-1} = Q\Lambda^{-1}Q^{\mathrm{T}}$ より真. (d) 偽.

22 A と A^{T} は同じ固有値 λ を持つが，固有ベクトル $\boldsymbol{x}$ の順序は異なりうる．$A = \begin{bmatrix} 0 & 1 \\ -1 & 0 \end{bmatrix}$ の固有値 $\lambda_1 = i$ と $\lambda_2 = -i$ である．A の 1 つ目の固有ベクトルは $\boldsymbol{x}_1 = (1, i)$ であるが，A^{T} の 1 つ目の固有ベクトルは $\boldsymbol{x}_1 = (1, -i)$ である．

23 A は可逆，直交，置換，対角化可能，マルコフ行列である．B は射影，対角化可能，マルコフ行列である．A では $QR, S\Lambda S^{-1}, Q\Lambda Q^{\mathrm{T}}$ と分解でき，B では $S\Lambda S^{-1}$ および $Q\Lambda Q^{\mathrm{T}}$ と分解できる．

24 $b = 1$ のとき，対称性より $Q\Lambda Q^{\mathrm{T}}$ を得る．$b = -1$ のとき，固有値 λ が重複し，S は存在しない．$b = 0$ のとき非可逆行列である．

25 直交行列かつ対称行列であるには，$|\lambda|=1$ および実 λ でなければならず，$\lambda=\pm 1$．$A=\pm I$ より $A=Q\Lambda Q^{\mathrm{T}}=\begin{bmatrix}\cos\theta & -\sin\theta\\ \sin\theta & \cos\theta\end{bmatrix}\begin{bmatrix}1 & 0\\ 0 & -1\end{bmatrix}\begin{bmatrix}\cos\theta & \sin\theta\\ -\sin\theta & \cos\theta\end{bmatrix}=\begin{bmatrix}\cos 2\theta & \sin 2\theta\\ \sin 2\theta & -\cos 2\theta\end{bmatrix}$.

27 $\lambda^2+b\lambda+c=0$ の 2 つの根は $\sqrt{b^2-4c}$ だけ異なる．$\det(A+tB-\lambda I)$ において，$b=-3-8t$ および $c=2+16t-t^2$ である．b^2-4c の最小値は，$t=2/17$ のときの $1/17$ である．そのとき，$\lambda_2-\lambda_1=1/\sqrt{17}$ である．

29 (a) $A=Q\Lambda\overline{Q}^{\mathrm{T}}$ と $\overline{A}^{\mathrm{T}}=Q\overline{\Lambda}^{\mathrm{T}}\overline{Q}^{\mathrm{T}}$ の積は $\overline{A}^{\mathrm{T}}$ と A の積に等しい．なぜなら，$\Lambda\overline{\Lambda}^{\mathrm{T}}=\overline{\Lambda}^{\mathrm{T}}\Lambda$（対角）だからだ． (b) 第 2 段階：$\overline{T}^{\mathrm{T}}T$ と $T\overline{T}^{\mathrm{T}}$ の $(1,1)$ 要素は $|a|^2$ と $|a|^2+|b|^2$ である．これより $b=0$ と $T=\Lambda$ を得る．

30 a_{11} は $[q_{11}\ \ldots\ q_{1n}]\ [\lambda_1\overline{q}_{11}\ \ldots\ \lambda_n\overline{q}_{1n}]^{\mathrm{T}}\le\lambda_{\max}\left(|q_{11}|^2+\cdots+|q_{1n}|^2\right)=\lambda_{\max}$.

31 (a) $\boldsymbol{x}^{\mathrm{T}}(A\boldsymbol{x})=(A\boldsymbol{x})^{\mathrm{T}}\boldsymbol{x}=\boldsymbol{x}^{\mathrm{T}}A^{\mathrm{T}}\boldsymbol{x}=-\boldsymbol{x}^{\mathrm{T}}A\boldsymbol{x}$. (b) $\overline{\boldsymbol{z}}^{\mathrm{T}}A\boldsymbol{z}$ は純虚数である．その実部は $\boldsymbol{x}^{\mathrm{T}}A\boldsymbol{x}+\boldsymbol{y}^{\mathrm{T}}A\boldsymbol{y}=0+0$ (c) $\det A=\lambda_1\ldots\lambda_n\ge 0$：$\lambda$ の対 $=ib,-ib$.

練習問題 6.5 ☞ p. 372

3 $-3<b<3$ のとき正定値 $\begin{bmatrix}1 & 0\\ b & 1\end{bmatrix}\begin{bmatrix}1 & b\\ 0 & 9-b^2\end{bmatrix}=\begin{bmatrix}1 & 0\\ b & 1\end{bmatrix}\begin{bmatrix}1 & 0\\ 0 & 9-b^2\end{bmatrix}\begin{bmatrix}1 & b\\ 0 & 1\end{bmatrix}=LDL^{\mathrm{T}}$

$c>8$ のとき正定値 $\begin{bmatrix}1 & 0\\ 2 & 1\end{bmatrix}\begin{bmatrix}2 & 4\\ 0 & c-8\end{bmatrix}=\begin{bmatrix}1 & 0\\ 2 & 1\end{bmatrix}\begin{bmatrix}2 & 0\\ 0 & c-8\end{bmatrix}\begin{bmatrix}1 & 2\\ 0 & 1\end{bmatrix}=LDL^{\mathrm{T}}$.

4 $f(x,y)=x^2+4xy+9y^2=(x+2y)^2+5y^2$; $x^2+6xy+9y^2=(x+3y)^2$.

8 $A=\begin{bmatrix}3 & 6\\ 6 & 16\end{bmatrix}=\begin{bmatrix}1 & 0\\ 2 & 1\end{bmatrix}\begin{bmatrix}3 & 0\\ 0 & 4\end{bmatrix}\begin{bmatrix}1 & 2\\ 0 & 1\end{bmatrix}$. ピボット $3,4$ は平方の外に，ℓ_{ij} は中に．$\boldsymbol{x}^{\mathrm{T}}A\boldsymbol{x}=3(x+2y)^2+4y^2$

10 $A=\begin{bmatrix}2 & -1 & 0\\ -1 & 2 & -1\\ 0 & -1 & 2\end{bmatrix}$ のピボットは $2,\frac{3}{2},\frac{4}{3}$; $B=\begin{bmatrix}2 & -1 & -1\\ -1 & 2 & -1\\ -1 & -1 & 2\end{bmatrix}$ は非可逆行列; $B\begin{bmatrix}1\\ 1\\ 1\end{bmatrix}=\begin{bmatrix}0\\ 0\\ 0\end{bmatrix}$.

12 $c>1$ のとき A は正定値．行列式 $c,c^2-1,(c-1)^2(c+2)>0$，B は正定値には**絶対にならない**（行列式 $d-4$ と $-4d+12$ の両方が正となることはない）．

14 A^{-1} の固有値は $1/\lambda(A)$ であるので，正である．A^{-1} の要素は，行列式による判定に成功する．さらに，すべての $\boldsymbol{x}\ne\boldsymbol{0}$ について，$\boldsymbol{x}^{\mathrm{T}}A^{-1}\boldsymbol{x}=(A^{-1}\boldsymbol{x})^{\mathrm{T}}A(A^{-1}\boldsymbol{x})>0$ である．

17 a_{jj} がすべての λ よりも小さいとき，$A-a_{jj}I$ のすべての固有値は正である（正定値）．しかし，$A-a_{jj}I$ には (j,j) の位置に零がある．問題 16 より，それはありえない．

21 $s>8$ のとき A は正定値．$t>5$ のとき B は正定値．行列式の判定を用いる．

22 $R=\dfrac{\begin{bmatrix}1 & -1\\ 1 & 1\end{bmatrix}}{\sqrt{2}}\begin{bmatrix}\sqrt{9} & \\ & \sqrt{1}\end{bmatrix}\dfrac{\begin{bmatrix}1 & 1\\ -1 & 1\end{bmatrix}}{\sqrt{2}}=\begin{bmatrix}2 & 1\\ 1 & 2\end{bmatrix}$; $R=Q\begin{bmatrix}4 & 0\\ 0 & 2\end{bmatrix}Q^{\mathrm{T}}=\begin{bmatrix}3 & 1\\ 1 & 3\end{bmatrix}$.

24 楕円 $x^2+xy+y^2=1$ の半軸の長さは $1/\sqrt{\lambda}=\sqrt{2}$ と $\sqrt{2/3}$ である．

25 $A=C^{\mathrm{T}}C=\begin{bmatrix}9 & 3\\ 3 & 5\end{bmatrix}$; $\begin{bmatrix}4 & 8\\ 8 & 25\end{bmatrix}=\begin{bmatrix}1 & 0\\ 2 & 1\end{bmatrix}\begin{bmatrix}4 & 0\\ 0 & 9\end{bmatrix}\begin{bmatrix}1 & 2\\ 0 & 1\end{bmatrix}$ および $C=\begin{bmatrix}2 & 4\\ 0 & 3\end{bmatrix}$

29 $x\ne 0$ のとき $H_1=\begin{bmatrix}6x^2 & 2x\\ 2x & 2\end{bmatrix}$ は正定値である．$F_1=(\frac{1}{2}x^2+y)^2=0$ は，曲線 $\frac{1}{2}x^2+y=0$ 上にある．$H_2=\begin{bmatrix}6x & 1\\ 1 & 0\end{bmatrix}=\begin{bmatrix}0 & 1\\ 1 & 0\end{bmatrix}$ は不定値であり，$(0,1)$ は F_2 の鞍点である．

31 $c>9$ のとき，z のグラフはボウル型となり，$c<9$ のとき，グラフには鞍点がある．$c=9$ のとき，$z=(2x+3y)^2$ のグラフは「谷」となり，直線 $2x+3y=0$ 上で零となる．

32 直交行列，指数関数 e^{At}，行列式が 1 である行列は群である．部分群の例には，行列式が 1 である直交行列や，整数 n に対する指数関数 e^{An} などがある．

34 K の 5 つの固有値は $2-2\cos\frac{k\pi}{6}=2-\sqrt{3},\ 2-1,\ 2,\ 2+1,\ 2+\sqrt{3}$である．固有値の積 $=6=\det K$．

練習問題 6.6 ☞ p. 383

1 $B=GCG^{-1}=GF^{-1}AFG^{-1}$ より $M=FG^{-1}$．C が A と B と相似である $\Rightarrow A$ は B と相似である．

6 相似な行列の族は **8 つ**ある．固有値 $\lambda=0,1$ を持つ行列が 6 つある（1 つの族）．固有値 $\lambda=1,1$ を持つ行列が 3 つ，固有値 $\lambda=0,0$ を持つ行列が 3 つある（それぞれ 2 つの族）．固有値 $\lambda=1,-1$ を持つ行列が 1 つ，$\lambda=2,0$ を持つ行列が 1 つ，$\lambda=\frac{1}{2}(1\pm\sqrt{5})$ を持つ行列が 2 つある（それぞれ 1 つの族）．

7 (a) $(M^{-1}AM)(M^{-1}\boldsymbol{x})=M^{-1}(A\boldsymbol{x})=M^{-1}\boldsymbol{0}=\boldsymbol{0}$．(b) A の零空間と $M^{-1}AM$ の零空間は同じ**次元**を持つ．ベクトルと基底は異なる．

8 同じ Λ 同じ S しかし $A=\begin{bmatrix}0&1\\0&0\end{bmatrix}$ と $B=\begin{bmatrix}0&2\\0&0\end{bmatrix}$ は同じ固有ベクトルの直線を持ち，同じ固有値 $\lambda=0,0$ を持つ．

10 $J^2=\begin{bmatrix}c^2&2c\\0&c^2\end{bmatrix}$ および $J^k=\begin{bmatrix}c^k&kc^{k-1}\\0&c^k\end{bmatrix}$; $J^0=I$ および $J^{-1}=\begin{bmatrix}c^{-1}&-c^{-2}\\0&c^{-1}\end{bmatrix}$.

14 (1) M_i を逆対角行列とすると各ブロックにおいて $M_i^{-1}J_iM_i=M_i^{\mathrm{T}}$ となる．(2) M_0 はそのような対角ブロック M_i を持ち，$M_0^{-1}JM_0=J^{\mathrm{T}}$ となる．(3) $A^{\mathrm{T}}=(M^{-1})^{\mathrm{T}}J^{\mathrm{T}}M^{\mathrm{T}}$ は $(M^{-1})^{\mathrm{T}}M_0^{-1}JM_0M^{\mathrm{T}}=(MM_0M^{\mathrm{T}})^{-1}A(MM_0M^{\mathrm{T}})$ と等しく，**A^{T} は A と相似である**．

17 (a) **偽**：非対称行列を対角化 $A=S\Lambda S^{-1}$ すると，Λ は対称行列であり，A と相似である．(b) **真**：非可逆行列の固有値は $\lambda=0$．(c) **偽**：$\begin{bmatrix}0&1\\-1&0\end{bmatrix}$ と $\begin{bmatrix}0&-1\\1&0\end{bmatrix}$ は相似である．（それらの固有値は $\lambda=\pm1$）．(d) **真**：I を足すとすべての固有値が 1 だけ増える．

18 $AB=B^{-1}(BA)B$ であるので AB は BA と相似である．$AB\boldsymbol{x}=\lambda\boldsymbol{x}$ **であるとき，** $BA(B\boldsymbol{x})=\lambda(B\boldsymbol{x})$．

19 対角ブロック行列は 6×6 と 4×4 である．AB の固有値は，BA の固有値に加えて $6-4$ 個の零を固有値とする．

22 $A=MJM^{-1}, A^n=MJ^nM^{-1}=0$（各 J^k は，k 番目の対角要素に 1 がある）．$\det(A-\lambda I)=\lambda^n$ であるので，ケーリー－ハミルトンの定理より $J^n=0$．

練習問題 6.7 ☞ p. 396

1 $A=U\Sigma V^{\mathrm{T}}=\begin{bmatrix}\boldsymbol{u}_1&\boldsymbol{u}_2\end{bmatrix}\begin{bmatrix}\sigma_1&\\&0\end{bmatrix}\begin{bmatrix}\boldsymbol{v}_1&\boldsymbol{v}_2\end{bmatrix}^{\mathrm{T}}=\dfrac{\begin{bmatrix}1&3\\3&-1\end{bmatrix}}{\sqrt{10}}\begin{bmatrix}\sqrt{50}&0\\0&0\end{bmatrix}\dfrac{\begin{bmatrix}1&2\\2&-1\end{bmatrix}}{\sqrt{5}}$

4 $A^{\mathrm{T}}A=AA^{\mathrm{T}}=\begin{bmatrix}2&1\\1&1\end{bmatrix}$ の固有値は $\sigma_1^2=\dfrac{3+\sqrt{5}}{2}, \sigma_2^2=\dfrac{3-\sqrt{5}}{2}$ である． しかし，A は不定値である．
$\sigma_1=(1+\sqrt{5})/2=\lambda_1(A)$, $\sigma_2=(\sqrt{5}-1)/2=-\lambda_2(A)$; $\boldsymbol{u}_1=\boldsymbol{v}_1$ しかし $\boldsymbol{u}_2=-\boldsymbol{v}_2$.

5 eigshow が特異値分解を求めることの証明．$\boldsymbol{V}_1=(1,0),\boldsymbol{V}_2=(0,1)$ のとき，$A\boldsymbol{V}_1$ と $A\boldsymbol{V}_2$ の角度が θ であるとする．マウスで 90° 度回転して $\boldsymbol{V}_2,-\boldsymbol{V}_1$ とすると，$A\boldsymbol{V}_2$ と

$-AV_1$ の角度は $\pi-\theta$ となる．その間のどこかで，直交する $\boldsymbol{v}_1$ と $\boldsymbol{v}_2$ によって，$A\boldsymbol{v}_1$ と $A\boldsymbol{v}_2$ の角度が $\pi/2$ となる．それらの直交する方向から，$\boldsymbol{u}_1$ と $\boldsymbol{u}_2$ が得られる．

9 すべて $\sigma_j=1$ であり，それは $\Sigma=I$ を意味するので，$A=UV^{\mathrm{T}}$ である．

14 その最小の特異値を σ_2 から零とするのが最も変更が小さい．

15 $A+I$ の特異値は σ_j+1 ではない．$(A+I)^{\mathrm{T}}(A+I)$ の固有値が必要である．

17 $A=U\Sigma V^{\mathrm{T}}=[\boldsymbol{u}_4$ を含む余弦] diag(sqrt($2-\sqrt{2},2,2+\sqrt{2}$)) [正弦]^{T}．V における正弦の差が U の余弦と σ の積に等しいことが $AV=U\Sigma$ から言える．

練習問題 7.1 ☞ p. 406

3 $T(\boldsymbol{v})=(0,1)$ と $T(\boldsymbol{v})=v_1v_2$ は線形ではない．

4 (a) $S(T(\boldsymbol{v}))=\boldsymbol{v}$． (b) $S(T(\boldsymbol{v}_1)+T(\boldsymbol{v}_2))=S(T(\boldsymbol{v}_1))+S(T(\boldsymbol{v}_2))$．

5 $\boldsymbol{v}=(1,1)$ と $\boldsymbol{w}=(-1,0)$ を選ぶ．このとき，$T(\boldsymbol{v})+T(\boldsymbol{w})=(0,1)$ であるが，一方 $T(\boldsymbol{v}+\boldsymbol{w})=(0,0)$ である．

7 (a) $T(T(\boldsymbol{v}))=\boldsymbol{v}$． (b) $T(T(\boldsymbol{v}))=\boldsymbol{v}+(2,2)$． (c) $T(T(\boldsymbol{v}))=-\boldsymbol{v}$． (d) $T(T(\boldsymbol{v}))=T(\boldsymbol{v})$．

10 可逆でない：(a) $T(1,0)=\boldsymbol{0}$． (b) $(0,0,1)$ が値域に属していない． (c) $T(0,1)=\boldsymbol{0}$．

12 $\boldsymbol{v}$ を線形結合 $c(1,1)+d(2,0)$ として表す．すると，$T(\boldsymbol{v})=c(2,2)+d(0,0)$．$T(\boldsymbol{v})=(4,4)$; $(2,2)$; $(2,2)$; $\boldsymbol{v}=(a,b)=b(1,1)+\frac{a-b}{2}(2,0)$ ならば，$T(\boldsymbol{v})=b(2,2)+(0,0)$．

16 $A\begin{pmatrix}0&0\\1&0\end{pmatrix}=\begin{pmatrix}0&1\\0&0\end{pmatrix}$ を満たす行列 A はない．先生たちへ：行列空間上の線形変換は **4** 行 **4** 列の行列から生じる．問題 13〜15 の行列は特別である．

17 (a) 真． (b) 真． (c) 真． (d) 偽．

19 $T(T^{-1}(M))=M$ より $T^{-1}(M)=A^{-1}MB^{-1}$．

20 (a) 水平線は水平線のままであり，垂直線は垂直線のままである．(b) 家は押しつぶされて直線になる．(c) $T(1,0)=(a_{11},0)$ であるから，垂直線は垂直線のままである．

27 問題 **30** もまた円が楕円に変換されることを強調している（第 6.7 節の図を参照せよ）．

29 (a) $ad-bc=0$． (b) $ad-bc>0$． (c) $|ad-bc|=1$． 2 つの角に対するベクトルが自分自身に変換されるならば，線形性によって $T=I$ となる（1 つの 角が $(0,0)$ ならば，そうはならない）．

練習問題 7.2 ☞ p. 422

3 （変換 T）$^2=S$ かつ 出力基底＝入力基底であるとき,（行列 A）$^2=B$ である．

5 $T(\boldsymbol{a}_1+\boldsymbol{a}_2+\boldsymbol{a}_3)=2\boldsymbol{w}_1+\boldsymbol{w}_2+2\boldsymbol{w}_3$; A を $(1,1,1)$ に掛けると，$(2,1,2)$ である．

6 $\boldsymbol{v}=c(\boldsymbol{v}_2-\boldsymbol{v}_3)$ より $T(\boldsymbol{v})=\boldsymbol{0}$; 零空間は $(0,c,-c)$; 解は $(1,0,0)+(0,c,-c)$．

8 $T^2(\boldsymbol{v})$ のためには，$T(\boldsymbol{w})$ を知る必要がある．$\boldsymbol{w}$ が $\boldsymbol{v}$ に等しければ，その行列は A^2 である．

12 (c) は成り立たない．一般に $\boldsymbol{w}_1$ は入力空間に属しているとは限らないからである．

14 (a) $\begin{bmatrix}2&1\\5&3\end{bmatrix}$． (b) $\begin{bmatrix}3&-1\\-5&2\end{bmatrix}$ = (a) の逆行列． (c) $A\begin{bmatrix}2\\6\end{bmatrix}$ は $2A\begin{bmatrix}1\\3\end{bmatrix}$ でなければならない．

16 $MN = \begin{bmatrix} 1 & 0 \\ 1 & 2 \end{bmatrix} \begin{bmatrix} 2 & 1 \\ 5 & 3 \end{bmatrix}^{-1} = \begin{bmatrix} 3 & -1 \\ -7 & 3 \end{bmatrix}$.

18 $(a,b) = (\cos\theta, -\sin\theta)$. 負の符号は $Q^{-1} = Q^T$ から.

20 $\boldsymbol{w}_2(x) = 1 - x^2$; $\boldsymbol{w}_3(x) = \frac{1}{2}(x^2 - x)$; $\boldsymbol{y} = 4\boldsymbol{w}_1 + 5\boldsymbol{w}_2 + 6\boldsymbol{w}_3$.

23 これら 9 つの要素を持つ行列は可逆でなければならない.

27 T が可逆でなければ, $T(\boldsymbol{v}_1), \ldots, T(\boldsymbol{v}_n)$ は基底ではない. $\boldsymbol{w}_i = T(\boldsymbol{v}_i)$ を選べない.

30 S は (x,y) を $(-x,y)$ にする. $S(T(\boldsymbol{v})) = (\mathbf{-1}, \mathbf{2})$. $S(\boldsymbol{v}) = (-2,1)$ かつ $T(S(\boldsymbol{v})) = (\mathbf{1}, \mathbf{-2})$.

34 最初のステップは 6, 6, 2, 2 を全体平均 4, 4, 4, 4 足す 差 2, 2, −2, −2 として表せ. ゆえに $c_1 = 4$ と $c_2 = 2$, $c_3 = 1$, $c_4 = 1$ である.

35 ウェーブレット基底は $(1,1,1,1,1,1,1,1)$ と長いウェーブレット, 2 つの中間ウェーブレット $(1,1,-1,-1,0,0,0,0), (0,0,0,0,1,1,-1,-1)$, そして 1 つのペア $1, -1$ を持つ 4 つのウェーブレットである.

36 $V\boldsymbol{b} = W\boldsymbol{c}$ ならば, $\boldsymbol{b} = V^{-1}W\boldsymbol{c}$. 基底変換行列は $V^{-1}W$ である.

37 この基底に $\begin{bmatrix} a & b \\ c & d \end{bmatrix}$ を掛ける乗法は次の 4×4 行列 A により得られる. $A = \begin{bmatrix} aI & bI \\ cI & dI \end{bmatrix}$.

38 $\boldsymbol{w}_1 = A\boldsymbol{v}_1$ かつ $\boldsymbol{w}_2 = A\boldsymbol{v}_2$ ならば, $a_{11} = a_{22} = 1$ である. ほかのすべての要素は零である.

練習問題 7.3 ☞ p. 434

1 $A^TA = \begin{bmatrix} 10 & 20 \\ 20 & 40 \end{bmatrix}$ は $\lambda = 50$ と 0 であり, $\boldsymbol{v}_1 = \frac{1}{\sqrt{5}} \begin{bmatrix} 1 \\ 2 \end{bmatrix}$, $\boldsymbol{v}_2 = \frac{1}{\sqrt{5}} \begin{bmatrix} 2 \\ -1 \end{bmatrix}$, $\sigma_1 = \sqrt{50}$. $A\boldsymbol{v}_1 = \frac{1}{\sqrt{5}} \begin{bmatrix} 5 \\ 15 \end{bmatrix} = \sigma_1 \boldsymbol{u}_1$, $A\boldsymbol{v}_2 = \mathbf{0}$. また, $\boldsymbol{u}_1 = \frac{1}{\sqrt{10}} \begin{bmatrix} 1 \\ 3 \end{bmatrix}$, $AA^T\boldsymbol{u}_1 = 50\,\boldsymbol{u}_1$.

3 $A = QH = \frac{1}{\sqrt{50}} \begin{bmatrix} 7 & -1 \\ 1 & 7 \end{bmatrix} \frac{1}{\sqrt{50}} \begin{bmatrix} 10 & 20 \\ 20 & 40 \end{bmatrix}$. A は可逆でないので半定値である.

4 $A^+ = V \begin{bmatrix} 1/\sqrt{50} & 0 \\ 0 & 0 \end{bmatrix} U^T = \frac{1}{50} \begin{bmatrix} 1 & 3 \\ 2 & 6 \end{bmatrix}$; $A^+A = \begin{bmatrix} 0.2 & 0.4 \\ 0.4 & 0.8 \end{bmatrix}$, $AA^+ = \begin{bmatrix} 0.1 & 0.3 \\ 0.3 & 0.9 \end{bmatrix}$.

7 $[\sigma_1\boldsymbol{u}_1 \ \sigma_2\boldsymbol{u}_2] \begin{bmatrix} \boldsymbol{v}_1^T \\ \boldsymbol{v}_2^T \end{bmatrix} = \sigma_1\boldsymbol{u}_1\boldsymbol{v}_1^T + \sigma_2\boldsymbol{u}_2\boldsymbol{v}_2^T$. 一般に, これは $\sigma_1\boldsymbol{u}_1\boldsymbol{v}_1^T + \cdots + \sigma_r\boldsymbol{u}_r\boldsymbol{v}_r^T$ である.

9 A は可逆であるから, A^+ は A^{-1} である. A^{-1} が存在するとき, 擬似逆行列は逆行列に等しい !

11 $A = [1][5\ 0\ 0]V^T$ と $A^+ = V \begin{bmatrix} 0.2 \\ 0 \\ 0 \end{bmatrix} = \begin{bmatrix} 0.12 \\ 0.16 \\ 0 \end{bmatrix}$; $A^+A = \begin{bmatrix} 0.36 & 0.48 & 0 \\ 0.48 & 0.64 & 0 \\ 0 & 0 & 0 \end{bmatrix}$; $AA^+ = [1]$

13 $\det A = 0$ ならば, $\text{rank}(A) < n$ である. ゆえに, $\text{rank}(A^+) < n$ かつ $\text{A}^+ = 0$.

16 A の行空間にある $\boldsymbol{x}^+$ は A^TA (= A の零空間) の零空間にある $\widehat{\boldsymbol{x}} - \boldsymbol{x}^+$ に直交する. 直角三角形では $c^2 = a^2 + b^2$ が成り立つ.

17 $AA^+p = p$, $AA^+e = 0$, $A^+Ax_r = x_r$, $A^+Ax_n = 0$.

19 L は ℓ_{21} によって定まる．S の各固有ベクトルは 1 つの数により定まる．LU に対する合計は $1+3$，LDU に対しては $1+2+1$，QR に対しては $1+3$，$U\Sigma V^T$ に対しては $1+2+1$，$S\Lambda S^{-1}$ に対しては $2+2+0$ である．

22 Σ の r 行 r 列の角の Σ_r のみ保存せよ（ほかはすべて零）．すると，$A=U\Sigma V^T$ は求める形 $A=\widehat{U}M_1\Sigma_r M_2^T\widehat{V}^T$ になる．ここで，$M=M_1\Sigma_r M_2^T$ は可逆である．

23 $\begin{bmatrix} 0 & A \\ A^T & 0 \end{bmatrix}\begin{bmatrix} u \\ v \end{bmatrix}=\begin{bmatrix} Av \\ A^Tu \end{bmatrix}=\sigma\begin{bmatrix} u \\ v \end{bmatrix}$．$A$ の特異値はこのブロック行列の**固有値**である．

練習問題 8.1 ☞ p. 446

3 式 (9) の自由端 – 自由端行列の行の和は $[0\ \ 0\ \ 0]$ であるので，右辺は $f_1+f_2+f_3=0$ を満たす必要がある．$\boldsymbol{f}=(-1,0,1)$ より $c_2u_1-c_2u_2=-1, c_3u_2-c_3u_3=-1, 0=0$．そのとき，$\boldsymbol{u}_{特殊解}=(-c_2^{-1}-c_3^{-1},-c_3^{-1},0)$．$\boldsymbol{u}_{零空間}=(1,1,1)$ の任意の倍数を足す．

4 $\displaystyle\int -\frac{d}{dx}\left(c(x)\frac{du}{dx}\right)dx=-\left[c(x)\frac{du}{dx}\right]_0^1=0$（境界条件）より，$\int f(x)\,dx=0$ が必要である．

6 $A_1^{\mathrm{T}}C_1A_1$ を，A_1^{T} の列と c と A_1 の行との積として計算する．最初の 3×3 の「**要素行列**」$c_1E_1=[1\ \ 0\ \ 0]^{\mathrm{T}}c_1[1\ \ 0\ \ 0]$ には，その左上角に c_1 がある．

8 $u(0)=u(1)=0$ のもとでの $-u''=1$ の解は $u(x)=\frac{1}{2}(x-x^2)$ である．$x=\frac{1}{5},\frac{2}{5},\frac{3}{5},\frac{4}{5}$ において，これは $\boldsymbol{u}=2,3,3,2$（問題 7 の離散解）と $(\Delta x)^2=1/25$ の積となる．

11 du/dx に対して前進 / 後退 / 中心差分は大きく影響する．なぜなら，その項の係数が大きいからだ．MATLAB: $E=\mathrm{diag}(\mathrm{ones}(6,1),1)$; $K=64*(2*\mathrm{eye}(7)-E-E')$; $D=80*(E-\mathrm{eye}(7))$; $(K+D)\backslash\mathrm{ones}(7,1)$; % 前進; $(K-D')\backslash\mathrm{ones}(7,1)$; % 後退; $(K+D/2-D'/2)\backslash\mathrm{ones}(7,1)$; % 中心; 通常は中心差分が最適であり，より正確である．

練習問題 8.2 ☞ p. 457

1 $A=\begin{bmatrix} -1 & 1 & 0 \\ -1 & 0 & 1 \\ 0 & -1 & 1 \end{bmatrix}$; 零空間は $\begin{bmatrix} c \\ c \\ c \end{bmatrix}$ を含む; $\begin{bmatrix} 1 \\ 0 \\ 0 \end{bmatrix}$ はその零空間に直交しない．

2 $\boldsymbol{y}=(1,-1,1)$ に対して，$A^{\mathrm{T}}\boldsymbol{y}=\boldsymbol{0}$．辺 1，辺 3，辺 2 の逆向き，に沿った電流（完全なループ）．

5 キルヒホッフの電流の法則 $A^{\mathrm{T}}\boldsymbol{y}=\boldsymbol{f}$ は，$\boldsymbol{f}=(1,-1,0)$ に対しては解を持ち，$\boldsymbol{f}=(1,0,0)$ に対しては解を持たない．$\boldsymbol{f}$ は，零空間に含まれる $(1,1,1)$ に直交しなければならない．すなわち，$f_1+f_2+f_3=0$ でなければならない．

6 $A^{\mathrm{T}}A\boldsymbol{x}=\begin{bmatrix} 2 & -1 & -1 \\ -1 & 2 & -1 \\ -1 & -1 & 2 \end{bmatrix}\boldsymbol{x}=\begin{bmatrix} 3 \\ -3 \\ 0 \end{bmatrix}=\boldsymbol{f}$ より $\boldsymbol{x}=\begin{bmatrix} 1 \\ -1 \\ 0 \end{bmatrix}+\begin{bmatrix} c \\ c \\ c \end{bmatrix}$; ポテンシャル $\boldsymbol{x}=1,-1,0$ および電流 $-A\boldsymbol{x}=2,\ 1,\ -1$; $\boldsymbol{f}$ は，ノード 2 からノード 1 へ 3 単位分送る．

7 $A^{\mathrm{T}}\begin{bmatrix} 1 & & \\ & 2 & \\ & & 2 \end{bmatrix}A=\begin{bmatrix} 3 & -1 & -2 \\ -1 & 3 & -2 \\ -2 & -2 & 4 \end{bmatrix}$; $\boldsymbol{f}=\begin{bmatrix} 1 \\ 0 \\ -1 \end{bmatrix}$ より $\boldsymbol{x}=\begin{bmatrix} 5/4 \\ 1 \\ 7/8 \end{bmatrix}+$ 任意の $\begin{bmatrix} c \\ c \\ c \end{bmatrix}$．ポテンシャル $\boldsymbol{x}=\frac{5}{4},1,\frac{7}{8}$ および電流 $-CA\boldsymbol{x}=\frac{1}{4},\frac{3}{4},\frac{1}{4}$．

9 $A\boldsymbol{x}=\boldsymbol{b}$ に消去を行うと U と R の零行に対して $\boldsymbol{y}^{\mathrm{T}}\boldsymbol{b}=0$ が導かれる．それらは，$-b_1+b_2-b_3=0$ と $b_3-b_4+b_5=0$ である（それらに対する $\boldsymbol{y}$ は問題 8 の左零空間から得られる）．これは，2 つのループに沿った，キルヒホッフの**電圧**の法則である．

11 $A^{\mathrm{T}}A=\begin{bmatrix}2&-1&-1&0\\-1&3&-1&-1\\-1&-1&3&-1\\0&-1&-1&2\end{bmatrix}$ 対角要素 = そのノードへ入るエッジの数
トレースはノード数の 2 倍
ノードが接続されているとき，非対角要素 $=-1$

$A^{\mathrm{T}}A$ は**グラフラプラシアン** であり，$A^{\mathrm{T}}CA$ は C で**重みづけられている**．

13 $A^{\mathrm{T}}CA\boldsymbol{x}=\begin{bmatrix}4&-2&-2&0\\-2&8&-3&-3\\-2&-3&8&-3\\0&-3&-3&6\end{bmatrix}\boldsymbol{x}=\begin{bmatrix}1\\0\\0\\-1\end{bmatrix}$ $x_4=0$ を接地し，$\boldsymbol{x}$ について解くと
4 つのポテンシャル $\boldsymbol{x}=(\frac{5}{12},\frac{1}{6},\frac{1}{6},0)$ を得る．
電流 $\boldsymbol{y}=-CA\boldsymbol{x}=(\frac{2}{3},\frac{2}{3},0,\frac{1}{2},\frac{1}{2})$.

17 (a) 8 つの線形独立な列．(b) $\boldsymbol{f}$ は零空間に直交でなければならず，f の和は零である．(c) 各エッジは 2 つのノードを接続し，エッジが 12 本あるため対角要素の和は 24.

練習問題 8.3 ☞ p. 466

2 $A=\begin{bmatrix}0.6&-1\\0.4&1\end{bmatrix}\begin{bmatrix}1&\\&0.75\end{bmatrix}\begin{bmatrix}1&1\\-0.4&0.6\end{bmatrix}$;
$A^{\infty}=\begin{bmatrix}0.6&-1\\0.4&-1\end{bmatrix}\begin{bmatrix}1&0\\0&0\end{bmatrix}\begin{bmatrix}1&1\\-0.4&0.6\end{bmatrix}=\begin{bmatrix}0.6&0.6\\0.4&0.4\end{bmatrix}$.

3 $\lambda=1$ と 0.8, $\boldsymbol{x}=(1,0)$; 1 と -0.8, $\boldsymbol{x}=(\frac{5}{9},\frac{4}{9})$; 1 と $\frac{1}{4}$ と $\frac{1}{4}$, $\boldsymbol{x}=(\frac{1}{3},\frac{1}{3},\frac{1}{3})$.

5 $\lambda=1$ に対する定常状態固有ベクトルは $(0,0,1)=$ 全員が死者である．

6 $A\boldsymbol{x}=\lambda\boldsymbol{x}$ の要素を足すことで，その和 $s=\lambda s$ を求める．$\lambda\neq 1$ のとき，その和は $s=0$ でなければならない．

7 $(0.5)^k\to 0$ より $A^k\to A^{\infty}$ を得る．任意の $A=\begin{bmatrix}0.6+0.4a&0.6-0.6a\\0.4-0.4a&0.4+0.6a\end{bmatrix}$.
ただし，$a\le 1$ および $0.4+0.6a\ge 0$.

9 M^2 もまた非負である．$[1\ \cdots\ 1]M=[1\ \cdots\ 1]$ であるので，M を右から掛けると $[1\ \cdots\ 1]M^2=[1\ \cdots\ 1]\Rightarrow M^2$ の列の要素の和は 1 となる．

10 トレースより $\lambda=1$ と $a+d-1$ である．定常状態は $\boldsymbol{x}_1=(b,1-a)$ の倍数である．

12 B の固有値は $\lambda=0$ と -0.5 であり，固有ベクトルは $\boldsymbol{x}_1=(0.3,\ 0.2)$ と $\boldsymbol{x}_2=(-1,1)$ である．A の固有値が $\lambda=1$ であるので $A-I$ の固有値は $\lambda=0$ である．$e^{-0.5t}$ は零に近づき，解は $c_1e^{0t}\boldsymbol{x}_1=c_1\boldsymbol{x}_1$ へと近づく．

13 行の和が等しいとき，$\boldsymbol{x}=(1,1,1)$ は固有値の 1 つである．$A\boldsymbol{x}=(0.9,0.9,0.9)$.

15 1 つ目と 2 つ目の A について $\lambda_{\max}<1$ である．$\boldsymbol{p}=\begin{bmatrix}8\\6\end{bmatrix}$ と $\begin{bmatrix}130\\32\end{bmatrix}$．$I-\begin{bmatrix}0.5&1\\0.5&0\end{bmatrix}$ には逆行列がない．

16 $\lambda=1$（マルコフ行列より），0（非可逆行列より），0.2（トレースより）．定常状態は $(0.3,0.3,0.4)$ と $(30,30,40)$.

17 ならない，A の固有値の 1 つが $\lambda=1$ であり，$(I-A)^{-1}$ は存在しない．

19 Λ と $S^{-1}\Delta S$ の積は，$S^{-1}\Delta S$ と Λ の積と同じ対角要素を持つ．なぜなら，Λ が対角行列であるからだ．

20 $B>A>0$ かつ $A\boldsymbol{x}=\lambda_{\max}(A)\boldsymbol{x}>0$ のとき，$B\boldsymbol{x}>\lambda_{\max}(A)\boldsymbol{x}$ および $\lambda_{\max}(B)>\lambda_{\max}(A)$.

練習問題 8.4 ☞ p. 476

1 実現可能集合 $=(6,0)$ から $(0,3)$ への線分．$(6,0)$ においてコストが最小となり，$(0,3)$ においてコストが最大となる．

2 実現可能集合は，頂点 $(0,0),(6,0),(2,2),(0,6)$ を持つ．$(6,0)$ において，コスト $2x-y$ が最小となる．

3 2 頂点 $(4,0,0)$ と $(0,2,0)$ のみ．$x_2=0$ および $x_3=x_1-4$ を満たしたまま，x_1 と x_3 を無限に大きくできる．

4 $(0,0,2)$ から，制約 $x_1+x_2+2x_3=4$ のもとで $\boldsymbol{x}=(0,1,1.5)$ へと移動する．新しいコストは $3(1)+8(1.5)=\$15$ であるので減少コストは $r=-1$ である．シンプレックス法では，$\boldsymbol{x}=(1,0,1.5)$ も確認する．それのコストは $5(1)+8(1.5)=\$17$ であり，$r=1$ となることからコストがより大きい．

6 $\boldsymbol{c}=[3\ \ 5\ \ 7]$ は，$\boldsymbol{x}=(4,0,0)$ によって最小化され，博士によって最小コスト 12 となる．双対問題では，$y\le 3,\ y\le 5,\ y\le 7$ のもとで $4y$ を最大化する．最大値は 12 である．

8 $\boldsymbol{y}^{\mathrm{T}}\boldsymbol{b}\le\boldsymbol{y}^{\mathrm{T}}A\boldsymbol{x}=(A^{\mathrm{T}}\boldsymbol{y})^{\mathrm{T}}\boldsymbol{x}\le\boldsymbol{c}^{\mathrm{T}}\boldsymbol{x}$．最初の不等式において，$\boldsymbol{y}\ge 0$ と $A\boldsymbol{x}-\boldsymbol{b}\ge 0$ が必要．

練習問題 8.5 ☞ p. 481

1 $\int_0^{2\pi}\cos((j+k)x)\,dx=\left[\frac{\sin((j+k)x)}{j+k}\right]_0^{2\pi}=0$ であり，同様に $\int_0^{2\pi}\cos((j-k)x)\,dx=0$ である．分母が $j-k\neq 0$ であることに注意せよ．$j=k$ のとき，$\int_0^{2\pi}\cos^2 jx\,dx=\pi$ である．

4 すべての c に対して $\int_{-1}^{1}(1)(x^3-cx)\,dx=0$ および $\int_{-1}^{1}(x^2-\frac{1}{3})(x^3-cx)\,dx=0$ が成り立つ（奇関数）．c を $\int_{-1}^{1}x(x^3-cx)\,dx=[\frac{1}{5}x^5-\frac{c}{3}x^3]_{-1}^{1}=\frac{2}{5}-c\frac{2}{3}=0$ となるように選ぶと，$c=\frac{3}{5}$ である．

5 積分により，フーリエ係数 $a_1=0$，$b_1=4/\pi$，$b_2=0$ が導かれる．

6 式 (3) より，$a_k=0$ と $b_k=4/\pi k$（**奇数の** k）を得る．矩形波では $\|f\|^2=2\pi$ である．そのとき，式 (6) は $2\pi=\pi(16/\pi^2)(\frac{1}{1^2}+\frac{1}{3^2}+\frac{1}{5^2}+\cdots)$ となる．括弧内の無限級数は $\pi^2/8$ と等しい．

8 $\|\boldsymbol{v}\|^2=1+\frac{1}{2}+\frac{1}{4}+\frac{1}{8}+\cdots=2$ より $\|\boldsymbol{v}\|=\sqrt{2}$; $\|\boldsymbol{v}\|^2=1+a^2+a^4+\cdots=1/(1-a^2)$ より $\|\boldsymbol{v}\|=1/\sqrt{1-a^2}$; $\int_0^{2\pi}(1+2\sin x+\sin^2 x)\,dx=2\pi+0+\pi$ より $\|f\|=\sqrt{3\pi}$.

9 (a) $f(x)=(1+\text{矩形波})/2$ より，a は $\frac{1}{2},\ 0,\ 0,\ldots$ であり，b は $2/\pi,\ 0,\ -2/3\pi,\ 0,\ 2/5\pi\ \cdots$ である．(b) $a_0=\int_0^{2\pi}x\,dx/2\pi=\pi$，それ以外はすべて $a_k=0,\ b_k=-2/k$.

11 $\cos^2 x=\frac{1}{2}+\frac{1}{2}\cos 2x$; $\cos(x+\frac{\pi}{3})=\cos x\cos\frac{\pi}{3}-\sin x\sin\frac{\pi}{3}=\frac{1}{2}\cos x-\frac{\sqrt{3}}{2}\sin x$.

13 $a_0=\dfrac{1}{2\pi}\int F(x)\,dx=\dfrac{1}{2\pi}, a_k=\dfrac{\sin(kh/2)}{\pi kh/2}\to$ デルタ関数では $\dfrac{1}{\pi}$．すべて $b_k=0$.

練習問題 8.6 ☞ p. 488

3 $\sigma_3=0$ のとき，3 つ目の等式は正確である．

4 $0,1,2$ となる確率は $\frac{1}{4},\frac{1}{2},\frac{1}{4}$ であり，$\sigma^2=(0-1)^2\frac{1}{4}+(1-1)^2\frac{1}{2}+(2-1)^2\frac{1}{4}=\boldsymbol{\frac{1}{2}}$ である．

5 平均 $(\frac{1}{2},\frac{1}{2})$．コイン投げが独立であることから $\boldsymbol{\Sigma}=\mathbf{diag}(\frac{1}{4},\frac{1}{4})$．トレース $=\sigma^2_{\text{total}}=\boldsymbol{\frac{1}{2}}$.

6 平均 $m=p_0$ と分散 $\sigma^2=(1-p_0)^2p_0+(0-p_0)^2(1-p_0)=p_0(1-p_0)$.

7 $P = a^2\sigma_1^2 + (1-a)^2\sigma_2^2$ を最小化するのは $P' = 2a\sigma_1^2 - 2(1-a)\sigma_2^2 = 0$ のときである．$a = \sigma_2^2/(\sigma_1^2 + \sigma_2^2)$ より式 (2) が復元され，その選択は分散を最小化し統計的に正しい．

8 $L\boldsymbol{\Sigma}L^{\mathrm{T}} = (A^{\mathrm{T}}\boldsymbol{\Sigma}^{-1}A)^{-1}A^{\mathrm{T}}\boldsymbol{\Sigma}^{-1}\boldsymbol{\Sigma}\boldsymbol{\Sigma}^{-1}A(A^{\mathrm{T}}\boldsymbol{\Sigma}^{-1}A)^{-1} = P = (A^{\mathrm{T}}\boldsymbol{\Sigma}^{-1}A)^{-1}$.

9 第 3 行 $= -$第 1 行 であり，第 4 行 $= -$第 2 行 である．A の階数は 2 である．

練習問題 8.7 ☞ p. 494

1 (x, y, z) の同次座標は，$c = 1$ さらにすべての $c \neq 0$ について (cx, cy, cz, c) である．

4 $S = \mathrm{diag}\,(c, c, c, 1)$. ST と TS の第 4 行は $1, 4, 3, 1$ と $c, 4c, 3c, 1$ である．$\boldsymbol{v}TS$ を用いる．

5 8.5×11 から 1×1 を作るのは $S = \begin{bmatrix} 1/8.5 & & \\ & 1/11 & \\ & & 1 \end{bmatrix}$ である．

9 $\boldsymbol{n} = \left(\frac{2}{3}, \frac{2}{3}, \frac{1}{3}\right)$ より $P = I - \boldsymbol{n}\boldsymbol{n}^{\mathrm{T}} = \frac{1}{9}\begin{bmatrix} 5 & -4 & -2 \\ -4 & 5 & -2 \\ -2 & -2 & 8 \end{bmatrix}$. $\|\boldsymbol{n}\| = 1$ に注意せよ．

10 平面上に $(0, 0, 3)$ をとり積を計算すると $T_{-}PT_{+} = \frac{1}{9}\begin{bmatrix} 5 & -4 & -2 & 0 \\ -4 & 5 & -2 & 0 \\ -2 & -2 & 8 & 0 \\ 6 & 6 & 3 & 9 \end{bmatrix}$.

11 $(3, 3, 3)$ は $\frac{1}{3}(-1, -1, 4)$ へ射影され，$(3, 3, 3, 1)$ は $(\frac{1}{3}, \frac{1}{3}, \frac{5}{3}, 1)$ へと射影される．それらは行ベクトルである．

13 その立方体の平面への射影は六角形となる．

14 $(3, 3, 3)(I - 2\boldsymbol{n}\boldsymbol{n}^{\mathrm{T}}) = \left(\frac{1}{3}, \frac{1}{3}, \frac{1}{3}\right)\begin{bmatrix} 1 & -8 & -4 \\ -8 & 1 & -4 \\ -4 & -4 & 7 \end{bmatrix} = \left(-\frac{11}{3}, -\frac{11}{3}, -\frac{1}{3}\right)$.

15 $(3, 3, 3, 1) \to (3, 3, 0, 1) \to (-\frac{7}{3}, -\frac{7}{3}, -\frac{8}{3}, 1) \to (-\frac{7}{3}, -\frac{7}{3}, \frac{1}{3}, 1)$.

17 平面は $1/c$ だけ縮小される．なぜなら，(x, y, z, c) は $(x/c, y/c, z/c, 1)$ と同じ点だからである．

練習問題 9.1 ☞ p. 505

1 行交換を行わない場合，ピボットは 0.001 と 1000 である．行交換を行う場合，ピボットは 1 と -1 である．ピボットが，その下の要素よりも大きいとき，$|\ell_{ij}| = |$ 要素/ピボット $| \leq 1$ がすべて成り立つ．$A = \begin{bmatrix} 1 & 1 & 1 \\ 0 & 1 & -1 \\ -1 & 1 & 1 \end{bmatrix}$.

4 $A^{\mathrm{T}} = A$ であるので，最大の $\|\boldsymbol{x}\| = \|A^{-1}\boldsymbol{b}\|$ は $\|A^{-1}\| = 1/\lambda_{\min}$ である．誤差の最大は $10^{-16}/\lambda_{\min}$ である．

5 U の各行の非零要素は，高々 w 個である．（下の行ですでに求まっている）$\boldsymbol{x}$ の要素の代入に w 回の乗算があり，ピボットでの除算が 1 回ある．n 行を通した合計は wn より小さい．

6 三角行列 L^{-1}, U^{-1}, R^{-1} では，$\frac{1}{2}n^2$ 回の乗算が必要である．Q では，右辺に $Q^{-1} = Q^{\mathrm{T}}$ を掛けるのに n^2 回必要である．したがって，$QR\boldsymbol{x} = \boldsymbol{b}$ は $LU\boldsymbol{x} = \boldsymbol{b}$ を計算するよりも 1.5 倍時間がかかる．

7 $UU^{-1}=I$:　後退代入には，第 j 列において $j\times j$ の左上行列を用いて $\frac{1}{2}j^2$ 回の乗算が必要である．U^{-1} を求めるのに全体で $\frac{1}{2}(1^2+2^2+\cdots+n^2)\approx\frac{1}{2}(\frac{1}{3}n^3)$ 回必要である．

10 有効数字 10 進 16 桁の浮動小数点数演算を用いたとき，誤差 $\|\boldsymbol{x}-\boldsymbol{x}_{\text{computed}}\|$ の大きさは，$\varepsilon=10^{-3}, 10^{-6}, 10^{-9}, 10^{-12}, 10^{-15}$ のとき $10^{-16}, 10^{-11}, 10^{-7}, 10^{-4}, 10^{-3}$ となる．

11 (a) $\cos\theta=\frac{1}{\sqrt{10}}$，$\sin\theta=\frac{-3}{\sqrt{10}}$，$R=Q_{21}A=\frac{1}{\sqrt{10}}\begin{bmatrix}10 & 14\\ 0 & 8\end{bmatrix}$．(b) $\lambda=4$; $-\theta$ を用いる．$\boldsymbol{x}=(1,-3)/\sqrt{10}$.

13 $Q_{ij}A$ では $4n$ 回の乗算が行われる（第 i 行と第 j 行の各要素についてそれぞれ 2 回）．$\cos\theta$ をくくり出すことで，1 と $\pm\tan\theta$ に必要な乗算は $2n$ 回だけである．これより，QR の命令数 $\frac{2}{3}n^3$ が導かれる．

練習問題 9.2 ☞ p. 512

1 $\|A\|=2$，$\|A^{-1}\|=2$, $c=4$;　$\|A\|=3$，$\|A^{-1}\|=1$, $c=3$;　正定値行列では $\|A\|=2+\sqrt{2}=\lambda_{\max}$，$\|A^{-1}\|=1/\lambda_{\min}$，$c=(2+\sqrt{2})/(2-\sqrt{2})=5.83$.

3 1 つ目の不等式については，$\|A\boldsymbol{x}\|\le\|A\|\|\boldsymbol{x}\|$ の $\boldsymbol{x}$ を $B\boldsymbol{x}$ で置き換える．2 つ目の不等式は単に $\|B\boldsymbol{x}\|\le\|B\|\|\boldsymbol{x}\|$ である．すると，$\|AB\|=\max(\|AB\boldsymbol{x}\|/\|\boldsymbol{x}\|)\le\|A\|\|B\|$.

7 三角不等式より $\|A\boldsymbol{x}+B\boldsymbol{x}\|\le\|A\boldsymbol{x}\|+\|B\boldsymbol{x}\|$ を得る．$\|\boldsymbol{x}\|$ で割り，すべての非零ベクトルについて最大をとることで $\|A+B\|\le\|A\|+\|B\|$ を得る．

8 $A\boldsymbol{x}=\lambda\boldsymbol{x}$ のとき，その特定の $\boldsymbol{x}$ について $\|A\boldsymbol{x}\|/\|\boldsymbol{x}\|=|\lambda|$ である．すべてのベクトルについて比の最大をとると $\|A\|\ge|\lambda|$ を得る．

13 残差 $\boldsymbol{b}-A\boldsymbol{y}=(10^{-7},0)$ は，$\boldsymbol{b}-A\boldsymbol{z}=(0.0013,0.0016)$ よりずっと小さい．しかし，$\boldsymbol{z}$ は $\boldsymbol{y}$ よりも解にずっと近い．

14 $\det A=10^{-6}$ なので $A^{-1}=10^3\begin{bmatrix}659 & -563\\ -913 & 780\end{bmatrix}$: $\|A\|>1$ と $\|A^{-1}\|>10^6$ より $c>10^6$.

16 $x_1^2+\cdots+x_n^2$ は，$\max(x_i^2)$ 以上であり，$(|x_1|+\cdots+|x_n|)^2=\|\boldsymbol{x}\|_1^2$ 以下である．$x_1^2+\cdots+x_n^2\le n\max(x_i^2)$ なので，$\|\boldsymbol{x}\|\le\sqrt{n}\|\boldsymbol{x}\|_\infty$．$y_i=\operatorname{sign}x_i=\pm1$ とすると，$\|\boldsymbol{x}\|_1=\boldsymbol{x}\cdot\boldsymbol{y}\le\|\boldsymbol{x}\|\|\boldsymbol{y}\|=\sqrt{n}\|\boldsymbol{x}\|$ を得る．$\boldsymbol{x}=(1,\ldots,1)$ のとき $\|\boldsymbol{x}\|_1=\sqrt{n}\,\|\boldsymbol{x}\|$.

練習問題 9.3 ☞ p. 523

2 $A\boldsymbol{x}=\lambda\boldsymbol{x}$ のとき，$(I-A)\boldsymbol{x}=(1-\lambda)\boldsymbol{x}$ である．λ が 0 と 2 の間であれば，$B=I-A$ の実固有値は $|1-\lambda|<1$ を満たす．

6 ヤコビ法では $S^{-1}T=\frac{1}{3}\begin{bmatrix}0 & 1\\ 1 & 0\end{bmatrix}$ であり，その固有値は $|\lambda|_{\max}=\frac{1}{3}$ である．問題が小さく，収束は速い．

7 ガウス–ザイデル法では $S^{-1}T=\begin{bmatrix}0 & \frac{1}{3}\\ 0 & \frac{1}{9}\end{bmatrix}$ であり，その固有値は $|\lambda|_{\max}=\frac{1}{9}$ である．これは，(ヤコビ法での $|\lambda|_{\max})^{\mathbf{2}}$ である．

9 トレース $2-2\omega+\frac{1}{4}\omega^2$ を $(\omega-1)+(\omega-1)$ と等しくすると，$\omega_{\text{opt}}=4(2-\sqrt{3})\approx1.07$ が求まる．固有値 $\omega-1$ はおよそ 0.07 であり，大きく改善された．

15 $A\boldsymbol{x}_1$ の第 j 要素について，$\lambda_1\sin\frac{j\pi}{n+1}=2\sin\frac{j\pi}{n+1}-\sin\frac{(j-1)\pi}{n+1}-\sin\frac{(j+1)\pi}{n+1}$ である．最後の 2 つの項を結合すると，$-2\sin\frac{j\pi}{n+1}\cos\frac{\pi}{n+1}$ となる．すると $\lambda_1=2-2\cos\frac{\pi}{n+1}$.

17 $A^{-1} = \frac{1}{3}\begin{bmatrix}2 & 1\\ 1 & 2\end{bmatrix}$ より $\boldsymbol{u}_1 = \frac{1}{3}\begin{bmatrix}2\\ 1\end{bmatrix}$, $\boldsymbol{u}_2 = \frac{1}{9}\begin{bmatrix}5\\ 4\end{bmatrix}$, $\boldsymbol{u}_3 = \frac{1}{27}\begin{bmatrix}14\\ 13\end{bmatrix} \to \boldsymbol{u}_\infty = \begin{bmatrix}1/2\\ 1/2\end{bmatrix}$.

18 $R = Q^{\mathrm{T}}A = \begin{bmatrix}1 & \cos\theta\sin\theta\\ 0 & -\sin^2\theta\end{bmatrix}$ および $A_1 = RQ = \begin{bmatrix}\cos\theta(1+\sin^2\theta) & -\sin^3\theta\\ \boldsymbol{-\sin^3\theta} & -\cos\theta\sin^2\theta\end{bmatrix}$.

20 $A - cI = QR$ のとき，$A_1 = RQ + cI = Q^{-1}(QR + cI)Q = Q^{-1}AQ$ である．A_1 が A と相似であるので，固有値は変化しない．

21 $A\boldsymbol{q}_j = b_{j-1}\boldsymbol{q}_{j-1} + a_j\boldsymbol{q}_j + b_j\boldsymbol{q}_{j+1}$ に $\boldsymbol{q}_j^{\mathrm{T}}$ を掛けると $\boldsymbol{q}_j^{\mathrm{T}}A\boldsymbol{q}_j = a_j$ となる（なぜなら，$\boldsymbol{q}$ は直交するからである）．その行列を用いた形（列を用いた積）は $AQ = QT$ であり，T は**三重対角行列**である．T の対角要素に沿って，a と b が並ぶ．

23 A が対称であるとき，$A_1 = Q^{-1}AQ = Q^{\mathrm{T}}AQ$ も対称となる．$A_1 = RQ = R(QR)R^{-1} = RAR^{-1}$ において，R と R^{-1} は上三角行列であるので，A の非零要素を含まない対角線に沿った列より下に，A_1 が非零要素を持つことはない．A が対称な三重対角行列であるとき，(A_1 の上部分に関する対称性を用いて）行列 $A_1 = RAR^{-1}$ も三重対角行列となる．

26 各中心 a_{ii} が円の半径よりも大きいとき（このとき対角優位である），0 はすべての円の外側にある．0 が固有値となることがないので，A^{-1} が存在する．

練習問題 10.1 ☞ p. 534

2 極形式で，それらは $\sqrt{5}e^{i\theta}$, $5e^{2i\theta}$, $\frac{1}{\sqrt{5}}e^{-i\theta}$, $\sqrt{5}$ である．

4 $|z \times w| = 6$, $|z + w| \leq 5$, $|z/w| = \frac{2}{3}$, $|z - w| \leq 5$.

5 $a + ib = \frac{\sqrt{3}}{2} + \frac{1}{2}i$, $\frac{1}{2} + \frac{\sqrt{3}}{2}i$, i, $-\frac{1}{2} + \frac{\sqrt{3}}{2}i$; $w^{12} = 1$.

9 $2 + i$; $(2+i)(1+i) = 1 + 3i$; $e^{-i\pi/2} = -i$; $e^{-i\pi} = -1$; $\frac{1-i}{1+i} = -i$; $(-i)^{103} = i$.

10 $z + \overline{z}$ は実数；$z - \overline{z}$ は純虚数；$z\overline{z}$ は正；$z/\overline{z}$ は絶対値 1.

12 (a) $a = b = d = 1$ のとき，その平方根は $\sqrt{4c}$ となる；$c < 0$ ならば λ は複素数である．(b) $ad = bc$ のとき $\lambda = 0$ かつ $\lambda = a + d$. (c) 各 λ は実数で相異なることがある．

13 $(a+d)^2 < 4(ad - bc)$ のとき λ は複素数；$(a+d)^2 - 4(ad - bc)$ を $(a-d)^2 + 4bc$ として表せ．後者は $bc > 0$ のとき正である．

14 $\det(P - \lambda I) = \lambda^4 - 1 = 0$ は $\lambda = 1, -1, i, -i$ を持ち，それらの固有ベクトルは $(1,1,1,1)$, $(1,-1,1,-1)$, $(1,i,-1,-i)$, $(1,-i,-1,i)$ である．これらはフーリエ行列の列である．

16 対称ブロック行列は実固有値を持つ；ゆえに $i\lambda$ は実数であり，λ は 純虚数である．

18 $r = 1$, 偏角 $\frac{\pi}{2} - \theta$；$e^{i\theta}$ を掛けて $e^{i\pi/2} = i$ を得る．

21 $\cos 3\theta = \mathrm{Re}[(\cos\theta + i\sin\theta)^3] = \cos^3\theta - 3\cos\theta\sin^2\theta$; $\sin 3\theta = 3\cos^2\theta\sin\theta - \sin^3\theta$.

23 e^i は単位円上偏角 $\theta = 1$ である；$|i^e| = 1^e$；無限に多くの $i^e = e^{i(\pi/2 + 2\pi n)e}$.

24 (a) 単位円．(b) $e^{-2\pi}$ までの螺旋．(c) 角 $\theta = 2\pi^2$ まで回り続ける円．

練習問題 10.2 ☞ p. 543

3 $\boldsymbol{z} = (1+i, 1+i, -2)$ のスカラー倍；$A\boldsymbol{z} = \boldsymbol{0}$ より $\boldsymbol{z}^H A^H = \boldsymbol{0}^H$ が得られ，ゆえに $\boldsymbol{z}$ （$\overline{\boldsymbol{z}}$ ではなく!）は A^H のすべての列に直交する（A^H に $\boldsymbol{z}^H$ を掛ける複素内積を用いる）．

4 今の場合，4 つの基本部分空間は $\boldsymbol{C}(A)$, $\boldsymbol{N}(A)$, $\boldsymbol{C}(A^H)$, $\boldsymbol{N}(A^H)$ である．A^H であり，A^T ではない．

5 (a) $(A^HA)^H = A^HA^{HH} = A^{\mathrm{H}}A$ 再び．(b) $A^HA\boldsymbol{z} = \boldsymbol{0}$ ならば $(\boldsymbol{z}^HA^H)(A\boldsymbol{z}) = 0$．これは $\|A\boldsymbol{z}\|^2 = 0$ を意味し，ゆえに $A\boldsymbol{z} = \boldsymbol{0}$．$A$ と $A^{\mathrm{H}}A$ の零空間はつねに**同じ**である．

6 (a) 偽 (c) 偽 $A = U = \begin{bmatrix} 0 & 1 \\ -1 & 0 \end{bmatrix}$．(b) 真：$A = A^{\mathrm{H}}$ であるとき $-i$ は固有値ではない．

10 $(1,1,1)$, $(1, e^{2\pi i/3}, e^{4\pi i/3})$, $(1, e^{4\pi i/3}, e^{2\pi i/3})$ は直交している（複素内積！）なぜなら P は直交行列である— したがってその固有ベクトル行列はユニタリ行列である．

11 $C = \begin{bmatrix} 2 & 5 & 4 \\ 4 & 2 & 5 \\ 5 & 4 & 2 \end{bmatrix} = 2 + 5P + 4P^2$ はフーリエ固有ベクトル行列 F を持つ．その固有値は $2+5+4 = 11$, $2 + 5e^{2\pi i/3} + 4e^{4\pi i/3}$, $2 + 5e^{4\pi i/3} + 4e^{8\pi i/3}$ である．

13 行列式 = その固有値の積 **（すべて実数）**．また，$A = A^{\mathrm{H}}$ より $\det A = \overline{\det A}$.

15 $A = \dfrac{1}{\sqrt{3}} \begin{bmatrix} 1 & -1+i \\ 1+i & 1 \end{bmatrix} \begin{bmatrix} 2 & 0 \\ 0 & -1 \end{bmatrix} \dfrac{1}{\sqrt{3}} \begin{bmatrix} 1 & 1-i \\ -1-i & 1 \end{bmatrix}$.

18 $V = \frac{1}{L} \begin{bmatrix} 1+\sqrt{3} & -1+i \\ 1+i & 1+\sqrt{3} \end{bmatrix} \begin{bmatrix} 1 & 0 \\ 0 & -1 \end{bmatrix} \frac{1}{L} \begin{bmatrix} 1+\sqrt{3} & 1-i \\ -1-i & 1+\sqrt{3} \end{bmatrix}$. ただし，$L^2 = 6+2\sqrt{3}$. ユニタリ行列であるから $|\lambda| = 1$．$V = V^{\mathrm{H}}$ より λ は実数．このとき，トレースが零であるから $\lambda = 1$ と -1 である．

19 $\boldsymbol{v}$ はユニタリ行列 U の列であるから，U^{H} は U^{-1} である．このとき，$\boldsymbol{z} = UU^{\mathrm{H}}\boldsymbol{z} =$ （列を掛けて）$= \boldsymbol{v}_1(\boldsymbol{v}_1^{\mathrm{H}}\boldsymbol{z}) + \cdots + \boldsymbol{v}_n(\boldsymbol{v}_n^{\mathrm{H}}\boldsymbol{z})$：典型的な正規直交展開である．

20 掛け算 $(e^{-ix})(e^{ix})$ をしてはいけない．最初に共役をとり，それから $\int_0^{2\pi} e^{2ix}\,dx = [e^{2ix}/2i]_0^{2\pi} = 0$.

22 $R + iS = (R+iS)^{\mathrm{H}} = R^{\mathrm{T}} - iS^{\mathrm{T}}$; R は対称行列であるが，S は歪対称行列である．

24 $[1]$ と $[-1]$; 任意の $[e^{i\theta}]$; $\begin{bmatrix} a & b+ic \\ b-ic & d \end{bmatrix}$; $\begin{bmatrix} w & e^{i\phi}\overline{z} \\ -z & e^{i\phi}\overline{w} \end{bmatrix}$ $|w|^2 + |z|^2 = 1$ でかつ任意の角 ϕ

27 ユニタリ性 $U^{\mathrm{H}}U = I$ より $(A^{\mathrm{T}} - iB^{\mathrm{T}})(A + iB) = (A^{\mathrm{T}}A + B^{\mathrm{T}}B) + i(A^{\mathrm{T}}B - B^{\mathrm{T}}A) = I$. $A^{\mathrm{T}}A + B^{\mathrm{T}}B = I$ かつ $A^{\mathrm{T}}B - B^{\mathrm{T}}A = 0$ は ブロック行列を直交化する．

30 $A = \begin{bmatrix} 1-i & 1-i \\ -1 & 2 \end{bmatrix} \begin{bmatrix} 1 & 0 \\ 0 & 4 \end{bmatrix} \dfrac{1}{6} \begin{bmatrix} 2+2i & -2 \\ 1+i & 2 \end{bmatrix} = S\Lambda S^{-1}$. $\lambda = 1$ と 4 は実数であることに注意せよ．

練習問題 10.3 ☞ p. 552

8 $c \to (1,1,1,1,0,0,0,0) \to (4,0,0,0,0,0,0,0) \to (4,0,0,0,4,0,0,0) = F_8c$.
$C \to (0,0,0,0,1,1,1,1) \to (0,0,0,0,4,0,0,0) \to (4,0,0,0,-4,0,0,0) = F_8C$.

9 $w^{64} = 1$ とすれば w^2 は 1 の 32 乗根であり，$\sqrt{w}$ は 1 の 128 乗根である：これは FFT への鍵である．

13 $e_1 = c_0 + c_1 + c_2 + c_3$ と $e_2 = c_0 + c_1 i + c_2 i^2 + c_3 i^3$; E は $C = FEF^{-1}$ の 4 つの固有値からなる．なぜなら，F はその固有ベクトルから構成されるから．

14 固有値は $e_1 = 2 - 1 - 1 = 0$, $e_2 = 2 - i - i^3 = 2$, $e_3 = 2 - (-1) - (-1) = 4$, $e_4 = 2 - i^3 - i^9 = 2$ である．ただ C の第 0 列を変換せよ．トレース $0+2+4+2 = 8$ をチェックせよ．

15 対角行列 E は n 回の掛け算が必要である．フーリエ行列 F と F^{-1} は **FFT** によってそれぞれ $\frac{1}{2}n\log_2 n$ 回の掛け算が必要である．C を $\boldsymbol{x}$ に掛けるとき，全体の合計は通常の n^2 よりはるかに少ない．

復習に役立つ質問集

第 1 章

1.1 $\boldsymbol{v}=(3,1)$ と $\boldsymbol{w}=(4,3)$ の線形結合であるベクトルはどのようなものか？

1.2 $\boldsymbol{v}=(3,1)$ と $\boldsymbol{w}=(4,3)$ の内積と，それらの長さの積を比較せよ．どちらがより大きいか？ これは誰の不等式と呼ばれるか？

1.3 質問 1.2 における $\boldsymbol{v}$ と $\boldsymbol{w}$ の間の角の余弦を求めよ．x 軸と $\boldsymbol{v}$ の間の角の余弦を求めよ．

第 2 章

2.1 行列 A と列ベクトル $\boldsymbol{x}=(2,-1)$ の積は，A の列をどのように線形結合したものか？ A の列数と行数はいくつか？

2.2 $A\boldsymbol{x}=\boldsymbol{b}$ であるとき，ベクトル $\boldsymbol{b}$ は行列 A のどのベクトルを線形結合したものか？ ベクトル空間の言葉を用いると，$\boldsymbol{b}$ は A の _____ 空間にある．

2.3 A が 2×2 行列 $\left[\begin{smallmatrix}\mathbf{2}&\mathbf{1}\\\mathbf{6}&\mathbf{6}\end{smallmatrix}\right]$ であるとき，そのピボットを求めよ．

2.4 A が行列 $\left[\begin{smallmatrix}\mathbf{0}&\mathbf{1}\\\mathbf{1}&\mathbf{1}\end{smallmatrix}\right]$ であるとき，消去はどのように実行されるか？ その際，どのような置換行列 P が伴うか？

2.5 A が行列 $\left[\begin{smallmatrix}\mathbf{2}&\mathbf{1}\\\mathbf{6}&\mathbf{3}\end{smallmatrix}\right]$ であるとき，$A\boldsymbol{x}=\boldsymbol{b}$ が解を持たず $A\boldsymbol{x}=\boldsymbol{c}$ が解を持つように $\boldsymbol{b}$ と $\boldsymbol{c}$ を定めよ．

2.6 ある 3 行からなる行列に 3×3 行列 L を掛けたとき，第 3 行に第 2 行の 5 倍が足され，その後，第 2 行に第 1 行の 2 倍が足される．そのような行列 L を求めよ．

2.7 3×3 行列 E は，第 2 行から第 1 行の 2 倍を引き，その後，第 3 行から第 2 行の 5 倍を引く．そのような行列 E を求めよ．E と質問 2.6 の L とはどのような関係にあるか？

2.8 A が 4×3，B が 3×7 であるとき，AB には**行と列の積**がいくつ含まれるか？ AB には**列と行の積**がいくつ含まれるか？ 独立した小さな掛け算は何回実行されるか（これは両方で等しい）？

2.9 $A=\left[\begin{smallmatrix}\mathbf{I}&\mathbf{U}\\\mathbf{0}&\mathbf{I}\end{smallmatrix}\right]$ が，2×2 のブロックからなる行列であると仮定する．その逆行列を求めよ．

2.10 $[A\ \ I]$ を用いて，A の逆行列をどのように求めることができるか？ $A\boldsymbol{x}=I$ の列という n 個の方程式を解くと，その解 $\boldsymbol{x}$ は _____ の列である．

2.11 正方行列 A が可逆行列であるかどうかは，消去からどのように判定できるか？

2.12 L（下三角行列）に含まれる乗数と行操作とによって，A が U（上三角行列）へと消去されたと仮定する．A の最後の行と，L の最後の行に U を掛けたものが一致するのはなぜか？

2.13 （行交換を許す消去から得られる）任意の正方可逆行列に対する分解は何か？

2.14 AB の逆行列の転置を求めよ．

2.15 置換行列の逆行列が置換行列である理由を示せ．それと転置との関係は何か？

第 3 章

3.1 $n \times n$ 可逆行列の列空間はどのようなものか？その行列の零空間はどのようなものか？

3.2 A のすべての列が第 1 列のスカラー倍であるとき，A の列空間はどのようなものか？

3.3 $\mathbf{R}^n$ の中のベクトルの集合が部分空間となるための 2 つの条件は何か？

3.4 行列 A の行簡約階段行列 R の第 1 行がすべて 1 であるとき，R の他の行が零行である理由を示せ．その零空間はどのようなものか？

3.5 A の零空間が，零ベクトルのみからなると仮定する．$A\boldsymbol{x} = \boldsymbol{b}$ の解について，何が言えるか？

3.6 A の階数は，行簡約階段行列 R からどのように求めることができるか？

3.7 A の第 4 列が，第 1 列，第 2 列，第 3 列の和であると仮定する．零空間に含まれるベクトルを求めよ．

3.8 線形方程式 $A\boldsymbol{x} = \boldsymbol{b}$ の一般解を，言葉で説明せよ．

3.9 任意の $\boldsymbol{b}$ に対して，$A\boldsymbol{x} = \boldsymbol{b}$ に解がちょうど 1 つあるとき，A について何が言えるか？

3.10 $\mathbf{R}^2$ を張るが，$\mathbf{R}^2$ の基底ではないようなベクトルの例を与えよ．

3.11 4×4 対称行列からなる空間の次元はいくつか？

3.12 ベクトル空間における**基底**と**次元**の意味を説明せよ．

3.13 A の各行が，A の零空間に含まれる任意のベクトルと直交する理由を示せ．

3.14 列 $\boldsymbol{u}$ と行 $\boldsymbol{v}^{\mathrm{T}}$（いずれも非零とする）の積が階数 1 である理由を示せ．

3.15 A が 6×3 かつその階数が 2 であるとき，4 つの基本部分空間の次元を答えよ．

3.16 要素がすべて 2 であるような 3×4 行列の行簡約階段行列 R を求めよ．

3.17 A の**ピボット列**を説明せよ．

3.18 次の文は真か？「A の左零空間ベクトルは $A^{\mathrm{T}}\boldsymbol{y}$ という形をしている．」

3.19 すべての可逆行列において，その列が基底となる理由を示せ．

第 4 章

4.1 直交部分空間において，**補空間**という用語は何を意味するか？

4.2 $\boldsymbol{V}$ が 7 次元空間 $\mathbf{R}^7$ のある部分空間であるとき，$\boldsymbol{V}$ の次元とその直交補空間の次元の和は ＿＿＿ である．

4.3 $\boldsymbol{a}$ を通る直線への $\boldsymbol{b}$ の射影は，ベクトル ＿＿＿ である．

4.4 $\boldsymbol{a}$ を通る直線への射影行列は $P =$ ＿＿＿ である．

4.5 A の列空間へ $\boldsymbol{b}$ を射影する際に鍵となる方程式は，**正規方程式** _____ である．

4.6 A の列が _____ であるとき，行列 $A^{\mathrm{T}}A$ は可逆行列である．

4.7 $A\boldsymbol{x} = \boldsymbol{b}$ の最小 2 乗解が最小化する誤差関数はどのようなものか？

4.8 $A\boldsymbol{x} = \boldsymbol{b}$ の最小 2 乗解と，列空間への射影の考え方とには，どのような関係があるか？

4.9 10 個のデータ点に対して最適な直線を引いたとき，行列 A の形はどうなるか？ また，射影 $\boldsymbol{p}$ はグラフにどのように現れるか？

4.10 Q の列が直交するとき，$Q^{\mathrm{T}}Q = I$ となる理由を示せ．

4.11 Q の列に対する射影行列 P はどのようなものか？

4.12 ベクトル $\boldsymbol{a} = (2, 0)$ と $\boldsymbol{b} = (1, 1)$ に対してグラム－シュミット法を行うと，どのような 2 つの直交するベクトルが生成されるか？ $\boldsymbol{a} = (2, 0)$ を固定し，$\boldsymbol{b}$ を変えたとき，グラム－シュミット法は常に同じ 2 つの直交するベクトルを生成するか？

4.13 次の文は真か？「すべての置換行列は直交行列である.」

4.14 直交行列 Q の逆行列は _____ である．

第 5 章

5.1 行列 $-I$ の行列式を求めよ．

5.2 行列式が第 1 行の線形関数であることを説明せよ．

5.3 $\det A^{-1} = 1/\det A$ である理由を示せ．

5.4 （行交換なしで）A のピボットが 2，6，6 であるとき，A のどの部分行列に対する行列式が既知となるか？

5.5 A の第 1 行が $0, 0, 0, 3$ であると仮定する．この場合，A の行列式を与える「大公式」は，どのように簡単化されるか？

5.6 置換 $(2, 5, 3, 4, 1)$ は偶か奇か？ その答を踏まえ，どのような置換行列がどのような行列式を持つことが言えるか？

5.7 第 2 行から第 1 行の 4 倍を引く 3×3 の消去の基本変形の行列において，その余因子 C_{23} を求めよ．それによって，E^{-1} のどの要素が明らかになるか？

5.8 $\det A$ に対する余因子の公式の意味を，第 1 列を用いて説明せよ．

5.9 クラメルの定理を用いると，$I\boldsymbol{x} = \boldsymbol{b}$ の解の第 1 要素はどう表されるか？

5.10 第 2 行の要素を第 1 行の余因子を用いて線形結合した $a_{21}C_{11} + a_{22}C_{12} + a_{23}C_{13}$ が，自動的に零となる理由を示せ．

5.11 行列式と体積との間にはどのような関係があるか？

5.12 $\boldsymbol{u} = (0, 0, 1)$ と $\boldsymbol{v} = (0, 1, 0)$ の外積とその方向を求めよ．

5.13 A が $n \times n$ であるとき，$\det(A - \lambda I)$ が λ に関する n 次多項式となる理由を示せ．

第 6 章

6.1 どの方程式を用いると，固有ベクトルを用いずに A の固有値が得られるか？ 固有値から固有ベクトルを求めるにはどうすればよいか？

6.2 A が非可逆行列であるとき，そのことから固有値について何が言えるか？

6.3 A と A の積が $4A$ と等しいとき，A の固有値として取り得る値を答えよ．

6.4 実固有値または実固有ベクトルを持たない実行列を求めよ．

6.5 固有値の和および積を A から直接求めるにはどうすればよいか？

6.6 階数が 1 である行列 $[1\ \ 2\ \ 1]^{\mathrm{T}}[1\ \ 1\ \ 1]$ の固有値を求めよ．

6.7 対角化の式 $A = S\Lambda S^{-1}$ を説明せよ．それが正しい理由を示せ．また，それが正しくなるのはどのような場合か？

6.8 A の固有値の代数的重複度と幾何的重複度との差は何か？ 大きくなりうるのはどちらか？

6.9 AB のトレースと BA のトレースが等しい理由を説明せよ．

6.10 $d\boldsymbol{u}/dt = A\boldsymbol{u}$ を解くのに，A の固有ベクトルはどのように役立つか？

6.11 $\boldsymbol{u}_{k+1} = A\boldsymbol{u}_k$ を解くのに，A の固有ベクトルはどのように役立つか？

6.12 行列の指数関数 e^A とその逆元およびその 2 乗を定義せよ．

6.13 A が対称行列であるとき，その固有ベクトルに関してどのような特別な性質があるか？ その他の行列において，固有ベクトルがその性質を持つことがあるか？

6.14 A が対称行列であるとき，その対角化の式はどのようになるか？

6.15 A が**正定値行列**であることの意味を説明せよ．

6.16 $B = A^{\mathrm{T}}A$（ただし，A は実行列）が正定値行列となるのはどのような場合か？

6.17 A が正定値行列であるとき，$\boldsymbol{x}^{\mathrm{T}}A\boldsymbol{x} = 1$ の曲面を $\mathbf{R}^n$ に示せ．

6.18 A と B が**相似**であることの意味を説明せよ．そのような A と B で必ず等しくなるのは何か？

6.19 $i \geq j$ となる要素が 1 である 3×3 行列のジョルダン標準形を求めよ．

6.20 特異値分解では，A はどのような 3 つの行列の積で表されるか？

6.21 A の特異値分解と $A^{\mathrm{T}}A$ との関係を述べよ．

第 7 章

7.1 $\mathbf{R}^3$ から $\mathbf{R}^2$ への線形変換を定義し，例を 1 つ挙げよ．

7.2 本書カバーの中央上側にある「家」をオリジナルとするとき，他の 8 つの家のうちオリジナルの家から線形変換によっては写せないものを挙げよ[訳注]．

7.3 線形変換が入力基底の各基底ベクトルを次の基底ベクトルへ移すとき（最後のものは零に），それはどのような行列か？

7.4 標準基底（単位行列 I の列）を A（可逆行列）の列により与えられる基底に変換すると仮定する．その基底変換行列 M はどのような行列か？

7.5 行列 A の固有ベクトルが新たな基底を構成すると仮定する．この基底によって，A はどのような行列で表せるか？

[訳注] 質問 7.2 は原著の文を訳したものであるが，本書カバーには（原著 Fourth International Edition にも）そのような図はない．

7.6 A と B が $\mathbf{R}^n$ における線形変換 S と T を表す行列であるとき，$\boldsymbol{v}$ から $S(T(\boldsymbol{v}))$ への変換を表す行列を求めよ．

7.7 行列 A に関する 5 つの重要な分解を挙げ，それぞれがどのような場面で役立つか説明せよ（A についての条件も述べよ）．

用語解説： 線形代数のための辞書

アフィン変換 (affine transformation)
$T\boldsymbol{v} = A\boldsymbol{v} + \boldsymbol{v}_0$ = 線形変換 + 平行移動（シフト）.

（$f(x_1, \ldots, x_n)$ の）鞍点 (saddle point of $f(x_1, \ldots, x_n)$)
第 1 次微分が零で，第 2 次の微分行列（$\partial^2 f/\partial x_i \partial x_j$ = ヘッセの行列）が不定値となる点.

（$A\boldsymbol{x} = \boldsymbol{b}$ の）一般解 (complete solution $\boldsymbol{x} = \boldsymbol{x}_p + \boldsymbol{x}_n$ to $A\boldsymbol{x} = \boldsymbol{b}$)
（特殊解 $\boldsymbol{x}_p$）+（零空間の $\boldsymbol{x}_n$）

ヴァンデルモンド（ファンデルモンデ）の行列 (Vandermonde matrix) V
$V\boldsymbol{c} = \boldsymbol{b}$ は $p(x) = c_0 + \cdots + c_{n-1}x^{n-1}$ の係数を与える．ただし，$p(x_i) = b_i$. $V_{ij} = (x_i)^{j-1}$ であり，$\det V = k > i$ を満たす $(x_k - x_i)$ の積である.

ウェーブレット (wavelets) $w_{jk}(t)$
時間軸を伸ばしたりずらしたりして $w_{jk}(t) = w_{00}(2^j t - k)$ を生成する.

エルミート行列 (Hermitian matrix)
$A^{\mathrm{H}} = \overline{A}^{\mathrm{T}} = A$. 対称行列を複素行列に拡張したもの，ただし，$\overline{a_{ji}} = a_{ij}$.

階数 (rank)
$r(A)$ = ピボットの個数 = 列空間の次元 = 行空間の次元.

階数 1 の行列 (rank one matrix)
$A = \boldsymbol{u}\boldsymbol{v}^{\mathrm{T}} \neq 0$. 列空間と行空間 = 直線 $c\boldsymbol{u}$ と $c\boldsymbol{v}$ である.

外積 (cross product)
$\mathbf{R}^3$ における $\boldsymbol{u} \times \boldsymbol{v}$. $\boldsymbol{u}$ と $\boldsymbol{v}$ に垂直で，長さが $\|\boldsymbol{u}\|\|\boldsymbol{v}\||\sin\theta|$ = 平行四辺形の面積であるベクトル．$\boldsymbol{u} \times \boldsymbol{v} = [\,\boldsymbol{i}\ \ \boldsymbol{j}\ \ \boldsymbol{k};\, u_1\ \ u_2\ \ u_3;\, v_1\ \ v_2\ \ v_3\,]$ の“行列式”.

階段行列 (echelon matrix) U
各行の最初の零でない要素（ピボット）は前の行のピボットより後ろの列になる．すべてが零の行は最後になる.

回転行列 (rotation matrix)
$R = \begin{bmatrix} c & -s \\ s & c \end{bmatrix}$ は θ だけ平面を回転させ，$R^{-1} = R^{\mathrm{T}}$ は $-\theta$ だけ逆に回転させる．固有値は $e^{i\theta}$ と $e^{-i\theta}$ で，固有ベクトルは $(1, \pm i)$ である．ただし，$c, s = \cos\theta,\ \sin\theta$.

解を持つ連立 1 次方程式 (solvable system) $A\boldsymbol{x} = \boldsymbol{b}$

右辺の $\boldsymbol{b}$ は A の列空間に属している．

ガウス－ジョルダン法 (Gauss-Jordan method)

$[A \;\; I]$ に行変換を行って $[I \;\; A^{-1}]$ とすることにより，A の逆行列を求める．

可換行列 (commuting matrices) $AB = BA$

対角化可能ならば，それらは n 個の固有ベクトルを共有する．

拡大行列 (augmented matrix) $[A \;\; \boldsymbol{b}]$

$\boldsymbol{b}$ が A の列空間の中にあるとき，$A\boldsymbol{x} = \boldsymbol{b}$ は解を持つ．このとき，$[A \;\; \boldsymbol{b}]$ は A と同じ階数を持つ．$[A \;\; \boldsymbol{b}]$ 上の消去法は方程式を正しく保つ．

擬似逆行列 A^+ **（ムーア－ペンローズ逆行列）**
(pseudoinverse A^+ **(Moore-Penrose inverse))**

A を列空間から行空間へと「逆にする」 $n \times m$ 行列で，$\boldsymbol{N}(A^+) = \boldsymbol{N}(A^{\mathrm{T}})$．$A^+A$ と AA^+ は 行空間と列空間の上への射影行列である．$\mathrm{Rank}(A^+) = \mathrm{rank}(A)$．

（$\boldsymbol{V}$ の）基底 (basis for $\boldsymbol{V}$)

$\boldsymbol{V}$ の任意のベクトル $\boldsymbol{v}$ を線形結合 $\boldsymbol{v} = c_1\boldsymbol{v}_1 + \cdots + c_d\boldsymbol{v}_d$ で表せる線形独立なベクトル $\boldsymbol{v}_1, \ldots, \boldsymbol{v}_d$ のことである．$\boldsymbol{V}$ は多くの基底を持ち，各基底による線形表現の c_i は一意的に定まる．ベクトル空間は多くの基底を持つ！

基底変換行列 (change of basis matrix) M

以前の基底 $\boldsymbol{v}_j$ は新しい基底の線形結合 $\sum m_{ij}\boldsymbol{w}_i$ である．$c_1\boldsymbol{v}_1 + \cdots + c_n\boldsymbol{v}_n = d_1\boldsymbol{w}_1 + \cdots + d_n\boldsymbol{w}_n$ の座標には $\boldsymbol{d} = M\boldsymbol{c}$ という関係がある（$n = 2$ のとき，$\boldsymbol{v}_1 = m_{11}\boldsymbol{w}_1 + m_{21}\boldsymbol{w}_2, \boldsymbol{v}_2 = m_{12}\boldsymbol{w}_1 + m_{22}\boldsymbol{w}_2$ である）．

基本行列 (elimination matrix = elementary matrix) E_{ij}

ある単位行列 の i, j $(i \neq j)$ 要素に余分な $-\ell_{ij}$ がある行列．このとき，$E_{ij}A$ は A の第 j 行を ℓ_{ij} 倍して第 i 行から引く．

基本定理 (fundamental theorem)

零空間 $\boldsymbol{N}(A)$ と 行空間 $\boldsymbol{C}(A^{\mathrm{T}})$ は $\mathbf{R}^m$ における直交補空間である（次元は r と $n-r$ で，$A\boldsymbol{x} = \boldsymbol{0}$ より直交している）．A^{T} に適用すれば，列空間 $\boldsymbol{C}(A)$ は $\mathbf{R}^m$ において $\boldsymbol{N}(A^{\mathrm{T}})$ の直交補空間である．

逆行列 (inverse matrix) A^{-1}

$A^{-1}A = I$ と $AA^{-1} = I$ を満たす正方行列．$\det A = 0$ や $\mathrm{rank}(A) < n$，また 零でないベクトル $\boldsymbol{x}$ に対して $A\boldsymbol{x} = \boldsymbol{0}$ ならば 逆行列を持たない．AB と A^{T} の逆行列は $B^{-1}A^{-1}$ と $(A^{-1})^{\mathrm{T}}$ である．余因子公式 $(A^{-1})_{ij} = C_{ji}/\det A$．

鏡映行列 (reflection matrix (Householder))

$Q = I - 2\boldsymbol{u}\boldsymbol{u}^{\mathrm{T}}$．$\boldsymbol{u}$ は $Q\boldsymbol{u} = -\boldsymbol{u}$ に反射される．平面鏡において，$\boldsymbol{u}^{\mathrm{T}}\boldsymbol{x} = 0$ である $\boldsymbol{x}$ は $Q\boldsymbol{x} = \boldsymbol{x}$ を満たす．$Q^{\mathrm{T}} = Q^{-1} = Q$ に注意せよ．

行簡約階段行列 (reduced row echelon form)

$R = \mathrm{rref}(A)$． ピボット $= 1$；ピボットの上も下も零；R の r 個の零でない行は A の行空間の基底である．

行空間 (row space)

$\boldsymbol{C}(A^{\mathrm{T}}) = A$ の行のすべての線形結合．約束により行を列ベクトルとして扱う．

行について非退化 (full row rank) $r = m$

線形独立な行，$A\boldsymbol{x} = \boldsymbol{b}$ は少なくとも 1 つの解を持つ，列空間は $\mathbf{R}^m$ 全体である．非退化は 列または行についての非退化を意味する．

（$A\boldsymbol{x} = \boldsymbol{b}$ の）行ベクトルの絵 (row picture of $A\boldsymbol{x} = \boldsymbol{b}$)

方程式は $\boldsymbol{R}^n$ における平面を与える．平面は $\boldsymbol{x}$ で交わる．

共分散行列 (covariance matrix) Σ

無作為為変数 x_i が平均＝平均値＝ 0 のとき，それらの共分散 Σ_{ij} は $x_i x_j$ の平均である．平均を $\overline{x}_i$ とすると，行列 $\Sigma = (\boldsymbol{x} - \overline{\boldsymbol{x}})(\boldsymbol{x} - \overline{\boldsymbol{x}})^{\mathrm{T}}$ は（半）正定値である．x_i が独立ならば，Σ は対角行列である．

共役勾配法 (conjugate gradient method)

正定値 $A\boldsymbol{x} = \boldsymbol{b}$ を解くときに，増大するクリロフ部分空間上で $\frac{1}{2}\boldsymbol{x}^{\mathrm{T}}A\boldsymbol{x} - \boldsymbol{x}^{\mathrm{T}}\boldsymbol{b}$ を最小化して解くための一連のステップ（第 9 章の終りにある）．

行列式 (determinant) $|A| = \det(A)$

$\det I = 1$ と定義され，行の交換に対して符号を反対にし，各行において線形である．A が可逆行列でなければ，$|A| = 0$ である．また，$|AB| = |A||B|$，$|A^{-1}| = 1/|A|$，さらに $|A^{\mathrm{T}}| = |A|$ が成り立つ．$\det(A)$ は大公式より $n!$ 個の項の和であり，余因子の公式は $n-1$ 次の行列式を用いる．箱の体積 $= |\det(A)|$ となる．

行列の積 (matrix multiplication) AB

AB の (i, j) 要素は（A の第 i 行）$\cdot$（B の第 j 列）$= \sum a_{ik}b_{kj}$．列について：AB の第 j 列 $= A\times$（B の第 j 列）．行について：AB の第 i 行 $=$（A の第 i 行）$\times B$．列 $\times$ 行：$AB =$（第 k 列）（第 k 行）の和．これらすべての同値な定義は，$AB \times \boldsymbol{x}$ は $A \times B\boldsymbol{x}$ に等しい，という規則から生じる．

極分解 (polar decomposition)

$A = QH$．（直交行列 Q）$\times$（（半）正定値 H）．

キルヒホッフの法則 (Kirchhoff's laws)

電流則 (current law)：電流回路の各節点において流れ込む電流と流れ出す電流の総和は零である.

電圧則 (voltage law)：電流回路の任意の閉路において電位差（電圧）は加えると零になる.

グラフ (graph) G

m 個のエッジによって 2 つずつつながった n 個のノードの集合. **完全グラフ**はノード間のすべての $n(n-1)/2$ 個のエッジを持つ. **木**は $n-1$ 個のエッジのみを持ち，閉ループを持たない.

グラフの隣接行列 (adjacency matrix of a graph)

ノード i からノード j へのエッジがあるとき $a_{ij}=1$ で，それ以外では $a_{ij}=0$ となる正方行列. エッジが両方向に延びている（向きがない）とき $A=A^{\mathrm{T}}$.

グラム–シュミットの正規直交化法 (Gram-Schmidt orthogonalization)

$A=QR$. A の列は線形独立，Q の列は正規直交. Q の各列 $\boldsymbol{q}_j$ は A の最初の j 列の線形結合である（逆に，R は上三角行列である）. 約束：$\mathrm{diag}(R)>\mathbf{0}$.

（$A\boldsymbol{x}=\boldsymbol{b}$ に対する）**クラメルの公式 (Cramer's Rule for $A\boldsymbol{x}=\boldsymbol{b}$)**

B_j を A の第 j 列を $\boldsymbol{b}$ で置き換えた行列とするとき，$x_j=\det B_j/\det A$ が成り立つ.

クリロフ部分空間 (Krylov subspace) $K_j(A,\boldsymbol{b})$

$\boldsymbol{b}, A\boldsymbol{b}, \ldots, A^{j-1}\boldsymbol{b}$ により生成された部分空間. 数値的な方法により，この空間で $A^{-1}\boldsymbol{b}$ を $\boldsymbol{x}_j$ により余りを $\boldsymbol{b}-A\boldsymbol{x}_j$ として近似する. K_j に対する良い基底を選べば各ステップにおいて A による掛け算のみを必要とする.

クロネッカー積（テンソル積）(Kronecker product (tensor product))

$A \bigotimes B$. ブロック $a_{ij}B$，固有値 $\lambda_p(A)\lambda_q(B)$.

ケイリー–ハミルトンの定理 (Cayley-Hamilton theorem)

$p(\lambda)=\det(A-\lambda I)$ ならば $p(A)=$（零行列）である.

剛性行列 (stiffness matrix)

$\boldsymbol{x}$ が節点の動きを与えれば，$K\boldsymbol{x}$ は内力を与える. $K=A^{\mathrm{T}}CA$, ただし C はフックの法則からのばね定数であり，$A\boldsymbol{x}=$ 伸長である.

高速フーリエ変換 (fast fourier transform: FFT)

フーリエ行列 F_n を $\ell=\log_2 n$ 個の行列 S_i と置換の積に分解すること. 各 S_i は $n/2$ 個の掛け算のみ必要であり，ゆえに $F_n\boldsymbol{x}$ と $F_n^{-1}\boldsymbol{c}$ は $n\ell/2$ 個の掛け算で計算できる. 革命的である.

後退代入 (back substitution)

上三角行列の連立 1 次方程式は x_n から x_1 へ逆の順序で解ける.

固有値 λ と 固有ベクトル $\boldsymbol{x}$ (eigenvalue λ and eigenvector $\boldsymbol{x}$)
$\boldsymbol{x} \neq \boldsymbol{0}$ により $A\boldsymbol{x} = \lambda\boldsymbol{x}$ を満たす．ゆえに，$\det(A - \lambda I) = 0$ である．

コレスキー分解 (Cholesky factorization)
正定値行列 A に対して $A = C^{\mathrm{T}}C = (L\sqrt{D})(L\sqrt{D})^{\mathrm{T}}$.

（A の）**最小多項式 (minimal polynomial of A)**
$m(A) =$ 零行列となる次数最小の多項式．固有値の重複がなければ，これは $p(\lambda) = \det(A - \lambda I)$ である．$m(\lambda)$ は常に $p(\lambda)$ を割り切る．

最小 2 乗解 (least squares solution) $\widehat{\boldsymbol{x}}$
誤差 $\|\boldsymbol{e}\|^2$ を最小にするベクトル $\widehat{\boldsymbol{x}}$ は $A^{\mathrm{T}}A\widehat{\boldsymbol{x}} = A^{\mathrm{T}}\boldsymbol{b}$ の解となる．このとき，$\boldsymbol{e} = \boldsymbol{b} - A\widehat{\boldsymbol{x}}$ は A のすべての列に直交している．

三角不等式 (triangle inequality)
$\|\boldsymbol{u} + \boldsymbol{v}\| \leq \|\boldsymbol{u}\| + \|\boldsymbol{v}\|$. 行列のノルムについては $\|A + B\| \leq \|A\| + \|B\|$.

三重対角行列 (tridiagonal matrix) T
$|i - j| > 1$ のとき $t_{ij} = 0$. T^{-1} はその対角線の上と下の階数が 1 である．

指数 (exponential)
$e^{At} = I + At + (At)^2/2! + \cdots$ の微分は Ae^{At} である；$e^{At}\boldsymbol{u}(0)$ は $\boldsymbol{u}' = A\boldsymbol{u}$ の解である．

（a を通る直線の上への）**射影 $\boldsymbol{p}$(projection $\boldsymbol{p}$ onto the line through $\boldsymbol{a}$) $\boldsymbol{p} = \boldsymbol{a}(\boldsymbol{a}^{\mathrm{T}}\boldsymbol{b}/\boldsymbol{a}^{\mathrm{T}}\boldsymbol{a})$**
$P = \boldsymbol{a}\boldsymbol{a}^{\mathrm{T}}/\boldsymbol{a}^{\mathrm{T}}\boldsymbol{a}$ は階数 1 を持つ．

空間 $\boldsymbol{S}$ の上への**射影行列 P (projection matrix P onto subspace $\boldsymbol{S}$)**
射影 $\boldsymbol{p} = P\boldsymbol{b}$ は $\boldsymbol{b}$ に最短の $\boldsymbol{S}$ における点である．誤差 $\boldsymbol{e} = \boldsymbol{b} - P\boldsymbol{b}$ は $\boldsymbol{S}$ に垂直である．$P^2 = P = P^{\mathrm{T}}$ であり，固有値は 1 か 0，固有ベクトルは $\boldsymbol{S}$ かまたは $\boldsymbol{S}^{\perp}$ にある．A の列が $\boldsymbol{S}$ の基底ならば，$P = A(A^{\mathrm{T}}A)^{-1}A^{\mathrm{T}}$.

シューアの補行列 (Schur complement)
$S = D - CA^{-1}B$. $\begin{bmatrix} A & B \\ C & D \end{bmatrix}$ に対するブロック消去において現れる．

自由変数 (free variable) x_i
第 i 列は消去法のときにピボットを持たない．$n - r$ 個の自由変数に対して 任意の値を与えることができ，すると $A\boldsymbol{x} = \boldsymbol{b}$ は r 個のピボット変数を定める（解を持つならば！）．

（A の）**自由列 (free columns of A)**
ピボットのない列．これらは前の列の線形結合である．

シュワルツの不等式 (Schwarz inequality)
$|\boldsymbol{v}\cdot\boldsymbol{w}| \leq \|\boldsymbol{v}\|\,\|\boldsymbol{w}\|$. このとき，正定値行列 A に対して $|\boldsymbol{v}^{\mathrm{T}}A\boldsymbol{w}|^2 \leq (\boldsymbol{v}^{\mathrm{T}}A\boldsymbol{v})(\boldsymbol{w}^{\mathrm{T}}A\boldsymbol{w})$.

巡回行列 (circulant matrix) C

巡回シフトにより巻かれた対角線が定数である行列．すべての巡回行列は $c_0 I + c_1 S + \cdots + c_{n-1} S^{n-1}$ と表される．$C\boldsymbol{x} =$（**畳み込み** $\boldsymbol{c}$）$* \boldsymbol{x}$．その固有ベクトルは F の列である．

巡回置換 (cyclic shift) S

S は $s_{21} = 1, s_{32} = 1, \ldots$，最後に $s_{1n} = 1$ となる置換行列．その固有値は 1 の n 乗根，$e^{2\pi ik/n}$ であり，固有ベクトルはフーリエ行列 F の列である．

消去法 (elimination)

A を上三角行列あるいは行簡約階段行列 $R = \text{rref}(A)$ にする一連の行基本変形操作．このとき，乗数 ℓ_{ij} からなる行列 L により $A = LU$，あるいは P による行交換により $PA = LU$，あるいは可逆行列 E によって $EA = R$ となる．

条件数 (condition number)

$\mathsf{cond}(A) = c(A) = \|A\|\|A^{-1}\| = \sigma_{\max}/\sigma_{\min}$．$A\boldsymbol{x} = \boldsymbol{b}$ において，$\boldsymbol{x}$ の相対的変化 $\|\delta \boldsymbol{x}\|/\|\boldsymbol{x}\|$ は $\boldsymbol{b}$ の相対的変化 $\|\delta \boldsymbol{b}\|/\|\boldsymbol{b}\|$ の $\mathsf{cond}(A)$ 倍よりは小さい．条件数は入力から出力への変化の感度を測る．

乗数 (multiplier) ℓ_{ij}

ピボットの第 j 行に ℓ_{ij} を掛けて，(i,j) 要素を消去するために第 i 行から引く：$\ell_{ij} =$（消去する要素）/（j 番目のピボット）．

重複度 (multiplicities)

AM と GM．λ の代数的重複度 AM とは λ が $\det(A - \lambda I) = 0$ の根として現れる回数である．幾何的重複度 GM は λ に対する線形独立な固有ベクトルの個数である（= 固有空間の次元）．

乗法 (multiplication)

$A\boldsymbol{x} = x_1$（第 1 列）$+ \cdots + x_n$（第 n 列）$=$ 列の線形結合．

ジョルダン標準形 (Jordan form)

$J = M^{-1}AM$ A が s 個の線形独立な固有ベクトルを持つならば，その「一般化された」固有ベクトル行列 M は $J = \text{diag}(J_1, \ldots, J_s)$ を与える．ブロック J_k は $\lambda_k I_k + N_k$ という形をしている．ただし，N_k は対角線の 1 つ上が 1 でほかはすべて零の行列である．各ブロックは 1 つの固有値 λ_k と 1 つの固有ベクトルを持つ．

スペクトル (spectrum)

A の スペクトル = 固有値の集合 $\{\lambda_1, \ldots, \lambda_n\}$．**スペクトル半径** $= \max\{|\lambda_i|\}$．

スペクトル分解定理 (spectral theorem)

$A = Q\Lambda Q^{\mathrm{T}}$．実対称行列 A は実数の λ と直交する $\boldsymbol{q}$ を持つ．

正規行列 (normal matrix)
$NN^{\mathrm{T}} = N^{\mathrm{T}}N$ であるとき，N は正規直交する（複素）固有ベクトルを持つ．

正規直交するベクトル (orthonormal vectors) $\boldsymbol{q}_1, \ldots, \boldsymbol{q}_n$
内積は，$i \neq j$ のとき $\boldsymbol{q}_i^{\mathrm{T}}\boldsymbol{q}_j = 0$ で $\boldsymbol{q}_i^{\mathrm{T}}\boldsymbol{q}_i = 1$．これらの正規直交する列を持つ行列 Q は $Q^{\mathrm{T}}Q = I$ を満たす．$m = n$ ならば，$Q^{\mathrm{T}} = Q^{-1}$ であり，$\mathbf{R}^n$ において $\boldsymbol{q}_1, \ldots, \boldsymbol{q}_n$ は**正規直交基底 (orthonormal basis)** である：すべての $\boldsymbol{v} = \sum(\boldsymbol{v}^{\mathrm{T}}\boldsymbol{q}_j)\boldsymbol{q}_j$．

正規方程式 (normal equation)
$A^{\mathrm{T}}A\widehat{\boldsymbol{x}} = A^{\mathrm{T}}\boldsymbol{b}$. A が 列について非退化で階数 n を持てば（線形独立な列）$A\boldsymbol{x} = \boldsymbol{b}$ に対する最小 2 乗解を与える．この方程式は（A の列）$\cdot(\boldsymbol{b} - A\widehat{\boldsymbol{x}}) = 0$ を意味している．

正定値行列 (positive definite matrix) A
正の固有値と正のピボットを持つ対称行列．**定義**：$\boldsymbol{x} \neq \boldsymbol{0}$ ならば $\boldsymbol{x}^{\mathrm{T}}A\boldsymbol{x} > 0$．このとき，$\mathrm{diag}(D) > 0$ として $A = LDL^{\mathrm{T}}$．

線形計画法に対するシンプレックス法 (simplex method for linear programming)
最小のコストベクトル $\boldsymbol{x}^*$ は実行可能集合（そこでは，条件 $A\boldsymbol{x} = \boldsymbol{b}$ と $\boldsymbol{x} \geq \boldsymbol{0}$ が満足されている）の辺に沿って頂点からより低い頂点へ移動することによって得られる．コストが最小となるのは頂点である！

線形結合 (linear combination)
$c\boldsymbol{v} + d\boldsymbol{w}$ または $\sum c_j\boldsymbol{v}_j$．ベクトルの加法とスカラー積．

線形従属なベクトル (linearly dependent) $\boldsymbol{v}_1, \ldots, \boldsymbol{v}_n$
$c_i \neq 0$ が存在して，線形結合 $\sum c_i\boldsymbol{v}_i = \boldsymbol{0}$ が成り立つ．

線形独立なベクトル (independent vectors) $\boldsymbol{v}_1, \ldots, \boldsymbol{v}_k$
$c_1\boldsymbol{v}_1 + \cdots + c_k\boldsymbol{v}_k$ が零ベクトルならば $c_i = 0$．$\boldsymbol{v}_i$ が A の列ベクトルならば，$A\boldsymbol{x} = \boldsymbol{0}$ の解は $\boldsymbol{x} = \boldsymbol{0}$ だけである．

線形変換 (linear transformation) T
入力空間の任意のベクトル $\boldsymbol{v}$ は 出力空間の $T(\boldsymbol{v})$ に変換され，線形性は $T(c\boldsymbol{v} + d\boldsymbol{w}) = cT(\boldsymbol{v}) + dT(\boldsymbol{w})$ を必要とする．例：行列の積 $A\boldsymbol{v}$, 関数空間における微分や積分．

相似行列 A と B (similar matrices A and B)
すべての $B = M^{-1}AM$ は A と同じ固有値を持つ．

対角化 (diagonalization) $\Lambda = S^{-1}AS$
$\Lambda =$ 固有値行列，$S = A$ の固有ベクトル行列．A は S を可逆にする n 個の線形独立な固有ベクトルを持たなければならない．すべての k に対して $A^k = S\Lambda^kS^{-1}$．

対角化可能行列 (diagonalizable matrix) A

n 個の線形独立な固有ベクトルを持つ行列（S の列において; n 個の異なる固有値を持つとき自動的に）．このとき，$S^{-1}AS = \Lambda =$ 固有値行列.

対角行列 (diagonal matrix) D

$i \neq j$ ならば $d_{ij} = 0$ である．**ブロック対角行列 (Block-diagonal)**: 正方行列であるブロック行列 D_{ii} の外側では零.

（$n \times n$ 行列式の）**大公式 (big formula for n by n determinants)**

$\mathrm{Det}(A)$ は $n!$ 個の項の和である．各項について：A の各行と各列から 1 つの要素を掛ける：行は $1, \ldots, n$ の順序で，列は置換 P により与えられる順序で掛ける．$n!$ 個の P の置換のそれぞれは $+$ または $-$ の符号を持つ.

対称行列 (symmetric matrix) A

その転置行列 $A^{\mathrm{T}} = A$ で，$a_{ij} = a_{ji}$．A^{-1} もまた対称行列.

対称分解 (symmetric factorizations) $A = LDL^{\mathrm{T}}$ と $A = Q\Lambda Q^{\mathrm{T}}$

Λ の符号 $= D$ の符号.

楕円（または **楕円体**）**(ellipse (or ellipsoid))**

$\boldsymbol{x}^{\top} A\boldsymbol{x} = 1$．$A$ は正定値行列でなければならない．楕円の軸は長さ $1/\sqrt{\lambda}$ の A の固有ベクトルである（$\|\boldsymbol{x}\| = 1$ に対して，ベクトル $\boldsymbol{y} = A\boldsymbol{x}$ は，eigshow により示される楕円 $\|A^{-1}\boldsymbol{y}\|^2 = \boldsymbol{y}\mathrm{T}(A A\mathrm{T})^{-1}\boldsymbol{y} = 1$ の上にある．軸の長さは σ_i である）.

単位行列 (identity matrix) I（または I_n）．対角要素は 1 で，そうでない要素は 0.

置換行列 (permutation matrix) P

$1, \ldots, n$ の $n!$ 個の順序がある．$n!$ 個の P はこれらの順序で I の行を持つ．PA は A の行を同じ順序に置く．P は I にするための行の入替えの数に基づいた「偶」または「奇」が定まる（$\det P = 1$ または -1）.

超立方体行列 (hypercube matrix) P_L^2

第 $n+1$ 行は $\mathbf{R}^n$ の立方体の頂点，辺，面,... からなる.

直積 (outer product)

$\boldsymbol{u}\boldsymbol{v}^{\mathrm{T}} =$ 列 $\times$ 行 $=$ 階数 1 の行列.

直交行列 (orthogonal matrix) Q

正規直交する列を持つ正方行列で，$Q^{\mathrm{T}} = Q^{-1}$．長さと角を保存し $\|Q\boldsymbol{x}\| = \|\boldsymbol{x}\|$ かつ $(Q\boldsymbol{x})^{\mathrm{T}}(Q\boldsymbol{y}) = \boldsymbol{x}^{\mathrm{T}}\boldsymbol{y}$．すべて $|\lambda| = 1$，直交する固有ベクトルを持つ．例：回転行列，鏡映行列，置換行列.

直交する部分空間 (orthogonal subspaces)

$\boldsymbol{V}$ のすべてのベクトル $\boldsymbol{v}$ は $\boldsymbol{W}$ のすべてのベクトル $\boldsymbol{w}$ に直交する.

テプリッツ行列 (Toeplitz matrix)
各対角線に沿って要素が一定 = 時間−不変（ずらし−不変）フィルター.

転置行列 (transpose matrix) A^{T}
要素 $A^{\mathrm{T}}_{ij} = A_{ji}$. A^{T} は $n \times m$, $A^{\mathrm{T}}A$ は正方行列，対称行列，半正定値行列である．AB と A^{-1} の逆行列は $B^{\mathrm{T}}A^{\mathrm{T}}$ と $(A^{\mathrm{T}})^{-1}$ である.

同伴行列 (companion matrix)
第 n 行に $c_1, \ldots, c_n$ を置き，主対角線のすぐ上に $n-1$ 個の 1 を置く．このとき，$\det(A - \lambda I) = \pm(c_1 + c_2\lambda + c_3\lambda^2 + \cdots + c_n\lambda^{n-1} - \lambda^n)$.

特異値分解 (singular value decomposition: SVD)
$A = U\Sigma V^{\mathrm{T}} =$（直交行列）（対角行列）（直交行列）．$U$ と V の最初の r 列は $\boldsymbol{C}(A)$ と $\boldsymbol{C}(A^{\mathrm{T}})$ の正規直交基底であり，特異値を $\sigma_i > 0$ として $A\boldsymbol{v}_i = \sigma_i \boldsymbol{u}_i$ である．後ろの列は零空間の正規直交基底である.

（$A\boldsymbol{s} = \boldsymbol{0}$ の）特解 (special solutions to $A\boldsymbol{s} = \boldsymbol{0}$)
1 つの自由変数は $s_i = 1$ で，他の自由変数は $= 0$.

特殊解 (particular solution) $\boldsymbol{x}_p$
$A\boldsymbol{x} = \boldsymbol{b}$ に対する任意の解．しばしば $\boldsymbol{x}_p$ は自由変数 $= 0$ を持つ.

特性方程式 (characteristic equation)
$\det(A - \lambda I) = 0$. n 個の根は A の固有値である.

トレース (trace)
（A の トレース）=（対角要素の和）=（A の固有値の和）$\mathrm{Tr}\, AB = \mathrm{Tr}\, BA$.

内積 = ドット積 (inner product = dot product) $\boldsymbol{x}^{\mathrm{T}}\boldsymbol{y} = x_1y_1 + \cdots + x_ny_n$
複素内積は $\overline{\boldsymbol{x}}^{\mathrm{T}}\boldsymbol{y}$. 垂直なベクトルに対して $\overline{\boldsymbol{x}}^{\mathrm{T}}\boldsymbol{y} = 0$. $(AB)_{ij} =$（A の第 i 行）^{T}（B の第 j 列）.

長さ (length) $\|\boldsymbol{x}\|$
$\boldsymbol{x}^{\mathrm{T}}\boldsymbol{x}$ の平方根（n 次元のピタゴラスの定理）.

ネットワーク (network)
エッジに付随した定数 $c_1, \ldots, c_m$ を持つ有向グラフ.

ノルム (norm) $\|A\|$
A の "$\boldsymbol{\ell}^2$ ノルム" は最大比 $\|A\boldsymbol{x}\|/\|\boldsymbol{x}\| = \sigma_{\max}$ である．このとき，$\|A\boldsymbol{x}\| \leq \|A\|\|\boldsymbol{x}\|$ $\|AB\| \leq \|A\|\|B\|$ $\|A+B\| \leq \|A\| + \|B\|$. **フロベニウスノルム (Frobenius norm)** $\|A\|_F^2 = \sum\sum a_{ij}^2$. $\boldsymbol{\ell}^1$ と $\boldsymbol{\ell}^\infty$ ノルムは $|a_{ij}|$ の最大の列の和と行の和である.

箱の体積 (volume of box)
A の行（列）は体積が $|\det(A)|$ である箱を生成する.

パスカル行列 (Pascal matrix)

$P_S = \text{pascal}(n) =$ 二項係数 $\binom{i+j-2}{i-1}$ を要素とする対称行列．$P_S = P_L P_U$ はすべて $\det = 1$ を満たすパスカルの三角形を含む（索引のパスカル行列を参照）．

張る集合 (spanning set)

張る集合 $\boldsymbol{v}_1, \ldots, \boldsymbol{v}_m$ は空間を満たす．A の列は $\boldsymbol{C}(A)$ を張る！

ハンケル行列 (Hankel matrix) H

各反対角線に沿って定数；h_{ij} は $i+j$ にのみ依存する．

半定値行列 (semidefinite matrix) A

半 (正) 定値：すべての $\boldsymbol{x}$ に対して $\boldsymbol{x}^{\mathrm{T}} A \boldsymbol{x} \geq 0$, すべての $\lambda \geq 0$；$A = R^{\mathrm{T}} R$ を満たす R が存在する．

反復法 (iterative method)

求める解へ近づいていく一連の操作．

非可逆行列 (singular matrix) A

逆行列を持たない正方行列：$\det(A) = 0$.

左逆行列 (left inverse) A^+

A の階数が列数 n に等しければ（列について非退化），$A^+ = (A^{\mathrm{T}} A)^{-1} A^{\mathrm{T}}$ は $A^+ A = I_n$ を満たす．

左零空間 (left nullspace) $\boldsymbol{N}(A^{\mathrm{T}})$

$\boldsymbol{y}^{\mathrm{T}} A = \boldsymbol{0}^{\mathrm{T}}$ であるから，A^{T} の零空間は A の「左零空間」である．

ピボット (pivot)

消去法において行が用いられたときの対角要素（最初の零でない要素）．

（A の）ピボット列 (pivot columns of A**)**

行簡約した後のピボットを含む列．これらはその前の列の線形結合では「表せない」．ピボット列は列空間の基底である．

（$\mathbf{R}^n$ の）標準基底 (standard basis for $\mathbf{R}^n$**)**

$n \times n$ の単位行列の列 ($\mathbf{R}^3$ では $\boldsymbol{i}, \boldsymbol{j}, \boldsymbol{k}$ と表される)．

ヒルベルト行列 (Hilbert matrix) $\text{hilb}(n)$

要素は $H_{ij} = 1/(i+j-1) = \int_0^1 x^{i-1} x^{j-1} dx$. 正定値行列であるが，非常に小さい $\lambda_{\min}$ と大きい条件数を持つ．H は「非常にたちが悪い」．

フィボナッチ数 (Fibonacci numbers)

$0, 1, 1, 2, 3, 5, \ldots$ は $F_n = F_{n-1} + F_{n-2} = (\lambda_1^n - \lambda_2^n)/(\lambda_1 - \lambda_2)$ を満たす．成長率 $\lambda_1 = (1+\sqrt{5})/2$ は フィボナッチ行列 $\begin{bmatrix} 1 & 1 \\ 1 & 0 \end{bmatrix}$ の最大の固有値である．

複素共役 (complex conjugate)
複素数 $z=a+ib$ に対する $\overline{z}=a-ib$ のこと．このとき $z\overline{z}=|z|^2$.

不定値行列 (indefinite matrix)
両方の符号 (+ と −) の固有値を持つ対称行列.

（$\boldsymbol{V}$ の）部分空間 $\boldsymbol{S}$ (subspace $\boldsymbol{S}$ of $\boldsymbol{V}$)
$\boldsymbol{V}$ の内側の任意のベクトル空間，$\boldsymbol{V}$ に含まれ，$\boldsymbol{Z}=\{$ 零ベクトルのみ $\}$ を含んでいる.

部分空間の和 $\boldsymbol{V}+\boldsymbol{W}$ (sum $\boldsymbol{V}+\boldsymbol{W}$ of subspaces)
すべて（$\boldsymbol{V}$ の $\boldsymbol{v}$）+（$\boldsymbol{W}$ の $\boldsymbol{w}$）の空間．**直和 (direct sum)**：$\boldsymbol{V}\cap\boldsymbol{W}=\{\boldsymbol{0}\}$.

部分ピボット選択 (partial pivoting)
各列において，利用できる最大のピボットを選ぶことで丸め誤差を抑える．すべての乗数は $|\ell_{ij}|\leq 1$. **条件数** 参照.

フーリエ行列 (Fourier matrix) F
要素 $F_{jk}=e^{2\pi ijk/n}$ は直交する列を与える $\overline{F}^{\mathrm{T}}F=nI$．このとき，$\boldsymbol{y}=F\boldsymbol{c}$ は（逆）離散フーリエ変換 $y_j=\sum c_k e^{2\pi ijk/n}$ である.

ブロック行列 (block matrix)
行列は行と列により区切られたブロック行列に分割される．AB のブロック積はブロックの形がある条件を満たすとき可能である.

分解 (factorization) $A=LU$
消去法が A を「行交換無しに」U にすれば，乗数を ℓ_{ij}（かつ $\ell_{ii}=1$）とする下三角行列 L は U を A に引き戻す.

分配法則 (distributive law) $A(B+C)=AB+AC$
足してから掛けたものは，掛けてから足したものに等しい.

（$\mathbf{R}^n$ の）平面（または超平面）(plane (or hyperplane) in $\mathbf{R}^n$)
$\boldsymbol{a}^{\mathrm{T}}\boldsymbol{x}=0$ を満たすベクトル $\boldsymbol{x}$ の集合．平面は $\boldsymbol{a}\neq\boldsymbol{0}$ に垂直である.

ベキ零行列 (nilpotent matrix) N
N のあるベキが零行列になる $N^k=0$．その唯一つの固有値は $\lambda=0$（n 回重複する）．例：零の対角線を持つ三角行列.

（$\mathbf{R}^n$ の）ベクトル $\boldsymbol{v}$ (vector $\boldsymbol{v}$ in $\mathbf{R}^n$)
n 個の実数の列 $\boldsymbol{v}=(v_1,\ldots,v_n)=\mathbf{R}^n$ の点.

ベクトル空間 (vector space) $\boldsymbol{V}$
すべての線形結合 $c\boldsymbol{v}+d\boldsymbol{w}$ が，また $\boldsymbol{V}$ の中にあるようなベクトルの集合．スカラー c,d とベクトル $\boldsymbol{v},\boldsymbol{w}$ に対して，第 3.1 節において 8 個の公理が与えられている.

ベクトル空間の次元 (dimension of vector space)

$\dim(\boldsymbol{V}) = \boldsymbol{V}$ の任意の基底におけるベクトルの個数.

ベクトルの加法 (vector addition)

$\boldsymbol{v} + \boldsymbol{w} = (v_1 + w_1, \ldots, v_n + w_n) =$ 平行四辺形の対角線.

ヘッセンベルク行列 (Hessenberg matrix) H

対角線に隣接するところに 1 つ余分な零でない要素を持つ三角行列.

マルコフ行列 (Markov matrix) M

すべて $m_{ij} \geq 0$ であり，各列の和は 1 である．最大の固有値は $\lambda = 1$ である．$m_{ij} > 0$ ならば，M^k の列は定常状態の固有ベクトル $M\boldsymbol{s} = \boldsymbol{s} > \boldsymbol{0}$ に近づく.

右逆行列 (right inverse) A^+

A が行について非退化で階数 m を持てば，$A^+ = A^{\mathrm{T}}(AA^{\mathrm{T}})^{-1}$ は $AA^+ = I_m$ を満たす.

有向グラフの接続行列 (incidence matrix of a directed graph)

$m \times n$ 型 エッジ・ノード接続行列は各エッジ（頂点 i から頂点 j への）に対して 1 つの行を持ち，その第 i 列と第 j 列は -1 と 1 である.

ユニタリ行列 (unitary matrix)

$U^{\mathrm{H}} = \overline{U}^{\mathrm{T}} = U^{-1}$. 正規直交する列（$Q$ の複素数に対する類似）.

余因子 (cofactor) C_{ij}

第 i 行と第 j 列を除いた行列の行列式に $(-1)^{i+j}$ を掛けたもの.

4 つの基本部分空間 (four fundamental subspaces) $\boldsymbol{C}(A), \boldsymbol{N}(A), \boldsymbol{C}(A^{\mathrm{T}}), \boldsymbol{N}(A^{\mathrm{T}})$

複素行列 A については $\overline{A}^{\mathrm{T}}$ を用いる.

ランダム行列 (random matrix)

rand(n) または randn(n). MATRAB は無作為要素を持つ行列を生成し，rand に対して [0 1) の上で一様に分布し，randn に対しては 標準正規分布である.

ルーカス数 (Lucas numbers)

$L_n = 2, 1, 3, 4, \ldots$ は $L_n = L_{n-1} + L_{n-2} = \lambda_1^n + \lambda_2^n$ を満たす．ただし，$\lambda_1, \lambda_2 = (1 \pm \sqrt{5})/2$ はフィボナッチ行列 $\begin{bmatrix} 1 & 1 \\ 1 & 0 \end{bmatrix}$ の固有値である．$L_0 = 2$ を $F_0 = 0$ と比較せよ.

零空間 (nullspace)

$\boldsymbol{N}(A)$ は $A\boldsymbol{x} = \boldsymbol{0}$ のすべての解の集合．次元 $n - r =$（列の個数）$-$（階数）.

零空間行列 (nullspace matrix) N

N の列は $A\boldsymbol{s} = \boldsymbol{0}$ の $n - r$ 個の特解である.

レイリー比 (Rayleigh quotient)

対称行列 A に対する比 $q(\boldsymbol{x}) = \boldsymbol{x}^{\mathrm{T}} A\boldsymbol{x}/\boldsymbol{x}^{\mathrm{T}}\boldsymbol{x}$：$\lambda_{\min} \le q(\boldsymbol{x}) \le \lambda_{\max}$．$\lambda_{\min}$ と $\lambda_{\max}$ に対するこれらの両極端は固有ベクトル $\boldsymbol{x}$ において達せられる．

列空間 (column space)

$\boldsymbol{C}(A) = A$ の列のすべての線形結合のつくる空間．

列について非退化 (full column rank) $r = n$

線形独立な列，$\boldsymbol{N}(A) = \{\boldsymbol{0}\}$，自由変数を持たない．

（$A\boldsymbol{x} = \boldsymbol{b}$ の）列ベクトルの絵 (column picture of $A\boldsymbol{x} = \boldsymbol{b}$)

ベクトル $\boldsymbol{b}$ は A の列の線形結合になる．この連立方1次程式は，$\boldsymbol{b}$ が 列空間 $\boldsymbol{C}(A)$ に属しているときにのみ解を持つ．

歪対称行列 (skew-symmetric matrix) K

$K_{ij} = -K_{ji}$ であるから，その転置行列は $-K$ である．固有値は純虚数であり，固有ベクトルは直交し，e^{Kt} は直交行列である．

行列の分解

1. $\boldsymbol{A} = \boldsymbol{LU} = \begin{pmatrix} \text{下三角行列 } L \\ \text{対角線上に 1 がある} \end{pmatrix} \begin{pmatrix} \text{上三角行列 } U \\ \text{対角線上にピボットがある} \end{pmatrix}$

   必要条件：行交換なし．ガウス消去法により A が U に簡約される．

2. $\boldsymbol{A} = \boldsymbol{LDU} = \begin{pmatrix} \text{下三角行列 } L \\ \text{対角線上に 1 がある} \end{pmatrix} \begin{pmatrix} \text{ピボット行列} \\ D \text{ は対角行列} \end{pmatrix} \begin{pmatrix} \text{上三角行列 } U \\ \text{対角線上に 1 がある} \end{pmatrix}$

   必要条件：行交換なし．ピボットは D へ分離され，U の対角線上に 1 を残す．A が対称行列ならば，U は L^T となり，$\boldsymbol{A} = \boldsymbol{LDL}^T$ である．

3. $\boldsymbol{PA} = \boldsymbol{LU}$ （置換行列 P はピボットの位置の零を避けるため）．

   必要条件：A は可逆行列である．このとき，P, L, U は可逆行列である．P によってあらかじめすべての行交換を行うことで，標準的な LU となる．別の表し方：$A = L_1P_1U_1$．

4. $\boldsymbol{EA} = \boldsymbol{R}$ ($m \times m$ 可逆行列 E)(任意の行列 A) $= \mathsf{rref}(A)$．

   必要条件：何もなし！ 行簡約階段行列 R は r 個のピボット行とピボット列を持つ．ピボット列の要素のうち零でないのは値が 1 のピボットである．E の残りの $m-r$ 個の行は A の左零空間の基底である．それらは A に掛けて R の零行を与える．E^{-1} の最初の r 列は A の列空間の基底である．

5. $\boldsymbol{A} = \boldsymbol{C}^T\boldsymbol{C} =$ (下三角行列)(上三角行列) ただし，両方の対角線上に $\sqrt{D}$ がある．

   必要条件：A は対称行列で正定値である（D の n 個のすべてのピボットは正である）．コレスキー分解 $C = \mathsf{chol}(A)$ は $C^T = L\sqrt{D}$ という形を持つ．

6. $\boldsymbol{A} = \boldsymbol{QR} =$ (Q の正規直交列)(上三角行列 R)．

   必要条件：A は線形独立な列を持つ．それらはグラム–シュミット法かハウスホルダー法の過程によって直交化され Q に入る．A が正方行列ならば，$Q^{-1} = Q^T$ である．

7. $\boldsymbol{A} = \boldsymbol{S\Lambda S}^{-1} =$ (S の固有ベクトル)(Λ の固有値)(S^{-1} の左固有ベクトル)．

   必要条件：A は n 個の線形独立な固有ベクトルを持つ．

8. $\boldsymbol{A} = \boldsymbol{Q\Lambda Q}^T =$ (直交行列 Q)(実固有値行列 Λ)(Q^T は Q^{-1})．

   必要条件：A は実対称行列である．これはスペクトル定理である．

9. $\boldsymbol{A} = \boldsymbol{MJM}^{-1} =$ (M の一般固有ベクトル)(J のジョルダン細胞)(M^{-1}).

必要条件：A は任意の正方行列である．このジョルダン標準形 J は A の独立な各固有ベクトルに対して 1 つのジョルダン細胞を持つ．すべてのジョルダン細胞はただ 1 つの固有値を持つ．

10. $$\boldsymbol{A} = \boldsymbol{U\Sigma V}^T = \begin{pmatrix} \text{直交行列} \\ U \text{ は } m \times m \end{pmatrix} \begin{pmatrix} m \times n \text{ 特異値行列} \\ \sigma_1, \ldots, \sigma_r \text{ が対角線上にある} \end{pmatrix} \begin{pmatrix} \text{直交行列} \\ V \text{ は } n \times n \end{pmatrix}$$

必要条件：なし．この特異値分解 (SVD) は U に AA^T の固有ベクトルを，V に A^TA の固有ベクトルを持つ．$\sigma_i = \sqrt{\lambda_i(A^TA)} = \sqrt{\lambda_i(AA^T)}$.

11. $$\boldsymbol{A}^+ = \boldsymbol{V\Sigma}^+\boldsymbol{U}^T = \begin{pmatrix} \text{直交行列} \\ n \times n \end{pmatrix} \begin{pmatrix} \Sigma \text{ の擬似逆行列 } n \times m \\ 1/\sigma_1, \ldots, 1/\sigma_r \text{ が対角線上にある} \end{pmatrix} \begin{pmatrix} \text{直交行列} \\ m \times m \end{pmatrix}$$

必要条件：なし．擬似逆行列を A^+ とすると，A^+A は A の行空間の上への射影であり，AA^+ は列空間の上への射影である．$A\boldsymbol{x} = \boldsymbol{b}$ に対する最小 2 乗解は $\widehat{\boldsymbol{x}} = A^+\boldsymbol{b}$ である．これは $A^TA\widehat{\boldsymbol{x}} = A^T\boldsymbol{b}$ の解である．

12. $\boldsymbol{A} = \boldsymbol{QH} =$ (直交行列 Q)(正定値対称行列 H).

必要条件：A は可逆行列である．その極分解で $H^2 = A^TA$．A が非可逆行列ならばその因子 H は半定値である．逆の極分解 $A = KQ$ では $K^2 = AA^T$．両方とも特異値分解から $Q = UV^T$ が成り立つ．

13. $\boldsymbol{A} = \boldsymbol{U\Lambda U}^{-1} =$ (ユニタリ行列 Q)(固有値行列 Λ)(U^{-1}，これは $U^H = \overline{U}^T$).

必要条件：A は正規行列である：$A^HA = AA^H$．その正規直交（おそらくは複素）固有ベクトルは U の列である．エルミート行列 $A = A^H$ でなければ，λ は複素数である．

14. $\boldsymbol{A} = \boldsymbol{UTU}^{-1} =$ (ユニタリ行列 U)(対角線上に λ を持つ三角行列)($U^{-1} = U^H$).

必要条件：任意の正方行列 A のシューアの三角化．$U^{-1}AU$ を三角行列にする正規直交列を持つ行列 U がある：第 6.4 節.

15. $$\boldsymbol{F}_n = \begin{bmatrix} I & D \\ I & -D \end{bmatrix} \begin{bmatrix} \boldsymbol{F}_{n/2} & \\ & \boldsymbol{F}_{n/2} \end{bmatrix} \begin{bmatrix} \text{偶奇} \\ \text{置換} \end{bmatrix} = \text{(再帰的) } \mathbf{FFT} \text{ の 1 段階.}$$

必要条件：$F_n =$ 要素が w^{jk}（ただし $w^n = 1$）のフーリエ行列：$F_n\overline{F}_n = nI$．D の対角線上に $1, w, \ldots, w^{n/2-1}$ がある．$n = 2^\ell$ に対して，高速フーリエ変換は，D を用いた ℓ 段階の計算により $\frac{1}{2}n\ell = \frac{1}{2}n\log_2 n$ 回の掛け算で $F_n\boldsymbol{x}$ を計算する．

MATLAB 教育用プログラムコード

これらの教育用プログラムコードは，直接 **web.mit.edu/18.06** から入手できる.

cofactor	$n \times n$ 余因子行列の計算.
cramer	クラメルの定理による方程式 $Ax = b$ の求解.
deter	$PA = LU$ で得られるピボットを用いた行列式の計算.
eigen2	2×2 行列に対する固有値，固有ベクトル，および $\det(A - \lambda I)$.
eigshow	固有値と特異値に関するグラフィカルなデモ.
eigval	$\det(A - \lambda I) = 0$ の根を用いた固有値とその重複度.
eigvec	線形独立な固有ベクトルをできるだけ多く計算.
elim	可逆行列 E による，行列 A から行簡約階段行列 R への簡約.
findpiv	ガウスの消去法のためのピボットの発見（plu で使用）.
fourbase	4 つの基本部分空間の基底を構成.
grams	A の列のグラム－シュミット直交化.
house	つなぐと家の形状を与える点からなる 2×12 行列.
inverse	ガウス－ジョルダン消去法による逆行列（存在すれば）.
leftnull	左零空間の基底の計算.
linefit	与えられた m 点に対する直線による最小 2 乗近似のプロット.
lsq	$A^{\mathrm{T}}A\widehat{x} = A^{\mathrm{T}}b$ による最小 2 乗法を用いた $Ax = b$ の求解.
normal	$A^{\mathrm{T}}A = AA^{\mathrm{T}}$ である場合の固有値と正規直交する固有ベクトル.
nulbasis	$Ax = 0$ の特解からなる行列（零空間の基底）.
orthcomp	部分空間に対する直交補空間の基底の計算.
partic	すべての自由変数を零としたときの $Ax = b$ の特殊解.
plot2d	2 次元における家の形状の描画.
plu	行交換ありでの矩形行列の $PA = LU$ 分解.
poly2str	多項式の文字列での表現.
project	A の列空間への，ベクトル b の射影.
projmat	A の列空間への射影行列の構築.
randperm	ランダムな置換行列の構築.
rowbasis	R のピボット行を用いた，行空間の基底の計算.
samespan	2 つの行列が同じ列空間を持つかどうかの判定.
signperm	行の順番が p で与えられる置換行列の行列式.
slu	行交換なしでの正方行列の LU 分解.
slv	slu を適用することによる，行交換なしでの方程式 $Ax = b$ の求解.
splu	行交換ありでの正方行列の $PA = LU$ 分解.
splv	正方可逆行列からなる方程式 $Ax = b$ の解.
symmeig	対称行列の固有値と固有ベクトルの計算.
tridiag	対角線に沿った要素が定数 a, b, c であるような三重対角行列の構築.

訳者あとがき

原著の紹介と評判

原著者のギルバート・ストラングは MIT の名物教授で，その名講義ぶりと数々の著書で高い評価を得ている．そのストラング教授が教える線形代数の教科書が原著である．原著は，1993 年に第 1 版が出版され，本書はその第 4 版の翻訳である．

多くの線形代数の教科書は，数を用いたベクトルや行列の計算が中心的であるか，もしくは抽象的な定義を積み重ねていく形式であろう．一方，本書では，数ではなくベクトルから入り，線形代数の本質を理解させようという著者の姿勢が特徴的である．本書を教科書として採用する大学も多くあり，また高い評価のレビューも数多い（必ずしも，すべてがそうだとは限らないが）．これは，本書が優れた線形代数の教科書であることの証のひとつであろう．

本書を用いた教授自身のビデオ講義だけでなく，試験問題とその解答をはじめさまざまな資料がウェブサイト（序文を参照）で公開されており，多数の読者に利用されている．

翻訳にあたって留意したこと，翻訳の分担

本書の翻訳にあたり，対象となる読者の中心を，より深く線形代数を勉強したい工学系の大学生／大学院生とした．そのため，数学用語については工学系でも用いられる用語を意識し，線形代数の入門書であるため平易な用語で統一することとした．また，講義で話を聞いているような形式で本文が書かれているため，できるだけ形式張らずに読みやすい表現を用いるようにした．

翻訳の分担は以下のとおりである．松崎は，第 1 章から第 6 章，第 8 章と第 9 章を担当した．新妻は，第 7 章と第 10 章を担当した（それぞれ，巻末の練習問題の解答と復習のための質問を含む）．なお，翻訳で用いる数学用語の選定にあたっては，伊知地 宏氏にご協力をいただいたので，ここで簡単ながら御礼を述べたい．

アメリカの教科書の特徴

本書を手にとってすぐわかるように，アメリカの教科書は非常にページ数が多い．これは，例題や練習問題の豊富さと，その本文の書き方によるものである．本書では，それぞれの節末に 2〜3 題の例題と，30 題程度の練習問題が用意されており，練習問題の半数程度に解答が付いている．それらの豊富な演習を通じて理解を深めることができる．本文についても，定義や定理などの要点のみを示すのではなく講義を受けているかのように話が流れていくのは，アメリカの教科書に多く見られる特徴である．

さらに学んでいくための教科書

ストラング教授による教科書から次の 2 冊を推薦したい．

■ *Differential Equations and Linear Algebra*
(『ストラング：微分方程式と線形代数』，渡辺辰矢 訳，近代科学社，2017 年)
1 階および 2 階の微分方程式から入り，フーリエ変換やラプラス変換までを扱う．

■ *Computational Science and Engineering*
(『ストラング：計算理工学』，日本応用数理学会 監訳，近代科学社，2017 年)
より高度な計算科学／計算工学を扱っており，大学院向けの 2 つの講義の教科書として使用されている．

工学系の学生に特に推薦したい

アメリカの教科書の特徴のところでも書いたが，本書は説明が丁寧にかつゆっくりとなされており，また豊富な例題／演習問題が用意されている．そのため，行間を自ら埋めていくことが必要な数学科向けの教科書とは違い，少しずつ着実に理解を深めていくことができる．本書の基礎コースとされる第 7 章までは，どのような応用につながるかを意識して理解してもらいたい内容である．

また，第 8 章には幅広い応用が示されており，線形代数が工学において役立つことが具体的に理解できるはずである．第 9 章で示される数値線形代数は，数値計算法に関する学習の導入にも役立つ．

2015 年 11 月
訳者を代表して 松崎公紀

英和索引

見出し語「Matrix」以下の項目も参照

A

addition of vectors（ベクトル和） 1, 2, 3, 35, 128
all combinations（すべての線形結合） 5, 129, 130
angle between vectors（ベクトルの間の角度） 14
anti-symmetric（歪対称的）
☞ skew-symmetric
area（面積） 288, 289, 297
Arnoldi（アーノルディ） 523, 526
arrow（矢印） 3, 4, 451
associative law（結合法則） 62, 72
average（平均値） 240, 480, 483–489

B

back substitution（後退代入） 47, 51, 104
backslash（バックスラッシュ） 104, 166
basis（基底） 178, 182, 191, 212, 418
big formula（大公式） 272, 274
big picture（全体像） 198, 449
binomial（二項分布） 484
bioinformatics（バイオインフォマティクス） 488
BLAS (*Basic Linear Algebra Subroutines*) 498
block elimination（ブロックによる消去） 75
block multiplication（ブロック積） 73, 82
block pivot（ブロックのピボット） 99
boundary condition（境界条件） 445
bowl（ボウル型） 376
box（立体） 290, 293

C

calculus（解析） 25, 298, 446
Cauchy–Binet formula（コーシー–ビネの公式） 299
Cayley–Hamilton（ケーリー–ハミルトン） 330, 331, 385
centered difference（中心差分） 25, 29, 349
change of basis（基底の変換） 380, 417, 423, 424, 427
characteristic equation（特性多項式） 305
Cholesky factor（コレスキー因子） 367
Cholesky factorization（コレスキー分解） 107, 375、609
circle（円） 335, 336
clock（時計） 9
closest line（最も近い直線） 230, 234
cofactors（余因子） 270, 275, 276, 281, 287
column at a time（列ごとに） 23
column picture（列ベクトルの絵） 34, 36, 42
column space（列空間） 130, 132, 137, 195
column vector $\boldsymbol{C}(A)$（列ベクトル） 2, 4
columns times rows（列と行の積） 65, 72, 74, 153, 159
combination of columns（列の線形結合） 34, 35, 59
commutative law（可換法則） 62, 72
commuting matrices（交換可能な行列） 324
complete solution（一般解） 143, 165, 168, 172, 333
complex eigenvalues（複素固有値） 308, 354
complex eigenvectors（複素固有ベクトル） 308
complex matrix（複素行列） 361
complex number（複素数） 127, 529, 535–537, 543, 546
compression（圧縮） 388, 398, 418, 438
computational science（計算科学） 201, 337, 448
computer graphics（コンピュータグラフィックス） 489, 490, 493, 494
condition number（条件数） 395, 510, 511
conjugate（共役） 354, 360, 530, 537, 543
conjugate gradients（共役勾配） 519, 526
constant coefficients（定数係数） 332
convolution（たたみ込み） 553
corner（頂点） 8, 470, 473
cosine law（余弦定理） 21
cosine of angle（角の余弦） 16, 18, 478
cosine of matrix（行列の余弦） 350
cost vector（コストベクトル） 469
covariance（共分散） 241, 483–489
Cramer's rule（クラメルの定理） 275, 285, 295
cross product（外積） 291, 293
cube（立方体） 9, 76, 290, 298, 495
cyclic（巡回） 26, 98, 399

D

delta function（デルタ関数） 479, 482
dependent（従属） 27, 179, 180
derivative（導関数） 25, 115, 411
determinant（行列式） 66, 259, 306, 313
diagonalizable（対角化可能） 318, 324, 327, 356, 357
diagonalization（対角化） 316, 318, 351, 353, 386, 426
differential equation（微分方程式） 332, 444
dimension（次元） 153, 178, 184–186, 195, 196, 198
discrete cosines（離散余弦） 358
discrete sines（離散正弦） 358
distance to subspace（部分空間への距離） 224
distributive law（分配法則） 72
dot product（ドット積） ☞ inner product
dual problem（双対問題） 471, 477

E

economics（経済） 465, 468
eigencourse（固有講義） 487, 488
eigenvalue（固有値） 301, 305, 399, 535
eigenvalue changes（固有値の変化） 469
eigenvalue matrix（固有値行列） 317
eigenvector basis（固有ベクトルの基底） 426, 427
eigenvector matrix（固有ベクトル行列） 317
eigenvectors（固有ベクトル） 301, 305, 399
eigshow 308, 392
elimination（消去） 47–52, 87, 91, 142
ellipse（楕円） 308, 368, 389, 409
energy（エネルギー） 365, 437
engineering（工学） 437
error（誤差） 222, 230, 231, 237, 515, 517
error equation（誤差方程式） 510
Euler angles（オイラー角） 507
Euler's formula（オイラーの公式） 331, 454, 459, 533
even number（偶数） 261
even permutation（偶置換） 120, 274
exponential（指数関数） 334, 339, 348

F

factorization（分解） 99, 117, 248, 370, 394
false proof（誤った証明） 324, 360
fast Fourier transform（高速フーリエ変換） 420, 529, 545, 548, 610
feasible set（実現可能集合） 470
FFT ☞ fast Fourier transform
Fibonacci（フィボナッチ） 78, 282, 285, 320, 321, 325, 328
finite elements（有限要素） 440, 447
first–order system（1 階の系） 335, 347
fixed–fixed（固定端 – 固定端） 438, 447
fixed–free（固定端 – 自由端） 438, 442, 445, 447
force balance（力の均衡） 440
FORTRAN 17, 40
forward difference（前進差分） 31
four fundamental subspaces（4 つの基本部分空間） 195–543
Fourier series（フーリエ級数） 246, 478, 480, 482
Fourier transform（フーリエ変換） 420, 545
Fredholm's alternative（フレドホルムの交代定理） 215
free column（自由列） 141, 152, 154
free variable（自由変数） 140, 143, 144, 153, 165
free–free（自由端 – 自由端） 438, 443
full column rank（列について非退化） 166, 180, 433
full row rank（行について非退化） 167, 433
function space（関数空間） 128, 478, 479
fundamental theorem of linear algebra（線形代数の基本定理） 199, 210 ☞ four fundamental subspaces

G

Gauss–Jordan（ガウス – ジョルダン法） 87, 88, 95, 502
Gauss–Seidel（ガウス – ザイデル法） 515, 517, 518, 523
Gaussian elimination（ガウスの消去法） 50, 99
Gaussian probability distribution（正規分布） 485
gene expression data（遺伝子発現データ） 488
geometric series（等比級数） 466
Gershgorin circles（ゲルシュゴリンの円） 525
Gibbs phenomenon（ギブス現象） 482
Givens rotation（ギブンス回転） 504, 506
Google 392, 393, 463
Gram-Schmidt（グラム – シュミット法） 236, 247, 249, 254, 394, 502
graph（グラフ） 78, 327, 448, 450, 451
group（群） 126, 376

H

half-plane（半平面） 7
heat equation（熱伝導方程式） 343, 344
Heisenberg（ハイゼンベルク） 325, 330
Hilbert space（ヒルベルト空間） 477, 479
Hooke's law（フックの法則） 438, 440
Householder reflections（ハウスホルダー鏡映） 251, 505

hyperplane（超平面） 31, 44

I

ill–conditioned matrix（悪条件行列） 395, 505
imaginary eigenvalues（虚数の固有値） 307
independent（独立） 27, 142, 178, 212, 319
initial value（初期値） 333
inner product（内積） 11, 59, 115, 477, 538, 543
input and output bases（入力基底と出力基底） 426
integral（積分） 25, 412, 413
interior point method（内点法） 475
inverse matrix（逆行列） 24, 84, 285
inverse of AB（AB の逆行列） 86
invertible（可逆） 90, 183, 212, 263
iteration（反復） 514, 515, 517, 523, 526

J

Jacobi（ヤコビ） 515, 517, 518, 523
Jordan form（ジョルダン標準形） 378, 380, 384, 516
jpeg 388, 398

K

Kalman filter（カルマンフィルタ） 98, 226
kernel（核） 403, 407
Kirchhoff's laws（キルヒホッフの法則） 151, 201, 448, 453
Krylov（クリロフ） 526

L

$\boldsymbol{\ell}^1$ and $\boldsymbol{\ell}^\infty$ norm（$\boldsymbol{\ell}^1$ ノルムと $\boldsymbol{\ell}^\infty$ ノルム） 513
Lagrange multiplier（ラグランジュ乗数） 475
Lanczos method（ランチョス法） 525, 527
LAPACK 102, 250, 521
leapfrog method（蛙飛び法） 337, 349
least squares（最小 2 乗法） 230, 231, 249, 432, 483
left nullspace（左零空間） 195, 197, 204, 453
left-inverse（左逆行列） 85, 90, 164, 433
length（長さ） 12, 245, 477, 479, 537
line（直線） 36, 43, 234, 507
line of springs（一列に並んだばね） 438
linear combination（線形結合） 1, 2
linear equation（線形方程式） 24
linear programming（線形計画法） 469
linear transformation（線形変換） 46, 401–426
linearity（線形性） 46, 260, 262
linearly independent（線形独立） 27, 142, 178, 179
LINPACK 497, 520
loop（ループ） 454
lower triangular（下三角行列） 100
LU 103, 105
lu 507
Lucas numbers（リュカ数） 325

M

Maple 40, 104
Mathematica 40, 104
MATLAB 17, 39, 250, 257, 308, 359, 550
matrix（行列） 22, 38, 410, 413 ☞ **Matrix**
matrix exponential（行列の指数関数） 334, 339, 348
matrix multiplication（行列積） 61, 62, 70, 415
matrix notation（行列の記法） 39
matrix space（行列空間） 129, 185, 331
mean（平均）☞ average
minimum（最小値） 371
multigrid（多重格子） 519
multiplication by columns（行による積） 38
multiplication by rows（列による積） 38
multiplicity（重複度） 323, 381
multiplier（乗数） 48, 53, 100

N

n choose m（n 個から m 個を選ぶ組合せ） 472, 484
n-dimensional space（n 次元空間） 1, 59
netlib.org 104
network（ネットワーク） 448, 455
Newton's method（ニュートン法） 475
no solution（解なし） 26, 41, 48, 203
nondiadonalizable（対角化不可能） 323, 328
norm（ノルム） 508, 509, 512, 513, 523
normal equation（正規方程式） 222
normal matrix（正規行列） 362, 545, 610
nullspace $\boldsymbol{N}(A)$（零空間） 139, 195

O

odd number（奇数） 261
odd permutation（奇置換） 120, 274
Ohm's law（オームの法則） 455
orthogonal complement（直交補空間） 209, 210, 212
orthogonal eigenvectors（直交する固有ベクトル） 215, 361, 540
orthogonal subspaces（直交部分空間） 207, 216
orthogonal vectors（直交ベクトル） 14, 207
orthogonality（直交性） 14, 207
orthonormal（正規直交） 243, 247, 253, 540

Matrix

$-1, 2, -1$ matrix（$-1, 2, -1$ 行列） 112, 177, 277, 282, 371, 399, 514
adjacency matrix（隣接行列） 78, 84, 331, 393
all–ones matrix（要素がすべて 1 の行列） 266, 279, 327, 387
augmented matrix（拡大行列） 63, 88, 164
band matrix（帯行列） 104, 501, 502
block matrix（ブロック行列） 99, 121, 283, 371
block multiplication（ブロック行列） 73
circulant matrix（巡回行列） 544
coefficient matrix（係数行列） 35, 38
cofactor matrix（余因子行列） 287
companion matrix（同伴行列） 314, 342
complex matrix（複素行列） 535
consumption matrix（消費行列） 465
covariance matrix（共分散行列） 241, 483, 485, 486, 488
derivative matrix（微分行列） 411
difference matrix（差分行列） 23, 92, 439
echelon matrix（階段行列） 144, 151
elimination matrix（基本変形の行列） 60, 66, 157
first difference matrix（1 次差分行列） 397
Fourier matrix（フーリエ行列） 422, 529, 541, 546, 547
Hadamard matrix（アダマール行列） 251, 297
Hermitian matrix（エルミート行列） 361, 362, 537, 539, 543, 544
Hessenberg matrix（ヘッセンベルク行列） 278, 522, 526
Hilbert matrix（ヒルベルト行列） 97, 270, 371
house matrix（家行列） 404, 409
hypercube matrix（超立方体行列） 76
identity matrix（単位行列） 39, 44, 60, 417
incidence matrix（接続行列） 448, 450, 457
indefinite matrix（不定値行列） 365
inverse matrix（逆行列） 25, 84, 90, 285
invertible matrix（可逆行列） 27, 118, 436
Jacobian matrix（ヤコビアン行列） 291
Jordan matrix（ジョルダン行列） 379
Laplacian (graph Laplacian) matrix（グラフラプラシアン行列） 456
Leslie matrix（レスリー行列） 464, 469
magic matrix（魔方陣行列） 46
Markov matrix（マルコフ行列） 45, 303, 313, 393, 397, 459, 466
negative definite matrix（負定値行列） 365
nondiagonalizable matrix（対角化不可能な行列） 323
normal matrix（正規行列） 362, 545
northwest matrix（北西行列） 126
null space matrix（零空間行列） 143, 155
orthogonal matrix（直交行列） 244, 267, 308
Pascal matrix（パスカル行列） 69, 76, 92, 106, 370, 382
permutation matrix（置換行列） 62, 117, 123, 194, 316
pivot matrix（ピボット行列） 109
population matrix（人口行列） 464
positive definite matrix（正定値行列） 363, 365, 368, 374, 437, 509
positive semidefinite matrix（半正定値行列） 367
projection matrix（射影行列） 218, 220, 222, 246, 303, 415, 492, 494
pseudoinverse matrix（擬似逆行列） 211, 431, 432
rank-one matrix（階数 1 の行列） 153, 161
reflection matrix（鏡映行列） 256, 304, 357, 504
rotation matrix（回転行列） 244, 308, 492, 504
saddle-point matrix（鞍点行列） 121
second derivative matrix（2 階導関数行列） 371, 376
second difference matrix（2 次差分行列） 343, 397, 445
semidefinite matrix（半定値行列） 444
similar matrix（相似行列） 427
sine matrix（正弦行列） 372, 376, 398
singular matrix（非可逆行列） 27
skew–symmetric matrix（歪対称行列） 308, 341, 348, 359
sparse matrix（疎行列） 106, 497, 502
stiffness matrix（剛性行列） 338, 437, 440, 447
stoichiometric matrix（量論行列） 459
sudoku matrix（数独行列） 46
sum matrix（和の行列） 25, 92, 288
symmetric matrix（対称行列） 115
translation matrix（平行移動行列） 490, 494
triangular matrix（三角行列） 99, 249, 262, 288, 307, 356
tridiagonal matrix（三重対角行列） 89, 106, 282, 441, 501, 525
unitary matrix（ユニタリ行列） 540, 542, 543, 547
Vandermonde matrix（ヴァンデルモンド（ファンデルモンデ）行列） 238, 268, 282, 548
wavelets matrix（ウェーブレット行列） 256

orthonormal basis（正規直交基底） 391, 478, 479
orthonormal eigenvectors（正規直交な固有ベクトル） 326, 351, 363

P

parabola（放物線） 237
parallelogram（平行四辺形） 4, 8, 289, 410
partial pivoting（部分ピボット選択） 119, 498, 499
particular solution（特殊解） 165–167
permutation（置換） 47, 50, 244, 273
perpendicular（直交する） ☞ orthogonality
perpendicular eigenvectors（直交する固有ベクトル） ☞ orthogonal eigenvectors
perpendicular vectors（直交ベクトル） ☞ orthogonal vectors
Perron–Frobenius theorem（ペロン－フロベニウスの定理） 463
pivcol 154
pivot（ピボット） 48, 58, 271, 354, 373, 498
pivot columns（ピボット列） 141, 142, 146, 152, 154, 183, 195
pivot rows（ピボット行） 183, 195
pivot variable（ピボット変数） 143, 165
pixel（ピクセル） 387, 493
plane（平面） 5, 26
plane rotation（平面回転） 504
Poisson probabilities（ポアソン確率） 484
polar coordinates（極座標） 291, 298
polar decomposition（極分解） 430
polar form（極形式） 531
positive eigenvalue（正の固有値） 364
positive pivots（正のピボット） 364
potential（ポテンシャル） 452
power method（ベキ乗法） 521
preconditioner（前処理） 514, 520
principal axis（主軸） 352
principal component analysis（主成分分析） 487
probability（確率） 460, 483, 484
product of pivots（ピボットの積） 66, 89, 259, 355
projection（射影） 218, 232, 245
projection on line（直線への射影） 219, 220
projection on subspace（部分空間への射影） 221, 222
projective space（射影空間） 491
pseudoinverse matrix（擬似逆行列） 426, 431, 432, 435
Pythagoras（ピタゴラス） 14, 21
Python 17, 104

Q

QR method（QR 法） 383, 521, 524, 609

R

random（ランダム） 22, 371, 397
range（値域） 402, 403, 407
rank（階数） 151, 169, 170, 175
rank of AB（AB の階数） 162, 205, 229
rank one（階数が 1） 153, 159, 161, 200
Rayleigh quotient（レイリー商） 510
real eigenvalues（実数固有値） 351, 352
recursion（再帰） 226, 241, 419, 551
reduced cost（減少コスト） 473, 474
reduced echelon form（簡約階段行列） 88, 146, 158
reflection（鏡映） 245, 256, 357
reflection matrix（鏡映行列） 504
regression（回帰） 483
residual（残差） 235, 514, 526
reverse order（逆順） 86, 113
right angle（直角） 14
right hand rule（右手系の規則） 293
right-inverse（右逆行列） 85, 90, 164, 433
$\mathbf{R}^n$ 127
rotation（回転） 244, 308, 491, 504, 506
roundoff error（丸め誤差） 395, 498, 510, 512
row exchange（行の交換） 50, 62, 118, 261, 269
row picture（行ベクトルの絵） 34, 36, 42
row reduced echelon form（行簡約階段行列） 89, 609
row space（行空間） 181, 195

S

saddle（鞍形） 376
scalar（スカラー） 2, 34
Schur complement（シューア（シュール）の補行列） 75, 99, 371
Schur's theorem（シューア（シュール）の定理） 356
Schwarz inequality（シュワルツの不等式） 16, 21, 478
SciLab 104
search engine（検索エンジン） 397
second difference（2 次差分） 337, 343, 358
second order equation（2 階微分方程式） 334
shake a stick（棒の振動） 507
shearing（ずらし） 405
shift（平行移動） 401
sigma notation（シグマ記法） 59
similar matrix（相似行列） 377–381
simplex method（シンプレックス法） 470, 473
singular matrix（非可逆行列） 443

singular value（特異値） 386, 388, 395, 510
singular value decomposition（特異値分解） 386, 388, 391, 392, 394, 410, 426, 429, 487
singular vector（特異ベクトル） 386, 436
skew–symmetric（歪対称行列） 115, 341, 348, 359
solvable（解を持つ） 132, 167, 173
special solution（特解） 140, 143, 155
spectral radius（スペクトル半径） 512, 514, 515
spectral theorem（スペクトル定理） 352, 609
spiral（らせん） 336
square root（平方根） 430
square wave（矩形波） 479, 482
stability（安定性） 338, 350
stability of matrices（行列の安定性） 338
standard basis（標準基底） 183, 414
statistics（統計） 240, 483
steady state（定常状態） 346, 460, 462, 463
stretching（伸長） 439, 443
submatrix（部分行列） 112, 162
subspace（部分空間） 129, 130, 134, 195
sum of squares（平方の和） 366, 369, 373
supercomputer（スーパーコンピュータ） 497
SVD ☞ singular value decomposition
symmetric matrix（対称行列） 351–357

T

teaching code（教育用プログラムコード） 611
three steps（3 段階） 323, 334, 340, 350
toeplitz 112, 507
trace（トレース） 307, 314, 328, 338
transformation（変換） 401
transpose（転置） 112, 264, 537
transpose of A^{-1}（A^{-1} の転置） 113
transpose of AB（AB の転置） 113
tree（木） 327, 451
triangle（三角形） 10, 288
triangle inequality（三角不等式） 16, 18, 21, 513
triple product（三重積） 293, 299

U

uncertainty（不確定性） 325, 330
unique solution（唯一解） 166
unit vector（単位ベクトル） 13, 243, 248, 326
upper triangular（上三角行列） 47, 249

V

variance（分散） 241, 483, 484
vector（ベクトル） 2, 3, 128, 477
vector addition（ベクトル和） ☞ addition of vectors
vector space（ベクトル空間） 127, 128, 134
voltage（電位） 452
volume（体積） 260, 291, 298

W

wave equation（波動方程式） 343, 344
wavelet（ウェーブレット） 418
weighted least squares（重み付き最小 2 乗法） 483, 486, 489
Woodbury-Morrison formula（Woodbury-Morrison の公式） 98
words（単語） 79, 84

和英索引

見出し語「行列」以下の項目も参照

数字・英文字

1 階の系 (first–order system)　335, 347
2 階微分方程式 (second order equation)　334
2 次差分 (second difference)　337, 343, 358
3 段階 (three steps)　323, 334, 340, 350
4 つの基本部分空間 (four fundamental subspaces)　195–543
A^{-1} の転置 (transpose of A^{-1})　113
AB の階数 (rank of AB)　162, 205, 229
AB の逆行列 (inverse of AB)　86
AB の転置 (transpose of AB)　113
BLAS (*Basic Linear Algebra Subroutines*) 498
eigshow　308, 392
FORTRAN　17, 40
Google　392, 393, 463
jpeg　388, 398
$\boldsymbol{\ell}^1$ ノルムと $\boldsymbol{\ell}^\infty$ ノルム ($\boldsymbol{\ell}^1$ and $\boldsymbol{\ell}^\infty$ norm)　513
LAPACK　102, 250, 521
LINPACK　497, 520
LU　103, 105
lu　507
Maple　40, 104
Mathematica　40, 104
MATLAB　17, 39, 250, 257, 308, 359, 550
netlib.org　104
n 個から m 個を選ぶ組合せ (n choose m) 472, 484
n 次元空間 (n-dimensional space)　1, 59
pivcol　154
Python　17, 104
QR 法 (QR method)　383, 521, 524, 609
$\mathbf{R}^n$　127
SciLab　104
toeplitz　112, 507
Woodbury-Morrison の公式 (Woodbury-Morrison formula)　98

あ

悪条件行列 (ill–conditioned matrix)　395, 505
圧縮 (compression)　388, 398, 418, 438
アーノルディ (Arnoldi)　523, 526
誤った証明 (false proof)　324, 360
安定性 (stability)　338, 350
一列に並んだばね (line of springs)　438
遺伝子発現データ (gene expression data)　488
一般解 (complete solution)　143, 165, 168, 172, 333

上三角行列 (upper triangular)　47, 249
ウェーブレット (wavelet)　418

エネルギー (energy)　365, 437
円 (circle)　335, 336

オイラー角 (Euler angles)　507
オイラーの公式 (Euler's formula)　331, 454, 459, 533
オームの法則 (Ohm's law)　455
重み付き最小 2 乗法 (weighted least squares) 483, 486, 489

か

回帰 (regression)　483
階数 (rank)　151, 169, 170, 175
階数が 1(rank one)　153, 159, 161, 200
解析 (calculus)　25, 298, 446
外積 (cross product)　291, 293
回転 (rotation)　244, 308, 491, 504, 506
解なし (no solution)　26, 41, 48, 203
解を持つ (solvable)　132, 167, 173
ガウス–ザイデル法 (Gauss–Seidel)　515, 517, 518, 523
ガウス–ジョルダン法 (Gauss–Jordan)　87, 88, 95, 502
ガウスの消去法 (Gaussian elimination)　50, 99
蛙飛び法 (leapfrog method)　337, 349
可換法則 (commutative law)　62, 72
可逆 (invertible)　90, 183, 212, 263
核 (kernel)　403, 407
角の余弦 (cosine of angle)　16, 18, 478
確率 (probability)　460, 483, 484
カルマンフィルタ (Kalman filter)　98, 226
関数空間 (function space)　128, 478, 479
簡約階段行列 (reduced echelon form)　88, 146, 158

木 (tree)　327, 451
擬似逆行列 (pseudoinverse matrix)　426, 431, 432, 435

奇数 (odd number) 261
奇置換 (odd permutation) 120, 274
基底 (basis) 178, 182, 191, 212, 418
基底の変換 (change of basis) 380, 417, 423, 424, 427
ギブス現象 (Gibbs phenomenon) 482
ギブンス回転 (Givens rotation) 504, 506
逆行列 (inverse matrix) 24, 84, 285
逆順 (reverse order) 86, 113
教育用プログラムコード (teaching code) 611
鏡映 (reflection) 245, 256, 357
鏡映行列 (reflection matrix) 504
境界条件 (boundary condition) 445
行簡約階段行列 (row reduced echelon form) 89, 609
行空間 (row space) 181, 195
行について非退化 (full row rank) 167, 433
行による積 (multiplication by columns) 38
行の交換 (row exchange) 50, 62, 118, 261, 269
共分散 (covariance) 241, 483–489
行ベクトルの絵 (row picture) 34, 36, 42
共役 (conjugate) 354, 360, 530, 537, 543
共役勾配 (conjugate gradients) 519, 526
行列 (matrix) 22, 38, 410, 413 ☞ **行列**
行列空間 (matrix space) 129, 185, 331
行列式 (determinant) 66, 259, 306, 313
行列積 (matrix multiplication) 61, 62, 70, 415
行列の安定性 (stability of matrices) 338
行列の記法 (matrix notation) 39
行列の指数関数 (matrix exponential) 339, 348
行列の余弦 (cosine of matrix) 350
極形式 (polar form) 531
極座標 (polar coordinates) 291, 298
極分解 (polar decomposition) 430
虚数の固有値 (imaginary eigenvalues) 307
キルヒホッフの法則 (Kirchhoff's laws) 151, 201, 448, 453

偶数 (even number) 261
偶置換 (even permutation) 120, 274
矩形波 (square wave) 479, 482
鞍形 (saddle) 376
グラフ (graph) 78, 327, 448, 450, 451
グラム–シュミット法 (Gram-Schmidt) 236, 247, 249, 254, 394, 502
クラメルの定理 (Cramer's rule) 275, 285, 295
クリロフ (Krylov) 526
群 (group) 126, 376

経済 (economics) 465, 468
計算科学 (computational science) 201, 337, 448
結合法則 (associative law) 62, 72
ケーリー–ハミルトン (Cayley–Hamilton) 330, 331, 385
ゲルシュゴリンの円 (Gershgorin circles) 525
検索エンジン (search engine) 397
減少コスト (reduced cost) 473, 474

工学 (engineering) 437
交換可能な行列 (commuting matrices) 324
高速フーリエ変換 (fast Fourier transform) 420, 529, 545, 548, 610
後退代入 (back substitution) 47, 51, 104
誤差 (error) 222, 230, 231, 237, 515, 517
誤差方程式 (error equation) 510
コーシー–ビネの公式 (Cauchy–Binet formula) 299
コストベクトル (cost vector) 469
固定端–固定端 (fixed–fixed) 438, 447
固定端–自由端 (fixed–free) 438, 442, 445, 447
固有講義 (eigencourse) 487, 488
固有値 (eigenvalue) 301, 305, 399, 535
固有値行列 (eigenvalue matrix) 317
固有値の変化 (eigenvalue changes) 469
固有ベクトル (eigenvectors) 301, 305, 399
固有ベクトル行列 (eigenvector matrix) 317
固有ベクトルの基底 (eigenvector basis) 426, 427
コレスキー因子 (Cholesky factor) 367
コレスキー分解 (Cholesky factorization) 107, 375, 609
コンピュータグラフィックス (computer graphics) 489, 490, 493, 494

さ

再帰 (recursion) 226, 241, 419, 551
最小値 (minimum) 371
最小 2 乗法 (least squares) 230, 231, 249, 432, 483
三角形 (triangle) 10, 288
三角不等式 (triangle inequality) 16, 18, 21, 513
残差 (residual) 235, 514, 526
三重積 (triple product) 293, 299

シグマ記法 (sigma notation) 59
次元 (dimension) 153, 178, 184–186, 195, 196, 198
指数関数 (exponential) 334, 339, 348
下三角行列 (lower triangular) 100
実現可能集合 (feasible set) 470
実数固有値 (real eigenvalues) 351, 352
射影 (projection) 218, 232, 245
射影空間 (projective space) 491
シューア（シュール）の定理 (Schur's theorem) 356

行列

$-1, 2, -1$ 行列 ($-1, 2, -1$ matrix) 112, 177, 277, 282, 371, 399, 514
1 次差分行列 (first difference matrix) 397
2 階導関数行列 (second derivative matrix) 371, 376
2 次差分行列 (second difference matrix) 343, 397, 445
アダマール行列 (Hadamard matrix) 251, 297
鞍点行列 (saddle-point matrix) 121
家行列 (house matrix) 404, 409
ヴァンデルモンド（ファンデルモンデ）行列 (Vandermonde matrix) 238, 268, 282, 548
ウェーブレット行列 (wavelets matrix) 256
エルミート行列 (Hermitian matrix) 361, 362, 537, 539, 543, 544
階数 1 の行列 (rank-one matrix) 153, 161
階段行列 (echelon matrix) 144, 151
回転行列 (rotation matrix) 244, 308, 492, 504
可逆行列 (invertible matrix) 27, 118, 436
拡大行列 (augmented matrix) 63, 88, 164
擬似逆行列 (pseudoinverse matrix) 211, 431, 432
基本変形の行列 (elimination matrix) 60, 66, 157
逆行列 (inverse matrix) 25, 84, 90, 285
鏡映行列 (reflection matrix) 256, 304, 357, 504
共分散行列 (covariance matrix) 241, 483, 485, 486, 488
行列の指数関数 (matrix exponential) 334
グラフラプラシアン行列 (Laplacian (graph Laplacian) matrix) 456
係数行列 (coefficient matrix) 35, 38
剛性行列 (stiffness matrix) 338, 437, 440, 447
差分行列 (difference matrix) 23, 92, 439
三角行列 (triangular matrix) 99, 249, 262, 288, 307, 356
三重対角行列 (tridiagonal matrix) 89, 106, 282, 441, 501, 525
射影行列 (projection matrix) 218, 220, 222, 246, 303, 415, 492, 494
巡回行列 (circulant matrix) 544
消費行列 (consumption matrix) 465
ジョルダン行列 (Jordan matrix) 379
人口行列 (population matrix) 464
数独行列 (sudoku matrix) 46
正規行列 (normal matrix) 362, 545
正弦行列 (sine matrix) 372, 376, 398
正定値行列 (positive definite matrix) 363, 365, 368, 374, 437, 509
接続行列 (incidence matrix) 448, 450, 457
相似行列 (similar matrix) 427
疎行列 (sparse matrix) 106, 497, 502
対角化不可能な行列 (nondiagonalizable matrix) 323
帯行列 (band matrix) 104, 501, 502
対称行列 (symmetric matrix) 115
単位行列 (identity matrix) 39, 44, 60, 417
置換行列 (permutation matrix) 62, 117, 123, 194, 316
超立方体行列 (hypercube matrix) 76
直交行列 (orthogonal matrix) 244, 267, 308
同伴行列 (companion matrix) 314, 342
パスカル行列 (Pascal matrix) 69, 76, 92, 106, 370, 382
半正定値行列 (positive semidefinite matrix) 367
半定値行列 (semidefinite matrix) 444
非可逆行列 (singular matrix) 27
微分行列 (derivative matrix) 411
ピボット行列 (pivot matrix) 109
ヒルベルト行列 (Hilbert matrix) 97, 270, 371
複素行列 (complex matrix) 535
不定値行列 (indefinite matrix) 365
負定値行列 (negative definite matrix) 365
フーリエ行列 (Fourier matrix) 422, 529, 541, 546, 547
ブロック行列 (block matrix) 99, 121, 283, 371
平行移動行列 (translation matrix) 490, 494
ヘッセンベルク行列 (Hessenberg matrix) 278, 522, 526
北西行列 (northwest matrix) 126
魔方陣行列 (magic matrix) 46
マルコフ行列 (Markov matrix) 45, 303, 313, 393, 397, 459, 466
ヤコビアン行列 (Jacobian matrix) 291
ユニタリ行列 (unitary matrix) 540, 542, 543, 547
余因子行列 (cofactor matrix) 287
要素がすべて 1 の行列 (all–ones matrix) 266, 279, 327, 387
量論行列 (stoichiometric matrix) 459
隣接行列 (adjacency matrix) 78, 84, 331, 393
零空間行列 (null space matrix) 143, 155
レスリー行列 (Leslie matrix) 464, 469
歪対称行列 (skew–symmetric matrix) 308, 341, 348, 359
和の行列 (sum matrix) 25, 92, 288

シューア（シュール）の補行列 (Schur complement) 75, 99, 371
従属 (dependent) 27, 179, 180
自由端－自由端 (free–free) 438, 443
自由変数 (free variable) 140, 143, 144, 153, 165
自由列 (free column) 141, 152, 154
主軸 (principal axis) 352
主成分分析 (principal component analysis) 487
シュワルツの不等式 (Schwarz inequality) 21, 16, 478
巡回 (cyclic) 26, 98, 399
消去 (elimination) 47–52, 87, 91, 142
条件数 (condition number) 395, 510, 511
乗数 (multiplier) 48, 53, 100
初期値 (initial value) 333
ジョルダン標準形 (Jordan form) 378, 380, 384, 516
伸長 (stretching) 439, 443
シンプレックス法 (simplex method) 470, 473

スカラー (scalar) 2, 34
スーパーコンピュータ (supercomputer) 497
スペクトル定理 (spectral theorem) 352, 609
スペクトル半径 (spectral radius) 512, 514, 515
すべての線形結合 (all combinations) 5, 129, 130
ずらし (shearing) 405

正規行列 (normal matrix) 362, 545, 610
正規直交 (orthonormal) 243, 247, 253, 540
正規直交基底 (orthonormal basis) 391, 478, 479
正規直交な固有ベクトル (orthonormal eigenvectors) 326, 351, 363
正規分布 (Gaussian probability distribution) 485
正規方程式 (normal equation) 222
正の固有値 (positive eigenvalue) 364
正のピボット (positive pivots) 364
積分 (integral) 25, 412, 413
線形計画法 (linear programming) 469
線形結合 (linear combination) 1, 2
線形性 (linearity) 46, 260, 262
線形代数の基本定理 (fundamental theorem of linear algebira) 199, 210
線形独立 (linearly independent) 27, 142, 178, 179
線形変換 (linear transformation) 46, 401–426
線形方程式 (linear equation) 24
前進差分 (forward difference) 31
全体像 (big picture) 198, 449

相似行列 (similar matrix) 377–381
双対問題 (dual problem) 471, 477

た

対角化 (diagonalization) 316, 318, 351, 353, 386, 426
対角化可能 (diagonalizable) 318, 324, 327, 356, 357
対角化不可能 (nondiadonalizable) 323, 328
大公式 (big formula) 272, 274
対称行列 (symmetric matrix) 351–357
体積 (volume) 260, 291, 298
楕円 (ellipse) 308, 368, 389, 409
多重格子 (multigrid) 519
たたみ込み (convolution) 553
単位ベクトル (unit vector) 13, 243, 248, 326
単語 (words) 79, 84

値域 (range) 402, 403, 407
力の均衡 (force balance) 440
置換 (permutation) 47, 50, 244, 273
中心差分 (centered difference) 25, 29, 349
頂点 (corner) 8, 470, 473
重複度 (multiplicity) 323, 381
超平面 (hyperplane) 31, 44
直線 (line) 36, 43, 234, 507
直線への射影 (projection on line) 219, 220
直角 (right angle) 14
直交する固有ベクトル (orthogonal eigenvectors, perpendicular eigenvectors) 215, 361, 540
直交性 (orthogonality) 14, 207
直交部分空間 (orthogonal subspaces) 207, 216
直交ベクトル (orthogonal vectors, perpendicular vectors) 14, 207
直交補空間 (orthogonal complement) 209, 210, 212

定常状態 (steady state) 346, 460, 462, 463
定数係数 (constant coefficients) 332
デルタ関数 (delta function) 479, 482
電位 (voltage) 452
転置 (transpose) 112, 264, 537

導関数 (derivative) 25, 115, 411
統計 (statistics) 240, 483
等比級数 (geometric series) 466
特異値 (singular value) 386, 388, 395, 510
特異値分解 (singular value decomposition) 386, 388, 391, 392, 394, 410, 426, 429, 487
特異ベクトル (singular vector) 386, 436
特殊解 (particular solution) 165–167
特性多項式 (characteristic equation) 305
独立 (independent) 27, 142, 178, 212, 319
時計 (clock) 9

特解 (special solution) 140, 143, 155
ドット積 (dot product) ☞ 内積
トレース (trace) 307, 314, 328, 338

な
内積 (inner product) 11, 59, 115, 477, 538, 543
内点法 (interior point method) 475
長さ (length) 12, 245, 477, 479, 537

二項分布 (binomial) 484
入力基底と出力基底 (input and output bases) 426
ニュートン法 (Newton's method) 475

熱伝導方程式 (heat equation) 343, 344
ネットワーク (network) 448, 455

ノルム (norm) 508, 509, 512, 513, 523

は
バイオインフォマティクス (bioinformatics) 488
ハイゼンベルク (Heisenberg) 325, 330
ハウスホルダー鏡映 (Householder reflections) 251, 505
バックスラッシュ(backslash) 104, 166
波動方程式 (wave equation) 343, 344
反復 (iteration) 514, 515, 517, 523, 526
半平面 (half-plane) 7

非可逆行列 (singular matrix) 443
ピクセル (pixel) 387, 493
ピタゴラス (Pythagoras) 14, 21
左逆行列 (left-inverse) 85, 90, 164, 433
左零空間 (left nullspace) 195, 197, 204, 453
微分方程式 (differential equation) 332, 444
ピボット (pivot) 48, 58, 271, 354, 373, 498
ピボット行 (pivot rows) 183, 195
ピボットの積 (product of pivots) 66, 89, 259, 355
ピボット変数 (pivot variable) 143, 165
ピボット列 (pivot columns) 141, 142, 146, 152, 154, 183, 195
標準基底 (standard basis) 183, 414
ヒルベルト空間 (Hilbert space) 477, 479

フィボナッチ (Fibonacci) 78, 282, 285, 320, 321, 325, 328
不確定性 (uncertainty) 325, 330
複素行列 (complex matrix) 361
複素固有値 (complex eigenvalues) 308, 354
複素固有ベクトル (complex eigenvectors) 308
複素数 (complex number) 127, 529, 535–537, 543, 546
フックの法則 (Hooke's law) 438, 440
部分行列 (submatrix) 112, 162
部分空間 (subspace) 129, 130, 134, 195
部分空間への距離 (distance to subspace) 224
部分空間への射影 (projection on subspace) 221, 222
部分ピボット選択 (partial pivoting) 119, 498, 499
フーリエ級数 (Fourier series) 246, 478, 480, 482
フーリエ変換 (Fourier transform) 420, 545
フレドホルムの交代定理 (Fredholm's alternative) 215
ブロック積 (block multiplication) 73, 82
ブロックによる消去 (block elimination) 75
ブロックのピボット (block pivot) 99
分解 (factorization) 99, 117, 248, 370, 394
分散 (variance) 241, 483, 484
分配法則 (distributive law) 72

平均値 (average) 240, 480, 483–489
平行移動 (shift) 401
平行四辺形 (parallelogram) 4, 8, 289, 410
平方根 (square root) 430
平方の和 (sum of squares) 366, 369, 373
平面 (plane) 5, 26
平面回転 (plane rotation) 504
ベキ乗法 (power method) 521
ベクトル (vector) 2, 3, 128, 477
ベクトル空間 (vector space) 127, 128, 134
ベクトルの間の角度 (angle between vectors) 14
ベクトル和 (addition of vectors, vector addition) 1, 2, 3, 35, 128
ペロン–フロベニウスの定理 (Perron–Frobenius theorem) 463
変換 (transformation) 401

ポアソン確率 (Poisson probabilities) 484
棒の振動 (shake a stick) 507
放物線 (parabola) 237
ボウル型 (bowl) 376
ポテンシャル (potential) 452

ま
前処理 (preconditioner) 514, 520
丸め誤差 (roundoff error) 395, 498, 510, 512

右逆行列 (right-inverse) 85, 90, 164, 433
右手系の規則 (right hand rule) 293

面積 (area) 288, 289, 297

最も近い直線 (closest line) 230, 234

や
ヤコビ (Jacobi) 515, 517, 518, 523
矢印 (arrow) 3, 4, 451

唯一解 (unique solution) 166
有限要素 (finite elements) 440, 447

余因子 (cofactors) 270, 275, 276, 281, 287
余弦定理 (cosine law) 21

ら
ラグランジュ乗数 (Lagrange multiplier) 475
らせん (spiral) 336
ランダム (random) 22, 371, 397
ランチョス法 (Lanczos method) 525, 527

離散正弦 (discrete sines) 358
離散余弦 (discrete cosines) 358
立体 (box) 290, 293
立方体 (cube) 9, 76, 290, 298, 495

リュカ数 (Lucas numbers) 325

ループ (loop) 454

零空間 (nullspace $\boldsymbol{N}(A)$) 139, 195
レイリー商 (Rayleigh quotient) 510
列空間 (column space) 130, 132, 137, 195
列ごとに (column at a time) 23
列と行の積 (columns times rows) 65, 72, 74, 153, 159
列について非退化 (full column rank) 166, 180, 433
列による積 (multiplication by rows) 38
列の線形結合 (combination of columns) 34, 35, 59
列ベクトル (column vector $\boldsymbol{C}(A)$) 2, 4
列ベクトルの絵 (column picture) 34, 36, 42

わ
歪対称行列 (skew–symmetric) 115, 341, 348, 359
歪対称的 (anti-symmetric) ☞ 歪対称行列

数式索引

線形代数に関連するウェブサイト

math.mit.edu/linearalgebra　本書の読者や本書を講義で使う先生たちに向けたサイト
ocw.mit.edu　MIT の OpenCourseWare のサイト（ビデオ講義 18.06 と 18.085-6 を含む）
web.mit.edu/18.06　現在および過去の試験や宿題その他の資料が見られるサイト
wellesleycambridge.com　ギルバート・ストラング教授の著書を紹介するサイト（原著）

線形代数早わかり

（A は $n \times n$ 行列）

可逆（正則）	非可逆（特異）
A は可逆行列	A は非可逆行列
列は線形独立	列は線形従属
行は線形独立	行は線形従属
行列式は零ではない	行列式は零
$A\boldsymbol{x} = \boldsymbol{0}$ は 1 つの解 $\boldsymbol{x} = \boldsymbol{0}$ を持つ	$A\boldsymbol{x} = \boldsymbol{0}$ は無限の解を持つ
$A\boldsymbol{x} = \boldsymbol{b}$ は 1 つの解 $\boldsymbol{x} = A^{-1}\boldsymbol{b}$ を持つ	$A\boldsymbol{x} = \boldsymbol{b}$ は解を持たないか無限の解を持つ
A は n 個のピボット（非零）を持つ	A は $r < n$ 個のピボットを持つ
A は非退化でその階数は n	A の階数は $r < n$
行簡約階段行列は $R = I$	R は少なくとも 1 つの零行を持つ
列空間は $\boldsymbol{R}^n$ 全体	列空間の次元は $r < n$
行空間は $\boldsymbol{R}^n$ 全体	行空間の次元は $r < n$
すべての固有値は非零	零は A の固有値
$A^T A$ は正定値対称行列	$A^T A$ は半定値行列
A は n 個の（正）特異値を持つ	A は $r < n$ 個の特異値を持つ

訳 者 略 歴

松 崎 公 紀　（まつざき　きみのり）
博士（情報理工学）
2005 年　東京大学 大学院情報理工学系研究科 数理情報学専攻 中途退学
現　在　高知工科大学 情報学群 教授

新 妻　 弘　（にいつま　ひろし）
理学博士
1970 年　東京理科大学 大学院理学研究科数学専攻 修了
現　在　東京理科大学 名誉教授

世界標準MIT教科書

ストラング：
線形代数イントロダクション

Printed in Japan

2015 年 12 月 31 日　初版第 1 刷発行
2022 年 9 月 30 日　初版第 9 刷発行

原著者　G.ストラング
翻訳者　松 崎 公 紀
　　　　新 妻　 弘
発行者　大 塚 浩 昭
発行所　株式会社 近代科学社
〒 101-0051　東京都千代田区神田神保町
1丁目105番地
https://www.kindaikagaku.co.jp

藤原印刷　ISBN978-4-7649-0405-7
定価はカバーに表示してあります.